国家出版基金项目
NATIONAL PUBLICATION FOUNDATION

"十四五"时期国家重点出版物出版专项规划项目

浙 江 昆 虫 志

第七卷
鞘 翅 目（III）

杨星科　张润志　主编

科 学 出 版 社
北 京

内 容 简 介

本书主要依据标本和翔实的文献记录，按照当今鞘翅目最新分类系统编排浙江种类，含叶甲总科 5 科 17 亚科 333 属 838 种和象甲总科 4 科 16 亚科 138 属 233 种。分别列出了各个种级阶元的主要形态特征、引证信息、地理分布及取食对象等，编制了各科分类检索表。文后附参考文献、中名索引和学名索引及成虫整体照片。对于国内没有中文名称的种类，主要根据词义做了拟定；并修订了一些种类的中文名称。

本书可为农林牧业及检验检疫、植物保护、生物多样性与资源保护利用等相关部门和大、中专院校相关专业师生及科研人员、昆虫爱好者提供参考。

图书在版编目（CIP）数据

浙江昆虫志. 第七卷，鞘翅目.Ⅲ/杨星科，张润志主编. —北京：科学出版社，2023.9

"十四五"时期国家重点出版物出版专项规划项目

国家出版基金项目

ISBN 978-7-03-069280-1

Ⅰ.①浙… Ⅱ.①杨…②张… Ⅲ.①昆虫志—浙江 ②鞘翅目—昆虫志—浙江 Ⅳ.①Q968.225.5②Q969.480.8

中国版本图书馆 CIP 数据核字（2022）第 083597 号

责任编辑：李 悦 赵小林 / 责任校对：杨 赛

责任印制：肖 兴 / 封面设计：北京蓝正合融广告有限公司

科学出版社 出版

北京东黄城根北街 16 号
邮政编码：100717
http://www.sciencep.com

北京中科印刷有限公司 印刷

科学出版社发行 各地新华书店经销
*
2023 年 9 月第 一 版 开本：889×1194 1/16
2023 年 9 月第一次印刷 印张：44 1/2 插页：10
字数：1600 000
定价：**628.00 元**

（如有印装质量问题，我社负责调换）

《浙江昆虫志》领导小组

主　　任　胡　侠（2018 年 12 月起任）

　　　　　　林云举（2014 年 11 月至 2018 年 12 月在任）

副 主 任　吴　鸿　杨幼平　王章明　陆献峰

委　　员　（以姓氏笔画为序）

　　　　　　王　翔　叶晓林　江　波　吾中良　何志华

　　　　　　汪奎宏　周子贵　赵岳平　洪　流　章滨森

顾　　问　尹文英（中国科学院院士）

　　　　　　印象初（中国科学院院士）

　　　　　　康　乐（中国科学院院士）

　　　　　　何俊华（浙江大学教授、博士生导师）

组 织 单 位　浙江省森林病虫害防治总站

　　　　　　浙江农林大学

　　　　　　浙江省林学会

《浙江昆虫志》编辑委员会

《浙江昆虫志　第七卷　鞘翅目（Ⅲ）》
编写人员

主　编　杨星科　张润志

副主编　林美英　任　立

作者及参加编写单位（按研究类群排序）

叶甲总科

暗天牛科、瘦天牛科、天牛科

林美英（绵阳师范学院）

方咚咚（杭州海康威视系统技术有限公司）

杨星科（中国科学院动物研究所；广东省科学院动物研究所）

距甲科

李开琴（中国科学院昆明动物研究所）

梁红斌（中国科学院动物研究所）

叶甲科

茎甲亚科、水叶甲亚科

娄巧哲（石家庄海关）

梁红斌（中国科学院动物研究所）

负泥虫亚科

徐　源　梁红斌（中国科学院动物研究所）

龟甲亚科

黄正中（中国科学院动物研究所）

杨星科（中国科学院动物研究所；广东省科学院动物研究所）

叶甲亚科

        王晓龙　林美英　葛斯琴（中国科学院动物研究所）

        杨星科（中国科学院动物研究所；广东省科学院动物研究所）

萤叶甲亚科

        聂瑞娥（安徽师范大学）

        雷启龙　徐思远（中国科学院动物研究所）

        杨星科（中国科学院动物研究所；广东省科学院动物研究所）

跳甲亚科

        阮用颖（深圳职业技术学院）

        杨星科（中国科学院动物研究所；广东省科学院动物研究所）

        张萌娜（深圳职业技术学院）

隐肢叶甲亚科、隐头叶甲亚科、肖叶甲亚科

        罗天虹（中国科学院动物研究所）

象甲总科

长角象科、卷象科、锥象科、象甲科

        任　立（中国科学院动物研究所）

        黄俊浩（浙江农林大学）

        张润志（中国科学院动物研究所）

《浙江昆虫志》序一

　　浙江省地处亚热带，气候宜人，集山水海洋之地利，生物资源极为丰富，已知的昆虫种类就有 1 万多种。浙江省昆虫资源的研究历来受到国内外关注，长期以来大批昆虫学分类工作者对浙江省进行了广泛的资源调查，积累了丰富的原始资料。因此，系统地研究这一地域的昆虫区系，其意义与价值不言而喻。吴鸿教授及其团队曾多次负责对浙江天目山等各重点生态地区的昆虫资源种类的详细调查，编撰了一些专著，这些广泛、系统而深入的调查为浙江省昆虫资源的调查与整合提供了翔实的基础信息。在此基础上，为了进一步摸清浙江省的昆虫种类、分布与为害情况，2016 年由浙江省林业有害生物防治检疫局（现浙江省森林病虫害防治总站）和浙江省林学会发起，委托浙江农林大学实施，先后邀请全国几十家科研院所，300 多位昆虫分类专家学者在浙江省内开展昆虫资源的野外补充调查与标本采集、鉴定，并且系统编写《浙江昆虫志》。

　　历时六年，在国内最优秀昆虫分类专家学者的共同努力下，《浙江昆虫志》即将按类群分卷出版面世，这是一套较为系统和完整的昆虫资源志书，包含了昆虫纲所有主要类群，更为可贵的是，《浙江昆虫志》参照《中国动物志》的编写规格，有较高的学术价值，同时该志对动物资源保护、持续利用、有害生物控制和濒危物种保护均具有现实意义，对浙江地区的生物多样性保护、研究及昆虫学事业的发展具有重要推动作用。

　　《浙江昆虫志》的问世，体现了项目主持者和组织者的勤奋敬业，彰显了我国昆虫学家的执着与追求、努力与奋进的优良品质，展示了最新的科研成果。《浙江昆虫志》的出版将为浙江省昆虫区系的深入研究奠定良好基础。浙江地区还有一些类群有待广大昆虫研究者继续努力工作，也希望越来越多的同仁能在国家和地方相关部门的支持下开展昆虫志的编写工作，这不但对生物多样性研究具有重大贡献，也将造福我们的子孙后代。

印象初

河北大学生命科学学院

中国科学院院士

2022 年 1 月 18 日

《浙江昆虫志》序二

　　浙江地处中国东南沿海，地形自西南向东北倾斜，大致可分为浙北平原、浙西中山丘陵、浙东丘陵、中部金衢盆地、浙南山地、东南沿海平原及海滨岛屿 6 个地形区。浙江复杂的生态环境成就了极高的生物多样性。关于浙江的生物资源、区系组成、分布格局等，植物和大型动物都有较为系统的研究，如 20 世纪 80 年代《浙江植物志》和《浙江动物志》陆续问世，但是无脊椎动物的研究却较为零散。90 年代末至今，浙江省先后对天目山、百山祖、清凉峰等重点生态地区的昆虫资源种类进行了广泛、系统的科学考察和研究，先后出版《天目山昆虫》《华东百山祖昆虫》《浙江清凉峰昆虫》等专著。1983 年、2003 年和 2015 年，由浙江省林业厅部署，浙江省还进行过三次林业有害生物普查。但历史上，浙江省一直没有对全省范围的昆虫资源进行系统整理，也没有建立统一的物种信息系统。

　　2016 年，浙江省林业有害生物防治检疫局（现浙江省森林病虫害防治总站）和浙江省林学会发起，委托浙江农林大学组织实施，联合中国科学院、南开大学、浙江大学、西北农林科技大学、中国农业大学、中南林业科技大学、河北大学、华南农业大学、扬州大学、浙江自然博物馆等单位共同合作，开始展开对浙江省昆虫资源的实质性调查和编纂工作。六年来，在全国三百多位专家学者的共同努力下，编纂工作顺利完成。《浙江昆虫志》参照《中国动物志》编写，系统、全面地介绍了不同阶元的鉴别特征，提供了各类群的检索表，并附形态特征图。全书各卷册分别由该领域知名专家编写，有力地保证了《浙江昆虫志》的质量和水平，使这套志书具有很高的科学价值和应用价值。

　　昆虫是自然界中最繁盛的动物类群，种类多、数量大、分布广、适应性强，与人们的生产生活关系复杂而密切，既有害虫也有大量有益昆虫，是生态系统中重要的组成部分。《浙江昆虫志》不仅有助于人们全面了解浙江省丰富的昆虫资源，还可供农、林、牧、畜、渔、生物学、环境保护和生物多样性保护等工作者参考使用，可为昆虫资源保护、持续利用和有害生物控制提供理论依据。该丛书的出版将对保护森林资源、促进森林健康和生态系统的保护起到重要作用，并且对浙江省设立"生态红线"和"物种红线"的研究与监测，以及创建"两美浙江"等具有重要意义。

　　《浙江昆虫志》必将以它丰富的科学资料和广泛的应用价值为我国的动物学文献宝库增添新的宝藏。

康乐

中国科学院动物研究所

中国科学院院士

2022 年 1 月 30 日

《浙江昆虫志》前言

　　生物多样性是人类赖以生存和发展的重要基础，是地球生命所需要的物质、能量和生存条件的根本保障。中国是生物多样性最为丰富的国家之一，也同样面临着生物多样性不断丧失的严峻问题。生物多样性的丧失，直接威胁到人类的食品、健康、环境和安全等。国家高度重视生物多样性的保护，下大力气改善生态环境，改变生物资源的利用方式，促进生物多样性研究的不断深入。

　　浙江区域是我国华东地区一道重要的生态屏障，和谐稳定的自然生态系统为长三角地区经济快速发展提供了有力保障。浙江省地处中国东南沿海长江三角洲南翼，东临东海，南接福建，西与江西、安徽相连，北与上海、江苏接壤，位于北纬 27°02′～31°11′，东经 118°01′～123°10′，陆地面积 10.55 万 km^2，森林面积 608.12 万 hm^2，森林覆盖率为 61.17%（按省同口径计算，含一般灌木），森林生态系统多样性较好，森林植被类型、森林类型、乔木林龄组类型较丰富。湿地生态系统中湿地植物和植被、湿地野生动物均相当丰富。目前浙江省建有数量众多、类型丰富、功能多样的各级各类自然保护地。有 1 处国家公园体制试点区（钱江源国家公园）、311 处省级及以上自然保护地，其中 27 处自然保护区、128 处森林公园、59 处风景名胜区、67 处湿地公园、15 处地质公园、15 处海洋公园（海洋特别保护区），自然保护地总面积 1.4 万 km^2，占全省陆域的 13.3%。

　　浙江素有"东南植物宝库"之称，是中国植物物种多样性最丰富的省份之一，有高等植物 6100 余种，在中东南植物区系中占有重要的地位；珍稀濒危植物众多，其中国家一级重点保护野生植物 11 种，国家二级重点保护野生植物 104 种；浙江特有种超过 200 种，如百山祖冷杉、普陀鹅耳枥、天目铁木等物种。陆生野生脊椎动物有 790 种，约占全国总数的 27%，列入浙江省级以上重点保护野生动物 373 种，其中国家一级重点保护动物 54 种，国家二级保护动物 138 种，像中华凤头燕鸥、华南梅花鹿、黑麂等都是以浙江为主要分布区的珍稀濒危野生动物。

　　昆虫是现今陆生动物中最为繁盛的一个类群，约占动物界已知种类的 3/4，是生物多样性的重要组成部分，在生态系统中占有独特而重要的地位，与人类具有密切而复杂的关系，为世界创造了巨大精神和物质财富，如家喻户晓的家蚕、蜜蜂和冬虫夏草等资源昆虫。

　　浙江集山水海洋之地利，地理位置优越，地形复杂多样，气候温和湿润，加之第四纪以来未受冰川的严重影响，森林覆盖率高，造就了丰富多样的生境类型，保存着大量珍稀生物物种，这种有利的自然条件给昆虫的生息繁衍提供了便利。昆虫种类复杂多样，资源极为丰富，珍稀物种荟萃。

　　浙江昆虫研究由来已久，早在北魏郦道元所著《水经注》中，就有浙江天目山的山川、霜木情况的记载。明代医药学家李时珍在编撰《本草纲目》时，曾到天目山实地考察采集，书中收有产于天目山的养生之药数百种，其中不乏有昆虫药。明代《西天目祖山志》生殖篇虫族中有山蚕、蚱蜢、蟑螂、蛱蝶、蜻蜓、蝉等昆虫的明确记载。由此可见，自古以来，浙江的昆虫就已引起人们的广泛关注。

20 世纪 40 年代之前，法国人郑璧尔（Octave Piel，1876～1945）（曾任上海震旦博物馆馆长）曾分别赴浙江四明山和舟山进行昆虫标本的采集，于 1916 年、1926 年、1929 年、1935 年、1936 年及 1937 年又多次到浙江天目山和莫干山采集，其中，1935～1937 年的采集规模大、类群广。他采集的标本数量大、影响深远，依据他所采标本就有相关 24 篇文章在学术期刊上发表，其中 80 种的模式标本产于天目山。

浙江是中国现代昆虫学研究的发源地之一。1924 年浙江昆虫局成立，曾多次派人赴浙江各地采集昆虫标本，国内昆虫学家也纷纷来浙采集，如胡经甫、祝汝佐、柳支英、程淦藩等，这些采集的昆虫标本现保存于中国科学院动物研究所、中国科学院上海昆虫博物馆（原中国科学院上海昆虫研究所）及浙江大学。据此有不少研究论文发表，其中包括大量新种。同时，浙江省昆虫局创办了《昆虫与植病》和《浙江省昆虫局年刊》等。《昆虫与植病》是我国第一份中文昆虫期刊，共出版 100 多期。

20 世纪 80 年代末至今，浙江省开展了一系列昆虫分类区系研究，特别是 1983 年和 2003 年分别进行了林业有害生物普查，分别鉴定出林业昆虫 1585 种和 2139 种。陈其瑚主编的《浙江植物病虫志 昆虫篇》（第一集 1990 年，第二集 1993 年）共记述 26 目 5106 种（包括蜱螨目），并将浙江全省划分成 6 个昆虫地理区。1993 年童雪松主编的《浙江蝶类志》记述鳞翅目蝶类 11 科 340 种。2001 年方志刚主编的《浙江昆虫名录》收录六足类 4 纲 30 目 447 科 9563 种。2015 年宋立主编的《浙江白蚁》记述白蚁 4 科 17 属 62 种。2019 年李泽建等在《浙江天目山蝴蝶图鉴》中记述蝴蝶 5 科 123 属 247 种。2020 年李泽建等在《百山祖国家公园蝴蝶图鉴 第 I 卷》中记述蝴蝶 5 科 140 属 283 种。

中国科学院上海昆虫研究所尹文英院士曾于 1987 年主持国家自然科学基金重点项目"亚热带森林土壤动物区系及其在森林生态平衡中的作用"，在天目山采得昆虫纲标本 3.7 万余号，鉴定出 12 目 123 种，并于 1992 年编撰了《中国亚热带土壤动物》一书，该项目研究成果曾获中国科学院自然科学奖二等奖。

浙江大学（原浙江农业大学）何俊华和陈学新教授团队在我国著名寄生蜂分类学家祝汝佐教授（1900～1981）所奠定的文献资料与研究标本的坚实基础上，开展了农林业害虫寄生性天敌昆虫资源的深入系统分类研究，取得丰硕成果，撰写专著 20 余册，如《中国经济昆虫志 第五十一册 膜翅目 姬蜂科》《中国动物志 昆虫纲 第十八卷 膜翅目 茧蜂科（一）》《中国动物志 昆虫纲 第二十九卷 膜翅目 螯蜂科》《中国动物志 昆虫纲 第三十七卷 膜翅目 茧蜂科（二）》《中国动物志 昆虫纲 第五十六卷 膜翅目 细蜂总科（一）》等。2004 年何俊华教授又联合相关专家编著了《浙江蜂类志》，共记录浙江蜂类 59 科 631 属 1687 种，其中模式产地在浙江的就有 437 种。

浙江农林大学（原浙江林学院）吴鸿教授团队先后对浙江各重点生态地区的昆虫资源进行了广泛、系统的科学考察和研究，联合全国有关科研院所的昆虫分类学家，吴鸿教授作为主编或者参编者先后编撰了《浙江古田山昆虫和大型真菌》《华东百山祖昆虫》《龙王山昆虫》《天目山昆虫》《浙江乌岩岭昆虫及其森林健康评价》《浙江凤阳山昆虫》《浙江清凉峰昆虫》《浙江九龙山昆虫》等图书，书中发表了众多的新属、新种、中国新记录科、新记录属和新记录种。2014～2020 年吴鸿教授作为总主编之一还编撰了《天目山动物志》（共 11 卷），其中记述六足类动物 32 目 388 科 5000 余种。上述科学考察以及本次《浙江昆虫志》编撰项目为浙江当地和全国培养了一批昆虫分类学人才并积累了 100 万号昆虫标本。

通过上述大型有组织的昆虫科学考察，不仅查清了浙江省重要保护区内的昆虫种类资源，而且为全国积累了珍贵的昆虫标本。这些标本、专著及考察成果对于浙江省乃至全国昆虫类群的系统研究具有重要意义，不仅推动了浙江地区昆虫多样性的研究，也让更多的人认识到生物多样性的重要性。然而，前期科学考察的采集和研究的广度和深度都不能反映整个浙江地区的昆虫全貌。

昆虫多样性的保护、研究、管理和监测等许多工作都需要有翔实的物种信息作为基础。昆虫分类鉴定往往是一项逐渐接近真理（正确物种）的工作，有时甚至需要多次更正才能找到真正的归属。过去的一些观测仪器和研究手段的限制，导致部分属种鉴定有误，现代电子光学显微成像技术及 DNA 条形码分子鉴定技术极大推动了昆虫物种的更精准鉴定，此次《浙江昆虫志》对过去一些长期误鉴的属种和疑难属种进行了系统订正。

为了全面系统地了解浙江省昆虫种类的组成、发生情况、分布规律，为了益虫开发利用和有害昆虫的防控，以及为生物多样性研究和持续利用提供科学依据，2016 年 7 月"浙江省昆虫资源调查、信息管理与编撰"项目正式开始实施，该项目由浙江省林业有害生物防治检疫局（现浙江省森林病虫害防治总站）和浙江省林学会发起，委托浙江农林大学组织，联合全国相关昆虫分类专家合作。《浙江昆虫志》编委会组织全国 30 余家单位 300 余位昆虫分类学者共同编写，共分 16 卷：第一卷由杜予州教授主编，包含原尾纲、弹尾纲、双尾纲，以及昆虫纲的石蛃目、衣鱼目、蜉蝣目、蜻蜓目、襀翅目、等翅目、蜚蠊目、螳螂目、蛴虫目、直翅目和革翅目；第二卷由花保祯教授主编，包括昆虫纲啮虫目、缨翅目、广翅目、蛇蛉目、脉翅目、长翅目和毛翅目；第三卷由张雅林教授主编，包含昆虫纲半翅目同翅亚目；第四卷由卜文俊和刘国卿教授主编，包含昆虫纲半翅目异翅亚目；第五卷由李利珍教授和白明研究员主编，包含昆虫纲鞘翅目原鞘亚目、藻食亚目、肉食亚目、牙甲总科、阎甲总科、隐翅虫总科、金龟总科、沼甲总科；第六卷由任国栋教授主编，包含昆虫纲鞘翅目花甲总科、吉丁甲总科、丸甲总科、叩甲总科、长蠹总科、郭公甲总科、扁甲总科、瓢甲总科、拟步甲总科；第七卷由杨星科和张润志研究员主编，包含昆虫纲鞘翅目叶甲总科和象甲总科；第八卷由吴鸿和杨定教授主编，包含昆虫纲双翅目长角亚目；第九卷由杨定和姚刚教授主编，包含昆虫纲双翅目短角亚目虻总科、水虻总科、食虫虻总科、舞虻总科、蚤蝇总科、蚜蝇总科、眼蝇总科、实蝇总科、小粪蝇总科、缟蝇总科、沼蝇总科、鸟蝇总科、水蝇总科、突眼蝇总科和禾蝇总科；第十卷由薛万琦和张春田教授主编，包含昆虫纲双翅目短角亚目蝇总科、狂蝇总科；第十一卷由李后魂教授主编，包含昆虫纲鳞翅目小蛾类；第十二卷由韩红香副研究员和姜楠博士主编，包含昆虫纲鳞翅目大蛾类；第十三卷由王敏和范骁凌教授主编，包含昆虫纲鳞翅目蝶类；第十四卷由魏美才教授主编，包含昆虫纲膜翅目"广腰亚目"；第十五卷由陈学新和王义平教授主编、第十六卷由陈学新教授主编，这两卷内容为昆虫纲膜翅目细腰亚目。16 卷共记述浙江省六足类 1 万余种，各卷所收录物种的截止时间为 2021 年 12 月。

《浙江昆虫志》各卷主编由昆虫各类群权威顶级分类专家担任，他们是各单位的学科带头人或国家杰出青年科学基金获得者、973 计划首席专家和各专业学会的理事长和副理事长等，他们中有不少人都参与了《中国动物志》的编写工作，从而有力地保证了《浙江昆虫志》整套 16 卷学术内容的高水平和高质量，反映了我国昆虫分类学者对昆虫分类区系研究的最新成果。《浙江昆虫志》是迄今为止对浙江省昆虫种类资源最为完整的科学记载，体现了国际一流水平，16 卷《浙江昆虫志》汇集了上万张图片，除黑白特征图外，还有大量成虫整体或局部特征彩色照片，这些图片精美、细致，能充分、直观地展示物种的分类形态鉴别特征。

　　浙江省林业局对《浙江昆虫志》的编撰出版一直给予关注，在其领导与支持下获得浙江省财政厅的经费资助。在科学考察过程中得到了浙江省各市、县（市、区）林业部门的大力支持和帮助，特别是浙江天目山国家级自然保护区管理局、浙江清凉峰国家级自然保护区管理局、宁波四明山国家森林公园、钱江源国家公园、浙江仙霞岭省级自然保护区管理局、浙江九龙山国家级自然保护区管理局、景宁望东垟高山湿地自然保护区管理局和舟山市自然资源和规划局也给予了大力协助。同时也感谢国家出版基金和科学出版社的资助与支持，保证了 16 卷《浙江昆虫志》的顺利出版。

　　中国科学院印象初院士和康乐院士欣然为本志作序。借此付梓之际，我们谨向以上单位和个人，以及在本项目执行过程中给予关怀、鼓励、支持、指导、帮助和做出贡献的同志表示衷心的感谢！

　　限于资料和编研时间等多方面因素，书中难免有不足之处，恳盼各位同行和专家及读者不吝赐教。

《浙江昆虫志》编辑委员会

2022 年 3 月

《浙江昆虫志》编写说明

    本志收录的种类原则上是浙江省内各个自然保护区和舟山群岛野外采集获得的昆虫种类。昆虫纲的分类系统参考袁锋等 2006 年编著的《昆虫分类学》第二版。其中，广义的昆虫纲已提升为六足总纲 Hexapoda，分为原尾纲 Protura、弹尾纲 Collembola、双尾纲 Diplura 和昆虫纲 Insecta。目前，狭义的昆虫纲仅包含无翅亚纲的石蛃目 Microcoryphia 和衣鱼目 Zygentoma 以及有翅亚纲。本志采用六足总纲的分类系统。考虑到编写的系统性、完整性和连续性，各卷所包含类群如下：第一卷包含原尾纲、弹尾纲、双尾纲，以及昆虫纲的石蛃目、衣鱼目、蜉蝣目、蜻蜓目、襀翅目、等翅目、蜚蠊目、螳螂目、蛃虫目、直翅目和革翅目；第二卷包含昆虫纲的啮虫目、缨翅目、广翅目、蛇蛉目、脉翅目、长翅目和毛翅目；第三卷包含昆虫纲的半翅目同翅亚目；第四卷包含昆虫纲的半翅目异翅亚目；第五卷、第六卷和第七卷包含昆虫纲的鞘翅目；第八卷、第九卷和第十卷包含昆虫纲的双翅目；第十一卷、第十二卷和第十三卷包含昆虫纲的鳞翅目；第十四卷、第十五卷和第十六卷包含昆虫纲的膜翅目。

    由于篇幅限制，本志所涉昆虫物种均仅提供原始引证，部分物种同时提供了最新的引证信息。为了物种鉴定的快速化和便捷化，所有包括 2 个以上分类阶元的目、科、亚科、属，以及物种均依据形态特征编写了对应的分类检索表。本志关于浙江省内分布情况的记录，除了之前有记录但是分布记录不详且本次调查未采到标本的种类外，所有种类都尽可能反映其详细的分布信息。限于篇幅，浙江省内的分布信息如下所列按地级市、市辖区、县级市、县、自治县为单位按顺序编写，如浙江（安吉、临安）；由于四明山国家级自然保护区地跨多个市（县），因此，该地的分布信息保留为四明山。对于省外分布地则只写到省份、自治区、直辖市和特区等名称，参照《中国动物志》的编写规则，按顺序排列。对于国外分布地则只写到国家或地区名称，各个国家名称参照国际惯例按顺序排列，以逗号隔开。浙江省分布地名称和行政区划资料截至 2020 年，具体如下。

湖州：吴兴、南浔、德清、长兴、安吉

嘉兴：南湖、秀洲、嘉善、海盐、海宁、平湖、桐乡

杭州：上城、下城、江干、拱墅、西湖、滨江、萧山、余杭、富阳、临安、桐庐、淳安、建德

绍兴：越城、柯桥、上虞、新昌、诸暨、嵊州

宁波：海曙、江北、北仑、镇海、鄞州、奉化、象山、宁海、余姚、慈溪

舟山：定海、普陀、岱山、嵊泗

金华：婺城、金东、武义、浦江、磐安、兰溪、义乌、东阳、永康

台州：椒江、黄岩、路桥、三门、天台、仙居、温岭、临海、玉环

衢州：柯城、衢江、常山、开化、龙游、江山

丽水：莲都、青田、缙云、遂昌、松阳、云和、庆元、景宁、龙泉

温州：鹿城、龙湾、瓯海、洞头、永嘉、平阳、苍南、文成、泰顺、瑞安、乐清

目　　录

第一章　叶甲总科 Chrysomeloidea

本卷采用叶甲总科分 7 个科的分类系统，即盾天牛科 Oxypeltidae、暗天牛科 Vesperidae、瘦天牛科 Disteniidae、天牛科 Cerambycidae、距甲科 Megalopodidae、芽甲科 Orsodacnidae 和叶甲科 Chrysomelidae。其中，盾天牛科和芽甲科在浙江没有分布记录。

叶甲总科种类繁多，是鞘翅目中最大的类群之一，叶甲总科（不包括天牛类）在我国分布有 3700 多种（据本卷第一作者杨星科个人统计），天牛类在我国分布也约有 3700 种（Lin and Yang，2019）。由于我国幅员辽阔，地势复杂，气候自亚寒带伸展到热带，而叶甲总科的区系划分仍需开展大量的工作，因此实际存在的种数，应超过目前的统计数字。叶甲总科的浙江昆虫区系非常丰富，本卷对该地区的叶甲总科种类进行了较全面的研究和记述，共计 5 科 333 属 838 种。

分科检索表

1. 中胸背板不具发音器；阳茎不具中突；触角通常较短，不向后披挂；幼虫腹部背、腹面没有步泡突 ………叶甲科 Chrysomelidae

- 中胸背板通常具发音器；阳茎具 1 对中突；触角一般较长；幼虫蛀茎，腹部背、腹面有步泡突 …………………… 2

2. 触角较短，不着生在额突上，长度不达体长之半，端部数节较粗宽，不向后背屈折；幼虫前胸背板明显短于中、后胸之和 ……距甲科 Megalopodidae

- 触角着生在额突上，一般很长，接近或超过体长，端部细长，可向后贴背屈折；幼虫前胸背板长度与中、后胸之和约相等 …… 3

3. 触角全部或至少部分鞭节通常具特有的长毛（通常长于相应触角节的长度）；若无此长毛，则雄虫下颚须非常特化，第 2 节很长，第 3 节很短，末节长且具指形分支 ……………………………………………………………………瘦天牛科 Disteniidae

- 触角不具特有长毛；下颚须也不特化 ……………………………………………………………………………………… 4

4. 鞘翅较软；触角窝靠近上颚，朝向侧面 ………………………………………………………………………暗天牛科 Vesperidae

- 通常鞘翅较硬且触角窝离上颚较远；触角窝靠近上颚时，鞘翅硬 ………………………………………天牛科 Cerambycidae

一、暗天牛科 Vesperidae

主要特征：体长 8–50 mm。体长 2.25–4 倍于体宽，两侧平行，中等扁平至粗短并拱凸。通常体或多或少被绒毛，也有一些不能飞的种类呈大面积光裸。前口式至几乎下口式。复眼很大至小，常强烈突出，不凹陷至中等凹陷，小眼面细粒或粗粒。触角着生处通常从上面看部分可见，突起的基瘤中度发达。触角通常 11 节，有的为 8–10 节或 8–12 节，线状、念珠状、锯齿状或栉齿状，通常雄虫触角超过体长，雌虫触角较短，有的很短。前胸背板横阔（宽为长的 2 倍）至长 1.4 倍于宽，其基部宽度显著窄于鞘翅基部至几乎等宽。前胸背板侧面边缘完整、不完整至几乎缺失、缺失。前足基节窝内部关闭，外部关闭或开放。鞘翅发达或短缩，末端合并或裂开。中足基节窝圆形至斜形，分开不宽，对中胸后侧片开放。

分布：暗天牛科世界已知 3 族 7 属 46 种（Tavakilian and Chevillotte，2019），在中国分布有 4 属 13 种/亚种（Lin and Yang，2019），浙江分布有 1 属 2 种。

（一）狭胸天牛亚科 Philinae

主要特征：体长 13–37 mm。雄虫长形而两侧近乎平行，雌虫一般较粗壮，变化多样。通常黄褐色至黑褐色，长翅标本通常被稀疏至稠密的绒毛，短翅的雌虫通常绒毛较稀疏或一些地方光裸。前口式，不具"颈部"。复眼侧生，中度凹陷，小眼面粗粒。触角窝靠近上颚，朝向侧面。触角 11 节，栉齿状、锯齿状或丝状，很短至长于体长。前胸窄于鞘翅基部，长宽约等至显著横阔。前胸背板侧面脊斜伸但不接触前足基节窝，通常不完整。前足基节窝外部开放。鞘翅发达，覆盖腹部或多少短缩而端部分开（如芫天牛属雌虫）。中足基节窝互相靠近。足中等长，胫节端距 2–2–2 或 1–2–2，跗节伪 4 节，前 3 跗节具跗垫，爪间突具多根毛。

分布：本亚科仅 1 族 5 属 22 种/亚种（Tavakilian and Chevillotte，2019），在中国分布有 4 属 13 种/亚种（Lin and Yang，2019），浙江分布有 1 属 1 种 1 亚种。

狭胸天牛族 Philini Thomson, 1861

1. 狭胸天牛属 *Philus* Saunders, 1853

Philus Saunders, 1853: 110. Type species: *Philus inconspicuus* Saunders, 1853 (= *Stenochorus antennatus* Gyllenhal, 1817).

主要特征：体中型，狭长。头部几与前胸节等宽，略显下垂，前额凹下，后头稍狭，两眼极大。雄虫触角粗长，超过体长，略带锯齿状，柄节粗壮，短于第 3 节，第 3 节稍长，第 4 节至末端各节近乎等长。雌虫触角细短，约伸展至鞘翅中部。前胸背板前端稍狭，似圆筒形，后部较宽扁，前缘略翻起，两侧边缘不达前端（♂）或仅后端较明显（♀）。鞘翅宽于前胸节，向后渐狭窄，末端圆形。后胸前侧片两侧向后端渐变狭。中胸背板具发音器，发音器中央具 1 条纵纹。足的第 3 跗节不完全分裂，裂缝仅达中央。胫节端距 1-2-2（前足胫节末端具 1 个距），后足第 1 跗节短于余下两节之长度。

分布：中国，蒙古国，日本，印度，老挝，泰国，柬埔寨，菲律宾，马来西亚。世界已知 10 种（Tavakilian and Chevillotte，2019），中国记录 3 种 1 亚种，浙江分布 1 种 1 亚种。

（1）狭胸天牛 *Philus antennatus* (Gyllenhal, 1817)（图版 I-1）

Stenochorus antennatus Gyllenhal, 1817: 180.
Stenochorus stuposus Gyllenhal, 1817: 180.
Philus inconspicuus Saunders, 1853: 110, pl. IV, figs. 3, 4.
Philus antennatus: Gahan, 1900c: 347.

别名：桔狭胸天牛、狭胸桔天牛
主要特征：体长 20.0–31.0 mm。全身棕褐色，腹面及鞘翅后半部有时色泽较淡，略带棕红色。被灰黄色短毛，腹面及足部毛较长密。头部分布细密刻点，两眼极大。触角柄节粗壮，短于第 3 节，第 3 节稍长，第 4 节至末端各节近乎等长。前胸背板短小，略呈次方形，表面具细密刻点，前后共有 4 个微凸而无刻点的光滑小区。小盾片后缘近圆形。鞘翅宽于前胸节，刻点稍粗，被黄毛，呈现 4 条模糊纵脊，末端圆形。腹面较光洁，刻点细密；腿节内沿有缨毛，后足第 1 跗节短于余下两节之长度。雌虫体形较大，触角细短，约伸展至鞘翅中部。雄虫体形较狭小，触角粗长，超过体长，略带锯齿状；鞘翅向后渐狭窄，靠外侧纵脊不明显，至后部几消失。

分布：浙江（安吉、西湖、诸暨、鄞州、奉化、象山、定海、普陀、黄岩、三门、天台、仙居、温岭、临海、玉环、龙泉、永嘉、平阳、文成、泰顺）、河北、山东、河南、陕西、江苏、安徽、湖北、江西、湖南、福建、台湾、广东、海南、香港、广西、贵州；印度。

寄主：柑橘类、榆属、马尾松、杧果、桑、油茶。

备注：浙江温州泰顺曾经报道的短胸狭胸天牛 *Philus curticollis* Pic, 1930，实际上应该也是本种的错误鉴定。

（2）蔗狭胸天牛 *Philus pallescens pallescens* Bates, 1866

Philus pallescens Bates, 1866: 350.

Philus cantonensis Pic, 1930a: 14.

Philus pallescens pallescens: Hua, 2002: 224.

主要特征：体长 17.0–20.5 mm。体形较细长；色泽很淡，头胸部及触角淡棕红色，鞘翅淡棕色；全体被细软淡黄毛。头部略显下垂，比前胸节略宽，分布细密刻点，前额凹下，后头稍狭，两眼极大。雄虫触角粗长，长于体长 1/3–1/2，略带锯齿状。鞘翅狭长，隐约呈现 3–4 条微弱纵脊，末端圆形。雌虫鞘翅色泽更淡，触角细短，约为体长之 2/3。

分布：浙江（德清、长兴、建德、青田、庆元、龙泉、平阳、瑞安）、内蒙古、河南、陕西、江西、湖南、福建、台湾、广东、香港、广西、四川、贵州。

备注：本次调查未见标本，分布信息来源于 1983 年的《浙江森林病虫名录》和陈其瑚（1993）的《浙江植物病虫志》。另一个亚种 *Philus pallescens tristis* Gressitt, 1940 分布于海南岛。

二、瘦天牛科 Disteniidae

主要特征：体长 5–40 mm，体长 2.7–6 倍于体宽，两侧近乎平行或鞘翅向后收窄，在后翅退化的类群中，鞘翅中部之后略微扩宽。前口式，头短或中等长，不狭缩或微向后狭缩，有时形成粗的"颈部"和长的后颊。触角着生处从上面可见，很靠近上颚。触角 11 节，线状，通常超出鞘翅末端。前胸通常中部最宽并具侧刺突或侧瘤突，前胸基部明显窄于鞘翅基部，前胸背板两侧不具边缘。前足基节窝通常狭窄分开并多少圆形，向后开放。中胸背板发音器具中线。鞘翅完全盖住腹部，末端合并。中足基节窝开放或关闭。胫节端距 2–2–2，通常前足胫节内侧和中足胫节外侧近端部具斜凹沟（除了须天牛属）。跗式 5–5–5，伪 4 节，前 3 节具跗垫。爪单齿式，全开式，爪间突具 2 或多根刚毛。

分布：瘦天牛科世界已知超过 300 种，分 4 族（Tavakilian and Chevillotte, 2019），目前中国记录共 3 族 8 属 31 种（Lin and Yang, 2019），浙江分布的有 1 族 1 属 1 种。

瘦天牛族 Disteniini Thomson, 1861

2. 瘦天牛属 *Distenia* Lepeletier *et* Audinet-Serville, 1828

Distenia Lepeletier *et* Audinet-Serville *in* Latreille, 1828: 485. Type species: *Distenia columbina* Lepeletier *et* Audinet-Serville, 1828.

主要特征：体较细长。触角着生于近上颚基部，远长于体，内侧具长缨毛，柄节粗壮，第 3 节长于柄节，稍短于第 4 节，其后各节渐短，末节有时稍长于第 10 节。前胸背板两侧缘中央各具 1 粗壮钝瘤突。鞘翅长形，两侧近于平行，末端尖，翅面具显著刻点但通常不规则成列。足中等长，跗节第 3 节前端深裂至中部之后，后足腿节伸至腹部第 4 可见腹板之后。

分布：中国，俄罗斯，朝鲜，韩国，琉球群岛，印度，缅甸，越南，老挝，泰国，菲律宾，马来西亚，印度尼西亚，北美洲，巴布亚新几内亚，南美洲。本属分 2 亚属，指名亚属世界已知 65 种，中国记录 17 种，浙江仅记录 1 种。

（3）东方瘦天牛 *Distenia* (*Distenia*) *orientalis* Bi *et* Lin, 2013（图版 I-2）

Distenia orientalis Bi *et* Lin, 2013: 84, figs. 25-36, 41, 42.

主要特征：体长 18.7–26.6 mm。体黑褐色，鞘翅具锈色（♂更明显），以下部位红褐色：胫节基部（1/3–1/2）、触角第 4–11 节各节端部（第 3 节有时末端下沿也显红褐色，从第 4 节到末节红褐色部分越来越多）、下唇须和下颚须末端部。触角远长于体长（♂第 7 节、♀第 8 节超过鞘翅末端），柄节基部不具纵沟，不达前胸中部，第 3 节长于柄节，第 4 节最长，其后各节渐短。鞘翅向后狭缩，长达肩宽的 3 倍。中足胫节末端不具明显的突片。

分布：浙江（临安、龙泉）、山西、陕西、江西、福建、广东。

备注：浙江是本种的模式产地。原先一直被错误鉴定为瘦天牛 *Distenia gracilis* (Blessig, 1872)，如丽水龙泉的记录。

三、天牛科 Cerambycidae

主要特征：体长 2.4–175.0 mm，形态多样。体圆筒形至扁平，通常体狭长（长可达到宽的 8 倍），两侧几乎平行，罕有近圆形。体表光亮无毛或密被毛或鳞片。头前口式至下口式，有时具缩窄的"颈部"，后头不具横脊。触角着生在触角基瘤上，位置从背面且互相靠近到侧面而互相远离，触角通常 11 节，锯天牛亚科部分（有 8 节和 9 节的类群）和沟胫天牛亚科部分（一些种类第 3 和 4 节很长而其后的鞭节退化）有少于 11 节的，12 节的情况发生在互不相干的各个类群，是由于末节分为两节而来；天牛亚科和锯天牛亚科的一些种类触角多于 12 节。鞘翅通常狭长，鞘翅长可达两翅基部合宽的 5.5 倍，也有少数宽大于长的特例，有不少鞘翅短缩不覆盖整个腹部的类群。多数种类跗节伪 4 节（5–5–5），具跗垫，部分真 4 节（4–4–4，第 4 和第 5 节愈合）。一些形态（和生物学习性）特异的种类，跗垫退化且第 3 跗节不呈双叶状。

分布：天牛科分 6 亚科（异天牛亚科和膜花天牛亚科被降为族级阶元）（Nie et al.，2021），世界已知超过 33 000 种（Slipinski and Escalona，2013），也有说 45 000 种的（Hua et al.，2009）。目前中国记录共 79 族 629 属 3637 种/亚种（Lin and Yang，2019），浙江分布有 6 亚科 184 属 412 种/亚种。其中 74 个种名的模式产地是浙江，涉及 66 种。

分亚科检索表

1. 触角着生于额的前端，紧靠上颚基部 ··· 2
- 触角着生处较后，离上颚基部较远 ··· 3
2. 前胸两侧具边缘，或至少后半部具边缘，通常具齿 ···························· 锯天牛亚科 Prioninae
- 前胸两侧不具边缘 ··· 椎天牛亚科 Spondylidinae
3. 头伸长；眼后部分显著狭缩成颈状；前足基节显著突出，圆锥形 ···················· 花天牛亚科 Lepturinae
- 头一般不长；眼后不显著狭缩，绝不呈颈状；若眼后狭缩，则鞘翅短缩 ································· 4
4. 前口式 ··· 5
- 下口式或后口式 ··· 6
5. 前足基节横形至近球形，不高于前胸腹突；不具爪间突 ···························· 锯花天牛亚科 Dorcasominae
- 前足基节形状多样，通常高于前胸腹突；爪间突小或通常不明显 ···················· 天牛亚科 Cerambycinae
6. 鞘翅短缩，仅盖住具翅胸节；后翅外露而翅端不折叠 ···················· 花天牛亚科（膜花天牛族 Necydalini）
- 鞘翅不短缩，通常盖住腹部；后翅不外露而翅端折叠 ···························· 沟胫天牛亚科 Lamiinae

（一）锯天牛亚科 Prioninae

主要特征：体形较大，一般不小于 10 mm，最大的可达 175 mm。头部不具明显缢缩的"颈部"，前口式或亚前口式，锯天牛族 Prionini 的一些雄虫具有长而弯向腹面的上颚。触角窝大都与上颚髁很靠近。触角长度多样，多数明显超过前胸背板基部，形态上有的具有显著的性二型。前胸背板具边缘，侧缘通常具齿或刺，边缘完整或从前胸背板的后角延伸至前足基节窝的侧端。前胸腹板突通常很发达，末端膨大，与中胸腹板前缘接触。中胸背板缺发音器；中足基节窝开放式。前足基节横形，不高于前胸腹板突。跗节通常伪 4 节，具跗垫。产卵器具或多或少侧生的生殖刺突，一些营地下生活的具挖掘习性的种类，产卵器骨化很强烈。

分布：锯天牛亚科世界已知 26 族 302 属 1109 种（Tavakilian and Chevillotte，2019），中国记录 7 族 33 属 117 种/亚种（Lin and Yang，2019，未包括异天牛族的 1 族 1 属 2 种），浙江记录锯天牛 5 族 9 属 17 种/亚种。

裸角天牛族 Aegosomatini Thomson, 1861

分属检索表

1. 前胸背板具 3 个明显的侧刺突；触角第 3 节近圆柱形，内侧无沟 ··刺胸薄翅天牛属 *Spinimegopis*
- 前胸背板不具明显的侧刺突 ··· 2
2. 触角第 3 节粗大且向后变细，表面粗糙，内侧有沟；鞘翅上没有显著突起的脊 ·············· 裸角天牛属 *Aegosoma*
- 触角第 3 节近圆柱形，表面不粗糙，内侧无沟；鞘翅上具有显著突起的脊 ······························ 婴翅天牛属 *Nepiodes*

3.　裸角天牛属 *Aegosoma* Audinet-Serville, 1832

Aegosoma Audinet-Serville, 1832: 162. Type species: *Cerambyx scabricornis* Scopoli, 1763.

Megopis (*Aegosoma*): Lameere, 1909: 137.

主要特征：体中等大小或者较大，表面密被绒毛，头在复眼之后或多或少延长。复眼内缘浅凹。上颚短，倾斜，内缘最多有 1 个小齿。雄虫触角长于体长，雌虫触角仅仅超过鞘翅中部；触角表面光裸，柄节短，粗壮，第 3 节十分长于柄节，至少与第 4、5 节长度之和相等，基部 3 节或者基部 5 节表面粗糙，凹凸不平，雄虫表现得更为强烈。前胸背板两侧无齿和刺；前胸基部很宽，向前渐狭；鞘翅宽于前胸基部，两侧的大部分几乎平行，向末端稍稍收狭，端部圆形。足中等长度，后足最长，跗节相当细，第 1 跗节明显长于第 2 跗节，末节至少等于基部 2 节长度之和，后足跗节末节等于前 3 节长度之和（冯波，2007）。

分布：中国，俄罗斯，朝鲜，韩国，日本，琉球群岛，印度，不丹，尼泊尔，缅甸，越南，老挝，泰国，马来西亚，文莱，印度尼西亚，伊朗，伊拉克，阿塞拜疆，亚美尼亚，土耳其，叙利亚，欧洲。本属世界已知有 19 种/亚种，中国记录 7 种，浙江分布 2 种。

（4）黄褐裸角天牛 *Aegosoma fulvum* Ripaille *et* Drumont, 2020 （图版 I-3）浙江新记录

Aegosoma fulvum Ripaille *et* Drumont, 2020: 79, figs. 1-2, 4a and 5a.

主要特征：体长 30.0–52.0 mm。体赤褐色，雄虫触角略超过鞘翅末端，第 1–5 节极粗糙，下面有刺状粒，柄节粗壮，第 3 节最长，约等长于第 4–5 节之和。雌虫触角较细短，约伸展至鞘翅中部之后，基部 5 节粗糙程度较弱。前胸背板前端狭窄，基部宽阔，呈梯形，后缘几乎不弯曲，两边仅基部有较清晰边缘；表面密布颗粒刻点，灰黄短毛较稀疏，不形成斑纹。鞘翅有 2–3 条微弱的细小纵脊，鞘翅末端圆形，缝角处具尖刺。

分布：浙江（江山、泰顺）、江西、福建、广东。

备注：跟中华裸角天牛相比，黄褐裸角天牛的鞘翅纵脊较不发达，鞘翅颜色黄褐色；触角第 3–5 节较长；鞘翅末端圆形具尖刺；腿节较细长，红褐色。

（5）中华裸角天牛 *Aegosoma sinicum* White, 1853 （图版 I-4）

Aegosoma sinicum White, 1853: 30.

Aegosoma amplicollis Motschulsky, 1854: 48.

Megopis (*Aegosoma*) *sinicum sinicum*: Lameere, 1909: 138.

Megopis (*Aegosoma*) *sinica corniculata* Yoshida, 1931: 273.

主要特征：体长 30.0–55.0 mm。体赤褐色或暗褐色，雄虫触角几与体长相等或略超过，第 1–5 节极粗

糙，下面有刺状粒，柄节粗壮，第3节最长，长于第4–5节之和。雌虫触角较细短，约伸展至鞘翅后半部，基部5节粗糙程度较弱。前胸背板前端狭窄，基部宽阔，呈梯形，后缘中央两旁稍弯曲，两边仅基部有较清晰边缘；表面密布颗粒刻点和灰黄短毛，有时中域被毛较稀。鞘翅有2–3条较清晰的细小纵脊，鞘翅末端圆钝不具尖刺。

分布：浙江（德清、长兴、安吉、海宁、临安、上虞、奉化、象山、宁海、余姚、慈溪、定海、兰溪、义乌、东阳、黄岩、三门、天台、仙居、温岭、临海、玉环、龙泉、平阳）、黑龙江、吉林、辽宁、内蒙古、北京、天津、河北、山西、山东、河南、陕西、甘肃、江苏、上海、安徽、湖北、江西、湖南、福建、台湾、广东、海南、广西、重庆、四川、贵州、云南、西藏；俄罗斯，朝鲜，韩国，日本，印度，缅甸，越南，老挝，泰国，马来西亚。

寄主：榆属、泡桐属、云杉属、冷杉属、栗属、杨属、柳属、野桐属、楝树、苹果、桑、油桐、胡桃、枣、白蜡树、枫杨、思茅松、梧桐、构树。

备注：本卷暂且认为《浙江森林病虫名录》里的隐脊薄翅天牛 *Megopis sinica ornaticollis* (White)也是这种，并把其记录的分布信息（余姚、奉化、宁海、象山、慈溪）合并进来。

4. 婴翅天牛属 *Nepiodes* Pascoe, 1867

Nepiodes Pascoe, 1867a: 410. Type species: *Nepiodes cognatus* Pascoe, 1867.

主要特征：体较长扁，中型至大型。头部明显窄于前胸，上颚短；触角基瘤左右远离，复眼很大，内缘浅凹，后头较长。触角细长圆柱形，短于至略长于体长。前胸背板呈梯形，前端狭，后端宽，两侧缘无齿。小盾片舌状。鞘翅狭长，基部宽于前胸，后端渐狭，外端角圆形，缝角明显，有时具小刺。后胸前侧片两边向后倾斜，后端尖狭。第3跗节两叶分裂达基部。

分布：中国，印度，尼泊尔，孟加拉国，缅甸，越南，老挝，泰国，柬埔寨，斯里兰卡，马来西亚，新加坡，印度尼西亚。本属世界已知有11种/亚种，中国记录3种/亚种，浙江分布1亚种。

（6）多脊婴翅天牛 *Nepiodes costipennis multicarinatus* (Fuchs, 1966)

Megopis (*Nepiodes*) *multicarinatus* Fuchs, 1966: 19.

Nepiodes costipennis multicarinatus: Komiya & Drumont, 2010: 188, 190.

主要特征：体长17.0–33.0 mm。本种个体大小差异较大，体红色；鞘翅黑褐色，翅面上纵脊部分红色或黄褐色；触角红褐色，各节端缘稍带黑褐色；复眼及上颚顶端黑色；前胸背板中区有时稍带黑红色；腿节端缘带黑褐色。雄虫触角伸至鞘翅端部，雌虫达鞘翅中部稍后。鞘翅长形，后端稍狭窄，缘角圆形，缝角呈刺状突出；每翅具十分显著的纵脊纹。

分布：浙江、福建、广东、海南、广西、四川、贵州、云南；印度，孟加拉国，缅甸，越南，老挝，泰国，柬埔寨。

5. 刺胸薄翅天牛属 *Spinimegopis* K. Ohbayashi, 1963

Megopis (*Spinimegopis*) K. Ohbayashi, 1963a: 7. Type species: *Megopis nipponica* Matsushita, 1934.

Spinimegopis: Komiya, 2005: 152.

主要特征：体长圆柱形，体长17–55 mm，通常30–45 mm。体褐色，黄色或几乎黑色。头和前胸被长毛，鞘翅被毛或光裸，腹面通常被长而密的毛但腹部被毛稀疏。头短，上颚通常为头长的 1/5；复眼小眼面粗，下叶间距大于上叶。触角 11 节，通常短于体长但雄虫有时略长于体长；基部 4 节近圆柱形，其余略扁且末端形成角状，外侧具 1 条纵脊；触角第 3 节等于或长于第 4–6 节长度之和，柄节内侧具显著纵沟，一些种类基部数节下沿具缨毛。前胸背板近矩形或梯形，宽 1.5–2.0 倍于长；侧缘完整，每侧通常具 3 个显著的刺，有时 1 或 2 个刺不显著。小盾片舌状或半圆形。鞘翅通常 2.5 倍于头与前胸之和，被绒毛或光裸（Komiya and Drumont，2007）。

　　分布：中国，日本，琉球群岛，印度，不丹，尼泊尔，缅甸，越南，老挝，泰国，斯里兰卡，马来西亚。本属世界已知 26 种/亚种，中国记录 14 种/亚种，浙江仅分布 1 种。

（7）胫刺胸薄翅天牛 *Spinimegopis tibialis* (White, 1853)

Aegosoma tibiale White, 1853: 32.

Spinimegopis tibialis: Komiya & Drumont, 2007: 348, 381.

　　主要特征：体长 21.5–45.0 mm。体黑褐色，雌虫鞘翅颜色稍浅，为红褐色。头、前胸背板、小盾片密被灰色长毛，触角和鞘翅光裸。雄虫触角略超出体长，雌虫触角伸达鞘翅末端 1/4 处。鞘翅末端阔圆，端缝角钝圆。

　　分布：浙江、四川、云南、西藏；印度，不丹，尼泊尔。

　　备注：浙江的记录来源于 Li 等（2014），并且被 2019 年的《中国甲虫名录　第 9 卷》引用。但是 Drumont 认为本种为喜马拉雅区系的，不可能在浙江有分布（个人交流，2020-12-04）。

扁角天牛族　Anacolini Thomson, 1857

6. 肚天牛属 *Drumontiana* Danilevsky, 2001

Drumontiana Danilevsky, 2001: 228. Type species: *Casiphia lacordaire* Semenov, 1927.

　　主要特征：触角 9 节，胫节和跗节很长是本属最容易分辨的特征。本属雌虫鞘翅退化，不完全盖住腹部。雄虫：前胸密被长毛，上颚短，具 2 内齿。触角第 3–9 节具纵脊纹，第 9 节最长，第 3 节约等于或稍短于第 9 节，第 4–8 节逐渐变短，第 3 节最粗。前胸宽大于长，前端较窄，密被长毛，侧缘具或不具齿突。小盾片大，0.7–1 倍于前胸背板，被长毛。鞘翅在肩角后最宽，向后渐窄，刚好盖住腹部或有一点点没盖住，后翅部分外露。雌虫：体形大于雄虫，大部分光裸。触角节圆柱形，仅末端 1–3 节略扁平，表面具稀疏刻点。小盾片仅 0.3–0.5 倍于前胸背板。鞘翅在中部或末端 2/5 处最宽，腹部部分外露，后翅退化。

　　分布：中国，越南，老挝。本属世界已知 8 种/亚种，中国记录 3 种，浙江分布 1 种。

（8）天目肚天牛 *Drumontiana amplipennis* (Gressitt, 1939)（图版 I-5）

Psephactus amplipennis Gressitt, 1939b: 82, pl. 1, fig. 1.

Drumontiana amplipennis: Komiya & Niisato, 2007: 571, 572.

　　主要特征：雄虫体长 17 mm。体红褐色，鞘翅颜色略深于头和前胸。触角第 3–9 节黑褐色，复眼和上颚端部黑色。体大部分被黄褐色伏毛，鞘翅的毛最短，胸部背板的毛最长。触角长为体长的 4/7，柄节粗短，刻点深，第 3–9 节扁平且具纵脊纹，第 3 节为柄节的 2 倍长，1.5 倍于第 4 节，之后第 4–8 各节渐短，末节约等长于第 3 节。前胸宽为长的 2 倍多，前端最窄，没有明显侧刺突，刻点细小。小盾片特别大，与前胸背板长度相等。鞘翅长为头和前胸之和的 2.5 倍，向后渐窄，末端圆，隐约可见 2 条纵脊。

分布：浙江（临安）。

备注：浙江杭州临安是模式产地，本种目前还是浙江的特有种。本种的正模标本一直被误判为雌虫，其实是雄虫。

扁天牛族 Eurypodini Gahan, 1906

7. 扁天牛属 *Eurypoda* Saunders, 1853

Eurypoda Saunders, 1853: 109. Type species: *Eurypoda antennata* Saunders, 1853.

主要特征：头短，前部向下垂直；上颚短而弯曲，末端尖锐；复眼大而突出，内缘深凹，上叶彼此接近，下叶前缘接近上颚基部；触角稍短于体长，第 3–10 节扁平，具纵脊，内端角突出成锐角或齿，柄节粗短，倒圆锥形，第 3 节 2 倍于柄节长，较宽。前胸背板宽扁，两侧缘略呈弧形，向上卷，无锯齿；前缘微凹，后缘稍呈波纹状，前角钝，后角不明显，圆形。鞘翅同前胸近于等宽，鞘翅两侧平行，周缘有边框。足粗短，扁平。后足第 1 跗节稍长于第 2–3 节之和。

分布：中国，韩国，日本，印度，缅甸，越南，老挝，泰国，马来西亚，印度尼西亚。本属世界已知 8 种，中国记录 4 种（Tavakilian and Chevillotte，2019；Lin and Yang，2019），浙江分布 2 种。

（9）扁天牛 *Eurypoda* (*Eurypoda*) *antennata* Saunders, 1853（图版 I-6）

Eurypoda antennata Saunders, 1853: 110, pl. IV, fig. 3.

Eurypoda davidis Fairmaire, 1886: 355.

别名：家扁天牛

主要特征：体长 11–27 mm。体中等大小，极扁平；棕褐至栗色，头、胸黑褐或赤褐色，触角及上颚黑褐色，腿节棕红色。头部正中有 1 条细纵沟，触角之间的额区有横凹陷；雌、雄虫上颚大小相同；头密布粗深刻点；触角长达鞘翅中部之后，雌虫一般稍短，柄节密布刻点，第 3 节的长度约为第 4、5 两节之总长度，第 4 节之后各节约等长。前胸背板显现出 3 个微隆光亮区域，中间一块最大，略呈长方形，两侧各一，较小，成不规则纵条，有时不明显，中区刻点细稀，两侧刻点极细小，稠密。鞘翅每翅有清晰的 2 条纵脊线，翅面密布细刻点，刻点间有细皱纹。后胸腹板两侧密布细刻点及着生黄色的细绒毛。雄虫腹部末节后缘中部微凹，着生较密、细长的黄毛；雌虫腹部末节后缘平直，仅后缘着生较短、稀少的黄毛。

分布：浙江（德清、杭州、诸暨、嵊州、镇海、奉化、象山、慈溪、舟山、开化、平阳）、河南、青海、江苏、上海、安徽、湖北、江西、福建、台湾、广东、海南、香港、广西、重庆、四川、贵州、云南。

被害植物：为害干燥的木材，如房屋梁柱、楼梯、木器家具等；为害的木材主要有枫木、樟、桦、麻栎等阔叶树，其次有松、杉等针叶树。

备注：浙江是本种次异名 *Eurypoda davidis* Fairmaire, 1886 的模式产地。

（10）樟扁天牛 *Eurypoda* (*Neoprion*) *batesi* Gahan, 1894

Eurypoda batesi Gahan, 1894b: 225.

Eurypoda (*Neoprion*) *batesi*: Lameere, 1904: 11.

主要特征：体长 19.0–40.0 mm。体形颇宽扁，背面光亮；体棕红色，头部色泽深暗，为赤褐色或黑褐色，触角及上颚黑色至黑褐色；后胸腹板有细密黄毛。触角约伸至鞘翅中部，第 3 节略长于第 4、5 节长度之和，第 4 节至末端各节近乎等长。前胸背板宽扁，两旁稍倾斜，中域为一大片光亮区域，其上分布疏细刻点，两旁无光泽，具极端细密刻点；前缘略凹，两侧边缘无尖锐锯齿，在中央稍后仅有 1 突角，基部稍狭，后角不明显，略呈弧形。鞘翅扁平而光亮，几与前胸节等宽，分布细密刻点。

分布：浙江、青海、湖北、江西、湖南、福建、广东、海南、广西、四川、贵州、云南；韩国，日本，越南，老挝，泰国。

寄主：樟属。

密齿天牛族 Macrotomini Thomson, 1861

8. 本天牛属 *Bandar* Lameere, 1912

Macrotoma (Bandar) Lameere, 1912: 144. Type species: *Prinobius pascoei* Lansberge, 1884.

Bandar: Quentin & Villiers, 1981: 360, 362.

主要特征：头长，相对较小，额几乎垂直，相当平坦。触角基瘤突出十分明显且接近。上颚十分发达，强烈弯曲。触角明显比身体短（♀），雄虫触角可能比身体长；基部 3 节粗大，雄虫触角第 3 节扁平，总是有沟；第 3 节最长，从第 4 节开始急剧收狭且逐渐变短。前胸背板梯形，表面平坦，被粗糙刻点，中间有 1 条光滑的条带，两侧一般具有许多长而尖锐的小齿。鞘翅长，两侧几乎平行。足中等长，腿节背面不具齿，雌虫前足比雄虫更粗壮，后足第 1 跗节约等于其后两节长度之和（冯波，2007）。

分布：中国，日本，琉球群岛，印度，不丹，尼泊尔，缅甸，越南，老挝，泰国，斯里兰卡，菲律宾，马来西亚，文莱，印度尼西亚。本属世界已知 6 种/亚种，中国记录 1 种 3 亚种，浙江分布 1 亚种。

（11）本天牛 *Bandar pascoei pascoei* (Lansberge, 1884)

Prinobius pascoei Lansberge, 1884: 144.

Macrotoma fisheri C. O. Waterhouse, 1884: 382.

Bandar pascoei ssp. *pascoei*: Quentin & Villier, 1981: 360, 363.

别名：密齿锯天牛、密翅锯天牛

主要特征：体长 40.0–70.0 mm。体棕红或棕褐色，头部、前足腿节及触角基部 3 节赤褐色或几近黑色，中、后足色泽稍淡，有时鞘翅色泽亦较浅淡，呈棕黄色。触角约为体长的 3/4；雄虫第 1–3 节极为粗壮，扁形；第 1 节长约为宽的 2 倍，其上面有深大刻点，下面略有刺状颗粒；第 3 节极长大，其长度超过第 4、第 5 两节之和，生有刺状颗粒，外沿尤为粗密。前胸背板宽阔，两边向前狭窄，边缘密具尖锐小锯齿，基缘两端亦偶有 1 或 2 锯齿。鞘翅有 4 条微弱纵脊，外侧 1 条极为模糊，端缘圆形，缝角呈尖齿状。

分布：浙江（开化、庆元）、辽宁、内蒙古、河北、陕西、安徽、湖北、江西、湖南、福建、广东、海南、广西、四川、贵州、云南、西藏；印度，不丹，尼泊尔，缅甸，越南，老挝，泰国，斯里兰卡，菲律宾，马来西亚，文莱，印度尼西亚。

寄主：栓皮栎、栗、柿、沙梨、苹果、黄连木、杏、桃。

备注：本种含 3 个亚种，另外 2 亚种分别为台湾本天牛 *Bandar pascoei formosae* (Gressitt, 1938)（我国台湾和琉球群岛）和嘉氏本天牛 *Bandar pascoei gressitti* Quentin *et* Villiers, 1981（广西、四川、云南、西藏）。

锯天牛族 Prionini Latreille, 1802

分属检索表

1. 触角表面至少在端部数节具有规则的纵条纹；前胸背板侧齿十分发达，常常为细长的刺状 …… **接眼天牛属 Priotyrannus**
- 触角表面没有规则的纵条纹；前胸背板侧齿稍弱，较短，常为三角形 ……………………………………… 2
2. 上颚通常很长，向基部弯曲，至少雄虫如此 ……………………………………………… **土天牛属 Dorysthenes**
- 上颚短而粗壮，雌虫、雄虫相似，不向下弯曲 ……………………………………………… **锯天牛属 Prionus**

9. 土天牛属 *Dorysthenes* Vigors, 1826

Dorysthenes Vigors, 1826: 514. Type species: *Prionus rostratus* Fabricius, 1792.

主要特征：一般较大型，或中等大小，体较宽大。头向前伸出；上颚极长大，向下弯曲，至少雄虫如此；颊向外侧呈角状突出；复眼彼此远离；触角一般锯齿形或栉齿状，第 3 节长于柄节。前胸背板横阔，两侧具边缘或至少部分具边缘，两侧缘各着生 2 或 3 个扁形大锯齿。小盾片舌状。鞘翅端部稍窄于肩部，外端角圆形，缝角明显。后胸前侧片两边平行，几乎呈长方形（蒲富基，1980）。

分布：中国，俄罗斯，蒙古国，朝鲜，韩国，日本，琉球群岛，巴基斯坦，印度，不丹，尼泊尔，孟加拉国，缅甸，越南，老挝，泰国，柬埔寨，斯里兰卡，马来西亚，新加坡，印度尼西亚，伊朗，阿富汗。本属分为 7 个亚属（Tavakilian and Chevillotte，2019），其中 6 个亚属在中国有分布（*Dissosternus* 亚属仅 1 种，分布于印度），浙江分布有 5 亚属 6 种。

备注：本属的一些种类为农作物害虫，在南方为害甘蔗，在北方为害玉米、高粱，幼虫生活在土内为害作物根（蒲富基，1980）。

分种检索表

1. 前胸腹板突片明显突出于基节之上；第 3 跗节端部角状，体黑褐色 ………………………… **钩突土天牛 D. (B.) sternalis**
- 前胸腹板突片不或稍突出于基节之上 ……………………………………………………………………… 2
2. 下唇须末节不扩大或稍扩大，上颚中等长 …………………………………………………………………… 3
- 下唇须末节十分扩大，上颚很长 …………………………………………………………………………… 4
3. 触角基瘤接近 …………………………………………………………………… **蔗根土天牛 D. (Pa.) granulosus**
- 触角基瘤远离 ………………………………………………………………………… **苹根土天牛 D. (L.) huegelii**
4. 第 3 跗节端部不尖锐也不具刺；鞘翅表面皱纹弱；体棕褐色；上颚外缘具 2 个齿突 ……………………………
  …………………………………………………………………………………………… **沟翅土天牛 D. (Pr.) fossatus**
- 第 3 跗节端部尖锐或者具刺 ………………………………………………………………………………… 5
5. 前胸背板前齿发达，远离中齿 ………………………………………………………… **曲牙土天牛 D. (C.) hydropicus**
- 前胸背板前齿小，与中齿靠近 ……………………………………………………… **大牙土天牛 D. (C.) paradoxus**

（12）钩突土天牛 *Dorysthenes* (*Baladeva*) *sternalis* (Fairmaire, 1902)

Cyrtognathus sternalis Fairmaire, 1902a: 244.

Dorysthenes (*Baladeva*) *sternalis*: Gressitt, 1951: 23.

主要特征：体长 31–34 mm。体黑褐至黑色，有光泽。触角第 4–11 节棕红或黑褐色。头部向前突出，正中有 1 条浅纵沟；额和头顶密布刻点，以额刻点较粗；口器向下，上颚中等长，基部密生刻点；触角基部 3 节光亮，第 3–10 节外端角较狭。前胸背板短阔，前缘中央微凹缘，后缘略呈波纹状；侧缘具 2 齿，中齿尖锐，稍向后弯，后角呈齿状；中区稍凸，胸面密布刻点，以两侧为粗。小盾片密布刻点。鞘翅两侧大致平行，后端稍狭窄，肩圆形；翅面全布皮革状皱纹，基部皱纹、刻点更为显著；每翅隐约显现不完整的 2 条纵隆线。

　　分布：浙江（德清、长兴、安吉）、河北、河南、甘肃、湖北、四川、云南；尼泊尔，越南。

（13）曲牙土天牛 *Dorysthenes* (*Cyrtognathus*) *hydropicus* (Pascoe, 1857)

Prionus hydropicus Pascoe, 1857b: 91.

Dorysthenes (*Cyrtognathus*) *hydropicus*: Pascoe, 1857b: 91.

Cyrthognathus chinensis Thomson, 1861: 328.

Cyrtognathus breviceps Fairmaire, 1899: 637.

　　主要特征：体长 25–47 mm。体较阔，棕栗色至栗黑色，略带金属光泽，触角与足部分呈棕红色。头部向前突出，微向下弯，正中有细浅纵沟；口器向下，大颚长大，呈刀状，彼此交叉，向后弯曲，基部与外侧具紧密刻点，尤以基部为甚；下颚须与下唇须末节呈喇叭状。触角 12 节，一般雌虫较短，接近鞘翅中部；雄虫较长，超过中部，自第 3–10 节外端角突出，呈宽锯齿状。前胸较阔，前缘中央凹陷，后缘略呈波纹状，侧缘具 2 齿，分离较远，中齿较前齿发达，后角突出略呈齿状。鞘翅基部阔大，向后端渐尖，内角明显，外角圆形，刻点较前胸稀少，刻点间密布纵纹，每翅微现 2 或 3 条纵隆线，翅之周缘微向上卷。中、后胸腹板密生棕色毛。雌虫腹基中央呈三角形。

　　分布：浙江（长兴、临安、义乌、天台、开化、平阳）、吉林、辽宁、内蒙古、北京、天津、河北、山东、河南、陕西、甘肃、江苏、上海、安徽、湖北、江西、湖南、台湾、海南、香港、广西、贵州。

　　生活习性：一年发生一代，以老熟幼虫越冬，翌年 2–3 月潜入土中筑室化蛹，蛹室离地面 4–6 cm。五六月间下雨时成虫出现交尾产卵；幼虫栖息土中，可侵入甘蔗地下茎内，纵行穿孔食害，被害蔗株常发生枯萎，可为害至 11 月；甘蔗幼苗受害较少（陈世骧等，1959）。

（14）大牙土天牛 *Dorysthenes* (*Cyrtognathus*) *paradoxus* (Faldermann, 1833)

Prionus paradoxus Faldermann, 1833: 63.

Cyrthognathus aquilinus Thomson, 1865: 577.

Dorysthenes (*Cyrtognathus*) *paradoxus*: Lameere, 1911: 342.

Dorysthenes (*Cyrtognathus*) *tippmanni* Heyrovský, 1950: 127.

　　主要特征：体长 33–41 mm。体阔大，略呈圆筒形，棕栗色到黑褐色，稍带金属光泽，触角与足呈红棕色，头部一般较为长大，向前突出；口器向下，大颚极长，呈刀状，彼此交叉，向后弯曲，基部刻点紧密，色赤褐，边缘色深。触角 12 节，一般仅接近鞘翅中部，雌虫更为细短，雄虫自第 3–10 节外端角较尖锐。前胸短阔，色较暗，前缘中央凹陷，后缘略呈波状，侧缘各有 2 齿，前齿较小，与中齿接近，中齿发达，后角稍为突出；前胸两侧刻点较粗；中域有瘤状突起，中央有 1 细浅纵沟。鞘翅基部宽，向后渐狭，内角明显，外角圆形，每翅有纵隆线 2 或 3 条，翅之周缘微向上反。中后胸腹板密生棕色毛。雌虫腹基中央呈圆形。

　　本种与曲牙土天牛很接近，二者主要区别在于：本种触角第 3–10 节的外端角较为尖锐，曲牙土天牛较宽；本种前胸侧缘前齿较小，与中齿接近，曲牙土天牛反之；本种雌虫腹基中央呈圆形，而曲牙土天牛呈三角形。

　　分布：浙江（德清、长兴、安吉、临安）、吉林、辽宁、内蒙古、天津、河北、山西、山东、河南、陕西、宁夏、甘肃、青海、江苏、安徽、湖北、江西、海南、香港、四川、贵州；俄罗斯，蒙古国，朝鲜，韩国，印度。

被害植物：玉米、高粱（茎秆被啮折）（陈世骧等，1959）。

（15）苹根土天牛 *Dorysthenes* (*Lophosternus*) *huegelii* (Redtenbacher, 1848)

Cyrtognathus hügelii Redtenbacher, 1848: 550, pl. XXVIII, fig. 1.

Cyrthognathus falco Thomson, 1877: 262.

Lophosternus palpalis Gahan, 1906: 12.

Dorysthenes (*Lophosternus*) *hügeli* [sic]: Lameere, 1911: 330.

主要特征：体长 30–41 mm。体棕褐或棕红色，头、胸及触角前 3 节较鞘翅色泽暗，为黑褐或黑红色。触角粗扁，雄虫稍短于体长，雌虫达鞘翅中部之后，柄节不超过复眼后缘，第 3 节外端呈尖角形；头部刻点粗密。前胸背板宽胜于长，每侧缘具 2 齿，背面中区刻点较两侧的细而稀。小盾片舌形，具较粗刻点。鞘翅长形，肩部稍宽，后端窄，侧缘向上卷，缘角圆形，缝角明显刺状，翅面具粗深刻点，后半部皱纹显著，每翅有 3 条较清晰的纵脊。足中等大小，扁平，雄虫前足腿节、胫节具齿突，后胸腹板着生浓厚黄褐色绒毛。

分布：浙江（安吉）、河南、云南；巴基斯坦，克什米尔，印度，尼泊尔，孟加拉国，阿富汗。

寄主：据国外资料记载有苹果、雪松、圣栎、乌桕、娑罗双、印度黄檀、杜鹃属等。

备注：湖州安吉县的记录来自《浙江森林病虫名录》，浙江的记录在 Li 等（2014）的文献中出现，并且被 2019 年的《中国甲虫名录　第 9 卷》引用。但是 Drumont 认为本种为喜马拉雅区系的，不可能在浙江有分布（个人交流，2020-12-04）。

（16）蔗根土天牛 *Dorysthenes* (*Paraphrus*) *granulosus* (Thomson, 1861)

Cyrthognathus granulosus Thomson, 1861: 329.

Paraphrus granulosus: Thomson, 1864: 281.

Dorysthenes (*Paraphrus*) *granulosus*: Lameere, 1911: 335.

主要特征：体长 15.0–65.0 mm。体形大，但个体大小差异很大。体棕红色，前胸背板色泽较深，头部、上颚及触角基部 3 节黑褐至黑色，有时前足腿节、胫节黑褐色。雄虫触角粗大、扁阔，长达鞘翅末端，第 3–7 节下沿有齿状颗粒，雌虫触角细小，长达鞘翅中部之后。前胸背板宽阔，两侧缘各具 3 个尖锐齿突，中齿向后稍弯下，后齿较小。鞘翅宽于前胸，两侧近于平行，端部渐窄，外端角圆形，缝角垂直；每翅显出 2 或 3 条纵脊线，靠中缝的 2 条近端处连接。前胸腹板凸片不向上拱突；后胸腹板仅沿中央有 1 个菱形的无毛区，其余部分密生浓密的黄色软毛。雄虫前足胫节腹面着生数列齿状突，腹部末节端缘微凹，着生淡色毛。

分布：浙江（平阳）、山东、甘肃、青海、湖北、江西、福建、广东、海南、香港、广西、四川、贵州、云南；印度，孟加拉国，缅甸，越南，老挝，泰国，柬埔寨。

寄主：甘蔗。

（17）沟翅土天牛 *Dorysthenes* (*Prionomimus*) *fossatus* (Pascoe, 1857)（图版 I-7）

Prionus fossatus Pascoe, 1857b: 90.

Dorysthenes (*Prionomimus*) *fossatus*: Lameere, 1912: 176.

主要特征：体长 28.0–42.0 mm。体黄褐色、棕褐色至黑褐色，头、前胸背板、触角基部 3 节棕红至黑褐色，有时前、中足略带黑褐色。前胸背板短阔，每侧缘具 2 齿，分别位于前端及中部，前齿较宽大，后角突出；两侧中后部微隆起，表面分布细刻点，两侧刻点较粗糙，中区光亮。鞘翅两侧近于平行，端部稍狭，外端角圆形，缝角明显；每翅有 2 或 3 条纵脊线，中部纵凹沟明显。前胸腹突不向上拱突；第 3 跗节的两叶端部较圆。雄虫后胸腹板具黄色绒毛，仅沿中央有 1 个纵形无毛区。

分布：浙江（德清、长兴、萧山、临安、桐庐、上虞、诸暨、开化）、河南、陕西、甘肃、青海、上海、安徽、湖北、江西、湖南、福建、海南、广西、四川、贵州、云南。

10. 锯天牛属 *Prionus* Geoffroy, 1762

Prionus Geoffroy, 1762: 198. Type species: *Cerambyx coriarius* Linnaeus, 1758.

Prionus (*Prionellus*) Casey, 1924: 209. Type species: *Prionus pocularis* Dalman, 1817.

主要特征：体中型或小型，头向前伸出，雌、雄虫上颚相同，上颚粗短，不向下弯曲；颊较短，呈角状向外突出；复眼彼此远离；触角一般呈锯齿状，12 节。前胸背板宽胜于长，两侧具边缘，有锯齿。小盾片舌形。足扁平（蒋书楠等，1985）。

分布：中国，俄罗斯，朝鲜，韩国，日本，琉球群岛，巴基斯坦，不丹，尼泊尔，缅甸，伊朗，阿富汗，欧洲，北美洲。本属分为 3 个亚属（Tavakilian and Chevillotte，2019），中国仅分布有指名亚属。指名亚属世界已知 39 种/亚种（Tavakilian and Chevillotte，2019），中国记录 16 种/亚种，浙江分布 2 亚种。

（18）娄氏皱胸锯天牛 *Prionus delavayi lorenci* Drumont *et* Komiya, 2006

Prionus delavayi lorenci Drumont *et* Komiya, 2006: 11, figs. 13-14, carte 3.

主要特征：体长 28.2–37.0 mm。体黑褐色，背面几乎光裸，头部表面刻点粗糙。雄虫触角 12 节，略长于体长的一半，雌虫触角 11 节，短于体长的一半。前胸背板中部光亮，两侧刻点变粗，宽大于长的 2 倍。鞘翅无光泽，长为宽的 1.6–1.7 倍，鞘翅纵脊不十分明显。

分布：浙江（临海括苍山）、陕西、湖北、江西、福建、广东、四川、贵州、云南、西藏。

（19）岛锯天牛 *Prionus insularis insularis* Motschulsky, 1858

Prionus insularis Motschulsky, 1858a: 36.

Prionus tetanicus Pascoe, 1867a: 412.

Prionus insularis var. *ichikii* Nishiguchi, 1941: 31.

Prionus insularis tetanicus: Komiya & Drumont, 2004: 10, figs. 21-23, 34-36.

Prionus insularis insularis: N. Ohbayashi, Kurihara & Niisato, 2005: 287.

主要特征：体长 24–45 mm。体扁平，棕栗色到黑褐色，微带金属光泽，跗节一般棕色，头部较宽，向前突出，大颚短而坚，相互交叉，刻点紧密。触角自第 3 至第 9 或第 10 节的外端角突出，呈锯齿状，末节长卵圆形；雌虫触角短细，不超过鞘翅之半，雄虫粗扁而长，不超过腹部。前胸扁阔，富金属光泽，宽为长之 2 倍，后缘中间稍向后呈弧形，侧缘具 2 齿，中齿发达，略向后弯曲，2 齿基部稍突，后角钝齿状。中胸腹面密被棕色毛。鞘翅基部宽，端部狭，内缘末端明显，具小齿，外缘圆形。足较长，除跗节色较淡外，一般色与体同，胫节内外侧凹槽形，具无数棘状突起，尤以中后足内侧为最。

分布：浙江（长兴、余姚、龙泉、平阳）、黑龙江、吉林、辽宁、内蒙古、北京、天津、河北、山西、山东、河南、陕西、甘肃、新疆、江苏、安徽、湖北、江西、湖南、福建、香港、四川、贵州、云南；俄罗斯，蒙古国，朝鲜，韩国，日本。

生活习性：幼虫生活在衰亡的活树内与砍伐过的树根内；2–4 年一世代，成虫在 6–8 月起飞（陈世骧等，1959）。

寄主：冷杉属、云杉属、偏柏属、松、柳杉、苹果、榆、山毛榉。

11. 接眼天牛属 *Priotyrannus* Thomson, 1857

Priotyrannus Thomson, 1857b: 120. Type species: *Prionus mordax* White, 1853, by monotypy.

主要特征：唇基与额之间有 1 条弯曲的凹沟，触角 11 节，雄虫触角与体等长或稍短于体长，雌虫触角仅超过鞘翅中部，从第 3 节开始，内外端角尖锐；前胸短阔，侧缘各具 3 齿，稍弯曲，中齿最长，其余 2 齿相等，前后缘在中部突出；鞘翅阔，端部圆形；前足基节间的前胸腹板突强烈弯曲；后足第 1 跗节与第 2–3 节之和等长（冯波，2007）。

分布：中国，日本，印度，越南，老挝，菲律宾，马来西亚，印度尼西亚。本属共分为 3 个亚属，仅 *Chollides* 亚属在中国有分布，浙江分布有 1 亚种。

（20）桔根接眼天牛 *Priotyrannus* (*Chollides*) *closteroides closteroides* (Thomson, 1877)（图版 I-8）

Chollides closteroides Thomson, 1877: 265.

Cnethocerus messi Bates, 1878: 273.

Prionacus strigicornis Fairmaire, 1896a: 127.

Derechinus delatouchii Fairmaire, 1902b: 317.

Priotyrannus (*Chollides*) *closteroides*: Lameere, 1910: 274.

Priotyrannus rabieri Lameere, 1912: 174.

Priotyrannus closteroides ssp. *testaceus* Kano, 1933b: 130.

Priotyrannus (*Chollides*) *closteroides closteroides*: Löbl & Smetana, 2010: 94.

别名：柑桔锯天牛

主要特征：体长 22–38 mm。体扁宽，雌虫较大，红棕至深褐色，足与腹部赤褐色。头部短阔，向前突出，大颚短而坚固，相互交叉，刻点粗密；下颚须较长；两眼暗色，占头部大部分，在背面几乎结合；触角基瘤稍隆起；额与后头刻点粗大，中央具 1 深纵沟。雄虫触角约与体等长，粗大，第 3 节比第 4 节稍长，自第 3 节至末节有纵脊，内外端角尖锐呈狭锯齿状；雌虫仅超过鞘翅中部，较细小，第 1 节粗大，自第 6 节至末节有纵脊纹。前胸短阔粗糙，侧缘各具 2 齿，中齿发达，较长较尖，后角短齿状；中域刻点粗密而深，雌虫微现 3 个瘤状突起，前二后一，呈三角形排列，尤以后者为显。鞘翅基部宽，端部狭；雌虫基部刻点与皱纹粗密而深，其余部分细小；雌虫内缘末端具小齿状突起，外缘末端圆形；雄虫翅表密被棕色毛；翅之周缘微向上反。

分布：浙江（长兴、兰溪、开化、余姚、龙泉、平阳、泰顺）、河南、陕西、江苏、安徽、湖北、江西、湖南、福建、台湾、广东、海南、香港、广西、重庆、四川、贵州、云南；越南，老挝。

寄主：松属、桔（根）、板栗、杉木。

备注：本种的另一个亚种为分布于台湾的台桔根接眼天牛 *Priotyrannus* (*Chollides*) *closteroides lutauensis* N. Ohbayashi *et* Makihara, 1985。

（二）花天牛亚科 Lepturinae

主要特征：小至中等大小，体长 3.5–35 mm，前口式或亚前口式。眼后或者具突出的上颊和缩窄的"颈部"，或者陡然至逐渐向后缩窄。触角着生处距上颚髁较远，触角窝朝向侧面至侧背面，几乎总是向前宽阔开放。触角长度从几乎不超过前胸基部到体长的 1.5 倍，通常线状，很少典型锯齿状。前胸背板不具边缘，至多具瘤突或刺突。前足基节窝侧边呈角状，向后开放或关闭不严。前胸腹板突中等宽至狭窄（通常），偶有退化。前足基节突出；跗节伪 4 节，具跗垫，爪间突多样。产卵器中等长至长，轻微骨化，生殖刺突端生，少数微侧生。

　　分布：花天牛亚科世界已知约 1300 种，中国记录 9 族 93 属 566 种/亚种（Lin and Yang, 2019，未包括膜花天牛族的 1 族 2 属 25 种），浙江分布 2 族 21 属 40 种。

花天牛族 Lepturini Latreille, 1802

分属检索表

··华花天牛属 **Sinostrangalis**

- 前胸背板前缘后方具宽深的横缢，后侧角小而尖突；鞘翅末端缘角显著尖突；头前部明显向前延长···························
···类华花天牛属 ***Metastrangalis***

15. 前胸背板后侧角尖长，覆及鞘翅肩角；体瘦长，明显向后逐渐收狭；体背至后胸腹板的厚度大于鞘翅肩部的宽度；腹部
瘦长，末节常露出鞘翅外···瘦花天牛属 ***Strangalia***

- 前胸背板后侧角尖突，但不达鞘翅肩角··16

16. 后足跗节腹面无纵沟；鞘翅长，肩部宽，侧缘在中部前突然收狭后直向翅端，端缘平截或凹截，缘角尖突；雄虫腹部末
节腹板深凹，但无垂直的侧瓣···长颊花天牛属 ***Gnathostrangalia***

- 后足跗节腹面有纵沟；鞘翅瘦狭，端部两翅分开，端缘斜截或凹截，缘角与缝角尖突；腹部末节浅凹，具侧瓣··········
··长尾花天牛属 ***Pygostrangalia***

12. 伪花天牛属 *Anastrangalia* Casey, 1924 浙江新记录

Anastrangalia Casey, 1924: 280. Type species: *Leptura sanguinea* LeConte, 1859.

Marthaleptura K. Ohbayashi, 1963a: 9. Type species: *Leptura scotodes* Bates, 1873.

主要特征：体中小型，头短，触角不超过腹端，6–10 节稍粗短，内端角稍突出；后颊稍扩张。前胸背板前端狭小，长胜于宽，无侧瘤突，后侧角不突出。鞘翅较短，腹部末节露出鞘翅外。足细长，后足腿节长达或超过腹端，第 1 跗节长超过第 2–3 节之和（蒋书楠和陈力，2001）。

分布：中国，俄罗斯，蒙古国，朝鲜，韩国，日本，琉球群岛，哈萨克斯坦，巴基斯坦，印度，尼泊尔，土耳其，叙利亚，塞浦路斯，阿富汗，欧洲，北美洲，南美洲。本属世界已知 18 种/亚种（Tavakilian and Chevillotte，2019），中国记录 8 种/亚种，浙江分布 1 种/亚种。

（21）东亚伪花天牛 *Anastrangalia dissimilis dissimilis* (Fairmaire, 1899)（图版 I-9，10）浙江新记录

Leptura dissimilis Fairmaire, 1899: 639.

Anoplodera (*s. str.*) *dissimilis dissimilis*: Gressitt, 1951: 87.

Aredolpona dissimilis f. *taiwana* Hayashi, 1961: 39.

Marthaleptura dissimilis: K. Ohbayashi, 1963a: 9.

Anastrangalia dissimilis: Hayashi & Villiers, 1985: 7.

主要特征：体长 9.4–11.5 mm。体中小型，雄虫全体黑色；雌虫前胸背板背面暗红色，前后缘及侧缘下方黑色，鞘翅暗红色（♀）。前胸背板前缘呈黑色细脊，其后为细横沟，后横沟较宽，后侧角圆，背面均匀圆隆，密布细粒状刻纹，侧缘浅弧形，无背中沟，表面光裸无毛。小盾片狭三角形，末端稍尖圆。鞘翅两侧平行，向后端稍狭，末端平切。

分布：浙江（西湖、磐安）、陕西、青海、湖南、福建、四川、云南。

寄主：山矾（方咚咚记录）。

备注：本种的另一亚种为分布于台湾的黑线东亚伪花天牛 *Anastrangalia dissimilis niitakana* (Kano, 1933)。

13. 突肩花天牛属 *Anoploderomorpha* Pic, 1901

Leptura (*Anoploderomorpha*) Pic, 1901a: 59. Type species: *Leptura excavata* Bates, 1884.

Anoploderomorpha: Gressitt, 1939b: 90.

Anoplodera (*Anoploderomorpha*): Gressitt, 1951: 81.

主要特征：体形较小，前胸背板无中纵沟，侧缘角圆钝，不突出，刻点较稀、细；小盾片端半部倾斜；鞘翅基部在小盾片两侧各具 1 条隆起的斜钝脊，在小盾片端部后汇合的角度较钝，翅端缘平截。

分布：中国，俄罗斯，蒙古国，朝鲜，韩国，日本，越南，老挝，泰国，北美洲。本属原为缘花天牛属 *Anoplodera* 的 1 个亚属。世界已知 16 种（Tavakilian and Chevillotte, 2019），中国记录 11 种，浙江分布 2 种。

（22）突肩花天牛 *Anoploderomorpha excavata* (Bates, 1884)（图版 I-11）

Leptura excavata Bates, 1884: 217.

Leptura (Anoploderomorpha) excavata: Pic, 1901a: 56, 59.

Anoploderomorpha excavata: Gressitt, 1939b: 90.

Anoplodera (Anoploderomorpha) excavata: Gressitt, 1951: 86.

别名：粗点突肩花天牛、天目缘花天牛、天目突肩花天牛

主要特征：体长 8–11 mm。体小，黑色，鞘翅有时稍带藏青色，略有光泽；体被黑褐色绒毛，前胸背板绒毛较长，体腹面着生浓密银灰色绒毛。额中央有 1 条细纵沟，触角基瘤内方微隆突；触角细，雄虫一般长达鞘翅端部，雌虫稍短。前胸背板长胜于宽，前端窄，紧缩，后端宽，中部与后端近于等阔，后角不突出；胸部背面十分拱凸，密布粗深刻点。小盾片长三角形。鞘翅肩宽，肩部之后逐渐狭窄，端缘切平，刻点粗深，端末刻点渐弱，不如前胸背板刻点稠密。后足第 1 跗节与其余各节约等长。

分布：浙江（安吉、临安、磐安）；日本。

（23）粗点蓝突肩花天牛 *Anoploderomorpha izumii* (Mitono *et* Tamanuki, 1939)

Leptura (Anoploderomorpha) excavata ssp. *izumii* Mitono *et* Tamanuki in Tamanuki & Mitono, 1939: 209.

Anoplodera (Anoploderomorpha) cyanea izumii: Gressitt, 1951: 85.

Anoploderomorpha izumii: Jiang & Chen, 2001: 226.

Anoplodera (Anoploderomorpha) izumii: Löbl & Smetana, 2010: 98.

别名：粗点蓝缘花天牛

主要特征：体长 11 mm，体宽 3 mm。头、前胸和小盾片完全黑色，鞘翅金属绿色，具光泽。头刻点粗密；触角细，雄虫一般长达鞘翅中部之后，雌虫则稍短。前胸背板长略胜于宽，前端窄，紧缩，后端宽，中部与后端等宽，后角不突出，胸面稍拱凸，两侧及后缘刻点很粗密。鞘翅肩宽，端缘切平，翅面刻点粗深，端末刻点较细。

分布：浙江、福建、台湾、广东、云南。

14. 毛角花天牛属 *Corennys* Bates, 1884

Corennys Bates, 1884: 224. Type species: *Corennys sericata* Bates, 1884.

Corennys (Pseudocorennys) Pic, 1953b: 41. Type species: *Pyrocalymma diversicornis* Pic, 1946 (= *Pyrocalymma conspicua* Gahan, 1906).

主要特征：体形较扁，头部后颊明显扩张，在后颊后强烈缢缩成细颈，复眼中等大，内侧凹缘，触角肥厚，柄节稍弯，向端部粗壮，雄虫第 1–5 节、雌虫第 1–8 节均着生黑丛毛，第 3–6 节肥短，呈倒圆锥形；前胸背板长胜于宽，背面隆突，有中沟，后侧角稍突出；鞘翅狭长，翅表具 4 条纵脊，前半部两侧平行，向后渐宽，翅端相合成圆形。足腿节向端部 1/3 渐粗，后足第 1 跗节长等于第 2–3 节之和。

分布：中国，韩国，日本，印度，不丹，缅甸，越南，老挝，泰国。世界已知 10 种，中国记录 8 种，浙江分布 1 种。

（24）鲜红毛角花天牛 *Corennys conspicua* (Gahan, 1906)

Pyrocalymma conspicua Gahan, 1906: 89.

Pyrocalymna [sic] *diversicornis* Pic, 1946b: 17.

Corennys (*Pseudocorennys*) *diversicornis*: Pic, 1953b: 41.

Corennys conspicua: Hayashi, 1963: 132.

主要特征：体长 13.5–16.5 mm。体黑色。头部背方及前胸背板被暗红色丝光粗短毛，前胸背板上的毛平覆，从中沟向两侧横生，鞘翅密被暗红色短毛，在隆脊上最深。触角粗短，仅达鞘翅中部，第 1–8 节宽扁，密生黑丛毛。前胸领状部不显著，前、后端横沟浅，背中线沟由于粗毛向两侧横生而很明显。小盾片小，三角形，被橘红色毛。鞘翅狭长，向后端 1/4 处稍平宽，表面具 4 条纵脊，伸至翅端前方消失，翅端缝角明显，缘角宽圆。

分布：浙江（安吉）、河北、山西、海南、四川、云南、西藏；印度，不丹，缅甸。

15. 格花天牛属 *Gerdianus* Holzschuh, 2011

Gerdius Holzschuh, 2009: 276. Type species: *Gerdius gracilis* Holzschuh, 2009. [HN]

Gerdianus Holzschuh, 2011: 270. [RN]

主要特征：体形小，狭长，头和前胸很短（小于鞘翅长的一半），后足很长，尤其后足跗节第 1 节非常长。头部中等短，比颈部宽很多，下颊长，但比复眼下叶短很多，复眼浅凹。触角柄节很短，第 5 节最长，第 3 节长于第 4 节。前胸背板小，圆锥形，长宽约等，具前后凹沟，两侧弧形弯曲，后侧角钝圆，不达鞘翅的肩角。鞘翅很长，向后逐渐缩窄，到中部之后几乎平行，末端斜截。雄虫腹部末节外露，雌虫腹部完全被鞘翅覆盖。腹部狭长，足细长。后足尤其长，腿节不粗，胫节薄且弯曲，后足跗节第 1 节长约为其后两节之和的 2 倍。

分布：中国，老挝。目前世界记录 2 种，中国记录 1 种，在浙江有分布。

（25）朱氏格花天牛 *Gerdianus zhujianqingi* Bi *et* N. Ohbayashi, 2019（图版 I-12）

Gerdianus zhujianqingi Bi *et* N. Ohbayashi in Bi et al., 2019: 87, figs. 1-5.

主要特征：体长 9.2–12.2 mm。头、前胸和鞘翅赭红色被黄褐色毛，前胸基缘的被毛颜色较浅。腹面黑色被银色绒毛。下颚须末端两节黑褐色，触角大部分黑褐色，末节端部浅褐色。三足的基节内侧、转节和腿节基部黄色；其余部分：前足大部分浅褐色（有时腿节外侧和胫节外侧黑褐色）；中足腿节和胫节大部分黑褐色，胫节端部和跗节黄褐色；后足腿节和胫节大部分黑褐色，胫节端部（很小部分）黄褐色，跗节前两节基部黄褐色，端部黑褐色，第 3 节黄褐色，末节黄褐色或黑褐色。触角几乎到达鞘翅末端（♂）或到达鞘翅端部 1/4 处（♀）。鞘翅长为基部肩宽的 3.65 倍，为头胸之和的 2.5 倍。后足跗节第 1 节长约为其后两节之和的 1.8 倍。

分布：浙江（安吉、临安）、福建。

备注：本种的模式产地是浙江。

16. 长颊花天牛属 *Gnathostrangalia* Hayashi *et* Villiers, 1985

Strangalina (*Pygostrangalia*) Pic, 1957: 76. Type species: *Strangalia invittaticollis* Pic, 1957 (= *Strangalia kwangtungensis* Gressitt, 1939).

Gnathostrangalia Hayashi *et* Villiers, 1985: 13, 63. Type species: *Strangalia aurivillei* Pic, 1903.

主要特征：体粗长，头小，向前延长，具明显的颈部，下颊通常长于复眼下叶。触角不短于体长（♂），末端加宽。前胸钟形，基部明显扩宽，端部收窄，具前后凹沟，两侧中间肿突，后侧角尖，不达鞘翅的肩角。鞘翅长，向后逐渐缩窄，末端平切或凹切，端缘角尖锐。雄虫腹部末节腹板深凹，雌虫腹部末节正常。足细长，后足最长，后足腿节伸达鞘翅末端。

分布：中国，越南，老挝，马来西亚。世界已知 13 种，中国记录 10 种，浙江分布 4 种。

分种检索表

1. 鞘翅黑色具黄斑 ·· 2
 - 鞘翅黄棕色具黑斑 ·· 3
2. 鞘翅具 3 对浅色绒毛斑纹，第 1 对位于翅基肩角内侧，呈椭圆形，第 2 对位于中部前方，呈倾斜的矩形，第 3 对位于中部后方，略呈方形；触角第 6–10 节和第 11 节的大部分黄褐色，其余节黑色；足黄褐色，中、后足腿节端部黑色，胫节、跗节黑褐色 ·· 三斑长颊花天牛 *G. castaneonigra*
 - 鞘翅具 2 对浅色绒毛斑纹，位于鞘翅基半部（♀鞘翅基半部黑色，端半部红褐色）；触角全部黑色；足全部黑色 ········· 薛氏长颊花天牛 *G. silvestrii*
3. 鞘翅黑斑如下：基部窄条，鞘缝基部 1/4，中部稍前 1 个圆斑，基半部沿侧边具一些黑点；腹部大部分黄褐色 ········· 天目长颊花天牛 *G. tienmushana*
 - 鞘翅黄褐色，具如下黑斑：基半部侧缘纵条，鞘缝短纵条，基部 1/10 处有 1 个半圆形和 1 个近方形斑，侧缘中部之前有 1 个大的横斑；腹部大部分黑色 ········· 双线长颊花天牛 *G. bilineatithorax*

（26）双线长颊花天牛 *Gnathostrangalia bilineatithorax* (Pic, 1922)（图版 I-13，14）

Leptura bilineatithorax Pic, 1922b: 22.

Gnathostrangalia bilineatithorax: Hayashi & Villiers, 1985: 13, 66.

Strangalia (*s. str.*) *tonkinea* Murzin, 1988: 162, fig. 3.

Pygostrangalia bilineatithorax: Holzschuh, 1991: 24.

Gnathostrangalia nigriventralis Chiang *et* Wang, 1993: 55, fig. 2.

主要特征：体长 20–28 mm。根据雄虫标本描述：体中型，棕色；头部上颚末端、下颚须端节、复眼均黑色，头顶黑色，触角基瘤后面有 3 个棕色斑，颈部大部分棕色，具 2 条细黑纹；触角黑色。前胸背板大部分棕红色，前后缘黑色，中区有 2 个略倾斜的不达前后缘的黑纵纹，侧方有细黑边。鞘翅周缘除肩角端外均有黑边，翅背中部稍前方每翅各有 1 个近圆形黑斑，内侧不达中缝，外侧与侧缘相接，中部后方外侧各有 1 条黑色狭纵条直达翅端，翅端黑色，翅基 1/3 背中央有 1 黑色横斑，几乎接触鞘缝黑边，但不接触侧缘黑边。可见腹节第 1 腹板大部分褐色，周边黑色；第 2–4 腹板大部分黑色，仅中央部分褐色；第 5 腹节均黑色。鞘翅侧缘在中部前方收狭，至端部稍向外斜，两翅在端部分开，翅端斜凹截，端缘角三角形，稍尖突。

分布：浙江（泰顺）、湖南、福建、广西；越南。

（27）三斑长颊花天牛 *Gnathostrangalia castaneonigra* (Gressitt, 1935)

Leptura castaneonigra Gressitt, 1935a: 567.

Pygostrangalia castaneonigra: Jiang & Chen, 2001: 195.

Gnathostrangalia castaneonigra: N. Ohbayashi, 2020: 26, 126.

　　别名：三斑长尾花天牛

　　主要特征：体长 17–18 mm。体漆黑色，被稀疏的金黄色毛。雄虫触角第 6、7 节基半部及 8–11 节基部 2/3 黄褐色，雌虫第 7–11 节黄褐色，第 6 节基部黄褐色。前胸基部中央毛较密集。每鞘翅各具 3 个黄色斑纹：第 1 个位于鞘翅基端，略呈椭圆形，在雄虫不伸达肩角而沿翅基端向下延伸，在雌虫伸过肩角外侧向下延伸，后端中央有时向后延伸而与第 2 斑纹连接；第 2 斑位于鞘翅基部 1/3 处，略呈矩形，稍向外倾斜，在雄虫不达翅侧缘，在雌虫几伸达翅侧缘；第 3 斑位于端部 1/3 处，伸达翅侧缘，前沿急剧向外倾斜，后沿中央微凹。腹面黑色，被毛较密。腿节赭色，雄虫腿节端部黑色，雌虫仅中、后足腿节顶端黑色，雄虫胫节及跗节黑褐色，雌虫胫节端部及跗节黑褐色。触角细长，雄虫约近于体长，雌虫不达鞘翅末端，第 3 节最长，与第 5 节等长，第 4 节仅为第 3 节长的 3/4，短于第 11 节。鞘翅狭长，背面略弯拱，雄虫显著向末端狭窄，雌虫略宽，侧缘略向内凹，两翅端部分开，末端斜截，缘角具短齿。

　　分布：浙江（庆元）、江西、湖南、福建、广东、广西。

（28）薛氏长颊花天牛 *Gnathostrangalia silvestrii* (Tippmann, 1955)（图版 I-15）

Strangalia (*Strangalia*) *silvestrii* Tippmann, 1955: 99.

Pygostrangalia silvestrii: Hayashi & Villiers, 1985: 17, 61, 62.

Gnathostrangalia silvestrii: N. Ohbayashi, 2020: 26, 126.

　　别名：薛氏长尾花天牛

　　主要特征：体长 17.0–20.0 mm。体大部分黑色，具黄褐色或红褐色斑纹。雄虫鞘翅黑色，雌虫鞘翅基半部黑色，端半部红褐色。鞘翅基半部具有 2 对草黄色的斑纹，一个是椭圆形的斜斑，位于基部附近的中央，一个是横带状，位于鞘翅中部之前，不接触鞘缝和侧缘。缘折具有 1 个窄的黄褐色斑纹。触角不达腹部末端，但雄虫触角超出鞘翅末端，雌虫达到鞘翅末端，第 3 节略长于柄节或第 4 节。前胸钟形，长大于宽。鞘翅长为基部宽的 3 倍，宽于前胸基部，向后渐窄，中部之后近平行，末端斜截，端缘角锐角状突出。

　　分布：浙江（龙泉）、湖北、福建。

（29）天目长颊花天牛 *Gnathostrangalia tienmushana* (Gressitt, 1939)（图版 I-16-18）

Strangalia tienmushana Gressitt, 1939b: 93.

Gnathostrangalia nigriventralis Chiang *et* Wang, 1993: 55, fig. 2.

Pygostrangalia tienmushana: Jiang & Chen, 2001: 198.

Gnathostrangalia tienmushana: N. Ohbayashi, 2020: 26, 126.

　　别名：天目长尾花天牛

　　主要特征：体长 18–22 mm。体中型，棕色；头部上颚末端、下颚须端节、复眼均黑色，头顶雄虫黑色，雌虫褐色；雄虫触角前 2 节褐色，其余各节黑色；雌虫触角前 7 节和第 8 节基部黄棕色，其余各节黑色。前胸周缘包括背板前后缘、侧方至腹方前缘，前足基节后有细黑边，后胸腹板前后缘、腹节 2–4 腹板前侧角的三角形斑、第 5 腹节均黑色；前胸背板中央有 1 对稍向内斜的细黑纵条，不达前后缘；鞘翅周缘除肩角端外均有细黑边，翅背中部稍前方每翅各有 1 个近圆形黑斑，内侧不达中缝，外侧与侧缘相接，中部后方外侧各有 1 条黑色狭纵条直达翅端，翅端黑色，翅基 1/3 背中央有 1 模糊暗小斑（♀更明显）。触角伸达翅端，第 7 节以后较扁厚，末节端部笔尖形。鞘翅侧缘在中部前方收狭，至端部稍向外斜，两翅在端部分开，翅端稍斜截，缘角三角形，稍尖突。雄虫腹面后胸金黄色绒毛浓密，腹部第 5 节腹板深陷，两侧瓣直立很高很宽，露出鞘翅外。雌虫腹节腹板黄棕色，仅 1–3 节前缘外侧有横黑纹，第 5 节腹板中央浅纵凹。

分布：浙江（西湖、临安、景宁、龙泉）、福建、广西、贵州。

备注：浙江是本种的模式产地。

17. 特花天牛属 *Idiostrangalia* Nakane *et* K. Ohbayashi, 1957

Idiostrangalia Nakane *et* K. Ohbayashi, 1957: 49. Type species: *Strangalia contracta* Bates, 1884.

Strangalia (*Idiostrangalia*): Kusama & Hayashi, 1971: 103.

主要特征：体形狭长，头小，前端狭长，额近方形，中央凹陷，唇基横长方形，与上唇等高，复眼球形突出。触角细长，前胸背板瘦长，长于后缘宽度，中部前两侧稍扩张，后缘双曲波形，中段向后稍突，后侧角尖短。小盾片小，三角形。鞘翅肩宽与眼部头宽相等，鞘翅中段突然狭窄，向内弯，至近端部之前又向外弯，两翅端部叉开。后足极细长，跗节长于胫节，胫节长于腿节。腹部显著较后胸瘦狭，近筒形，雄虫末节腹板深陷成铲状深沟。

分布：中国，日本，琉球群岛，尼泊尔，越南，老挝。目前世界已知 24 种，中国记录 13 种，1 种在浙江有分布。

（30）条胸特花天牛 *Idiostrangalia sozanensis* (Mitono, 1938)（图版 I-19）

Strangalia (*Strangalina*) *sozanensis* Mitono, 1938: 17, fig. 1.

Idiostrangalia sozanensis: N. Ohbayashi & Takahashi, 1985: 87, 92, figs. 5a, 5b, 5c.

Idiostrangalia simillima Hayashi *et* Villiers, 1989: 1.

别名：糙角特花天牛

主要特征：体长 11–15 mm。体形狭长，大部黄褐色，头部复眼浓黑色，沿复眼顶部内缘至后头后缘有 1 黑纵条。雄虫触角第 11 节端部烟褐色；雌虫触角第 9 节端部，第 10–11 节（除端部外）黑色。前胸背板中区两侧各有 1 条浓黑宽纵条；小盾片两侧、鞘翅中缝及外侧缘有细黑边，但不包围肩角及翅基，鞘翅基部背中央有 1 短柱形黑斑，中部前方靠外侧缘及肩角后各有 1 长形黑斑；前胸腹面前缘、前足基节外侧、中胸前侧片、后胸前侧片端部及内侧、后胸腹板后侧角、后足腿节端部 1/3 及腹部末节腹板除基部外均黑色。触角稍超过腹端，第 7–10 节各节顶端有 1 卵形倾斜面，表面粗糙。鞘翅翅端狭圆，腹末 2 节（♂）或 1 节（♀）露出鞘翅外。

分布：浙江（临安）、湖北、江西、湖南、福建、台湾、广东、海南、广西、四川、贵州。

18. 日瘦花天牛属 *Japanostrangalia* Nakane *et* K. Ohbayashi, 1957

Japanostrangalia Nakane *et* K. Ohbayashi, 1957: 50, A 244. Type species: *Leptura dentatipennis* Pic, 1901.

主要特征：头狭小，复眼近圆形突出，雄虫触角超过翅端，雌虫的超过鞘翅中部，触角柄节短于第 3

节，略等于第 4 节，第 3 节与第 5 节等长；头顶较平坦，无光泽，刻点较粗；后头后部圆隆光滑。前胸背板前端横沟细深，边缘成卷边，背面隆凸，无中纵沟，密布细皱刻点，两侧中部后稍膨大，后缘无横沟，后侧角稍尖突。小盾片狭长三角形，端钝。鞘翅密布较粗刻点，翅面有光泽，两侧向后渐狭，翅端浅凹截，缘角较尖突，缝角刺短小，翅基小盾片两侧和肩后的纵隆突宽厚明显，隆脊光滑。雄虫后胸腹板后足基节前方中沟两旁有 1 对小齿突，相距较近，与中足基节距离大于与后足基节的距离。足细，后足腿节不超过翅端，第 1 跗节与以后各节之和等长。与华花天牛属的主要区别在于前胸背板的形状不一样。

　　分布：中国，日本。本属世界已知 3 种，中国分布 2 种，浙江分布 1 种。

（31）半环日瘦花天牛 *Japanostrangalia basiplicata* (Fairmaire, 1889)

Stenura basiplicata Fairmaire, 1889: 60.

Strangalia argodi Théry, 1896: 109.

Strangalia basiplicata: Aurivillius, 1912: 246.

Strangalia (Parastrangalis) elegans Tippmann, 1955: 94, fig. 4.

Sinostrangalis elegans: Hayashi & Villiers, 1985: 9.

Japanostrangalia basiplicata: Chou & N. Ohbayashi, 2007: 237, figs. 66, 67.

　　别名：半环华花天牛

　　主要特征：体长 9.5–14 mm。体瘦长，大部黑色；头部触角第 8 节端部和 9、10 节乳白色，其余各节黑色；前胸、小盾片、中胸腹板、后胸前侧片均黑色；鞘翅黑色，在翅基短纵隆起上有 2 条橙黄色短纵条，内侧 1 条从小盾片基部外侧斜向小盾片尖端后的中缝附近，端部较尖狭，外侧 1 条在肩隆起上，较内侧纵条短而直；在鞘翅中部有 1 个缺口向外的半环形橙黄纹，外端达侧缘，内侧不达中缝，左右翅相合似 X 形；后胸腹板厚被金色绒毛，腹节及足黄褐色。

　　分布：浙江（临安）、陕西、湖北、江西、湖南、福建、广东、四川、贵州。

19. 凸胸花天牛属 *Judolia* Mulsant, 1863

Judolia Mulsant, 1863: 496. Type species: *Leptura sexmaculata* Linnaeus, 1758, designated by Casey, 1913.

Anoplodera (Judolia): Gressitt, 1951: 90.

　　主要特征：体中小型，较宽短，头前部稍延伸，复眼内缘深凹，触角着生在复眼前缘，第 3 节显长于第 4 节。前胸背板长宽略等，背面中区隆凸，前端狭窄，侧缘弧圆，后缘后侧角尖短。鞘翅肩宽于前胸，侧缘平行，端缘狭圆。后足跗节第 1 节长于第 2–3 节之和（蒋书楠和陈力，2001）。

　　分布：中国，俄罗斯，朝鲜，蒙古国，韩国，日本，哈萨克斯坦，格鲁吉亚，欧洲，北美洲。本属世界记录 16 种/亚种，中国记录 3 种，浙江记录 1 种。

（32）宫武凸胸花天牛 *Judolia miyatakei* N. Ohbayashi *et* Bi, 2020

Judolia miyatakei N. Ohbayashi *et* Bi, 2020: 96, figs. 1-6, 13-14, 17-19, 23.

　　主要特征：体长 8.2–9.7 mm。体黑色，触角和足黑褐色，每鞘翅通常具有 2 个黄褐色斑纹，基部在小盾片边上有 1 个圆斑，中部之前有 1 个斜长斑。雌虫通常还会在端部 1/3 处多 1 个斜斑。触角伸达鞘翅端部 1/4 处（♀）或末两节超出鞘翅末端（♂），第 5 节最长。前胸背板长略胜于基部宽，基部之前缢缩。鞘翅长胜于肩宽的 2 倍，两侧向后稍狭，端缘狭圆。后足胫节端半部微弯曲，第 1 跗节长度为第 2–3 节之和的 1.4 倍，第 3 节深裂至中部。

分布：浙江（临安）。

20. 花天牛属 *Leptura* Linnaeus, 1758

Leptura Linnaeus, 1758: 397. Type species: *Leptura quadrifasciata* Linnaeus, 1758.

主要特征：体形较宽厚，头较短，斜深，复眼细粒，内侧凹陷，后颊较短，其后强烈缢缩；前胸背板钟形，前端狭小，后缘波形，后侧角尖突，覆及肩部；鞘翅肩部较宽，向后渐窄，侧缘直，端缘凹截或斜截，缘角尖突；前胸腹突向后渐宽。后足跗节无毛垫，第 3 跗节浅裂（蒋书楠和陈力，2001）。

分布：中国，俄罗斯，蒙古国，朝鲜，韩国，日本，琉球群岛，哈萨克斯坦，印度，尼泊尔，孟加拉国，缅甸，越南，老挝，泰国，伊朗，阿塞拜疆，格鲁吉亚，亚美尼亚，土耳其，叙利亚，欧洲，北美洲，非洲。本属分 5 个亚属（Pesarini and Sabbadini，2015），但可能不合理。浙江记录 2 亚属 7 种/亚种。

分种检索表

1. 鞘翅单色，全黑色或全红褐色 ·· 异色蜓尾花天牛 *L. (M.) thoracica*
- 鞘翅非单色，具斑纹 ··· 2
2. 鞘翅第 1 对淡色斑弧形弯曲 ·· 3
- 鞘翅第 1 对淡色斑不呈弧形弯曲 ·· 4
3. 鞘翅基部第 1 对金黄色斑纹很弯曲，呈拱门形，缺口向后；前胸背板前后横沟深，背面长胜于宽，略呈钟形，后侧角尖突，覆及肩部；鞘翅端缘角不突出 ················ 曲纹花天牛 *L. (L.) annularis annularis*
- 鞘翅基部第 1 对黄色斑纹月牙形，内端斜向中缝小盾片外侧；前胸背板前端收狭之后即膨大，渐向后缘稍宽，后侧角伸至肩部；鞘翅端缘角尖突 ····································· 小黄斑花天牛 *L. (L.) ambulatrix*
4. 鞘翅黄色斑纹为小斑块状，多数不接触鞘缝；每鞘翅具有 5–6 个小黄斑 ···································· 5
- 鞘翅黄色斑纹为横带状，多数接触鞘缝；每鞘翅具有 4 个黄斑 ·· 6
5. 鞘翅具有 6 个小黄斑，中部前后的黄斑均为两个小斑排列成行；翅端平切，端缘角不突出 ············
   ··· 十二斑花天牛 *L. (L.) duodecimguttata*
- 鞘翅具有 5 个小黄斑，中部前的黄斑为两个小斑排列成行，中部后为细横纹；翅端斜凹切，端缘角尖齿状突出 ·············
   ··· 带花天牛 *L. (L.) zonifera*
6. 鞘翅中部前后的黄色横纹明显从鞘缝向侧缘变窄，有时在鞘缝处相接 ·············· 金丝花天牛 *L. (L.) aurosericans*
- 鞘翅中部前后的黄色横纹在鞘缝处跟在侧缘处几乎等宽，不明显变窄，永不在鞘缝处相接 ················
   ··· 黄纹花天牛 *L. (L.) ochraceofasciata ochraceofasciata*

（33）小黄斑花天牛 *Leptura (Leptura) ambulatrix* Gressitt, 1951（图版 I-20）

Leptura (Leptura) ambulatrix Gressitt, 1951: 96.

主要特征：体长 13.5–17 mm。体黑色，触角第 7 节以后黑色或赭色，鞘翅上斑纹黄色。头部与前胸背板中部等宽。触角伸达鞘翅中部之后第 3 列斑点之后，柄节与第 4 节等长，稍短于第 5 节，第 5 节稍短于第 3 节，第 6–10 节顺次渐短，外端角稍突出；头在复眼后便强烈缢缩。前胸背板前端边缘之后便陷成横沟，侧缘至中部前方膨大，伸至后横沟向后侧角伸展至肩部，背板密被灰黄卧毛，密布细刻点。鞘翅两侧向后稍狭，端缘稍斜凹截，缘角尖突，翅面等距离纵列 4 个小黄斑，基部 1 个月牙形，内端斜向中缝小盾片外侧，在肩角下缘折边缘有 1 小斑，第 2 排为 1 横斑，中段很细，内端扩大成三角形，靠近中缝，第 3 排为 1 靠近中缝的三角形小斑，外端可向侧缘延伸，最后为翅端前方的 1 个小斑。

分布：浙江（临安、余姚、磐安、松阳、景宁、龙泉）、安徽、江西、湖南、福建、广东、四川、云南。

（34）曲纹花天牛 *Leptura* (*Leptura*) *annularis annularis* Fabricius, 1801

Leptura arcuata Panzer, 1793: 12. [HN, *nec* Linnaeus, 1758; *nec* Geoffroy, 1785]

Leptura annularis Fabricius, 1801b: 363.

Strangalia arcuata var. *mediodisjuncta* Pic, 1902b: 10.

Leptura (*s. str.*) *arcuata* var. *mediodisjuncta*: Villiers, 1978: 196, fig. 757.

主要特征：体长 12.0–18.0 mm。体黑色，密被金黄色有光泽的绒毛；鞘翅底色黑色，具 4 条黄色横纹，基端第 1 条黄横纹很弯曲，横 S 形，第 2、3、4 条黄横纹直，在翅外缘处较狭，内缘处较阔，有时 2、3 条在内缘处汇合，或有时翅面的黑色横纹缩小成 4 个黑色圆斑纹。触角约为体长的 5/6，雄虫触角第 1–5 节黑褐色，雌虫赤褐色；第 6–11 节黄褐色。前胸前端紧缩，后端阔；前胸背板前后端各有 1 条横沟，中央有 1 条纵纹，后缘变曲形，后端角突出，尖三角形。鞘翅基端阔，末端狭，后缘斜切，外端角不突出。足赤褐色到黑褐色。雄虫后足胫节弯曲，基部较细，末端较粗，内侧凹，具 2 条纵脊纹。

分布：浙江（仙居、文成）、黑龙江、吉林、辽宁、内蒙古、北京、河北、山西、山东、陕西、宁夏、甘肃、江西、四川；俄罗斯，蒙古国，朝鲜，日本，哈萨克斯坦，欧洲。

寄主：云杉、冷杉、松、雪松。

（35）金丝花天牛 *Leptura* (*Leptura*) *aurosericans* Fairmaire, 1895（图版 I-21）

Leptura (*Strangalia*) *aurosericans* Fairmaire, 1895: 177.

Leptura aurosericans var. *mausonensis* Pic, 1903: 29.

Leptura aurosericans var. *sericea* Pic, 1903: 29.

Parastrangalis aurosericans var. *rufimembris* Pic, 1923b: 11.

Leptura (*Leptura*) *meridiosinica* Gressitt, 1951: 99.

主要特征：体长 16.0–22.5 mm。体黑色；头部下颚须、下唇须、上唇黄褐色，触角 1–6 节黑色，7–11 节红褐色至黑褐色；足腿节内侧大部黄褐色至红褐色；鞘翅具黄褐色和黑色相间的花斑；胸、腹部腹板、前胸背板均被金色厚卧毛。鞘翅上的花斑由 4 列金色毛斑和黑色斑相间构成：金色毛斑第 1 个在翅基，斜卵形，内端尖，斜向小盾片后中缝，其外侧翅基缘折边缘有 1 长形黄斑，第 2 个金色斑在鞘翅中部前方，三角形，底边靠接中缝，外顶角向侧缘平伸，中部很细，至边缘渐加宽，第 3 斑在鞘翅中部后方，形状与第 2 斑相同而较大，向侧缘延伸的横条也较宽，第 4 斑在翅端前方，横条形，沿中缝处稍扩大；金色斑之间及鞘翅基缘、中缝、外侧缘、翅端均黑色，端部稍带赭色。

分布：浙江（安吉、临安、松阳、龙泉、泰顺）、河南、陕西、湖北、江西、湖南、福建、广东、广西、四川、贵州、云南；越南，老挝，泰国。

备注：温州泰顺（林美英等，2009）和丽水龙泉、杭州临安（谢广林等，2010）还记录了金绒花天牛 *Leptura auratopilosa* (Matsushita, 1931)，但本卷作者验证（乌岩岭）和猜测（杭州临安）都是本种的错误鉴定，故不保留该记录。

（36）十二斑花天牛 *Leptura* (*Leptura*) *duodecimguttata* Fabricius, 1801

Leptura 12guttata Fabricius, 1801b: 363.

Strangalia 12-guttata var. *mediojuncta* Pic, 1902b: 10.

Leptura (*Strangalia*) *12-guttata* var. *bisbijuncta* Pic, 1904a: 14.

Leptura (*Strangalia*) *12-guttata* var. *kupfereri* Pic, 1912a: 89.

Strangalia 12-guttata var. *subobliterata* Pic, 1927a: 10.

Strangalia 12-guttata var. *mediosemijuncta* Pic, 1927a: 13.

Leptura (*Leptura*) *duodecimguttata duodecimguttata*: Gressitt, 1951: 98.

　　主要特征：体长 11.0–18.0 mm。体黑色，每个鞘翅有 6 个黄褐色小斑纹：靠中缝从基部至中部稍后有 1 列 3 个斜斑，近侧缘有 1 列 2 个小斑点，端部为 1 个横斑；头、胸被灰黄色绒毛，鞘翅绒毛稀而短，体腹面密生绒毛。触角一般达鞘翅中部稍后；前胸背板前端窄，后端宽。小盾片三角形，着生极细密刻点。鞘翅刻点细密，端缘平切，外端角和缝角均很弱小，几乎不突出。腹部末节长胜于宽，突出于鞘翅之外。

　　分布：浙江（开化、莲都、庆元、龙泉）、黑龙江、吉林、辽宁、内蒙古、北京、河北、河南、陕西、青海、福建、四川；俄罗斯，蒙古国，朝鲜，韩国，日本，哈萨克斯坦。

　　备注：丽水龙泉有记录但是没提到标本（谢广林等，2010）。

（37）黄纹花天牛 *Leptura* (*Leptura*) *ochraceofasciata ochraceofasciata* (Motschulsky, 1862)

Stenura ochraceofasciata Motschulsky, 1862: 21.

Leptura ochraceofasciata: Bates, 1873b: 196.

Strangalia inintegra var. *inintegra* Pic, 1901c: 28 (= 1943: 6).

Strangalia (*Strangalia*) *ochraceofasciata*: Aurivillius, 1912: 238.

Leptura (*Leptura*) *ochraceofasciata*: Gressitt, 1951: 95, 101.

　　主要特征：体长 16–20 mm。体黑褐色到黑色，密生金黄色有光泽的绒毛；鞘翅具 4 条淡黄色横带；足赤褐色，基节、跗节、后足腿节末端及后足胫节黑褐色或黑色。触角除柄节为褐色外，其余各节黑色，雌虫较短，达鞘翅中部，雄虫略超过鞘翅中部。前胸前端紧缩，后端阔；前胸背板前后端各有 1 条横沟，中央有 1 条纵沟，中区隆起，后缘双曲形，后端角突出、三角形。小盾片狭长，三角形。鞘翅基端阔，末端很狭，后缘中央向后弯，缘角尖锐；翅面上的 4 条黄带在翅内外缘处约等宽，与 4 条黑带相间，翅末端黑色。雄虫后足胫节弯曲，基端细，内侧凹，末端较粗大。

　　分布：浙江（临安、遂昌、龙泉）、黑龙江、吉林、内蒙古、甘肃、新疆、福建；俄罗斯，朝鲜，韩国，日本。

　　备注：杭州临安清凉峰有记录但是没提到标本（谢广林等，2010）。

（38）带花天牛 *Leptura* (*Leptura*) *zonifera* (Blanchard, 1871)

Stenura zonifera Blanchard, 1871: 812.

Leptura (*Leptura*) *zonifera*: Gressitt, 1951: 102.

　　主要特征：体长 15–18.5 mm。雌虫：体黄棕色至红棕色，前胸背板色较深；头部上颚、额中线、头顶、后头颈部后半部黑色，复眼褐色至黑色，触角第 6 节以后黄褐色、黑褐色或黑色，前胸背板前横沟后壁边缘黑色，有时背中线前部黑色，鞘翅基缘内侧小盾片两边及中缝基部黑色，翅面黄、黑横斑相间各 4 斑，肩角与翅端黄褐色至红棕色；足红棕色；腹节 1–4 腹板基半部黑色。触角长达鞘翅中部，各节光滑圆柱形，第 3、4 节顶端有数根细毛；前胸背板背面中央几光滑无金色毛，周围被金色厚毛，背中线极细不明显，但线痕两侧稍下陷成浅纵凹痕，前端边缘后有 2 条横沟，背面宽隆，在中部前两侧膨大，向后延伸在后横沟前围成 1 圆盖状，形似蟹壳。鞘翅两侧向后渐稍狭，端缘稍凹截，缘角尖突，不长，鞘翅肩脊强烈隆突；鞘翅基部金黄斑呈斜卵形，从肩脊内侧凹陷处沿小盾片侧斜向中缝，端尖，肩脊及肩下缘折红棕色，光滑无毛；第 2、3 金色毛斑，横贯鞘翅中部前后，第 4 斑在翅端前方，近方形；黑色横纹 4 条宽度相仿。雄虫：

体黑色，触角 7–11 节黄色，第 6 节向端部渐呈黄色；前胸背板全黑色，背中线纵凹陷宽深，沟壁斜向沟底，前横沟后侧缘扩张显著；鞘翅向后显著狭，第 2–4 个金色斑较狭小；足黑色，前足、后足腿节下侧基半部黄褐色，后足胫节略弯，第 1 跗节长于其余各节之和。

分布：浙江（临安）、湖北、福建、四川、贵州、云南。

（39）异色蜓尾花天牛 *Leptura* (*Macroleptura*) *thoracica* Creutzer, 1799

Leptura thoracica Creutzer, 1799: 125, pl. III, fig. 28.

Leptura altaica Gebler, 1817: 331.

Strangalia thoracica: Mulsant, 1863: 510.

Strangalia thoracica var. *obscurissima* Pic, 1900b: 17.

Strangalia thoracica var. *ussurica* Pic, 1902c: 8.

Strangalia (*Strangalia*) *thoracica*: Aurivillius, 1912: 239.

Strangalia thoracica f. *mixtepilosa* G. Schmidt, 1951: 12.

Strangalia thoracica f. *maculiceps* G. Schmidt, 1951: 13.

Strangalia thoracica f. *pliginskii* G. Schmidt, 1951: 13.

Macroleptura thoracica: Nakane & K. Ohbayashi, 1957: 47.

Leptura (*Megaleptura*) *thoracica*: Kusama, 1973: 33.

主要特征：体长 19–29 mm。体黑色：前胸背板及鞘翅红褐色，腹部有时部分红褐色或完全红褐色，足红褐色到黑褐色。唇基及触角基瘤有时红色。触角较短，雌虫达鞘翅的 1/3，雄虫达鞘翅的中部，第 1–4 节有时部分赤褐色。前胸背板周缘黑色，前后端各有 1 条横沟，中央有 1 条光滑的纵纹，中域隆起，背板后缘略有曲折，中央稍向后突出，后端角突出，三角形。鞘翅较短，基端阔，末端较狭，后缘斜切或中央稍弯，外端角钝不突出。腹末节完全露出于鞘翅之外。本种体色变异很大，有时身体完全黑色，仅前胸背板红色，或前胸背板亦为黑色，但两侧各具 1 个红色斑点。

分布：浙江（临安、开化、庆元、龙泉）、黑龙江、吉林、辽宁、内蒙古、河北、新疆、湖北、福建、贵州；俄罗斯，蒙古国，朝鲜，韩国，日本，哈萨克斯坦，伊朗，欧洲。

寄主：白杨、白桦。

备注：丽水龙泉有记录但是没提到标本（谢广林等，2010），应该是引自陈其瑚（1993）。

21. 类华花天牛属 *Metastrangalis* Hayashi, 1960

Metastrangalis Hayashi, 1960: 16. Type species: *Eustrangalis albicornis* Tamanuki, 1943, by original designation.

主要特征：头小，狭长，额长胜于宽，表面粗糙，具粗刻点；复眼近卵圆形突出，浓黑色，长略超过颊长，内缘凹缺很小；触角柄节柱状，略粗于第 3 节，长度几与第 3 节相等，略长于第 4 节；头部在复眼后强烈缢缩，颈细。前胸肥圆，与头部等宽，前端领状部明显，表面具不规则细刻点。鞘翅肩部显宽于胸部，向端部尖狭，小盾片两侧及肩角后方隆起，翅表面散布不规则刻点，至后端渐细小不明显，翅端斜截，外端角稍突出。后胸腹板隆起，侧板和腹节两侧具细刻点，后足腿节不达腹端。本属与 *Sinostrangalis* 很相似，但前胸背板前缘后方的横缢宽深，鞘翅向后更加收窄。头前部延长，较 *Eustrangalis* 前胸背板侧缘宽圆，基缘前方无深横缢，后足较长（蒋书楠和陈力，2001）。

分布：中国，俄罗斯，蒙古国，哈萨克斯坦，欧洲。本属世界已记录 5 种，中国均有分布（Tavakilian and Chevillotte, 2019），浙江分布 1 种。

（40）二点类华花天牛 *Metastrangalis thibetana* (Blanchard, 1871)

Strangalia thibetana Blanchard, 1871: 812.

Strangalia (*Parastrangalis*) *thibetana*: Aurivillius, 1912: 242.

Strangalia (*Parastrangalia*) *apicicornis* Pic, 1915a: 313.

Leptura (*Parastrangalis*) *savioi* Pic, 1936b: 16.

Strangalia (*Parastrangalis*) *savioi*: Gressitt, 1951: 106, 111.

Metastrangalia thibetana: Hayashi, 1960: 16.

别名：二点瘦花天牛、二点华瘦花天牛

主要特征：体长 11–15 mm。体小型，瘦狭，向后端显著尖狭。全体棕色至红木色；触角第 1–4 节及第 5 节的基部 2/3 与体同色，第 5 节端部 1/3 及第 6、7、11 节全部和第 8 节基部黑色，第 8 节大部分及第 9、10 节淡黄色；鞘翅背中央各有 1 个黑斑，两侧不达翅缘及中缝；体表疏生金黄色细短毛。

分布：浙江（临安）、河南、陕西、湖北、江西、湖南、福建、四川、贵州、云南、西藏。

22. 方花天牛属 *Paranaspia* Matsushita *et* Tamanuki, 1940 浙江新记录

Strangalis (*Paranaspia*) Matsushita *et* Tamanuki, 1940: 5. Type species: *Leptura anaspidoides* Bates, 1873.

Paranaspia: Nakane & K. Ohbayashi, 1957: 48 (= A242).

主要特征：头小，后颊突出，后头缢缩；前胸背板钟形，前端极度缢缩，后端强烈阔宽且后侧角尖突；触角线状，长度跟体长差异不大，或稍长或稍短；鞘翅两侧平行，末端圆；足腿节略膨大，后足第 1 跗节等于或长于其后 3 节之和。

分布：中国，朝鲜，韩国，日本，琉球群岛，印度，不丹，老挝。世界已知 7 种，中国记录 4 种，浙江发现 1 种，应该是未描述的新种。

（41）方花天牛属未定种 *Paranaspia* sp.（图版 I-22）

主要特征：体长 12.0 mm 左右。头和前胸红色，触角黑色；小盾片黑褐色，鞘翅红褐色至黑褐色；中、后足腿节黑色，胫节红褐色至黑褐色，前足腿节内侧红褐色，其余部分黑褐色；中、后胸腹面和腹部全都黑色。触角略短于体长，小盾片三角形，末端尖锐，鞘翅末端斜切，端缝角圆钝，端缘角略呈齿状。

分布：浙江（宁波）。

备注：本次只检视到一号破损的雌虫标本，跟陕西秦岭的陕方花天牛 *Paranaspia erythromelas* Holzschuh, 2003 很相似，但是鞘翅末端缘角不那么圆钝，中、后足腿节黑色而不是红色，小盾片颜色跟鞘翅一致而不是跟前胸背板一致，柄节黑色没有不同于其他触角节，应该是不同于陕方花天牛的种类。

23. 异花天牛属 *Parastrangalis* Ganglbauer, 1889

Leptura (*Parastrangalis*) Ganglbauer, 1889a: 57. Type species: *Leptura* (*Parastrangalis*) *potanini* Ganglbauer, 1889.

Strangalia (*Parastrangalis*): Aurivillius, 1912: 228, 241.

Parastrangalis: Nakane & K. Ohbayashi, 1959: 64.

Strangaliella Hayashi, 1976: 3. Type species: *Strangalia shikokensis* Matsushita, 1935 (= *Strangalia tenuicornis* Motschulsky, 1862).

　　主要特征：体形较小，狭长；头紧接复眼后强烈缢缩，后颊几不可见；前胸背板背面隆起，前端窄，后缘宽广，后侧角尖突，不覆及肩角。鞘翅向后直线收狭，翅端截断状；腹部半圆筒形，向后端渐狭，第5腹节背板部分露出鞘翅外；雄虫触角长过腹末，后胸腹板后足基节前方有 1 对小齿突（蒋书楠和陈力，2001）。

　　分布：中国，日本，琉球群岛，印度，尼泊尔，越南，老挝，泰国。本属世界已知 58 种（Tavakilian and Chevillotte，2019），中国记录 33 种，浙江分布 4 种。

分种检索表

1. 鞘翅无长纵条纹，有断续的黑纵条 ·· 浙异花天牛 *P. chekianga*
- 鞘翅有纵贯翅面的黑色长纵条纹 ··· 2
2. 前胸背板后侧角钝；前端领片较大 ·· 密点异花天牛 *P. crebrepunctata*
- 前胸背板后侧角尖突；前端领片较小 ·· 3
3. 鞘翅端部不全黑色，也就是说，黑纵条在端部不向鞘缝延展 ······················ 齿胸异花天牛 *P. protensa*
- 鞘翅端部全黑色，也就是说，黑纵条在端部向鞘缝延展 ····················· 侧条异花天牛 *P. lateristriata*

（42）浙异花天牛 *Parastrangalis chekianga* (Gressitt, 1939)（图版 I-23）

Strangalia chekianga Gressitt, 1939b: 90, pl. III, fig. 1.

Strangalia (Strangalomorpha) chekianga: Gressitt, 1951: 111.

Parastrangalis chekianga: Jiang & Chen, 2001: 174, pl. XIV, fig. 55; N. Ohbayashi, 2020: 26.

Strangalomorpha chekianga: Löbl & Smetana, 2010: 117.

　　别名：浙类华花天牛、浙宽尾花天牛
　　主要特征：体长 8–11 mm。体黑色，鞘翅黄褐色，前端中间有 1 条黑色短纵条，中缝及侧缘黑色，沿侧缘由肩部至端部有 4 个黑纵斑，末端 1 个黑斑遍布整个端部；触角第 9、10 节，前、中足腿节及后足部分腿节黄褐色；雌虫体腹面前 3 节黄褐色，两侧有黑斑，雄虫体腹面全黑色。额中央有 1 条细纵沟，头具细密刻点，额前缘中央光滑，无刻点；触角较长，略超过体长，雌虫稍短。鞘翅肩后逐渐狭窄，端缘斜切，外端角较尖。
　　分布：浙江（临安、开化）、陕西、福建。
　　备注：浙江是本种的模式产地。

（43）密点异花天牛 *Parastrangalis crebrepunctata* (Gressitt, 1939)（图版 I-24）

Strangalia crebrepunctata Gressitt, 1939b: 91, pl. III, fig. 2.

Strangalia (Strangalomorpha) crebrepunctata: Gressitt, 1951: 107, 112, pl. 2, fig. 8, pl. 3, fig. 6.

Parastrangalis crebrepunctata: Hayashi & Villiers, 1985: 14.

　　别名：齿瘦花天牛、齿宽尾花天牛
　　主要特征：体长 10.5–14.5 mm。体中型，极瘦长。黑色，体背面着生较稀疏的金黄色斜行绒毛，前胸背板后角被毛较密而长，腹面着生银灰色绒毛。鞘翅黄褐色，中缝、侧缘及端缘黑色，鞘翅中区从肩部至端部有 1 黑纵纹，肩后侧缘有 2 个黑色短纵斑，雄虫触角第 4–7 及 11 节的基部，第 8 节大部及第 9、10 节黄褐色；前、中足腿节及后足腿节大部分黄褐色。触角细长，雄虫稍超过翅端。鞘翅略宽于前胸，极狭长，长超过肩部宽的 2.5 倍，侧缘从肩部往后显著狭窄，端缘斜截，外端角钝。
　　分布：浙江（临安、龙泉）、陕西、湖北、湖南、福建、广西、四川、贵州、云南。
　　备注：浙江是本种的模式产地。

（44）侧条异花天牛 *Parastrangalis lateristriata* (Tamanuki *et* Mitono, 1939)

Strangalomorpha lateristriata Tamanuki *et* Mitono, 1939: 209, fig. 2.

Strangalia (*Strangalomorpha*) *lateristriata*: Gressitt, 1951: 112.

Parastrangalis lateristriata: Kojima & Hayashi, 1969: 30.

Strangaliella lateristriata: Hayashi, 1976: 4.

别名：侧条宽尾花天牛

主要特征：体长 8–12.5 mm。头部、胸部、小盾片及触角黑色，雄虫触角第 4–11 节基部黄褐色，雌虫第 6–8 及 11 节基部和第 9、10 节淡黄色，下颚须及下唇须黄褐色，下颚须末节黑褐色。鞘翅淡黄褐色，基缘、肩角、鞘缝及侧缘黑色，每鞘翅近侧缘自基部至末端各具 1 黑色宽纵纹，在中部之后与黑色的侧缘汇合，鞘翅末端黑色。足黑色，前足腿节及中、后足腿节基半部黄褐色。腹部黄褐色，第 2–4 节前缘及末节黑色。体背面着生黄色绒毛，腹面被银色短绒毛。

分布：浙江（临安清凉峰）、台湾；越南。

（45）齿胸异花天牛 *Parastrangalis protensa* Holzschuh, 1991

Parastrangalis protensa Holzschuh, 1991: 28, figs. 29, 75.

主要特征：体长 11–13.5 mm。体形瘦小，大部黑色，头部上唇前端、下颚须、下唇须黄褐色，雄虫下颚须末节端部黑褐色。雌虫触角第 1–7 节黑色，第 4–6 节基部极狭，黄白色，第 8–10 节及 11 节基部黄白色；雄虫触角第 4–6 节基部黄色狭环较明显，第 8 节基部黑褐色，大部淡黄色，9、10 节和 11 节基部淡黄色。胸部和小盾片黑色；雌虫鞘翅深黄褐色，中缝及边缘黑色，翅背基部有 1 条较宽的黑纵带直达翅端，与外缘黑边接合，肩后沿边缘有前、后各 1 个长椭圆形黑斑；雄虫鞘翅黑纵条较狭。雌虫腹面胸部黑色，腹部 1–4 腹板黄褐色，每节两侧有大黑斑，末节黑色；雄虫腹面全黑。足黄褐色，后足腿节端部暗色，胫节、跗节黑色。头、前胸背板具细短灰色毛，后侧角内侧凹陷部具厚密金色绒毛，鞘翅具灰黄色细毛，腹面后胸腹板厚被金色绒毛。前胸背板钟形，前端领片明显，在前横沟处两侧收狭，在中部之前两侧扩大，后缘波形。鞘翅至近翅端前方略向外弯，左右鞘翅分开，翅端稍斜截。

分布：浙江（临安）、四川、贵州。

24. 拟矩胸花天牛属 *Pseudalosterna* Plavilstshikov, 1934 浙江新记录

Pseudalosterna Plavilstshikov, 1934c: 131. Type species: *Pseudalosterna orientalis* Plavilstshikov, 1934 (=*Grammoptera elegantula* Kraatz, 1879).

主要特征：体形微小，头宽，后颊发达，圆或钝角形，头在后颊后缢缩，颈明显；额短，倾斜；唇基发达；颊狭长；头顶微凸，中纵沟浅，向前延伸至三角形下陷的额顶部；后头浅凸；复眼大，内缘凹，小眼面细粒。触角位于复眼之间，稍超过鞘翅末端（♂），或伸达中部之后（♀），第 3 节与第 4 节等长，稍短于柄节。前胸背板前端狭，在前缘后缢缩，侧缘圆弧形，后缘双曲波形，中段向后突伸，背面隆凸，在基部前两侧稍下陷，后侧角短钝。小盾片三角形，端部稍凹入。鞘翅宽短，向后强烈收狭（♂）或稍收狭（♀），翅基部小盾片两侧无明显隆突，翅端不明显平截。足略长，腿节棍棒形，跗节宽，腹面密被绒毛，后足第 1 跗节长于以后 2 节之和。前胸腹突后端呈三角形，前足基节左右靠拢，基节窝外侧三角形，后端开放。第 5 腹节腹面简单，雄虫略长于雌虫。发音板有 1 宽且亮的音锉。色彩和花斑有时具明显的性二型差别（蒋书楠和陈力，2001）。

分布：中国，俄罗斯，朝鲜，韩国，日本，琉球群岛，缅甸，越南，老挝，马来西亚。世界已知 25

种/亚种，中国记录 17 种/亚种，浙江新发现 1 种。

（46）挂墩拟矩胸花天牛 *Pseudalosterna tippmanni* Hayashi, 1984 浙江新记录（图版 II-1）

Anoplodera (*Anoploderomorpha*) *binotata* ssp. *orientalis* Tippmann, 1955: 93. [HN]

Pseudalosterna binotata tippmanni Hayashi, 1984: 17. [RN]

Pseudalosterna tippmanni: Tichý & Viktora, 2017: 504, 505.

　　别名：挂墩二点拟矩胸花天牛
　　主要特征：体长 7.5–8.5 mm。体黑色，腹部露出鞘翅的部分呈黄褐色；触角基部 7 节黑褐色，端部 4 节红褐色。鞘翅大部分黑色，从肩角到端部 1/3 有黄褐色长斑。足腿节除端部外红褐色，腿节端部和胫节、跗节黑色。鞘翅末端合圆。
　　分布：浙江（磐安）、福建。
　　备注：跟产自台湾的二点拟矩胸花天牛 *Pseudalosterna binotata* (Gressitt, 1935)对比，触角和腿节颜色不一样，鞘翅黄褐色斑纹形状也不一样。

25. 长尾花天牛属 *Pygostrangalia* Pic, 1954

Strangalina (*Pygostrangalia*) Pic, 1954a: 13. Type species: *Strangalia vittaticollis* Pic, 1926.

Mimostrangalia Nakane *et* K. Ohbayashi, 1957: 49, A243. Type species: *Strangalia kurosonensis* K. Ohbayashi, 1936.

Strangalia (*Insularestrangalia*) Hayashi, 1961: 40. Type species: *Strangalia* (*Strangalia*) *longicornis* Gressitt, 1935.

Strangalia (*Mimostrangalia*): Kusama & Hayashi, 1971: 103.

　　别名：拟瘦花天牛属
　　主要特征：头部较短，长略胜于宽，复眼后强烈缢缩成细颈；头顶密布细刻点，额及头顶具 1 中纵沟；复眼较大，半球形突出，内缘浅凹，小眼面细粒；触角细长，着生于两复眼前方内侧，柄节较粗，前胸长显胜于宽，长约为宽的 1.5 倍，前端明显窄于后端，近前端略狭缩，两侧中部之后稍突出，后角钝，不覆盖鞘翅肩角，后缘中央微向后突出，背面甚隆起。小盾片三角形，末端略钝。鞘翅略宽于前胸，极狭长，从肩部显著向后狭窄。足细长，后足腿节伸达第 4 腹节。
　　分布：中国，日本，琉球群岛，越南，老挝，泰国。世界已知 12 种/亚种，中国记录 7 种/亚种，浙江记录 1 亚种。

（47）黑斑长尾花天牛 *Pygostrangalia longicornis obscuricolor* (Gressitt, 1951)

Strangalia longicorne obscura Gressitt, 1940b: 34. [HN, nec Panzer, Thunberg]

Strangalia (*Strangalia*) *longicornis obscuricolor* Gressitt, 1951: 117. [RN, for *Strangalia longicorna abscura* Gressitt, 1940]

Mimostrangalia obscuricolor: Hayashi & Villiers, 1985: 11, 48, 54.

Mimostrangalia longicornis obscuricolor: Jiang & Chen, 2001: 201.

Pygostrangalia longicornis obscuricolor: N. Ohbayashi, 2020: 26, 142.

　　别名：黑斑拟瘦花天牛
　　主要特征：体长 13 mm。体中型，较瘦长。头、胸部及小盾片黑色，复眼及触角第 1–6 节暗褐色，7 和 11 节几乎黑色，8–10 节黄白色；鞘翅暗栗色，侧缘肩后及中部之前有 1 斑点、翅端黑色，前 3 腹节后缘及第 4、5 腹节黑褐色；足暗栗色，后足腿节端部，胫节外侧及第 1 跗节黑色。前部中央有 1 光滑的大三角区，触角约为体长的 1.2 倍，柄节约与第 3 节等长，显长于第 4 节而短于第 5 节，第 6 节稍长于柄节，

第 7 节起各节渐短，末节最长。鞘翅长约为宽的 2.5 倍，端部 1/3 两侧近于平行，末端斜截，缘角尖锐。末节腹板腹面平坦，端缘平截。

分布：浙江（开化）、湖北、海南、贵州。

26. 华花天牛属 *Sinostrangalis* Hayashi, 1960

Sinostrangalis Hayashi, 1960: 13. Type species: *Strangalia yamasakii* var. *ikedai* Mitono *et* Tamanuk, 1939.

主要特征：头部较狭长，额近方形、平坦，唇基与额等高，额与唇基间浅凹，复眼下颊部凹陷，额中沟细而明显，复眼眼后深凹，后头较长，背面隆突；触角不达腹端。前胸背板楔形，背板前端圆隆，呈柱形，两侧陡斜，侧壁向前平凹，形成斜沟，中部后两侧稍突出，斜向后缘，后缘浅波形，前方具 1 浅横沟，中段向前弯，与后弯的后缘间露出小块横隆突，后侧角较尖，不达肩角。小盾片狭长舌形。鞘翅中部前方刻点粗密，端半部刻点渐细小，中段中缝两侧翅面平凹，翅端稍斜截，缘角缝角均不尖突。腹面咽部宽阔；后胸前侧片光滑无毛。前、中足腿节向端半部渐肥粗，后足第 1 跗节长 2 倍于第 2–3 节之和。

分布：中国，缅甸，越南，老挝。世界已知 4 种，中国记录 1 种，在浙江有分布。

（48）华花天牛 *Sinostrangalis ikedai* (Mitono *et* Tamanuki, 1939)（图版 Ⅱ-2）

Strangalia (*s. str.*) *yamasakii* var. *ikedai* Mitono *et* Tamanuki in Tamanuki & Mitono, 1939: 211, fig. 3.

Strangalomorpha yamasakii var. *ikedai*: Tamanuki, 1943: 127.

Strangalia (*Parastrangalis*) *yamasakii*: Gressitt, 1951: 111, pl. 2, fig. 7.

Sinostrangalis ikedai: Hayashi, 1960: 14, fig. 14.

Elacomia collaris Holzschuh, 1991: 31, fig. 33.

Sinostrangalis simianshana Chen *et* Chiang, 2000: 33, figs. 6-10.

别名：池田华花天牛、四面山华花天牛

主要特征：体长 11–14 mm。

雄虫：体形狭长，大部黑色。头部唇基、上唇黄褐色，眼下颊部橙红色，触角 8–10 节黄白色。前胸漆黑色光亮。小盾片黑色，被灰白细毛。鞘翅大部黑色，纵列 4 组橙红色稍隆起的条斑，基部 1/4 处 2 柱形纵条，围成上下缺口的椭圆环，中部前后各 1 短横斑，前斑内端不达中缝，外端向前弯靠近外侧缘，后斑内端不达中缝，外端稍宽达外侧缘，最后黄斑占据翅端 1/6。腹面全部黑色，唯后胸腹板中部前方厚被金黄毛，黄褐色；足除基节及跗节外红棕色。

雌虫：体形较宽厚，全体大部红棕色，头部上颚尖端，复眼，触角 5 节端部，6、7、11 节黑色。前胸背板前、后缘黑色，背面中央两侧纵陷处模糊烟黑色。鞘翅小盾片两侧、中缝基部黑色，翅基 1/3 背方 2 条红棕色纵隆突，前、后端封闭围成狭长环状，翅背中部前后各 1 个光滑稍隆起的较淡的红棕色横斑，外端与外侧缘相接，内端与中缝外侧平陷部分相接，略似 X 形纹；隆起的红棕色纹中间洼陷处均为黑色，每翅形成 3 个黑斑，直、斜、横 3 个斑在基半部背方排成纵列，此外，肩角后有 1 模糊黑褐色条斑；鞘翅后半部红棕色，无黑斑。腹面及足除前胸前缘、足窝周围、中胸侧板、后胸前侧片外侧黑色外，其余全部红棕色。前胸背板楔形，前端有 2 条细黑边，背方靠紧，至侧下方远离。

分布：浙江（龙泉）、福建、台湾、广西、重庆、四川、贵州；越南。

27. 斑花天牛属 *Stictoleptura* Casey, 1924

Brachyleptura (*Stictoleptura*) Casey, 1924: 280. Type species: *Leptura cribripennis* LeConte, 1859.

Stictoleptura: Chemsak, 1964: 235.

　　主要特征：体中型，额短，后头较发达，颈深缢，复眼内缘凹陷，触角着生在复眼下叶顶部内侧，部分触角节外端角突出成锯齿状，第 3 节不长于柄节，稍长于第 4 节，第 5 节最长，在雄虫第 11 节常常深缢似 12 节。前胸背板后侧角钝圆或尖突，前后端深缢，后缘波形。鞘翅两侧向后渐狭，末端稍分开，端缘稍凹截，缘角宽短尖突。足较短，后足第 1 跗节短于其余各节之和（蒋书楠和陈力，2001）。

　　分布：中国，俄罗斯，朝鲜，韩国，日本，吉尔吉斯斯坦，乌兹别克斯坦，塔吉克斯坦，哈萨克斯坦，巴基斯坦，伊朗，伊拉克，阿塞拜疆，格鲁吉亚，亚美尼亚，土耳其，叙利亚，以色列，黎巴嫩，塞浦路斯，欧洲，北美洲，非洲。本属分为 10 个亚属（Tavakilian and Chevillotte, 2019）。中国分布有 2 亚属，浙江记录 1 种。

（49）赤杨斑花天牛 *Stictoleptura* (*Aredolpona*) *dichroa* (Blanchard, 1871)（图版 II-3）

Leptura dichroa Blanchard, 1871: 812.

Leptura rubra var. *muliebris* Heyden, 1886: 276.

Leptura succedanea Lewis, 1879a: 464.

Leptura (*Leptura*) *succedanea*: Heyden, 1893: 181.

Corymbia dichroa: Hayashi & Villiers, 1985: 7.

Leptura succedanea var. *rufonotaticollis* Pic, 1915d: 12.

Leptura succedanea var. *theryi* Pic, 1915d: 12.

Leptura succedanea var. *trisignaticollis* Pic, 1915d: 12.

Anoplodera rubra succedanea: Gressitt, 1947a: 192.

Anoplodera (*Anoplodera*) *rubra succedanea*: Hayashi, 1955: 30.

Aredolpona rubra succedanea: Nakane & K. Ohbayashi, 1957: 50.

Stictoleptura (*Aredolpona*) *succedanea*: Löbl & Smetana, 2010: 114.

Stictoleptura (*Aredolpona*) *dichroa*: Löbl & Smetana, 2010: 114.

　　别名：赤杨伞花天牛、赤杨褐天牛、赤缘花天牛、赤伞花天牛、黑角伞花天牛、黑角斑花天牛
　　主要特征：体长 12.0–22.0 mm。体黑色，头、触角、小盾片和足黑色。前胸和鞘翅赤褐色。雄虫触角接近鞘翅中部，雄虫则超过中部，第 3 节最长。前胸长度与宽度约相等，两侧缘呈浅弧形，前部最窄，中域隆起。小盾片呈三角形。鞘翅肩部最宽，向后逐渐狭窄，后缘斜切，被黄色竖毛，腹面刻点细小，被灰黄色细毛，富有光泽。足中等大小，有灰黄色细毛，后足第 1 跗节长约为第 2、3 跗节总长的 1.5 倍以上。

　　分布：浙江（临安、庆元、景宁、龙泉、泰顺）、黑龙江、吉林、河北、山西、山东、河南、陕西、安徽、湖北、江西、湖南、福建、四川、贵州；俄罗斯，朝鲜，韩国，日本。
　　寄主：杨属、赤杨、松。

28. 瘦花天牛属 *Strangalia* Dejean, 1835

Strangalia Dejean, 1835: 355. Type species: *Leptura luteicornis* Fabricius, 1775.

Ophistomis Thomson, 1861: 154. Type species: *Ophistomis flavocinctus* Thomson, 1861.

Leptura (*Strangalia*): Fairmaire, 1864: 250.

Strangalia (*Strangalina*): Aurivillius, 1912: 228, 240, 245. Type species: *Leptura attenuata* Linnaeus, 1758.

Strangalia (*Typocerus*): Planet, 1924: 53.

Strangalia (*Sulcatostrangalia*) K. Ohbayashi, 1961: 17. Type species: *Strangalia gracilis* Gressitt, 1935.

主要特征：体瘦长，明显向后逐渐收狭；头部较前伸，复眼圆突，颈细，触角较细长，雄虫触角端部数节近末端处有浅凹陷，第 3 节显著长于柄节。前胸背板一般长胜于宽，前、后缘无横沟，前端窄，后端阔，双曲波形，后侧角尖长，覆及肩角；鞘翅狭长，侧缘向后逐渐收窄，端缘斜截。体背至后胸腹板的厚度大于肩部宽度，腹部瘦长，基部显较后胸狭，雄虫末节常露出鞘翅外，端部腹板常凹陷；后足第 1 跗节同第 2、3 跗节的总长度约等长（蒋书楠和陈力，2001）。

分布：中国，俄罗斯，蒙古国，朝鲜，韩国，日本，琉球群岛，哈萨克斯坦，越南，老挝，菲律宾，马来西亚，印度尼西亚，伊朗，阿塞拜疆，格鲁吉亚，亚美尼亚，土耳其，欧洲，北美洲，南美洲。本属世界已知 96 种（Tavakilian and Chevillotte，2019），中国记录 7 种，浙江分布 2 种。

（50）蚤瘦花天牛 *Strangalia fortunei* Pascoe, 1858（图版 II-4）

Strangalia fortunei Pascoe, 1858: 265.

Strangalia nigrocaudata Fairmaire, 1887b: 135.

Strangalia fortunei var. *obscuricornis* Pic, 1925d: 188.

Strangalina fortunei: Gressitt, 1937c: 450.

主要特征：因其外貌上很似花蚤，故得中文名蚤瘦花天牛。体长 11–15 mm。本种体侧较扁，略呈弧状，背面显著凸起，尾端尖，延伸于鞘翅之外。体棕褐或黄褐色，触角、复眼、下颚须端节、后足腿节端部，中、后足胫节末端，中、后足跗节，腹部端节及鞘翅黑色；鞘翅基部棕褐色，触角柄节背面及端部 6 节、前足跗节黑褐色，柄节下面黄褐色；体背面被黑褐色短毛，体腹面着生金黄色绒毛。

分布：浙江（临安、余姚、磐安、开化、江山、景宁、龙泉）、辽宁、北京、天津、河北、河南、陕西、江苏、上海、安徽、湖北、江西、湖南、福建、广东、广西、重庆、四川、贵州。

（51）赭腿瘦花天牛 *Strangalia linsleyi* Gressitt, 1951

Strangalia (*Strangalia*) *linsleyi* Gressitt, 1951: 116.

Strangalia linsleyi: Hayashi & Villiers, 1985: 13.

主要特征：体长 18 mm。体中型，瘦长；黑色，体被近于躺卧的金黄色绒毛，在鞘翅及足上的黑色部分绒毛黑色；上唇、下颚须第 1 节黄褐色，触角第 6–11 节淡赭色，两鞘翅具 3 对赭色带纹或斑点：第 1 对位于基部，为长圆形斜斑，第 2 对位于基部 1/4 稍后，近钟形，第 3 对位于中部之后，为横带纹，在鞘缝处较宽；腿节栗色，中、后足腿节端部黑色，胫节基部及跗爪暗栗色，中、后胸腹板中央及第 1–4 腹节基部 2/3 栗色。触角细长，不达翅端，柄节略粗，稍长于第 4 节，显短于第 3 节，第 5 节稍长于柄节，短于第 3 节，第 6 节起渐短。前胸长略胜于宽，前端明显窄于后端，具前横沟，两侧前半部中央稍突出，中部之后渐扩展，后角尖锐突出，覆盖于鞘翅肩上。鞘翅长为宽的 3 倍，自肩部向后显著狭窄，两翅端部之前裂开，末端约为基部宽的 1/5，端缘斜截，缘角尖锐。

分布：浙江（龙泉）、江西、湖南、福建。

皮花天牛族　Rhagiini Kirby, 1837

分属检索表

1. 复眼内缘浅凹；前胸侧缘瘤突非常强大；鞘翅通常具脊纹，两侧近于平行或向后稍狭 ·················· **皮花天牛属 *Rhagium***

- 复眼内缘显著凹缺；前胸侧缘瘤突较小或无；鞘翅最多具浅刻纹，通常明显向后狭窄 ····················· 2
2. 前胸两侧具瘤突 ·· 圆眼花天牛属 *Lemula*
- 前胸两侧不具瘤突 ·· 3
3. 鞘翅具金属光泽；前胸背板前缘不具领片 ···································· 截翅眼花天牛属 *Dinoptera*
- 鞘翅不具金属光泽；前胸背板前缘领片明显 ································· 驼花天牛属 *Pidonia*

29. 截翅眼花天牛属 *Dinoptera* Mulsant, 1863

Acmaeops (*Dinoptera*) Mulsant, 1863: 494. Type species: *Leptura collaris* Linnaeus, 1758.

Dinoptera: Villiers, 1974: 212.

　　主要特征：本属原为眼花天牛属 *Acmaeops* LeConte, 1850 的亚属，与后者的主要区别是：前胸背板长胜于宽而非宽胜于长，背面无中纵沟；鞘翅两侧缘平行，端缘宽，略平截，缘角不浑圆；触角着生在复眼稍前方。体小型，宽短，具蓝、黑、铜色金属光泽（蒋书楠和陈力，2001）。

　　分布：中国，俄罗斯，蒙古国，朝鲜，韩国，日本，哈萨克斯坦，伊朗，阿塞拜疆，格鲁吉亚，亚美尼亚，土耳其，欧洲。本属世界已知 7 种（Tavakilian and Chevillotte，2019），中国记录 5 种，浙江分布 1 亚种。

（52）小截翅眼花天牛 *Dinoptera* (*Dinoptera*) *minuta minuta* (Gebler, 1832)

Pachyta minuta Gebler, 1832: 69.

Dinoptera minuta: Jiang & Chen, 2001: 86, pl. XIII, fig. 21.

　　主要特征：体很小，体长 6–7 mm。体黑色，鞘翅具深蓝色光泽。头略宽于前胸背板前端，正中有 1 条纵线，密布细刻点及着生少许灰绒毛；触角一般较细，延伸至鞘翅中部之后，第 3 节同柄节等长。前胸背板长略胜于宽，前端窄，无前横沟，后端宽，中部稍膨阔，胸面中央有细纵凹线，分布稀疏细刻点及着生灰褐绒毛。鞘翅显著宽于前胸，卵圆形，翅端缘圆弧形，翅面密布细刻点及微具皱纹，着生黑色短毛。

　　分布：浙江、黑龙江、吉林、辽宁、内蒙古、北京、河北、山西、山东、河南、陕西、宁夏、江西、广西；俄罗斯，朝鲜，韩国。

30. 圆眼花天牛属 *Lemula* Bates, 1884

Lemula Bates, 1884: 211. Type species: *Lemula decipiens* Bates, 1884.

Lemula subgenus *Lemula*: N. Ohbayashi & Chou, 2019: 454.

　　主要特征：体形短小，头在复眼处最宽，后颊逐渐缩窄至颈部，下颊非常短，小于复眼直径的一半；复眼大，内缘几不凹入，小眼面细粒；触角着生在复眼前缘附近，触角丝状，短于身体，第 3 节约等于第 4 节，显短于柄节，以后各节稍长。前胸背板侧缘有显著瘤突，背中央有 1 对纵隆突，中间深陷。鞘翅两侧平行，中部以后稍宽，端部两侧相合成圆形。前胸腹突短，伸入前足基节窝之间，末端稍扩大，前足基节窝向后开放。足中等长，腿节微膨大，胫节线状，末端略宽，后足跗节不显著延长，第 1 跗节等于或稍长于第 2–3 跗节之和（蒋书楠和陈力，2001；Ohbayashi and Chou，2019）。

　　分布：中国，俄罗斯，日本。本属分 2 个亚属，指名亚属世界已知 29 种/亚种，中国记录 26 种/亚种（Ohbayashi and Chou，2019），浙江分布 4 种/亚种。

分种检索表

（53）黄腹圆眼花天牛 *Lemula (Lemula) coerulea* Gressitt, 1939（图版 **II-5**）

Lemula coerulea Gressitt, 1939b: 84, pl. II, fig. 6.

Lemula (s. str.) coerulea: N. Ohbayashi & Chou, 2019: 475, figs. VIII-15, XII-15, XV-13.

　　主要特征：体长 6.5–8.5 mm。头、前胸、小盾片和鞘翅金属蓝色；触角和足黑色；腹部黄褐色。触角伸达鞘翅中部附近，雌雄差异不大；鞘翅两侧平行，中部以后稍宽，端部两侧相合成圆形。

　　分布：浙江（安吉、临安）、福建。

　　备注：浙江是本种的模式产地。

（54）烦圆眼花天牛 *Lemula (Lemula) confusa* Holzschuh, 2009

Lemula confusa Holzschuh, 2009: 268, figs. 1a, 1b.

Lemula (s. str.) confusa: N. Ohbayashi & Chou, 2019: 457, figs. III-4, VI-4, XV-4.

　　主要特征：体长 6.2–8.3 mm。头、前胸、小盾片棕红色，鞘翅棕黄色；触角黑褐色，足腿节棕红色，胫节和跗节黑色；腹面大部分棕红色至棕黑色，腹部末节腹板黄褐色，较其他腹板色浅。触角伸达鞘翅中部之后（♂）或附近（♀）；鞘翅两侧平行，端部两侧相合成圆形。

　　分布：浙江（临安）、河南、安徽、湖北、福建。

（55）浙江侧圆眼花天牛 *Lemula (Lemula) lata zhejianga* N. Ohbayashi *et* Chou, 2019（图版 **II-6**）

Lemula (s. str.) lata zhejianga N. Ohbayashi *et* Chou, 2019: 486, figs. XI-25, XIV-25.

　　主要特征：体长 6.4–9.6 mm。头、前胸、小盾片棕红色，鞘翅金属蓝绿色或金属黄绿色；触角柄节棕红色，其余各节黑褐色至黑色，足棕红色；腹部棕褐色。触角伸达鞘翅中部附近，雄虫稍长；鞘翅两侧平行，端部两侧相合成圆形。

　　分布：浙江（安吉、临安）、福建。

　　备注：浙江是本种的模式产地。

（56）黄翅圆眼花天牛 *Lemula (Lemula) testaceipennis* Gressitt, 1939（图版 **II-7**）

Lemula testaceipennis Gressitt, 1939b: 85, pl. II, fig. 7.

Lemula inaequalicollis Pic, 1957: 75.

Lemula densepunctata Hayashi, 1974a: 4.

Lemula obscuripennis Shimomura, 1979: 276, fig. 4.

Lemula (s. str.) testaceipennis: N. Ohbayashi & Chou, 2019: 462, figs. IV-7, VI-7, XV-5-9.

主要特征：体长 6.3–10.7 mm。体小，黄褐色，密生灰白色绒毛。头宽短，稍宽于前胸，在复眼之后渐狭窄，然后突然缢缩成颈状；颊短，额及头顶刻点粗密，中央有 1 纵沟；复眼小，球形突出，小眼面细粒；触角细长，雌虫伸达鞘翅中部，雄虫超过鞘翅中部，柄节较粗，稍长于第 3 节，第 2 节约为第 3 节长之半，第 3 与第 4 节等长，第 5 节、11 节与柄节等长，第 6–10 节略短。前胸长略胜于宽，前端窄于后端，具前、后横沟，两侧中部钝圆，后缘近于浅弧形，背面略隆起，密布较粗刻点。小盾片三角形，密布刻点，末端圆。鞘翅显宽于前胸，略狭长，末端圆。足细长，密生灰白色绒毛，后足胫节显长于跗节，第 1 跗节约与第 2–3 节之和等长，跗节下方具毛垫。

分布：浙江（临安）、福建、台湾、广东、广西。

备注：浙江是本种的模式产地。

31. 驼花天牛属 *Pidonia* Mulsant, 1863

Pidonia Mulsant, 1863: 570. Type species: *Leptura lurida* Fabricius, 1792.

主要特征：体小至中型，头与前胸等宽或稍宽，头前部下倾，唇基前伸，额横宽，与唇基间具横陷，下颚须末节较长，末端扩大，端缘弧截，雄虫较雌虫宽大；触角基瘤左右靠拢，中间成陷沟，复眼圆突，内缘浅凹；触角位于额上部复眼前缘附近，雄虫触角常长过体端，雌虫较短，通常第 5 节最长，第 3 节长于第 4 节。前胸背板前、后缘缢缩，侧缘中部圆突，前缘领片通常明显，背面圆隆，后缘双曲波形，背中线后半部常有光滑细脊线，后侧角不突出。小盾片三角形。鞘翅宽于前胸，翅长通常为肩宽的 2.5 倍左右，雌虫两侧缘平行，雄虫后端渐狭，端缘圆或截断。腹部末节雄虫常凹陷。足较细，后足跗节有毛垫，第 1 跗节长于第 2–3 节之和（蒋书楠和陈力，2001）。

分布：中国，俄罗斯，蒙古国，朝鲜，韩国，日本，越南，老挝，格鲁吉亚，土耳其，欧洲，北美洲。世界已知 187 种，中国记录 96 种，浙江分布 3 种。

分种检索表

1. 前胸背板淡黄褐色，不具黑色斑纹；鞘翅淡黄褐色，无明显斑纹 ·································苍白驼花天牛 *P. (P.) palleola*
- 前胸背板大部分黑色；鞘翅具明显的黑色斑纹 ··· 2
2. 每鞘翅具 3 个黑斑；触角基部 6 节黄褐色，端部 5 节深红褐色 ·····························脊胸驼花天牛 *P. (O.) heudei*
- 鞘翅鞘缝和边缘黑色，中间纵条黄褐色；触角前两节和各节基部黄褐色，其余部分黑色 ······跷驼花天牛 *P. (P.) infuscata*

（57）脊胸驼花天牛 *Pidonia (Omphalodera) heudei* (Gressitt, 1939)（图版 II-8）

Pseudopidonia (Omphalodera) heudei Gressitt, 1939b: 86, 90, pl. II, fig. 3.

Pidonia (Omphalodera) heudei: Gressitt, 1951: 75.

主要特征：体长 4.5–6.0 mm。头和前胸深红褐色；触角基部 6 节黄褐色，端部 5 节深红褐色；小盾片红褐色；鞘翅红褐色，具 3 个黑斑，分别位于基部、中部和端前，基部最前沿是红褐色的，中部黑斑被半圆形黄褐色斑纹环绕，其中前后颜色最浅，浅于鞘缝的红褐色；足红褐色至黑褐色。触角短于体，鞘翅末端圆。

分布：浙江（安吉、临安）、陕西。

备注：浙江是本种的模式产地。

（58）跷驼花天牛 *Pidonia (Pseudopidonia) infuscata* (Gressitt, 1939)（图版 II-9）

Pseudopidonia infuscata Gressitt, 1939b: 88, pl. II, fig. 2.

Pidonia (Pseudopidonia) infuscata: Gressitt, 1951: 73.

别名：黑缘驼花天牛（Wang et al., 2018）

主要特征：体长 7–8 mm。体被灰黄色斜伏毛。头黄褐色，头顶和后头黑色；触角前两节和各节基部黄褐色，其余部分黑色。前胸大部分黑色，前后缘和腹面黄褐色，小盾片黑色。鞘翅鞘缝和边缘黑色，中间纵条黄褐色。后胸腹板两侧和腹板前两节及第 3 节基部黑色，其余黄褐色。足红褐色，跗节和胫节端部暗褐色。触角略长于体，柄节约等于第 3 节，第 3 节略长于第 4 节，短于第 5 节。鞘翅末端斜截。

分布：浙江（安吉、临安）、福建。

备注：浙江是本种的模式产地。

（59）苍白驼花天牛 *Pidonia (Pseudopidonia) palleola* Holzschuh, 1991　浙江新记录

Pidonia palleola Holzschuh, 1991: 11, fig. 9.

主要特征：体长 6.3–7.8 mm。雄：体较短小，体色单一，淡黄褐色，上颚端部、下唇、下颚须端节稍呈暗色，触角 2 节或 3 节以后黑色，每节基部淡色；跗节黑色，胫节外缘或全部带黑色，腿节端部背面或端半部或多或少带黑色。触角较细，明显短于体长。鞘翅逐渐向后收狭，翅端平截。足腿节显著瘦长。雌：鞘翅较短，两侧较平行。

分布：浙江（临安）、陕西、四川。

备注：陈其瑚（1993）记录的天目山的淡胫驼花天牛 *Pidonia (Mumon) debilis* (Kraatz, 1879)是本种的错误鉴定。

32. 皮花天牛属 *Rhagium* Fabricius, 1775

Rhagium Fabricius, 1775: 182. Type species: *Cerambyx inquisitor* Linnaeus, 1758, designated by Curtis, 1839.

Hargium Leach in Samoulle, 1819: 210. Type species: *Cerambyx inquisitor* Linnaeus, 1758.

Allorhagium Kolbe, 1884: 270. Type species: *Cerambyx inquisitor* Linnaeus, 1758.

主要特征：体厚实，触角粗短，一般仅达鞘翅基部前或后，柄节粗壮，第 3 和第 4 节均短于柄节；复眼小而突出，内缘浅凹；头较前伸，复眼之后强。前胸侧刺突发达；鞘翅两侧近平行或向后稍窄，翅端狭圆，翅面具 3 条强纵脊，常具杂色细毛；前足基节间腹部突片发达，呈圆锥状隆突，中胸腹突宽阔；腹部腹面常具中纵脊（蒋书楠和陈力，2001）。

分布：中国，俄罗斯，蒙古国，朝鲜，韩国，日本，哈萨克斯坦，阿塞拜疆，格鲁吉亚，亚美尼亚，土耳其，欧洲，北美洲，北非。

（60）密皱皮花天牛 *Rhagium (Rhagium) inquisitor rugipenne* Reitter, 1898

Rhagium rugipennis Reitter, 1898: 357.

Rhagium rugipenne sibiricum Pic, 1905: 5.

Rhagium (Hargium) inquisitor rugipenne: Plavilstshikov, 1915a: 34, 47.

Rhagium (Allorhagium) inquisitor rugipenne: Hayashi, 1955: 23.

Rhagium rugipenne: Jiang & Chen, 2001: 42, pl. I, fig. 6; pl. XIII, fig. 2; pl. XV, fig. 3.

别名：皱纹皮花天牛

主要特征：体长 14–17 mm。体形较扁平。体大部黑色，触角柄节赭黑色，其余各节赭红色，2–5 节红色较鲜明，6–11 节因毛被较密厚，逆光常现黑褐色；唇基及上唇前缘黄褐色；前胸背板纵贯 1 条漆黑色光

滑的中纵条，较狭而完整，背面被灰白色卧毛，两侧与头部相同散生细柔竖毛，向两侧伸出。小盾片黑色光滑。鞘翅底色红棕色，除肩角露出红棕色外，全部为灰白、灰黄、黑色卧毛蔽覆，每翅 3 条强纵脊黑色，从中缝向外第 1、2 条纵脊在中部前方及后方各有一小段呈黄色，纵脊间洼沟散布不规则的根支状细短脊，并散布较细密刻点。中、后足腿节、胫节下侧除端部外红棕色。触角长达鞘翅基部，鞘翅肩宽与翅长比为 1∶2，翅面有 3 条细纵脊，内侧第 1 条从翅基直达翅端，向外第 2 条从翅基至翅端前方与外侧第 3 条相接，第 3 条起自鞘翅中部前方外侧缘内侧，脊间沟底平坦宽阔。

分布：浙江（丽水）、黑龙江、吉林、辽宁、内蒙古、陕西、甘肃、新疆、江西、云南；俄罗斯，蒙古国，朝鲜，韩国。

备注：日松皮花天牛 *Rhagium (Rhagium) japonicum* Bates, 1884 在浙江也有记录（浙江省林业厅，1983），但是很可能是密皱皮花天牛的错误鉴定。本卷依据最新古北区名录的观点，认为日松皮花天牛在中国没有分布。

（三）椎天牛亚科 Spondylidinae

主要特征：体小至中等大小，体长 5–35 mm，近圆筒形（椎天牛族 Spondylidini）至扁平。头部可能在眼后狭缩但不具突出的上颊；颜面很短，前口式或亚前口式。触角短于或稍长于体长，椎天牛族 Spondylidini 的触角非常短，形状简单至典型锯齿状，11 节。前胸背板不具边缘或仅具不连续的微弱隆突。前足基节窝形状多样，向后开放或关闭。中胸背板具显著的中央内突，发音器（若有）具中央纵纹。前足基节横形至近球形，低于前胸腹板突，最多微弱突出。跗节伪 4 节，具跗垫。爪间突小而具 2 根刚毛至不明显。椎天牛亚科和天牛亚科不好区分。

分布：世界已知约 90 种，中国记录 4 族 8 属约 33 种，浙江分布 6 属 6 种。

幽天牛族 Asemini Thomson, 1861

分属检索表

1. 前足胫节端部有 2 刺 ·· **幽天牛属 *Asemum***
- 前足胫节端部有 1 刺 ··· 2
2. 前胸背板背面中央有 1 个浅纵凹洼；鞘翅端缝角细刺状 ············· **塞幽天牛属 *Cephalallus***
- 前胸背板中央不具纵凹洼；鞘翅端缝角不呈细刺状 ····················· **梗天牛属 *Arhopalus***

33. 梗天牛属 *Arhopalus* Audinet-Serville, 1834

Arhopalus Audinet-Serville, 1834b: 77. Type species: *Cerambyx rusticus* Linnaeus, 1758.

Criocephalum Dejean, 1835: 328. Type species: *Cerambyx rusticus* Linnaeus, 1758.

Criocephalus Mulsant, 1839: 63. Type species: *Cerambyx rusticus* Linnaeus, 1758.

Hylescopus Gistel, 1856: 376.

主要特征：体长形，中等大。头近于圆形，窄于前胸；触角较长，圆柱形或扁形，第 3 节约 3 倍于第 2 节长，雄虫触角等于或短于体长，雌虫触角显短于体长，仅达鞘翅中部；上颚较短；复眼小眼面粗。前胸两侧圆形，背面稍扁平。小盾片舌状，末端圆形。鞘翅长形，两侧近于平行，端部稍窄，外端角钝圆，翅面密布颗粒状细皱纹，散布小刻点，各具纵脊 3 条，缝角具刺，足粗壮，中等大，后足第 1 跗节等于或稍长于第 2–3 节之和（蒋书楠等，1985）。

分布：中国，俄罗斯，蒙古国，朝鲜，韩国，日本，哈萨克斯坦，巴基斯坦，印度，不丹，尼泊尔，缅甸，越南，老挝，伊朗，阿塞拜疆，格鲁吉亚，亚美尼亚，土耳其，叙利亚，约旦，以色列，塞浦路斯，欧洲，北美洲，大洋洲，非洲。本属世界已知 23 种（Tavakilian and Chevillotte，2019），中国记录 12 种，浙江分布 1 种。

（61）梗天牛 *Arhopalus rusticus* (Linnaeus, 1758)

Cerambyx rusticus Linnaeus, 1758: 395.

Callidium tristis Fabricius, 1787: 154.

Cerambyx (Callidium) lugubris Gmelin, 1790: 1847.

Criocephalus pachymerus Mulsant, 1839: 64.

Criocephalum coriaceum Motschulsky, 1845: 89.

Criocephalus ferus var. *hispanicus* Sharp, 1905: 157.

Criocephalus rusticus var. *longicorne* Tamanuki *et* Ooishi, 1937: 112.

Arhopalus (Arhopalus) rusticus: Gressitt, 1951: 35.

　　别名：褐梗天牛、褐幽天牛
　　主要特征：体长 25–30 mm。体较扁，褐色或红褐色，雌虫体色较黑，密被灰黄色短绒毛。额中央具 1 条纵沟，头刻点密；雄虫触角达体长的 3/4，雌虫约达体长的 1/2。前胸背板宽胜于长，两侧缘圆形；背面刻点密，中央有 1 条光滑而稍凹的纵纹，与后缘前方中央的 1 横凹陷相连，背板中央两侧各有 1 肾形的长凹陷。鞘翅两侧平行，后缘圆形；每翅具 2 条平行的纵脊，基部刻点较粗大，向端部逐渐细弱。雄虫腹末节较短阔，雌虫腹末节较狭长。
　　分布：浙江（临安、庆元、龙泉、平阳）、黑龙江、吉林、辽宁、内蒙古、北京、天津、河北、山西、山东、河南、陕西、宁夏、甘肃、湖北、江西、福建、海南、四川、贵州、云南；俄罗斯，蒙古国，朝鲜，韩国，日本，塔吉克斯坦，哈萨克斯坦，阿塞拜疆，格鲁吉亚，亚美尼亚，土耳其，欧洲，北美洲，大洋洲，非洲北部。
　　寄主：日本赤松、柳杉、日本扁柏、桧、冷杉、樟子松、柏木属。
　　备注：《浙江森林病虫名录》里记录了天台、定海和普陀有三穴梗天牛 *Arhopalus foveatus* Chiang, 1963，标本编号为浙 24-5-13。作者不确定这种鉴定是否正确，暂不收录。

34. 幽天牛属 *Asemum* Eschscholtz, 1830

Asemum Eschscholtz, 1830: 66. Type species: *Cerambyx striatus* Linnaeus, 1758.

Onychoplectes Gistel, 1856: 376. Type species: *Cerambyx striatus* Linnaeus, 1758.

Liasemum Casey, 1912: 262. Type species: *Asemum nitidum* LeConte, 1873.

　　主要特征：体小型；头宽短，覆毛或无毛，复眼内缘微凹；触角伸达或超过鞘翅基部，基部较粗壮，端部几节略扁。前胸两侧圆形，具刻点，覆短毛或无毛。鞘翅长形，两侧近于平行，翅面布皱纹和刻点，各具纵脊若干条。前足基节窝向后开放，足腿节侧扁，不呈棒状。
　　分布：中国，俄罗斯，蒙古国，朝鲜，韩国，日本，吉尔吉斯斯坦，哈萨克斯坦，阿塞拜疆，格鲁吉亚，亚美尼亚，土耳其，叙利亚，欧洲，北美洲，大洋洲。本属世界已知 10 种，记录 5 种，浙江分布 1 种。

（62）脊鞘幽天牛 *Asemum striatum* (Linnaeus, 1758)

Cerambyx striatus Linnaeus, 1758: 396.

Callidium agreste Fabricius, 1787: 152.

Cerambyx (*Callidium*) *dichrous* Gmelin, 1790: 1846.

Callidium buprestoide Savenius, 1825: 64.

Asemum striatum: Eschscholtz, 1830: 66.

Asemum atrum Eschscholtz, 1830: 66.

Asemum striatum var. *agreste*: Mulsant, 1839: 62.

Asemum moestum Haldeman, 1847b: 35.

Asemum moestum var. *brunneum* Haldeman, 1847b: 35.

Asemum maestum var. *obsoletum* Haldeman, 1847b: 35.

Asemum fuscum Haldeman, 1847b: 36.

Asemum substriatum Haldeman, 1847b: 36.

Asemum juvencum Haldeman, 1847b: 36.

Asemum subsulcatum Motschulsky, 1860b: 152.

Asemum amurense Kraatz, 1879a: 97.

Asemum striatum var. *moestum*: Hamilton, 1890: 44.

Asemum gracilicorne Casey, 1912: 258.

Asemum ebenum Casey, 1912: 258.

Asemum curtipenne Casey, 1912: 258.

Asemum amputatum Casey, 1912: 259.

Asemum parvicorne Casey, 1912: 260.

Asemum fulvipenne Casey, 1912: 260.

Asemum costulatum Casey, 1912: 260.

Asemum pugetanum Casey, 1912: 261.

Asemum brevicorne Casey, 1912: 261.

Asemum amurense var. *tomentosum* Plavilstshikov, 1915b: 108.

Asemum striatum var. *limbatipenne* Pic, 1916b: 10.

Asemum carolinum Casey, 1924: 227.

Asemum stocktonense Casey, 1924: 227.

Asemum striatum japonicum Matsushita, 1933: 235.

Asemum striatum var. *theresae* Pic, 1945b: 6.

Asemum striatum var. *neglegens* Villiers, 1978: 230.

别名：松幽天牛

主要特征：体长 8–23 mm。体黑褐色，密生灰白色绒毛，腹面有显著光泽。触角短，长度只达体长之半，第 5 节显著长于第 3 节。头上刻点密，复眼凹陷不大，触角间有 1 明显纵沟。前胸背板的侧刺突只呈圆形向外伸出，背板中央少许向下凹陷。小盾片长，黑褐色。前翅长，顶端呈圆弧形，翅面上有纵隆起线，近前缘处还有一些横皱纹。足短，腿节略呈棒状，尾端暗褐色。

分布：浙江（临安）、黑龙江、吉林、辽宁、内蒙古、北京、天津、河北、山西、山东、陕西、宁夏、甘肃、青海、新疆、湖北、四川、云南；俄罗斯，蒙古国，朝鲜，韩国，日本，吉尔吉斯斯坦，哈萨克斯坦，阿塞拜疆，格鲁吉亚，亚美尼亚，土耳其，叙利亚，欧洲，澳大利亚，北美洲。

寄主：红松、鱼鳞松、日本赤松。

35. 塞幽天牛属 *Cephalallus* Sharp, 1905

Cephalallus Sharp, 1905: 148. Type species: *Cephalallus oberthueri* Sharp, 1905.

　　主要特征：体较狭窄，头部近圆形，额区有 1 个 Y 形凹沟；雄虫触角稍超过体长，雌虫则伸至鞘翅中部之后。前胸背板长略胜于宽，前端同头约等宽，两侧缘微圆弧；胸面中央有 1 个浅纵凹洼。鞘翅端缝角细刺状。前胸腹板凸片狭窄，前端表面具横皱纹，前足基节窝向后开放。足一般短，扁平；第 3 跗节两叶分裂很深，裂缝至基部。

　　分布：中国，蒙古国，朝鲜，韩国，日本，琉球群岛，印度，缅甸，老挝。本属世界已知 3 种，中国记录 2 种，浙江分布 1 种。

（63）赤塞幽天牛 *Cephalallus unicolor* (Gahan, 1906)（图版 II-10）

Criocephalus unicolor Gahan, 1906: 97.

Megasemum sharpi Reitter, 1913b: 43.

Megasemum projectum Okamoto, 1927: 63.

Arhopalus (*Cephalallus*) *unicolor*: Gressitt, 1951: 37.

Cephalallus unicolor: Kusama, Nara & Kusui, 1974: 120.

　　别名：赤梗天牛
　　主要特征：体长 13.0–28.0 mm。体较狭窄，赤褐色，触角及足色泽较暗，栗褐色，体被灰黄色短绒毛。头部额区有 1 个 Y 形凹沟，雄虫触角稍超过体长，柄节较长，伸至复眼后缘，雌虫则伸至鞘翅中部之后，柄节稍短，不达复眼后缘，基部 5 节较粗，以下各节较细，下沿密生缨毛。前胸背板长略胜于宽，两侧缘微圆弧；胸面中央有 1 个浅纵凹洼，雌虫凹洼更浅，凹洼后端两侧及后端中央稍隆突，表面密生粗糙刻点。鞘翅具细密皱纹刻点，每个鞘翅显现 3 条纵脊线，缝角细刺状。足一般短，扁平；第 3 跗节两叶分裂很深，裂缝至基部。

　　分布：浙江（临安、嵊泗、磐安、江山、景宁、龙泉、泰顺）、吉林、河南、江苏、湖北、江西、湖南、福建、台湾、广东、海南、香港、四川、贵州、云南；蒙古国，朝鲜，韩国，日本，印度，缅甸，老挝。

　　寄主：松属、油茶。

　　备注：虽然谢广林等（2010）在丽水龙泉同时记录了 *Cephalallus oberthueri* Sharp, 1905，但很可能是本种的错误鉴定，本卷不保留这个记录。

截尾天牛族　Atimiini LeConte, 1873

36. 截尾天牛属 *Atimia* Haldeman, 1847

Atimia Haldeman, 1847b: 56. Type species: *Atimia tristis* Haldeman, 1847 (= *Clytus confusus* Say, 1826).

Myctus Semenov *et* Plavilstschikov, 1937: 252. Type species: *Myctus maculipunctus* Semenov *et* Plavilstschikov, 1937.

　　主要特征：体长卵圆形，中等凸，粗糙；鞘翅、前胸和腹板被长的直立毛，还有一些光裸区。头短宽；复眼深凹，几乎分裂，上下两叶仅 2 行小眼相连。触角柄节圆锥形，很少近圆柱形。前胸宽显胜于长，侧缘近直或钝圆，常具明显的端角。前足基节被前胸腹板突分开较远，前胸腹板突宽约为基节宽的一半，基节窝圆形或有微弱的外端角。鞘翅长约为基部宽的 2 倍，基部宽阔，向端部渐窄，翅端微凹或平截。

　　分布：中国，俄罗斯，蒙古国，日本，尼泊尔，北美洲。世界已知 15 种/亚种，中国记录 4 种，浙江分布 1 种。

（64）中华截尾天牛 *Atimia chinensis* Linsley, 1939（图版 II-11）

Atimia chinensis Linsley, 1939: 76, pl. 14, fig. 3.

主要特征：体长 6.5 mm。体黑色，密被土黄色绒毛。头和前胸的绒毛疏密不匀，但没有形成规则的斑纹，通常前胸背板中区的绒毛较稀疏，露出黑色较多。鞘翅沿鞘缝和两侧缘绒毛较密，每鞘翅的中部绒毛稀疏甚至缺失处形成锯齿状的黑斑。腹面大部分被土黄色绒毛，后胸和腹板的中央处绒毛稀疏。触角短于体长，鞘翅末端平截。

分布：浙江（舟山）、内蒙古、北京、山东。

备注：浙江是本种的模式产地。

椎天牛族　Spondylidini Audinet-Serville, 1832

37. 椎天牛属 *Spondylis* Fabricius, 1775

Spondylis Fabricius, 1775: 159. Type species: *Attelabus buprestoides* Linnaeus, 1758.

主要特征：体粗壮，上颚较强大，内缘基部具小齿，下颚须第 2 节短于第 3 节。触角短，不达鞘翅基部，呈念珠状；柄节最粗，略呈圆柱形，第 2 节最短，球形。前胸背板前端阔，后端狭，两侧圆。鞘翅具脊，翅端圆形。足短，前足胫节外侧具强烈锯齿。

分布：中国，俄罗斯，蒙古国，朝鲜，韩国，日本，哈萨克斯坦，伊朗，阿塞拜疆，格鲁吉亚，亚美尼亚，土耳其，欧洲，北美洲，非洲。

（65）中华椎天牛 *Spondylis sinensis* Nonfried, 1892（图版 II-12）

Spondylis sinensis Nonfried, 1892: 92.

别名：短角幽天牛、短角椎天牛

主要特征：体长 15.0–25.0 mm。体略呈圆柱形，完全黑色，体腹面及足有时部分黑褐色。额斜倾，中央有 1 条稍凹而光滑的纵纹，刻点较头顶后方者稍大而强。上颚强大，雄虫较尖锐，基端阔，末端狭，呈镰刀状，除内侧缘及末端光滑不具刻点外，外侧的大部分具很密的刻点，内缘近基部有 1 个小齿，有时在它的前方接近中部尚有 1 小齿；雌虫上颚较扁阔，内缘具 2 个较钝的齿。触角短，雌虫约达前胸的 2/3，雄虫约达前胸后缘；第 1 节长，略呈圆柱形；第 3–11 节扁平，除末节狭长外，各节呈盾形。前胸背板沿前后缘镶有很短的金色绒毛。鞘翅基端阔，末端稍狭，后缘圆；雄虫翅面除具细小的刻点外尚有大而深的圆点，各鞘翅具有 2 条隆起的纵脊纹；雌虫翅面刻点密集，呈波状，脊纹不明显。体腹面被有黄褐色绒毛。足短。

分布：浙江（德清、长兴、安吉、西湖、富阳、临安、桐庐、建德、上虞、鄞州、宁海、余姚、武义、义乌、三门、天台、缙云、遂昌、庆元、景宁、龙泉、永嘉、文成、泰顺）、黑龙江、内蒙古、北京、河北、河南、陕西、甘肃、江苏、安徽、湖北、江西、湖南、福建、台湾、广东、海南、香港、广西、四川、贵州、云南。

寄主：马尾松、日本赤松、柳杉、日本扁柏、冷杉及云杉等。

断眼天牛族　Tetropiini Seidlitz, 1891

38. 断眼天牛属 *Tetropium* Kirby, 1837

Isarthron Dejean, 1835: 329. Type species: *Callidium aulicum* Fabricius, 1775.

Callidium (*Tetropium*) Kirby, 1837: 174. Type species: *Callidium* (*Tetropium*) *cinnamopterum* Kirby, 1837.

Criomorphus Mulsant, 1839: 58. [HN] Type species: *Callidium aulicum* Fabricius, 1775 (= *Cerambyx castaneus* Linnaeus, 1758).

Tetropium: Haldeman, 1847a: 372.

主要特征：体圆柱形，中等大小；额短，近垂直；上颚短；下颚须末节三角形；复眼小眼面细，上下两叶仅一线相连。触角远短于体，向端部渐细，柄节粗短，第 2 节约为第 3 节的一半长，第 3–5 节近等长，然后各节渐短，末节稍长于第 10 节。前胸长宽近等或长稍胜于宽，两侧圆弧形。鞘翅两侧近平行，翅端圆形。足短，腿节呈扁平梭状（时书青，2012，略微改动）。

分布：中国，俄罗斯，蒙古国，朝鲜，韩国，日本，吉尔吉斯斯坦，乌兹别克斯坦，哈萨克斯坦，巴基斯坦，印度，不丹，尼泊尔，阿塞拜疆，格鲁吉亚，亚美尼亚，土耳其，埃及，欧洲，北美洲，大洋洲，非洲。全世界分布 28 种，中国分布 8 种，浙江分布 1 种。

（66）光胸断眼天牛 *Tetropium castaneum* (Linnaeus, 1758)

Cerambyx castaneum Linnaeus, 1758: 396.

Cerambyx luridus Linnaeus, 1767: 634.

Callidium aulicum Fabricius, 1775: 190.

Callidium castaneum: Laicharting, 1784: 81.

Callidium ruficrus Schrank, 1789: 77.

Callidium curiale Panzer, 1789: 29.

Callidium fulcratum Fabricius, 1793: 320.

Criomorphus aulicus: Mulsant, 1839: 58.

Tetropium aulicum: Motschulsky, 1860b: 152.

Tetropium castaneum: Motschulsky, 1860b: 152.

Criomorphus luridus: Martin, 1860: 1007.

Tetropium luridum var. *fulcratum*: Lameere, 1884: clxxviii.

Tetropium luridum: Severin, 1889: cxxxix.

Tetropium castaneum var. *luridum*: Kleine, 1909: 179.

Tetropium luridum var. *atricorne* Pic, 1931a: 258.

Isarthron castaneum: Chauvelier, 2003: 38.

主要特征：体长 8–16 mm。体棕栗色到黑褐色。头部中央具较显著的纵沟纹 1 条，由触角基瘤间起直达头顶后缘。触角雄虫较长，约到达鞘翅中部，雌虫较短，不及鞘翅中部；柄节粗大，较第 3 节略长，第 2 节较第 3 节的 1/2 为长。前胸背板极光亮，中区有不明显的橄榄形凹陷，中央有 1 条微凹的纵纹，不甚明显，隐约可见，后缘隆起成 1 横纹，此隆起横纹之前有 1 横的凹纹；表面有下凹的刻点。鞘翅每翅有纵纹 2–3 条，表面密布皱痕状刻纹。后胸前侧片前缘阔后缘狭，后缘阔度至多为前缘的 1/2。腿节呈棍棒状，尤以后足腿节更明显。

分布：浙江、黑龙江、吉林、辽宁、内蒙古、天津、河北、山西、陕西、宁夏、甘肃、青海、新疆、福建、四川、云南；俄罗斯，蒙古国，朝鲜，韩国，日本，哈萨克斯坦，阿塞拜疆，格鲁吉亚，亚美尼亚，土耳其，欧洲，北美洲，非洲。

寄主：松属、云杉属、冷杉属等。

（四）锯花天牛亚科 Dorcasominae

主要特征：体小至中等大小，体长 5–40 mm；体通常长形，具锥形或近于平行的鞘翅，常常具有长而适于行走的足；无身体扁平的种类。前口式，有时具明显的"喙"，一般在眼后缢缩，但绝不具突出的上颊和缩窄的"颈部"。触角着生部位多样，触角窝通常朝向侧面或侧背面，触角彼此靠近且着生部位明显靠前。触角长度多样，11 节（偶尔最后 1 节具亚节），扁平状至典型锯齿状。前胸背板不具边缘，常常具 1 对侧瘤突或侧刺突。前足基节窝通常向后开放，前胸腹板突通常狭窄但完整。前足基节横形至近球形，突出，不高于前胸腹突。跗节伪 4 节，具跗垫，不具爪间突。

分布：非洲、欧洲和东南亚，目前世界已知 321 种（Vives，2015），中国记录 1 族 5 属 20 种，浙江分布 1 种。

锯花天牛族 Apatophyseini Lacordaire, 1869

39. 锯花天牛属 *Apatophysis* Chevrolat, 1860

Apatophysis Chevrolat, 1860a: 95. Type species: *Apatophysis toxotoides* Chevrolat, 1860 (= *Polyarthron barbarum* Lucas, 1858).

Centrodera (*Apatophysis*): Gressitt, 1951: 48.

Apatophysis (*s. str.*): Danilevsky, 2008: 8, 9, 40-41.

主要特征：头向前伸出，复眼之后稍狭窄；复眼大，内缘凹入，小眼面粗；颊较短，向外突出。触角基瘤突出；雄虫触角超过鞘翅，雌虫短于鞘翅，柄节向端部逐渐膨大，不超过复眼后缘，下面微弯曲，第 3 与第 4 节近于等长，第 6–10 节外端伸出，呈锯齿形，各节近于等长，第 11 节稍长。前胸背板宽胜于长，两侧缘中部略具瘤突。鞘翅显宽于前胸背板。雄虫足较长，后足腿节不达鞘翅末端，雌虫腹部端部 1 或 2 节露出于鞘翅之外（蒋书楠等，1985）。

分布：中国，蒙古国，土库曼斯坦，吉尔吉斯斯坦，乌兹别克斯坦，塔吉克斯坦，哈萨克斯坦，伊朗，阿塞拜疆，格鲁吉亚，亚美尼亚，土耳其，叙利亚，约旦，阿富汗，非洲。

（67）异常锯花天牛 *Apatophysis insolita* Miroshnikov *et* Lin, 2017（图版 II-13）

Apatophysis insolita Miroshnikov *et* Lin, 2017: 208, figs. 29, 30, 61, 62, 100-105.

主要特征：体长 13.1–18.2 mm。体红褐色，稀被红褐色伏毛，有时头与前胸颜色稍暗。触角长于体，末两节超出鞘翅末端，末节最长。上颚较短，末端尖而弯；前胸背板盘区具有 4 或 5 个瘤突，基部的瘤突比端部的发达；鞘翅末端狭圆；腿节和胫节不具小齿，胫节不弯曲。

分布：浙江（临安）、河南、陕西、江西、湖南。

备注：本种经常被错误鉴定为中华锯花天牛，如王文凯等（2018）在《天目山动物志》里所表述。

（五）天牛亚科 Cerambycinae

主要特征：体小至大型，体长 2.5–90.0 mm，形态多样。头前口式至接近下口式。触角着生部位多样，但很少靠近上颚髁。触角多样，通常 11 节，偶尔多于 12 节。前足基节窝多样（横形至圆形），向后开放或关闭。多数中胸背板具无中央纵纹的发音器，中央内突仅限于基端，很少具长的中央内突把发音器分为两半。多数种类跗节伪 4 节，具跗垫。一些形态（和生物学习性）特异的种类，跗垫退化且第 3 跗节不呈双叶状。爪间突小（最多具 2 根刚毛）或通常不明显。

分布：世界已知约 1 万种，中国记录 28 族 180 属约 1238 种/亚种，浙江分布 22 族 57 属 125 种/亚种。

纹虎天牛族　Anaglyptini Lacordaire, 1868

40. 纹虎天牛属 *Anaglyptus* Mulsant, 1839

Anaglyptus Mulsant, 1839: 91. Type species: *Leptura mystica* Linnaeus, 1758.

主要特征：复眼内缘凹入，小眼面细；触角基瘤彼此距离较近，触角第 3 节长于第 4 节，第 3–5 节端部内方具刺。前胸背板长胜于宽，无侧刺突，后端缢缩，表面拱凸。小盾片小，三角形。鞘翅基部有瘤突，末端平切或凹切，外端角至多呈尖刺状。后胸前侧片较窄，很少伸向后足基节的外侧，不覆盖在腹部第 1 节前缘角上；前足基节窝向后开放，中足基节窝对后侧片开放；后足第 1 跗节较短，与第 2–3 跗节之和约等长（蒋书楠等，1985）。

分布：中国，俄罗斯，朝鲜，韩国，日本，琉球群岛，乌兹别克斯坦，塔吉克斯坦，巴基斯坦，印度，不丹，尼泊尔，缅甸，越南，老挝，泰国，伊朗，阿塞拜疆，格鲁吉亚，亚美尼亚，土耳其，欧洲，非洲。

（68）李志刚纹虎天牛 *Anaglyptus* (*Akajimatora*) *lizhigangi* Bi *et* Niisato, 2018（图版 II-14）

Anaglyptus (*Akajimatora*) *lizhigangi* Bi *et* Niisato, 2018: 75, figs. 1-4.

主要特征：体长 13.5–16.5 mm。体黑色，几乎浑身被鲜红色绒毛，显示出整体鲜红色。前胸背板中央具 2 个黑点，触角大部分黑色，第 4–8 节的各节基部具白色绒毛环纹。腹面大部分密被鲜红色绒毛，但第 1 可见腹板及其之前的中央部分显露黑色。足总体黑色，前足腿节内侧面、腿节末端及跗节背面具白色细毛。雌雄触角均短于体长，第 3 节最长。鞘翅末端平截，端缘角尖锐突出。

分布：浙江（安吉）。

备注：浙江是本种的模式产地。

（69）嘉氏纹虎天牛 *Anaglyptus* (*Anaglyptus*) *gressitti* Holzschuh, 1999（图版 II-15）

Anaglyptus gressitti Holzschuh, 1999: 42, fig. 58.

主要特征：体长 6.4–10.3 mm。体黑色及红褐色，具白色和灰褐色绒毛。头和前胸黑色，被白色和灰褐色绒毛，触角红褐色，通常基部具白绒毛而端部深色。小盾片黑色。鞘翅黑色，端部具显著的白色和灰褐色各半的大型绒毛斑，中央之前的斑纹也较显著，基半部还有不显著的弯曲的白色绒毛斑纹。足腿节棒状膨大，端部黑色，其余部分深褐色。触角长于体长。鞘翅比前胸宽，向后稍狭窄，端部凹切，端缘角尖锐突出。后足腿节不超过翅端。

分布：浙江（临安、开化、庆元）、山西、江西、福建、广东、广西。

备注：吴鸿等（1995）记录的斑胸虎纹天牛 *Anaglyptus* (*Aglaophis*) *nokosanus* (Kano, 1930)应该是本种的错误鉴定。

绿天牛族　Callichromatini Swainson, 1840

分属检索表

1. 触角粗壮，雄虫触角短于虫体长度或约等长，触角黄色，至少部分黄色；前胸背板一般黑色或被覆绒毛，具明显的侧刺突；后足腿节达或超过鞘翅末端 ·· **黑绒天牛属** *Embrikstrandia*

- 触角较细，雄虫触角长于虫体，触角一般暗色；前胸背板一般带金属光泽 ·· 2

2. 雄虫触角十分长于虫体，端部数节非常细 ·· 3
- 雄虫触角略长于或约等于虫体，端部数节不十分细 ·· 4
3. 前胸背板有圆形瘤状突起，表面光滑，具刻点或皱纹；雄虫后足腿节一般不超过鞘翅末端，后足第 1 跗节短于其余跗节之
  和 ·· **颈天牛属 *Aromia***
- 前胸背板或多或少平坦，表面分布细致弯曲脊纹，有时中部具小颗粒状刻点；雄虫后足腿节一般超过鞘翅末端，后足第 1
  跗节等长或略长于其余跗节之和 ·· **长绿天牛属 *Chloridolum***
4. 雄虫后足腿节达到或超过鞘翅末端，雌虫后足腿节达到或不超过鞘翅末端；触角柄节外端圆形或至少不呈刺状 ········· 5
- 雌、雄虫后足腿节均不达鞘翅末端 ··· 6
5. 前胸背板长胜于宽，基部及端部无横沟；鞘翅两侧近于平行 ······························· **多带天牛属 *Polyzonus***
- 前胸背板长宽略等或宽略胜于长，基部及端部有横沟；鞘翅端部稍窄 ······················· **绿天牛属 *Chelidonium***
6. 前胸背板大部分光滑无毛；触角第 3 节及以下各节被少量毛；鞘翅一般绿色 ··············· **柄天牛属 *Aphrodisium***
- 前胸背板被绒毛和长竖毛；触角第 3 节及以下各节具浓密短绒毛；鞘翅通常有斑纹 ········· **拟柄天牛属 *Cataphrodisium***

41. 柄天牛属 *Aphrodisium* Thomson, 1864

Aphrodisium Thomson, 1864: 173. Type species: *Callichroma cantori* Hope, 1840.

Tomentaromia Plavilstshikov, 1934a: 52. Type species: *Callichroma faldermannii* Saunders, 1850.

Trichochelidonium Vives, 2017: 217. Type species: *Trichochelidonium niisatoi* Vives, 2017.

主要特征：头一般较长，额前方宽广，平陷；颊短；触角基瘤之间形成横隆起，雄虫触角与体约等长，雌虫触角短于体长，柄节外端呈齿状突出，端部数节不十分细。前胸背板宽胜于长，具侧刺突。小盾片三角形。鞘翅长形，后端渐窄，端缘圆形或斜圆。足较长，后足腿节均不达鞘翅末端。前足基节窝向后开放，中足基节窝向后侧片开放。雄虫腹部腹面可见 6 节，雌腹部腹面只见 5 节（蒋书楠等，1985）。

分布：中国，俄罗斯，蒙古国，韩国，印度，尼泊尔，缅甸，越南，老挝，菲律宾，马来西亚，印度尼西亚。本属分为 2 个亚属。指名亚属世界已知 46 种/亚种，中国记录 31 种/亚种，浙江分布 5 种/亚种。

分种检索表

1. 前胸背板紫色带红铜色光泽；鞘翅紫红色 ··· **紫柄天牛 *A. (A.) metallicolle***
- 前胸背板不是紫色；鞘翅绿色 ··· 2
2. 前胸背板亮黄色，前后缘蓝绿色；触角基部几节蓝绿色，端部几节黄褐色 ·· **黄颈柄天牛 *A. (A.) faldermannii faldermannii***
- 前胸背板蓝绿色或紫绿色；触角不分成截然不同的两段，通常为蓝绿色或紫绿色 ··· 3
3. 足腿节全部红色 ··· **纹胸柄天牛 *A. (A.) neoxenum***
- 足腿节蓝绿色或紫绿色，至多前后足腿节偶尔是红色 ·· 4
4. 前胸背板紫绿色，密布显著的横向皱纹，中央没有显著的光滑区域 ························· **皱绿柄天牛 *A. (A.) gibbicolle***
- 前胸背板绿色，不具显著的横向皱纹，中央有显著的光滑区域 ······························· **中华柄天牛 *A. (A.) sinicum***

（70）黄颈柄天牛 *Aphrodisium (Aphrodisium) faldermannii faldermannii* (Saunders, 1853)（图版 II-16）

Callichroma faldermannii Saunders, 1853: 111, pl. IV, fig. 7.

Aromia (Tomentaromia) faldermannii faldermannii: Plavilstshikov, 1934a: 53.

Aphrodisium faldermannii: Gressitt & Rondon, 1970: 144.

Tomentaromia faldermannii: Podaný, 1971: 260, 261.

Aphrodisium faldermanni faldermanni: Hua, 2002: 195.

别名：桃黄颈天牛

主要特征：体长 18.0–42.0 mm。头部蓝绿或紫绿色，有光泽；胸部亮黄色或亮红色，前后缘蓝绿或紫绿色；鞘翅基部及小盾片蓝绿色，鞘翅大部呈赭石色；触角基部几节蓝绿或紫绿色，端部几节黄褐色，足蓝绿色富有光泽，跗节黄色。前胸短而阔，前、后缘高起，侧刺突尖端锐，前胸背板有 5 枚光亮瘤突。鞘翅比前胸宽，端部圆形。腿节呈棍棒状。

分布：浙江（长兴、西湖、临安、淳安、诸暨、嵊州、鄞州、黄岩、三门、天台、仙居、温岭、临海、玉环、开化、平阳）、吉林、内蒙古、河南、陕西、江苏、上海、安徽、湖北、江西、湖南、福建、广东、海南、四川、贵州、云南；俄罗斯，蒙古国，韩国。

（71）皱绿柄天牛 *Aphrodisium* (*Aphrodisium*) *gibbicolle* (White, 1853)（图版 Ⅱ-17）

Callichroma gibbicolle White, 1853: 160.

Chelidonium gibbicolle: Gahan, 1906: 213, fig. 80.

Aphrodisium (*s. str.*) *gibbicolle*: Gressitt & Rondon, 1970: 149, fig. 26a.

主要特征：体长 18.0–35.0 mm。体蓝绿色，有光泽；头、胸光泽更显著。鞘翅深绿色，光泽较暗。腹面绿色，被有银灰色绒毛。足和触角蓝黑色，但足的颜色存在多种变异，前足和中足腿节可能是红色。雌虫触角与体长约相等，雄虫触角较身体略长。前胸面密布皱纹，大部分是横向的，只有在靠近前缘的 2 个瘤突和靠近后缘的 2 个瘤突上的皱纹呈环状；侧刺突端部尖，上面皱纹较少。每一鞘翅中央有 1 条暗纵带。后足跗节的第 1 节之长相当于第 2–3 节之和。

分布：浙江（德清、临安、磐安、松阳）、陕西、江苏、安徽、江西、湖南、福建、台湾、广东、海南、广西、四川、贵州、云南；印度，孟加拉国，老挝。

（72）紫柄天牛 *Aphrodisium* (*Aphrodisium*) *metallicolle* (Gressitt, 1939)（图版 Ⅱ-18）

Aromia metallicollis Gressitt, 1939b: 97, pl. I, fig. 4.

Aphrodisium (*Aphrodisium*) *metallicolle*: Löbl & Smetana, 2010: 146.

主要特征：体长 33.0–43.0 mm。体背紫红色，头、前胸带红铜色光泽，后者中区有黑色短毛，鞘翅色泽较暗，被黄褐色短绒毛。触角黑色，柄节蓝黑色，端部数节黑褐色；胸部腹面紫色或带蓝色，具浓密黄褐色绒毛；腹部黄褐色，着生浓密黄褐色绒毛；足蓝黑色，跗节黄褐色。复眼之间的额中央有 1 条纵沟；前额有 2 条不平行横沟，第 1 条微弧形，第 2 条横直线，在两端彼此相连接，略呈半月形，2 条横沟之间的区域稍隆起，横隆线中央被凹沟分开。雄虫触角长达鞘翅中部稍后，雌虫触角则稍短。前胸背板宽显胜于长，侧刺突粗大，顶端较钝；前缘及后缘略具横凹沟及横皱纹；胸面有 5 个光滑瘤突。小盾片三角形，中央有 1 条低凹纵线。每个鞘翅隐约可见 2 条纵线。后足较前、中足为长；雌虫腹部较长大，露出于鞘翅之外，腹部末节后缘完整不凹缺，雄虫腹部末节后缘中央十分凹缺。

分布：浙江（临安）、河北、湖北、江西、湖南、福建、台湾、云南；印度。

备注：浙江是本种的模式产地。

（73）纹胸柄天牛 *Aphrodisium* (*Aphrodisium*) *neoxenum* (White, 1853)

Callichroma neoxenum White, 1853: 154.

Aphrodisium neoxenum: Gahan, 1906: 208.

主要特征：体长 25–33 mm。体较大，绿色具金属光泽，鞘翅后半部带草黄色，触角棕褐色，基部 4

节蓝色，胸面腹面绿色，腹部腹面黄绿色，体腹面被银灰色绒毛，足腿节红色，其余全呈蓝色。雄虫触角长达鞘翅端末，雌虫触角则伸至鞘翅中部之后，柄节密布刻点，外端角具短钝的刺，第 3 节 2 倍于柄节的长度，第 5–10 节外端角尖锐。前胸背板宽胜于长，前、后缘有横凹沟，侧刺突较小而短钝；胸面光亮，全布横向脊纹，近后缘两侧各有 1 个低瘤突，瘤突表面具环状脊纹。小盾片表面略凹，有细微皱纹。鞘翅长形，端缘稍尖圆；翅面具细密刻点，每翅隐约可见 2 条纵脊纹。雄虫腹部第 5、6 节后缘中央凹缺，第 6 节凹缺小，雌虫腹部末节后缘完整，略圆弧。

分布：浙江（临安、开化）、湖北、台湾、海南、广西、西藏；印度。

（74）中华柄天牛 *Aphrodisium* (*Aphrodisium*) *sinicum* (White, 1853)（图版 II-19）

Callichroma sinicum White, 1853: 159.

Cloridolum [sic] *implicatum* Pic, 1920a: 2.

Cloridolum [sic] *implicatum* var. *semipurpureum* Pic, 1920a: 2.

Chelidonium gibbicolle var. *subgibbicolle* Pic, 1925b: 17.

Chelidonium impressicolle Plavilstshikov, 1934b: 223.

Aphrodisium sinicum: Gressitt, 1939a: 23.

Aphrodisium implicatum: Gressitt & Rondon, 1970: 148.

主要特征：体长 15.0–26.5 mm。体绿色。头、前胸背板深绿色；鞘翅墨绿色，端部带蓝黑色；触角黑褐色，柄节略蓝黑色；前、中足蓝色，后足紫罗兰色；体腹面绿色，被覆银灰色绒毛。触角柄节密布刻点，外端角具刺较短钝，第 3 节 2 倍长于柄节，第 5–10 节外端角较尖锐；前胸背板宽于长，前、后缘有横凹沟，侧刺突较小而短钝；中区有细密刻点，两侧具皱纹刻点，沿中央有 1 条光滑无毛纵线，纵线两侧着生黑色短绒毛。小盾片光亮，表面微凹，略有皱纹。鞘翅长形，两侧近于平行，端缘尖圆。后足较长，但不超过鞘翅端末，前、中足腿节较膨大。

分布：浙江（临安）、陕西、湖北、福建、广东、广西、四川、贵州、云南；印度，缅甸，越南，老挝，泰国。

寄主：栎属。

42. 颈天牛属 *Aromia* Audinet-Serville, 1834

Aromia Audinet-Serville, 1834a: 559. Type species: *Cerambyx moschatus* Linnaeus, 1758.

主要特征：复眼深凹，小眼面细；颊短；触角基瘤之间额隆起，中央深凹，触角基瘤呈钝角状突出，触角长于体，雄虫触角长于雌虫触角，柄节外端呈齿状突出，端部数节十分细，末节最长。前胸背板宽胜于长，具显著侧刺突。小盾片三角形。鞘翅长形，后端渐窄，端缘圆形或斜圆。足较长，后足腿节达（有些雄虫）或不达鞘翅末端。前足基节窝向后开放，中足基节窝向后侧片开放。雄虫腹部腹面可见 6 节，雌虫腹部腹面只见 5 节。

分布：中国，俄罗斯，蒙古国，朝鲜，韩国，日本，土库曼斯坦，吉尔吉斯斯坦，塔吉克斯坦，哈萨克斯坦，马来西亚，伊朗，伊拉克，阿塞拜疆，格鲁吉亚，亚美尼亚，土耳其，叙利亚，约旦，黎巴嫩，欧洲，非洲。世界分布 9 种/亚种，中国分布 3 种/亚种，浙江分布 2 种/亚种。

（75）桃红颈天牛 *Aromia bungii* (Faldermann, 1835)（图版 II-20）

Cerambyx bungii Faldermann, 1835: 433.

Aromia cyanicornis Guérin-Méneville, 1844: 222.

Callichroma bungii: White, 1853: 154.

Callichroma ruficolle Redtenbacher, 1868: 194.

Aromia bungii: Lacordaire, 1869: 15.

　　主要特征：体长 24.0–40.0 mm。体亮黑色，胸部棕红色或全黑色，有光泽。触角及足黑蓝紫色，头黑色，腹面有许多横皱。头顶部两眼间有深凹，触角基部两侧各有 1 叶状突起，尖端锐。前胸有不明显的粗糙点；侧刺突明显，尖端锐。前胸背面有 4 个富有光泽的光滑瘤突。前、后缘亮黑蓝色。雄虫前胸腹面密布刻点，触角比身体长，雌虫前胸腹面无刻点，但密布横皱纹，触角与体长约相等。小盾片黑色，略向下凹而表面平滑。鞘翅表面十分光滑，有 2 条纵纹但不清晰，肩部突起不显著。

　　分布：浙江（海宁、西湖、临安、上虞、嵊州、镇海、鄞州、奉化、余姚、定海、普陀、岱山、嵊泗、磐安、黄岩、三门、天台、仙居、温岭、临海、玉环、常山、江山、庆元、永嘉、平阳、泰顺）、黑龙江、吉林、辽宁、内蒙古、北京、天津、河北、山西、山东、河南、陕西、宁夏、甘肃、青海、江苏、上海、安徽、湖北、江西、湖南、福建、广东、海南、香港、广西、重庆、四川、贵州、云南；蒙古国，朝鲜，韩国，欧洲。

　　寄主：柳属、杨属、栎属、郁李、梅花、碧桃、日本樱花、樱桃、胡桃、柿。

（76）杨红颈天牛 *Aromia moschata orientalis* Plavilstshikov, 1933

Aromia moschata orientalis Plavilstshikov, 1933: 12.

Aromia orientalis: Podaný, 1971: 297, 302, pl. V, fig. 46.

　　主要特征：体长 16.0–32.0 mm。体深绿色，前胸背板赤黄色，前后两缘则呈蓝色，有光泽，触角及足为蓝黑色。头部蓝黑色，腹面有许多横皱纹，头顶部两眼间有深凹，触角柄节端部有 1 叶状突起，尖端锐。前胸背板近后缘处有 2 个瘤突，侧刺突亦明显。雄虫触角比身体长，雌虫触角和体长约相等。小盾片黑色，光滑，略向下凹。鞘翅密布刻点和皱纹，各有 2 条纵隆线，在近翅端处消失。

　　分布：浙江（萧山、兰溪、庆元、龙泉）、黑龙江、吉林、辽宁、内蒙古、北京、河北、山东、河南、陕西、宁夏、江西、福建、重庆、四川；俄罗斯，蒙古国，朝鲜，韩国，日本。

　　寄主：杨、柳类。

43. 拟柄天牛属 *Cataphrodisium* Aurivillius, 1907

Cataphrodisium Aurivillius, 1907: 8 (= 100). Type species: *Purpuricenus rubripennis* Hope, 1842.

Asiodiphrum Plavilstshikov, 1934b: 221. Type species: *Asiodiphrum nigrofasciatum* Plavilstshikov, 1934 (= *Purpuricenus rubripennis* Hope, 1842).

　　主要特征：复眼较大，深凹，小眼面细；触角之间的额横隆起，中部凹下；触角较粗壮，雄虫触角等长或略长于身体，雌虫触角则稍短，柄节一般外端具刺，第 3 节长于第 4 节，自第 3 节起的以下各节着生较长而密的绒毛，第 5–10 节外端角较尖锐。前胸背板宽胜于长，两侧缘具侧刺突，前缘及后缘微有横凹沟，胸面有浓密绒毛或较长竖毛。小盾片长三角形。鞘翅较长，两侧近于平行，端部稍窄。前足基节窝圆形，向后关闭或稍开放，中足基节窝对后侧片开放；后胸腹板后角具臭腺孔；后足腿节不达鞘翅末端；后足第 1 跗节长于第 2、3 节的总长度（蒲富基，1980）。

　　分布：中国，印度，孟加拉国，缅甸，越南。本属世界已知 2 种，中国均有分布（Tavakilian and Chevillotte，2019），浙江分布 1 种。

（77）拟柄天牛 *Cataphrodisium rubripenne* (Hope, 1842)（图版 II-21）

Purpuricenus rubripennis Hope, 1842b: 110, pl. 10, fig. 6.

Pachyteria latemaculata Pic, 1902d: 29.

Pachyteria latemaculata var. *magnifica* Pic, 1902d: 29.

Aphrodisium latemaculata: Pic, 1911: 20.

Aphrodisium rubripennis var. *magnifica*: Pic, 1911: 20.

Cataphrodisium latemaculata: Aurivillius, 1912: 301.

Cataphrodisium rubripenne: Aurivillius, 1912: 301.

Asiodiphrum nigrofasciatum Plavilstshikov, 1934b: 222.

Cataphrodisium latemaculatum: Gressitt, 1951: 193.

Cataphrodisium simile Podaný, 1971: 256.

Embrikstrandia fujianensis Hua *et* She, 1987: 54, fig. 2.

别名：红翅拟柄天牛

主要特征：体长 22–40 mm。体中等大小，头、前胸背板、体腹面、触角及足黑蓝色，小盾片黑色，鞘翅红褐色或橘红色，每翅中部之前有 1 个黑色圆斑，此斑靠近中缝。触角端部数节被褐色绒毛。前胸背板被浓密黑褐色绒毛；鞘翅着生淡黄短绒毛；体腹面被浓厚黑褐色绒毛。头顶有 1 条短纵脊，额中央有 1 条细纵沟，两侧各有 1 条浅而宽的纵沟，前额有 1 条细横沟，颊较短；头具细密刻点，唇基及颊刻点较粗而稀疏；触角柄节刻点粗密，外端角较钝，第 3 节 2 倍长于柄节。前胸背板宽胜于长，前缘中部向前圆弧突出，侧刺突粗壮而短钝；胸面不平坦，略有高低不一的隆突，近前缘的 2 个隆突不明显，近后缘的 2 个隆突较显著；前缘至中央有 1 条光滑无毛的短纵线，胸面刻点细密。小盾片具细密刻点及着生细绒毛，中央有 1 条无毛的纵线。鞘翅肩宽，肩部之后稍收窄，端缘圆形；翅面具细密刻点，每翅隐约可见 2 或 3 条细线纹。腿节刻点较粗。

分布：浙江（临安、磐安）、山东、陕西、甘肃、江苏、湖北、福建、台湾、广东、四川、贵州、云南；印度，孟加拉国，缅甸，越南。

寄主：梨、苹果、山林果、花红、棠梨、海棠、枇杷。

生活习性：据赵养昌先生于 1943–1946 年在昆明观察，2 或 3 年发生一代，幼虫为害树干、主枝及枝条，成虫在 6 月下旬至 11 月下旬均有出现（蒲富基，1980）。

44. 绿天牛属 *Chelidonium* Thomson, 1864

Chelidonium Thomson, 1864: 175. Type species: *Cerambyx argentatus* Dalman, 1817.

Gracilichroma Vives, Bentanachs *et* Chew, 2008: 5. Type species: *Chelidonium bryanti* Podaný, 1974.

Malayanochroma Bentanachs *et* Drouin, 2013: 97. Type species: *Malayanochroma eheongae* Bentanachs *et* Drouin, 2013.

主要特征：体一般中等或较大。复眼内缘深凹，小眼面细，下叶大，显著长于颊；额长形，在触角基瘤之间隆起；雄虫触角长于、等于或短于体长，雌虫的等于或短于体长，端部数节不细，与基部几节近于等粗，第 3 节长于第 4 节。前胸背板宽胜于长或长宽近于相等，前、后缘各有 1 条横沟，侧刺突粗钝，胸面有瘤突及规则的横皱纹或粗糙不规则皱纹。小盾片较大，长三角形。鞘翅长形，端部稍窄于肩宽。前足基节窝圆形，关闭或略开放；中足基节窝对后侧片开放；后胸腹板后角有臭腺孔；后足腿节长，超过或达到鞘翅末端；后足第 1 跗节长于第 2、3 节的总长。雄虫腹部腹面可见 6 节，雌虫腹部腹面只见 5 节（蒋书楠等，1985）。

分布：中国，俄罗斯，韩国，印度，尼泊尔，缅甸，越南，老挝，泰国，柬埔寨，斯里兰卡，菲律宾，马来西亚，新加坡，印度尼西亚。本属世界已知 16 种，中国记录 6 种，浙江分布 1 种。

（78）绿天牛 *Chelidonium argentatum* (Dalman, 1817)

Cerambyx argentatus Dalman, 1817: 151.

Chelidonium argentatum: Thomson, 1864: 176.

别名：桔光绿天牛、光绿桔天牛

主要特征：体长 20–30 mm。体墨绿色，有光泽；腹面绿色，被银灰色绒毛，足和触角深蓝色或黑紫色，跗节黑褐色；腹面有灰褐色绒毛。触角柄节上密布刻点，5–10 节端部有尖刺，雄虫触角略长于身体，前胸长宽约相等；侧刺突端部略钝；前胸背板具刻点和细密皱纹，两侧刻点细密而皱纹较少；前胸前后缘、侧刺突和小盾片均平滑而有光泽。鞘翅上布满细密刻点和皱纹。腿节刻点细密；雄虫后足腿节略超过鞘翅的末端，第 1 跗节长相当于第 2–3 节之和。雄虫腹部第 5 节后缘凹陷，雌虫腹部第 5 节后缘拱凸，呈圆形。

分布：浙江（临安、黄岩、三门、天台、仙居、温岭、临海、玉环、平阳）、河南、陕西、宁夏、甘肃、江苏、安徽、湖北、江西、湖南、福建、广东、海南、香港、广西、重庆、四川、云南；印度，缅甸，越南，老挝，斯里兰卡。

寄主：柠檬、雪柑、桶柑、芦柑、红橘。

45. 长绿天牛属 *Chloridolum* Thomson, 1864

Chloridolum Thomson, 1864: 174. Type species: *Callichroma bivittatum* White, 1853.

主要特征：复眼深凹，小眼面细；触角之间额隆起，中部稍凹，雄虫触角长于身体，雌虫触角稍长于或不超过体长，第 3 节长于第 4 节或近于等长。前胸背板一般横宽，具明显刺突，表面或多或少较平，有横皱纹。小盾片三角形。鞘翅肩宽，后端稍窄或两侧缘近于平行，端缘钝圆形。雄虫后足腿节达到或超过鞘翅末端；后足第 1 跗节长于第 2–3 节之和；前足基节窝圆形，向后略开放，中足基节窝对后侧片开放；后胸腹板后角具臭腺孔（蒋书楠等，1985）。

分布：中国，俄罗斯，朝鲜，韩国，日本，琉球群岛，印度，不丹，缅甸，越南，老挝，泰国，柬埔寨，斯里兰卡，菲律宾，马来西亚，新加坡，印度尼西亚；澳大利亚，所罗门群岛，非洲。本属分为 3 个亚属（Tavakilian and Chevillotte，2019），中国均有分布，浙江分布 2 亚属 2 种/亚种。

（79）粤长绿天牛 *Chloridolum (Chloridolum) kwangtungum kwangtungum* Gressitt, 1939

Chloridolum loochooanum kwangtungum Gressitt, 1939a: 21, pl. 1, fig. 4.

Chloridolum kwangtungum kwangtungum: Gressitt, 1951: 205.

别名：广东长绿天牛

主要特征：体长 21 mm。体狭长，暗绿色，头部、前胸及小盾片绿色，具光泽。触角紫色，第 3、4 节下侧具黑色毛，前胸背板中央略带紫黑色，鞘翅暗绿色，小盾片后的中缝附近绿色具光泽。腹面绿色，稍具光泽，密被薄银色毛。足紫蓝色，前足及中足腿节淡绿色，胫节内侧具黑色毛。头部额近四方形，下半部具横皱纹，上部具纵皱及刻点，中央具 1 纵沟；头顶中央光滑，在复眼间的中央及两侧各具 1 条纵脊，后头散布较粗刻点。触角细长，约超过体长的 1/3，柄节粗短，外端角突出，上面密布粗大刻点，第 3、5 节约等长，第 4 节较短，较第 11 节长，第 6–11 节长度递减。前胸中部宽略胜于长，两侧缘中央各具 1 瘤，顶端具 1 钝刺；前端及后端稍收缩，具横皱纹，背面中央布满皱纹，以中点前为中心向两侧略呈辐射状分支排列。小盾片近三角形，末端尖，表面具纵皱。鞘翅比前胸宽，两侧缘近直线，略向后端狭窄，缝角窄圆；翅面密布细皱纹。鞘翅比前胸宽，两侧缘近直线形，略向后端狭窄，缝角窄圆；翅面密布细皱刻，在小盾片后的中缝附近具不规则的横皱纹。

分布：浙江、广东、广西。

（80）红缘长绿天牛 *Chloridolum* (*Leontium*) *lameeri* (Pic, 1900)（图版 II-22）

Leontium lameeri Pic, 1900b: 18.

Leontium bicolor Kano, 1930: 44, fig. 2.

Chloridolum (*Leontium*) *lameerei* [sic]: Kusama & Oda, 1979: 79.

别名：紫绿长绿天牛

主要特征：体长 10.5–17.5 mm。体狭长，头金属绿或带蓝色，头顶紫红色；前胸背板红铜色，两侧缘金属绿或蓝色。小盾片蓝黑带紫红色光泽。鞘翅绿或蓝色，两侧红铜色。触角及足紫蓝色，体腹面蓝绿色，被覆银灰色绒毛。触角柄节端部膨大，表面密布刻点，背面由基部至端部有 1 条浅纵凹，第 3 节长于第 4 节。前胸背板长略胜于宽，两侧缘刺突较小，前缘刻点稠密，基部稍有皱纹。后足细长，后足腿节超过鞘翅末端，后足第 1 跗节较长，2 倍长于第 2–3 跗节之和。

分布：浙江（西湖、临安）、山东、河南、陕西、甘肃、江苏、上海、安徽、湖北、江西、湖南、福建、台湾、广西、云南；韩国。

46. 黑绒天牛属 *Embrikstrandia* Plavilstshikov, 1931

Embrik-strandia Plavilstshikov, 1931c: 278. Type species: *Callichroma bimaculatum* White, 1853.

主要特征：复眼较大，深凹，小眼面细；触角之间额隆起；雄虫触角等长或稍短于身体，雌虫触角短于体长，端部几节较粗，第 3 节长于第 4 节。前胸背板宽显胜于长，两侧缘具侧刺突，前缘及后缘微有横凹沟，表面或多或少有浓密绒毛或粗糙皱纹刻点。小盾片三角形。前足基节窝圆形，向后开放，中足基节窝对后侧片开放；后胸腹板后角具臭腺孔；后足腿节达到或稍超过鞘翅末端；后足第 1 跗节长于第 2–3 节之和（蒲富基，1980）。

分布：中国，印度，缅甸，越南，老挝。本属世界已知 5 种（Tavakilian and Chevillotte，2019），中国记录 3 种，浙江分布 2 种。

（81）黑绒天牛 *Embrikstrandia bimaculata* (White, 1853)（图版 II-23）

Callichroma bimaculatum White, 1853: 165.

Callichroma davidis Deyrolle, 1878: 132.

Callichroma bimaculata var. *diversicornis* Pic, 1925b: 19.

Embrik-strandia bimaculata: Plavilstshikov, 1931c: 278.

Callichroma bimaculatum var. *angustefasciatum* Pic, 1933a: 12.

Embrik-strandia bimaculatum var. *reductum* Pic, 1950a: 3.

Embrik-strandia bimaculata: Podaný, 1968: 114, 116, fig. 12-2.

Embrik-strandia davidis: Podaný, 1968: 114, 116.

别名：二斑黑绒天牛

主要特征：体长 21–30 mm。体中等大小，黑色。前胸背板无光泽。每个鞘翅中部具黄褐色斑纹，此斑纹大小变异很大，有时呈波浪状宽横斑，或者呈较小不规则斑纹，有时鞘翅几乎全黑色，仅中央有 1 个黄褐色斑点。触角端部 5 或 6、7 节黄褐色，腿节、胫节略带紫蓝色。鞘翅黑色部分被覆黑色绒毛，黄褐色斑纹被覆淡黄色绒毛，腹部着生少许银灰色绒毛。触角柄节密布刻点，外端角钝，第 6–10 节外端较尖。前胸背板宽胜于长，侧刺突短钝；胸面有粗糙皱纹刻点，并有稀疏黄褐色短绒毛。小盾片表面微凹，刻点细密，被覆细长黑色毛，中央有 1 条光滑无毛细线。鞘翅长形，后端稍窄，端缘圆形；每翅黄斑范围隐约可见 3 条纵脊纹。雄虫腹部末节后缘中央微凹，雌虫腹部末节后缘稍平直。

分布：浙江（西湖、余杭、临安、余姚、舟山、磐安、龙泉）、山东、河南、陕西、甘肃、江苏、湖北、江西、湖南、福建、台湾、广东、海南、香港、广西、重庆、四川、贵州、云南；越南。

（82）黄带黑绒天牛 *Embrikstrandia unifasciata* (Ritsema, 1897)

Zonopterus unifasciatus Ritsema, 1897: 376.

Embrik-strandia unifasciata: Gressitt, 1940b: 58, pl. 1, fig. 11.

主要特征：体长 18.0–29.0 mm。体黑色稍带紫罗兰色，每个鞘翅基部之后至中部稍后有 1 条黄褐色宽横带，此横带较稳定，大小变化小。触角端部 7 节黄褐色，鞘翅黑蓝部分着生黑色短绒毛，黄褐色横带部分着生淡黄色短绒毛；体腹面被覆银灰色绒毛。前胸背板宽胜于长，侧刺突粗壮而短钝。小盾片着生黑色细毛，中央有 1 条无毛细线。每鞘翅黄褐色横带区域略显 3 条纵脊线。

分布：浙江（德清）、山西、河南、陕西、甘肃、安徽、湖北、江西、湖南、福建、广东、海南、香港、广西、四川；印度，越南，老挝。

47. 多带天牛属 *Polyzonus* Dejean, 1835

Polyzonus Dejean, 1835: 324. Type species: *Saperda fasciata* Fabricius, 1781.

主要特征：复眼内缘深凹，小眼面细；触角基瘤呈钝角状突出，额在基瘤之间隆起；上颚较长，雄虫触角略长于虫体，雌虫触角短于虫体或近于等长，第 3 节长于第 4 节，端部几节较粗。前胸背板一般长略胜于宽，前缘及后缘具横沟，两侧缘具刺突，或微呈隆突。小盾片三角形，端角微钝圆。鞘翅较长，两侧近于平行，端缘圆形。前足基节窝圆形、关闭；中足基节窝对后侧片开放；后胸腹板后角具臭腺孔。后足腿节稍长，但不超过鞘翅端部，后足第 1 跗节长于第 2、3 节的总长（蒋书楠等，1985）。

分布：中国，俄罗斯，蒙古国，朝鲜，韩国，印度，不丹，缅甸，越南，老挝，泰国，柬埔寨，斯里兰卡，菲律宾，马来西亚，印度尼西亚。本属共分 4 个亚属，中国均有分布，浙江分布 2 亚属 3 种。

分种检索表

1. 鞘翅深绿或墨绿色，不具黄色横纹 ………………………………………………… 葱绿多带天牛 *P. (Pa.) prasinus*
- 鞘翅有两道黄色横纹 …………………………………………………………………………………………… 2
2. 前胸背板侧刺突短钝，背面蠕纹较长，通常翠绿色 ……………………………… 双带多带天牛 *P. (Po.) bizonatus*
- 前胸背板侧刺突尖锐，背面具有稠密的短蠕纹，通常蓝色 …………………………… 多带天牛 *P. (Po.) fasciatus*

（83）葱绿多带天牛 *Polyzonus (Parapolyzonus) prasinus* (White, 1853)

Promeces prasinus White, 1853: 170.

Chelidonium polyzonoides Thomson, 1865: 568.

Polyzonus prasinus: Gahan, 1906: 219.

Polyzonus (Parapolyzonus) prasinus: Bentanachs, 2012a: 11, 12, 18, 95, figs. 26-32.

　　主要特征： 体长 19–21 mm。体中等大小，长形，深绿或墨绿色，前额筒绿色，触角基部几节及足蓝色，触角端部数节黑色，体腹面绿色，覆银灰色绒毛。复眼较大，额中央有 1 条纵沟，头具皱纹刻点；触角柄节具粗糙刻点，第 3 节长于第 4 节。前胸背板胸面密布粗糙皱纹刻点，近前缘中央有 1 个纵形光亮区，两侧缘有横脊纹。小盾片密布细刻点，仅中央有 1 条无刻点纵行。鞘翅长形，端缘圆形；翅面具紧密细刻点，每翅隐约现出 1 条纵脊纹。雄虫腹部末节短阔，后缘中央凹缺，雌虫腹部末节较狭长，后缘完整，弧形。

　　分布： 浙江、湖北、江西、湖南、福建、广东、海南、广西、四川、云南；印度，缅甸，越南，泰国，柬埔寨，马来西亚。

（84）双带多带天牛 *Polyzonus (Polyzonus) bizonatus* White, 1853

Polyzonus bizonatus White, 1853: 171.

Polyzonus (Polyzonus) bizonatus: Bentanachs, 2012a: 28, 30, 34, 95, figs. 69-74.

　　主要特征： 体长 15.0–21.0 mm。头胸部翠绿色，有光泽；鞘翅蓝黑或蓝紫色，基部往往具有光泽，中央有 2 条淡黄色横带，基半部黄带的宽度小于基部蓝带和中部蓝带的宽度，端半部黄带的宽度约等于端部蓝带的宽度。触角蓝黑色，足亦呈蓝黑色，但有光泽。前胸侧刺突细小。鞘翅两侧平行，末端圆形。

　　分布： 浙江（临安）、广西、云南；印度，缅甸，越南，老挝，泰国。

（85）多带天牛 *Polyzonus (Polyzonus) fasciatus* (Fabricius, 1781)（图版 II-24）

Saperda fasciata Fabricius, 1781: 232.

Cerambyx (Saperda) sibiricus Gmelin, 1790: 1840.

Cerambyx bicinctus Olivier, 1795: 46, pl. 21, fig. 166.

Polyzonus bicinctus: Dejean, 1835: 324.

Polyzonus fasciatus: Castelnau, 1840: 483.

Polyzonus meridionalis Bates, 1879: 413.

Polyzonus fupingensis Xie *et* Wang, 2009: 58, figs. 1-3.

Polyzonus (Polyzonus) fasciatus: Bentanachs, 2012a: 28, 30, 37, 95.

　　别名： 黄带多带天牛、黄带兰天牛、黄带蓝天牛
　　主要特征： 体长 11.0–22.0 mm。体色和斑纹变化很大：头胸部深绿、蓝绿、深蓝或蓝黑色，有光泽；鞘翅蓝黑、蓝紫、蓝绿或绿色，基部往往具有光泽，中央有 2 条淡黄色横带，带的宽窄形状变化很多。触角蓝黑色，足亦呈蓝黑色，但有光泽。前胸侧刺突尖锐。鞘翅两侧平行，末端圆形。

　　分布： 浙江（西湖、临安、奉化、余姚、定海、兰溪、东阳、黄岩、三门、天台、仙居、温岭、临海、玉环、开化、青田、庆元、龙泉、永嘉、泰顺）、黑龙江、吉林、辽宁、内蒙古、北京、河北、山西、山东、河南、陕西、宁夏、甘肃、青海、江苏、安徽、湖北、江西、湖南、福建、广东、海南、香港、广西、重庆、贵州、云南；俄罗斯，蒙古国，朝鲜，韩国，越南，老挝。

　　寄主： 伞形科、柳属、松属、箣竹属、杨属、柏木属、青冈、麻栎、枣、木荷、菊、黄荆。

扁胸天牛族 Callidiini Kirby, 1837

48. 小扁天牛属 *Callidiellum* Linsley, 1940

Callidiellum Linsley, 1940: 254. Type species: *Semanotus cupressi* van Dyke, 1923.

别名：拟扁胸天牛属、类扁胸天牛属

主要特征：复眼小眼面细，内缘深凹，但不分开，下叶略长于颊。触角基瘤不显突，彼此远离；触角细，通常雄虫触角与虫体约等长，雌虫则短于虫体；柄节与第 3 节等长，第 3 节略长于第 4 节。前胸背板宽大于长，两侧缘圆形；小盾片小。鞘翅两侧近于平行，外缘角钝圆。前足基节窝开放；腿节棒状，基部具细柄，雄虫后足腿节超过鞘翅末端，胫节细。

分布：中国，俄罗斯，朝鲜，韩国，日本，欧洲，北美洲。本属已知 5 种（Tavakilian and Chevillotte, 2019），中国分布 3 种，浙江分布 1 亚种。

（86）棕小扁天牛 *Callidiellum villosulum villosulum* (Fairmaire, 1899)（图版 Ⅲ-1）

Callidium villosulum Fairmaire, 1899: 639.

Callidium (Palaeocallidium) villosulum villosulum: Gressitt, 1951: 224, 225.

Callidiellum villosulum: Linsley, 1964: 17.

别名：棕类扁胸天牛、杉棕天牛

主要特征：体长 7–11 mm。虫体较小，腹面拱凸，全身被有稀疏灰色竖毛；体色除鞘翅外呈栗棕色，带光泽，鞘翅较体色略浅，带金属光泽。头部较短，向前下方伸出，具细小刻点。触角长度：雌虫约为体长之 2/3，雄虫略超过体长；触角被以稀疏灰色体毛，以基部数节的毛多。前胸背板两侧缘呈圆弧形，表面密布细刻点，背面有极不明显的瘤突。鞘翅肩角明显，基部密生粗大刻点，刻点在末端逐渐稀小，鞘翅末端为圆形。足中度长，腿节膨大，色同体色，后足胫节向内方微弯曲。

分布：浙江（德清、西湖、临安、浦江、兰溪、黄岩、三门、天台、仙居、温岭、临海、玉环、开化、遂昌、龙泉、温州）、河南、江苏、上海、安徽、湖北、江西、湖南、福建、台湾、广东、广西、重庆、四川、贵州、云南；欧洲。

寄主：杉。

49. 扁鞘天牛属 *Ropalopus* Mulsant, 1839

Ropalopus Mulsant, 1839: 39, 40. Type species: *Callidium clavipes* Fabricius, 1775.

Euryoptera Horn, 1860: 571. Type species: *Euryoptera sanguinicollis* Horn, 1860.

Rhopalopus (Calliopedia) Binder, 1915: 186. Type species: *Rhopalopus reitteri* Binder, 1915 (= *Callidium ungaricum* Herbst, 1784).

主要特征：体十分扁平。头小，复眼深凹，复眼上、下叶之间，仅一线相连；额短，颊短于复眼下叶；雄虫触角长度超过鞘翅端部，雌虫触角则稍短，第 3 节长于第 4 节。前胸背板显著横阔，两侧缘圆弧形，无侧刺突。小盾片小。鞘翅较短，两侧近于平行，后端稍窄，端缘圆形。前足基节窝向后开放；前胸腹突狭长，接近前足基节窝后缘；中足基节窝对后侧片开放；中胸腹突后缘中部向内凹入，导致两侧呈齿突；后胸腹板不具臭腺孔。腿节后端逐渐膨大，呈棒状，后足跗节第 1 节长于第 2–3 节之和（蒲富基，1980）。

分布：中国，俄罗斯，蒙古国，朝鲜，韩国，日本，吉尔吉斯斯坦，乌兹别克斯坦，塔吉克斯坦，哈萨克斯坦，伊朗，伊拉克，阿塞拜疆，格鲁吉亚，亚美尼亚，土耳其，叙利亚，约旦，以色列，巴勒斯坦，黎巴嫩，欧洲，北美洲，非洲。本属分为 3 个亚属（Tavakilian and Chevillotte, 2019），中国分布 2 个亚属，浙江分布 1 种。

（87）红扁鞘天牛 *Ropalopus (Ropalopus) ruber* Gressitt, 1939（图版 Ⅲ-2）

Ropalopus ruber Gressitt, 1939c: 212, pl. 8, fig. 4.

Rhopalopus (*Rhopalopus*) *ruber*: Gressitt, 1951: 219.

主要特征： 体长 13.3 mm。体亮红褐色，触角、前胸和腿节棒状部分偏红，鞘翅和腹面偏褐。复眼、腿节端部和鞘翅边缘黑色或深黑褐色，后翅浅褐色。体背面观大部分光裸，鞘翅背面不平滑，腹面具稀疏的半直立淡色毛。触角具黑色短毛，下沿具长点的缨毛，越靠近端部缨毛越密。

分布： 浙江（开化），江苏或安徽可能也有。

50. 杉天牛属 *Semanotus* Mulsant, 1839

Semanotus Mulsant, 1839: 54. Type species: *Cerambyx undatus* Linnaeus, 1758.

Sympiezocera Lucas, 1852: cvi. Type species: *Sympiezocera laurasui* Lucas, 1852.

Xenodorum Marseul, 1856: 48. Type species: *Xenodorum bonvouloiri* Marseul, 1856 (= *Sympiezocera laurasii* LeConte, 1851).

Anocomis Casey, 1912: 271. Type species: *Callidium ligneum* Fabricius, 1787.

Hemicallidium Casey, 1912: 274. Type species: *Physocnemum amethystinum* LeConte, 1873.

Semanotus (*Sympiezocera*): van Dyke, 1923: 50.

主要特征： 体十分扁平。头小，复眼深凹；额短，颊短于复眼下叶；雄虫触角不达或勉强到达鞘翅端部，雌虫触角短，到达鞘翅中部左右，第 3 节不长于第 4 节。前胸背板显著横阔，两侧缘圆弧形，无侧刺突。小盾片小。鞘翅两侧近于平行，后端稍窄，端缘圆形。腿节后端逐渐膨大，呈棒状，后足跗节第 1 节长于第 2–3 节之和。

分布： 中国，俄罗斯，蒙古国，朝鲜，韩国，日本，土库曼斯坦，吉尔吉斯斯坦，乌兹别克斯坦，塔吉克斯坦，哈萨克斯坦，尼泊尔，老挝，伊朗，阿塞拜疆，格鲁吉亚，亚美尼亚，土耳其，叙利亚，约旦，黎巴嫩，欧洲，北美洲，非洲。本属共记录 23 种/亚种，中国记录 5 种，浙江分布 3 种。

分种检索表

1. 每个鞘翅上有 2 个橘黄色圆斑，分别位于鞘翅中部的前后方 ·················· 柳杉天牛 *S. japonicus*
- 每个鞘翅上有 2 个棕黄色至淡黄色横带，分别位于鞘翅基部和中部之后 ·· 2
2. 体较小；鞘翅刻点较细小；鞘翅中部深色横斑的前、后缘淡色横带颜色较浅，前缘淡色横带与鞘翅基部可以区分；中间的黑斑通常接触鞘缝 ································ 双条杉天牛 *S. bifasciatus*
- 体较大；鞘翅刻点较粗大；鞘翅中部深色横斑的前、后缘淡色横带颜色较深，前缘淡色横带与鞘翅基部合并无分界；中间的黑斑通常不接触鞘缝 ························ 粗鞘杉天牛 *S. sinoauster*

（88）双条杉天牛 *Semanotus bifasciatus* (Motschulsky, 1875)（图版 III-3）

Hylotrupes bifasciatus Motschulsky, 1875b: 148.

Sympiezocera sinensis Gahan, 1888b: 61.

Semanotus sinensis: Aurivillius, 1912: 342.

Semanotus bifasciatus: Plavilstshikov, 1931b: 201.

Semanotus chinensis var. *latifasciatus* Matsushita, 1933: 262.

Semanotus chinensis ssp. *watanabei* Kano, 1933a: 273.

主要特征： 体长 5.0–19.0 mm。体形阔扁；头部、前胸黑色，触角及足黑褐色，鞘翅有棕黄色或驼色及黑色的宽带，腹部呈巧克力棕色。鞘翅中部及末端部为黑色的宽带，鞘翅中部深色横斑的前、后缘淡色横带颜色较浅，前缘淡色横带与鞘翅基部可以区分；中间的黑斑通常接触鞘缝。触角较短，雌虫触角长度达体长之半，雄虫触角则超过体长之 3/4。前胸两侧缘呈圆弧形，具有较长的淡黄色绒毛，在背方中部有 5 个光滑的瘤突，排列成梅花形。中胸及后胸腹面均有黄色绒毛。鞘翅刻点较细小；鞘翅末端为圆形。足中度长，被黄色竖毛。腹部亦被绒毛，微自鞘翅末端露出。

分布：浙江（余姚）、吉林、辽宁、内蒙古、北京、河北、山西、山东、河南、陕西、宁夏、甘肃、青海、江苏、上海、安徽、湖北、江西、福建、台湾、广东、广西、重庆、四川、贵州、云南；俄罗斯，朝鲜，韩国，日本。

寄主：桧、松、柏、杉、扁柏、罗汉柏等。

（89）柳杉天牛 *Semanotus japonicus* Lacordaire, 1869

Semanotus japonicus Lacordaire, 1869: 47.

主要特征：体长 12–24 mm。体形宽扁；头、前胸黑色，触角、足棕褐色，腹部棕褐色。触角中度长，超过体长 2/3。前胸背板被稀疏棕黄色竖毛，具有许多细刻点；背板前部显较基部为宽，最宽处位于靠近中部的前方；背板具有 5 个光滑瘤突，2 个位于前，3 个位于后，横排列于中部。鞘翅黑色，较宽，具有许多粗刻点，在每个鞘翅上有 2 个橘黄色圆斑，分别位于鞘翅中部的前后方，末端圆形。足与触角同色，腿节较粗，但不明显膨大。虫体腹面被棕黄色竖毛。

分布：浙江（瑞安）、台湾；日本。

寄主：柳杉、柏。

（90）粗鞘杉天牛 *Semanotus sinoauster* Gressitt, 1951（图版 Ⅲ-4）

Semanotus bifasciatus sinoauster Gressitt, 1951: 222, pl. 9, fig. 6.

Semanotus sinoauster: Wu & Chiang, 1986: 152.

别名：皱鞘双条杉天牛

主要特征：体长 12.5–20.0 mm。体形阔扁，浑身被淡黄色绒毛。头部、前胸、触角及足黑色，鞘翅具棕黄色及黑色，基半部棕黄色，中间的大黑斑不接触鞘缝，端部 1/4 黑色。鞘翅中部深色横斑的前、后缘淡色横带颜色较深，前缘淡色横带与鞘翅基部合并无分界。触角短于体长。前胸背板中部有 5 个光滑的瘤突，排列成梅花形。鞘翅刻点较粗大，末端圆形。足中度长，腹部微自鞘翅末端露出。

分布：浙江（德清、西湖、临安、建德、新昌、镇海、鄞州、奉化、象山、宁海、余姚、慈溪、武义、兰溪、黄岩、三门、天台、仙居、温岭、临海、玉环、江山、青田、缙云、遂昌、云和、庆元、龙泉、洞头、永嘉、平阳、文成、泰顺、瑞安、乐清）、河北、河南、陕西、江苏、安徽、湖北、江西、湖南、福建、台湾、广东、广西、重庆、四川、贵州、云南；老挝。

寄主：松和杉。

蜡天牛族 Callidiopini Lacordaire, 1868

分属检索表

1. 触角第 3 节显著长于柄节 ··· 2
- 触角第 3 节短于或至多略长于柄节 ··· 3
2. 前胸背板长远大于宽，呈长圆筒状 ·· **瘦棍腿天牛属 *Stenodryas***
- 前胸背板长宽约等或宽大于长，侧面圆弧形 ·· **鼓胸天牛属 *Gelonaetha***
3. 触角第 3 节略长于柄节，或与柄节约等长；中足胫节不弯曲；前胸背板有粗刻点 ················ **蜡天牛属 *Ceresium***
- 触角第 3 节短于柄节；中足胫节稍弯曲；前胸背板有细刻点 ································· **拟蜡天牛属 *Stenygrinum***

51. 蜡天牛属 *Ceresium* Newman, 1842

Ceresium Newman, 1842d: 322. Type species: *Ceresium raripilum* Newman, 1842.

Diatomocephala Blanchard, 1853: 266. Type species: *Diatomocephala maculicollis* Blanchard, 1853.

Raphidera Perroud, 1855: 336. Type species: *Raphidera gracilis* Perroud, 1855.

Paraceresium Matsushita, 1932: 71. Type species: *Paraceresium saipanicum* Matsushita, 1932.

主要特征：体较小，细窄，复眼深凹，小眼面粗；颊短，触角之间微凹；触角细长，雄虫一般超过体长，雌虫则稍长或不长于身体，第 4 节一般短于柄节。前胸背板一般长胜于宽，两侧缘微呈弧形，无侧刺突。鞘翅端部稍窄，端缘圆形。前足基节窝向后开放，基节之间的前胸腹突较窄，中足基节窝对后侧片关闭。足中等长，腿节后半部突然膨大成棒状，或从基部逐渐膨大成纺锤形（蒲富基，1980）。

分布：中国，俄罗斯，韩国，日本，琉球群岛，巴基斯坦，印度，尼泊尔，缅甸，越南，老挝，泰国，柬埔寨，斯里兰卡，菲律宾，马来西亚，新加坡，印度尼西亚，欧洲，北美洲，非洲，南美洲，大洋洲。本属目前分为 3 个亚属，仅指名亚属在中国有分布。指名亚属已知 132 种/亚种，中国分布有 20 种/亚种，浙江分布有 3 种/亚种。

分种检索表

1. 前胸背板有几个光滑斑，不具浓密毛斑，长显著胜于宽；雄虫触角为体长的 1.5 倍，体较窄 …… 桔蜡天牛 *C. longicorne*
- 前胸背板部分具浓密绒毛；雄虫触角不到体长的 1.5 倍 ……………………………………… 2
2. 前胸背板中央部分绒毛较稀疏，两侧绒毛浓密形成斑纹，有时连成纵纹，有时断成点斑 …………………………………………………………………………………… 斑胸华蜡天牛 *C. sinicum ornaticolle*
- 前胸背板侧绒毛在两侧略比中央浓密，但并不形成显著的斑纹 …………………… 华蜡天牛 *C. sinicum sinicum*

（91）桔蜡天牛 *Ceresium longicorne* Pic, 1926

Ceresium longicorne Pic, 1926a: 24.

Ceresium japonicum Matsushita, 1932a: 68, fig. 2.

Ceresium zeylonicum longicorne: Gressitt, 1951: 157.

Ceresium tsushimanum K. Ohbayashi, 1961: 17, fig. 1.

主要特征：体长 6.0–13.0 mm。体狭长，褐黄色，头部与前胸背面较暗，腹面前部红褐色，全体被灰白色短毛。前胸细长，略呈圆筒形，两侧稍圆形，背面刻点粗大，中线平滑，共有 12 个稍为隆起的光滑斑，中央两侧前后各 1 个，两侧缘前方各 2 个，均较大，后者内侧各 2 个，较小。小盾片小，末端圆形。鞘翅狭长，基部较前胸宽，两侧近于平行，末端圆形，翅面前部刻点粗而密，端部 1/3 的刻点微小。

分布：浙江（安吉）、湖北、江西、台湾、香港；韩国，日本，菲律宾。

寄主：柑橘。

（92）斑胸华蜡天牛 *Ceresium sinicum ornaticolle* Pic, 1907

Ceresium ornaticolle Pic, 1907d: 20.

Ceresium sinicum ab. *ornaticolle*: Plavilstshikov, 1931b: 196.

Ceresium ornaticolle var. *ruficolle* Pic, 1935e: 171.

Ceresium sinicum ornaticolle: Gressitt, 1951: 157, pl. 6, fig. 9.

别名：斑胸蜡天牛、显斑蜡天牛

主要特征：体长 8.0–12.0 mm。体褐色到黑褐色，头部与前胸较暗，几乎黑色，触角、鞘翅与足黄褐色到深褐色。触角与体等长或稍长，内侧缨毛较密，柄节略呈圆筒形，与第 3 节等长或稍长，第 3 节比第 4 节稍长而略短于第 5 节。前胸狭长，两侧稍呈圆形，中央有 1 条平滑的间断纵纹；中央部分绒毛较稀疏，两侧绒毛浓密形成斑纹，有时连成纵纹，有时断成点斑。小盾片密被淡色绒毛。鞘翅刻点基部较深，每一刻点附 1 绒毛，至端部刻点渐趋微小，外缘末端圆形。

分布：浙江（长兴、临安、诸暨、平阳）、山西、陕西、江苏、湖北、江西、湖南、福建、广东、香港、广西、四川、贵州、云南、西藏；越南，老挝。

备注：原本浙江还记录有四斑蜡天牛 *Ceresium quadrimaculatum* Gahan, 1900，但笔者认为中国没有四斑蜡天牛的分布，原先的记录可能都是斑胸华蜡天牛的错误鉴定。四斑蜡天牛产自澳大利亚。

（93）华蜡天牛 *Ceresium sinicum sinicum* White, 1855（图版 III-5）

Ceresium sinicum White, 1855: 245.

Ceresium sakaiense Matsushita, 1933: 300, 302.

主要特征：体长 9–13.5 mm。体褐色到黑褐色，头部与前胸较暗，触角、鞘翅与足黄褐色到深褐色。头部向前，眼大，披黄色绒毛。触角与体等长或稍长，内侧缨毛较密，柄节略呈圆筒形，与第 3 节等长或稍长，第 3 节比第 4 节稍长而略短于第 5 节。前胸狭长，两侧稍呈圆形；密被黄色绒毛，刻点粗大，中央有 1 条平滑的间断纵纹；绒毛在两侧略比中央浓密，但并不形成显著的斑纹。小盾片末端圆形，密被黄色绒毛。鞘翅刻点基部较深，每一刻点附 1 绒毛，翅面另具少数竖毛，至端部刻点渐趋微小，外缘末端圆形。胸部腹面披淡黄色绒毛，尤以中胸侧片最密。腹板两侧绒毛较中间为密。

分布：浙江（舟山、安吉、临安、磐安、开化）、北京、河北、山西、山东、河南、陕西、江苏、安徽、湖北、江西、湖南、福建、台湾、广东、海南、广西、重庆、四川、贵州、云南、西藏；韩国，日本，泰国。

寄主：幼虫在桑与柑橘中穿孔。

52. 鼓胸天牛属 *Gelonaetha* Thomson, 1878

Gelonaetha Thomson, 1878a: 12. Type species: *Gelonaetha curtipes* Thomson, 1878 (= *Stromatidium hirtum* Fairmaire, 1850).

主要特征：头小，触角基瘤微凸，唇基和下颊很短，复眼大，浅凹，小眼面粗；触角被毛，雄虫一般超过体长，雌虫则约等于身体，第 3 节显长于第 4 节或第 5 节，远长于柄节，第 4–6 节约等长，第 7–10 节渐短。前胸背板宽胜于长，两侧缘圆弧形，背面微隆，背板盘区具有一些小的胼胝斑。鞘翅端缘圆形，端缝角具小刺或小齿。前足基节窝圆形，向后开放，基节之间的前胸腹突较窄，末端微阔；中足基节窝对后侧片几乎关闭。足中等长，腿节棒状，中足跗节第 1 节等于其后 2 节之和；后足跗节第 1 节等于其后各节之和（Gahan，1906）。

分布：中国，朝鲜半岛，日本，印度，缅甸，越南，老挝，泰国，柬埔寨，斯里兰卡，菲律宾，马来西亚，大洋洲。本属世界已知 2 种，中国记录 1 种，在浙江有分布。

（94）鼓胸天牛 *Gelonaetha hirta* (Fairmaire, 1850)

Stromatidium hirtum Fairmaire, 1850: 60.

Astrimus obscures Sharp, 1878: 204.

Gelonaetha curtipes Thomson, 1878a: 13.

Gelonaetha hirta: Gahan, 1906: 155.

主要特征：体长 9.5–17 mm。体红褐色至黑褐色，被灰色绒毛夹杂中等长的褐色刚毛。头部刻点细密，具中沟。前胸具有脊纹和刻点，背板基部中央和其斜前方各具 1 个胼胝斑。鞘翅刻点密，大小不一，基半部刻点粗深，向后逐渐变细，每鞘翅具 1 或 2 条微隆的纵脊。后胸腹板（除两侧）和腹部刻点较稀。腿节几乎无刻点，胫节具刻点。

分布：浙江、台湾、云南；日本，印度，缅甸，越南，老挝，泰国，柬埔寨，斯里兰卡，菲律宾，马来西亚，大洋洲。

53. 瘦棍腿天牛属 *Stenodryas* Bates, 1873

Stenodryas Bates, 1873a: 153. Type species: *Stenodryas clavigera* Bates, 1873.

主要特征：体小型，细长，头明显宽于前胸。复眼小眼面粗。触角远长于体但短于体长的 2 倍，第 3 节远长于柄节，第 4 节短于或约等长于柄节，第 5–11 节略等长，约等长于第 3 节。前胸长大于宽，略呈圆筒形，中间稍宽。鞘翅末端呈窄圆形。前足基节窝向后开放，中足基节窝对中胸后侧片开放；腿节棒状，具基部细柄。

分布：中国，韩国，日本，琉球群岛，印度，不丹，尼泊尔，孟加拉国，缅甸，越南，老挝，泰国，菲律宾，马来西亚，印度尼西亚。世界已知 25 种/亚种，中国记录 8 种/亚种，浙江新记录 1 种。

（95）点瘦棍腿天牛 *Stenodryas punctatella* Holzschuh, 1999（图版 III-6）浙江新记录

Stenodryas punctatella Holzschuh, 1999: 25, fig. 32.

主要特征：体长 8.8–9.4 mm。体红褐色；头和前胸红褐色，鞘翅浅褐色，无明显斑纹；触角柄节黑色，第 2–3 节或到第 5 节中间黑褐色，其余浅褐色；足大部分黑色，跗节部分褐色。触角长出体长 1/4，鞘翅末端狭圆。

分布：浙江（临安）、陕西、湖北。

54. 拟蜡天牛属 *Stenygrinum* Bates, 1873

Stenygrinum Bates, 1873a: 154. Type species: *Stenygrinum quadrinotatum* Bates, 1873.

主要特征：体小型，复眼小眼面粗。雄虫触角与体等长或稍长，雌虫较体短；内侧绒毛较多，第 3 节略短于柄节，较第 4 节约长 1/3，第 5–7 节略等长，较第 3 节略长。前胸长大于宽，略呈圆筒形，中间稍宽。鞘翅末端呈锐圆形。前足基节窝向后开放，中足基节窝对中胸后侧片关闭；中足胫节稍弯曲，外缘有纵脊。

分布：中国，俄罗斯，朝鲜，韩国，日本，印度，缅甸，越南，老挝，泰国，菲律宾，马来西亚，印度尼西亚。这是一个单种属。

（96）拟蜡天牛 *Stenygrinum quadrinotatum* Bates, 1873（图版 III-7）

Stenygrinum quadrinotatum Bates, 1873a: 154.

别名：四星栗天牛、四斑拟蜡天牛
主要特征：体长 8.0–14.0 mm。体深红或赤褐色，头与前胸深暗；鞘翅有光泽，中间 1/3 呈黑色或棕黑

色，此深黑色区域有前后 2 个黄色椭圆形斑纹。雄虫触角与体等长或稍长，雌虫较体短；内侧绒毛较多。前胸略呈圆筒形，中间稍宽。小盾片密被灰色绒毛。鞘翅有绒毛及稀疏竖毛，末端呈锐圆形。

分布：浙江（德清、长兴、安吉、海宁、临安、淳安、诸暨、镇海、象山、宁海、余姚、慈溪、定海、岱山、磐安、三门、临海、缙云、龙泉、平阳）、黑龙江、吉林、辽宁、内蒙古、北京、天津、河北、山东、河南、陕西、甘肃、江苏、安徽、湖北、江西、湖南、福建、台湾、广东、海南、广西、重庆、四川、贵州、云南；俄罗斯，朝鲜，韩国，日本，印度，缅甸，越南，老挝，泰国，菲律宾，马来西亚，印度尼西亚。

寄主：栎属与栗属。

天牛族 Cerambycini Latreille, 1802

分属检索表

55. 脊腿天牛属 *Derolus* Gahan, 1891

Pachydissus (*Derolus*) Gahan, 1891: 26. Type species: *Hammaticherus mauritanicus* Buquet, 1840.

Capnocerambyx Reitter, 1894: 356. Type species: *Hammaticherus mauritanicus* Buquet, 1840.

Derolus: Gahan, 1906: 135.

Aeolesthes (*Mimoderolus*) Pic, 1933a: 11. Type species: *Aeolesthes* (*Mimoderolus*) *uniformis* Pic, 1933.

主要特征：复眼大，深凹，上叶互相靠近，下叶离得也不远，超过了触角基瘤；雄虫触角短于体长的

2 倍，柄节不具端疤，第 3 节和第 4 节端部微膨大，第 5–10 节端部角状，第 4 节显著短于第 3 节。前胸背板宽胜于长，两侧缘圆弧形，背面通常有皱纹，基半部两侧具有 1 条光亮的深沟。鞘翅末端平切、微平切，有时候圆形。腿节具有 1 条细脊。前足基节窝圆形或微角状，向后关闭，基节之间的前胸腹突末端微平切或瘤状；中足基节窝对后侧片狭窄开放，部分被后胸腹板的小突片关闭（Gahan，1906）。

　　分布：中国，巴基斯坦，印度，尼泊尔，缅甸，越南，老挝，菲律宾，马来西亚，印度尼西亚，伊朗，沙特阿拉伯，也门，阿曼，阿联酋，阿富汗，欧洲，非洲。世界已知 64 种，中国记录 3 种，浙江分布 1 种。

（97）灰脊腿天牛 *Derolus volvulus* (Fabricius, 1801)

Cerambyx volvulus Fabricius, 1801b: 271.

Cerambyx strigicollis Dalman, 1817: 158.

Cerambyx demissus Pascoe, 1859: 21.

Pachydissus (*Derolus*) *demissus*: Gahan, 1891: 27.

Derolus demissus: Gahan, 1906: 136.

Derolus volvulus: Aurivillius, 1912: 58.

　　别名：金合欢灰天牛
　　主要特征：体长 15–25.8 mm。体黑褐色到黑色，触角及足红褐色，身体密被灰色有光泽的绒毛。复眼大，雄虫复眼在头背面左右几乎相连接。雌虫触角较短，略短于身体；雄虫触角较身体长约 1/5；第 3 及第 4 节末端稍膨大，第 4 节较第 3 节短许多，第 5 节稍短于第 3 节，第 5–10 节外端角小而略尖。前胸两侧圆，前后端各有 1 条横沟；前胸背板具横褶皱，中域中央靠近后端有 1 块平而光滑的区域。翅面刻点非常细密；后缘斜切，外端角突出，齿状；缝角不明显突出，刺状。
　　分布：浙江、福建、广东、海南；印度，尼泊尔，越南，老挝，菲律宾，印度尼西亚，沙特阿拉伯。
　　寄主：金合欢属、合欢属、木棉属、土蜜树属、野桐属、紫檀属、娑罗双属、枣属等。

56. 瘤天牛属 *Gibbocerambyx* Pic, 1923

Gibbocerambyx Pic, 1923a: 12. Type species: *Gibbocerambyx aureovittatus* Pic, 1923.

　　主要特征：头正中有 1 条细纵沟；触角基瘤较宽，前端接近，后端分离。触角约等于或稍长于体长。前胸背板长同宽约相等或长大于宽，两侧圆弧，无侧刺突，前端最窄，中部稍宽，基端略宽于前端。鞘翅肩部略宽，端缘斜切。前足基节窝向后关闭，中足基节窝对后侧片开放，足较细长。
　　分布：中国，缅甸，越南，泰国。世界已知 8 种，中国记录 5 种，浙江发现 1 种。

（98）黄条瘤天牛 *Gibbocerambyx aurovirgatus* (Gressitt, 1939)

Zegriades aurovirgatus Gressitt, 1939b: 96, pl. III, fig. 3.

Gibbocerambyx aurovirgatus: Holzschuh, 2003: 173.

　　别名：黄条切缘天牛
　　主要特征：体长 17.5–22.0 mm。体较细长，红褐色；前胸背板前、后缘有金黄色绒毛，表面有几个金黄色小毛斑。头、小盾片覆盖黄色绒毛，鞘翅着生浓密金黄色绒毛，由于毛被覆盖厚薄及方向不一致，形成红褐色与金黄色相间的纵条纹。后胸腹板及腹部腹面被覆浓密淡黄色绒毛。鞘翅肩部略宽，端缘斜切，外端角钝突，缝角较尖锐。

分布：浙江（临安、龙泉、泰顺）、河南、陕西、安徽、湖北、湖南、广西、四川。

寄主：松属、银杏。

备注：浙江是本种的模式产地。

57. 樱红天牛属 *Hemadius* Fairmaire, 1889

Hemadius Fairmaire, 1889: 57. Type species: *Hemadius oenochrous* Fairmaire, 1889.

主要特征：额中央两侧各有 1 个深的凹陷，触角及复眼之间有 1 条纵沟，头顶后方有横的小颗粒。雄虫触角较长，超过体长的一半，第 3–5 节末端特别膨大成球形；雌虫短于身体，3–5 节末端稍膨大。前胸宽胜于长，前端较狭于后端，侧刺突三角形；鞘翅基端阔，末端较狭，后缘圆；前足基节窝向后关闭，中足基节窝对后侧片开放，足正常。

分布：中国，老挝。单种属。

（99）樱红天牛 *Hemadius oenochrous* Fairmaire, 1889

Hemadius oenochrous Fairmaire, 1889: 57.

Neocerambyx stotzneri Heller, 1923: 72, fig. page 73.

Neocerambyx mushaensis Kano, 1928: 224.

Neocerambyx (*Hemadius*) *oenochrou*s: Gressitt & Rondon, 1970: 58, fig. 11i.

别名：樱红闪光天牛、樱红肿角天牛

主要特征：体长 39–53 mm。体黑色，有光泽；头、胸及鞘翅被有深红色丝绒状的短绒毛，触角及足部的毛灰褐色。雄虫触角较长，超过体长的一半，第 3–5 节末端特别膨大，呈球形；雌虫短于身体，3–5 节末端稍膨大。前胸背板两侧具不规则的褶皱，中域具横脊及 2 个瘤，有时在后端中央有 1 个长方形平滑的区域。鞘翅绒毛紧密，排列成不同的方向呈现出不规则的花纹。后胸及腹部腹板光滑。第 2–4 节腹板后缘棕色。

分布：浙江（临安、天台、庆元）、安徽、湖北、江西、湖南、福建、台湾、广西、四川、贵州、云南、西藏；老挝。

寄主：山樱桃。

58. 缘天牛属 *Margites* Gahan, 1891

Pachydissus (*Margites*) Gahan, 1891: 26. Type species: *Cerambyx egenus* Pascoe, 1858.

Margites: Gahan, 1906: 137.

主要特征：体长形，两侧近于平行；复眼深凹，上叶较小，小眼面粗，颊较短，触角第 3 节稍长于柄节，第 5 节外侧缺明显的扁平边缘。前胸无侧刺突。前足基节窝略呈角状伸出，中足基节窝对后侧片开放，胫节两侧各有 1 条光滑纵脊线（蒋书楠等，1985）。

分布：中国，朝鲜，韩国，日本，印度，不丹，尼泊尔，缅甸，越南，老挝，泰国，马来西亚，印度尼西亚，非洲。指名亚属共记录 18 种，中国分布 4 种，浙江发现 2 种。另外一个亚属仅一种 *Margites* (*Laomargites*) *singularis* (Pic, 1923)，分布于老挝。

（100）金斑缘天牛 *Margites auratonotatus* Pic, 1923

Margites auratonotatus Pic, 1923c: 7.

　　主要特征：体长 14.5–19 mm。体黑褐色，头、触角柄节及前胸背板近于黑色；前胸背板两侧各有 3 个金黄色毛斑，前胸背板后缘及小盾片亦着生金黄色绒毛；鞘翅被覆细而短的灰黄色软毛，体腹面着生浓密黄褐色绒毛。额中央有 1 条细纵沟，前额呈半圆形凹沟；头刻点粗密，后头具横皱纹；雄虫触角长于身体，雌虫则达鞘翅端部，第 3 节及第 4 节端部稍膨大。前胸背板长度及宽度近于相等，两侧弧形，前端微具横皱纹刻点；中区呈网状皱褶。小盾片小，似心形。鞘翅两侧近于平行，端部稍窄，表面有细皱纹刻点，前端较粗糙。胫节两侧各有 1 条由基部至端末的光滑纵脊线。

　　分布：浙江（开化）、河南、陕西、江苏、上海、湖北、江西、湖南、福建、台湾、广东、四川、贵州。

（101）黄茸缘天牛 *Margites fulvidus* (Pascoe, 1858)

Cerambyx fulvidus Pascoe, 1858: 236.

Pachydissus fulvidus: Bates, 1873a: 152.

Margites fulvidus: Schwarzer, 1925a: 21.

Ceresium coreanum Saito, 1932: 440.

　　主要特征：体长 12.0–19.0 mm。体深褐色至黑色，虫体被覆 1 层浅黄色或灰黄色绒毛，前胸背板略呈不显著毛斑，小盾片及鞘翅上的绒毛浓密。雄虫触角长度超过鞘翅，雌虫触角达鞘翅末端，柄节不显著膨大，第 3、4 节末端较膨大，第 6–10 节各节近于等长，第 11 节较长。前胸背板两侧缘微弧形。小盾片小，似心脏形。鞘翅长形，两侧近于平行，末端稍窄，端缘略呈圆形。足中等大，腿节稍膨大，后足腿节不超过鞘翅末端。

　　分布：浙江（临安）、河南、陕西、湖北、江西、湖南、福建、台湾、广东、海南、四川、贵州、云南；朝鲜，韩国，日本。

　　寄主：柑橘属（芸香科）、栎属（壳斗科）。

59. 褐天牛属 *Nadezhdiella* Plavilstshikov, 1931

Nadezhdiella Plavilstshikov, 1931a: 71. Type species: *Cerambyx cantori* Hope, 1842.

　　主要特征：头顶两眼之间有 1 中央纵沟。雄虫触角超过体长；雌虫触角较体略短。前胸宽胜于长，侧刺突尖锐；背板上密生不规则的瘤状褶皱，沿后缘两条横沟之间中区较大。鞘翅肩部隆起，两侧近于平行，末端较狭，端缘斜切，有时略圆或略凹，内端角尖狭，但不尖锐。前足基节窝外侧有显著的尖角。

　　分布：中国，日本，琉球群岛，越南，老挝，泰国，马来西亚。世界已知 4 种，中国记录 2 种，在浙江均有分布。

（102）褐天牛 *Nadezhdiella cantori* (Hope, 1842)（图版 III-8）

Hamaticherus cantori Hope, 1842a: 61 = 1843: 63.

Hammaticherus scabricollis Chevrolat, 1852: 416.

Cerambyx lusasi Brongniart, 1891: 238.

Nadezhiella [sic] *cantori*: Plavilstshikov, 1931a: 71.

Nadezhdiella cantori: Gressitt, 1951: 139, pl. 6, fig. 3.

别名：桔褐天牛、柑橘褐天牛

主要特征：体长 26–51 mm。体黑褐色至黑色；有光泽，被灰色或灰黄色短绒毛。头顶两眼之间有 1 极深的中央纵沟，触角基瘤之前，额中央又有 2 条弧形深沟，呈括弧形；触角基瘤隆起，其上方有 1 小瘤突。雄虫触角超过体长 1/2–2/3；雌虫触角较体略短；第 1 节特别粗大，密布细刻点，并有横皱纹；第 3、4 节末端膨大，略呈球形；第 4 节短于第 3 节或第 5 节；全角各节内端角均无小刺。前胸宽胜于长，被有较密的灰黄色绒毛，侧刺突尖锐；背板上密生不规则的瘤状褶皱，沿后缘两条横沟之间中区较大，有时呈现为 2 条横脊。鞘翅肩部隆起，两侧近于平行，末端较狭，端缘斜切，有时略圆或略凹，内端角尖狭，但不尖锐；翅面刻点细密。

分布：浙江（临安、象山、定海、普陀）、山东、河南、陕西、甘肃、江苏、上海、湖北、江西、湖南、福建、台湾、广东、海南、香港、广西、四川、贵州、云南；越南，老挝，泰国。

寄主：柑橘、柠檬、柚、红橘、甜橙、葡萄、花椒。

备注：浙江舟山（Chusan）是本种的模式产地。

（103）桃褐天牛 *Nadezhdiella fulvopubens* (Pic, 1933)

Plocaederus fulvopubens Pic, 1933b: 27.

Nadezhdiella aureus Gressitt, 1937a: 91.

Nadezhdiella conica Chiang, 1942: 254.

Nadezhdiella fulvopubens: Holzschuh, 2005: 4.

主要特征：体长 20–55 mm。体大型，黑褐色，密被金黄色绒毛，在头、胸、触角上绒毛较长，鞘翅上很短。头长胜于宽，复眼上叶之间有 1 条深纵沟，两叶不靠近，下叶近乎等边三角形；额中部有 2 条沟，从两触角基瘤中部向前敞开，两沟中央形成平坦的小三角区。触角长度：雌虫较体略短，雄虫自第 8 节起超出体长；柄节筒形，密布细刻点，短于第 3 节；自第 5–10 节，每节内端角均有 1 小刺。前胸前端部略窄，侧刺突较发达，向上及向后弯曲；背板中区具粗糙褶和小瘤突，前缘平直，后缘呈波状弯曲，前区较平坦，后区具有与后缘平行的 2 条波状横沟。鞘翅平滑，端部圆形，缝角具短刺。

分布：浙江（临安、开化）、辽宁、河南、陕西、江苏、湖北、江西、湖南、福建、广东、海南、广西、重庆、四川、贵州、云南；越南，老挝，泰国。

寄主：桃树、梨。幼虫寄生桃树干中。7–9 月有成虫出现。

60. 肿角天牛属 *Neocerambyx* Thomson, 1861

Neocerambyx Thomson, 1861: 194. Type species: *Cerambyx paris* Wiedemann, 1821.

Pachydissus (*Mallambyx*) Bates, 1873a: 152. Type species: *Pachydissus* (*Mallambyx*) *japonicus* Bates, 1873 (= *Neocerambyx raddei* Blessig, 1872).

Mesocerambyx Itzinger in Breuning & Itzinger, 1943: 37. Type species: *Mesocerambyx pellitus* Itzinger, 1943.

Bulbocerambyx Lazarev, 2019: 1194. Type species: *Neocerambyx grandis* Gahan, 1891.

主要特征：体中等至大型；复眼内缘深凹，小眼面粗，颊中等长，触角第 3 节略长于第 4 节，第 3、第 4 节端部膨大，第 5 节以后各节外缘较扁平。前胸背板两侧缘无侧刺突或稍有短钝的侧刺突，表面有皱褶。前足基节窝外侧延伸成尖锐角，中足基节窝对后侧片开放（蒋书楠等，1985）。

分布：中国，俄罗斯，朝鲜，日本，印度，尼泊尔，孟加拉国，缅甸，越南，老挝，泰国，斯里兰卡，菲律宾，马来西亚，新加坡，印度尼西亚。本属共记录 26 种/亚种，中国记录 10 种/亚种，浙江分布 2 种。

（104）铜色肿角天牛 *Neocerambyx grandis* **Gahan, 1891**

Neocerambyx grandis Gahan, 1891: 20.

主要特征：体长 48.0–62.5 mm。体大型，被光洁平滑的铜色丝光细绒毛。雄虫触角几为体长的 2 倍，柄节肥短，约与第 4 节等长，以后各节渐次稍长，第 11 节扁狭，长为第 3 节的 2 倍，第 3–5 节端部显著肥肿；雌虫触角约为体长的 3/4，第 3–5 节不肥肿，第 6–10 节外端稍尖突。前胸背板前端具 1 条深横沟，后端有 2 条深横沟，背面具不规则粗皱脊。鞘翅光滑，末端浑圆。前胸腹板凸片后端垂直。雌虫腹部近圆锥形，雄虫较宽扁。

分布：浙江（安吉）、福建、广东、海南、云南；印度，越南，老挝。

（105）栗肿角天牛 *Neocerambyx raddei* **Blessig, 1872（图版 III-9）**

Neocerambyx raddei Blessig, 1872: 170.

Pachydissus (Mallambyx) japonicus Bates, 1873a: 152.

Mallambyx raddei: Aurivillius, 1912: 46.

Massicus raddei: Chen et al., 1959: 43.

Neocerambyx raddei: Hüdepohl, 1990: 254.

别名：栗山天牛

主要特征：体长 40–80 mm。体灰棕色或灰黑色，鞘翅及全身被有棕黄色短绒毛。触角和两复眼间的中央有深沟，一直延长到头顶，在头顶处更深陷。触角近黑色，约为身体的 1.5 倍，第 1 节有刻点；第 1 节粗大，呈筒状，后缘稍向外凸；第 3 节较长，约等于第 4–5 节之和；第 7–10 节呈棒状，每节端部粗大，内侧无刺，外侧无扁平边缘、突起及棱角等。前胸节背面着生不规则横皱纹，两侧较圆有皱纹，但无侧刺突。鞘翅后缘呈圆弧形，内缘角生尖刺。

分布：浙江（德清、长兴、安吉、海宁、平湖、临安、诸暨、奉化、余姚、兰溪、永康、开化、平阳）、黑龙江、吉林、辽宁、北京、河北、山西、山东、河南、陕西、江苏、安徽、湖北、江西、湖南、福建、台湾、重庆、四川、贵州、云南；俄罗斯，朝鲜，韩国，日本。

寄主：麻栎、桑、枹树、栎树、柯属。

生活习性：成虫夜行性，多聚集于栎树树干附近，7–8 月发生（陈世骧等，1959）。

61. 伪闪光天牛属 *Pseudaeolesthes* Plavilstshikov, 1931

Pseudaeolesthes Plavilstshikov, 1931a: 73. Type species: *Neocerambyx chrysothrix* Bates, 1873.

Niphocerambyx Matsushita, 1933: 244. Type species: *Neocerambyx chrysothrix* Bates, 1873.

Aeolesthes (Pseudaeolesthes): Gressitt & Rondon, 1970: 60. Reinstated by Vitali, Gouverneur & Chemin, 2017: 49.

主要特征：复眼内缘深凹，小眼面较粗，复眼下叶呈三角形，额两侧各有 1 个深凹陷，有的两侧相连成半圆形凹陷，头顶中央有 1 条纵脊；雄虫触角十分长于虫体，第 3–5 节端部肿大，第 7–10 节扁平；雌虫触角略长于虫体或短于虫体。前胸背板大多不具侧刺突，但有的具侧刺突，胸面具皱脊。鞘翅被丝绒光泽绒毛，由于排列方向不同，呈现出明暗闪光花纹（蒋书楠等，1985）。

分布：中国，韩国，日本，琉球群岛，越南，老挝，柬埔寨，马来西亚。本属世界已知 13 种/亚种，中国记录 4 种/亚种，浙江发现 1 亚种。

（106）伪闪光天牛 *Pseudaeolesthes chrysothrix chrysothrix* (Bates, 1873)

Neocerambyx chrysothrix Bates, 1873a: 152.
Neocerambyx baseti Harold, 1875b: 295.
Aeolesthes chrysothrix: Aurivillius, 1912: 47.
Pseudaeolesthes chrysothrix: Plavilstshikov, 1931a: 73.
Niphocerambyx chrysothrix: Matsushita, 1933: 245.
Pseudaeolesthes chrysothrix chrysothrix: Gressitt, 1951: 136.

别名：金绒闪光天牛、金绒伪闪光天牛、绒闪光天牛、伪闪天牛。
主要特征：体长 18–26 mm。体较狭，褐色，密生淡黄褐色有金色光泽的绒毛。额中央两侧各有 1 深的凹陷，触角之间有 1 条深的纵沟，头顶中央有 1 条隆起的纵脊纹。雌虫触角较短，略长于身体，雄虫约为体长的 1 倍；第 6–10 节外端角小而尖，雄虫外端角不若雌虫者明显；雄虫第 10 节短于第 11 节，雌虫二者约等长。前胸前端较狭于后端，两侧中央具小而尖的侧刺突；前胸背板具不规则的褶皱及突起，近后端中央有 1 略呈长方形的隆起。鞘翅基端阔，末端突然转狭，后缘斜切，外端角突出，齿状，内端角刺状；翅面密被金黄色丝绒状有光泽的绒毛，排列成不同的方向，呈现出明暗的花纹。前胸腹突末端有 1 瘤。
分布：浙江、北京、河北、山东、河南、陕西、上海、湖北、台湾、贵州、云南；韩国，日本。
寄主：杨柳、楮树。

62. 脊胸天牛属 *Rhytidodera* White, 1853

Rhytidodera White, 1853: 132. Type species: *Rhytidodera bowringii* White, 1853.

主要特征：体复眼深凹，上叶小，彼此接近，小眼面粗，颊短；大多数种类的雄虫触角短于身体，触角柄节较短，不达前胸背板前缘，第 3 节长于第 4 节，第 5 节外侧缘扁平；雌虫触角稍短于雄虫，而较粗壮。前胸具脊纹或皱纹，两侧缘圆形，无侧刺突。足中等长，雄虫后足腿节不超过腹部第 3 节，雌虫后足腿节不超过腹部第 3 节，后足第 1 跗节短于其后两节之和（蒲富基，1980）。
分布：中国，朝鲜，韩国，日本，印度，尼泊尔，缅甸，越南，老挝，泰国，菲律宾，马来西亚，新加坡，印度尼西亚。世界已知 13 种，中国记录 4 种，浙江发现 2 种。

（107）脊胸天牛 *Rhytidodera bowringii* White, 1853

Rhytidodera bowringii White, 1853: 133.

主要特征：体长 28.5–33.0 mm。体狭长，两侧平行，栗色到栗黑色。额具刻点，触角及复眼之间有纵的脊纹，复眼后方中央有 1 条短纵沟，头顶后方有许多小颗粒；触角之间、复眼周围及头顶密生金黄色绒毛。雄虫触角较雌虫稍长，约为体长的 3/4，雌虫不到 3/4；第 5–10 节外侧扁平，外端角钝，内侧具小的内端刺，第 11 节扁平如刃状。前胸前端较狭于后端，前胸背板前后端具横脊，中间具 19 条隆起的纵脊，纵脊之间的深沟丛生淡黄色绒毛。小盾片较大，密被金色绒毛。鞘翅基端阔，末端较狭，后缘斜切，内缘角突出，刺状；翅面刻点密布，基端刻点较粗密呈皱状，除具灰白色短毛外，尚有由金黄色毛组成的长斑纹，排列成 5 纵行。体腹面及足密被灰色或灰褐色绒毛。
分布：浙江（临安、平阳、泰顺）、河南、陕西、安徽、湖北、江西、湖南、福建、广东、海南、香港、广西、四川、贵州、云南；印度，尼泊尔，缅甸。
寄主：杧果、朴树、杉木、漆树、腰果、人面子、扁桃。

（108）灰斑脊胸天牛 *Rhytidodera griseofasciata* Pic, 1912（图版 III-10）浙江新记录

Rhytidodera griseofasciata Pic, 1912d: 16.

主要特征：体长 20–35 mm。体狭长，栗色至栗黑色。鞘翅红褐色，密布的灰色和褐色绒毛形成不规则灰色毛斑，基部 1/5 灰白色绒毛较少。小盾片被褐色绒毛。体腹面及足密生灰白色绒毛。雄虫触角较雌虫稍长，约为体长的 4/5，雌虫约为体长的 2/3；触角柄节较短，不达前胸背板前缘；第 5–10 节外侧扁平，外端角钝。前胸背板长、宽约相等，前端稍狭，前、后缘微横凹；具 20 多条隆起的纵脊，纵脊之间的深沟丛生灰褐色绒毛。鞘翅十分长，两侧平行，末端斜切，端缝角通常齿状突出。

分布：浙江（临安）、河南、陕西、云南。

寄主：细叶榕、杧果。

63. 粗脊天牛属 *Trachylophus* Gahan, 1888

Trachylophus Gahan, 1888b: 59. Type species: *Trachylophus sinensis* Gahan, 1888.

主要特征：触角基瘤低矮，中间具 1 条窄沟；头顶低陷具中沟。雄虫触角略长于体长，雌虫触角约等于体长，第 3 节和第 4 节圆柱形，端部微膨大，第 4 节显著短于第 3 节，第 5 节长于第 3 节，基部圆筒状，端部扁平具角突，第 6–10 节约等长，扁平且端部齿状突出。雄虫末节长于第 10 节，雌虫几乎不长于第 10 节。前胸背板宽胜于长，两侧缘中部突起，背面有强烈脊纹。鞘翅长，两侧几乎平行。足中等长，腿节线状，后足腿节伸达第 3 可见腹板之后。前胸腹面凸片较阔，中央具有 1 条纵脊纹，末端有 1 隆起的瘤（Gahan, 1906）。

分布：中国，韩国，缅甸，越南，马来西亚，印度尼西亚。世界已知 5 种，中国记录 3 种（Lu et al., 2019b），浙江发现 2 种。

（109）粗脊天牛 *Trachylophus sinensis* Gahan, 1888（图版 III-11）

Trachylophus sinensis Gahan, 1888b: 60.
Trachylophus piyananensis Kano, 1933a: 261.

别名：茶粗脊天牛

主要特征：体长 25.0–38.0 mm。体黑褐色，密被灰黄色有光泽的绒毛。雌虫触角较短，与身体约等长，雄虫略长于体；第 5 节长于第 3 节，第 5 节外侧端及第 6–10 节外侧扁平，外端角尖锐。前胸宽略胜于长，前端狭，后端阔，两侧中央稍突出，呈弧形；前胸背板具很粗的褶皱，中央有 4 条纵脊，中间的两条在前端汇合成一条，外侧的 2 条在前端与内侧的 2 条连接成 1 六角形图案。鞘翅基端阔，末端狭，后缘平切。前胸腹面凸片较阔，中央具有 1 条纵脊纹，末端有 1 隆起的瘤。

分布：浙江（临安、淳安、奉化、余姚、浦江、磐安、黄岩、三门、天台、仙居、温岭、临海、玉环、江山、景宁县、平阳）、湖北、江西、湖南、福建、台湾、广东、海南、香港、广西、重庆、四川、贵州；缅甸。

寄主：茶。

（110）天目粗脊天牛 *Trachylophus tianmuensis* Lu, Li *et* Chen, 2019

Trachylophus tianmuensis Lu, Li *et* Chen, 2019: 581, figs. 3A-E, 4A-C.

主要特征：体长 28.0 mm 左右。体红褐色至黄褐色，触角、前胸背板、鞘翅、腹部及足密被金黄色绒毛。雄虫触角略长于体；第 3 节长于第 4 节，约等于第 5 节，第 5–11 节外侧扁平，第 5–10 节内端角尖锐。

前胸宽略胜于长，两侧稍突出成弧形，布局侧瘤突；前胸背板具很粗的褶皱，中央有 4 条纵脊，中间的 2 条在前端汇合成 1 条，外侧的 2 条在前端与内侧的 2 条连接成 1 六角形图案。鞘翅两侧几乎平行，后缘平切，端缝角刺状突出，端缘角不形成齿状突出。前胸腹面凸片较阔，末端有 1 隆起的瘤。

分布：浙江（临安）。

64. 刺角天牛属 *Trirachys* Hope, 1842

Trirachys Hope, 1842a: 61 = 1843: 63. Type species: *Trirachys orientalis* Hope, 1842.

主要特征：体大型，复眼小眼面粗；头顶中部两侧具纵沟，头顶中央有 1 条纵脊纹。触角第 1–5 节端部膨大，第 3–10 节内端具十分尖锐的长刺；前胸侧刺突短钝不发达，鞘翅具明显闪光绒毛。中足基节窝对后侧片开放。

分布：中国，日本，土库曼斯坦，吉尔吉斯斯坦，乌兹别克斯坦，塔吉克斯坦，哈萨克斯坦，巴基斯坦，印度，尼泊尔，缅甸，越南，老挝，泰国，斯里兰卡，菲律宾，马来西亚，印度尼西亚，伊朗，阿富汗。世界已知 21 种，中国记录 5 种，浙江发现 2 种。

（111）楝刺角天牛 *Trirachys indutus* (Newman, 1842)

Hammaticherus indutus Newman, 1842a: 245.

Trirachys indutus: Vitali, Gouverneur & Chemin, 2017: 46.

别名：楝闪光天牛

主要特征：体长 23–38 mm。体较阔，褐色到黑褐色，密被淡褐色短毛，腹面的毛灰褐色。雌虫触角较短，略短或略长于身体，雄虫超过体长的 1 倍，柄节若干横脊纹，与第 3 节约等长，第 6–10 节外侧扁平具小而尖的外端刺，第 5–9 节具内端刺，雄虫的外端角及内端刺皆不如雌虫明显。前胸宽略胜于长，前端较狭于后端，两侧弧形；前胸背板两侧具不规则的褶皱，后端中央有 1 长方形平滑的区域，在它的两侧及前端有深的沟围绕，沟被若干平行的横脊所间隔。小盾片短，末端圆钝。鞘翅基端阔，末端狭，两侧平行，后缘斜切，外端角齿状，内端角刺状；翅面密被淡褐色丝绒状有光泽的绒毛，排列成不同的方向，呈现出明暗的花纹。前胸腹面凸片中央具 1 条纵脊。

分布：浙江、安徽、江西、福建、台湾、广东、海南、香港、广西、贵州；缅甸，老挝，泰国，斯里兰卡，菲律宾，马来西亚，印度尼西亚。

寄主：松属、人面子、楝树、凤凰木、乌桕、茶、柑橘等。

（112）刺角天牛 *Trirachys orientalis* Hope, 1842（图版 Ⅲ-12）

Trirachys orientalis Hope, 1842a: 61 = 1843: 64.

Trirrhachis orientalis: Gemminger & Harold, 1872: 2801.

Trirachys formosana Schwarzer, 1925a: 21.

主要特征：体长 32–53 mm。体形较大，灰黑色，被有丝光的棕黄色及银灰色绒毛，从不同方向观察而变为闪光。头顶后部有粗细刻点；复眼下叶略呈三角形，不很靠近上颚。触角灰黑色，较长，雄虫约为体长的 2 倍，雌虫略超过体长，雌雄虫皆具有明显的内端角刺，雄虫自第 3–7 节，雌虫自第 3–10 节，此外，雌虫第 6–10 节还有较明显的外端角刺；柄节呈筒状，具有环形波状脊。前胸节具较短的侧刺突，背板粗糙，中央偏后有 1 小块近乎三角形的平板，上覆棕黄色绒毛，平板两侧较低洼，无毛，有平行的波状横脊。鞘翅表面不平，略有高低，末端平切，具显突的内、外角端刺。腹部被有稀疏绒毛，臀板一般露于鞘翅之外。

分布：浙江（西湖、临安、舟山、平阳）、辽宁、北京、河北、山西、山东、河南、陕西、江苏、上海、安徽、湖北、江西、福建、台湾、海南、重庆、四川、贵州；日本，越南，老挝。

寄主：柳、柑橘、梨。

备注：浙江是本种的模式产地。

65. 棱天牛属 *Xoanodera* Pascoe, 1857

Xoanodera Pascoe, 1857b: 92. Type species: *Xoanodera trigona* Pascoe, 1857.

主要特征：复眼大而深凹，前端不超过触角基瘤，上叶互相靠近，中间被 1 条弱脊间隔开。雄虫触角略长于体长，雌虫触角微弱长于或不长于体长，第 5–10 节外缘扁薄，外端角突出如锯齿，末节略长于第 10 节。前胸背板长略胜于宽，两侧膨大，背面有强烈脊纹，基部和端部都有横沟。鞘翅两侧近于平行，末端变窄，翅端稍斜凹截。前足基节窝关闭。足中等长，腿节内侧具脊，后足跗节第 1 节短于其后两节之和（Gahan，1906）。

分布：中国，印度，尼泊尔，缅甸，越南，老挝，泰国，柬埔寨，斯里兰卡，马来西亚，新加坡，印度尼西亚。本属分 2 亚属，中国只记录指名亚属。指名亚属世界已知 24 种/亚种，中国分布 3 种，浙江分布 1 种。

（113）黄点棱天牛 *Xoanodera* (*Xoanodera*) *maculata* (Pic, 1923)

Falsoxeanodera maculata Pic, 1923c: 8.

Xoanodera maculata Schwarzer, 1925a: 21.

Xoanodera maculata: Chemin, Gouverneur & Vitali, 2014: 367.

别名：伪棱天牛

主要特征：体长 20.0 mm 左右。体中型，近圆筒形。全体红褐色，具稀疏金黄色细短毛。小盾片厚被赤金色短毛。鞘翅具鲜明的赤金色小毛斑，大小不一致，基半部较稀疏，6–7 斑，成 3 纵行，端半部较密，有 15–20 斑，小斑常愈合，纵列成 5 行。触角第 3 节略长于柄节，等于第 5 节，长于第 4 节。前胸背板前端较头部稍狭，有 3 条横沟，后端较头稍宽，有 2 条横沟，背方隆突，表面光滑无毛，有整齐的纵棱脊，脊面光亮，脊间沟深而平滑，背中区棱脊 6 条，此外两侧的棱脊形成屈曲的粗皱脊，至前足基节外侧，共约 5 条。

分布：浙江（泰顺）、湖南、福建、台湾、海南、广西、四川、云南；缅甸，越南，老挝。

纤天牛族 Cleomenini Lacordaire, 1868

66. 纤天牛属 *Cleomenes* Thomson, 1864

Cleomenes Thomson, 1864: 161. Type species: *Cleomenes diammaphoroides* Thomson, 1864.

主要特征：复眼较大，内缘凹入，小眼面较细，颊明显短于复眼下叶，额倾斜，头顶浅凹。触角细，雄虫触角长略超过鞘翅，或与鞘翅长度相等，雌虫触角短于鞘翅，第 3 节长于柄节，端部 4 节略为粗大。前胸背板长显胜于宽，或多或少呈圆柱形，前、后端微收缩。小盾片较小，近于方形。鞘翅十分细长，两侧近于平行，每翅端缘斜切、凹入或末端具 2 个尖刺；翅面或多或少有脊纹，刻点排列整齐。前胸腹板凸片较窄，顶端较阔，从正面观，后胸腹板两侧被鞘翅遮盖而不外露；腹部第 1 节短于第 2–3 节之和；前足基节窝向后关闭，足细长，腿节基部呈细柄状，端部突然膨大成棒状（蒋书楠等，1985）。

　　分布：中国，日本，印度，不丹，尼泊尔，缅甸，越南，老挝，泰国，菲律宾，马来西亚，印度尼西亚。世界已知 38 种/亚种，中国记录 14 种/亚种，浙江发现 1 亚种。

（114）三带纤天牛 *Cleomenes tenuipes tenuipes* Gressitt, 1939（图版 III-13）

Cleomenes tenuipes Gressitt, 1939b: 106, pl. II, fig. 8.

　　主要特征：体长 8–10 mm。体狭窄，细弱，头和足细长。体黑色，下颚须、下唇须、上唇、鞘翅及足黄褐色，有时触角末端 3 或 4 节颜色略深，呈褐色。鞘翅基缘及部分侧缘带褐色，每翅后半部有 3 条褐色横纹，第 1 条位于中部之下，较窄，近侧缘的一端较宽，向侧缘上、下延伸；第 2 条位于鞘翅的 3/4，呈斜纹，不接触侧缘，第 3 条位于末端，较宽；有时在翅的中部之上，靠近中缝有 1 个小褐斑，纵脊纹前端有 1 条褐色纵纹。前、中足腿节的膨大部分为深褐色，后足腿节的膨大部分为黑褐色。头、胸被金黄色绒毛。体腹面被灰黄色光泽绒毛。雄虫触角伸至鞘翅末端，雌虫触角短于鞘翅，柄节粗大，第 3–5 节的各节近于等长，第 5 节以下的各节渐短，末端 4 节略呈纺锤形。前胸背板胸面有 4 个瘤突，近后缘 2 个明显，密布大小不一的深刻点。鞘翅端缘斜凹切；肩内侧有 1 条清晰的纵脊纹，直至端部，刻点粗深，排列较为整齐。

　　分布：浙江（临安、开化）、陕西、湖北、台湾、云南；印度，越南，老挝，马来西亚。

　　备注：浙江是本种的模式产地。广西的标本被 Holzschuh（2019）描述为 *Cleomenes tenuipes constans* Holzschuh, 2019。

67. 红胸天牛属 *Dere* White, 1855

Dere White, 1855: 248. Type species: *Dere thoracica* White, 1855.

　　主要特征：体较小，背面扁平，复眼内缘微凹，小眼面细；触角短于虫体，端部数节稍膨大，第 3 节最长。前胸背板长胜于宽，无侧刺突，两侧缘微呈弧形。鞘翅端部稍扩大，端缘斜切或内凹。中足基节窝对后侧片关闭，前、中足腿节端部突然膨大，后足腿节逐渐膨大成棒状，爪全开式（蒋书楠等，1985）。

　　分布：中国，朝鲜，韩国，日本，印度，尼泊尔，缅甸，越南，老挝，泰国，斯里兰卡，菲律宾，马来西亚，非洲。世界已知 50 种/亚种，中国记录 9 种/亚种，浙江发现 2 种。

（115）松红胸天牛 *Dere reticulata* Gressitt, 1942

Dere reticulata Gressitt, 1942a: 4, fig. 3.

　　主要特征：体长 8.0–10.5 mm。体较细小，扁平。头部、触角、足、中胸腹板、后胸腹板及体腹面黑色；前胸背板橘红或朱红色，前、后缘区黑色；鞘翅暗蓝或藏青色，有金属光泽。雄虫触角长达鞘翅中部之后，雌虫触角则稍短，第 3 节最长。前胸背板长胜于宽，两侧缘微呈弧形。鞘翅端缘斜切，微凹缘。足短小，后足腿节逐渐膨大。

　　分布：浙江（宁波）、北京、河南、陕西、湖北、四川、云南、西藏；老挝。

　　寄主：云南松。

（116）红胸天牛 *Dere thoracica* White, 1855

Dere thoracica White, 1855: 249.

别名：栎蓝天牛、栎红胸天牛

主要特征：体长 7.5–10 mm。体窄长，扁平。头部及足黑色；前胸朱红色，前、后缘区黑色；鞘翅暗蓝，有金属光泽。头部刻点粗糙，前部正中有窄浅纵沟，有时不甚明显。触角短，向后伸展，约为体长的 3/5，第 3 节最长，第 3–10 节外端角呈锐齿状，但不向外侧突出。前胸胸面布有粗糙刻点，中部稍微纵凹。鞘翅两侧缘平行，翅面扁平，刻点稠密均匀，翅端内缺呈弧形，缺口两侧各具细小锐齿。腹面隆起，布有稠密刻点及浓密灰白色绒毛。足短小，后足腿节端部逐渐膨大，但不呈球棒状，上面有深密刻点，十分显著。

分布：浙江（德清、长兴、临安、鄞州、磐安、莲都）、黑龙江、吉林、河北、山东、河南、陕西、江苏、湖北、江西、湖南、福建、广东、广西、四川、贵州、云南；朝鲜，韩国，日本，越南，老挝。

寄主：栎、合欢、光叶石楠、郁李。

虎天牛族 Clytini Mulsant, 1839

分属检索表

1. 两触角之间距离颇宽阔；触角基瘤内侧无明显角状突出 ·· 2
- 两触角之间距离颇接近；触角基瘤内侧呈角状突出 ··· 6
2. 额中央具纵脊或分叉脊纹，额两侧各有 1 条纵脊，有时两侧仅上部明显 ············· **脊虎天牛属 *Xylotrechus***
- 额无明显的纵脊纹 ··· 3
3. 后足第 1 节较长，至少为其后两节之和的 2 倍 ··· 4
- 后足第 1 节较短，不到其后两节的 2 倍 ··· 5
4. 体不那么细长，鞘翅长宽比小于约等于或小于 3 ·· **跗虎天牛属 *Perissus***
- 体细长，鞘翅长宽比大于 3.5 ··· **林虎天牛属 *Rhabdoclytus***
5. 小盾片半圆形；中、后足胫节不被密毛 ··· **虎天牛属 *Clytus***
- 小盾片略呈三角形；中、后足胫节被密毛 ·· **矮虎天牛属 *Amamiclytus***
6. 触角内侧端部无刺 ·· **绿虎天牛属 *Chlorophorus***
- 触角第 3、4 节内侧端部具刺 ·· 7
7. 触角第 5 节不具刺 ··· **刺虎天牛属 *Demonax***
- 触角第 5 节内侧具刺 ·· **格虎天牛属 *Grammographus***

68. 矮虎天牛属 *Amamiclytus* K. Ohbayashi, 1964

Amamiclytus K. Ohbayashi, 1964: 21. Type species: *Amamiclytus nobuoi* K. Ohbayashi, 1964.

主要特征：小型虎天牛，体表光亮，具白色绒毛斑。复眼互相远离，中、后足胫节被密毛是最主要的特征。触角第 2–4 或 5 节下沿具缨毛。头宽（复眼处）与前胸宽约等，触角基瘤互相远离，间隔占后头宽的 2/5 到一半；复眼中等大，近半圆形，触角细，中等长，第 3 节 1.5–2 倍于第 4 节。前胸球形或长形，略窄于鞘翅。鞘翅末端斜截，通常端缘角微弱齿状。足细长，腿节棒状，后足 1.5–2 倍于鞘翅长，后足腿节超出鞘翅末端，后足跗节第 1 节 1.5–2 倍于其后两节之和。

分布：中国，日本，琉球群岛，越南，老挝，泰国，马来西亚。世界已知 19 种/亚种，中国记录 8 种，浙江分布 1 种。

（117）天目矮虎天牛 *Amamiclytus limaticollis* (Gressitt, 1939)（图版 III-14）

Rhaphuma limaticollis Gressitt, 1939b: 101, pl. III, fig. 6.

Amamiclytus limaticollis: Niisato & Han, 2013: 167, figs. 2, 3, 10-17.

别名：天目艳虎天牛

主要特征：体长 3.6–5.5 mm。头胸黑褐色至黑色，一些部位被稀疏的白色绒毛，触角红褐色。小盾片黑色，边缘的白色绒毛明显。鞘翅红褐色至黑褐色，3 道白色绒毛横斑把鞘翅分成差不多的三等分，其中最后 1 道横斑在鞘翅末端，鞘翅基部小盾片之后的鞘缝处有白色绒毛短纵斑。

分布：浙江（临安、磐安、开化）。

备注：浙江是本种的模式产地。

69. 绿虎天牛属 *Chlorophorus* Chevrolat, 1863

Clytus (*Anthoboscus*) Mulsant, 1862: 166.

Chlorophorus Chevrolat, 1863: 290. Type species: *Callidium annulare* Fabricius, 1787.

Clytanthus Thomson, 1864: 190.

Caloclytus: Gahan, 1906: 260.

Chlorophorus (*Chlorophorus*): Özdikmen, 2011: 536.

Chlorophorus (*Immaculatus*) Özdikmen, 2011: 536, 538. Type species: *Chlorophorus kanoi* Hayashi, 1963.

Chlorophorus (*Perderomaculatus*) Özdikmen, 2011: 537, 538. Type species: *Leptura sartor* Müller, 1766.

Chlorophorus (*Humeromaculatus*) Özdikmen, 2011: 537, 538. Type species: *Cerambyx figuratus* Scopoli, 1763.

Chlorophorus (*Crassofasciatus*) Özdikmen, 2011: 538. Type species: *Callidium trifasciatum* Fabricius, 1781.

主要特征：复眼内缘凹入，小眼面细；触角基瘤彼此颇接近；触角不十分细，一般短于身体，第 3 节不长于柄节。前胸背板长稍胜于宽或近于等宽，两侧缘呈弧形，无侧刺突；小盾片小，近半圆形。鞘翅中等长，端缘圆形、斜截或平截，有时缘角具刺。后胸前侧片较窄，长约 4 倍于宽；前足基节窝向后开放；中足基节窝对后侧片开放。后足腿节超过鞘翅端末，后足第 1 跗节同其余跗节的总长度约等长或略长（蒋书楠等，1985）。

分布：中国，俄罗斯，蒙古国，朝鲜，韩国，日本，土库曼斯坦，吉尔吉斯斯坦，乌兹别克斯坦，塔吉克斯坦，哈萨克斯坦，巴基斯坦，印度，不丹，尼泊尔，孟加拉国，缅甸，越南，老挝，泰国，柬埔寨，斯里兰卡，菲律宾，马来西亚，新加坡，印度尼西亚，伊朗，伊拉克，阿塞拜疆，格鲁吉亚，亚美尼亚，土耳其，叙利亚，约旦，以色列，沙特阿拉伯，也门，黎巴嫩，塞浦路斯，阿富汗，欧洲，北美洲，大洋洲，非洲。本属世界已知 276 种/亚种，中国记录 78 种/亚种，浙江分布 14 种/亚种。

备注：依据鞘翅末端的形状和鞘翅的黑色斑纹，本属被划分为 5 个亚属（Özdikmen，2011）。但是本卷不采用这个分类系统。

分种检索表

1. 鞘翅被黑褐色或棕褐色绒毛，具淡黄或灰白色条纹 ·· 2

- 鞘翅被黄色、绿黄色或灰白色绒毛，具黑色条纹 ·· 5

2. 前胸背板中央具 1 个黑色斑纹，两侧具小黑圆斑 ·· 3

- 前胸背板中央具 1 个黑色斑纹，两侧无明显黑圆斑 ·· 4

3. 前胸背板中央具有 1 个倒心形的黑色斑纹，纵向大于横向，两侧小黑斑椭圆形，较靠近中区；鞘翅基半部黑色，具 3 个互相分离的灰色绒毛形成的斑纹 ·· 宽带绿虎天牛 *C. anticemaculatus*

- 前胸背板中央黑色斑纹横向大于纵向，两侧小黑斑圆形，远离中区；鞘翅基半部黑色，灰绿色绒毛形成的斑纹互相连接在一起 ·· 刺槐绿虎天牛 *C. sulcaticeps*

4. 前胸背板中区缺少细长竖毛，黑色部分超过前胸背面的一半；鞘翅端部之前的灰绿色横斑较窄 ………………………
………………………………………………………………………………… 槐绿虎天牛 **C. diadema diadema**
- 前胸背板中区有细长竖毛，黑色部分远小于前胸背面的一半；鞘翅端部之前的灰色横斑较宽，尤其是靠近鞘缝的部分更宽
………………………………………………………………………………… 杨柳绿虎天牛 **C. motschulskyi**
5. 鞘翅基部有 1 个完整黑色环斑；前胸背板有分叉的黑斑 ………………………… 绿虎天牛 **C. annularis**
- 鞘翅基部没有 1 个完整黑色环斑，只有黑色条纹，不形成闭环 ……………………………………………… 6
6. 鞘翅基部黑色环纹后侧开放；中足腿节外侧中央有 1 条细纵脊 ……………………………………………… 7
- 鞘翅基部黑色环纹前端及外侧开放；中足腿节外侧中央无纵脊 …………………………………………… 8
7. 体稍粗壮，鞘翅被黄色绒毛；前胸背板长、宽近于相等，中区黑斑较大；触角第 3 节与第 4 节等长 ……………
………………………………………………………………………………… 弧纹绿虎天牛 **C. miwai**
- 体较细小，鞘翅被绿黄色绒毛；前胸背板长略胜于宽，中区黑斑较小；触角第 3 节长于第 4 节 ……………………
………………………………………………………………………………… 裂纹绿虎天牛 **C. separatus**
8. 前胸背板中央没有黑色斑点 ………………………………………… 台南绿虎天牛 **C. fainanensis**
- 前胸背板中央有黑色斑点 ………………………………………………………………………………… 9
9. 鞘翅末端平切，端缘角刺状突出 ……………………………………… 日本绿虎天牛 **C. japonicus**
- 鞘翅末端平切，端缘角不呈刺状突出 …………………………………………………………………… 10
10. 鞘翅中部的黑色斑纹接触鞘缝且到达侧缘 ……………………………………………………………… 11
- 鞘翅中部的黑色斑纹不接触鞘缝，或部分接触鞘缝则不到达侧缘 ………………………………………… 12
11. 前胸背板中央黑色斑纹不横向扩宽，局限于中部；鞘翅中央黑斑较细，尤其是中部变细，端前黑斑较细，粗细均匀 ……
………………………………………………………………………………… 缺环绿虎天牛 **C. arciferus**
- 前胸背板中央黑色斑纹横向很宽；鞘翅中央黑斑较粗，粗细基本上均匀，端前黑斑较粗，粗细不均匀 ……………
………………………………………………………………………………… 素胸绿虎天牛 **C. varius**
12. 鞘翅中部黑斑较细，分成两段，稍微接触或不接触鞘缝；端前黑斑分成 2 个 ………… 宝兴绿虎天牛 **C. moupinensis**
- 鞘翅中部黑斑较粗大，不接触鞘缝；端前黑斑仅 1 个 ……………………………………………………… 13
13. 鞘翅中部黑斑较圆 ………………………………………………… 六斑绿虎天牛 **C. simillimus**
- 鞘翅中部黑斑较圆较方 …………………………………………… 十三斑绿虎天牛 **C. tredecimmaculatus**

（118）绿虎天牛 *Chlorophorus annularis* (Fabricius, 1787)（图版 III-15）

Callidium annulare Fabricius, 1787: 156.

Cerambyx (Callidium) annularis: Gmelin, 1790: 1855.

Clytus annularis: Fabricius, 1801b: 352.

Callidium bidens Weber, 1801: 90.

Chlorophorus annularis: Chevrolat, 1863: 290.

别名：竹绿虎天牛、竹虎天牛

主要特征：体长 9.5–18.0 mm。体形狭长，棕色或棕黑色，头部及背面密被黄色绒毛，腹面被白绒毛，足部有时赤褐色；前胸背板具 4 个长形黑斑，中央 2 个至前端合并；鞘翅基部 1 卵圆形黑环，中央 1 黑色横条，其外侧与黑环相接触，端部 1 圆形黑斑。触角约体长之半，或稍长，柄节与第 3–5 各节几等长。前胸背板球形，表面黑斑部分很粗糙。鞘翅狭长，两边几近平行，后缘浅凹形，内外缘角呈细齿状。后足腿节约伸展至鞘翅末端，后足第 1 跗节相当于余下 3 节之总长。

分布：浙江（德清、长兴、安吉、嘉兴、余杭、临安、淳安、奉化、象山、余姚、武义、义乌、黄岩、三门、天台、仙居、温岭、临海、玉环、莲都、平阳）、黑龙江、吉林、辽宁、河北、河南、陕西、江苏、上海（1954 年的一号标本）、安徽、湖北、江西、湖南、福建、台湾、广东、海南、香港、广西、重庆、

四川、贵州、云南、西藏；韩国，日本，印度，尼泊尔，缅甸，越南，老挝，泰国，柬埔寨，斯里兰卡，菲律宾，马来西亚，印度尼西亚。

（119）宽带绿虎天牛 *Chlorophorus anticemaculatus* Schwarzer, 1925

Chlorophorus anticemaculata Schwarzer, 1925a: 27.

主要特征：体长 9–13 mm。体色灰色至黑色，体表覆盖有灰色绒毛。前胸背板中央具有 1 个倒心形的黑色斑纹，两侧缘具小黑斑。鞘翅基半部黑色，具 3 个灰色绒毛形成的斑纹。鞘翅端半部黑色，具 2 道灰色绒毛构成的平行宽带；或者说端半部灰色，具 1 道黑色的宽横带。前胸接近梨形，鞘翅末端平切。

分布：浙江（临安）、台湾。

（120）缺环绿虎天牛 *Chlorophorus arciferus* (Chevrolat, 1863)

Amauraesthes arciferus Chevrolat, 1863: 330.
Caloclytus arciferus: Gahan, 1906: 263.
Chlorophorus arciferus: Aurivillius, 1912: 403.
Clytanthus varius var. *pieli* Pic, 1924a: 15.
Clytanthus varius var. *rectefasciatus* Pic, 1937a: 14.

别名：愈斑绿虎天牛

主要特征：体长 10.0–14.0 mm。体黑色，密被黄绿色绒毛。前胸背板具 3 个黑斑。每鞘翅具 4 个黑斑，第 1 个在肩角，小；第 2 个在肩角之后，钩状；第 3 个在中间，第 4 个在端部 1/4 处，第 3 和第 4 个黑斑粗短，均不接触鞘缝。触角短于体长。鞘翅基部仅稍稍宽于前胸，两边几近平行，后缘稍斜切。后足腿节约伸展至鞘翅末端，后足第 1 跗节相当于余下 3 节之总长。

分布：浙江、上海、安徽、江西、海南、四川、云南；印度，不丹，尼泊尔，越南，老挝。

（121）槐绿虎天牛 *Chlorophorus diadema diadema* (Motschulsky, 1854)

Clytus diadema Motschulsky, 1854: 48.
Clytus (*Clytanthus*) *herzianus* Ganglbauer, 1887a: 134.
Clytus artemisiae Fairmaire, 1888b: 143..
Clytanthus artemisiae: Pic, 1900b: 19.
Chlorophorus herzianus: Okamoto, 1927: 75.
Chlorophorus diadema var. *itoi* Matsushita, 1934: 240, fig.
Chlorophorus diadema var. *breuningi* Heyrovský, 1938: 93.

主要特征：体长 8.0–12.0 mm。体棕褐色，头部及腹面被有灰黄色绒毛。触角基瘤内侧呈角状突起，触角约伸展至鞘翅中央，第 3 节较柄节稍短。前胸背板长略大于宽，略呈球面，密布粒状刻点；前缘及基部有灰黄色绒毛，有时绒毛分布较多，使中央无毛区域形成 1 褐色横条，或前端与基部绒毛扩大至中央相遇，使横条区域分割成断续斑点。鞘翅基部有少量黄绒毛，肩部前后有黄绒毛斑 2 个，靠小盾片沿内缘为 1 向外弯斜的条斑，其外段几与肩部第 2 斑点相接，中央稍后又有 1 横条，末端黄绒毛亦呈横条形。后缘斜切，外缘角较明显。

分布：浙江（临安）、黑龙江、吉林、内蒙古、北京、天津、河北、山西、山东、河南、陕西、甘肃、江苏、安徽、湖北、江西、湖南、福建、广东、广西、重庆、四川、贵州、云南；俄罗斯，蒙古国，朝鲜，韩国。

（122）台南绿虎天牛 *Chlorophorus fainanensis* Pic, 1918（图版 III-16）

Chlorophorus fainanensis Pic, 1918: 4.

　　主要特征：体长 9–17 mm。底色黑，背面覆盖绿色绒毛，有黑色斑纹；体腹面有浓密黄色绒毛。前胸背板有 4 个黑斑，前端几乎在中部排列成 1 条横线，中部 2 个前端相连，后端向基部延伸。每鞘翅具 3 道显著黑斑，第 1 道形成不闭合的圆环；第 2 道位于中部，略向外向后斜；第 3 道也略斜，不接触鞘缝。雌虫触角伸达中部斜斑之前，鞘翅末端斜截，端缝角钝，端缘角齿状。

　　分布：浙江（临安、余姚、定海、普陀、浦江、磐安、台州、江山等，广布）、陕西、湖北、江西、福建、台湾、广东、香港、贵州；日本，印度。

　　备注：因为 Holzschuh（2020）把黄毛绿虎天牛 *Clytus signaticollis* Laporte *et* Gory, 1841 作为有环绿虎天牛 *Chlorophorus annulatus* (Hope, 1831)的次异名，本卷暂时用台南绿虎天牛 *Chlorophorus fainanensis* Pic, 1918 作为之前的黄毛绿虎天牛的替代名，分布信息也沿用，很多分布信息没有经过核实，本种的鉴定也不是很确定。

（123）日本绿虎天牛 *Chlorophorus japonicus* (Chevrolat, 1863)

Anthoboscus japonicus Chevrolat, 1863: 298.

Rhaphuma japonica: K. Ohbayashi, 1963b: 11.

Chlorophorus japonicus: Hua, 2002: 201.

　　主要特征：体长 9–15 mm。体黑色，密被黄绿色绒毛。前胸背板中央具黑斑。每鞘翅具 3 个黑斑，第 1 个在基部，圆弧形，开口向侧缘；第 2 个在中部之前，横斑状，鞘缝一端很小，向侧缘逐渐扩宽；第 3 个在端半部中间，近圆形。第 1 个斑不接触鞘缝，第 2 和第 3 个斑均部分接触鞘缝。触角短于体长。鞘翅基部仅稍稍宽于前胸，两边几近平行，后缘平切，端缘角刺状突出。后足腿节约伸展至鞘翅末端。

　　分布：浙江、河北、山西、山东、江苏、湖北、江西、广东、广西、四川、贵州；俄罗斯，朝鲜半岛，日本，越南。

　　备注：浙江的记录见于陈其瑚（1993），本次调查未见标本。

（124）弧纹绿虎天牛 *Chlorophorus miwai* Gressitt, 1936（图版 III-17）

Chlorophorus miwai Gressitt, 1936: 100, pl. 1, fig. 12.

Chlorophorus shirozui Hayashi, 1965: 110.

　　主要特征：体长 11.5–17 mm。体中等大小，粗壮，底色黑，背面覆盖黄色绒毛，无绒毛着生处组成黑色斑纹；体腹面着生较浓密黄绒毛。复眼之间的额突起；额有 1 条中纵线；触角基瘤内侧角状突出；头有细密刻点，头顶有少许粗大刻点；触角长达鞘翅中部，第 3 节同第 4 节约等长。前胸背板长宽近于相等，前端稍窄，两侧缘微呈弧形，表面拱凸；中区有 2 个黑斑，2 个黑斑前端连接，两侧各有 1 个圆形黑斑，胸面有细皱纹刻点。每翅基部黑环斑纹后侧开放较宽，呈弓形斑纹；中部有 1 条黑横带，靠近中缝一端，沿中缝稍向上延伸；端部有 1 个大黑斑纹；翅面具细密刻点。中足腿节两侧中央，各有 1 条光滑细纵线。

　　分布：浙江（长兴、安吉、临安、定海、余姚、磐安、莲都、缙云）、黑龙江、吉林、辽宁、山东、河南、陕西、安徽、湖北、江西、湖南、福建、台湾、广东、广西、四川、贵州。

（125）杨柳绿虎天牛 *Chlorophorus motschulskyi* (Ganglbauer, 1887)

Clytus latofasciatus Motschulsky, 1861b: 41. [HN]

Clytus (*Clytanthus*) *motschulskyi* Ganglbauer, 1887a: 135. [RN]

Chlorophorus motschulskyi chasanensis Tsherepanov, 1982: 175, figs. 102-104.

主要特征：体长 8–16 mm。体黑褐色，被有灰白色绒毛，足部跗节色泽较淡。头部触角基瘤内侧呈明显的角状突起。触角约伸展至鞘翅中央，柄节与第 3–5 各节等长。前胸背板似球形，长略大于宽，密布粗糙颗粒式刻点，除灰白色绒毛外，中域有细长竖毛，中域有一小区没有灰白绒毛而形成 1 黑斑。小盾片半圆形，密生绒毛。鞘翅上有灰白色绒毛形成条斑；基部沿小盾片及内缘向后外方弯斜成 1 条狭细浅弧形条斑，肩部前后 2 小斑，鞘翅中部稍后为 1 横条，其靠内缘一端较宽阔，末端为 1 宽阔横斑，后缘平直。后胸前侧片具浓密的白色绒毛，色泽很鲜明。

分布：浙江（杭州、金华）、黑龙江、吉林、辽宁、内蒙古、河北、山西、山东、河南、陕西、甘肃、福建；俄罗斯，蒙古国，朝鲜，韩国。

寄主：柳属、杨属、桦属。

（126）宝兴绿虎天牛 *Chlorophorus moupinensis* (Fairmaire, 1888)

Clytus moupinensis Fairmaire, 1888a: 33.

Chlorophorus moupinensis: Aurivillius, 1912: 404.

主要特征：体长 10–15 mm。体狭长，圆筒形。全体密被草绿色细绒毛，具黑色斑纹：前胸背板中央稍后方具 1 对顿号形斑，前端在中线相接；背板两侧中央各 1 个小圆点；鞘翅基部 1/4 处各 1 个近半圆形的弧形斑，前端仅微屈向翅基，中部与中缝平行，后端弯向翅背中部，肩角上有 1 小斑点，鞘翅中部各有 1 黑斜纹，前端沿中缝斜向前，不接触中缝（♀）或接触（♂），后端止于翅背中央，其外侧有 1 小斑点，不接触侧缘，翅后端 1/4 处中央各有 1 斑点，其外侧有 1 很不显著的小斑点。腹面后胸中线两侧被黄褐色绒毛，腹部腹面中央绒毛较深暗。头部触角基瘤内侧有稀疏粗刻点；触角长不达鞘翅中部，柄节与第 3–4 节等长，第 5 节略长于第 3 节，与以后各节等长。前胸背板近球形，基部两侧有稀疏粗刻点。

分布：浙江、陕西、湖北、福建、广西、四川、贵州、云南。

（127）裂纹绿虎天牛 *Chlorophorus separatus* Gressitt, 1940

Chlorophorus separatus Gressitt, 1940b: 78, pl. 2, fig. 10.

主要特征：体长 8–13 mm。底色黑，背面覆盖绿色绒毛，有黑色斑纹；体腹面有浓密白黄色绒毛。额中央有 1 条光滑黑色细纵线；头顶有几粒粗大刻点；触角基瘤内侧呈角状突出，触角长达鞘翅中部，第 3 节与柄节近等长。前胸背板长稍胜于宽，前端窄，拱凸；中区有 1 个横斑，横斑后缘中央微凹，两侧各有 1 个小黑斑点，胸面有细皱纹刻点。鞘翅比较短，端缘斜切，外端角较尖，每翅基部的黑环斑纹后侧开放较窄，中部有 1 条黑横带，靠近侧缘一端较宽，端部有 1 个三角形黑斑；翅面具细密刻点。中足腿节外侧中央各有 1 条光滑细纵线。

分布：浙江（长兴、临安、淳安、象山、岱山、三门）、河南、陕西、湖北、江西、福建、广东、海南、广西、四川、贵州、云南。

寄主：柞树、栎树。

备注：裂纹绿虎天牛 *Chlorophorus separatus* Gressitt, 1940 已经被作为有环绿虎天牛 *Chlorophorus* *annulatus* (Hope, 1831)的次异名（Holzschuh，2020），因无法判断浙江原先的记录是否是有环绿虎天牛，本卷暂时保留原先的记录不变。

（128）六斑绿虎天牛 *Chlorophorus simillimus* (Kraatz, 1879)（图版 III-18）

Clytus sexmaculatus Motschulsky, 1859: 494. [HN]

Clytus simillimus Kraatz, 1879a: 91.

Clytus 12-maculatus Kraatz, 1879a: 91, nota 2. [RN for *Clytus sexmaculatus* Motschulsky, 1859]

Clytanthus sexmaculatus: Ganglbauer, 1889a: 70.

Clytanthus simillimus: Ganglbauer, 1889a: 70.

Clytanthus faldermanni var. *joannisi* Théry, 1896: 108.

Clytanthus 6-maculatus var. *griseopubens* Pic, 1904a: 17.

Chlorophorus sexmaculatus: Okamoto, 1927: 75.

Chlorophorus simillimus: N. Ohbayashi & Niisato, 2007: 495.

别名：相似绿虎天牛

主要特征：体长 9–17 mm。体中等大小，底色黑，被覆灰绿色绒毛，无绒毛覆盖处形成黑色斑纹。前胸中区有 1 个叉形黑斑，两侧各有 1 个黑斑点。每鞘翅 6 个黑斑分布如下：基部黑环斑纹在前端及后侧开放，形成 2 个黑斑，一个位于肩部，另一个位于基部中央，为纵形斑纹，中部及端部分别有 2 个平行相近黑斑，近侧缘 2 个黑斑较小，近端部的侧缘黑斑通常与背面黑斑连接。触角基瘤彼此很接近，内侧呈角状突出；颊短于复眼下叶；触角长达鞘翅中部稍后，第 3 节同第 4 节约等长；头顶有几粒粗大刻点。前胸背板长胜于宽；鞘翅较短，端缘略切平；腿节中央无细纵线。

分布：浙江（临安、磐安）、黑龙江、吉林、辽宁、内蒙古、北京、河北、山西、山东、河南、陕西、宁夏、甘肃、青海、新疆、湖北、江西、湖南、福建、广西、四川、贵州；俄罗斯，蒙古国，朝鲜，韩国，日本。

（129）刺槐绿虎天牛 *Chlorophorus sulcaticeps* (Pic, 1924)（图版 III-19）

Clytanthus sulcaticeps Pic, 1924a: 16.

Chlorophorus sulcaticeps: Gressitt, 1951: 282.

主要特征：体长 10–13 mm。体黑色，被灰黄色绒毛。前胸背板绒毛较少，中央显示 1 条模糊的弯曲黑色横带。鞘翅中部 1 条宽黑色横带，基部具弯曲的弧形带，开口斜向肩部，端部之前的大型黑斑近圆形。鞘翅末端斜截。

分布：浙江（临安、普陀）、江苏、上海、安徽、湖北、福建、云南。

（130）十三斑绿虎天牛 *Chlorophorus tredecimmaculatus* (Chevrolat, 1863)（图版 III-20）

Anthoboscus 13-maculatus Chevrolat, 1863: 305.

Chlorophorus tredecimmaculatus: Aurivillius, 1912: 401.

主要特征：体长 10–15 mm。体黑色，被灰黄色绒毛。前胸背板中央有 1 块黑斑，形状不定，两侧各有 1 个小黑点。鞘翅肩部有小黑斑，基部有弯曲斑纹，加上小盾片合起来像个"几"字，中部和端半部中间各有近圆形黑斑。所有的黑斑均不接触鞘缝；中部大黑斑之外还有 1 个侧边的小黑纵条。鞘翅末端斜截。

分布：浙江（临安、开化）、山西、湖北、福建、广东。

（131）素胸绿虎天牛 *Chlorophorus varius* (Müller, 1766)

Leptura varia Müller, 1766: 188.

Callidium ornatum Herbst, 1784: 98, pl. XXVI, fig. 16.

Stenocorus c-duplex Scopoli, 1786: 46, pl. XX, figs. VA-VC.

Leptura strigosa Gmelin, 1790: 1877.

Cerambyx (*Callidium*) *venustus* Gmelin, 1790: 1856.

Clytus verbasci: Küster, 1847: 93.

Clytus viridicollis Kraatz, 1871: 410, pl. III, fig. 1a.

Clytanthus mixtornatus Fleischer, 1908: 211.

Chlorophorus varius: Aurivillius, 1912: 401.

Chlorophorus varius var. *incanus* Plavilstshikov, 1924: 229.

Chlorophorus varius varius: Gressitt, 1951: 283.

Chlorophorus varius ssp. *varius*: Ambrus & Grosser, 2013: 473.

别名：栗绿虎天牛

主要特征：体长 8–14 mm。体黑色，被灰黄色绒毛。前胸背板中央有条弯曲的波状横带，有时候部分地方断开。鞘翅基部有 1 道从肩部开始的 C 形弯曲斑纹，开口朝向侧缘，底边不达侧缘，中部和端半部中间各有黑色横斑，均接触鞘缝和侧缘，其中端部之前的黑斑在鞘缝的一端较窄，而中部横斑在鞘缝的一端稍向前延伸。鞘翅末端斜截。

分布：浙江、新疆、江苏；俄罗斯，哈萨克斯坦，印度，伊朗，伊拉克，阿塞拜疆，格鲁吉亚，亚美尼亚，土耳其，约旦，以色列，黎巴嫩，阿富汗，欧洲，非洲。

备注：浙江和江苏应该没有本种的分布，以前的记录可能是缺环绿虎天牛 *Chlorophorus arciferus* (Chevrolat, 1863)的错误鉴定。

70. 虎天牛属 *Clytus* Laicharting, 1784

Clytus Laicharting, 1784: 88. Type species: *Leptura arietis* Linnaeus, 1758.

Xylotrechus (*Europa*) Thomson, 1861: 221. Type species: *Leptura arietis* Linnaeus, 1758.

Sphegesthes Chevrolat, 1863: 333. Type species: *Leptura arietis* Linnaeus, 1758.

主要特征：体不着生直立细长毛；额无明显的纵脊纹；触角基瘤内侧无明显角状突出，彼此之间相距较远，触角节不具刺，第 3 节略长于第 4 节。前胸背板长胜于宽或长宽约等。小盾片半圆形，鞘翅长形，端缘平截或圆。足细长，后足腿节超过（♂）或不超过（♀）鞘翅端部，后足第 1 跗节较短，不到以下两节之和的 2 倍。

分布：中国，俄罗斯，蒙古国，朝鲜，韩国，日本，土库曼斯坦，哈萨克斯坦，巴基斯坦，印度，越南，老挝，斯里兰卡，菲律宾，新加坡，伊朗，阿塞拜疆，格鲁吉亚，亚美尼亚，土耳其，叙利亚，以色列，巴勒斯坦，黎巴嫩，塞浦路斯，欧洲，大洋洲，非洲，北美洲。世界已知 69 种/亚种，中国记录 16 种，浙江发现 1 种。

（132）黄胸虎天牛 *Clytus larvatus* Gressitt, 1939（图版 III-21）

Clytus larvatus Gressitt, 1939b: 99, pl. III, fig. 8.

别名：榆金虎天牛

主要特征：体长 11 mm。体黑色，密被黄色绒毛，触角及足红褐色至黑褐色。头密被黄色绒毛，额中央具 1 条黑色纵线；前胸中央具 1 个上窄下宽的黑斑，下半部分成两叉，两侧各具 2 个黑斑，靠近腹面的黑斑长而弯曲；小盾片密被黄色绒毛；每鞘翅具 5 个黑斑（侧缘的不算）：紧挨小盾片的 1 个倒三角形；肩角 1 个；前两者之间后面 1 个倒三角形；中央 1 个横行而在鞘缝处向前弯且延伸；后半部中央之前的 1 个横行但不接触鞘缝。

分布：浙江（临安）、陕西、安徽、江西。

备注：浙江是本种的模式产地。

71. 刺虎天牛属 *Demonax* Thomson, 1861

Demonax Thomson, 1861: 226. Type species: *Demonax nigrofasciatus* Thomson, 1861.

主要特征：体细长，圆筒形，两侧平行。触角细长，触角基瘤内侧具角状突起，彼此之间相距较近，触角第 3、4 节内端具刺，第 3 节长于第 4 节。前胸背板长圆形，前、后端较窄，中部宽，背面十分拱凸。鞘翅长形，略宽于前胸，端缘平截。足细长，后足腿节显著超过鞘翅端部，后足第 1 跗节较长，为以下两节之和的 1.5–2 倍（蒋书楠等，1985）。

分布：中国，俄罗斯，朝鲜，韩国，日本，琉球群岛，巴基斯坦，印度，不丹，尼泊尔，孟加拉国，缅甸，越南，老挝，泰国，斯里兰卡，菲律宾，马来西亚，新加坡，印度尼西亚，北美洲，大洋洲。本属世界已知 437 种/亚种，中国记录约 100 种/亚种，浙江分布 5 种/亚种。

分种检索表

1. 前胸背板中区不具黑斑 ·· 2
- 前胸背板中区具黑斑 ·· 3
2. 小盾片密被白色绒毛，比其他所有地方的绒毛都白得多 ················· 白盾刺虎天牛 *D. scutulatus*
- 小盾片黑色，不具浅色绒毛 ·· 粒胸刺虎天牛 *D. simillimus*
3. 鞘翅中部的横向黑斑很大，纵向长约等于横向宽；中部之后浅色绒毛形成的斑纹较小，为锐角三角形斑纹 ··· 基灰带刺虎天牛 *D. inhumeralis basigriseus*
- 鞘翅中部的横向黑斑很短，纵向长远短于横向宽；中部之后浅色绒毛形成的斑纹较大，为梯形 ········· 4
4. 鞘翅的端前黑斑较小，纵向长短于横向宽 ································ 曲纹刺虎天牛 *D. curvofasciatus*
- 鞘翅的端前黑斑较大，纵向长约等于横向宽 ······························ 勾纹刺虎天牛 *D. bowringii*

（133）勾纹刺虎天牛 *Demonax bowringii* (Pascoe, 1859)

Clytus bowringii Pascoe, 1859: 28.

Demonax bowringii: Aurivillius, 1912: 409.

Demonax breveapicalis Pic, 1927b: 33.

Demonax gracilis Pic, 1935a: 15.

Demonax gracilis var. *diversimembris* Pic, 1935a: 15.

Demonax gracilis var. *chapaanus* Pic, 1935a: 15.

主要特征：体长 9–11.5 mm。体黑色，被薄的淡灰色毛。触角具薄的银灰白色毛，下侧具少数短直立毛。前胸具淡灰绿色毛，背面中央两侧各具 1 模糊的黑斑。小盾片及鞘翅具灰色毛。鞘翅基部各具 1 前方开口的半月形黑斑，在翅中点之前各有 1 向侧缘部分加宽的黑色 V 形带纹，在中点之后各有 1 宽阔的黑色横带。腹面密被较光亮的灰色毛。腹面中胸前侧片后部、后胸前侧片及第 1、2 腹节侧部被淡白色毛。足具薄的灰色毛，散布黄褐色鬃毛，跗节端部淡红棕色。触角细长，约为体长的 5/6，第 4 节约与柄节等长，为第 3 节长的 2/3，内侧端具 1 个尖锐长刺。前胸背面密布网状刻点。小盾片三角形，末端尖。鞘翅狭长，末端斜截，缝角及缘角具小齿；翅面密布小刻点。后足腿节略微膨大，超过鞘翅末端，后足第 1 跗节长约 2 倍于第 2–3 节之和。

分布：浙江、安徽、湖北、江西、湖南、福建、广东、海南、香港、广西；越南，老挝。

（134）曲纹刺虎天牛 *Demonax curvofasciatus* (Gressitt, 1939)

Rhaphuma curvofasciata Gressitt, 1939a: 39.

Demonax triarticulodilatatus Hayashi, 1974a: 35.

Demonax curvofasciatus: Holzschuh, 2006: 290.

别名：勾纹艳虎天牛

主要特征：体长 8.0–9.0 mm。体黑色，被灰色绒毛。前胸背板具黑色斑纹。小盾片密被白色绒毛。每鞘翅具 4 个绒毛斑纹，其中第 2 个为强烈弯曲的细纹，始于小盾片之后，斜伸至中部之前弯折，第 3 个是较宽的横斑，最后 1 个位于端部。触角细长，约等于体长或稍长。前胸长胜于宽，两侧缘略圆。鞘翅两侧平行，末端平截，端缘角短而略尖锐。

分布：浙江（临安、磐安、开化）、山西、河南、陕西、江苏、湖北、湖南、福建、台湾、广东、四川、贵州。

（135）基灰带刺虎天牛 *Demonax inhumeralis basigriseus* Holzschuh, 2019（图版 Ⅲ-22）

Demonax inhumeralis basigriseus Holzschuh, 2019: 92, fig. 11.

主要特征：体长 9.2–10.9 mm。总体看前半部灰绿色，后半部黑色。前胸背板中央具有模糊的横向黑斑，小盾片白色，鞘翅中部之前有显著曲纹，从背面观看显示 W 字样，中部之后有锐角三角形斑纹，两翅合起来形成一个菱形，鞘翅末端灰色。雄虫触角略短于体长，雌虫触角仅达菱形斑纹处，鞘翅末端横截。

分布：浙江（安吉、临安、开化）。

备注：浙江是本种的模式产地。本种之前一直被错误鉴定为于都刺虎天牛 *Demonax tsitoensis*，后者的正确归属是于都绿虎天牛 *Chlorophorus tsitoensis* (Fairmaire, 1888)。

（136）白盾刺虎天牛 *Demonax scutulatus* Holzschuh, 2019（图版 Ⅲ-23）

Demonax scutulatus Holzschuh, 2019: 88, fig. 10.

主要特征：体长 7.5–11.3 mm。体黑色，被淡灰绿色毛。头、触角和前胸都被淡灰绿色绒毛。前胸背面通常不具黑斑。小盾片密被白色绒毛，比其他所有地方的绒毛都白。鞘翅在淡灰绿色绒毛覆盖之外的地方显示 3 道黑色横斑：第 1 道在基部，呈 W 形；第 2 道在中部之前，较宽，呈山字形但后缘不平，为宽阔的倒 V 形；第 3 道在端部之前，最宽，呈一字形。触角细长，雌雄均伸达端前一字形黑斑。前胸较细长，侧面弧形较平缓。小盾片舌形，末端钝圆。鞘翅狭长，末端几乎平截，缝角及缘角具小齿，其中端缘角小齿锐角状。后足腿节不超过鞘翅末端。

分布：浙江（安吉、临安）、陕西。

（137）粒胸刺虎天牛 *Demonax simillimus* Gressitt, 1939（图版 Ⅲ-24）

Demonax simillimus Gressitt, 1939b: 103, pl. I, fig. 2.

主要特征： 体长 12.5 mm。体黑色，被淡灰绿色毛。头、触角和前胸都被淡灰绿色绒毛。小盾片黑色，不具白色绒毛。鞘翅在淡灰绿色绒毛覆盖之外的地方显示 3 道黑色横斑：第 1 道在基部，呈 W 形；第 2 道在中部之前，较宽，呈山字形但后缘不平，为宽阔的倒 V 形；第 3 道在端部之前，最宽，呈一字形。其中第 3 道横斑较模糊，被稀疏的灰绿色绒毛。触角稍粗，不伸达端前一字形黑斑。前胸较细长，侧面弧形较弯曲。小盾片舌形，末端钝圆。鞘翅狭长，末端微波状，端缝角钝圆而端缘角具近直角小齿。后足腿节明显超过鞘翅末端。

分布： 浙江（临安）、江苏、福建。

备注： 浙江是本种的模式产地。

72. 格虎天牛属 *Grammographus* Chevrolat, 1863

Grammographus Chevrolat, 1863: 285. Type species: *Grammographus lineatus* Chevrolat, 1863.

Elezira Pascoe, 1869: 637. Type species: *Clytus balyi* Pascoe, 1859.

Demonax (*Grammographus*): Gahan, 1906: 281.

主要特征： 同刺虎天牛属基本上一样，但是触角第 3 和 4 节末端的刺非常非常小，基本上看不见，触角第 5 节内侧具刺。

分布： 中国，朝鲜，韩国，日本，印度，不丹，尼泊尔，缅甸。本属目前世界已知 13 种/亚种，中国记录 8 种/亚种，浙江分布仅 1 亚种。

（138）散愈斑格虎天牛 *Grammographus notabilis cuneatus* (Fairmaire, 1888)（图版 IV-1）

Clytus (*Clytanthus*) *cuneatus* Fairmaire, 1888a: 35.

Clytanthus notabilis var. *semiobliteratus* Pic, 1902d: 31.

Chlorophorus subobliteratus Pic, 1918: 4, nota 1. (nomen nov. for *Clytanthus notabilis* var. *semiobliteratus* Pic, 1902)

Chlorophorus notabilis subobliteratus: Gressitt, 1938a: 48.

Chlorophorus notabilis cuneatus: Gressitt, 1951: 280.

Grammographus notabilis cuneatus: Hua, 2002: 211.

主要特征： 体长 12.5–18.0 mm。体狭长圆筒形，黑色。头部及体背被棕榈绿色绒毛，腹面密被硫黄色绒毛；触角黑褐色，薄被灰褐色细毛。前胸背板中央两侧有 2 个黑色小圆点，或模糊成不明显的 2 短黑条，或完全消失。鞘翅背面小盾片后方两侧有 1 对呈方括弧形的黑斑，其后有或无 1 对短纵条；每鞘翅中段有 3 个黑短纵条，排成"品"字形，鞘翅后端 1/4 处各有 1 黑斑，近方形，鞘翅外侧纵列细黑纹 3 条，缘折的边缘黑色。触角为体长的 3/4，柄节肥短，略短于第 3 节，第 3 节略长于第 4 节，略等于第 5 节。前胸背板长胜于宽。小盾片宽短，半圆形。鞘翅至后端稍狭，末端浅斜凹切。

分布： 浙江（开化）、河南、陕西、甘肃、湖北、广东、四川、云南；越南。

寄主： 胡桃。

73. 跗虎天牛属 *Perissus* Chevrolat, 1863

Perissus Chevrolat, 1863: 262. Type species: *Perissus x-littera* Chevrolat, 1863.

Amauraesthe Chevrolat, 1863: 327. Type species: *Amauraesthes fuliginosus* Chevrolat, 1863.

主要特征：头短，额较宽阔，呈长方形或方形，额两侧具弱脊或无脊，触角着生彼此较远，触角或多或少较细，长短不一，通常短于虫体，各节不具刺。前胸背板一般长略胜于宽，胸面拱凸，具粗糙的颗粒或横行直立脊突。鞘翅长形，长宽比约等于或小于 3，端缘平切或斜切。后胸前侧片较宽，大多数种类后足腿节超过鞘翅末端，后足第 1 跗节较长，为其后两节之和的 2 倍（蒋书楠等，1985）。

分布：中国，朝鲜，韩国，日本，琉球群岛，巴基斯坦，印度，不丹，尼泊尔，孟加拉国，缅甸，越南，老挝，泰国，柬埔寨，斯里兰卡，菲律宾，马来西亚，印度尼西亚，阿富汗，北美洲，大洋洲，非洲。本属世界已知 82 种/亚种，中国记录 35 种，浙江分布 4 种，其中 3 种为浙江新记录，1 种的模式产地是浙江杭州临安的天目山。

分种检索表

1. 前胸背板有显著的 3 道黑色斑纹；鞘翅斑纹也都偏纵向 ················ 三条跗虎天牛 *P. rhaphumoides*
- 前胸背板没有明显的黑色斑纹 ··· 2
2. 鞘翅基半部的黄绿色绒毛包围着一个"7"形（右侧鞘翅）的黑斑 ·········· 江苏跗虎天牛 *P. kiangsuensis*
- 鞘翅基半部的绒毛斑纹为一个点斑和一个折纹，不形成包围 ··· 3
3. 前胸前后缘不具绒毛镶边；鞘翅基部的点斑偏纵向 ····················· 天目跗虎天牛 *P. angusticinctus*
- 前胸前后缘具黄色绒毛镶边；鞘翅基部的点斑偏横向 ····················· 宝鸡跗虎天牛 *P. delectus*

（139）天目跗虎天牛 *Perissus angusticinctus* Gressitt, 1942（图版 IV-2）

Perissus angusticinctus Gressitt, 1942c: 81, pl. I, fig. 2.

主要特征：体长 12.0 mm。体黑褐色，浑身被稀疏的灰色绒毛。头和前胸的灰色绒毛比鞘翅的多一些，但不形成斑纹。小盾片密被绒毛，显示灰白色。鞘翅具 3 个灰色绒毛斑纹：第 1 个在基部肩角附近，椭圆形，小；第 2 个是弧形细纹，合成八字形，位于中部之前；第 3 个是一字形横纹，位于鞘翅约 2/3 处。触角粗短，不达鞘翅中部。鞘翅末端平切，端缝角和端缘角均很钝圆。雌虫腹部末端部分外露。

分布：浙江（临安、开化）、湖北。

备注：浙江是本种的模式产地。

（140）宝鸡跗虎天牛 *Perissus delectus* Gressitt, 1951（图版 IV-3）浙江新记录

Perissus delectus Gressitt, 1951: 267, pl. 12, fig. 6.

主要特征：体长 8.75 mm 左右。体黑色，触角和足红褐色。前胸背板基缘具有很细的浅黄色绒毛斑纹。小盾片覆盖黄色绒毛。每鞘翅具 3 个黄色绒毛斑：肩部靠后 1 个小斜斑；紧接小斜斑从鞘缝起点，快到中部开始向侧面弧形延伸直至侧缘的 1 条长斑；端部 1/3 处 1 条横向斑纹，略微向后向侧倾斜；末端不覆盖绒毛或仅略有少量黄色绒毛。触角仅达鞘翅基部 1/3 处，鞘翅末端弧圆。

分布：浙江（开化）、陕西。

备注：本种跟产自韩国的扁角虎天牛 *Clytus planiantennatus* Lim *et* Han, 2012 非常相似，很可能为同一种，故虎天牛属是其更好的归属。

（141）江苏跗虎天牛 *Perissus kiangsuensis* Gressitt, 1940（图版 IV-4）浙江新记录

Perissus kiangsuensis Gressitt, 1940a: 180, pl. I, fig. 2.

主要特征：体长 6.5–7.0 mm。体黑色，触角和足黑色。前胸背板被黄绿色绒毛。小盾片覆盖黄绿色绒

毛。每鞘翅具 3 个黄绿色绒毛斑，基半部的黄绿色绒毛包围着一个"7"形（右侧鞘翅）的黑斑；中部的黄绿色绒毛斑纹在中缝处向前延伸；端部具黄绿色绒毛横斑。触角仅达鞘翅基部 1/5 处，鞘翅末端略平切，端缝角和端缘角均钝圆。

分布：浙江（安吉）、江苏。

（142）三条跗虎天牛 *Perissus rhaphumoides* Gressitt, 1940　浙江新记录

Perissus rhaphumoides Gressitt, 1940a: 181, 183, pl. I, fig. 1.

主要特征：体长 8.2–10.0 mm。体黑褐色，密被黄绿色绒毛。前胸背板中央具 1 条黑色纵纹，两端均不达边缘，中央纵纹两侧各具 1 条曲折的黑纹，在端部向腹面和基缘弯折，在基部向腹面略斜，侧面看呈现不封闭的"8"形或葫芦形。小盾片密被黄绿色绒毛。每鞘翅具 3 条从鞘缝向侧缘倾斜的黑褐色条纹，其中第 1 条不接触鞘缝且跟 1 条从肩部开始的纵纹在鞘翅中部附近连接，第 3 条短而具钩。触角不达鞘翅中部，前胸侧缘圆弧形，鞘翅末端斜切，后足腿节伸达可见第 5 腹节。

分布：浙江（临安）、河南、陕西、江苏。

74. 林虎天牛属 *Rhabdoclytus* Ganglbauer, 1889

Clytanthus (*Rhabdoclytus*) Ganglbauer, 1889b: 479. Type species: *Clytus acutivittis* Kraatz, 1879.

Hayashiclytus K. Ohbayashi, 1963b: 11. Type species: *Clytus acutivittis* Kraatz, 1879.

Rhabdoclytus: Niisato in N. Ohbayashi & Niisato, 2007: 504.

主要特征：体非常狭长，长大于鞘翅肩宽的 5 倍。前胸圆筒形，长远大于宽，鞘翅狭长，长大于肩宽的 3.5 倍。触角细长，远长于体。足十分细长，腿节棒槌状，基部具有细柄，后足跗节很长，第 1 节长于其后两节之和的 2 倍。

分布：中国，俄罗斯，朝鲜，日本。世界已知 4 种/亚种，中国记录 2 种/亚种，浙江发现 1 种。

（143）连环林虎天牛 *Rhabdoclytus elongatus* (Gressitt, 1940)（图版 IV-5）

Rhaphuma elongata Gressitt, 1940a: 184, pl. II.

Rhabdoclytus elongatus: Pesarini & Sabbadini, 2015: 54, nota 1.

别名：连环艳虎天牛

主要特征：体长 14.0–18.0 mm。体黑色，触角及足黄褐色，腿节稍暗褐；前胸背板被覆黄色绒毛，无绒毛着生处，形成 5 个黑色斑纹，中央后端为 1 个短纵斑，中部两侧各有 1 个横斑及两侧后端各有 1 个斑，两侧后端斑有时不清晰。小盾片覆盖黄色绒毛。鞘翅黑褐色，其斑纹分布如下：基部及端末黄色，基部近中缝处有 1 个圆斑，中部近侧缘有 1 条细纵纹，由中缝向外有 2 条斜斑。体腹面被覆黄色浓密绒毛。雄虫触角长达鞘翅端部，柄节膨大，显著短于第 3 节。鞘翅两侧近于平行，端缘平切。

分布：浙江（临安）、山西、河南、陕西、湖北、江西、湖南、海南、四川、贵州。

75. 脊虎天牛属 *Xylotrechus* Chevrolat, 1860

Clytus (*Xylotrechus*) Chevrolat, 1860b: 456. Type species: *Clytus sartorii* Chevrolat, 1860.

Xylotrechus: Thomson, 1861: 216, 221.

主要特征：复眼内缘深凹，小眼面细，触角基瘤彼此分开较远，额具 1 或数条纵直或分支的脊线，额两侧至少部分具脊线；触角一般短于体长的 1/2，有时长达鞘翅中部或中部稍后。前胸背板两侧缘或多或少弧形，无侧刺突；中区粗糙或具粒状刻点。小盾片小。鞘翅端部较窄，端缘斜切。前足基节窝向后开放，中足基节窝对后侧片开放；后胸前侧片较宽，长为宽的 2–3 倍。腿节中等长，雄虫后足腿节膨大（蒲富基，1980）。

分布：中国，俄罗斯，蒙古国，朝鲜，韩国，日本，琉球群岛，土库曼斯坦，吉尔吉斯斯坦，乌兹别克斯坦，塔吉克斯坦，哈萨克斯坦，巴基斯坦，印度，不丹，尼泊尔，孟加拉国，缅甸，越南，老挝，泰国，柬埔寨，斯里兰卡，菲律宾，马来西亚，新加坡，印度尼西亚，伊朗，阿塞拜疆，格鲁吉亚，亚美尼亚，土耳其，叙利亚，以色列，塞浦路斯，阿富汗，欧洲，北美洲，大洋洲，非洲，南美洲。本属分为 5 个亚属，中国记录有 4 个亚属，浙江分布有 3 个亚属 13 种/亚种。

分种检索表

1. 前胸背板底色为红色或部分红色 ………………………………………………………………… 2
- 前胸背板底色为黑色或黑褐色 …………………………………………………………………… 4
2. 前胸背板中部有 1 宽阔红色横带，前、后部各有黄黑横条，基部中央有 1 个黄斑；触角略呈鞭状；小盾片具黄色绒毛；鞘翅前半部有 3 条斜宽黑带与黄带相间；后足腿节部分黑色 …………… 桑脊虎天牛 *X. (Xyloc.) chinensis chinensis*
- 前胸背板除前缘黑色外，全为红色 ……………………………………………………………… 3
3. 前胸背板表面粗糙和有许多短横脊；鞘翅末端有黄灰色斑纹；额部具 4 条纵脊 … 白蜡脊虎天牛 *X. (Xylot.) rufilius rufilius*
- 前胸背板表面有颗粒状刻点；鞘翅末端完全黑色；额部纵脊不甚明显 …… 葡脊虎天牛 *X. (Xylot.) pyrrhoderus pyrrhoderus*
4. 鞘翅具淡色绒毛有黑斑纹，每鞘翅具 5 个黑斑 …………………………………………………… 5
- 鞘翅大部分黑色、黑褐色或棕褐色，具淡色斑纹 ……………………………………………… 6
5. 鞘翅密被黄绿色绒毛，每鞘翅第 2、3 横纹向后凹折，第 4 为斜纹 ………………… 浙江脊虎天牛 *X. (Xylot.) savioi*
- 鞘翅密被黄色绒毛，每鞘翅第 2 横纹向后强烈凹折，第 3、4 横纹向前凹折 …………………………………………………… 核桃曲纹脊虎天牛 *X. (Xylot.) incurvatus contortus*
6. 鞘翅大部分栗棕或淡棕色，具有狭细白线条 ……………………………………………………… 7
- 鞘翅大部分黑色或黑褐色，具有黄色或淡黄色条纹 …………………………………………… 8
7. 前胸背板有 10 个淡黄斑点；小盾片白色 …………………………… 咖啡脊虎天牛 *X. (Xylot.) grayii grayii*
- 前胸背板具 8 个白色或灰黄色绒毛斑；小盾片黑色 ………………… 四斑脊虎天牛 *X. (Xylot.) dominula*
8. 前胸背板宽大于长，大部分黑色 ………………………………………………………………… 9
- 前胸背板长大于宽，密被绿色绒毛，仅斑点黑色 ……………………………………………… 12
9. 前胸背板底色黑色，盘区具多个淡黄色绒毛斑点，有时斑点部分互相连接；鞘翅绒毛斑纹与前胸背板的一样，都是淡黄色 …………………………………………………… 青杨脊虎天牛 *X. (R.) rusticus*
- 前胸背板黑色，仅前后缘具少量橘黄色绒毛；鞘翅绒毛斑纹至少部分深黄色 …………………… 10
10. 鞘翅基部不全黑色，有红褐色和灰白色斑纹；每鞘翅中部之前有 1 条显著的斜纹，中部之后有 1 较窄的狭三角形黄斑 …………………………………………… 绍氏脊虎天牛 *X. (Xylot.) sauteri*
- 鞘翅基部全黑色；每鞘翅具 2 道黄斑 ……………………………………………………………… 11
11. 触角正常；小盾片密被黄色绒毛；每鞘翅中部之前有 1 条黄色细曲线，出发点紧接小盾片之后，中部之后有 1 较窄的黄色横纹 …………………………………… 黑胸脊虎天牛 *X. (Xylot.) robusticollis*
- 触角锯齿形；小盾片黑色，不密被绒毛；每鞘翅中部之前有 1 条黄色细斜线，出发点离小盾片挺远，中部之后有 1 较宽的三角形黄斑 ………………… 黑头脊虎天牛 *X. (Xylot.) latefasciatus latefasciatus*
12. 鞘翅基部的第 2 道绒毛斑纹几乎水平横向 …………………… 隆额北字脊虎天牛 *X. (Xylot.) atronotatus draconiceps*
- 鞘翅基部的第 2 道绒毛斑纹向着鞘缝向后倾斜，几乎接近纵向 …………… 爪哇脊虎天牛 *X. (Xylot.) javanicus*

（144）青杨脊虎天牛 *Xylotrechus (Rusticoclytus) rusticus* (Linnaeus, 1758)

Leptura rusticus Linnaeus, 1758: 398.

Xylotrechus rusticus: Ganglbauer, 1882: 727.

主要特征：体长 11.5–18.0 mm。体褐色到黑褐色，头部与前胸色深暗。眼肾形，头顶中间有 2 条隆线，至眼前缘附近合并，直至唇基附近，呈倒 V 形，隆线上被刻点。后头中央至头顶有 1 纵隆线，至 V 形凹陷处渐不明显；头部除隆线外皆密被淡黄色绒毛与刻点，尤以头部中央与额前各有 2 堆同色绒毛最明显；后头两侧各有 1 堆同色绒毛。前胸球面形，宽度略大于长度，两侧中央微凸，被短绒毛，中域有 4 个淡黄至黄色斑纹，两侧缘亦各有稍呈弧形的同色斑纹。胸部腹面绒毛较密；小盾片钝圆形，密被淡黄色绒毛。鞘翅基部阔，端部窄，内外缘末端呈圆形，翅面有排列不规则的淡黄到黄色波纹。

分布：浙江（安吉）、黑龙江、吉林、辽宁、内蒙古、新疆、江苏；俄罗斯，蒙古国，朝鲜，韩国，日本，土库曼斯坦，塔吉克斯坦，哈萨克斯坦，伊朗，阿塞拜疆，格鲁吉亚，亚美尼亚，土耳其，欧洲。

寄主：栎树、杨属、桦属、柳属、山毛榉属、椴属与榆属。

（145）桑脊虎天牛 *Xylotrechus (Xyloclytus) chinensis chinensis* (Chevrolat, 1852)

Clytus chinensis Chevrolat, 1852: 416.

Xylotrechus chinensis: Chevrolat, 1863: 313.

Xylotrechus chinensis var. *laterufescens* Pic, 1913a: 19.

Xylotrechus sekii Matsushita, 1936: 146.

Xylotrechus chinensis var. *griseofasciatus* Pic, 1943a: 1.

Xylotrechus (Xyloclytus) chinensis: Löbl & Smetana, 2010: 181.

主要特征：体长 16.0–28.0 mm。体黄色，腹面黑褐色；头部被黄绒毛，触角棕褐色，基部数节色较淡；前胸背板最前端为 1 黄色横条，中央为赤红色及黑色的 2 横条，基部中央 1 黄斑；小盾片亦被黄绒毛；鞘翅前半部为 3 黄及 3 黑交互形成的斜条，其下又有 1 黑色横条，端部黄色；腿节黑褐色，胫节、跗节棕色，腿节基部及胫节有时有黄毛；后胸腹板前端两旁及后胸前侧片各有 1 黄斑，腹节后半部均被黄绒毛，形成 5 横条。触角较粗短，仅伸展至鞘翅基部。前胸背板如球形。鞘翅基部宽阔，末端狭窄，后缘平直。

分布：浙江、辽宁、北京、河北、山西、山东、河南、陕西、甘肃、江苏、上海、安徽、湖北、江西、福建、台湾、广东、香港、广西、四川、西藏；朝鲜，韩国。

寄主：桑、苹果、梨。

（146）隆额北字脊虎天牛 *Xylotrechus (Xylotrechus) atronotatus draconiceps* Gressitt, 1951（图版 IV-6）浙江新记录

Xylotrechus atronotatus draconiceps Gressitt, 1951: 240, pl. X, fig. 1.

主要特征：体长 13.5–15.5 mm。体黑褐色。头及前胸被稀薄的棕灰色毛，前胸背板有 3 个黑斑；在两侧中点之前各有 1 个，在基部中央的 1 个较大。小盾片黑色，具黄白色毛。鞘翅黑褐色，各具 5 条黄白色带纹：前 4 条的底色赭色，第 1 条较宽，位于翅基部小盾片与肩角之间，第 2 条短而游离，位于肩后，其外端稍向后弯曲，第 3 条起自小盾片后的中缝上，向后延伸至翅基部 1/5 处渐与中缝分离，然后在伸过翅基部 2/5 处向外横行，并沿外缘弯向前方，第 4 条为 1 横带纹，位于翅端部 1/3 处，第 5 条起自第 4 带纹沿中缝至外端角之间，呈 1 宽大的三角形。腹面具稀薄的黄白色毛。后胸前侧片（中央上部除外）、后胸腹板前、后缘及腹节后半部密被乳黄色毛。头部短，额较宽，中部 V 形脊区隆起，中央具 1 纵脊，头顶中央亦有 1 倒 Y 形脊。前胸中点之后处最宽，基部中央隆起，背面具横形颗粒。鞘翅刻点细密，末端平截，缝角中缝突出，缘角具齿。腹面及足刻点显著，后足腿节超过翅端。

分布：浙江（泰顺）、江西、广东、广西。

（147）四斑脊虎天牛 *Xylotrechus (Xylotrechus) dominula* (White, 1855)（图版 IV-7）

Clytus dominula White, 1855: 261.

Xylotrechus dominulus [sic]: C. O. Waterhouse, 1874: xxix.

Xylotrechus (Xylotrechus) dominulus [sic]: Gressitt, 1951: 243.

主要特征：体长 10.5 mm 左右。头和前胸黑色，额具白色绒毛斑，触角基部几节密被白色绒毛，基部和端部几节黑色；前胸背板具 8 个白色或灰黄色绒毛斑，两个一行，排成 4 行，中间 2 行较近中央，基部和端部的 2 行较靠近侧边。小盾片黑色。鞘翅红褐色至黑褐色，端部 1/3 较深色，端部具跟前胸背板类似的浓密白色绒毛斑纹，沿着鞘缝成纵斑；中间之前具 N 形折纹（左鞘翅），中间之后具斜横纹合成的宽的倒 V 形。触角较短，不达鞘翅中部，鞘翅端部斜截，合成倒 V 形。

分布：浙江（临安、开化）、北京、河南、甘肃、福建、广东。

备注：这个种的种名特别容易被错误拼写为 *dominulus*，但是 *dominula* 是个名词，词尾永远不变。我们在没有标本验证的情况下，暂且认为吴鸿等（1995）报道的古田山的红角脊虎天牛 *Xylotrechus djoukoulanus* Pic 也是这个种，只是学名没有写对。

（148）咖啡脊虎天牛 *Xylotrechus (Xylotrechus) grayii grayii* (White, 1855)

Clytus grayii White, 1855: 261, pl. VI, fig. 4.

Xylotrechus grayi [sic]: Bates, 1884: 233.

主要特征：体长 8.5–17.5 mm。体黑色，触角末端 6 节有白毛；前胸节背面有白色或淡黄绒毛斑点 10 个，腹面每边 1 个；小盾片尖端被乳白色绒毛；鞘翅栗棕色，其上有较稀白毛形成数条曲折白线；中胸及后胸腹板均有稀散白斑，腹部每节两旁各有 1 白斑；足黑色，腿节基部及中、后足胫节大部呈棕红色。触角约体长之半。前胸背板中央高凸，似球形。鞘翅基部比前胸基部略宽，向末端渐行狭窄，后缘平直。

分布：浙江（临安）、北京、河北、山东、河南、陕西、甘肃、江苏、上海、湖北、湖南、福建、台湾、广东、香港、四川、贵州、云南、西藏；韩国，日本。

寄主：咖啡、柚木、榆、日本泡桐（陈世骧等，1959）。

（149）核桃曲纹脊虎天牛 *Xylotrechus (Xylotrechus) incurvatus contortus* Gahan, 1906

Xylotrechus contortus Gahan, 1906: 249.

Xylotrechus biarcuatus Pic, 1917a: 6.

Xylotrechus (Xylotrechus) incurvatus contortus: Gressitt, 1951: 245.

别名：核桃脊虎天牛

主要特征：体长 10.0–15.5 mm。体黑色，全身被覆浓密黄色绒毛，体背面不着生黄色绒毛处形成黑色斑纹；体腹面绒毛淡黄或黄绿色；触角、足黄褐色。前胸背板中央有 1 个隆起黑纵斑，两侧各有 1 黑斑，侧缘中部各有 1 个小黑点。每个鞘翅有 4 条横带，前 2 条横带向下（后）深弯曲，第 3、4 条横带向前弯曲。鞘翅末端之前还有 1 个接触边缘的小黑斑。触角远短于体长。小盾片倒梯形。鞘翅两侧几乎平行，端缘稍斜切。后足腿节略超过鞘翅端部。

分布：浙江（龙泉）、陕西、湖北、湖南、福建、台湾、广东、广西、四川、贵州、云南；印度，缅甸。

（150）爪哇脊虎天牛 *Xylotrechus* (*Xylotrechus*) *javanicus* (Laporte *et* Gory, 1841)

Clytus javanicus Laporte *et* Gory, 1841: 87, pl. XVI, fig. 100.

Clytus sappho Pascoe, 1858: 239.

Xylotrechus quadripes Chevrolat, 1863: 315.

Xylotrechus lyratus Pascoe, 1869: 610.

Xylotrechus javanicus: Pascoe, 1869: 610.

Cucujus coffeophagus Richter, 1876: 250.

Xylotrechus (*Xylotrechus*) *quadripes*: Gressitt, 1951: 250.

　　主要特征：体长 8–18 mm。体黑色，被灰绿色绒毛。前胸背板中央有模糊的 1 或 2 个黑斑，两侧各有 1 个明显的黑点。小盾片密被灰白色绒毛。鞘翅的绒毛斑纹如下：基部横斑，宽度与小盾片一致；小盾片之后一个 L 形斑（右鞘翅），其内包着 1 个从肩角斜向鞘缝的斜斑，当这个斜斑与基部横斑相连时形成"7"形；中部的横斑在鞘缝处向前延伸，端部的横斑也如此。触角不超过 L 形斑，鞘翅末端几乎平切，端缘角小齿状。

　　分布：浙江、河南、江苏、湖北、湖南、广东、海南、广西、四川、云南；印度，尼泊尔，缅甸，老挝，泰国，马来西亚，印度尼西亚。

（151）黑头脊虎天牛 *Xylotrechus* (*Xylotrechus*) *latefasciatus latefasciatus* Pic, 1936（图版 IV-8）

Xylotrechus curticornis var. *latefasciatus* Pic, 1936c: 4.

Xylotrechus serraticornis Mitono, 1941: 101, pl. VII, fig. 15.

Xylotrechus (*Xylotrechus*) *latefasciatus latefasciatus*: Gressitt, 1951: 247.

　　主要特征：体长 17–19 mm。体中等大小，粗壮，黑色，前胸背板前缘有黄色绒毛；触角基部 4 节、鞘翅端部及后足黑褐色；鞘翅有黄色绒毛斑纹，每翅中部之前有 1 条黄色细斜线，中部稍后有 1 个阔三角形黄斑；后胸腹板两侧前端、后胸前侧片大部分及腹部第 1 节两侧，被覆浓密黄色绒毛。额侧脊不平行，中部较窄，额有 1 条纵脊；雄虫触角锯齿状，长达鞘翅基部，雌虫触角稍短，第 3 节短于柄节，同第 4 节约等长。前胸背板略横阔，拱凸，两侧缘弧形；胸面刻点粗深，着生黑褐色毛。小盾片近舌形，被覆黑褐色绒毛。鞘翅较短，肩部最宽，端部较窄，端缘略斜切，外端角较钝。

　　分布：浙江（安吉、磐安、丽水、泰顺）、江西、湖南、福建、台湾、广东。

（152）葡脊虎天牛 *Xylotrechus* (*Xylotrechus*) *pyrrhoderus pyrrhoderus* Bates, 1873

Xylotrechus pyrrhoderus Bates, 1873b: 200.

Xylotrechus (*Xylotrechus*) *pyrrhoderus pyrrhoderus*: Gressitt, 1951: 249.

　　主要特征：体长 8–15 mm。体形较狭长，末端稍狭尖；身体大部黑色，前胸节和中胸、后胸腹板及小盾片深红色，触角及足略带黑褐色。头部粗糙，分布深密刻点，前额宽阔，其上有散乱而模糊的短脊。触角短小，仅伸展至鞘翅基部，除第 2 节外以末端 4 节最短小。前胸背板球形，长略大于宽，前端两旁略有黄毛，表面分布颗粒式刻点。小盾片半圆形，后端有少量黄毛。鞘翅刻点极细密，被细密绒毛，以两侧较清晰，基部略带赤褐色，围小盾片及内缘折向外缘为 1 条黄色绒毛的折角条斑，鞘翅中部稍后有 1 黄色横条；端缘平直，外缘角极尖锐，呈刺状。后胸腹板及第 1 腹节中央分布深密刻点，前者后缘及后胸腹侧片均有黄色绒毛，形成 1 横条。第 1、2 腹节后缘亦镶黄边，第 2 节黄边较宽，有时中央不清晰，因被毛较稀少，第 1 节甚至仅两侧有少量毛而不成条纹。

分布：浙江（杭州、上虞、慈溪、开化）、吉林、辽宁、山西、山东、陕西、江苏、湖北、江西、福建、广东、广西、四川、贵州；朝鲜，韩国，日本。

寄主：葡萄。

（153）黑胸脊虎天牛 *Xylotrechus* (*Xylotrechus*) *robusticollis* (Pic, 1936)

Clytus robusticollis Pic, 1936c: 4.

Xylotrechus robusticollis: Gressitt, 1940b: 70.

主要特征：体长 12–16 mm。体中等大小，粗壮，黑色。触角柄节及足黑褐色，有时足棕褐色。前胸背板前缘、后缘两侧及小盾片后缘有黄色绒毛，前胸背板后端有灰白色绒毛。每个鞘翅有 2 条黄色绒毛斑纹；第 1 条以小盾片之后的中缝为起点，逐渐向外倾斜至基部 1/3 处，横向外缘为 1 条弯曲条纹；第 2 条位于后端 1/3，为 1 条较宽横带，近中缝一端稍宽；有时肩沿侧缘有黄色绒毛。额脊不明显，头刻点粗糙；雄虫触角长达鞘翅基部，雌虫触角则稍短，第 3 节同柄节约等长，稍长于第 4 节。前胸背板宽远胜于长，两侧圆弧，表面拱凸，刻点粗大深凹，形成网状脊纹。小盾片舌形。鞘翅较短，端缘斜切，外端角圆形，缝角刺状，基部有曲状细脊纹。后足腿节较长，远超过鞘翅端部。

分布：浙江（丽水）、陕西、湖北、江西、四川、贵州。

被害植物：成虫为害绣线菊属和钓樟属（蒲富基，1980）。

（154）白蜡脊虎天牛 *Xylotrechus* (*Xylotrechus*) *rufilius rufilius* Bates, 1884 （图版 IV-9）

Xylotrechus rufilius Bates, 1884: 233.

Clytus (*Xylotrechus*) *magnicollis* Fairmaire, 1888a: 34.

Xylotrechus magnicollis var. *decoloratipes* Pic, 1910: 30.

Xylotrechus magnicollis var. *atrithorax* Pic, 1910: 30.

Xylotrechus gahani Stebbing, 1914: 352.

Xylotrechus renominatus Beeson, 1919: 151.

Xylotrechus irinae Plavilstshikov, 1925: 360.

Xylotrechus (*Xylotrechus*) *rufilius*: Gressitt, 1951: 250.

别名：巨胸脊虎天牛、巨胸虎天牛

主要特征：体长 7.5–16.5 mm。体黑色；前胸背板除前缘外，全为红色；鞘翅有淡黄色绒毛斑纹，每翅基缘及基部 1/3 处各有 1 条横带，靠中缝一端沿中缝彼此相连接，端部 1/3 处有 1 个横斑，靠中缝一端较宽，近侧缘一端有时沿侧缘向下延伸，端缘有淡黄色绒毛；触角略黑褐色。触角一般长达鞘翅肩部，雄虫触角略粗、稍长，第 3 节同柄节约等长，稍长于第 4 节。前胸背板较大，前端稍窄，后端较宽，两侧缘弧形，表面粗糙，具有短横脊。小盾片半圆形，端缘被白色绒毛。鞘翅肩宽，端部窄，端缘微斜切。雄虫后足腿节超过鞘翅端部较长，雌虫则略超过鞘翅端部。

分布：浙江（安吉、诸暨、开化）、黑龙江、吉林、北京、河北、山东、河南、陕西、安徽、湖北、江西、湖南、福建、台湾、广东、海南、香港、广西、四川、云南；俄罗斯，朝鲜，韩国，日本，印度，缅甸，老挝。

寄主：国槐、印度橡树、柿属、栎属、柞树、栾树、胡桃等。

（155）浙江脊虎天牛 *Xylotrechus* (*Xylotrechus*) *savioi* Pic, 1935

Xylotrechus savioi Pic, 1935b: 177.

主要特征：体长 9.0–13.0 mm。体黑褐色，密被黄色绒毛。触角、胫节和跗节红褐色。前胸背板具 3

个黑斑，小盾片密被黄色绒毛。每鞘翅具 5 个黑斑，基部 2 个点斑，稍后 1 个为小的 V 形斑，中部 1 个为大的 V 形斑，端半部中央为 1 个斜斑。触角仅达鞘翅基部，前胸侧缘圆弧形，鞘翅向后渐渐狭缩，端部微平切，后足腿节伸达腹部末节。

　　分布：浙江（临安、舟山）、河南、湖南、香港、贵州、云南。

　　备注：浙江舟山（Chusan）是本种的模式产地。

（156）绍氏脊虎天牛 *Xylotrechus* (*Xylotrechus*) *sauteri* Schwarzer, 1925（图版 IV-10）浙江新记录

Xylotrechus chinensis var. *sauteri* Schwarzer, 1925a: 26.

Xylotrechus sekii Matsushita, 1936: 146.

Xylotrechus sauteri: Fujita, 2010: 31.

　　主要特征：体长 16.0–25.0 mm。体黑褐色，足红褐色或黑褐色。触角前 3–4 节红褐色，其余黑褐色。前胸背板前缘和后缘两侧密被金黄色绒毛。小盾片后缘密被金黄色绒毛。每个鞘翅有 1 个灰白色绒毛斜斑和 2 个金黄色绒毛斑纹，第 1 个从灰白色斑纹开始斜向侧缘，第 2 个位于中部之后，近中缝一端宽于边缘一端。头部大部分红色，额部只有中间 1 条纵脊，在触角窝附近略分叉。触角伸达鞘翅基部。鞘翅肩宽端窄，端缘弧状，端缘角短齿状。

　　分布：浙江（开化）；台湾。

丽天牛族　Compsocerini Thomson, 1864

76. 肖扁胸天牛属 *Pseudocallidium* Plavilstshikov, 1934

Pseudocallidium Plavilstshikov, 1934b: 226. Type species: *Pseudocallidium violaceum* Plavilstshikov, 1934.

　　主要特征：头向前突出；触角基瘤上侧凹陷；下颚须末节稍膨阔，末端切平。雌虫触角略长于体，雄虫触角远长于体，触角节不具齿或簇毛。前胸具不显著的侧瘤突；小盾片短。鞘翅较软，可见纵脊，鞘翅长且两侧平行。前足基节球形；中足基节窝对中胸后侧片开放。

　　分布：中国。本属共记录 2 种，均为中国特有，浙江分布 1 种。

（157）肖扁胸天牛 *Pseudocallidium violaceum* Plavilstshikov, 1934（图版 IV-11）

Pseudocallidium violaceum Plavilstshikov, 1934b: 226.

　　别名：紫肖扁胸天牛

　　主要特征：体长 10.0–22.0 mm。体深绿色、紫蓝色或紫绿色。头部和前胸刻点很细而稀，光亮而具有金属光泽。鞘翅刻点细密，仅基部略具金属光泽。

　　分布：浙江（临安）、陕西、四川。

沟角天牛族 Hesperophanini Mulsant, 1839

77. 凿点天牛属 *Stromatium* Audinet-Serville, 1834

Stromatium Audinet-Serville, 1834b: 80. Type species: *Callidium barbatum* Fabricius, 1775.

Solenophorus Mulsant, 1839: 65. Type species: *Callidium strepens* Fabricius, 1798 (= *Cerambyx fulvus* Villers, 1789).

主要特征：触角基瘤内侧刺状，雄虫特别显著。前胸背板两侧略呈圆形，中央宽度约等于鞘翅宽度。雄虫前胸两侧各有 1 大而密生短毛的凹坑。前胸背板中点四周有 4 个粗低而极不明显的钝瘤，中部光滑隆起。鞘翅末端圆形，内缘角呈刺状，翅面密布小刻点。鞘翅表面另有许多大而显著的刻点，每个大刻点的前缘隆起，并长有 1 根黄色的毛。雄虫触角约为体长的 2 倍。雌虫触角比身体略长。

分布：中国，日本，土库曼斯坦，印度，不丹，尼泊尔，孟加拉国，缅甸，越南，老挝，泰国，斯里兰卡，菲律宾，马来西亚，新加坡，印度尼西亚，伊朗，伊拉克，阿塞拜疆，格鲁吉亚，亚美尼亚，土耳其，叙利亚，约旦，以色列，阿曼，黎巴嫩，塞浦路斯，欧洲，大洋洲，美洲，非洲。

（158）长角凿点天牛 *Stromatium longicorne* (Newman, 1842)

Arhopalus longicornis Newman, 1842a: 246.

Stromatium asperulum White, 1855: 300.

Stromatium longicorne: White, 1855: 300.

Hesperophanes abeillei Pic, 1891: 44.

Criocephalus granulatum Matsumura, 1927: 21.

主要特征：体长 14.0–30.0 mm。体棕色到红棕色，覆以相当密的黄色绒毛。触角第 1 节刻点细密，雌虫自基部起有 1 宽的纵沟，约占第 1 节长度的 2/3。前胸背板刻点粗密，部分刻点为浓密的绒毛所掩盖；两侧略呈圆形，中央宽度约等于鞘翅宽度。雄虫前胸两侧各有 1 大而密生短毛的凹坑。鞘翅末端圆形。鞘翅表面另有许多大而显著的刻点，每个大刻点的前缘隆起，并长有 1 根黄色的毛。雄虫触角约为体长的 2 倍。雌虫触角比身体略长。

分布：浙江、吉林、辽宁、内蒙古、山东、江西、福建、台湾、广东、海南、香港、澳门、广西、贵州、云南；日本，印度，缅甸，越南，老挝，泰国，菲律宾，马来西亚，新加坡，印度尼西亚（加里曼丹岛）。

寄主：栎、柚木、麻栗及其他阔叶树。

78. 茸天牛属 *Trichoferus* Wollaston, 1854

Trichoferus Wollaston, 1854: 427. Type species: *Trichoferus senex* Wollaston, 1854.

Hesperandrius Reitter, 1913b: 45. Type species: *Callidium griseum* Fabricius, 1792.

Hesperophanes (*Trichoferus*): Niisato in N. Ohbayashi & Niisato, 2007: 430.

主要特征：复眼深凹，复眼上叶较小，彼此相距较远，小眼面粗；唇基与额之间无弓形深凹；上颚无背脊，下颚须不长于下唇须；颊较短，触角基瘤无尖角突起；触角第 3 节无沟。前胸背板窄于鞘翅，两侧缘无刺突。前胸腹板凸片在基节之间较窄；前足基节窝外侧稍成尖角；中足基节窝对后侧片开放；跗节腹面有细沟。全身被覆细而短的毛（蒋书楠等，1985）。

分布：中国，俄罗斯，蒙古国，朝鲜，韩国，日本，土库曼斯坦，吉尔吉斯斯坦，乌兹别克斯坦，塔吉克斯坦，哈萨克斯坦，巴基斯坦，印度，伊朗，伊拉克，阿塞拜疆，格鲁吉亚，亚美尼亚，土耳其，叙利亚，约旦，以色列，黎巴嫩，塞浦路斯，欧洲，非洲。世界已知 27 种/亚种，中国记录 5 种，浙江发现 1 种。

（159）家茸天牛 *Trichoferus campestris* (Faldermann, 1835)（图版 Ⅳ-12）

Callidium campestris Faldermann, 1835: 435.

Stromatium turkestanicum Heyden in Heyden & Kraatz, 1886: 193.

Hesperophanes flavopubescens Kolbe, 1886: 219.

Hesperophanes rusticus Ganglbauer, 1887a: 133.

Hesperophanes campestris: Ganglbauer, 1889a: 65.

Trichoferus campestris: Plavilstshikov, 1940: 69, 630.

主要特征：体长 9–22 mm。本种个体大小差异较大，体棕褐至黑褐色，被褐灰色绒毛，小盾片及鞘翅肩部被较密淡黄毛。头较短，具粗密刻点；触角基瘤微突，雄虫额中央具 1 条细纵沟，雌虫无纵沟，雄虫触角不达或勉强达鞘翅端部，雌虫触角短于雄虫，柄节与第 3 节约等长。前胸背板宽略胜于长，前端略宽于后端，两侧缘弧形，无侧刺突；胸面刻点粗密，粗刻点之间着生细刻点，而雌虫则无细刻点。鞘翅两侧近于平行，后端稍窄，外缘角弧形；翅面具中等粗刻点，端部刻点渐微弱。腿节稍扁平。雄虫腹末节较短宽，端缘较平直，雌虫腹末节则稍狭长，端缘弧形。

分布：浙江（安吉、诸暨、磐安）、黑龙江、吉林、辽宁、内蒙古、北京、河北、山西、山东、河南、陕西、宁夏、甘肃、青海、新疆、江苏、上海、安徽、湖北、江西、湖南、四川、贵州、云南、西藏；俄罗斯，蒙古国，朝鲜，韩国，日本，土库曼斯坦，吉尔吉斯斯坦，乌兹别克斯坦，塔吉克斯坦，哈萨克斯坦，印度，伊朗，欧洲。

短鞘天牛族 Molorchini Gistel, 1848

79. 短鞘天牛属 *Molorchus* Fabricius, 1793

Molorchus Fabricius, 1793: 356. Type species: *Necydalis umbellatarum* Schreber, 1759.

主要特征：头短，复眼内缘深凹；触角细长，呈丝状。前胸背板长胜于宽，前端及后端缢缩，稍有横凹沟，每侧缘略有瘤突。鞘翅很短，伸至腹部基部，各翅末端收狭而分叉，端缘圆形，后翅外露。前足基节窝向后开放。足较长，腿节在中部之后突然膨大，基部具细长柄，跗节较细，后足第 1 跗节长于以下两节之和。

分布：亚洲，欧洲，大洋洲，北美洲。

（160）蔷薇短鞘天牛 *Molorchus* (*Nathrioglaphyra*) *liui* Gressitt, 1948（图版 IV-13）

Molorchus liui Gressitt, 1948: 51, pl. 1, fig. 6.

Molorchus (*s. str.*) *liui*: Gressitt, 1951: 172.

Molorchus (*Nathrioglaphyra*) *smetanai* Danilevsky, 2011b: 105, fig. 1.

Glaphyra liui: Holzschuh, 2013: 9.

主要特征：体长 3.8–7.5 mm。体小型，狭长，背腹扁平，红棕色，全体被稀疏的银白色直立长毛。头部额近四方形，长稍胜于宽，散布稀疏刻点，中央具深纵沟，头顶略隆起，刻点较密；触角较细长，柄节粗短，略近椭圆形，散布稀疏刻点，第 5–6 节较第 3–4 节长，约为柄节长之 2 倍。前胸长约为宽的 1.5 倍，前端及后端略收缩，中部稍膨大，两侧缘中央稍后处各具 1 钝瘤；背面中央略扁平，具 5 个光滑区，中央一个较狭长，中央两侧前方各一个较大，近后端两侧各一个较小，在上述光滑区之间密布粗大刻点，后部具较密的银白色毛。小盾片近圆形，密被银白色毛。鞘翅宽短，约与前胸等宽，侧缘近直线形，渐向末端狭窄，末端圆，仅伸过后胸腹板末端；翅面平坦，散布稀疏的较粗刻点，后胸腹板后缘及各腹节两侧后缘密被银白色毛，腹面光滑，散布稀疏刻点。

分布：浙江（临安）、陕西、甘肃、湖北、湖南、四川、云南。

备注：浙江是本种的次异名 *Molorchus (Nathrioglaphyra) smetanai* Danilevsky, 2011 的模式产地。

侧沟天牛族 Obriini Mulsant, 1839

80. 侧沟天牛属 *Obrium* Dejean, 1821

Obrium Dejean, 1821: 110. Type species: *Cerambyx cantharinus* Linnaeus, 1767.

Phyton Newman, 1840: 19. Type species: *Phyton limum* Newman, 1840 (= *Cerambyx maculatus* Olivier, 1795).

Diozodes Haldeman, 1847b: 42. Type species: *Callidium pallidum* Say, 1823 (= *Cerambyx maculatus* Olivier, 1795).

　　主要特征：复眼大，小眼面粗粒。前胸两侧具瘤突，前后横沟明显，前足基节强烈圆锥形且宽大；腿节棒槌状；后胸前侧片具有 1 条深纵沟。触角基部数节被均匀分布的中等长的毛，末端不具更长的毛（Gressitt，1935c）。

　　分布：世界广布。世界已知 88 种/亚种，中国记录 15 种，浙江发现 1 种。

（161）南方侧沟天牛 *Obrium complanatum* Gressitt, 1942（图版 IV-14）

Obrium complanatum Gressitt, 1942e: 208, pl. 8, fig. 1.

　　主要特征：体长 5.5–6.6 mm。体红褐色，没有其他颜色的斑纹。触角长于体，柄节基部细小，与末端膨大部分相接处显示弯曲，第 3–4 节明显短于第 5–6 节。鞘翅在中部之后略微扩宽，末端圆钝。

　　分布：浙江（安吉、临安）、江西、广东、广西、贵州。

圆天牛族 Oemini Lacordaire, 1868

81. 茶色天牛属 *Oplatocera* White, 1853

Oplatocera White, 1853: 121. Type species: *Oplatocera callidioides* White, 1853.

　　主要特征：头较短，复眼深凹，小眼面粗粒，复眼下叶大而突出，近于圆形，长于其下颊部，颊向外呈角状突出；上颚粗壮；额短阔；触角基瘤之间额凹陷；雄虫触角长于虫体，第 3 节十分长于柄节。前胸背板宽胜于长，前、后缘有横凹沟，具侧刺突。鞘翅较长，肩较宽，端缘略倾斜而狭窄，鞘翅质地较薄，翅面纵脊较明显；足中等长，腿节较短而粗扁（蒋书楠等，1985）。

　　分布：中国，印度，不丹，尼泊尔，越南，老挝，泰国，菲律宾，马来西亚，印度尼西亚。本属分为 2 个亚属，其中指名亚属世界已知 4 种，中国记录 2 种，浙江分布 1 种。

（162）台岛茶色天牛 *Oplatocera (Epioplatocera) mitonoi* Hayashi, 1981（图版 IV-15）

Oplatocera (Epioplatocera) mitonoi Hayashi, 1981b: 30.

　　主要特征：体长 26.0–38.0 mm。体棕色至棕褐色。头部触角红棕色，基部 7 节末端黑色。前胸背板烟褐色，背中区有 1 个较大的近梯形黑色绒毛斑，两侧刺突内侧各 1 个较狭长的黑斑。鞘翅色较淡，中部前后各有 1 条不整齐的斜行褐横带，变化颇多，尤其是前面 1 条有时不明显甚至消失。前、中足窝周缘、足转节、腿节、胫节末端黑色。触角较体长，末 4 或 5 节超过鞘翅末端，第 3 节长于柄节的 2 倍。前胸背板侧刺突宽短，位于两侧中部稍后方。鞘翅末端左右相合成圆弧形。

分布：浙江（临安）、台湾。

缨天牛族 Phoracanthini Newman, 1840

82. 尼辛天牛属 *Nysina* Gahan, 1906

Nysina Gahan, 1906: 153. Type species: *Sphaerion orientale* White, 1853.

Pseudallotraeus Pic, 1923b: 13. Type species: *Pseudallotraeus rufescens* Pic, 1923.

Neosphaerion Schwarzer, 1925a: 21. Type species: *Neosphaerion asiaticum* Schwarzer, 1925.

Allotraeus (*Nysina*): Gressitt, 1951: 151, 152.

主要特征：头短，复眼深凹，小眼面粗，颊短；触角一般长于身体，下沿有长缨毛；第 3–5 节或 7 节内端具刺，第 3 节表面有浅纵凹。前胸背板长度同宽度近于相等或长胜于宽，两侧缘微呈弧形，无侧刺突。鞘翅端部稍窄，端缘微凹缺，外端角钝突。前足基节窝向后开放，中足基节窝对后侧片关闭，后胸腹板后角有臭腺孔。足较短，腿节棒状，基部呈细叶柄状，后足第 1 跗节同第 2、3 跗节的总长度约等长。

分布：中国，韩国，日本，印度，孟加拉国，缅甸，越南，老挝，泰国，马来西亚。世界已知 14 种/亚种，中国记录 9 种/亚种，浙江发现 2 种/亚种。

（163）红足尼辛天牛 *Nysina grahami* (Gressitt, 1937)

Allotraeus grahami Gressitt, 1937a: 89.

Pseudallotraeus grahami: Gressitt, 1937b: 318.

Allotraeus (*Nysina*) *grahami*: Gressitt, 1951: 151, 152.

Nysina grahami: Löbl & Smetana, 2010: 195.

别名：红足缨天牛

主要特征：体长 10.5–13 mm。体长形，棕褐色，鞘翅黄褐色；体背面着生较细而短的淡黄毛及夹杂有分散的长褐毛，小盾片盖有浓密淡黄毛；触角基部数节下沿及足着生金黄色细长毛；体腹面覆盖灰黄绒毛。触角基瘤着生处彼此远离，被额分开较宽；柄节刻点粗糙，背面基部有短的纵形浅凹；第 3 节 2 倍长于柄节，稍长于第 4 节；第 3–5 节内端具细刺；额的前端有 1 个半月形凸起，凸起的周缘具凹沟。前胸背板长度同宽度近于相等，前端稍窄于后端，中央有 1 个光滑区，光滑区的四周分布有似蠕虫状脊纹，两侧具皱纹刻点。小盾片近于半圆形。鞘翅刻点粗深而稠密，中部之后逐渐减弱，端缘凹缺，外端角钝突。足较短，腿节中部之后突然膨大，呈棒状，基部呈细叶柄状；胫节两侧中央各有 1 条光滑纵脊。

分布：浙江（泰顺）、河南、陕西、湖北、江西、湖南、福建、广东、广西、重庆、四川、贵州、云南、西藏。

寄主：桑、樟、椰子。

（164）东亚尼辛天牛 *Nysina rufescens asiatica* (Schwarzer, 1925)（图版 IV-16）

Neosphaerion asiaticum Schwarzer, 1925a: 22.

Allotraeus asiaticus: Matsushita, 1933: 297.

Allotraeus (*Nysina*) *asiaticus*: Gressitt, 1951: 152.

Nysina asiatica: Löbl & Smetana, 2010: 195.

Allotraeus rufescens asiaticus: Fujita, 2018: 27.

别名：东亚缨天牛

主要特征：体长 11–16 mm。体长形，棕褐色，鞘翅黄褐色；体背面着生较细而短的淡黄毛及夹杂有分散的长褐毛，小盾片盖有浓密淡黄毛；触角基部数节下沿及足着生金黄色细长毛；体腹面覆盖灰黄色绒毛。触角基瘤着生处彼此远离，被额分开较宽；柄节刻点粗糙，背面基部有短的纵形浅凹；第 3 节 2 倍长于柄节，稍长于第 4 节；第 3–5 节内端具细刺。前胸背板长大于宽，前端稍窄于后端，中央有 1 个光滑区，光滑区的四周分布有皱纹刻点。小盾片近于半圆形。鞘翅刻点细密，中部之后逐渐减弱，端缘凹缺，外端角短齿状。足较短，腿节中部之后突然膨大，呈棒状，基部呈细叶柄状；胫节两侧中央各有，1 条光滑纵脊。

分布：浙江（临安、余姚、义乌、泰顺）、福建、台湾、广东、海南、香港、澳门、广西；越南。

长跗天牛族　Prothemini Lacordaire, 1868

83. 长跗天牛属 *Prothema* Pascoe, 1856

Prothema Pascoe, 1856: 43. Type species: *Prothema signatum* Pascoe, 1856.

Sigeum Pascoe, 1866d: 523. Type species: *Blemmya humerale* Pascoe, 1857.

主要特征：头较短，复眼较大，深凹，小眼面细，上颚端部向内弯曲；雌、雄虫触角长于或短于身体，第 3 节 2 倍长于第 4 节，第 6–10 节端部外侧呈角状突出。前胸背板长宽近于相等或宽稍胜于长，前端窄，两侧缘无刺突。小盾片小，三角形。鞘翅较短阔，端缘切平。前足基节窝向后关闭，中足基节窝对后侧片开放；后胸腹板不具臭腺孔，后胸前侧片较宽。后足腿节细长，长于鞘翅端部，后足跗节第 1 节长于其余跗节的总长度（蒲富基，1980）。

分布：中国，韩国，印度，尼泊尔，越南，老挝，泰国，菲律宾，马来西亚，新加坡，文莱，印度尼西亚。世界已知 24 种，中国记录 8 种，浙江仅记录 1 种。

（165）长跗天牛 *Prothema signatum* Pascoe, 1856（图版 Ⅳ-17）

Prothema signata Pascoe, 1856: 43, pl. XVI, fig. 5.

Prothema funerea Pascoe, 1856: 43.

Prothema signatum: Löbl & Smetana, 2010: 196.

主要特征：体长 10–14 mm。体较小，粗短，黑色。雄虫鞘翅无斑纹；雌虫鞘翅有金黄色绒毛斑纹，每翅有 2 个斑纹，分别位于基部，沿小盾片延伸至中缝前端及中部略后；前者为纵斑纹；后者为狭窄的斜横斑，靠中缝一端稍宽，另一端不达侧缘；触角及足被银灰色短毛；体腹面被浓密银灰色绒毛，两侧绒毛金黄色；小盾片被稀疏灰色绒毛。

分布：浙江（安吉、临安、磐安、义乌）、河南、陕西、江西、湖南、福建、广东、海南、香港、广西、贵州、西藏；越南，老挝。

红天牛族 Pseudolepturini Thomson, 1861

84. 长红天牛属 *Erythresthes* Thomson, 1864

Erythresthes Thomson, 1864: 158. Type species: *Erythrus bowringii* Pascoe, 1863.

主要特征：头较长，复眼内缘深凹，小眼面较粗，复眼下叶较大，略呈三角形；额中央下陷成倒梯形凹沟。触角基瘤彼此接近；雄虫触角略超过体长，雌虫触角短于体长，触角粗扁，第4节开始呈锯齿形。前胸背板长胜于宽，后端稍宽于前端，中部稍后方的两侧略膨大，胸面中央有1条明显的纵脊。鞘翅十分长，两侧近于平行，末端略宽，端缘平截，翅面具1条钝隆脊。体上面被覆不同方向着生的较长而浓密的卧毛。足较粗短，后足腿节不超过腹部第2节。本属同红天牛属十分接近，主要区别特征是：本属触角从第4节开始呈锯齿形，而后者从第5节开始呈锯形，额具明显的凹沟；前胸背板中央有1条纵脊；鞘翅端缘不呈圆形而平截，体表面具不同方向着生的长卧毛。

分布：中国，越南，老挝，泰国，马来西亚。指名亚属世界已知2种，中国记录2种，浙江分布1种。

（166）长红天牛 *Erythresthes* (*Erythresthes*) *bowringii* (Pascoe, 1863)

Erythrus bowringii Pascoe, 1863a: 52.

Erythresthes bowringii: Thomson, 1864: 159.

别名：栗长红天牛

主要特征：体长16.5–23 mm。体形中大，很狭长。体背面品红色，密被丝绸光泽的红色或橙红色细绒毛；触角黑色；腹面黑色，被灰白细毛。触角基瘤大而明显，左右相接；触角长为体长的3/4，柄节粗短，表面具不规则的粗皱刻点，短于第3节，约与第4节等长，第5–10节外缘平扁，外端角突出，呈锯齿状。前胸长卵形，后端稍宽于前端，中部后两侧略膨大，背中央有1条明显纵隆脊，中部前方纵脊两旁各有1不显著的圆形隆起，背板表面粗皱，无毛。小盾片小，近半圆形。鞘翅很狭长，长为肩宽的3.5倍，从肩部至近翅端前中缝旁有1条宽钝隆脊，翅端扁薄平截，缝角与缘角钝圆。腹面第1腹节狭长，几等于第2–4节之和。足腿节下方内外侧各有1细纵脊，脊间密生灰白色细毛。

分布：浙江（莲都）（陈其瑚，1993）、安徽、湖北、江西、湖南、福建、广东、香港、广西、重庆。

寄主：栗。

85. 红天牛属 *Erythrus* White, 1853

Erythrus White, 1853: 142. Type species: *Erythrus championi* White, 1853.

Disidaema Thomson, 1861: 142, 147. Type species: *Erythrus fortunei* White, 1853.

Pseudoleptura Thomson, 1861: 142, 148. Type species: *Erythrus championi* White, 1853.

主要特征：复眼深凹，小眼面细；上颚较短；颊较长；触角较短，雄虫触角长达鞘翅中部之后，雌虫触角则达鞘翅中部，第5–10节呈锯形，每节外端角尖锐。前胸背板宽胜于长或近相等，前端窄，后端宽，两侧缘弧形，无侧刺突。小盾片半圆形。鞘翅长形，端部稍阔，端缘圆形；中缝后端拱隆，侧缘边框明显。前足基节窝向后关闭；中足基节窝对后侧片开放；后胸腹板不具臭腺孔，腹部第1节长于第2节。足短，后足腿节不达第3腹节；后足第1跗节长于第2跗节。

分布：中国，日本，印度，不丹，尼泊尔，缅甸，越南，老挝，泰国，柬埔寨，菲律宾，马来西亚，印度尼西亚。世界已知67种/亚种，中国记录17种，浙江发现4种。

分种检索表

1. 头大部分红色，鞘翅端部膨阔，中缝后端显著隆起，体较粗壮；前胸背板中央有1对圆形黑色瘤状毛斑，有时毛斑前、后各有1对黑斑，前面1对呈括弧形斑纹 ·· **红天牛 *E. championi***

- 头黑色，鞘翅端部稍阔，中缝后端略隆起，体较狭窄 ··· 2

2. 体较大而稍宽，前胸背板中区除有1对圆形黑色瘤状毛斑外，其前面还有1对黑色括弧状斑纹，近基部有3个黑斑点，中间黑斑较小，有时不甚明显，两侧黑斑较大，常与前面括弧斑相连，背板两侧各有 1 或 2 个黑斑点 ……………………
……………………………………………………………………………………………………弧斑红天牛 *E. fortunei*
- 体较小而更狭，前胸背板中区仅有 1 对圆形黑色瘤状毛斑 ………………………………………………………… 3
3. 前胸背板中区圆形黑色瘤状毛斑周围红色，没有跟小盾片连成一片的黑色部分 ………………… 油茶红天牛 *E. blairi*
- 前胸背板中区圆形黑色瘤状毛斑周围黑色，且黑色部分跟小盾片连成一片 ………………… 鼎湖红天牛 *E. angustatus*

（167）鼎湖红天牛 *Erythrus angustatus* Pic, 1916

Erythrus angustatus Pic, 1916e: 19.

主要特征：体长 15.0 mm 左右。根据谢广林等（2014）记录的标本图像描述：头、触角、小盾片及足黑色。前胸背板及鞘翅红色。前胸背板中区有 1 对圆形瘤状黑色毛斑，其附近的底色黑色部分形成更大的黑斑，延伸到前胸背板后缘，跟黑色的小盾片和鞘缝连成一片。触角第 3 节 2 倍长于第 4 节。前胸背板基部宽、端部窄。鞘翅前端窄，后端稍阔，端缘圆形，翅面具细密刻点，每翅有 1 条纵隆脊线。

分布：浙江（临安）、广东。

（168）油茶红天牛 *Erythrus blairi* Gressitt, 1939（图版 IV-18）

Erythrus blairi Gressitt, 1939a: 33.

主要特征：体长 11.0–19.0 mm。头、触角、小盾片、体腹面及足黑色。前胸背板及鞘翅红色。前胸背板中区有 1 对圆形瘤状黑色毛斑，衢州开化县的标本后面还有 1 个黑斑。触角第 3 节 2 倍长于第 4 节。前胸背板长宽近于相等，无侧刺突。小盾片着生黑色绒毛。鞘翅前端窄，后端稍阔，端缘圆形，翅面具细密刻点，每翅有 2 条纵隆脊线，中央 1 条较长而显著，近中缝 1 条较短，不甚明显。

分布：浙江（临安、建德、新昌、磐安、东阳、永康、开化、平阳）、河南、陕西、江苏、湖北、江西、湖南、福建、台湾、广东、海南、香港、广西、贵州、云南。

寄主：茶、油茶。

（169）红天牛 *Erythrus championi* White, 1853（图版 IV-19）

Erythrus championi White, 1853: 142, pl. IV, fig. 4.

Pseudoleptura championi: Thomson, 1861: 148.

Sternoplistes schaiblei Nonfried, 1892: 92.

Erythrus championi var. *lineatus* Pic, 1916a: 12.

Purpuricenus (*Sternoplistes*) *schaiblei*: Gressitt, 1951: 319.

主要特征：体长 13–21 mm。体中等大小，较粗壮，红色，触角、足、中胸腹板、后胸腹板及腹部黑色。前胸背板中区有 1 圆形瘤状黑色毛斑，有时毛斑前、后各有 1 对黑斑，前面 1 对呈括弧状。额中央有 1 条细纵线，头具细密刻点，头顶着生稀疏颗粒刻点；触角基瘤呈尖角突出，触角柄节刻点粗糙，第 3 节 2 倍长于第 4 节。前胸背板宽胜于长，胸面具弯曲皱纹，略带丝绒光泽。鞘翅肩窄，后端较阔圆；翅面有粗糙皱纹，后端皱纹逐渐消失，有细刻点，每翅中央有 1 条显著纵隆脊线，从基部延伸至端部。腿节两侧下沿各有 1 条纵脊线。

分布：浙江（临安、开化、莲都、庆元）、北京、河南、陕西、江苏、湖北、江西、湖南、福建、台湾、广东、海南、香港、广西、四川、贵州、云南；老挝，柬埔寨。

（170）弧斑红天牛 *Erythrus fortunei* White, 1853

Erythrus fortunei White, 1853: 142.

Erythrus fortunei var. *bijunctus* Pic, 1943b: 5.

Erythrus fortunei var. *multiplicatus* Pic, 1943b: 5.

主要特征：体长 15.8–20 mm。体稍宽，前端较狭于后端。头、触角、小盾片、体腹面及足黑色，前胸背板及鞘翅红色。触角短，雌虫达身体的中部，雄虫较长，约为体长的 3/4；第 5–10 节扁平，外端角突出，尖锐，雌虫中央数节较雄虫者阔。前胸背板中央有 1 对黑色圆形的瘤，瘤的外侧各有 1 条黑色弧形斑纹，两侧对称，呈括弧状；近基部中央有 3 个黑色斑点，中间的黑斑往往较小，有时不甚明显，两侧的黑斑较大，往往与前面的弧斑相连；背板两侧尚各有 1 个或 2 个黑斑点。鞘翅基端狭，末端较阔，后缘略圆，内外缘的后端及后缘隆起；翅面具隆起的纵纹 2 条，一长一短。后胸腹部及第 1 腹节腹板的基部刻点粗大。

分布：浙江（长兴、安吉、西湖、桐庐、象山、余姚、黄岩、庆元）、河北、河南、陕西、江苏、上海、湖北、江西、湖南、福建、台湾、广东、香港、广西、四川、贵州、云南。

折天牛族 Pyrestini Lacordaire, 1868

86. 折天牛属 *Pyrestes* Pascoe, 1857

Pyrestes Pascoe, 1857b: 96. Type species: *Pyrestes haematicus* Pascoe, 1857.

主要特征：复眼内缘深凹，小眼面细；上颚较短；颊中等长；雄虫触角约与体等长，雌虫触角则短于虫体，第 5–10 节略扁，各节外端角锯齿形。前胸背板长胜于宽，圆筒形，前端稍窄，两侧缘中部微呈弧形，无侧刺突；小盾片小。鞘翅两侧近于平行，后端略膨大；每翅侧缘基部在肩之后，向内呈弧形凹入。前足基节窝圆形、关闭；中足基节窝对后侧片开放；后胸腹板不具臭腺孔；腹部第 1 节显著长于第 2 节。足短，腿节棒状，后足腿节不达腹部第 3 节，后足第 1 跗节长于第 2 节。

分布：中国，朝鲜，韩国，日本，琉球群岛，印度，尼泊尔，缅甸，越南，老挝，泰国，马来西亚。世界已知 32 种，中国记录 12 种，浙江发现 3 种。

分种检索表

1. 鞘翅肩上瘤突较明显，周围具粗糙刻点；腹部暗红色，触角第 5 节外端角较尖锐，雄虫第 6–8 节两侧近于平行，而不呈三角形 ···**突肩折天牛 *P. pascoei***
- 鞘翅肩圆，光滑，一般很少有刻点，不具瘤突；腹部黑色 ··· 2
2. 头、触角、前胸背板及足大部分深红或红褐色，体较粗壮，体背着生稀疏黑红色直立长毛 ··········**折天牛 *P. haematicus***
- 头、触角、前胸背板及足大部分黑色，体较狭窄，体背缺少直立长毛 ······························**皱胸折天牛 *P. rugicollis***

（171）折天牛 *Pyrestes haematicus* Pascoe, 1857（图版 IV-20）

Pyrestes haematicus Pascoe, 1857b: 97.

Pyrestes cardinalis Pascoe, 1863a: 50.

Leptoxenus coreanus Okamoto, 1927: 66.

Pyrestes haematicus f. *coreanus*: Hayashi, 1987: 155.

别名：暗红折天牛、樟暗红天牛

主要特征：体长 13–18.5 mm。体略呈圆柱形，深红色，被有黑红色柔软的竖毛，触角末端数节、各足腿节及跗节及体腹面暗红色到栗黑色，鞘翅末端及腹末节颜色较淡。两眼之间有纵脊。触角相当粗大，雌虫较短，约为体长的 2/3，雄虫超过体长 3/4，第 5–10 节扁阔，外端角钝。前胸圆筒形，两端稍狭，背面具很粗的褶皱。小盾片小，有稀疏的刻点。鞘翅末端稍阔于基端，外缘近肩部处向内侧凹入，呈曲折状，后缘圆，内端角稍突出；翅面刻点在基部相当粗密，近末端逐渐细小稀疏，毛较前胸背板者稀疏，长而竖立。胸部腹板刻点粗，呈皱状，腹部腹板光滑，刻点稀疏。第 1 节较第 2 节长许多；腹部后面的毛为棕黄色。

分布：浙江（临安、义乌、开化）、吉林、辽宁、河南、陕西、江苏、安徽、湖北、江西、湖南、福建、台湾、广东、海南、香港、广西、贵州、云南；朝鲜，韩国，日本。

寄主：樟。

生物学：一年发生一代，以幼虫越冬。成虫在温暖地区于 5 月下旬或六七月间发生。卵产于侧枝尖端，孵化幼虫自树皮下食入，幼枝常因受害而枯死。

（172）突肩折天牛 *Pyrestes pascoei* Gressitt, 1939

Pyrestes pascoei Gressitt, 1939a: 31.

主要特征：体长 9.5–13.0 mm。体狭长，两侧近于平行。背面鲜红色，头部及胸部腹板黑色，触角、前胸背板前缘和后缘、小盾片、足暗红褐色或黑色。体背面具细而稀疏的近于直立的淡红色长毛。腹面及足上具棕黄褐色毛。触角略扁，雄虫约等于体长，雌虫超过鞘翅中点，第 4 节较细，圆筒形，第 5 节加宽，外角尖锐，第 6–10 节扁宽，侧缘近于平行，末端略尖。前胸近圆筒形，长显胜于宽，在端部之前略收缩。鞘翅基部狭，后部稍加宽，末端合成圆形。足短，腿节棒状，后足腿节不超过第 3 腹节中部。

分布：浙江（临安）、甘肃、江苏、湖南、福建、广东、重庆、云南。

（173）皱胸折天牛 *Pyrestes rugicollis* Fairmaire, 1899

Pyresthes [sic] *rugicollis* Fairmaire, 1899: 642.

主要特征：体长 10.5–13 mm。体较小，狭窄，黑色；鞘翅红色；前胸背板有时部分红色；触角基部数节、足及腹部端末 2 节略带黑褐色。头同前胸前端约等宽；额中央有 1 条细纵沟，前额有横凹；触角基瘤呈角状突出，雄虫触角一般长达鞘翅中部之后，雌虫则稍短，第 3 节长于第 4 节，第 5–10 节各节长显胜于宽，外端角较钝。前胸背板胸面具横皱纹，略有高低不平的突起。鞘翅翅面基部刻点粗深，端部刻点逐渐减弱，每翅隐约可见 2 条纵脊线。

分布：浙江（临安）、辽宁、河南、甘肃、江苏、湖南、福建、广东、广西、四川、贵州、云南。

狭天牛族 Stenhomalini Miroshnikov, 1989

87. 狭天牛属 *Stenhomalus* White, 1855

Stenhomalus White, 1855: 243. Type species: *Stenhomalus fenestratus* White, 1855.

Allophyton Thomson, 1878a: 27. Type species: *Allophyton biloculare* Thomson, 1878.

Falsobrium Pic, 1926e: 12. Type species: *Falsobrium apicale* Pic, 1926.

Stenhomalus (*Stenhomalus*): Lin, 2015b: 134.

主要特征：体较小型，狭长，背面稍平。头略宽于前胸；复眼大，内缘深凹成环状，小眼面粗，上叶彼此接近，下叶均伸至腹面，彼此距离很小；颊很短；额小；后头较大；触角细长，一般超过体长，第 1–5 节下面有稀疏的长缨毛，第 3 节与第 4 节等长，第 5 节明显长于第 4 节。前胸背板长胜于宽，前、后端缢缩成领状，每侧缘中央隆突。鞘翅肩较头略宽，后半部较前半部稍宽，端缘圆形或斜圆。前足基节彼此靠近，雌虫腹部第 2 节后缘被覆浓密丛毛（蒋书楠等，1985）。

　　分布：本属指名亚属世界已知 75 种/亚种，中国记录 17 种/亚种，浙江分布 4 种。本属还有一个亚属（*Obriopsis* Müller, 1948）仅有 1 种，分布于欧洲。

分种检索表

1. 触角黑色；后头和前胸红褐色，与鞘翅颜色差异较大 ·······················鄂狭天牛 *S. (S.) tetricus*
- 触角不是黑色；后头和前胸与鞘翅颜色差异不大，只有深浅差别 ··· 2
2. 鞘翅有明显的斑纹，隐约形成 4 横带，其中间有显眼的 V 形浅白色斑纹··············四带狭天牛 *S. (S.) cephalotes*
- 鞘翅没有明显的斑纹，最多只有基部和端部颜色的深浅不一致 ·· 3
3. 鞘翅近末端最浅，末端比末端之前更深色一些；触角颜色明显淡于鞘翅颜色；主体颜色为黑褐色**松狭天牛** *S. (S.) pinicola*

- 鞘翅末端颜色最浅，不比末端之前更深色一些；触角颜色与鞘翅颜色相近；主体颜色为红褐色**一色狭天牛** *S. (S.) unicolor*

（174）四带狭天牛 *Stenhomalus (Stenhomalus) cephalotes* Pic, 1928（图版 IV-21）浙江新记录

Stenhomalus cephalotes Pic, 1928a: 28.

　　主要特征：体长 5–8 mm。体红褐色，触角大部分浅褐色，柄节和各节末端颜色稍深，呈红褐色；足大部分浅褐色，腿节棒状部分有一面红褐色，胫节和跗节也有部分红褐色。通常头部和前胸颜色最深，鞘翅大部分颜色很浅，具有一些不规则的深色斑纹，隐约形成 4 横带，中间的 V 形浅白色斑纹比较显眼。触角第 5–11 节几乎等长。雄虫触角末端 4 节超出鞘翅末端，雌虫触角末端 3 节超出鞘翅末端。鞘翅末端阔圆形。

　　分布：浙江（临安、开化）、海南；越南，老挝，印度尼西亚。

（175）松狭天牛 *Stenhomalus (Stenhomalus) pinicola* Holzschuh, 2015（图版 IV-22）浙江新记录

Stenhomalus pinicola Holzschuh, 2015b: 34, figs. 17a, 17b.

　　主要特征：体长 4.8–6.7 mm。体深褐色至黑褐色，触角和足也是褐色至黑褐色，通常头部颜色最深，鞘翅近末端颜色最浅。触角第 5–11 节几乎等长。雄虫触角末端 4 节超出鞘翅末端，雌虫触角末端 3 节超出鞘翅末端。雌虫产卵器外露。鞘翅末端阔圆形。

　　分布：浙江（开化）、陕西、四川。
　　寄主：松属。

（176）鄂狭天牛 *Stenhomalus (Stenhomalus) tetricus* Holzschuh, 2007（图版 IV-23）浙江新记录

Stenhomalus tetricus Holzschuh, 2007: 214, fig. 28.

　　主要特征：体长 6.6 mm。体黑褐色，鞘翅基部褐色至黑褐色，颜色向后逐渐加深。足褐色，腿节基部黄褐色。后头和前胸背板红褐色。触角第 5–11 节几乎等长。雌虫触角末端 3 节超出鞘翅末端。雌虫腹部微

微外露。鞘翅末端阔圆形。

　　分布：浙江（开化）、湖北。

（177）一色狭天牛 *Stenhomalus (Stenhomalus) unicolor* **Niisato *et* Hua, 1998**（图版 IV-24）

Stenhomalus unicolor Niisato *et* Hua, 1998: 456, fig. 4.

　　主要特征：体长 5.25 mm。浑身褐色至浅褐色，没有斑纹，因此而得名。头和前胸颜色较深，呈红褐色，复眼黑褐色。鞘翅淡红褐色，基部颜色稍深，端部 1/3 颜色较浅。触角也是褐色，但前两节整节和第 3 和第 4 节的端部颜色较深。鞘翅末端阔圆形。

　　分布：浙江（西湖）、北京。

　　备注：浙江是本种的模式产地，模式标本存放在中山大学。

狭鞘天牛族 Stenopterini Gistel, 1848

88. 半鞘天牛属 *Merionoeda* Pascoe, 1858

Merionoeda Pascoe, 1858: 237. Type species: *Merionoeda puella* Pascoe, 1858.

　　主要特征：后头较长，复眼大，内缘深凹，额短，前面有 1 条横凹沟，触角一般短于虫体，柄节基部下面弯曲，向端部逐渐增大，第 3–4 节较细，约等长，第 6–10 节宽扁，外端角略突出，呈锯齿形。前胸背板宽胜于长，后端宽于前端，前、后缘具横凹沟，两侧缘具瘤突，胸面也具有十分发达的瘤突。鞘翅较短缩，一般不超过腹部第 1 节，少数伸至第 2 腹节，各翅末端收狭，端缘斜圆形，肩较突出或圆锥形，后翅外露。前足和中足较短，腿节基部呈细柄状，基部之后中等膨大，后足较长，腿节基部呈细柄状，后端十分膨大，有的呈球形；胫节不弯曲，端部两距坚硬，不等长。腹部第 1 节较长，雌虫腹部第 2 节后缘凹入，具浓密长毛。

　　分布：中国，日本，琉球群岛，印度，尼泊尔，缅甸，越南，老挝，泰国，斯里兰卡，菲律宾，马来西亚，新加坡，文莱，印度尼西亚，大洋洲，非洲。本属世界已知 3 亚属 126 种/亚种，中国记录 20 种/亚种，浙江分布 4 种。

分种检索表

1. 后足胫节末端附近的内侧不具有 1 排密集的刷毛 ·· 2
- 后足胫节末端附近的内侧具有 1 排密集的刷毛，有时候外侧也有一些刷毛 ······································ 3
2. 雄虫中足跗节外侧强烈膨大；前胸背板和腿节基部黄褐色 ························· 台半鞘天牛 *M. (O.) formosana*
- 雄虫中足跗节正常；前胸背板和腿节基部黑色 ····································· 印度半鞘天牛 *M. (Me.) indica*
3. 雌雄鞘翅均大部分黑色，有时鞘缝附近有部分红色 ······························· 簇毛半鞘天牛 *M. (Ma.) hirsuta*
- 雄虫鞘翅赤黑色，雌虫鞘翅赤褐色 ··· 畸腿半鞘天牛 *M. (Ma.) splendida*

（178）簇毛半鞘天牛 *Merionoeda (Macromolorchus) hirsuta* (Mitono *et* Nishimura, 1936)

Hakata hirsuta Mitono *et* Nishimura, 1936: 34, pl. 5.

Hakata klapperichi Tippmann, 1955: 100, fig. 9.

Macromolorchus hirsutus: Hayashi, 1959: 63.

Merionoeda (Macromolorchus) hirsuta: Kusama, 1973: 56.

主要特征：体长 10–14 mm。头黑色，触角大部分黑色，第 3–4 节红褐色。前胸红褐色，小盾片红褐色。鞘翅总体黑色，基部围绕小盾片周围红褐色。足大部分黄褐色，中、后足腿节棒状部分黑褐色至黑色，前足腿节棒状部分的端部红褐色。鞘翅背面不太平坦，端半部狭缩导致互相远离，末端狭圆。

分布：浙江、湖南、福建、台湾；日本。

（179）畸腿半鞘天牛 *Merionoeda* (*Macromolorchus*) *splendida* Chiang, 1981（图版 V-1）

Merionoeda (*Macromolorchus*) *splendida* Chiang, 1981: 79, 83, pl. I, fig. 4.

主要特征：体长 10–14 mm。雄虫：体较小，大部黑色，唯鞘翅背方赤黑色，足腿节细柄、胫节、跗节深黄褐色，腹部深黄褐色。雌虫：体中小型，大部赤褐色，唯头部、触角第 5–11 节、鞘翅末端、后翅、前足腿节膨大部的末端、中后足腿节的膨大部和后足胫节基部黑褐色至黑色。前胸背板背中区具 3 个光滑突起，两侧各有 1 个小突起，突起之间的凹陷部分有明显刻点。小盾片半圆形，后端平，稍凹。鞘翅短，仅及小盾片至腹末长度之半，末端尖狭，左右翅分开，鞘翅背方中部凹陷，具刻点 4 行，外侧隆起，具刻点 2 行。

分布：浙江（临安）、海南、广西。

（180）印度半鞘天牛 *Merionoeda* (*Merionoeda*) *indica* (Hope, 1831)（图版 V-2）浙江新记录

Molorchus indicus Hope, 1831: 28.

Heliomanes indicus: White, 1855: 181.

Merionoeda indica: Gahan, 1906: 171.

Merionoeda (*Merionoeda*) *indica*: Löbl & Smetana, 2010: 204.

主要特征：体长 9.0 mm 左右。通常整体黑色。浙江的标本后足腿节棒状膨大之前有一小段黄褐色，这种情况也出现在老挝的标本上。触角略超过体长之半，柄节略弯，第 3 节略短于柄节，约与第 4 节等长，第 5–10 节扁宽。前胸背板前端领状部明显，背中区具 3 个光滑突起。鞘翅末端尖狭，左右翅分开。足腿节端半部肥大，后足腿节的膨大部最大，后足胫节外侧具锯齿。

分布：浙江（余杭、临安）、四川、云南；印度，尼泊尔，老挝。

（181）台半鞘天牛未知亚种 *Merionoeda* (*Ocytasia*) *formosana* Heller, 1924 ssp. unknown（图版 V-3）浙江新记录

Merionoeda (*Ocytasia*) *formosana* Heller, 1924a: 32.

主要特征：体长 8.0 mm 左右。头、触角、中足和后足腿节端部膨大部分、后足胫节端部黑色，前胸、小盾片、鞘翅和足的其他部分黄褐色或红褐色。雄虫鞘翅端半部黑褐色，雄虫后足胫节黑色部分常扩展至基端，且雄虫后足跗节常黑褐色。触角略超过体长之半，柄节略弯，第 3 节略短于柄节，约与第 4 节等长，第 5–10 节扁宽，外端角突出。前胸背板前端领状部明显，背中区具光滑突起。鞘翅末端尖狭，左右翅分开。足腿节端半部肥大，后足腿节的膨大部最大，约占整个腿节长度的 1/3。

分布：浙江（磐安）。

备注：本研究只是鉴定到种级，并且确定浙江的标本跟台湾产的指名亚种不同。这是一个未知的亚种（Niisato，2020-04 个人交流）。

锥背天牛族 Thraniini Gahan, 1906

89. 锥背天牛属 *Thranius* Pascoe, 1859

Thranius Pascoe, 1859: 22. Type species: *Thranius bimaculatus* Pascoe, 1859.

Singalia Lacordaire, 1872: 834. Type species: *Singalia spinipennis* Lacordaire, 1872 (= *Thranius gibbosus* Pascoe, 1859).

主要特征：头较短；复眼大而圆，突出，内缘仅有 1 个小凹，上叶短小，不伸至触角基瘤之后；触角较粗壮，一般短于虫体长度，除柄节膨大外，各节粗细大致相当。前胸背板长胜于宽，胸面拱隆，前端中央有 1 个不同程度的锥形隆凸。鞘翅肩宽，肩之后逐渐狭窄，端缘呈尖角或刺，有的从肩后急剧收窄成 1 狭条。后胸前侧片宽阔，呈楔形；足中等长，前足基节锥形突出，彼此靠拢，前足基节窝开放；腿节呈棍棒状（蒋书楠等，1985）。

分布：中国，日本，琉球群岛，印度，不丹，尼泊尔，缅甸，越南，老挝，泰国，斯里兰卡，菲律宾，马来西亚，印度尼西亚，大洋洲（巴布亚新几内亚，所罗门群岛）。世界已知 32 种/亚种，中国记录 9 种/亚种，浙江发现 1 亚种。

（182）黄斑多斑锥背天牛 *Thranius multinotatus signatus* Schwarzer, 1925（图版 V-4）

Thranius signatus Schwarzer, 1925a: 23.

Thranius multinotatus signatus: Gressitt, 1954: 318, 324.

别名：黄斑锥背天牛

主要特征：体长 20–22 mm。体粗壮，暗红棕色。触角第 1–7 节及足淡红棕色，触角第 8 节黄色，第 9–11 节暗褐色。头部密被金黄色毛，前胸两侧缘及前、后缘具较密的金黄色毛，背面中央的毛被稀疏。小盾片棕黑色，具极稀疏的金黄色短毛。鞘翅黑褐色，各具 6 个黄色斑：第 1 个较大，位于肩下弯曲部分，三角形；第 2 个位于翅基部中央，略近长椭圆形，内侧缘近直线形；第 3 个位于肩后侧缘；第 4 个较小，椭圆形，位于肩后翅开始狭窄部分的侧缘；第 5 个更小，长椭圆形，位于狭窄的翅中点之前近中缝一侧；第 6 个狭长，位于近翅端部的中央。腹面密被金黄色毛，足的腿节上毛短而稀疏，腿节下侧及胫节的毛略长。鞘翅基部较前胸宽，从基部 1/5 处开始向后急剧狭窄并向内弯，中部最窄，约为基部宽的 1/4，近端部略加宽，末端狭圆，仅伸达第 4 腹节末端。

分布：浙江（临安、龙泉）、陕西、湖南、福建、台湾、广东、海南、四川、云南；越南，老挝。

眉天牛族 Tillomorphini Lacordaire, 1868

90. 肖眉天牛属 *Halme* Pascoe, 1869

Halme Pascoe, 1869: 641. Type species: *Halme cleriformis* Pascoe, 1869.

主要特征：体较小，粗壮，复眼完整，呈圆形；触角基瘤彼此远离；触角短于虫体，第 2 节较长，长远大于宽，端部数节膨大，外端角呈锯齿形。前胸背板一般宽胜于长或近于等长，无侧刺突，两侧弧形；后缘平直。鞘翅短，稍窄于前胸中部，末端圆形。中足基节窝对后侧片关闭，后足腿节突然膨大，两爪基部较接近，所成角度一般不超过 90°。

分布：中国，印度，越南，老挝，泰国，斯里兰卡，菲律宾，马来西亚，印度尼西亚，大洋洲。世界已知 21 种，中国记录 4 种，浙江发现 1 种。

（183）红角肖眉天牛 *Halme atrocoerulea* Gressitt, 1939（图版 V-5）

Halme atrocoerulea Gressitt, 1939b: 104, pl. II, fig. 5.

主要特征：体长 6.2 mm。体红褐色至黑褐色，触角和足的颜色略浅于前胸和鞘翅基部的颜色，被灰白色中等长毛。小盾片淡色。鞘翅中部有 1 道浅黄色的胼胝质横纹，不接触鞘缝。前胸背板刻点粗密，鞘翅的刻点较稀疏也较粗大，每个刻点有 1 根黑褐色直立刚毛。

分布：浙江（临安）、福建。

备注：浙江是本种的模式产地。

紫天牛族 Trachyderini Dupont, 1836

分属检索表

1. 前胸具有显著的侧刺突 ··· 2
- 前胸不具显著侧刺突；鞘翅长大于体宽的 3 倍 ··· 3
2. 鞘翅不光亮，具刻点和细绒毛 ··· 紫天牛属 *Purpuricenus*
- 鞘翅光亮，大部分几无刻点 ··· 珊瑚天牛属 *Dicelosternus*
3. 前胸两侧缘瘤突短钝，有时不甚明显；触角雌虫以第 3 节、雄虫以第 11 节最长 ·········· 亚天牛属 *Anoplistes*
- 前胸两侧缘不具瘤突或刺突；雌雄触角均以第 3 节最长 ····················· 肖亚天牛属 *Amarysius*

91. 肖亚天牛属 *Amarysius* Fairmaire, 1888

Amarysius Fairmaire, 1888b: 140. Type species: *Amarysius dilatatus* Fairmaire, 1888 (= *Anoplistes sanguinipennis* Blessig, 1872).

Purpuricenus (*Asiates*) Semenov, 1908: 263. Type species: *Cerambyx* (*Leptura*) *altajensis* Laxmann, 1770.

主要特征：头部短，额短阔，近于垂直。雌虫触角较短，短于或接近体长，雄虫则长于体长，甚至约为体长的 1.5 倍，第 3 节最长。前胸宽度稍大于长，两侧缘呈弧形，无明显侧刺突，前部较基部稍窄。鞘翅窄长，后部较基部宽，后缘圆形，翅面扁平。足中等大小，后足第 1 跗节长于第 2、第 3 跗节的总长。

分布：中国，俄罗斯，蒙古国，朝鲜，韩国，日本，哈萨克斯坦，欧洲。世界已知 6 种/亚种，中国记录 5 种/亚种，浙江发现 1 种。

（184）肖亚天牛 *Amarysius sanguinipennis* (Blessig, 1872)

Anoplistes sanguinipennis Blessig, 1872: 175.

Amarysius dilatatus Fairmaire, 1888b: 141.

Purpuricenus sanguinipennis: Pic, 1900a: 56.

Asiates sanguinipennis: Aurivillius, 1912: 468.

Amarysius sanguinipennis: Plavilstshikov, 1940: 611, 768, 770.

别名：红翅肖亚天牛

主要特征：体长 12.5–17.0 mm。体黑色，头、触角、足和腹面全部黑色。前胸背板黑色，且具有 5 个光亮的胼胝斑。小盾片黑色。鞘翅红色，沿鞘缝不具有黑线。

分布：浙江（临安）、辽宁、内蒙古、北京、河北、陕西、湖北；俄罗斯，蒙古国，朝鲜，韩国，日本，哈萨克斯坦，欧洲。

92. 亚天牛属 *Anoplistes* Audinet-Serville, 1834

Anoplistes Audinet-Serville, 1834a: 570. Type species: *Cerambyx halodendri* Pallas, 1773.

Purpuricenus (*Asias*) Semenov, 1914: 18. Type species: *Cerambyx halodendri* Pallas, 1776. (unnecessary replacement name)

主要特征：头部短，额短阔，近于垂直。雌虫触角短于或长于体长，雄虫触角更长，甚至为体长的1.5–2 倍，雌虫以第 3 节、雄虫以第 11 节最长。前胸宽度稍大于长，两侧缘瘤突短钝，有时不甚明显，前部较基部稍窄。鞘翅窄长而扁，两侧缘平行，末端圆钝。足中等大小，后足第 1 跗节长于第 2、第 3 跗节的总长。

分布：中国，俄罗斯，蒙古国，朝鲜，韩国，土库曼斯坦，吉尔吉斯斯坦，乌兹别克斯坦，哈萨克斯坦，越南，伊朗，亚美尼亚，土耳其，欧洲。世界已知 18 种/亚种，中国记录 8 种/亚种，浙江发现 1 亚种。

（185）红缘亚天牛 *Anoplistes halodendri pirus* (Arakawa, 1932)

Purpuricenus pirus Arakawa, 1932: 18, fig. 1.

Anoplistes halodendri pirus: Özdikmen, 2008a: 709.

别名：基斑红缘亚天牛（Wang et al., 2018）

主要特征：体长 11.0–19.5 mm。体窄长，黑色，鞘翅基部有 1 对朱红色斑，外缘自前至后有 1 朱红色窄条。触角细长，雌虫触角与体长约略相等，雄虫触角约为体长的 2 倍，第 4 节长于第 1 节，第 3 节比第 4 节长，雌虫以第 3 节、雄虫以第 11 节最长。前胸宽稍大于长，两侧缘刺突短钝，有时不甚明显。鞘翅窄长而扁，两侧缘平行，末端圆钝；翅面被黑色短毛，基部斑点上的毛灰白色且长。足细长，后足第 1 跗节长于第 2、第 3 跗节的总和。

分布：浙江（临安）、黑龙江、吉林、辽宁、内蒙古、北京、河北、山西、山东、河南、陕西、宁夏、甘肃、青海、新疆、江苏、湖北、江西、湖南、台湾、广西、贵州；俄罗斯，朝鲜，韩国，欧洲。

寄主：梨、枣、苹果、葡萄、小叶榆。成虫见于忍冬、锦鸡儿、柳、胡颓子属等。

93. 珊瑚天牛属 *Dicelosternus* Gahan, 1900

Dicelosternus Gahan, 1900b: 308. Type species: *Dicelosternus corallinus* Gahan, 1900.

主要特征：体较粗壮。复眼内缘深凹，小眼面细，复眼下叶呈三角形，颊向外呈角状突出。触角基瘤内侧呈尖角状突出，彼此着生距离较近，触角基瘤之间有 1 纵沟；触角柄节肥大，背面基部有 1 个宽凹陷，第 3 节长于柄节或第 4 节。前胸背板宽胜于长，侧刺突粗大，胸面中区十分拱凸；小盾片呈狭长三角形，中央具纵沟。鞘翅光亮，大部分几无刻点。前胸及中胸腹板凸片具十分发达的锥状突起，后胸前侧片具臭腺孔。足粗壮，腿节向端部膨大。

本属与阔嘴天牛属 *Euryphagus* Thomson 及 *Pavieia* Brongniart 较接近，与前者的主要区别是：本属头不宽于前胸背板，触角基瘤具尖角状突出，彼此接近，柄节背面基部有 1 凹陷；前胸及中胸腹板凸片的锥形突起十分发达。本属与后者的区别是：触角基瘤之间额不具纵脊；小盾片很窄，鞘翅大部分光滑，几无刻点。

分布：中国特有属，单种属，在浙江有分布。

（186）珊瑚天牛 *Dicelosternus corallinus* Gahan, 1900（图版 V-6）

Dicelosternus corallinus Gahan, 1900b: 309.

主要特征：体长 28 mm。体形中大，宽长方形。体暗红色；头部触角第 2–6 节端部黑色，7–10 节端半部暗黑色，第 11 节全部暗黑色，各节被稀疏细黑毛。鞘翅呈珊瑚红色，光亮，翅表中部后方有 1 条烟煤色细毛组成的波形横带。小盾片黑色。足的基节、转节、腿节末端、跗节第 1–3 节及爪均黑色。体表光滑。触角长达鞘翅后端 1/4 处，第 4–7 节各与柄节等长，第 11 节端部 1/3 呈笔尖状，很像一个假的第 12 节。前胸背板横宽，肥厚，后端较前端宽，前方显著呈半球形隆起，表面粗糙，密布不规则短皱纹，两侧刺突粗短，末端钝，位于侧缘后方 1/3 处。小盾片极狭长，末端尖狭。鞘翅宽，表面光滑。前胸和中胸腹板凸片极发达，呈锥状突起，高出基节，末端钝，略平。

分布：浙江（西湖、临安、开化、泰顺）、湖北、江西、湖南、福建、台湾、广东、海南、广西、四川、贵州。

寄主：杉木。

94. 紫天牛属 *Purpuricenus* Dejean, 1821

Purpuricenus Dejean, 1821: 105. Type species: *Cerambyx kaehleri* Linnaeus, 1758.

Acanthoptera Latreille, 1829: 114. Type species: *Cerambyx budensis* Götz, 1783.

Purpuricenus (*Sternoplistes*) Guérin-Méneville, 1844: 224. Type species: *Purpuricenus* (*Sternoplistes*) *temminckii* Guérin-Méneville, 1844.

Cyclodera White, 1846: 510. Type species: *Cyclodera quadrinotata* White, 1846.

Philagathes Thomson, 1864: 196. Type species: *Philagathes laetus* Thomson, 1864.

Porphyrocenus Reitter, 1913b: 34, nota 1. Type species: *Purpuricenus spectabilis* Motschulsky, 1858.

主要特征：复眼深凹，小眼面细；上颚粗短；颊中等长，稍短于复眼下叶；触角基瘤彼此相距较近，内侧呈角状突出。雄虫触角细长，为体长的 1–2 倍，向端部逐渐变细，第 3 节略长于第 4 节，第 4–10 节各节约等长，第 11 节长于第 10 节；雌虫触角短于体长或稍长于身体，第 5–10 节同雄虫比较，各节相应减短，第 11 节不长于第 10 节。前胸背板横阔，两侧缘各有 1 个刺突。小盾片三角形。鞘翅中等长而稍窄，两侧近于平行，端缘圆形。前足基节窝向后开放；中足基节窝对后侧片开放；前、中胸腹板凸片上有直立隆突；后胸腹板后角具臭腺孔。后足跗节第 1 节不长于第 2、3 跗节的总长度（蒲富基，1980）。

分布：中国，俄罗斯，朝鲜，韩国，日本，土库曼斯坦，哈萨克斯坦，巴基斯坦，印度，尼泊尔，缅甸，越南，老挝，泰国，斯里兰卡，马来西亚，印度尼西亚，伊朗，伊拉克，阿塞拜疆，格鲁吉亚，亚美尼亚，土耳其，叙利亚，约旦，以色列，黎巴嫩，塞浦路斯，阿富汗，欧洲，北美洲，大洋洲，非洲。本属世界已知 74 种/亚种（Tavakilian and Chevillotte，2019），中国记录 14 种/亚种，浙江分布 4 种/亚种。

分种检索表

1. 前胸背板中部之后，无大瘤突 ··· 2
- 前胸背板中部之后，有 1 个大瘤突 ··· 3
2. 鞘翅后面有 1 对黑斑，在中缝区连接，呈毡帽形；前胸背板着生稀疏黑褐色的细长毛 ·············· **帽斑紫天牛 *P. lituratus***
- 鞘翅后面有 1 对黑斑，在中缝区连接成大型圆斑；前胸背板仅后端中部有少许淡黄色的细长毛 ··· **圆斑紫天牛 *P. sideriger sideriger***
3. 鞘翅无斑点，红色；前胸背板后端瘤突极为凸出 ·············· **中华竹紫天牛 *P. temminckii sinensis***
- 鞘翅后方有 1 对小黑斑点；前胸背板后端瘤突不很凸出 ·············· **二点紫天牛 *P. spectabilis***

（187）帽斑紫天牛 *Purpuricenus lituratus* Ganglbauer, 1887

Purpuricenus lituratus Ganglbauer, 1887a: 136.

Purpuricenus petasifer Fairmaire, 1888b: 140.

Purpuricenus lituratus var. *komarovi* Semenov, 1908: 260.

Purpuricenus ritsemai Villard, 1913: 237.

Purpuricenus petasifer var. *rosti* Pic, 1913c: 135.

Purpuricenus petasifer var. *hummeli* Pic, 1935c: 11.

Purpuricenus (*s. str.*) *petasifer*: Gressitt, 1951: 318.

Purpuricenus (*s. str.*) *lituratus*: Gressitt, 1951: 318.

Purpuricenus (*Sternoplistes*) *lituratus*: N. Ohbayashi & Niisato, 2007: 473.

　　主要特征：体长 16.0–23.0 mm。体黑色，前胸背板及鞘翅朱红色。前胸背板有 5 个黑斑点（前 2 后 3）。鞘翅有黑斑 2 对，靠前 1 对略呈圆形，靠后 1 对大型，在中缝处连接，呈毡帽形。触角雌虫较短，接近鞘翅末端，以第 3 节最长，雄虫则约为体长的 2 倍，以第 11 节最长。前胸短宽，两侧缘中部有侧瘤突，基部稍前略为窄缩，5 个黑斑点处略为隆起。小盾片锐三角形，密被黑色绒毛。鞘翅扁长，两侧缘平行，后缘圆形，帽形黑斑上密被黑色绒毛。

　　寄主：苹果。

　　分布：浙江（临海）、吉林、辽宁、北京、河北、河南、陕西、甘肃、江苏、湖北、江西、湖南、广西、贵州、云南；俄罗斯，朝鲜，韩国，日本。

（188）圆斑紫天牛 *Purpuricenus sideriger sideriger* Fairmaire, 1888

Purpuricenus sideriger Fairmaire, 1888b: 139.

Purpuricenus pratti Gahan, 1888b: 61.

Purpuricenus ritsemai ssp. *coreanus* Saito, 1932: 441.

　　主要特征：体长 13.0–22.0 mm。体黑色，前胸背板及鞘翅朱红色。前胸背板有 5 个黑斑点（前 2 后 3）。鞘翅有黑斑 2 对，靠前 1 对略呈圆形，靠近但不接触鞘缝，靠后 1 对大型，在中缝处连接成大型圆斑，不到达翅端。前胸侧刺突较小。

　　分布：浙江（临安）、黑龙江、辽宁、河北、河南、陕西、江苏、湖北、江西、湖南、福建、广西、四川；俄罗斯，韩国，日本。

（189）二点紫天牛 *Purpuricenus spectabilis* Motschulsky, 1858（图版 V-7）

Purpuricenus spectabilis Motschulsky, 1858a: 36.

Sternoplistes spectabilis: Aurivillius, 1912: 466.

Sternoplistes spectabilis var. *bijunctus* Pic, 1923d: 8.

Sternoplistes spectabilis var. *argodi* Pic, 1949: 53.

Purpuricenus (*Sternoplistes*) *spectabilis*: Gressitt, 1951: 319.

　　主要特征：体长 13.5–19.0 mm。体扁长，黑色，前胸背板及鞘翅朱红色，前者有 5 个黑色斑点（前 2 后 3，外侧的有时前后连接），后者常带橙黄色，在后方有 1 对圆形小黑点。头部有粗糙刻点及灰白色竖毛。前胸背板后部有中瘤，两侧缘有显著的瘤状侧刺突；胸面刻点较翅面粗糙，刻点间呈皱纹状。鞘翅扁长，两侧缘平行，每翅有直纹 3 条，边缘的 1 条特别明显。

本种与中华竹紫天牛相似，主要区别：鞘翅后方有 1 对圆形小黑点，翅面有细小黑色竖毛；前胸背板中瘤稍小；鞘翅颜色一般偏于橙黄。

分布：浙江（长兴、临安、诸暨、天台、丽水、泰顺）、辽宁、河北、河南、陕西、甘肃、江苏、湖北、江西、湖南、福建、广东、广西、四川、贵州、云南；韩国，日本。

（190）中华竹紫天牛 *Purpuricenus temminckii sinensis* White, 1853（图版 V-8）

Purpuricenus sinensis White, 1853: 139.

Sternoplistes temnicki var. *similis* Pic, 1923d: 8.

Purpuricenus temminckii sinensis: Danilevsky, 2012b: 18, figs. 29-35.

主要特征：体长 11.0–18.0 mm。体扁，略呈长形。头、触角、腿及小盾片黑色。前胸背板及鞘翅朱红色，后者色泽稍浅，后端常带有橙黄色；前胸背板有 5 个黑斑，接近后缘的 3 个较小，前方的 1 对较大而圆，有时候这些黑斑扩大并相连。鞘翅通常没有斑纹，但有些个体后方有 1 对小黑斑点（Danilevsky，2012d）。触角雌虫较短，接近鞘翅后缘，雄虫长约为身体的 1.5 倍，各节远端稍大，第 3 节较柄节略长，后者与第 4 节长度大致相等。前胸两侧缘有 1 对显著的瘤状侧刺突。鞘翅两侧缘平行，后缘圆形。

分布：浙江（德清、长兴、临安、诸暨、定海、开化、景宁、泰顺）、辽宁、河北、山西、山东、河南、陕西、江苏、上海、湖北、江西、湖南、福建、台湾、广东、海南、香港、澳门、广西、四川、贵州、云南；韩国，越南，老挝。

寄主：竹、枣、油桐。

双条天牛族　Xystrocerini Blanchard, 1845

95. 脊胫天牛属 *Leptoxenus* Bates, 1877

Leptoxenus Bates, 1877: 37. Type species: *Leptoxenus ibidiformis* Bates, 1877.

Kamuia Matsushita, 1933: 240. Type species: *Kamuia bimaculata* Matsushita, 1933.

主要特征：体细长，复眼大而深凹，触角基瘤几乎不突出。触角细长，长于体长，第 3 节长于第 4 节，第 5 节长于第 3 节。前胸具短小的侧瘤突。鞘翅细长，长大于肩宽的 4 倍。足长，腿节线状，后足腿节伸出鞘翅末端，胫节不短于腿节，后足第 1 跗节长于其后两节之和。

分布：中国，朝鲜半岛，日本，越南，老挝。本属世界已知 5 种，中国记录 3 种，浙江分布 1 种。

（191）脊胫天牛 *Leptoxenus ibidiiformis* Bates, 1877（图版 V-9）

Leptoxenus ibidiiformis Bates, 1877: 37.

主要特征：体长 10.5–15.0 mm。身体黄褐色，前胸背板中部具有大型黑褐色的斑纹。小盾片淡色。鞘翅具有褐色与黄白色绒毛形成的斑纹，其中中部之后的八字形斑纹颜色最浅最显眼，鞘翅末端的颜色与八字形纹一致。鞘翅末端圆形。

分布：浙江（开化）、江西、台湾；朝鲜半岛，日本。

96. 双条天牛属 *Xystrocera* Audinet-Serville, 1834

Xystrocera Audinet-Serville, 1834b: 69. Type species: *Cerambyx globosus* Olivier, 1795.

　　主要特征：头短，复眼大，内缘深凹，小眼面粗；颊短，额小，呈横隆突，额前缘及后头低。触角基瘤内侧突起，触角十分长，雄虫触角为体长 1.5–2 倍，雌虫触角长度略超过鞘翅末端，柄节粗扁，雄虫柄节外侧末端及第 3–4 节下方末端，各有 1 个刺状突出，以柄节侧刺突最为发达。前胸背板一般宽略胜于长，两侧缘弧形，后缘略呈双曲波形。鞘翅长形，两侧近于平行，末端略窄，钝圆。前胸腹板凸片狭窄，端部不膨阔。足中等大，较粗壮，前足基节窝向后开放，其外侧呈明显的尖角，中足基节窝对后侧片开放（蒋书楠等，1985）。

　　分布：中国，朝鲜，韩国，日本，巴基斯坦，印度，不丹，尼泊尔，孟加拉国，缅甸，越南，老挝，泰国，柬埔寨，斯里兰卡，菲律宾，马来西亚，新加坡，印度尼西亚，以色列，沙特阿拉伯，大洋洲，北美洲，非洲。世界已知 64 种，中国记录 2 种，浙江分布 1 种。

（192）双条天牛 *Xystrocera globosa* (Olivier, 1795)（图版 V-10）

Cerambyx globosus Olivier, 1795: 27, pl. XII, fig. 81.

Stenocorus vittatus Fabricius, 1801b: 309.

Callidium marginale Goldfuss, 1805: 44, pl. 1, fig. 8.

Xystrocera globosa: Audinet-Serville, 1834b: 70.

Xystrocera viridipicta Fairmaire, 1896b: 367.

Xystrocera globosa var. *invittata* Breuning, 1957a: 1241.

Xystrocera globosa var. *mediovitticollis* Breuning, 1957a: 1241.

Xystrocera globosa var. *reductevittata* Breuning, 1957a: 1241.

Xystrocera globosa ssp. *diehli* Heyrovský, 1967: 39.

　　别名：合欢双条天牛

　　主要特征：体长 13.0–35.0 mm。体呈红棕色到棕黄色；前胸背板前后边、中央 1 狭纵条，左右各 1 较宽的纵条，均呈金属蓝或绿色；雄虫的两侧直条由胸部前缘两侧向后斜伸至后缘中央，雌虫则直伸向后方，不作雄虫的斜行式样。鞘翅棕黄色，每翅中央 1 纵条，其前方斜向肩部，此纵条及鞘翅的外缘和后缘均呈金属蓝或绿色。触角长于体。每鞘翅有 3 条微隆起的纵纹，2 条在背方，1 条在侧方。

　　分布：浙江（长兴、安吉、平湖、西湖、滨江、临安、绍兴、定海、龙泉、平阳）、河北、山东、河南、陕西、甘肃、江苏、上海、安徽、湖北、江西、湖南、福建、台湾、广东、海南、香港、广西、重庆、四川、贵州、云南；朝鲜，韩国，日本，巴基斯坦，印度，不丹，尼泊尔，孟加拉国，缅甸，越南，老挝，泰国，柬埔寨，斯里兰卡，菲律宾，马来西亚，印度尼西亚，以色列，入侵非洲和大洋洲。

　　寄主：合欢、槐、桑、桃。

（六）沟胫天牛亚科 Lamiinae

　　主要特征：小至大型，体长 2.4–75 mm，头强烈特化，通常短，额大而垂直至后倾，口器多为下口式。很少种类前口式。触角窝距上颚髁很远，通常或多或少被复眼围绕，部分种类复眼深凹甚至被分为两叶。触角长，大都 11 或 12 节，一般形状简单（但一些触角节可能具刺或毛刷）。外咽片和亚颏短。前胸背板不具显著边缘，至多具 1 对刺突或偶尔具更复杂的突片。前足基节窝多样，向后开放或关闭。中胸背板大都具发音器和完整的内突；发音器的分界线很不对称（通常偏向左边，但甚至在同种中具偏左或偏右的可能），发音器在功能上没有被分成两块（一侧较大且具功能，另一侧很窄没有发音作用，或完全消失）。前足胫节在中部具清洁毛刷，大都长在胫节的斜沟或凹陷里，中足胫节的外侧也常常具有类似的结构。跗节伪 4 节，具跗垫，但一些类群具真 4 节（第 4 跗节与第 5 跗节完全愈合），爪间突不明显。

　　分布：世界已知约 2 万种，超过天牛已知种总数的一半。中国记录 28 族 307 属 1636 种/亚种，浙江分布 19 族 90 属 223 种。

长角天牛族 Acanthocinini Blanchard, 1845

分属检索表

1. 触角短于体长的 2 倍 ·· 2
- 触角（至少雄虫如此）长于体长的 2 倍；前胸侧刺突明显；鞘翅近基部没有刺 ················· 3
2 前胸侧面略圆突；鞘翅近基部具 1 突脊，上有向后的刺 ·························· **方额天牛属 Rondibilis**
- 前胸侧面具发达刺突；鞘翅基部具胼胝体或缺失 ································· **梭天牛属 Ostedes**
3. 触角下沿具缨毛；鞘翅较平坦，侧缘直（看起来较狭长）；雄虫触角大于体长的 3 倍；雌虫产卵器很长 ·················
  ··· **长角天牛属 Acanthocinus**
- 触角下沿光裸；鞘翅较圆隆，侧缘基半部直，随后逐渐弧形弯曲（看起来较宽短）；雄虫触角为体长的 2 倍；雌虫产卵器
  短 ··· **利天牛属 Leiopus**

97. 长角天牛属 *Acanthocinus* Dejean, 1821

Acanthocinus Dejean, 1821: 106. Type species: *Cerambyx aedilis* Linnaeus, 1758.

Aedilis Audinet-Serville, 1835: 32. Type species: *Aedilis montana* Audinet-Serville, 1835 (= *Cerambyx aedilis* Linnaeus, 1758).

Astynomus Dejean, 1835: 337. Type species: *Cerambyx aedilis* Linnaeus, 1758.

Acanthocinus (*Graphisurus*) Bethune, 1872: 55.

Graphisurus: Casey, 1913: 334. Type species: *Acanthocinus pusillus* Kirby, 1837.

Graphisurus (*Canonura*) Casey, 1913: 335. Type species: *Aedilis spectabilis* LeConte, 1854.

Graphisurus (*Graphisurus*): Casey, 1913: 335.

Graphisurus (*Tylocerina*) Casey, 1913: 335. Type species: *Cerambyx nodosus* Fabricius, 1775, designated by Dillon, 1956: 230.

Acanthocinus (*Acanthocinus*): Aurivillius, 1923a: 434.

Acanthocinus (*Tylocerina*): Aurivillius, 1923a: 434.

Tylocerina (*Canonura*): Aurivillius, 1923a: 434.

Graphisurus (*Acanthocinus*): Keen, 1929: 62.

Canonura: Dillon, 1956: 225.

Neacanthocinus Dillon, 1956: 231. Type species: *Cerambyx obsoletus* Olivier, 1800.

Tylocerina: Dillon, 1956: 230.

主要特征：体较扁平，触角十分细长，远远超过体长，触角下面具缨毛；柄节较长，略长于前胸背板的长度或近于等长，柄节向端部逐渐膨大，背面端部不具端疤。前胸背板宽胜于长，两侧缘具侧刺突。鞘翅长形，两侧近于平行，末端圆形。足中等长，较粗壮，前足基节窝圆形，中足基节窝对后侧片关闭，爪全开式。一般雌虫腹部末端伸出长产卵管（蒋书楠等，1985）。

分布：中国，俄罗斯，蒙古国，朝鲜，韩国，日本，哈萨克斯坦，越南，老挝，泰国，伊朗，阿塞拜疆，土耳其，欧洲，北美洲。本属分两个亚属，其中指名亚属世界已知 27 种/亚种，中国记录 7 种，浙江发现 1 种。

（193）小灰长角天牛 *Acanthocinus* (*Acanthocinus*) *griseus* (Fabricius, 1793)（图版 V-11）

Cerambyx griseus Fabricius, 1793: 261.

Astynomus alpinus Redtenbacher, 1849: 494.

Acanthocinus griseus var. *obscurus* Pic, 1891: 32.

Acanthocinus griseus ssp. *novaki* Tippmann, 1952: 153, pl. VII, figs. a, b.

Acanthocinus griseus m. *obscurus*: Breuning, 1978: 56.

Acanthocinus griseus griseus: Hasegawa, 1996: 84, figs. 1, 5, 9, 13-17, 31.

主要特征：体长 7.0–14.0 mm。体基底黑褐色至棕褐色，触角各节端部和第 2 节整节黑色。前胸背板被灰褐色绒毛，前端有 4 个污黄色圆形毛斑，排成 1 横列，基端也有 2 个圆形毛斑。小盾片中部被淡色绒毛。鞘翅被黑褐色、棕褐或灰色绒毛，一般灰色绒毛多分布在每翅中部及末端，各成 1 条宽横带，其余翅面多为黑褐色或棕褐色绒毛。每翅显现出 2 条黑褐色横斑，在中部的灰斑内有黑褐色小点。雄虫触角为体长的 2.5–3 倍，雌虫触角为体长的 2 倍。前胸背板宽显胜于长，两侧缘中部后有 1 个圆锥形的隆突。鞘翅两侧近于平行，末端圆形。

分布：浙江（临安、开化、庆元）、黑龙江、吉林、辽宁、内蒙古、北京、河北、河南、陕西、宁夏、甘肃、新疆、湖北、江西、福建、广东、广西、贵州；俄罗斯，蒙古国，朝鲜，韩国，土耳其，叙利亚，欧洲。

寄主：红松、鱼鳞松、油松、华山松、栎属。

98. 利天牛属 *Leiopus* Audinet-Serville, 1835

Leiopus Audinet-Serville, 1835: 86. Type species: *Cerambyx nebulosus* Linnaeus, 1758.

主要特征：触角长于体，雄虫触角为体长的 2 倍，触角第 2–5 节下沿不具缨毛（有时具少数半直立毛）。前胸腹板突狭窄，通常窄于中胸腹板突的一半。前胸略窄于鞘翅肩宽，侧刺突位于中点偏后。鞘翅具绒毛，基半部两侧平行，之后均匀弧形变窄，末端圆形，基部突脊微弱或缺失，每鞘翅基部通常具 1 很弱突脊，位于肩部和小盾片之间。腿节细长至轻微膨大，后足腿节较短，后足胫节粗短，后足跗节第 1 节为第 2–3 节之和的 1.4 倍。

分布：中国，俄罗斯，蒙古国，朝鲜，韩国，日本，土耳其，塞浦路斯，欧洲，北非。世界已知 35 种/亚种，分为 2 个亚属。浙江分布 1 种

（194）点利天牛 *Leiopus* (*Leiopus*) *stillatus* (Bates, 1884)

Acanthocinus stillatus Bates, 1884: 254.

Liopus japonicus Pic, 1901b: 342.

Leiops stillatus: Hasegawa & Makihara, 2001: 74.

Leiopus (*Leiopus*) *stillatus*: Wallin, Kvamme & Lin, 2012: 7, figs. 5, 6, 43, 59, 73, 87.

主要特征：体长 8–11 mm。体黑色，被灰色绒毛。触角第 3–11 节各节基半部红褐色，端半部黑褐色至黑色，基部两节黑色。足黑色，被灰色绒毛。头和前胸不具明显斑纹，小盾片黑色。鞘翅密布无数小黑点，其中端部 1/3 之前具有显著中等大小的黑色横斑。

分布：浙江、黑龙江、吉林、河北、江西；俄罗斯，朝鲜，韩国，日本。

99. 梭天牛属 *Ostedes* Pascoe, 1859 浙江新记录

Ostedes Pascoe, 1859: 43. Type species: *Ostedes pauperata* Pascoe, 1859.

主要特征：触角长于体，雄虫触角为体长的 1.4 倍，触角第 3–7 或 8 节下沿具缨毛，第 3 节长于柄节，短于第 4 节，第 4–11 节逐渐变短。前胸背板长于（♂）或约等于基部宽度；侧刺突发达，背面有时具 2 个瘤突。鞘翅刻点明显，向后逐渐变窄，基部具胼胝体或缺失。前足基节窝向后开放，中足基节窝关闭。腿节膨大，胫节与腿节约等长，后足跗节第 1 节长于第 2–3 节之和。

分布：中国，朝鲜，韩国，日本，印度，尼泊尔，越南，老挝，菲律宾，马来西亚，印度尼西亚。本属分 3 个亚属，其中指名亚属世界已知 35 种/亚种，中国记录 8 种/亚种，浙江分布 1 种。

（195）闽梭天牛 *Ostedes (Ostedes) inermis* Schwarzer, 1925（图版 V-12） 浙江新记录

Ostedes inermis Schwarzer, 1925c: 146.

Ostedes nubila Matsushita, 1931b: 405.

Ostedes inermis inermis: Gressitt, 1951: 521.

主要特征：体长 9.2–12.4 mm。体红褐色至黑褐色，密布直立刚毛。触角第 3–11 节各节基部浅色，其余部分黑褐色至黑色，基部 2 节黑色。头、前胸和足腿节大部分被灰褐色绒毛，不具明显斑纹，足胫节中部和跗节首末两节浅色。小盾片黑色，周边具褐色缘。鞘翅基半部可见 1 个大型的心形浅色斑，端半部从中部开始为深色、浅色、深色、浅色、深色，但边界不规则，形状也不固定。鞘翅末端斜截，外端角齿状。

分布：浙江（临安）、福建、台湾、广东；老挝。

寄主：橡胶树（大戟科）。

备注：本种分为 3 个亚种，本研究不细分亚种，暂且认为它可能跟指名亚种一样。

100. 方额天牛属 *Rondibilis* Thomson, 1857

Rondibilis Thomson, 1857d: 306. Type species: *Rondibilis bispinosa* Thomson, 1857.

Eryssamena Bates, 1884: 251. Type species: *Eryssamena saperdina* Bates, 1884. Considered as a subgenus of *Rondibilis* by Kusama & Takakuwa, 1984: 490.

Parenes Aurivillius, 1927: 29 (= 577). Type species: *Parenes lineata* Aurivillius, 1927.

Polimeta Pascoe, 1864a: 13. Type species: *Ostedes spinosula* Pascoe, 1860.

主要特征：头顶平坦，触角基瘤之间不凹陷；额长大于宽；触角长于体长，下沿具缨毛；前胸长大于宽，侧面略圆突，基缘之前横缢；鞘翅长，两侧平行，每鞘翅基部具 1 突脊，上有向后的刺（有时刺不发达，作者注）；后足胫节长（Gressitt，1940b）。

分布：中国，俄罗斯，朝鲜，韩国，日本，琉球群岛，哈萨克斯坦，印度，不丹，尼泊尔，缅甸，越南，老挝，柬埔寨，菲律宾，马来西亚，印度尼西亚，大洋洲。本属分为两个亚属，指名亚属世界已知 66 种/亚种，中国记录 16 种/亚种，浙江分布 2 种/亚种。

（196）项山晦带方额天牛 *Rondibilis (Rondibilis) horiensis hongshana* Gressitt, 1937（图版 V-13）

Rondibilis horiensis hongshanus Gressitt, 1937d: 614.

Rondibilis (Rondibilis) horiensis hongshana: Löbl & Smetana, 2010: 211.

主要特征：体长 8.9 mm 左右。体黑色。触角黑褐色至黑色，各节基部具很小的白环。头和足黑色，被灰色毛。前胸背板具不规则的稠密黑点，中央前端灰褐色。小盾片灰褐色。鞘翅中部和端半部中央具显著黑色横斑，其余部分灰褐色夹杂不规则排列的黑色小点。触角远长于体长，第 3 节长于柄节。鞘翅两侧

几乎平行，末端平切。腿节略呈棒状。

分布：浙江（临安）、湖北、江西、广东。

（197）微齿方额天牛 *Rondibilis (Rondibilis) microdentata* (Gressitt, 1942)（图版 V-14）

Eryssamena microdentata Gressitt, 1942c: 89, pl. I, fig. 7.

Rondibilis (Rondibilis) microdentata: Löbl & Smetana, 2010: 211.

别名：微齿集天牛

主要特征：体长 12.0 mm。体黑色，被灰色绒毛。头和前胸没有明显的斑纹，小盾片被灰色绒毛。触角大部分红褐色，柄节（除端部外）和第 3–11 节各节的端部颜色较深，显示黑褐色。鞘翅具 3 处明显的黑斑，第 1 处在基部，整个肩角并朝着小盾片和鞘翅中部两个方向各自延伸；第 2 处在中部之后，很宽的横斑，不接触鞘缝但接触侧缘；第 3 处在端部 1/7 之前，较细的 1 条横斑，也是不接触鞘缝但接触侧缘。沿着鞘缝散布很多小黑点，黑点间隙远大于黑点直径。前胸侧面具很小的齿状突出，鞘翅基部没有明显的脊，更没有倒刺，末端斜截，端缝角和端缘角都钝圆。

分布：浙江（临安、磐安、泰顺）。

备注：浙江是本种的模式产地。

多节天牛族 Agapanthiini Mulsant, 1839

分属检索表

1. 触角 12 节 ··· 多节天牛属 *Agapanthia*
- 触角 11 节 ··· 2
2. 复眼上下叶分离 ·· 蛬天牛属 *Tetraglenes*
- 复眼不分离成上下两叶 ·· 3
3. 复眼在背面几乎不可见，在背面不环绕触角基瘤 ·· 4
- 复眼在背面可见，在背面环绕触角基瘤 ··· 5
4. 触角柄节等长于第 3 节；前足第 1 跗节短于第 2–3 节之和 ······················ 锐顶天牛属 *Cleptometopus*
- 触角柄节稍长于第 3 节；前足第 1 跗节与第 2–3 节之和等长 ···················· 马天牛属 *Hippocephala*
5. 前胸狭长，长可达宽的 1.5 倍，仅稍窄于鞘翅基部 ······················ 竿天牛属 *Pseudocalamobius*
- 前胸较短，长不到宽的 1.5 倍，明显窄于鞘翅基部 ··· 6
6. 触角下侧有细长缨毛，柄节伸达或超过前胸中部；后足腿节很短，不达可见第 2 腹节后缘 ·········· 驴天牛属 *Pothyne*
- 触角下侧有短密缨毛，柄节不超过前胸中部；后足腿节伸达可见第 2 腹节后缘 ··········· 长额天牛属 *Aulaconotus*

101. 多节天牛属 *Agapanthia* Audinet-Serville, 1835

Agapanthia Audinet-Serville, 1835: 35. Type species: *Cerambyx cardui* Linnaeus, 1767.

主要特征：体较小至中等，长形较窄。触角基瘤微突，彼此远离；触角很长，12 节；柄节较长，似棒状，不具端疤，稍短于第 3 节；第 3 节最长，以下各节依次减短而趋细，基部 6 节下沿有稀疏的细长缨毛。额宽阔，近于方形。鞘翅长形，两侧近于平行，各翅末端分开，收缩成尖圆形。前足基节窝关闭，中足基节窝对后侧片开放，中足胫节无斜沟，附爪节基部彼此接近，形成角度小于直角（蒲富基，1980）。

分布：古北区。本属共分 10 个亚属，中国分布 2 个亚属，浙江分布 1 个亚属，2 种/亚种。

（198）苜蓿多节天牛 *Agapanthia (Amurobia) amurensis* **Kraatz, 1879**（图版 V-15）

Agapanthia amurensis Kraatz, 1879a: 115.

Agapanthia melanolopha Fairmaire, 1899: 643.

Agapanthia plicatipennis Pic, 1915c: 8.

Agapanthia semicyanea Pic, 1915c: 8.

Agapanthia amurensis ssp. *melanolopha*: Hayashi, 1982b: 145, 148.

Agapanthia amurensis amurensis: Hayashi, 1982b: 144, 148.

Agapanthia (Amurobia) amurensis: Pesarini & Sabbadini, 2004: 128.

Agapanthia (Epoptes) amurensis: Löbl & Smetana, 2010: 215.

　　主要特征：体长 10.0–21.0 mm。体金属深蓝或紫蓝色。触角黑色，自第 3 节起各节基部被淡灰色绒毛。头、胸及体腹面近蓝黑色。触角比体长，柄节粗而长，渐向端部膨大，不具端疤，短于第 4 节，第 3 节最长，柄节及第 3 节端部具簇毛，有时柄节端部仅下侧具浓密长毛。前胸背板长宽相等或宽略胜于长，两侧中部之后稍膨突；头、胸刻点粗深，每个刻点着生黑色长竖毛。小盾片半圆形。鞘翅狭长，宽于前胸，翅端圆形。足短，后足腿节不超过第 2 腹节末端。

　　分布：浙江（临安、余姚、开化）、黑龙江、吉林、内蒙古、北京、河北、山东、河南、陕西、宁夏、新疆、江苏、湖北、江西、湖南、福建、四川；俄罗斯，蒙古国，朝鲜半岛，日本。

　　寄主：苜蓿。

（199）毛角多节天牛 *Agapanthia (Amurobia) pilicornis pilicornis* **(Fabricius, 1787)**

Saperda pilicornis Fabricius, 1787: 148.

Agapanthia pilicornis: Motschulsky, 1860b: 151.

Agapanthia fasciculosa Motschulsky, 1861b: 41.

Agapanthia pilicornis pilicornis: Hua, 2002: 192.

Agapanthia yiershiensis Wang, 2003: 266, 396, fig. in p. 266.

Agapanthia (Amurobia) pilicornis: Pesarini & Sabbadini, 2004: 128.

Agapanthia (Epoptes) pilicornis pilicornis: Löbl & Smetana, 2010: 216.

　　主要特征：体长 12–16.5 mm。体中等大小，长形，藏青色或黑色；唇基前缘淡黄褐色，触角第 3–4 节大部分及以下各节基部淡橙红色，其上着生稀疏白色细毛，柄节、第 2 节及以下各节端部黑褐色或黑色。体背面着生直立或半卧稀疏黑色细长毛，体腹面被淡灰色绒毛及稀疏黑色细长毛。额宽广，前缘有 1 条细横沟；上唇半圆形，其上着生浓密较长黑毛；复眼下叶长稍胜于宽，略短于颊。雌、雄虫触角均超过体长，基部 6 节下沿有稀疏细长缨毛；柄节端部下面及第 3 节端部有较多的毛，但不呈毛刷状，柄节较长，端部膨大似棒状，短于第 3 节，同第 4 节近于等长。头、胸密布刻点，以胸部刻点较粗深，头部刻点之间尚有细刻点，柄节密布细刻点。前胸背板宽略胜于长，两侧中部之后稍膨阔而微突。小盾片半圆形，被淡黄色绒毛。鞘翅密布粗刻点，端部刻点渐细弱。体腹面有细小刻点，微现细横纹。足较短，后足腿节不超过腹部第 2 节端缘。

　　分布：浙江（临海）、吉林、山东、陕西、江苏、湖北、江西、四川；俄罗斯，蒙古国，朝鲜，韩国，日本。

　　寄主：竹（浙江省林业厅，1983）。

102. 长额天牛属 *Aulaconotus* Thomson, 1864

Aulaconotus Thomson, 1864: 99. Type species: *Aulaconotus pachypezoides* Thomson, 1864.

主要特征：体圆筒形；头多少倾斜，头顶尖，口器向后；额狭长，前方稍微阔大；触角细长，通常大于体长的 2 倍，下沿有短细缨毛；柄节圆筒形，端部不膨大，无端疤，与第 3 节等长或稍短。前胸圆筒形，不具侧瘤突，前横沟中部不显，后横沟深。鞘翅长，基部远较前胸为阔。前足基节窝向后关闭，侧面呈角状；中足基节窝对后侧片开放；后足腿节显短于腹部；爪半开式。

分布：中国，日本，尼泊尔，越南，老挝。本属世界已知 8 种，中国记录 6 种，浙江分布 2 种。

（200）天目长额天牛 *Aulaconotus incorrugatus* Gressitt, 1939（图版 V-16）

Aulaconotus incorrugatus Gressitt, 1939b: 117, pl. I, fig. 10.

主要特征：体长 15 mm。体深褐色，具红褐色绒毛斑纹。触角深褐色，第 4–11 节各节基部具灰白色环纹。前胸背板具 6 条红褐色绒毛细纵纹，中央的 2 条前后愈合。小盾片深褐色，不具绒毛。鞘翅红褐色斑纹不太规则，隐约可辨断断续续的 3 条长纵纹。触角第 3 节明显长于柄节和第 4 节。鞘翅末端缩窄、斜切，端缘角齿状突出。

分布：浙江（临安）。

备注：浙江是本种的模式产地。

（201）长额天牛 *Aulaconotus pachypezoides* Thomson, 1864

Aulaconotus pachypezoïdes Thomson, 1864: 99.

Phelipara breviscaposa Heller, 1923: 73.

别名：条胸长额天牛

主要特征：体长 14–21 mm。体圆筒形，黑色或红木色，鞘翅基部较红。全体密被淡灰色绒毛，灰色中常带肉色、金黄色或淡赭赤色，并饰有褐黑或黑色斑纹。头顶中央 3 条纵纹，其中两侧条较短，中条极长，向前延伸直达额前缘；前胸纵纹 13–15 条，均由极密的小瘤所组成，除中央一条外，两侧各有 6–7 条。最下一条处于前足基节窝之旁，这些纵纹有时很清晰，有时一部分彼此接近或界限不清；每鞘翅基部有 4 条黑纵纹，处于肩与小盾片之间的 3 条极显著，由肩向下延伸的 1 条常呈棕色，且常模糊不清；翅中央有相当大的深色横斑 1 个，斑下有 5 条深色纵纹，有时清晰，有时模糊，直达端末之前。触角或多或少被灰黄或金黄色绒毛，端部数节仅限于基末，柄节背面一般绒毛较稀。

分布：浙江（临安、奉化）、江苏、湖北、江西、湖南、福建、台湾、广东、四川、贵州；日本。

寄主：白簕。

103. 锐顶天牛属 *Cleptometopus* Thomson, 1864

Cleptometopus Thomson, 1864: 95. Type species: *Cleptometopus terrestris* Thomson, 1864.

Apophrena Pascoe, 1866c: 324. Type species: *Apophrena filifera* Pascoe, 1866.

Smermus Lacordaire, 1872: 692. Type species: *Smermus mniszechi* Lacordaire, 1872.

Acroama Jordan, 1894: 501. Type species: *Acroama armata* Jordan, 1894.

Anapophrena Pic, 1925a: 28. Type species: *Anapophrena luteonotata* Pic, 1925.

Mimocleptometopus Pic, 1934b: 36. Type species: *Mimocleptometopus undulatus* Pic, 1934.

Metopoplectus Gressitt, 1936: 104. Type species: *Metopoplectus taiwanensis* Gressitt, 1936.

Itohigea Matsushita, 1938: 102. Type species: *Itohigea bimaculata* Matsushita, 1938 (= *Smermus bimaculatus* Bates, 1873).

主要特征：体圆筒形，头向下向后倾斜，头顶尖，口器向后；额斜方形，高大于宽；复眼小，几乎不超过触角基瘤背面。触角基瘤互相靠近，触角细长，大于体长的 2 倍；柄节圆筒形，端部微膨大，无端疤，柄节伸达前胸背板的中部之后，与第 3 节等长，第 3–10 节约等长，末节最长。前胸圆筒形，长大于宽，不具侧瘤突。鞘翅长，基部宽，较前胸宽大 1/3，基部 3/4 两侧平行，端部变窄，末端圆形或平切。前足基节窝向后关闭；中足基节窝对后侧片开放。足短，腿节棒状，后足腿节伸达腹部中间；中足胫节外侧具斜沟，跗节约等于胫节。后足跗节第 1 节略短于其后两节之和，末节最长。爪半开式。

分布：中国，日本，印度，不丹，尼泊尔，缅甸，越南，老挝，菲律宾，马来西亚，印度尼西亚，大洋洲。本属世界已知 71 种/亚种，中国记录 7 种，浙江分布 2 种。

（202）小锐顶天牛 *Cleptometopus minor* (Gressitt, 1937)（图版 V-17）

Metopoplectus minor Gressitt, 1937a: 93.

Cleptometopus minor: Hua, 2002: 202.

主要特征：体长 6.4 mm。体红褐色，具微弱的灰白色绒毛斑纹。后头具 3 道灰白色细纹，其中 2 道从触角基瘤沿着复眼延伸。触角红褐色，从第 4 节起各节基部颜色较淡，末节端部灰白色。前胸背板具 4 道灰白色细纹，中间 2 道互相靠近。小盾片被灰白色绒毛。鞘翅大部分被薄弱的灰白色绒毛，可见以中部为中心的一个 Y 形的不具灰白色绒毛的光裸区域。鞘翅末端几乎圆形。

分布：浙江（德清）。

备注：浙江是本种的模式产地。

（203）东方锐顶天牛 *Cleptometopus orientalis* Mitono, 1934（图版 V-18）

Cleptometopus orientalis Mitono, 1934: 492.

Metopoplectus orientalis: Gressitt, 1951: 545.

主要特征：体长 10–14 mm。体红褐色，具褐色绒毛斑纹。触角红褐色，从第 4 节起各节基部颜色较淡。前胸背板具 4 道灰褐色纵纹。小盾片密被黄褐色绒毛。鞘翅大部分被褐色绒毛，不具褐色绒毛的光裸区域形成斜纹或纵纹。鞘翅末端几乎圆形。

分布：浙江（临安、泰顺）、台湾。

104. 马天牛属 *Hippocephala* Aurivillius, 1920

Hippocephala Aurivillius, 1920: 25 (= 385). Type species: *Hippocephala suturalis* Aurivillius, 1920.

主要特征：头部下口式；颊长，为复眼下叶的 2 倍；触角基瘤显著向前突出，互相接近；头顶深陷；触角极细长，柄节长，末端渐粗，稍长于第 3 或第 4 节，第 4 节伸达鞘翅末端，各节下侧密生缨毛。前胸圆柱形，无侧刺突。小盾片横扁钝圆。鞘翅肩部较前胸宽，背面平，末端尖。后足腿节伸达第 2 腹节，中足胫节有斜沟，爪全开式。前胸腹板凸片宽，后端扩展；中胸腹板凸片弧形倾斜，在基节间宽陷。前足基节窝闭式，外角尖；中足基节窝外侧开式。前足第 1 跗节与第 2–3 节之和等长。

　　分布：中国，印度，不丹，尼泊尔，孟加拉国，越南，马来西亚。本属分 2 个亚属，仅指名亚属在中国有分布。

（204）截尾马天牛 *Hippocephala (Hippocephala) dimorpha* Gressitt, 1937（图版 V-19）

Hippocephala dimorpha Gressitt, 1937d: 612.

　　主要特征：体长 12–14 mm。头和前胸黑褐色，后头和前胸背板基缘及两侧被薄薄的银灰色毛。触角深棕色，第 4 节起各节基部淡色。鞘翅深棕色，不具显著斑纹，端末银灰色绒毛较明显。触角很长，大于体长的 2 倍，柄节伸达前胸背板基缘。头宽于前胸，鞘翅基部略微宽于前胸，两侧几乎平行，后端收窄明显，末端平截。

　　分布：浙江（临安）、江西、福建、广西、四川。

105. 驴天牛属 *Pothyne* Thomson, 1864

Pothyne Thomson, 1864: 97. Type species: *Pothyne variegata* Thomson, 1864.

Neopothyne Matsushita, 1931a: 46. Type species: *Neopothyne variegata* Matsushita, 1931.

　　主要特征：体狭长。头部下俯，头顶尖突；额狭长，梯形；复眼下叶狭长；触角细长，较体长 1.5–3 倍，柄节柱形，长与第 3–4 节相等或短于第 3 节，下沿有细缨毛。前胸背板柱形，长稍胜于宽，无侧刺突。鞘翅狭长，肩部稍宽于前胸，两侧平行，翅端平截或狭圆。足短，后足腿节不超过第 2 腹节中部，第 1 跗节显著短于以后两节之和，爪半开式。

　　分布：古北区，东洋区。世界已知 115 种/亚种，中国记录 24 种/亚种，浙江发现 4 种。

分种检索表

1. 触角 11 节，末节最长 ·· 2
- 触角 12 节，末节不最长，通常第 3 节最长 ··· 3
2. 触角第 3 节基部非淡色，显长于柄节；鞘翅末端平切 ································· **赭色驴天牛 *P. chocolata***
- 触角第 3 节基部淡色，稍长于柄节；鞘翅末端略微斜截，缘角略突出 ······· **糙额驴天牛 *P. rugifrons***
3. 体黑褐色，绒毛斑纹红褐色；鞘翅具难以描述的红褐色和灰色绒毛斑纹 ····· **多褶驴天牛 *P. polyplicata***
- 体淡红褐色，绒毛斑纹白色；每鞘翅具 5 道细纵纹 ······························· **红褐驴天牛 *P. silacea***

（205）赭色驴天牛 *Pothyne chocolata* Gressitt, 1939

Pothyne chocolata Gressitt, 1939a: 88.

　　主要特征：体长 12.0–15 mm。体近圆筒形，黑褐色至黑色。触角自第 4 节起各节基部淡色，有时淡色部分特别不明显。前胸背面具 5 条黄白色毛纵条纹，背中线上的 1 条有时中段部分好像分成 2 条。每鞘翅具 4 条黄白色绒毛纵纹，靠近侧缘的 1 条很细不明显，鞘缝 1 条和中央的 2 条均黄白色，较稳定。触角 11 节，细长，约为体长的 2 倍，柄节略短于第 4 节，显短于第 3 节。鞘翅末端平切。

　　分布：浙江、江西、湖南、台湾、广东、海南。

（206）多褶驴天牛 *Pothyne polyplicata* Hua *et* She, 1987（图版 V-20）

Pothyne polyplicata Hua *et* She, 1987: 53, fig. 1.

主要特征：体长 21–24.5 mm。体近圆筒形，黑褐色。触角深褐色，第 4 节起各节基部淡色。前胸背面具 6 条红褐色细纵条纹，背中线上的 2 条非常靠近，两端连接，位于侧缘上的 2 条同样细长。鞘翅黑色，具难以描述的红褐色和灰色绒毛斑纹，鞘缝红褐色，另有 2 条稍明显的红褐色纵纹，其他翅面夹杂不规则的红褐色和灰色斑点或短条纹。头部短，约与前胸等宽，微向后倾斜。触角粗长，12 节，长于体长，柄节与第 4 节等长，显短于第 3 节。鞘翅宽于前胸，端部 1/3 处开始向后狭窄，末端圆形。

分布：浙江（临安）、江西、福建、广东、海南、广西。

（207）糙额驴天牛 *Pothyne rugifrons* Gressitt, 1940

Pothyne rugifrons Gressitt, 1940b: 196.

主要特征：体长 14.0–16 mm。体近圆筒形，暗红棕色。头部、触角柄节、前胸、腿节及后胸腹板近于黑色。全体被极薄的灰黄色短绒毛，额两侧各具 1 狭窄的黄白色毛条纹，复眼后方及沿头顶中线具较密的黄白色毛，触角自第 3 节起各节基部白色，第 1–5 节下侧具较长的缨毛。前胸背面具 5 条黄白色毛纵条纹，背中线上的 1 条较宽，位于侧缘上的 1 条仅中段较明显，前胸下侧缘各具 1 较宽而致密的黄白色毛纵条纹，以侧缘上的 1 条最宽且较致密。每鞘翅具 2 条黄白色绒毛纵纹，靠近侧缘的明显，且两条的端末相连，鞘缝黄白色。触角 11 节，细长如丝，长于体长的 2 倍，柄节与第 4 节等长，稍短于第 3 节，末节最长。鞘翅末端略微斜截，缘角略突出。

分布：浙江（开化、庆元）、江西、湖南、福建、广东、海南、香港、云南。

（208）红褐驴天牛 *Pothyne silacea* Pascoe, 1871

Pothyne silacea Pascoe, 1871b: 278.

主要特征：体长 15.8 mm。头、前胸和足淡红褐色，鞘翅和触角的颜色较淡，被白色细绒毛，额、颊、颧和小盾片密被白色绒毛。前胸具 4 条纵纹，中间的 1 条完整，内含光裸短纵纹，两侧各 2 条，上面 1 条不完整，靠近腹面的 1 条较宽。每鞘翅具 5 道细纵纹，第 1 道在鞘缝，第 2 道在盘区，基部和端部缺失不完整，第 3 道在背侧面之间，完整，第 4 道位于侧面，不完整，第 5 道在侧缘，宽且完整。胸部侧面也有绒毛斑。身体其他部位和足的腹面也具有稀疏的绒毛。触角基部 6 节下沿具有黑色的长缨毛，第 7–12 节缨毛很稀少，从第 4 节开始各节基部具白色绒毛环纹。头短阔，额具刻点但不具颗粒，后头刻点不规则而稀疏，复眼下叶长大于宽，长于颊（约为 4∶3）。雄虫触角 1.6 倍于体长，柄节微微膨大，圆柱形，各节相对长度为：12∶1.3∶16∶13∶10∶9∶8∶8∶7∶6.7∶4.5∶2.5。前胸长宽约等，圆筒形，基部和端部的横凹沟微弱，背板具不规则稀疏刻点。鞘翅长 2.75 倍于肩宽，明显宽于前胸，向后逐渐变窄，末端宽圆，基部刻点稀疏，中等大小，刻点间距大于刻点直径，末端刻点更细更稀疏（Hayashi, 1987）。

分布：浙江、江西、台湾、海南；日本。

备注：因为本种的重新描述（Breuning, 1966a）有问题，跟模式标本相差较大，可能不是同种，所以当时报道的江西（Kiukiang）和海南就可能是错误鉴定。而 Hua（2002）的名录里写的浙江，有可能是 Kiukiang 的错误解读。综上，浙江可能并没有本种的分布。我们把 Hayashi（1987）根据模式标本做的重新描述详细翻译出来，以供未来跟中国的标本比对鉴定。原来的记录中包括浙江，暂且保留。

106. 竿天牛属 *Pseudocalamobius* Kraatz, 1879

Pseudocalamobius Kraatz, 1879a: 116. Type species: *Calamobius japonicus* Bates, 1873.

主要特征：体形细小狭长，竿状。头部不显著俯向下后方；触角基瘤很突出，但不很靠拢；触角 11

节，很长，柄节短于第 3 节，无端疤；第 3 节不长于第 4 节；额梯形；复眼不分裂，仅内缘深凹。前胸较鞘翅稍狭，长至多不超过宽的一半；前胸腹板在前足基节之前较长。中足基节窝开式，中足胫节有斜沟。爪半开式（蒋书楠等，1985）。

分布：中国，俄罗斯，韩国，日本，琉球群岛，印度，不丹，尼泊尔，缅甸，越南，老挝，斯里兰卡，印度尼西亚，大洋洲。世界已知 32 种，中国记录 12 种，浙江发现 2 种。

（209）线竿天牛 *Pseudocalamobius filiformis* Fairmaire, 1888

Pseudocalamobius filiformis Fairmaire, 1888b: 146.

Pseudocalamobius filiformis filiformis: Hua, 2002: 227.

主要特征：体长 13.5–15.0 mm。头、前胸黑褐色，鞘翅暗棕色。鞘翅沿鞘缝有 1 淡色绒毛纵纹，鞘翅中区还有 2 条很细的淡色绒毛纵纹。腹面黑色，被灰白色细毛，足腿节和跗节黑褐色，胫节深褐色。触角长于体长的 2 倍，鞘翅末端狭圆。

分布：浙江（临安）、北京、河北、陕西、湖北、湖南、福建、海南。

（210）津岛竿天牛 *Pseudocalamobius tsushimae* Breuning, 1961

Pseudocalamobius japonicus ssp. *tsushimae* Breuning, 1961e: 156.

Pseudocalamobius tsushimae: Hasegawa & N. Ohbayashi, 2002: 401, 408, figs. 2, 7, 11, 14, 16.

主要特征：体长 6.3-11.3 mm。体黑色，头和前胸最黑，鞘翅棕褐色，胫节红褐色。鞘翅隐约可见灰白色绒毛形成的细纵纹，但不显著。触角长于体长的 2 倍，基部数节各个方向都具毛。鞘翅末端斜截。

分布：浙江（临安）、湖北、江西、福建、台湾；俄罗斯，朝鲜，韩国，日本。

寄主：此种之前被错误鉴定为日本竿天牛 *Pseudocalamobius japonicus* (Bates, 1873)（Danilevsky, 2019, 2020）。

107. 蜢天牛属 *Tetraglenes* Newman, 1842

Tetraglenes Newman, 1842c: 300. Type species: *Tetraglenes insignis* Newman, 1842.

主要特征：体形细长。头部下口式，头顶强烈尖突，复眼上下叶分开，触角约与体等长，柄节长几等于第 3–4 节之和，第 3 节以后各节下沿有细长缨毛。前胸背板圆柱形，几与头部等长，并与头部或鞘翅肩部等宽。鞘翅细狭纺锤形，翅端尖狭。前足基节窝外角尖锐，中足基节窝开式，中足胫节近端部外侧深缺刻，足短，后足腿节仅达第 1 腹节后缘，爪半开式。

分布：中国，巴基斯坦，印度，尼泊尔，缅甸，越南，老挝，斯里兰卡，菲律宾，马来西亚，印度尼西亚，非洲。本属世界已知 19 种/亚种，中国记录 2 种，浙江分布 1 种。

（211）毛角蜢天牛 *Tetraglenes hirticornis* (Fabricius, 1798)

Saperda hirticornis Fabricius, 1798: 148.

Dorcasta tonkinea Pic, 1919: 11.

Tetraglenes sublineatus Gressitt, 1935a: 572.

Tetraglenes insignis sublineatus: Gressitt, 1937d: 613.

Tetraglenes hirticornis: Hayashi, 1982a: 73, pl. 2, fig. 3

　　主要特征：体长 6.0–16.0 mm。体极细长，梭形，略侧扁，暗红棕色，密被鼠灰色短绒毛。头部背面中央及两侧各具 1 灰黑色纵条纹，向后沿前胸背面的 3 长纵沟延伸至前胸后缘。在鞘翅基部中央各具 1 灰黑色宽纵条纹，在翅中部仅具不连续的暗色点。头部与前胸等宽，强烈向后倾斜，从侧面呈三角形；触角互相接近；复眼很小，上叶与下叶分开；触角粗短，仅略超过体长，柄节粗大，圆筒形，长 2 倍于第 3 节，第 5 节短于第 4 节，略长于第 3 节，第 3–11 节外侧具很长的直立缨毛。鞘翅稍宽于前胸，端部显著狭窄；末端尖锐。足短，后足腿节略超过第 1 腹节后缘。

　　分布：浙江（舟山）、福建、广东、海南、香港、广西、贵州、云南；印度，尼泊尔，缅甸，越南，老挝，泰国，印度尼西亚。

　　寄主：白叶藤（萝摩科）。

瓜天牛族 Apomecynini Thomson, 1860

分属检索表

1. 触角短，第 3 和第 4 节之和约等于或稍短于其后各节之和 ·················· 瓜天牛属 *Apomecyna*
- 触角较长，第 3 和第 4 节之和远短于其后各节之和 ·· 2
2. 复眼完全断开成上下两叶，或几乎断裂；柄节近圆筒形，约等于第 3 节；触角下沿有缨毛，鞘翅末端钝 ··················
··· 缝角天牛属 *Ropica*
- 复眼不断裂，仅内缘深凹 ··· 3
3. 前胸背板具侧刺突 ··· 伪楔天牛属 *Asaperda*
- 前胸背板不具侧刺突 ··· 4
4. 鞘翅较狭长，长大于肩宽的 3 倍；鞘翅后部坡状倾斜 ··················· 木天牛属 *Xylariopsis*
- 鞘翅较宽短，长小于肩宽的 3 倍；鞘翅后部不呈坡状倾斜 ·················· 散天牛属 *Sybra*

108. 瓜天牛属 *Apomecyna* Dejean, 1821

Apomecyna Dejean, 1821: 108. Type species: *Saperda alboguttata* Megerle, 1802 (= *Lamia histrio* Fabricius, 1793).

Mecynapus Thomson, 1858: 187. Type species: *Apomecyna parumpunctata* Chevrolat, 1856.

Vocula Lacordaire, 1872: 587. Type species: *Vocula irrorata* Lacordaire, 1872 (= *Apomecyna parumpunctata* Chevrolat, 1856).

Pseudoalbana Pic, 1895: 77. Type species: *Pseudoalbana lameerei* Pic, 1895.

Anapomecyna Pic, 1925a: 29. Type species: *Anapomecyna luteomaculata* Pic, 1925.

Crassapomecyna Breuning, 1958b: 492. Type species: *Apomecyna crassiuscula* Fairmaire, 1896.

　　主要特征：体小，狭长圆柱形，常具粗深刻点。头部额宽胜于高；复眼小，下叶近方形，小眼面粗粒，下叶前缘常有 1 穴状深陷；触角基瘤分开，头顶宽浅陷；触角短，柄节肥短，第 3–4 节最长，常等于或稍短于第 5–11 节之和。前胸背板长宽略等或长稍胜于宽，圆柱形，无侧刺突。鞘翅两侧几平行，表面常具白色斑点组成的斑纹。前胸腹板凸片狭，低于前足基节，前端弧形弯曲；足肥短，跗节末节大（蒋书楠等，1985）。

　　分布：中国，俄罗斯，蒙古国，韩国，日本，琉球群岛，巴基斯坦，印度，尼泊尔，孟加拉国，越南，老挝，斯里兰卡，菲律宾，马来西亚，印度尼西亚，伊朗，伊拉克，亚美尼亚，叙利亚，以色列，沙特阿拉伯，也门，阿曼，阿富汗，非洲。本属分 2 个亚属，其中 *Crassapomecyna* 亚属仅 4 种，分布于非洲；指名亚属世界已知 90 种/亚种，中国分布 10 种/亚种，浙江发现 2 种。

（212）白星瓜天牛 *Apomecyna cretacea* (Hope, 1831)

Callidium cretacea Hope, 1831: 28.

Apomecyna proba Newman, 1842c: 299.

Apomecyna perroteti Thomson, 1868: 159.

Apomecyna multinotata var. *laosensis* Pic, 1938c: 124.

Apomecyna (*Apomecyna*) *cretacea* m. *proba*: Breuning, 1960c: 131.

Apomecyna (*Apomecyna*) *cretacea* m. *perroteti*: Breuning, 1960c: 131.

Apomecyna cretacea: Rondon & Breuning, 1970: 352, fig. 9e.

主要特征：体长 12.5–16.0 mm。体圆柱形，黑褐色至黑色，被棕黄色或棕褐色短绒毛。前胸背板有 4 个白色毛斑，位于前胸中部两侧（各 1）及中央纵线上。每个鞘翅有许多近圆形、大小不一的白色毛斑，可分成三组；第 1 组集中分布在中部之前，毛斑较多，11–13 个，后缘一列 4 个的白斑稍大，呈 2 斜线排列，在斜线上有几个彼此接近的白斑；第 2 组在中部之后，5–6 个，略呈 2 条斜线排列；第 3 组的白点较小，2–3 个，呈 2 横排。腹部各节两侧略有白色小毛斑，有时不清晰。触角很短，粗壮，长度不超过翅中部，雌、雄虫触角长度差异不大；柄节粗大，第 3 节稍长于第 4 节。

分布：浙江（临安）、广东、海南、广西、云南；印度，尼泊尔，越南，老挝，菲律宾。

（213）南瓜瓜天牛 *Apomecyna saltator* (Fabricius, 1787)

Lamia saltator Fabricius, 1787: 141.

Apomecyna neglecta Pascoe, 1865a: 152, nota.

Apomecyna pertigera Thomson, 1868: 160.

Apomecyna niveosparsa Fairmaire, 1895: 185.

Apomecyna niveosparsa var. *tonkinea* Pic, 1918: 5.

Apomecyna multinotata Pic, 1918: 5.

Apomecyna excavaticeps Pic, 1918: 6.

Apomecyna multinotata var. *sinensis* Pic, 1918: 6.

Apomecyna cantator excavaticeps: Gressitt, 1940b: 161, pl. 4, figs. 9, 10.

Apomecyna subuniformis Pic, 1944a: 14.

Apomecyna (*Apomecyna*) *saltator*: Breuning, 1960c: 132.

Apomecyna (*Apomecyna*) *saltator* m. *niveosparsa*: Breuning, 1960c: 132.

Apomecyna (*Apomecyna*) *saltator* m. *tonkinea*: Breuning, 1960c: 132.

Apomecyna saltator niveosparsa: Rondon & Breuning, 1970: 353, fig. 9g.

别名：瓜藤天牛

主要特征：体长 6.3–14 mm。体呈红褐色到褐黑色，被棕黄色短绒毛，绒毛疏密不一，密的地方色彩较黄，而若干疏的地方则因现出底色，看来色彩较深。头、足和腹面常杂有许多不规则的小白毛斑，形如豹皮。前胸背板中区有 1 块不很明显的横形白色斑纹，由许多小斑点所合并组成，中央较宽，向侧较狭，向后则形成 1 条中直纹。每鞘翅上有两块大白斑，一处于中区之上，另一处于中区之下，每块斑纹都由许多小斑点所合并组成，有时斑点分离，则各成为 1 群圆斑；翅端部尚有 3–4 个圆斑，排成 1 条不规则的横行。触角很短，鞘翅近乎平行，端部斜切。

分布：浙江（平湖、临安、兰溪、江山）、陕西、江苏、湖北、江西、湖南、福建、台湾、广东、海南、香港、澳门、广西、四川、贵州、云南；印度，孟加拉国，越南，老挝，斯里兰卡。

寄主：丝瓜、黄瓜。幼虫钻食瓜藤。在嘉兴平湖为害栝楼（王宇磊等，2015）。

109. 伪楔天牛属 *Asaperda* Bates, 1873 浙江新记录

Asaperda Bates, 1873d: 385. Type species: *Asaperda rufipes* Bates, 1873, by original designation.

主要特征：体形瘦长。头部额宽略胜于高；复眼内缘深凹，几分裂为二，下叶近三角形；触角基瘤分开；触角细长过体，柄节短，第 3 节最长，基部数节下侧有细短毛。前胸背板长宽相等，具侧刺突。鞘翅两侧近于平行，翅端钝圆。中足基节窝开式；足较长（蒋书楠等，1985）。

分布：中国，俄罗斯，朝鲜，韩国，日本，哈萨克斯坦。世界已知 13 种，中国记录 6 种，浙江发现 1 种。

（214）凹顶伪楔天牛 *Asaperda meridiana* Matsushita, 1931（图版 V-21）浙江新记录

Asaperda meridiana Matsushita, 1931a: 45.

Asaperda takushaensis Kano, 1933a: 283.

主要特征：体长 6.4–10.5 mm。体细长，圆筒形，两侧近于平行，后端略狭窄。体背面暗棕色，被灰色或黄色绒毛，腹面棕黑色，密被灰白色绒毛。触角淡红棕色，第 3–11 节基部具白色毛，头部、前胸背面及小盾片具灰黄色毛，鞘翅具不规则的灰色毛，翅面上散布许多较大的互相连接的棕色斑。腿节基部 2/3、胫节近端部及跗节暗棕色，足的其余部分淡红棕色；腿节中部及胫节近端部具淡棕色毛，足的其余部分具灰白色毛。头部短，额近四方形，中央微隆起，密布细而深的刻点，中线凹陷；头顶中央具纵形深凹，刻点细密；触角细长，超过体长的 2/3，末端尖细。前胸横宽，两侧缘中点稍后处具 1 较钝的侧瘤；背面中央较隆起，密布小刻点。鞘翅狭长，两侧近于平行，翅面密布较规则的粗深刻点，末端圆。

分布：浙江（临安）、江西、福建、台湾、广东、香港、贵州。

110. 缝角天牛属 *Ropica* Pascoe, 1858

Ropica Pascoe, 1858: 247. Type species: *Ropica piperata* Pascoe, 1858.

主要特征：小型天牛。额长方形近乎方形；复眼小眼面粒粗，上下两叶仅有一线相连；触角较体稍长或稍短，触角第 3 节似较柄节或第 4 节略长；从第 4 节起，每节外沿有 1 纵沟纹，以第 4 节的较短，处于端部，其余各节的较长，贯通全节。前胸宽胜于长，表面平坦，无侧刺突，前、后横沟均不明显，近乎缺如。鞘翅长稍大于体宽的 2 倍，末端 1/4 向后收窄。

分布：古北区，东洋区。世界已知 177 种/亚种，中国记录 13 种，浙江发现 3 种。

分种检索表

1. 鞘翅沿中缝处底色较淡，一般为淡棕红色，外侧则为深棕红或褐黑色 ·············· **双星缝角天牛 *R. dorsalis***
- 鞘翅沿中缝处底色较深，跟外侧没有区别 ··· 2
2. 鞘翅大部分黑色，不具很多土褐色的绒毛；沿鞘缝不具小白点 ·············· **桑缝角天牛 *R. subnotata***
- 鞘翅大部分被不均匀的土褐色绒毛；沿鞘缝具若干小白点 ·············· **中华缝角天牛 *R. chinensis***

（215）中华缝角天牛 *Ropica chinensis* Breuning, 1964（图版 V-22）

Ropica chinensis Breuning, 1964c: 403.

主要特征：体长 9 mm。体黑褐色，被土褐色绒毛。触角黑褐色，各节基端连接处有不显著的白色环纹，主要在基部，但端部也有 1 圈非常细的环纹。前胸背板中部可见 2 条土褐色绒毛纵纹，从基缘贯穿到端缘。小盾片黑褐色，不被土褐色绒毛。鞘翅的土褐色绒毛不均匀但也不形成明显的斑纹，端部 1/3 前有 1 道不显著的断续的白色斑点组成的横纹，沿鞘缝散布一些小白点。鞘翅末端 1/3 显著收窄，末端各自狭圆且端部略分叉。

分布：浙江（宁波）。

备注：浙江是本种的模式产地。

（216）双星缝角天牛 *Ropica dorsalis* Schwarzer, 1925

Ropica formosana var. *dorsalis* Schwarzer, 1925c: 145.

Ropica posticalis var. *rufescens* Pic, 1926b: 5.

Ropica burketi Gressitt, 1937d: 609.

Ropica formosana dorsalis: Gressitt, 1939a: 78.

Ropica langana Pic, 1945a: 3.

Ropica dorsalis: Gressitt, 1951: 491.

主要特征：体长 5–8 mm。体红褐色，绒毛棕黄色。触角自第 3 节起每节基、端缘具有灰白色绒毛，形成淡色环纹。前胸背板中部较两侧绒毛较明显。小盾片三角形，周边被污棕黄色绒毛，中央呈黑褐色次圆形斑点。鞘翅上沿中缝处底色较淡，一般为淡棕红色，外侧则为深棕红或褐黑色，中部之后有 1 不规则曲折的灰白毛斑，鞘缝的斑点不明显。触角较体稍长（♂）或稍短（♀）。

分布：浙江（临安）、江苏、上海、江西、湖南、台湾、广东、海南、香港、澳门；日本，印度，不丹，尼泊尔，越南，老挝。

备注：褐背缝角天牛 *Ropica honesta* Pascoe, 1865（模式产地是印度尼西亚）在 Hua（2002）里面有浙江的记录。请教了目前对瓜天牛族研究比较多的德国学者 Weigel 先生，了解到双星缝角天牛与褐背缝角天牛可能是同种。我们暂时选择了模式产地为台湾的双星缝角天牛作为浙江产标本的鉴定结果。

（217）桑缝角天牛 *Ropica subnotata* Pic, 1925（图版 V-23）

Ropica subnotata Pic, 1925c: 138, nota 1.

主要特征：体长 5–8.5 mm。体红木色，绒毛棕黄、深黄或灰白色，疏密不一，疏处露出底色，形成较深的小斑点。触角或多或少杂有灰白色绒毛，自第 3 节起每节基、端缘较显，形成不很清晰的淡色环纹。前胸背板有时中央具 1 条较深的纵纹。小盾片三角形，被污棕黄色绒毛，中央呈褐色次圆形斑点。每鞘翅上在中部之后，有 1 不规则弧形的灰白毛斑，此外还有若干淡灰白色小斑点，一般分布于翅端部及中缝边缘上，有时不很明显。触角较体稍长（♂）或稍短（♀）。

分布：浙江（嘉兴、临安、诸暨、嵊州、磐安）、河北、山西、山东、河南、陕西、江苏、上海、湖北、江西、福建、广东、香港、贵州、云南。

寄主：桑（桑科）、胡桃（胡桃科）。

111. 散天牛属 *Sybra* Pascoe, 1865

Sybra Pascoe, 1865a: 141. Type species: *Ropica stigmatica* Pascoe, 1859, by original designation.

主要特征：小型天牛。额狭窄，往下稍微变宽；复眼深凹，小眼面粗粒。触角较体稍长至稍短，柄节粗短，短于第 3 节，触角第 3 节短于第 4 节，约等于第 5 节；从第 6 节起向后逐节变短。前胸表面平坦，无侧刺突，前、后横沟均不明显。鞘翅末端 1/4 向后收窄斜截，端缘角斜齿状突出。前胸腹板突片末端扩宽，中足基节窝非常狭窄地开放。中足胫节外侧具斜沟。足短，腿节棒状。

分布：古北区，东洋区，旧热带区，澳洲区。本属分 9 个亚属，中国记录 2 个亚属，均在浙江有记录。

分种检索表

1. 鞘翅不具有近圆形黑斑；前胸侧缘有瘤状突起 ·················· 台湾散天牛 *S. (Sybro.) taiwanensis*
- 鞘翅具有近圆形黑斑；前胸侧缘没有突起 ··· 2
2. 鞘翅基部没有黑斑 ······················ 双斑散天牛 *S. (Sybra.) bioculata bioculata*
- 鞘翅基部紧靠小盾片处有 2 个黑斑 ············ 四点双斑散天牛 *S. (Sybra.) bioculata quadrinotata*

（218）双斑散天牛 *Sybra (Sybra) bioculata bioculata* Pic, 1926

Sybra bioculata Pic, 1926d: 302.

Sybra (s. str.) bioculata bioculata: Rondon & Breuning, 1970: 358, fig. 11a.

主要特征：体长 4.5–8 mm。体红褐色至黑褐色。后头和前胸背板可见横向白色绒毛细条纹。鞘翅基部没有黑斑，端部 1/3 处具有 2 个靠近侧缘的近圆形显著黑斑，黑斑四周颜色较浅且具白色斑点。鞘翅的其他部位散布少许白色斑点，隐约排成横纹。

分布：浙江、江苏、上海、福建；老挝。

（219）四点双斑散天牛 *Sybra (Sybra) bioculata quadrinotata* Schwarzer, 1925

Sybra quadrinotata Schwarzer, 1925c: 145.

Sybra bioculata var. *obliterata* Pic, 1927c: 109.

Sybra bioculata quadrinotata: Hua, 2002: 234.

主要特征：体长 5–7 mm。体红褐色至黑褐色。后头和前胸背板可见横向白色绒毛细条纹，有时缺如。鞘翅基部紧靠小盾片处有 2 个黑斑，端部 1/3 处具有 2 个靠近侧缘的近圆形显著黑斑，黑斑四周颜色较浅且具白色斑点。鞘翅其他部位的白色斑点非常不明显。

分布：浙江（嘉兴）、江苏、台湾、云南；越南。

（220）台湾散天牛 *Sybra (Sybrodiboma) taiwanensis* (Hayashi, 1974)（图版 V-24）

Sybrodiboma taiwanensis Hayashi, 1974b: 51.

Sybra (Sybrodiboma) taiwanensis: Löbl & Smetana, 2010: 235.

主要特征：体长 10–12 mm。体褐色至黑色，表面具明显刻点，斑纹变异相当大，少数个体在鞘翅中段具白色短毛形成的横向宽带，多数个体鞘翅可见 3 道不显著的黑色横带，其中中部的 1 道特别窄且断续不明显。前胸侧缘具小的瘤状突起，鞘翅末端叉状。

分布：浙江（临安）、台湾。

112. 木天牛属 *Xylariopsis* Bates, 1884 浙江新记录

Xylariopsis Bates, 1884: 247. Type species: *Xylariopsis mimica* Bates, 1884, by monotypy.

Falsosybra Pic, 1928a: 28. Type species: *Falsosybra fulvonotata* Pic, 1928, by monotypy.

主要特征：体狭长圆柱形。头部额宽胜于高，横长方形；复眼深凹，下叶近方形，小眼面粗粒；触角基瘤分开，触角较体稍短，下沿有缨毛，柄节短于第3节，等于第4节。前胸背板圆筒形，无侧刺突，背中央两侧有突起。鞘翅狭长，两侧平行，后端倾斜，端部常延展成薄片，斜截，翅表高低不平，多钝瘤状隆起和浅陷穴。足短，中足胫节外缘缺刻显著（蒋书楠等，1985）。

分布：中国，俄罗斯，朝鲜，韩国，日本，越南。世界已知7种，中国记录5种，浙江新发现1种。

（221）白带木天牛 *Xylariopsis albofasciata* Wang *et* Chiang, 1998（图版 Ⅵ-1）浙江新记录

Xylariopsis albofasciata Wang *et* Chiang, 1998: 232, 233, figs. 1-3.

主要特征：体长10.0–12.0 mm。体长圆筒形，深褐色，体表被稠密绒毛，头部、触角、前胸背板和鞘翅基部约1/8、端半部等被黄褐色绒毛，但上唇、唇基、额、鞘翅基部小盾片后、翅端半部杂生灰白色绒毛，鞘翅端部1/3靠近鞘缝纵向排列4个黄色小绒毛斑，第1、2斑之间外侧尚有第5个黄色小绒毛斑。鞘翅基半部大部分被浓密白色绒毛，形成1阔横带，体腹面被白色绒毛，在中、后胸特别厚密。胸足基节、前足、中足腿节及后足腿节端半部白色绒毛较密，胸足其余部分绒毛稀。头部额横宽，复眼小眼面粗粒，下叶与其下颊部等高，触角基瘤左右远离；触角较体长，第3节稍短于第4节，长于柄节。前胸背板中区有1对隆突，前后横沟明显。小盾片近半圆形。鞘翅狭长，翅面凹凸不平，翅端斜截。足短，腿节向端部肥大，前、后足腿节较肥大。

分布：浙江（临安）、云南。

重突天牛族 Astathini Pascoe, 1864

分属检索表

1. 后胸腹板前端中央向前延伸成瓣，嵌入中足基节窝之间 ··· 2
- 后胸腹板前端中央不向前延伸成瓣 ·· 3
2. 后胸腹板凸片前端呈圆形，向前几乎完全重叠在中胸腹板凸片的后端上面 ····················· 重突天牛属 *Tetraophthalmus*
- 后胸腹板凸片前端尖狭，向前连接在中胸腹板凸片之后 ······································· 连突天牛属 *Anastathes*
3. 鞘翅两侧不平行，中部之后显著膨大，在两侧中部显出1条弯曲的褶痕 ············· 广翅天牛属 *Plaxomicrus*
- 鞘翅两侧近于平行，后半部不显著膨大，不显出弯曲的褶痕 ································· 眼天牛属 *Bacchisa*

113. 连突天牛属 *Anastathes* Gahan, 1901

Anastathes Gahan, 1901: 60. Type species: *Astathes nigricornis* Thomson, 1865, by original designation.

主要特征：体小至中等大，近长方形，较肥厚。头部较前胸宽；额宽广，拱凸；复眼上、下叶完全分裂；触角基瘤分开；触角较粗短，下沿有缨毛，第3节不显著长于柄节。前胸背板横宽，前、后端各具1横沟，两侧中部及背中域隆突，无侧刺突。小盾片短阔。鞘翅较宽短，两侧平行，端部圆形。中胸腹板凸片前端近于垂直；后胸腹板前端中央延伸至中足基节间，嵌入中胸腹板凸片后端凹陷中。足较短，爪基部具附齿。雌虫腹部末节中央有1纵凹沟。

分布：中国，印度，越南，老挝，泰国，马来西亚，印度尼西亚。世界已知5种，中国记录4种，浙江分布1亚种。

备注：本属的属名 *Anastathes* 既可以是阳性，也可以是阴性，根据原始文献（Gahan，1901）把它作为阴性属名处理，确定为阴性。

（222）山茶台连突天牛 *Anastathes parva hainana* Gressitt, 1935（图版 VI-2）

Anastathes parva hainana Gressitt, 1941: 143, fig. 3.

Anastathes parva hainana Gressitt, 1942d: 7.

别名：山茶连突天牛

主要特征：体长 7–11 mm。体较宽短，背腹扁平；黄褐色，腹面稍暗。复眼、上颚末端及触角黑色，触角基部 4 节具光泽，中部以后各节棕黑褐色。体背面密被金黄色短绒毛，腹面绒毛黄白色。头部短，比前胸宽，额凸出，密布刻点，头顶刻点较稀疏，中央具 1 浅凹沟。触角约如体长，第 3 节与柄节等长，比第 4 节约长 1/4，第 4–10 节长度递减。前胸宽胜于长，背中央隆起，刻点粗，前端及后端狭缩，近后缘具 1 较深的横沟。小盾片短，末端钝圆。鞘翅比前胸宽，近端部处最宽，末端圆；翅面基半部刻点清晰，端半部刻点模糊。腹面两侧具稀疏小刻点。足粗短，后足腿节不超过第 3 腹节。

分布：浙江（临安、余姚、江山、景宁、龙泉、泰顺）、湖南、福建、广东、海南、广西；越南，老挝。

寄主：山茶。

备注：原先温州泰顺报道的黑角连突天牛 *Anastathes nigricornis* (Thomson, 1865)乃是本种的误定。

114. 眼天牛属 *Bacchisa* Pascoe, 1866

Bacchisa Pascoe, 1866c: 329. Type species: *Bacchisa coronata* Pascoe, 1866, by monotypy.

主要特征：体形小至中等大，长形或长椭圆形。头部较前胸宽；额横宽，较凸；复眼上下叶完全分离；触角基瘤左右分开；触角短于至略长于身体，下侧具缨毛；柄节端部背方有片状小颗粒，第 3 节长于柄节或第 4 节，以后各节渐短。前胸背板横宽、前后端各有 1 条横沟，无侧刺突，但两侧中部和背面中区稍隆突。鞘翅两侧近于平行，向端部稍宽，末端圆形。中胸腹板凸片狭，前端弧状倾斜；后胸腹板凸片的前端不突出或稍突出，但绝不伸至中足基节之间的中央。足中等长，中足胫节外侧无斜沟，有时有 1 凹陷，爪基部有附齿（蒋书楠等，1985）。

分布：中国，朝鲜，韩国，日本，印度，尼泊尔，缅甸，越南，老挝，泰国，菲律宾，马来西亚，新加坡，印度尼西亚，巴布亚新几内亚。本属分为 5 个亚属，中国记录 2 个亚属，浙江分布 1 亚属，4 种/亚种。

分种检索表

1. 鞘翅单色，全部蓝色或蓝紫色 ··· 3
- 鞘翅双色，基部红褐色，其他大部分蓝色或蓝紫色 ······························ 2
2. 鞘翅基部的红褐色部分明显超过小盾片末端，通常为小盾片长度的 2 倍多；触角基部 3 节红褐色，从第 4 或 5 节起端部带黑色，末端几节全黑色 ··· 茶眼天牛 *B. (B.) comata*
- 鞘翅基部黄色部分很狭窄，局限于小盾片的长度；触角柄节腹面棕黄色、背面深色，其余各节基部棕黄色、端部黑色，黑色部分逐节向后增多 ··· 黄足眼天牛 *B. (B.) rigida*
3. 后胸腹板两侧各有 1 个相当大的紫色斑点；足橙黄色 ············· 梨眼天牛 *B. (B.) fortunei fortunei*
- 后胸腹板无深色斑点；足的胫节端部及跗节黑色，其余部分黄褐色 ············ 黑跗眼天牛 *B. (B.) atritarsis*

（223）黑跗眼天牛 *Bacchisa (Bacchisa) atritarsis* (Pic, 1912)

Chreonoma atritarsis Pic, 1912c: 21.

Bacchisa (Bacchisa) atritarsis: Breuning, 1956f: 420, 436.

　　别名：蓝翅眼天牛

　　主要特征：体长 9–14 mm。和梨眼天牛近似。头、前胸背板及小盾片酱红色，鞘翅蓝色或紫色，腹面橙黄色，各足跗节及胫节端部 1/3–2/3 黑色。触角黑色，柄节基端酱色，第 3 节基部 2/3 和第 4 节基部 1/2 左右橙黄色或淡棕黄色，此淡色区长度颇有变异，有时第 2、5、6 各节基端亦略带淡色。体被长竖毛，一般头部的深棕色，鞘翅上和黑色底子上的呈黑色，其他区域的黄色或棕色。头、胸及腹面除长竖毛外，还有相当密的黄色短毛。鞘翅基部沿中缝密生黑长毛，约占翅长的 1/3。和梨眼天牛相比，体被毛较长，头部刻点较稀；触角近似，柄节似乎较长，第 4 节较短，从第 3 节起到第 10 节，每节下沿末端均有 1 根特别长的毛；复眼稍大，较颊略长；前胸背板中瘤较高凸，刻点较粗糙，侧瘤刻点虽细疏，亦较显著；鞘翅上除粗刻点外，几无细刻点，因后者极疏而不显。

　　分布：浙江（临海、开化、缙云、遂昌）、辽宁、山东、河南、陕西、安徽、湖北、江西、湖南、福建、台湾、广东、海南、广西、四川、贵州。

　　寄主：茶。

（224）茶眼天牛 *Bacchisa (Bacchisa) comata* (Gahan, 1901)

Chreonoma comata Gahan, 1901: 67, pl. IV, fig. 8.

Bacchisa (Bacchisa) comata: Breuning, 1956f: 420, 438.

　　主要特征：体长 10–13 mm。体色从淡黄色到淡棕黄色；鞘翅蓝色或带紫色，基部黄色，约占翅长的 1/6；触角从第 4 节或第 5 节起端部带黑色，最后 4–6 节全黑。体被长毛，鞘翅蓝色部分及触角上一部分黑色，其他部分黄色或淡棕色。头部密生黄色短毛及较长的竖毛，后者似较黑跗眼天牛稍短。触角在雄虫与体等长或稍短，雌虫约为体长的 3/4；下沿密生长缨毛，从第 3–10 节，每节端末有 1 根特长的毛，这在雄虫因为毛疏而尤为显著；柄节表面端区有小颗粒。前胸背板中瘤拱圆，刻点粗密，中央常留出 1 条无刻点纵线；侧瘤较小，刻点细弱。鞘翅基部竖毛很长，沿中缝的浓密长毛区约占翅长的 1/3；刻点一般粗大，几乎未杂有细刻点。

　　分布：浙江（富阳）、福建、广东、海南、香港、广西、贵州、云南。

　　寄主：茶。

（225）梨眼天牛 *Bacchisa (Bacchisa) fortunei fortunei* (Thomson, 1857)（图版 VI-3）

Plaxomicrus fortunei Thomson, 1857a: 58.

Chreonoma fortunei: Lacordaire, 1872: 876.

Chreonoma fortunei var. *obscuricollis* Pic, 1928b: 22.

Bacchisa (Bacchisa) fortunei: Breuning, 1956f: 421, 434.

　　主要特征：体长 8–10 mm。体较圆筒形，橙黄色，有时橙红色；鞘翅呈金属蓝色或紫色；后胸腹板两侧各有紫色大斑点，有时近乎消失；触角基部数节淡棕黄色，每节末端深棕色或棕黑色；端部 4–5 节较深，全部深棕或棕黑色。体密被相当长的竖毛，腹面的色淡，头和前胸背板上的深棕色，鞘翅上的黑色，以头、前胸背板及鞘翅基部的最长；每一竖毛均着生于 1 个刻点内。除长毛外，体上还被有半竖半趴的短毛。本种触角的颜色颇有变异，其中黑色较显的被称为日本亚种。头部从上面看，复眼下叶之处显然膨大；额宽胜于长，上方较下方稍阔，布有相当密的刻点，粗细不等；触角雄虫与体等长，雌虫稍短；下沿被缨毛，与一般情况相反，以雌虫较长而密；柄节密布刻点，端区有片状小颗粒；第 3 节较柄节或第 4 节略长。前胸背板宽远胜于长，前、后各有 1 条不十分深的横沟，两沟之间中区拱凸，形成 1 显著的大瘤突，两侧亦各有 1 稍小的瘤突，但不呈刺状；中瘤上刻点相当粗，不算密。鞘翅刻点大小与胸瘤上的近乎相等，粗刻点之间尚有极密的微细刻点；末端圆形。

分布：浙江（安吉、西湖、临安、上虞、奉化、义乌、东阳、黄岩、临海、开化）、吉林、山西、山东、河南、陕西、宁夏、甘肃、青海、江苏、上海、安徽、湖北、江西、湖南、福建、广东、广西、四川、贵州；朝鲜，韩国，越南。

寄主：梨、梅、杏、桃、李、苹果、海棠、石楠、野山楂等。

（226）黄足眼天牛 *Bacchisa (Bacchisa) rigida* (Gressitt, 1942)

Chreonoma rigida Gressitt, 1942d: 6.

Bacchisa (Bacchisa) rigida: Breuning, 1956f: 420, 436.

主要特征：体长 9.5 mm。体淡棕黄色；鞘翅蓝紫色或蓝黑色，基部黄色，占翅长的 1/10 不到；触角柄节腹面棕黄色、背面深色，其余各节基部棕黄色、端部黑色，向后黑色部分越来越多。体被长毛，鞘翅蓝色部分及触角上一部分黑色，其他部分黄色或淡棕色。触角在雄虫与体等长或稍短，雌虫短于体长；下沿密生长缨毛，从第 3–10 节，每节端末有 1 根特长的毛，这在雄虫因为毛疏而尤为显著。前胸背板中瘤拱圆；侧瘤钝圆。鞘翅末端阔圆形。

分布：浙江（临安）、四川。

115. 广翅天牛属 *Plaxomicrus* Thomson, 1857

Plaxomicrus Thomson, 1857a: 57. Type species: *Plaxomicrus ellipticus* Thomson, 1857.

主要特征：头与前胸约等宽，额横宽，中央具细纵沟；复眼上、下叶完全分裂。触角基瘤稍隆起，彼此远离；触角粗壮，下面具缨毛，柄节稍膨大，第 3 节最长，末节顶端呈锥形；雄虫触角与虫体近等长，雌虫伸至鞘翅中部略后。前胸背板宽显胜于长，前、后缘具横凹，前横凹较浅，侧缘具瘤突。小盾片小，短舌形。鞘翅基部显著宽于前胸，端部膨阔。足中等大小，雄虫中足胫节端部弯曲，中足跗节第 1 节不对称，仅有 1 个发达的内侧叶。爪附齿式。

分布：中国，印度，尼泊尔，越南。世界已知 8 种，中国记录 6 种，浙江发现 1 种。

（227）广翅天牛 *Plaxomicrus ellipticus* Thomson, 1857

Plaxomicrus ellipticus Thomson, 1857a: 58.

Plaxomicrus ventralis Gahan, 1901: 70.

别名：广翅眼天牛

主要特征：体长 12–15 mm。体长卵形，被橙黄色竖毛或伏毛。头、胸、小盾片、足的基节、腿节橙黄或黄褐色；胫节端部和跗节褐色或黑色；鞘翅紫罗兰色具金属光泽。触角基部 3 节和第 4 节基部跟头部同色，第 4 节端部到第 11 节黑色。雄虫触角约等于体长，雌虫触角伸至鞘翅中部之后。前胸背板宽胜于长，中区显著拱凸，两侧缘中部有瘤突。鞘翅后端十分膨阔，末端合圆形。

分布：浙江（长兴、安吉、定海）、陕西、江苏、上海、湖北、福建、广西、四川、贵州、云南；越南。

寄主：胡桃、枫杨。

116. 重突天牛属 *Tetraophthalmus* Dejean, 1835

Tetraophthalmus Dejean, 1835: 347. Type species: *Cerambyx splendidus* Fabricius, 1792.

Astathes Newman, 1842c: 299. Type species: *Astathes perplexa* Newman, 1842.

Astathes (*Tetraophthalmus*): Breuning, 1956f: 490.

别名：亚重突天牛属

主要特征：体形中等大小，宽短近长方形。头部与前胸等宽，额横宽，拱凸；复眼上、下叶完全分裂；触角粗壮，下沿有缨毛。前胸背板横宽，前、后端各有1横沟，侧缘中部及背面中域均有1隆突。鞘翅宽于前胸，两侧平行，端部宽圆。中胸腹板凸片前端近于垂直；后胸腹板凸片前端重叠在中胸腹板凸片的后端上面。中足胫节近端部外侧有1弱斜沟，爪基部有附齿。雌虫末腹节腹板有中纵沟（蒋书楠等，1985）。

分布：中国，韩国，日本，巴基斯坦，印度，尼泊尔，缅甸，越南，老挝，泰国，柬埔寨，菲律宾，马来西亚，新加坡，印度尼西亚。指名亚属世界已知53种/亚种，中国记录10种/亚种，浙江记录仅1种。

（228）黄荆重突天牛 *Tetraophthalmus episcopalis* (Chevrolat, 1852)（图版 VI-4）

Astathes episcopalis Chevrolat, 1852: 418.

Tetraophthalmus episcopalis: Thomson, 1857a: 53.

主要特征：体长 11–14 mm。体椭圆形，略宽阔。头、胸、小盾片、足的基节、腿节棕红色；鞘翅呈紫罗兰色；触角大部分黑色，第4–6节基部黄褐色。头、胸着生淡黄色长毛，鞘翅上着生黑色卧毛，两侧缘黑毛较密，体腹面被黄褐色绒毛。触角粗壮，末端尖削，雄虫触角约等于体长，雌虫触角短于体长。前胸背板宽远胜于长，前缘略窄，后端宽。鞘翅末端圆形。

分布：浙江（长兴、临安、淳安、磐安、义乌、开化、江山、庆元、龙泉、泰顺）、内蒙古、河北、山西、河南、陕西、新疆、江苏、上海、安徽、湖北、江西、湖南、福建、台湾、广东、海南、香港、广西、四川、贵州；韩国，日本。

寄主：泡桐属、柏木属、箣竹属、油桐、云南松、黄荆、胡枝子、漆树、胡桃、樟、油茶、青冈、蓖麻、杜鹃、龙眼、枫杨。

白条天牛族 Batocerini Thomson, 1864

117. 粒肩天牛属 *Apriona* Chevrolat, 1852

Apriona Chevrolat, 1852: 414. Type species: *Lamia germarii* Hope, 1831.

Parapriona Breuning, 1948: 17. Type species: *Parapriona brunneomarginata* Breuning, 1948.

Anapriona Breuning, 1949: 8. Type species: *Apriona submaculosa* Pic, 1917.

Apriona (*Cylindrapriona*) Breuning, 1949: 8. Type species: *Monochamus cylindricus* Breuning, 1949.

Apriona (*Humeroapriona*) Breuning, 1949: 8. Type species: *Lamia swainsoni* Hope, 1840.

Apriona (*Mesapriona*) Breuning, 1949: 8. Type species: *Apriona punctatissima* Kaup, 1866.

Apriona (*s. str.*): Breuning, 1949: 7.

Apriona (*Cristapriona*) Hua, 1986: 209. Type species: *Apriona* (*Cristapriona*) *chemsaki* Hua, 1986.

　　主要特征：体大型，背面较拱凸。头部额高胜于宽，复眼下叶很大、近方形；触角粗壮，光滑，柄节端部背方具齿状粗糙面，通常触角节基半部具淡色绒毛，雄虫触角较体稍长。雌虫触角较体稍短。前胸背板横宽，表面多皱脊，侧刺突发达，末端尖锐。鞘翅基部有颗瘤，肩部有时有尖刺，翅端凹切。中胸腹板凸片无瘤突。爪全开式（蒋书楠等，1985）。

　　分布：中国，俄罗斯，朝鲜，韩国，日本，琉球群岛，巴基斯坦，印度，孟加拉国，缅甸，越南，老挝，泰国，柬埔寨，菲律宾，马来西亚，印度尼西亚，阿富汗，巴布亚新几内亚。本属世界已知 42 种/亚种，中国记录 9 种/亚种，浙江分布 2 种/亚种。

（229）皱胸粒肩天牛 *Apriona rugicollis rugicollis* Chevrolat, 1852（图版 VI-5）

Apriona rugicollis Chevrolat, 1852: 418.

Apriona plicicollis Motschulsky, 1854: 48.

Apriona gressitti Gilmour, 1958: 40, 76, pl. 4, fig. 8.

Apriona japonica Thomson, 1878b: 59.

Apriona rugicollis var. *japonica*: Aurivillius, 1922: 132.

Apriona (*s. str.*) *rugicollis*: Breuning, 1949: 8.

　　别名：粗粒粒肩天牛、桑天牛
　　主要特征：体长 31.0–47.0 mm。体黑色，全体密被绒毛，一般背面青棕色，腹面棕黄色，有时腹面同样青棕色，或背、腹部都呈棕黄色，深浅不一；鞘翅中缝及侧缘、端缘通常有 1 条青灰色狭边。触角雌虫较体略长，雌虫超出体长 2–3 节，柄节端疤开放式，从第 3 节起，每节基部约 1/3 灰白色。前胸背板前后横沟之间有不规则的横皱或横脊线；中央后方两侧、侧刺突基部及前胸侧面均有黑色光亮的隆起刻点。鞘翅基部密布黑色光亮的瘤状颗粒，占全翅 1/4–1/3 强的区域；翅端内、外端角均呈刺状突出。
　　分布：浙江（德清、长兴、海宁、桐乡、西湖、萧山、临安、桐庐、建德、上虞、新昌、诸暨、嵊州、镇海、鄞州、奉化、宁海、余姚、定海、普陀、岱山、浦江、兰溪、义乌、东阳、黄岩、三门、天台、仙居、温岭、临海、玉环、开化、庆元、洞头、永嘉、平阳、文成、泰顺、瑞安、乐清）、辽宁、北京、河北、山西、山东、河南、陕西、甘肃、青海、江苏、上海、安徽、湖北、江西、湖南、福建、台湾、广东、海南、香港、广西、四川、贵州、云南、西藏；俄罗斯，朝鲜，韩国，日本。
　　寄主：梨属、榆属、栎属、柳属、黄檀属、泡桐属、橘、桑、苹果、花红、海棠果、樟、胡桃、马尾松、云南松、杉木、无花果、樱桃、刺槐、毛白杨、楝、油茶、枇杷、油桐、枫杨、朴树、木豆、紫薇、木荷、构树、榕树、乌桕。

（230）锈色粒肩天牛 *Apriona swainsoni swainsoni* (Hope, 1840)（图版 VI-6）浙江新记录

Lamia swainsoni Hope, 1840a: 79.

Apriona (*Humeroapriona*) *swainsoni*: Breuning, 1949b: 8.

Apriona swainsoni kediana Wang, 1999: 125, 130, fig. 1.

　　主要特征：体长 28–31 mm。体大型，长方形。体黑褐色，全体密被锈色绒毛；头、胸及鞘翅基部较深暗，触角第 4 节中部以上各节黑褐色；鞘翅上散布不规则白色细毛斑；腹面前胸足基节外侧、中胸侧板和腹板、各腹节两侧各有 1 白色毛斑。头部额高胜于宽，两边弧形向内凹入，中沟明显，直达后头后缘；触角基瘤突出；触角较体略短（♀）或略长（♂），柄节粗短，短于第 3 节，略长于第 4 节，第 1–5 节下侧有稀疏细短毛，第 4 节以后各节外端角稍突出。前胸背板宽胜于长，前、后端 2 条横沟明显，侧刺突尖锐，背面具粗皱突。鞘翅肩角向前微突，但无肩刺，翅基 1/5 部分密布黑色光滑颗粒，翅表散布细刻点，翅端平切，缝角与缘角均具小刺。

分布：浙江（余姚）、北京、河北、山东、河南、陕西、江苏、上海、安徽、湖北、湖南、福建、海南、广西、四川、贵州、云南；朝鲜，韩国，印度，缅甸，越南，老挝，泰国，柬埔寨。

寄主：槐属、柚木。

118. 白条天牛属 *Batocera* Dejean, 1835

Batocera Dejean, 1835: 341. Type species: *Cerambyx rubus* Linnaeus, 1758, designated by Blanchard, 1845: 175.

Megacriodes Pascoe, 1866c: 259, 271. Type species: *Megacriodes saundersii* Pascoe, 1866, by original designation.

Batocera (*Semibatocera*) Kriesche, 1915: 115. Type species: *Lamia calanus* Parry, 1844 (= *Batocera parryi* Hope, 1845), by original designation.

Batocera (*Tyrannolamia*) Kriesche, 1915: 115. Type species: *Batocera wallacei* Thomson, 1858, by original designation.

主要特征：体中等至大型，长形，宽大，体褐色至黑色，被绒毛，具斑纹或无斑纹，腹面两侧从复眼至腹部末端，各有 1 条相当宽的白色纵纹。触角基瘤突出，彼此分开较远；额长方形，上唇有 4 束簇毛位于同一横行上，复眼下叶横阔，显著长于颊；触角粗壮，雌、雄虫触角均超过鞘翅，触角具刺，基部数节粗糙具皱纹，下沿有稀疏缨毛，柄节端疤开放式，第 4–10 节各节依次渐短，第 11 节稍长。前胸背板宽远胜于长，两侧具刺突，前、后缘有横凹沟。小盾片宽舌形。鞘翅肩宽，肩上着生短刺，后端稍窄，端缘斜切，外端角圆形、钝角形或刺状，内端角尖锐，呈刺状，基部有颗粒。前足基节窝向后开放，中胸腹突无瘤突；足较长，雄虫前足较中、后足稍长，腿节、胫节下沿粗糙，具许多小齿突，胫节弯曲；雌虫前足腿、胫节下沿光滑；中足胫节外端略有 1 条斜凹沟。

分布：中国，朝鲜，韩国，日本，巴基斯坦，印度，不丹，尼泊尔，孟加拉国，缅甸，越南，老挝，泰国，柬埔寨，菲律宾，马来西亚，印度尼西亚，土耳其，叙利亚，以色列，沙特阿拉伯，也门，阿曼，黎巴嫩，埃及，旧热带区，新热带区。世界已知 60 种，中国记录 11 种，浙江记录 5 种。

分种检索表

1. 雄虫触角第 3–9 节端部内侧显著膨大 ·· 橙斑白条天牛 *B. davidis*
- 雄虫触角第 3–9 节端部不显著膨大 ·· 2
2. 鞘翅白斑不规则，末端一个长形；体背面被灰色绒毛 ·· 3
- 鞘翅白斑圆形，每翅 4 个排成一行 ·· 4
3. 鞘翅基部颗粒较稀；前胸背板中央白斑互相靠近；中胸后侧片灰白色，不全部覆盖白色绒毛；活体前胸和鞘翅绒毛斑纹红色，小盾片绒毛黄色 ·· 云斑白条天牛 *B. horsfieldi*
- 鞘翅基部颗粒较密；前胸背板中央白斑不那么靠近，尤其靠近头部的部分互相远离；中胸后侧片白色，全部覆盖白色绒毛；活体前胸、鞘翅和小盾片的绒毛斑纹均为黄色或白色 ·························· 密点白条天牛 *B. lineolata*
4. 前胸背板有 1 对橘色或橘黄色弧形毛斑；鞘翅第 2 个白斑特大，其附近常有 1 或 2 个小圆斑；体背面赭褐色或赤褐色 ··· 白条天牛 *B. rubus*
- 前胸背板有 1 对白色毛斑，略似肾形；鞘翅圆斑大小近似；体背面青棕灰色 ·················· 圆八星白条天牛 *B. calanus*

（231）圆八星白条天牛 *Batocera calanus* (Parry, 1844)

Lamia calanus Parry, 1844: 454.

Lamia parryi Hope, 1845b: 77.

Lamia batocera calanus Parry, 1845: 86.

Megacriodes guttatus Vollenhoven, 1871a: 110, pl. 5, figs. 10, 10a.

Batocera fabricii Thomson, 1878b: 54. [RN for *Batocera octomaculata*: Thomson, 1859]

Batocera calanus var. *bimaculata* Schwarzer, 1914: 280.

Batocera calanus var. *immaculata* Schwarzer, 1914: 280.

Batocera (*Semibatocera*) *parryi narada* Kriesche, 1928: 45.

主要特征：体长 31.0–60.0 mm。体黑色，密被青棕灰绒毛，前胸背板中央有 1 对红色（标本通常呈白色）肾形斑纹。小盾片黄色（标本通常呈白色）。每一鞘翅上有红色（标本通常呈白色）圆斑 4 个，近乎相等，沿中线排成一直行。和榕八星天牛很接近。雄虫触角超出体长 2/3，从第 3 节起每节内端具较长的刺；前胸侧刺突端部较细；鞘翅肩下瘤粒向后伸展，不到翅长的 1/3；翅末端较狭，较向内斜切。

分布：浙江（临安）、福建、海南、云南、西藏；印度，孟加拉国，缅甸，越南，马来西亚，印度尼西亚。

寄主：杧果。

（232）橙斑白条天牛 *Batocera davidis* Deyrolle, 1878

Batocera davidis Deyrolle, 1878: 131.

Batocera henrietta Kriesche, 1915: 138, fig. 20.

Batocera davidis var. *obscura* Gilmour *et* Dibb, 1948: 38, pl. VI, fig. 12.

主要特征：体长 46–68 mm。体黑褐色至黑色，有时鞘翅肩后棕褐色。触角自第 3 节起及以下各节为棕红色，基部 4 节光滑，其余节被灰色绒毛。前胸背板中央有 1 对橙黄或乳黄色肾形斑。小盾片密生白毛。每个鞘翅有几个大小不同的近圆形橙黄或乳黄色斑纹，有时由于时间过久，斑纹色泽变为白色；每翅大约有 5 或 6 个主要斑纹，其排列如下：第 1 斑位于基部 1/5 的中央；第 2 斑位于第 1 斑之后近中缝处；第 3 斑紧靠第 2 斑，位于同一纵行上，有时第 3 斑消失；第 4 斑位于中部；第 5 斑位于端部 1/3 处；第 6 斑位于第 5 斑至端末的 1/2 处；后面 3 个斑大致排在一纵行上，另外尚有几个不规则小斑点，分布在一些主要斑的周围。体腹面两侧由复眼之后至腹部端末，各有 1 条相当宽的白色纵条纹。雄虫触角超出体长的 1/3，内沿有许多弯曲细刺，自第 3 节起的各节端部略膨大，内侧突出，以第 9 节突出最长，呈刺状；柄节及第 3 节表面皱纹粗糙，雌虫触角较体略长，有较稀疏的小刺，除柄节外，各节末端不显著膨大。前胸背板侧刺突细长，尖端略向后弯，胸面两侧稍有皱纹。鞘翅基部约 1/4 处分布光滑颗粒，翅面具细刻点，肩上有短刺，外端角钝圆，内端角呈短刺。雄虫前足腿节、胫节下沿粗糙，具齿突，胫节弯曲，跗节第 1、2 节外端较尖锐。

分布：浙江（西湖、临安、嵊州、常山、开化、丽水）、河南、陕西、湖北、湖南、福建、台湾、广东、海南、香港、广西、四川、贵州、云南；越南，老挝。

寄主：油桐、苹果。

（233）云斑白条天牛 *Batocera horsfieldii* (Hope, 1839)（图版 VI-7）

Lamia horsfieldii Hope, 1839: 42.

Batocera adelpha Thomson, 1859: 77.

Batocera lineolata var. *adelpha*: Breuning & Itzinger, 1943: 47.

主要特征：体长 32.0–67.0 mm。体黑色或黑褐色，密被灰色绒毛，有时灰中部分带青或黄色。前胸背板中央有 1 对肾形红色（标本通常呈白色）毛斑。小盾片被黄色绒毛（标本通常呈白色）。鞘翅绒毛斑形状不规则，且变异很大，有时翅中部前有许多小圆斑，有时斑点扩大，呈云片状。体腹面两侧各有白色直条纹 1 道，从眼后到尾部，常常在中胸与后胸间、胸与腹间及腹部各节间中断；后胸外端角另有 1 长圆形白斑。触角雌虫较体略长，雄虫超出体长 3–4 节。前胸背板前、后横沟间中央部分相当平坦，侧刺突微向后。鞘翅肩刺上翘，基部 1/5 密布瘤状颗粒，翅末端向内斜切，外端角略尖，有时钝圆，内端角呈刺状。

　　分布：浙江（临安、江山）、吉林、北京、河北、山西、山东、河南、陕西、江苏、安徽、湖北、江西、湖南、福建、广东、广西、四川、贵州、云南、西藏；印度，不丹，尼泊尔，缅甸，越南。

（234）密点白条天牛 *Batocera lineolata* Chevrolat, 1852（图版 VI-8）

Batocera lineolata Chevrolat, 1852: 417.

Batocera chinensis Thomson, 1857e: 170.

Batocera catenata Vollenhoven, 1871b: 215.

Batocera lineolata var. *joannisi* Pic, 1901c: 28.

Batocera hauseri Schwarzer, 1914: 280.

Batocera flachi Schwarzer, 1914: 280.

Batocera lineolata var. *variecollis* Schwarzer, 1925b: 60.

Batocera lineolata var. *latealba* Pic, 1926d: 303.

　　主要特征：体长 40.0–73.0 mm。本种与云斑白条天牛非常相似，在《中国经济昆虫志》中被建议为"两者系同物异名"。这里采用分两种的观点。本种与云斑白条天牛的区别包括：鞘翅基部 1/4 密布瘤状颗粒，比后者更密而且更多，前胸背板中央白斑不那么靠近，尤其靠近头部的部分互相远离；中胸后侧片白色，全部覆盖白色绒毛。从活体颜色看，本种绒毛斑点在活着的时候呈黄色或者白色，前胸和鞘翅绒毛斑的颜色与小盾片的颜色一致。而云斑白条天牛小盾片单独显示黄色，前胸和鞘翅的绒毛斑则是红色的。

　　分布：浙江（德清、长兴、安吉、海宁、平湖、西湖、临安、桐庐、淳安、建德、镇海、定海、普陀、岱山、义乌、永康、黄岩、三门、天台、仙居、温岭、临海、玉环、常山、开化、缙云、龙泉、平阳、泰顺、瑞安）、北京、河北、陕西、江苏、上海、安徽、湖北、江西、福建、台湾、广东、海南、广西、四川、贵州、云南；韩国，日本，印度，老挝。

　　寄主：杨。

（235）白条天牛 *Batocera rubus* (Linnaeus, 1758)

Cerambyx rubus Linnaeus, 1758: 390.

Cerambyx albofasciata DeGeer, 1775: 106.

Cerambyx albomaculatus Retzius, 1783: 138.

Lamia 8maculata Fabricius, 1793: 290.

Batocera rubus: Dejean, 1835: 341.

Batocera downesii Hope, 1845b: 76.

Batocera sarawakensis Thomson, 1858: 452, pl. XIX, fig. 2.

Batocera octomaculata: Thomson, 1858: 454.

Batocera mniszechii Thomson, 1859: 79.

Batocera sabina Thomson, 1878b: 52.

Batocera (*Batocera*) *albofasciata* ssp. *formosana* Kriesche, 1915: 136.

Batocera rubus var. *sarawakensis*: Fisher, 1935: 609.

Batocera rubus ssp. *lombokensis* Breuning, 1947a: 16.

Batocera rubus var. *dividopunctata* Gilmour *et* Dibb, 1948: 61, pl. VIII, fig. 5.

　　主要特征：体长 26.0–56.0 mm。体赤褐或绛色，头、前胸及前足腿节较深，有时接近黑色。全体被绒毛，背面的较细疏，灰色或棕灰色；腹面的较长而密，棕灰色或棕色，有时略带金黄，两侧各有 1 条相当阔的白色纵纹。前胸背板 1 对红色或橘红色（标本通常呈白色）绒毛斑，小盾片密生白毛；每一鞘翅上各有 4 个白色圆斑，第 4 个最小，第 2 个最大，较靠中缝，其上方外侧常有 1 或 2 个小圆斑，有时和它连接或并合。雄虫触角超出体长 1/3–2/3，其内沿具细刺；雌虫触角较体略长，具刺较细而疏。前胸侧刺突粗壮，尖端略向后弯。鞘翅肩部具短刺，基部瘤粒区域肩内占翅长约 1/4，肩下及肩外占 1/3；翅末端平截。

　　分布：浙江、山西、陕西、江西、福建、台湾、广东、海南、香港、澳门、广西、四川、贵州、云南；朝鲜，韩国，日本，巴基斯坦，印度，尼泊尔，越南，菲律宾，马来西亚，印度尼西亚，沙特阿拉伯。

　　寄主：榕属、杧果、木棉、美洲胶、重阳木、鸡骨常山、刺桐等。

丛角天牛族 Ceroplesini Thomson, 1860

119. 污天牛属 *Moechotypa* Thomson, 1864

Moechotypa Thomson, 1864: 55. Type species: *Moechotypa arida* Thomson, 1864 (= *Niphona suffusa* Pascoe, 1862).

Scotinauges Pascoe, 1871b: 277. Type species: *Scotinauges diphysis* Pascoe, 1871.

Tylophorus Blessig, 1873: 213. Type species: *Tylophorus wulffiusi* Blessig, 1873.

　　主要特征：体形中等大小。头部额长方形；复眼上、下叶仅 1 线或 1 列小眼相连；触角下沿具缨毛，柄节肥短，第 3 节最长，以后各节渐短。前胸背板显著宽胜于长，前端稍窄，前、后端各具 1 横沟，具侧刺突。鞘翅较长，背面拱凸，或翅较扁平，两侧近于平行，端部稍狭。足中等长，粗壮，雄虫的前足跗节膨大，中足胫节无斜沟（蒋书楠等，1985）。

　　分布：中国，俄罗斯，蒙古国，朝鲜，韩国，日本，印度，尼泊尔，孟加拉国，缅甸，越南，老挝，泰国，柬埔寨，斯里兰卡，马来西亚，印度尼西亚。世界已知 26 种，中国记录 11 种，浙江发现 2 种。

（236）树纹污天牛 *Moechotypa delicatula* (White, 1858)

Nyphona [sic] *delicatula* White, 1858a: 268.

Moechotypa delicatula: Gahan, 1894a: 60.

Moechotypa suffusa var. *elongata* Pic, 1925b: 29.

　　主要特征：体长 16.0–26.5 mm。体黑色，被黑色、灰色、淡红色绒毛。红色绒毛斑分布于后头、鞘翅基部和端部，以及腿节中部、胫节中部和第 1、5 跗节。鞘翅大部分灰色。触角自第 3 节起各节基部都有 1 淡色毛环。触角远长于体，柄节长度不及第 3 节之半，第 4 节短于第 3 节。前胸背板和鞘翅多瘤状突起，鞘翅基部 1/5 有 3 条短纵脊。前胸侧刺突末端钝圆。鞘翅宽阔，末端圆。腿节粗短，膨大。

　　分布：浙江（开化）、湖南、台湾、广东、海南、广西、四川、贵州、云南；印度，孟加拉国，缅甸，越南，老挝，印度尼西亚。

（237）双簇污天牛 *Moechotypa diphysis* (Pascoe, 1871)

Scotinauges diphysis Pascoe, 1871b: 277, pl. XIII, fig. 4.

Tylophorus wulffiusi Blessig, 1873: 215, pl. VII, fig. 3.

Moechotypa fuliginosa Kolbe, 1886: 221, pl. XI, fig. 38.

Mæchotypa davidis Fairmaire, 1887a: 328.

Moechotypa diphysis: Aurivillius, 1922: 245.

主要特征：体长 16.0–24.0 mm。体黑色，前胸背板和鞘翅多瘤状突起，鞘翅基部 1/5 处各有 1 丛黑色长毛，极为显著。有时在其前方及侧方另有 2 小丛较短的黑毛。体被黑色、灰色、灰黄色及火黄色绒毛；鞘翅瘤突上一般被黑绒毛，淡色绒毛则在瘤突间，围成不规则形的格子。腹面有极显著的火黄色毛斑，有时带红色，腹部 1–4 节各有这样的方形毛斑 1 对；各足基节及后胸腹板两侧亦具火黄色毛斑；腿节基部及端部、胫节基部和中部各有 1 火黄色或灰色毛环；第 1、2 跗节被灰色毛；有时腹面火黄色毛区扩大，斑点彼此连接，以致胸、腹大部都被掩盖。触角自第 3 节起各节基部都有 1 淡色毛环。触角在雄虫较体略长，雌虫较体稍短；柄节长度仅及第 3 节之半。前胸侧刺突末端钝圆，其前方另有 1 个较小瘤突。鞘翅宽阔，多瘤状突起，末端圆。

分布：浙江（临安）、黑龙江、吉林、辽宁、内蒙古、北京、河北、山西、河南、陕西、甘肃、安徽、湖北、江西、湖南、广西、四川、贵州；俄罗斯，蒙古国，朝鲜，韩国，日本。

寄主：栎属。

链天牛族 Desmiphorini Thomson, 1860

分布：世界已知 302 属/亚属，中国记录 32 属，浙江发现 12 属，其中 3 属为浙江省的首次记录。但本族的研究非常欠缺，暂时无法提供检索表，有待将来进一步仔细鉴定研究。

120. 微天牛属 Anaesthetobrium Pic, 1923

Anaesthetobrium Pic, 1923e: 20. Type species: *Anaesthetobrium luteipenne* Pic, 1923.

Paraphidola Matsushita, 1933: 376. Type species: *Paraphidola fuscoflava* Matsushita, 1933.

Eunidiopsis Breuning, 1939b: 220. Type species: *Eunidiopsis bicolor* Breuning, 1939.

主要特征：复眼深凹，复眼下叶极大，颊极狭小；头顶不凹陷；触角较体略长，下沿具缨毛，第 3 节极短，短于、等于第 4 节之半或稍长；第 4 节与柄节或第 5 节约等长或稍长。全身被短竖毛，尤以体背面较密。前胸背板宽胜于长，表面平坦，前、后横沟不显著，侧刺突很短小但尖细；鞘翅两侧平行，末端阔圆形。足短，中足胫节外沿中部有凹纹；后足跗节第 1 节短于其后两节之和，爪附齿式。

分布：中国，韩国，日本，印度尼西亚。世界已知 6 种，中国记录 5 种，浙江发现 2 种。

（238）二色微天牛 *Anaesthetobrium bicolor* (Breuning, 1939)（图版 VI-9）

Eunidiopsis bicolor Breuning, 1939b: 220.

Anaesthetobrium bicolor: Lin & Ge, 2020: 301, figs. 3, 4, 11-13.

别名：二色肖短节天牛、肖短节天牛

主要特征：体长 5.5 mm 左右。跟微天牛非常相似，但从以下几点可以区分：①鞘翅刻点行比较稠密和整齐，每个刻点的长刚毛呈纵列排列，刻点之间的灰色卧毛较少；②前胸背板的侧刺突比较短钝；③触角、头、前胸和足的颜色更深，为黑色。

分布：浙江（嘉兴）。

寄主：桑（桑科）。

备注：浙江嘉兴（Kia-Ching/Kashing）是肖短节天牛 *Eunidiopsis bicolor* Breuning, 1939 的模式产地。

（239）微天牛 *Anaesthetobrium luteipenne* Pic, 1923（图版 VI-10）

Anaesthetobrium luteipenne Pic, 1923e: 20.

主要特征：体长 5–6.5 mm。小型天牛。头、胸、腹面及足棕栗色，触角黑褐色或深咖啡色，鞘翅淡棕黄色，有时略带红色。小盾片色彩较鞘翅稍深。本种的主要特征是触角第 3 节极短，仅及第 4 节之半或稍长；爪系附齿式；全身被棕黄色短竖毛，尤以体背面较密，并杂有相当密而不显著的灰色卧毛。触角较体略长，下沿具缨毛；自第 2 节起至末节其粗细约相等；第 4 节比第 3 节长 1 倍，但与柄节或第 5 节约等长。前胸背板刻点极紧密，排成不规则的直行，每一刻点内生有向后竖立的短毛 1 根；鞘翅末端圆形。

分布：浙江（德清）、河南、江苏、上海；韩国，日本。

121. 肖楔天牛属 *Asaperdina* Breuning, 1975 浙江新记录

Asaperdina Breuning, 1975a: 23. Type species: *Asaperda regularis* Pic, 1923.

主要特征：体小型。复眼内缘深凹；触角基瘤左右远离，头顶浅陷；触角细长过体，基部数节下侧有缨毛，柄节无端疤；第 3 节远长于柄节而略短于第 4 节，第 5 节以后各节渐短。前胸背板长宽约等或宽略胜于长，两侧缘有很短的侧刺突。鞘翅两侧几乎平行，翅端圆。前足基节窝闭式；中足基节窝开式。足腿节棍棒状，中部膨大；中足胫节外侧没有明显斜沟；后足第 1 跗节略短于其后两节之和；爪单齿式，全开式。

分布：中国，日本。本属共记录 4 种，均分布于中国，浙江新记录 1 种。

（240）棕肖楔天牛 *Asaperdina brunnea* Pesarini *et* Sabbadini, 1999（图版 VI-11）浙江新记录

Asaperdina brunnea Pesarini *et* Sabbadini, 1999: 62, fig. 4.

主要特征：体长 5.2–7.3 mm。体黑色，被稀疏的金褐色绒毛。触角柄节黑褐色，其余各节红褐色。足褐色，跗节末节红褐色。跟属模式种 *Asaperdina regularis* (Pic, 1923)最相似，但触角更长，背面刻点更粗疏。

分布：浙江（诸暨）、陕西。

122. 真芒天牛属 *Eupogoniopsis* Breuning, 1949 浙江新记录

Eupogoniopsis Breuning, 1949: 23. Type species: *Eupogonius tenuicornis* Bates, 1884.

别名：拟竖毛天牛属

主要特征：体小型。触角基瘤不显著凸起，之间平坦；额不显著凸起；复眼深凹，小眼面粗粒；触角细长，雄虫长于体长的 1.5 倍，下沿具密缨毛，柄节粗短，第 3 节约 2 倍于柄节，与第 4 节约等长，第 4 节约为第 5 节的 1.5 倍。前胸背板长宽略等，后端与前端略等，具前后横凹沟，侧面中央具很小的侧刺突。鞘翅略宽于前胸，两侧平行，末端圆形。中足基节窝关闭。足腿节棒状，中足胫节不具斜沟，跗节总长短于胫节，爪全开式。

分布：中国，韩国，日本，尼泊尔。世界已知 6 种，中国记录 3 种，浙江发现 1 种。

（241）尾真芒天牛 *Eupogoniopsis caudatula* Holzschuh, 1999（图版 VI-12）浙江新记录

Eupogoniopsis caudatula Holzschuh, 1999: 46, fig. 64.

主要特征：体长 6.9–9.4 mm。体褐色，触角褐色，从第 2 节起基部具很小的淡色环纹。头和前胸背板不具斑纹。鞘翅黑褐色，中区前后具不显著不规则的黄褐色绒毛形成的横斑。鞘翅刻点稠密粗深，尤其在

基部更密。鞘翅末端钝圆形。

　　分布：浙江（临安）、云南。

123. 平山天牛属 *Falsostesilea* Breuning, 1940 浙江新记录

Falsostesilea Breuning, 1940c: 168. Type species: *Stesilea perforata* Pic, 1926.

　　主要特征：体小型。头部窄于前胸；触角基瘤之间有凹陷；额不显著凸起；复眼小眼面不很细；触角稍短于至略长于体，柄节中间肿胀、两端稍缩窄，呈纺锤形，第 3 节短于第 4 节。前胸背板宽稍大于长，后端与前端略等，近基部稍缢缩，中区稍隆起，侧面中央稍隆突但不具侧刺突。鞘翅两侧平行，末端 1/3 显著缩窄，末端平切、斜切或凹切，翅面刻点不整齐成行。前足基节窝关闭，中足基节窝对中胸后侧片开放。足腿节短，膨大，中足胫节外侧有斜沟；跗节总长短于胫节，爪全开式。

　　分布：中国，越南。世界已知 2 种，中国记录 1 种，浙江发现 1 种。

（242）平山天牛 *Falsostesilea perforata* (Pic, 1926)（图版 VI-13）浙江新记录

Stesilea perforata Pic, 1926b: 9.

Falsostesilea perforata: Breuning, 1940c: 169.

Mimosybra melli Breuning, 1964b: 101.

　　别名：孔平山天牛

　　主要特征：体长 12 mm 左右。体黑褐色，被黄褐色绒毛夹杂一些白色绒毛斑点，白色斑点主要体现在前胸背板两侧和鞘翅端部 1/3，通常模糊不显著。触角基部 3 节被浓密的黄褐色或灰褐色绒毛，夹杂少量白色粗毛，从第 4 节起各节基部被黄褐色或灰褐色绒毛，端部黑褐色。足腿节和胫节被黄褐色绒毛，夹杂少量白色粗毛，跗节被毛稀疏显示黑色。触角约等于（♂）或稍短于（♀）体长，柄节纺锤状，略短于第 3 节，第 3 节短于第 4 节。前胸背板宽稍胜于长，背板上刻点粗深，不太平坦。小盾片小，横宽，近半圆形。鞘翅基半部中央平坦而刻点细密，两侧及端半部则不平坦且刻点不显，末端斜切。

　　分布：浙江（磐安）、广东、云南；越南。

124. 小沟胫天牛属 *Miccolamia* Bates, 1884 浙江新记录

Miccolamia Bates, 1884: 253. Type species: *Miccolamia cleroides* Bates, 1884.

　　主要特征：头大；额突出，颊膨阔；头顶宽而平坦；后头微隆；复眼内缘深凹。触角粗壮，末节到达鞘翅末端；柄节棒状具竖毛，短于第 3 节；第 3 节等长于第 4 节，第 2 到末节下沿具长缨毛。前胸背板长胜于宽，每侧具 1 侧刺突，背面拱隆具大型隆突。前胸腹突窄，仅前足基节窝的 1/4 宽；中胸腹突平坦，仅中足基节窝的 1/3 宽。鞘翅长为肩宽的 2.4–2.6 倍，端半部膨阔；鞘翅基部有 1 对刺脊突。足短，腿节棍棒状；中足和后足胫节端部 1/4 处外侧有斜沟；后足第 1 跗节约等于其后两节之和；爪全开式。

　　分布：中国，日本，印度，尼泊尔，越南，老挝，泰国。世界已知 15 种，中国记录 8 种，浙江发现 1 种。

（243）峨眉小沟胫天牛 *Miccolamia dracuncula* Gressitt, 1942（图版 XV-4）浙江新记录

Miccolamia dracuncula Gressitt, 1942b: 7, pl. 1, fig. 8.

主要特征：体长 3.5–4.0 mm。头黑色，触角柄节黑褐色，从第 2 节开始基部红褐色，端部黑褐色。前胸黑色。鞘翅基部在瘤突之前黑色，合成倒三角形基部斑纹；中间大部分以红褐色为主，近侧缘色较深，浅色区域镶嵌浅色绒毛边；端半部大部分黑褐色，但端缘红褐色，二者之间分界不清晰。足大部分红褐色，腿节稍深色。触角略短于至约等于体长，鞘翅末端圆。

分布：浙江（临安）、福建、四川。

125. 小窄天牛属 *Microestola* Gressitt, 1940

Microestola Gressitt, 1940b: 180. Type species: *Microestola bidentata* Gressitt, 1940.

Mimopothyne Breuning, 1956a: 7. Type species: *Mimopothyne flavolineata* Breuning, 1956.

主要特征：体小型，圆筒状，长宽比大于 4.2。复眼内缘深凹；触角基瘤不甚突出；触角略长过体，下侧有显著缨毛，柄节无端疤；第 3 节略短于第 4 节，第 4 节与柄节约等长。前胸背板长胜于宽，两侧缘平行无侧刺突，背面平坦，不具前后横凹沟。鞘翅两侧几乎平行，翅端狭圆。前足基节窝闭式（前胸腹突末端非常膨大）；中足基节窝开式。足短，腿节棍棒状，中部偏后膨大，后足腿节不达腹部第 2 节末端；中足胫节外侧有斜沟；后足第 1 跗节短于其后两节之和；爪单齿式，全开式。

分布：中国，越南。世界已知 5 种，均分布于中国，浙江发现 2 种。

（244）黄线小窄天牛 *Microestola flavolineata* (Breuning, 1956)（图版 VI-14）

Mimopothyne flavolineata Breuning, 1956a: 7, fig. 3.

Microestola flavolineata: Lin & Ge, 2020: 303, figs. 14A-C.

别名：黄线拟驴天牛、拟驴天牛

主要特征：体长 8 mm。体棕褐色。头棕褐色，后头尤其是复眼后面被灰褐色绒毛，触角棕褐色。前胸背板具 3 条灰褐色绒毛纵纹，中间的一条很细，两侧的两条很粗。小盾片被绒毛。每鞘翅具 3 条绒毛细纵纹，均不到达鞘翅末端，其中靠近鞘缝的一条相对完整，其外侧的两条均断断续续，侧缘边的那条从中部才开始。触角略长于体，鞘翅末端圆形。

分布：浙江（宁波）。

备注：浙江是本种的模式产地。

（245）福建小窄天牛 *Microestola interrupta* Gressitt, 1951

Microestola interrupta Gressitt, 1951: 514, pl. 20, fig. 6.

别名：福建平顶天牛

主要特征：体长 6.2–9.0 mm。体棕褐色。头黑色，触角棕褐色；前胸背板具 3 条灰褐色绒毛纵纹，或者说可见 2 条深色纵斑；小盾片被绒毛；每鞘翅具 3 条间断的绒毛细纵纹，不到达鞘翅末端。触角略长于体，鞘翅末端圆形。

分布：浙江（临安清凉峰）、陕西、福建、四川。

126. 肖申天牛属 *Mimectatina* Aurivillius, 1927

Mimectatina Aurivillius, 1927: 27 (= 575). Type species: *Mimectatina singularis* Aurivillius, 1927.

Doius Matsushita, 1933: 380. Type species: *Doius rufescens* Matsushita, 1933 (= *Sydonia divaricata* Bates, 1884).

Nipposybra Breuning, 1939b: 280. Type species: *Nipposybra fuscoplagiata* Breuning, 1939.

Parasydonia Breuning, 1949: 24. Type species: *Sydonia divaricata* Bates, 1884.

Falsodoius Breuning, 1953: 16. Type species: *Doius meridianus* Matsushita, 1933.

主要特征：体小型。头部中部不宽于前胸；触角基瘤之间平坦；额不显著凸起；复眼小眼面不很细；触角略长于体，柄节近柱形，第 3 节短于第 4 节。前胸背板长宽略等，后端与前端略等，近基部稍缢缩，中区稍隆起，侧面中央稍隆突但不具侧刺突。鞘翅两侧平行，末端平切、斜切或凹切，翅面刻点不整齐成行。前足基节窝关闭。足腿节短，膨大，跗节总长短于胫节，爪全开式。

分布：中国，俄罗斯，朝鲜半岛，日本，琉球群岛，越南，菲律宾，印度尼西亚。世界已知 8 种/亚种，中国记录 7 种/亚种，浙江发现 1 亚种。

（246）红肖申天牛 *Mimectatina divaricata divaricata* (Bates, 1884)

Sydonia divaricata Bates, 1884: 247.

Doius rufescens Matsushita, 1933: 380, pl. V, fig. 4.

Doius griseus Matsushita, 1940: 53, fig. page 53.

Parasydonia divaricata: Breuning, 1949: 24.

Falsodoius griseus: Breuning, 1953: 17.

Mimectatina divaricata: Breuning, 1963b: 487.

Doius divaricatus divaricatus: Toyoshima, 1982: 35, figs. 2.7, 2.8.

Mimectatina divaricata divaricata: Hasegawa in N. Ohbayashi & Niisato, 2007: 624, pl. 68, figs. 11, 12.

主要特征：体长 6–9 mm。头黑色，触角黑褐色，前两节被灰白色绒毛，从第 3 节起基部具灰白色绒毛环纹，基部灰白色绒毛向后逐节变短变少。前胸中区具 2 个纵向黑斑，前胸背面其余部分被灰白色绒毛；或者说前胸背板具 3 道纵向灰白色绒毛斑纹，其中中央一条很细。鞘翅红褐色至黑褐色，鞘缝附近具黑色和白色小点，基部小盾片之后具大型黑斑，基部 1/3 靠近侧缘和之后的中部具纵向黑褐斑，端末具明显黑斑，其余部分被灰白色绒毛。腹面红褐色；足大部分红褐色或黑褐色，腿节背面浅于腹面，胫节基部颜色淡于端部。鞘翅末端斜切，呈叉状。

分布：浙江、江苏、台湾；俄罗斯，朝鲜，韩国，日本。

127. 伪昏天牛属 *Pseudanaesthetis* Pic, 1922

Pseudanæstetis [sic] Pic, 1922c: 15. Type species: *Pseudanaesthetis langana* Pic, 1922.

主要特征：体小型。头部中部不宽于前胸；触角基瘤之间平坦；额不显著凸起；复眼小眼面不很细，下叶宽与高略等；触角较体短，柄节近柱形，第 3 节长于柄节和第 4 节。前胸背板长宽略等，后端较前端稍宽，近基部稍缢缩，中区隆起，有穴状刻点，侧刺突短小，位于两侧中部稍后方。鞘翅两侧平行，末端相合成圆形，翅面刻点较整齐成行。足腿节短，膨大，跗节总长与胫节略等，爪全开式。

分布：中国，巴基斯坦，印度，尼泊尔，缅甸，越南，泰国，印度尼西亚。世界已知 7 种，中国记录 3 种，浙江发现 1 种。

（247）伪昏天牛 *Pseudanaesthetis langana* Pic, 1922

Pseudanæstetis langana Pic, 1922c: 15.

主要特征：体长 6.5–9.0 mm。体小型，赤褐色。头部、前胸较深暗；触角黑色；鞘翅较淡，呈赭黄褐色；足腿节基半部以后红褐色，其余部分黑褐色。头部额，头顶、后头均散布细刻点，头顶宽陷；复眼下叶大而稍突，近圆形，长于其下颊部 3 倍以上；触角比体长短 1/4，柄节粗柱状，略短于第 3 节，第 3 与第 4 节几等长，第 4 节长约为第 5 节的 2 倍，第 1–3 节下侧有细毛。前胸背板宽稍胜于长，两侧刺突极短小，末端钝，位于两侧中部之后近后缘 1/3 处，背板上散布细深刻点。小盾片小，横宽，近半圆形。鞘翅翅表密布较整齐的刻点约 13 行，并被灰黄色细短毛和灰白色细长毛。腹面被灰白色绒毛。足腿节肥短，中、后足腿节基部较细，向中部渐粗。

分布：浙江（安吉、西湖、临安）、北京、山东、陕西、江西、湖南、福建、广东、海南、香港、广西、四川、贵州；韩国，印度，越南，泰国。

寄主：桃（江西）、胡桃（陕西）、南酸枣属（海南岛）。

128. 棒角天牛属 *Rhodopina* Gressitt, 1951

Rhodopis Thomson, 1857e: 174. Type species: *Rhodopis pubera* Thomson, 1857. [HN, *nec* Reichenbach, 1854 (Aves)]
Rhodopina Gressitt, 1951: 439. [RN]

主要特征：体中等大至大型，典型的"棒角"指的是触角柄节和第 3 节端部有 1 个膨大的棒状部分，但不是所有的种类都有。柄节粗壮，末端膨大，第 3 节最长，触角远长于体长，一般都在体长的 2 倍以上。前胸背板具显著的侧刺突或不显著。腿节粗壮，略显棒状，后足跗节第 1 节长于其后 2 节之和。

分布：中国，日本，琉球群岛，印度，不丹，尼泊尔，孟加拉国，越南，老挝，马来西亚，印度尼西亚。世界已知 44 种/亚种，中国记录 5 种，浙江发现 1 种。

（248）台湾棒角天牛 *Rhodopina formosana* (Breuning, 1954)（图版 VI-15）

Rhodopis formosanus Breuning, 1954a: 5.
Rhodopina formosana: Breuning, 1963b: 491.

主要特征：体长 10–14 mm。体深褐色。前胸背板有 3 道纵向灰白色绒毛斑，其中中央那条较细，有时不完整。小盾片被灰白色绒毛。鞘翅有白色绒毛形成的 3 道横斑，中部之前的横斑较为显著，有些倾斜，端部 1/3 的白斑被不明确地分成 2 道。触角细长，柄节肿大，雄虫触角为体长的 3 倍左右，第 3 节末端膨大；雌虫触角为体长的 2 倍稍多，第 3 节末端不膨大。前胸侧刺突短小，鞘翅末端圆形。

分布：浙江（临安、江山、庆元）、台湾。

129. 角胸天牛属 *Rhopaloscelis* Blessig, 1873

Rhopaloscelis Blessig, 1873: 205. Type species: *Rhopaloscelis unifasciatus* Blessig, 1873.

主要特征：体小型，略扁。头部额横宽，微凸；上颚弓形，端尖；下颚须端节近柱形；复眼小眼面粗粒，内缘深凹；触角基瘤左右分开，头顶浅陷；触角细长过体，下侧有细毛，柄节长，肥宽，无端疤；第 3 节与第 4 节约等长，第 5 节以后各节渐短。前胸背板长胜于宽，两侧缘有瘤突或在中部稍后方具短小侧刺突。鞘翅较长，向末端渐狭，翅端波形平截或狭圆。前足基节窝闭式，外缘尖角形；中足基节窝开式。足细长，腿节扁，向端部膨大成显著棍棒状；中足胫节无斜沟；前足第 1 跗节短阔，后足的狭长；爪全开式（蒋书楠等，1985）。

分布：中国，俄罗斯，蒙古国，朝鲜，韩国，日本，哈萨克斯坦，老挝，伊朗。世界已知 3 种，中国记录 1 种，浙江分布 1 种。

（249）角胸天牛 *Rhopaloscelis unifasciatus* Blessig, 1873

Rhopaloscelis unifasciatus Blessig, 1873: 206, pl. VIII, fig. 3.

Rhopaloscelis unifasciatus var. *obscura* Plavilstshikov, 1915b: 109.

别名：柳角胸天牛

主要特征：体长 5.5–10 mm。体小型，略扁平，暗棕色，密被薄而短的灰白色细绒毛，散布稀疏的较长黑色直立毛。触角略呈红棕色，自第 3 节起各节基端具白毛环，第 1–8 节内侧具稀疏的缨毛。鞘翅基半部具薄而致密的白色短绒毛，散布大小不等的棕黑色刻点，翅基脊突棕黑色，翅中部具宽大的棕黑色横带纹，外端宽，但不达外缘，随后紧接 1 较窄的前缘锯齿状的银白色短绒毛横带纹，翅端部棕褐色。腹面棕黑色，胫节基部具白毛。触角细长，约为体长之一倍半，柄节粗短，纺锤形，约与第 5 节等长，第 3 节长于第 5 节略短于第 4 节，第 6–11 节渐短。小盾片长方形，末端平截，中央具纵沟。鞘翅比前胸侧瘤间稍宽，两侧缘近于平行，近端部 1/4 处开始向后略狭窄，末端斜截，缝角钝圆，缘角略突出，翅基中央各具 1 瘤状脊突，基部 1/3 处略下凹，中部以后较隆起，翅面基部 1/3 中央刻点细小，其余部分刻点较粗而稀疏。

分布：浙江（临安）、吉林、陕西、福建、广东、香港；俄罗斯，蒙古国，朝鲜，韩国，日本，哈萨克斯坦。

寄主：垂柳（杨柳科）、杨属（杨柳科）、柞木属（大风子科）。

130. 短刺天牛属 *Terinaea* Bates, 1884

Terinaea Bates, 1884: 249. Type species: *Terinaea atrofusca* Bates, 1884.

主要特征：体小型。复眼内缘深凹；触角基瘤左右分开，头顶平坦不凹陷；触角细长过体，下侧缨毛稀疏，柄节无端疤；第 3 节与第 4 节约等长，第 5 节以后各节渐短。前胸背板宽胜于长，两侧缘有又短又尖的侧刺突，背面平坦。鞘翅两侧几乎平行，翅端圆形。前足基节窝闭式；中足基节窝开式。足腿节棍棒状，中部膨大；足短，后足腿节伸达第 4 可见腹板，中足胫节外侧有斜沟；后足第 1 跗节短于其后两节之和；爪附齿式。

分布：中国，俄罗斯，朝鲜，韩国，日本，马来西亚。世界已知 4 种，中国分布 2 种，浙江发现 1 种。

（250）红胸短刺天牛 *Terinaea rufonigra* Gressitt, 1940

Terinæa rufonigra Gressitt, 1940b: 175, pl. 5, fig. 15.

主要特征：体长 4–4.5 mm。头黑色，触角黑色。前胸暗红色。小盾片黑色。鞘翅黑色。足黑色。鞘翅刻点细密，端部的刻点较不发达。前胸背板的刻点比鞘翅基部的刻点更为细密，头部刻点跟前胸背板的差不多。

分布：浙江（舟山）、福建、广东、海南、广西。

131. 突天牛属 *Zotalemimon* Pic, 1925

Diboma Thomson, 1864: 46. Type species: *Diboma tranquilla* Thomson, 1864 (= *Hathlia procera* Pascoe, 1859). [HN, *nec* Walker, 1863 (Lepidoptera, Pyralidae)]

Zotalemimon Pic, 1925a: 29. Type species: *Zotalemimon apicale* Pic, 1925 (= *Sybra posticata* Gahan, 1895). Synonymized with
  Diboma Thomson, 1864 by Breuning, 1949: 25, revalided by Özdikmen, 2006: 268. (Valid because it was the oldest known
  synonym of *Diboma* Thomson, 1864, which was a HN)
Donysia Gressitt, 1940b: 179. Type species: *Sydonia costata* Matsushita, 1933.

主要特征：体小型，狭长。头部厚胜于宽；后头强烈斜向额部，额一般宽胜于高，两边凹入；复眼下叶高与宽略等，与其下颊部等高；触角基瘤显著突出，基部分开；头顶宽浅陷；触角较细，短于或长于身体，柄节膨大，第 3 节远长于柄节。前胸圆柱形，无侧刺突，表面粗糙。鞘翅狭长，末端两角稍突出。前胸腹板凸片低。中足胫节有沟。

分布：东洋区。本属世界已知 21 种，中国记录 7 种，浙江分布 1 种。

（251）脊胸突天牛 *Zotalemimon costatum* (Matsushita, 1933)

Sydonia costata Matsushita, 1933: 379, pl. V, fig. 1.
Donysia costata: Gressitt, 1940b: 179.
Diboma loochooana Breuning, 1940a: 78.
Diboma costata: Breuning, 1949: 25.
Zotalemimon costata: Özdikmen, 2006: 268.

主要特征：体长 9–12 mm。体棕黑色；体背密被暗灰色绒毛。头顶额及头顶上的毛暗棕色，颊部的毛灰黄褐色；触角暗棕色，柄节密被黄褐色毛，其余各节的毛灰白色，第 5–10 节基端及第 11 节灰白色。前胸被致密的暗灰色绒毛，中纵脊基端黄白色；侧缘略灰白色。小盾片密被灰黄色毛。鞘翅基半部的毛密，暗灰色，基部 1/3 近中缝中央及后半部密被淡黄色毛；翅中央有 1 列黑色纵脊突，其中 3 个位于基部，2 个位于中点附近。腹面及足淡红棕色，密被黄白色毛，末节腹板中央具 1 圆形大黑斑。触角细长，略超过体长，第 3 节稍弯曲，显长于第 4 节，约为柄节长之 2 倍，第 5 节以后各节长度递减。前胸长显胜于宽，背面具 5 条显著的纵脊，脊间散布小刻点。小盾片近方形，后缘平切。鞘翅狭长，基部显宽于前胸，基部 2/3 两侧近于平行，端部 1/3 渐狭窄，末端窄、平切；翅面基部 2/3 刻点粗大，各具 4 条多少完整的纵脊，内侧的纵脊包括基部 3 个及中点附近的 2 个脊突。

分布：浙江（开化）、福建、台湾、海南；日本，琉球群岛。

粉天牛族 Dorcaschematini Thomson, 1860

132. 小粉天牛属 *Microlenecamptus* Pic, 1925

Cylindropomus (*Microlenecamptus*) Pic, 1925a: 22. Type species: *Cylindropomus* (*Microlenecamptus*) *albonotatus* Pic, 1925, by
  monotypy.
Microlenecamptus: Breuning, 1940b: 559.

主要特征：体形中等大小。头部额宽稍胜于长；雄虫复眼下叶近方形，雌虫复眼下叶的宽稍胜于高；触角基瘤基部显著分开；雄虫触角为体长的 2.5–3 倍，雌虫触角约为体长的 2 倍，下侧具细短缨毛，柄节较长，伸达前胸前端，第 3 节约为柄节长的 2.5 倍（♂）或 2 倍（♀），无凿齿状颗粒，显著较第 4 节长，第 4 节短于第 5 节，雄虫的第 11 节很长。前胸背板近方形。鞘翅两侧平行（♂）或向后端稍宽，稍平切。中胸腹板凸片前端三角形凹入。腹部第 5 腹板在雄虫短于第 3–4 节之和，雌虫的较宽，长于第 3–4 节之和。足短，后足较前、中足长，腿节较肥粗，后足腿节不达腹部末端，爪全开式。

分布：中国，日本，琉球群岛，越南，老挝。世界已知 7 种/亚种，中国记录 4 种/亚种，浙江分布 1 种。

（252）双环小粉天牛 *Microlenecamptus biocellatus* (Schwarzer, 1925)

Olenecamptus biocellatus Schwarzer, 1925b: 63.

Olenecamptus virescens Savio, 1929: 8.

Microlenecamptus biocellatus: Dillon & Dillon, 1948: 281, pl. 14, fig. 7.

主要特征：体长 9–13 mm。体略呈圆筒形，黑色，密被淡灰色绒毛。头顶复眼之间、颊部、前胸及小盾片被灰白色毛，后头中央后部及复眼后各具 1 光裸的黑色条纹。触角基部 3 或 4 节黑褐色，其余各节暗红棕色，被薄而细的灰色绒毛。前胸背板中线具 1 黑色纵条纹，两侧缘中央各具 1 不连续的黑纹。鞘翅肩角黑色，翅面各具 5 个黑斑：第 1、2 黑斑较小，圆形，位于基部 1/4 处，排成一横列；第 3 黑斑最大，环形，位于翅中点近侧缘处；第 4、5 黑斑小，位于翅端部 1/4 处，亦排成横列。腹面及足黑色，跗节暗红褐色，密被灰白色绒毛。触角细长，雄虫约为体长之 3 倍，柄节棒状，几伸达前胸前端，背面端部密布颗粒，基部中央具纵陷，第 3 节约为柄节之 2 倍，末节最长。前胸宽略胜于长，近圆筒形，近前缘及近后缘各具 1 横沟，近后者中线上具 1 小瘤，中域具细横皱纹，两侧缘略呈弧形突出。鞘翅端部 1/3 处开始显著向后狭窄，末端缝角窄圆。足粗短，中足胫节外侧中央各具 1 突起，后足腿节伸达第 4 腹节。

分布：浙江（临安）、安徽、湖南、台湾、广东。

寄主：桑属（桑科）。

133. 粉天牛属 *Olenecamptus* Chevrolat, 1835

Olenecamptus Chevrolat, 1835: 134. Type species: *Olenecamptus serratus* Chevrolat, 1835 (= *Saperda biloba* Fabricius, 1801).

Authades Thomson, 1857e: 191. Type species: *Authades indianus* Thomson, 1857.

Ibidimorphum Motschulsky, 1860b: 152. Type species: *Ibidimorphum octopustulatum* Motschulsky, 1860.

Olenocamptus [sic]: Gressitt, 1940b: 134.

主要特征：体形中等大小，较狭，长方形。头部额宽胜于长；触角细长，雄虫为体长的 2–2.5 倍，雌虫为 1.5–2 倍；雄虫通常在触角节的下沿有粗糙锯齿，但无缨毛，基部数节的背方有凿齿状颗粒，第 3 节最长，至少为柄节的 3 倍，雌虫的稍短，第 4 节短于第 3 节或第 5 节，第 11 节稍长于第 10 节；复眼下叶大，后方显著宽阔。前胸背板雄虫的较长；雌虫的长宽几相等，背面具横皱脊。鞘翅雌虫的后端稍宽阔；雄虫的较狭，末端斜切，缘角齿状突出，翅面具刻点。中胸腹板凸片前端凹入。腹部第 5 节腹板雌虫的长于第 3 - 4 节之和，雄虫的前足腿、胫节下侧有细锯齿；中足胫节有显著斜沟，爪全开式。

分布：古北区，东洋区，旧热带区，澳洲区。世界已知 81 种/亚种，中国记录 17 种/亚种，浙江发现 8 种/亚种。

分种检索表

1. 鞘翅被灰色绒毛，无斑纹；前胸背板有 2 条黄色纵纹；触角、足的胫节和跗节棕红或棕褐色 ···**灰翅粉天牛 *O. griseipennis***
- 鞘翅有绒毛斑纹或光裸斑点 ··· 2
2. 鞘翅全面被白色粉状绒毛，仅有 2–3 个光裸的黑色小斑点 ·· 3
- 鞘翅有绒毛斑纹 ··· 5
3. 每鞘翅具有 3 个黑点 ··**黑点粉天牛 *O. clarus***
- 每鞘翅具有 2 个黑点 ·· 4
4. 后胸前侧片的白色绒毛很稀薄，显示黑色；腹部黑色，跟后胸前侧片一致 ·····································**滨海粉天牛 *O. riparius***

- 后胸前侧片的白色绒毛很稠密，显示白色；腹面灰黑色，比本身的后胸前侧片颜色深很多 ……………………
……………………………………………………………………………………………… 斜翅粉天牛 *O. subobliteratus*
5. 前胸背板无淡色斑纹，至多在中区后方两侧各有 1 个黑色小斑点；每鞘翅有 3 个近圆形的粉色绒毛斑纹，白色绒毛覆盖的
地方远小于其他地方 …………………………………………………………………… 粉天牛 *O. bilobus bilobus*
- 前胸背板有白色斑纹；鞘翅白色绒毛覆盖的地方大于其他地方 ………………………………………………… 6
6. 白色鳞粉较少；前胸背板在中区两侧各有 2 个白斑；每鞘翅具有 4 个中等大小的白斑，排成 1 纵列 …………………
……………………………………………………………………………………………… 八星粉天牛 *O. octopustulatus*
- 白色鳞粉较多，几乎覆盖整个身体；前胸背板仅中央、鞘翅仅边缘的一些缺刻没有被白色鳞粉 ……………………… 7
7. 前胸背板仅中央中段不是白色；每鞘翅白色部分的外侧缘有 2 或 3 个缺刻，缺刻很小不到达鞘翅中央；鞘翅中部之后各有
1 个褐色小斑点 …………………………………………………………………… 白背粉天牛 *O. cretaceus cretaceus*
- 前胸背板中央不是白色的部分较多，中段还扩大成圆斑状；每鞘翅白色部分外侧缘有 3 个缺刻，端前缺刻较大，超过鞘翅
中央；鞘翅中部之后没有褐色小斑点，但基部 1/4 处近鞘缝处有褐色斑点 ………………… 蓬莱粉天牛 *O. formosanus*

（253）粉天牛 *Olenecamptus bilobus bilobus* (Fabricius, 1801)

Saperda biloba Fabricius, 1801b: 324.
Olenecamptus bilobus: Chevrolat, 1835: 2, pl. 134.
Olenecamptus serratus Chevrolat, 1835: 134.
Olenecamptus borneensis Pic, 1916c: 6.
Olenecamptus rouyeri Pic, 1916c: 6.
Olenecamptus bilobus dahli Kriesche, 1926: 375.
Olenocamptus [sic] *bilobus*: Gressitt, 1940b: 134.
Olenecamptus bilobus luzonensis Dillon *et* Dillon, 1948: 228, pl. X, fig. 6.
Olenecamptus bilobus ternatus Dillon *et* Dillon, 1948: 227, pl. X, fig. 4.
Olenecamptus bilobus tonkinus Dillon *et* Dillon, 1948: 230, pl. X, fig. 12.
Olenecamptus bilobus gressitti Dillon *et* Dillon, 1948: 234, pl. X, fig. 20.
Olenecamptus bilobus m. *reductemaculatus* Breuning, 1969a: 665.
Olenecamptus bilobus borneensis: Rondon & Breuning, 1970: 479, fig. 36j.

主要特征：体长 9.0–20.0 mm。体略呈圆筒形，棕红色；腹面黑色或褐黑色，密被白色粉毛；背面被灰黄色绒毛，额、颊、复眼下侧、小盾片及前胸背板基缘两侧有 1 极小斑点，均被白色粉毛。每鞘翅上有 3 个粉毛圆斑，呈白色或奶油色，亦有少数个体呈淡棕红色；鞘翅基部肩外侧区亦有 1 块不规则形的粉毛斑点。鞘翅圆斑大小颇有变异：第 1 个较大，极近中缝，处于小盾片之下；第 2 个最小，处于基部 1/4 处的中央，但较近外缘；第 3 个处于端部 1/3 处，较近中缝。触角很细长，为体长的 2–3 倍，第 3 节最长。鞘翅基部较前胸为阔，末端狭小，近乎横切，其外端角一般尖锐。

分布：浙江、辽宁、河北、福建、台湾、广东、海南、香港、广西、四川、云南；巴基斯坦，印度，越南，菲律宾，马来西亚，印度尼西亚，大洋洲，非洲。

寄主：国内记载为害榕属植物，幼虫一般蚀食已死树枝，但亦有侵害活枝的。据记载本种在印度为害桑、木菠萝、杧果、羊蹄甲等，有时很严重。

（254）黑点粉天牛 *Olenecamptus clarus* Pascoe, 1859

Olenecamptus clarus Pascoe, 1859: 44.
Olenecamptus clarus clarus: Dillon & Dillon, 1948: 251, pl. 14, fig. 1.

主要特征：体长 10–15 mm。体黑色密被白色鳞粉，触角和足红褐色。由于鳞粉缺失通常形成如下斑纹：后头中央通常具 1 三角形小黑斑；前胸背板中纵线上具 1 黑斑（形状和大小可变异），前胸侧面各具 2 个小斑；鞘翅肩部黑色，鞘翅背面各具 3 个小圆点排成纵列，一个位于基部约 1/5 处，一个位于中部；一个位于端部约 1/5 处（常呈椭圆形）。

分布：浙江（湖州、海宁、临安）、北京、河北、山东、河南、陕西、江苏、安徽、湖北、江西、湖南、福建、台湾、广西、四川、贵州；朝鲜，韩国，日本。

寄主：桑（桑科）、杨属（杨柳科）、桃（蔷薇科）。

（255）白背粉天牛 *Olenecamptus cretaceus cretaceus* Bates, 1873

Olenecamptus cretaceus Bates, 1873c: 314.

Olenecamptus cretaceus cretaceus: Gressitt, 1951: 444.

主要特征：体长 14–27 mm。体棕红色到深棕色，腹面较深。腹面及背面中区密被白色粉毛，腹面以中央较稀，两侧较厚；背面中区粉毛极厚，犹如涂上一层白粉，侧区无粉。从头部复眼后缘、前胸两侧 1 宽阔直条至鞘翅外侧，包括肩部在内直到近末端处，均被灰黄色绒毛；前胸背板中央有 1 无粉纵线纹；鞘翅粉区两侧各有 2 个或 3 个缺口，有时在中部第 2 个缺口之前尚有 1 极小的无粉圆斑。体较粗壮。触角为体长的 1.8（♀）-2.3（♂）倍。额宽胜于长，近乎方形，密布颗粒，极显著。前胸背板中区有许多横脊线。鞘翅刻点粗大，末端斜切，其外端角尖锐。

分布：浙江（杭州）、河北、河南、江苏、上海、湖北、江西、台湾、四川；韩国，日本。

寄主：榉树。成虫也会在桑树上被捕获。

（256）蓬莱粉天牛 *Olenecamptus formosanus* Pic, 1914

Olenecamptus formosanus Pic, 1914b: 19.

Olenecamptus decemmaculatus Pic, 1916a: 13.

Olenecamptus formosanus ssp. *hondoensis* Seki, 1941: 31, 453.

Olenecamptus octopustulatus decemmaculatus: Dillon & Dillon, 1948: 204, pl. 11, fig. 10.

Olenecamptus octopustulatus formosanus: Dillon & Dillon, 1948: 204, pl. 11, fig. 11.

别名：台湾八星粉天牛

主要特征：体长 9–16 mm。体棕红色，被白色粉毛。前胸背板中央有 1 无粉纵线纹，在中部处扩大；鞘翅粉区两侧各有 3 个缺口，第 1 个缺口位于基部 1/4 处，倾斜，有时缺失；第 2 个缺口位于中部，有时超过鞘翅中间，有时不超过；第 3 个缺口位于端部 1/4 处，通常伸达鞘缝。鞘翅 1/4 处近鞘缝有 1 个小斑。触角为体长的 2 倍多。鞘翅末端圆形。

分布：浙江、湖北、台湾；韩国，日本，越南。

（257）灰翅粉天牛 *Olenecamptus griseipennis* (Pic, 1932)（图版 VI-16）

Cylindropemu [sic] *griseipennis* Pic, 1932b: 138.

Olenecamptus griseipennis: Breuning, 1940b: 557.

Olenocamptus [sic] *montanus* Gressitt, 1942b: 4.

主要特征：体长 10–16.5 mm。体近圆筒形，黑色，被灰色绒毛。前胸背板两侧各有 1 条不规则黄色绒毛纵纹。头顶至后头被黄色绒毛，后端绒毛彼此分开成 2 条，与前胸背板两侧条纹相连接。触角、胫节及跗节棕红或棕褐色，触角柄节、第 2 节黑褐色，上唇、唇基及下颚须黄褐色至黑褐色。雄虫触角长度约为体长的 2.5 倍，雌虫则为 2 倍，下沿无缨毛；柄节较短，膨大，背面具片状小颗粒；第 3 节最长，以下各节近于等长，第 11 节稍长，雄虫第 3、4 节密生细齿突，第 5–9 节下沿有少许细刺。鞘翅端部稍窄，端缘略平切，外端角钝。前足长于中、后足，前足胫节弯曲，尤其雄虫更为显著。

分布：浙江（西湖）、湖北、四川、贵州、云南。

（258）八星粉天牛 *Olenecamptus octopustulatus* (Motschulsky, 1860)（图版 VI-17）

Ibidimorphum octopustulatum Motschulsky, 1860b: 152, pl. X, fig. 3.

Olenecamptus octopustulatus chinensis Dillon *et* Dillon, 1948: 204.

Olenecamptus octopustulatus var. *choseni* Gilmour, 1956: 754.

Olenecamptus mordkovitshi Tshernyshev *et* Dubatov, 2000: 386, figs. 1-4.

主要特征：体长 8.0–15.0 mm。体淡棕黄色；腹面黑色或棕褐色，腹部末节棕黄色，触角与足通常较体色为淡。腹面被白色绒毛，中央稀疏，两侧厚密，尤以胸部为然。体背面被黄色绒毛，头部沿复眼前缘、内缘和后侧及头顶等或多或少被白色粉点。前胸背板中区两侧各有白色大斑点 2 个，一前一后，有时愈合。小盾片被黄毛。每鞘翅上有 4 个大白斑，排成直行：第 1 个靠基缘，位于肩与小盾片之间，第 4 个位于翅端。触角极细长，为体长的 2–3 倍。

分布：浙江（德清、海宁、西湖、临安、宁海、龙泉、平阳、泰顺）、黑龙江、吉林、辽宁、内蒙古、河南、陕西、宁夏、甘肃、江苏、上海、安徽、湖北、江西、湖南、福建、台湾、广东、海南、广西、四川、贵州；俄罗斯，蒙古国，朝鲜，韩国，日本。

寄主：桑、胡桃、柳属、栎属。

（259）滨海粉天牛 *Olenecamptus riparius* Danilevsky, 2011（图版 VI-18）

Olenecamptus riparius Danilevsky, 2011c: 67, figs. 1, 2.

主要特征：体长 11–22 mm。体黑色密被白色鳞粉，触角和足红褐色。由于鳞粉缺失通常形成如下斑纹：后头中央通常具 1 三角形小黑斑；前胸背板中纵线上具 1 黑斑（形状和大小可变异），前胸侧面各具 2 个小斑；鞘翅肩部黑色，鞘翅背面各具 2 个小圆点排成纵列，一个位于基部约 1/5 处，一个位于中部。本种跟斜翅粉天牛 *O. subobliteratus* Pic, 1923 非常相似，但后胸前侧片的白色绒毛很稀薄，显示黑色；腹部黑色，跟后胸前侧片一致。

分布：浙江（临安）、云南；俄罗斯，朝鲜，韩国，日本。

（260）斜翅粉天牛 *Olenecamptus subobliteratus* Pic, 1923（图版 VI-19）

Olenecamptus clarus var. *subobliteratus* Pic, 1923e: 19.

Olenecamptus subobliteratus: Savio, 1929: 7, fig. 5.

Olenecamptus clarus subobliteratus: Dillon & Dillon, 1948: 252, pl. 14, fig. 2.

主要特征：体长 12–20 mm。体黑色密被白色鳞粉，触角和足红褐色。由于鳞粉缺失通常形成如下斑纹：后头中央通常具 1 三角形小黑斑；前胸背板中纵线上具 1 黑斑（形状和大小可变异），前胸侧面各具 2 个小斑；鞘翅肩部黑色，鞘翅背面各具 2 个小圆点排成纵列，一个位于基部约 1/5 处，一个位于中部。本种跟黑点粉天牛 *O. clarus* Pascoe, 1859 非常相似，但个体较大，鞘翅端部约 1/5 处不具黑斑。

分布：浙江（湖州、嘉兴、临安、诸暨、余姚）、北京、河北、陕西、甘肃、江苏、上海、湖北、江西、湖南、福建、四川、贵州、云南。

　　寄主：榅桲属（蔷薇科）、桑（桑科）。

短节天牛族 Eunidiini Teocchi, Sudre *et* Jiroux, 2010

134. 短节天牛属 *Eunidia* Erichson, 1843

Eunidia Erichson, 1843: 261. Type species: *Eunidia nebulosa* Erichson, 1843.

Frixus Thomson, 1857d: 313. Type species: *Frixus variegatus* Thomson, 1857.

Anomoesia Pascoe, 1858: 255. Type species: *Anomoesia fulvida* Pascoe, 1858.

Syessita Pascoe, 1864b: 284. Type species: *Syessita vestigialis* Pascoe, 1864.

Tritomicrus Fairmaire, 1892: 125. Type species: *Tritomicrus marmoreus* Fairmaire, 1892.

Paphraecia Fairmaire, 1894b: 332. Type species: *Paphraecia obliquepicta* Fairmaire, 1894 (= *Eunidia nebulosa* Erichson, 1843).

Semiclinia Fairmaire, 1898: 254. Type species: *Semiclinia denseguttata* Fairmaire, 1898 (= *Saperda guttulata* Coquerel, 1851).

Mycerinella Heller, 1924b: 203. Type species: *Mycerinella subfasciata* Heller, 1924.

Aserixia Pic, 1925b: 31. Type species: *Aserixia savioi* Pic, 1925.

Boucardia Pic, 1925b: 31. Type species: *Boucardia nigroapicalis* Pic, 1925.

　　主要特征：头略宽于前胸，复眼深凹，复眼下叶十分大，触角细，超过体长，第3节十分短，外端呈角状突出；柄节棒状，向端部微微膨大，长度约3倍于第3节，与第4–6节各节约等长，以下各节依次递减。前胸背板小，宽胜于长，后端较前端略窄，表面平坦；小盾片短舌形。鞘翅宽于前胸，两侧近于平行，端部稍圆形。腹部末节较长，长于以上两节之和；足较短，后足腿节达腹部第2节端部。

　　分布：古北区，东洋区，旧热带区。世界已知320种/亚种，中国记录5种，浙江分布1种。

（261）沙氏短节天牛 *Eunidia savioi* (Pic, 1925)（图版 VI-20）

Aserixia savioi Pic, 1925b: 31.

Eunidia savioi: Breuning, 1957b: 120.

　　别名：江苏伪小楔天牛

　　主要特征：体长6.5–7 mm。触角和足黑色。头、前胸、小盾片、鞘翅密被黄褐色绒毛。触角细，超过体长，雄虫比雌虫更长，柄节棒状，向端部逐渐膨大，第2节和第3节均非常短小，第3节仅稍长于第2节，柄节与第4–6节各节约等长。前胸背板筒形。鞘翅宽于前胸，两侧近于平行，端部圆形。足较短，后足腿节达腹部第2节端部。

　　分布：浙江（泰顺）、陕西、江苏、上海。

勾天牛族 Exocentrini Pascoe, 1864

135. 勾天牛属 *Exocentrus* Dejean, 1835

Exocentrus Dejean, 1835: 339. Type species: *Callidium lusitanicum* Olivier, 1790 (= *Cerambyx lusitanus* Linnaeus, 1767).

Oligopsis Thomson, 1864: 111. Type species: *Oligopsis Exocentroïdes* Thomson, 1864.

Camptomyne Pascoe, 1864a: 43. Type species: *Camptomyne callioides* Pascoe, 1864.

Exocentrus (*Pseudocentrus*) Fairmaire, 1901: 230. Type species: *Exocentrus reticulatus* Fairmaire, 1898.

Exocentrus (*Oligopsis*): Lepesme & Breuning, 1955: 127.

Exocentrus (*Camptomyme*): Lepesme & Breuning, 1955: 127.

Exocentrus (*Pseudocentrus*): Lepesme & Breuning, 1955: 127.

Exocentrus (*Striatoexocentrus*) Breuning, 1955: 42. Type species: *Exocentrus nonymoides* Jordan, 1894.

Exocentrus (*Formosexocentrus*) Breuning, 1958d: 322. Type species: *Exocentrus variepennis* Schwarzer, 1925.

Parasphigmothorax Breuning, 1974: 155. Type species: *Parasphigmothorax ochreosignatus* Breuning, 1974.

Exocentrus (*Bicolorihirtus*) Kusama *et* Tahira, 1978: 9. Type species: *Exocentrus* (*Bicolorihirtus*) *venatoides* Kusama *et* Tahira, 1978.

　　主要特征：小型。体表常被竖毛或刚毛。头宽；触角基瘤分开；头顶平坦；触角较体稍长，有斜立刚毛，柄节较长。前胸短扁、横宽，侧刺突位于两侧中部稍后方，末端尖锐，弯向后方。鞘翅宽，末端圆。足腿节向端部膨大，后足腿节仅伸达第 2 腹节后缘（蒋书楠等，1985）。

　　分布：世界广布。共分 13 个亚属，世界已知 407 种/亚种，中国记录 58 种/亚种，浙江报道过 1 种，新报道 1 种，但其实浙江分布的还有好几种，作者暂时无法鉴定到种。

（262）二齿勾天牛 *Exocentrus subbidentatus* Gressitt, 1937（图版 VI-21）

Exocentrus subbidentatus Gressitt, 1937d: 615.

　　主要特征：体长 5–5.4 mm。体黑棕色。头黑色，前胸背板黑棕色，前后缘显示红棕色。鞘翅大部分被灰色短绒毛，可见 2 道明显的黑棕色横向曲纹，一道位于基部 1/3，一道位于端部 1/3，宽度与中间的灰色条带差不多宽，第 2 道通常具有 2 个三角形前突。鞘翅其余被灰色短绒毛部分，可见若干黑点。浑身密布黑色直立竖毛。触角长于体，鞘翅末端圆形。

　　分布：浙江（临安、磐安）、福建、广东。

（263）强壮勾天牛 *Exocentrus validus* Holzschuh, 1999（图版 VI-22）中国新记录

Exocentrus validus Holzschuh, 1999: 49, fig. 68.

　　主要特征：体长 2.9–5.7 mm。体黑棕色。头黑色，触角红棕色，柄节棕色，第 3 节起各节基部颜色较浅，端部颜色较深。前胸背板黑色，后缘有少量稀疏白色绒毛。鞘翅大部分黑色，基部 1/3 红棕色；基部 1/3 处即红棕色之后有 1 道曲折的白色绒毛斑纹，合起来形成宽阔的 W 形；端部 1/3 处有 1 道白色绒毛横纹。触角下沿和鞘翅具稀疏的直立刚毛。触角长于体，鞘翅末端圆形。

　　分布：浙江（临安）；老挝，泰国。

基天牛族 Gyaritini Breuning, 1950

136. 基天牛属 *Gyaritus* Pascoe, 1858 浙江新记录

Gyaritus Pascoe, 1858: 244. Type species: *Gyaritus hamatus* Pascoe, 1858.

Axinyllium Pascoe, 1864a: 46. Type species: *Axinyllium varium* Pascoe, 1864.

Mimoenispia Pic, 1936a: 18. Type species: *Mimoenispia quadridentata* Pic, 1936.

Gyaritus (*Axinyllium*): Breuning, 1979a: 4.

Gyaritus (*Gyaritus*): Breuning, 1979a: 4.

　　主要特征：头窄于前胸，触角基瘤互相远离，触角节粗，柄节很粗短，第 3 节和第 4 节最长，第 5–11 节约等长。前胸短，背面和侧面都有刺突。鞘翅窄，隆突，末端圆，基部有刺突。足中等长，简单。跟芒天牛属 *Pogonocherus* 相似，但触角更粗，第 4 触角节不弯曲（Pascoe, 1858）。

　　分布：中国，印度，越南，老挝，泰国，菲律宾，马来西亚，印度尼西亚。本属含 2 个亚属，其中指名亚属记录 21 种，中国记录 3 种，浙江分布 1 种。另一个亚属仅 1 种。

（264）崇安基天牛 *Gyaritus (Gyaritus) theae* (Gressitt, 1951)（图版 VI-23）　浙江新记录

Yimnashana theae Gressitt, 1951: 484, 485.

Gyaritus (s. str.) theae: Gouverneur & Vitali, 2016: 108.

　　别名：崇安钩突天牛

　　主要特征：体长 6.6–7 mm。体红褐色，前胸颜色稍深，腹面颜色较浅。触角柄节、第 3–4 节的末端、中间几节的端半部和末端几节端部 3/4 黑褐色，其余部分浅褐色。鞘翅中部之前有 1 道宽斑，端半部有 1 道窄一些的斜斑，斑纹红褐色被黄褐色绒毛。两道斑之间有 1 条窄的斜斑连接它们，端部之前还有一些小斑点。触角比体长 1/3，第 3 节约等于柄节，稍短于第 4 节，第 5 节短于柄节，为第 4 节的 2/3 长。

　　分布：浙江（开化）、福建。

　　寄主：茶（山茶科）。

沟胫天牛族 Lamiini Latreille, 1825

分属检索表

1. 中足和后足接近，后胸很短；前胸背板中央有 1 个巨型瘤突，瘤的表面隆起或下陷 ………… 巨瘤天牛属 *Morimospasma*
- 中足和后足距离较远，后胸不很短 ……………………………………………………………………… 2

2. 触角柄节端疤不完整，开式；爪全开式 ………………………………………………………………… 3
- 触角柄节端疤完整 …………………………………………………………………………………………… 8

3. 复眼下叶宽胜于长 ………………………………………………………………………… 粒翅天牛属 *Lamiomimus*
- 复眼下叶长胜于宽 …………………………………………………………………………………………… 4

4. 触角柄节端疤明显 …………………………………………………………………………………………… 5
- 触角柄节端疤微弱，不明显 ………………………………………………………………………………… 6

5. 中胸腹板突均匀弧形弯曲，无瘤突；触角第 3 节显著长于柄节 ……………………… 锦天牛属 *Acalolepta*
- 中胸腹板突有瘤突；触角第 3 节等于或稍长于柄节 …………………………………… 糙天牛属 *Trachystolodes*

6. 雄虫触角第 3 节端部显著膨大；柄节也经常膨大 …………………………………… 柄棱天牛属 *Nanohammus*
- 触角第 3 节端部正常，不显著膨大 ………………………………………………………………………… 7

7. 体较狭长，体长大于鞘翅肩宽的 4.0 倍；触角第 3–7 节约等长，逐渐变长变细 ……… 肖泥色天牛属 *Paruraecha*
- 体较宽短，体长小于鞘翅肩宽的 3.5 倍；触角第 3–7 节逐渐变短 ………………… 灰锦天牛属 *Astynoscelis*

8. 中足胫节无斜沟 …………………………………………………………………………………………… 9
- 中足胫节有斜沟 …………………………………………………………………………………………… 11

9. 鞘翅基部无颗粒；鞘翅末端斜截，稍凹入；翅面平整被绒毛 ………………… （部分）灰天牛属 *Blepephaeus*
- 鞘翅基部有颗粒 …………………………………………………………………………………………… 10

10. 鞘翅末端圆形；触角基瘤较靠拢 ……………………………………………………………… 豹天牛属 *Coscinesthes*
- 鞘翅末端平截，稍凹入；触角基瘤较分开 ………………………………………… （部分）灰天牛属 *Blepephaeus*

11. 中胸腹板突无瘤突 ………………………………………………………………………………………… 12
- 中胸腹板突有瘤突，或具明显的横脊 …………………………………………………………………… 14

12. 触角第 3 节显著长于第 4 节；鞘翅末端圆形 ·· **墨天牛属 Monochamus**
-　触角第 3 节较第 4 节略短，至多略长 ··· 13
13. 触角第 3 节较第 4 节略短；复眼小眼面细粒；鞘翅末端圆形 ··························· **肖墨天牛属 Xenohammus**
-　触角第 3 节较第 4 节等长或略长；复眼小眼面粗粒；鞘翅末端斜截或略呈圆形 ········· **泥色天牛属 Uraecha**
14. 前胸腹板突在前足基节间呈菱形扩展 ··· **黄星天牛属 Psacothea**
-　前胸腹板突在前足基节间不扩展 ·· 15
15. 触角基部 3 节环生长毛或触角第 3 节端部有浓密丛毛；如果丛毛不显著，则前胸背板中央有大型瘤突 ········
·· **簇天牛属 Aristobia**
-　触角基部 3 节没有环生长毛，第 3 节端部无丛毛 ··· 16
16. 触角柄节长于第 3 节，第 3 节稍短于第 4 节；前胸背板中区有大型瘤突；鞘翅有纵列成行的棘齿 ······ **棘翅天牛属 Aethalodes**
-　触角柄节短于第 3 节，第 3 节长于第 4 节 ··· 17
17. 触角基部数节下侧有缨毛 ·· 18
-　触角基部数节下侧无缨毛 ·· 19
18. 鞘翅不具竖毛；前胸背板没有瘤突 ··· **齿胫天牛属 Paraleprodera**
-　鞘翅有极短的竖毛；前胸背板有 3 个瘤突 ·· **伪糙天牛属 Pseudotrachystola**
19. 复眼小眼面细粒；触角第 3 节等于或稍长于第 4 节；中胸腹板凸片的瘤突显著，前端垂直 ········· **彤天牛属 Eupromus**
-　复眼小眼面粗粒 ··· 20
20. 触角细长，柄节细，第 3 节与第 4 节等长或稍短 ··· **安天牛属 Annamanum**
-　触角较粗，柄节粗壮，第 3 节长于第 4 节；中足胫节斜沟很深 ···························· **星天牛属 Anoplophora**

137. 锦天牛属 *Acalolepta* Pascoe, 1858

Acalolepta Pascoe, 1858: 247. Type species: *Acalolepta pusio* Pascoe, 1858, by monotypy.

Cypriola Thomson, 1864: 16. Type species: *Cypriola acanthocinoides* Thomson, 1864, by original designation.

Neanthes Pascoe, 1878: 372. Type species: *Monohammus curialis* Pascoe, 1858 (= *Monochamus subluscus* Thomson, 1857), by original designation.

Haplohammus Bates, 1884: 239. Type species: *Monohammus luxuriosus* Bates, 1873, designated by Löbl & Smetana, 2010: 274.

主要特征：体长形，大多被绒毛或闪光绒毛。头部触角一般远长于身体，柄节常向端部显著膨大，端疤内侧的边缘微弱，近于开放，第 3 节常显著长于柄节或第 4 节；复眼小眼面粗粒，下叶通常狭小，长于其下颊部。前胸背板宽胜于长，前、后端均有横沟，侧刺突发达。小盾片半圆形。鞘翅肩部宽，向后端渐狭。前足基节窝闭式，前胸腹板凸片低狭，弧形；中胸腹板凸片无瘤突，弧形倾斜。前足胫节常稍弯曲，中足胫节外侧有斜沟，爪全开式（蒋书楠等，1985）。

分布：中国，日本，从东南亚到新几内亚、澳大利亚。本属分为 3 个亚属，其中指名亚属世界已知 270 种/亚种，中国记录 42 种/亚种，浙江发现 12 种/亚种。

分种检索表

1. 鞘翅表面非常高低不平，有许多不规则的丘状隆起和穴状粗深刻点；鞘翅上穴状刻点中无白色芒状短毛 ··················
·· **寡白芒锦天牛 A. (A.) flocculata paucisetosa**
-　鞘翅表面平坦，无多处丘状隆起 ··· 2
2. 鞘翅基部中央有 1 个大型黑褐色绒毛斑；在中部后方由外侧向中缝有 1 条黑褐色斜斑纹 ··················
·· **双斑锦天牛 A. (A.) sublusca sublusca**
-　鞘翅基部中央无黑褐色绒毛斑 ··· 3

3. 体背面密被淡黄及棕黄色丝光绒毛，由于翅面绒毛着生方式不一致及从不同方向观察而变为闪光，每鞘翅隐约显现出 3 条 棕黄色横纹；触角节基部具淡色环纹 ·· 丝锦天牛 *A. (A.) vitalisi*
- 体背面非如此，鞘翅没有 3 条棕黄色横纹 ·· 4
4. 体背面具丝光绒毛，形成多变的斑纹 ·· 5
- 体背面通常不具丝光绒毛，最多只有微弱的丝光，通常只有一种观感 ·· 8
5. 鞘翅基部具颗粒；鞘翅绒毛黄铜色，具锦缎色彩 ··· 金绒锦天牛 *A. (A.) permutans permutans*
- 鞘翅基部无颗粒 ·· 6
6. 触角柄节强烈膨大；鞘翅被棕褐色带丝质光泽的绒毛，其光泽比金绒锦天牛相差很多，呈现暗光 ·································
 ··· 绢花锦天牛 *A. sericeomicans*
- 触角柄节微弱膨大 ·· 7
7. 前胸横阔，背面不隆突；额具刻点；鞘翅背面近中缝的内半侧淡红金黄色，外侧缘棕灰色，在两者之间的近外侧部分自肩 部至端部具 1 银灰色纵条纹 ·· 南方锦天牛 *A. (A.) speciosa*
- 前胸长宽约等，背面隆突；额不具刻点 ·· 光额锦天牛 *A. (A.) socia*
8. 柄节长，末端最多微微膨大 ··· 9
- 柄节短或中等长，末端显著膨大 ··· 11
9. 鞘翅背面的丝光天鹅绒状绒毛闪光强一些 ··· 肖南方锦天牛 *A. (A.) subspeciosa*
- 鞘翅背面没有丝光绒毛或闪光很弱 ·· 10
10. 前额宽大于长；前胸背板刻点稠密；雄虫触角第 3–4 节加粗 ··························· 交让木锦天牛 *A. (A.) fraudator*
- 前额长大于宽；前胸背板刻点稀疏；雄虫触角第 3–5 节加粗 ···························· 咖啡锦天牛 *A. (A.) cervina*
11. 额密布刻点；触角第 3–11 节各节端部颜色跟基部差不多 ····························· 天目锦天牛 *A. (A.) affinis*
- 额散布稀疏细刻点；触角第 3–11 节各节端部颜色深于基部 ························· 拟丝光锦天牛 *A. (A.) pseudosericans*

（265）天目锦天牛 *Acalolepta (Acalolepta) affinis* (Breuning, 1935)

Dihammus affinis Breuning, 1935b: 55.

Acalolepta affinis: Breuning, 1961c: 375.

　　主要特征：体长 15–30 mm。跟肿柄锦天牛 *A. basicornis* (Gahan, 1894)相似，但是额、头顶中间和前胸 背板刻点粗；前胸背板侧刺突顶端较钝；鞘翅密布细刻点，末端刻点不怎么变小。体黑褐色，无斑纹，小 盾片绒毛颜色明显浅于鞘翅，很显眼。
　　分布：浙江（临安、龙泉）；印度，尼泊尔，缅甸，越南。
　　备注：这种的浙江记录最先是 Gressitt（1951）提到的。

（266）咖啡锦天牛 *Acalolepta (Acalolepta) cervina* (Hope, 1831)（图版 VI-24）

Monochamus cervina Hope, 1831: 27.

Haplohammus cervinus: Gahan, 1894a: 36.

Acalolepta cervina: Hayashi, 1981a: 14.

　　主要特征：体长 9–27 mm。全身密被带丝光的纯棕栗或深咖啡色绒毛，无他色斑纹；触角端部绒毛较 稀，色彩也较深。小盾片较淡，全部被淡灰黄色绒毛。头顶几无刻点，复眼下叶大，比颊部略长。触角雄 虫超过体尾第 5–6 节，雌虫超出第 3 节；一般基节粗大，向端渐细，末节十分细瘦；雄虫第 3–5 节显然粗 大，第 6 节骤然变细，此特征个体愈大愈较明显。前胸近乎方形，侧刺突圆锥形，背板平坦光滑，刻点稀 疏，有时集中于两旁；前缘微拱凸，靠后缘具 2 条平行的细横沟纹。小盾片半圆形。鞘翅面高低不平，肩 部较阔，向后渐狭，略微带楔形，末端略呈斜切状，外端角明显，较长，内端角短，大圆形，有时整个末端呈圆形；翅基部无颗粒，刻点为半规则式行列，前粗后细，至端部则完全消失。

　　分布：浙江（德清、安吉、临安、松阳、泰顺）、陕西、湖北、江西、福建、广东、海南、香港、广西、四川、贵州、云南、西藏；印度，尼泊尔，缅甸，越南，老挝。

　　寄主：咖啡、柚木属、水团花属、醉鱼草属、大青属。

（267）寡白芒锦天牛 *Acalolepta* (*Acalolepta*) *flocculata paucisetosa* (Gressitt, 1938)

Dihammus flocculatus paucisetosus Gressitt, 1938b: 154.

Acalolepta flocculatus ssp. *paucisetosus*: Breuning, 1961c: 372.

　　别名：无芒锦天牛

　　主要特征：体长 17.5–26 mm。体形中大，长方形。体黑褐色，密被黑褐色细毛，前胸及鞘翅上最厚密，杂生分散的白色细短毛，在后头中沟两侧最多，其余部分在每一刻点上着生 1 根白短毛；前胸背板及鞘翅上每个丘状隆起上杂生近圆形的浓黑褐色绒毛斑，有些部分呈现金黄色光泽，在后半部外侧较更明显。触角第 1–3 节黑褐色，第 4 节较淡，以后各节大部灰黄褐色，仅端部褐色。中、后足胫节中部有 1 小型黄色毛斑。触角较体略长，柄节稍弯，向端部渐粗，第 3 节较柄节长约 1/3，稍长于第 4 节，第 3–7 节末端稍膨大。前胸背板宽略胜于长，两侧刺突肥短，末端较钝，背面具小突起 5 个，中央一个较长，端尖，其前方两旁各一个较小而圆，侧刺突内侧各一个较大。小盾片半圆形，横宽。鞘翅长不及肩宽的 2 倍，翅端稍平切，缘角及缝角均钝圆，鞘翅表面高低不平，有许多不规则丘状隆起，并掺杂有粗深刻点，肩角上刻点最明显。

　　分布：浙江（临安、定海、龙泉）、陕西、广西、四川、贵州。

　　寄主：花椒、松。

　　备注：该种在《天目山动物志》（第七卷）里面记载为白芒锦天牛指名亚种。但我们认为应该是与四川为模式产地的本亚种更接近，而不是跟台湾的更接近，而且，1983 年的《浙江森林病虫名录》记载的也是无芒锦天牛 *Acalolepta flocculata paucisetosa* (Gressitt, 1938)。

（268）交让木锦天牛 *Acalolepta* (*Acalolepta*) *fraudator* (Bates, 1873)

Monohammus fraudator Bates, 1873c: 309.

Acalolepta fraudator: Breuning, 1961c: 375.

　　主要特征：体长 13–27.5 mm。全身密被微带丝光的纯棕栗绒毛，无他色斑纹；触角端部绒毛较稀，色彩也较深。小盾片跟鞘翅的颜色差异不大。前额宽大于长；前胸背板刻点稠密；柄节长，末端最多微微膨大；雄虫触角第 3–4 节加粗，第 5 节骤然变细，此特征个体愈大愈较明显。小盾片半圆形，跟鞘翅颜色和质地几乎一致。鞘翅从不同方向看可见不同的由绒毛排列引起的丝光斑块。

　　分布：浙江（德清、嘉兴、临安）、东北、江苏、湖南、福建、广东；朝鲜，韩国，日本。

　　寄主：灯台树（山茱萸科）、日本五针松（松科）。

（269）金绒锦天牛 *Acalolepta* (*Acalolepta*) *permutans permutans* (Pascoe, 1857)（图版 VII-1）

Monohammus permutans Pascoe, 1857b: 103.

Monohammus vicinus Pascoe, 1858: 245.

Monochammus severini Nonfried, 1892: 94.

Dihammus permutans permutans: Gressitt, 1951: 402.

Acalolepta permutans: Breuning, 1961c: 371.

别名：锦缎天牛

主要特征：体长 15.5–29.0 mm。全身密被黄铜色绒毛，部分微带绿色，绒毛极光亮美丽，有如丝质锦缎。触角深棕色，前两节和第 3 节起的各节基部有淡黄或淡灰色绒毛，第 4 节之后端部黑色约占全节之半，看去深浅明晰。小盾片密被淡黄铜色绒毛。雄虫体长与触角长约为 1∶2.2，雌虫为 1∶1.6，第 3 节长于第 4 节，2 倍于柄节。前胸侧刺突小，背板微皱，覆盖铜色绒毛。小盾片较大，端部圆形。鞘翅基部较阔，尾部收狭，末端圆形。

分布：浙江（余杭、临安、奉化、宁海、天台、庆元）、河南、陕西、安徽、湖北、江西、湖南、福建、台湾、广东、香港、广西、四川、贵州；越南。

寄主：大叶黄杨（黄杨科）、刺栲（壳斗科）、柑橘属（芸香科）、枫香（金缕梅科）、桑（桑科）、马尾松（松科）、刺槐（豆科）、鹅掌柴（五加科）。

（270）拟丝光锦天牛 *Acalolepta* (*Acalolepta*) *pseudosericans* (Breuning, 1949)

Dihammus sericeomicans: Breuning, 1944: 461 (part).

Cypriola pseudosericans Breuning, 1949: 6.

Acalolepta pseudosericans: Breuning, 1961c: 371.

主要特征：体长 15–26 mm。跟南方锦天牛相似，但是触角柄节末端强烈膨大，前胸背板更加隆突，鞘翅中部前朝着鞘缝倾斜下凹，鞘翅背面绒毛丝光褐色，不形成斑纹。

分布：浙江；越南。

备注：浙江是本种的模式产地。虽然 Breuning（1949）说这是给 *Dihammus sericeomicans* Breuning, 1944 的新名，但是 Breuning（1944）并不是描述新种，而是在重新描述绢花锦天牛 *Monohammus sericeomicans* Fairmaire, 1889 并且参考了错误鉴定的标本。Breuning（1944）提到的产地有上海（Changhaï）、浙江和越南东京湾（北部湾的旧称），但是 Breuning（1949）只是指定了保存在伦敦自然历史博物馆的浙江标本作为模式，因此上海和越南东京湾的标本并不属于本种的模式标本。后来，Breuning（1961c）在该种底下写了"Tonkin"，在绢花锦天牛底下没有写，可以推断他认为越南北部的标本也属于本种。但这些都需要重新检视相关标本才能确认。

（271）绢花锦天牛 *Acalolepta* (*Acalolepta*) *sericeomicans* (Fairmaire, 1889)

Monohammus sericeomicans Fairmaire, 1889: 67.

Dihammus sericeomicans: Breuning, 1944: 461 (part).

Acalolepta sericeomicans: Breuning, 1961c: 371.

主要特征：体长 23–32 mm。全身密被棕褐色带丝质光泽的绒毛，其光泽比金绒锦天牛相差很多，呈现暗光。体色单一，无明显色斑；仅小盾片为银灰色，鞘翅上有若深若浅的稍显差异的色区。在每翅基部、中部的前后及端部的绒毛较深。雄虫体长与触角长约为 1∶2，雌虫为 1∶1.5，第 3 节长于第 4 节，倍于柄节。前胸侧刺突中等。鞘翅末端圆形。

分布：浙江、陕西、江苏、上海、安徽、广东、海南、四川、云南；越南。

寄主：栗属（壳斗科）、胡桃（胡桃科）、栎属（壳斗科）。

（272）光额锦天牛 *Acalolepta* (*Acalolepta*) *socia* (Gahan, 1888)

Haplohammus socius Gahan, 1888a: 275.

Acalolepta socia: Breuning, 1961c: 371.

主要特征：体长 19–21 mm。跟南方锦天牛相似，但具浅色微弱丝光绒毛；额不具刻点；前胸长宽约等，背面隆突较弱，可见 1 条微弱的纵中脊，前后横凹沟不那么显著，但仍然挺明显；触角柄节仅微弱膨大。鞘翅基部无颗粒。

分布：浙江、江苏、江西、福建、广西。

（273）南方锦天牛 Acalolepta (Acalolepta) speciosa (Gahan, 1888)（图版 VII-2）

Haplohammus speciosus Gahan, 1888a: 274.

Acalolepta speciosa: Breuning, 1961c: 371.

主要特征：体长 14–26 mm。体黑褐色，密被红棕色、金琥珀色至银灰绿色天鹅绒状毛。头部额棕黄褐色，头顶金黄色；触角棕灰褐色，第 3 节及以后各节端部淡红棕色。前胸暗褐色，前缘背中央及两侧散布淡红金黄色斑纹。小盾片黄褐色。鞘翅暗棕色，背面近中缝的内半侧淡红金黄色，外侧缘棕灰色，在两者之间的近外侧部分自肩部至端部具 1 银灰色纵条纹。腹面及足密被淡金黄色或银灰色绒毛。额宽胜于高，散布稀疏细刻点。触角细长，雌虫约为体长之 2 倍；雄虫约为体长之 3 倍，其末节超过鞘翅长度。前胸横宽，两侧缘中央各具 1 钝瘤，背中央具若干不规则的浅窝。小盾片短，圆形。鞘翅显宽于前胸，雄虫向末端急剧狭窄，雌虫翅较宽，两侧近于平行，近末端狭窄，末端圆；翅面基半部散布较粗刻点。

分布：浙江（临安、松阳、庆元、龙泉、泰顺）、江苏、安徽、江西、福建、台湾、广东、海南、香港、广西、四川；越南，老挝。

寄主：马尾松、油茶、葡萄。

（274）双斑锦天牛 Acalolepta (Acalolepta) sublusca sublusca (Thomson, 1857)（图版 VII-3）

Monochamus subluscus Thomson, 1857d: 293.

Monohammus curialis Pascoe, 1858: 246.

Dihammus curialis: Matsushita, 1935a: 311.

Acalolepta sublusca: Breuning, 1961c: 370.

主要特征：体长 11–23 mm。体中等大小，栗褐色，头、前胸密被具丝光的棕褐色绒毛，小盾片被较稀疏淡灰色绒毛；鞘翅密被光亮、淡灰色绒毛，具有黑褐色斑纹，体腹面被灰褐色绒毛；触角自第 3 节起每节基部 2/3 被稀少灰色绒毛。触角基瘤突出，彼此分开较远；头正中有 1 条细纵线，额宽胜于长，表面平，不拱凸，头具细密刻点，仅在额区散生几粒较粗大刻点；雄虫触角长度超过体长的 1 倍，雌虫触角则超过体长的一半，柄节端疤内侧微弱，稍开放，第 3 节长于柄节或第 4 节。前胸背板宽胜于长，侧刺突短小，基部粗大，表面微皱，稍呈高低不平，中区两侧分布有粗刻点。小盾片近半圆形。鞘翅肩宽，向端末收窄，端缘圆形；每个鞘翅基部中央有 1 个圆形或近于方形的黑褐斑，肩侧缘有 1 个黑褐小斑，中部之后从侧缘向中缝呈棕褐较宽斜斑，翅面有较细、稀刻点。雄虫腹部末节后缘平切，雌虫腹部末节后缘中央微凹。足中等长，粗壮。

分布：浙江（临安、天台、开化、庆元、龙泉、泰顺）、北京、河北、山东、河南、陕西、江苏、上海、湖北、江西、湖南、福建、广东、海南、香港、广西、四川、贵州；越南，老挝，柬埔寨，马来西亚，新加坡。

寄主：榆属、桑、大叶黄杨、算盘子。

（275）肖南方锦天牛 Acalolepta (Acalolepta) subspeciosa Breuning, 1963（图版 VII-4）

Acalolepta subspeciosa Breuning, 1963c: 217.

别名：肩斑锦天牛

主要特征：体长未知，应该在 18 mm 左右。模式种为雌虫。跟南方锦天牛相似，但是触角柄节不那么粗，前胸背板侧刺突多少长一些，鞘翅末端为规则的圆形，鞘翅背面的丝光天鹅绒状毛没有那么发达，不形成任何纵向的斑纹。体全身密被带丝光的纯棕栗绒毛，无他色斑纹；触角从第 3 节起端部绒毛较稀，色彩也较深。小盾片较淡，全部被淡灰黄色绒毛。

分布：浙江（Taichwan，可能是杭州的太子湾）。

备注：浙江（Taichwan）是本种的模式产地。有可能这只是咖啡锦天牛 *A. cervina* 的异名。

（276）丝锦天牛 *Acalolepta (Acalolepta) vitalisi* (Pic, 1925)（图版 VII-5）

Monohammus vitalisi Pic, 1925a: 19.

Dihammus ikedai Mitono, 1943: 581.

Acalolepta vitalisi: Breuning, 1961c: 371.

Acalolepta ikedai: Nakamura, Makihara & Saito, 1992: 85.

主要特征：体长 22–34 mm。体长形，基底黑色，体背面密被淡黄及棕黄色丝光绒毛，由于翅面绒毛着生方式不一致及从不同方向观察而变为闪光，每翅隐约显现出 3 条棕黄色横纹；头部被棕褐色绒毛，小盾片被淡黄色绒毛；触角黑褐色，各节基部大部分被灰黄色绒毛，体腹面密被黄色丝光绒毛，胸部腹面两侧被银白色绒毛。触角基瘤十分突出，两基瘤之间深凹，头正中有 1 条无毛的细纵线，额近于方形，复眼下叶长于颊；雌、雄虫触角均远超过鞘翅长度，第 3 节最长，柄节粗短，为第 3 节长度的 1/2。前胸背板侧刺突呈锥形，胸面有纵横交错的细皱纹，基部两侧及侧刺突附近有少许较粗刻点。鞘翅端缘微切斜。

分布：浙江（安吉、余姚、龙泉）、江西、湖南、福建、台湾、广东、海南、广西、四川，云南；越南，柬埔寨。

138. 棘翅天牛属 *Aethalodes* Gahan, 1888

Aethalodes Gahan, 1888a: 270. Type species: *Aethalodes verrucosus* Gahan, 1888.

主要特征：体长形，较宽阔。触角长度短于身体，柄节粗壮，长于第 3 节，第 3 节稍短于第 4 节，柄节端疤较窄，关闭式；触角基瘤相距较近，复眼下叶小，长于颊。前胸背板宽胜于长，具侧刺突，中区具瘤状突起。小盾片半圆形。鞘翅具齿状瘤突，呈纵行排列。前足基节窝向后关闭，中足胫节外端有斜沟。本属同糙天牛属 *Trachystolodes* 较接近，其主要区别特征是：本属触角柄节长于第 3 节；鞘翅成行全布无数的小瘤突，有的瘤突似齿状（蒲富基，1980）。

分布：中国，越南。本属仅 1 种 2 亚种，除了本卷记述的亚种，另一个亚种分布于台湾。

（277）棘翅天牛 *Aethalodes verrucosus verrucosus* Gahan, 1888

Aethalodes verrucosus Gahan, 1888a: 270, pl. XVI, fig. 1.

Trachystola armatus Nonfried, 1892: 93.

Trachystola nodicollis Fairmaire, 1899: 640.

Aethalodes verrucosus verrucosus: Gressitt, 1951: 354.

别名：黑棘翅天牛

主要特征：体长 22.0–33.0 mm。体中等至较大型，黑色，无光泽，鞘翅及体腹面被暗褐色鳞毛，后者着生稀疏黑毛。雄虫触角伸至鞘翅端部，雌虫触角长达鞘翅中部，第 2、3 两节的总长度和第 4 节等长，柄节长于第 4 节，柄节密布粗细刻点。前胸背板宽胜于长，侧刺突较细，顶端尖锐；中区有 5 个瘤突，中央瘤突最大，前面两侧各有 1 个瘤突，中央瘤突两侧各有 1 个小瘤突。鞘翅长形，拱凸，肩宽，端部稍窄，端缘圆形；每个鞘翅有 4 纵行粗大齿状瘤突及 5 纵行细小瘤突，大小瘤突纵行列彼此相间；另外沿中缝及外侧缘由基部至中部各有 1 条短纵列的小瘤突。中胸腹板凸片中部拱突，其上着生较浓密中等长黑毛。

分布：浙江（临安、丽水、泰顺）、陕西、湖北、江西、湖南、福建、广东、海南、广西、四川、贵州；越南。

寄主：油桐、杉木、油茶、柳属、松属。

139. 安天牛属 *Annamanum* Pic, 1925

Annamanum Pic, 1925a: 23. Type species: *Annamanum vitalisi* Pic, 1925 (= *Uraecha thoracica* Gahan, 1894).

Uraechopsis Breuning, 1935c: 76. Type species: *Uraecha chebana* Gahan, 1894.

主要特征：体长形，狭窄。额宽稍胜于长，复眼下叶长于颊，触角基瘤十分突出，触角细长，柄节端疤关闭式。前胸背板宽略胜于长，具侧刺突，小盾片近半圆形或舌形。鞘翅狭长，肩部较宽，后端收狭，端缘圆形或微斜切。前足基节窝关闭，中足胫节外端具斜沟，足中等长，后足腿节不超过鞘翅末端。中胸腹突具瘤突。泥色天牛属跟安天牛属很相似，但安天牛属中胸腹突具有瘤突，泥色天牛属没有（蒋书楠等，1985）。

分布：中国，日本，印度，缅甸，越南，老挝，柬埔寨，马来西亚。本属共记录 31 种，中国记录 16 种，浙江分布 2 种。

（278）灰斑安天牛 *Annamanum albisparsum* (Gahan, 1888)（图版 VII-6）浙江新记录

Monohammus albisparsus Gahan, 1888b: 62.

Uræcha albonotata Pic, 1925a: 22.

Annamanum albisparsum: Breuning, 1944: 404.

主要特征：体长 14.2–21.0 mm。体长形，黑色至黑褐色。头、胸被稀疏淡色至淡褐色绒毛，触角被淡灰黄色绒毛，各节端部被深褐色绒毛。前胸背板后端中央至基缘有浓密黄色绒毛。小盾片具同色浓密绒毛。鞘翅被深褐色绒毛，散生许多淡灰白色或少许黄色绒毛的小斑点，在中部密集成不规则的大斑纹；体腹面及足被淡棕灰色绒毛。雄虫触角长于体长的 3/4，第 3 节略长于第 4 节，向端部各节逐渐变细而减短，第 11 节长于第 10 节。前胸背板宽略胜于长，前、后缘各有 1 条横凹沟，前横凹沟略弯曲，侧刺突圆锥状；胸面不平坦，略有 3 个低瘤。鞘翅肩较宽，末端显著窄，端缘圆形；基部具颗粒，其余翅面具稀疏刻点，末端刻点更细弱。

分布：浙江（磐安）、江西、湖南、福建、广西、贵州。

（279）中华安天牛 *Annamanum sinicum* Gressitt, 1951（图版 VII-7）

Annamanum thoracicum sinicum Gressitt, 1951: 387, pl. 16, fig. 10.

Annamanum sinicum: Breuning, 1956c: 233.

主要特征：体长 14.5 mm 左右。体黑褐色。头、胸密被淡红色绒毛，触角各节被淡红色或淡灰色绒毛，各节端部深色。小盾片具灰白色浓密绒毛。鞘翅被咖啡褐色、淡红色和灰白色绒毛，形成数条从鞘缝出发

向前（基半部）或向后延伸到边缘的斜纹，煞是好看。腿节也具绒毛斑纹。触角长于体长，第 3 节略长于第 4 节，向端部各节逐渐变细而减短，第 11 节长于第 10 节。前胸背板宽略胜于长，侧刺突圆锥状，胸面不平坦。鞘翅肩较宽，端缘圆形。

　　　分布：浙江（泰顺）、江西、福建、四川、云南。

140. 星天牛属 *Anoplophora* Hope, 1839

Anoplophora Hope, 1839: 43. Type species: *Anoplophora stanleyana* Hope, 1839.

Oplophora Hope, 1839: 42. Type species: *Oplophora sollii* Hope, 1839. [HN, precoocupied by *Oplophorus* Milne-Edwards, 1837 for Crustacea: Decapoda]

Calloplophora Thomson, 1864: 76. Type species: *Oplophora sollii* Hope, 1839.

Cyriocrates Thomson, 1868: 181. Type species: *Oplophora horsfieldii* Hope, 1842.

Melanauster Thomson, 1868: 181. Type species: *Cerambyx chinensis* Forster, 1771.

Melanauster (*Micromelanauster*) Pic, 1931b: 49. Type species: *Monochamus bowringii* White, 1858.

Falsocyriocrates Pic, 1953a: 2. Type species: *Cyriocrates elegans* Gahan, 1888.

Mimonemophas Breuning, 1961d: 309. Type species: *Mimonemophas quadrifasciatus* Breuning, 1961, by original designation.

　　　主要特征：体中等大小，近长方形。头部额宽阔，几近方形；复眼小眼面稍粗，下叶大多高胜于宽，触角基瘤突出，头顶较深陷；触角较体长，柄节较粗，呈倒锥形，端疤完整、闭式，第 3 节长于第 4 节，更长于柄节。前胸背板横宽，侧刺突发达，末端尖。鞘翅较宽，背面较隆起，端部合成圆形，翅面大多有斑点。前胸腹板凸片很狭，低于前足基节，前足基节窝闭式；中胸腹板凸片常有瘤突。中足胫节斜沟明显，爪全开式（蒋书楠等，1985）。

　　　分布：亚洲，入侵到欧洲、澳大利亚和新北区。世界已知 52 种/亚种，中国记录 37 种，浙江发现 11 种。

分种检索表

1. 中胸腹板凸片前端有很发达的瘤突 ·· 2
- 中胸腹板凸片的瘤突小或不显著 ··· 4
2. 前胸背板不具大型绒毛斑纹，至多具不显著的紫色小斑；鞘翅整体覆盖灰蓝色绒毛，具有多于 30 个的黑色小毛斑 ·······
　·· **碎斑星天牛 *A. multimaculata***
- 前胸背板具大型绒毛斑纹，黄色或白色；鞘翅黑色，具 10 个左右的大型绒毛斑 ······························· 3
3. 绒毛斑纹黄色；前胸背板有 2 个大型纵斑，每鞘翅有 4 个大型横斑；触角节有白色绒毛环纹 ·······················
　·· **楝星天牛 *A. horsfieldii horsfieldii***
- 绒毛斑纹白色；前胸背板有 3 个中等大的圆斑，每鞘翅有 5 个圆斑或椭圆斑；触角节不具白色绒毛环纹 ················
　·· **十星星天牛 *A. decemmaculata***
4. 全体漆黑色，无花斑 ··· **黑星天牛 *A. leechi***
- 全体底色漆黑，饰有花纹或斑点 ·· 5
5. 触角第 3 节以后各节的基部和端部均有淡色绒毛，鞘翅上有多数白色绒毛斑点 ··············· **拟星天牛 *A. imitator***
- 触角第 3 节以后各节的端部无淡色绒毛 ·· 6
6. 鞘翅基部无颗粒状瘤突；鞘翅上有多个白色或黄色绒毛斑点 ································ **光肩星天牛 *A. glabripennis***
- 鞘翅基部有颗粒状瘤突 ·· 7
7. 全体被淡色绒毛 ··· 8
- 体表除了一些绒毛斑纹，不被淡色绒毛 ··· 10
8. 全体密被灰蓝色绒毛；鞘翅基部颗粒状瘤突细密，翅面有 10 多个光滑黑色小斑点，体较小 ·············· **槐星天牛 *A. lurida***

（280）绿绒星天牛 *Anoplophora beryllina* (Hope, 1840)

Monohammus beryllinus Hope, 1840a: 79.

Monohammus melanosticticus White, 1858b: 407.

Melanauster argentifer Pic, 1902d: 31.

Melanauster (*Micromelanauster*) *argentifer*: Pic, 1931b: 49.

Melanauster (*Micromelanauster*) *beryllinus*: Pic, 1931b: 49.

Melanauster granulipennis Breuning, 1938a: 52.

Anoplophora beryllina: Breuning, 1944: 289, fig. 173.

Anoplophora (*s. str.*) *subberyllina* Breuning, 1965a: 47, fig. page 47.

　　主要特征：体长 13.0–23.0 mm。体基底黑色，被覆淡蓝色或淡绿色绒毛，触角及足被略带灰蓝色的绒毛，触角自第 3 节起的各节端部黑色，有时端部数节黑色；前胸背板有 3 个黑斑位于 1 横排上，中央 1 个为纵斑，两侧各为 1 小斑点；每个鞘翅有许多小黑斑点，横排成 8 行，每横行有 4 个左右小斑点。雄虫触角超过体长的 1/2，雌虫触角稍短，柄节微膨大。前胸背板显著横阔，侧刺突较长。鞘翅肩宽，肩之后逐渐减窄，端缘圆形。

　　分布：浙江（开化、庆元）、湖北、江西、湖南、福建、广东、香港、广西、四川、贵州、云南；印度，缅甸，越南，老挝，泰国，斯里兰卡。

　　寄主：锥栗（壳斗科）、板栗（壳斗科）、栗（壳斗科）、茅栗（壳斗科）、杉木（松科）、胡桃（胡桃科）、青冈（壳斗科）。

（281）拟绿绒星天牛 *Anoplophora bowringii* (White, 1858)

Monohammus bowringii White, 1858b: 398, pl. LIII, fig. 1.

Melanauster bowringii: Gahan, 1888d: 401.

Melanauster (*Micromelanauster*) *bowringi* [sic]: Pic, 1931b: 49.

Anoplophora (*Anoplophora*) *bowringi* [sic]: Breuning, 1944: 290, fig. 174.

　　主要特征：体长 14–22 mm。跟绿绒星天牛非常相似，但是鞘翅的黑色斑点排列成的横纹较大，朝着鞘缝向后弯曲较强；黑色横纹数量较少，通常只有 5–6 行；每横行有 3–4 小斑点。

　　分布：浙江（龙泉）、湖北、江西、福建、广东、香港、广西；印度，缅甸，越南，老挝，马来西亚。

（282）华星天牛 *Anoplophora chinensis* (Forster, 1771)（图版 VII-8）

Cerambyx chinensis Forster, 1771: 39.

Cerambyx farinosus Houttuyn, 1766 (*nec* Linnaeus, 1758): 536. [HN]

Lamia punctator Fabricius, 1776: 230.

Cerambyx pulchricornis Voet, 1778: 22, pl. XX, fig. 95 (nomen nudum).

Cerambyx (*Stenocorus*) *sinensis* Gmelin, 1790: 1863.

Calloplophora afflicta Thomson, 1865: 553.

Calloplophora sepulcralis Thomson, 1865: 553.

Calloplophora luctuosa Thomson, 1865: 553.

Calloplophora abbreviata Thomson, 1865: 553.

Anoplophora (*Melanauster*) *chinensis*: Bates, 1888: 379.

Anoplophora afflicta: Breuning, 1944: 296.

Anoplophora luctuosa: Breuning, 1944: 296.

Anoplophora chinensis afflicta: Breuning, 1949: 3.

Anoplophora chinensis luctuosa: Breuning, 1949: 3.

Melanauster perroudi Pic, 1953a: 3.

别名：星天牛

主要特征：体长 19.0–39.0 mm。本种是我国最普通最常见的天牛之一。体色漆黑，有时略带金属光泽，具有小白斑点。触角自第 3–11 节每节基部都有淡蓝色毛环，长短不一，一般占节长的 1/3。头部和体腹面被银灰色和部分蓝灰色的细毛（后者以足上较多），但不形成斑纹。前胸背板无明显毛斑。小盾片一般具不显著的灰色毛，有时较白，间或杂有蓝色。鞘翅具小型白色毛斑，通常每翅约有 20 个，排列成不整齐的 5 横行。雌虫触角超出身体 1–2 节，雄虫超出 4–5 节。前胸侧刺突粗壮。鞘翅基部颗粒大小不等，一般颇密，约占翅长的 1/4 稍弱。

分布：浙江（德清、长兴、安吉、海宁、平湖、西湖、萧山、临安、桐庐、淳安、建德、上虞、新昌、诸暨、嵊州、镇海、鄞州、奉化、象山、宁海、余姚、慈溪、定海、普陀、岱山、浦江、兰溪、义乌、东阳、永康、黄岩、三门、天台、仙居、温岭、临海、玉环、开化、江山、缙云、遂昌、云和、庆元、景宁、龙泉、洞头、永嘉、平阳、文成、泰顺、瑞安、乐清）、吉林、辽宁、北京、河北、山西、山东、河南、陕西、甘肃、江苏、安徽、湖北、江西、湖南、福建、台湾、广东、海南、香港、澳门、广西、四川、贵州、云南；朝鲜，韩国，日本，缅甸，阿富汗，欧洲（入侵）。

寄主：柠檬、甜橙、苹果、樱桃、杏、胡桃、无花果、桤木、桑、楝树、柚木、木荷、乌桕、马尾松、杉木、枫杨、梨属、柳属、杨属、榆属、栎属、悬铃木属、槐属、刺柏属等。

备注：《浙江森林病虫名录》里记载了星天牛蓝斑亚种 *A. chinensis vitalisi* (Pic)，分布于镇海、奉化、宁海、庆元、诸暨，标本编号为浙 24-5-6。根据名字推论，现在 *vitalisi* 归属于蓝斑星天牛 *Anoplophora davidis* (Fairmaire, 1886)。由于无缘看到标本，没法判断记录是否正确，我们暂且猜测该记录只是华星天牛的错误鉴定。本次研究也看到舟山市桃花岛大佛岩景区的华星天牛显示蓝色的绒毛，可能被错误鉴定为蓝斑星天牛。

（283）十星星天牛 *Anoplophora decemmaculata* Pu, 1999（图版 VII-9）

Anoplophora decemmaculata Pu, 1999: 78, 82, fig. 1.

主要特征：体长 25–29 mm。体黑色，鞘翅略带青铜色光泽。头顶中央有 1 长形、白色毛斑，复眼外侧各有 1 白色毛斑。前胸背板有 3 个圆形、白色毛斑，前缘 2 个，后缘中央 1 个；小盾片全被白绒毛。每鞘翅中间有 5 个白毛斑，排成 1 纵列；基部 1 个较小，端部 1 个略长形，有时分离为 2，最后 1 个很小；中间 3 个较大，呈圆形；侧缘基部有 2 个小的白毛斑。腹面两侧各有 1 条白色绒毛纵纹。触角第 3 节基部被少许灰色毛环；足被少许灰毛，胫节前半部及跗节背面灰毛显著。触角超过体长 1/3。鞘翅肩较宽，两侧近于平行，端较窄，端缘圆形。

分布：浙江（临安）、陕西、湖北、湖南、四川。

（284）光肩星天牛 *Anoplophora glabripennis* (Motschulsky, 1854)（图版 VII-10）

Cerosterna glabripennis Motschulsky, 1854: 48.

Cerosterna lævigator Thomson, 1857d: 297.

Anoplophora lævigator: Thomson, 1860: 87.

Melanauster lævigator: Thomson, 1868: 182.

Melanauster nobilis Ganglbauer, 1889a: 82.

Melanauster luteonotatus Pic, 1925a: 21.

Melanauster angustatus Pic, 1925a: 21.

Melanauster nankineus Pic, 1926b: 2.

Anoplophora (Anoplophora) glabripennis: Breuning, 1944: 287, fig. 170.

Melanauster glabripennis var. *laglaisei* Pic, 1953a: 3.

主要特征：体长 17.5–39.0 mm。本种是我国最普通最常见的天牛之一。全体漆黑有光泽，常于黑中带紫铜色，有时微带绿色。触角第 3–11 节基部蓝白色；雄虫触角约为体长的 2.5 倍，雌虫约为 1.3 倍。鞘翅基部光滑，无瘤状颗粒；表面刻点较密，有微细皱纹，无竖毛，肩部刻点较粗大；每鞘翅约有白斑 20 个或黄斑 15 个。前胸背板无毛斑，中瘤不显突，侧刺突较尖锐，不弯曲。中胸腹板瘤突比较不发达。足及腹面黑色，常密生蓝白色绒毛。

分布：浙江（德清、长兴、海宁、桐乡、萧山、临安、上虞、奉化、宁海、余姚、定海、普陀、兰溪、义乌、黄岩、三门、天台、仙居、温岭、临海、玉环、青田、遂昌、洞头、永嘉、平阳、文成、泰顺、瑞安、乐清）、黑龙江、吉林、辽宁、内蒙古、北京、天津、河北、山西、山东、河南、陕西、宁夏、甘肃、江苏、安徽、湖北、江西、湖南、福建、广西、四川、贵州、云南、西藏；俄罗斯，蒙古国，朝鲜，韩国，日本，欧洲（入侵到奥地利、捷克、法国、德国、意大利），入侵到北美洲。

寄主：苹果、梨、李、樱桃、樱花、柳、杨、榆、枫香、糖槭、苦楝、桑等。

备注：《浙江森林病虫名录》记录了黄斑星天牛 *A. nobilis* Ganglbauer 在平阳、嘉兴、桐乡和海宁的分布，本卷一并作为光肩星天牛处理。

（285）楝星天牛 *Anoplophora horsfieldii horsfieldii* (Hope, 1842)（图版 VII-11）

Oplophora horsfieldii Hope, 1842a: 61 (= 1843: 64).

Cerosterna voluptuosa Thomson, 1856: 529.

Cyriocrates horsfieldii: Thomson, 1868: 181.

Melanauster (Cyriocrates) horsfieldii: Fairmaire, 1889: 66.

Anoplophora horsfieldii horsfieldii: N. Ohbayashi, 2018: 39, figs. 1a-f.

主要特征：体长 23.0–43.0 mm。底色漆黑，光亮。全身满布大型黄色绒毛斑块，由芒果黄到木瓜黄，深淡不一，颇似敷粉。头部具 6 个斑点。前胸面具 2 条平行的直纹，两侧各具斜方形斑点 1 个，介于侧刺突与足基之间。小盾片有时具小圆斑。鞘翅毛斑很大，排成 4 横行，计每翅前两行各 2 块，第 3 行有时合并为一，第 4 行即端行 1 块；在第 3、4 行间靠中缝处，有时另有 1–3 个小斑。触角及足黑色，触角自第 3 节起，基部 1/3 以上被银灰色的细毛，有时仅端部呈黑色，一般自第 3–10 节每节半白半黑。足被有稀疏的灰色细毛，跗节较密，呈灰白色。雄虫触角超过体长 3/4，雌虫较体略长。前胸侧刺突壮大。鞘翅末端圆形。

分布：浙江（德清、西湖、临安、绍兴、普陀、平阳）、河南、陕西、江苏、安徽、湖北、江西、湖南、福建、广东、海南、广西、四川、贵州、云南。

寄主：楝科植物。

备注：浙江舟山（Chusan）是本种的模式产地。

（286）拟星天牛 *Anoplophora imitator* (White, 1858)

Cerosterna [sic] *imitator* White, 1858b: 404.

Cyriocrates imitator: Gahan, 1888a: 277.

Melanauster pirouletii Fairmaire, 1889: 66.

Anoplophora (*s. str.*) *imitatrix*: Breuning, 1944: 287, fig. 168.

Anoplophora imitator: Lingafelter & Hoebeke, 2002: 118, pls. 7b, 27c, 30f, g; map 9.

主要特征：体长 24–36 mm。形似华星天牛 *Anoplophora chinensis* (Forster, 1771)。体黑色，略带紫色或蓝色光泽，并布有淡黄或白色绒毛斑点。触角自第 3 节起每节基末和端末均有灰白色毛环。头部以颊侧的淡黄大毛斑最显著；额的前缘和两侧、上唇及上颚基部均有较密的淡色绒毛。前胸背板中区两侧各有 1 条阔直纹，常于中间间断。每一鞘翅上有 10–15 个毛斑，其中以中区的四五个较大，亦最显著，靠中缝有三四个，靠外缘有四五个则最易消失。腹面绒毛稀密不一，常形成很大的斑纹。雄虫触角一般倍于体长，雌虫超出体长约 1/3。前胸背板中瘤显著，于中区侧瘤间有若干短皱纹粒状刻点；侧刺突末端尖锐。鞘翅上有极稀疏的黑色竖毛，沿中缝稍密，但不易觉察；基部有时具若干稀疏的颗粒，有时缺如；刻点极细而稀，在肩部及肩下比较显著。

分布：浙江（临安、黄岩、开化、云和、庆元、龙泉）、陕西、江苏、上海、湖北、江西、湖南、福建、广东、海南、广西、四川、贵州、云南。

寄主：桦木属（桦木科）、板栗（壳斗科）、柑橘属（芸香科）、杉木（松科）、枫香（金缕梅科）、栎属（壳斗科）、木荷（山茶科）。

（287）黑星天牛 *Anoplophora leechi* (Gahan, 1888)（图版 VII-12）

Melanauster leechi Gahan, 1888b: 63.

Anoplophora (*Anoplophora*) *leechi*: Breuning, 1944: 286.

主要特征：体长 28.0–43.0 mm。体漆黑，具光泽，前胸背板十分光亮；触角略带黑褐色，被灰褐色短而稀疏的绒毛，跗节被淡蓝灰色绒毛。触角粗壮，雄虫触角倍于体长，雌虫触角约超过体长的 1/3，基部数节下沿有少许缨毛，柄节端部膨阔，第 3 节长于第 4 节，显著长于柄节。前胸背板十分宽于长，侧刺突粗壮，顶端较尖锐，略向后弯；胸面不平坦，两侧及近后方中部稍有隆起。小盾片舌形。鞘翅较长，拱凸，中部之后逐渐收窄，端缘圆形。

分布：浙江（长兴、临安、桐庐、浦江、开化、莲都、庆元、温州）、河北、河南、江苏、湖北、江西、湖南、广西。

（288）槐星天牛 *Anoplophora lurida* (Pascoe, 1856)

Monohammus luridus Pascoe, 1856: 47.

Anoplophora (*Anoplophora*) *lurida*: Breuning, 1944: 289.

主要特征：体长 10–15 mm。体较小，底黑色，被灰色或淡蓝灰色绒毛，头顶及前胸背板绒毛稀少；前胸背板有 3 个小黑斑点，分别位于两侧的侧刺突附近及中部近后缘处；每鞘翅计有 10–12 个小黑斑点，横排成 5 或 6 行；触角黑褐色或红褐色，柄节及第 2 节被淡蓝灰绒毛，其余节被暗褐绒毛，足亦被灰色或淡蓝灰色绒毛。触角基瘤中等突出，彼此分开较远；额宽稍胜于长，复眼下叶长胜于宽，稍长于颊或近于等长；头具细密刻点，头顶刻点较粗糙；触角较细长，雌、雄虫触角均远超过鞘翅，触角下沿有极少量缨毛，柄节端疤关闭式，第 3 节长于第 4 节，显著长于柄节。前胸背板宽胜于长，侧刺突较短，顶端稍钝，胸面密布脊纹刻点。小盾片近于半圆形。鞘翅较短，两侧近于平行，端部稍窄，端缘圆形；基部具稠密、大小较一致的颗粒，前端刻点细，清晰，向端部刻点逐渐消失。

分布：浙江（长兴、临安、嵊州、镇海、鄞州、奉化、宁海、慈溪、黄岩、三门、天台、仙居、温岭、临海、玉环、云和、庆元、永嘉）、河北、河南、陕西、甘肃、江苏、湖北、江西、湖南、台湾、广西、四川。

寄主：楝树（楝科）、马尾松（松科）、栎属（壳斗科）、槐属（豆科）。

（289）胸斑星天牛 *Anoplophora macularia* (Thomson, 1865)

Calloplophora macularia Thomson, 1865: 553.

Melanauster chinensis var. *macularia*: Bates, 1873c: 311.

Anoplophora (*Anoplophora*) *macularia*: Breuning, 1944: 286.

主要特征：体长 23–42 mm。与华星天牛的区别在于：头和腹部被绒毛较浓密，前胸背板有 2 个白色毛斑，小盾片纯白，鞘翅毛斑白色或乳黄色，较大，其第 2 行靠中缝的 2 个经常合并为一，第 3、4 行靠边缘的 2 或 3 个常很接近或连接；鞘翅表面刻点及竖毛较显著。

分布：浙江、河南、江苏、福建、台湾、广东、海南、广西、四川；韩国，日本。

寄主：柑橘类、柳、楝、树豆、木麻黄、桑、苹果、悬铃木、野桐、木豆、无花果。

（290）碎斑星天牛 *Anoplophora multimaculata* (Xie *et* Wang, 2015)（图版 VII-13）

Mimonemophas multimaculatus Xie *et* Wang in Xie et al., 2015: 599, figs. 5, 6, 10-14.

Anoplophora multimaculata: Lin & Lingafelter, 2018: 372.

主要特征：体长 20.5–22.5 mm。体黑色，略带紫色光泽。触角黑色，仅基部 3 节具有紫蓝色绒毛斑纹，其余各节没有淡色毛环。头和前胸背板中区黑色具光泽，部分区域有紫色绒毛斑。鞘翅覆盖灰蓝色绒毛，每一鞘翅上有多于 15 个的黑色小毛斑，隐约排成不太规则的 6 个横纹，其中第 4 个横纹至少部分分成 2 条。黑斑的大小和数量变异较大。雄虫触角末端 5 节、雌虫触角末端 3 节超出鞘翅末端。前胸背板中区具瘤突，侧刺突显著。鞘翅末端合圆。

分布：浙江（临安）、湖北。

备注：浙江天目山的分布记录由 Bi 等（2020）首次报道。按照字面意思，本种的中文名应该是多斑星天牛，由于此名已被 *Anoplophora lucipor* Newman, 1842 占用，根据本种的黑斑比较多而碎，取名为碎斑星天牛。

141. 簇天牛属 *Aristobia* Thomson, 1868

Aristobia Thomson, 1868: 178. Type species: *Lamia reticulator* Fabricius, 1781.

Eunithera Pascoe, 1875: 65. Type species: *Thysia viduata* Pascoe, 1868 (= *Celosterna umbrosa* Thomson, 1865).

主要特征：体较大或中等大小，长形；触角柄节端疤关闭式，第 3 节端部具簇毛或不具，若不具簇毛，则前胸背板具瘤突，第 3 节长于柄节；复眼下叶一般长于颊。前胸背板宽胜于长，具侧刺突，前、后缘有横凹沟。小盾片三角形或舌形。鞘翅端缘稍切平或微呈凹缘，外端角钝或呈短刺状。前足基节窝关闭，中足胫节外端具斜沟，中胸腹突瘤突十分发达。

分布：中国，印度，尼泊尔，孟加拉国，缅甸，越南，老挝，泰国，柬埔寨，斯里兰卡，马来西亚，印度尼西亚。世界已知 13 种/亚种，中国记录 6 种，浙江发现 2 种。

（291）瘤胸簇天牛 *Aristobia hispida* (Saunders, 1853)（图版 VII-14）

Cerosterna hispida Saunders, 1853: 112, pl. IV, fig. 6.

Aristobia hispida: Thomson, 1868: 178.

别名：瘤胸天牛、疣胸簇天牛

主要特征：体长 20–37 mm。全身密被带紫的棕红色绒毛，鞘翅、体腹面及腿节并杂有许多黑色和白色毛斑。鞘翅上斑点较大，一般呈卵形或圆形，其中一部分，特别是中部的常相合并；白斑甚小，分布尚密。头部、前胸侧面、腹面和腿节白斑较多于黑斑。绒毛之外，还有相当长（约 2 mm）的黑色竖毛，稀疏地分布于全身，以鞘翅上较密，有时其端部呈棕黄色。触角黑色，密被淡灰至棕红色绒毛，1–4 节棕红色（柄节有少数黑色斑），端部褐黑色，第 5 节以下色彩渐渐变淡，最后 3 节全部淡灰色，或略带棕黄，极光亮；此外各节端部具 1 环较长的黑色细毛，1–5 节另有黑色竖立细毛，疏落地散布全节。头部较平坦，不粗糙，额微凸。触角较短，雄虫超出尾端 1–2 节，雌虫刚达翅尾或稍短。前胸节侧刺突较瘦长，背板略呈方形，高低极不平，中区具 1 很大的瘤突，由 9 个左右的小瘤突组成，其中较大的 6 个，前后左右圈住内部几个小瘤，显然隆起于胸平面之上。小盾片三角形，长胜于阔。鞘翅基部具少数颗粒，翅末端凹进，外端角超过内端角，前者明显，后者钝圆。

分布：浙江（德清、长兴、安吉、平湖、西湖、萧山、临安、桐庐、淳安、建德、诸暨、镇海、鄞州、奉化、象山、宁海、普陀、浦江、兰溪、东阳、黄岩、三门、天台、仙居、温岭、临海、玉环、青田、龙泉、平阳）、北京、河北、河南、陕西、江苏、安徽、湖北、江西、湖南、福建、广东、海南、香港、广西、四川、贵州、云南、西藏；越南。

寄主：橘类、金合欢类。

（292）碎斑簇天牛 *Aristobia voetii* Thomson, 1878（图版 VII-15）　浙江新记录

Aristobia voetii Thomson, 1878b: 51.

Aristobia pulcherrima Nonfried, 1892: 94.

主要特征：体长 32–45 mm。体长形，较大，基底黑色；头顶、前胸背板被黑色绒毛并夹杂少许淡黄灰色绒毛，形成细致花纹，鞘翅被淡黄灰色绒毛和黑色绒毛相间形成的斑纹，基部黑色，中部外侧有一块不规则大黑斑，其余分布大小不等的黑斑点；体上面着生稀疏、细长的黑竖毛。体腹面全被灰黄色绒毛，腹部各节中部及两侧有光滑无毛黑斑；腿节中部及胫节中部、端部有灰黄色绒毛。触角各节基部被灰色绒毛，柄节及第 4 节端部下面有少量黑色丛毛，第 3 节端部 1/2 处的下面及两侧具浓密毛刷。额狭窄，复眼下叶大，近圆形，2 倍多长于颊，两触角基瘤突出，相距较近，头顶中央有 1 条纵沟，头顶具细密刻点，其中有少许粗刻点分布；雄虫触角稍长于身体，雌虫触角同体等长，柄节膨大，稍短于第 3 节。前胸背板宽胜于长，侧刺突细尖，中区微拱凸。小盾片略呈长三角形，端角钝。鞘翅长，两侧近于平行，后端窄；端缘凹进，外端角、缝角均尖锐；肩瘤及基部有粒状刻点。中胸腹板凸片瘤突显著，雌虫腹部末节端部有较浓密黑褐色细长竖毛。

分布：浙江（富阳、临安）、河南、陕西、湖北、江西、福建、广东、海南、广西、云南；缅甸，老挝，泰国。

142. 灰锦天牛属 *Astynoscelis* Pic, 1904

Astynoscelis Pic, 1904b: 8. Type species: *Astynoscelis longicornis* Pic, 1904 (= *Monohammus degener* Bates, 1873).

Saitoa Matsushita, 1937: 104. Type species: *Saitoa teneburosa* Matsushita, 1937 (= *Monohammus degener* Bates, 1873).

主要特征：体小至中等大小，被绒毛但绒毛不闪光。触角略长于身体，短于体长的 2 倍；柄节向端部稍微膨大，端疤内侧的边缘微弱，近于开放，第 3 节常显著长于柄节或第 4 节；复眼小眼面粗粒，下叶通常狭小，长于其下颊部。前胸背板宽略胜于长，前、后端均有横沟，侧刺突发达。小盾片半圆形。鞘翅肩部宽，向后端渐狭。前足基节窝闭式，前胸腹板凸片低狭，弧形；中胸腹板凸片无瘤突，弧形倾斜，中足基节窝对中胸后侧片开放。前足胫节常稍弯曲，中足胫节外侧有斜沟，爪全开式。

分布：中国，俄罗斯，蒙古国，朝鲜，韩国，日本。这是一个单种属。

（293）灰锦天牛 *Astynoscelis degener* (Bates, 1873)（图版 VII-16）

Monohammus degener Bates, 1873c: 310.

Haplohammus degener: Bates, 1884: 240.

Haplohammus contemptus Gahan, 1888b: 62.

Haplohammus nanus Ganglbauer, 1889a: 81.

Astynoscelis longicornis Pic, 1904b: 8.

Dihammus degener: Aurivillius, 1922: 98.

Orsidis savioi Pic, 1925a: 21.

Saitoa teneburosa Matsushita, 1937: 104.

Astynoscelis degener degener: Löbl & Smetana, 2010: 278.

主要特征：体长 7.0–16.0 mm。体红褐色至暗褐色，全身密被红褐色和灰色绒毛，彼此不规则镶嵌。触角红褐色，第 3 节起各节基部大部分被淡灰色绒毛，端部黑色。头和前胸黑色，被灰色和褐色毛。足红褐色，被灰色毛。小盾片被淡黄色绒毛。鞘翅黑色，密被棕褐色和灰色绒毛，略具丝光。体腹面着生灰黄绒毛。触角基瘤着生彼此较远，两触角间微凹，头正中有 1 条细纵线，额宽于长，复眼下叶长于颊；雄虫触角为体长的 1.5 倍，第 3 节为柄节的 2 倍，柄节端疤微弱不明显。头、前胸背板具细密刻点，前胸背板宽稍胜于长，侧刺突短钝。小盾片舌形。鞘翅两侧近于平行，端缘圆形。鞘翅肩部较宽，后端狭窄，端缘圆形；翅面刻点较前胸背板稀疏。体腹面及足有分散刻点，足较短而粗壮，腿节较粗大。

分布：浙江（临安、开化、龙泉、泰顺）、黑龙江、吉林、内蒙古、北京、河北、山西、山东、陕西、甘肃、江苏、上海、安徽、湖北、江西、湖南、福建、台湾、广东、广西、重庆、四川、贵州、云南；俄罗斯，蒙古国，朝鲜，韩国，日本。

寄主：蒿属、杨属、桦木属、板栗、杉木、臭椿。

143. 灰天牛属 *Blepephaeus* Pascoe, 1866

Blepephaeus Pascoe, 1866c: 249. Type species: *Monohammus succintor* Chevrolat, 1852.

Perihammus Aurivillius, 1923a: 21 (= 457). Type species: *Perihammus bifasciatus* Aurivillius, 1923 (= *Monohammus infelix* Pascoe, 1857).

Parablepephaeus Breuning, 1980: 171. Type species: *Parablepephaeus lumawigi* Breuning, 1980 (= *Pharsalia mindanaonis* Schultze, 1920).

主要特征：体形较长。头部触角超过体长，柄节端疤小而完整，第 3 节较柄节或第 4 节等长或稍长；触角基瘤突出，头顶深陷；复眼小眼面细粒，下叶长宽略等或长稍胜于宽。前胸背板横宽，表面不平，侧刺突发达。鞘翅较宽而长，两侧近于平行，背面较凸，尤其近基部常稍肿突。前胸腹板凸片低、狭、弧形；中胸腹板凸片中央有小瘤突或具龙骨状隆脊。中足胫节无斜沟，爪全开式（蒋书楠等，1985）。

分布：中国，印度，不丹，尼泊尔，孟加拉国，缅甸，越南，老挝，泰国，斯里兰卡，菲律宾，马来西亚，印度尼西亚。世界已知 53 种，中国记录 14 种，浙江分布 5 种。

分种检索表

1. 前胸背板中区有 2 条黑色纵条 ·· 2
- 前胸背板无类似的纵条 ··· 3
2. 鞘翅被厚密灰色绒毛；每鞘翅有 2 个黑色绒毛斑，一个在基部小盾片旁边，一个在中部偏后 ········· 灰天牛 *B. succinctor*
- 鞘翅只有较少的浅色绒毛；鞘翅基半部的浅色绒毛斑纹合成 V 形 ·············· **V 线灰天牛 *B. variegatus***
3. 鞘翅无绒毛斑纹，翅面散生不规则的光滑圆窝刻点 ························· 深点灰天牛 *B. ocellatus*
- 鞘翅有斑纹，翅面不具有类似的光滑圆窝刻点 ·· 4
4. 鞘翅被厚密灰色绒毛；每鞘翅有 2 个黑色绒毛斑，一个在基部小盾片旁边，一个在中部偏后 ··· 环灰天牛 *B. subannulatus*
- 鞘翅只有较少的浅色绒毛；每鞘翅有 2 条波浪状淡灰色绒毛的横纹 ·······················云纹灰天牛 *B. infelix*

（294）云纹灰天牛 *Blepephaeus infelix* (Pascoe, 1856)（图版 VII-17）

Monohammus infelix Pascoe, 1856: 48.

Perihammus bifasciatus Aurivillius, 1923a: 21 (= 457).

Perihammus infelix: Breuning, 1944: 374.

Blepephaeus infelix: Hüdepohl & Heffern, 2004: 247.

别名：云纹肖锦天牛

主要特征：体长 15.0–20.5 mm。体黑色，被覆灰褐色绒毛。每个鞘翅有 2 条波浪状淡灰色绒毛的横纹，两横纹之间黑色，第 2 条横纹之后有 1 窄的黑横纹，基部及后端被褐色绒毛。触角自第 3 节起，各节基部被淡灰色绒毛，有时端部数节全为黑褐色。雄虫触角倍长于身体，雌虫触角约超过体长的 1/4，第 3 节长于柄节。前胸背板宽胜于长，侧刺突粗短。鞘翅基部宽，中部之后缩窄，末端微斜截。

分布：浙江（临安）、陕西、江西、湖南、福建、广东、广西、重庆、四川、贵州。

（295）深点灰天牛 *Blepephaeus ocellatus* (Gahan, 1888)

Monochamus ocellatus Gahan, 1888c: 262.

Epepeotes pauloperforatus Pic, 1930b: 17.

Blepephaeus ocellatus: Breuning & Itzinger, 1943: 46.

Cypriepepeotes wittmeri Breuning, 1975b: 342.

主要特征：体长 13–25 mm。体长形，基底黑色，全身被覆褐灰色绒毛。触角基瘤十分突出，触角之间深凹，有 1 条短纵凹线，额宽略胜于长，复眼下叶十分长于颊；雄虫触角长度为体长的 2 倍多，雌虫触角为体长的 1.5 倍有余，第 3 节长于柄节，第 3–5 节约等长。前胸背板宽胜于长，侧刺突基部较大，顶端较尖锐，表面略有高低不平的起伏，中区两侧有几个粒状刻点。鞘翅肩部最宽，肩之后逐渐收窄，端缘斜凹切；翅面散生不规则圆窝刻点，一般基部较密，后端稀少，基部尚有少许颗粒刻点，高倍镜下还能见到较细弱刻点分布。雄虫腹部末节后缘中央微凹，前足较中、后足长大，前足胫节后端微弯曲。

分布：浙江（平湖）、云南；印度，不丹，尼泊尔，缅甸，越南，老挝，马来西亚。

寄主：据文献记载有粗糠柴、桑。

（296）环灰天牛 *Blepephaeus subannulatus* Breuning, 1979（图版 VII-18）

Blepephaeus subannulatus Breuning, 1979b: 100.

主要特征：体长 17 mm。体基色栗黑，触角较红，但全被厚密的绒毛所遮盖，绒毛灰色，在放大镜下观察，系由灰白和棕红色混合组成。前胸背板没有黑斑。每鞘翅上在基部近中缝处各有不规则的黑斑 1 个，在翅中部稍下靠近侧缘有 1 个三角形或不规则的长卵形大斑点。此外鞘翅上还有其他较不整齐的黑绒毛小斑。触角绒毛从第 3 节起基部较淡。触角雄虫超出翅端约 1/2，雌虫较体略长，第 3 节较柄节稍长。前胸背板宽胜于长，侧刺突末端尖锐且略向后弯。鞘翅末端微凹。

分布：浙江（宁波）。

备注：浙江是本种的模式产地。

（297）灰天牛 *Blepephaeus succinctor* (Chevrolat, 1852)（图版 VII-19）

Monohammus succinctor Chevrolat, 1852: 417.

Monohammus sublineatus White, 1858b: 410.

Monohammus obfuscatus White, 1858b: 411.

Blepephæus succinctor: Pascoe, 1866c: 250.

Celosterna fleutiauxi Lameere, 1893: 283.

Neanthes scutellaris Fairmaire, 1895: 179.

Blepephæus humeralis Pic, 1925a: 18.

Blepephaeus succinctor m. *humeralis*: Breuning, 1944: 356.

Perihammus fuscomaculatus Breuning, 1948: 11.

别名：深斑灰天牛

主要特征：体长 13.0–25.0 mm。体基色栗黑，触角较红，但全被厚密的绒毛所遮盖，绒毛灰色，在放大镜下观察，系由灰白和棕红色混合组成。前胸背板有 4 条黑色和褐黑色绒毛斑纹，中区 2 条，侧区各 1 条。每鞘翅上在基部近中缝处各有不规则的长卵形大黑斑 1 个，有时被 1 灰色直纹瓜分为二，在翅中部稍下靠近侧缘有 1 个三角形或不规则的长卵形大斑点。此外鞘翅上还有其他较不整齐的黑绒毛小斑。触角绒毛从第 3 节起基部较淡。雄虫触角超出翅端约 1/2，雌虫触角较体略长，第 3 节较柄节稍长。前胸背板宽胜于长，侧刺突末端尖锐。鞘翅末端微凹。

分布：浙江（杭州、嵊州、鄞州、余姚、龙泉、平阳）、陕西、江苏、上海、江西、湖南、台湾、广东、海南、香港、澳门、广西、四川、云南、西藏；印度，尼泊尔，孟加拉国，越南，老挝，泰国，马来西亚。

寄主：幼虫生活于豆科树的活枝内，已知寄主有桑、海红豆、藤茶、构树等。

（298）V 线灰天牛 *Blepephaeus variegatus* Gressitt, 1940

Blepephaeus variegatus Gressitt, 1940b: 107.

Paramelanauster sciamai Breuning, 1962d: 19.

主要特征：体长 15.0–22.0 mm。体基色栗黑，被厚密的绒毛所遮盖，绒毛灰黄色和灰白色。鞘翅合起来呈现 4 个灰白色大斑，分别是基半部 1 个大型的 V 形斑，紧接其后左右各 1 个不太规则的横斑，不接触鞘缝，以及端部中缝附近的 1 个短纵斑。触角绒毛从第 4 节起基部较淡。触角超出翅端，第 3 节较柄节长。前胸背板宽胜于长，侧刺突短但末端尖锐。鞘翅基部宽，中部之后稍狭缩，末端略平切。

分布：浙江（泰顺）、海南、云南；老挝。

寄主：鹊肾树（桑科）。

144. 豹天牛属 *Coscinesthes* Bates, 1890

Coscinesthes Bates, 1890: 246. Type species: *Coscinesthes porosa* Bates, 1890, by monotypy.

主要特征：体中等大小，长形。复眼内方呈凹缘，复眼下叶狭长，小眼面较粗；额长胜于宽，触角基瘤隆突，彼此接近，触角之间额深凹；触角中等粗壮，柄节粗大，扁圆柱形，端疤关闭式，雌、雄虫触角均长于身体，至端部逐渐趋细。前胸背板宽胜于长，前、后缘各有 1 条横沟，两侧缘有刺突。小盾片舌形。鞘翅两侧平行，端缘圆形，基部有少许颗粒刻点，每翅上有很多黑色小窝，与棕褐或灰褐色绒毛相间，好似豹斑。前足基节窝关闭，中足胫节外端无斜沟（蒲富基，1980）。

分布：中国。本属共记录 3 种，均分布于中国，浙江发现 2 种。

（299）豹天牛 *Coscinesthes porosa* Bates, 1890

Coscinesthes porosa Bates, 1890: 247.

Monohammus multiperforatus Pic, 1920a: 2.

Trichocoscinesthes grossefoveata Breuning, 1958c: 262.

别名：柳枝豹天牛

主要特征：体长 14.0–21.5 mm。体黑色，全身密被淡棕黄或深灰黄色绒毛和无毛的黑色斑点，在鞘翅上黑斑由相当深的小窝所组成，与棕黄色绒毛相间，犹如豹皮。足上绒毛色彩稍淡，跗节上的呈灰白色。触角自第 3 节起每节基部 1/3 或 1/2 有灰白色的绒毛；除绒毛外，还有黑色的竖毛，以触角柄节、头部和前胸背板较深密，鞘翅上较稀，一般每一小窝生毛 1 根，有时看来不很清晰。腹面竖毛大部分棕黄色。触角粗壮，雄虫超过体长 1/3，雌虫较体略长。前胸侧刺突中等，末端钝圆。鞘翅基部 1/6–1/5 处有颗粒，全翅密布大小不等的小窝，排成极为不规则的行列。

分布：浙江、河南、陕西、广东、四川、云南。

寄主：柳、杨、桑及桤木。

（300）麻点豹天牛 *Coscinesthes salicis* Gressitt, 1951

Coscinesthes salicis Gressitt, 1951: 380, pl. 16, fig. 1.

Hoplothrix foveatus Chiang *et* Li, 1984: 97, 99, fig. 1.

主要特征：体长 19–28.5 mm。体长形，背面较扁平，黑色，全身密被棕褐或棕红色绒毛，无绒毛的部位有黑色小斑点。鞘翅上黑斑由小窝形成，每一小窝内着生 1 根黑色长竖毛，一般头部、触角柄节及前胸背板上的黑色长竖毛较密，鞘翅上竖毛较稀，小盾片两侧被毛，中央留出 1 条无毛纵线。雄虫触角被淡灰色短绒毛，雌虫第 3–7 节的每节基部被茶褐色或灰褐色绒毛，以下各节被淡灰绒毛。体腹面及足黑斑较小，除被棕褐或棕红绒毛外，尚有淡黄色半卧长毛。雄虫触角远超过体长，雌虫稍长于身体，触角第 3 节同第 4 节近于等长。前胸背板宽胜于长，侧刺突较细长，表面密布中等粗刻点。鞘翅端缘圆形，每翅有更多黑色小窝，呈半规则状排列。体腹面黑斑细小，不呈小窝，中胸腹板凸片不具瘤突；足中等粗、较短。本种同豹天牛（*C. porosa* Bates）十分接近，其主要区别特征是：本种鞘翅上小窝数量较多，每个小窝较小；复眼下叶短于颊；中胸腹板凸片无明显瘤突。

　　分布：浙江（安吉）、四川、云南。

　　寄主：龙爪柳（杨柳科）。

145. 彤天牛属 *Eupromus* Pascoe, 1868

Eupromus Pascoe, 1868: xii. Type species: *Oplophora* (*Callimation*) *sieboldii* Guérin-Méneville, 1844 (= *Lamia ruber* Dalman, 1817), by original designation.

　　主要特征：体中等大小，粗壮。触角基瘤十分突出，彼此较接近；触角细，雄虫触角约倍于体长，雌虫触角则稍短，触角下沿无缨毛或基部节有极少许缨毛。柄节较长，膨大，端疤关闭式，第 3 节同第 4 节约等长或稍长于第 4 节，亦略长于柄节。额宽胜于长，复眼小眼面细粒，复眼下叶略短于颊。前胸背板近于方形或宽稍胜于长，前、后缘有横凹沟，具侧刺突。小盾片舌形或近于半圆形。鞘翅末端稍窄，端缘圆形。前足基节窝关闭，中足胫节近中部外侧有 1 条斜沟，中胸腹板凸片上具瘤突。

　　分布：中国，韩国，日本，印度，越南，老挝。世界已知 4 种，中国记录 2 种，浙江分布 1 种。

（301）彤天牛 *Eupromus ruber* (Dalman, 1817)

Lamia ruber Dalman, 1817: 167.

Oplophora (*Callimation*) *sieboldi* Guérin-Méneville, 1844: 238.

Monohammus championi White, 1858b: 398, pl. LIII, fig. 2.

Eupromus ruber: Aurivillius, 1922: 109.

　　别名：樟彤天牛

　　主要特征：体长 17–26 mm。基色黑，全身密被朱红或棕红色绒毛，计有头部、前胸背板、鞘翅、触角基节上沿大部分、前胸腹板中部等；中胸侧片、后胸腹板两侧、腹部各节两侧及前中足腿节下面，亦各有或大或小的朱红色毛斑。小盾片灰色，具 2 个红色小斑。触角自第 3 节起，各节基部下沿有灰白色绒毛。前胸背板中央有 1 道无毛纵纹，两端尖狭，中前部较阔，包括中央 1 个光秃的小瘤突。鞘翅上有黑色绒毛斑点，大小不等，每翅上有 10–12 个，但亦有较多或较少的。体长形，头部较前胸稍阔。触角在雄虫一般倍于体长，在雌虫约超出体长 1/3，第 3 节比第 4 节略长或等长。前胸侧刺突略向后弯，末端不甚尖锐。鞘翅沿基缘具有极小而稀散的颗粒，刻点排成不很规则的行列，翅端圆形。中胸腹板中央具瘤突。

　　分布：浙江（长兴、金华、开化）、江苏、上海、湖北、江西、湖南、福建、台湾、广东、广西、四川、贵州；韩国，日本，印度。

　　寄主：樟树类、楠木类。

146. 粒翅天牛属 *Lamiomimus* Kolbe, 1886

Lamiomimus Kolbe, 1886: 224. Type species: *Lamiomimus gottschei* Kolbe, 1886, by monotypy.

　　主要特征：体较厚硕。头部刻点粗大，多皱纹；额微凸。触角很短，雄虫略超过第 3 腹节，雌虫仅达第 1 腹节后缘，柄节与第 3 节约等长，端疤靠内开放，接近于关闭式。前胸背板中瘤尚明显，侧刺突壮大。鞘翅面满布瘤状颗粒，黑色，光滑，以前半翅较粗大，向后逐渐变小，近尾部则较平复，具皱纹与刻点，无粒区域则暗无光泽。翅末端狭，略切平，内、外端角均钝圆。

分布：中国，俄罗斯，朝鲜，韩国。本属共 2 种，在中国均有分布，浙江发现 1 种。

（302）粒翅天牛 *Lamiomimus gottschei* Kolbe, 1886（图版 VII-20）

Lamiomimus gottschei Kolbe, 1886: 224, pl. XI, fig. 39.

Lamia adelpha Ganglbauer, 1887a: 137.

别名：双带粒翅天牛

主要特征：体长 26.0–40.0 mm。体黑褐色或黑色，不光亮。全身被茶褐色和淡豆沙色绒毛，后者形成遍体淡色小斑点，在腹面分布较密。小盾片密生淡色毛，基部有 1 个三角形黑色无毛小区，有时伸展至近端部。头部及前胸均有淡色毛斑。鞘翅中部前的 1 广阔横区及翅端部分 1/3 区域具宽阔淡豆沙色绒毛横条，其他则为散乱的淡色小斑点。触角黑褐色，端部稍淡。足上有淡色散乱的小斑。触角短，雄虫超过体尾 3–4 节，雌虫较体稍短，第 3 节显较第 1、4 节为长。前胸背板中瘤较明显凸起，其侧有 4 个瘤突，呈八字形分立于左右，侧刺突壮大。鞘翅基部满布瘤状小颗粒，占全翅的 1/3 左右，翅末端切平。

分布：浙江（长兴、安吉、临安、镇海、余姚、丽水）、黑龙江、吉林、辽宁、北京、河北、山西、山东、河南、陕西、甘肃、江苏、安徽、湖北、江西、湖南、广西、四川、贵州；俄罗斯，朝鲜，韩国。

寄主：柳、檞树。

147. 墨天牛属 *Monochamus* Dejean, 1821

Monochamus Dejean, 1821: 106. Type species: *Cerambyx sutor* Linnaeus, 1758, designated by Curtis, 1828: 219.

主要特征：体长形。头部额高与宽略等，两边常内凹；触角较体长，有时基部数节下侧具稀疏缨毛，柄节端疤明显，闭式，第 3 节长于第 4 节，更长于柄节；触角基瘤突起，左右分开；复眼下叶高与宽略等。前胸背板大多横宽，侧刺突发达。鞘翅较长，大多向后渐狭。前胸腹板凸片低狭，弧形弯曲；中胸腹板凸片无瘤突，前端均匀弧形弯曲。中足胫节有斜沟；跗式为 4–4–4（即第 4 节消失）；爪全开式（蒋书楠等，1985）。

分布：世界广布。本属共分为 22 个亚属，中国记录 2 个亚属，浙江均有分布。

分种检索表

1. 鞘翅被淡绿色绒毛；翅面有粒状刻点；触角节全被淡色绒毛 ·················· 绿墨天牛 *M. (Ti.) millegranus*
- 鞘翅无绿色或蓝色绒毛 ·· 2
2. 前胸背板有 2 条棕红色宽纵条；鞘翅棕红色，每翅有 5 条纵脊，纵脊间有近方形的黑白相间的绒毛小斑 ·················
·· 松墨天牛 *M. (M.) alternatus alternatus*
- 前胸背板无类似的宽纵条 ·· 3
3. 鞘翅中部有 1 个近圆形黑斑，其后方具淡色绒毛 ·································· 二斑墨天牛 *M. (M.) bimaculatus*
- 鞘翅中部无圆形黑斑 ··· 4
4. 前胸背板有显著粒状刻点，两侧各有 1 淡黄色绒毛小斑点，鞘翅基部密布粗刻点，翅面散布多数淡黄色或灰白色绒毛小斑点，中部毛斑较集中，部分互相连接 ·· 麻斑墨天牛 *M. (M.) sparsutus*
- 前胸背板无粒状刻点，具皱纹、刻点或部分光滑 ·· 5
5. 小盾片毛被在中央有 1 光滑纵线 ·· 6
- 小盾片全面被单色绒毛 ··· 7

6. 鞘翅具横皱纹，刻点粗糙，部分合并，翅面绒毛较深而稀疏，雌虫更有不显著的稀疏淡色斑点 ······················
··· 云杉小墨天牛 *M. (M.) sutor longulus*

- 鞘翅具细刻点，在基部 1/3 以后渐不明显，刻点不合并，翅面深色绒毛较密，淡色斑点较多而显著 ······················
··· 云杉花墨天牛 *M. (M.) saltuarius*

7. 前胸侧刺突较钝，尖端不偏向后；鞘翅末端圆不具尖刺；鞘翅没有特别显著的斑纹，只有一些散生的绒毛斑点隐约形成 3
处横斑，其中一处在翅端 ·· 天目墨天牛 *M. (M.) convexicollis*

- 前胸侧刺突尖锐而尖端稍偏向后；鞘翅末端圆但端缝角形成尖刺；鞘翅中部之后有 1 条相当宽的土黄色或灰色绒毛横带，
其他部分的绒毛斑点散乱稀疏 ·· 缝刺墨天牛 *M. (M.) gravidus*

（303）松墨天牛 *Monochamus (Monochamus) alternatus alternatus* Hope, 1842（图版 VII-21）

Monohammus alternatus Hope, 1842a: 61 = 1843: 64.

Monohammus tesserula White, 1858b: 408.

别名：松天牛、松褐天牛

主要特征：体长 15.0–28.0 mm。体橙黄色到赤褐色，鞘翅上饰有黑色与灰白色斑点。前胸背板有 2 条
相当阔的棕红色条纹，与 3 条黑色纵纹相间。小盾片密被橙黄色绒毛。每一鞘翅具 5 条纵纹，由方形或长
方形的黑色及灰白色绒毛斑点相间组成。触角棕栗色，雄虫第 1–2 节全部和第 3 节基部具有稀疏的灰白色
绒毛；雌虫除末端 2–3 节外，其余各节大部被灰白毛，只留出末端一小环是深色。触角雄虫超过体长 1 倍
多，雌虫约超出 1/3，第 3 节比柄节约长 1 倍，并略长于第 4 节。前胸侧刺突较大，圆锥形。鞘翅末端近
乎切平。

分布：浙江（德清、长兴、安吉、海宁、平湖、西湖、萧山、临安、桐庐、淳安、建德、上虞、诸暨、
嵊州、镇海、鄞州、奉化、象山、宁海、余姚、慈溪、定海、普陀、岱山、嵊泗、浦江、兰溪、义乌、永
康、黄岩、三门、天台、仙居、温岭、临海、玉环、缙云、遂昌、庆元、景宁、龙泉、洞头、永嘉、平阳、
文成、泰顺、瑞安、乐清）、北京、河北、山东、河南、陕西、江苏、安徽、湖北、江西、湖南、福建、台
湾、广东、香港、澳门、广西、四川、贵州、云南、西藏；韩国，日本，越南，老挝。

寄主：云杉属、冷杉属、栎属、马尾松、云南松、华山松、湿地松、思茅松、火炬松、落叶松、雪松、
苹果、花红、印度羊角藤、圆柏。

备注：浙江是本种的模式产地。

（304）二斑墨天牛 *Monochamus (Monochamus) bimaculatus* Gahan, 1888

Monohammus bimaculatus Gahan, 1888c: 260.

Monohammus ingranulatus Pic, 1925a: 20.

Monochamus bimaculatus: Breuning & Itzinger, 1943: 44.

Monochamus bimaculatus m. *ingranulatus*: Breuning, 1944: 436.

主要特征：体长 8.0–20.0 mm。全身密被豆沙色绒毛，以触角、鞘翅基部及足上较稀疏。小盾片绒毛
呈淡棕黄色，极密，显得浓厚。每鞘翅具 1 个近圆形的黑色大毛斑，位于翅的中段，黑斑下及周围色彩较
淡，一般呈淡赭色。触角棕栗色，各节前半部被灰色绒毛。雄虫触角约超出体长 1 倍，雌虫超出体长 1/2–2/3，
柄节粗壮，第 3 节显然比第 4 节长，比柄节长 1 倍。鞘翅两侧平行，末端圆形。

分布：浙江（临安、开化）、湖北、江西、湖南、福建、广东、海南、香港、广西、云南、西藏；印度，
尼泊尔，缅甸，越南，老挝，泰国，柬埔寨，印度尼西亚。

寄主：榄仁树属、香椿、黄檀、丁子香、榕、木姜子、野桐、楠木、鸡爪枫、娑罗双。

（305）天目墨天牛 *Monochamus (Monochamus) convexicollis* Gressitt, 1942（图版 VII-22）

Monochamus convexicollis Gressitt, 1942c: 83, pl. I, fig. 3.

主要特征：体长 12.5–13 mm。体深棕色，被棕褐色绒毛。头和前胸的棕褐色绒毛稀疏，不形成明显的斑纹。触角棕色，基端没有明显的不同。小盾片棕褐色，中间没有光滑的纵线。鞘翅没有特别显著的斑纹，只有一些散生的绒毛斑点隐约形成 3 处横斑，大概为深棕、棕褐、深棕、棕褐、深棕、棕褐排列。前胸背板无粒状刻点，前胸侧刺突较钝，尖端不偏向后；鞘翅末端圆。

分布：浙江（临安）、台湾。

备注：浙江是本种的模式产地。2022 年 9 月 28 日，本种的地位变更为天目殷天牛 *Xenicotela convexicollis* (Gressitt, 1942)。

（306）缝刺墨天牛 *Monochamus (Monochamus) gravidus* Pascoe, 1858（图版 VII-23）

Monohammus gravidus Pascoe, 1858: 245.

Apriona multimaculata Pic, 1933c: 31.

主要特征：体长 30.0–47.0 mm。体黑色。鞘翅具土黄色绒毛斑纹，大部分黄斑点散乱稀疏，仅中间显示 1 条较显著的黄带。触角长于体，雄虫更长，柄节粗短，第 3 节长于柄节的 2 倍。前胸背板宽胜于长，侧刺突显著，末端尖锐。鞘翅两侧几乎平行，末端圆但缝角略具刺。

分布：浙江（安吉、西湖、临安、鄞州）、山东、河南、陕西、安徽、湖南、福建、广西。

备注：2022 年 5 月 25 日，本种的分类地位更新为：侏天牛 *Meges gravidus* (Pascoe, 1858)。

（307）云杉花墨天牛 *Monochamus (Monochamus) saltuarius* (Gebler, 1830)

Monohammus saltuarius Gebler, 1830: 184.

Monochamus sultuarius [sic]: Pic, 1912b: 19.

主要特征：体长 11.0–20.0 mm。体呈黑褐色，微带古铜色光泽，鞘翅基部以下绒毛较浓密，呈棕褐色，并杂有许多淡黄色或白色斑点，尤以雌虫为多，淡斑隐约排列成 3 条横带。小盾片密被淡黄色绒毛，中央留出 1 条光滑纵纹。前胸背板中区前方有 2 个较显著的黄色小斑点，有时后方还有 2 个更小的小斑点。雄虫触角超过体长 1 倍多，黑色；雌虫超过 1/4 或更长，从第 3 节起每节基部被灰色毛。前胸侧刺突中等大，鞘翅末端钝圆。本种又与密点墨天牛 *Monochamus impluviatus* Motschulsky, 1859 相接近，但雄虫触角显然较长，体与触角长比为 1∶2 左右；鞘翅花斑较稀，隐约排成 3 条横带。

分布：浙江（建德、开化、庆元）、黑龙江、吉林、内蒙古、北京、河北、山西、山东、陕西、新疆、江西；俄罗斯，蒙古国，朝鲜，韩国，日本，欧洲。

寄主：云杉。

（308）麻斑墨天牛 *Monochamus (Monochamus) sparsutus* Fairmaire, 1889（图版 VII-24）

Monohammus sparsutus Fairmaire, 1889: 67.

Monochamus sparsutus: Breuning, 1949: 5.

主要特征：体长 10–17 mm。体较小，黑色，每翅散生许多大小不等的淡黄色和灰白色绒毛小斑点，中部小斑点较紧密，有的愈合成斑纹。前胸背板两侧各有 1 个淡黄色绒毛小斑点，中区有少许绒毛，头被稀疏淡灰色绒毛。小盾片被淡黄色浓密绒毛。触角自第 4 节起的以下各节基部被淡灰色绒毛。体腹面疏散着生淡黄色绒毛。额近于方形，颊显著长于下叶，触角基瘤中等突出，两触角基瘤之间深凹，头具细粒状皱纹刻点；雄虫触角长度约为体长的 2 倍，柄节粗短，膨大，表面具细密刻点。前胸背板宽胜于长，侧刺突短小，表面具细粒状刻点。鞘翅中部稍阔，后端较窄，端缘圆形；翅面刻点极细密，基部有粒状刻点。足较短。

　　分布： 浙江（临安、开化、庆元）、河南、陕西、安徽、湖北、江西、湖南、福建、台湾、四川、云南；印度，尼泊尔，缅甸，越南，老挝。

　　寄主： 杨属（杨柳科）、栎属（壳斗科）、山陀儿 （楝科）。

（309）云杉小墨天牛 *Monochamus (Monochamus) sutor longulus* Pic, 1898

Monohammus sutor var. *longulus* Pic, 1898: 23.

Monochamus (Monochamus) sutor longulus: Löbl & Smetana, 2010: 283.

　　主要特征： 体长 14–24 mm。体黑色，有时微带古铜色光泽。全身绒毛不密，尤其前胸背板最稀。绒毛从淡灰到深棕色，一般在头部及腹面呈淡灰色，在鞘翅呈深棕色，在前胸背板呈淡棕色，但亦有相当变异。雌虫在前胸背板中区前方常有 2 个淡色小斑点，鞘翅上亦常有稀散不显著的淡色小斑，雄虫一般缺如。小盾片具灰白或灰黄色毛斑，中央有无毛细纵纹 1 条。雄虫触角超过体长 1 倍多，黑色；雌虫超过 1/4 或更长，从第 3 节起每节基部被灰色毛。腹面被棕色长毛，以后胸腹板为密。鞘翅末端钝圆。其与欧洲分布的指名亚种的区别在于鞘翅上花斑极稀，或全部缺如。

　　分布： 浙江（临安、兰溪、开化、庆元）、黑龙江、吉林、内蒙古、山东、河南、陕西、青海、新疆；俄罗斯，蒙古国，朝鲜，韩国，日本，哈萨克斯坦。

　　寄主： 落叶松、云杉。

（310）绿墨天牛 *Monochamus (Tibetobia) millegranus* Bates, 1891

Monohammus millegranus Bates, 1891: 80.

Tibetobia szechenyana Frivaldszky, 1892: 119.

Monohammus touzalini Pic, 1920b: 198.

Monochamus (Tibetobia) scechenyiana [sic]: Pic, 1930c: 14.

Tibetobia millegrana: Pic, 1931b: 49.

Monochamus (Tibetobia) millegranus: Gressitt, 1951: 392.

Monochamus millegranus: Breuning, 1961c: 370.

　　主要特征： 体长 14–16 mm。体较小，黑色，体背面被绿色鳞毛，在鞘翅上绿色鳞毛同黑色粒状刻点相间；头、胸具细密刻点；体腹面被绿灰色绒毛；触角全黑色，被稀少淡灰绒毛。额阔，复眼下叶较小，短于颊的长度；雄虫触角长度约长于身体的 3/4，柄节粗短，端部膨大，着生细密较粗糙刻点，第 3 节稍长于第 4 节，明显长于柄节。前胸背板宽胜于长，前缘无横凹沟，侧刺突较细。鞘翅端部窄，端缘圆形。足较短。本种在外貌与色泽上类似蓝墨天牛，其主要区别特征是：本种鞘翅全布粒状刻点，鞘翅着生绿色鳞毛；前胸背板前缘无明显横凹沟；足及腹面有刻点。

　　分布： 浙江（临安）、福建、四川、贵州、云南、西藏。

148. 巨瘤天牛属 *Morimospasma* Ganglbauer, 1889

Morimospasma Ganglbauer, 1889a: 78. Type species: *Morimospasma paradoxum* Ganglbauer, 1889.

主要特征：体卵圆形。头部额宽胜于高；复眼内缘深凹，下叶狭小，小眼面粗粒；触角较体长，触角基瘤分开，头顶浅陷，触角柄节长，端疤发达或不发达，第 3 节通常最长，偶尔略短于柄节。前胸背板高低不平，多不规则横隆脊，背中央有 1 个巨瘤或 3 个分开的瘤突，表面隆起或下陷，侧刺突发达，其前方有 1 小瘤突。鞘翅卵形，肩角不明显，肩部较前胸狭，表面不平，翅端狭圆，无后翅。前胸腹板凸片狭，低于前足基节；中胸腹板凸片宽，前端圆形；后胸腹板很短。前足基节窝关闭，中足基节窝开放。足长，后足腿节较前、中足的长；爪全开式（蒋书楠等，1985）。

分布：中国。本属分为 2 个亚属，均为中国特有，指名亚属记录 8 种/亚种（Bi，2021），浙江只有小巨瘤天牛亚属。

（311）粗粒巨瘤天牛 *Morimospasma* (*Parvopama*) *tuberculatum* Breuning, 1939（图版 VIII-1）

Morimospasma tuberculatum Breuning, 1939b: 147.

Morimospasma (*Parvopama*) *tuberculatum*: Bi, 2021: 284, figs. 9, 20, 30, 42, 43, 50, 62, map 1.

主要特征：体长 11.4–17.0 mm。体黑色，薄被黄褐色绒毛。头部额、头顶、后头、颊具稀粗刻点；复眼下叶狭长，约与其下颊部等高；额宽广平坦；头顶浅陷；触角较体略长，柄节粗壮，端疤明显，具粗刻点，与第 3 节约等长，第 3 节长于第 4 节。前胸背板宽略胜于长，表面具有粗糙皱刻，中央隆起 1 巨瘤，瘤中央下陷，边框近方形，侧刺突基部宽，端部短钝；鞘翅左右相合，呈卵形，中部以后呈屋脊状倾斜，坡度较陡，坡顶部左右各有 1 个黑绒斑，扁狭，略弯，呈眉形，黑斑前方具不规则分布的小颗粒和较粗的颗瘤 3 纵列，中列约 5 瘤，最粗钝，沿中缝的较小，沿外侧缘从肩部至坡顶外侧的粗而较尖。足较长，腿节达第 5 腹节，后足第 1 跗节短于第 2–3 节之和。

分布：浙江（安吉、临安）、安徽。

备注：浙江是本种的模式产地。

149. 柄棱天牛属 *Nanohammus* Bates, 1884

Nanohammus Bates, 1884: 243. Type species: *Nanohammus rufescens* Bates, 1884.

Microcycos Pic, 1934a: 9. Type species: *Microcycos annulicornis* Pic, 1934.

Pararhodopis Breuning, 1935d: 174. Type species: *Rhodopis abberans* Gahan, 1894.

Rarasanus Matsushita, 1941: 156. Type species: *Rarasanus subfasciatus* Matsushita, 1941. Synonymized before Makihara in N. Ohbayashi & Niisato, 2007: 604.

主要特征：体长形。头部额高与宽略等；触角较体长，柄节端疤不太明显，闭式，第 3 节不一定长于第 4 节，但一定长于柄节；触角基瘤突起，互相离得不远；触角柄节和第 3 节末端通常肿胀膨大。前胸背板具小的侧刺突。鞘翅较长，大多向后渐狭。中足胫节有斜沟；跗式为 4-4-4（即第 4 节消失）；爪全开式。

分布：中国，日本，琉球群岛，缅甸，越南，老挝，马来西亚，印度尼西亚。本属共记录 13 种，中国记录 5 种，浙江发现 1 种。

（312）中华柄棱天牛 *Nanohammus sinicus* (Pic, 1926)（图版 VIII-2）

Orsidis sinica Pic, 1926c: 16.

Rhodopis strandi Breuning, 1935d: 173.

Rhodopis blairi Gressitt, 1937d: 598.

Rhodopina blairi: Gressitt, 1951: 440.

Rhodopina sinica: Gressitt, 1951: 440.

Rhodopina strandi: Gressitt, 1951: 440.

Nanohammus sinicus: Breuning, 1965c: 283.

别名：中华棒角天牛、南京棒角天牛

主要特征：体长 12–14.5 mm。体黑褐色；触角黑褐色，从第 3 节起各节基部被稀少淡灰绒毛。雄虫触角第 5 节末端即超出鞘翅末端，雌虫触角第 6 节中央超出鞘翅末端，柄节粗短，端部肿胀，第 3 节与第 4 节长度相差不大，明显长于柄节，第 3 节端部 1/3 突然肿胀。前胸背板宽胜于长，侧刺突短小。鞘翅端部窄，端缘圆弧形。

分布：浙江（临安、泰顺）、江苏、江西、湖南、福建、广东、香港、四川。

150. 齿胫天牛属 *Paraleprodera* Breuning, 1935

Paraleprodera Breuning, 1935a: 253. Type species: *Lamia crucifera* Fabricius, 1793.

主要特征：体形一般中等大，头部触角基瘤突出；触角较体长，基部数节下沿有短缨毛，柄节较长，端疤发达完整，第 3 节长于柄节或第 4 节；复眼小眼面粗粒，下叶横宽。前胸背板横宽，侧刺突长而尖锐。鞘翅肩部通常发达，向后显著渐狭，背面隆起，末端圆形或稍斜切，中胸腹板凸片有瘤突，前端平截垂直。足长，雄虫前足显著长，胫节内侧有 1 发达的齿状突起，跗节膨大，两边有长卷毛；中足胫节外侧斜沟顶部有 1 齿突；爪全开式（蒋书楠等，1985）。

分布：中国，印度，尼泊尔，不丹，缅甸，越南，老挝，泰国，柬埔寨，马来西亚，印度尼西亚。世界已知 23 种/亚种，中国记录 9 种，浙江发现 1 种/亚种。

（313）蜡斑齿胫天牛 *Paraleprodera carolina* (Fairmaire, 1899)

Archidice carolina Fairmaire, 1899: 641.

Epicedia carolina: Kano, 1930: 47.

Paraleprodera carolina: Breuning, 1943b: 270, fig. 148.

主要特征：体长 21.0–28.0 mm。体黑色，全体密被可可棕色细毛，散布白色或黄色斑纹。头部复眼后颊上、胸部和腹部腹面、足的胫节、腿节上，均散布不规则的小白斑；额和触角柄节有灰黄色毛的花斑，触角第 3 节基部 2/3 被灰黄色毛，以下各节基部被灰白色毛，头顶至后头有宽的黄白色纵带。前胸背板有 4 条黄白色纵带，背中线两侧各 1 条，侧刺突下各 1 条。鞘翅上有较大而鲜明的近圆形的黄白色油漆样或蜡样斑点，基半部和端半部各 3 个，基半部外侧第 3 个往往较大而非整圆形。此外，散布有细小黄白色斑点。鞘翅肩角和翅基部散布稀疏黑色颗粒，极明显光亮，翅端斜切。

分布：浙江（龙泉）、陕西、甘肃、江苏、湖北、江西、湖南、福建、台湾、重庆、四川、贵州、云南。

寄主：板栗（壳斗科）、杉木（松科）、茜草属（蔷薇科）、棕榈（棕榈科）。

（314）眼斑齿胫天牛 *Paraleprodera diophthalma diophthalma* (Pascoe, 1857)

Monohammus diophthalmus Pascoe, 1857a: 49.

Leprodera bioculata Fairmaire, 1899: 641.

Paraleprodera diophthalma: Breuning, 1943b: 265, fig. 137.

Paraleprodera diophthalma diophthalma: Gressitt, 1951: 362, 363, pl. 15, fig. 2.

别名：眼斑栗天牛

主要特征：体长 17.5–30.0 mm。全身密被灰黄色绒毛。后头至前胸背板的两侧各有 1 条黑色纵纹。小盾片被灰黄绒毛，中央有 1 个无毛区域。每个鞘翅基部中央有 1 个眼状斑纹，眼斑周缘为 1 圈黑褐色绒毛，圈内有几个粒状刻点及被覆淡黄褐色绒毛；中部外侧有 1 个大型近半圆形或略呈三角形的深咖啡色斑纹，斑纹边缘黑色。触角被灰黄色绒毛，第 3–5 节基部具绒毛环。雄虫触角为体长的 1.5 倍多，雌虫触角长度超过鞘翅端末。前胸背板侧刺突圆锥形，两侧皱纹粗糙。鞘翅肩宽，端部稍窄，端缘圆形。前足较中、后足长，前足胫节近端部的内侧有 1 个齿突，雄虫尤其显著。

分布：浙江（德清、长兴、临安、桐庐、淳安、嵊州、浦江、磐安、黄岩、三门、天台、仙居、温岭、临海、玉环、开化、丽水、文成、泰顺）、河北、河南、陕西、江苏、安徽、湖北、江西、湖南、福建、广西、四川、贵州、云南。

寄主：板栗、油桐、胡桃、栎。

151. 肖泥色天牛属 *Paruraecha* Breuning, 1935

Paruraecha Breuning, 1935b: 64. Type species: *Paruraecha szetschuanica* Breuning, 1935.

主要特征：体长圆筒形，两侧平行；头与前胸等宽，长胜于宽，微向后倾；复眼中等狭长，深凹，下叶大上叶小；额窄，触角基瘤处最宽，触角基瘤大而突出，基部连接，互成100°；柄节伸达前胸中央，基部窄，端前最粗，具有小的端疤；第 2 节宽大于长；第 3–7 节约等长，逐渐变长变细；末 4 节较短而细；末节长于第 10 节，短于第 3 节。唇基短，上唇长于唇基，长约为宽的一半，具有刻点；上颚短，基部很粗；颊小；下颚须和下唇须末节近纺锤形。触角两倍长于体（♂触角 2.5 倍于体长，♀2 倍于体长）；前胸长宽约等，末端宽于基端，基端之前微缢缩，两侧具有短的圆锥形瘤突，位于中部略偏后；前足基节近球形，前足基节窝关闭；中足基节窝开放；中足胫节外侧有斜沟；足短，后足腿节约等长于前 2 可见腹节，爪全开式；鞘翅长，末端横切、斜切或几乎圆（Gressitt, 1936）。

分布：中国，印度。本属分为 2 个亚属，每个亚属各 2 种。浙江分布 1 种。

（315）台湾肖泥色天牛 *Paruraecha (Arisania) submarmorata* (Gressitt, 1936)（图版 VIII-3）

Arisania submarmorata Gressitt, 1936: 107, pl. 1, fig. 16.

Paruraecha (Arisania) submarmorata: Gressitt, 1951: 384.

主要特征：体长 7.5–10.5 mm。体红褐色至黑褐色。头和前胸黑褐色，散布不规则的黄褐色绒毛斑点，小盾片密被黄褐色绒毛。鞘翅红褐色，基部 1/5 和端部 1/3 具有较多的黄褐色绒毛斑点，中间部分具有灰白色绒毛但不形成明显的斑点，其他绒毛棕褐色。触角红褐色。鞘翅末端略平切，端缝角和端缘角均圆钝，没有齿状突出。

分布：浙江（安吉、临安）、陕西、台湾。

寄主：胡桃。

152. 黄星天牛属 *Psacothea* Gahan, 1888

Psacothea Gahan, 1888d: 400. Type species: *Monohammus hilaris* Pascoe, 1857.

主要特征：头顶在触角基瘤之间三角形下陷，触角基瘤突出，末端远离，基部互相靠近；前胸侧刺突短而弱；前胸腹板突在中部之后向两侧扩展，但最末端不更加扩大；前足基节窝向后开放；中胸腹板具瘤突；雄虫的前足胫节不特化，跗节第 1 节不特化，约等于其后两节之和（Gahan, 1888d）。

分布：中国，韩国，日本，琉球群岛，越南。本属共记录 3 种，其中模式种包含有 11 个亚种。中国分布 4 种/亚种，浙江仅发现 1 亚种。

（316）黄星天牛 *Psacothea hilaris hilaris* (Pascoe, 1857)（图版 VIII-4）

Monohammus hilaris Pascoe, 1857b: 103.

Monohammus (*Psacothea*) *hilaris*: Bates, 1873c: 311.

Diochares flavoguttatus Fairmaire, 1887b: 133.

Psacothea (*Monohammus*) *hilaris*: Gahan, 1888d: 400.

Hammoderes suzukii Shiraki, 1913: 610.

Psacothea hilaris ssp. *albomaculata* Kano, 1933a: 278.

Psacothea hilaris var. *machidai* Seki, 1935: 292, fig. 1.

Psacothea hilaris ssp. *szetschuanica* Breuning, 1943b: 220.

Psacothea hilaris hilaris: Gressitt, 1951: 359.

别名：桑黄星天牛、黄星桑天牛、黄点天牛

主要特征：体长 15.0–30.0 mm。体基色黑，全身密被深灰色或灰绿色绒毛，并饰有杏仁黄或麦秆黄色的绒毛斑纹，好像涂点的油漆。头部中央直纹一条，两侧各一，紧接前胸前缘，通常为小型斑点，有时延伸到复眼后缘。前胸背板两侧各有长形毛斑 2 个，前后排成一直行。小盾片端略被黄色绒毛，不甚明显。鞘翅斑点颇多变异，一般具相当多的小型圆斑点。触角褐黑色，1–3 节被黄灰色绒毛，不甚紧密，4–11 节基部密被白色绒毛，显得黑白相间。雄虫体与触角长比约为 1 : 2.5，雌虫约为 1 : 1.8。前胸背板长宽近乎相等，或宽胜于长，侧刺突圆锥形，不大、有时很小；背板多横皱纹。鞘翅肩上具少数颗粒，末端微凹近乎平直。

分布：浙江（德清、长兴、安吉、桐乡、西湖、富阳、临安、桐庐、建德、上虞、诸暨、嵊州、定海、黄岩、天台、仙居、临海、江山、永嘉、平阳）、北京、河北、河南、陕西、甘肃、江苏、安徽、湖北、江西、湖南、福建、台湾、广东、海南、广西、四川、贵州、云南；韩国，日本，越南。

寄主：桑、无花果、油桐等。

备注：浙江是本种的两个次异名 *Diochares flavoguttatus* Fairmaire, 1887 和 *Hammoderes suzukii* Shiraki, 1913 的模式产地。

153. 伪糙天牛属 *Pseudotrachystola* Breuning, 1943

Pseudotrachystola Breuning, 1943b: 187. Type species: *Trachystola rugiscapus* Fairmaire, 1899.

主要特征：额横阔，复眼下叶宽短，短于下颊。触角长于体，基部 6–7 节具明显的缨毛。触角基瘤突出，互相远离，柄节粗短，圆柱形，闭式端疤发达，短于第 3 节，约等于第 4 节；前胸背板横阔，中央具强壮而尖锐的侧刺，背面具 3 个矮瘤突。鞘翅长不到肩宽的 2 倍，末端宽圆，翅面被稀疏的直立短毛，基半部具稀疏的小突瘤。前足基节窝向后关闭，中足基节窝开放；中胸腹板具弱瘤突。中足胫节外侧具斜沟，爪全开式。

分布：中国。本属已知 3 种，均分布于中国，浙江分布 1 种。

（317）伪糙天牛 *Pseudotrachystola rugiscapus* (Fairmaire, 1899)（图版 VIII-5）

Trachystola rugiscapus Fairmaire, 1899: 640.

Leprodera strix Gressitt, 1939b: 109, pl. I, fig. 3.

Pseudotrachystola rugiscapus: Breuning, 1943b: 187.

主要特征：体长 16–25 mm。体黑褐色，被茶褐色绒毛和稀疏的白色短毛。整体颜色和观感一致，小盾片的褐色绒毛较鞘翅和前胸背板为密，在鞘翅中部之后具大型近圆形黑色绒毛斑，外缘围绕 1 圈白色细边，非常显眼。鞘翅基半部具有稀疏的小瘤突，其分布无规律可循。

分布：浙江（临安）、福建。

备注：浙江是本种的次异名 *Leprodera strix* Gressitt, 1939 的模式产地。

154. 糙天牛属 *Trachystolodes* Breuning, 1943

Trachystolodes Breuning, 1943b: 188. Type species: *Trachystola bimaculatus* Kriesche, 1924.

主要特征：体较粗大，额相当宽，复眼下叶同颊约等长，雄虫触角长于体长的 3/4，雌虫触角稍超过体长，柄节粗壮，同第 3 节近于等长，第 3 节显著长于第 4 节，以下各节渐次缩短趋细。前胸背板宽胜于长，侧刺突较长，顶端较尖。鞘翅较短阔，后端稍窄，端缘圆形。前胸腹板凸片呈弓形。

分布：中国，越南，老挝。本属世界记录 5 种，中国分布 4 种，浙江发现 1 种。

（318）双斑糙天牛 *Trachystolodes tonkinensis* Breuning, 1943

Trachystolodes tonkinensis Breuning, 1943b: 188, fig. 2.

主要特征：体长 20–27 mm。体黑色，被覆棕褐色绒毛，暗无光泽，每个鞘翅中部之后有 1 个大型倾斜黑色绒毛椭圆斑，斑纹周缘有 1 圈淡黄色绒毛。雄虫触角长于体长的 3/4，雌虫触角稍超过体长，柄节粗壮，刻点细密，微显皱脊，柄节同第 3 节近于等长，第 3 节显著长于第 4 节，以下各节渐次缩短趋细。前胸背板宽胜于长，侧刺突较长，顶端较尖；胸面十分粗糙，中区有 4 个瘤突。鞘翅较短阔，后端稍窄，端缘圆形；前半部具粗大颗粒状刻点，以侧缘最密，颗粒刻点较小，基部中央呈颗粒状隆脊，肩下有 1 纵列颗粒刻点，靠近中缝有短纵列细颗粒。

分布：浙江、江西、福建、广东、海南、广西、四川、贵州、云南；越南，老挝。

155. 泥色天牛属 *Uraecha* Thomson, 1864

Uraecha Thomson, 1864: 84. Type species: *Uraecha bimaculata* Thomson, 1864.

主要特征：体长形，狭窄。额宽稍胜于长，复眼下叶长于颊，触角细长，柄节端疤关闭式，第 3 节同第 4 节约等长或稍长于第 4 节。前胸背板宽略胜于长，具侧刺突，小盾片近半圆形或舌形。鞘翅狭长，肩部较宽，后端收狭，端缘微斜切，外端角钝或端缘收狭延伸成尖刺。前足基节窝关闭，中足胫节外端具斜沟，足较短，后足腿节不超过腹部第 3 节。泥色天牛属跟安天牛属很相似，但安天牛属中胸腹突具有瘤突，本属没有（蒲富基，1980）。

分布：中国，日本，琉球群岛，印度，越南，老挝，印度尼西亚。本属世界已知 16 种/亚种，中国记录 7 种，浙江分布 3 种。

分种检索表

1. 触角更长，雄虫第 5 节的中部就超过鞘翅末端；鞘翅中部之后有 1 个显著的黑色斜斑，三面被灰色宽纹包围，其前后没有

相同质地的黑斑 ·· **樟泥色天牛 *U. angusta***

- 触角稍短，雄虫第 5 节的端部才到达鞘翅末端；鞘翅中部之后有 1 个不太显著的深色斜斑，其前后各具 1 个相同质地的小点的深色斑 ··· 2

2. 鞘翅中部的深色斜带与鞘缝形成的角度较大，大于 45° ································· **中华泥色天牛 *U. chinensis***

- 鞘翅中部的深色斜带与鞘缝形成的角度较小，小于 45° ··························· **斜带泥色天牛 *U. obliquefasciata***

（319）樟泥色天牛 *Uraecha angusta* (Pascoe, 1857)（图版 VIII-6）

Monohammus angustus Pascoe, 1857a: 49.

Uraecha angusta: Aurivillius, 1922: 113.

Uræcha attenuata Pic, 1925a: 23.

Orsidis bimaculata Matsushita, 1933: 330, pl. V, fig. 13. [HN]

Uraecha angusta ssp. *horishana* Matsushita, 1935a: 312. [RN for *Orsidis bimaculata* Matsushita, 1933]

Uraecha angusta ab. *horishana*: Breuning, 1944: 407.

主要特征：体长 13.0–22.0 mm。体基底黑色，被棕红或淡棕灰色绒毛，前胸背板中央有 1 条棕红色绒毛纵纹，近前缘两侧及侧刺突内侧有浓密棕红色绒毛小斑，中区有稀少棕红绒毛，小盾片被浓密红棕绒毛。鞘翅中部之后有 1 个黑褐色斜斑纹并镶有宽阔的淡色边，基部及端部有分散的淡褐色不规则斑纹。触角自柄节起的各节端部黑褐色，其余部分被淡灰、稀疏绒毛，柄节、体腹面及足被棕红色绒毛。触角丝状，十分细长，比虫体长 2 倍多。前胸背板侧刺突短钝。鞘翅狭长，后端收狭，端缘微斜切。

分布：浙江（临安、余姚、开化、泰顺）、河北、陕西、安徽、湖北、江西、湖南、台湾、广西、贵州、西藏。

寄主：樟、油松、华山松、油桐、楠属、柳属。

（320）中华泥色天牛 *Uraecha chinensis* Breuning, 1935（图版 VIII-7）

Uraecha chinensis Breuning, 1935b: 61.

主要特征：体长 12.5–20.0 mm。体基底黑色，被棕红或淡棕灰色绒毛，前胸背板中央基部有 1 条棕红色绒毛纵纹，近前缘两侧及侧刺突内侧有浓密淡棕红色绒毛小斑，小盾片被浓密红棕绒毛。鞘翅一般具 4 个较明显的黑褐色斜斑纹，尤其以中部之后的为最大最显著，基部及端部的黑褐色斜斑纹形状和大小都较不稳定。触角自柄节起的各节端部黑褐色，其余部分被淡灰、稀疏绒毛，柄节、体腹面及足被棕红绒毛。触角丝状，十分细长，比虫体长 2 倍多。前胸背板侧刺突短钝。鞘翅狭长，后端收狭，端缘微斜切。

分布：浙江（德清、西湖、临安）、北京、河北、河南、陕西、江苏、安徽、湖南、福建。

（321）斜带泥色天牛 *Uraecha obliquefasciata* Chiang, 1951

Uraecha obliquefasciata Chiang, 1951: 54, pl. 1, fig. 6.

主要特征：体长 15–21 mm。体基底黑色，被棕红色绒毛，前胸背板中央基部有 1 条棕红色绒毛纵纹，近前缘两侧及侧刺突内侧有浓密淡棕红色绒毛小斑，小盾片被浓密红棕绒毛。鞘翅一般具 4 个较明显的黑褐色斜斑纹，尤其以中部之后的为最大最显著。触角自柄节起的各节端部黑褐色。谢广林等（2014）记录在清凉峰有分布，也可能是中华泥色天牛的个体。

分布：浙江（临安）、广西、贵州。

156. 肖墨天牛属 *Xenohammus* Schwarzer, 1931

Xenohammus Schwarzer, 1931: 204. Type species: *Xenohammus bimaculatus* Schwarzer, 1931.

Paramonochamus Breuning, 1935b: 61. Type species: *Nephelotus nigromaculatus* Pic, 1926.

主要特征：体长形。额方形，触角细长，通常长于体长的 2 倍，柄节粗短，端疤关闭式，第 3 节长于柄节的 2 倍，末节长于第 3 节。前胸背板具短小侧突，小盾片近半圆形或舌形。鞘翅狭长，两侧近平行，端缘圆形。中足基节窝关闭。中足胫节外端具斜沟，足较短，后足腿节不超过腹部第 4 节，爪全开式。

分布：中国，日本，印度，越南，老挝，菲律宾。本属世界已知 9 种，中国记录 5 种，浙江分布 1 种。

（322）肖墨天牛 *Xenohammus bimaculatus* Schwarzer, 1931（图版 VIII-8）

Xenohammus bimaculatus Schwarzer, 1931: 204, fig. 22.

Monochammus filicornis Gressitt, 1935b: 380.

别名：二斑肖墨天牛

主要特征：体长 10.0–14.0 mm。体基底黑色，被棕灰色和黑色绒毛。前胸背板中央有 1 黑色细纵纹，小盾片被浓密棕灰绒毛。鞘翅中部之后有 1 个黑色圆斑，镶有棕灰色边缘。鞘翅其余部分黑色和棕灰色夹杂。触角丝状，十分细长，比虫体长 2 倍多至 3 倍，第 3 节长于柄节的 2 倍。前胸背板侧刺突短钝。鞘翅基部宽，后端收狭，末端圆形。

分布：浙江（临安、松阳）、江西、福建、台湾、广东、海南、广西、四川、贵州。

象天牛族　Mesosini Mulsant, 1839

分属检索表

1. 触角第 3 节端部通常具刺，有时缺失；第 4 和 6 节偶尔具刺 ································· **缨象天牛属 *Cacia***
- 触角节均不具刺 ··· 2
2. 复眼深凹，但不细如线；复眼下叶长；鞘翅末端微平截或近圆 ················ **额象天牛属 *Falsomesosella***
- 复眼深凹至仅以细线相连，复眼下叶宽大于长 ··· 3
3. 触角基瘤突起；中足胫节不具斜沟 ··· **象天牛属 *Mesosa***
- 触角基瘤几乎不突起；中足胫节具斜沟 ·· 4
4. 体较狭长；前胸背板不具侧瘤突 ··· **缨象天牛属 *Cacia (Ipocregyes)***
- 体较短胖；前胸背板具不显著的侧瘤突，端前具短小侧突 ······················· **拟象天牛属 *Agelasta***

157. 拟象天牛属 *Agelasta* Newman, 1842

Agelasta Newman, 1842c: 288. Type species: *Agelasta transversa* Newman, 1842.

主要特征：体椭圆形。复眼上下两叶由非常细的小眼相连，几乎断开但不断开，复眼下叶宽略大于长。触角基瘤几乎不突起，触角相当长，触角节不具刺，具缨毛，柄节长，末端不膨大，具端疤，第 3 节长于柄节和第 4 节，其后各节渐短。前胸背板宽大于长，背面不平坦，具不显著的瘤突，端前具短小侧突。鞘翅端缘圆形。中胸腹板突近端部具 1 个发达的瘤突。中足胫节外端不具斜沟。

分布：东洋区。本属分 9 个亚属，中国记录 5 亚属，浙江分布 1 亚属 1 种。

（323）桑拟象天牛 *Agelasta* (*Dissosira*) *perplexa* (Pascoe, 1858)

Mesosa perplexa Pascoe, 1858: 243.

Mesosa myops var. *perplexa*: Heyden, 1881: 190.

Saimia alternans Schwarzer, 1925b: 62.

Mimocoptops formosana Pic, 1925b: 30.

Haplocnemia perplexa: Plavilstshikov, 1930: 57.

Pachyosa perplexa: Matsushita, 1933: 344.

Agelasta (*Dissosira*) *perplexa*: Yamasako & N. Ohbayashi, 2012: 2, figs. 3c-d, 6b, 7e-h, 9b.

别名：桑象天牛

主要特征：体长 11.0–18.0 mm。体栗黑色，触角及足部分栗红色，全身密被栗色、棕红及灰白色花斑。头顶两眼之间有 5 条直斑：3 条棕红色，2 条栗色，彼此相间，中间棕红色斑纹中尚有 1 条栗色线纹，向下直达额前缘。前胸背板中区有 3 条栗色直纹，有时不很规则。小盾片中区棕红色，两边栗色。鞘翅沿小盾片周围亦呈栗色，鞘翅上栗色斑纹，除分散的圆点外，形成 3 条阔带纹，纹内杂有淡色斑，计第 1 条从肩略下斜到翅缝中部，第 3 条位于端部，第 2 条介于两者之间。触角下沿具缨毛，自第 3 节起每节基部淡色，一般第 3–4 节外沿淡棕色，内沿灰白色，第 9 节有时纯栗色或仅具极狭淡色斑。触角雄虫超出体长 1/4，雌虫与体等长。前胸宽胜于长，侧部近前缘处有 1 小瘤。鞘翅基部有少数的小颗粒，翅端圆。

分布：浙江（临安、开化）、辽宁、河南、上海、江西、福建、台湾；韩国，日本。

寄主：桑。

158. 缨象天牛属 *Cacia* Newman, 1842

Cacia Newman, 1842c: 290. Type species: *Cacia spinigera* Newman, 1842.

主要特征：体小，长圆形。额显著宽大于长；复眼仅一线相连或完全分离，复眼下叶很小，宽大于长；触角基瘤几乎不突出，触角细长，基部 5 节或 6 节下沿具缨毛，柄节短，端部略粗，具显著端疤，第 3 节最长，其后各节向后渐短。触角第 3 节端部通常具刺，有时缺失；第 4 和 6 节偶尔具刺，其余触角节均不具刺。前胸不具侧刺突；鞘翅不具基部突起和长竖毛（偶尔也有长竖毛），末端圆。中胸腹突具发达的突起。中足胫节具不发达的斜沟，外覆刷毛。

分布：东洋区，澳洲区。世界已知 7 亚属 132 种/亚种，中国记录 12 种，浙江分布 1 种。

（324）黄檀缨象天牛 *Cacia* (*Ipocregyes*) *formosana* (Schwarzer, 1925)（图版 VIII-9）

Mesosa formosana Schwarzer, 1925b: 60.

Cacia (*Ipocregyes*) *formosana*: Breuning, 1939a: 457.

主要特征：体长 8.5–11 mm。体较狭长，两侧近于平行；黑色，密被污黄色及灰白色短绒毛。触角第 3、4、6、8、10、11 节全部或大部分白色，第 5、7、9 节黑色。前胸具较密的污黄色毛。鞘翅密被污黄及灰白色短毛，在中部后方各具 1 黑色锯齿状横带纹，其外端不达侧缘，内端不达中缝；在翅基部之后至黑带之间、端部 1/3 处及末端具不甚明显的灰白色斑纹。腹面及足黑色，密被灰白色及污黄色毛。复眼完全分离为上下两叶；触角稍超过体长，第 4 节与柄节约等长。小盾片横宽，后缘平截。鞘翅末端窄圆。

分布：浙江（临安、泰顺）、湖北、江西、福建、台湾。

寄主：黄檀属。

159. 额象天牛属 *Falsomesosella* Pic, 1925

Falsomesosella Pic, 1925b: 27. Type species: *Falsomesosella minor* Pic, 1925.

主要特征：体小，长形。复眼深凹，复眼下叶长，通常较大但有时较小；触角基瘤中等至显著突起，触角长，各节下沿具缨毛，柄节短，端部略粗，具不发达的端疤，第 3 节最长，其后各节向后渐短。触角各节均不具刺。前胸宽大于长，不具侧刺突；鞘翅不具基部突起和长竖毛（偶尔基部有突起），末端圆或微平截。中胸腹突不具突起。中足胫节不具斜沟。

分布：古北区，东洋区。本属分为两个亚属，区别在于鞘翅基部是否具有肿突。指名亚属世界已知 36 种/亚种，中国记录 10 种/亚种，浙江分布 1 种/亚种。

（325）琼黑点额象天牛 *Falsomesosella* (*Falsomesosella*) *nigronotata hakka* Gressitt, 1937（图版 VIII-10）

Falsomesosella nigronotata hakka Gressitt, 1937d: 597.

别名：海南额象天牛（谢广林等，2010）

主要特征：体长 6.8–7 mm。体黑色。头和前胸被灰褐色绒毛，不形成明显的斑纹。触角大部分黑褐色，第 3 节除端部外和第 4 节的基半部灰白色；小盾片黑色。鞘翅基部和中部之后各有 1 条大型白色横斑，横斑内可见稀疏的黑点。实际上，这种黑点遍布全身，腿节上也清晰可辨。鞘翅末端微平截。

分布：浙江（临安、龙泉）、广东、海南。

（326）截尾额象天牛 *Falsomesosella* (*Falsomesosella*) *truncatipennis* Pic, 1944（图版 VIII-11）

Falsomesosella truncatipennis Pic, 1944a: 13.

Falsomesosella taibaishana Lazarev, 2021: 142, figs. 1-2.

主要特征：体长 10 mm 左右。体黑色，被有黑色、褐色、灰白色夹杂的绒毛。触角第 3–11 节基部具有淡色环纹；前胸隐约可见褐色斑纹或黑色点斑；鞘翅中部具有显著的白色大型斜斑，斜斑里夹杂数个小黑点，鞘翅其余部分主要为褐色夹杂黑点。触角长于体，鞘翅末端微平截。

分布：浙江（奉化、开化）、河南、陕西、湖北。

备注：浙江宁波奉化的雪窦山是本种的模式产地。

160. 象天牛属 *Mesosa* Latreille, 1829

Mesosa Latreille, 1829: 124. Type species: *Cerambyx curculionoides* Linnaeus, 1767.

主要特征：体小，方形。复眼深凹至仅以细线相连，复眼小，宽大于长；触角基瘤突起，触角较粗，中等长，各节下沿具缨毛，向后渐稀疏，柄节短，端部略粗，具发达的端疤，第 3 节稍长于柄节和第 4 节。触角各节均不具刺。前胸宽大于长，不具侧刺突；鞘翅不具基部突起和长竖毛，末端圆。中胸腹突具突起，侧面观平截。中足胫节不具斜沟。

分布：古北区，东洋区。本属分为 7 个亚属（Tavakilian and Chevillotte, 2019），除了日本特有的 *Mesosa* (*Lissomesosa*) Yamasako *et* N. Ohbayashi, 2007，中国均有分布，浙江分布有 4 亚属 7 种。

分种检索表

1. 前胸背板有 4 条黑色或栗褐色纵纹 ·· 2
- 前胸背板没有黑色纵纹 ·· 4
2. 鞘翅中部没有显著的大型淡色横斑；鞘翅基部 1/4 处有黑色圆斑点，略靠近鞘缝 ············
 ··· 四纹象天牛 *M.* (*A.*) *longipennis*
- 鞘翅中部有 1 显著的大型淡色横斑；鞘翅基部 1/4 处没有黑色圆斑点 ····················· 3
3. 鞘翅端部淡色，与中部淡色横斑之间仅有 1 条黑色细曲纹相隔 ····· 峦纹象天牛 *M.* (*P.*) *irrorata*
- 鞘翅端部和基部都是深色，只有中部有淡色横斑 ············ 宽带象天牛 *M.* (*A.*) *latifasciata*
4. 前胸背板没有 4 个黑斑；鞘翅基部中央有 1 个隆起很高的立扁形纵脊；前胸背板有 5 个圆形浅突起 ··········
 ··· 中华象天牛 *M.* (*Met.*) *sinica*
- 前胸背板有 4 个黑斑 ··· 5
5. 前胸和鞘翅没有火黄色绒毛斑纹；前胸有 5 个黑斑，界限不清晰且有时不明显；鞘翅基半部可见 2 排黑斑组成的横带，
 在鞘缝处有黑色合斑点 ·································· 黑点象天牛 *M.* (*P.*) *atrostigma*
- 前胸和鞘翅有火黄色绒毛斑纹 ··· 6
6. 前胸背板的 4 个黑斑较大较圆，前端的黑斑长约等于宽 ·········· 异斑象天牛 *M.* (*Mes.*) *stictica*
- 前胸背板的 4 个黑斑较小较长，前端的黑斑长大于宽的 2 倍 ······ 四点象天牛 *M.* (*Mes.*) *myops*

（327）宽带象天牛 *Mesosa* (*Aplocnemia*) *latifasciata* (White, 1858)

Cacia latifasciata White, 1858b: 401.

Mesosa luteopubens Pic, 1917b: 7.

Mesosa latifasciata Matsushita, 1931a: 44.

Mesosa (*Aphelocnemia*) *latifasciata*: Breuning, 1939a: 406, 407.

主要特征：体长 14–20 mm。体基底黑色，全身密被淡褐色、灰色、淡黄色、黑褐色等色彩绒毛组成的花纹。头被淡灰黄色绒毛，复眼之间有 2 条黑色直纹；复眼上叶之后有黑条纹。触角褐黑色，柄节大部分及各节基部被淡灰黄色绒毛，柄节上有许多黑褐色小斑点。前胸背板被淡灰黄色绒毛，有 4 条彼此平行等距排列的黑色直纹。小盾片中部和端部被金黄色绒毛，两侧黑色。每个鞘翅基部 1/3 为黑色，其中散生有黄褐色小点；中间有 1 大型淡色横斑，近后缘可见白色曲纹；淡色横斑之后，即端部 1/3 处，有 1 条黑色波浪状横带；端部 1/3 介于前两者之间，偏深色但淡褐色绒毛较基部多。足大部分黑色，胫节中部淡褐色。雌雄虫触角均明显超出体长。鞘翅两侧近于平行，端缘圆形。

分布：浙江（龙泉）、上海、江西、福建、台湾、广东、海南、广西、四川；越南。

备注：四川的分布记录来自 Lazarev 和 Murzin（2020），但是被错误鉴定为四纹象天牛 *Mesosa* (*Aplocnemia*) *longipennis* Bates, 1873。作者联系了 Lazarev，获得了他们报道的四川标本的图片，并且跟象天牛族的专家 Yamasako 博士进行核对，确认四川的标本是宽带象天牛。

（328）四纹象天牛 *Mesosa* (*Aplocnemia*) *longipennis* Bates, 1873

Mesosa longipennis Bates, 1873c: 313.

Mesosa longipennis var. *subobliterata* Pic, 1901a: 62.

Mesosa (*Aphelocnemia*) *longipennis*: Breuning, 1939a: 406.

Mesosa (*Aphelocnemia*) *longipennis* ab. *subobliterata*: Breuning, 1939a: 406.

Mesosa (*Saimia*) *amakusae* Breuning, 1964a: 91.

Mesosa (*Aphelocnemia*) *longipennis* f. *posticeconnexa* Hayashi, 1964: 73 (nomen nudum).

Mesosa (*Aplocnemia*) *longipennis*: Makihara in N. Ohbayashi & Niisato, 2007: 522, pls. 13, 14.

别名：三带象天牛

主要特征：体长 11–22 mm。体栗黑色，触角及足大部栗黑色，全身密被栗色、棕灰或灰白色绒毛。触角第 3 节起各节基部淡灰色。前胸背板中区具 4 条栗色直纹，左右各 2 条，但一般不很清晰。小盾片淡棕色；鞘翅沿小盾片周围不完全是栗色，至少一部分是淡色。鞘翅基部 1/4 处有黑色圆斑点，略靠近鞘缝；中部没有显著的大型淡色横斑，但隐约可见 2 条灰白色曲纹；端部 1/3 处有黑色曲纹，向中缝下斜明显；端前有隐约的灰白色横斑，不连续。触角较长，雄虫超出体长 1/2；鞘翅较狭长。

分布：浙江（杭州）、河北、山西、甘肃、江苏、贵州；韩国，日本。

寄主：枥属、榆属、楸、臭椿、槐、杨、柳。

备注：本卷暂时保留原先的分布记录，其中陈其瑚（1993）记录的采集地点在杭州。但是，很可能江苏、浙江和贵州的记录都是宽带象天牛的错误鉴定。本次研究未见浙江的标本。

（329）四点象天牛 *Mesosa* (*Mesosa*) *myops* (Dalman, 1817)

Lamia myops Dalman, 1817: 168.

Mesosa myops: Küster, 1851: 98.

Mesosa (*Mesosa*) *myops*: Breuning, 1939a: 401.

Mesosa myops plotina Wang, 2003: 323, 396, figs. in p. 323.

主要特征：体长 7–16 mm。体黑色，全身被灰色短绒毛，并杂有许多火黄色或金黄色的毛斑。前胸背板中区具丝绒般的斑纹 4 个，每边两个，前后各一，排成直行，前斑长形，后斑较短，近乎卵圆形，两者之间的距离超过后斑的长度；每个黑斑的左右两边都镶有相当阔的火黄或金黄色毛斑。鞘翅饰有许多黄色和黑色斑点，每翅中段的灰色毛较淡，在此淡色区的上缘和下缘中央，各具 1 个较大的不规则的黑斑，其他较小的黑斑大致圆形，分布于基部之上，基部中央则极少或缺如；黄斑形状各样，分布遍及全翅。小盾片中央火黄或金黄色，两侧较深。鞘翅沿小盾片周围的毛大致淡色。触角部分赤褐色，第 1 节背面杂有金黄毛，第 3 节起每节基部近 1/2 为灰白色，各节下沿密生灰白及深棕色缨毛。体腹面及足亦有灰白色长毛。体卵形。头部休止时与前足基部接触，额极阔，复眼很小，分成上下两叶，其间仅有一线相连，下叶较大，但长度只及颊长之半；头面布有刻点及颗粒。触角在雄虫超出体长 1/3，雌虫与体等长，柄节端疤有时不大显著，开放式。前胸背板具刻点及小颗粒，表面不平坦，中央后方及两侧有瘤状突起，侧面近前缘处有 1 瘤突。鞘翅基部 1/4 具颗粒。

分布：浙江（临安）、黑龙江、吉林、辽宁、内蒙古、北京、天津、河北、河南、陕西、甘肃、青海、新疆、安徽、湖北、广东、四川、贵州；俄罗斯，蒙古国，朝鲜，韩国，日本，哈萨克斯坦，欧洲北部。

寄主：苹果、漆树、赤杨、枹、榔榆。

（330）异斑象天牛 *Mesosa* (*Mesosa*) *stictica* Blanchard, 1871（图版 VIII-12）

Mesosa stictica Blanchard, 1871: 812, nota 3.

Mesosa oculicollis Fairmaire, 1878: 131.

Mesosa (*Mesosa*) *stictica*: Breuning, 1939a: 401.

Mesosa (*s. str.*) *stictica rugosa* Gressitt, 1951: 416.

主要特征：体长 11.0–14.5 mm。体形宽短长方形。体黑色，被灰白色细毛，杂以黑色和橙红色毛斑。头部颊及后头中央两侧各有 1 橙红色毛斑；触角第 3–5 节基部环生橙红色细毛，第 6 节以后，环生灰白色细毛。前胸背板背中央有 4 个卵形黑绒毛斑，前方 2 个较大，黑斑两侧有橙红色毛斑，背板中线上有不明显的橙红色细纵条。鞘翅上散布黑绒毛小圆斑，约略成纵行，黑斑之间杂有橙红色毛的小斑点，在中部前后排形成不很明显的曲折的 2 横带。足腿胫节各有 2 橙红色毛环，跗节第 1、2 节背面具灰白色细毛，腹面散布不规则橙红色小毛斑。触角长过身体的 1/4。鞘翅末端圆形。

分布：浙江（西湖、临安、嵊州、丽水）、北京、山西、山东、河南、陕西、甘肃、湖北、四川、贵州、云南、西藏。

寄主：洋槐、胡桃、山核桃、酸枣、茨梨、云南松。

（331）中华象天牛 *Mesosa (Metamesosa) sinica* (Gressitt, 1939)（图版 VIII-13）

Aesopida sinica Gressitt, 1939b: 113, pl. I, fig. 7.

Mesosa (Metamesosa) sinica: Gressitt, 1951: 421, pl. 16, fig. 8.

别名：灰带象天牛

主要特征：体长 12.5–13.5 mm。体近长方形，较宽扁，棕黑色，密被棕黄色及灰白色绒毛。触角第 3 节及以后各节淡栗红色，基半具白毛，触角下侧具白色及棕灰色缨毛。头部、触角柄节及前胸密被棕黄色及灰白色毛。小盾片两侧具黑色毛，沿中线具棕黄色毛。鞘翅肩角及翅基脊突棕黑色，被稀薄的棕黄色短毛，在小盾片后与翅基脊突间具灰白及棕黄色毛，翅中央具 1 宽阔的灰白及棕黄色毛横带，由翅基部侧缘 1/4 处开始向内斜行延伸至中缝，后缘呈锯齿形，随后紧接 1 较窄的略呈锯齿形的黑色毛横带，翅端部 1/4 密被棕黄色毛，杂以少量灰白色毛；中缝端部 1/3 处各具 2 段长条形黑色毛斑，在肩后的灰白色横带前部中央各具 1 近三角形黑色隆起。腹面密被棕黄及灰白色毛。足棕黑色，腿节及胫节密被棕黄、黑色及白色相混杂的毛斑，第 1、2、5 跗节基半具白色毛。前胸横宽约为长的 1.5 倍，两侧中点之前具 1 隆起，中央具 5 个小隆起。小盾片舌形，末端凹圆，中央具沟。鞘翅末端钝圆，肩角突出，略粗糙，翅基中央各具 1 较高的纵脊。

分布：浙江（临安、普陀、开化）、湖南、福建、广西。

寄主：臭椿（苦木科）、杨属（杨柳科）、栎属（壳斗科）、榆属（榆科）。

备注：浙江是本种的模式产地。

（332）黑点象天牛 *Mesosa (Perimesosa) atrostigma* Gressitt, 1942（图版 VIII-14）

Mesosa atrostigma Gressitt, 1942c: 84, pl. I, fig. 4.

Mesosa (Perimesosa) atrostigma: Gressitt, 1951: 420.

主要特征：体长 16.6 mm 左右。体黑色，散布黑色和灰白色斑点。触角第 3 节起基部具白环，其他部分黑色。前胸背板具 5 个黑斑。鞘翅共具 14 个较明显的黑斑，其中中缝处仅合并为一。白纹一般横向，不显著，端部 1/3 处的一个稍明显。足间杂黑色和灰色斑点。触角长于体，柄节较长，同第 4 节近于等长，第 3 节长于柄节，第 4 节之后的各节依次渐短；触角各节下沿缨毛近于等长。小盾片舌形。鞘翅两侧近于平行，端缘圆形。

分布：浙江（湖州、临安、建德、余姚）、北京、河南、陕西、安徽、湖北、福建、台湾、广西。

备注：浙江是本种的模式产地。

（333）峦纹象天牛 *Mesosa (Perimesosa) irrorata* Gressitt, 1939（图版 VIII-15）

Mesosa irrorata Gressitt, 1939b: 111, pl. I, fig. 6.

Mesosa (Perimesosa) irrorata: Gressitt, 1951: 420.

　　主要特征：体长 13.0–16.5 mm。体基底黑色，全身密被淡褐色、灰色、淡黄、黑褐等色彩绒毛组成的花纹。头被淡灰黄绒毛，颊及后颊绒毛较浓密，色泽较淡，复眼之间有 2 条黑色直纹；复眼上叶之后至后头黑色。触角褐黑，柄节及各节基部被淡灰黄绒毛，柄节上有许多黑褐小斑点。前胸背板被淡灰黄绒毛，有 4 条彼此平行等距排列的黑色直纹。小盾片被金黄色绒毛，两侧黑色。每个鞘翅基部 1/3 为黑色，其中散生有黄褐色小点；其余翅面淡褐、暗灰及云白色相互嵌镶，似大理石的花纹；端部 1/3 处有 1 条黑褐色波浪状横带。腿节中部、胫节端部及跗节黑褐色，有时腿节端部及胫节基部有黑褐色小斑点。雄虫触角超出体长的 1/3，雌虫触角则略超出体长。鞘翅两侧近于平行，端缘圆形。

　　分布：浙江（临安、开化）、河南、陕西、湖北、江西、湖南、福建、四川。

　　备注：浙江是本种的模式产地。

魔天牛族 Morimopsini Lacordaire, 1869

161. 华草天牛属 *Sinodorcadion* Gressitt, 1939

Sinodorcadion Gressitt, 1939b: 107. Type species: *Sinodorcadion punctulatum* Gressitt, 1939.

　　主要特征：体小型，通常短于 10 mm。体表密被短绒毛，刻点细密。复眼小眼面粗粒，内沿深凹；下颚须和下唇须在雄虫末节末端扁平而横截，在雌虫末节圆柱状。触角长于体长，柄节不具端疤，各节下沿不具缨毛，第 3 节长于柄节，第 4 节约等长于柄节。前胸背板宽大于长，具小的侧刺突。小盾片小，末端圆。鞘翅长卵形，宽于前胸，肩角不突出，末端圆形或微斜切；后翅退化。前足基节窝向后关闭，中足基节窝开放。足长，中足胫节具斜沟，爪单齿式，全开式。

　　分布：中国，马来西亚。世界已知 7 种，中国记录 6 种（Zhao et al., 2020），浙江分布 4 种。

分种检索表

1. 触角柄节具稀疏的粗糙刻点 ·· 刻柄华草天牛 *S. punctuscapum*
- 触角柄节不具粗糙刻点 ··· 2
2. 中胸腹板不具刻点 ··· 蒋氏华草天牛 *S. jiangi*
- 中胸腹板具刻点 ··· 3
3. 前胸侧刺突小；触角全部红褐色；鞘翅斑点模糊不清晰 ··· 华草天牛 *S. punctulatum*
- 前胸侧刺突较发达；触角第 3–11 节末端黑褐色；鞘翅具明显的绒毛斑点 ····················· 大刺华草天牛 *S. magnispinicolle*

（334）蒋氏华草天牛 *Sinodorcadion jiangi* Xie, Shi *et* Wang, 2013（图版 VIII-16）

Sinodorcadion jiangi Xie, Shi *et* Wang, 2013: 584, figs. 4-14, 33-34.

　　主要特征：体长 7.5 mm。体红褐色至黑褐色，被灰褐色绒毛。触角大部分红褐色，柄节和各节末端颜色较深。前胸和小盾片黑褐色至红褐色，鞘翅大部分黑褐色（♀）或红褐色（♂），鞘翅绒毛密而不均匀，斑点模糊不清晰。雄虫触角约 1.4 倍于体长，雌虫触角也略超过体长，触角柄节不具粗糙刻点，第 3 节长于第 4 节，约 1.7 倍于柄节，第 4–10 节逐渐变短，第 11 节约等长于第 5 节。前胸侧刺突小，中胸腹板不具刻点。

　　分布：浙江（临安）。

　　备注：浙江是本种的模式产地。本卷作者怀疑本种是华草天牛 *Sinodorcadion punctulatum* Gressitt, 1939 的次异名，但需要一系列的杭州临安的标本进行分析，暂不做变动。

（335）大刺华草天牛 *Sinodorcadion magnispinicolle* Xie, Shi *et* Wang, 2013（图版 VIII-17）

Sinodorcadion magnispinicolle Xie, Shi *et* Wang, 2013: 585, figs. 15-20, 35.

　　主要特征（♀）：体长 9.0 mm，鞘翅最宽处 3.5 mm。体暗褐色至黑褐色。触角大部分红褐色，柄节和各节末端黑褐色。表面被灰黄色绒毛，鞘翅的绒毛形成不规则且大小不固定的零散斑纹。触角约等于体长，触角柄节不具粗糙刻点，约等长于第 4 节，第 3 节最长，约为柄节长的 2 倍。前胸侧刺突发达，中胸腹板具稀疏刻点。鞘翅末端斜截，不完全盖住腹部，腹部末节外露。
　　分布：浙江（龙泉）。
　　备注：浙江是本种的模式产地。

（336）华草天牛 *Sinodorcadion punctulatum* Gressitt, 1939（图版 VIII-18）

Sinodorcadion punctulatum Gressitt, 1939b: 108, pl. I, fig. 5.

　　主要特征：体长 8.2 mm，鞘翅最宽处 2.7 mm。体红褐色至黑褐色，被灰褐色绒毛。触角全部红褐色，前胸和小盾片黑褐色，鞘翅大部分黑褐色，末端略微红褐色，鞘翅绒毛密而不均匀，斑点模糊不清晰。雄虫触角约 1.3 倍于体长，触角柄节不具粗糙刻点，第 3 节长于第 4 节，约 1.6 倍于柄节，第 4–10 节逐渐变短，第 11 节约等长于第 5 节。前胸侧刺突小，中胸腹板具刻点。
　　分布：浙江（临安）。
　　备注：浙江是本种的模式产地。

（337）刻柄华草天牛 *Sinodorcadion punctuscapum* Xie, Shi *et* Wang, 2013（图版 VIII-19）

Sinodorcadion punctuscapum Xie, Shi *et* Wang, 2013: 587, figs. 21-30, 32.

　　主要特征（♂）：体长 8.8 mm，鞘翅最宽处 3.0 mm。体红褐色至暗褐色，被灰黄色绒毛。触角大部分红褐色，柄节和各节末端黑褐色。头和前胸背板绒毛稀疏，前胸中纵线基部隐约有模糊的绒毛斑块，小盾片红褐色，鞘翅端部 3/4 的绒毛形成不规则且大小不固定的零散斑纹，基部 1/4 没有绒毛。触角约 1.4 倍于体长，触角柄节内侧和腹面具粗糙刻点，略短于第 4 节，第 3 节最长，约为柄节长的 1.5 倍，第 3–5 节逐渐变短，第 6–7 和第 8–10 分别约等长，末节约等长于第 5 节。前胸侧刺突小，中胸腹板具稀疏刻点。鞘翅末端微斜截，完全盖住腹部。
　　分布：浙江（临安）。
　　备注：浙江是本种的模式产地。

小筒天牛族 Phytoeciini Mulsant, 1839

分属检索表

1. 后足腿节不超过腹部可见第 2 腹节末端 ··· 2
- 后足腿节超过腹部可见第 2 腹节末端 ··· 4
2. 前胸不具侧瘤突；鞘翅长而两侧近于平行 ······························· 筒天牛属 *Oberea*
- 前胸具钝的侧瘤突，前胸背板通常也具有瘤突；鞘翅长而近于平行但末端微膨阔 ········ 3
3. 触角第 3 节不具簇毛 ······································· 瘤筒天牛属 *Linda (Linda)*
- 触角第 3 节具簇毛 ······································· 瘤筒天牛属 *Linda (Dasylinda)*

4. 体长大于肩宽的 5 倍 ··· 长腿筒天牛属 *Obereopsis*
- 体长小于肩宽的 4.5 倍 ··· 5
5. 鞘翅具侧脊；鞘翅末端凹切，通常具有端齿 ······································· 脊筒天牛属 *Nupserha*
- 鞘翅不具侧脊；鞘翅末端圆形或微平切，通常不具端齿 ······················· 小筒天牛属 *Phytoecia*

162. 瘤筒天牛属 *Linda* Thomson, 1864

Linda Thomson, 1864: 122. Type species: *Amphionycha femorata* Chevrolat, 1852, by original designation.

主要特征：体中等大小，近圆筒形。头部复眼内缘深凹，小眼面细，复眼下叶宽小于额宽的一半；触角较体短，柄节中等长，第 3 节长于柄节或第 4 节，以后各节渐次短而细，基部数节下沿有少许缨毛。前胸背板横宽（宽大于长的 1.3 倍），基部之前和端部之后具横凹沟或缢缩，两侧缘中部各有 1 个圆形瘤突，背面具瘤突。鞘翅狭长，至少 3 倍于头与前胸之和；肩部较前胸宽，背面平坦，具 2 或 3 条细纵脊，不具肩脊，肩部向后至侧缘中部稍凹入，翅端狭圆、斜切或稍凹入。前足基节窝关闭式或狭窄的开放式，后胸前侧片前端宽，后端狭，后足腿节不超过腹部第 2 节后缘，爪附齿式。雌虫腹部末节中央有 1 条细纵沟。全身布满短绒毛。

分布：中国，印度，尼泊尔，孟加拉国，缅甸，越南，老挝，马来西亚，印度尼西亚。世界已知 2 亚属 32 种/亚种，中国记载 28 种/亚种，浙江发现 3 种。

分种检索表

1. 触角全黑色，不具环纹 ·· 黑角瘤筒天牛 *L. (L.) atricornis*
- 触角至少部分具淡色环 ··· 2
2. 触角第 4–6 节基部具橘黄色毛环，有时第 3、7、8 节基部具淡色毛 ··········· 顶斑瘤筒天牛 *L. (L.) fraterna*
- 触角第 4–11 节基部具灰白色环纹 ··· 瘤筒天牛 *L. (L.) femorata*

（338）黑角瘤筒天牛 *Linda (Linda) atricornis* Pic, 1924（图版 VIII-20）

Linda atricornis Pic, 1924a: 19.

主要特征：体长 12–19 mm。复眼、触角、鞘翅全部黑色，后者的基部内边及缘折基部带橙红色；触角基瘤橙红色，与柄节不同色；唇基及大颚除基部外亦呈黑色；足黑色，腿节基部 1/3–3/4 及膝部一般呈橙黄色。体其他部分为橙红或橙黄色。触角较体略短，下沿具稀疏短缨毛，以基部数节较密；鞘翅末端斜形，微凹。

分布：浙江（临安、舟山、黄岩、临海、莲都、庆元、龙泉）、河南、陕西、江苏、上海、湖北、江西、湖南、福建、广东、广西、四川、贵州、云南。

寄主：苹果、梅、李、梨。

（339）瘤筒天牛 *Linda (Linda) femorata* (Chevrolat, 1852)（图版 VIII-21）

Amphionycha femorata Chevrolat, 1852: 418.

Linda femorata: Thomson, 1864: 122.

别名：瘤胸筒天牛（蒲富基，1980）

主要特征：体较粗大，体长 17.0–21.0 mm，体宽 4.0–5.0 mm。触角基瘤黑色，与柄节同色；有时头顶及触角基瘤之间有不十分稳定的黑斑纹；头、胸、小盾片、体腹面及前足腿节大部分、中足腿节、后足腿节基部黄红色，触角、鞘翅及足大部分黑色。触角柄节稍微膨大，略短于体长，第4—11节基部具灰白色环纹。

分布：浙江（临安、开化、龙泉、泰顺）、河南、陕西、江苏、上海、湖北、江西、湖南、福建、台湾、广东、广西、四川、贵州、云南。

寄主：栎属、苹果、构树。

（340）顶斑瘤筒天牛 *Linda (Linda) fraterna* (Chevrolat, 1852)（图版 VIII-22，23）

Amphionycha fraterna Chevrolat, 1852: 419.

Oberea seminigra Fairmaire, 1887b: 134.

Linda pratti Pic, 1902e: 3.

Linda seminigra var. *subtestacea* Pic, 1906: 17.

Linda seminigra var. *luteonotata* Pic, 1907d: 24.

Linda seminigra: Heller, 1923: 74.

Linda fraterna: Savio, 1929: 5, figs. 1-5.

主要特征：体长 9.5–20 mm。触角基瘤黑色，与柄节同色；头砖红色，上唇前缘、上颚、复眼和后头的一部分黑色；触角柄节稍微膨大，略短于体长。触角大部分黑色，第4节基半部和第5–8节的基部具砖红色环。前胸侧瘤突中等明显，背板瘤突不显著，但隐约可辨别出3个。前胸与小盾片均黄红色，小盾片宽大于长，末端平切。鞘翅全黑色，刻点细密，基本上成行排列，末端微斜凹切。后胸前侧片与后胸腹板大部分黑色；腿节基部砖红色；腹面其余部分砖红色。

分布：浙江（德清、长兴、安吉、西湖、临安、建德、奉化、余姚、岱山、东阳、黄岩、三门、天台、仙居、温岭、临海、玉环、常山、江山、云和、龙泉、平阳）、河北、山东、河南、江苏、上海、安徽、湖北、江西、湖南、福建、台湾、广东、广西、四川、贵州、云南。

寄主：梨、桃、苹果、悬钩子等。幼虫一般为害枝芽，被害幼枝常枯萎而断折。

备注：浙江是本种次异名 *Oberea seminigra* Fairmaire, 1887 的模式产地。

163. 脊筒天牛属 *Nupserha* Chevrolat, 1858

Sphenura Dejean, 1835: 350. Type species: *Saperda fricator* Dalman, 1817. [HN, preoccupied by Lichtenstein, 1820 for Aves]

Hapochoron Gistel, 1848: x. [RN for *Sphenura* Dejean, 1835]

Nupserha Chevrolat, 1858: 358. [RN for *Sphenura* Dejean, 1835]

Nupserha: Thomson, 1860: 60. Type species: *Stibara cosmopolita* Thomson, 1860 (= *Saperda ustulata* Erichson, 1834).

主要特征：体形较狭长，小至中型。头部较前胸稍宽或等宽；额近方形；触角基瘤左右分开，不突出；头顶平坦；触角较体稍长或等长，基部数节下沿有稀疏短缨毛，柄节较第3节稍短或稍长或几等长，以后各节长度相仿；复眼内缘深凹，小眼面细粒，下叶胜于高，长于其下颊。前胸背板长宽略等，背中域和侧缘中部有隆突，无侧刺突。小盾片后端平切或凹入。中足胫节外侧有明显斜沟，后足腿节超过第2腹节后缘，爪基部有附突。雄虫后胸腹板末端中央有1对小乳突，腹部末节腹板中央有凹陷；雌虫末腹节中央有细纵沟。

分布：古北区，东洋区。世界已知 164 种/亚种，中国记录 34 种/亚种，浙江发现 4 种/亚种。

分种检索表

（341）南亚脊筒天牛 *Nupserha clypealis clypealis* (Fairmaire, 1895)

Oberea clypealis Fairmaire, 1895: 188.

Oberea bisbinotaticollis Pic, 1917c: 13.

Nupserha clypealis: Breuning, 1960a: 18.

主要特征：体长 12–15 mm。体长形，橙黄或橙红色，头与触角基部两节黑色，触角其余部分红褐色至黑褐色。前胸背板和小盾片橙黄色。鞘翅肩部以下侧区深棕或棕黑色。腹面大部分黄褐色，末节腹板大部分黑褐色，基部黄褐色，末节背板也如是。足腿节浅黄褐色，胫节和跗节黑褐色。鞘翅刻点中等大小，大致呈纵行排列，基部可见 6 列，中部之后刻点变细变小，至末端几乎不可见，翅末端斜凹切，外端角齿状突出。雄虫后胸腹板端末中央有 2 个小乳突。

分布：浙江（龙泉）、台湾、香港、贵州、云南；越南，老挝。

（342）黑翅脊筒天牛 *Nupserha infantula* (Ganglbauer, 1889)（图版 VIII-24, 25）

Oberea infantula Ganglbauer, 1889a: 83.

Oberea bisbinotata Pic, 1928b: 23.

Nupserha subvelutina Gressitt, 1937d: 619.

Nupserha infantula: Breuning, 1947c: 57.

Nupserha infantula m. *subvelutina*: Breuning, 1960a: 24.

主要特征：体长 7.5–13.0 mm。体长圆筒形，头黑色，前胸黄褐色，触角前 2 节黑色，其余各节黄褐色具黑色端。小盾片黄褐色但端缘黑色，鞘翅灰黑但基部具 2 个黄褐色斑，分别位于小盾片旁边及侧面肩角处，黄褐色部分可扩大至整个鞘翅基部 1/7 多。腹面黄褐色具黑斑，通常中、后胸腹板和腹部腹板前 3 节具黑斑。足大部分黄褐色，但后足胫节和各足跗节黑色。触角略长于体。鞘翅较前胸宽，侧面具不太显著的纵脊 1 条，末端斜切。

分布：浙江（安吉、余杭、临安、松阳）、北京、河北、陕西、甘肃、湖北、江西、湖南、福建、广东、广西、四川、贵州、云南；越南。

寄主：油茶（山茶科）、菊属（菊科）、刺楸（五加科）。

（343）缘翅脊筒天牛 *Nupserha marginella marginella* (Bates, 1873)（图版 IX-1, 2）

Oberea marginella Bates, 1873d: 390.

Nupserha marginella: Gressitt, 1951: 584.

主要特征：体长 7.5–14.5 mm。体长形，橙黄或橙红色，前胸与触角较红，头与触角基部两节黑色，鞘翅肩部以下侧区及端末深棕或棕黑色。东北及日本标本大都在腹面胸部及腹部第1、2节中区杂有大黑斑，有时仅后胸腹板及腹部有黑斑，有时小盾片亦有黑斑，变化不一。华北及华东标本腹面一般无黑斑。前胸背板及腹面绒毛金黄色，头部及鞘翅上绒毛大致淡灰色或淡灰黄色，以鞘翅上较密。竖毛不长，相当密，从淡灰色到淡棕黄色。雌雄虫触角差异不大，均较体略长；鞘翅刻点紧密，翅末端钝切，外端角钝圆，但亦有末端微凹，外角较明显的。雄虫后胸腹板端末中央有 2 个小乳突。

分布：浙江（临安、磐安、龙泉）、吉林、山东、河南、陕西、江苏、湖北、江西、湖南、福建、台湾、广东、广西、贵州；俄罗斯，蒙古国，韩国，日本。

寄主：苹果。

（344）黄腹脊筒天牛 *Nupserha testaceipes* Pic, 1926（图版 IX-3）

Nupserha testaceipes Pic, 1926c: 18.

Nupserha batesi Gressitt, 1937d: 618.

主要特征：体长 7–10.5 mm，体宽 1.9–2.5 mm。体大部分黄褐色，头黑色，鞘翅肩以下侧缘及端部，有时在翅中部之后为深棕至黑褐色。触角黄褐色，基部 2 节或 3 节，以及第 3 节或第 4 节以下各节端部为黑褐色。足颜色不稳定，大部分黄褐色。触角较细，均长于虫体，雌雄差异不大。鞘翅较短，端部略窄，端缘斜切，外缘角钝圆；鞘翅刻点行列较规则。雄虫后胸腹板端末中央有 1 对小乳突。

分布：浙江（临安、龙泉）、黑龙江、吉林、山东、陕西、甘肃、江苏、安徽、湖北、江西、湖南、福建、广东、海南、广西、四川、贵州。

寄主：油茶（山茶科）。

备注：浙江是本种的模式产地。

164. 筒天牛属 *Oberea* Dejean, 1835

Oberea Dejean, 1835: 351. Type species: *Cerambyx linearis* Linnaeus, 1761.

Isosceles Newman, 1842d: 318. Type species: *Isosceles macilenta* Newman, 1842.

主要特征：体很延长，触角相当细，比体更短至更长，柄节略长且略粗；第 3 节显短于第 4 节至显长于第 4 节，总是显长于柄节，第 4 节比其余各节稍长至稍短，末节比第 1 节更细。触角基瘤彼此远离并略突出，复眼强烈呈新月形，小眼面相当细，前胸背板凸出，显著长胜于宽至横阔，基部之前绝不强烈收缩，两侧边直形或相当微弱的圆形，在中域无瘤或略明显具瘤。鞘翅很狭长，最多比前胸背板稍宽，最多在其中部微弱地收缩，末端通常平截或弧形且大部分种类的刻点有次序地排列。头不收缩，突出的前胸腹板狭窄，不如前足基节高且呈弧形，突出的中胸腹板轻微地向其前沿倾斜，后胸腹板长度正常、中足基节窝开放、后胸前侧片大型，在前缘向前凸起。足短，腿节棒状，后足腿节不超过第 2 腹节后缘或更短，中足胫节具 1 背隆起，后足胫节至少为后足跗节长的 1.5 倍，最多为后足跗节长的 2.5 倍，雌雄爪均附齿式。整体被直立毛。

分布：世界广布。分两个亚属，指名亚属世界已知 332 种/亚种，中国记录 77 种/亚种，浙江发现 23 种。

分种检索表

1. 头部黑色 ··· 2
- 头部红色或淡红黄色 ··· 15

2. 前胸背板大部分黄褐色，但具有黑斑 ··· 3

- 前胸背板全部黄褐色 ··· 7

3. 前胸背板中央具 1 个黑色圆斑；鞘翅长大于基部肩宽的 6 倍 ···························· **一点筒天牛 O. (O.) uninotaticollis**

- 前胸背板中央没有 1 个黑色圆斑 ··· 4

4. 前胸背板没有 2 或 4 个黑斑，只是隐约有颜色稍深的斑块；体非常狭长，鞘翅长大于肩宽的 5 倍；翅端斜凹切 ··········

  ··· **短胸筒天牛 O. (O.) brevithorax**

- 前胸背板具 2 或 4 个黑斑；鞘翅长仅为肩宽的 4 倍左右 ··· 5

5. 鞘翅大部分淡红黄色，仅端部显著黑色 ·································· **黑盾筒天牛 O. (O.) bisbipunctata**

- 鞘翅大部分黑色 ··· 6

6. 前胸背板具 4 个黑斑 ··· **黄盾筒天牛 O. (O.) notata**

- 前胸背板具 2 个黑点 ··· **筒天牛 O. (O.) oculata**

7. 鞘翅刻点均细小；鞘翅大部分黑色，仅基中斑黄褐色 ·· 8

- 鞘翅基半部的刻点较端半部的粗大 ·· 10

8. 腹部全黑色；中、后胸大部分黑色 ··· **赫氏筒天牛 O. (O.) herzi**

- 腹部大部分黄褐色，仅末节部分黑色；中、后胸黄褐色 ···································· 9

9. 腹部末节大部分黑色，仅基部窄条黄褐色；鞘翅刻点排列无次序 ············· **刺尾筒天牛 O. (O.) mixta**

- 腹部末节大部分黄褐色，仅端部有一抹黑色；鞘翅基部刻点排成竖列 ········ **天目筒天牛 O. (O.) tienmuana**

10. 鞘翅端缘角伸长成 1 长而薄的刺 ······································· **日本筒天牛 O. (O.) japonica**

- 鞘翅端缘角不延长成同样的刺 ··· 11

11. 鞘翅几乎全部黑色，中域颜色不明显浅于鞘缝和侧缘 ················· **凹尾筒天牛 O. (O.) walkeri**

- 鞘翅中域大部分黄褐色或黑褐色，鞘缝侧缘的颜色明显深于中域 ························ 12

12. 鞘翅中域大部分黄褐色，端部黑色，一般界限明显，无过渡状态 ·········· **粗点筒天牛 O. (O.) nigriceps**

- 鞘翅中域大部分灰褐色至黑褐色，两侧颜色较深，但两者之间界限不明，呈逐渐过渡状态 ·········· 13

13. 后胸腹面和腹部前 3 节全部黄褐色 ····························· **灰翅筒天牛 O. (O.) diversimembris**

- 后胸腹面和腹部前 3 节不全部黄褐色 ··· 14

14. 鞘翅大部分灰褐色；后胸腹面黄褐色，腹部前 3 节仅部分黑褐色 ·········· **七列筒天牛 O. (O.) distinctipennis**

- 鞘翅大部分黑褐色；后胸腹面和腹部前 3 节大部分黑褐色 ··················· **舟山筒天牛 O. (O.) inclusa**

15. 整个腹部黑色；后胸腹板黑褐色 ··· 16

- 腹部大部分黄褐色；后胸腹板黄褐色 ··· 17

16. 腹部部分外露；体很细长，体长大于体宽的 7 倍 ························· **黑腹筒天牛 O. (O.) nigriventris**

- 腹部不外露；体较粗短，体长小于体宽的 5 倍 ······················· **截尾筒天牛 O. (O.) fusciventris**

17. 触角第 3 节不如第 4 节长 ··· 18

- 触角第 3 节与第 4 节等长或更长 ··· 19

18. 后足胫节深褐色；触角第 4 节长为第 3 节长的 1.5 倍；后足腿节伸达第 1 可见腹节末端 ···· **台湾筒天牛 O. (O.) formosana**

- 后足胫节黄褐色；触角第 4 节长为第 3 节长的 1.2 倍；后足腿节伸达第 2 可见腹节中部 ····

  ··· **拟台湾筒天牛 O. (O.) pseudoformosana**

19. 后足胫节黄褐色，腹部末节黄褐色；鞘翅大部分黄褐色 ······································ 20

- 后足胫节部分或全部黑褐色，腹部末节末端黑色 ··· 21

20. 触角约等于体长 ·· **暗翅筒天牛 O. (O.) fuscipennis**

- 触角明显短于体长 ··· **黄翅筒天牛 O. (O.) infratestacea**

21. 鞘翅大部分黑色，仅基部部分黄褐色；后足胫节仅端部黑褐色 ··············· **沙氏筒天牛 O. (O.) savioi**

- 鞘翅黄褐色，刻点黑色 ··· 22

22. 后足胫节仅端部黑褐色，基部黄褐色；腹部末节腹板大部分黑褐色，仅基部黄褐色 ······· **宽肩筒天牛 O. (O.) humeralis**

- 后足胫节全部黑褐色；腹部末节腹板大部分黄褐色，仅端部黑色 ··············· **黑胫筒天牛 O. (O.) diversipes**

（345）黑盾筒天牛 *Oberea (Oberea) bisbipunctata* Pic, 1916

Oberea bisbipunctata Pic, 1916a: 17.

Oberea bisbipunctata ssp. *discoreducta* Breuning, 1969b: 37.

主要特征：体长 11.0–14.0 mm。头和触角黑色；前胸背板橙黄色具 4 个黑斑，有时在 4 个黑斑的中央还有 1 个小黑点；鞘翅大部分橙黄色，端部 1/8 黑色；前、中胸腹板，腹部前 4 节及足腿节黄褐色，中胸腹板的前、后侧片及后胸腹板及其前侧片黑色；足胫节端部及跗节黑褐色。雌、雄虫触角均短于身体；前胸背板近于方形，背面十分拱凸，粗刻点多集中于前缘及后端两侧；鞘翅肩部同头近于等宽，鞘翅端缘斜凹切。

分布：浙江、广东、广西、四川、贵州；越南。

寄主：马尾松（松科）。

（346）短胸筒天牛 *Oberea (Oberea) brevithorax* Gressitt, 1936（图版 IX-4）

Oberea brevithorax Gressitt, 1936: 108, pl. 1, fig. 17.

Oberea brevithorax inepta Gressitt, 1939b: 122, pl. III, fig. 10.

Oberea binotaticollis var. *inepta*: Breuning, 1962c: 193.

Oberea binotaticollis var. *brevithorax*: Breuning, 1962c: 193.

主要特征：体长 16.0–19.0 mm。头黑色；触角棕褐色，柄节较黑褐。前胸背板橙黄色，中央具不明显的深色斑；鞘翅褐色，刻点中心黄褐色，边框略深色；腹面大部分黄褐色，后胸腹板及后胸前侧片的边缘、腹部可见第 2 腹板的部分、第 3 腹板的大部分和末节腹板的大部分（除了基部）黑褐色；足大部分黄褐色，后足胫节端部及后足跗节黑褐色。鞘翅狭长，长大于肩宽的 5 倍，端缘斜凹切，端缘角远长于端缝角。

分布：浙江（临安）、福建、台湾、海南；越南。

备注：浙江是 *Oberea brevithorax inepta* Gressitt, 1939 的副模产地。

（347）七列筒天牛 *Oberea (Oberea) distinctipennis* Pic, 1902

Oberea distinctipennis Pic, 1902e: 2.

Oberea distinctipennis lateriventris Gressitt, 1939a: 99, 101, pl. 3, fig. 6.

Oberea nigriceps var. *distinctipennis*: Breuning, 1962c: 183.

主要特征：体长 14.8–17.3 mm。体黄褐色；头部黑色，触角黑色；前胸黄褐色；鞘翅端部和两侧黑褐色；腹面大部分黄褐色，腹部末节腹板端部 3/4 黑色，末节背板黑色，基部两节腹板大部分黑褐色；足大部分黄褐色，跗节和后足胫节端半部黑褐色。触角约等长于体，鞘翅末端稍斜截（李竹，2014）。

分布：浙江（德清）、上海、江西、福建、广东、香港、四川。

备注：参考李竹（2014）的博士学位论文。

（348）灰翅筒天牛 *Oberea (Oberea) diversimembris* Pic, 1923（图版 IX-5）

Oberea diversimembris Pic, 1923d: 11.

主要特征：体长 14.8–17.3 mm。头和触角黑色；前胸背板和小盾片红褐色，没有斑纹；鞘翅大部分因为刻点颜色较深而呈现灰褐色，基部颜色较浅较显眼，为红褐色，侧缘从肩角下方一直到末端颜色较深，呈黑褐色；腹面大部分黄褐色，腹部末节腹板大部分黑色，仅基部一条黄褐色；足大部分黄褐色，后足胫节端部及后足跗节深褐色。雌、雄虫触角均长于体长；鞘翅刻点成纵行排列，中部之后向末端明显渐细小，鞘翅端缘斜切，端缘角略呈齿状。

分布：浙江（临安）、西藏；缅甸，越南，老挝。

（349）黑胫筒天牛 *Oberea (Oberea) diversipes* Pic, 1919（图版 IX-6）

Oberea diversipes Pic, 1919: 11.

Oberea brevicollis Fairmaire, 1895: 190 (*nec* Pascoe, 1867).

Oberea fairmairei Aurivillius, 1923a: 532 (new name for *Oberea brevicollis* Fairmaire, 1885).

Oberea fuscipennis ssp. *fairmairei*: Breuning, 1960b: 56.

Oberea fuscipennis v. *diversipes*: Breuning, 1960b: 56.

Oberea fuscipennis m. *diversipes*: Breuning, 1967: 820.

别名：费氏暗翅筒天牛

主要特征：体长 14.0–19.0 mm。体红褐色，触角大部分黑褐色，基部三节和末端两节颜色较深，后足胫节和腹部末节末端黑褐色。鞘翅红褐色具黑色刻点，两侧缘黑褐色。触角与体约等长，第 3 节最长，第 4 节略长于柄节。前胸圆筒形，宽略胜于长。鞘翅狭长，向后略狭缩，末端凹切。后足腿节伸达第 3 可见腹节前缘。雄虫腹部末节腹板具 1 个三角形深凹，雌虫末节腹板具 1 条纵凹沟。

分布：浙江（临安、浦江、江山）、河南、陕西、湖南、福建、广东、海南、重庆、四川、贵州、云南、西藏；越南，老挝。

（350）台湾筒天牛 *Oberea (Oberea) formosana* Pic, 1911（图版 IX-7）

Oberea formosana Pic, 1911: 20.

Oberea holoxantha var. *formosana*: Matsushita, 1933: 420.

主要特征：体长 12.0–17.0 mm。体极狭长，橙黄或橙红色。鞘翅两侧和末端及腹部末节端沿常呈深棕色。触角深棕色，基部两节较黑，各节下沿被淡色缨毛。后足胫节深褐色，为后足跗节的 1.5 倍。头部比前胸阔，与鞘翅基部约相等。触角细长，雄虫超过体长 1/3–1/2，雌虫与体约等长；柄节似较第 3 节略短，第 4 节长为第 3 节的 1.5 倍。前胸圆筒形，长略胜于宽，无侧刺突。鞘翅极长，肩部以后狭缩，末端斜切，微凹，两端角尖锐，均呈齿状。足短，后足腿节伸达第 1 可见腹节末端，腹狭长。

分布：浙江（安吉、临安、宁海、定海、磐安、开化、遂昌、松阳、庆元、平阳）、河南、陕西、江苏、安徽、湖北、江西、湖南、福建、台湾、广东、海南、广西、重庆、四川、贵州；印度，尼泊尔，孟加拉国，缅甸，越南，老挝，泰国，马来西亚，印度尼西亚。

（351）暗翅筒天牛 *Oberea (Oberea) fuscipennis* (Chevrolat, 1852)（图版 IX-8）

Isosceles fuscipennis Chevrolat, 1852: 419.

Oberea fulveola Bates, 1873d: 390.

Oberea holoxantha Fairmaire, 1888a: 35.

Oberea fuscipennis: Gahan, 1894a: 95.

Oberea theryi Pic, 1902e: 2.

Oberea sinense Pic, 1902e: 2.

Oberea hanoiensis Pic, 1923d: 12.

Oberea rufotestacea Pic, 1923d: 12.

Oberea pieli Pic, 1924a: 19.

Oberea rosi Gressitt, 1940b: 214, 218, pl. 6, fig. 11.

Oberea cephalotes Breuning, 1947b: 147.

　　主要特征：体长 12.5–17.5 mm。体黄褐色，头、前胸黄褐色。触角红褐色至深褐色，基部三节颜色较深接近黑色。鞘翅黄褐色，两侧颜色略微加深。腹面全部黄褐色；足黄褐色。触角与体约等长，鞘翅末端凹切，外端角显著。

　　分布：浙江（嘉兴、临安、定海、松阳、龙泉）、河北、陕西、江苏、上海、湖北、江西、湖南、福建、台湾、广东、海南、香港、广西、四川、贵州、云南、西藏；日本，印度，孟加拉国，越南，老挝。

（352）截尾筒天牛 *Oberea (Oberea) fusciventris* Fairmaire, 1895

Oberea fusciventris Fairmaire, 1895: 189.

　　主要特征：体长 12–16.5 mm。体红褐色；头部红褐色，触角红褐色，柄节颜色更深；前胸红褐色；鞘翅端部深棕色；腹面大部分黑色，腹部第 2–4 可见腹板除了中部黑色，第 1 可见腹板侧面后方具 2 个小三角形黑点；足大部分黄褐色，第 5 跗节端部黑色，后足胫节背面端部黑色。触角显著短于体，达鞘翅端部 1/4 处，鞘翅端部狭窄，末端稍斜截（李竹，2014）。

　　分布：浙江（宁波）、江西、香港；越南。

　　备注：参考李竹（2014）的博士学位论文。

（353）赫氏筒天牛 *Oberea (Oberea) herzi* Ganglbauer, 1887（图版 IX-9，10）

Oberea herzi Ganglbauer, 1887b: 23.

Oberea herzi var. *teranishii* K. Ohbayashi, 1936: 17, 22, figs. 15, 16, pl. 2, fig. 7.

Oberea scutellaroides m. *rufithorax* Breuning, 1947c: 58. (infrasubspecies from Zhejiang)

　　主要特征：体长 8.0–11.5 mm。头部黑色，触角、鞘翅（基部除外）暗褐色至黑色，鞘翅基部中央部分橙黄色，肩角黑色；前胸橙红色，小盾片黑色。腹面黑色。足大部分黄褐色，但后足胫节端部黑色。触角与体约等长或稍长。鞘翅末端斜切，端缝角和端缘角均钝圆不尖突。

　　分布：浙江（Tchenkiang）、吉林、北京、河北、山东、青海、江苏；俄罗斯，朝鲜，日本。

　　备注：浙江是 *Oberea scutellaroides* m. *rufithorax* Breuning, 1947 的模式产地。

（354）宽肩筒天牛 *Oberea (Oberea) humeralis* Gressitt, 1939

Oberea humeralis Gressitt, 1939a: 99, 103, pl. 3, fig. 4.

Oberea humeralis var. *fruhstorferi* Breuning, 1960b: 55; 1962c: 180.

　　主要特征：体长 14.8–18.6 mm。体黄褐色，头、前胸黄褐色。触角棕黑色。鞘翅黄褐色，两侧颜色略微加深。腹面大部分黄褐色，可见腹板末节大部分黑色（仅基部黄褐色）；足腿节全部和胫节的大部分黄褐色，胫节端部和跗节黑褐色。触角与体约等长或稍短，前胸背板不平坦，具有小瘤突，鞘翅末端斜凹切，外端角齿状突出。

　　分布：浙江（临安、宁波）、江西、湖南、福建、广东、广西、重庆、贵州；越南。

（355）舟山筒天牛 *Oberea (Oberea) inclusa* Pascoe, 1858

Oberea inclusa Pascoe, 1858: 261.

Oberea discipennis Fairmaire, 1889: 68.

Oberea inclusa var. *partenigrescens* Breuning, 1960b: 39; 1962c: 203. (infrasubspecies according to Li et al., 2015: 581)

Oberea inclusa var. *discipennis*: Breuning, 1962c: 203.

　　主要特征：体长 11–19 mm。头黑色，触角黑褐色；前胸背板和小盾片红褐色，没有斑纹；鞘翅大部分因为刻点颜色较深而呈现灰褐色，基部颜色较浅为红褐色，侧缘从肩角一直到末端颜色较深，呈黑褐色；腹面大部分黑色，仅后胸前侧片的上边缘、腹部第 1 节可见腹板的侧边、可见第 4 腹板和腹部末节基部黄褐色；足大部分黄褐色，仅后足胫节端部深褐色。雌、雄虫触角均与体长相差无几；鞘翅刻点成纵行排列，中部之后向末端明显渐细小，鞘翅端缘凹切，端缘角和端缝角均微微突出。

　　分布：浙江（临安、舟山）、内蒙古、北京、河北、河南、江苏、湖北、江西、福建、广东、广西、四川。

（356）黄翅筒天牛 *Oberea (Oberea) infratestacea* Pic, 1936

Oberea infratestacea Pic, 1936a: 24.

Oberea fuscipennis var. *infratestacea*: Breuning, 1960b: 56.

Oberea fuscipennis m. *infratestacea*: Breuning, 1967: 820. Reinstated by Li et al., 2016: 368.

　　别名：黄尾暗翅筒天牛

　　主要特征：体长 14.9–15.0 mm。体大部分黄褐色；触角褐色；前胸黄褐色；鞘翅黄褐色，两侧颜色较深，端部黑色；足大部分黄褐色，胫节端部和跗节颜色稍深。触角明显短于体长，鞘翅端部狭窄，末端凹截，端缝角小刺状，端缘角呈三角形。后足腿节仅达第 1 可见腹节后缘（李竹，2014）。

　　分布：浙江（嘉兴）、上海、江西、福建、重庆；越南。

（357）日本筒天牛 *Oberea (Oberea) japonica* (Thunberg, 1787)（图版 IX-11）

Saperda japonica Thunberg, 1787: 57, note 10.

Oberea japonica Bates, 1873d: 388. [HN]

Oberea niponensis Bates, 1884: 260. [RN for *japonica* Bates]

Oberea japonica var. *niponensis*: Breuning, 1962c: 200.

　　主要特征：体长 16–20 mm。体橙黄色，头、触角及腹部尾节黑色，鞘翅除基部外呈烟熏色，中、后足胫节端部外沿较黑。绒毛黄色，灰白或深棕色，一般头部和鞘翅中区的呈灰白色，鞘翅侧区的深棕色，腹面的黄色。触角雄虫与体等长，鞘翅刻点排成纵行，向后渐小，但仍清晰；末端斜切，内、外端角均尖锐，后者伸展很长。雄虫尾节中区有 1 凹洼。

　　分布：浙江（镇海、鄞州、奉化、象山、慈溪、定海、浦江、仙居、温岭、开化、龙泉、永嘉）、吉林、辽宁、河北、山东、河南、陕西、宁夏、江苏、湖北、江西、湖南、福建、广东、海南、广西、四川；日本。

　　寄主：桃、梅、杏、樱、梨、苹果、桑、榅桲等。幼虫为害枝条。

（358）刺尾筒天牛 *Oberea (Oberea) mixta* Bates, 1873

Oberea mixta Bates, 1873d: 389.

　　主要特征：体长 11–18.3 mm。头和触角黑色，前胸黄褐色，鞘翅基部中部黄褐色（限于中部，不到达肩角），鞘翅其余部分灰黑色；腹面大部分黄褐色，但腹部末节可见腹板大部分黑色，仅基部窄条黄褐色。足大部分黄褐色，但后足胫节端部深褐色。鞘翅末端平切至微斜凹切，端缘角长于端缝角。

　　分布：浙江；日本。

　　寄主：忍冬（忍冬科）。

（359）粗点筒天牛 *Oberea* (*Oberea*) *nigriceps* (White, 1844)

Saperda (*Isoscelis*) *nigriceps* White, 1844: 425.

Oberea nigriceps: Aurivillius, 1923a: 533.

Oberea nigriceps var. *nigromaculicollis* Breuning, 1962c: 183. (infrasubspecies according to Li et al., 2015: 583)

　　主要特征：体长 11.5–19.9 mm。头黑色，触角黑褐色，前胸和小盾片黄褐色；鞘翅大部分黄褐色，仅端部黑褐色；腹部大部分黄褐色，第 5 可见腹节黑色。足大部分黄褐色，中、后足胫节端部和跗节黑褐色。触角短于体长，鞘翅刻点成行排列，端部变细。末端斜凹切，外端角显著。

　　分布：浙江（临安、庆元、龙泉）、安徽、海南、香港、贵州；越南。

（360）黑腹筒天牛 *Oberea* (*Oberea*) *nigriventris* Bates, 1873（图版 IX-12）

Oberea nigriventris Bates, 1873d: 389.

Oberea langana Pic, 1902a: 35.

Oberea angustatissima Pic, 1908a: 17.

Oberea subannulipes Pic, 1913a: 19.

Oberea horiensis Matsushita, 1931a: 47, fig. 4.

Oberea nigriventris var. *langana*: Breuning, 1961f: 94.

Oberea nigriventris var. *angustatissima*: Breuning, 1961f: 94.

Oberea nigriventris var. *postrufofemoralis* Breuning, 1961f: 94. (infrasubspecies according to Li et al., 2015: 583)

Oberea nigriventris ssp. *michikoi* Yokoyama, 1971: 101.

　　主要特征：体长 12–18 mm。体极狭长，较小个体更细长。头与前胸从橙黄到橘红色，鞘翅深棕或深黑色，其基部及小盾片橙黄色；触角、后胸腹板及腹部黑色；中胸腹板、前足从基节到腿节、中足的基节与转节（有时亦包括腿节）、后足基节一部分和转节等均为橙黄到橙红色，足的其余部分是深棕或棕黑色。头与前胸被稀疏的金黄色绒毛，鞘翅和腹部被灰白色绒毛，竖毛细短，不密。触角雌雄差异不大，一般雌虫较体略长：雄虫超出体长 1/4；柄节密布微细刻点，在高倍镜下可见背面有 1 条极浅而清晰的纵沟，内有 2 或 3 行极细密的刻点。前胸显然长胜于宽，背板刻点稀疏。鞘翅肩部后略微收狭，刻点比较粗大，排成 6 纵行，向后渐小，但直至最后端始较模糊；末端斜切，略凹，内、外端角尖锐，呈刺状，后者更加伸展而显著。腹部密布刻点，相当紧密，但较鞘翅上的为小。

　　分布：浙江（临安）、辽宁、内蒙古、北京、河北、山东、河南、陕西、江苏、安徽、湖北、江西、湖南、福建、台湾、广东、海南、广西、四川、贵州、云南；韩国，日本，印度，尼泊尔，缅甸，越南，老挝。

　　寄主：沙梨。

（361）黄盾筒天牛 *Oberea* (*Oberea*) *notata* Pic, 1936

Oberea notata Pic, 1936a: 24.

　　主要特征：体长 12.0–15.5 mm。头、鞘翅大部分、后胸腹板及腹部末节大部分黑色；触角基部 2 节和端部 4 节黑褐色，其余节黄褐或棕褐色，有时基部 2 节也呈黄褐色。前胸背板橙黄色具 4 个黑点，前面一对位于中区之前，彼此相距较近，后面一对位于两侧后端，彼此相距较远；小盾片，鞘翅基缘近小盾片处，前、中胸腹板，后胸腹板前端，腹部前 4 节，腹部末节前缘及足大部分黄褐色；中胸腹板的前、后侧片及后胸腹板大部分黑色；后足胫节端部棕褐至黑褐色。头、鞘翅及后胸腹板被稀少淡灰色绒毛，其余部分被淡黄色绒毛。雌、雄虫触角长短差异不大，均短于体长；第 3 节稍长于第 4 节。鞘翅端缘斜凹，凹切较深，外端角及缝角较尖锐，前者较长；每个鞘翅有 6 行刻点，中部之后刻点细弱。雄虫腹部末节后缘中央深凹，腹面有 1 个三角形浅凹；雌虫腹部末节后缘中央微凹，腹面后端也有 1 个小三角形浅凹，前缘至中央有 1 条细纵线。后足腿节不超过腹部第 2 节。

　　分布：浙江（临安）、江苏、上海、江西、福建、广东、广西、四川。

（362）筒天牛 *Oberea (Oberea) oculata* (Linnaeus, 1758)

Cerambyx oculatus Linnaeus, 1758: 394.

Cerambyx melanocephalus Voet, 1778: 19, pl. XVIII, fig. 81 (nomen nudum).

Cerambyx (Saperda) oculatus: Gmelin, 1790: 1841.

Oberea oculata: Mulsant, 1839: 194.

Oberea oculata var. *inoculata* Heyden, 1892: 81.

Oberea oculata var. *quadrimaculata* Donisthorpe, 1898: 302.

Oberea oculata var. *borysthenica* Mokrzecki, 1900: 294, pl. I, fig. 1.

Oberea oculata tomensis Kisseleva, 1926: 131.

Oberea oculata var. *nigroabdominalis* Breuning, 1962c: 220.

　　别名：灰翅筒天牛

　　主要特征：体长 16–21 mm。头、触角及鞘翅黑色，其他部分橙黄或橘红色；前胸背板中区两侧各有 1 个圆形小黑斑，雄虫尾端有黑毛。腹面被金黄色绒毛。头部、触角下沿及鞘翅上被深灰色绒毛；额部和鞘翅上的绒毛很密，遮盖了底色，呈深灰色。触角：雄虫与体等长或稍短，雌虫仅及体长的 3/4 左右。鞘翅末端略凹。雄虫腹面尾节有 1 个三角形的大凹注，雌虫尾中央有 1 条深色而光亮的纵纹和 1 个较小的三角形凹注。

　　寄主：柳属。

　　分布：浙江（安吉）、黑龙江、吉林、辽宁、内蒙古、山东、陕西、新疆、湖北；俄罗斯，蒙古国，哈萨克斯坦，欧洲。

（363）拟台湾筒天牛 *Oberea (Oberea) pseudoformosana* Li, Cuccodoro *et* Chen, 2014（图版 IX-13）

Oberea formosana var. *ruficornis* Breuning, 1956c: 235. (infrasubspecies according to Li et al., 2014)

Oberea formosana var. *clarior* Breuning, 1960b: 43; 1962c: 163. (infrasubspecies)

Oberea pseudoformosana Li, Cuccodoro *et* Chen, 2014: 57, figs. 4-6.

　　主要特征：体长 12.5–17.5 mm。体极狭长，橙黄或橙红色。鞘翅两侧和末端及腹部末节端沿常呈深棕色。触角深棕色，基部两节较黑，各节下沿被淡色缨毛。后足胫节黄褐色，为后足跗节的 2 倍。头部比前胸阔，与鞘翅基部约相等。触角细长，为体长的 1.5 倍，雌虫与体约等长；柄节似较第 3 节略短，第 4 节长为第 3 节的 1.2 倍。前胸圆筒形，长略胜于宽。鞘翅极长，肩部以后狭缩，末端斜切，微凹，两端角尖锐，均呈齿状。足短，后足腿节可达第 2 腹节中部。

　　分布：浙江（临安、定海、景宁）、湖南、福建、广西、重庆、四川、贵州。

备注：浙江是 *Oberea formosana* var. *clarior* Breuning, 1960 的模式产地。

（364）沙氏筒天牛 *Oberea (Oberea) savioi* Pic, 1924

Oberea savioi Pic, 1924a: 19.

主要特征：体长 12.5–13.0 mm。头、前胸和小盾片黄褐色，触角黑褐色，鞘翅大部分黑褐色，仅基部黄褐色；腹部大部分黄褐色，第 5 可见腹节末端有一点点黑色。足大部分黄褐色，中、后足胫节端部黑褐色。触角短于体长，鞘翅刻点成行排列，端部变细。末端斜凹切，外端角显著。

分布：浙江（德清、临安）、江苏、上海。

（365）天目筒天牛 *Oberea (Oberea) tienmuana* Gressitt, 1939（图版 IX-14, 15）

Oberea tienmuana Gressitt, 1939b: 124, pl. II, fig. 15.
Oberea greseopennis var. *tienmuana*: Breuning, 1962c: 219.

主要特征：体长 10.5–12.5 mm。头部黑色，触角、鞘翅（基部除外）暗褐色至黑色，鞘翅基部橙黄色（♀黄色部分较小，雄虫较多，有时黄色部分延伸至近端部）；前胸、小盾片及腹面橙黄色，但腹部末节的末端黑色。足大部分黄褐色，但后足胫节（除基部外）和各足跗节黑色。触角与体约等长。鞘翅末端平切至微斜切。

分布：浙江（临安、慈溪、普陀、温岭、永嘉、平阳）、陕西。

备注：浙江是本种的模式产地。作者认为，原先报道的平阳、永嘉、普陀、温岭和慈溪的灰尾筒天牛 *Oberea griseopennis* Schwarzer, 1925（别名：樟灰翅天牛），其实是天目筒天牛 *Oberea (Oberea) tienmuana* Gressitt, 1939 的错误鉴定。

（366）一点筒天牛 *Oberea (Oberea) uninotaticollis* Pic, 1939（图版 IX-16）

Oberea uninotaticollis Pic, 1939a: 16.
Oberea unipunctata Gressitt, 1939b: 125, pl. II, fig. 16.

主要特征：体长 12.0–16.0 mm，体宽 1.1–1.8 mm。虫体十分细长，近圆柱形。头、触角、鞘翅、后胸腹板、腹部及后足黑色至栗黑色；触角基部节黑色，之后逐渐栗黑色。前胸背板橙黄色，中区有 1 个圆形黑斑。小盾片、鞘翅基缘、近小盾片处，前、中胸腹板，后胸腹板的前缘，前、中足及后足腿节前端均为黄褐色。有时候前、中足的跗节及胫节黑色至黑褐色，后胸腹板及后足全为黑色。触角细，雌雄均短于身体，约伸至鞘翅端区，触角下沿有极稀少短缨毛；鞘翅很长，4 倍于头、胸总长度，端缘斜凹切，凹缘程度深，外端角及缝角尖锐，前者稍长；每翅刻点稠密而粗深。雄虫腹部末节后缘中央微凹，中部之后的腹面有浅凹印；雌虫腹部末节后缘平直，基缘至中部有 1 条不明显细纵线。足较短，后足腿节伸至腹部第 1 节端缘。

分布：浙江（临安、开化、松阳）、陕西、江西、福建、广西、云南；越南，老挝，泰国。

备注：浙江是本种次异名 *Oberea unipunctata* Gressitt, 1939 的模式产地。

（367）凹尾筒天牛 *Oberea (Oberea) walkeri* Gahan, 1894（图版 IX-17, 18）

Oberea walkeri Gahan, 1894c: 487.
Oberea atroanalis Fairmaire, 1895: 189.
Oberea bicoloritarsis Pic, 1923d: 11.

Oberea robustior Pic, 1923d: 12.

Oberea changi Gressitt, 1942d: 5.

Oberea nigriceps var. *bicoloritarsis*: Breuning, 1960b: 40; 1962c: 182.

Oberea nigriceps var. *changi*: Breuning, 1960b: 39; 1962c: 183.

Oberea walkeri var. *atroanalis*: Breuning, 1960b: 38; 1962c: 184.

Oberea walkeri var. *latipennis*: Breuning, 1962c: 184.

Oberea walkeri var. *robustior*: Breuning, 1962c: 185.

Oberea nigriceps m. *atroanalis*: Breuning, 1967: 821.

Oberea nigriceps m. *bicoloritarsis*: Breuning, 1967: 821.

Oberea nigriceps m. *changi*: Breuning, 1967: 821.

Oberea walkeri m. *robustitor*: Breuning, 1967: 821.

主要特征：体长 14.5–18.0 mm。头黑色，触角黑色，前胸黄褐色；鞘翅大部分黑褐色（有时候黄褐色，陕西个体偏向黄褐色），刻点黑色，两侧缘黑色，鞘缝黑色（基部除外）；腹部大部分黄褐色，第 5 可见腹节大部分黑色（基部黄褐色），第 2、3 可见腹节有时具黑斑；足大部分黄褐色，后足胫节大部分黑褐色（基部黄褐色）。触角约等于体长，鞘翅刻点成行排列，末端斜凹切，外端角显著。

分布：浙江（德清、临安、余姚、舟山、龙泉、泰顺）、河南、陕西、江西、湖南、福建、广东、海南、香港、澳门、广西、四川、贵州、云南、西藏；印度，缅甸，越南，老挝。

寄主：檫木。

165. 长腿筒天牛属 *Obereopsis* Chevrolat, 1855

Obereopsis Chevrolat, 1855: 289. Type species: *Obereopsis obscuritarsis* Chevrolat, 1855.

Paroberea Kolbe, 1893: 79. Type species: *Paroberea lepta* Kolbe, 1893 (= *Obereopsis variipes* Chevrolat, 1858).

主要特征：体细长，体长大于肩宽的 5 倍。头略宽于前胸，触角长于体，柄节短于第 4 节，第 3 节不总是最长的。触角基瘤彼此远离并略突出，复眼深凹，前胸背板长胜于宽至横阔，两侧边直形或相当微弱弧形，在中域无瘤。鞘翅两侧平行，不具侧脊，末端通常平截或凹切。前足基节窝关闭，后胸前侧片前端宽为后端宽的 2 倍多。中足胫节具明显的斜沟，后足腿节超过第 2 腹节后缘，雌雄爪均附齿式。

分布：亚洲南部和非洲。世界已知 200 种/亚种，中国记录 9 种，浙江分布 1 种。

（368）四斑长腿筒天牛 *Obereopsis kankauensis* (Schwarzer, 1925)

Oberea marginella var. *kankauensis* Schwarzer, 1925c: 153.

Oberea kankauensis: Matsushita, 1933: 420.

Oberea tetrastigma Gressitt, 1951: 601, pl. 22, fig. 8.

Obereopsis kankauensis: Breuning, 1957d: 92.

主要特征：体长 9–12 mm。头红褐色，触角大部分红褐色，柄节背面、末节和第 10 节末端黑色，前胸红褐色具有 4 个黑褐色斑点，小盾片红褐色。鞘翅大部分黄褐色，刻点颜色较深，两侧缘和末端黑色。腹部大部分黄褐色，后胸的大部分和腹部前两节中部黑褐色。足大部分黄褐色，后足胫节黑褐色。触角长于体长，鞘翅刻点成纵行排列，末端斜凹切，端缘角和端缝角均短齿状。

分布：浙江（临安、德清）、福建、台湾、四川。

备注：浙江莫干山的记录见于陈其瑚（1993），鉴定为细线长腿筒天牛（曾用名：浙江长腿筒天牛）

Obereopsis lineaticeps (Pic, 1911)。

166. 小筒天牛属 *Phytoecia* Dejean, 1835

Phytoecia Dejean, 1835: 351. Type species: *Cerambyx cylindricus* Linnaeus, 1758.

主要特征：体小至中等大小，长形。头同前胸背板近于等宽，一般雄虫头略宽于前胸。复眼深凹，小眼面细，额一般横宽；触角细长，雄虫触角超过鞘翅，雌虫触角达到鞘翅末端或短于鞘翅，触角基部前面 3 或 4 节下沿具稀少缨毛。前胸背板宽胜于长，不具侧刺突。鞘翅长形，端部渐狭，末端圆形或略平截。中胸腹突狭窄，末端尖削。足中等长，后足腿节不超过腹部第 3 节，爪附齿式。

分布：古北区。全世界已知有 18 亚属，但很多亚属有时被认为应该提升为属。中国分布 5 亚属 17 种 2 亚种，浙江发现 2 亚属 3 种。

分种检索表

1. 每鞘翅具 1 条非常细弱的肩脊，缘折至少基部黄红色 ················· 点翅小筒天牛 *P. (C.) punctipennis*
- 鞘翅没有肩脊，或者少数情况下具 1 条脊但缘折绝非黄红色 ······································ 2
2. 腹部橘红色；前胸背板具有 1 个红斑 ·· 菊小筒天牛 *P. (P.) rufiventris*
- 腹部黑色；前胸背板不具 1 个红斑 ··· 铁色小筒天牛 *P. (P.) ferrea*

（369）点翅小筒天牛 *Phytoecia (Cinctophytoecia) punctipennis* Breuning, 1947（图版 IX-19, 20）

Phytoecia (Cinctophytoecia) punctipennis Breuning, 1947b: 143.

主要特征：体长 9 mm。体黑色。头和触角柄节黑色，触角第 2–8 节红褐色，末 3 节黑褐色。前胸大部分黑色，两侧的中部之前各有一点红褐色。鞘翅黑色密被灰色毛。腿节大部分黄褐色，具部分黑边，胫节和跗节大部分黑褐色，具部分黄褐色。腹面大部分黑褐色。头和前胸被灰色绒毛，小盾片上灰白绒毛较浓密。雄虫触角不达鞘翅端；柄节略粗大，稍短于第 3 节。前胸背板长宽约等。鞘翅肩之后逐渐狭窄，端缘圆形。

分布：浙江。

备注：浙江是本种的模式产地。

（370）铁色小筒天牛 *Phytoecia (Phytoecia) ferrea* Ganglbauer, 1887

Phytoecia analis Mannerheim, 1849: 244 (*nec* Fabricius, 1781). [HN]

Phytoecia cylindrica var. *ferrea* Ganglbauer, 1887b: 22.

Phytoecia analis var. *atropygidialis* Pic, 1939b: 3.

Phytoecia (Phytoecia) mannerheimi Breuning, 1951: 368. [RN for *Phytoecia analis* Mannerheim, 1849]

Phytoecia (s. str.) cylindrica ferrea: Gressitt, 1951: 612.

Phytoecia (Phytoecia) mannerheimi f. *nikitini* Hayashi, 1957: 40.

主要特征：体长 6–14 mm。体全部黑色，除了足有部分黄红色。足大部分黑色，但前足除了腿节基部和跗节黑色，其余黄红色。触角与体约等长，雄虫略长于体。鞘翅刻点细密，不成行排列，末端圆形。

分布：浙江、黑龙江、内蒙古、北京、河北、山西、陕西、甘肃、湖北、广东；俄罗斯，蒙古国。

（371）菊小筒天牛 *Phytoecia (Phytoecia) rufiventris* Gautier, 1870（图版 IX-21）

Phytoecia rufiventris Gautier, 1870: 104.

Phytoecia punctigera Blessig, 1873: 226.

Phytoecia ventralis Bates, 1873d: 388.

Phytoecia abdominalis Chevrolat, 1882: 62.

Phytoecia rufiventris var. *tristigma* Pic, 1897b: 190.

Phytoecia tonkinea Pic, 1902a: 34.

Phytoecia rufiventris var. *atrimembris* Pic, 1915d: 14.

Phytoecia rufiventris m. *partenigrescens* Breuning, 1947c: 60. (infrasubspecies from Fujian)

Phytoecia rufiventris m. *atrimembris*: Breuning, 1951: 393.

Phytoecia rufiventris m. *tonkinea*: Breuning, 1951: 393.

Phytoecia rufiventris m. *tristigma*: Breuning, 1951: 393.

Phytoecia (Phytoecia) rufiventris m. *pieli* Pic, 1952a: 699. (infrasubspecies from Zhejiang)

Phytoecia rufiventris hakutozana Wang, 2003: 365, 397, fig. g189 in page 365.

Phytoecia rufiventris hakutorana [sic]: Wang, 2003: 397. (misspelling of *hakutozana*)

　　主要特征：体长 6.0–11.0 mm。体小，圆筒形，黑色，被灰色绒毛，但不厚密，不遮盖底色。前胸背板中区有 1 相当大的、略带卵圆形的三角形红色斑点。腹部、各足腿节（中、后足腿节除去末端）、前足胫节除去外沿端部，以及中、后足胫节基部外沿均呈橘红色：触角被稀疏的灰色和棕色绒毛，下沿有稀疏的缨毛。触角与体近乎等长。雄虫稍长。前胸背板宽胜于长，刻点相当粗糙，红斑内中央前方有 1 纵形或长卵形区无刻点，且此处特别拱凸。鞘翅刻点亦极密而乱，绒毛均匀，不形成斑点。

　　分布：浙江（德清、安吉、海宁、余杭、临安、镇海、鄞州、奉化、象山、余姚、慈溪、定海、普陀、嵊泗、开化、丽水、平阳）、黑龙江、吉林、辽宁、内蒙古、北京、天津、河北、山西、山东、河南、陕西、宁夏、甘肃、江苏、安徽、湖北、江西、湖南、福建、台湾、广东、海南、广西、四川、贵州；俄罗斯、蒙古国，朝鲜，韩国，日本，越南，格鲁吉亚，欧洲。

　　寄主：多种菊花。

坡天牛族 Pteropliini Thomson, 1860

分属检索表

1. 复眼上下叶不分离，仅内缘深凹，第 2 腹节腹板有 1 对绒毛凹陷 ·· **窝天牛属 Desisa**
- 复眼上下叶近于分离 ··· 2
2. 鞘翅后部很少倾斜 ··· 3
- 鞘翅后部坡状倾斜 ··· 4
3. 鞘翅末端平切或凹切；前胸背板粗糙，常有纵脊或沟 ··· **吉丁天牛属 Niphona**
- 鞘翅末端圆形；前胸背板正常，没有纵脊或沟 ·· **截突天牛属 Prosoplus**
4. 鞘翅平坦没有突脊或簇毛 ··· **艾格天牛属 Egesina**
- 鞘翅基部有突脊或簇毛 ··· 5
5. 体形较短小；鞘翅基部有突脊，没有黑色簇毛；触角第 4 节约等长于第 5–6 节之和 ············ **坡天牛属 Pterolophia**
- 体形较长些；鞘翅基部有黑色簇毛；触角第 4 节约等长于第 5 节 ······································· **白腰天牛属 Anaches**

167. 白腰天牛属 *Anaches* Pascoe, 1865

Anaches Pascoe, 1865a: 160. Type species: *Sthenias dorsalis* Pascoe, 1858.

主要特征：本属一度被作为坡天牛属的异名，但以下 5 个特征可以区分（Lin and Lazarev，2021）：①体形较细长，鞘翅长大于前胸长的 3 倍；②前胸背板前后端强烈缩窄，中间部分明显肿胀；③雄虫第 2 可见腹板末端具长毛，盖住第 3 可见腹板上的 2 个雄虫凹坑；④触角更细长，雌雄触角均长于体长；⑤触角第 5 节与第 4 节约等长。

分布：中国，印度，尼泊尔，孟加拉国，越南，老挝，泰国。本属共记录 8 种，均分布在中国，浙江分布 3 种。

分种检索表

1. 鞘翅末端有叶状突出；触角黄褐色 ·································· 天目白腰天牛 *A. cylindricus*
- 鞘翅末端没有叶状突出；触角第 3 节起各节基部有白色毛环 ···················· 2
2. 单边鞘翅上的白带纵宽明显小于横长 ······························ 白带白腰天牛 *A. albaninus*
- 单边鞘翅上的白带纵宽明显大于横长 ··························· 福建白腰天牛 *A. medioalbus*

（372）白带白腰天牛 *Anaches albaninus* (Gressitt, 1942)（图版 IX-22）

Pterolophia albanina Gressitt, 1942c: 85, pl. I, fig. 5.

Pterolophia (*Hylobrotus*) *albanina*: Breuning, 1961b: 252.

Anaches albaninus: Lin & Lazarev, 2021: 72.

别名：白带坡天牛

主要特征：体长 9–10 mm。体较小，长形，黑褐色；触角、鞘翅肩部及跗节棕红色。体被棕黄至棕红色绒毛，其间杂有灰白色绒毛，体腹面被灰白色绒毛，散生少量棕黄色绒毛；触角被棕黄色绒毛，第 3 节起的各节基部有白色毛环；每翅中部有 1 条较宽、靠外侧略弯曲的灰白色横带。雄虫触角长于身体，雌虫触角则达鞘翅端部，触角下沿有中等长缨毛，鞘翅两翅近于平行，端缘圆形。

分布：浙江（安吉、临安、开化、景宁）、黑龙江、河北、河南、陕西、甘肃、江苏、安徽、湖北、江西、湖南、福建、广西、四川。

寄主：胡桃（胡桃科）、水竹（禾本科）、华山松（松科）。

备注：浙江是本种的模式产地。

（373）天目白腰天牛 *Anaches cylindricus* (Gressitt, 1939)（图版 IX-23）

Sthenias cylindricus Gressitt, 1939b: 114, pl. III, fig. 7.

Anaches cylindricus: Lin & Lazarev, 2021: 73.

别名：天目突尾天牛

主要特征：体长 11.0 mm 左右。体棕色。头和前胸棕褐色，被灰白色短绒毛，不形成明显斑纹。触角黄褐色。小盾片与前胸背板及鞘翅基部同色。鞘翅大部分棕褐色，端部 1/3 处有较浅色的横斑，前后具白色的较密的白色绒毛形成的曲纹，前面的曲纹较长而明显，后面的白色曲纹局限在侧面，在背面被一大一小的两个黑色斑点取代。鞘翅端前散布好几个黑褐色小斑点，沿着鞘缝和鞘翅侧边散布的黑褐色小斑点也很明显。触角长于体，鞘翅末端在黑斑点之后强烈倾斜，末端又有叶状突出，因此端缘看起来很是曲折。

分布：浙江（临安）、湖南、福建。
备注：浙江是本种的模式产地。

（374）福建白腰天牛 *Anaches medioalbus* (Breuning, 1956)（图版 IX-24）

Paramesosella medioalba Breuning, 1956c: 234.

Anaches medioalbus: Lin & Lazarev, 2021: 73.

　　别名：福建异象天牛
　　主要特征：体长 10.0–14.0 mm。体黑色。头和前胸黑色，密被褐色绒毛，具少许白色绒毛但不形成显著斑纹。触角黑色，3–6 节具基部白环纹。鞘翅基部具黑色毛斑位于凸起上，中部具宽阔的白色绒毛斑，边缘不整齐，边缘内具 2 道更白（绒毛更密）的边。鞘翅其余部分被褐色绒毛和白色散点。触角长于体。前胸无侧刺突。鞘翅较前胸稍宽，末端圆形。
　　分布：浙江（临安）、陕西、福建、香港、广西、重庆、四川、贵州、云南。

168. 窝天牛属 *Desisa* Pascoe, 1865

Desisa Pascoe, 1865a: 163. Type species: *Praonetha subfasciata* Pascoe, 1862.

Mesopenthea Schwarzer, 1925b: 67. Type species: *Mesopenthea variabilis* Schwarzer, 1925.

Desisa (*Desisa*): Rondon & Breuning, 1970: 407.

　　主要特征：体长形，较小至中等大小。触角基瘤突出，彼此相距较宽，触角下沿有缨毛，柄节不具端疤，第 3 节同第 4 节约等长或略长于第 4 节；复眼内缘深凹，上、下叶之间有数列小眼相连接，小眼面粗。前胸背板宽胜于长，两侧缘不具侧刺突。鞘翅两侧近于平行，端缘圆形，不呈叶突，端区微向下倾斜。中胸腹板凸片不具瘤突，雄虫腹部第 2 节两侧各有 1 个浅凹，凹内着生浓密绒毛。中足基节窝对后侧片开放，中足胫节外端缺乏 1 条斜沟，爪半开式。
　　分布：东洋区。本属分 3 个亚属，中国只有指名亚属的记录。指名亚属世界已知 13 种，中国记录 7 种，浙江分布 1 种。

（375）窝天牛 *Desisa* (*Desisa*) *subfasciata* (Pascoe, 1862)（图版 IX-25）

Praonetha subfasciata Pascoe, 1862a: 348.

Mesosella latefasciata Pic, 1924b: 79.

Mesosella major Pic, 1925b: 28.

Falsomesosella rufa Pic, 1936a: 17.

Mesosella infasciata Pic, 1944b: 10.

Desisa subfasciata: Gressitt, 1951: 479.

Desisa (*Desisa*) *subfasciata*: Breuning, 1961b: 261.

　　别名：白带窝天牛、宽带小象天牛
　　主要特征：体长 8.0–15.0 mm。体黑褐色至黑色，鞘翅色泽较淡，大多棕褐色，被黑褐色、棕褐色及棕红色绒毛，一些部位散生少许白色细毛，每翅中部有 1 条宽阔灰白色横斑，斑纹前后的边缘呈不规则状弯曲。腹面被灰白色绒毛，胸部腹面的两侧绒毛棕褐或棕红色。触角被棕褐色绒毛，自第 3 节起各节基部有灰白色绒毛。雄虫触角长于身体，雌虫触角则达鞘翅端部，柄节末端背面具细皱纹刻点，第 3 节与第 4

节约等长。前胸背板宽显胜于长，两侧缘微弧形，不具侧刺突。鞘翅较短而宽，端部圆形。

分布：浙江（西湖、临安、义乌、遂昌）、河南、江苏、湖北、江西、广东、海南、香港、广西、云南；日本，印度，尼泊尔，越南，老挝，柬埔寨。

寄主：桃。据国外资料，为害大叶羊蹄甲、粗糠柴。

169. 艾格天牛属 *Egesina* Pascoe, 1864

Egesina Pascoe, 1864a: 49. Type species: *Egesina rigida* Pascoe, 1864.

主要特征：体小型，体形像一类郭公虫。触角基瘤稍突出，左右相离较远；触角中等粗，下沿有缨毛，通常长于体长，柄节稍膨大，无端疤，短于第4节，第3节稍长于第4节；复眼内缘深凹，上、下叶之间仅有一列小眼面相连接。前胸背板近圆柱形，无侧刺突。鞘翅较长，两侧平行，末端合圆。中足基节窝开式；足短；粗壮，中足胫节无斜沟，爪半开式。

分布：中国，俄罗斯，朝鲜，韩国，日本，琉球群岛，印度，不丹，尼泊尔，越南，老挝，泰国，斯里兰卡，菲律宾，马来西亚，新加坡，印度尼西亚。本属分为5个亚属，中国记录4个亚属，浙江只有指名亚属的分布。

（376）白纹艾格天牛 *Egesina* (*Egesina*) *setosa* (Gressitt, 1937)（图版 IX-26）

Enispia setosa Gressitt, 1937d: 603.

Egesina (*Egesina*) *setosa*: Breuning, 1961b: 284.

Athylia setosa: Hua, 2002: 197.

别名：白纹凸额天牛

主要特征：体长 4.3–5.0 mm。头和前胸黑色，部分地方被灰白色绒毛，但不形成显著斑纹。触角红褐色至黑褐色，下沿被很长的缨毛（多数时候长于触角节），其余部分被短竖毛。小盾片黑褐色。鞘翅基部1/3 红褐色，其余黑色，基半部具2道灰白绒毛斜纹，端部1/3处和端部具灰白绒毛横纹。触角长于体，鞘翅端部圆形。

分布：浙江（临安、泰顺）、江西、广东。

170. 吉丁天牛属 *Niphona* Mulsant, 1839

Niphona Mulsant, 1839: 169. Type species: *Niphona picticornis* Mulsant, 1839.

Aelara Thomson, 1864: 55. Type species: *Niphona regisfernandi* Païva, 1860.

Camptocnema Thomson, 1864: 54. Type species: *Niphona lateralis* White, 1858.

Ocheutes Thomson, 1864: 54. Type species: *Ocheutes scopulifera* Thomson, 1864.

Falsoniphona Pic, 1925b: 26. Type species: *Falsoniphona lutea* Pic, 1925.

Niphona (*Niphona*): Breuning, 1962b: 387.

主要特征：头部稍短缩，额倒梯形，头顶稍陷，复眼断裂，下叶大多近方形，小眼面粗粒，触角两基瘤之间相距颇阔，触角与体等长或稍长，柄节粗短，无端疤。前胸短，表面具皱脊或沟，鞘翅近基部常有突起，翅端平截或凹入。中胸腹板凸片显著突起，中足基节窝开式，胫节无陷沟，爪半开式。

分布：古北区和东洋区。本属分 3 个亚属，中国均有分布，浙江只有指名亚属的分布。指名亚属世界已知 69 种/亚种，中国记录 19 种/亚种，浙江分布 1 种。

（377）叉尾吉丁天牛 *Niphona* (*Niphona*) *furcata* (Bates, 1873)

Aelara furcata Bates, 1873c: 314.

Niphona furcata: Matsushita, 1933: 358.

别名：拟吉丁天牛、竹拟吉丁天牛

主要特征：体长 12–24 mm。体长形，肩部较宽阔，向尾端收狭。体红木色。全体密被灰色、灰黄及火黄色绒毛，各处深浅不一，灰色中常略带青色，黄色中有时带棕色。每鞘翅在基部近中缝处各有 1 脊状隆起，其上有 1 丛竖立的长绒毛；两脊突之后，常有 1 个八字形的淡色毛斑；翅中区及沿中缝到翅端一带毛色显然较他处为深。鞘翅端缘密生长毛，毛端向后。雄虫触角较体略长，雌虫较体略短；柄节无颗粒，其长度约为第 3 节的 2/3，后者较第 4 节稍长。前胸节无侧刺突，背板中央有 1 条纵形脊纹，略占胸长的 1/2。其侧各有 2 条纵形隆起，外侧区更有许多较不规则的小瘤突。鞘翅除基部纵形隆起外，表面甚平坦；尾端外侧向后延伸，呈叉尾状。

分布：浙江（德清、长兴、富阳、临安）、山东、河南、江苏、湖北、江西、福建、台湾、香港、四川、云南；日本。

寄主：竹（禾本科）。

171. 截突天牛属 *Prosoplus* Blanchard, 1853 浙江新记录

Prosoplus Blanchard, 1853: 290. Type species: *Prosoplus sinuatofasciatus* Blanchard, 1853.

Micracantha Montrouzier, 1861: 271. Type species: *Micracantha australis* Montrouzier, 1861.

Prosacanthus Fauvel, 1862: 163. Type species: *Prosacanthus chevrolati* Fauvel, 1862 (= *Micracantha australis* Montrouzier, 1861).

Aegomomus Pascoe, 1864a: 58. Type species: *Aegomomus encaustus* Pascoe, 1864.

Atyporis Pascoe, 1864a: 58. Type species: *Atyporis jubata* Pascoe, 1864.

Zaeera (*Zaeeralia*) Pic, 1925a: 28. Type species: *Zaeera* (*Zaeeralia*) *vaulogeri* Pic, 1925 (= *Lamia bankii* Fabricius, 1775).

主要特征：头部稍短缩，头顶稍稍陷，复眼几乎断裂，小眼面粗粒，触角两基瘤之间相距颇阔，触角比体稍短至更长，柄节粗短，无端疤。前胸宽短，侧面靠近前段有侧刺突。鞘翅宽短，长为肩宽的 2 倍左右，翅端圆形。前足腿节长于中、后足腿节，胫节长于跗节，中足胫节无陷沟，爪半开式。

分布：世界广布。中国记录 2 种，浙江分布 1 种。

（378）本氏截突天牛 *Prosoplus bankii* (Fabricius, 1775)（图版 IX-27）浙江新记录

Lamia bankii Fabricius, 1775: 176.

Acanthocinus hollandicus Boisduval, 1835: 491.

Hebecerus hollandicus: White, 1855: 367.

Nyphona [sic] *insularis* Pascoe, 1859: 39.

Niphona irata Pascoe, 1862b: 464.

Niphona miscella Pascoe, 1863b: 529.

Aegomomus musivus Pascoe, 1864a: 65.

Niphona torosa Pascoe, 1864b: 223.

Micracantha nutans Sharp, 1878: 209.

Prosoplus banksi [sic]: Gahan, 1893: 192.

Zaeera (*Zaeeralia*) *vaulogeri* Pic, 1925a: 28.

Prosoplus uchiyamai Matsushita, 1935b: 120.

Prosoplus (*Prosoplus*) *bankii* m. *insularis*: Breuning, 1963d: 96, 97.

Prosoplus (*Prosoplus*) *bankii* m. *iratus*: Breuning, 1963d: 96, 97.

主要特征：体长 6–16 mm。体宽短，黑褐色，密被栗棕色、褐色及灰白色短绒毛。头和前胸密被绒毛不形成明显斑纹。触角黑褐色，具很多白色绒毛斑点。鞘翅呈暗红棕色，基部为界限模糊的淡色横斑，中部之后的淡色横斑较为显著，为曲线形，有时甚至形成 M 形，淡色斑纹非单色，通常由灰白色和栗棕色绒毛夹杂构成。触角短于（♀）至约等于（♂）体长，柄节较粗，短于第 3 节。鞘翅末端圆。

分布：浙江（临安）、台湾、广东、海南、澳门；日本，越南，泰国，菲律宾，印度尼西亚，大洋洲，非洲。

172. 坡天牛属 *Pterolophia* Newman, 1842

Pterolophia Newman, 1842e: 370. Type species: *Mesosa bigibbera* Newman, 1842.

主要特征：体小至中型，较狭长。头部额近方形；头顶凹陷；复眼几断裂，小眼面较粗，下叶大多宽胜于高；触角一般较体短，柄节无端疣，与第 3 或第 4 节大致等长，第 4 节常等于第 5–6 节之和。前胸背板宽胜于长，无侧刺突，但两边中部常较膨大。鞘翅狭，但肩部常较前胸宽，背面常较拱凸，后端常显著坡状倾斜，翅端狭圆或稍斜截，翅面大多具纵脊或隆起。中胸腹板凸片无瘤突，中足基节窝开式，中足胫节无斜沟，爪半开式（蒋书楠等，1985）。

分布：亚洲东部，美拉尼西亚，印度，摩洛加群岛，新几内亚，太平洋群岛，非洲和大洋洲。本属分为 30 个亚属（Tavakilian and Chevillotte, 2019），中国记录 9 个亚属（Lin and Yang, 2019），浙江分布 5 个亚属 13 种，其中一种为本次首次记录。

分种检索表

1. 鞘翅端缘尖狭呈锐角；翅面刻点粗深 ·· 2
- 鞘翅端缘不呈锐角，圆形、斜切或凹切 ·· 3
2. 体形较小，较为狭长；鞘翅的刻点更加粗大；白色绒毛斑块更不规则 ············· 黑点坡天牛 **P. (L.) mimica**
- 体形较粗大一点点；鞘翅的刻点细一些；白色绒毛常形成一些显著斑块 ············· 麻斑坡天牛 **P. (L.) zebrina**
3. 鞘翅中部后方有横带 ·· 4
- 鞘翅中部后方无横带 ·· 9
4. 触角第 1 至第 3 节中部黄褐色，第 4 至第 6 节中部及第 8 节中部至第 11 节黑褐色，第 6 节端部至第 8 节中部以前白色；鞘翅中部后方白色弧形横带不完整，中区及沿中缝和外侧缘有许多黑色小斑点 ····································
　　　　　　　　　　　　　　　　　　　　　　　　　　　　　　黄檀坡天牛 **P. (M.) dalbergicola**
- 触角不如此配色，尤其无第 6 节端部至第 8 节中部具白毛这个特征 ···················· 5
5. 鞘翅中部具大型淡色绒毛斑纹，淡色部分到达鞘缝，单边鞘翅上的白带纵宽大于横长；触角较长，触角为体长的 3/4 - 4/5（♂）或 1/3（♀）；柄节等长于第 3 节 ···················· 环角坡天牛 **P. (H.) annulata**
- 鞘翅淡色绒毛斑纹在中部之后，单边鞘翅上的白带纵宽通常小于横长；柄节短于第 3 节 ·············· 6

6. 鞘翅淡色绒毛斑纹到达鞘缝；触角较长；鞘翅末端强烈斜切 ·· **黄带坡天牛** *P. (P.) zonata*
- 鞘翅淡色绒毛斑纹不到达鞘缝；触角较短；鞘翅末端非强烈斜切 ··· 7
7. 鞘翅基部 1/4 后开始扩宽，末端宽圆；鞘翅的淡色斑纹部分到达中部（靠近边缘的部分），不非常靠后 ·········· ·· **点胸坡天牛** *P. (P.) maacki*
- 鞘翅从基部开始向后一直逐渐缩窄，没有中途变宽的情况，末端较缩狭；鞘翅的淡色斑纹比较靠后，最靠前的部分也在末端 1/3 处 ··· 8
8. 触角第 4 节基半部不具显著白色绒毛 ··· **江西坡天牛** *P. (P.) kiangsina*
- 触角第 4 节基半部具显著白色绒毛 ··· **三脊坡天牛** *P. (P.) granulata*
9. 触角第 4–10 节内端角锯齿状；鞘翅基脊突非常显著隆起，其后有 3 条纵脊，均有竖立绒毛，后方倾斜部有 1 棕黄色横三角形绒毛区，中间横贯 1 弧形纹 ··· **锯角坡天牛** *P. (P.) serricornis*
- 触角节的内端角不呈锯齿状 ··· 10
10. 触角较体长或与体等长 ··· 11
- 触角较体短 ··· 12
11. 触角较体长（♂）或与体等长（♀）；复眼下叶长度不及其下颊部的 1/2；鞘翅除基脊突外，在中部后方还有隆起的尾脊突，其长度约 2 倍于基脊突，翅端狭圆 ····························· **四突坡天牛** *P. (A.) chekiangensis*
- 触角较体长（♂）或短（♀）；鞘翅中部之前有显著的白色横斑，靠基部处嵌灰白色条纹，翅端斜截、微凹 ············ ·· **中白坡天牛** *P. (A.) jugosa*
12. 鞘翅不具脊突，翅端合圆；鞘翅中部之后有近圆形白斑 ································· **白斑坡天牛** *P. (L.) caballina*
- 鞘翅基脊突后有 3 条纵脊，止于倾斜部的坡顶，形成 3 个小尖突，翅端斜截、微凹；鞘翅左右在基部中央合成 1 菱形纹，没有圆形白斑 ·· **嫩竹坡天牛** *P. (H.) trilineicollis*

（379）四突坡天牛 *Pterolophia (Ale) chekiangensis* Gressitt, 1942（图版 X-1）

Pterolophia chekiangensis Gressitt, 1942c: 87.

Pterolophia (Ale) chekiangensis: Breuning, 1961b: 253.

主要特征：体长 8.5–10.5 mm。体较宽短，略侧扁，黑褐色，密被栗棕色、淡黄色及灰白色短绒毛。头部黑褐色，具淡黄及栗棕色毛，复眼下叶周围及颊部具稀疏的灰白色长毛。触角暗红棕色，第 3–11 节基端及末端具狭窄的白毛环，各节内侧具缨毛。前胸黑褐色，背面中央两侧各具 1 不完整的淡黄色毛纵条纹，常在前缘及后缘显著，两侧下缘亦各具 1 淡黄色毛纵条纹。小盾片两侧具淡黄色毛，中央具栗棕色毛。鞘翅呈暗红棕色，在中点以前两翅基脊之间密被淡黄白色，中缝及外侧缘具黄黑相间的斑点，翅基脊突顶端具黑色毛，在尾脊突上具黄黑相间的斑点，翅面其余部分具较薄的栗棕色短绒毛，杂以灰白色短毛。腹面及足略带暗红棕色，具较密的淡黄色毛及稀疏的灰白色毛，散布大小不等的光裸区。复眼很小，复眼下叶深度不达颊长之半。触角细长，雌虫约与体等长，雄虫稍超过体长，柄节较粗，稍长于第 3 节，第 3 与第 4 节约等长，第 5 节约为第 4 节长之半，其后各节长度渐减，自第 4–10 节各节内端具 1 尖刺。鞘翅端部 1/3 向后显著狭窄，末端狭圆，翅基部中央各具脊突，在中部之后处各具 1 隆起较高的尾脊突，其长度 2 倍于倾斜的端部中央。

分布：浙江（临安）、河南、福建、广东。

备注：浙江是本种的模式产地。

（380）中白坡天牛 *Pterolophia (Ale) jugosa* Bates, 1873

Pterolophia jugosa Bates, 1873c: 315.

Pterolophia (Ale) jugosa: Breuning, 1961b: 254.

别名：曲纹坡天牛

主要特征：体长 6.5–11.5 mm。体宽短，黑褐色，密被栗棕色、铁锈色及灰白色短绒毛。触角暗红棕色，第 3–11 节基端具狭窄的白毛环，各节内侧具缨毛。前胸棕褐色，背面中央基部通常具白绒毛。小盾片黑褐色。鞘翅呈暗棕色，在中点以前具显著的白色绒毛条带，内夹浅灰色斑纹，翅基脊突顶端具褐色毛，翅面其余部分具栗棕色短绒毛。雌虫触角短于体长，雄虫超过体长，鞘翅端部 1/3 向后显著狭窄，末端斜切。

分布：浙江（临安）；韩国，日本。

备注：根据谢广林等（2014）记录，临安区的清凉峰有这个种，从图片看，可能更接近 *Pterolophia* (*Ale*) *jugosa carinissima* Takakuwa, 1984。

（381）环角坡天牛 *Pterolophia* (*Hylobrotus*) *annulata* (Chevrolat, 1845)

Coptops annulata Chevrolat, 1845a: 99.

Praonetha bowringii Pascoe, 1865a: 170.

Pterolophia annulata: Gahan, 1894a: 69.

Pterolophia scutellata Schwarzer, 1925b: 66.

Pterolophia annulicornis Pic, 1925c: 138.

Pterolophia lacosus Pic, 1926b: 3.

Pterolophia (*Hylobrotus*) *annulata*: Breuning, 1961b: 252.

别名：桑坡天牛、斑角坡天牛、坡翅桑天牛

主要特征：体长 9.0–14.5 mm。体棕红色，全身密被绒毛，色彩颇有变异，一般基色从棕黄、棕红、深棕到铁锈色，并在深色底子上或多或少杂有较浅色的毛，最显著的是鞘翅中部有 1 极宽的横带，基本上由灰白或灰黄色绒毛所组成。前胸背板中央及中后方毛色较淡，大都为灰白或灰黄色，有时形成 2 条淡色直纹。鞘翅基部中央一般毛色亦较淡，呈淡棕红、淡红或淡棕黄色。触角自第 3 节起每节基、端毛色较淡，但第 4 节中部极大部分被淡色毛。触角短于体长，第 3 节和柄节或第 4 节长度近乎相等，第 5–11 节显然较短。前胸节无侧刺突。鞘翅端部 1/3 区域向下倾斜，末端圆。

分布：浙江（平湖、临安、奉化）、河北、河南、陕西、江苏、上海、湖北、江西、湖南、福建、台湾、广东、海南、香港、澳门、广西、四川、贵州、云南；朝鲜，韩国，日本，越南，缅甸。

寄主：桑。在嘉兴平湖为害栝楼（王宇磊等，2015）。

（382）嫩竹坡天牛 *Pterolophia* (*Hylobrotus*) *trilineicollis* Gressitt, 1951（图版 X-2）

Pterolophia trilineicollis Gressitt, 1951: 475, pl. 18, fig. 6.

Pterolophia (*Hylobrotus*) *trilineicollis*: Breuning, 1961b: 252.

主要特征：体长 8.7–14 mm。体宽短，长方形。暗褐色，全体厚被紧密黑褐、黄褐、灰白等各色短毛。触角柄节基半部散布不规则暗褐色毛斑，端部 3/4 处全部暗褐色，端部 1/4 处色较淡，无暗斑，第 2 节淡褐色，第 3 节除基部较淡，其余部分均具暗褐色斑纹，第 4 节端部 1/4 处黑褐色，其余部分外侧淡褐色，内侧近灰白色，第 5 节以后各节基部及端部灰白色，其余部分黑褐色，第 11 节基部灰白色。前胸背板中央具 3 条淡褐色平行纵条，有时略带淡紫色，在两侧纵带的基半部外侧各有 1 条黑褐色宽纵带，前胸前缘横列小黑圆斑，后缘中段淡褐色，两侧黑褐色，外侧暗褐色。鞘翅基部背中央有淡色细条纹，从小盾片两侧向外斜向瘤状突起，再向内折向基部约 1/3 的中缝处汇合，左右合成菱形的框，中间黑褐色，菱形区的外围色较深暗。鞘翅基部从肩角到菱形区前方外侧呈黑褐色，鞘翅中部从背中央至外缘各有 1 黑褐色大斑，向外侧缘较宽，在黑褐色区之间，从肩部到后端 1/3 处的背中央形成淡褐色斜行宽带，散布黑褐色小斑点，沿中缝及两侧缘的更明显，端部 1/3 处从倾斜部以后有 1 淡灰褐色宽横带，其前缘围以灰白色锯齿形细纹，

其后缘呈波形，从后缘至翅端色较暗褐，散布黑褐色小斑点。鞘翅基部中央各有 1 瘤状小突起，其上被较密的黑色短毛束，但不显著突出，在毛瘤外侧有 3 条纵脊，止于倾斜部的坡顶边缘，形成 3 个小型尖突起，其上灰白色毛被厚密，略成小毛束；鞘翅末端斜切、微凹，缝角较圆，缘角尖突。

分布：浙江（磐安、泰顺）、江西、湖南、福建、广东。

寄主：箣竹属（禾本科）嫩竹。

（383）白斑坡天牛 *Pterolophia (Lychrosis) caballina* (Gressitt, 1951)

Lychrosis caballinus Gressitt, 1951: 476, pl. 19, fig. 3.

Pterolophia (Lychrosis) caballina: Breuning, 1961b: 260.

别名：白斑尖天牛

主要特征：体长 13–16 mm。体黑褐色至黑色，被白色或灰白色短绒毛，绒毛疏密不一，头、胸中区及两侧绒毛密处，形成纵斑。小盾片黑色，周缘被白色绒毛。每个鞘翅中部之后有 2 个白色毛斑，位于同一水平线上，近中缝的一个稍大，其余翅面散生许多白色或灰白色小点，以肩及基部较明显。触角黑褐色至黑色，第 3–5 节大部分被灰白色绒毛，体腹面及足大部分被灰白色绒毛，并散生黑褐色小斑点。雄虫触角同体近于等长，雌虫触角则稍短，柄节外侧有 1 条纵脊。鞘翅端区向下倾斜，各翅端末收狭，端缘尖形。

分布：浙江（德清、安吉）、湖南、福建、广东、广西、云南。

备注：湖州的记录来源于《浙江森林病虫名录》，浙江的记录在后面的名录里丢失（Hua，2002；Lin and Yang，2019）。

（384）黑点坡天牛 *Pterolophia (Lychrosis) mimica* (Gressitt, 1942)（图版 **X-3**）

Lychrosis mimicus Gressitt, 1942c: 88, pl. I, fig. 6.

Pterolophia (Lychrosis) mimica: Breuning, 1961b: 260.

别名：黑点尖天牛

主要特征：体长 10 mm 左右。跟麻斑坡天牛很相似，区别在于：本种体形较小，较为狭长，触角柄节相对较长，鞘翅的刻点更加粗大。另外，本种的白色绒毛斑块更不规则，不像麻斑坡天牛那样形成显著的白色斑纹。

分布：浙江（临安）、江西、福建、广东。

备注：浙江是本种的模式产地。

（385）麻斑坡天牛 *Pterolophia (Lychrosis) zebrina* (Pascoe, 1858)

Hathlia zebrina Pascoe, 1858: 252.

Lychrosis zebrine: Lacordaire, 1872: 541.

Pterolophia (Lychrosis) zebrina: Breuning, 1961b: 260.

别名：麻斑尖天牛

主要特征：体长 10–16 mm。头被白色绒毛，后头有 4 条黑色纵纹，中间 2 条相距较近，颊有几个黑色小点。前胸背板黑色，有 4 条绒毛纵纹。小盾片黑色。鞘翅黑色，每翅散生白色毛斑，在侧缘多连接成片，有的呈波浪状，沿中缝有间断白色短纵斑排列。触角黑色，基部 4 节大部分被灰白色绒毛，第 5–10 节基部及端部被灰白色绒毛，体腹面及足大部分被白色绒毛，散生无数黑色小点。雄虫触角同身体近于等长，雌虫触角则短于身体，柄节外侧有 1 条光滑无毛的纵脊。鞘翅端区向下斜切，各翅端末分开收狭，端缘尖形；翅刻点远较前胸刻点粗大。

分布：浙江（临安、开化）、湖北、江西、湖南、福建、台湾、广东、海南、香港、广西、云南、西藏；印度，尼泊尔，越南，老挝。

寄主：甜根子草。

（386）黄檀坡天牛 *Pterolophia (Mimoron) dalbergicola* Gressitt, 1951

Pterolophia dalbergicola Gressitt, 1951: 467, pl. 18, fig. 4.

Pterolophia (Mimoron) dalbergicola: Breuning, 1961b: 258.

主要特征：体长 5–7.2 mm。体黑褐色，具黑色、棕黄褐色及灰白色短绒毛。触角从基部至第 3 节中部具黄褐色毛，随后直至第 6 节中部具黑褐色毛，第 6 节端部至第 8 节中部具白毛，其后各节黑褐色。前胸大部分具淡灰白色及淡黄褐色毛，背面中央色较暗，具许多黑褐色小斑点。小盾片侧缘具黄白色毛，中央的毛暗色。鞘翅黑色，中区具棕黄褐色毛，散布黑色斑点，沿中缝及外侧缘具许多黑色小斑点；在翅中点之后具 1 不完整的白色弧形横带纹，内端不达中缝。腹面暗褐色，具较薄的淡灰色毛。足具灰白及棕黄褐色毛，胫节端部黑色。触角细长，雌虫约为体长的 6/7，雄虫约与体等长。鞘翅末端窄圆，缝角钝，翅面较拱起，基部中央各具 1 脊突。

分布：浙江（泰顺）、湖北、福建。

寄主：黄檀属（豆科）。

（387）三脊坡天牛 *Pterolophia (Pterolophia) granulata* (Motschulsky, 1866)

Pogonocherus granulata Motschulsky, 1866a: 174.

Praonetha rigida Bates, 1873c: 316.

Pterolophia granulata: Yamazaki & Takakura, 2003: 344.

别名：柳坡天牛、坡翅柳天牛

主要特征：体长 6–10 mm。体褐黑或黑色；绒毛短而稀，呈黑色、淡棕黄和灰色。鞘翅端坡的上半部被灰白色绒毛（其中杂有他色），形成 1 条横宽带；其他区域的绒毛一般极稀极短，因此鞘翅的基色和刻点可以看得很清晰，亦有较密较长的毛，形成灰色或淡棕黄色斑点，以中缝边缘上为多，且于其后半部边缘上呈黑与灰黄相间隔的毛斑点。前胸背板线绒毛较密，中区后半有 2 条淡色纵纹。小盾片被黑绒毛，一般于两侧及尖端略有灰白色绒毛。腹面绒毛以腹部 1–4 节为密，呈灰白或灰黄色。触角自第 3 节起每节基部毛色较淡，第 4 节大半淡色。触角很短，为体长的 1/2–2/3，第 3 节似较第 4 节稍长，后者下沿较凹弯，但不及环角坡天牛之明显。鞘翅刻点粗大而密，基部有脊状隆起如环角坡天牛，但脊上绒毛很短，不耸立；中部后 2 条纵脊纹。其中靠内的一条粗而显著，外条不甚隆起，末端较显突，在外侧还可隐约看到第 3 条脊纹，亦以近端部为显著，各脊纹上均有短绒毛。

分布：浙江（临安、金华、龙泉、平阳）、黑龙江、吉林、辽宁、河北、宁夏、甘肃、江苏、安徽、湖北、江西、福建、台湾、广西、四川、贵州；蒙古国，朝鲜，韩国，日本。

寄主：柳、桑、榆、合欢、漆树、胡桃。

（388）江西坡天牛 *Pterolophia (Pterolophia) kiangsina* Gressitt, 1937（图版 X-4）浙江新记录

Pterolophia kiangsina Gressitt, 1937d: 601.

　　主要特征：体长 7.0–8.8 mm。体黑色，密被黑褐色、黑色和浅褐色至灰白色夹杂绒毛。前胸背板基半部中央淡色纵纹较不明显，鞘翅基部不具淡色绒毛斑纹；鞘翅中部之后有灰白色绒毛斑纹，不到达鞘缝，之后紧接可见 2 个黑色斑点。触角自第 3 节起每节基部具很细的灰白色毛环。触角稍短于体长，第 3 节长于柄节或第 4 节，第 5–11 节渐短。鞘翅端部 1/4 后明显狭缩，末端微斜切。

　　分布：浙江（临安）、江西、福建、四川。

（389）点胸坡天牛 *Pterolophia (Pterolophia) maacki* (Blessig, 1873)

Eurycotyle maacki Blessig, 1873: 211, pl. VIII, fig. 4.

Sybra latenotata Pic, 1927d: 153.

Pterolophia chahara Gressitt, 1940a: 188, pl. IV, fig. 3.

Pterolophia kaleea latenotata: Gressitt, 1951: 469.

Pterolophia maacki: Gressitt, 1951: 470.

　　主要特征：体长 5.0–10.0 mm。体黑色，密被黑褐色、黑色、褐色和浅褐色至灰白色夹杂绒毛。前胸背板基半部中央有 2 条很短淡色纵纹，鞘翅基部中央的淡色斑纹与前胸背板的互相衔接，小盾片周边的心形浅色斑纹较明显；鞘翅中部之后有灰白色绒毛斑纹，之后紧接不显著的黑色斑纹。鞘翅其余部分夹杂一些灰白点和黑点。触角自第 3 节起每节基部颜色较淡，通常为红褐色，且具很细的白色毛环。触角稍短于体长，第 3 节长于柄节或第 4 节，第 5–11 节渐短。鞘翅端部 1/4 后明显狭缩，末端圆。

　　分布：浙江（安吉、杭州）、北京、河北、山东、陕西、上海、江西；俄罗斯，蒙古国，朝鲜，韩国。

　　寄主：桑（桑科）。

（390）锯角坡天牛 *Pterolophia (Pterolophia) serricornis* Gressitt, 1937

Pterolophia serricornis Gressitt, 1937d: 599.

　　主要特征：体长 8–9 mm。体黑褐色至黑色，被黑褐色、棕褐色、淡棕黄色、灰白色绒毛。前胸背板中央后半部有 2 条平行的淡色绒毛。小盾片具黑色绒毛，两侧绒毛灰白色。每个鞘翅端坡上有 1 个内尖外侧宽、略呈三角形的淡棕黄绒毛区域，其间横贯 1 条弯曲状灰白色绒毛细纹，中缝下半部有黑色和淡黄褐色绒毛相间的小斑纹。触角自第 3 节起的各节基部被淡色毛，第 4 节大部分被淡色毛；体腹面及足散生直立白色毛，腹部前 4 节密布淡黄色绒毛。额近于方形，颊显著长于复眼下叶；触角较粗短，雌、雄虫触角均短于体长。鞘翅基部刻点粗深，基部中央短纵脊十分隆突，端区向下倾斜，后端约有 3 条纵脊，以内侧一条纵脊较长而显著，纵脊上均有耸立绒毛。

　　分布：浙江（德清、余杭、临安）、河北、湖北、江西、福建、四川、贵州。

　　寄主：在马桑属上有成虫发生。

（391）黄带坡天牛 *Pterolophia (Pterolophia) zonata* (Bates, 1873)

Praonetha zonata Bates, 1873c: 315.

Pterolophia (Pterolophia) zonata: Breuning, 1961c: 242.

　　主要特征：体长 7–14.5 mm。体黑色，密被棕褐色、棕黄色、黑色和灰白色夹杂的绒毛。鞘翅中部之后具有 1 道显著的白色绒毛斑纹，接触鞘缝和侧缘，靠近鞘缝的一端窄于靠近侧缘的一端，其后有 2 个黑点，位于 2 条脊之上，其中靠近鞘缝的 1 个黑点较大而显眼，靠近侧缘的黑点较小且通常有连续的 3 或 4 点。鞘翅末端圆弧形收狭。

分布：浙江（临安）、台湾；日本。

楔天牛族 Saperdini Mulsant, 1839

分属检索表

1. 前胸圆筒形或两侧均匀隆突 ·· 2
- 前胸具有侧刺突或侧瘤突 ·· 9
2. 鞘翅没有显著的侧脊 ··· 3
- 鞘翅有显著的侧脊 ··· 6
3. 雌雄虫爪二型；雌虫单齿式，雄虫中足爪外侧齿具有附突，前、后足爪单齿式；鞘翅末端圆形；体密被竖毛，没有明亮黄色斑纹 ·· 竖毛天牛属 *Thyestilla*
- 雌雄虫爪一致 ··· 4
4. 雌雄虫爪都是单齿式 ··· 弱脊天牛属 *Menesia*
- 雌雄虫爪都是附齿式，爪基部具宽齿 ··· 5
5. 触角短于体长的 1.5 倍；鞘翅末端平切；鞘翅具明亮黄色斑纹 ······························· 弱筒天牛属 *Epiglenea*
- 触角远长于体，大于体长的 1.5 倍，雄虫超过 2 倍；鞘翅末端圆形；鞘翅单色不具斑纹 ············· 柔天牛属 *Praolia*
6. 雄虫爪均附齿式 ··· 7
- 雄虫仅前足爪内侧齿和中足爪外侧齿具有附突 ·· 8
7. 鞘翅末端圆形 ··· 双脊天牛属 *Paraglenea*
- 鞘翅末端凹切，或至少平切 ··· （部分）并脊天牛属 *Glenea*
8. 鞘翅末端圆或至多平切，不具显著端齿 ··· 直脊天牛属 *Eutetrapha*
- 鞘翅末端凹切，具显著端齿 ··· （部分）并脊天牛属 *Glenea*
9. 前胸侧侧瘤突很小，只是 1 个小圆突；体短胖，体长小于肩宽的 3 倍；鞘翅具短的不完整侧脊 ·········· ·· 半脊楔天牛属 *Neoxantha*
- 前胸侧侧瘤突大而显著 ··· 10
10. 鞘翅有显著的侧脊，但不伸达翅端 ··· 短脊楔天牛属 *Glenida*
- 鞘翅没有侧脊 ··· 刺楔天牛属 *Thermistis*

173. 弱筒天牛属 *Epiglenea* Bates, 1884

Epiglenea Bates, 1884: 259. Type species: *Epiglenea comes* Bates, 1884.

Phytoecia (*Epiglenea*): Breuning, 1951: 95.

　　主要特征：体长圆筒形，头比前胸宽，额四方形，复眼深凹但不分成两半，触角稍长于体长，第 3 节最长，第 4 节略长于柄节，第 4–11 节长度递减。前胸圆筒形。鞘翅两侧近于平行，近端部稍狭窄，末端平切。腹部第 1–4 腹板等长，雌虫第 5 腹节较长，中央具纵沟。足粗短，后足腿节伸达第 4 腹节，后足跗节第 1 节短于其后 2 节之和，爪基部具宽齿。

　　分布：中国，蒙古国，韩国，日本，越南。世界已知 1 种 4 亚种，中国记录 1 种 3 亚种，浙江发现 1 亚种。

（392）弱筒天牛 *Epiglenea comes comes* Bates, 1884（图版 X-5）

Epiglenea comes Bates, 1884: 259.

Daphisia luteodiversa Pic, 1926c: 24.

Epiglenea comes comes: Gressitt, 1951: 607.

Phytoecia (Epiglenea) comes comes: Breuning, 1951: 95, pl. 1, fig. 11.

别名：黄纹小筒天牛

主要特征：体长 6.0–11.0 mm。体黑色。额前沿及复眼周围具较密的黄白色毛；触角具稀薄的灰白色短毛，下沿具较长的缨毛。前胸背面中央及两侧缘各具 1 黄白色纵条纹；侧缘的条纹较宽，内缘呈波状。小盾片沿中线后半具较密的黄白色毛。鞘翅黑褐色，从基部中央各具 1 硫黄色宽纵纹并向后延伸至中点之后，在此纵纹与翅端之间各具 2 条硫黄色短横斑。腹面密被黄白色绒毛，以两侧的毛较致密。足淡红色。

分布：浙江（临安、余杭、岱山、浦江、龙泉）、河南、陕西、江西、湖南、福建、广东、广西、重庆、四川、贵州、云南；蒙古国，韩国，日本，越南。

寄主：漆树（漆树科）。

174. 直脊天牛属 *Eutetrapha* Bates, 1884

Eutetrapha Bates, 1884: 256. Type species: *Eutetrapha variicornis* Bates, 1884 = *Saperda carinata* Blessig, 1873 (= *Saperda sedecimpunctata* Motschulsky, 1860).

主要特征：体长形，中等大小。触角细，长于体长，基部数节下沿有稀疏的缨毛，柄节稍微膨大，第 3 节明显长于柄节或第 4 节；触角基瘤不突出，彼此分开；复眼深凹，小眼面细；雄虫复眼下叶十分长于颊，雌虫复眼下叶稍长于颊或近于等长，额宽胜于长或近于方形。前胸背板：雄虫长略胜于宽，或近于方形；雌虫宽胜于长，有前后细横凹，圆筒形或微均匀凸出。鞘翅长，几乎不拱隆，鞘翅肩宽明显大于前胸背板宽，向后渐缩或两侧近于平行，端缘圆形或稍平切。肩至端部有 1 条显著纵脊线，其外侧另有一条脊线和它平行，但较不显突。后胸前侧片呈长三角形，前端最宽，后端窄。足中等长，较细，中足胫节外端通常无明显斜沟，有些种类有明显斜沟。腿节通常不膨大，后足腿节至少伸达第 4 节。爪雌雄异型，雌虫单齿式，雄虫前、中足异齿式，即前足爪内侧、中足爪外侧的基部具 1 个很小的突齿，后足爪几乎单齿式，但其外侧有时也有 1 个很小的突齿。雌虫腹部末节中央有 1 条细凹沟。

分布：中国，俄罗斯，朝鲜，韩国，日本，印度，缅甸，老挝。本属已知 21 种/亚种，除 1 个日本特有亚种和 1 个分布于日本和俄罗斯的亚种外，其余均分布于中国，浙江发现 1 种。

（393）天目山直脊天牛 *Eutetrapha tianmushana* Lin *et* Bi, 2017（图版 X-6）

Eutetrapha tianmushana Lin *et* Bi in Lin, Bi & Yang, 2017: 185, figs. 107-114, 151f-151k.

主要特征：体长 12.0–14.0 mm。基底黑色，体密被金蓝绿色鳞片。头顶有 3 个黑斑，中央 1 个稍大；前胸背板中区有 2 个椭圆形纵斑；每个鞘翅上有 4 个黑斑排成一纵列，分别位于基部、中央之前、中部之后及端部之前，第 2 个黑斑连接侧脊，最后一个也偏向侧缘，第 1、3 个黑斑不接触鞘缝和侧缘。触角、肩纵脊线黑色，足和腹面绝大多数地方被金蓝绿色鳞片，仅少数地方露出黑色底色。

分布：浙江（临安）。

备注：浙江是本种的模式产地。

175. 并脊天牛属 *Glenea* Newman, 1842

Glenea Newman, 1842c: 301. Type species: *Saperda novemguttata* Guérin-Méneville, 1831.

Hapochoron Gistel, 1848: x. [RN]

Cryllis Pascoe, 1867b: 363. Type species: *Cryllis clytoides* Pascoe, 1867.

Glenea (*Glenea*): Aurivillius, 1920: 30 (= 390).

主要特征：体小至中小型，近长方形。头部额高胜于宽，两侧凹入；复眼内缘深凹，小眼面细；触角基瘤分开，头顶浅陷；触角不十分长于身体，基部数节下沿具短缨毛，柄节无端疤。前胸背板近圆柱形，无侧刺突；两侧缘略呈弧形。鞘翅肩部最宽，向后渐狭，肩角明显，肩角下有 1–2 条直纵脊，翅面平，翅端平切或斜凹切，缝角突出，外端角常呈尖刺状。后胸前侧片呈长三角形，前端很宽，前缘凸弧形，后端狭。腹部第 1 节长于第 2、3 或 4 节，雌虫的第 5 腹板中央有细纵沟。爪单齿或具附突。

分布：世界广布。本属分好多亚属，但很多归属需要重新研究，指名亚属目前世界已知 693 种/亚种，中国记录 83 种/亚种，浙江分布 9 种/亚种（含 *Stiroglenea* 亚属的 1 种）。

分种检索表

1. 前胸和鞘翅底色一致，都是黑色 ……………………………………………………………………………… 2
- 前胸和鞘翅底色不一致，前胸黑色，鞘翅红褐色，或鞘翅总是比前胸浅色一些 …………………………… 5
2. 前胸背板中央具有黄色绒毛斑纹 …………………………………………………………………………………… 3
- 前胸背板中央不具有黄色绒毛斑纹 ………………………………………………………………………………… 4
3. 前胸侧面无突起，背板中央的黄色纵纹不间断；每鞘翅具有 6 个黄色斑纹，不在鞘缝处合并 …………………
 ………………………………………………………………………………………… 十二星并脊天牛 *G. licenti*
- 前胸侧面有小瘤突，背板背面观中央具有黄色纵纹，通常断成两截；鞘翅具有明亮黄色斑块，紧靠鞘缝形成合并的中央斑纹 ………………………………………………………………………… 桑并脊天牛 *G. centroguttata*
4. 绒毛斑纹土黄色；每鞘翅具有 3 条纵纹（有的中断） ……………………………… 斜斑并脊天牛 *G. obliqua*
- 绒毛斑纹淡绿色；每鞘翅具有 5 条横纹或斑点，除鞘缝纵纹外没有其他纵向条纹 ………… 横斑并脊天牛 *G. suturata*
5. 柄节具 1 条脊；雌雄爪均单齿式；前胸背板具有 4 个黑斑；鞘翅仅末端具有黑色斑纹 ……………………………
 ……………………………………………………………………………………… 眉斑并脊天牛 *G. (S.) cantor*
- 柄节不具脊；雄虫爪不是单齿式；前胸背板具有纵纹；鞘翅末端不具有黑色斑纹 ……………………………… 6
6. 鞘翅端缘角长刺状突出；鞘翅斑纹点状且雌雄没有差异；前胸背面观只有中央 1 条纵纹 ……… 榆并脊天牛 *G. relicta relicta*
- 鞘翅平切，端缘角圆钝；鞘翅斑纹点状、线状兼有且雌雄差异较大；前胸背面观在中央纵纹两侧各有 1 条纵纹 ……… 7
7. 小盾片末端平切；鞘翅淡色绒毛斑纹很不明显，难以辨认（♂）；前胸背面观在中央纵纹两侧的纵纹不很细；雌虫未知 ·
 ………………………………………………………………………………………… 天目并脊天牛 *G. suensoni*
- 小盾片末端圆弧形；鞘翅淡色绒毛斑纹比较明显，中央可辨 2 条纵纹（♂）；前胸背面观中央纵纹两侧的纵纹很细；雌虫的鞘翅中央纵纹明显点状 …………………………………………………………………………… 8
8. 腿节和胫节黑色 …………………………………………………………… 黑腿复纹并脊天牛 *G. pieliana nigra*
- 腿节和胫节红褐色 ……………………………………………………………… 复纹并脊天牛 *G. pieliana pieliana*

（394）桑并脊天牛 *Glenea centroguttata* Fairmaire, 1897（图版 X-7）浙江和安徽新记录

Glenea centroguttata Fairmaire, 1897: 232.

Glenea ishikii Mitono, 1934: 490, fig. 1.

Glenea (*Glenea*) *centroguttata*: Breuning, 1956e: 696.

主要特征：体长 11.0–18.0 mm。体黑色带蓝，被黑色或棕黑色绒毛及细疏竖毛；背面中央纵区，从头部到翅端有一系列的藤黄色绒毛大斑点，排成一条纵列：头顶中央 1 个；前胸背板 2 个，前一个长形，后一个哑铃形；小盾片全部藤黄色；鞘翅中缝上 3 个（两翅共同），第 1 个卵形，第 2 个心形，第 3 个圆中

带方，端部每翅各 1 个较小的圆形或三角形，端缘黄色。鞘翅上还另有 2 个小黄点和侧面的黄斑。触角较体略长，除基部数节外，布有不甚厚密的灰白色短绒毛。前胸背板两侧中部略微隆起成瘤状，但无刺突。鞘翅末端内外角都很尖锐，外角突出较长。

分布：浙江（余杭）、河南、陕西、甘肃、安徽、福建、台湾、广东、广西、四川、贵州、云南、西藏；日本。

寄主：桑（桑科）。

备注：浙江：1♀，杭州余杭区，2011.V.1，方咚咚（方咚咚个人收藏）。安徽：1♀，岳西县鹞落坪国家级自然保护区，2015.VII（安徽大学方杰送鉴，标本保存于中国科学院动物研究所）。

（395）十二星并脊天牛 *Glenea licenti* Pic, 1939

Glenea (Sphenura) licenti Pic, 1939b: 3.

Glenea (s. str.) licenti: Gressitt, 1951: 576.

主要特征：体长 9–10 mm。体近圆柱形。大部黑色，唯触角柄节、鞘翅背面及腿节端部 2/3 赭黑色，触角及足的其余部分、咽部及鞘翅肩脊以后的边缘部分棕色；头部复眼之后的后头部和颊的后方具灰白色绒毛斑；前胸中线及其两旁有 3 条灰白色绒毛纵斑纹。小盾片灰白色。鞘翅肩角内侧有 1 不很明显的灰白色小斑点；每鞘翅上纵列 5 个灰黄色毛斑，中间一个最大，与其前、后的毛斑距离较远，翅端一个最小，不很明显。头部略宽于前胸，额方形、宽广，密布刻点；复眼下叶长胜于宽，略长于其下颊部；触角细，与体长略等，第 3 节略长于第 4 节，第 4 节长于柄节，各节下沿具稀疏细毛。前胸长宽略等，中部两侧微膨大，无侧刺突，表面密布细刻点。小盾片近圆形。鞘翅狭长，翅面密布刻点，肩脊明显，翅端略斜切，缘角突出尖锐，缝角突出较短。足细长，腿节棍棒形。

分布：浙江（安吉）、陕西、宁夏、甘肃、湖北、四川。

寄主：胡桃。

（396）斜斑并脊天牛 *Glenea obliqua* Gressitt, 1939（图版 X-8）

Glenea obliqua Gressitt, 1939b: 119, pl. II, figs. 9-11.

Glenea roubali Heyrovský, 1939: 68.

Glenea (Glenea) acutoides ssp. *obliqua*: Breuning, 1956e: 788.

主要特征：体长 12–14 mm。体中型，长方形。体色暗黑色，包括触角和足均暗黑色。触角第 3 节末端 1/3 被白色细毛。体表有淡黄色绒毛条斑；头部复眼下叶后缘 1 小黄斑，头顶至后头中央两侧各 1 黄纵条，复眼上叶后方后头两侧各 1 短纵条。前胸背板背中央及两侧各 1 黄色纵条。小盾片密被淡黄色绒毛。鞘翅背面在中缝、侧缘、侧缘内侧、肩角至鞘翅基部接近 1/2 处，以及鞘翅近末端中缝外侧各有 1 黄纵条，鞘翅背方中部及末端 1/4 处，各有 1 个黄斑点，其中中部的小斑点朝着鞘缝向后倾斜。头部前胸背板及鞘翅均密布刻点，鞘翅基部背方至肩角刻点最粗，至翅端渐不明显，雌雄虫触角均较体略长，鞘翅外侧缘 2 条隆脊平行伸达近末端，鞘翅末端略平截。

分布：浙江（临安）、河南、陕西、安徽、湖北、福建；越南。

备注：浙江是本种的模式产地，同时也是本种次异名的模式产地。

（397）黑腿复纹并脊天牛 *Glenea pieliana nigra* Gressitt, 1940（图版 X-9）浙江新记录

Glenea pieliana nigra Gressitt, 1940a: 194, pl. V, fig. 3.

主要特征：体长 10.4–12.0 mm。体暗黑色。触角暗黑色，第 3 节末端 1/3 被白色细毛。足腿节基部赭褐色。体表有淡黄色绒毛条斑，头顶至后头中央两侧各 1 黄纵条，复眼上叶后方后头两侧 1 短纵条。前胸背板背中央及两侧各 1 黄色纵条。小盾片淡黄色。鞘翅背面在中缝、侧缘、侧缘内侧、肩角至鞘翅基部 1/4 处，以及鞘翅近末端中缝外侧各有 1 黄纵条，鞘翅背方中部及末端 1/4 处，各有 2 个黄斑点。触角较体略长，第 3 节较柄节长 1 倍，第 4 节与柄节等长。

分布：浙江（开化）、江西、福建、广东、海南、广西。

（398）复纹并脊天牛 *Glenea pieliana pieliana* Gressitt, 1939（图版 X-10）

Glenea pieliana Gressitt, 1939b: 120, pl. II, figs. 12, 13.

Glenea tienmushana Heyrovský, 1939: 69.

Glenea pieliana pieliana: Gressitt, 1951: 577.

主要特征：体长 10–11 mm。体中型，长方形。体色赭褐色至暗黑色，头、胸部背面及触角暗黑色，第 3 节末端 1/3 被白色细毛，其余赭褐色。体表有淡黄色绒毛条斑；头部复眼下叶后缘 1 小黄斑，头顶至后头中央两侧各 1 黄纵条，复眼上叶后方后头两侧各 1 短纵条。前胸背板背中央及两侧各 1 黄色纵条。小盾片淡黄色。鞘翅背面在中缝、侧缘、侧缘内侧、肩角至鞘翅基部 1/4 处，以及鞘翅近末端中缝外侧各有 1 黄纵条，鞘翅背方中部及末端 1/4 处，各有 2 个黄斑点；前胸侧面、后胸前侧片外缘、后缘下外角、腹部两侧各有淡黄色细毛斑。头部前胸背板及鞘翅均密布刻点，鞘翅基部背方至肩角刻点最粗，至翅端渐不明显，雄虫触角较体略长，鞘翅外侧缘 2 条隆脊平行伸达近末端。

分布：浙江（安吉、临安）、湖北、江西、福建。

备注：浙江是本种的模式产地，同时也是本种次异名的模式产地。

（399）榆并脊天牛 *Glenea relicta relicta* Pascoe, 1858（图版 X-11）

Glenea relicta Pascoe, 1858: 258.

Glenea relicta var. *unilineata* Pic, 1943b: 15 (partim).

主要特征：体长 7.5–14 mm。头、胸及腹面黑色或棕黑色；触角棕黑色；鞘翅及足棕红色，前者的端区有时色彩较深，后者的腿节基部有时较淡。绒毛棕黑或棕红色，深浅依底色而定，以前胸背板上较密，鞘翅上较稀而短。此外还有白色的绒毛斑纹，主要分布如下：额全部，以两侧较密；头顶中部有时形成 2 条纵纹；前胸背板上 3 条纵纹，中央 1 条，两侧各一，有时侧纹缺如（♀）；小盾片全部白色，但基缘往往黑色。每一鞘翅上有 5 个白斑点，排成 1 曲折的纵行，第 1、2 个在中部之前，较小，末 1 个在端末，较大。腹面白色斑纹较大。触角长短雌雄差异不大，一般超过体长 1/3 左右，第 3 节长于柄节或第 4 节。鞘翅末端内、外端角均尖锐，尤以外角突出很长。

分布：浙江（临安、奉化、天台、开化、松阳、云和、龙泉、泰顺）、陕西、江苏、安徽、湖北、江西、湖南、福建、广东、海南、广西、四川、贵州。

寄主：油桐、榔榆。

（400）天目并脊天牛 *Glenea suensoni* Heyrovský, 1939（图版 X-12）

Glenea suensoni Heyrovský, 1939: 70.

Glenea pieli Pic, 1943b: 14.

Glenea (*s. str.*) *suensoni*: Gressitt, 1951: 579.

　　主要特征：体长 5–10 mm。体中型，长方形。头、胸部背面及触角暗黑色，鞘翅边缘黑褐色，中央赭褐色，足红褐色。体表有灰白色绒毛条斑。前胸背板背中央及两侧各 1 灰白色纵条。小盾片灰白色。鞘翅背面在中缝、侧缘、侧缘内侧、肩角至鞘翅基部 1/4 处，以及鞘翅近末端中缝外侧各有 1 灰白纵条，鞘翅背方中部及末端 1/4 处隐约有灰白斑点。雄虫触角较体长，末端两节超出鞘翅末端之外，小盾片倒梯形，末端平切，鞘翅末端平切。雌虫未知。

　　分布：浙江（临安）。

　　备注：浙江是本种的模式产地。

（401）横斑井脊天牛 *Glenea suturata* Gressitt, 1939（图版 X-13）浙江新记录

Glenea suturata Gressitt, 1939a: 95, pl. 1, fig. 10.

　　主要特征：体长 11–14 mm。体黑色，背面具淡绿色绒毛组成的斑纹。前胸背板有 3 条绒毛纵纹，分别位于前胸的中央及两侧各有 1 条，前缘及后缘各有 1 条很窄的绒毛横纹；小盾片被浓密绒毛。每翅基缘及中缝具绒毛；翅基部 1/4 处由 2 个小斑点组成斜横纹，两端均不接触中缝及外缘；中央有 1 条弯曲横纹，内端接触中缝，外端向上略弯，不接触外缘，有时好似 2 个斑组成横纹；端部的 1/4 处有 1 个椭圆形小斑；端末有 1 个小斑与中缝条纹相连接。触角均超过体长，第 3 节长于第 4 节。鞘翅肩较宽，末端略窄，端缘略斜切。

　　分布：浙江（临安）、安徽、福建、广东。

（402）眉斑井脊天牛 *Glenea (Stiroglenea) cantor* (Fabricius, 1787)（图版 X-14）

Lamia cantor Fabricius, 1787: 142.

Lamia cantator: Fabricius, 1801b: 304.

Glenea cantor: Gahan, 1894c: 488.

Glenea (Stiroglenea) cantor: Gressitt, 1939a: 94, 96.

　　主要特征：体长 10.0–15.0 mm。体黑色。头黑色，被白色和黄色绒毛，后头具 3 个黑色纵斑，触角黑色。前胸背板中区具 4 个黑斑，一般前端两个较大，侧面又各具 4 个黑斑，其余部分密被白色和黄色绒毛。小盾片黑色，边缘具白毛。鞘翅红褐色，端部黑色具白色绒毛形成的四方框斑纹，导致形成 2 个黑色横斑。前中足红褐色，后足黑色。触角长于体长，第 3 节长于柄节和第 4 节。前胸背板两侧无刺突。鞘翅端缘平切，端缘角尖齿状突出。

　　分布：浙江（黄岩）、陕西、江西、广东、海南、香港、澳门、广西、贵州、云南；印度，越南，老挝，泰国，菲律宾。

　　寄主：木棉等。

176. 短脊楔天牛属 *Glenida* Gahan, 1888

Glenida Gahan, 1888b: 65. Type species: *Glenida suffusa* Gahan, 1888.

　　主要特征：体长椭圆形或长形，中等大小至较大。复眼深凹，小眼面细；额扁平，近于梯形。触角基瘤稍突出，彼此相距较远；触角中等细，雄虫触角同体等长或稍长于虫体，雌虫触角短于体长，触角基部 6 或 7 节下沿有稀疏缨毛；柄节无端疤，第 3 节最长，第 4 节长于柄节，第 5 节略短于柄节，其余各节向后渐短。前胸背板宽胜于长，两侧具瘤突，胸面拱凸。鞘翅长形，中等拱凸，肩较宽，肩角明显，肩部之

后逐渐稍窄，端缘圆形。肩纵隆脊线伸至鞘翅长度的 2/3。后胸腹板拱隆，后胸前侧片前端最宽，后端收狭；足中等长，中足胫节无斜沟，后足腿节至少伸至腹部第 4 节，爪单齿式。雌虫腹部末节中央有 1 条细纵沟。

分布：中国，印度，不丹，越南，老挝。本属世界已知 10 种，中国记录 3 种，浙江分布 2 种。

（403）蓝翅短脊楔天牛 *Glenida cyaneipennis* Gahan, 1888（图版 X-15）

Glenida cyaneipennis Gahan, 1888b: 66.

主要特征：体长 13.5–20.5 mm。体长椭圆形。头、胸、小盾片、触角基部 4 节大部分红褐色；体腹面及腿节、胫节黄褐色。前胸背板中央不平滑，通常有黑褐色斑块，形状和发达程度变异较大；胫节端部及跗节黑褐色至黑色；触角前 4 节端部及第 5 节以下，多为暗褐至黑褐色。鞘翅金属蓝色或紫罗兰色，被黑色绒毛。前胸背板两侧瘤突上被黑色短毛，前胸背板及体腹面被金黄色绒毛。雄虫触角同体约等长，雌虫触角短于体长，触角基部 6 节有稀少缨毛。鞘翅末端阔圆形。

分布：浙江（临安）、江西、广东、海南、广西。
备注：天目山最早的记录见于陈其瑚（1993），此次调查也见到了新增的天目山标本。

（404）短脊楔天牛 *Glenida suffusa* Gahan, 1888（图版 X-16）

Glenida suffusa Gahan, 1888b: 66.

别名：蓝粉短脊楔天牛
主要特征：体长 16–22 mm。头黑色，额及复眼周缘被淡蓝色鳞毛，后颊被黄色绒毛。前胸背板黄褐色至红黄色，中央有 1 个近圆形黑斑，斑的四周被灰白色绒毛；两侧缘钝突之后各有 1 个灰白色绒毛斑纹。小盾片黄褐色，被白色绒毛。鞘翅黑色略带藏青色，两翅基部共同组成 1 个三角形的黄褐色或红黄色斑纹；中区及侧缘有淡蓝色鳞毛分布。触角柄节黑色，第 3、4 节黄褐色，以下各节暗褐至黑褐色。体腹面及足黄褐色，被黄褐色绒毛，胫节端部及跗节黑色。雄虫触角稍长于鞘翅端末，雌虫不长于虫体，触角基部数节下沿有缨毛。鞘翅末端阔圆形。

分布：浙江（泰顺）、江西、福建、广西、四川、贵州。

177. 弱脊天牛属 *Menesia* Mulsant, 1856 浙江新记录

Menesia Mulsant, 1856: 157. Type species: *Menesia Perrisi* Mulsant, 1856 (= *Saperda bipunctata* Zoubkoff, 1829).

主要特征：小型天牛（15 mm 以下），体长大于肩宽的 3 倍。头略宽于前胸，额四方形或宽大于高，复眼深凹，复眼下叶窄于额宽的一半。触角长于体，柄节微膨大不具脊，第 3 节约等于第 4 节，第 4 节长于柄节。前胸圆筒形，长宽约等或宽略大于长。鞘翅两侧几乎平行，不具显著侧脊，末端圆或平切。前胸基节窝关闭，后胸前侧片前端宽于后端的 2 倍，中足胫节具斜沟，后足腿节伸达腹部第 2 或第 4 可见腹节，后足第 1 跗节小于其后两节之和。雌雄爪均单齿式。

分布：古北区，东洋区。本属分为 2 个亚属，其中 *Tephrocoma* 只包括印度尼西亚的 1 种。指名亚属世界已知 45 种，中国记录 6 种，浙江发现 2 种，含 1 种新记录。

（405）黑姬弱脊天牛 *Menesia matsudai* Hayashi, 1985（图版 X-17）浙江新记录

Menesia matsudai Hayashi, 1985: 136, pl. 7, figs. 7 and 8.

主要特征：体长 7.0–10.0 mm。体黑色，前胸中央及外缘具白色细纵纹，有些个体白色斑纹不明显或消失，鞘翅具明显刻点。鞘翅两侧平行，端缘略平切。

分布：浙江（临安）、台湾。

（406）培甘弱脊天牛 *Menesia sulphurata* (Gebler, 1825)

Saperda sulphurata Gebler, 1825: 52.

Tetrops sulphurata: Kraatz, 1879a: 94, note 1.

Menesia sulphurata: Ganglbauer, 1884: 586.

Menesia sulphurata var. *semivittata* Pic, 1915c: 10.

Menesia sulphurata var. *nigrocincta* Pic, 1915c: 10.

Praolia yuasai Gressitt, 1935c: 176.

Menesia sulphurata sulphurata: Gressitt, 1951: 556, 557.

Menesia (Menesia) sulphurata: Breuning, 1954c: 404, 408, pl. XXI, fig. 3.

Menesia (Menesia) sulphurata m. *semivittata*: Breuning, 1954c: 409.

Menesia (Menesia) sulphurata m. *nigrocincta*: Breuning, 1954c: 409.

主要特征：体长 6.0–11.0 mm，小型天牛。体棕栗到黑色，足橙黄到棕红色，触角除柄节外，其余各节从棕黄到深棕栗色。体背面密被褐黑色及黄色绒毛，后者从淡黄到深黄色，有时微带绿色，形成极显著的斑点。头顶全部或大部被淡色绒毛，一般前胸背板中区两侧各具 2 个黑斑点，此斑变异很大，通常彼此合并成 1 个阔斑点，由中央 1 条细狭的淡色纵纹所分隔。小盾片大部被黄色绒毛。每鞘翅具 4 个黄色大斑点，从基部到端区排成一直行。腹面淡绒毛一般较稀，除黄色毛外，还有深棕色绒毛及较淡的短竖毛。触角长超过体长 1/4，雌雄差别不大，第 3、4 两节近乎等长。鞘翅末端近乎切平。

寄主：胡桃、培甘（山核桃属）。

分布：浙江（临安）、吉林、北京、河北、山西、山东、河南、陕西、宁夏、湖北、台湾、四川；俄罗斯，蒙古国，朝鲜，韩国，日本，哈萨克斯坦。

178. 半脊楔天牛属 *Neoxantha* Pascoe, 1856

Neoxantha Pascoe, 1856: 45. Type species: *Neoxantha amicta* Pascoe, 1856.

主要特征：体卵圆形，头、胸较小，鞘翅宽阔极拱凸。触角中等粗，触角长度短于体长，基部数节下沿有缨毛，柄节无端疤；触角基瘤稍突出，彼此相距较远，触角短于虫体，第 3 节最长，以下各节依次渐短而趋细；复眼深凹，小眼面细。前胸背板十分横阔，两侧缘具瘤突。鞘翅短阔，端缘圆形，肩纵隆脊线不凸显，伸至鞘翅中部。后胸腹板隆起，后胸前侧片呈长三角形，前端宽，后端收狭。中足胫节无斜沟，后足腿节至少伸至腹部第 4 节，爪单齿式。雌虫腹部末节中央有 1 条细纵沟。

分布：本属仅 1 种，分布于我国南方。

（407）半脊楔天牛 *Neoxantha amicta* Pascoe, 1856（图版 X-18）

Neoxantha amicta Pascoe, 1856: 45, pl. XVI, fig. 4.

Neoxantha immaculata Pic, 1893: lxxxvii.

Neoxantha amicta m. *immaculata*: Breuning, 1952: 118.

别名：隐斑半脊楔天牛、隐斑楔天牛

主要特征：体长 15.0–17.0 mm。外貌上同叶甲十分相似。头黑色，胸、鞘翅及足黄褐色，全体分布淡绿黄色或淡黄色绒毛及黄褐色细长竖毛，头、胸多被淡绿黄绒毛，后头中央有 1 个黑色小斑。前胸背板有 3 个黑色小圆斑，排成一横线上，分别位于前胸中央及两侧瘤突上。每翅中部之前有 1 个大黑斑，外侧中部有 1 个小黑斑；黑斑上密生淡绿黄色绒毛，翅端部无绒毛，仅着生细长竖毛。触角除第 3、4 节黄褐色外，其余节黑褐色至黑色，第 3、4 节端末略带黑褐色。中胸腹板、中胸前侧片、后胸腹板及后胸前侧片有黑斑；腹部前 3 节及第 4 节前缘黑色；腿节端末及跗节黑色。鞘翅端部膨阔，端缘圆形。

分布：浙江（临安、磐安）、江苏、上海、湖北、江西、湖南、福建、广西。

179. 双脊天牛属 *Paraglenea* Bates, 1866

Paraglenea Bates, 1866: 352. Type species: *Glenea fortunei* Saunders, 1853.

主要特征：体长形。触角细长，长于体长，基部数节下沿有稀疏缨毛；柄节稍微膨大，第 3 节约等于柄节或第 4 节；触角基瘤几乎不突出，彼此分开。复眼深凹，小眼面细；两性复眼下叶都长于颊；前胸背板宽大于长（♀）或长宽略等（♂），背面拱凸，有前后细横凹，两侧均匀微凸。鞘翅长，拱隆，鞘翅肩宽明显大于前胸背板宽，向后渐缩。鞘翅侧面有 2 条明显纵脊，从肩部开始，几达端部。鞘翅末端圆形。后胸前侧片呈长三角形，前端最宽，后端窄。足中等长，腿节棒状，后足腿节至少伸达第 3 腹节后缘，有时达第 5 腹节。爪雌雄异型，雌虫单齿式，雄虫附齿式。雌虫腹部末节中央有细凹沟。

分布：中国，日本，越南，老挝。本属世界已知 10 种/亚种，中国记录 6 种，浙江分布 1 种。

（408）双脊天牛 *Paraglenea fortunei* (Saunders, 1853)（图版 X-19）

Glenea fortunei Saunders, 1853: 112, pl. 4, fig. 1.

Stibara fortunei: Thomson, 1857c: 140.

Paraglenea fortunei: Bates, 1866: 352.

Glenea chloromelas Thomson, 1879: 21.

Glenea fortunei var. *notatipennis* Pic, 1914a: 7.

Glenea fortunei var. *pubescens* Pic, 1914a: 7.

Glenea fortunei var. *fasciata* Pic, 1915d: 14.

Glenea fortunei var. *innotata* Pic, 1915d: 14.

Glenea fortunei var. *bisbinotata* Pic, 1915d: 14.

Glenea fortunei var. *savioi* Pic, 1923e: 21.

Paraglenea fortunei szetschwana Heller, 1926: 48.

Paraglenea fortunei var. *innotaticollis* Pic, 1936b: 17.

Paraglenea fortunei m. *bisbinotata*: Gressitt, 1938b: 158.

Paraglenea fortunei m. *innotata*: Breuning, 1952: 124, 126.

Paraglenea fortunei m. *innotaticollis*: Breuning, 1952: 127.

Paraglenea fortunei var. *prescutellaris* Pic, 1953c: 2.

别名：苎麻双脊天牛、苎麻天牛

主要特征：体长 9.5–17.0 mm。体被极厚密的淡色绒毛，从淡草绿色到淡蓝色，并饰有黑色斑纹，由体底色和黑绒毛所组成。淡色和深黑色的变异很大，形成不同的花斑型，特别是鞘翅。前胸背板淡色，中区两侧各有 1 圆形黑斑。每一鞘翅上有 3 个大黑斑：第 1 个处于基部外侧，包括肩部在内；第 2 个稍下，

处于中部之前，向内伸展较宽，但亦不达中缝；第 3 个处于端部 1/3 处，显然由 2 个斑点所合并而成，中间常留出淡色小斑，处于靠外侧部分；第 2、3 两个斑点在沿缘折处由 1 条黑色纵斑使之相连；翅端淡色；这是本种鞘翅花斑的基本类型。依此类型，有时各斑或多或少缩小或褪色，甚至完全消失；但最常见的是黑斑扩大，第 1、2 两斑完全并合，以致翅前半部完全黑色，中间仅留出 1 极小的、有时模糊的淡色斑，作为两斑并合的痕迹；端部斑点亦扩大到更大面积，使中间淡斑消失；在此情况下，鞘翅全部被黑色所占据，仅留出中间 1 条淡色横斑和末端极小部分淡色。触角黑色，基部三四节多少被草绿或淡蓝色绒毛，特别是下沿。触角较体略长，雌雄差异不大。鞘翅末端钝圆。

分布：浙江（德清、安吉、嘉兴、临安、桐庐、淳安、上虞、嵊州、镇海、奉化、象山、宁海、余姚、定海、普陀、嵊泗、仙居、玉环、江山、龙泉、永嘉、文成、泰顺）、黑龙江、吉林、北京、河北、河南、陕西、宁夏、江苏、上海、安徽、湖北、江西、湖南、福建、台湾、广东、广西、重庆、四川、贵州、云南；韩国，日本，越南。

寄主：刺槐、漆、杨属、青冈、乌桕、木樨、椴树、苎麻、桑、木槿、胡桃、杉木、凤仙花。

备注：浙江是本种的 5 个型的模式产地。

180. 柔天牛属 *Praolia* Bates, 1884 浙江新记录

Praolia Bates, 1884: 261. Type species: *Praolia citrinipes* Bates, 1884.

主要特征：体小型，长略大于体宽的 3 倍。头宽于前胸，额长宽约等，复眼下叶发达，略向两侧突出，宽度小于额宽的一半。触角很长，通常大于体长的 2 倍，雌虫也大于体长的 1.5 倍，柄节无脊，第 3 节最长，基部数节下沿具长缨毛。前胸背板方形或宽大于长（♀），不具结节或瘤突。鞘翅不具侧脊，两侧几乎平行，末端圆。前足基节窝关闭，后胸前侧片端宽小于后端宽的 2 倍，中足胫节外侧具斜凹沟，后足腿节伸达第 4 或 5 可见腹板。后足跗节第 1 节小于其后两节长度之和。爪附齿式。

分布：中国，日本，琉球群岛。

（409）柔天牛 *Praolia citrinipes* Bates, 1884（图版 X-21）浙江新记录

Praolia citrinipes Bates, 1884: 261, pl. II, fig. 8.

主要特征：体长 5.5–8 mm。头部和前胸红棕色，触角大部分黑色，第 4–8 节基部褐色，鞘翅黑色具明显刻点，足红褐色。前胸和中胸腹面黄褐色，后胸腹板中区黄褐色；后胸的其余部分及腹部黑色。触角长于体长的 2 倍，甚至接近 3 倍（♂）。

分布：浙江（临安）；日本。

备注：本种目前分为 5 个亚种，本研究只鉴定到种。比较确定的是它不是台湾记录的黑翅柔天牛 *Praolia citrinipes atripennis* (Pic, 1923)，因为足的颜色不一致。

181. 修天牛属 *Stenostola* Dejean, 1835

Stenostola Dejean, 1835: 350. Type species: *Saperda nigripes* Fabricius, 1793 (= *Cerambyx ferreus* Schrank, 1776).

主要特征：体小型，狭长圆筒形。头部额横宽，微凸；触角基瘤平坦，左右远离，头顶浅陷；触角较体稍长或近于等长，柄节细长柱形，第 3 节显著长于第 4 节。前胸柱形，较头稍狭，宽胜于长或长宽几相等，无侧刺突。鞘翅狭长，肩部稍宽于前胸或头部，翅端圆形。后胸前侧片狭长。腹部第 5 腹节最长。足

细，爪分叉，双齿式。

分布：亚洲，欧洲。浙江发现 1 种新记录（暂时放在这个属）。

（410）黑斑修天牛 Stenostola basisuturalis Gressitt, 1935（图版 X-20）浙江新记录

Stenostola basisuturale Gressitt, 1935a: 573.

Stenostola basisuturalis: Gressitt, 1951: 609.

主要特征：体长 11 mm 左右。体小型，狭长，圆筒形。体黑褐色。头部触角第 2–4 节除末端黑色外呈棕色，额周围颊、头顶、后头均被黄色细毛，其余部分黑色。前胸背板除背中区黑色外，均被黄色细毛。小盾片全被黄色细毛。鞘翅黑色，中缝基部约 1/6 部分被黄色细毛。腹面前、中胸及后胸前侧片、腹节后缘及两侧均被黄色细毛。足胫节棕色。鞘翅狭长，肩宽仅略胜于头宽，中部稍狭，翅端圆形。

分布：浙江（临安）、陕西、四川。

寄主：胡桃枝。

备注：本种雌雄均单齿式，显然不是修天牛属的，但是具体该移到哪个属还需要更多深入研究。

182. 刺楔天牛属 Thermistis Pascoe, 1867

Thermistis Pascoe, 1867b: 438. Type species: Lamia croceocincta Saunders, 1839.

主要特征：体形中等到大型，体长 14–32 mm，体长略小于体宽的 3 倍。头略窄于前胸，具 1 细中纵沟，额长大于宽（♂）或长宽约等（♀），复眼深凹；触角短于或长于体长，柄节稍膨大，缺脊，第 3 节总是最长，第 4 节长于柄节。前胸背板宽大于长，两侧具锥形刺突，背面盘区具瘤突、刻点或短脊。小盾片近半圆形。鞘翅宽于前胸，肩部最宽，向后渐狭，不具侧脊，末端圆或平切或凹切。前足基窝向后关闭或微开放，后胸前侧片前端宽于后端的 2 倍，中足胫节外侧无显著的斜凹沟，后足腿节伸达腹部第 3–5 可见腹板（即第 5–7 腹板），后足跗节第 1 节短于其后两节之和。雌雄爪均单齿式，全开式。

分布：中国中部和南方；印度，缅甸，越南，老挝，泰国，喜马拉雅。本属目前共包括 11 个种，中国均有分布，浙江仅分布 1 种。

（411）刺楔天牛 Thermistis croceocincta (Saunders, 1839)（图版 X-22）

Lamia croceocincta Saunders, 1839: 178, pl. XVI, fig. 6.

Thermistis croceocincta: Pascoe, 1867b: 439, note.

Thermistis apicalis Pic, 1923b: 14.

Thermistes croceocincta var. rufobasalis Pic, 1950b: 13.

Thermistis croceocincta m. apicalis: Breuning, 1966b: 729.

Thermistis croceocincta m. rufovasalis: Breuning, 1966b: 729.

Thermistis croceocincta apicalis: Nara & Yu, 1992: 133, figs. 1.6, 1.7.

Thermistis croceocincta croceocincta: Löbl & Smetana, 2010: 332.

别名：黄带天牛、黄带刺楔天牛、黄带楔天牛

主要特征：体长 14.0–23.5 mm。体黑色，大部分密被黄色绒毛。头黑色，额区密被黄色绒毛，触角深黑色，各节末端具白色绒毛细环。前胸背板中区具大型黑斑，一般基半部较大。小盾片黑色。鞘翅具 3 条黄色横带，分别位于基部小盾片之后，中部之后（斜行横带）和翅端。足黑色，腿节常被黄色绒毛。触角长于体，雄虫略长于雌虫，第 3 节最长。鞘翅没有纵脊，翅端微平切。

分布：浙江（临安、淳安、莲都、庆元、龙泉、瑞安）、陕西、安徽、湖北、江西、湖南、福建、广东、海南、香港、广西、四川、贵州、云南；印度，越南，泰国。

寄主：油茶（山茶科）、杉木（松科）、枹栎（壳斗科）。

183. 竖毛天牛属 *Thyestilla* Aurivillius, 1923

Thyestilla Aurivillius, 1923a: 491. [RN]

Thyestes Thomson, 1864: 116. [HN] Type species: *Thyestes pubescens* Thomson, 1864 (= *Saperda gebleri* Faldermann, 1835).

主要特征：体长形，相当粗壮，身体着生浓密的竖毛。触角中等粗，长度与体长差不多，基部数节下沿有稀疏缨毛；柄节粗短，第3节显长于柄节，第4节稍长于柄节，略长于第5节。触角基瘤平，几乎不突出。额宽大于额高。前胸背板横阔，基部轻微三角形，具2条细的前、后横凹沟，侧面略圆。鞘翅长形，不具纵脊，肩部显宽于前胸，向后逐渐缩窄，端部钝圆。后胸腹板长度正常。后胸前侧片前端很宽，2倍于后端。足相当长而粗壮，腿节棒状，后足腿节伸达腹部第4节（♂）或第3节（♀）；中足胫节外侧具1条斜沟；爪雌雄异型，雌虫单齿式，雄虫前、中足异齿式，即前足爪基部内侧具1个很小的瘤突，中足爪基部外侧具1个稍大的齿突，后足单齿式。雌虫腹部末节中央有1条细凹沟。

分布：中国，俄罗斯，蒙古国，朝鲜，韩国，日本。本属世界已知2种，均分布于中国，浙江分布1种。

（412）竖毛天牛 *Thyestilla gebleri* (Faldermann, 1835)（图版 X-23）

Saperda gebleri Faldermann, 1835: 434, pl. 5, fig. 6.

Thyestes pubescens Thomson, 1864: 116.

Thyestes gebleri: Bates, 1873d: 386.

Thyestes funebris Gahan, 1888b: 67.

Phytœcia infernalis Pic, 1904c: 17.

Thyestes gebleri var. *nigrinus* Plavilstshikov, 1915b: 109.

Thyestes gebleri var. *infernalis*: Plavilstshikov, 1921: 111.

Thyestilla gebleri: Aurivillius, 1923a: 491.

Thyestilla funebris: Aurivillius, 1923a: 491.

Thyestilla gebleri var. *funebris*: Plavilstshikov, 1931b: 200, 203.

Thyestilla lepesmei Gilmour, 1950: 554, fig. 10.

Thyestilla gebleri m. *pubescens*: Breuning, 1952: 195, pl. V, fig. 28.

Thyestilla gebleri m. *funebris*: Breuning, 1952: 195.

Phytœcia curtipennis Pic, 1952b: 5.

Thyestilla gebleri m. *subuniformis* Breuning, 1952: 195.

Thyestilla gebleri m. *transitiva* Breuning, 1952: 195.

Thyestilla gebleri ab. *heyrovskýi* Podaný, 1953: 52.

Thyestilla curtipennis: Breuning, 1954b: 22.

Thyestilla gebleri kadowakii Fujimura, 1962: 211, pl. 13, fig. 26.

别名：麻竖毛天牛、麻天牛

主要特征：体长 8.0–16.0 mm。本种体形与色彩很像一粒葵花籽。体黑色，被有厚密的绒毛和相当密的竖毛。前胸背板具3条灰白色绒毛直纹，计中央一条，两侧各一。每鞘翅沿中缝及自肩部而下各有灰白色纵纹 1 条，前者直达端末，通过后缘弯上侧缘；后者自肩基直达端区，但不到端末。小盾片被灰白绒毛，仅两个前侧角黑色。体背面其他各处，包括头顶中区在内，绒毛色彩变异很大，从淡灰、深灰、草灰绿到棕黑色，深色个体绒毛较稀薄。触角长度与体长相仿，雄虫最长的略超过尾端，雌虫较体略短。

分布：浙江（临安、浦江、磐安）、黑龙江、吉林、辽宁、内蒙古、北京、河北、山西、山东、河南、陕西、宁夏、青海、江苏、安徽、湖北、江西、湖南、福建、台湾、广东、广西、四川、贵州；俄罗斯、蒙古国，朝鲜，韩国，日本。

寄主：大麻、芝麻、棉花、蓟。

小枝天牛族　Xenoleini Lacordaire, 1872

184. 小枝天牛属 *Xenolea* Thomson, 1864

Xenolea Thomson, 1864: 91. Type species: *Xenolea collaris* Thomson, 1864.

Aschopalaea Pascoe, 1864a: 10, 24. Type species: *Aeschopalaea agragria* Pascoe, 1864.

主要特征：小型天牛。在鞘翅上，额部梯形，上狭下阔，具刻点。触角细长，雄虫超出体长 1 倍，雌虫略短，柄节端部背面具小颗粒，第 3 节比柄节至少长 1/2，与第 4 节近乎等长。前胸背板较平坦，无瘤突，刻点相当紧密，侧刺突不大。鞘翅刻点粗密，基缘区有不甚显著的颗粒，末端圆形，鞘翅每一刻点内具 1 根长而深色的硬毛。

分布：中国，韩国，日本，印度，缅甸，越南，老挝，泰国，新加坡，印度尼西亚。本属世界已知 4 种/亚种，中国记录 3 种/亚种，浙江分布 1 种。

（413）桑小枝天牛 *Xenolea asiatica* (Pic, 1925)

Aeschopalea asiatica Pic, 1925e: 16.

Xenolea asiatica: Gressitt, 1938b: 158.

Xenolea tomentosa asiatica: Gressitt, 1939a: 69.

主要特征：体长 5.5–9.0 mm。体基色深棕红，前胸背板和鞘翅杂有一部分淡棕色，一般前胸背板前、后缘区色彩较淡，鞘翅上则深淡混杂，形成片片斑点。全体被灰黄色绒毛，背面的较黄，腹面的有时略带绿色；绒毛稀密不匀。特别是在鞘翅上，较密的毛区形成许多不规则形的斑纹。

分布：浙江、河南、湖北、江西、台湾、广东、海南、香港、广西、四川、云南；韩国，日本，印度，缅甸，越南，老挝，泰国。

寄主：桑。

蓑天牛族　Xylorhizini Lacordaire, 1872

185. 毡天牛属 *Thylactus* Pascoe, 1866

Thylactus Pascoe, 1866b: 242. Type species: *Thylactus angularis* Pascoe, 1866.

主要特征：体长方形，被粗厚毛。头部额横宽；头顶宽而深陷，复眼内缘深凹，小眼面粗粒；触角基瘤分开，内端角强烈突出，具毛丛；触角较体短或稍长，第 3 节显著较柄节长。前胸背板横宽，侧刺突发达。鞘翅长，两侧几平行，中部前较狭，翅端扩展，呈瓣状，多粗毛。前足基节窝关闭，前胸腹板凸片很狭，前端均匀倾斜，足较短。

分布：中国，印度，尼泊尔，越南，老挝，泰国，菲律宾，马来西亚，印度尼西亚，非洲。本属世界已知 23 种/亚种，中国记录 7 种，浙江分布 1 种。

（414）四川毡天牛 *Thylactus analis* Franz, 1954（图版 X-24）浙江新记录

Thylactus analis Franz, 1954: 95, pl. 10 fig. 4.

主要特征：体长 29 mm 左右。体黑褐色，全体被覆紧贴体表的棕褐、黄褐、淡褐等不同浓淡色泽的厚密粗毛，组成细纵条纹：额中沟两侧、触角柄节、第 3 和 4 节端半部、第 5–11 节、前胸背中央两侧的纵条纹、侧刺突内侧的宽纵带、鞘翅基部 1/4 的隆脊区、中央后方的隆脊区及端半部中央隆脊区的毛被均呈深棕色条纹；腹节腹面两侧各有 1 深棕色圆斑，腿节、胫节上有深棕色横斑，其余部分浅黄褐色或逐渐由浓转淡。触角长达鞘翅的 3/4，柄节毛被极厚，长约等于第 4 节，略短于第 3 节，第 5–10 节外端稍突出。鞘翅肩部较前胸宽，肩部后方稍凹入，向后端渐宽，翅端延展成稍细长的薄瓣。

分布：浙江（西湖、滨江、临安）、河南、江西、湖南、广东、海南、广西、四川、贵州。

寄主：梓树（贵州）。

备注：本种跟刺胸毡天牛 *Thylactus simulans* Gahan, 1890 非常相似，只是鞘翅末端的薄瓣突出更细长。也有可能两者系同种内的变异。作者仅观察到云南的标本是稳定的宽阔的薄瓣，怀疑国内的其他地方的记录都是本种而不是真正的刺胸毡天牛。

186. 蓑天牛属 *Xylorhiza* Laporte, 1840

Xylorhiza Laporte, 1840: 476. Type species: *Xylorhiza venosa* Laporte, 1840 (= *Lamia adusta* Wiedemann, 1819).

主要特征：体大型，浑身密被浓厚的蓑衣状绒毛。复眼深凹，小眼面粗粒；触角略短于体长，密被短绒毛，柄节加粗，与第 3 节长度约等长，第 5–11 节各节长度相差无几。前胸侧面弧形，不具侧刺突。鞘翅长大于头胸之和的 3 倍。足较短，腿节短胖，胫节、腿节和跗节的长度也相差无几。前足基节窝关闭，雄虫第 3–5 节可见腹板各具 2 个显著的深凹坑，通常被长毛遮盖坑口。

分布：中国，巴基斯坦，印度，尼泊尔，缅甸，越南，老挝，泰国，柬埔寨，斯里兰卡，菲律宾，马来西亚，印度尼西亚。本属世界已知 3 种，中国记录 2 种，浙江分布 1 种。

（415）竖毛蓑天牛 *Xylorhiza pilosipennis* Breuning, 1943

Xylorhiza pilosipennis Breuning, 1943a: 16.

Xylorhiza erectepilosa Tippmann, 1951: 309, pl. XI.

主要特征：体长 25.0–44.0 mm。全体密被棕褐色至黑色及棕黄色绒毛和黑色竖毛，乍一看特别像披了一件蓑衣（中文名由来）。头部和触角大部分棕黄色，具少量黑色斑纹。鞘翅大部分被棕黄色绒毛，基部和端部之前有显著深色大型斑，整体显示不太显著的纵条纹，包括 2 条深色纵条纹。腿节深色具浅色纵条纹，胫节和跗节色较淡。触角短于体。前胸背板无侧刺突，鞘翅末端圆。

分布：浙江（常山）、福建、广东、海南、香港、广西、云南；越南，老挝。

附录：浙江省有过记录但是不包含在本卷里的物种及其理由

（1）长角拟瘦花天牛 *Mimostrangalia longicornis* (Gressitt, 1935)：吴鸿等（1995）记录的齿瘦花天牛 *Stranglia longicornis* Gressitt 应该是黑斑长尾花天牛 *Pygostrangalia longicornis obscuricolor* (Gressitt, 1951) 的错误鉴定。

（2）斑胸纹虎天牛 *Anaglyptus* (*Aglaophis*) *nokosanus* (Kano, 1930)：吴鸿等（1995）记录的斑胸虎纹天牛 *Anaglyptus nokosanus* (Kano, 1930)应该是嘉氏纹虎天牛 *Anaglyptus* (*Anaglyptus*) *gressitti* Holzschuh, 1999 的错误鉴定。

（3）二斑锐顶天牛 *Cleptometopus bimaculatus* (Bates, 1873)：章士美和陈其瑚（1992）记录四明山有分布，但本种目前认为是日本特有种，当时的记录应该是东方锐顶天牛 *Cleptometopus orientalis* (Mitono, 1934) 的错误鉴定。

（4）红角脊虎天牛 *Xylotrechus djoukoulanus* Pic, 1920：我们在没有标本验证的情况下，暂且认为吴鸿等（1995）报道的古田山的红角脊虎天牛 *Xylotrechus djoukoulanus* Pic, 1920 其实是四斑脊虎天牛 *Xylotrechus dominula* (White, 1855)。

（5）四斑蜡天牛 *Ceresium quadrimaculatum* Gahan, 1900：模式产地是澳大利亚，中国原先的记录可能都是斑胸华蜡天牛 *Ceresium sinicum ornaticolle* Pic, 1907 的错误鉴定。

（6）柱胸天牛 *Brototyche adamsii* Pascoe, 1867：模式产地是"Chosan (Japanese Sea), Korea"（Vives，2013），而不是"Chekiang (Chusan Is.)"（Gressitt，1951），所以本卷不包含这个种。Hua（2002）及 Löbl 和 Smetana（2010）记录的浙江分布都是因为误解了模式标签。

（7）二斑筒天牛 *Oberea binotaticollis binotaticollis* Pic, 1915：原先的浙江记录（平阳、永嘉、普陀、温岭和慈溪）是因为当时把天目筒天牛 *Oberea tienmuana* Gressitt, 1939 作为灰尾筒天牛 *Oberea griseopennis* Schwarzer, 1925（别名：樟灰翅天牛）的异名，灰尾筒天牛又被作为二斑筒天牛的异名，但其实前者是台湾的特有亚种，后者是独立的种。

（8）黑点筒天牛 *Oberea atropunctata* Pic, 1916：原先浙江杭州临安的记录应该是错误鉴定。目前已确定的黑点筒天牛仅分布于四川和云南。

（9）细线长腿筒天牛（曾用名：浙江长腿筒天牛）*Obereopsis lineaticeps* (Pic, 1911)：记录见于 Gressitt（1951）和陈其瑚（1993），是基于四斑长腿筒天牛 *Obereopsis kankauensis* (Schwarzer, 1925)的错误鉴定。

（10）蛛天牛 *Parechthistatus gibber* (Bates, 1873)：章士美和陈其瑚（1992）记录西天目山有分布，但该种是日本特有种，当时的鉴定可能是中华蛛天牛 *Parechthistatus chinensis* Breuning, 1942 的错误鉴定，但因为本次没有见到对应标本无从判断，故两者都暂不收录。

（11）淡胫驼花天牛 *Pidonia* (*Mumon*) *debilis* (Kraatz, 1879)：陈其瑚（1993）记录天目山的分布，是苍白驼花天牛 *Pidonia* (*Pseudopidonia*) *palleola* Holzschuh, 1991 的错误鉴定。

（12）灰星天牛 *Pseudonemophas versteegii* (Ritsema, 1881)：章士美和陈其瑚（1992）记录庆元县有分布，但可能是绿绒星天牛 *Anoplophora beryllina* (Hope, 1840)的错误鉴定。

（13）日本驼花天牛 *Pseudosieversia japonica* (Ohbayashi, 1937)：章士美和陈其瑚（1992）记录庆元县有分布，但本种目前认为是日本特有种，当时的记录应该是错误鉴定。

（14）刺胸毡天牛 *Thylactus simulans* Gahan, 1890：原先浙江的记录应该是四川毡天牛 *Thylactus analis* Franz, 1954 的错误鉴定。

（15）蓑天牛 *Xylorhiza adusta* (Wiedemann, 1819)：原先浙江的记录应该是竖毛蓑天牛 *Xylorhiza pilosipennis* Breuning, 1943 的错误鉴定。

四、距甲科 Megalopodidae

主要特征：距甲亚科虫体较大，体长 6–11 mm，鞘翅明显较宽；小距甲亚科则较小，体长一般在 6 mm 以下。距甲科昆虫成虫体长形，鞘翅色泽常为棕黄、棕红、深蓝、黑色，部分种类具有横竖斑纹或不规则的色斑，少数种类具有金属光泽；体表被粗大刻点及发育良好的竖毛及卧毛，前胸背板及鞘翅上的毛有时稀少。触角短于体长，至多长及鞘翅中部，端部几节常较粗，外端角突出或触角为筒形、念珠状；前胸背板不具有侧边框，但侧缘一般具瘤突；中胸背板具有发音器；鞘翅刻点排列不规则；后足腿节常膨粗；胫节端部有距，距式为 2–2–2 或 1–2–2。

分布：距甲科世界已知约 29 属 587 种，国内已知 3 属 66 种，浙江已知 3 属 6 种。

分属检索表

1. 小型，长度小于 6 mm；下唇唇舌不分裂；爪附齿式，无爪间突；前胸背板侧缘近中部有瘤 ········· **小距甲属 Zeugophora**
- 中型，长度大于 6 mm；下唇唇舌分裂；爪单齿式，有爪间突；前胸背板侧缘中部无瘤，基部后角有 1 瘤突 ·············· 2
2. 前胸背板有较深的前横沟和后横沟，侧缘无瘤突，仅在盘区后基角隆起；后胸腹板无圆锥状瘤突；小盾片一般呈三角形，端部圆或稍凹 ··· **沟胸距甲属 Poecilomorpha**
- 前胸背板前横沟的两侧深，中部浅，后横沟浅或不显，侧缘有瘤突；后胸具 1 对圆锥状瘤突；小盾片一般呈梯形，端部平截或稍凹；后足腿节具 1–2 个端齿 ··· **突胸距甲属 Temnaspis**

187. 沟胸距甲属 *Poecilomorpha* Hope, 1840

Poecilomorpha Hope, 1840b: 178. Type species: *Poecilomorpha passerini* Hope, 1840.

Clythraxeloma Kraatz, 1879b: 143. Type species: *Clythraxeloma cyanipennis* Kraatz, 1879.

Clytraxeloma Clavareau, 1913: 13 (unjustified emendation).

主要特征：中型，长度大于 6 mm；体长方形，鞘翅两侧近于平行，体表被毛。眼大突出，卵圆形，凹切深，头在眼后明显收狭，头顶中央有 1 纵沟或圆形涡，下唇唇舌分裂。触角 1–4 节筒状，5–10 节长宽近等，外端角突出。前胸背板近方形，前后端近等宽或后端稍宽，四角有多根刚毛；前缘较直，无边框，后缘中部向后微拱，有边框，侧面无边框，侧缘向外膨出，在基部无瘤突；盘区前后横沟较深且完整，在中部相向拱出，在后角处有时稍隆。小盾片三角形，端部尖或凹入。后胸腹板稍隆，中央无乳状突起。后足腿节粗大，无端齿，但在下缘近中部有齿，雌虫一般无；后足胫节十分弯曲，雄虫更明显。

分布：古北区，东洋区。世界已知约 47 种，中国记录 8 种，浙江分布 1 种。

（416）丽距甲 *Poecilomorpha pretiosa* Reineck, 1923（图版 XI-1）

Poecilomorpha pretiosa Reineck, 1923: 609.

Poecilomorpha elegantula Gressitt, 1942f: 284.

Poecilomorpha pretiosa elegantula Gressitt *et* Kimoto, 1961: 29.

Temnaspis pretiosa (Reineck): Kimoto & Gressitt, 1979: 210.

主要特征：体长 6–9 mm，体宽 2.5–5 mm。体棕红色；头和前胸背板大部棕黄色，后头和前胸背板中央带黑色斑；触角全黑色；小盾片常蓝色或部分蓝色，周缘棕黄色；鞘翅深蓝色或蓝紫色，带金属光泽，鞘翅狭长，长约为宽的 2 倍，盘区较平；腹面棕红色，中胸前侧黑色，后胸腹板外边有黑斑，有时黑斑减少或消失；足跗节黑色，中、后足腿节前小方有 1 黑斑；雄虫则有向后斜的齿，雌虫后足腿节下缘中部无齿。体表被刻点和竖毛、卧毛，背面毛色近黑色，腹面毛黄色。

分布：浙江（德清、临安）、湖北、福建、台湾、海南、广西、云南。

188. 突胸距甲属 *Temnaspis* Lacordaire, 1845

Temnaspis Lacordaire, 1845: 716. Type species: *Megalopus javana* Guérin-Méneville, 1844.

Colobaspis Fairmaire, 1894a: 225. Type species: *Colobaspis flavonigra* Fairmaire, 1894.

主要特征：体长方形，鞘翅两侧缘近于平行，体表被毛。眼稍突出，有的种类眼很大，头于眼后收狭，头顶中央有 1 圆涡或纵凹，触角 1–4 节筒状，5–10 节长宽近等，外端角突出。前胸背板方形，前端一般较基部狭，前缘较直，无边框，后缘平拱，有边框，侧缘自前向后扩展，或每侧稍向外膨出，后角具齿突或基瘤，盘区前横沟常在中部消失，两端较深，后横沟一般浅而不显。小盾片梯形，端缘平直或微凹。后胸腹板中央具 1 对乳状突。后足腿节粗大，后足腿节端部 1/4 有 1 个或 2 个齿；雄虫后足腿节下缘近中部常有 1 齿，雌虫一般则无；后足胫节弯曲，雄虫更显著。

分布：古北区，东洋区。世界已知约 53 种，中国记录 24 种，浙江分布 4 种。

分种检索表

1. 后足腿节端部有 2 个齿，全靠外侧或内外侧各一 ·· 2
- 后足腿节端部外侧有 1 个长齿，内侧无齿 ··· 3
2. 鞘翅棕黄或浅黄色，头和前胸背板全黑色 ····································· **白蜡梢距甲 *T. nankinea***
- 鞘翅棕红色，有黑斑，鞘翅每侧前斑与后斑相隔较近 ······················· **七星距甲 *T. septemmaculata***
3. 鞘翅棕黄色，肩角和翅后部 1/3 近外缘各有 1 黑斑，每翅盘区具 1 个纵向椭圆形大黑斑；头黑色 ····· **黑斑距甲 *T. pulchra***
- 鞘翅棕黄色，仅肩角黑色；头大部分棕黄色，中央及眼内侧具黑色或浅褐色斑 ························· **黄距甲 *T. pallida***

（417）白蜡梢距甲 *Temnaspis nankinea* (Pic, 1914)（图版 XI-2）

Colobaspis nankinea Pic, 1914c: 20.

Temnaspis coreana Chûjô, 1934a: 34.

Temnaspis nankinea (Pic): Gressitt & Kimoto, 1961: 35.

主要特征：体长 7.5–9 mm，体宽 3.5–4 mm。头、触角、前胸背板和小盾片黑色；鞘翅棕黄色，鞘翅粗壮；腹部黄色，后足腿节外侧端部和胫节基部黄色，中、后胸腹面黑色区域大小有差异；头部、前胸背板和鞘翅被刻点和黑色竖毛，胸部腹部毛较稀疏。后足腿节端部内外侧均有 1 齿且两齿等长。

分布：浙江（临安）、山东、河南、江西、台湾；朝鲜。

（418）黄距甲 *Temnaspis pallida* (Gressitt, 1942)（图版 XI-3）

Colobaspis pallida Gressitt, 1942f: 290, pl. 13, fig. 3.

Temnaspis pallida Gressitt: Gressitt & Kimoto, 1961: 35.

主要特征：体长 9–11.5 mm，体宽 3.4–5.0 mm。背、腹面棕黄至棕红色；头部额中央有 1 大黑斑或浅色斑，复眼内侧常有 1 小褐斑，唇基两端与上颚关联处黑色；触角黑色；上唇基半部黑色；前胸背板盘区两侧和中纵区有时大部黑色，有的有 3 个浅色黑斑，有的只有中央 1 个小淡斑；小盾片基半部黑色；鞘翅仅肩角黑色；足黑色，前、中足基节一部分黄色，后足基节全黄色，前、中足胫节腹缘常黄色，后足腿节背缘和后端大部黄色；中胸前侧片黑色，有时后胸前侧片也有黑色斑。后足腿节外端具 1 齿。

　　分布：浙江（临安）、江西、湖南、福建。

（419）黑斑距甲 *Temnaspis pulchra* Baly, 1859（图版 XI-4）

Temnaspis pulchra Baly, 1859b: 206.

Colobaspis pulchra: Jacoby & Clavareau, 1904: 14.

Temnaspis diversesignatus Pic, 1955: 22.

　　主要特征：体长 7.0–10.5 mm，体宽 2.6–4.5 mm。体淡黄至棕黄色；头黑色；前胸背板棕黄色，每侧具 1 个大圆黑斑，在后面的中央有 1 个小斑；小盾片黑色；鞘翅棕黄色，肩角和翅后部外缘各有 1 黑斑，每翅盘区具 1 较大椭圆形黑斑；腹部棕黄色，腹节中部常具黑色；足基节、转节有时黄色，后足腿节顶端和后足胫节基端黄色；被竖毛，背面毛黑色，腹面毛黄色。后足腿节端部外侧有 1 长齿。

　　分布：浙江（德清、临安）、江西、福建；印度。

（420）七星距甲 *Temnaspis septemmaculata* (Hope, 1831)（图版 XI-5）

Megalopus septemmaculatus Hope, 1831: 28.

Temnaspis quinquemaculatus Baly, 1859b: 206.

Colobaspis septempunctata (Hope): Komiya, 1986: 6.

Temnaspis nigroplagiata Jacoby, 1892b: 876.

Colobaspis quinquemaculatus (Baly): Jacoby, 1908: 93.

Colobaspis regalis Achard, 1920: 48.

Temnaspis septemmaculata (Hope): Yu & Liang, 2002: 123.

　　主要特征：体长 7.0–9.2 mm，体宽 3.0–4.3 mm。体棕黄至棕红色，头顶中央有 1 黑斑，额中央有纵条斑，二斑有时相连；触角基部 4 节棕黄色，以后节为棕褐色；前胸背板梯形，棕红色，中央有 1 黑斑；鞘翅棕红色，末端 1/3 淡棕黄色，鞘翅每侧前后有 2 个黑色横斑。胸部一般黑色，腹部棕黄色或部分黑色；足棕黄色，后足腿节前面后部具有较大黑斑，中足胫节下缘一般有 1 褐斑。后足腿节端部每侧有 1 齿。

　　分布：浙江（临安）、四川、贵州、云南、西藏；印度，尼泊尔，缅甸，越南。

189. 小距甲属 *Zeugophora* Kunze, 1818

Zeugophora Kunze, 1818: 71. Type species: *Crioceris subspinosa* Fabricius, 1781.

Taraxis LeConte, 1850: 237. Type species: *Taraxis abnormis* LeConte, 1850.

Macrozeugophora Achard, 1914: 288. Type species: *Macrozeugophora ornata* Achard, 1914.

　　主要特征：体形较小，长度小于 6 mm，体表粗糙，被粗大刻点及卧毛；复眼卵圆形，稍突出，内缘凹切浅，额区前端缘中央有 1 个三角形的小涡，唇基横宽，略弯拱，下唇唇舌不分裂，头顶与后头之间常以 1 横凹为界，凹内常具密刻点；前胸背板近方形，侧缘平行，侧瘤圆形或锥形，在侧缘中部或偏前，盘区基缘前有时具 1 横沟，后角不具刚毛。鞘翅两侧近接近平行，肩部稍往前突出，刻点粗大一般不规则；后足腿节与前中足近等或稍膨大，较弯，下缘无齿突，胫节略弯或较直，胫端距式为 1–2–2，跗节一般较宽，爪附齿式，无爪间突。

分布：古北区，新北区，旧热带区。世界已知约 97 种，中国记录 34 种，浙江分布 1 种。

（421）双带小距甲 *Zeugophora (Pedrillia) bifasciata* Gressitt *et* Kimoto, 1961

Zeugophora (Pedrillia) bifasciata Gressitt *et* Kimoto, 1961: 25, fig. 5.

主要特征：体长 5.1 mm，体宽 2.6 mm。头、前胸背板淡棕红色；触角基部两节棕色，2–11 节黑色；小盾片淡褐色；鞘翅淡棕色，有狭的黑褐色缝缘和 2 个弯而狭的黑褐色横带，第 1 横带较规则并较宽，自翅中斜向缝缘，位于第 2 个 1/4 末端，第 2 个横带较弯曲，外面较宽，里面较狭，规则并较宽，或多少后斜向缝缘，而后者更弯曲，不达及翅缝缘。腹面红褐色，腹节的后缘较淡；足赤褐色，跗节色淡些。体被有薄层的淡色卧毛，触角上的毛密而较短，在腹面及足的毛则较长，胫节毛和腹节后缘的毛较密。

分布：浙江（龙泉）、河南、安徽、福建。

五、叶甲科 Chrysomelidae

叶甲科是叶甲总科中为害种类最多、为害方式最为复杂、为害作物最为广泛的一个大类群。目前叶甲科分为 12 或 13 亚科：茎甲亚科 Sagrinae、豆象亚科 Bruchinae、水叶甲亚科 Donaciinae、负泥虫亚科 Criocerinae、龟甲亚科 Cassidinae、叶甲亚科 Chrysomelinae、萤叶甲亚科 Galerucinae、跳甲亚科 Alticinae（有时并入萤叶甲亚科）、隐肢叶甲亚科 Lamprosomatinae、隐头叶甲亚科 Cryptocephalinae、肖叶甲亚科 Eumolpinae、艳叶甲亚科 Spilopyrinae、锯胸叶甲亚科 Synetinae。

主要特征：叶甲科昆虫，一般体长 1–17 mm；长圆形，体色多样；头部外露，多为亚前口式；复眼突出；触角 11 节，多为丝状；上唇基明显；前胸背板多横宽，鞘翅一般盖住腹部；腹部背面可见 7 节；足较长，跗节伪 4 节，第 4 节很小，隐藏在第 3 节的基部。

分布：世界已知 56000 余种，中国分布 2400 多种。本卷通过对浙江省的叶甲科种类的系统整理，共记述该地区叶甲科昆虫 10 亚科 144 属 417 种。

分亚科检索表

1. 头向前伸，后头发达，常呈颈状，复眼不与前胸前缘接触，二者之间有一定距离；唇基发达，在上颚基部间的面积相当大；前胸两侧一般无侧边 ·· 2
- 头嵌于胸腔较深，复眼常与前胸前缘接触或较靠近；唇基不发达，在上颚基部间的面积成为 1 极为狭窄的横条，或唇基与额愈合，两者间无分界；前胸两侧一般具侧边 ·· 4
2. 体流线形，稍扁，腹面有浓密的银色毛被；头部有沟，但不呈 X 形；复眼完整无凹切；第 1 腹节特长，约为其后 4 节的总长；幼虫水生，食根或食茎 ·· 水叶甲亚科 Donaciinae
- 体非流线形，腹面不具适应水生的银色毛被；头部有 X 形深沟；复眼内缘凹切；第 1 腹节不特别长，小于其后 4 节的总长 ··· 3
3. 体形宽大；鞘翅后端 1/3 收狭明显，刻点浅细，排列一般不成行；后足腿节极粗壮，端部具齿；幼虫蛀茎，形成虫瘿····· ··· 茎甲亚科 Sagrinae
- 体形不特别宽大；鞘翅后端稍收狭，末端相合成圆形，刻点至少在基部粗大，排列成行；后足腿节无齿，也不极粗壮；幼虫食叶 ·· 负泥虫亚科 Criocerinae
4. 跗节 4 节，第 4 和第 5 两节完全愈合，有时仅残留分节痕迹；头部向后倾斜，后口式，口器外露或部分隐藏在胸腔内；两触角着生处十分靠近 ·· 龟甲亚科 Cassidinae
- 跗节 5 节或 4 节，如为 5 节，则第 4 节很小，呈环状；下口式或亚前口式，口器全部外露；两触角着生处远离或靠近 ······ 5
5. 下口式；前唇基不明显；额唇基前缘凹入较深，两侧角或稍突出；前足基节窝关闭 ·· 6
- 一般为亚前口式；前唇基分明；额唇基前缘较平直；前足基节窝关闭或开放 ·· 8
6. 腹部第 2–4 腹节的中部狭缩，各节呈半环形，向前拱凸；体形近于圆柱形 ·············· 隐头叶甲亚科 Cryptocephalinae
- 腹部第 2–4 腹节的中部不狭缩；体形或多或少卵圆或圆形，背面常强烈隆起而且前面束缩 ······························· 7
7. 前胸侧无沟；中后胸和腹侧无凹洼；口器全部外露；腹端无齿轮状构造 ························· 肖叶甲亚科 Eumolpinae
- 前胸侧有沟，触角藏于胸沟内；中后胸和腹侧有凹洼，足紧贴于凹洼内；口器部分隐藏于胸腔内；腹末节后缘具 1 轮凹凸相间的齿轮状构造 ··· 隐肢叶甲亚科 Lamprosomatinae
8. 两触角着生处相隔较宽；前足基节横形；中至大型种类，体长 2–15mm；幼虫露生食叶 ·········· 叶甲亚科 Chrysomelinae
- 两触角着生处接近 ··· 9
9. 后足腿节不特别膨大，内无跳器；中至大型种类，体长 4–15 mm；幼虫露生食叶或土中食根 ····· 萤叶甲亚科 Galerucinae
- 后足腿节特别膨大，内有跳器，善跳；小至大型种类，体长 1.3–15 mm；幼虫露生食叶，隐生潜叶、潜柄、潜果实，或在土中食根等 ··· 跳甲亚科 Alticinae

（一）茎甲亚科 Sagrinae

茎甲亚科是叶甲总科中一个较为原始的亚科，幼虫蛀茎，并于茎干中形成膨大的虫瘿，在其中结茧化蛹。主要寄生于豇豆、薯蓣、菜豆属、葛属、番薯属等植物。

主要特征：体形宽大或狭长。头向前伸出；复眼凹切明显；颜面"面凹形额沟比较深"；上颚端部不分齿，唇舌较大且前缘中部分裂。前胸背板端部缢缩明显，侧缘无边框。鞘翅基部明显较前胸为宽，翅端无外端角刺和缝角刺；刻点浅细，一般刻点行不规则。后足腿节一般粗壮，雄虫尤甚，雄虫后足腿节端部具齿突；胫节无距；跗节第 3 节分两叶，腹面毛密，爪单齿式。

分布：主要分布在热带和亚热带，包括东洋区、旧热带区、澳洲区和新热带区，古北区和新北区没有。世界已知 12 属 67 种，中国分布 1 属 8 种，浙江记录 2 种。

190. 茎甲属 *Sagra* Fabricius, 1792

Sagra Fabricius, 1792: 51. Type species: *Tenebrio femoratus* Fabricius, 1792.

主要特征：体中至大型。色泽鲜艳，有强金属光泽或稍暗。背腹面大部分光洁无毛。颜面"面凹形额沟比较深"，头顶前端形成锐角；后头明显隆起；触角较粗。前胸背板近方形；前角常突出，呈瘤状。鞘翅多数宽阔，亦有两侧近平行；肩胛稍隆，肩瘤显突，肩沟低洼；刻点稀密不一，分散或排列成不规则纵行；翅表分布或深或浅的不规则刻纹。腿节腹缘有时具毛区；胫节弯曲；跗节前 3 节宽大。

分布：东洋区，旧热带区，澳洲区。世界已知 30 种，中国分布 8 种，浙江记录 2 种。

（422）紫茎甲 *Sagra femorata* (Drury, 1773)（图版 XI-6）

Tenebrio femorata Drury, 1773: 64.

Sagra tridentata Weber 1801: 62.

Sagra femorata: Fabricius, 1792: 51.

主要特征：体长 12.0–22.0 mm，体宽 5.5–10.0 mm。体色变异大，有紫红、金红、蓝绿、红绿、金绿、蓝紫、黑色等，具强金属光泽或稍暗，翅单色。雄虫触角长度超过体长之半。前胸背板前缘拱出，侧缘在中部微凹；前角隆起成瘤，前瘤下沿有沟；盘区刻点极其微小。鞘翅宽阔，中部以后明显收狭；肩胛隆起，肩瘤突出；刻点浅细，排列成不规则的刻点行，行间较平滑。雄虫第 1 腹节腹面中部具毛丛。雄虫后足腿节末端显超过鞘翅端部，腹侧一般无毛区，端部下缘有 2–3 个齿，后足胫节形成凹口。

分布：浙江（杭州、宁海、舟山）、湖北、江西、福建、台湾、广东、海南、广西、四川、云南；巴基斯坦，印度，尼泊尔，缅甸，越南，老挝，泰国，柬埔寨，斯里兰卡，印度尼西亚，澳大利亚。

寄主：豇豆、长豇豆、刀豆、薯蓣、决明属、木蓝属、葛属、油麻藤属、菜豆属。

（423）红肩茎甲 *Sagra humeralis* Jacoby, 1904（图版 XI-7）

Sagra humeralis Jacoby, 1904a: 294.

主要特征：体长 8.5–10.0 mm，体宽 4.5–5.2 mm。体黑色，幽暗，鞘翅肩部有金红色方斑，触角、前胸背板和足具深蓝色金属光泽。触角长达鞘翅中部。前胸背板前缘拱出，侧缘在基半部平行；前侧角突出成瘤，前瘤下沿无沟；盘区刻点粗糙。鞘翅宽阔，中部以后明显收狭；肩胛隆起，肩瘤突出；翅面刻点粗糙，散乱不成行。雄虫后足腿节长约为宽的 2 倍，不超过鞘翅端部，端部下缘有 3 个小齿，后足胫节形成凹口。

　　分布：浙江、贵州、云南；越南。

（二）水叶甲亚科 Donaciinae

　　水叶甲亚科是叶甲总科内唯一适应于水生的类群，幼虫水生食根，可取食黑三棱科、禾本科、莎草科、眼子菜科、睡莲科、香蒲科、毛茛科、大叶藻科等多科水生植物，成虫或陆地飞行，或近水活动，或水下爬行。

　　主要特征：成虫体流线形，稍扁；多具金属光泽；体背光洁，少数种类具毛，腹面生有浓密的疏水银色毛被。头向前下方伸出，额沟呈倒 V 形，不呈 X 形；复眼完整无凹切。前胸背板无侧边框，多数具刻点和褶皱。鞘翅基部明显宽于前胸背板，两侧向端部收狭；端缘平截、圆突或内凹；翅缝缘片有时在端部膨出；刻点行整齐，行间多具横皱。腹部第 1 节多数长于或等于其余 4 节的总和。足细长；腿节稍粗，后足腿节下缘常具齿；胫节距式 1–1–0。雄虫末节腹板端缘多有凹洼，雌虫则平坦无凹洼。

　　分布：主要分布在全北区，向北可到达纬度很高的地区，东洋区、澳洲区和旧热带区很少，新热带区无。全世界已知 6 属 161 种，中国记录 5 属 34 种。浙江的水叶甲调查得很不充分，目前仅报道 2 属 4 种，但其中天目水叶甲 *Plateumaris socia* (Chen, 1941)是否采自天目山一直存疑，除模式标本外也无新增标本，此处不列出该种。

191. 水叶甲属 *Donacia* Fabricius, 1775

Donacia Fabricius, 1775: 195. Type species: *Donacia crassipes* Fabricius, 1775.

　　主要特征：体表颜色多样，有青铜、古铜、蓝、绿、黑、黄等色，一般具强金属光泽。体腹面被银白色毛。触角第 3 节长不超过第 2 节的 2 倍。前胸背板四角具刚毛；盘区多数具刻点和皱褶。鞘翅狭长，端部渐收狭；外端角不突出成刺；翅缝缘片直达翅端，在端部不外露。腹部第 1 节长于或等于以后各节之和。跗节腹面具密毛，第 3 节双叶状，负爪节长明显短于前几节之和。

　　分布：世界广布。世界已知 105 种，中国记录 22 种，浙江分布 2 种。

（424）异角水叶甲 *Donacia bicoloricornis* Chen 1941（图版 XI-8）

Donacia bicoloricornis Chen, 1941a: 10.
Donacia subcylindrica Chen, 1941a: 11.

　　主要特征：体长 6.0–8.6 mm，体宽 2.2–3.5 mm。体青铜色或古铜色，具金属光泽，触角和足基色棕黄，触角各节端部深色，后足腿节背面端部或有深色斑。头顶沟较深，额瘤稍隆，触角长超过体长之半。前胸背板近方形，长宽近等，前侧瘤稍隆突，盘区刻点粗密，点间平坦。鞘翅端平截，刻点行间布有横沟纹。腿节稍粗，后足腿节端部下缘有 1 个小齿突，雌虫齿突较弱。腹部第 1 节长度等于（♂）或长于（♀）以后各节之和，雄虫第 1 节腹板中央无小突起。

　　分布：浙江（舟山）、黑龙江、北京、河北、江苏、湖北、江西、台湾；俄罗斯，朝鲜半岛，日本。

　　寄主：直立黑三棱。

（425）长腿水叶甲 *Donacia provostii* Fairmaire, 1885（图版 XI-9）

Donacia provostii Fairmaire, 1885: 64.

　　主要特征：体长 6.0–9.0 mm，体宽 3.0–3.2 mm。体铜色，具金属光泽，触角和足基色棕黄，触角各节端部深色，各足腿节端部背面具深蓝色大斑。头顶沟深，额瘤隆突，触角长超过体长之半。前胸背板近方形，宽稍过长，前侧瘤稍突出，盘区中纵沟两侧密布细横皱，刻点细而稀。鞘翅端平截，刻点行间微隆，无皱。后足腿节长，约为前中足腿节长的 2 倍，端半部膨粗，下缘有 1 个齿突，齿后常有小锯齿。臀板外露，腹部第 1 节长度超过以后各节之和，雄虫第 1 节腹板中央有 1 对小突起。

分布：浙江（杭州、舟山）、黑龙江、辽宁、北京、天津、河北、山西、山东、河南、陕西、甘肃、江苏、安徽、湖北、江西、湖南、福建、台湾、广东、海南、四川、贵州；俄罗斯，韩国，日本。

寄主：莼菜、睡莲、眼子菜属、水稻、菰、莲等。

192. 齿胫水叶甲属 *Sominella* Jacobson, 1908

Sominella Jacobson, 1908: 622. Type species: *Donacia macrocnemia* Fischer von Waldheim, 1824.

主要特征：体为铜绿、青铜、蓝紫等色，具强金属光泽。触角长一般超过鞘翅中部，第 3 节长超过第 2 节的 2 倍。前胸背板盘区布满皱褶，刻点不显。鞘翅较宽阔，端部明显收狭、尖，外端角无刺突，翅缝缘片狭，近端部外露。雄虫后足腿节端超过鞘翅末端，后端下缘有齿，后足胫节弯曲明显，下缘呈片状突起，并有 1 锐齿，跗节腹面具密毛，第 3 节双叶状，负爪节长明显短于前几节之和。

分布：古北区，东洋区，新北区。世界已知 3 种，中国记录 2 种，浙江分布 1 种。

（426）长角水叶甲 *Sominella longicornis* (Jacoby, 1890)（图版 XI-10）

Donacia longicornis Jacoby, 1890: 84.
Sominella longicornis: Goecke, 1931: 158.

主要特征：体长 8.0–10.5 mm，体宽 3.5–4.5 mm。体青铜、铜绿或蓝紫色，具强金属光泽，触角和足青铜、铜绿或紫铜色。头顶中沟不深，额瘤隆突，上唇前缘内凹，触角细长，远超过鞘翅中部，雄虫几达翅端。前胸背板长大于宽，四角毛瘤突出，前侧瘤明显隆突，盘区中纵沟两侧有粗的羽状隆纹。鞘翅端平截，内端角无齿，刻点行刻点粗大，行间微隆，有粗横沟纹。后足腿节特别粗大，雄虫长度超过翅端，近端部下缘有 1 锐齿，雌虫后足腿节较短，不超过翅端，端部无明显齿突。

分布：浙江（临安）、湖北、湖南、福建、四川；越南，老挝。

（三）负泥虫亚科 Criocerinae

主要特征：体长 2.5–14.0 mm。体背光洁无毛，多棕红、棕黄、深蓝或蓝紫色，有些种类有色斑或条纹。头部复眼突出，眼后部与后头相接处收狭，头顶具 X 形额沟。触角第 6–10 节短粗或细长，节长小于或等于宽的 2 倍。前胸背板筒形，两侧中央向内凹陷（束腰状），盘区通常具刻点，有 1–2 条横沟或凹。小盾片具毛或光洁。鞘翅两侧近平行，较前胸背板稍宽或很宽，每翅具规则排列的刻点列，基部刻点一般较大。臀板中央具舌形的发音锉。腹板具毛。腹部各节具毛和刻点。足中度长，被稀毛和刻点，爪在基部分离或合并。

分布：世界已知 19 属，中国记录 7 属 150 余种，浙江分布 5 属 32 种。

分属检索表

1. 爪基部合并 ·· 2
- 爪基部分开 ·· 3
2. 头顶端角大于 90°，后头（头顶后方）宽大于长；触角第 6–10 节短粗，节长小于宽的 2 倍；前胸背板仅在基部有 1 条横凹
·· 禾谷负泥虫属 *Oulema*

- 头顶端角小于 90°，后头（头顶后方）长大于宽；触角第 6–10 节细长，节长通常是宽的 2 倍；前胸背板一般有 1–2 条横凹 …………………………………………………………………………………………… 合爪负泥虫属 *Lema*

3. 头很长（头顶至口器端部），头长远大于宽；鞘翅明显比前胸背板宽 ……………… 长头负泥虫属 *Mecoprosopus*

- 头不长，头长宽近等；鞘翅比前胸背板稍宽 ……………………………………………………………… 4

4. 头前部与后头无明显分界，眼后沟与 X 形沟后端不相连；前胸背板两侧在基部略收狭 ……………… 负泥虫属 *Crioceris*

- 头前部与后头明显分开，眼后沟与 X 形沟端部相连接；前胸背板两侧中央明显收狭 …………… 分爪负泥虫属 *Lilioceris*

193. 负泥虫属 *Crioceris* Geoffroy, 1762

Crioceris Geoffroy 1762: 237. Type species: *Chrysomela asparagi* Linnaeus, 1758.

主要特征：体形小，3–7 mm。头部较宽，眼后稍狭，头前部与后头无明显分界，眼后沟与 X 形沟后端不相连，头顶端角小于 90°。触角约为体长之半，第 5–11 节筒形，较短粗。前胸背板两侧在基部收狭，盘区散布小刻点，仅在基部具 1 条横凹。小盾片舌形，光洁。鞘翅比前胸背板稍宽，具排列整齐的刻点列。体腹面具刻点和毛。各足胫节端部有 1 个距，爪基部分离。

分布：世界广布。世界已知 60 余种，中国记录 7 种，浙江分布 1 种。

（427）十四点负泥虫 *Crioceris quatuordecimpunctata* (Scopoli, 1763)（图版 XI-11）

Attelabus quatuordecimpunctata Scopoli, 1763: 14.

Crioceris quatuordecimpunctata var. *sibirica* Weise, 1887: 165.

主要特征：体长 5.6–6.7 mm，体宽 2.5–3.0 mm。体棕黄至棕红色，头部和前胸背板具黑褐色斑，每翅具 7 个黑斑，小盾片和足黑色，体腹面棕黄色，仅中、后胸侧板黑色。头顶纵沟伸达顶端，沟基部有 1 深涡；触角短粗，长度稍小于体长之半。前胸背板两侧近基部收狭，盘区近光洁。鞘翅肩瘤圆形，略突，刻点排列整齐，行距平坦。后胸腹板具稀疏的刻点和毛，后胸侧板具密毛。腹部具较密的刻点和毛，仅第 1 腹节大部分区域光洁，刻点和毛较稀。足中度长，被刻点和毛，腿节膨粗，各足胫节端有距 1 个。

分布：浙江（临安）、黑龙江、吉林、内蒙古、河北、新疆、江苏、湖南、广西；俄罗斯，蒙古国，朝鲜，日本，欧洲。

194. 合爪负泥虫属 *Lema* Fabricius, 1798

Lema Fabricius, 1798: 90. Type species: *Lema cyanea* Fabricius, 1798.

Atactolema Heinze, 1927: 163. Type species: *Lema australis* Lacordaire, 1845.

Trichonotolema Heinze, 1927: 165. Type species: *Lema coelestina* Klug, 1835.

主要特征：体小到中型，5–9 mm。体色变异较大。头在眼后收狭，头前部与后头明显分开，头顶端角小于 90°。触角第 6–10 节细长，节长通常是宽的 2 倍。前胸背板两侧在中央收狭，盘区具刻点，一般有 1–2 条横凹。小盾片舌形。鞘翅具完整的刻点列，行距间略隆起。足胫节端部具 2 距，爪在基部合生。

分布：世界广布。中国记录 65 种，浙江分布 14 种。

分种检索表

1. 鞘翅无小盾片刻点列（*Petauristes* 亚属） ………………………………………………………………… 2

- 鞘翅有小盾片刻点列或仅有 1–2 个刻点（*Lema* 亚属） ……………………………………………………… 5

2. 下颚须末节长形，节长超过宽的 2 倍，不宽于端前节，端部渐狭 ·· 3
- 下颚须末节膨粗，节长短于宽的 2 倍，宽于端前节，端部近圆形或顶端钝平 ··························· 4
3. 前胸背板后横沟较深；足和体腹面蓝黑色 ······························ 蓝翅负泥虫 *L. (P.) honorata*
- 前胸背板后横沟较浅；腹面棕黄至棕红色，足胫节和跗节黑色，腿节棕红色 ······ 红胸负泥虫 *L. (P.) fortunei*
4. 鞘翅棕黄色，或有黑色斑 ··· 简森负泥虫 *L. (P.) jansoni*
- 鞘翅单一色，棕黄至棕红色 ·· 短角负泥虫 *L. (P.) crioceroides*
5. 前胸背板平坦无横沟 ··· 枸杞负泥虫 *L. (L.) decempunctata*
- 前胸背板至少有 1 条后横沟 ··· 6
6. 背面色相同 ·· 7
- 背面色不同 ··· 11
7. 背面全蓝色 ·· 8
- 背面全棕黄至棕红色 ··· 10
8. 头顶平坦；上唇近半圆形，前端中央隆突 ···························· 青负泥虫 *L. (L.) cyanea*
- 头顶隆起；上唇非半圆形 ·· 9
9. 头顶有红色斑 ··· 红顶负泥虫 *L. (L.) coronata*
- 头顶无红色斑 ··· 蓝负泥虫 *L. (L.) concinnipennis*
10. 体腹面、上唇及额唇基全棕黄色，触角黄色或黑色 ···················· 褐负泥虫 *L. (L.) rufotestacea*
- 体腹面大部分及足黑色，仅腹部侧缘或末节棕红色 ···················· 鸭跖草负泥虫 *L. (L.) diversa*
11. 鞘翅单一色 ·· 12
- 鞘翅至少有两种颜色或具色斑 ·· 13
12. 前胸背板棕红色；鞘翅全部蓝色 ·································· 腹黑负泥虫 *L. (L.) infranigra*
- 前胸背板黑色有光泽，基缘棕红色；鞘翅棕红色 ···················· 淡缘负泥虫 *L. (L.) becquarti*
13. 鞘翅基部和端部蓝黑色，中部棕红色 ································ 红带负泥虫 *L. (L.) delicatula*
- 鞘翅大部分蓝色，两翅中央有 1 棕红色盾形斑 ······················ 盾负泥虫 *L. (L.) scutellaris*

（428）淡缘负泥虫 *Lema (Lema) becquarti* Gressitt, 1942（图版 XI-12）

Lema becquarti Gressitt, 1942f: 308.

主要特征：体长 5.2–6.2 mm，体宽 2.5–3.0 mm。触角、头和前胸背板黑色，头顶红色，前胸背板基缘、鞘翅棕红色，前足和中足大部分黑色，后足腿节棕黄色，胫节大部分黑色，前胸和中胸腹板黑色，后胸腹板和腹部棕红色。头顶隆起，中央具 1 纵沟，侧缘中部有 1 个小突起，上唇非半圆形。触角细长，长度超过体长之半。前胸背板盘区中央具 1–2 列小刻点，后横凹明显。小盾片舌形，光洁无毛。鞘翅基凹明显，刻点在基部较大，向后渐小或在端部消失，端部行距间略隆起，小盾片刻点列具 4–5 个刻点。后胸腹板大部分区域近光洁，腹部第 1 节中部毛稀疏，其余部分均匀被毛。足中度长，腿节膨粗。

分布：浙江（德清、安吉、临安、天台）、安徽、广西。

（429）蓝负泥虫 *Lema (Lema) concinnipennis* Baly, 1865（图版 XI-13）

Lema concinnipennis Baly, 1865b: 157.

主要特征：体长 4.3–6.0 mm，体宽 2.0–3.0 mm。体蓝黑色，仅腹部末 3 节棕黄色。头顶隆起，中央有 1 深纵沟，沟两侧光洁，上唇非半圆形。触角细长，超过体长之半。前胸背板盘区近光洁，后横凹明显。小盾片舌形，略具刻点和毛。鞘翅基凹较浅，基部刻点较大并向后渐小，端部行距间略隆起，小盾片刻点列有刻点 7–8 个。后胸腹板和侧板大部分光洁。足中度长，腿节略膨粗。

分布：浙江（德清、安吉、临安、黄岩）、吉林、河北、山东、河南、陕西、甘肃、江苏、安徽、湖北、江西、湖南、福建、台湾、广东、广西、四川、贵州、云南、广西。

（430）红顶负泥虫 *Lema* (*Lema*) *coronata* Baly, 1873（图版 XI-14）

Lema coronata Baly, 1873: 72.

主要特征：体长 4.2–5.5 mm，体宽 2.0–2.5 mm。体蓝色，具明显的金属光泽，触角和足近黑色，头顶有 1 横向的红斑。头顶稍隆，中央无明显纵沟，上唇非半圆形。触角细长，约为体长之半。前胸背板盘区中央有 2 纵列刻点，余部光洁。鞘翅基部刻点较大，向后渐小，端部行距间隆起，小盾片刻点列有刻点 4–7 个。后胸腹板近光洁，侧板均匀被毛。腹部毛较稀疏，雄虫腹部第 1 节有纵脊，雌虫腹部无纵脊。足中度长，腿节略膨，中足胫节基部腹缘有 1 齿突，雌虫齿常不发育。

分布：浙江（舟山）、江苏、安徽、湖北、江西、福建、广东、海南、广西、四川；日本。

（431）青负泥虫 *Lema* (*Lema*) *cyanea* Fabricius, 1798（图版 XI-15）

Lema cyanea Fabricius, 1798: 92.

主要特征：体长 2.8–3.3 mm，体宽 1.0–1.2 mm。体蓝色，具明显金属光泽，触角和足近黑色。头顶较平，中央具 1 深纵沟，沟两侧近光洁，上唇近半圆形，前端中央隆突。触角细长，长度超过体长之半。前胸背板盘区近光洁，或略具小刻点。小盾片舌形，光洁无毛。鞘翅刻点基部较大，向后渐小，端部行距间略隆起，小盾片刻点列具刻点 6–9 个。后胸腹板大部分区域近光洁，前侧片毛被较密。足中度长，腿节略膨粗。

分布：浙江（开化）、江西、福建、台湾、广东、广西、四川、云南、西藏；印度，尼泊尔，缅甸，越南，老挝，泰国，斯里兰卡，新加坡，印度尼西亚。

（432）枸杞负泥虫 *Lema* (*Lema*) *decempunctata* (Gebler, 1830)（图版 XI-16）

Crioceris decempunctata Gebler, 1830: 196.

Lema decempunctata: Weise, 1889b: 562.

主要特征：体长 4.0–5.8 mm，体宽 2.3–2.8 mm。头、前胸背板和体腹面黑色，常具铜绿色光泽，鞘翅棕黄色，每翅有 5 个小黑斑。头顶较隆，中央有 1 条深纵沟和 1 凹涡。触角较短，长度约为体长的 1/3。前胸背板盘区散布大刻点，基部中央有 1 纵凹，无明显横凹。鞘翅刻点在基部较大，向后略减弱，小盾片刻点列有 4–5 个刻点。后胸腹板具稀疏的毛和刻点，侧板具密毛。足中度长，腿节略膨粗。

分布：浙江（舟山）、黑龙江、吉林、内蒙古、河北、山西、山东、河南、陕西、宁夏、甘肃、青海、新疆、江苏、安徽、湖北、江西、湖南、福建、广东、海南、四川、西藏；俄罗斯，蒙古国，中亚，欧洲。

（433）红带负泥虫 *Lema* (*Lema*) *delicatula* Baly, 1873

Lema delicatula Baly, 1873: 75.

主要特征：体长 3.7–4.5 mm，体宽 1.6–2.0 mm。头黑色，前胸背板棕红色。鞘翅基部和端部蓝黑色、中部棕红色。头顶平坦，中央有 1 纵沟，沟两侧刻点微细，上唇非半圆形。触角细长，超过体长之半。前胸背板盘区近光洁，后横凹明显。小盾片舌形，有微细刻点。鞘翅基凹深，刻点向后渐小，端部行距间略隆，小盾片刻点列 4–5 个刻点。后胸腹板近光洁。腹部毛稀疏，分布均匀。足中度长，腿节略膨出。

分布：浙江（德清、杭州、定海、台州）、江苏、安徽、湖北、福建、广东；日本。

（434）鸭跖草负泥虫 *Lema* (*Lema*) *diversa* Baly, 1873（图版 XI-17）

Lema diversa Baly, 1873: 71.

主要特征：体长 4.8–6.0 mm，体宽 2.0–3.0 mm。头顶、前胸背板、鞘翅棕红色，头（除头顶）、触角、足黑色，体腹面黑色，仅腹部侧缘或末节棕红色。头顶隆起，中间有 1 深纵沟，沟两侧具微细刻点，上唇非半圆形。触角细长，长度超过体长之半。前胸背板盘区中央具 1–2 列小刻点，后横凹明显。小盾片舌形，光洁无毛。鞘翅基凹浅，刻点向后渐小，端部行距平坦，小盾片刻点列有 4–6 个刻点。后胸腹板近光洁。腹部毛稀疏，均匀分布。足中度长，腿节略膨粗。

分布：浙江（德清、萧山、临安、定海、温岭、温州）、黑龙江、吉林、辽宁、河北、山东、河南、陕西、江苏、安徽、湖北、江西、湖南、福建、广东、广西、四川、贵州；朝鲜，日本。

（435）腹黑负泥虫 *Lema* (*Lema*) *infranigra* Pic, 1924（图版 XI-18）

Lema infranigra Pic, 1924a: 11.

主要特征：体长 4.3–5.7 mm，体宽 2.0–2.5 mm。头、前胸背板棕红色，鞘翅蓝色，触角、足和体腹面黑色。头顶隆起，中央有 1 深纵沟，沟两侧略具刻点，上唇非半圆形。触角细长，超过体长之半。前胸背板盘区较隆，中央有 2 纵列刻点，后横凹明显。小盾片舌形，光洁无毛。鞘翅基凹深，刻点向后渐小，端部行距间明显隆起，小盾片刻点列有 6–8 个刻点。后胸腹板近光洁，仅侧板毛较密。腹部毛稀疏。足中度长，腿节略膨粗。

分布：浙江（安吉、临安）、安徽、湖北、江西、湖南、福建、广东、广西、四川、贵州。

（436）褐负泥虫 *Lema* (*Lema*) *rufotestacea* Clark, 1866（图版 XI-19）

Lema rufotestacea Clark, 1866: 29.

主要特征：体长 4.7–6.3 mm，体宽 2.0–2.7 mm。体棕黄色，触角第 3–11 节黑色或仅背侧黑色。头顶明显隆起，中央有 1 纵沟，沟两侧光洁无刻点，两侧缘基部各有 1 浅凹，上唇非半圆形。触角细长，约为体长之半。前胸背板盘区散布稀疏的小刻点，无明显横凹。小盾片舌形，光洁无毛。鞘翅基部刻点较大，向后渐小，小盾片刻点列具 5–7 个刻点。后胸腹板近光洁，仅侧板毛较密。腹部毛稀疏。足中度长，腿节略膨粗。

分布：浙江（杭州）、安徽、湖北、江西、福建、台湾、广东、海南、广西、四川、贵州、云南、西藏；印度，尼泊尔，缅甸，越南。

（437）盾负泥虫 *Lema* (*Lema*) *scutellaris* (Kraatz, 1879)（图版 XI-20）

Crioceris scutellaris Kraatz, 1879b: 130.
Lema scutellaris: Jakobson, 1907: 26.

主要特征：体长 4.9–5.7 mm，体宽 2.0–2.3 mm。头前部黑色，后头、前胸背板和小盾片棕红色，鞘翅大部分蓝色，两翅中央有 1 棕红色盾形斑，翅缝和端部 1/5 棕红色。头顶较隆，中央具 1 深纵沟，沟两侧密布大小刻点，上唇非半圆形。触角细长，超过体长之半。前胸背板盘区隆起，中央具 1–2 纵列刻点，余部散布微细刻点。小盾片三角形，具稀疏的刻点和毛。鞘翅基部刻点较大，向后渐小，端部行距间隆起，小盾片刻点列有 5–7 个刻点。后胸腹板毛被稀疏。腹部均匀散布稀毛。足中度长，腿节膨粗。

分布：浙江（杭州）、黑龙江、吉林、辽宁、河北；朝鲜，日本。

（438）短角负泥虫 *Lema (Petauristes) crioceroides* Jacoby, 1893（图版 XII-1）

Lema robusta Jacoby, 1892b: 869. [HN]
Lema crioceroides Jacoby, 1893: 271 (new name).

主要特征：体长 7.0–7.8 mm，体宽 2.8–3.5 mm。体背面棕红色，触角、足、体腹面黑色。头顶隆起，中央具 1 纵沟，沟两侧近光洁或具零星刻点。触角较短，约为体长的 1/3。前胸背板盘区散布细密小刻点，后横凹较浅。小盾片舌形，仅基部略被毛。鞘翅基部刻点大，向后渐小，端部行距间明显隆起，无小盾片刻点列。后胸腹板大部分区域近光洁，前侧片密被刻点和毛。足中度长，腿节略膨粗。

分布：浙江（临安、定海）、海南、广西、贵州、云南；印度，缅甸，越南，老挝，泰国。

（439）红胸负泥虫 *Lema (Petauristes) fortunei* Baly, 1859（图版 XII-2）

Lema fortunei Baly, 1859c: 148.

主要特征：体长 6.0–8.2 mm，体宽 3.0–4.0 mm。头、前胸背板、体腹面棕黄至棕红色，触角、足胫节、跗节黑色，腿节棕红色，鞘翅蓝色。头顶隆起，中央常有 1 纵沟和凹涡，纵沟两侧散布零星刻点。触角细长，超过体长的一半，第 1–2 节粗壮，刻点和毛稀疏，以后各节筒形。前胸背板盘区中央具 2 列粗大刻点，后横凹较浅。小盾片舌形或方形，表面有微细刻点。鞘翅基凹浅，端部行距平坦，刻点在基部较大，向后渐小，无小盾片刻点列。后胸腹板近光洁，前侧片刻点细密。足中度长，腿节膨粗，毛被稀疏。

分布：浙江（德清、安吉、临安、舟山、黄岩）、河北、山东、河南、陕西、甘肃、江苏、安徽、湖北、江西、福建、台湾、海南、广西、四川、贵州；朝鲜，日本。

（440）蓝翅负泥虫 *Lema (Petauristes) honorata* Baly, 1873（图版 XII-3）

Lema honorata Baly, 1873: 73.

主要特征：体长 5.0–6.3 mm，体宽 2.5–3.0 mm。头、前胸背板棕红色，鞘翅深蓝色或蓝绿色，触角黑色，足和体腹面蓝黑色。头顶较隆，中央通常有 1 浅纵沟，沟两侧光洁，或具零星刻点。触角细长，长度为体长之半。前胸背板盘区中央有 1–4 纵列整齐刻点，周围散布微细刻点，后横沟较深。小盾片三角形，光洁无毛。鞘翅刻点在基部较大，向后渐小，端部行距间隆起，无小盾片刻点列。中胸腹板密被毛，后胸腹板近光洁，前侧片具密毛。足中度长，腿节膨粗。

分布：浙江（泰顺）、河北、山东、湖北、江西、湖南、福建、台湾、广西、贵州、四川、云南；朝鲜，日本，越南。

（441）简森负泥虫 *Lema (Petauristes) jansoni* Baly, 1861（图版 XII-4）

Lema jansoni Baly, 1861: 277.

主要特征：体长 5.8–7.0 mm，体宽 2.5–3.5 mm。前胸背板棕黄色，后横凹前常有 4 个黑斑，分别位于四角，鞘翅棕黄色，或有黑色斑。头顶隆起，眼于头后明显收狭。触角细长，长度为体长之半。前胸背板盘区中央具 2 纵列不规则排列的小刻点。小盾片舌形，光洁无毛。鞘翅刻点较大，向后不减弱，无小盾片刻点列。后胸腹板近光洁，仅具有稀疏的刻点和毛。腹部各节均匀散布刻点和毛。足中度长，腿节略膨粗，毛被稀疏。

分布：浙江（临安）、江苏、福建、台湾、广东、云南；日本，印度，尼泊尔，越南，老挝，泰国，印度尼西亚。

195. 分爪负泥虫属 *Lilioceris* Reitter, 1913

Lilioceris Reitter, 1913a: 79. Type species: *Chrysomela merdigera* Linnaeus, 1758.

Bradyceris Chûjô, 1951a: 82. Type species: *Crioceris lewisi* Jacoby, 1885.

主要特征：是本亚科中体形较大的类群。体色多棕红色，亦有蓝色或黑色，有些种类鞘翅上有斑纹。头长宽近等，头在眼后明显收狭，划分出头颈部，眼后沟与 X 形沟端部相连接，额瘤光洁，常隆起。触角细长或短粗。前胸背板筒形，两侧在中央收狭成束腰状，盘区中央通常有 1–2 纵列刻点，无明显横凹。小盾片三角形，光洁无毛或密被毛。鞘翅比前胸背板稍宽，刻点完整或稀疏，基部刻点通常较大，向后不减弱或渐小、消失。后足胫节有 2 距，爪在基部分开。

分布：世界广布。中国记录 46 种，浙江分布 13 种。

分种检索表

1. 鞘翅在小盾片和基凹之间强烈隆起，呈驼峰状 ·· 驼负泥虫 *L. gibba*
- 鞘翅不如上述 ··· 2
2. 鞘翅单一色 ··· 3
- 鞘翅至少有 2 种颜色 ·· 11
3. 鞘翅刻点较粗，大小在翅前后相差不大 ·· 4
- 鞘翅刻点自前向后渐弱或消失 ··· 5
4. 小盾片光洁；头前部黑色，后头棕红色 ·· 中华负泥虫 *L. sinica*
- 小盾片被毛，毛达后部；头黑色 ·· 小负泥虫 *L. minima*
5. 小盾片光洁，后端无毛 ·· 6
- 小盾片被毛，毛达后部 ·· 10
6. 前胸背板刻点较细，在中央排成 1–2 纵列 ·· 7
- 前胸背板刻点较粗，排列不规则，有时中央 1 纵列刻点 ·· 8
7. 触角较短，约为体长的 1/3 ·· 纤负泥虫 *L. egena*
- 触角细长，超过体长的 1/2 ·· 黑胸负泥虫 *L. nigropectoralis*
8. 后胸腹板后角有 1 片斜毛区 ·· 异负泥虫 *L. impressa*
- 后胸腹板后角无斜毛区 ·· 9
9. 后胸腹板中央具 1 密毛区，其间密布褶皱；头前部黑色，后部棕红色 ············· 皱胸负泥虫 *L. cheni*
- 后胸腹板光洁；后胸前侧片外缘较光洁；头黑色 ···································· 老挝负泥虫 *L. laosensis*
10. 中胸腹板突短，不向后弯曲；鞘翅黑色，具蓝色金属光泽 ···························· 红颈负泥虫 *L. sieversi*
- 中胸腹板突向后加宽，弯曲，与后胸腹板中突呈水平式相接；鞘翅棕红色 ·········· 弯突负泥虫 *L. neptis*
11. 翅上无色斑 ·· 铜缝负泥虫 *L. cupreosuturalis*
- 翅上有深浅色斑 ·· 12
12. 翅黑色，每翅肩部有 1 近方形橙红色斑，斑上有 2 小黑点 ···························· 斑肩负泥虫 *L. scapularis*
- 翅端黑色，基部 2/3 黄色，每翅中央有 1 圆形小黑斑或卵形大黑斑 ··············· 三斑负泥虫 *L. triplagiata*

（442）皱胸负泥虫 *Lilioceris cheni* Gressitt *et* Kimoto, 1961（图版 XII-5）

Lilioceris cheni Gressitt *et* Kimoto, 1961: 46.

主要特征：体长 7.5–11.7 mm，体宽 4.0–5.0 mm。头前部黑色，后部棕红色，前胸背板黑色或棕红色，鞘翅棕红色，触角、足及体腹面黑色。头顶较隆，中央有 1 浅纵沟，沟两侧近光洁。触角短，约为体长的 1/3，第 5–11 节宽扁。前胸背板盘区散布大刻点。小盾片舌形，光洁无毛。鞘翅基部刻点较大，向后略减小，端部行距间隆起。后胸腹板中央具 1 密毛区，其间密布褶皱，侧板具密毛。腹部毛被均匀。后足腿节中部膨粗，毛被略稀疏。

分布：浙江（安吉）、江西、福建、台湾、广东、海南、广西、四川、云南、西藏；尼泊尔，越南，老挝，柬埔寨。

（443）铜缝负泥虫 *Lilioceris cupreosuturalis* (Gressitt, 1942)

Crioceris cupreosuturalis Gressitt, 1942f: 298.

Lilioceris cupreosuturalis: Gressitt & Kimoto, 1961: 48.

主要特征：体长 5.5–7.5 mm，体宽 3.0–3.5 mm。头部、前胸背板、小盾片、触角和足黑色，有金属光泽，鞘翅棕黄或棕红色，无色斑，翅缝有铜色金属光泽，体腹面棕黄或棕红色，后胸侧板黑色，腹部侧缘和末节棕红色。头顶隆起，中央有 1 条深纵沟。触角长，约为体长之半。前胸背板盘区中央有 1–2 纵列排列不规则的小刻点。小盾片三角形，有刻点和稀疏的毛。鞘翅刻点较大，端部行距间隆起。后胸腹板中部有 1 稀毛区。足密布刻点和毛。

分布：浙江、甘肃、四川、贵州。

（444）纤负泥虫 *Lilioceris egena* (Weise, 1922)（图版 XII-6）

Crioceris egena Weise, 1922b: 41.

Lilioceris egena: Heinze, 1943: 102.

主要特征：体长 7.5–10.0 mm，体宽 3.5–4.7 mm。头前部、触角、足和体腹面黑色，后头、前胸背板、小盾片和鞘翅棕红色，有时前胸背板黑色。头顶较隆，中央有 1 深纵沟。触角较短，约为体长的 1/3。前胸背板盘区中央有 1 纵列刻点，余部近光洁。小盾片舌形，光洁无毛。鞘翅刻点较大，向后刻点不减小，端部行距间隆起。后胸腹板近光洁，侧板密被毛。腹部毛均匀。

分布：浙江（临安、宁海、舟山、泰顺）、安徽、湖北、江西、湖南、福建、台湾、广东、海南、香港、广西、四川、贵州、云南；越南。

（445）驼负泥虫 *Lilioceris gibba* (Baly, 1861)（图版 XII-7）

Crioceris gibba Baly, 1861: 280.

Lilioceris gibba: Heinze, 1943: 105.

主要特征：体长 7.0–9.0 mm，体宽 3.5–4.5 mm。体棕黑或棕黄色，触角黑褐色，前胸背板中央有 2 个褐色纵向斑。头部狭长，中央有 1 纵沟或纵凹，沟两侧近光洁。触角宽扁，第 8–10 节略加宽。前胸背板较长，盘区稍隆，中央有 2 纵列刻点。小盾片三角形，密被毛。鞘翅在小盾片和基凹之间强烈隆起，呈驼峰状，刻点粗大，稀疏且不规则排列。后胸腹板近光洁，仅后角有 1 短簇密毛。足腿节中部膨粗，毛被稀疏。

分布：浙江（德清、绍兴、温岭）、辽宁、江苏、安徽、湖北、江西、湖南、福建、台湾、广东、海南、广西、四川、云南；朝鲜，越南北部。

（446）异负泥虫 *Lilioceris impressa* (Fabricius, 1787)（图版 XII-8）

Crioceris impressa Fabricius, 1787: 88.

Lilioceris impressa: Winkler, 1929: 1234.

主要特征：体长 7.5–11.8 mm，体宽 3.5–5.0 mm。头部、前胸背板、小盾片、触角、足和体腹面黑色，部分前胸背板棕红色，鞘翅棕红色。头顶隆起，中央有 1 深纵沟，沟两侧近光洁。触角宽扁，第 5–10 节方形，长度约为体长之半。前胸盘区散布粗大刻点。小盾片舌形，光洁无毛。鞘翅刻点较大，向后不减小，端部行距间隆起。后胸腹板近光洁，仅后角处有 1 短簇斜向的密毛。腹部毛稀疏，分布均匀。后足腿节中部膨粗。

分布：浙江（杭州、天童）、湖北、湖南、福建、广东、海南、广西、四川、贵州、云南；印度，尼泊尔，缅甸，越南，老挝，泰国，柬埔寨，斯里兰卡，菲律宾，马来西亚，印度尼西亚。

（447）老挝负泥虫 *Lilioceris laosensis* (Pic, 1916)（图版 XII-9）

Crioceris laosensis Pic, 1916e: 16.

Lilioceris laosensis: Kimoto & Gressitt, 1979: 227.

主要特征：体长 8.5–10.5 mm，体宽 4.5–5.5 mm。头部、前胸背板、小盾片、触角、足和体腹面黑色，鞘翅棕红，腹部两侧缘和腹节末两节棕红色。头顶隆起，中央有 1 纵沟，沟两侧光洁。触角宽扁，第 5–11 节长宽近等，长度约为体长之半。前胸背板盘区散布刻点。小盾片舌形，光洁无毛。鞘翅基部刻点大，向后渐小，端部行距间平坦。后胸腹板光洁，侧板具密毛。腹部毛稀疏，分布均匀。后足腿节中部略膨粗，背面毛稀疏，侧面和腹面近光洁。

分布：浙江、湖北、福建、广东、海南、广西、四川、西藏；印度，尼泊尔，老挝、泰国。

（448）小负泥虫 *Lilioceris minima* (Pic, 1935)（图版 XII-10）

Crioceris minima Pic, 1935c: 12.

Lilioceris minima: Gressitt & Kimoto, 1961: 54.

主要特征：体长 5.0–9.0 mm，体宽 2.5–4.5 mm。头、前胸背板、触角、中后胸侧板黑色，鞘翅和体腹面棕红色，有铜色金属光泽。头顶隆起，中央有 1 纵沟，沟两侧近光洁。触角细长，约为体长之半。前胸背板盘区中央有 1–2 纵行大刻点，余部散布小刻点。小盾片三角形，密被毛。鞘翅基部刻点较大，向后不减小，端部行距间隆起。后胸腹板有 1 条纵向的密毛带，从后缘一直延伸到前缘，侧板具密毛。腹部毛被均匀。后足腿节中部略膨粗。

分布：浙江（天台）、陕西、甘肃、福建、四川。

（449）弯突负泥虫 *Lilioceris neptis* (Weise, 1922)（图版 XII-11）

Crioceris niptis Weise, 1922b: 41.

Lilioceris niptis: Heinze, 1943: 104.

主要特征：体长 7.0–9.0 mm，体宽 3.5–4.5 mm。体棕红色或棕黄色，触角黑色，中、后胸腹板两侧 1/4 黑色，足棕红色，胫节黑色。头顶隆起，中央有 1 纵沟或纵凹，沟两侧光洁无刻点。触角较长，约为体长之半。前胸背板盘区中央具 1–2 纵列刻点，近前缘处散布稀疏刻点，余部光洁。小盾片三角形，被毛。鞘翅刻点稀疏，基部刻点较大，向后渐小或消失。中胸腹板突长，向后加宽，弯曲，与后胸腹板中突呈水平相接。后胸腹板后角处有 1 纵向密毛区。腹部毛被稀疏。后足腿节中部膨粗。

分布：浙江（德清、临安、黄岩、温州）、江苏、江西、湖南、福建、广东、广西、四川；尼泊尔。

（450）黑胸负泥虫 *Lilioceris nigropectoralis* (Pic, 1928)（图版 XII-12）

Crioceris nigropectoralis Pic, 1928c: 88.

Lilioceris nigropectoralis: Gressitt & Kimoto, 1961: 55.

主要特征：体长 5.0–10.0 mm，体宽 3.0–5.0 mm。体黄色或棕红色，中胸腹板和后胸腹板黑色。头顶隆起，中央有 1 纵沟或纵凹，沟两侧有稀疏刻点和毛。触角细长，超过体长之半，第 5–10 节长为宽的 2 倍。前胸背板盘区稍隆，中央具 1–2 纵列刻点，余部近光洁。小盾片三角形，光洁无毛。鞘翅刻点稀疏，两侧和端部 1/3 刻点消失。后胸腹板后角处有 1 纵向密毛区。后足腿节略膨粗，毛被稀疏。

分布：浙江（临安）、吉林、安徽、江西、湖南、福建、台湾、广西、四川、贵州、云南；越南。

（451）斑肩负泥虫 *Lilioceris scapularis* (Baly, 1859)（图版 XII-13）

Crioceris scapularis Baly, 1859b: 195.

Lilioceris scapularis: Heinze, 1943: 101.

主要特征：体长 6.5–8.2 mm，体宽 3.0–4.5 mm。体黑色，鞘翅肩部有橙红色近方形的肩斑，斑上有 2 个小黑点。头顶隆起，中央有 1 纵沟，沟两侧近光洁。触角细长，约为体长之半。前胸背板盘区中央有 1 纵列刻点，余部较光洁。小盾片三角形，光洁无毛。鞘翅刻点基部较大，向后渐小但不消失。后胸腹板近光洁，侧板具密毛。腹部毛被均匀。后足腿节膨粗，毛被较稀疏。

分布：浙江（德清、临安、黄岩）、山东、河南、陕西、江苏、湖北、江西、福建、广东、海南、广西、贵州；朝鲜，日本，越南北部。

（452）红颈负泥虫 *Lilioceris sieversi* (Heyden, 1887)（图版 XII-14）

Crioceris sieversi Heyden, 1887: 271.

Lilioceris sieversi: Medvedev, 1958: 108.

主要特征：体长 6.5–8.5 mm，体宽 3.5–4.5 mm。头、触角、鞘翅、体腹面、足黑色，有蓝色金属光泽，前胸背板棕红色。头顶明显隆起，中央有 1 浅纵沟，沟两侧近光洁。触角较长，超过体长之半。前胸背板盘区中央散布刻点。小盾片三角形，光洁无毛。鞘翅基部刻点较大，向后减小但不消失，端部行距间平坦。中胸腹板突短，不向后弯曲，后胸腹板具稀疏的毛，侧板密被毛。腹部毛稀疏，均匀分布。后足腿节中部膨粗。

分布：浙江（临安）、黑龙江、吉林、内蒙古、河北、陕西、湖北、江西、福建、贵州；朝鲜。

（453）中华负泥虫 *Lilioceris sinica* (Heyden, 1887)（图版 XII-15）

Crioceris sinica Heyden, 1887: 270.

Lilioceris sinica: Medvedev, 1958: 112.

主要特征：体长 6.2–9.0 mm，体宽 3.0–4.5 mm。头前部黑色，后头棕红色，前胸背板、小盾片及鞘翅棕红色，触角、足及体腹面黑色。头顶平坦，中央有 1 浅纵沟，沟两侧近光洁。触角较短，约为体长的 1/3。

前胸背板盘区散布密集的小刻点。小盾片三角形，光洁无毛。鞘翅刻点粗大，向后不减小，端部行距间稍隆起。后胸腹板中央有密毛区，其间略具褶皱，从前缘延伸至后缘。腹部毛密，各腹节两侧缘各有 1 个椭圆形光洁区。足腿节中央略膨粗。

　　分布：浙江（德清、西湖、临安、舟山、台州）、黑龙江、吉林、辽宁、河北、山东、陕西、甘肃、湖北、江西、福建、广西、贵州、云南；俄罗斯，朝鲜。

（454）三斑负泥虫 *Lilioceris triplagiata* (Jacoby, 1888)（图版 XII-16）

Crioceris triplagiata Jacoby, 1888: 340.

Lilioceris triplagiata: Gressitt & Kimoto, 1961: 59.

　　主要特征：体长 7.5–8.5 mm，体宽 3.5–4.0 mm。体蓝黑色，鞘翅基部 2/3 黄色，每翅黄色区域间有 1 长圆形黑斑。头顶明显隆起，中央有 1 深纵沟，沟两侧有稀疏的刻点和毛。触角细长，长度为体长之半。前胸背板盘区中央有 1–2 纵列刻点，前缘和前角处散布零星刻点。小盾片三角形，光洁无毛。鞘翅基部刻点较大，向后渐小且常在端部消失。后胸腹板近光洁。腹部有稀疏的毛，均匀分布。后足腿节中部膨粗。

　　分布：浙江（临安）、江西、福建、广西、四川。

196. 长头负泥虫属 *Mecoprosopus* Chûjô, 1951

Mecoprosopus Chûjô, 1951a: 75. Type species: *Mecoprosopus fulvus* Chûjô, 1951.

　　主要特征：体黄色至棕黄色。头部狭长，头长远大于宽，头顶端角明显小于 90°，中央有 1 纵沟，后头与头前部有明显的分界。触角较长。前胸背板两侧在中央收狭，盘区近光洁或有稀疏的小刻点。小盾片三角形。鞘翅明显比前胸背板宽，在小盾片之后稍隆起，刻点较大，规则排列，但不同行距间略隆起。足胫节端部无距，爪在基部分开。

　　分布：东洋区。世界已知 1 种，中国记录 1 种，浙江分布 1 种。

（455）长头负泥虫 *Mecoprosopus minor* (Pic, 1916)（图版 XII-17）

Crioceris minor Pic, 1916f: 18.

Mecoprosopus minor: Chûjô, 1951a: 75.

　　主要特征：体长 4.0–6.0 mm，体宽 2.0–3.0 mm。体棕黄色，头、触角、足黑色。头部长明显大于宽，头顶隆起，中央有 1 条深纵沟，沟两侧近光洁。触角较长，约为体长之半。前胸背板长大于宽，盘区前部中央有 1 纵列稀疏的小刻点，余部近光洁。小盾片三角形，具稀疏的刻点和毛。鞘翅较前胸背板明显宽，基部刻点较大，向后略减小。后胸腹板近光洁，侧板密被毛。腹部毛稀疏，均匀分布。足中度长，腿节中央略膨粗。

　　分布：浙江（安吉、临安）、江苏、福建、台湾、广东、海南、广西、四川、贵州、云南；越南，老挝，柬埔寨。

197. 禾谷负泥虫属 *Oulema* Gozis, 1886

Oulema Gozis, 1886: 33. Type species: *Chrysomela melanopa* Linnaeus, 1758.

Conradsia Pic, 1936d: 10. Type species: *Conradsia suturalis* Pic, 1936.

Hapsidolema Heinze, 1927: 162. Type species: *Lema lichenis* Voet, 1806.

Incisophthalma Heinze, 1929: 289. Type species: *Lema infima* Lacordaire, 1845.

Xoidolema Heinze, 1931: 206. Type species: *Xoidolema rhodesiana* Heinze, 1931.

　　主要特征：体小型，长度一般小于 5 mm。多深蓝色，少数种类棕黄色。头宽大于长，头顶端角大于 90°，平坦或稍隆，后头与头前部无界限。触角第 6–10 节短粗，节长小于宽的 2 倍，前胸背板两侧在近基部收狭，盘区表面散布大小刻点，仅在基部有 1 条横凹。小盾片三角形。鞘翅两侧近于平行，基凹较浅，刻点较大，排列整齐，向后通常不减小，端部行距间通常略隆起。足胫节端部有 2 距，爪在基部合并。

　　分布：世界广布。世界已知 50 余种，中国记录 12 种，浙江分布 3 种。

<h2 style="text-align:center">分种检索表</h2>

1. 鞘翅全黄色或棕黄至棕红色 ···黑缝负泥虫 *O. atrosuturalis*
- 鞘翅深蓝色 ·· 2
2. 前胸背板棕红色，仅前缘深蓝色 ··水稻负泥虫 *O. oryzae*
- 前胸背板深蓝色 ···淡足负泥虫 *O. dilutipes*

（456）黑缝负泥虫 *Oulema atrosuturalis* (Pic, 1923)（图版 XII-18）

Lema atrosuturalis Pic, 1923e: 18.

Oulema atrosuturalis: Gressitt & Kimoto, 1961: 76.

　　主要特征：体长 3.0–4.0 mm，体宽 1.8–2.1 mm。体棕黄或棕红色，爪黑色。头顶较平，中央有 1 纵向隆起，两侧有稀疏刻点。触角较长，约为体长之半。前胸背板长宽近等，盘区散布稀疏小刻点，后横凹明显。小盾片梯形，略具刻点和毛。鞘翅两侧近于平行，刻点较大，整齐排布，向后不减小。后胸腹板两侧有密毛，后胸侧板密毛。腹部均匀地具毛。

　　分布：浙江（宁波）、山东、江苏、湖北、江西、福建、台湾、广东、海南、香港、广西、四川、重庆、云南；日本，越南，泰国。

（457）淡足负泥虫 *Oulema dilutipes* (Fairmaire, 1888)（图版 XII-19）

Lema dilutipes Fairmaire, 1888b: 149.

Oulema dilutipes: Gressitt & Kimoto, 1961: 77.

　　主要特征：体长 3.5–3.8 mm，体宽 1.8–2.0 mm。体深蓝色，具金属光泽，触角黑色，头顶中央通常有棕色斑。头顶明显隆起，与后头无明显分界；触角较长，约为体长之半。前胸背板盘区中央具 1–2 纵列大刻点，余部密布小刻点。小盾片舌形，近光洁。鞘翅刻点粗大，排列整齐，端部行距间稍隆起。后胸腹板密被毛和刻点。腹部密布刻点和毛。

　　分布：浙江（临安）、河北、山东、湖北、江西；俄罗斯，日本。

（458）水稻负泥虫 *Oulema oryzae* (Kuwayama, 1931)（图版 XII-20）

Lema oryzae Kuwayama, 1931: 155.

Oulema oryzae: Gressitt & Kimoto, 1961: 77.

　　主要特征：体长 3.7–4.6 mm，体宽 1.6–2.2 mm。头部、小盾片深蓝或黑色；触角第 1–2 节棕红色，其余节黑色；前胸背板棕红色，仅前缘深蓝色；鞘翅深蓝色并有金属光泽；体腹面黑色。头顶平坦。前胸背板较隆，盘区中央有 2 纵列刻点，余部散布小刻点。小盾片梯形，光洁无毛。鞘翅刻点整齐排列，基部刻点较大，端部行距间略隆起。后胸腹板具密毛。腹部毛具密毛。足腿节中央略膨。

分布：浙江（富阳、舟山）、黑龙江、吉林、辽宁、陕西、湖北、江西、湖南、福建、台湾、广东、广西、四川、贵州、云南；朝鲜，日本。

（四）龟甲亚科 Cassidinae

主要特征：体圆形或卵圆形，头部插入腹腔较深，休止时口器全部或局部隐藏在内，至少下唇舌颏部不外露，大多数种类前胸及鞘翅边缘向外敞开具敞边，头部隐匿在前胸敞边之下，背面观不可见；鞘翅基缘一般有 1 排锯齿。幼虫露生，腹端具尾叉，胫端无爪垫。其中铁甲族 Hispini 体一般小型，较细长；以半开式爪型为主要特征，背面常具刺突或者瘤突；头部插入胸腔较浅，口器全部外露，幼虫潜叶，头壳常呈凹顶形。口器后口式，隐藏在前胸背板之下，两触角着生处很接近；足跗节仅 4 节。

全部为植食性，寄主以单子叶或双子叶植物为主，有些种类是禾本科植物的重要害虫。

分布：世界已知记录 6319 种，中国记录 417 种。本卷共记录浙江地区龟甲亚科 16 属 43 种。

分属检索表

14. 跗端具爪 1 个，或两爪基部愈合末端分开 ·· 尖爪铁甲属 *Hispellinus*

\- 跗端具爪 2 个，彼此完全分开 ·· 15

15. 两爪等长，完全对称 ··· 准铁甲属 *Rhadinosa*

\- 两爪不等长 ··· 异爪铁甲属 *Asamangulia*

198. 梳龟甲属 *Aspidimorpha* Hope, 1840

Aspidimorpha Hope, 1840b: 158. Type species: *Cassida miliaris* Fabricius, 1775.

Iphinoë Spaeth, 1898: 540. Type species: *Iphinoë ganglbaueri* Spaeth, 1898.

Spaethia Berg, 1899: 79. Type species: *Iphinoë ganglbaueri* Spaeth, 1898.

Weiseocassis Spaeth, 1932a: 3. Type species: *Aspidimorpha prasina* Weise, 1899.

Megaspidomorpha Spaeth, 1943: 48 (nomen nudum).

Megaspidomorpha Hincks, 1952: 336. Type species: *Cassida chlorotica* Olivier, 1808.

Dianaspis Chen *et* Zia, 1984: 80, 82. Type species: *Aspidomorpha denticollis* Spaeth, 1932.

Neoaspidimorpha Borowiec, 1992: 126. Type species: *Aspidomorpha septemcostata* Wagene, 1881.

Afroaspidimorpha Borowiec, 1997: 7. Type species: *Cassida nigromaculata* Herbst, 1799.

Aspidocassis Borowiec, 1997: 59. Type species: *Cassida confinis* Klug, 1835.

Semiaspidimorpha Borowiec, 1997: 96. Type species: *Aspidomorpha chlorina* Boheman, 1854.

Spaethiomorpha Borowiec, 1997: 162. Type species: *Aspidomorpha haefligeri* Spaeth, 1906.

　　主要特征：体圆形或卵圆形，较少椭圆形，一般背面较光洁；头部口器外露较多，下颚须与下唇须部分可见；敞边极宽，透明，最宽处有时与盘面等宽或过之；敞边透明，具网纹无刻点，外缘或多或少反翘。额唇基梯形，基部宽胜于中长，侧沟不显著，中区不明确，顶端微隆，但隆起程度不及单梳、双梳和蜡龟甲等属。触角较短，雌雄相差不大，大致略超过前胸侧角，第 2 节最短，第 3 节长，但亦有 3、4 两节等长的，末端 5 节变粗多毛，较暗。前胸背板椭圆形或半圆形，侧角较阔圆，表面光洁无刻点。鞘翅基缘中段具细锯齿，基部一般远较胸基宽阔，肩角前伸不多；驼顶大都突起，有呈峰状、锥状、瘤状的，亦有平拱的；盘面的拱度和光洁程度在不同种类间亦颇有变异；盘尾一般呈三角形。前胸腹板突后部较阔，与前足基节间相比约为 3∶1。爪粗壮，内外沿均具梳齿。雄虫一般腹面尾节后缘较狭、拱起；雌虫后缘宽阔、平直，不拱起。

　　分布：世界广布。世界记录 200 余种，中国记录 10 种，浙江记录 2 种。

（459）圆顶梳龟甲 *Aspidimorpha difformis* (Motschulsky, 1860)

Deloyala difformis Motschulsky, 1860a: 27.

Aspidomorpha difformis: Boheman, 1862: 277.

Aspidimorpha difformis: Borowiec, 1996: 7.

　　主要特征：体长 6.5–8.6 mm，体宽 5.0–7.2 mm。体椭圆形，前后几近等圆，背面较不拱凸，敞边宽阔透明，外缘反翘。体色由乳白色至棕黄色；鞘翅盘区有时很深，呈酱色，如果淡色，则常于盘侧、肩瘤处、驼顶和中后部的横条纹及刻点内带深色，但均甚模糊不清；深色个体则靠近中带略染淡色，而盘侧中桥常保持淡色；敞边极透明，乳白或淡黄色，基部和中后部均有 1 个深色斑；腹面全部淡色，多少有些透明；触角及足淡棕黄色，前者末节一般为烟熏色。额唇基饱满，无刻点，中纵沟很浅或模糊。触角 2、6 两节约等长，第 3 节至少倍长于第 2 节，明显长于第 4 或第 5 节，自第 7 节起突然变粗。前胸背板椭圆形，狭于鞘翅基部，前缘弧度似较后缘稍深，表曲光洁，无刻点。鞘翅最阔处在中部，肩角甚圆，前伸不多；盘区拱起较弱，驼顶呈矮瘤状，顶端较平圆；基、中洼不明显，侧洼近乎缺；刻点弱，整齐，中区断续不连接。爪外沿梳齿极小，第 1 内齿达到主齿长度之半。

分布：浙江（杭州）、河北、陕西、甘肃、湖南、福建、台湾、四川、贵州；俄罗斯，韩国，日本。

（460）甘薯梳龟甲 *Aspidimorpha furcata* (Thunberg, 1789)

Cassida furcata Thunberg, 1789: 87.

Cassida dorsata Olivier, 1790: 386.

Cassida micans Fabricius, 1801b: 398.

Aspidimorpha furcata: Weise, 1897: 104.

主要特征：体形较小，体长 6–8.2 mm，体宽 5–7 mm。体圆卵形或圆椭圆形，背面不甚拱凸，敞边宽阔，最宽处约等于每翅盘面。体极光亮，活虫金黄色，有时带金属绿闪光，死后金色渐渐褪去，但在强光下犹可或多或少发现金色光泽。鞘翅驼顶横条、盘侧中后部 2 条狭斜纹及盘区刻点均稍深，为赭红色，斑纹有时模糊，有时清晰呈褐色，沿盘侧中部后弯至中缝处经常淡色；如果为深色个体，则驼顶前和盘侧缘中后部为淡色，但亦有盘区全部深色的；敞边基具深色斑，赭红略带灰色，沾染整个基部。腹面、足及触角淡黄带乳色，后者末端一节半至二节黑色。触角达到胸侧角或略超出，第 2、6 两节约等长，末 5 节变粗，末节左右不对称，端尖形，略偏向外沿。前胸背板椭圆带橄榄形，侧角圆，表面光洁无刻点。鞘翅比胸基宽阔，肩角圆度与前胸侧角相仿；驼顶呈瘤状或带三角形凸起，有时很高耸，有时很钝塌；基、侧洼缺如，中洼一般消失，有时仅留浅小凹印；刻点细弱模糊，局部消失，各行排列不很均匀。腹面多少透明。爪外齿较短小，内齿亦较短，第 1 内齿不超过主齿长度之半。

分布：浙江、江苏、上海、福建、台湾、广东、海南、广西、四川、云南；日本，印度，斯里兰卡，马来半岛。

199. 锯龟甲属 *Basiprionota* Chevrolat, 1837

Basiprionota Chevrolat in Dejean, 1837: 367. Type species: *Cassida octopunctata* Fabricius, 1787.

Prioptera Hope, 1840b: 152. Type species: *Cassida octopunctata* Fabricius, 1787.

Stenoprioptera Spaeth, 1914c: 132. Type species: *Stenoprioptera tibetana* Spaeth, 1914.

主要特征：体形较大，椭圆或次圆形，鞘翅中后方极膨阔，雌虫体稍狭，雄虫较宽，因此体形亦显得更圆。从背面观头部部分外露，全部口器隐藏不露；头顶具中央纵沟，一般很深；额唇基三角形，宽胜于长。雄虫触角较长，达到或超过体长之半；雌虫触角短，约为体长的 1/3 或稍过；触角基部各节圆筒形，端部数节较扁阔，一般第 2、3 两节很短，第 4 节起变长。前胸横宽，后缘弯曲成波浪形，两侧具锯齿，中部向后突出成舌形，前缘凹口弧圆；背面基部居中常有 1 小凹窝，两侧敞边相当宽，与盘区以一道沟纹为界，此沟前端弯向内方，成为另一道与前缘平行的沟纹。鞘翅一般膨阔，敞边膨阔光洁，末端雄虫较钝圆，雌虫稍尖狭；基缘全部显著具锯齿；背面驼顶有时相当平圆，有时略隆起成瘤突。鞘翅刻点或粗或细，一般混乱，很少排成整齐行列。足粗壮，跗节极阔，爪系单齿全开式。

分布：东洋区。世界记录 60 余种，中国记录 16 种，浙江记录 3 种。

分种检索表

1. 前胸背板和鞘翅除基缘外全部淡色 ·· 北锯龟甲 *B. bisignata*
- 体背至少鞘翅敞边后侧角具黑斑 ··· 2
2. 鞘翅盘区除中缝及周缘外黑色 ·· 黑盘锯龟甲 *B. whitei*

- 鞘翅盘区颜色非上述 ·· 大锯龟甲 *B. chinensis*

（461）北锯龟甲 *Basiprionota bisignata* (Boheman, 1862)

Prioptera bisignata Boheman, 1862: 22.

Prioptera pallida Wagener, 1881: 25, 30.

Prioptera chinensis: Gressitt, 1939d: 138 (misidentification).

Basiprionota bisignata: Gressitt, 1952: 457.

主要特征：体长 11–13 mm，体宽 8.8–10 mm。体椭圆形，雄虫短圆，雌虫较狭长。活体草绿色，干标本淡棕黄色；头部黑色，额唇基和两眼之间的区域淡色，鞘翅敞边中后部具小黑斑，或消失；后头顶或黄或黑；触角至少末端 3 或 4 节带黑色，最后两节全黑。体腹面黑斑变异较大，后胸腹板除前沿外一般黑色，有时前后侧片亦黑；前胸及中胸偶尔亦有小黑斑；腹节两侧各有或大或小的黑色横斑或点斑，有时缺失；足的颜色变异也较多，基节时黄时黑，腿节黑斑大小不一，胫节除基部外或多或少黑色，跗节亦黑。头顶纵沟极深。触角在本属内比较细长，雄虫显然超过体长之半，雄虫约为体长的 1/3 或稍长。前胸背板盘区有明显的细疏刻点和较深的中央纵沟，基部中央凹窝一般不深；敞边不算阔，前缘凹口弧度不算深。鞘翅驼顶微拱凸，但不呈瘤状，基、侧洼都浅，中洼稍深，后者左右各有 1 条微隆行距，尤以外侧一条隆起明显；刻点细而深，极密，不整齐；敞边阔度中等，但个体间有差异，雄虫约为盘区宽度之半，雌虫则明显较狭。

分布：浙江、北京、河北、山西、山东、河南、陕西、甘肃、江苏、湖北、湖南、广西、贵州、云南；越南，泰国，马来西亚。

（462）大锯龟甲 *Basiprionota chinensis* (Fabricius, 1798)

Cassida chinensis Fabricius, 1798: 84.

Prioptera satrapa Boheman, 1862: 17.

Basiprionota chinensis: Gressitt, 1952: 457.

主要特征：体长 13–16.5 mm，体宽 10–14 mm。雄虫体较宽而圆，雌虫较狭，卵圆形，尾端更尖；敞边宽阔，半透明或不透明。全体淡黄、棕黄色，有时带赤色，活体略现青色。后头顶有 2 个次圆形小黑斑，有时合并；前胸背板盘区具 2 个酱色长形斑点，排成八字形，不甚清晰，有时缺如。鞘翅基缘黑色，敞边中后部具 1 个次方形黑斑，直达边缘。后胸腹板后部有 3 个黑斑，或大或小，或隐或现，有时侧斑消失，仅留中央一个。触角及足淡棕黄色，前者末端 2 或 3 节黑色；后者腿节腹面具黑斑，胫节与跗节端部常带黑色。头顶与复眼周围多皱纹，中纵沟细深。触角较细长；雄虫超过体长之半，雌虫仅及体长的 1/3，末端数节扁阔，具刻线。前胸背板长宽比约为 1∶3，前缘凹口较深，盘区刻点微细，中纵纹清晰，中央基窝不显。小盾片长胜于宽，表面光洁，基凹端凸。鞘翅基部与前胸等宽，向后显著膨阔，驼顶略拱起，不明显成瘤；中缝微隆，以驼顶后较显著，肩瘤显突，基洼不显，仅基部凹陷，中、侧洼深，具 2 条隆线，位于中洼左右，内条较长而宽，基部最高凸，外条较短，有时到侧洼处即止，以基部后靠中洼处最为高凸，此外，有时外侧还有一条，但不固定；刻点粗密，散乱，以洼内、近中缝及盘侧区较粗，后半部较小，更紧密混乱，尾端无毛。

分布：浙江（杭州、温州）、陕西、江苏、江西、福建、广东、广西、四川。

（463）黑盘锯龟甲 *Basiprionota whitei* (Boheman, 1856)

Prioptera whitei Boheman, 1856: 11.

Prioptera trabeata Fairmaire, 1888a: 46.

Basiprionota whitei: Gressitt, 1952: 459.

主要特征：体长 9–11.5 mm，体宽 7.8–9.2 mm。体圆形，雄虫尾端平圆，雌虫较尖，敞边宽度中等，透明或半透明。体光亮，棕黄至棕赭色；后头顶有时带褐色；触角棕黄色，末端两节全部或局部黑色。前胸背板盘区具 2 个椭圆形黑斑，呈八字形分立左右，有时极其模糊，甚至全部消失；鞘翅盘区黑色，留出周沿及中缝区淡色，有时黑斑缩小成肾形或中断分为两斑，甚至仅后部留存褐色，敞边中后部有黑斑，或大或小，但无论如何不超过盘区侧缘。腹面后胸腹板具黑色横条，腹部一般第 2–5 节有黑斑，亦有各节均具黑斑的，亦有全无黑斑的。足腿节常带黑色斑。头部缩入胸腔较深，额唇基不完全外露；雄虫触角超过体长之半，雌虫则是 1/3，第 2 节略短于第 3 节。前胸背板刻点极细疏，中、基窝较深。鞘翅光洁无隆脊，驼顶微拱不成峰，肩稍显突，基洼微凹，中洼较深，侧洼深度处于两洼之间，肩瘤后另有浅洼一个，较小；刻点小而清晰，光洁不粗糙，分布散乱，洼内及近中缝区刻点较粗大；尾端具短毛。

分布：浙江、江苏、安徽、江西、湖南、福建、广东、广西。

200. 龟甲属 *Cassida* Linnaeus, 1758

Cassida Linnaeus, 1758: 362. Type species: *Cassida nebulosa* Linnaeus, 1758.

Cassidula Weise, 1889a: 260. Type species: *Cassida nobilis* Linnaeus, 1758.

Pseudocassida Desbrochers des Loges, 1891: 15. Type species: *Cassida murraea* Linnaeus, 1768.

Mionycha Weise, 1891: 204. Type species: *Cassida azurea* Fabricius, 1801.

Odontionycha Weise, 1891: 204. Type species: *Cassida viridis* Linnaeus, 1758.

Crepidaspis Spaeth, 1912: 119. Type species: *Crepidaspis varicornis* Spaeth, 1912.

Taiwania Spaeth, 1913: 47. Type species: *Taiwania sauteri* Spaeth, 1913.

Eremocassis Spaeth in Spaeth & Reitter, 1926: 15. Type species: *Eremocassis transcaspica* Spaeth, 1926.

Lordicassis Reitter in Spaeth & Reitter, 1926: 23, 27. Type species: *Cassida undecimnotata* Gebler, 1841.

Tylocentra Reitter in Spaeth & Reitter, 1926: 24, 57. Type species: *Cassida turcmenica* Weise, 1892.

Lordiconia Reitter in Spaeth & Reitter, 1926: 23, 26. Type species: *Cassida canaliculata* Laicharting, 1781.

Onychocassis Spaeth in Spaeth & Reitter, 1926: 23, 26. Type species: *Cassida brevis* Weise, 1884.

Cassidulella Strand, 1928: 2 (new name for *Cassidula* Weise, 1889).

Alledoya Hincks, 1950: 508 (new name for *Deloyala* Redtenbacher, 1858).

Mionychella Spaeth in Hincks, 1952: 346. Type species: *Cassida hemisphaerica* Herbst, 1799.

Lasiocassis Gressitt, 1952: 485 (new name for *Deloyala* Redtenbacher, 1858).

Cyclocassida Chen et Zia, 1961: 442. Type species: *Taiwania* (*Cyclocassida*) *variabilis* Chen et Zia, 1961.

Yunocassis Chen et Zia, 1961: 442. Type species: *Cassida appluda* Spaeth, 1926.

Cyrtonocassis Chen et Zia, 1961: 446. Type species: *Cyrtonocassis tumidicollis* Chen et Zia, 1961.

Dolichocassida Günther, 1958: 568. Type species: *Cassida pusilla* Waltl, 1839.

Pseudocassis Steinhausen, 2002: 24. Type species: *Cassida flaveola* Thunberg, 1794.

Betacassida Steinhausen, 2002: 26. Type species: *Cassida nebulosa* Linnaeus, 1758.

主要特征：体形各殊，以椭圆形及卵形较常见，有时圆形。活体一般草绿色，死后变成棕黄或棕红色，但亦有呈现其他颜色，并于生时具金色或金光斑点的。头部缩入胸腔较深，上颚一般半露或不露。额唇基长阔大致相等，表面一般粗糙多刻点，如较光洁，则其侧沟常较深，把额唇基划出一块三角形区域（少数种类具此特征）。触角一般粗短，伸展到前胸后角或稍过，第 3 节常比第 2、4 节长，7–10 各节长宽近乎相等。前胸背板半圆形、椭圆形或折扇形，两侧有时明显具角，一般雄虫的角较明显而尖，雌虫较钝较靠近基部；前缘弧度远较后缘为深，很少较平的；表面粗糙，常具粗密刻点，但亦有比较光洁，刻点稀少的。此种情况与台龟甲属接近，但本属胸面侧区大都不透明，因此盘区与敞边无明显分界。鞘翅驼顶一般较平，亦有明显拱起或呈瘤状，但从不形成显著的瘤突或瘤峰；敞边不阔，不透明，很少半透明；肩角很少显著前伸；表面一股粗皱具刻点；盘区刻点行列全部或局部整齐，仅在蚌龟甲亚属的某些种类，呈现全部混乱现象。腹面头侧无触角沟。足粗壮，爪单齿式或附齿式；中足间中胸腹板不阔，常常形成一个很凹的瓢，以接受前胸凸片，但亦有不呈瓢形的。

分布：世界广布。世界记录 450 余种，中国记录 97 种，浙江记录 15 种。

分种检索表

1. 体近五角形；鞘翅敞边仅中部和近缝端处透明，盘区多纵横隆条 ·········· 山楂肋龟甲 *C. vespertina*
- 体卵圆形或圆形；其他特征非上述 ··· 2
2. 鞘翅基缘无锯齿，或较弱，不呈黑色，不超过第 9 刻点行列，敞边峻斜，无明显凹洼 ·········· 枸杞龟甲 *C. deltoides*
- 鞘翅基缘锯齿明显，黑色，向外超过第 9 刻点列，敞边坦斜，上有不规则凹洼 ················ 3
3. 前胸背板粗皱，或多或少具皮革纹状，常具粗密刻点；额唇基大部分黑色，很少淡色，表面亦粗糙；前胸与鞘翅敞边一般不透明 ··· 4
- 前胸背板光洁，如刻点粗密，则其间隙仍光洁无纹；额唇基一般淡色，很少黑色，表面亦光洁，刻点稀少；前胸与鞘翅敞边一般透明 ··· 9
4. 鞘翅唇基棕黄或棕红色，侧沟极深，相遇于顶端，形成三角形中区；小盾片具刻点；腹面黑色，足淡色 ·········· 5
- 非上述 ·· 6
5. 鞘翅敞边中后方具 1 黑斑 ·· 虾钳菜披龟甲 *C. piperata*
- 鞘翅敞边无深色斑 ··· 虾钳菜日龟甲 *C. japana*
6. 足全部黑色，体腹面大部分黑色 ··· 7
- 足至少胫节及跗节棕黄或棕红色 ··· 8
7. 鞘翅驼顶不明显凸起；国内广布 ································· 蒿龟甲 *C. fuscorufa*
- 鞘翅驼顶明显凸起；仅分布于浙江、福建 ························· 浙闽蒿龟甲 *C. jacobsoni*
8. 腿节大部分或者至少基半部褐色或黑褐色；腹面黑色；背面常具血红色或酱紫色斑纹 ·········· 密点龟甲 *C. rubiginosa*
- 腿节全部棕黄或棕红色，最多基部外沿黑褐色，如黑色扩大，则头部淡红棕色 ············ 淡胸藜龟甲 *C. pallidicollis*
9. 鞘翅敞边具黑色或深色斑纹 ··· 10
- 鞘翅敞边无深色斑纹 ··· 12
10. 鞘翅敞边基部和中后部均有深色斑 ····························· 拉底台龟甲 *C. rati*
- 鞘翅敞边仅基部或中后部具有深斑 ··· 11
11. 敞边仅中后部具深色斑 ······································· 苹果台龟甲 *C. versicolor*
- 敞边仅基部具深色斑 ··· 瘤盘台龟甲 *C. sigillata*
12. 腹面胸部除侧片外全部黑色 ··································· 拱盘台龟甲 *C. juglans*
- 腹面胸部腹板至少部分淡色 ··· 13
13. 前胸前缘弧度浅平，显然不及后缘之深 ·························· 甘薯台龟甲 *C. circumdata*
- 前胸前缘拱圆，弧度显著，前缘较后缘深 ·· 14
14. 鞘翅盘侧无黑色纵纹 ··· 北粤台龟甲 *C. spaethiana*
- 鞘翅盘侧具较宽的黑色纵带 ··································· 真台龟甲 *C. sauteri*

（464）甘薯台龟甲 *Cassida circumdata* Herbst, 1799（图 1-1）

Cassida circumdata Herbst, 1799: 268.

Cassida trivittata Fabricius, 1801b: 397.

Cassida ufuscum Wiedemann, 1823a: 74.

Aspidomorpha effusa Boheman, 1854: 320.

Metriona circumdata polilloensis Spaeth, 1933: 505.

Cassida cuticula Gressitt, 1938c: 191.

Taiwania (*s. str.*) *circumdata*: Chen & Zia, 1961: 440.

Cassida nilgiriensis Borowiec *et* Takizawa, 1991: 642.

主要特征：体长 4.2–5.6 mm，体宽 3.2–4.8 mm。活体绿色或黄绿色，带金属光泽，前胸背板及鞘翅具黑色或褐色斑纹，敞边透明。死后逐渐变黄从淡黄带绿转为深黄或淡棕黄，腹面全部淡色无黑斑，前胸背板、鞘翅黑斑变异很大，有时完全消失，体全部呈淡色；有时前胸斑纹消失，仅鞘翅具有。体次圆或卵圆形，背面很拱。额唇基宽阔，其中部阔度与长相等或略过之；表面平坦，顶部有时微拱，无刻点。触角向后伸展约超过鞘翅肩角 2–3 节，一般全部淡色，有时末端 2–3 节多少带褐黑色；3–5 各节细长，彼此近乎相等；第 6 节稍粗短，但有时与前节相差极微；从第 7 节起明显粗壮，每节均长胜于宽。雌虫触角一般较粗，有时并不明显。前胸背板光洁，无刻点，比鞘翅窄，向后弧度显较向前为深，前缘有时弓弧，有时相当平直；侧角属于狭圆范围，但不算狭窄，两侧最阔处在中纵线中点之前。鞘翅驼顶很拱，但不呈瘤状，基洼明显，有时相当深；刻点粗而深，排成整齐行列，在淡色纵带隆起较高的个体则常被隆块所弯曲；行距一般阔于刻点行；故边最阔处约为每翅盘阔之半。爪附齿式。本种是甘薯和莼菜的重要害虫之一。

分布：浙江、江苏、湖北、江西、湖南、福建、台湾、广东、海南、广西、四川、贵州、云南；日本，印度，孟加拉国，越南，斯里兰卡，菲律宾，中南半岛。

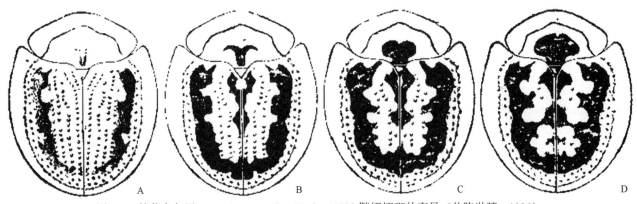

图 1-1　甘薯台龟甲 *Cassida circumdata* Herbst, 1799 鞘翅翅斑的变异（仿陈世骧，1986）
A、B 为窄斑型；C、D 为阔斑型

（465）枸杞龟甲 *Cassida deltoides* Weise, 1889

Cassida deltoides Weise, 1889b: 644.

Cassida klapperichi Spaeth, 1940: 37.

主要特征：体长 4.3–5.5 mm，体宽 4–4.6 mm。体卵形或卵圆形，雄虫比雌虫短宽，敞边斜，与盘区同一垂面。活体草绿色至翠绿色。鞘翅驼顶前具三角形红色大斑，或具金色细狭边。小盾片金色。做成标本之后以上颜色或多或少褪色，腹部、触角及足全部淡色至棕栗色，有时唇基带黑色。额唇基次方形，刻点显著，侧沟粗深，微弓曲。侧沟外沿略隆起，顶端沿触角基更为显著，色泽较深，显得中区低陷。触角达到肩角，末 6 节粗厚，长大于宽。前胸背板椭圆带僧帽状，宽胜于长，最宽处在中线稍前，侧角宽而圆，刻点不粗，紧密。鞘翅基缘较前胸基部宽，肩角钝圆，前伸达到前胸中线；驼顶拱平，其前斜向盘基肩瘤处，形成一个明显的三角区；基洼浅；刻点粗大，行列整齐，一般宽于行距，后者不隆凸。敞边垂罩，不宽，尾部变狭；刻点较密，显得混乱而粗糙。

分布：浙江、河北、陕西、宁夏、江苏、湖南。

（466）蒿龟甲 *Cassida fuscorufa* Motschulsky, 1866

Cassida fuscorufa Motschulsky, 1866a: 178.

Cassida consociata Baly, 1874: 213.

Cassida russata Fairmaire, 1887a: 335.

Cassida (*s. str.*) *sikanga* Gressitt, 1952: 518.

Cassida (*s. str.*) *laticollis* Gressitt, 1952: 510.

主要特征：体长 5.0–6.2 mm，体宽 3.6–4.8 mm。体椭圆略带卵形，不甚拱凸，无明显驼顶，敞边不阔，平坦。背面深棕红色，个别标本淡棕黄色。鞘翅具模糊而不规则略较深色的斑纹，散布于盘侧区的较大，但深色个体往往斑纹消退。腹面包括头、足黑色；胸腹侧片及腹部外周淡色，有时中区局部亦较淡。触角棕栗带赤，基节的大部分与末端 5 节黑或黑褐色。体背具细皮纹，前胸背板及小盾片较幽暗，皮纹更为紧密。额唇基次方形，面平粗糙，刻点一般不清晰，刻点轮廓呈长卵形，或较短；侧沟细但显，两沟端不相接，有时甚至不达到顶端，沟外端部亦较阔。雄虫前胸背板较宽，相等或稍宽于鞘翅基部；雌虫则等阔或稍狭；前缘明显比基缘弯曲，侧角尖钝不一，通常处于中线稍后，亦有与中线平行的；表面粗麻，常多皱纹，但有时又较光洁；刻点深浅疏密不一，以密居多；鞘翅肩角很圆，在雄虫与前胸侧角相离较远；驼顶平拱，有时顶端呈不明显的短横脊；鞘翅粗糙，有时隆脊显著。

分布：浙江、黑龙江、吉林、辽宁、河北、山西、山东、河南、陕西、甘肃、江苏、湖北、江西、海南、广西、四川；俄罗斯，朝鲜，日本。

（467）浙闽蒿龟甲 *Cassida jacobsoni* Spaeth, 1914

Cassida jacobsoni Spaeth, 1914c: 138.

Cassida (*Cassida*) *jacobsoni*: Spaeth & Reitter, 1926: 36.

Cassida fuscorufa jacobsoni: Chen et al., 1986: 476, 626.

主要特征：体长 7–8 mm，体宽 5.7–6.5 mm。和蒿龟甲基本相同，两者的主要区别在于本种体形一般较大，长度在 7 mm 以上；驼顶隆起较显，常呈瘤状，并向第 2 行距伸展出相当明显的隆枝，但亦有该行距较低、隆枝不显的。由于驼顶较高，鞘翅的基洼和中洼亦往往较深，整个表面看起来没有蒿龟甲那样平均。

分布：浙江、福建。

（468）虾钳菜日龟甲 *Cassida japana* Baly, 1874

Cassida japana Baly, 1874: 212.

Cassida (*Cassida*) *japana* Spaeth, 1914c: 130.

Cassida japonica [sic]: Hua, 1989: 87.

Cassida piperata var. *japana* Weise, 1900: 295.

Cassida rugifera Kraatz, 1879c: 274.

Cassida annamita Spaeth, 1919: 197.

Cassida japana ab. *anamita* [sic] Spaeth *et* Reitter, 1926: 31.

主要特征：体长 4.5–6.0 mm，体宽 4.0–4.8 mm。体卵圆形。底色由乳黄至深棕红，敞边较淡，半透明，无深色斑。鞘翅花斑变异较大，有几种类型：驼顶短横脊前 1 个，盘侧 1 条不规则纵带，第 2、4 行距上及后部均有斑点；有时整个盘区布有不规则的小斑点；有时斑色淡而模糊，或全盘黑色，但极少见。腹面黑色；额唇基、腹部外周、触角及足呈黄或棕黄色，足基节略带褐黑色。额唇基长胜于宽，平整光洁，具稀疏细毛；侧沟极深且宽，两沟端相接，但不明显与头顶纵沟贯通，至少不呈粗沟贯通，后者明显细弱，中区三角带尖桃形。触角长达鞘翅肩角。前胸背板椭圆形，两侧极为阔圆，不呈角状；肩角圆，前伸不至胸中线；驼顶微拱，顶端具光洁短脊，与第 2 行距连接；基洼较明显，盘区后部有时亦现短横隆脊；盘面刻点粗而密，中部的扁宽，均宽于行距；第 2 行距较粗显，中后部一段明显隆凸，有时第 1、4 行后部亦较突，但不及第 2 行明显。敞边基部较斜峻，最阔处几达盘阔之半，或倍于尾部；表面多弱皱纹，刻点模糊。

分布：浙江、陕西、甘肃、江西、广东。

（469）拱盘台龟甲 *Cassida juglans* Gressitt, 1942

Cassida juglans Gressitt, 1942g: 4.

Cassida (Taiwania) juglans: Gressitt, 1952: 496.

Taiwania (s. str.) juglans: Chen et al., 1986: 523, 630.

主要特征：体长 4.8–5 mm，体宽 3.9 mm。体阔卵形，背面很拱，不很均匀。体呈极淡的棕黄色，小盾片、胸、鞘翅基缘、中缝及鞘翅盘区两侧较深；触角端部 4 节略带褐色；腹面黑色，腹部边沿淡色；足基节、转节及腿节基部带黑色。额唇基长宽近乎相等，刻点微弱。触角向后伸展稍微超过前胸基角，末端数节微粗。前胸背板长约为宽的 3/5，前缘弓弧，弧度远较后缘为深，两侧相当圆阔，盘区刻点细而清晰。鞘翅基部较前胸略宽，两侧以中部较宽，背面极拱，中缝显然隆起；盘区刻点细小，行列相当整齐。驼顶具极矮的横条隆脊；敞边下垂，具刻点。

分布：浙江（湖州）。

（470）淡胸藜龟甲 *Cassida pallidicollis* Boheman, 1856

Cassida pallidicollis Boheman, 1856: 138.

Cassida diabolica Kraatz, 1879b: 142.

Mionycha morawitzi Jacobson, 1894a: 245.

主要特征：体长 5.2–6.8 mm，体宽 4.2–5.5 mm。体卵圆形，长略胜于宽，背面甚拱凸，后部坡度短，迅速下垂，驼顶不明显隆起，鞘翅敞边较斜倾，尾端极狭。体背色泽幽暗，不光亮，具细皮纹。前胸背板及小盾片棕黄或棕赭色，后者有时略带褐色；鞘翅底色由淡棕黄、棕赭至黑色，如为淡色标本，或多或少具黑褐色斑点，如系深色个体，则一般于盘区基部和中缝区有棕黄色斑纹。腹面棕赭至黑色，腹部外周通常淡色。额唇基、触角及足棕黄或棕赤色，触角有时末 5 节稍深，腿节基部常现黑色。背面较粗糙，鞘翅高低不平，具纵横隆脊，细毛极其短微，很不明显。额唇基面平，刻点粗麻，侧沟较粗而不深，端部彼此不相接。触角达到肩角。前胸背板椭圆形，前后缘较不弓出，长不到宽度之半，侧角极其阔圆；表面刻点粗密，中纵纹光洁平滑，有时不显著，盘侧一般多皱纹。鞘翅基比胸基宽，盘基较平直，肩角略前伸，驼顶微微隆起，顶端呈横隆脊，与第 2 行距连接；刻点不算大，分布半规则式，亦有较整齐的，一般第 8、9 行的刻点通常显较粗大且深，有时于第 3–4 刻点行间另有不规则刻点，有时缺如；每翅有 2 条显著纵脊，一条是第 2 行距，十分显著，于驼顶区呈弧形内弯，其左右具若干短横分支；另一条处于后部，自第 6 行距向后内斜至第 3 行距，但远不及前者之粗显高凸，有时极不明显；基洼较深，侧洼显著；鞘翅敞边较前胸敞边斜倾，尾宽只及腰部最宽处的 1/3，粗糙，内边多短隆块。

分布：浙江、黑龙江、吉林、内蒙古、河北。

（471）虾钳菜披龟甲 *Cassida piperata* Hope, 1842

Cassida piperata Hope, 1842a: 62.

Cassida labilis Boheman, 1854: 402.

Cassida biguttulata Kraatz, 1879c: 275.

Cassida sparsa Gorham, 1885: 284.

主要特征：体长 4.0–5.5 mm，体宽 3.3–4.0 mm。体椭圆形，背面淡黄至棕黄色。前胸背板基部中央具 1 深色小斑，有时缺如；鞘翅敞边中后部及缝角具黑褐色或黑色斑纹，驼顶前部中缝上深色，每鞘翅盘区布有若干不很明确的深色斑，以盘侧深色较多，往往连成 1 条弓形纵带；腹面大部分黑色，有时前、中胸腹侧片和腹部外周淡色。额唇基极光洁，侧沟极深显，中区近正三角形，端部尖。触角第 3 节明显长于第 2 节，末端 5 节较粗。前胸背板椭圆形，两侧阔圆，不呈角状；盘区刻点清晰，且粗。基侧略布微弱皱纹。小盾片具细刻点。鞘翅肩角钝圆，略前伸，不到达前胸中线；驼顶平拱不显突，基、中洼浅弱；刻点粗大紧密，行列整齐，一般阔于行距，3–5 行更扁阔，第 3、4 刻点行之间的基部常有若干不规则刻点；第 2、4 两行距较隆起，而以第 2 条中后部较阔而拱凸。

分布：浙江（湖州、杭州、舟山）、黑龙江、吉林、辽宁、北京、天津、河北、山东、河南、陕西、江苏、上海、湖北、江西、福建、台湾、广东、广西、四川、贵州、云南；俄罗斯，朝鲜，日本，越南，菲律宾。

（472）拉底台龟甲 *Cassida rati* Maulik, 1923（图 1-2）

Cassida rati Maulik, 1923: 605.

Cassida (*Taiwania*) *rati*: Gressitt, 1952: 500.

Taiwania (*s. str.*) *rati*: Chen & Zia, 1961: 440.

主要特征：体长 6.5–8.2 mm，体宽 5.6–6.8 mm。体卵形，雄虫尾端平圆，近卵圆形，雌虫较尖狭，略为三角形；鞘翅敞边尾端极狭，只及中部最宽处的 1/4，略斜峻，外缘不反翘，每边具 3 个黑斑，基、中部和尾端缝角各一个。体光亮，背面棕黄具深斑，有时釉色很浓，较透明。前胸背板无花纹。鞘翅斑纹有时较明显呈黑色，有时极其模糊，仅略深于底色；一般驼顶深色，但亦有淡色的；盘侧 1 条纵带，其外缘色泽较深，弧形，中段弯曲，内凹，前后端与敞边黑斑连接，有时完全淡色。腹面黑色，外周缘棕黄色；头部、触角及足棕褐色，触角末 4 节黑褐色；足的基节、转节和腿节基缘黑色。额唇基较短阔，侧沟不显著，中区三角形，面平光洁无刻点，顶端拱凸成乳头状。触角细长，超出肩角 1–2 节，末 5 节略显粗厚，第 3 节倍长于第 2 节。前胸背板椭圆形，前缘比后缘略弓出，两侧极阔圆；表面光滑，几无刻点。鞘翅基部远较前胸宽，肩角钝圆，伸达或接近胸中线；盘面拱凸，无显著隆线，盘侧中桥亦低弱；刻点略粗，整齐；行距不算隆起；敞边较斜峻，基部具粗隆脊 1 条，与基缘平行，尾端很狭，边缘下斜。

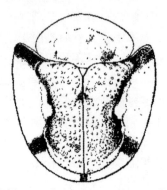

图 1-2　拉底台龟甲 *Cassida rati* Maulik, 1923（仿陈世骧，1986）

分布：浙江（杭州）、江西、福建、台湾、广东、广西、四川、云南；孟加拉国，缅甸。

（473）密点龟甲 *Cassida rubiginosa* Müller, 1776

Cassida rubiginosa Müller, 1776: 65.

Cassida melanosceles Schrank, 1798: 520.

Cassida nigra Herbst, 1799: 258.

Cassida similis Marsham, 1802: 144.

Cassida singularis Stephens, 1831: 369.

Cassida lata Suffrian, 1844: 139.

Cassida rugoso-punctata Motschulsky, 1866a: 177.

Cassida erudita Baly, 1874: 212.

Cassida graeca Kraatz, 1874: 104.

Cassida rubiginosa var. *fuliginosa* Weise, 1893: 1104.

Cassida (*s. str.*) *rubiginosa taiwana* Gressitt, 1952: 517.

Cassida rubiginosa babai Kimoto, 1986a: 128.

主要特征：体长 7–8.5 mm，体宽 5.2–6.8 mm。体椭圆形较扁平，敞边平坦，不阔，半透明，无网纹，具刻点。体背草绿、棕黄或棕绿色，一般外周缘较黄，有时驼顶前有 1 个不甚明确的三角形污红斑纹；触角黄色至棕红色，基节和末 5 节灰褐色；腹面包括额唇基纯黑色；足棕黄色，腿节大部分黑色，胫节有时不带褐色。背面光洁平整，无脊线与凹洼，驼顶不拱。额唇基较大，面平，较粗麻，满布刻点，每点内具细毛 1 根；侧沟细弱，不清晰。触角达到鞘翅肩角，第 3 节比第 4、5 节长，末端 5 节粗壮。前胸背板梭形近乎半圆，基缘较前缘平直，侧角尖锐，处于基部，接近鞘翅肩角；表面密布散乱粗弱刻点，盘侧于敞边的刻点较深粗，每刻点内具极细短毛 1 根，有时前缘亦有稀疏细短毛。小盾片无刻点，多微弱皱纹。肩角不算前伸；盘区刻点极其紧密，比前胸背板上的粗深，局部混乱，有时全部混乱，不分行列；细毛极短疏，一般着生于刻点之间；第 2、4 行距处有 2 行微隆线；敞边尾部宽于中部之半；表面粗糙，刻点紧密多皱纹。

分布：浙江（杭州）、吉林、山西、陕西、青海、江苏、湖北、福建、台湾、西藏；韩国、中亚、欧洲、加拿大。

（474）真台龟甲 *Cassida sauteri* (Spaeth, 1913)（图 1-3）

Taiwania sauteri Spaeth, 1913: 48.

Cassida sauteri: Spaeth, 1938: 236.

Cassida (*Taiwania*) *sauteri*: Gressitt, 1952: 500.

Taiwania (*s. str.*) *sauteri*: Chen & Zia, 1961: 440.

主要特征：体长 6.5–8 mm，体宽 5–6.5 mm。体阔椭圆形，尾端较狭，背面不很拱凸。体淡黄到淡棕黄色，杂有金属光泽，活体应现金色；触角末端 2–3 节有时略带烟熏色；鞘翅具黑色宽纵带，处于盘侧，从基部起露出最外一条行距，罩盖第 4–9 行刻点，外缘在中腰处微向内凹，此处一方面向内延伸一条横阔带到第 2 刻点行，另一方面继续下弯，于端部前转向中缝，成为另一条横带；此外驼顶常有黑斑，鞘翅基部中洼前通常黑色，包括小盾片附近一个淡斑，此花斑有时略有变异。额唇基长宽大致相等，有时长微微超过宽，表面微凹，几无刻点。触角向后达到鞘翅肩角，从第 7 节起突然粗厚，雄虫较细长，雌虫较粗短，两性 7–10 各节均长胜于宽。前胸背板椭圆形，两侧极阔圆，前后缘弧度大致相等，在个别情况下有时前缘显然较弓出；盘区光亮，刻点极细而稀，有时不易觉察。鞘翅基部显较前胸背板宽，驼顶隆起不高，有时很矮，其横条及前后分支都相当阔；基、中洼都相当深，侧洼亦常明显，长形，但中间常有横条间隔；盘区刻点粗大，靠中缝的几行显然较细；敞边透明，肩角前伸，钝圆。

分布：浙江（杭州）、江西、福建、台湾、广西、四川、云南；越南。

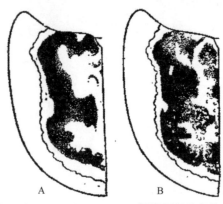

图 1-3　真台龟甲 *Cassida sauteri* (Spaeth, 1913)鞘翅翅斑的变异（仿陈世骧，1986）

（475）瘤盘台龟甲 *Cassida sigillata* (Gorham, 1885)

Coptocycla sigillata Gorham, 1885: 284.

Cassida (*Taiwania*) *sigillata*: Gressitt, 1952: 501.

Cassida sigillata: Hua, 1982: 55.

Taiwania (*s. str.*) *sigillata*: Chen et al., 1986: 538, 629.

主要特征：体长 5.2–6 mm，体宽 4.8–5.2 mm。体卵形，略带圆三角形，略拱凸，敞边宽，乳黄色，透明。前胸背板盘区全部酱色或稍淡，无花纹。小盾片棕黄或酱色。鞘翅盘区或多或少透明，隆脊淡棕色，盘侧除基部外在第 9 行距及盘尾呈淡色，亦有酱色区变为棕赭色具较深色刻点的，每刻点常围着淡色网格细纹；敞边基部酱色斑相当大，与盘基深色相连接。腹面一般黑色，胸侧及腹部外周棕黄色，亦有呈深棕栗而后胸腹板黑色的。头部、触角及足淡黄至棕红色。额唇基基宽略胜于长或等长，侧沟较模糊，顶端呈人字形相接，并与触角基分界，中区饱满或微隆。触角细长，第 3 节比第 2 节细长得多，比第 4 节略短。前胸背板标准椭圆形，侧角阔圆，处于中线，盘基具浅小凹窝，在高倍镜下能见稀微刻点，盘基侧角与敞边不分界，故深色略侵占到敞边基内角。鞘翅肩角很圆，前伸达到胸中线；中缝基部略脊起，驼顶呈 X 形凸脊，至第 1 行距分成两支，各向前后伸到第 5 行距左右；每翅驼顶后至盘尾在第 1、2 行距间约有 4 个脊突，第 3、4 行距间 3 个，有时两行脊突彼此相连成 1 较长的弧形或波浪形横脊，直达第 2 行距，其中尤以第 2 个较明显，此外，第 2 行距基部及肩瘤亦显著拱凸；刻点细小，不很规则；行距微隆；敞边尾端较阔，表面较光洁，基部在深斑内边有极其粗大刻点约 10 个，显得粗麻。本种主要特征是鞘翅横隆脊显著而相当固定，虽稍有变异，但原则上总是自驼顶脊后分成两纵行，内行是 4 个，外行是 3 个，其间彼此有时分隔，有时连接，但基本还是相同。

分布：浙江、江苏、江西、福建、台湾、广东；朝鲜，日本。

（476）北粤台龟甲 *Cassida spaethiana* Gressitt, 1945

Taiwania spaethi Gressitt, 1942g: 2.

Cassida spaethiana Gressitt, 1945b: 147.

主要特征：体长 6.9 mm 左右，宽 5.6 mm 左右。体阔椭圆形，体大致淡棕黄或淡赭黄色，胸、鞘翅基缘及小盾片周缘褐红色，鞘翅盘区最外行距及末端淡黄色，端前中后方具不明确的深色斑纹。额唇基梯形，无刻点。触角细长，向端微粗，略超过鞘翅肩角。前胸背板宽为长的 2 倍稍差，前后缘弧度大致相等，两侧阔圆。鞘翅显较前胸宽阔，肩角前伸，敞边相当粗，斜坦；盘区刻点不粗，每鞘翅上刻点 10 行，驼顶横脊隆起，基、中洼都很明显；第 5、6 行距中后方亦呈凹洼状。

　　分布：浙江、湖北、福建、广东。

（477）苹果台龟甲 *Cassida versicolor* (Boheman, 1855)（图 1-4）

Coptocycla versicolor Boheman, 1855: 414.

Coptocycla thais Boheman, 1862: 463.

Cassida (*Taiwania*) *versicolor*: Gressitt, 1952: 502.

Taiwania (*s. str.*) *versicolor*: Chen & Zia, 1961: 440.

　　主要特征：体长 5–6.2 mm，体宽 4.6–5.3 mm。体次圆形或圆卵形，最宽处在鞘翅中部。腹面包括额唇基、触角及足全部淡黄至淡棕黄色，有时触角末节端部略带灰褐色。背面颜色变异很大。敞边乳色透明，鞘翅敞边中后部具 1 个黑斑，有时缺。前胸背板盘区前、侧方淡黄或金色，中后部血红或酱褐色，有时基部具 2 个极不清晰的淡斑，基沿小盾片两侧隆块上色泽稍深。小盾片呈或深或淡的棕黄色。鞘翅盘区由淡黄和褐色或棕黄和黑色组成，亦由金黄和血红色所组成，但所谓淡黄、棕黄亦多少带金黄光泽；驼顶 X 形突脊、盘侧中桥及盘面所具凸脊或凸块均呈淡色，盘侧最外行距与盘尾亦是淡色；如果敞边中后部有黑斑的个体，则第 9 行距黑斑处亦是深色，第 5–9 刻点行间有 1 条深色阔纵带。额唇基大于或等于基宽，一般雄虫较短，侧沟极不明显；中区梯形，饱满，以中部更拱起，具稀少微刻点。触角超过鞘翅肩角两节。前胸背板略狭于鞘翅基阔，纺锤形，前缘显较后缘平直，侧角略圆，处于中线前；表面光洁几无刻点，盘区甚拱凸，两侧明显具弧形凹纹，此纹起自小盾片侧，沿基缘向前敞开，至 1/4 处再弯向内，形成盘面中央 1 个微突六角形；基部在凹纹后亦明显隆起。鞘翅肩角尖狭，前伸超过胸中线，驼顶不呈瘤状拱超，但顶端 X 形凸脊极为显著，伸达第 1 行距分成两支，前支斜直形，后支平横；盘侧中桥较明显，此外，每鞘翅盘面略有若干淡色小凸块或短横脊，有时较不明显；基、中洼很浅弱；刻点略粗深，通常行列整齐，有时于第 5–7 刻点行中段稍散乱；行距或多或少隆起，第 1–4 行脊起较显；敞边宽阔，较匀称，表面光洁无刻点。

　　分布：浙江、黑龙江、湖北、江西、湖南、福建、台湾、广东、海南、广西、四川、云南；日本，琉球群岛，缅甸，越南。

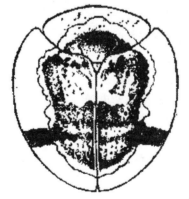

图 1-4　苹果台龟甲 *Cassida versicolor* (Boheman, 1855)（仿陈世骧，1986）

（478）山楂肋龟甲 *Cassida vespertina* Boheman, 1862

Cassida vespertina Boheman, 1862: 357.

Deloyala vespertina: Weise, 1900: 295.

Cassida (*Deloyala*) *vespertina*: Spaeth, 1914d: 95.

Cassida (*Lasiocassis*) *vespertina*: Gressitt, 1952: 486.

Cassida (*Alledoya*) *vespertina*: Chûjô & Kimoto, 1961: 196.

Alledoya vespertina: Chen et al., 1986: 548, 633.

主要特征：体长 4.7–7.0 mm，体宽 4.0–6.2 mm。一般呈五角形，雌虫较狭长，呈椭圆形；敞边淡黄色，透明或半透明，具很大的深色斑，布有网格纹，较大而稀。体色幽暗，不光亮，背面大都酱褐至黑色；通常前胸背板较淡，棕褐色，敞边基半部深棕色，仅留出前方淡色。小盾片黑中带棕色。鞘翅盘区全部黑色或紫褐色，有时驼顶横脊较淡；敞边每边具 3 个与盘区同色的深斑，基部与中后部两个均很大，中缝尾端一个很小，有时不甚明确，整个敞边仅留出中段和尾部一小块淡色。腹面棕褐至黑色，外周缘棕黄色；头部、触角及足棕赭色，触角有时末数节稍深；腿节基半部呈或深或淡的黑色。额唇基中区钟形，饱满，顶端略拱起，具粗刻点，不算密，每刻点内有细毛 1 根，与眼缘毛相仿。触角短粗，勉强达鞘翅肩角。前胸背板狭椭圆形，前缘相当直，两侧甚阔圆，不呈角状；表面具细皮纹，盘区刻点略粗、清晰，两侧多皱纹，基部与敞边分界处凹印明显；敞边上刻点细且稀。小盾片端角钝圆，舌形。鞘翅肩角极圆，前伸到前胸中线，翅基远比前胸背板宽；侧缘较直，尾端平圆；盘区多脊线，显得粗糙；中缝基部隆起，驼顶高耸，顶端横脊狭而显，略呈人字形，至第 2 行距分成两支；整个盘面呈不规则网纹或龟纹状；肩瘤尖凸，盘侧中桥略向敞边突出；刻点深且紧密，有粗有细，粗的呈扁阔形，行列断续；敞边较粗麻，并有短横脊，有时网格纹凸起，以深色区更明显；尾端极狭，只及中部阔度的 1/3；尾端腹面具稀疏短毛。

分布：浙江、内蒙古、陕西、湖北、湖南、福建、台湾、广东、四川；俄罗斯，蒙古国，韩国，日本。

201. 椭龟甲属 *Glyphocassis* Spaeth, 1914

Glyphocassis Spaeth, 1914b: 547. Type species: *Cassida trilineata* Hope, 1831.

Hebdomecosta Spaeth, 1915: 361. Type species: *Coptocycla spilota* Gorham, 1885.

主要特征：体椭圆形或卵圆形，鞘翅驼顶平拱或驼拱，不呈瘤状。额唇基长与宽近等，或宽略胜于长；侧沟清晰，向顶辐合，但不相连接；中区三角形，相当隆凸；表面刻点粗糙。触角向侧伸展，达到或超过前胸背板侧角，第 3、4 两节等长，均长于第 2 节，末端 5、6 节较粗，7–10 各节长阔相等，有时长略胜于宽。前胸背板椭圆带半圆形，光亮，盘区明显隆起，有时具细疏刻点；敞边宽阔，内侧近盘区明显凹陷，使盘侧显得隆起，但没有驼龟甲属那样明显。前胸腹板靠头侧具触角窝，其外沿有 1 条很长的细狭脊条，静止时触角基半部窝藏于此。鞘翅基部略宽于前胸，基缘具锯齿；刻点一般整齐；行距宽阔；鞘翅敞边较狭，约为每翅盘宽的 1/3，其基缘略向前伸，特别是内半部，常罩盖于前胸基侧角之上；尾端无毛。跗节腹面被密绒毛，爪节明显长于第 3 跗节，单齿或附齿式。雌虫体较狭长，雄虫短宽；其鞘翅敞边基部亦常比雌虫宽。在雄虫，敞边中部最宽处大致与基部宽度相等，而在雌虫则基部宽度要狭得多。

分布：古北区，东洋区。世界记录 3 种，中国记录 3 种，浙江记录 1 种。

（479）豹短椭龟甲 *Glyphocassis spilota* (Gorham, 1885)

Coptocycla spilota Gorham, 1885: 285.

Hebdomecosta reitteri Spaeth, 1915: 362.

Hebdomecosta shirahatai Chujô, 1949: 9.

Glyphocassis spilota: Gressitt, 1952: 479.

Glyphocassis spilota gansuica Medvedev, 1957: 555.

主要特征：体长 4.5–6 mm，体宽 3.7–4.8 mm。光亮，有时带强烈油光，活体金红色。头、触角及足棕黄至棕赭色，有时触角末数节稍深；腿节基半部呈黑褐色。额唇基宽胜于长，两侧较斜，端部较狭，侧沟深宽，十分清晰，中区拱凸，粗麻，刻点模糊，具细毛。前胸背板椭圆形，比鞘翅基部狭缩；侧角极其阔圆；盘区刻点细弱但清晰。鞘翅光洁，驼顶平拱；基洼微现；刻痕不粗但深，每行分布不匀，有疏有密，远狭于行距；敞边较斜峻。体阔椭圆形带圆卵形，背面拱凸，鞘翅敞边较为斜罩，与盘区同色，有时稍淡，半透明，基部和中后部均有黑斑。体背底色淡黄至棕红色，带金属光泽，黑斑较大。前胸背板盘区后半部有 3 个黑斑，中间一个长方形，显然超过背板全长的 1/3；两侧各一，三角形，与中斑等长，靠侧和敞边基部黑斑紧紧连接，很少分开；盘区前方居中另有 1 个矛头形黑斑，斑基宽窄不定，斑端超出盘区，侵染至前胸盘区敞边之半。小盾片黑色。鞘翅中缝区具黑纵条，此条阔狭相间，狭时仅中缝上黑色，宽度沾染到第 2 刻点行；每翅盘区有 3 条黑斜斑，基部第 3 行距一条，不弯到第 2 或第 1 行距，短小，有时呈半环形；第 2 条自肩瘤起，沿第 8 行距向内下斜至第 3 刻点行，呈叶形；最后一条自盘侧中后部起，下斜至第 3 刻点行，亦呈叶形，此斑外侧常与敞边黑斑多少连接；每敞边有 3 个黑斑，基部 1 个，不达到基缘，其间略有 1 块淡色区域；中后部 1 个；尾端中缝 1 个，很小。腹面大部黑色。

分布：浙江（杭州）、北京、河北、山东、江苏、上海、湖南、福建、四川、贵州。

202. 蜡龟甲属 *Laccoptera* Boheman, 1855

Laccoptera Boheman, 1855: 55. Type species: *Laccoptera excavata* Boheman, 1855.

Patrisma Fairmaire, 1891: 272. Type species: *Laccoptera murrayi* Boheman, 1862.

Sindia Weise, 1897: 105. Type species: *Cassida sulcata* Olivier, 1808.

Asphalesia Weise, 1899a: 246. Type species: *Asphalesia confragosa* Weise, 1899.

Orphnoda Weise, 1899a: 247. Type species: *Laccoptera cancellata* Boheman, 1855.

Orphnodella Spaeth, 1902: 20. Type species: *Laccoptera cicatricosa* Boheman, 1855.

Sindiola Spaeth, 1903: 111. Type species: *Sindiola* (*Aspidomorpha*) *parallelipennis* Spaeth, 1903.

Parorphnoda Spaeth, 1932b: 228. Type species: *Laccoptera excavate* Boheman, 1855.

Orphnodina Spaeth, 1932b: 229. Type species: *Orphnoda distans* Spaeth, 1902.

Indocassis Spaeth in Hincks, 1952: 345. Type species: *Cassida foveolata* Boheman, 1856.

Laccopteroidea Spaeth in Hincks, 1952: 345. Type species: *Cassida tredecim-punctata* Fabricius, 1801.

Eulaccoptera Hincks, 1952: 337.

Sindiolina Świętojańska, 2001: 294. Type species: *Cassida sedecimmaculata* Boheman, 1856.

主要特征：体次三角形或椭圆形。头部于静止时上颚仅部分显露；额唇基三角形，隆起，其上端凸起更显。触角达到肩部，雄虫稍长，基部 6 节毛稀、光亮，端部 5 节较粗，毛较密，幽暗。前胸背板椭圆形，接近橄榄形，远较鞘翅基部为狭；表面密布细隆线，以纵形居多，形成皱纹；前方中央一般隆线较少，有时缺，盘区后半隆纹最粗，与前方常有 1 条横沟分界，但有时此沟仅中部明显；敞边宽度中等，与盘区间以沟纹为界，近基部形成凹潭，但在盘区前沿的中央则不明显。鞘翅敞边或阔或狭，具粗刻点及凹洼，后者以靠盘侧为多；盘区驼顶一般突起成瘤状，但有时又相当平矮；刻点粗密，大都宽于行距，第 2、4 行距显著隆起，或多或少具横条隆线或皱纹。

分布：东洋区，旧热带区。世界记录 60 余种，中国记录 5 种，浙江记录 1 种。

（480）甘薯蜡龟甲 *Laccoptera quadrimaculata* (Thunberg, 1789)

Cassida quadrimaculata Thunberg, 1789: 86.

Laccoptera quadrimaculata: Spaeth, 1914d: 82.

主要特征：体长 7.6–10 mm，体宽 6.8–8.6 mm。体呈次三角形，棕色或棕红色，有时较淡，呈棕黄色，有时较深，为棕褐色。前胸背板 2 个小黑斑，处于盘区两侧，通常不很明显。鞘翅花斑变异很大，在较完全的情况下，黑斑的分布大致如此：盘区驼顶 1 个，肩瘤上 1 个，近中缝翅中部及离翅端 1/4 处各 1 个，但前者较小，经常消失，翅中部靠第 4 与第 6 行距之间 1 个，很大，纵长形；敞边近基部 1 个，中部后 1 个，端末 1 个，各黑斑间区域颜色淡黄透明，基斑前敞边最基部则与盘区同色，有时基斑向盘区延伸，与翅中部斑点合并；盘区肩瘤及驼顶上黑斑亦常减缩或消失，有时全面斑点模糊不清，也有完全消失，而敞边上原黑斑处与盘区呈同一色彩。腹面通常仅后胸腹板大部黑色，但其腹部特别是末节必带淡色。额唇基中央常有几个刻点。触角比较细长，末 5 节较粗；雌雄相差不大，雌虫端部数节一般较粗短。前胸背板密布粗皱纹，以盘区后半为甚，前方中央及两侧皱纹较弱，甚至光洁，而敞边前缘，特别是中段两旁则通常无皱纹。鞘翅驼顶突起但不高耸，其前、后坡不隆凸，因此略呈十字形状；盘区刻点粗密，刻点间行距以第 2、4 两条特别高凸，此外，还有许多不规则的横皱纹，以 5–8 行刻点中部最密；敞边具粗大刻点，部分形成穴状。鞘翅端区及侧区具短毛，但有时不明显。

　　分布：浙江、江苏、湖北、福建、台湾、广东、海南、广西、四川、贵州；越南。

203. 尾龟甲属 *Thlaspida* Weise, 1899

Thlaspida Weise, 1899b: 272. Type species: *Coptocycla cribrosa* Boheman, 1855.

　　主要特征：体次圆形，略带五角形，背面拱凸，敞边平坦，鞘翅驼顶突起，呈瘤峰状；头部深藏于前胸背板之下，额唇基阔大，长阔近乎相等。触角较长，向后伸展到后胸中部，基部 5 节光亮少毛，其余 6 节较粗，具毛较密，颜色亦较幽暗。前胸背板椭圆形或倒圆三角形，两侧最阔处在中部前或接近中部，由此向后辐合；前缘平直或略呈弓弧状，其弧度在不同物种或甚至同种个体间亦颇有变异；小盾片前具浅凹痕。小盾片三角形，端部常有横凹纹。鞘翅基部远较前胸为阔，基缘具短锯齿；盘区刻点行列相当整齐，但因盘面多纵横隆脊，且驼顶高凸，因而显得粗糙；敞边坦阔，透明或半透明，无刻点，尾端密具长毛。爪单齿式。雄虫一般触角稍长，体稍宽阔，腹面腹部末节刻点及敞边毛较稀；雌虫末节刻点粗糙而密，敞边尾端毛亦较密。本属的主要特征是：触角从第 6 节起即幽暗多毛，在其他属中一般均从第 7 节起才多毛；此外，敞边尾端毛被亦较一般为长而密。

　　分布：古北区，东洋区。世界记录 6 种，中国记录 4 种，浙江记录 1 种。

（481）双枝尾龟甲 *Thlaspida biramosa* (Boheman, 1855)

Coptocycla biramosa Boheman, 1855: 408.

Thlaspida biramosa Weise, 1899b: 273.

Thlaspida tristis Weise, 1899b: 273.

Thlaspida formosae Spaeth, 1913: 46.

Thlaspida biramosa Spaeth, 1914a: 17.

Thlaspida japonica Spaeth, 1914a: 17.

Thlaspida chinensis Spaeth in Spaeth & Reitter, 1926: 64.

Thlaspida biramosa omeia Chen et Zia, 1964: 131, 137.

　　主要特征：体长 7–9.2 mm，体宽 6.2–8.5 mm。体光亮，背面盘区棕黄与栗色或酱色相间，形成花斑，有时大部深色，淡斑不显；敞边淡黄或淡棕黄色，透明或半透明中部后具栗色斑纹。触角末端 4–6 节褐黑色，有时棕褐色，第 11 节端部腹面带棕赤色。体腹面胸腹大致黑色或栗黑色，两侧及端沿或多或少淡色，有时腹节全部棕黄色，但中部通常较深，带棕褐色。额唇基长与中宽近乎相等，前端较狭，或多或少凸起。触角 3–5 节彼此相等，有时第 3 节稍短，从第 6 节起较粗，第 10 节长约为宽的 2 倍；雄虫触角稍长，不显著。前胸背板远较鞘翅为狭，两侧最阔处一般在中线略前，前缘微呈弓弧，其弧度在个体间变异很大，有时较深，有时近乎平直；表面光洁无刻点。鞘翅驼顶突起成横形瘤峰状，高矮颇有变异，盘侧中桥一般完整，不中断；刻点行列相当整齐，但不时为横隆脊所间断，特别是盘侧外半；刻点直径狭于行距，近中缝的 4 行距一般显著隆起。

分布：浙江（湖州、杭州）、江苏、安徽、湖北、湖南、福建、台湾、广东、海南、广西、四川、贵州、云南；朝鲜，日本，越南，老挝，马来西亚。

204. 丽甲属 *Callispa* Baly, 1858

Callispa Baly, 1858: 4. Type species: *Callispa fortunei* Baly, 1858.

Miltinaspis Weise, 1904: 443. Type species: *Cephaloleia cassidoides* Guérin-Méneville, 1844.

Melispa Weise, 1897: 114. Type species: *Melispa andrewesi* Weise, 1897.

Rhinocassis Spaeth, 1905: 84. Type species: *Cephaloleia cassidoides* Guérin-Méneville, 1844.

Callispa (*Callispella*) Spaeth,1935: 255. Type species: *Callispa gracilicornis* Weise, 1910.

主要特征：体多为卵圆形或接近长方形，少数种类狭长；色泽较为鲜艳。背腹面均有光泽。头狭于前胸背板，头顶在复眼间向前伸出或微突出，头顶后背中央有 1 舌形发音锉面，一般为前胸背板前端遮盖；额唇基十分狭窄，在触角间呈 1 条细纵脊，其下部围于口器上沿，成为 1 条横细的窄边。触角中度长，约为体长的 1/3，着生位置低凹，第 1 节仅端部外露，第 3 节一般较长并超过第 1 节或第 2 节。前胸背板变异较大，呈方形、横方形或梯形，前端狭于基部，侧缘常呈弧形；中区拱凸，表面光滑或具细而稀的刻点；两侧较低洼，刻点较粗。小盾片小，近方形或五角形，末端一般钝圆。鞘翅基部较前胸背板宽，肩胛明显，两侧缘平行或在中部膨阔，敞边常明显，缘折基阔端狭；刻点列一般较整齐，每鞘翅在中部一般有刻点 10–12 行，第 6–8 行在肩胛稍后即行分出，翅基部及肩胛后的刻点比较粗大，靠近中缝及翅末端的则较为细小；第 1 行刻点常位于纵沟中；刻点行距平坦，少数种类隆起；有小盾片刻点行，极少种类仅具 1–2 刻点或缺如。前、中胸侧板及后胸腹面均具刻点，后胸腹面刻点多位于基部及两侧缘；腹部刻点极细。足粗短，跗节扁而宽，前足跗节最长；前、中足基节一般具刻点。胫节端部及跗节腹面密被绒毛。有些种类雄虫触角略长，在触角节腹面端部有 2 或 3 根斜伸的长毛。雌虫触角较短，触角节腹面的毛短或不显。

分布：东洋区，旧热带区。世界记录 160 余种，中国记录 31 种，浙江记录 3 种。

分种检索表

1. 体背具金属蓝光泽，或蓝中带紫色或铜色 ·· 斜缘丽甲 *C. obliqua*
- 体背至少部分淡色，从淡橙色到红棕色变化 ··· 2
2. 鞘翅全部金属蓝、紫色，前胸背板橙红至红色不等 ·· 中华丽甲 *C. fortunei*
- 鞘翅至少部分淡色或非金属光泽，末端具黑斑 ··· 端丽甲 *C. apicalis*

（482）端丽甲 *Callispa apicalis* Pic, 1924

Callispa apicalis Pic, 1924c: 99.

主要特征：体长 5–5.5 mm，体宽 2.6–3 mm。体略呈卵圆形。背、腹面均为黄色或淡棕黄色，鞘翅末端 1/4 处黑或黑蓝色，触角及额唇基黑色，后胸腹板及腹节中部常为黑色，跗节背面浅褐色。头顶光洁无刻点，端部钝，在复眼间突伸并微向下斜倾，两侧缘平直。触角超过体长的 1/3，各节接近等粗，仅基部第 1、2 节略粗并有光泽，第 2 节及以后各节均有纵刻点并被灰毛，第 3 节长度微大于第 2 节，小于第 1、2 节长度之和。前胸背板横阔，宽约为长的 2 倍，前缘中部后凹，后缘中部弓弧，两侧缘平行并在前端微狭；中部微拱，刻点稀细，两侧刻点较粗密，前端及中纵线则无刻点。小盾片形状变异较大，大致方形或三角形。鞘翅基部显宽于前胸，两侧在基部之后膨阔，端末钝圆；敞边明显；刻点一般较粗，端部 1/3 处的较细，行列整齐，有 10 行，行距平坦；第 1 行刻点在中部以后位于沟中，第 10 行以外的刻点杂乱，约有 3 行；小盾片行有 4–7 个刻点；缘折在基部很阔，向翅端渐狭。前、中胸侧板及后胸腹板具较粗刻点，前中胸的较疏，腹节刻点细，仅末节两侧较显。

　　分布：浙江（湖州、杭州）、江苏、江西、福建。

（483）中华丽甲 *Callispa fortunei* Baly, 1858

Callispa fortunei Baly, 1858: 6.

Callispa ruficeps Pic, 1929c: 139.

Callispa fortunei emarginata Gressitt, 1938d: 322.

　　主要特征：体长 6–8 mm，体宽 3–3.6 mm。体略呈长方形，前端较狭。体棕红或橙红色，鞘翅深蓝带紫光泽，触角黑色，仅第 1 节褐红色。头顶较平，有极细刻点，端部在复眼间微突出并向下方倾斜；复眼间距等于头顶端至前胸背板的距离。触角长胜过体长的 1/3，第 1、2 节有光泽，以后各节具纵刻点并被绒毛，第 3 节较第 2 节为长，小于第 1–2 节之和。前胸背板横宽，前端较基状，宽约 2 倍于中长；前缘微凹，后缘中部微弓，两侧缘在基部略阔，前侧角圆形，中区拱凸，两侧较低并有极浅的凹陷；中部刻点小而稀，两侧刻点粗密。小盾片五边形，宽大于长，略呈心形。鞘翅两侧不明显膨阔，近乎平行，基部略较前胸宽，敞边较狭，端末圆形；刻点列整齐，每翅有 11 行，行距平坦或微隆，第 1 行刻点在中部以后位于沟中或者消失，第 11 行刻点较小，靠近翅缘，第 10 与 11 行间常有分散的小刻点；小盾片行有 5–8 个刻点。各胸节侧板及后胸腹板均具有粗刻点，前胸的较稀疏，腹部有细刻点，多位于各节中部，末节后缘圆形，中部稍平并被棕色细毛。

　　分布：浙江（湖州、杭州）、山东、安徽、江西、福建、广东、云南。

（484）斜缘丽甲 *Callispa obliqua* Chen *et* Yu, 1964

Callispa obliqua Chen *et* Yu in Chen et al., 1964: 108.

　　主要特征：体长 5–6.3 mm，体宽 3.2–3.5 mm。体卵圆形。背面深蓝或稍带紫色，具金属光泽。腹面颜色变异颇大，胸部黑色，腹部由棕黄至黄褐色，足黑褐色，跗节常为黄褐色。头顶伸出于复眼间，端部狭窄，两侧缘内凹。触角不到体长之半，各节具长刻点；第 1 节最短，接近球形，以后各节筒形，第 3 节长度明显超过第 2 节，但不超过后者之半。前胸背板梯形，两侧平直；侧缘边框较狭，最宽处在基部，前缘明显凹进，后缘中部弓弧；散布刻点，基部两侧的较为粗密。小盾片形状变异较大，心形，宽胜于长。鞘翅基部较前胸为宽，两侧缘在中部微膨阔；刻点列整齐，每翅有 12 行或 13 行，最后两行较小，排列有时杂乱，基部及肩胛后面的刻点粗大；小盾片行有 4–7 个刻点。胸部各节侧板及后胸腹板有粗刻点，腹部刻点较细，末节较密。

　　分布：浙江（温州）、福建。

205. 三脊甲属 *Agonita* Strand, 1942

Agonia Weise, 1905a: 116.

Agonita Strand, 1942: 391. Type species: *Gonophora wallacea* Baly, 1858.

Gonophora (Sinagonia) Chen *et* Tan, 1962: 133. Type species: *Gonophora maculigera* Gestro, 1906.

Agoniella: Gressitt, 1957: 305.

主要特征：体长形，鞘翅两侧平行。头顶中沟缺或微弱不显；额唇基相当发达，横形、次方形或半圆形，上唇显突。触角长约达体长之半，着生处离口沿较远。前胸变异很大，一般次方形，前端突然较狭，基部后角尖锐，侧缘边框或有或无，一般不具锯齿，很少种类具微弱锯刻，亦不甚明显。胸面拱凹不一，大致呈现两种基本类型：①前方中部拱凸，无凹洼；基部具凹洼，一般很深，并向两侧叉开；侧区常另有凹洼（有时不显），与基洼前叉贯通。②前方中部不拱或仅微拱，中央1条纵沟，沟的两侧有时各具1深洼或较平区域，密布粗大刻点；基部凹洼如前；侧区凹洼颇深，不与基洼连接。本属大部分物种属于第1型，个别种类呈第2型，和断脊甲属近似。鞘翅侧缘无锯齿，这是本属和脊甲属相区别的最主要特征，但后侧角和端缘常具锯齿，且颇显突，很少缺如；每翅有3条脊线，第1、2两条经常完整，第3条有时完整，有时中部断折；刻点粗大紧密，每一刻点内有1短毛，行数颇有变异，计第1脊线与中缝间一般两行，第1–2脊线间2行或3行，在基部有时4行，第2–3脊线间亦为2行或3行，基部则一般2行，第3脊线与侧缘间两行，但其中部刻点有时并成一行；从翅中部计算刻点行列，大多数物种为7行或8行，少数多至9行及以上。各足跗节阔大，胫节长短粗细不一。

分布：东洋区，旧热带区。世界记录108种，中国记录22种，浙江记录1种。

（485）褐腹三脊甲 *Agonita picea* Gressitt, 1953

Agonita picea Gressitt, 1953: 124.

主要特征：体长5–5.4 mm，体宽1.8–2 mm。体长形，略扁；体背棕红色，前胸背板中部及两侧有时略带黑褐色，小盾片暗褐色；触角、头顶、体腹面及足黑色，腹节两侧及腿节端部棕红色。额唇基横阔，中部微拱；触角基部附近凹下，两触角之间稍隆；头顶在两眼间较阔，刻点细且稀，后方居中有1卵形小凹。触角长仅超过体长之半或稍短；除基部两节光滑外，均被较长黑毛。前胸宽稍胜于长，前缘与基部后角之前均稍束狭；两侧弧形，以中部最宽，边框细狭；盘区中部高凸，正中具1条中部较阔的光滑纵区，纵区两侧刻点深而密；背板两侧中部各有1大而深的凹洼，洼面刻点粗大；基部中央两侧各有1浅斜凹，凹后微隆、平滑、无刻点，后缘横沟细狭。小盾片基阔，向端渐束狭，端缘略平直。鞘翅基部阔于前胸，自肩后向端展阔，边缘略宽扁，后侧角弧圆，端缘锯齿极微细；每翅脊线3条，第1、2条高隆，第3条除端部外基部与中部均较微弱，肩部光滑、微隆；翅面刻点深，中缝与第1脊线间刻点2行，第1–2脊线间3行，最基部4行，最末端2行，第2–3脊线间中部3行，基部与最末端2行，第3脊线与边缘间基部与端部各3行，中部2行。后胸腹板刻点稀少、深。足较细长，胫节短于腿节，雄虫中足胫节腹面前端稍凹；跗节短阔，均短于胫节，前足第1跗节近乎方形，不分叶，约与第2、3节等大，中、后足第1跗节很小，三角形；爪节伸出于第3节两叶很多。

分布：浙江（杭州）、福建、广西。

206. 平脊甲属 *Downesia* Baly, 1858

Downesia Baly, 1858: 107. Type species: *Downesia insignis* Baly, 1858.

Hanoia Fairmaire, 1888c: 375. Type species: *Hanoia auberti* Fairmaire, 1888.

主要特征：体扁长，棕红或黑色。额唇基发达、高凸。触角着生处离口沿较远；触角第1节或第1–2节一般球形或圆柱形，毛被缺如，端部5节或6节被毛较密。前胸通常方形，有时长略胜于阔，前端较基部稍阔，前角圆形；两侧边缘略向上反折，呈滚边状，以前半部较显著；前胸盘区微隆，平滑，刻点细小或缺如，基部中央有1横沟，有时伸延至两侧。小盾片近乎方形，端圆。鞘翅狭长，与前胸等阔或稍阔，两侧平行或中部微狭，向端渐膨；每翅具隆线 3 条，刻点 6 - 8 行，前者基部平阔，至端部渐狭而隆起；隆线之间的刻点成双行排列，有时在中部或前半部并合成一行，中缝与第 1 隆线间至少在基部仅 1 行刻点，无小盾片刻点列；刻点一般圆形，其排列常与邻近一行刻点之前后交错。前足较粗大，跗节与胫节近乎等长，爪伸出于第 3 跗节之外。本属的主要特征是鞘翅隆线平阔，尤以基部为最，仅末端稍隆起，略呈脊状；前胸背板一般方形，表面较平滑，刻点细小或缺。

分布：东洋区，旧热带区。世界记录 41 种，中国记录 18 种，浙江记录 2 种。

（486）红背平脊甲 *Downesia strandi* Uhmann, 1943（图 1-5）

Downesia strandi Uhmann, 1943a: 121.

主要特征：体长 7.5–9 mm，体宽 2–2.5 mm。体背及前胸腹面栗红色，头部、触角及体腹面黑色，头顶中央棕红色，前胸腹板、前足腿节的大部分及前、中足基节栗红到褐色，足褐色到黑色。头狭于前胸；额唇基横宽，隆起，前端具细小刻点与淡黄色竖毛；头顶两眼间刻点细小，毛被极短，头顶后方较光滑，中间圆形浅凹有时不显著。触角长约达翅肩，端部不显著粗大，除基部两节外，均被黄色密毛。前胸近方形，前端较阔，前缘向前弓弯，前角圆形，两侧边缘滚边状，色较深，后角钝齿状；盘区微隆，刻点极细、分散，基部正中具 1 浅短横凹，后缘横沟明显。小盾片心形，光滑。鞘翅稍阔于前胸，基部较狭，向端渐膨，缝角尖齿状；翅面刻点 8 行，较浅细，隆线 3 条，基部坦阔，端部狭而微隆；中缝与第 1 隆线间中部以前刻点 1 行，中部与端部各 2 行，第 1–2 及第 2–3 隆线间均为 2 行，第 3 隆线与边缘间在中部稍前处仅 1 行，基、端各 2 行；基部刻点一般极细小，自中部以后各行距间的距离约相等。腹面光滑，前胸腹板前端被淡黄色长毛；腹部刻点疏细，两侧与末节后缘刻点较显著。足粗壮，前、中足基节粗大、球形；雄虫各足胫节端部均具刺，前足胫节端刺腹面观呈指状，雌虫无刺。

分布：浙江（临安）。

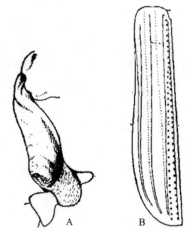

图 1-5　红背平脊甲 *Downesia strandi* Uhmann, 1943（仿陈世骧，1986）
A. 雄虫前足胫节端刺；B. 鞘翅翅脊和刻点

（487）红基平脊甲 *Downesia vandykei* Gressitt, 1939

Downesia vandykei Gressitt, 1939d: 133.

主要特征：体长 4.4–7.3 mm，体宽 1.1–2.4 mm；体棕红色，有光泽；触角、复眼、跗节与鞘翅（除基部约 1/4 外）黑色。额唇基阔大，隆起，具刻点及淡黄色竖毛；头顶在两眼间刻点细小、清晰，两侧常较密，每刻点有 1 短细毛；头顶后方中央常有 1 半月形浅凹，周围布刻点。触角约伸展至翅肩，第 1 节长圆形，较第 2 节稍长，第 3 节与第 2 节等长而较细，第 4–6 节近乎等长，端部 5 节稍粗大，末节最长，端尖；第 1 节光滑，余节毛被淡黄色。前胸方形，长阔略等，基部稍狭，两侧前端边缘向上反卷较显，基部横沟显著；沟前正中有 1 短浅凹；盘区光滑，刻点极微细、稀少。小盾片圆形，光滑无刻点。鞘翅基部稍阔于前胸，向端渐膨；隆线 3 条，基部坦阔，第 1 条仅端末狭隆，第 2 条自基后隆起较显，第 3 条最显，3 线端末均呈脊状；刻点 8 行，基部的较弱，中缝与第 1 隆线间中部以前 1 行，第 6 行自肩后开始，余均双行排列，第 7、8 两行刻点在中部彼此较靠近。前胸腹板前端被淡黄色长毛。足粗壮，雄虫前足胫节端刺略呈瓢状或指状，中、后足胫端刺锥形。

分布：浙江（杭州）、福建、广东；越南。

207. 异爪铁甲属 *Asamangulia* Maulik, 1915

Asamangulia Maulik, 1915: 378. Type species: *Asamangulia cuspidata* Maulik, 1915.

主要特征：体长方形，黑色，鞘翅稍带金属光泽。头顶两眼间区域较阔，且隆起不高，具皱褶，中线细小或深。触角 11 节，短粗，约伸展至鞘翅基部或稍长，一般不超过体长之半，第 2–6 节纵沟显著，端部数节略粗，密被棕色短毛，第 1 节背刺较长，至少达到第 3 节端部。前胸宽胜于长，前缘狭于后缘，前缘刺每边 2 个，均略斜向外或斜指向上，每对刺基部并合；两侧各具 3 刺，前两刺基部并合，第 3 刺分立；胸刺均粗短而近乎竖立；盘区具皱褶与毛被，前者有时极粗糙，后者鳞片状，基部横凹明显。小盾片端部圆形，表面粒状。鞘翅阔于前胸，两侧平行，翅面具刻点行与瘤刺或尖刺，毛被鳞片状，刻点行深，规则或不规则，瘤刺或尖刺排列成行；侧刺横平，短直或细长，约等长，一般不长于背刺，端缘刺 4 或 5 个，较长，其他属端缘刺一般较侧刺短。后胸腹板粒状，或皱褶紧密。足粗壮，前、中足腿节下沿齿较大，后足腿节齿或钝或弱或不明显；中足胫节弯曲；爪节伸出于第 3 跗节两叶之外；爪完全分叉，但不对称，即两爪长短不等，一般内爪较外爪略短，此为本属与其他属区别的主要特征之一。

分布：东洋区。世界记录 6 种，中国记录 2 种，浙江记录 1 种。

（488）"U"刺异爪铁甲 *Asamangulia longispina* Gressitt, 1950（图 1-6）

Asamangulia reticulata Gressitt, 1938d: 325.

Asamangulia longispina Gressitt, 1950: 104 (new name for *A. reticulata* Gressitt, 1938).

主要特征：体长 4.5–5.8 mm，体宽 1.8–2.6 mm。体黑色，鞘翅蓝黑色。额唇基长形，皱褶，被白毛；头顶两眼间皱褶粗糙，中线凹下颇深；两触角之间有 1 侧扁脊状隆起。触角粗壮，伸展至鞘翅肩部。前胸宽胜于长，前端较后端略狭，前缘具 1 列向前指粗毛，后缘平直，后角钝齿状；盘区皱褶极粗糙，毛被较粗，竖立，略呈鳞片状；中央纵纹微隆，中部较宽，正中具纵沟，但沟之前、后端均不明显；基部横凹明显；前缘刺每边 1 对，较直，略斜向外，每对刺基部并合，前、后两刺间略呈 U 形；侧缘刺均略斜向上，第 1、2 刺基部并合，第 3 刺分立，较第 2 刺稍长，第 2 刺显著长于第 1 刺，有时第 3 刺附 1 个小侧刺；胸刺均粗壮。鞘翅基部宽于前胸，两侧平行，后侧角圆形；翅面刻点深、粗大、不规则，翅基缘与小盾片侧共有刺 4–5 个，一般 5 个；缘刺 21–25 个，较细，约等长，一般不长于背刺，以端缘 4 或 5 刺较长。后胸腹板具微粒与粗大刻点，毛被极短细，中线凹下显著；腹部微粒与皱褶极紧密，第 2–4 节后缘光滑。足粗壮，前、中足腿节下沿有较大齿 1 个，小齿若干，后足腿节齿较钝，有时不明显；胫节端部下沿被密毛；中足胫节弯曲，前足第 1 跗节约与第 2、3 节等宽，中、后足第 1 跗节狭小，呈三角形；爪节伸出于第 3 节两叶很多，具 2 爪且长短不等，内爪稍短。

分布：浙江（丽水）、江西、福建、广东、海南、云南。

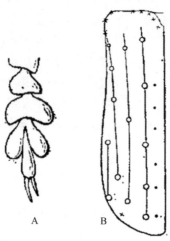

图 1-6　"U" 刺异爪铁甲 *Asamangulia longispina* Gressitt, 1950（仿陈世骧，1986）
A. 中足跗节爪不等长；B. 鞘翅刺序

208. 趾铁甲属 *Dactylispa* Weise, 1897

Dactylispa Weise, 1897: 137. Type species: *Hispa andrewesi* Weise, 1897.

Hispa Chapuis, 1875: 333.

Dactylispa (*Monohipsa*) Weise, 1897: 147. Type species: *Hispa singularis* Gestro, 1888.

Dactylispa (*Triplispa*) Weise, 1897: 150. Type species: *Hispa platyprioides* Gestro, 1890.

Dactylispa (*Platypriella*) Chen *et* Tan in Chen et al., 1961: 459. Type species: *Hispa exicisa* Kraatz, 1895.

Dactylispa (*Rhoptrispa*) Chen *et* Tan in Chen et al., 1961: 414. Type species: *Dactylispa luhi* Barber, 1951.

主要特征：体一般呈方形。头部两眼间区域和后头比明显高隆；触角 11 节，无刺无纵纹，两角间具纵脊；复眼卵圆形，突出，内缘常具银白色柔毛。前胸一般宽阔，基部较鞘翅窄，端部圆柱形，狭于基部。背板前缘每边具刺 2–3 个，个别种类 4 个；侧缘一般具刺 3–6 个。盘区刻点或疏或密，或光洁；小盾片一般三角形，末端钝圆。鞘翅盘区具方形或圆形刻点，刻点行基数 10 行。

分布：东洋区，旧热带区。世界记录 370 余种，中国记录 89 种，浙江记录 7 种。

分种检索表

1. 鞘翅边缘不敞出，前胸侧刺一般 3 个，有时 2 个 ··· 2
- 鞘翅边缘或多或少敞出，前胸刺一般 3–4 个，有时更多 ······································· 3
2. 胸刺 2：3，体背黑色，鞘翅末端具 1 红斑 ···································· 红端趾铁甲 *D. sauteri*
- 胸刺 3：3，体背黑色，鞘翅末端无红斑 ······································ 三刺趾铁甲 *D. issiki*
3. 鞘翅敞边基部特别膨阔，中部束狭，有时端部亦膨阔；敞边表面或多或少具锥形小刺 ········· 4
- 鞘翅敞边几乎均等宽，中部不束狭；敞边表面无锥形小刺 ····································· 5
4. 前胸侧刺 4–5 个，鞘翅敞边基、端两部近等阔 ······························· 束腰扁趾铁甲 *D. excisa*
- 前胸侧刺 3 个，鞘翅敞边基部较端部膨阔 ······························ 天目扁趾铁甲 *D. tienmuensis*
5. 鞘翅刺突呈针形刺状 ··· 短刺叉趾铁甲 *D. brevispina*
- 鞘翅刺突呈锥形或扁锥形瘤状 ·· 6
6. 鞘翅侧缘刺大而疏，7–10 个；侧缘及端缘刺全部深色 ······················· 天台叉趾铁甲 *D. tientaina*
- 鞘翅侧缘刺小而密，12 个以上；除后侧角外，刺全部淡色 ·············· 锯齿叉趾铁甲 *D. angulosa*

（489）锯齿叉趾铁甲 *Dactylispa angulosa* (Solsky, 1872)

Hispa angulosa Solsky, 1872: 262.

Dactylispa angulosa: Weise, 1897: 148.

Dactylispa (Tr.) angulosa angulosa Chen *et* Tan in Chen et al., 1961: 458.

Hispa japonica Baly, 1874: 215.

Dactylispa masonii Gestro, 1923: 9.

Dactylispa ussurina Uhmann, 1928: 35.

Dactylispa flavomarginata Shirôzu 1956: 53.

Dactylispa rufescens Shirôzu, 1957: 55.

主要特征：体长 3.3–5.2 mm，体宽 1.8–3.1 mm。体方形，端部稍阔，体背棕黄至棕红色，具黑斑，有光泽；触角棕黄至棕红色，基部 2 节较深，柄节基部常为黑色；前胸背板盘区具 2 个黑斑，或除中央一条红色纵纹外，盘区完全黑色，胸刺棕黄色，鞘翅具黑斑或大部分黑色，瘤突黑色，外缘刺除后侧角的几个黑刺外，皆淡棕黄色；小盾片中央常具 1 红斑；胸部腹面黑色，腹部褐黑色，两侧有时棕黄或棕红色；足黄色。头具刻点及皱纹。触角粗短，约为体长的一半，末端 5 节稍粗，具较密的淡黄色柔毛；前胸横宽；盘区全面密布刻点，具淡黄色短毛，中央有 1 条光滑纵纹，接近前、后缘各有 1 条横沟，前缘者较浅，盘区中部稍隆起，胸刺粗短，前缘每侧有 2 刺，两对刺之间相距较远，前、后刺约等长，前刺近端部有 1 个很小的侧齿，有时后刺亦有；侧缘每边有 3 刺，约等长，着生于一个扁阔的基部上，第 1、2 刺近端部各具 1 个很小的侧齿。小盾片三角形，末端圆钝。鞘翅侧缘敞出，两侧平行，端部微阔，具 10 行圆刻点，翅背具短钝瘤突。翅基缘及小盾片侧共有 6 或 7 个很小的刺，翅端有几个小附刺。侧缘刺扁平，锯齿状，短而密，各刺大小约相等；端缘刺小，刺长短于其基宽。

分布：浙江（湖州、杭州）、黑龙江、吉林、辽宁、北京、天津、河北、山西、山东、河南、陕西、甘肃、江苏、上海、安徽、湖北、湖南、福建、台湾、广东、广西、四川、贵州、云南；俄罗斯，韩国，日本。

（490）短刺叉趾铁甲 *Dactylispa brevispina* Chen *et* Tan, 1964

Dactylispa (Triplispa) brevispina Chen *et* Tan, 1964: 417.

主要特征：体长 4 mm 左右，宽 1.8 mm 左右。体小型，背面黑色，鞘翅有时略带酱黑色，有光泽；触角红褐色，基部 2 节黑色，胸刺及鞘翅端部淡棕色，胸部腹面暗红褐色，两侧黑色或酱黑色，腹部栗褐色，足棕黄色。头部在触角之间有 1 条纵脊，头顶具细小颗粒。触角超过体长之半，具白色短柔毛。前胸横宽；背板具大圆刻点及细小淡色毛，两侧刻点近于消失，中央有 1 条光滑纵纹（此纹有时为红色），两侧常各具 1 不明显的小光斑；胸刺细，前缘刺每侧 2 个，两对刺之间相距较远，后刺稍长于前刺；侧缘刺每边 3 个，前 2 刺约等长，不超过背板宽度的 2/5，基部连接，第 3 刺为前刺长的 1/2–2/3，与前刺稍分开。小盾片三角形，末端圆钝。鞘翅侧缘敞边狭，稍狭于触角 3–5 节中任一节的宽度；盘区刻点 10 行；背刺粗短，稍短于前胸第 1、2 侧刺；翅基缘中央有 1 个小刺，小盾片侧有 5 个小刺。侧缘刺 10 个左右，较背刺稍细长，中间个别杂有 2 或 3 个很小的刺；缘刺 5–7 个，微小，刺长不超过刺基宽。

分布：浙江（湖州、杭州）。

（491）束腰扁趾铁甲 *Dactylispa excisa* (Kraatz, 1879)（图 1-7）

Hispa excisa Kraatz, 1879b: 140.

Dactylispa excisa: Weise, 1897: 150.

Dactylispa excisa repanda Weise, 1922a: 81.

Dactylispa (*Platypriella*) *excisa meridionalis* Chen *et* Tan in Chen et al., 1961: 475.

主要特征：体长 3.6–4.6 mm，体宽 1.8–2.8 mm。体短阔，近乎四方形，背面黑色；胸刺（除基部外），翅侧缘中部及端缘（包括刺）棕黄色，足及腹部淡棕黄色，胸部腹面及各足基节黑色；触角淡黄，末端 5 节棕红色。触角短，仅达体长之半，7–11 节膨大成棒状。前胸横宽；盘区具大而深的圆刻点，中央有 1 条后端较阔的无刻点纵斑纹；前缘刺粗短，每边 2 刺，共具 1 个侧扁、短阔的基部，后刺长于前刺，前刺前缘有 1 个小侧刺；侧缘每边 4 刺，短而扁，着生于一个敞出的扁阔基部上，前 3 刺较大，第 3 刺最大。小盾片三角形，基部阔，端末圆钝。鞘翅阔，有光泽；敞边基端两处均膨阔成半圆形侧叶，中部狭；盘区具小圆刻点；翅背瘤突短钝。小盾片侧刺极小，轮廓不明显，一般 3–4 个；此外翅盘端部常具几个很小的附加瘤突。敞边前后侧叶各有 10–11 个扁平锯齿状刺，各刺长度不超过其基阔；中部束狭处有 2 或 3 个小间刺；端缘刺小于侧刺，一般 7 个左右。

分布：浙江（湖州）、吉林、陕西、江苏、安徽、湖北、福建、台湾、四川、贵州、云南；俄罗斯，韩国，日本。

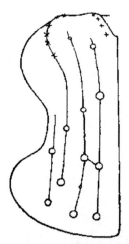

图 1-7　束腰扁趾铁甲 *Dactylispa excisa* (Kraatz, 1879)鞘翅瘤序图及鞘翅侧缘示意图（仿陈世骧，1986）

（492）三刺趾铁甲 *Dactylispa issiki* Chûjô, 1938

Dactylispa issiki Chûjô, 1938a: 12.

Dactylispa kaulina Gressitt, 1950: 118.

主要特征：体长 4.8–5.2 mm，体宽 2–2.3 mm。体背一般黑色，有光泽；头顶暗红色，触角棕红色，基部 2 节略带黑色；腹面胸部黑色，足及腹部棕红色。头顶光滑，中央有 1 条较深的纵沟纹；雄虫触角约为体长的 2/3，末节末端圆钝；雌虫触角较短，约为体长之半。前胸宽胜于长；盘区中央拱起，刻点密，具微小淡色柔毛，中央有 1 个光滑横突区及 1 条纵沟纹；前缘刺每侧 3 个，第 1 刺最短，向前斜伸，与第 2 刺共具 1 个很短的基柄，第 3 刺最长，与身体几乎垂直；侧缘刺每边 3 个，第 2 刺稍长于第 1 刺，二者基部连接，第 3 刺约为第 2 刺长之半，与前刺分立。鞘翅刻点较密而整齐，基端两处各 10 行刻点，中部 9 行，第 9、10 两行的中部合并成 1 行，刻点上各具 1 根细小淡色卧毛，背刺中等长，基部粗大；基缘和小盾片侧有 4 或 5 个小刺。侧缘刺稍长于背刺，自后侧角至中缝刺渐短，端缘刺短小；侧缘和端缘刺共 18–21 个。

分布：浙江（杭州）、江西、福建、广东、广西；日本。

（493）红端趾铁甲 *Dactylispa sauteri* Uhmann, 1927（图 1-8）

Dactylispa sauteri Uhmann, 1927: 115.

Dactylispa piceomaculata Gressitt, 1939e: 179.

　　主要特征：体长 4.2–5.8 mm，体宽 1.6–2 mm。体长形，黑色，有光泽；腹部及足棕黄色；触角棕红色，基部 2 节较暗或黑色；鞘翅末端有 1 红斑，有时行距上另有几个暗红小斑，很少全部黑色。触角之间有 1 条纵脊；头顶具很细皱纹，中央有 1 条纵沟。触角细，稍超过体长之半，末端 5 节微粗，具较密白毛；第 1 节较粗，稍短于第 3 节，第 2 节稍短于第 1 节之半，第 3 节细，最长，4、5 两节约等长，稍长于第 3 节之半，6 节短于 5 节，7 节长于 5 节，8–10 节稍长于 6 节，末节与 7 节约等长，末端钝。前胸横宽，盘区密布小刻点，具淡色毛，中央有 1 个无刻点横突区及 1 条纵沟纹；胸刺较粗大，前缘刺每侧 2 个，后刺长于前刺；侧缘刺每边 3 个，第 1、2 刺约等长，共具 1 个很短的基柄，第 3 刺约为前刺长的 1/2，位于前刺基柄的基部或稍分开。小盾片三角形，端末圆钝。鞘翅基端两处各有 10 行刻点，中部 9 行，第 9、10 两行的中部合并成 1 行；背刺长而粗壮，长度近于翅宽；小盾片侧有 4 个小刺，最后一刺较长。侧缘刺长短不齐，其中长刺与背刺约等长或稍长，端缘刺稍短于侧缘长刺之半；自侧缘基部至中缝一般约有大刺 15 个（个别 12–13 个）；大刺之间常杂有微刺。

　　分布：浙江（杭州）、湖北、江西、福建、台湾、广东、广西、四川、云南。

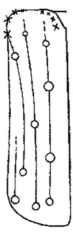

图 1-8　红端趾铁甲 *Dactylispa sauteri* Uhmann, 1927 鞘翅刺序图（仿陈世骧，1986）

（494）天目扁趾铁甲 *Dactylispa tienmuensis* Chen *et* Tan, 1964（图 1-9）

Dactylispa (Platypriella) tienmuensis Chen *et* Tan, 1964: 421.

　　主要特征：体长 4.9 mm 左右，宽 2.5 mm 左右。体较宽，长方形，深棕红色，有光泽；翅背瘤突黑色，胸刺、鞘翅敞边及刺棕黄色，各刺端末黑色；前胸背板两侧光斑前端的周围及前缘刺之间稍染黑色；中、后胸侧板及后胸腹板略呈褐黑色，腹棕色，足棕黄色；触角棕色，基部 2 节及端部 5 节色较深。头顶粗糙，具皱纹，中央有 1 条浅纵沟纹；在触角之间有 1 条纵脊。触角粗短，短于体长之半，末端 5 节稍粗，具较密的金黄色短毛；前胸横宽；盘区密布刻点，中央有 3 个隆起的光斑，正中的 1 个具 1 条纵沟纹；胸刺粗短，前缘刺侧扁，每侧 2 个，共具 1 侧扁而阔的基部，后刺稍长于前刺，左右两对刺之间相隔较远；侧缘每边有 3 个刺，短而略扁，着生于敞出的扁阔基部上，第 2、3 两刺约等长，第 1 刺稍短。小盾片三角形，基部阔，端末圆钝。鞘翅侧缘敞出，敞边中部较狭，基部稍膨阔，约为中部最狭处的 2 倍，表面具很小的锥形刺突，端部仅较中部稍宽，盘区刻点较小而密；侧缘刺扁平，锯齿状，长短不齐，各刺长稍超过其基阔，自侧缘基部至后侧角共有大刺 13 个，各大刺之间杂有极小的刺；端缘刺微小，齿状，约 10 个。

分布：浙江（杭州）、福建。

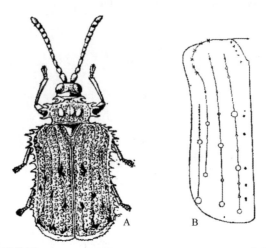

图 1-9　天目扁趾铁甲 *Dactylispa tienmuensis* Chen *et* Tan, 1964（仿陈世骧，1986）

A. 背面观；B. 鞘翅刺序图

（495）天台叉趾铁甲 *Dactylispa tientaina* Chen *et* Tan, 1964（图 1-10）

Dactylispa (Triplispa) tientaina Chen *et* Tan, 1964: 420.

主要特征：体长 3.9–4 mm，体宽 1.9–2.1 mm。体长方形，背面具棕红与黑两色；额及触角淡棕红色，后者柄节部分黑色；胸刺、背板前缘及中央的 1 条光纵纹、小盾片中部、鞘翅侧缘敞边中部及盘区的一部分棕红色，其余均黑色；胸部腹面黑色，后胸腹板中央暗红色，腹部及足淡棕红色。触角较粗壮，约为体长的 2/3，端部 5 节稍粗，具较密的淡色毛。头顶在复眼之间较宽阔，具刻点及皱纹。前胸横宽，盘区平坦，密布刻点，中央有 1 条红色光滑短纵纹，中部前后各有 1 条浅横沟；胸刺短小，前缘刺每侧 2 个；前刺稍弓弯，稍短于后刺；侧缘刺每边 3 个，共具 1 个很短而扁阔的基柄，中刺稍长于前后刺。小盾片大，基部宽，端部宽圆，表面似革质。鞘翅侧缘敞边基、端两部稍微宽于中部；每翅具 10 行刻点，但在 9 及 10 两行刻点的基端两处各有几个附加的刻点，该处形成不规则的 3 行；盘区具矮而端部较尖的瘤突；小盾片侧有 4 个齿状小刺。侧缘刺 7–10 个，扁平，锯齿状，各刺长等于或稍小于其基宽的 2 倍，排列稀疏，在大刺之间夹杂有端末具细毛的微刺；后侧角至中缝共有 9 个短小的刺，刺长小于其基宽。后胸腹板中部光滑，两侧具细横皱纹。

分布：浙江（台州）。

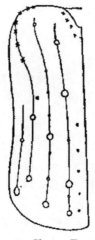

图 1-10　天台叉趾铁甲 *Dactylispa tientaina* Chen *et* Tan, 1964 鞘翅刺序图（仿陈世骧，1986）

209. 稻铁甲属 *Dicladispa* Gestro, 1897

Hispa Chapuis, 1875: 333.

Hispa (*Dicladispa*) Gestro, 1897: 81. Type species: *Hispa testacea* Linnaeus, 1767.

Brachispa Gestro, 1906: 488. Type species: *Brachispa multispinosa* Gestro, 1906.

Dicladispa (*Eutrichispa*) Gestro, 1923: 21.

Cirrispa Uhmann, 1936: 123 (nomen nudum).

Cirrispa Uhmann, 1940a: 143. Type species: *Cirrispa conradsi* Uhmann, 1940.

主要特征：体狭长，腹面黑褐色到黑色，背面铜绿色、蓝黑色或栗褐色，具金属光泽。头较前胸狭；头顶两眼间区域约与每眼阔度（从背面观）相等，与后头区比较，隆起颇高，表面具皱纹，中线凹入颇深，后头区光亮无刻点。触角 11 节，约及体长之半或稍长，背刺缺如；第 1 节粗大，第 2 节短小，近乎长方形，第 3–6 节细长，长度依次渐减，以第 3 节最长，第 7–11 节棍棒状，被黄色密毛。前胸近方形，长阔几乎相等，四角均有 1 根鬃毛，前角毛生于管状突起上，后角毛着生于齿状突起；盘区粗糙，密布刻点或微粒，有时具浅凹注及细毛；前缘不具刺，两侧各具数刺，刺基一般合并成粗壮短柄，或稍后有 1 个单独短刺；前胸刺中型或极长。小盾片较小，端圆，表面一般粒状。鞘翅基部较前胸略阔，背面刻点粗大或细小，每翅中部有 7–9 行不规则刻点；毛被稀疏或缺如；鞘翅主要背刺者生于行距 II、IV、VI、VIII 之上，其他行距有时亦具小刺；行距阔于或狭于刻点直径；背刺极长或较短；翅侧长刺短于触角第 3 节长度的两倍，或超过第 3 节长度的 4 倍。足一般较细长，腿节中部与胫节端部稍粗，第 1 跗节近乎三角形，第 3 跗节两叶与爪均细长；爪二叉，等长，端部尖细。

分布：世界广布。世界记录 120 余种，中国记录 5 种，浙江记录 1 种。

（496）水稻铁甲 *Dicladispa armigera* (Olivier, 1808)（图 1-11）

Hispa armigera Olivier, 1808: 763.

Dicladispa armigera: Uhmann, 1952: 236.

Hispa cyanipennis Motschulsky, 1861c: 238.

Hispa aenescens Baly, 1887b: 412.

Hispa boutani Weise, 1905c: 101.

Hispa similis Uhmann, 1927: 116.

Hispa semicyanea Pic, 1932a: 26.

Dicladispa armigera yunnanica Chen *et* Sun in Chen et al., 1962: 130.

Dicladispa yunusi Abdullah *et* Qureshi, 1969a: 103.

主要特征：体长 3.8–4.8 mm，体宽 1.2–1.5 mm。体狭长，背面铜绿色或蓝黑色，带金属光泽；腹面与足褐黑或黑色，腿节有时褐红或棕红色。额唇基大；两触角间具微隆纵脊；头顶两眼间隆起颇高，表面具皱纹，中线后端凹入相当深阔。触角达体长之半，端部数节较粗大，略呈棒状，自第 7 节以后均被黄色密毛。前胸近方形，前、后缘平直，附近有细横纹；盘区刻点紧密，中央有 1 光滑阔纵条，两侧在第 5 刺附近微凹；刻点缺如，仅具极细皱纹；基部横凹深阔；背板两侧各具 5 刺，前端 4 个刺均粗壮，基部并合成束，排列为外侧 3 刺，内侧 1 刺，第 5 刺较短细，与前 4 刺相距稍远。小盾片基稍阔，端圆，表面平滑、光亮。鞘翅长方形，两侧近平行，端稍膨；背面刻点粗密，行距狭于刻点直径，刻点行不规则，一般基部 9 行，中部 8 行，小盾片刻点行清晰。鞘翅刺较短，背刺长不超过翅侧长刺，或极为短小。小盾片刻点行与第 1 行刻点间有极小刺突 1–2 个，侧刺一般 9 个，长短不等，长刺较触角第 3 节稍长，端缘无刺，仅具

1 行极小齿突。腹面光亮，后胸腹板两侧刻点较密，有时具皱纹，中间刻点稀少，或被淡色细毛；腹部几乎不具刻点。足较长，被细毛，以胫节端部与跗节较密，尤以前者较长，跗节端阔基狭，一般爪节长不超过第 3 节两叶，有时中足爪节稍为超过。

　　分布： 浙江（温州）、陕西、江西、福建、台湾、广东、海南、四川、云南；日本，东南亚，非洲。

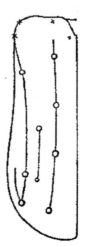

图 1-11　水稻铁甲 *Dicladispa armigera* (Olivier, 1808)鞘翅刺序图（仿陈世骧，1986）

210. 尖爪铁甲属 *Hispellinus* Weise, 1897

Hispellinus Weise, 1897: 144. Type species: *Hispa multispinosus* Germar, 1848.
Monochirus Chapuis, 1875: 330.

　　主要特征： 体狭长，一般黑色，略具金属光泽。头及前胸背板粗糙，被淡色稀疏鳞片状毛。头较前胸狭，约与前胸前缘等宽，头顶两眼间区域通常不狭于每眼阔度的 1.5 倍，后头区较头顶光滑，两者间以横沟分开。触角较短粗，不及体长之半，第 1 节最大，背面具刺 1 个，第 8–10 节长宽约等或宽胜于长，一般端部 5 节膨大，棍棒状，密被金黄色短毛；基部 6 节毛被稀少，密布微粒，有时具纵沟纹。前胸宽胜于长，前角具短管状突起，后角钝，四角均有 1 根鬃毛；盘区皱褶粗糙，正中纵沟微凹，通常以中部较清晰，前后端不显，基部横凹深；前缘中间两旁各有 1 对叉状刺，横平或竖立；两侧各 3 刺，第 1、2 刺基部并合，第 3 刺稍远离，3 刺均横平或略斜向上；胸刺一般中等长度，末端钝或尖锐。鞘翅长方形，肩阔于前胸后缘，两侧几乎平行，后侧角弧圆；翅背具刻点行与背刺，前者深，整齐，每翅中部一般 8–9 行，第 9、10 两行中部合并；背刺瘤状或细长，如不呈瘤状，一般短于缘刺或与缘刺等长；缘刺短钝或尖锐，以前端的较长、后侧角的较短，毛被或粗短竖立，或细微，或不明显。腹面密布皱褶与微粒。足中型，前、后足胫节端膨，中足胫节弯曲；爪单一，末端尖锐。本属与钝爪铁甲属相似，仅具单爪，但爪端尖锐，不若后者之钝阔；鞘翅背刺的形状及分布亦不相同。

　　分布： 世界广布。世界记录 15 种，中国记录 6 种，浙江记录 1 种。

（497）瘤鞘尖爪铁甲 *Hispellinus moerens* (Baly, 1874)

Hispa moerens Baly, 1874: 215.
Hispellinus moerens: Uhmann, 1943b: 206.

　　主要特征： 体长 3.5–5 mm，体宽 1.4–2 mm。体黑色，略带金属光泽。头较前胸略狭。头顶两眼间皱纹紧密，中线微凹。触角结实，长达鞘翅肩部，基部数节短小，毛被缺如；端部数节粗大，棒状，密毛金黄色；前胸横宽，前角具管状小突起，后角钝齿状，四角均附 1 根长毛；盘区皱纹粗糙，被稀疏淡色毛，前缘两对刺之间具横褶，中线微凹，附近较光滑，基部横凹显著；前缘两旁各有叉状刺 1 对，相距稍远，前后两刺基部并合；两侧各 3 刺，第 1 刺微弯，第 2、3 两刺平直，前两刺具 1 共同基部，第 3 刺分立；前胸刺均近乎横平，刺端钝。小盾片略具光亮。鞘翅阔于前胸，两侧平行，翅面刻点深，每翅中部有刻点 9 行；鞘翅背刺大都呈瘤状。

分布：浙江、黑龙江、辽宁、河北、山东、江苏、上海、江西、台湾；俄罗斯，日本。

211. 掌铁甲属 *Platypria* Guérin-Méneville, 1840

Platypria Guérin-Méneville, 1840: 139. Type species: *Hispa echidna* Guérin-Méneville, 1840.

Lobacantha Kirby, 1837: 227 (suppressed name, ICZN Opinion 376, 1955).

Dichirispa Gestro, 1890: 229. Type species: *Platypria* (*Dichirispa*) *abdominalis* Chapuis, 1877.

主要特征：体一般长方形，由于前胸与鞘翅两侧前后端膨出成叶状，使本属体形略呈方形，这是本属与其他属相区别的主要特征之一。额唇基阔大，隆起，被长毛；头顶两眼间较狭，约与每眼阔度（从背面观）相等，与后头区比显然隆起。复眼极为突出。触角 9 节，细长，各节约等粗，端部棍棒状不明显；末节较长，由 3 节并合而成，但在某些种类中，并合尚未完善，所以或多或少仍可见并合痕迹。前胸宽胜于长，前端狭，基部宽，后缘两侧钝齿状，端末具 1 根长毛；前胸背板扁平，无光泽，毛被细长或极短细，或光滑，基部具 1 横凹；两侧膨阔成叶状，叶缘有长刺数个，其中前、后两刺一般短小，叶面具透明或半透明窗斑。小盾片三角形，端圆，表面粗糙，或中央凹陷。鞘翅基部较前胸阔，边缘敞出，尤以前后端呈叶掌状膨出，叶端具刺，叶面具窗斑；两叶间具 1 中型或小型短刺，端缘敞边阔度与刺的长度向缝角渐减；前、后叶刺数与窗斑数随种类而异。翅盘有大小刺与瘤突，大刺数与位置固定，小刺与瘤突常有变异，或消失或增添；行距微隆，沿中缝有 1 列小齿；刻点一般圆形，每翅约具刻点 10 行，但部分并合，小盾片行刻点存在。

分布：东洋区，旧热带区。世界记录 20 余种，中国记录 10 种，浙江记录 1 种。

（498）枣掌铁甲 *Platypria melli* Uhmann, 1954（图 1-12）

Platypria melli Uhmann, 1954: 211.

主要特征：体长 5–5.5 mm，体宽 4 mm。体棕黄到棕色；前胸背板具黑斑 4 个，复眼、小盾片、鞘翅基部、前后叶基部与盘区连接之处、背刺、瘤突及其基部附近均为黑色，有时瘤突黑褐色，前、后叶与刺棕红到黑褐色，或黑色；头短，额唇基阔大，微隆，被细毛，头顶两眼间纵线凹入显著，两触角间具脊纹，后头区低平，极短。触角长超过鞘翅中部，端部数节被密毛。前胸宽胜于长，不具光泽；盘区大黑斑 4 个，一般前两个较小，前后斑连接，有时黑斑极度扩展，两侧亦染褐色到黑褐色，胸面仅正中与两侧各有 1 棕黄色光斑，前缘有 1 无刻点三角区，黑斑区刻点粗密，毛被极细微，基部横凹浅；侧叶刺 6 个，前后两刺短小，前刺端末附长毛，中间 4 刺末端黑色，叶面窗斑 4 个，端部两个稍接近，基部两个较分开，中央半透明或透明。小盾片三角形，表面皱褶，端圆，具中央凹涡，有时仅基部黑色，余棕黄色。鞘翅长形，具光泽，刻点深圆，一般较紧密，每刻点内边有 1 微细短卧毛，如不注意，不易觉察，中部刻点 10 行，第 5、6 两行在后肩刺附近常并合；背面具大刺 3 个（不包括肩刺），余均短小或瘤突状；小盾片两侧行距隆起成脊状，各有 2 个瘤突或瘤刺。前叶较狭长，具刺 6 个，前后两刺色略淡；叶面端部窗斑 4–5 个，一般 4 个，长卵形，中央透明或半透明，或狭长，色暗，基部两个，以后窗斑大而圆，中央透明；后叶几与前叶等阔，色深，刺 4–5 个，一般较前叶刺稍阔，叶面端部窗斑 4 个，狭长，基部一般 3 个，稍大；两叶间敞边色较淡，一般黄色到棕黄色，中部附近或稍后具短刺 1–2 个，一般 1 个，端缘刺 6–8 个，中型，与后叶连接的

1–2 个刺较粗大，色亦与前者同，端缘刺与端缘黄色到棕色，刺的长度与端缘敞边阔度向缝角渐减，缝角刺短小。腹面较光滑，腹部毛被稀疏，以末节较显；爪节远较第 3 跗节两叶为长，爪尖长，黑褐色。

　　分布：浙江（杭州、丽水）、安徽、湖南、福建、广东、广西。

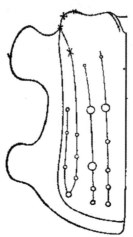

图 1-12　枣掌铁甲 *Platypria melli* Uhmann, 1954 鞘翅敞边及刺序示意图（仿陈世骧，1986）

212. 准铁甲属 *Rhadinosa* Weise, 1905

Rhadinosa Weise, 1905b: 318. Type species: *Hispa nigrocyanea* Motschulsky, 1861.

　　主要特征：体狭长，黑色，鞘翅具金属光泽。头狭于前胸，鞘翅较前胸阔，两侧平行，向端稍膨。额唇基颇阔大，表面略粗糙，被淡色短毛；头顶两眼间区域较阔，一般不狭于每眼阔度的 1.5 倍，中线凹下，或有时不明显。触角或粗或细，一般不超过体长之半，仅第 1 节背面具 1 长刺，第 2 节短小，近球形，一般以第 3 节最长，第 3–5 节纵沟显或不显，端部 5 节较粗，基部 6 节毛被稀疏。前胸宽略胜于长，前角具 1 管状短柄，后角钝齿状，均附 1 根鬃毛；盘区皱褶细微，毛被平卧或竖立，淡色，前、后各具 1 浅横凹；前缘两侧各有刺 1 对，每对刺基部并合，等长或不等长，分叉一般不大于直角，呈 V 形；两侧缘各有刺 3 个，向前弯曲或略斜向上，第 1、2 刺具共同基部，第 3 刺分立；前胸刺细长或粗短。鞘翅有整齐刻点行与尖刺，前者在中部 8 行，翅面被鳞片状卧毛、竖毛或近于无毛，或毛被极短细，不易觉察；背刺一般较侧刺略短；侧刺几乎等长，后侧角与端缘刺稍短。足中型，腿节下沿具小齿，中足胫节弯曲，爪节伸出于第 3 节两叶之外，爪二叉，等长，末端尖。

　　分布：古北区，东洋区。世界记录 12 种，中国记录 4 种，浙江记录 1 种。

（499）蓝黑准铁甲 *Rhadinosa nigrocyanea* (Motschulsky, 1861)（图 1-13）

Hispa nigrocyanea Motschulsky, 1861c: 237.

Rhadinosa nigrocyanea: Weise, 1905b: 318.

Rhadinosa reticulate Uhmann, 1940b: 126.

　　主要特征：体长 3.2–5 mm，体宽 1.5–2.3 mm。体长形，黑色，鞘翅略带深蓝色金属光泽。头部几近方形；额唇基阔大，粗糙，被白色短毛；头顶肉眼间微隆，中线凹下，有时不甚明显，两触角之间具纵脊。触角一般不及体长之半，端部 5 节棒状，密被淡黄色短毛；第 1 节粗大，背端具 1 背刺，长达第 3 节末端；第 2 节短小，近方形；第 3 节较细，约与第 1 节等长；第 4–6 节长度渐减，均短于第 3 节；一般第 3–5 节常有显著纵沟；第 6 节方形，长约为第 3 节之半；第 7 节粗大；第 8–10 节较前者短，近方形；末节稍长，端部细狭。前胸宽胜于长，盘区密布皱褶与白毛，中线凹下不明显，后横凹较显著；前缘中央两旁各有刺1 对，前、后两刺基部并合，一般前刺较后刺长；两侧各有刺 3 个，第 1、2 刺具 1 共同基部，第 3 刺分立；胸刺均较粗短，端尖细。小盾片宽，末端圆，表面粒状。鞘翅翅基宽于前胸，两侧几乎平行，翅面刻点圆形且深，第 1–6 行完整，第 8 行完整，第 9、10 两行在中部或中部前并合成 1 行，翅背几乎无毛，或毛被极短细，不易觉察；鞘翅背刺一般较侧刺略短；翅基缘中央与小盾片侧共有短刺 4–6 个，一般 5 个。缘刺一般 19–22 个（个别标本仅 16–17 个刺），约等长，后侧角或端缘刺稍短。腹面微粒极紧密，白色短毛细且疏；第 2–4 腹节中央较光滑，后缘一般黄褐色。足中型，腿节下沿毛较长，胫节端部下沿毛较密，中足胫节略弯曲，中足腿节下沿有 1 列小齿，前、后足腿节小齿较不明显，爪节伸出于第 3 节两叶之外。

分布：浙江（湖州、杭州）、黑龙江、内蒙古、河北、山西、新疆、江苏、安徽、湖北、江西、福建、广东、云南；俄罗斯，朝鲜，日本。

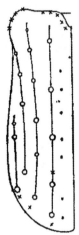

图 1-13　蓝黑准铁甲 *Rhadinosa nigrocyanea* (Motschulsky, 1861)鞘翅刺序图（仿陈世骧，1986）

213. 卷叶甲属 *Leptispa* Baly, 1858

Leptispa Baly, 1858: 1. Type species: *Leptomorpha filiformis* Germar, 1842.

Leptomorpha Chevrolat, 1837: 390 (nomen nudum).

Parallelispa Fairmaire, 1884: 238. Type species: *Parallelispa quadraticollis* Fairmaire, 1884.

Leptispa (*Paradownesia*) Gestro, 1899: 220. Type species: *Leptispa* (*Paradownesia*) *longipennis* Gestro, 1899.

主要特征：体形狭长，两侧接近平行。背腹面均具光泽。头顶前缘宽阔，在复眼间伸出，中部微凹弧；触角较短，约等于前胸背板之长，基部第 1 节往往较粗大，外端角有时明显伸出，端部几节常较粗大，呈棒状，除端节较长外，余各节长宽近等。前胸背板接近方形，一般宽胜于长，前端较基部微狭，前缘平直，后缘中部微弓；前侧角一般圆形，后侧角较狭，盘区微拱凸，两侧一般无凹注。鞘翅狭长，与前胸接近等阔，两侧平行，末端狭窄；中度拱凸，肩胛微隆，靠近后侧角处较为低平；常具缝角小刺；刻点细，每翅除小盾片行外在中部有 10 行刻点，刻点常位于纵沟中，第 6–8 刻点行在中部之前即行分出，第 4 与 5、3 与 8、6 与 7 行常在端部相接；行距一般较为平坦，最后两行距（即第 8、9 行距）在中部隆起，有时呈脊状，第 9 行距在后侧角处常展阔。足粗短，腿节膨大，跗节宽阔，前足跗节最长。

分布：世界广布。世界记录 71 种，中国记录 13 种，浙江记录 2 种。

（500）红腹卷叶甲 *Leptispa abdominalis* Baly, 1858

Leptispa abdominalis Baly, 1858: 3.

Lepthispa abdominalis: Weise, 1911a: 44.

Leptisma atripes Pic, 1925a: 16.

Leptispa conicicollis Voronova *et* Zaitzev, 1982: 121.

Leptispa abdominalis mevidana Chen *et* Yu in Chen et al., 1964: 109.

主要特征：体长 5–6.5 mm，体宽 1.5–2 mm。体形狭长；黑色，胸部腹面有时褐红色，足及腹部全为棕红色。头顶较宽阔，平坦，前缘中部微凹弧，两侧在复眼前突出，中央有 1 纵沟，沟两侧刻点较密，沟后刻点稀疏。触角粗短，端部膨大，长度小于头与前胸背板之和，仅与前胸背板之长接近；各节有刻点并被灰色毛，端部几节毛被较密。前胸背板接近方形，前端显较基部为狭，宽略胜于长；表面微拱凸，两侧中部有时具 1 浅凹，布刻点，前缘较平，后缘中部微弧弓，两侧缘自前端向基部微扩展，在前部呈弧形，该处边框亦稍微较阔，凸起较显；前侧角端不锐，下倾，后侧角较狭，端部微朝向外侧。小盾片形状变化较大，接近于方形。鞘翅狭长，基部与前胸背板接近等阔，两侧接近平行，末端显狭，两翅在端部微分离，缝角具小刺；刻点浅，行距平坦，翅末端的刻点位于纵沟中；小盾片行约有 6 个刻点。前胸侧板有极少刻点，后胸腹板两侧刻点较粗密；腹节除第 1、2 节外，刻点较少，多位于两侧，末节后缘有棕黄色毛。足腿节较粗，跗节极阔。

分布：浙江（舟山）、北京、河北、江西、福建。

（501）膨胸卷叶甲 *Leptispa godwini* Baly, 1869（图 1-14）

Leptispa godwini Baly, 1869: 364.

Lepthispa godwini: Weise, 1911a: 44.

Paradownesia fruhstroferi Gestro, 1906: 483.

主要特征：体长 5.2–6 mm，体宽 1.5–1.7 mm。体形狭长；黑色，足黑褐色。头顶前缘伸出于复眼间，较为平直，中部凹弧不甚明显，两侧突出，表面平坦，中央有 1 条细纵沟，沟两侧具细刻点，以前缘两侧突起上的较密。触角微超过前胸背板的长度，端部微膨大；各节全具刻点并被绒毛，以第 1 节刻点较多，端部几节毛被较密；第 1 节最粗壮，外端角伸出不显，末节端部狭扁。前胸背板次方形，宽胜于长，前端较基部为狭，前缘平直，后缘中部弓出，侧缘在中部微膨阔；表面微拱凸，近侧缘中部有浅凹；前侧角不太明显，微向下，后侧角近于直角，角端突出 1 小齿；具有稀疏的粗细刻点，粗刻点多位于基部；小盾片舌形，基部较阔，后端略狭。鞘翅狭长，两侧接近平行，两翅在端部分离；缝角刺极不显著；刻点多位于纵沟中，行距平坦；小盾片行有 7–9 个刻点。前胸侧板几无刻点，后胸腹面具粗刻点；腹部刻点较少，多位于腹节两侧，以第 1 节最多，末节后缘中部有灰色绒毛。

分布：浙江（杭州）、江苏、上海、湖北、江西、湖南、福建。

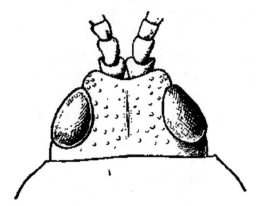

图 1-14　膨胸卷叶甲 *Leptispa godwini* Baly, 1869 头部及前胸背板示意图（仿陈世骧，1986）

（五）叶甲亚科 Chrysomelinae

主要特征：叶甲亚科成虫一般中等到大型，体长为 2–15 mm。体形圆、长圆、卵圆或长方形，背面较拱突或十分拱突，仅扁叶甲属背面扁平。体色多艳丽，金属光泽较强或具条带、花斑。头型为亚前口式，头部具清晰的倒"Y"形沟纹，唇基三角形或半圆形，唇基横行狭窄。触角较短，仅伸达或略超过前胸背板基部，端部 5、6 节较粗；两触角基部远离，着生在头前部额区两侧，接近上颚基部。前足基节窝关闭或开放，前足基节横卵形、不突出，两足相距较远；腿节不十分粗壮，胫端无刺；跗节假 4 节型，基部 3 节腹面通常毛被发达，如垫状；爪简单，附齿式或双齿式。成虫、幼虫全部裸生食叶。多为卵生，成虫在叶面产卵，散产或成块。

分布：叶甲亚科昆虫广布世界各地，以温带、亚热带地区种类最为丰富。世界已知 3000 余种，隶属于 137 属。中国记录 36 属 379 种/亚种，浙江分布 14 属 32 种。

分属检索表

1. 前足基节窝向后关闭 ··· 2
- 前足基节窝向后开放 ··· 3
2. 爪附齿式；鞘翅黑色或棕黑色，鞘翅通常具黄斑 ···························· 牡荆叶甲属 *Phola*
- 爪简单；不具上述体色 ·· 油菜叶甲属 *Entomoscelis*
3. 爪附齿式或双齿式 ··· 4
- 爪简单，不具齿 ··· 5
4. 爪双齿式；下颚须末节端部平截，明显宽于基部；鞘翅缘折凹陷 ······· 斑叶甲属 *Paropsides*
- 爪附齿式；下颚须末节长卵形或四方形；鞘翅缘折平 ···················· 角胫叶甲属 *Gonioctena*
5. 鞘翅缘折内侧缘不具纤毛；下唇须基部彼此靠近 ··· 6
- 鞘翅缘折内侧缘全长、端部 2/3 或仅端部具纤毛；下唇须基部彼此远离 ·············· 13
6. 鞘翅刻点混乱 ·· 7
- 鞘翅刻点排列整齐，或仅盘区中部略混乱 ··· 10
7. 中胸腹板短，前端具凹陷 ··· 8
- 中胸腹板窄长，前端不具凹陷 ·· 9
8. 前足跗节端部具齿状突起 ·· 齿猿叶甲属 *Odontoedon*
- 前足跗节端部不具齿状突起 ··· 猿叶甲属 *Phaedon*
9. 胫节端部具齿；前胸背板基部具边框，侧缘略拱弧 ···················· 齿胫叶甲属 *Gastrophysa*
- 胫节端部不具齿；前胸背板基部不具边框，侧缘中部拱弧，前端缢缩并弯向腹面 ·········· 无缘叶甲属 *Colaphellus*
10. 体背面扁平；中胸腹板与前胸腹板突近等长 ···························· 扁叶甲属 *Gastrolina*
- 体背面隆突；中胸腹板较前胸腹板突短 ··· 11
11. 鞘翅缘折凹陷，不折向鞘翅侧缘 ··· 圆叶甲属 *Plagiodera*
- 鞘翅缘折平，折向鞘翅侧缘 ··· 12
12. 前胸背板平，侧缘不具纵凹 ·· 里叶甲属 *Linaeidea*
- 前胸背板侧缘具纵凹，通过一行纵向刻点或纵凹与盘区中部分离 ·········· 叶甲属 *Chrysomela*
13. 鞘翅肩胛后具横凹 ··· 榆叶甲属 *Ambrostoma*
- 鞘翅肩胛后不具横凹 ·· 金叶甲属 *Chrysolina*

214. 牡荆叶甲属 *Phola* Weise, 1890

Phola Weise, 1890: 482. Type species: *Chrysomela octodecimguttata* Fabricius, 1775, by original designation.

主要特征：体长形，两侧接近平行，尾端略阔，鞘翅中部适当隆突。头较宽，中央纵沟纹不清晰；唇基后缘以弧形沟纹与额分开，唇基较隆起；上颚双齿；下颚须第 3 节端部显著膨粗；下唇须末 2 节近等长。触角丝状，向后伸超过鞘翅肩胛，第 3 节略长于第 2 节，约与第 4 节等长，端部不明显加粗。前胸背板宽不足中长的 2 倍，周缘具边框，前缘接近直形，各角具 1 刻点毛。鞘翅肩胛不甚隆突，刻点排成纵行；缘折面平，无毛。前足基节窝关闭，爪附齿式。

分布：东洋区，我国分布于南部。本属世界已知 3 种，中国记载 1 种，浙江分布 1 种。

（502）十八斑牡荆叶甲 *Phola octodecimguttata* (Fabricius, 1775)（图版 XIII-1）

Chrysomela octodecimguttata Fabricius, 1775: 100.

Chalcolampra cybele Stål, 1860: 464.

Chalcolampra viticis Fairmaire, 1888a: 39.

Chalcolampra keyserlingi Weise, 1890: 482.

Phola octodecimguttata: Chen, 1934d: 81.

主要特征：体长 5.8–6.1 mm，体宽 3.3–3.6 mm。头、胸、腹面和足淡黄色至深棕红色，鞘翅烟褐色；头顶中央具 1 小黑斑；前胸背板 3 个小黑斑，排成倒三角形；鞘翅具 8 个乳白色圆形斑，排成 4 排，每排 2 斑，其中基部 2 斑较小，另鞘翅外侧缘和端缘为乳黄色，中缝为深棕色；触角除基部 4 节外黑色。触角基部 3、4 节光亮，端节略粗，多毛幽暗。前胸背板两侧直，基缘中部略拱出，具边框；盘区平，刻点很细。小盾片长三角形，表面光滑。鞘翅基部较前胸背板宽，刻点较粗，除肩后刻点外，排成规则纵行，行距上具微细刻点。

分布：浙江（德清、临安、普陀、温岭）、河北、甘肃、江苏、湖北、江西、湖南、福建、台湾、广东、海南、广西、四川、贵州；日本，印度，缅甸，越南，斯里兰卡，马来半岛，巴布亚新几内亚。

寄主：牡荆。

215. 油菜叶甲属 *Entomoscelis* Chevrolat, 1837

Entomoscelis Chevrolat, 1837: 426. Type species: *Chrysomela adonidis* Pallas, 1771.

Chrysomelopsis Achard, 1922: 26. Type species: *Chrysomelopsis ecoffeti* Achard, 1922.

主要特征：体形卵圆，背面十分拱突。头部宽，头顶隆突，中央纵沟纹清晰；上颚发达，外侧面具粗刻点和毛；下颚须末节长于第 3 节，较粗壮；下唇须末 2 节近等长。触角粗壮，约为体长的 1/2，向端略加粗。前胸背板后角具刻点毛，前缘弧凹，基缘无边框。鞘翅刻点混乱，不成行。前足基节窝向后关闭。中胸腹板窄，前缘凹陷；后胸腹板前缘平截，具边框；胫节细长，外侧缘具齿；跗节第 3 节完整，端缘中部略凹进，爪单齿式。

分布：亚洲中部，东部，欧洲，北美洲，北非。本属世界分布 13 种，中国记载 5 种，浙江分布 1 种。

（503）东方油菜叶甲 *Entomoscelis orientalis* Motschulsky, 1860（图版 XIII-2）

Entomoscelis orientalis Motschulsky, 1860b: 222.

主要特征：体长 4.8–6.1 mm，体宽 2.8–3.3 mm。体背面、触角、前胸腹板突、腹部腹面、爪黄褐色或红褐色；复眼、上颚外侧缘、小盾片、足、中胸腹板、后胸腹板棕黑色；体背面具黑斑：头顶中部具 1 纵带状斑；前胸背板中部 2/3 黑色，近梯形；鞘翅具宽的黑色纵带，但中缝处不具斑。前胸背板略窄于鞘翅基部；近四方形；盘区具中等大小的粗刻点，刻点直径与头顶刻点直径近等，其间散布有细刻点，侧缘刻点更为粗密。小盾片舌形，具非常小的刻点。鞘翅肩瘤突出；盘区皮纹状。腹面密布毛，前胸腹板突皮纹状，密布中等大小的刻点。

分布：浙江（杭州）、黑龙江、辽宁、内蒙古、北京、天津、河北、山西、山东、宁夏、江苏、湖北、广西；俄罗斯，朝鲜，欧洲。

寄主：白菜、萝卜属。

216. 齿猿叶甲属 *Odontoedon* Ge *et* Daccordi, 2013

Odontoedon Ge *et* Daccordi in Ge et al., 2013: 201. Type species: *Phaedon fulvescens* Weise, 1922.

主要特征：体近球形，强烈隆突。头部小，缩入胸腔很深。复眼卵圆形或近球形；额唇基略凹陷，唇基前缘凹陷；下颚须末节长，为第 3 节的 2 倍。触角超过鞘翅基部，第 7–11 节端部变宽。前胸背板前角突出，前缘向内弧凹，近四方形，侧缘及后缘具边框。鞘翅宽于前胸背板，于中部后略膨阔，刻点规则，成纵行排列。前足跗节膨大，具齿。

分布：中国，越南，老挝。本属世界已知 13 种，中国记录 13 种，浙江分布 1 种。

（504）黄齿猿叶甲 *Odontoedon fulvescens* (Weise, 1922)（图版 XIII-3）

Phaedon fulvescens Weise, 1922b: 55.

Odontoedon fulvescens: Ge et al., 2013: 205.

主要特征：体长 5.0–6.2 mm，体宽 3.0–4.1 mm。体近球形，背面强烈隆突，具后翅。体棕黄色；触角、足、中胸腹板、后胸腹板和腹部第 1 节棕黑色。头部额唇基具粗密、中等大小的刻点；头顶具中等大小的刻点；复眼椭圆形。前胸背板盘区具中等粗密的刻点，与额唇基区刻点近等大，其间分布有细小的刻点；侧缘具更为稀疏的刻点；后缘具密而粗大的刻点。小盾片近三角形，光滑不具刻点。鞘翅背面隆突，具 10 行纵刻点；刻点粗大且深；远大于前胸背板的刻点；刻点行间平，具小而稀疏的刻点。

分布：浙江（定海）、江西、湖南、广东、台湾、广西、贵州、云南；越南，老挝。

寄主：悬钩子属。

217. 猿叶甲属 *Phaedon* Latreille, 1829

Phaedon Latreille, 1829: 151. Type species: *Chrysomela carniolicus* Germar, 1824.

Orthosticha Motschulsky, 1860b: 196. Type species: *Plagiodera bonariense* Boheman, 1858.

Emmetrus Motschulsky, 1860b: 221. Type species: *Chrysomela betulae* Küst, 1846.

主要特征：体卵形、卵圆形或圆形，背面十分拱凸。头小，缩入胸腔很深，前胸背板至少盖及复眼后缘。复眼长卵形，有时狭，有时较圆；上唇前缘中部凹缺或圆形拱出，上颚发达；下颚须末节细长；下唇须末节略长于前 1 节。触角向后伸达鞘翅肩胛，端部 5 节显著加粗。前胸背板横宽，两侧从基部向前收狭，前角突出，前缘向内弧凹很深，基缘具边框，刻点散乱。鞘翅基部较前胸背板宽，刻点规则，成双行排列。

分布：世界分布。本属世界已知 65 种，中国记录 16 种，浙江分布 1 种。

（505）小猿叶甲 *Phaedon brassicae* Baly, 1874（图版 XIII-4）

Phaedon brassicae Baly, 1874: 174.

Phaedon incertum Baly, 1874: 175.

Phaedon baolacensis Achard, 1926: 139.

　　主要特征：体长 3.4 mm，体宽 1.8 mm。体卵圆形。背面金属蓝紫色；腹面和足蓝黑色，腹末节端缘棕黄色；触角黑色，基部 2 节的腹面棕红色。触角第 2 节约与第 4 节等长，短于第 3 节，该节细长，端末 5 节明显变粗、多毛幽暗。前胸背板侧缘接近方形，以基部较宽，渐向前收狭，前角近似圆形，前缘向内弧凹很深。小盾片光滑无刻点。鞘翅呈皮纹状。

　　分布：浙江（临安、定海、庆元）、江苏、安徽、湖北、湖南、福建、台湾、广西、四川、贵州、云南；日本，越南。

　　寄主：白菜、萝卜属、荠属、葱属、甜菜属、莴苣属。

218. 无缘叶甲属 *Colaphellus* Weise, 1845

Colaphus Redtenbacher, 1845: 116. Type species: *Chrysomela sophiae* Schall, 1783, by original designation, *nec* Chevrolat, 1837.

Colaphellus Weise, 1916: 113, nom. nov. for *Colaphus* Redtenbacher, 1845.

　　主要特征：体长卵形，背面很拱突。头向下垂直，触角窝上沿隆起，额唇基凹陷，其前缘明显高出上唇，屋檐状。上颚具 3 齿；下颚须末节略长于第 3 节，端部变尖；下唇须末节略短于前 1 节。触角向后超过鞘翅肩胛，第 3 节细长，端末 5 节明显较粗。前胸背板前缘直，基缘向后拱弧，无边框。鞘翅基部与前胸等阔，肩胛隆突，表面刻点混乱。前足基节窝向后开放。中胸腹板很发达，接近四方形，前缘无凹窝。足胫节端半部外侧面具纵行脊纹和粗刻点；跗节第 3 节完整，不沿中线纵裂为 2 叶，端缘中央凹进渐浅，爪单齿式。

　　分布：亚洲，欧洲，北非。本属世界已知 32 种，中国记载 2 种，浙江分布 1 种。

（506）菜无缘叶甲 *Colaphellus bowringii* (Baly, 1865)（图版 XIII-5）

Colaphus bowringii Baly, 1865a: 35.

Colaphellus grouvellei Achard, 1926: 130.

Colaphellus bowringii: Chen, 1934d: 1.

　　主要特征：体长 4.9–5.2 mm，体宽 1.4–1.6 mm。体圆柱形，尾端略尖。背面黑蓝色；腹面沥青色，跗节多少带棕色。触角第 3 节较长，约为第 2 节长的 2 倍，余节渐短，端部 5 节显粗。前胸背板十分拱凸，后缘中部强烈向后拱出，表面刻点粗深，中部略疏，两侧较密。小盾片近三角形，光滑无刻点。鞘翅基部与前胸等阔，刻点粗深，呈皱状，刻点之间隆起，以翅端更甚，紧靠缘折处呈横皱状。

　　分布：浙江（长兴、杭州）、黑龙江、吉林、辽宁、内蒙古、北京、河北、山西、山东、河南、陕西、宁夏、甘肃、青海、江苏、湖北、江西、湖南、福建、广东、广西、四川、贵州、云南；越南。

　　寄主：白菜、萝卜属、荠属、葱属、甜菜属、莴苣属。

219. 齿胫叶甲属 *Gastrophysa* Chevrolat, 1837

Gastrophysa Chevrolat, 1837: 405, 429. Type species: *Chrysomela polygoni* Linnaeus, 1758, by original designation.

Gastroidea Hope, 1840b: 164. Type species: not designated.

主要特征：体长卵形，背面拱突。头部向前倾斜，上颚双齿；下颚须末节端部变尖；下唇须第 4 节略短于第 3 节；触角长，向后超过鞘翅肩胛；端部 6 节较粗。前胸背板基部较鞘翅狭，前、后缘及侧缘均具边框。小盾片盾形或舌形。鞘翅不向后膨阔，肩胛隆突，表面刻点混乱。前胸腹板狭、短，端缘截形，不向两侧膨阔；中胸腹板方形；前足基节窝向后开放。胫节端缘外侧呈角状膨出，爪单齿式。

分布：亚洲东部，欧洲。本属世界已知 18 种，中国记载 4 种，浙江分布 1 种。

（507）蓼蓝齿胫叶甲 *Gastrophysa atrocyanea* Motschulsky, 1860（图版 XIII-6）

Gastrophysa atrocyanea Motschulsky, 1860b: 222.

Gastroidea tonkinea Achard, 1926: 134.

主要特征：体长 5.4–5.7 mm，体宽 2.9–3.1 mm。体长椭圆形。体深蓝色，略带紫色光泽；腹面蓝黑色、腹部末节端缘棕黄色。头部刻点相当粗密且深，唇基呈皱状。触角向后超过鞘翅肩胛，第 3 节约为第 2 节长的 1.5 倍，较第 4 节长，端部 6 节显著较粗。前胸背板横阔，侧缘在中部之前拱弧，盘区刻点粗深，中部略疏。小盾片舌形，基部具刻点。鞘翅基部较前胸略宽，表面刻点更粗密。各足胫节端部外侧呈角状膨出。前胸腹板突窄，具粗大的刻点；中胸腹板、后胸腹板及腹部腹面具粗大的刻点。腿节粗大，胫节细长。

分布：浙江（杭州）、黑龙江、辽宁、内蒙古、北京、河北、河南、陕西、甘肃、青海、江苏、上海、安徽、江西、湖南、福建、四川、云南；俄罗斯，朝鲜，日本，越南。

寄主：水蓼、羊蹄、萹蓄。

220. 扁叶甲属 *Gastrolina* Baly, 1859

Gastrolina Baly, 1859a: 61. Type species: *Gastrolina depressa* Baly, 1859, by original designation.

Linastica Motschulsky, 1860b: 200. Type species: *Chrysomela peltoidea* Gebler, 1832, by monotypy.

主要特征：身体背面扁平，与一般叶甲的背面拱突特征截然不同。上颚双齿；下颚须第 4 节略长于第 3 节；下唇须末 2 节近等长；触角颇短，不及鞘翅基缘，第 3 节较细长。前胸背板基部狭于鞘翅，宽约为中长的 2 倍，基缘具边框，前缘凹进颇深。鞘翅刻点粗密，行列极不整齐，肩外边沿显著隆起，缘折内沿无毛。前足基节窝向后开放，中胸腹板超过前足基节；跗节端部呈齿状突出或不具齿状突出；爪单齿式。

分布：古北区，东洋区。本属世界已知 6 种，中国记录 5 种，浙江分布 1 种。

（508）核桃扁叶甲 *Gastrolina depressa* Baly, 1859（图版 XIII-7）

Gastrolina depressa Baly, 1859a: 61.

主要特征：体长 5.0–7.0 mm，体宽 2.0–2.2 mm。体长方形，背面扁平。头、鞘翅蓝黑色，前胸背板棕黄色，触角、足、中后胸腹板黑色；腹部暗棕色，外侧缘和端缘棕黄色。头小，中央凹陷。触角向后稍过鞘翅肩胛，第 2 节球形。前胸背板宽约为中长的 2.5 倍，基部明显狭于鞘翅，侧缘基部直，中部之前略弧弯；盘区两侧 1/2 区域刻点粗密，中部明显细弱。小盾片光亮，基部有少数细刻点。鞘翅刻点粗密，每翅有 3 条纵肋，彼此等距，有时此肋不显。各足跗节于爪基腹面呈齿状突出。

分布：浙江（德清、长兴、临安）、河南、陕西、甘肃、江苏、安徽、湖北、湖南、福建、广东、广西、四川、贵州；俄罗斯，朝鲜，日本。

寄主：胡桃、枫杨。

221. 圆叶甲属 *Plagiodera* Chevrolat, 1837

Plagiodera Chevrolat, 1837: 404. Type species: *Chrysomela versicolora* Laicharting, 1781.

Plagiosterna Motschulsky, 1860b: 196. Type species: *Plagiodera rufolimbata* Motschulsky, 1860.

Linamorpha Motschulsky, 1860b: 197. Type species: *Lina erythroptera* Blancher, 1851.

Plagiormorpha Motschulsky, 1860b: 200. Type species: *Chrysomela californica* Rogers, 1854.

主要特征：体形近似圆形；背面十分拱突。头部 Y 形沟纹清晰；中央略凹；上颚双齿；下颚须末节圆锥形，顶端尖锐；下唇须末节略长于前 1 节。触角第 3 节细长；显长于前后各节；端末 5 节明显加粗；略呈棒状。前胸背板横宽；宽为长的 2.5–3 倍；侧缘拱弧；基缘具边框、很细；中部向后拱出；前缘向内弧凹很深。鞘翅肩胛显凸；刻点混乱；缘折面内凹；基部明显凹；逐渐向端收狭。前足基节窝向后开放；中胸腹板横宽；前缘中部凹缺。跗节第 3 节分为 2 叶；爪单齿式。

分布：世界广布。本属世界已知 56 种，中国记录 7 种，浙江分布 1 种。

（509）柳圆叶甲 *Plagiodera versicolora* (Laicharting, 1781)

Chrysomela versicolora Laicharting, 1781: 148.

Plagiodera versicolora: Gebler, 1860: 429.

Plagiodera versicolora var. *coelestina* Baly, 1864a: 229.

Plagiodera versicolora var. *distincta* Baly, 1874: 174.

Plagiodera chinensis Weise, 1898: 212.

Plagiodera versicolora var. *orientalis* Chen, 1934d: 56.

Plagiodera versicolora var. *rufithorax* Chen, 1934d: 57.

主要特征：体长 4.0–4.5 mm，体宽 2.8–3.1 mm。体卵圆形，背面相当拱凸。体深蓝色，有金属光泽，有时带绿光。头、胸色泽较暗；小盾片黑色；触角黑色，基部 5 节棕红色；腹面黑色，跗节多少带棕黄色。头部刻点非常细密，略呈皮纹状。触角超过前胸背板基部，第 2、第 4 节均短于第 3 节，其余各节向端逐渐加粗。前胸背板横宽，其宽约为长的 3 倍，侧缘向前收狭，前缘明显凹进，后缘中部向后拱弧；表面刻点紧密，中部略疏。小盾片光滑，鞘翅刻点较胸部的粗密而深显，肩胛隆凸，肩后外侧有 1 个清晰的纵凹，外缘隆脊上有 1 行稀疏的刻点，排列规则；缘折面内凹、陡峭。

分布：浙江（杭州）、黑龙江、吉林、辽宁、内蒙古、北京、天津、河北、山西、山东、河南、陕西、宁夏、甘肃、江苏、安徽、湖北、江西、湖南、福建、台湾、四川、贵州、云南；俄罗斯，日本，印度，欧洲，非洲。

寄主：柳属。

222. 叶甲属 *Chrysomela* Linnaeus, 1758

Chrysomela Linnaeus, 1758: 368. Type species: *Chrysomela populi* Linnaeus, 1758.

Melasoma Stephens, 1831: 349. Type species: not designated.

Microdera Stephens, 1839: 307. First species listed: Scopoli, 1763, not designated.

Macrolina Motschulsky, 1860b: 198. Type species: *Chrysomela vigintipunctata* Scopoli, 1763.

Macromela Chûjô, 1958: 31. Type species: *Chrysomela maculicollis* Jacoby, 1890.

主要特征：体长椭圆形，背面拱突。头部小，头顶略凹，中央具明显纵沟纹；上颚双齿；下颚须末节与前 1 节近等长；下唇须末 2 节近等长。触角粗短，向后伸至前胸背板基部，第 3 节长于第 2 节，约与第 4 节等长或略长。前胸背板横宽，两侧靠近侧缘纵凸，其内侧凹陷，有时很深，呈沟状，有时前胸背板均匀隆起，无侧缘区隆起。鞘翅基部较前胸背板宽，刻点混乱，或行列很不规则。前足基节窝向后开放。足胫节外侧面平或沿中线内凹，呈沟槽状。跗节第 3 节沿中线纵裂为 2 叶，端缘中央向内凹进较深，爪单齿式。

分布：全北区，东洋区，旧热带区。本属世界已知 352 种，中国记载 9 种，浙江分布 5 种。

分种检索表

1. 前胸背板侧缘不平行，不具凹陷；头部深蓝色；前胸背板具 5 个黑色斑，排成 1 横列；鞘翅蓝黑色 …… 斑胸叶甲 *Ch. maculicollis*
- 前胸背板两侧接近平行，并各具 1 凹陷 ………………………………………………………… 2
2. 前胸背板两侧凹陷靠近盘区中部 ………………………………………………………………… 3
- 前胸背板两侧凹陷靠近侧缘 ……………………………………………………………………… 4
3. 鞘翅边缘具 2 行刻点，中缝顶端不具任何黑斑；体长 7.2–9.8 mm ……………… 白杨叶甲 *Ch. tremulae*
- 鞘翅边缘具 1 行刻点，中缝顶端具 1 黑斑；体长 8.0–12.5 mm ……………………… 杨叶甲 *Ch. populi*
4. 前胸背板侧缘具很深的刻点；鞘翅刻点明显成行 ……………………… 柳二十斑叶甲 *Ch. vigintipunctata*
- 前胸背板侧缘具微弱刻点；鞘翅刻点行混乱 ……………………………… 柳十八斑叶甲 *Ch. salicivorax*

（510）斑胸叶甲 *Chrysomela maculicollis* (Jacoby, 1890)（图版 XIII-8）

Melasoma maculicollis Jacoby, 1890: 117.

Chrysomela maculicollis: Chen, 1934d: 64.

Chrysomela (*Microdera*) *maculicollis*: Chen, 1936a: 81.

Chrysomela (*Macromela*) *maculicollis*: Gressitt & Kimoto, 1963: 349.

主要特征：体长 10.0–12.4 mm，体宽 4.7–5.0 mm。头部、鞘翅和胸部腹面深蓝色；前胸背板棕黄色，具 5 个黑斑；腹部黑色，第 2–4 节两侧棕黄色，每侧各具 1 黑斑，第 4 节端部和第 5 节棕黄色，后者基部中央具 2 黑斑。触角仅伸达前胸背板基部，第 1 节粗大；第 2 节与第 5–7 节约等长，最短；第 3 节与第 4 节约等长，或稍长于第 4 节；第 8–10 节与第 4 节约等长或稍长于第 4 节；第 11 节最粗最长。前胸背板横宽，两侧自基部 1/3 处开始膨阔，中部后向前弧弯收狭，前角突出，前缘向内弧凹；盘区几无刻点。小盾片光滑无刻点。鞘翅肩胛隆起很高，肩后外侧明显凹陷；盘区刻点细密，混乱。

分布：浙江（临安）、湖北、湖南、福建、广西、四川、贵州、云南。

寄主：桑属、八角枫。

（511）杨叶甲 *Chrysomela populi* Linnaeus, 1758（图版 XIII-9）

Chrysomela populi Linnaeus, 1758: 370.

Lina populi: Motschulsky, 1860b: 224.

Lina violaceicollis Motschulsky, 1860b: 224.

Melasoma populi: Chen, 1934d: 2.

Melasoma populi asiatica Jakob, 1952: 105.

Melasoma populi nigricollis Jakob, 1952: 105.

Melasoma populi kitaica Jakob, 1952: 105.

Chrysomela (*Chrysomela*) *populi*: Gressitt & Kimoto, 1963: 348.

主要特征：体长 8.0–12.5 mm，体宽 5.4–7.0 mm。体长椭圆形。头、前胸背板蓝色或蓝黑、蓝绿色，具铜铝光泽；鞘翅棕黄至棕红色，中缝顶端常有 1 小黑斑；腹面黑至蓝黑色；腹部末 3 节两侧棕黄色。头部刻点细密，中央略凹。触角向后略过前胸背板基部，端末 5 节较粗。前胸背板宽约为长的 2 倍，侧缘微弧，前角突出，前缘弧凹较深；盘区靠近侧缘较隆起，其内侧纵行凹陷，此处刻点较粗，中部表面刻点稀疏。小盾片光滑，中部略凹。鞘翅刻点粗密，刻点间略隆突，靠外侧边缘隆起上具刻点 1 行。爪节基部腹面圆形，无齿片状突起。

分布：浙江（德清、临安、舟山）、黑龙江、吉林、辽宁、内蒙古、北京、河北、山西、山东、陕西、宁夏、甘肃、青海、新疆、江苏、安徽、湖北、江西、湖南、福建、广西、四川、贵州、云南、西藏；俄罗斯，朝鲜，日本，印度，亚洲（西部、北部），欧洲，非洲北部。

（512）柳十八斑叶甲 *Chrysomela salicivorax* (Fairmaire, 1888)（图 1-15）

Lina salicivorax Fairmaire, 1888a: 40.

Melasoma octodecimpunctata Jacoby, 1888: 346.

Chrysomela (Microdera) salicivorax: Chen, 1934d: 62.

主要特征：体长 6.3–8.0 mm，体宽 3.6–4.5 mm。体长卵形。头部、前胸背板中部、小盾片和腹面深青铜色；前胸背板两侧、腹部两侧棕黄至棕红色；鞘翅棕黄色或草黄色，每翅具 9 个黑蓝色斑，中缝 1 狭条蓝黑色；足棕黄色，腿节端半部蓝黑色至沥青色；触角端末 5 节黑色，基部棕黄色。头顶中央具 1 纵沟痕，唇基凹陷，刻点粗密。触角仅伸达前胸背板基部，第 2 节粗，近似球形，略短于第 3 节，后者约与第 4 节等长，端末 5 节较粗短。前胸背板盘区中部较平，沿中线具 1 纵沟痕，刻点细密，以基部较粗；两侧略隆起，其内侧凹陷。鞘翅黑斑颇有变化，有时黑斑较小，有时黑斑完全消失；盘区刻点密、混乱。各足胫节外侧面沿中线内凹，呈沟槽状。

分布：浙江（金华）、辽宁、北京、河北、山东、陕西、甘肃、安徽、江西、四川、贵州；朝鲜。

寄主：柳属。

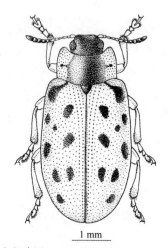

1 mm

图 1-15　柳十八斑叶甲 *Chrysomela salicivorax* (Fairmaire, 1888)

（513）白杨叶甲 *Chrysomela tremulae* Fabricius, 1787（图版 XIII-10）

Chrysomela tremulae Fabricius, 1787: 69.

主要特征：体长 7.2–9.8 mm，体宽 3.6–4.5 mm。体卵圆形。头、前胸背板、小盾片、腹面、足蓝黑色；鞘翅黄褐色或棕红色（腹部末端边缘与体色相同）。头部明显窄于前胸背板，纵沟纹周围具浅凹，盘区具中粗刻点，复眼长卵圆形，间距大；触角短，刚好或略超过前胸背板基部。前胸背板宽大于长；背面具中粗刻点；基部突凸；侧缘膨阔，基部直，前角向中部弧形，两侧纵凹刻点粗密；前缘向内弧形。鞘翅肩角圆滑，背面具密密麻麻的粗黑刻点，缘折具黑斑。足腿节较粗大，胫节细长；前足基节窝向后开放；后胸腹板中央基部尖角方形，前突于中足基节间；腹部可见 5 节，第 1 节宽大，中部呈方形，前突于后足基节间。

分布：浙江（德清）、黑龙江、吉林、辽宁、内蒙古、北京、河北、青海、安徽、四川、贵州、云南、西藏；俄罗斯，欧洲，北美洲。

寄主：杨属、柳属。

（514）柳二十斑叶甲 *Chrysomela vigintipunctata* (Scopoli, 1763)

Coccinella vigintipunctata Scopoli, 1763: 78.

Chrysomela (*Microdera*) *vigintipunctata*: Chen, 1934d: 62.

Chrysomela (*Microdera*) *vigintipunctata* var. *incontaminata*: Chûjô, 1942: 59.

主要特征：体长 7.0–9.5 mm，体宽 4.0–4.8 mm。头部、前胸背板中部、腹面青铜色，光亮；前胸背板两侧棕红色；鞘翅棕红色，每翅具 10 个青铜色斑，沿中缝 1 狭条青铜色；触角端部黑色，基部棕黄色，第 1、第 2 节的背面和腹面青铜色；足腿节端半部、胫节基部和跗节青铜色至棕黑色，其余棕黄色。触角较短，向后伸达前胸背板基部，第 3 节较长，端末 5 节粗，每节长略短于端宽。前胸背板前角突出，前缘凹进很深，两侧隆起较高，尤以前角处为甚，其内侧的纵凹很深，伸达前缘，凹内刻点粗密；盘区中部黑斑内刻点细密，中央具 1 条无刻点的纵脊纹。小盾片半圆形，表面光滑；鞘翅狭长，有时具 3 条不十分清晰的纵行脊纹，表面刻点较前胸背板中部的粗密。

分布：浙江（天台、丽水）、吉林、辽宁、北京、河北、山西、陕西、甘肃、安徽、湖北、湖南、福建、四川、贵州、云南；俄罗斯，欧洲。

寄主：柳属。

223. 里叶甲属 *Linaeidea* Motschulsky, 1860

Linaeidea Motschulsky, 1860b: 199. Type species: *Chrysomela aenea* Linnaeus, 1758.

Chrysomela (*Linaeidea*): Chen, 1936a: 80.

主要特征：体长卵形或阔卵形，前端较狭，尾端较膨阔，背面拱突，体色光亮。上颚 3 齿；下颚须端末 2 节膨阔，接近等长，端节圆锥形；下唇须末 2 节不等长。触角短，后伸仅达鞘翅基部，第 3 节约与第 4 节等长或稍长。前胸背板横宽，其宽至少为长的 2 倍，周缘具边框。鞘翅盘区表面刻点无规则排列；缘折基部宽，逐渐向端收狭，内沿无细毛。前足基节窝向后开放。后胸腹板前缘具边框。足胫节外侧面平或呈沟槽状；跗节第 3 节完整，端缘中部向内凹进较浅；爪单齿式。

分布：中国东部、西南部各地；俄罗斯，朝鲜，欧洲。本属世界已知 6 种，中国记录 5 种，浙江分布 2 种。

（515）红胸里叶甲 *Linaeidea adamsi* (Baly, 1864)（图 1-16）

Melasoma adamsi Baly, 1864a: 229.

Chrysomela adamsi: Chen, 1934d: 63.

Chrysomela (*Linaeidea*) *adamsi*: Chen, 1936a: 80.

Linaeidea adamsi adamsi: Gressitt & Kimoto, 1963: 351.

　　主要特征：体长 7.0–8.0 mm，体宽 3.0–4.0 mm。体长卵形，中等大小，背面略隆突；前胸背板棕红色，侧缘具绿色或黑色小圆斑；鞘翅蓝绿色或绿色；触角基部第 1–6 节棕红色，第 7–12 节褐色；小盾片棕红色；体腹面黑褐色，腹部腹板边缘黄色，足红褐色。触角向后伸至前胸背板基部，端部明显加粗，每节端宽大于节长。前胸背板横阔，侧缘基部直，中部之前略收狭，前缘凹进很深。鞘翅略隆突，刻点较胸部略粗。

　　分布：浙江、辽宁、广东、四川、贵州、云南；朝鲜，尼泊尔，越南。

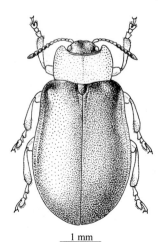

图 1-16　红胸里叶甲 *Linaeidea adamsi* (Baly, 1864)

（516）金绿里叶甲 *Linaeidea aeneipennis* (Baly, 1859)（图版 XIII-11）

Melasoma aeneipennis Baly, 1859a: 61.

Plagiodera siemsseni Weise, 1922b: 56.

Linaeidea aeneipennis: Gressitt & Kimoto, 1963: 352.

　　主要特征：体长 7.5–8.5 mm，体宽 3.6–4.2 mm。体阔卵形，背面十分拱凸。头、胸部、腹面和足完全棕红色；鞘翅金绿色，非常光亮；触角基部棕色，端部 6 节黑色。触角粗壮，向后超过前胸背板基部，第 3 节略长于第 4 节，端末 6 节明显变粗略扁。前胸背板宽约为其中长的 2 倍，侧缘拱弧，前缘向内凹进很深，盘区刻点较头部的细，并散布少数粗刻点，小盾片三角形，表面光滑。鞘翅肩胛明显隆凸，肩后凹陷，表面散布刻点，明显较胸部的粗深，刻点间呈极细皮纹状，靠外侧缘隆脊上具刻点 2 行。

　　分布：浙江（德清、临安）、安徽、湖北、江西、湖南、福建、广东、广西、四川、贵州、云南。

　　寄主：枱木。

224. 斑叶甲属 *Paropsides* Motschulsky, 1860

Paropsides Motschulsky, 1860b: 192. Type species: *Paropsis duodecimpustulata* Gebler, 1825, by original designation.

　　主要特征：体长形或长圆形，背面十分拱突，多带斑点，外形颇似瓢虫。头顶拱突，中央 Y 形沟纹清晰。触角基窝紧靠复眼内缘，较细弱，端节膨粗、略扁，向后伸超过前胸背板基部。前胸背板横宽，后缘拱弧，无边框。小盾片长三角形，端尖。鞘翅短阔，肩胛隆突，刻点混乱，或略呈纵行趋势；缘折面内凹，十分陡峭。前胸腹板位于两前足之间的部分明显隆起，端缘凹缺成三角形，恰与中胸腹板前缘密合，后者极狭。前足基节窝向后开放；足较细弱，跗节第 3 节完整，圆形，爪双齿式。

　　分布：东洋区，澳洲区。本属世界已知 24 种，中国记录 4 种，浙江分布 2 种。

（517）合欢斑叶甲 *Paropsides nigrofasciata* Jacoby, 1888（图版 XIII-12）

Paropsides nigrofasciata Jacoby, 1888: 348.

主要特征：体长 12–13 mm，体宽 9–10 mm。体阔卵形。体棕黄色至棕红色，腹部或多或少杂黑；头顶具 2 个黑斑，前胸背板有 2 或 4 个黑斑，典型个体每鞘翅有 3 或 4 个长圆形黑斑，纵行排列；肩胛 1 斑，肩下 1 斑，该 2 斑有时上下联合伸达鞘翅端前 1/3 处；肩内 2 斑较大，向后伸达端前 1/4 处；也有翅面大部分棕红色，仅肩胛处保留 1 小圆形斑。

分布：浙江（德清）、安徽、湖北、江西、湖南、广西、四川、贵州、云南；朝鲜。

（518）梨斑叶甲 *Paropsides soriculata* (Swartz, 1808)（图版 XIII-13）

Chrysomela soriculata Swartz, 1808: 246.
Paropsis duodecimpustulata Gebler, 1825: 54.
Paropsis hieroglyphica Gebler, 1825: 55.
Paropsides duodecimpustulata: Motschulsky, 1860b: 192.
Paropsides maculicollis Jacoby, 1890: 118.
Paropsides duodecimpustulata var. *melli* Reineck, 1922: 370.
Paropsides duodecimpustulata var. *hieroglyphica*: Maulik, 1926: 73.
Paropsides duodecimpustulata var. *suturalis* Chen, 1934d: 66.
Paropsides duodecimpustulata var. *decempustulata* Chen, 1934d: 66.

主要特征：体长 8–10 mm，体宽 5–6.5 mm。体近似圆形，背面相当拱突。体棕黄色，但是变异很大，浙江的种群颜色和斑纹如下：全体棕红色，背面有黑斑，即头顶 2 个，前胸背板 3 个，每鞘翅 16 个（5∶5∶5∶1），有时候，同排黑斑常有彼此连接的情况。头小，刻点细密，触角细短，向后伸至前胸背板基部。小盾片无刻点。鞘翅刻点略呈纵行，靠近外侧刻点明显粗、深且混乱。

分布：浙江（德清、杭州、义乌、龙泉）、吉林、辽宁、内蒙古、河北、山西、河南、江苏、安徽、湖北、江西、湖南、福建、广东、广西、四川、贵州、云南；俄罗斯，朝鲜，日本，印度，缅甸，越南。

寄主：梨属。

225. 角胫叶甲属 *Gonioctena* Chevrolat, 1837

Gonioctena Chevrolat, 1837: 403. Type species: *Chrysomela viminalis* Linnaeus, 1758.
Phytodecta Kirby, 1837: 213. Type species: *Chrysomela rufipes* DeGeer, 1758.
Asiphytodecta Chen, 1935a: 126. Type species: *Phytodecta tredecimmaculatus* Jacoby, 1888.
Sinomela Chen, 1935a: 126. Type species: *Phytodecta aeneipennis* Baly, 1862.
Platytodecta Bechyné, 1948: 100. Type species: *Phytodecta flexuosus* Baly, 1859.
Brachyphytodecta Bechyné, 1948: 101. Type species: *Spartophila fulva* Motschulsky, 1860.

主要特征：体长椭圆形或卵圆形，背面略隆或十分隆突。头缩入胸腔较深，头顶隆突，有时中央略凹；上颚强壮，其外侧基部具凹窝以收纳下颚须端节；下颚须相当粗壮，端缘截形；下唇须末节短于前 1 节。触角第 3 节长于第 2 节；前胸背板后缘无边框，前、后角有或无刻点毛。鞘翅刻点混乱或排成规则纵行。前胸腹板端部超过前足基节后缘，端缘向两侧膨阔；中胸腹板前缘具半圆形凹陷，以收纳前胸腹板端部。足粗壮，胫节外侧端前呈角状突出。前足基节窝开放；跗节第 3 节完整，爪附齿式。

分布：亚洲，欧洲，非洲北部，北美洲。中国记录 36 种，浙江记录 10 种。

分种检索表

（519）栗色角胫叶甲 *Gonioctena (Gonioctena) kanfani* (Chen, 1941)

Phytodecta kanfani Chen, 1941b: 191.

Gonioctena (Gonioctena) kanfani: Gressitt & Kimoto, 1963: 362.

主要特征：体长 7.1–8.8 mm，体宽 3.4–4.1 mm。体长卵形，背面拱突。体栗色具铜色金属光泽；鞘翅肩胛具 1 圆形斑，外缘包以黄色。触角第 1–5 节棕黄色，第 6–11 节褐色；足胫节端部及余节棕黑色；体腹面黄褐色。触角超过鞘翅基部，端部 5 节略膨宽。前胸背板侧缘于背面不可见，侧缘具纵凸，中部向前略拱弧；盘区中部刻点粗密。小盾片半圆形，光滑不具刻点。鞘翅肩胛存在，具不规则刻点行。

分布：浙江（安吉）、安徽。

（520）曲带角胫叶甲 *Gonioctena (Platytodecta) flexuosa* (Baly, 1859)（图 1-17）

Phytodecta flexuosus Baly, 1859a: 56.

Gonioctena quadriplagiatus Fairmaire, 1889: 75.

Phytodecta flexuosus var. *inornatus* Chen, 1934d: 74.

Phytodecta (Platyphytodecta) flexuosus: Bechyné, 1948: 100.

Gonioctena (Platytodecta) flexuosa flexuosa: Gressitt & Kimoto, 1963: 363.

Gonioctena (Platyphytodecta) flexuosa melli Gressitt et Kimoto, 1963: 363.

主要特征：体长 5.5–8.5 mm，体宽 3.2–4.4 mm。体近长方形，背面较平。头、前胸背板、小盾片、腹面和触角（基部 4、5 节除外）黑色；鞘翅棕黄色，中部具 1 条波曲状黑色横带，为两翅所共有，另于每翅端前具 1 近似圆形黑斑，两翅该斑有时联合，或翅完全棕黄色，不具斑、带。前胸背板侧缘略拱弧，侧缘从背面可见；盘区中部具稀疏的细刻点，侧缘刻点粗大，前角不具刻点毛，后角具刻点毛。小盾片舌形，光滑不具刻点。鞘翅肩胛存在，鞘翅具规则刻点行。

分布： 浙江（德清）、陕西、甘肃、江苏、安徽、江西、福建、广东、四川。

寄主： 黄芪。

图 1-17　曲带角胫叶甲 Gonioctena (Platytodecta) flexuosa (Baly, 1859)

（521）黄鞘角胫叶甲 Gonioctena (Brachyphytodecta) flavipennis (Jacoby, 1888)（图版 XIII-14）

Phytodecta flavipennis Jacoby, 1888: 347.

Phytodecta scutellaris var. *flavipennis*: Chen, 1934d: 73.

Gonioctena (Brachyphytodecta) flavipennis: Gressitt & Kimoto, 1963: 363.

　　主要特征： 体长 5.4–5.8 mm，体宽 3.3–3.5 mm。体卵圆形，背面十分拱突。体棕红色，触角基部 5 节棕黄色，端部 6 节黑色；复眼和足黑色。触角粗短，端末 5 节明显加粗、变扁，各节端宽大于节长。前胸背板宽约为长的 2.5 倍，侧边微弧，向前收狭，前、后角不具刻点毛；盘区中部刻点稀疏细小，两侧刻点粗密，较中部为粗。小盾片近三角形，光滑无刻点。鞘翅刻点细小，排成规则纵行，行间具稀疏细刻点。

　　分布： 浙江（德清、安吉、临安）、江西、福建、广东、广西、四川、贵州。

（522）黑盾角胫叶甲 Gonioctena (Brachyphytodecta) fulva (Motschulsky, 1861)（图版 XIII-15）

Spartophila fulva Motschulsky, 1861b: 41.

Gonioctena thoracica Baly, 1862a: 27.

Phytodecta scutellaris Baly, 1862a: 27.

Phytodecta fulva: Heyden, 1887: 262.

Phytodecta dichroa Fairmaire, 1888b: 153.

Phytodecta (Asiphytodecta) thoracicus: Chen, 1934d: 73.

Phytodecta (Asiphytodecta) scutellaris: Chen, 1934d: 73.

Gonioctena (Brachyphytodecta) fulva: Gressitt & Kimoto, 1963: 364.

Gonioctena (Brachyphytodecta) foochowensis Gruev, 1989: 53.

　　主要特征： 体长 5.1–5.8 mm，体宽 2.9–3.4 mm。体卵圆形，背面十分拱突。体棕红色至棕黑色，前胸背板后缘、小盾片、鞘翅前缘、触角第 6–11 节、体腹面、足、鞘翅端部黑色。头部刻点稀疏，近触角处略密；触角粗短，端末 5 节明显加粗、变扁，各节端宽大于节长。前胸背板宽约为长的 2 倍，侧边微弧，向前收狭，前、后角不具刻点毛；盘区中部刻点稀疏细小，两侧刻点略密，较中部粗。小盾片半圆形，光滑无刻点。鞘翅刻点细小，排成规则纵行，行间具细密刻点。

分布：浙江（德清、宁波）、黑龙江、吉林、河北、山西、河南、江苏、湖北、江西、湖南、福建、广东、四川；俄罗斯，越南。

寄主：胡枝子属。

（523）红翅角胫叶甲 *Gonioctena* (*Brachyphytodecta*) *lesnei* (Chen, 1931)（图版 XIII-16）

Phytodecta (*Asiphytodecta*) *lesnei* Chen, 1931: 111.

Asiphytodecta lesnei: Chen & Young, 1941: 206.

Gonioctena (*Brachyphytodecta*) *lesnei*: Gressitt & Kimoto, 1963: 364.

主要特征：体长 8.8–13.4 mm，体宽 5.0–7.3 mm。体卵圆形，背面十分拱突。体棕红色，触角第 2–11 节、腿节端部、胫节、跗节黑色。头部刻点粗密，近触角处略密；触角粗短，端末 5 节明显加粗、变扁，各节端宽大于节长。前胸背板宽约为长的 2 倍，侧边微弧，向前收狭，前、后角不具刻点毛；盘区中部刻点稀疏细小，两侧刻点粗密，明显较中部为粗，其间杂细刻点。小盾片舌形，光滑无刻点。鞘翅刻点细小，排成规则纵行，行间具细密刻点。

分布：浙江（临安）、海南、贵州、云南；越南。

（524）黑翅角胫叶甲 *Gonioctena* (*Brachyphytodecta*) *melanoptera* (Chen *et* Young, 1941)（图 1-18）

Asiphytodecta melanoptera Chen *et* Young, 1941: 209.

Gonioctena (*Brachyphytodecta*) *melanoptera*: Gressitt & Kimoto, 1963: 366.

主要特征：体长 5.25 mm，体宽 3.5 mm。体卵圆形，背面十分拱突。头、前胸棕黄色；小盾片、鞘翅、体腹面、足黑色；触角基部 6 节棕黄色，端部 5 节棕黑色。头部刻点稀疏，近触角处略密；触角粗短，端末 5 节明显加粗、变扁，各节端宽大于节长。前胸背板宽约为长的 2 倍，侧边微弧，向前收狭，前、后角不具刻点毛。小盾片半圆形，光滑无刻点。鞘翅刻点细小，排成规则纵行，行间具细密刻点。

分布：浙江（庆元）、广西。

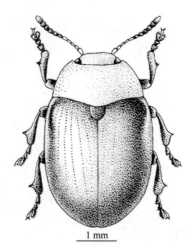

1 mm

图 1-18　黑翅角胫叶甲 *Gonioctena* (*Brachyphytodecta*) *melanoptera* (Chen *et* Young, 1941)

（525）十一斑角胫叶甲 *Gonioctena* (*Asiphytodecta*) *subgeminata* (Chen, 1934)（图版 XIII-17）

Phytodecta subgeminatus Chen, 1934d: 75.

Asiphytodecta subgeminatus: Chen & Young, 1941: 208.

Gonioctena (*Asiphytodecta*) *subgeminata*: Gressitt & Kimoto, 1963: 365.

主要特征：体长 5.5–6.5 mm，体宽 4.0–4.5 mm。体卵圆形，背面略拱突。体暗棕红色；鞘翅具黑斑 11 个，其中 3 斑位于中缝为两翅所共有，另每翅盘区具 4 斑；触角端部 5 节黑色。头顶中央光滑，复眼内侧、唇基前缘具粗密刻点。触角伸达前胸背板基部，第 2、第 3 节约等长，端部 5 节宽扁。前胸背板横宽，两侧直形，从基部向前渐狭，前角钝，后角直，前、后角无刻点毛；盘区中部光滑，两侧具粗刻点。小盾片近似半圆形，表面光滑。鞘翅刻点行规则，刻点直径与前胸背板侧缘刻点大小近等；行间具稀疏的细刻点。

分布：浙江（安吉、临安）、湖南、福建、台湾、广东。

寄主：葛属。

（526）十三斑角胫叶甲 *Gonioctena* (*Asiphytodecta*) *tredecimmaculata* (Jacoby, 1888)（图版 XIII-18）

Phytodecta tredecimmaculatus Jacoby, 1888: 347.

Paropsides nigrosparsus Fairmaire, 1888c: 373.

Phytodecta tredecimmaculatus var. *cinctipennis* Achard, 1924: 33.

Phytodecta taiwanensis Achard, 1924: 33.

Phytodecta (*Asiphytodecta*) *tredecimmaculata*: Chen, 1935a: 132.

Asiphytodecta tredecimmaculatus: Chen & Young, 1941: 207.

Gonioctena (*Asiphytodecta*) *tredecimmaculata*: Gressitt & Kimoto, 1963: 365.

主要特征：体长 7.0–8.0 mm，体宽 5.0–5.5 mm。体短卵形，背面拱突。体暗棕红色；前胸背板具 3 个黑斑；每鞘翅具 6 个黑斑，1 个位于小盾片及肩胛之间，与鞘翅基缘相接，2 个位于鞘翅中部之前，呈横向排列，有时彼此相接，形成横带，靠近中缝，2 个位于鞘翅中缝处，最后 1 个位于翅端，与侧缘相接；小盾片黑色；腹面棕黑色。触角短，伸达前胸背板基部，末端 6 节渐粗、略扁。前胸背板均匀隆凸，背视可见两侧边缘，前角钝圆，后角直形。小盾片心形，光滑无刻点。鞘翅短阔，刻点显较前胸粗密、深显、混乱。

分布：浙江（安吉、临安、遂昌）、陕西、江苏、湖北、湖南、福建、台湾、广西、四川、贵州、云南；越南。

寄主：葛属。

（527）绿翅角胫叶甲 *Gonioctena* (*Sinomela*) *aeneipennis* Baly, 1862（图版 XIII-19）

Gonioctena aeneipennis Baly, 1862a: 27.

Phytodecta aeneipennis: Chen, 1934d: 72.

Phytodecta (*Sinomela*) *aeneipennis*: Chen, 1936a: 86.

Gonioctena (*Sinomela*) *aeneipennis*: Gressitt & Kimoto, 1963: 366.

主要特征：体长 5.5–6.0 mm，体宽 4.0–4.5 mm。体短卵形，背面拱突。体棕红色，鞘翅墨绿色，具金属光泽。头部刻点稀疏，唇基前缘波曲状，不向下折转。触角短，伸达前胸背板基部，末端 6 节略扁。前胸背板均匀隆凸，背视可见两侧边缘，前角钝圆，后角直形，前、后角均具刻点毛；盘区刻点细而稀疏，近侧缘处明显粗密、显深。小盾片心形，光滑无刻点。鞘翅短阔，刻点明显较前胸粗密、深显，刻点成行，行间具细刻点。

分布：浙江（定海）、江苏。

（528）密点角胫叶甲 *Gonioctena* (*Sinomela*) *fortunei* Baly, 1864（图版 XIII-20）

Gonioctena fortunei Baly, 1864a: 228.

Phytodecta fortunei var. *extensus* Achard, 1924: 33.

Phytodecta fortunei: Chen, 1934d: 75.

Phytodecta (*Sinomela*) *fortunei*: Chen, 1936a: 87.

Gonioctena (*Sinomela*) *fortunei*: Gressitt & Kimoto, 1963: 366.

主要特征：体长 6.0–6.5 mm，体宽 5.0–5.5 mm。体短卵形，背面十分拱突。体棕红色；前胸背板具 2 个黑斑，位于盘区两侧；小盾片棕黑色；每鞘翅具 6 黑斑，1 个位于肩胛与侧缘之间，与侧缘相接，2 个位于鞘翅中部之前，呈横向排列，外侧与侧缘相接，2 个位于鞘翅中缝处，有时于中缝处相接，最后 1 个位于翅端，与侧缘相接。胸部腹面及腹部第 1 节常为黑色，略浅。

分布：浙江（德清、杭州）、江苏、上海、江西、湖南、四川、贵州。

226. 榆叶甲属 *Ambrostoma* Motschulsky, 1860

Ambrostoma Motschulsky, 1860b: 205. Type species: *Chrysomela quadriimpressa* Motschulsky, 1860.

Parambrostoma Chen, 1936b: 718. Type species: *Ambrostoma sublaevis* Chen, 1934.

主要特征：体长 7–12 mm，体较大，长卵形，背面隆突；体不具毛，常具亮丽的金属光泽。头亚前口式，唇基近梯形，基部不隆升；触角丝状或端部 5 节略膨阔，伸到鞘翅中部之前；上颚强壮；下颚须末端近三角形，端部平截。前胸背板横形，前缘具边框；前、后角均具刻点毛。鞘翅略宽于前胸，肩胛明显，略向端部膨阔；鞘翅略宽于前胸；盘区刻点大或小，或浓密或稀疏，排列成不规则的单行或双行；鞘翅中部常具横凹，从侧缘伸达鞘翅中缝，鞘翅缘折平，内缘全长具纤毛。前足基节窝向后开放。足粗壮，胫节简单，外侧缘不具齿，端部常具浓密的纤毛；后足跗节腹面具浓密纤毛，第 3 跗节端部双叶状，爪简单，不具齿。

分布：东亚。中国记录 8 种，浙江分布 2 种。

（529）带斑榆叶甲 *Ambrostoma fasciatum* Chen, 1936（图版 XIII-21）

Ambrostoma fasciatum Chen, 1936b: 721.

Ambrostoma (*Ambrostoma*) *fasciatum*: Gressitt & Kimoto, 1963: 328.

主要特征：体长 9.0–9.60 mm，体宽 4.3–4.8 mm。头部金绿色至紫色，头顶中央具 1 紫色斑，外缘为绿色；前胸背板金绿色至紫色，侧缘紫红色；盘区中部具 1 对大而彼此分离的紫色斑，有时 2 斑彼此相接；鞘翅中缝及侧缘紫红色，鞘翅纵带宽，不伸达中缝及侧缘，基部具 2 个彼此相接的紫色斑，端部具 1 小 V 形斑；触角金绿色至蓝色，基部前缘紫红色，后缘棕色；端节黑色至紫红色；小盾片及足紫红色；身体腹面蓝绿色。

分布：浙江（临安）。

（530）琉璃榆叶甲 *Ambrostoma fortunei* (Baly, 1860)（图版 XIII-22）

Chrysomela fortunei Baly, 1860b: 94.

Ambrostoma chinense Motschulsky, 1860b: 228.

Ambrostoma fortunei: Chen, 1934d: 45.

Ambrostoma (*Ambrostoma*) *fortunei*: Gressitt & Kimoto, 1963: 328.

　　主要特征：体长 11.3 mm，体宽 5.7 mm。体长椭圆形，鞘翅中部之后相当拱凸。背面红铜色至铜紫色杂铜绿色和紫色斑块或条带，鞘翅基部横凹内有 2 个铜绿色斑，其斑中心为深紫蓝色，鞘翅中部后有 2 条不很清晰的铜绿色纵带；触角基部 6 节紫蓝色，端部暗绿色。

　　分布：浙江（临安、义乌）、河南、江苏、安徽、江西、湖南、福建、广东、广西、四川、贵州。

227. 金叶甲属 *Chrysolina* Motschulsky, 1860

Chrysomela Linnaeus, 1758: 368 (part).

Oreina Chevrolat, 1837: 402.

Polysticha Hope, 1840b: 164.

Chrysolina Motschulsky, 1860b: 210. Type species: *Chrysomela staphylea* Linnaeus, 1758.

　　主要特征：体长方形、长形或长卵形，背面拱突。上颚具 2 对齿；下颚须末节变尖；下唇须末 2 节近等长。触角向后伸很少超过鞘翅中部，以第 3 节最长，端部较粗短。前胸背板宽大于长，有时长宽近等，似呈四方形，前缘中部弧凹，前角突出，后缘中部向后拱出，呈波曲状；盘区靠近两侧常纵凸，隆上无刻点或刻点稀细，其内侧凹陷，呈纵沟状，凹内刻点粗大。鞘翅基部较前胸背板宽，刻点混乱或成对纵行排列。前足基节窝开放；跗节第 3 节完整，爪单齿式。

　　分布：世界广布。世界已经记录 500 多种，中国记录 126 种，浙江记录 3 种。

分种检索表

1. 体背面通常青铜色或蓝色；腹面蓝色或紫色 ·· 蒿金叶甲 *C.* (*An.*) *aurichalcea*
- 体背面黑色，或蓝黑色或蓝紫色 ··· 2
2. 鞘翅没有无刻点的光亮圆盘状突起 ··· 狭胸金叶甲 *C.* (*Ap.*) *angusticollis*
- 每翅有 5 行无刻点的光亮圆盘状突起 ··· 薄荷金叶甲 *C.* (*L.*) *exanthematica*

（531）蒿金叶甲 *Chrysolina* (*Anopachys*) *aurichalcea* (Mannerheim, 1825)（图版 XIII-23）

Chrysomela aurichalcea Mannerheim, 1825: 39.

Chrysomela elevata Suffrian, 1851: 189.

Chrysolina violaceicollis Motschulsky, 1862: 21.

Chrysomela wallacei Baly, 1862a: 21.

Chrysomela amethystina Kolbe, 1886: 228.

Chrysomela cupraria Kolbe, 1886: 229.

Chrysomela pekinensis Fairmaire, 1887a: 331.

Chrysomela recticollis Weise, 1887: 182 (*nec* Motschulsky, 1860).

Chrysomela nigricans Jakobson, 1901: 100.

Chrysomela collaris Weise, 1916: 59.

Chrysolina aurichalcea: Chen, 1934d: 3.

Chrysolina (*Anopachys*) *aurichalcea aurichalcea*: Bechyné, 1950: 147.

Chrysolina (*Anopachys*) *aurichalcea pekinensis*: Bechyné, 1950: 147.

Chrysolina (*Anopachys*) *aurichalcea amethystine*: Bechyné, 1950: 147.

Chrysolina (*Anopachys*) *aurichalcea omisiensis* Bechyné, 1950: 147.

Chrysolina (*Anopachys*) *aurichalcea yunanica* Bechyné, 1950: 147.

Chrysolina (*Anopachys*) *aurichalcea kwanghsiensis* Bechyné, 1950: 147.

Chrysolina (*Anopachys*) *aurichalcea fokiensis* Bechyné, 1950: 147.

Chrysolina vagesplendens Bechyné, 1950: 148.

Oreina (*Chrysolina*) *aurichalcea*: Gressitt & Kimoto, 1963: 314.

主要特征：体长 5.3–9.6 mm，体宽 3.1–6.4 mm。背面通常青铜色或蓝色，有时紫蓝色；腹面蓝色或紫色。触角第 1、第 2 节端部和腹面棕黄色。触角细长，约为体长的 1/2，第 3 节约为第 2 节长的 2 倍，略长于第 4 节，第 5 节以后各节较短，彼此等长。前胸背板横宽，表面刻点很深密，粗刻点间有极细刻点，侧缘基部近于直形，中部之前趋圆，向前渐狭；盘区两侧隆起，隆内纵行凹陷，以基部较深，前端较浅。小盾片三角形，有 2 或 3 粒刻点。鞘翅刻点较前胸背板的更粗、更深，排列一般不规则，有时略呈纵行趋势，粗刻点间有细刻点。

分布：浙江（安吉、临安、开化）、黑龙江、吉林、辽宁、北京、河北、河南、陕西、甘肃、青海、新疆、安徽、湖北、湖南、福建、台湾、广西、四川、云南。

寄主：蒿属。

（532）狭胸金叶甲 *Chrysolina* (*Apterosoma*) *angusticollis* (Motschulsky, 1861)

Apterosoma angusticollis Motschulsky, 1861a: 23.

Chrysomla japana Baly, 1874: 171.

Chrysolina (*Apterosoma*) *angusticollis*: Bechyné, 1950: 151.

主要特征：体长 8.5–8.6 mm，体宽 5.4–5.6 mm。体卵圆形，背面十分拱突，于前胸基部及鞘翅末端强烈缢缩；后翅退化。体黑色，具金属光泽，雌虫有时背面呈丝绸状闪光；体色有时多变，或完全黑色具绿色闪光；或完全蓝绿色；或完全紫红色；或前胸背板及头部蓝绿色（有时头顶紫色），鞘翅深紫色；或前胸背板及头部深紫色，鞘翅青铜色。触角细长，约为体长的 1/2。

分布：浙江；俄罗斯，日本。

（533）薄荷金叶甲 *Chrysolina* (*Lithopteroides*) *exanthematica* (Wiedemann, 1821)（图版 XIII-24）

Chrysomela guttata Gebler, 1817: 316 (*nec* Suffrian, 1792).

Chrysomela exanthematica Wiedemann, 1821: 178.

Chrysomela musiva Gebler, 1830: 215.

Chrysomela speculifera Redtenbacher, 1848: 558.

Lithoptera subaenea Motschulsky, 1860b: 229 (*nec* Suffrian, 1857).

Chrysomela consimilis Baly, 1874: 172.

Chrysomela sericata Jakobson, 1901: 125.

Chrysolina exanthematica: Maulik, 1926: 22.

Chrysolina (*Lithopteroides*) *exanthematica*: Bechyné, 1950: 150, 151.

Oreina (*Chrysolina*) *exanthematica*: Gressitt & Kimoto, 1963: 317.

主要特征：体长 8.0–10.2 mm，体宽 4.2–5.3 mm。体背面黑色、蓝黑色或蓝紫色，多少具青铜色光泽；体腹面紫蓝色；触角黑色，基部光亮，紫蓝色，第 1、第 2 节杂棕。触角细长，端末 5 节略粗，节长大于端宽。胸部宽约为长的 1.9 倍，胸部刻点稀疏，稍大于头部刻点，前胸背板接近侧缘明显纵凸，其内侧纵凹很深，通达侧缘全长。小盾片近三角形，具稀疏的刻点。鞘翅刻点约与前胸背板的等粗，但更密。每翅有 5 行无刻点的光亮圆盘状突起，有时圆盘状突起在盘区中部不显，近侧缘明显。

分布：浙江（临安、诸暨、黄岩）、黑龙江、吉林、辽宁、河北、河南、青海、江苏、安徽、湖北、湖南、福建、广东、四川、云南；俄罗斯，日本，印度，阿富汗。

寄主：薄荷。

（六）萤叶甲亚科 Galerucinae

主要特征：头部亚前口式；前唇基明显且前缘较直；前足基节窝开放或关闭；跗节全为假 4 节（隐 5 节），第 3 节为双叶状，第 4 节很小，隐藏于第 3 节的二分叶内；后足腿节较细，没有跳器；身体长形；触角丝状，11 节；触角窝在两眼之间，距离较近；具有明显的角后瘤；阳基侧突不分节。

该亚科的成虫、幼虫均为植食性，且多数类群具有寄主专化性，它们是鞘翅目植食性昆虫的重要代表性类群，也是研究昆虫与植物协同进化的代表性类群；同时，多数种类是农林业生产中的重要害虫，主要危害禾本科、十字花科、豆科等农作物及林木、果树、药用植物等经济作物；少数种类可用于杂草的生物防治和检疫。

分布：世界已知 542 属 7432 种，中国记录 124 属 1054 种（Yang et al., 2015），浙江记录 46 属 151 种。

分属检索表

1. 雌雄虫腹端缺刻状或完整；触角窝相近，位于复眼前 ··· 2
- 雄虫腹端三叶状，雌虫完整或缺刻状；触角窝位于复眼后，明显分离 ······················· 9
2. 前足基节窝关闭 ··· 3
- 前足基节窝开放 ··· 4
3. 前胸背板侧缘不具边框或不完全具边框 ·································· 樟萤叶甲属 *Atysa*
- 前胸背板侧缘具边框 ·· 眉毛萤叶甲属 *Menippus*
4. 雄虫爪双齿式，雌虫附齿式 ·· 异跗萤叶甲属 *Apophylia*
- 雌雄爪相同 ··· 5
5. 鞘翅在基部不远具横凹 ·· 6
- 鞘翅无横凹 ··· 7
6. 鞘翅具毛，缘折仅在基部 1/3 出现 ································ 壮萤叶甲属 *Periclitena*
- 鞘翅无毛，缘折长超过基部 1/4 ····································· 丽萤叶甲属 *Clitenella*
7. 触角第 4 节长于第 3 节 ·· 毛萤叶甲属 *Pyrrhalta*
- 触角第 3 节最长 ··· 8
8. 前胸背板盘区具毛，有光滑区 ·· 小萤叶甲属 *Galerucella*
- 前胸背板盘区具毛，无光滑区 ·· 粗腿萤叶甲属 *Sastracella*
9. 后胸腹板不形成柱突 ·· 10
- 后胸腹板形成柱突，伸至中足基节间 ·· 45
10. 爪双齿式 ·· 11
- 爪简单或附齿式 ·· 17
11. 前胸背板无横凹 ·· 12
- 前胸背板有横凹 ·· 13

12. 体圆形，鞘翅缘折相当宽 ·· 瓢萤叶甲属 *Oides*
- 体长形，鞘翅缘折窄 ·· 宽折萤叶甲属 *Clerotilia*
13. 胫节端部无刺；鞘翅缘折窄，直达端部 ·· 贺萤叶甲属 *Hoplasoma*
- 胫节端部具刺 ··· 14
14. 鞘翅缘折在基部 1/3 之后明显变窄 ·· 15
- 鞘翅缘折到端部逐渐变窄 ··· 16
15. 雄虫小盾片后无凹窝 ··· 守瓜属 *Aulacophora*
- 雄虫小盾片后有凹窝 ··· 伪守瓜属 *Pseudocophora*
16. 鞘翅在肩角后具明显的纵脊 ·· 后脊守瓜属 *Paragetocera*
- 鞘翅上无任何纵脊 ·· 殊角萤叶甲属 *Agetocera*
17. 前足基节窝开放 ··· 18
- 前足基节窝关闭 ··· 35
18. 后足胫端无刺 ··· 19
- 后足胫端有刺 ··· 32
19. 前胸背板前缘无边框 ··· 20
- 前胸背板前、后缘具边框 ··· 27
20. 前胸背板后缘无边框 ··· 21
- 前胸背板后缘具边框 ··· 23
21. 前胸背板后角呈方形凹刻 ··· 攸萤叶甲属 *Euliroetis*
- 前胸背板后角不呈方形凹刻 ··· 22
22. 前胸背板前缘无边框，基缘和侧缘具边框 ··· 日萤叶甲属 *Japonitata*
- 前胸背板前后缘无边框，侧缘具边框 ··· 拟守瓜属 *Paridea*
23. 体细长，两侧平行，体背具毛；下颚须倒数第 2 节极度膨大 ······························· 毛米萤叶甲属 *Trichomimastra*
- 体较粗壮，两侧不平行，体背无毛 ·· 24
24. 前胸背板无凹；鞘翅缘折窄 ··· 拟隶萤叶甲属 *Siemssenius*
- 前胸背板明显具凹 ·· 25
25. 鞘翅具脊；颊较短 ··· 哈萤叶甲属 *Haplosomoides*
- 鞘翅无脊 ··· 26
26. 额区有凹；触角第 3 节长于第 4 节 ·· 窝额萤叶甲属 *Fleutiauxia*
- 额区无凹；触角 5–7 节多有变异 ··· 异角萤叶甲属 *Cerophysa*
27. 中胸腹板宽，与后胸腹板衔接 ··· 28
- 中胸腹板窄，不与后胸腹板衔接 ·· 29
28. 下颚须第 3 节明显膨大，第 4 节小；鞘翅基部稍宽于前胸背板 ····························· 讷萤叶甲属 *Cneoranidea*
- 下颚须第 3、4 节正常；鞘翅基部明显宽于前胸背板 ··· 小胸萤叶甲属 *Arthrotidea*
29. 鞘翅缘折窄，直达端部 ·· 隶萤叶甲属 *Liroetis*
- 鞘翅缘折在基部 1/3 较宽，以后逐渐变窄 ··· 30
30. 前胸背板有凹洼；触角第 4 节长于第 2–3 节之和 ··· 米萤叶甲属 *Mimastra*
- 前胸背板无凹洼 ·· 31
31. 下颚须第 3 节变长加厚，第 4 节小，锥状；鞘翅无横凹 ·· 克萤叶甲属 *Cneorane*
- 下颚须第 3、4 节正常；鞘翅基部不远有横凹 ··· 边毛萤叶甲属 *Cneorella*
32. 后足第 1 跗节短于其余各节之和 ·· 33
- 后足第 1 跗节等于或长于其余各节之和 ··· 34
33. 下颚须第 3 节膨大，圆形，第 4 节小 ·· 榕萤叶甲属 *Morphosphaera*
- 下颚须第 3、4 节正常；3 对足胫端均具刺 ··· 凯瑞萤叶甲属 *Charaea*

34. 触角第 3 节长于第 2 节，后足胫节端部具刺 ······························· 长刺萤叶甲属 *Atrachya*
 - 触角第 3 节长是第 2 节的 2 倍多，中、后足胫节端部具刺 ················· 华露萤叶甲属 *Sinoluperus*
35. 后足第 1 跗节长于其余各节之和 ··· 36
 - 后足第 1 跗节等于或短于其余各节之和 ··· 38
36. 鞘翅缘折在基部 1/3 突然变窄；触角第 2、3 节等长 ····················· 长跗萤叶甲属 *Monolepta*
 - 鞘翅缘折到端部逐渐变窄；触角第 3 节长于第 2 节 ······························· 37
37. 鞘翅端部圆形；雄虫额唇基区凹洼；触角第 3 节特化，最长 ··········· 额凹萤叶甲属 *Sermyloides*
 - 鞘翅端部平切；雄虫在小盾片下的鞘翅中缝上具凹 ················· 凹翅萤叶甲属 *Paleosepharia*
38. 前胸背板基缘无边框，或在两后角处具边框 ·· 39
 - 前胸背板基缘具边框 ··· 40
39. 前胸背板后角钝，盘区无明显的凹窝 ··· 斯萤叶甲属 *Sphenoraia*
 - 前胸背板有 1 对纵凹 ··· 盔萤叶甲属 *Cassena*
40. 后足胫端 1 刺 ··· 41
 - 后足胫端多刺 ··· 43
41. 前胸背板具明显侧凹；前、中足爪附齿式，后足爪简单 ··················· 异爪萤叶甲属 *Doryscus*
 - 前胸背板无明显侧凹 ··· 42
42. 前胸腹板在两基节间可见；鞘翅光滑无毛 ·· 短角萤叶甲属 *Erganoides*
 - 前胸腹板在两基节间不可见；鞘翅上具竖毛 ······································ 波萤叶甲属 *Brachyphora*
43. 前胸背板方形，盘区具 1 大凹窝 ·· 方胸萤叶甲属 *Proegmena*
 - 前胸背板盘区无凹窝 ··· 44
44. 触角第 3 节长于第 2 节的 2 倍或更长，第 4 节短于第 2–3 节之和 ········· 德萤叶甲属 *Dercetina*
 - 触角第 2、3 节约等长，第 4 节长于第 2–3 节之和 ······························ 阿萤叶甲属 *Arthrotus*
45. 触角第 3 节超过第 2 节的 3 倍甚至更长 ··· 方胸柱萤叶甲属 *Laphris*
 - 雄虫触角第 2、3 节约等长，或雌虫第 3 节是第 2 节长的 2 倍 ················· 柱萤叶甲属 *Gallerucida*

228. 瓢萤叶甲属 *Oides* Weber, 1801

Oides Weber, 1801: 26. Type species: *Chrysomela bipunctata* Fabricius, 1781.

Adorium Fabricius, 1801a: 409. Type species: *Chrysomela bipunctata* Fabricius, 1781.

Isosoma Billberg, 1820: 56. Type species: *Chrysomela concolor* Fabricius, 1781.

Callipepla Dejean, 1837: 399. Type species: *Adorium posticum* Boisduval, 1835.

Rhombopalpa Chevrolat, 1837: 399 (ed. 2, p. 375). Type species: *Adorium decempunctatum* Billberg, 1808.

Galleruca subgenus *Boisduvalia* Montrouzier, 1856: 72. Type species: *Galeruca (Boisduvalia) sexlineata* Montrouzier, 1856.

Rhombopala: Clark, 1865a: 143 (error for *Rhombopalpa*).

Botanoctona Fairmaire, 1877: 185. Type species: *Botanoctona pallidocincta* Fairmaire, 1877.

主要特征：体圆形，隆突。头窄于前胸背板；触角细长，一般不超过鞘翅中部，第 1 节长，第 2 节一般较短。前胸背板宽是长的数倍；前角小，后角钝圆，每个角具 1 根毛；侧缘圆，盘区隆突。小盾片三角形，端部圆钝。鞘翅基部宽于前胸背板，肩角有时突出，圆形，侧缘膨阔；翅面具细的或粗的刻点；缘折相当宽，它与鞘翅宽度比常被作为区别种的特征。足粗壮，胫节外侧具脊，内侧具竖毛，爪双齿式。雄虫在有的种类中表现为前、中足第 1 跗节弯曲，或者腹部末节两侧斜切。

分布：世界广布。世界已知 162 种，中国已知 19 种，浙江分布 5 种。

<h2>分种检索表</h2>

（534）蓝翅瓢萤叶甲 *Oides bowringii* (Baly, 1863)

Adorium bowringii Baly, 1863b: 623.

Oides bowringii: Gemminger & Harold, 1876: 3555.

Oides elegans Laboissière, 1919: 161.

Oides tonkinensis Laboissière, 1929: 252.

主要特征：体长 10.5–15 mm。体卵圆形，似瓢虫，体背隆突强烈。体黄褐色，触角末端 4 节黑色，有时胫节端部和跗节黄褐色；鞘翅金属蓝或绿色，周缘（除基部外）黄褐色，有时翅缝完全金属色。上唇横形，前缘缺深，呈二齿状；额唇基隆突较高，角后瘤明显，横形；头顶微突，具细刻点，中央有 1 条纵沟。触角较短，不及体长之半，第 2 节短，第 3 节约为第 2 节长的 2 倍，第 4 与第 3 节等长，有的个体稍长于或稍短于第 3 节，以后各节长度递减，末节稍长。前胸背板宽为长的 2.5 倍，前缘凹进深，前角突出，不尖锐，表面刻点细而较密。小盾片三角形，顶端圆，无刻点。鞘翅中部膨阔，翅面刻点密，缘折宽度不及翅宽的 1/4。足较粗壮。雄虫腹部末节顶端分 3 叶，中叶横宽，表面较凹洼；雌虫末节顶端中央为深的凹缺。

分布：浙江（德清、安吉、临安、东阳、缙云、遂昌、庆元、龙泉）、陕西、甘肃、湖北、江西、湖南、福建、广东、海南、广西、四川、贵州、云南；朝鲜，日本，越南。

寄主：五味子。

（535）十星瓢萤叶甲 *Oides decempunctata* (Billberg, 1808)（图版 XIV-1）

Adorium decempunctata Billberg, 1808: 230.

Oides decempunctata: Gemminger & Harold, 1876: 3555.

Oides decemmaculata Laboissière, 1927: 39.

Solanophila gigantea Roubal, 1929b: 96.

主要特征：体长 9–14 mm。体卵形，似瓢虫。体黄褐色，触角末端 3–4 节黑褐色，每个鞘翅具 5 个近圆形黑斑，排列顺序为 2–2–1；后胸腹板外侧，腹部每节两侧各具 1 黑斑，有时消失。上唇前缘凹缺，表面中部具 1 横排毛；额唇基隆突，三角形，角后瘤明显，近三角形；头顶具细而稀的刻点。触角较短，第 1 节很粗，第 2 节短，第 3 节等于或小于第 2 节的 2 倍，第 4、5 节约与第 3 节等长，以后各节稍短。前胸背板宽略小于长的 2.5 倍，前角略向前伸突，较圆；表面刻点极细。小盾片三角形，光亮无刻点。鞘翅刻点细密。雄虫腹部末节顶端三叶状，中叶横宽；雌虫末节顶端微凹。

分布：浙江（长兴、嘉兴、余杭、临安、桐庐、淳安、上虞、诸暨、嵊州、鄞州、奉化、象山、宁海、慈溪、岱山、嵊泗、三门、天台、仙居、温岭、临海、玉环、开化、遂昌）、吉林、内蒙古、河北、山西、山东、河南、陕西、甘肃、江苏、安徽、湖北、江西、湖南、福建、台湾、广东、海南、广西、四川、贵州、云南；朝鲜，越南，老挝，柬埔寨。

寄主：葡萄属。

（536）八角瓢萤叶甲 *Oides duporti* Laboissière, 1919

Oides duporti Laboissière, 1919: 160.

Oides leucomelaena var. *subsinuata* Pic, 1928a: 29.

Oides leucomelaena var. *disjuncta* Pic, 1928a: 29.

主要特征：体长 9.0–13.0 mm。体黄褐色；触角端部 4 节和小盾片黑色；前胸背板具 4 个黑斑，两侧的较大，中部两个较小，有的个体消失；每个鞘翅具 5 个大黑斑，基部及中部各 2 个，端部 1 个。头部具中沟，头顶具极细刻点；额唇基区呈三角形隆突；触角第 3 节为第 2 节长的 2 倍，第 4 节长于第 3 节，第 5 节以后各节均短于第 4 节；前胸背板宽为长的 2 倍，四角钝圆，盘区具明显刻点；小盾片三角形，无刻点；鞘翅两侧在中部之后膨阔，翅面刻点较细。

分布：浙江（开化、景宁、龙泉）、安徽、湖北、福建、广东、海南、广西、贵州、云南；缅甸，越南，老挝。

寄主：八角、五味子。

（537）宽缘瓢萤叶甲 *Oides maculata* (Olivier, 1807)（图版 XIV-2）

Adorium maculatum Olivier, 1807: 611.

Oides maculata: Gemminger & Harold, 1876: 3555.

Oides subhemisphaerica Gemminger *et* Harold, 1876: 3556.

Oides indica Baly, 1877b: 444.

Adorium laticlavum Fairmaire, 1889: 74.

Oides epipleuralis Laboissière, 1929: 254.

主要特征：体长 9–13 mm。体卵形，黄褐色，触角末端 4 节黑褐色；前胸背板具不规则的褐色斑纹，有时消失；每个鞘翅具 1 条较宽的黑色纵带，其宽度略窄于翅面最宽处的 1/2，有时鞘翅完全淡色；后胸腹板和腹部黑褐色。上唇横宽，宽约为长的 2 倍，前缘中部凹缺深；额唇基隆突较高，角后瘤明显，长圆形；头顶微凸，具极细刻点。触角较细，第 3 节是第 2 节长的 2 倍，第 4 节长于或等于第 3 节，第 5 节明显短于第 4 节。前胸背板宽略大于长的 2.5 倍，前角深突，不很尖锐；表面刻点细密，但近侧缘及后角的较粗。小盾片三角形，光亮无刻点。鞘翅两侧缘在基部之后、中部之前非常膨阔，此处缘折最宽，至少为翅宽的 1/3，翅面刻点细。雄虫腹部末节三叶状，中叶略近方形，端缘平直。本种以极宽的鞘翅缘折和较宽的黑色纵带很易与本属其他种类区别；鞘翅完全淡色时与黑跗瓢萤叶甲近似，但本种体更圆，鞘翅缘折宽，翅面刻点细，很易区别。

分布：浙江（临安）、山东、河南、陕西、江苏、安徽、湖北、江西、湖南、福建、台湾、广东、海南、广西、四川、贵州、云南；印度，尼泊尔，缅甸，越南，老挝，泰国，柬埔寨，马来西亚，印度尼西亚。

寄主：葡萄属、毛榛。

（538）黑跗瓢萤叶甲 *Oides tarsata* (Baly, 1865)

Adorium tarsatum Baly, 1865c: 435.

Adorium sordidum Baly, 1865c: 435.

Oides tarsata: Gemminger & Harold, 1876: 3556.

Oides thibetana Jacoby, 1900: 128.

Oides tibialis Laboissière, 1927: 40.

Oides tibiella Wilcox, 1971: 17.

　　主要特征：体长 9–15 mm。体卵形，稻草黄至黄褐色，触角末端 4 节（有时 5–6 节）、后胸腹板、腹部两侧及跗节黑褐色至黑色。上唇前缘凹缺较深，靠近基部有 1 横排较长的毛，额唇基呈较高的三角形隆突，角后瘤明显，近似三角形，光亮无刻点；头顶具明显的细刻点，中央有 1 条浅纵沟。触角较粗短，第 1 节膨粗，每节长度依次略减短。前胸背板宽略大于长的 2 倍，四周边缘较细，两侧向前端收缩变窄，前角稍圆，表面具细密刻点。小盾片三角形，几无刻点。鞘翅缘折小于翅面的 1/4，翅面刻点清晰、明显、较密，较背板为粗。雄虫腹部末节三叶状，中叶后缘微凹或较直，表面略低洼，具较密竖毛，中叶前方明显凹洼。

　　分布：浙江（临安）、河北、河南、陕西、甘肃、江苏、安徽、湖北、江西、湖南、福建、广东、海南、广西、四川、贵州、西藏；越南。

　　寄主：葡萄属、乌蔹莓属。

229. 壮萤叶甲属 *Periclitena* Weise, 1902

Clitena: Clark, 1865b: 257, 259 (*nec* Baly, 1864).

Periclitena Weise, 1902: 157. Type species: *Galleruca vigorsi* Hope, 1831.

　　主要特征：体较长，周身披毛，鞘翅在中部之前稍有缢缩，中部之后变宽，端部钝圆。体色多为蓝绿色，具金属光泽。头部窄于前胸背板；触角长一般不超过鞘翅中部，第 1 节最长，棒状，其次为第 3、4 节较长，从第 6 节始加粗，9–11 节短粗。前胸背板宽大于长，前后角各具 1 毛孔并具长毛；盘区密布刻点。小盾片三角形，端部钝圆。鞘翅较前胸背板为宽，基部有 1 大的隆起区，翅面刻点密集；侧缘上翘。缘折基部宽，然后突然变窄至鞘翅缢缩处（鞘翅基部 1/3 处）消失。足发达，胫节端部较宽，外侧具明显的脊，后足腿节内侧具纵沟；前足基节窝开放，爪强壮，双齿式。

　　分布：东洋区。世界已知 4 种，中国已知 4 种，浙江分布 2 种。

（539）中华壮萤叶甲 *Periclitena sinensis* (Fairmaire, 1888)（图 1-19）

Agetocera sinensis Fairmaire, 1888a: 43.

Periclitena sinensis: Laboissière, 1929: 268.

　　主要特征：体长 10–15 mm。头部、触角、前胸背板、小盾片、腹面及足褐色；鞘翅黑色，带紫色光泽，触角端部 4 节，胫节的大部分及跗节深褐色至黑褐色。头顶具较密的刻点及毛，额瘤发达，无刻点；触角约为体长的 3/4，第 2 节最小，第 3 节是第 2 节长的 2.5 倍，第 4 节是第 3 节长的 1.5 倍，第 5–7 节约等于长，但短于第 4 节，第 9 节稍长于第 2 节，约为第 3 节长的 1/2，第 9–11 节变粗。前胸背板宽约为长的 2.5 倍，四周具不规则的横凹及密集的刻点和毛。小盾片舌形，具黄色长毛和细刻点。鞘翅肩角隆突，基部 1/3 有 1 横凹，翅面具密集刻点及毛；缘折窄，在基部 1/3 处消失。足发达，爪双齿式。雌虫触角较雄虫短，第 7–11 节黑褐色。

　　分布：浙江（安吉）、甘肃、江苏、江西、广东、广西、四川、贵州、云南；越南。

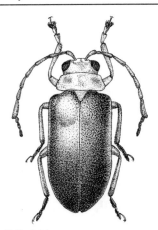

图 1-19　中华壮萤叶甲 *Periclitena sinensis* (Fairmaire, 1888)

（540）东京湾壮萤叶甲 *Periclitena tonkinensis* Laboissière, 1929

Periclitena tonkinensis Laboissière, 1929: 266.

Periclitena tonkinensis: Kimoto, 1989: 27 (removal from synonymy, with *Agetocera sinensis* Fairmaire, 1888).

主要特征：体长 11–13 mm。头部褐色，具光泽；触角、胫节及跗节黑色；鞘翅紫色，具黑色毛。头部与前胸等宽，头顶有毛，具明显刻点；触角达鞘翅端部，第 1 节粗大，第 2 节小，第 3 节长是第 2 节的 2 倍，第 4 节长超过第 2–3 节之和，其余各节长度逐渐增加；前胸背板宽大于长，两侧较圆，盘区具凹，中度隆突，刻点密集；鞘翅宽于前胸背板，背面隆突，肩角下有 1 横凹，翅面刻点细密。

分布：浙江、江苏、江西、广东、广西、四川、贵州、云南；越南。

230. 丽萤叶甲属 *Clitenella* Laboissière, 1927

Clitenella Laboissière, 1927: 53. Type species: *Galleruca fulminans* Faldermann, 1835.

Callopistria Chevrolat, 1837: 402 (*nec* Huebner, 1831). Type species: *Galeruca fulminans* Faldermann, 1835.

主要特征：体色具金属光泽，体形较长。头部与前胸背板等宽，头顶具刻点及不明显的中沟；角后瘤较发达，触角基部远离；触角长不超过鞘翅中部。第 1、3 节较长，第 2 节最短，第 6–10 节粗大，第 11 节较细，具亚节。前胸背板宽大于长，四周具边框，盘区具凹窝。小盾片舌形，一般具刻点。鞘翅肩角隆突，在肩角下具 1 隆凸区，中部之后具 1 道横凹，翅面刻点密集；缘折基部宽，到端部逐渐变窄。前足基节窝开放；足发达，腿节粗壮，胫节外侧具凹，爪双齿式。雄虫腹端凹刻状，雌虫完整。

分布：东洋区。世界已知 7 种，中国记录 4 种，浙江分布 2 种。

（541）丽萤叶甲 *Clitenella fulminans* (Faldermann, 1835)（图版 XIV-3）

Galleruca fulminans Faldermann, 1835: 438.

Clitenella fulminans: Laboissière, 1927: 54.

Clitenella fulminans var. *coerulea* Chûjô, 1938b: 152.

主要特征：体长 6.8–8.5 mm。体中等大小，体背具金属蓝绿色，腹面及足蓝紫色，杂有绿色光泽，腹部腹面黄褐色。每个鞘翅上具 2 个紫铜色大斑，第 1 个从基部开始，延伸至肩胛之后向外弯转，第 2 个在中部之后；鞘翅外缘蓝紫色。头顶较宽大，中央具细的纵沟，表面具粗大刻点。触角较粗壮，第 3 节长于

第 4 节；雌虫触角较雄虫短。前胸背板宽是长的 2 倍多，四周具细边框，侧缘在中部之前明显膨大；盘区刻点粗大，两侧各 1 深凹。小盾片舌形，具较密集的刻点，每个刻点内具 1 根毛。鞘翅基部之后隆突，翅面刻点粗大，但较稀疏。

分布：浙江（安吉、开化、景宁、龙泉、平阳）、内蒙古、河北、山东、陕西、湖北、江西、湖南、福建、台湾、四川、贵州、云南；蒙古国，越南。

寄主：朴树、樟树、野葡萄。

（542）虹彩丽萤叶甲 *Clitenella ignitincta* (Fairmaire, 1878)

Lina ignitincta Fairmaire, 1878: 135.

Clitenella ignitincta: Laboissière, 1929: 269.

主要特征：体长 8 mm。体蓝绿色，具金属光泽；头顶、前胸背板盘区、鞘翅基部及端部各具紫色亮斑；触角第 1 节具蓝色光泽，鞭节披褐色毛；足蓝紫色。头顶具稀疏刻点，角后瘤明显，具刻点；触角长达鞘翅基部，第 3 节最长，是第 2 节长的 2.5 倍，从第 5 节始开始膨大，第 6–11 节约与第 2 节等长；前胸背板宽约为长的 2.5 倍，中部两侧具较大的凹窝，盘区刻点细小；小盾片舌形，具较密的刻点；鞘翅基部窄，中部之后膨阔，肩角突出，其内侧具凹；盘区在基部 1/3 处有 1 横凹，翅面刻点细，刻点间距为刻点直径的 2.5–3 倍；足腿节端部内侧具凹。

分布：浙江（开化）、江苏、江西、福建、广东、四川。

231. 眉毛萤叶甲属 *Menippus* Clark, 1864

Menippus Clark, 1864: 257. Type species: *Menippus cynicus* Clark, 1864.

Issikia Chûjô, 1961: 87. Type species: *Galeruca* (*Issikia*) *issikii* Chûjô, 1961.

主要特征：体中型，体色多棕色或深褐色，体背具毛。头顶具粗刻点，触角较短，一般不超过鞘翅中部，第 2 节最短，第 3 节稍长于第 2 节，第 4 节稍长于第 3 节或与之等长，第 5 至 10 节约等长，均短于第 4 节，第 11 节长于第 4 节。前胸背板宽大于长，具侧框，前后缘有或无边框，盘区具两个侧凹和一个浅中凹，具较粗的刻点。小盾片半圆形，具刻点及毛。鞘翅基部约与前胸背板等宽，或稍宽，两侧在中部之后膨阔，翅面稍隆，具粗刻点，缘折基部稍宽，在中，后足基节间突然变窄，直达端部。前足基节窝关闭，足胫端无刺，爪双齿式，内齿较小。雌，雄腹端均凹刻状。

分布：古北区，澳洲区。世界已知 28 种，中国记录 6 种，浙江分布 2 种。

（543）双角眉毛萤叶甲 *Menippus gressitti* Lee et al., 2012

Issikia dimidiaticornis: Kimoto, 1989: 13 (part).

Menippus gressitti Lee et al., 2012: 7, figs.

主要特征：体长 5.5–6.0 mm。体土黄色，触角 6–11 节黄褐色；胫节外侧及跗节黑褐色。整体披银白色毛。头顶具冠缝及明显粗刻点；触角长不及鞘翅中部，第 1 节棒状，第 2 节最短，第 3 节次之，稍长于第 2 节，第 4 节长于第 3 节，以后各节约等长。前胸背板宽约为长的 2 倍，周缘具细边框；侧缘基部窄，端部宽；整个盘区横凹，周边上翘，两侧及中下部各 1 深凹窝，具明显的刻点。小盾片三角形，具较为粗密的刻点。鞘翅端部稍宽于基部，肩角突出；盘区具粗密刻点及毛。足较粗壮，爪双齿式。雄虫腹端凹刻状，雌虫完整。

分布：浙江（德清、安吉）、甘肃、湖北、福建、台湾、四川；印度，缅甸，越南，老挝，泰国。

（544）褐眉毛萤叶甲 *Menippus sericea* (Weise, 1889)

Galerucella sericea Weise, 1889b: 622.

Menippus sericea: Lee et al., 2012: 12 (status revived and new combination).

主要特征：体长 8.0–8.7 mm。体棕色至深棕色；触角除基部两节外深棕色，足棕色。头、前胸背板、鞘翅具有小而密集的刻点。前胸背板盘区前端具有 1 对圆形凹洼，中间具有浅的凹洼，两侧具有横的凹洼。阳茎宽侧面观稍微弯曲，背面观从两侧往中间缩缢。

分布：浙江、陕西、湖南、福建、台湾、四川。

232. 粗腿萤叶甲属 *Sastracella* Jacoby, 1899

Sastracella Jacoby, 1899a: 294. Type species: *Sastracella fulvipennis* Jacoby, 1899. Raised by Aslam, 1972: 501.

Sastra subgenus *Sastracella*: Weise, 1922b: 67.

主要特征：体长椭圆形；下颚须细长；触角丝状，第 3 节最长；前胸背板宽大于长，整个具毛，两侧较圆，盘区具较深的凹洼；鞘翅长，两侧平行，缘折窄，在中部之后明显变得更窄；前足基节窝开放，腿节粗大；胫节具脊，胫端无刺；爪双齿式；整个身体背面具毛和刻点。

分布：东洋区。世界已知 14 种，中国记录 2 种，浙江分布 1 种。

（545）樟粗腿萤叶甲 *Sastracella cinnamomea* Yang, 1995（图 1-20）

Sastracella cinnamomea Yang, 1995a: 210.

主要特征：雄虫体长 9.1–11.5 mm；雌虫体长 9.5–11.0 mm。体褐色；触角第 1–2 节侧面、第 3–11 节、足腿节端部背面、胫节及跗节黑色；有的个体前胸背板前缘及鞘翅侧缘基半部黑褐色。头部、前胸背板、鞘翅及身体腹面均被较密集的银灰色毛。头顶具中纵线，刻点密集；角后瘤长方形，具密集刻点。触角长超过鞘翅肩部，第 1 节最长，第 2 节最短，第 3 节长超过第 2 节 2 倍，第 4 节短于第 3 节，第 5–7 节约与第 4 节等长，第 8–10 节长度递减，第 11 节稍短于第 3 节。前胸背板宽为长的 2.5 倍，两侧较圆，盘区布满密集的刻点；两侧、基部和中部均有凹洼。小盾片舌状，刻点密集。鞘翅基部宽于前胸背板，翅面刻点较前胸背板密，缘折在基部较宽中部之后变窄，直达末端；足的腿节粗大，前足腿节背面显著隆突；腹部末节中央呈半圆形凹缺。雌虫：触角较雄虫为长，前足腿节背面不强烈隆突，腹部末端中央稍凹洼。

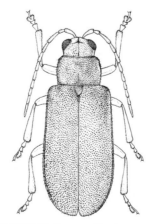

图 1-20　樟粗腿萤叶甲 *Sastracella cinnamomea* Yang, 1995

分布：浙江（杭州）、江西。

寄主：樟树。

233. 樟萤叶甲属 *Atysa* Baly, 1864

Atysa Baly, 1864a: 288. Type species: *Atysa terminalis* Baly, 1864.

Triaplatarthris Fairmaire, 1878: 138. Type species: *Triaplatarthris pyrochroides* Fairmaire, 1878.

Formosogalerucella Pic, 1928a: 32. Type species: *Formosogalerucella brevithorax* Pic, 1928.

Falsoplatyxantha Pic, 1927b: 23. Type species: *Falsoplatyxantha aurantiaca* Pic, 1927.

主要特征：体细长，两侧平行，肩角后稍有收缩，体背具短绒毛，无金属光泽，腹面有时具金属光泽。头较前胸背板窄，复眼突出；触角细长，第 1 节弯曲、棒状，第 2 节最短，除第 1 节外，第 3 节最长。前胸背板宽大于长，前后缘较直，具边框，侧缘不具或者不完全具边框。鞘翅明显宽于前胸背板，肩胛不强烈隆突，翅面刻点密集；缘折基部宽，到端部逐渐变窄。足细长，前足基节窝开放，爪双齿式。

分布：东洋区。世界已知 29 种，中国已知 8 种，浙江分布 3 种/亚种。

分种检索表

1. 前胸背板橙色，无任何斑、带 ···颈樟萤叶甲 *A. collaris*
- 前胸背板黄褐色，具黑色宽纵带 ···2
2. 头顶及触角黑褐色；前胸背板橘黄色 ··格氏樟萤叶甲 *A. gressitti*
- 头顶褐色，触角基部周围红褐色；前胸背板黄褐色 ···························黄缘樟萤叶甲 *A. marginata marginata*

（546）颈樟萤叶甲 *Atysa collaris* (Gressitt *et* Kimoto, 1963)

Triaplatarthris collaris Gressitt *et* Kimoto, 1963: 408.

Atysa collaris: Medvedev, 2005: 230.

主要特征：体长 5.6 mm。体黑色或深棕色，头橙色，触角深棕色，前胸背板橙色，小盾片和鞘翅黑色，侧缘及端部橙色，腹面观深棕色、侧缘黑色，足深红棕色；体被短的白毛。触角短于身体，第 1 节是第 2 节的 2 倍，第 3 节稍微长于第 1 节和第 4 节，第 4–7 节几乎等长，第 7–10 节稍短，第 11 节约与第 7 节等长；前胸背板宽是长的 2 倍，中间具有 2 个凹洼，两侧各具 1 个凹洼；鞘翅盘区相当隆突，具有刻点。

分布：浙江、福建、台湾、四川。

（547）格氏樟萤叶甲 *Atysa gressitti* Medvedev, 2005

Triaplatarthris marginata Gressitt *et* Kimoto, 1963: 409 (*nec* Hope, 1831).

Atysa gressitti Medvedev, 2005: 233 (new name for *Triaplatarthris marginata* Gressitt *et* Kimoto, 1963).

主要特征：体长 7.2–7.6 mm。体红褐色，具黑褐色斑；头顶及触角黑褐色；前胸背板橘黄色，中部具 1 宽的黑色纵带；小盾片黑褐色；鞘翅橘黄色，盘区具 1 宽的红褐色纵带，纵带起始于小盾片两侧，终结于翅端，宽度是单个鞘翅宽的 1/2；足胫节、跗节背面黑褐色；身体腹面红褐色。头部约与前胸背板等宽，头顶具刻点；触角是体长的 3/4，第 2 节最短约为第 1 节的 1/5，第 3 节约与第 1 节等长，长于第 4 节，第 4–7 节等长，第 7–10 节长度递减；前胸背板近梯形，基部宽，端部窄，盘区具凹洼，有密集的粗刻点；小盾片舌形，表面具粗刻点；鞘翅明显宽于前胸背板，两侧平行，翅面具密集的刻点及毛。

分布：浙江（临安）、福建。

（548）黄缘樟萤叶甲 *Atysa marginata marginata* (Hope, 1831)（图版 XIV-4）

Auchenia marginata Hope, 1831: 29.

Atysa marginata: Weise, 1924: 67.

Atysa sudiyana Maulik, 1936: 248.

主要特征：体长 5.6–7.5 mm。体长形。头顶褐色，触角基部周围红褐色，后头大部分黑色；触角黑褐色；前胸背板黄褐色，两侧缘及前角处黑色，盘区中央具黑色宽纵带。小盾片黑褐色。鞘翅橘黄色，每个鞘翅中央具 1 条宽的红黑色纵带，在基部起始于小盾片周围，不达端部边缘。腹面红褐色，足的腿节中部、胫节及跗节偏黑色。本种体色变异较大，有的个体鞘翅整个为黑褐色，有的前胸背板无中纵带。头较前胸背板为宽，头顶具较密的刻点；角后瘤不甚发达，额唇基区为 1 条横脊状隆起。触角约为体长的 3/4，第 2 节最短，第 3 节约为第 2 节长的 5 倍，长于第 4 节。前胸背板长宽约相等，基部宽，端部窄；盘区具凹洼及粗密刻点。鞘翅长为宽的 4 倍，两侧几乎平行，端部圆形，盘区具粗密的刻点。腹面稍具金属光泽，一般具稀疏刻点，后胸腹板刻点较密。后足腿节较粗大，胫节稍弯曲，第 1 跗节较长。

分布：浙江（临安、庆元、景宁）、陕西、甘肃、湖北、福建、台湾、四川、贵州；巴基斯坦，印度，尼泊尔，缅甸。

寄主：樟。

234. 小萤叶甲属 *Galerucella* Crotch, 1873

Galerucella Crotch, 1873: 55. Type species: *Chrysomela nymphaeae* Linnaeus, 1758.

Hydrogaleruca Laboissière, 1922a: 32, 33. Type species: *Chrysomela nymphaeae* Linnaeus, 1758.

Pyrrhalta subgenus *Galerucella*: Wilcox, 1965: 13, 34.

主要特征：小型种类，体椭圆形，体色一般为黄褐色。头顶具中沟；角后瘤发达，一般光滑无刻点；额唇基区隆起，具毛。触角长一般不超过鞘翅中部，第 1 节棒状，具稀疏长毛，第 2–11 节披短绒毛，第 2 节最短，第 3 节最长，到端部逐渐加粗，第 11 节具亚节。前胸背板宽大于长，四周具边框，前缘及基部边缘及盘区中央为光滑区，盘区的其他部位具刻点及毛。小盾片舌形，具刻点及毛。鞘翅较前胸背板为宽，两侧近于平行，肩角隆突，翅面具密集的毛及刻点；侧缘上翻，具明显的脊；缘折基部较宽，到端部逐渐变窄。前足基节窝开放，爪双齿式。雄虫腹部末端缺刻状，雌虫完整。

分布：古北区，东洋区，新北区。世界已知 39 种，中国已知 8 种，浙江分布 2 种。

（549）褐背小萤叶甲 *Galerucella grisescens* (Joannis, 1866)（图版 XIV-5）

Galleruca grisescens Joannis, 1866: 81, 98.

Galleruca vittaticollis Baly, 1874: 178.

Galeruca distincta Baly, 1874: 178.

Galerucella (*Galerucella*) *grisescens*: Reitter, 1912: 139.

Galerucella distincta var. *jureceki* Pic, 1921: 2.

Galerucella reducta Chen, 1942a: 19.

Hydrogaleruca distincta yakushimana Nakane, 1958b: A308.

主要特征：体长 3.8–5.5 mm。头部、前胸及鞘翅红褐色，触角及小盾片黑褐色或黑色；腹部及足黑色，腹部末端 1–2 节红褐色。头较小，额唇基隆起，头顶较平，具密毛。触角约为体长的 1/2，末端渐粗，第 3 节为第 2 节长的 1.5 倍，第 4 节明显短于第 3 节，约与第 2 节等长。前胸背板宽大于长，基缘中部向内深凹；盘区刻点粗密，中部有一大块倒三角形无毛区，在前缘伸达两侧；中部两侧各具 1 明显的宽凹。鞘翅基部宽于前胸背板，肩角突出，翅面刻点稠密、粗大。

分布：浙江（德清、安吉、临安）、黑龙江、吉林、辽宁、内蒙古、河北、山东、河南、陕西、甘肃、新疆、江苏、安徽、湖北、江西、湖南、福建、台湾、广东、海南、广西、四川、贵州、云南、西藏；俄罗斯，朝鲜，日本，印度，尼泊尔，越南，老挝，泰国，印度尼西亚，阿富汗。

寄主：草莓属、蓼属、酸模属、珍珠梅属等植物。

（550）日本小萤叶甲 *Galerucella nipponensis* (Laboissière, 1922)

Galleruca sagittariae: Baly, 1874: 178 (error).

Hydrogaleruca nipponensis Laboissière, 1922a: 34.

Galerucella paludosa Weise, 1922b: 68.

Galerucella (Hydrogaleruca) nipponensis: Ogloblin, 1936: 125, 389.

Galerucella nipponensis: Gressitt & Kimoto, 1963: 468, 470.

主要特征：体长约 5 mm。体灰褐色，头部密布刚毛，复眼间具 1 黑斑；触角黑色，柄节膨大且粗壮，第 11 节末端呈圆锥状，第 7–10 节长为宽的 1.5 倍。前胸背板边缘灰色，中间盘区具明显的纵沟，表面平滑有光泽。鞘翅密布灰色细毛，翅缘黄色。足的腿节发达，呈黄色，胫节及跗节黑色。

分布：浙江、山东、陕西、湖北、江西、福建、台湾、广东；俄罗斯，韩国，日本。

寄主：莼菜、卵叶丁香蓼、地笋。

235. 毛萤叶甲属 *Pyrrhalta* Joannis, 1866

Galleruca subgenus *Pyrrhalta* Joannis, 1866: 82. Type species: *Galleruca viburni* Paykull, 1778.

Pyrrhalta: Weise, 1924: 61.

Decoomanius Laboissière, 1927: 55. Type species: *Decoomanius limbatus* Laboissière, 1927.

Chapalia Laboissière, 1929: 269. Type species: *Chapalia jeanvoinei* Laboissière, 1929.

Tricholochmaea Laboissière, 1932: 963. Type species: *Lochamaea (Tricholochmaea) indica* Laboissière, 1885.

Xanthogaleruca Laboissière, 1934a: 67. Type species: *Chrysomela luteola* Müller, 1766.

Neogalerucella Chûjô, 1962: 38. Type species: *Chrysomela tenella* Linneaus, 1761. As subgenus of *Pyrrhalta*.

主要特征：小到中型种类。体椭圆形，体色一般为黄褐色。头顶具中沟；角后瘤发达，一般光滑无刻点；额唇基区隆起，具毛。触角长一般不超过鞘翅中部，第 1 节棒状，具稀疏长毛，第 2–11 节披短绒毛，第 2 节最短，第 3 节是第 2 节长的 2 倍，第 4 节长于第 3 节。前胸背板宽大于长，四周具边框，基缘较直，侧缘圆阔，盘区具毛及刻点，两侧具凹；小盾片舌形，具刻点及毛；鞘翅较前胸背板为宽，两侧近于平行，肩角隆突，翅面具密集的毛及刻点；侧缘上翻，具明显的脊；缘折较窄，直达端部。前足基节窝开放，爪双齿式。雄虫腹部末端缺刻状，雌虫完整。

分布：古北区，东洋区，新北区。世界已知 84 种，中国已知 56 种，浙江分布 11 种。

分种检索表

1. 鞘翅绿色，前胸背板具 3 个黑斑 ························· 榆绿毛萤叶甲 *P. aenescens*

- 鞘翅非绿色 ··· 2
2. 鞘翅黑褐色或红褐色 ··· 3
- 鞘翅黄色或黄褐色 ··· 7
3. 前胸背板有黑斑 ·· 4
- 前胸背板无黑斑 ·· 5
4. 触角第 4–10 节长度递减 ·· 赭毛萤叶甲 *P. ochracea*
- 触角第 4–10 节长度等长 ··· 榆黄毛萤叶甲 *P. maculicollis*
5. 足整个褐色，背面黑褐色 ·· 棕黑毛萤叶甲 *P. brunneipes*
- 足部分黑色或黑褐色 ··· 6
6. 胫节基部和端部黑色；鞘翅黑褐色 ··· 粗长毛萤叶甲 *P. griseovillosa*
- 胫节整个黑色；鞘翅红棕色 ··· 宁波毛萤叶甲 *P. ningpoensis*
7. 每个鞘翅 7 个黑斑 ··· 天目毛萤叶甲 *P. tianmuensis*
- 鞘翅没有黑斑 ·· 8
8. 鞘翅端部 1/3 红色 ·· 光瘤毛萤叶甲 *P. corpulenta*
- 鞘翅端部 1/3 非红色 ·· 9
9. 鞘翅黄褐色，基缘和肩角黑色 ··· 黑肩毛萤叶甲 *P. humeralis*
- 鞘翅黄褐色，无任何黑色斑纹 ·· 10
10. 触角第 3 节是第 2 节长的 2 倍；腿节黄褐色，胫节、跗节黑色 ················· 黑跗毛萤叶甲 *P. tibialis*
- 触角第 3 节长小于第 2 节的 2 倍；腿节端部及胫节、跗节黑色 ···················· 盾毛萤叶甲 *P. scutellata*

（551）榆绿毛萤叶甲 *Pyrrhalta aenescens* (Fairmaire, 1878)（图版 XIV-6）

Galleruca aenescens Fairmaire, 1878: 140.

Pyrrhalta aenescens: Gressitt & Kimoto, 1963: 443.

　　主要特征：体长 7.5–9 mm。体长形，橘黄至黄褐色，头顶及前胸背板分别具 1 和 3 个黑斑；触角背面黑色，鞘翅绿色。额唇基隆突，角后瘤明显，光亮无刻点；头顶刻点颇密。触角短，伸达鞘翅肩胛之后，第 3 节长于第 2 节，第 3–5 节近于等长。前胸背板宽大于长，两侧缘中部膨阔，前、后缘中央微凹；盘区中央具宽浅纵沟，两侧各 1 近圆形深凹，刻点细密。小盾片较大，近方形。鞘翅两侧近于平行，翅面具不规则的纵隆线，刻点极密。雄虫腹部末节腹板后缘中央凹缺深，臀板顶端向后伸突；雌虫末节腹板顶端为 1 小缺刻。
　　分布：浙江（萧山、临安、江山）、吉林、内蒙古、河北、山西、山东、河南、陕西、甘肃、江苏、台湾。
　　寄主：榆树。

（552）棕黑毛萤叶甲 *Pyrrhalta brunneipes* Gressitt *et* Kimoto, 1963

Pyrrhalta brunneipes Gressitt *et* Kimoto, 1963: 446.

　　主要特征：体长 6.8–7.0 mm。体棕色至深红褐色。头部颜色较浅；触角暗红褐色，2–5 节腹面及 10–11 节浅，前胸背板及小盾片橘红色；鞘翅红褐色，足褐色，背面黑褐色。头部具相当密集的粗刻点，后头较长。触角长达体长的 2/3，第 2 节最短。前胸背板长宽约相等，盘区有明显凹洼，侧缘及前角处具粗大刻点。小盾片刻点细小。鞘翅盘区相当隆突，刻点很细密。雄虫腹端中部具 1 深凹刻，雌虫完整。
　　分布：浙江（安吉）、甘肃、福建、广东、四川、贵州、云南。

（553）光瘤毛萤叶甲 *Pyrrhalta corpulenta* Gressitt *et* Kimoto, 1963

Pyrrhalta corpulenta Gressitt *et* Kimoto, 1963: 447.

主要特征：体长 6.9 mm。体棕红色至浅棕红色，触角 1–2 节及足红褐色，鞘翅的侧缘及端部 1/3 深红色较其他部位颜色深；触角第 2 节是第 1 节的 3/4，第 3 节与第 1、4 节等长，第 4–10 节逐渐变短，第 11 节长于第 7 节；鞘翅长是宽的 3 倍，缘折基部宽，到端部逐渐变窄，消失于端部 1/5 处。

分布：浙江（德清）、陕西、甘肃、湖北、福建、广西。

（554）粗长毛萤叶甲 *Pyrrhalta griseovillosa* (Jacoby, 1890)

Galeruca griseovillosa Jacoby, 1890: 165.

Galerucella (*Galerucella*) *griseovillosa*: Ogloblin, 1936: 112, 387.

Pyrrhalta griseovillosa: Gressitt & Kimoto, 1963: 450.

主要特征：体长 4.5–5.0 mm。体黄褐色，触角、前胸背板两侧、胫节端部及跗节黑褐色。头顶密布粗刻点及银白色毛；触角长超过鞘翅肩角，第 2 节最短，第 3 节稍长于第 2 节；前胸背板中部两侧各有 1 较大凹洼，盘区刻点粗密，每个刻点内生 1 根银白色长毛；小盾片及鞘翅刻点粗密，刻点直径是刻点间距的 3 倍左右；后足腿节较长。

分布：浙江（庆元）、山东、江苏、湖北、福建、广西、四川。

（555）黑肩毛萤叶甲 *Pyrrhalta humeralis* (Chen, 1942)

Galerucella humeralis Chen, 1942a: 17.

Pyrrhalta humeralis: Gressitt & Kimoto, 1963: 451, fig.

主要特征：体长 5.5–6.5 mm。体黄褐色，触角黑色；头顶具 1 黑色圆斑，前胸背板具黑色的中纵带及侧带；小盾片、鞘翅的肩角及沿侧缘向下直到鞘翅中部皆黑色；足的胫节外侧及跗节背面黑色。头顶具密集的刻点及毛；角后瘤具刻点及毛；触角长达鞘翅中部，第 2 节最小，为第 3 节长的 1/2，第 3 节长于第 4 节，以后各节长度递减。前胸背板宽大于长，基部窄，中部变宽；盘区中部为纵凹，两侧为凹窝。小盾片方形，具密集的刻点及毛。鞘翅两侧近于平行，肩胛隆突，侧缘具粗脊；缘折基部宽，到端部逐渐变窄。足的腿节粗大，胫节端部较宽。

分布：浙江（临安、庆元）、黑龙江、吉林、辽宁、陕西、甘肃、安徽、湖北、江西、湖南、福建、台湾、广东、广西、四川；日本。

寄主：荚蒾属、柳属。

（556）榆黄毛萤叶甲 *Pyrrhalta maculicollis* (Motschulsky, 1854)

Galleruca maculicollis Motschulsky, 1854: 49.

Galerucella vageplicata Fairmaire, 1888b: 154.

Galerucella (*Xanthogaleruca*) *maculicollis* ab. *vittula* Ogloblin, 1936: 106, 391.

Pyrrhalta maculicollis: Gressitt & Kimoto, 1963: 457.

主要特征：体长 6–7.5 mm。体长形，黄褐至褐色，触角大部分及头顶斑黑色，前胸背板具 3 条黑色纵斑纹，鞘翅肩部、后胸腹板及腹节两侧均呈黑褐或黑色。额唇基及触角间隆突颇高，额瘤近方形，表面具刻点；头顶刻点粗密。触角短，不及翅长之半，第 3 节稍长于第 2 节，以后各节大体等长。前胸背板宽是长的 2 倍，两侧缘中部膨宽；盘区刻点与头顶相似，中部两侧各 1 大凹。小盾片近方形，刻点密。鞘翅两侧近于平行，翅面刻点密集，较背板为大。雄虫腹部末端中央呈半圆形凹陷，雌虫呈浅三角形凹缺。足粗壮。

分布：浙江（杭州、武义、遂昌）、黑龙江、吉林、辽宁、河北、山西、山东、河南、陕西、甘肃、江苏、江西、湖南、福建、台湾、广东、广西；俄罗斯，朝鲜，日本。

寄主：榆树。

（557）宁波毛萤叶甲 *Pyrrhalta ningpoensis* Gressitt *et* Kimoto, 1963

Pyrrhalta ningpoensis Gressitt *et* Kimoto, 1963: 459, fig.

主要特征：体长 8.0–8.3 mm。雄虫：身体非常宽且扁。体红棕色，触角 1–2 节深棕色，下颚须、下唇须红色；腿节具有斑纹或斑点，胫节深黑色，跗节深黑色、端部红色。触角是体长的 3/5，第 1 节长，第 2 节为第 3 节的 3/5，第 3 节稍短于第 1 节，第 4 节稍短于第 3 节，第 4–7 节几乎等长，第 8–10 节短，第 11 节与第 1 节等长。前胸背板宽是长的 1.7 倍，前缘直，侧缘非常尖，前端 2/3 处钝圆，最宽处在中间偏前部，中部至后角平直，小盾片具有明显的刻点；鞘翅侧缘明显膨阔，具有不规则的脊，缘折基部宽，基部 1/3 后明显变窄，一直延伸至鞘翅端部；鞘翅上具不规则的深刻点。

分布：浙江（宁波）、陕西；日本。

（558）赭毛萤叶甲 *Pyrrhalta ochracea* Gressitt *et* Kimoto, 1963

Pyrrhalta ochracea Gressitt *et* Kimoto, 1963: 460.

主要特征：体长 3.6–4.2 mm。体红褐色；头顶中部具黑褐色斑；触角背面黑褐色；前胸背板侧缘黑色。头部约与前胸背板等宽，头顶具刻点；触角是体长的 3/4，第 1 节很短，第 2 节是第 1 节的 2/3，第 3 节长于第 1 节，第 4–10 节长度递减；前胸背板宽是长的 1.6 倍，前缘中部凹入，基缘中部微凸；侧缘中部之前宽阔；盘区中部凹洼，前缘区和后缘区隆突，凹洼区具细密的刻点，隆突区刻点更粗大；小盾片舌形，表面粗糙；鞘翅基部窄，端部宽，翅面刻点密集。

分布：浙江、江西、福建。

（559）盾毛萤叶甲 *Pyrrhalta scutellata* (Hope, 1831)

Galleruca scutellata Hope, 1831: 29.

Pyrrhalta tumida Gressitt *et* Kimoto, 1963: 467.

Pyrrhalta scutellata: Kimoto, 1979: 464.

主要特征：体长 7.2 mm。雄虫体浅褐色，头红褐色，触角 1–2 节红褐色，3–11 节黑色，前胸背板浅褐色，鞘翅浅褐色，腹部红褐色，腿节端部、胫节、跗节黑色。触角是体长的 3/5，第 2 节是第 1 节的 3/5，第 3 节明显长于第 2 节，第 4 节稍微长于第 3 节，第 5 节与第 3 节等长，第 5–10 节逐渐变短，第 11 节大约与第 8 节等长。前胸背板宽是长的 2 倍。鞘翅长是宽的 3 倍，侧缘稍微膨阔，缘折基部宽，逐渐变窄，离翅端 1/4 处消失；盘区膨阔，刻点细密。

分布：浙江（德清）、陕西、湖北、江西、湖南、福建、贵州；印度，不丹，尼泊尔。

（560）天目毛萤叶甲 *Pyrrhalta tianmuensis* Chen, 1964

Pyrrhalta tianmuensis Chen, 1964: 207.

主要特征：体长 4.2 mm。雌虫：棕色；小盾片黑色，侧缘略带棕色，特别是基部；鞘翅金黄带青铜色，基沿 2 个齿斑、两侧及端末棕色，金底上的刻点黑色，每翅具刻点密集所形成的黑斑 7 个，其中 2 个处于中部前，3 个处于中部稍后，2 个处于斜坡顶部；头顶 1 个大斑和上唇除前沿外黑色；前胸背板 3 个黑斑，两侧的小，中间的大，三角形；触角黑色，前 5 节基部及腹面或多或少淡棕黄色；胫节及后足腿节外沿常有褐色条斑。鞘翅具金黄色的毛，每个鞘翅 7 个斑。头顶刻点粗糙，但较一般种类为弱；上唇具毛 6 根，排成横行，每边 3 根。触角向后伸展到达鞘翅中部，第 2 节不小，第 3 节最长，约为前节的 1.5 倍，第 4、第 5 节大致与第 3 节相等，第 6 节起逐渐变短，第 10 节明显地短于第 9 节。前胸背板宽约为长的 2 倍，表面粗糙，刻点很密，前沿包括两角区无毛，后缘两侧向前斜坦，后角移前。鞘翅表面高低不平，但不十分崎岖，每翅可见很阔的脊线 2 条；刻点相当粗深，一般不密，较密处形成黑斑；缘折极阔，仅端部稍狭，向后直到接近缝端。

分布：浙江（临安）。

（561）黑跗毛萤叶甲 *Pyrrhalta tibialis* (Baly, 1874)

Galleruca tibialis Baly, 1874: 176.

Galerucida nigrimembris Fairmaire, 1888a: 41.

Pyrrhalta tibialis: Gressitt & Kimoto, 1963: 466.

主要特征：体长 6–8 mm。体长形，隆突。体黄褐色，触角、足的胫节、跗节黑色。头部隆突，头顶具较粗刻点，具中沟；复眼突出。胸部两侧圆形，前胸背板宽为长的 2 倍，具横凹及粗大刻点。小盾片三角形，端部钝圆。鞘翅宽于前胸背板，肩角稍隆，盘区具密集且粗大的圆刻点；缘折中度宽，直达端部。足发达，腿节较粗。雄虫触角第 3 节为第 2 节长的 2 倍，雌虫第 3 节稍长于第 2 节。

分布：浙江（德清）、甘肃、江西、湖北、贵州；日本。

寄主：朴树。

236. 异跗萤叶甲属 *Apophylia* Thomson, 1858

Apophylia Dejean, 1837: 406 (nomen nudum).

Apophylia Thomson, 1858: 221. Type species: *Apophylia chloroptera* Thomson, 1858.

Malaxia Fairmaire, 1878: 139. Type species: *Malaxia flavovirens* Fairmaire, 1878.

Glyptolus Jacoby, 1884a: 62. Type species: *Glyptolus viridis* Jacoby, 1884.

Glytolus: Baly, 1887a: 268 (error).

Malaxioides Fairmaire, 1888b: 155. Type species: *Malaxioides grandicornis* Fairmaire, 1888.

Galerucesthis Weise, 1896: 296. Type species: *Auchenia thalassina* Faldermann, 1835.

Glyptorus: Chûjô, 1962: 18 (error).

主要特征：体细长，两侧平行，鞘翅一般具金属绿或者蓝色光泽，翅面具细绒毛。头与前胸等宽；触角细长，一般超过鞘翅中部，有的种类可达鞘翅端部，第 2 节最小，第 3 节次之；雄虫一般较雌虫触角短。前胸背板宽大于长，四周具边框，前缘一般凹洼，后缘较直，前、后角皆具隆起的毛孔和毛；盘区具凹窝及毛。小盾片三角形，端部较圆。鞘翅较前胸背板为宽，具密集的刻点及毛。足胫节端无刺，前足基节窝开放，雄虫爪双齿式，雌虫为附齿式。

分布：世界广布。世界已知 141 种，中国已知 33 种，浙江分布 4 种。

分种检索表

1. 头全部黑色 ·· 2
- 头部分黑色 ·· 3

2. 前胸背板黄色 ··· 萨氏异跗萤叶甲 *A. savioi*
- 前胸背板黑色 ··· 黑头异跗萤叶甲 *A. nigriceps*
3. 前胸背板具凹洼 ··· 黄额异跗萤叶甲 *A. beeneni*
- 前胸背板无凹洼 ··· 旋心异跗萤叶甲 *A. flavovirens*

（562）黄额异跗萤叶甲 *Apophylia beeneni* Bezděk, 2003

Apophylia beeneni Bezděk, 2003b: 207.

主要特征：体长 4.4–6.0 mm。身体扁平；头部双色，后头及后颊黑色，头前部黄色，口器黄色；前胸背板黄色，小盾片、中后胸及腹部黑色；鞘翅金属绿色或者蓝色；足黄色。前胸背板宽是长的 1.6–1.8 倍；盘区中间有 2 个凹洼，两侧有 2 个深的凹洼，覆盖密集的长毛。鞘翅两侧平行，基部较宽。肩角发达，翅表刻点小而密，被短毛；缘折明显，至端部逐渐变窄。

分布：浙江、黑龙江、吉林、辽宁、内蒙古、北京、河北、山西、山东、陕西、江苏、安徽、湖北、江西、湖南、福建、台湾、广东、海南、广西、四川、贵州、西藏；韩国，越南，老挝，泰国，厄立特里亚。

（563）旋心异跗萤叶甲 *Apophylia flavovirens* (Fairmaire, 1878)（图版 XIV-7）

Malaxia flavovirens Fairmaire, 1878: 139.
Apophylia flavovirens: Weise, 1924: 108.
Apophylia thoracica Gressitt *et* Kimoto, 1963: 427, 433.

主要特征：体长 5 mm。体长形，全身披短毛。头的后半部及小盾片黑色；触角第 1–3 节黄褐色，第 4–11 节及上唇黑褐色；头前半部、前胸和足黄褐色，中、后胸腹板和腹部黑褐色至黑色；鞘翅金绿色，有时带蓝紫色。头顶平，额唇基明显隆突。雄虫触角长，几乎达翅端，第 3 节约为第 2 节长的 2 倍，第 4 节长约等于第 2–3 节之和；雌虫触角短，达鞘翅中部，第 3 节稍长于第 2 节。前胸背板倒梯形，前、后缘微凹，盘区具细密刻点；两侧各 1 较深的凹窝。小盾片舌形，密布细刻点和毛。鞘翅两侧平行，翅面刻点极密，较头顶刻点为小。后胸腹板中部明显隆突，雄虫更甚。雄虫腹部末端钟形凹缺。

分布：浙江（德清、临安、永康、仙居、景宁）、吉林、河北、山西、陕西、安徽、湖北、江西、湖南、福建、台湾、广东、海南、广西、四川、贵州；朝鲜，越南。

寄主：玉米、粟、紫苏。

（564）黑头异跗萤叶甲 *Apophylia nigriceps* Laboissière, 1927

Apophylia nigriceps Laboissière, 1927: 62.

主要特征：体长 6.5 mm。头顶、触角、前胸背板、小盾片、后胸腹板及腹部腹面黑色；鞘翅绿色；前、中胸腹板及足黄色。头顶具 1 道纵沟，布满密集的刻点及细毛；触角长超过鞘翅中部，第 2 节最短，第 3 节长是第 2 节的 1.5 倍，第 4 节长于第 3 节，以后各节逐渐变短；前胸背板基部较窄，两侧膨阔，前缘隆突，中部具 1 缺刻；盘区两侧具凹，近中部的凹较大，近侧缘的较小；小盾片三角形，布满刻点及毛；鞘翅肩角突出，刻点突出，布满短毛。

分布：浙江（景宁）、湖南、福建、台湾、云南；日本，越南。

（565）萨氏异跗萤叶甲 *Apophylia savioi* Pic, 1931

Apophylia savioi Pic, 1931c: 22.

Apophylia savioi: Bezděk, 2003a: 83. Removal from synonymy *Apophylia variicollis* Laboissière, 1927.

主要特征：体长 4.1–5.5 mm。头部黑色，口器、颊、唇基黄色至褐色；触角基部褐色，逐渐变为深褐色至黑色；鞘翅蓝绿色具金属光泽；前胸腹板黄色；小盾片、中胸腹板、后胸腹板及腹部黑色。头部具金属光泽，头顶具密集的粗刻点；触角是体长的 2/3，第 2 节最短，第 3、10 节次之；前胸背板宽是长的 1.7–1.8 倍，后缘较直；盘区中部 1 纵凹，两侧各 1 凹窝，整个盘区具密集的刻点及毛；小盾片端部圆，表面具密集的刻点及毛；鞘翅明显宽于前胸背板，翅面具密集刻点及毛。

分布：浙江、江苏、福建、广西。

237. 短角萤叶甲属 *Erganoides* Jacoby, 1903

Erganoides Jacoby, 1903b: 125. Type species: *Erganoides flavicollis* Jacoby, 1903.

主要特征：触角窝位于复眼后，明显分离，触角细长，第 5–8 节长大于宽的 2 倍；前胸背板无明显侧凹，基缘具边框；前足基节窝关闭；前胸腹板在两基节间可见；雌雄胫端均具刺，后足胫端具 1 刺；缘折正常宽度；后足第 1 跗节等于或短于其余各节之和；爪简单或附齿式；雄虫腹端三叶状，雌虫完整或缺刻状。

分布：东洋区。世界已知 11 种，中国记录 10 种，浙江分布 1 种。

（566）短角萤叶甲 *Erganoides occipitalis* Laboissière, 1940

Erganoides occipitalis Laboissière, 1940: 2.

主要特征：体长 3.75 mm。鞘翅、下颚须及触角第 5 节浅棕色，头顶具有深棕色斑点。头部光滑；触角短而粗，不达鞘翅的 1/3，第 2、3 节等长，第 4 节比第 3 节稍长。前胸背板宽是长的一半，盘区表面光滑，前角略钝。鞘翅基部宽于前胸背板，刻点细密。

分布：浙江、湖北。

238. 德萤叶甲属 *Dercetina* Gressitt *et* Kimoto, 1963

Dercetis Clark, 1865a: 146 (*nec* Muenster & Agassiz, 1834). Type species: *Dercetis depressa* Clark, 1865.

Antipha Baly, 1865e: 251 (*nec* Walker, 1855). Type species: *Antipha picipes* Baly, 1865.

Dercetes Hincks, 1949: 611. Type species: *Dercetis depressa* Clark, 1865, by substitution of *Dercetes* for *Dercetis* Clark, 1865a: 146 (*nec* Muenster *et* Agassiz, 1834).

Dercetina Gressitt *et* Kimoto, 1963: 704. Type species: *Dercetis depressa* Clark, 1865.

主要特征：体椭圆。头顶光滑，一般无刻点，角后瘤明显；额唇基区呈三角形隆突；触角长超过体长的一半，第 2 节最短，第 3 节一般为第 2 节长的 2 倍或更多。前胸背板宽大于长，基缘外突，端缘弧状弯曲；盘区隆起，无任何凹洼，具稀疏刻点。小盾片三角形，表面隆突。鞘翅基部窄，中部之后变宽；肩角突出，盘区具明显刻点；缘折基部宽，中部变窄，直达端部。前足基节窝关闭，爪附齿式。

分布：东洋区。世界已知 90 种，中国已知 13 种，浙江分布 3 种。

分种检索表

1. 体蓝紫色；鞘翅肩角下具脊 ·· 紫蓝德萤叶甲 *D. carinipennis*
- 体非蓝紫色；鞘翅肩角下无脊 ··· 2

2. 前胸背板具横凹；鞘翅无黄斑 ·· **变色德萤叶甲 _D. minor_**

- 前胸背板无横凹；鞘翅具黄斑 ·· **中华德萤叶甲 _D. chinensis_**

（567）紫蓝德萤叶甲 _Dercetina carinipennis_ Gressitt et Kimoto, 1963

Dercetina carinipennis Gressitt et Kimoto, 1963: 705.

主要特征：体长 5.5–6.0 mm。体蓝紫色；头深红色，触角红褐色；腹面褐色，足红色。身体表面具细毛。头稍宽于前胸背板，头顶隆突，具散乱刻点；触角约为体长的 3/4，第 2 节长为宽的 1/2，第 3 节稍短于第 1 节，第 4 节长于第 2–3 节之和，第 5 节明显短于第 4 节，第 5–10 节长度递减。前胸背板长大于宽，盘区光滑，具稀疏、细小刻点。小盾片舌形，无刻点。鞘翅长为宽的 3.5 倍，两侧平行，盘区强烈隆突，肩角下具脊，鞘翅基部不远处具横凹，翅面具相当粗密的刻点。

分布：浙江、甘肃、福建。

（568）中华德萤叶甲 _Dercetina chinensis_ (Weise, 1889)

Arthrotus chinensis Weise, 1889b: 626. Removal from synonymy _Dercetina flavocincta_ (Hope, 1831) by Lee & Bezděk, 2013: 9.
Antipha varipennis Jacoby, 1890: 214; Gressitt & Kimoto, 1963: 710 (as synonym of senior _D. chinensis_).
Dercetina chinensis: Gressitt & Kimoto, 1965: 802.

主要特征：体长 3.5–3.7 mm。头部、前胸背板、腹板及足的腿节乳黄色；头顶褐色，触角黑褐色；小盾片、鞘翅、中胸、后胸及腹部腹面、足的胫节、跗节褐色、红褐色、黑褐色或黑色；鞘翅中部具 1 条横的黄条斑，不达翅缘。头顶无刻点，两侧具皱褶；角后瘤明显，亚三角形，其中部近顶端处凹洼；触角长超过鞘翅中部，第 1、2 节光滑，第 3 节以后被灰白色毛；第 2 节最短，第 3 节长约为第 2 节的 6 倍，以后各节长约相等。前胸背板宽约为长的 2.5 倍，侧缘及基缘外突，前缘内凹；盘区隆凸，具零星刻点。小盾片三角形，光滑无刻点。鞘翅肩角隆突，两侧稍圆；翅面刻点在中部及之前基本成行，端部杂乱分布；缘折基部宽，到端部逐渐变窄。腹面在后胸侧板及腹部各节的刻点粗大。

分布：浙江（临安、庆元、景宁、龙泉）、河北、陕西、甘肃、江苏、安徽、湖北、江西、湖南、福建、台湾、广东、四川、贵州、云南；印度，尼泊尔，越南，老挝，泰国。

寄主：千屈菜科、紫薇属。

（569）变色德萤叶甲 _Dercetina minor_ Gressitt et Kimoto, 1963

Dercetina minor Gressitt et Kimoto, 1963: 708.

主要特征：体长 2.6–4.2 mm。体黄褐色、红褐色至黑褐色；头部褐色，触角深褐色；前胸背板暗红色至黑褐色；小盾片红褐色；鞘翅红褐色，基部和端部红色；胸部腹面红褐色，腹部橘红色；足红褐色，跗节颜色浅。头部约与前胸背板等宽，角后瘤发达，表面无刻点；触角是体长的 3/4，第 2 节最短，是第 1 节长的 2/5，第 3 节长于第 2 节，第 4 节是第 2、3 节长度之和，长于第 5 节，第 5–10 节长度相等。前胸背板长小于宽，端部宽，基部窄，盘区隆突，在中部之后具凹窝，凹内有明显的刻点。小盾片三角形，光滑无刻点。鞘翅基部窄，中部之后逐渐膨阔；盘区隆凸，在基部 1/4 处有横凹；翅面具粗密刻点，刻点在鞘翅基部 1/2 排列成行。

分布：浙江、江西、福建、广东。

239. 阿萤叶甲属 *Arthrotus* Motschulsky, 1857

Arthrotus Motschulsky, 1857: 38. Type species: *Arthrotus niger* Motschulsky, 1857.

Anastena Maulik, 1936: 296. Type species: *Astena nigromaculata* Jacoby, 1896.

Cerotrus Jacoby, 1884, synonymized by Medvedev, 2001: 612, removal from synonymy of *Taphinella*.

Dercestra Chûjô, 1962: 163. Type species: *Dercestra abdominalis* Chûjô, 1962.

主要特征：体长椭圆形。头顶具中沟，角后瘤发达，半月形，角后瘤间为 1 纵沟；触角间呈脊状隆起；触角长超过体长的一半，雌、雄皆第 2 节最短，第 3 节约与第 2 节等长，第 4 节长于第 2–3 节之和。前胸背板宽大于长，四周具边框；盘区隆起，几无刻点。小盾片三角形，背面隆起。鞘翅基部较窄，中部之后变宽；肩角瘤状突出，翅面具粗且深的刻点；缘折基部宽，到端部逐渐变窄。前足基节窝关闭，爪附齿式。雄虫腹部末端三叶状，雌虫完整。

分布：古北区，东洋区。世界已知 48 种，中国已知 28 种，浙江分布 8 种。

分种检索表

1. 鞘翅黑色 ··· 2
- 鞘翅黄褐色或红褐色 ··· 3
2. 头部黄色，鞘翅黑色，具黄色横斑 ··· 黄斑阿萤叶甲 *A. flavocincta*
- 头部黑色，鞘翅蓝黑色，无斑 ·· 中华阿萤叶甲 *A. chinensis*
3. 鞘翅黄褐色 ··· 4
- 鞘翅红褐色 ··· 5
4. 前胸背板红色 ··· 水杉阿萤叶甲 *A. nigrofasciatus*
- 前胸背板黄褐色 ··· 黄褐阿萤叶甲 *A. testaceus*
5. 头部橘黄色，前胸背板光滑无刻点 ·· 马氏阿萤叶甲 *A. maai*
- 头部黑色，前胸背板有明显刻点 ··· 6
6. 头和前胸背板黑褐色或红褐色 ··· 双色阿萤叶甲 *A. bipartitus*
- 头部黑色，前胸背板红色或部分红色 ·· 7
7. 前胸背板完全红色 ·· 烁阿萤叶甲 *A. micans*
- 前胸背板中部为 1 大黑斑，周缘黄褐色 ·· 赭黄阿萤叶甲 *A. ochreipennis*

（570）双色阿萤叶甲 *Arthrotus bipartitus* (Jacoby, 1890)

Antipha bipartita Jacoby, 1890: 196.

Dercetes bipartite: Weise, 1924: 144.

Arthrotus bipartitus: Gressitt & Kimoto, 1963: 692.

主要特征：体长 5.5–6.0 mm。头部、触角、前胸背板、胫节及跗节黑褐色或红褐色，其他部分橘红色。头顶具明显的稀疏刻点，触角长超过鞘翅中部；前胸背板宽约为长的 2 倍，中部两侧各有 1 浅凹，刻点粗疏。小盾片三角形，光滑无刻点。鞘翅刻点粗大，刻点间距约等于刻点直径，刻点基本排列成行；腹面具明显的刻点。

分布：浙江（安吉、临安）、湖北。

寄主：猕猴桃属。

（571）中华阿萤叶甲 *Arthrotus chinensis* (Baly, 1879)

Dercetes chinensis Baly, 1879a: 115.

Arthrotus chinensis: Gressitt & Kimoto, 1963: 694.

主要特征：体长 6.0–6.5 mm。头部黑色；触角 1–3 节黄褐色，余黑褐色；前胸背板黄色；小盾片黑色，鞘翅蓝黑色；腹面及足橘红色；腹部末端及臀板黑色。头顶具细刻点，中部 1 纵沟，近角后瘤处较深；角后瘤明显，后缘 1 道横沟，中部 1 道纵沟；触角稍短于体长，第 2、3 节最短，长度约相等，第 4 节长是前 2 节和的 2 倍，以后各节长度约相等。前胸背板宽为长的 1.5 倍，基缘稍突，前缘稍凹，两侧较直；盘区具极疏的刻点。小盾片三角形，光滑无刻点。鞘翅基部窄，端部宽，肩角突出，刻点粗大，刻点间距是刻点直径的 1/3，刻点基本成行排列；缘折基部宽，到端部逐渐变窄。雄虫腹端浅三叶状，雌虫完整。

分布：浙江（德清、安吉、临安、开化）、陕西、湖北、湖南、福建、海南、四川、贵州。

寄主：胡桃。

（572）黄斑阿萤叶甲 *Arthrotus flavocincta* (Hope, 1831)

Galleruca flavocincta Hope, 1831: 29.

Antipha flavofasciata Baly, 1879b: 456.

Dercetes femoralis Weise, 1922b: 97.

Dercetina flavocincta: Kimoto, 1967: 70.

Arthrotus flavocincta: Lee & Bezděk, 2013: 27.

主要特征：体长 3.5–4.5 mm。头部、前胸背板、腹板及足的腿节乳黄色；头顶黄色，触角黑褐色；小盾片、鞘翅、中胸、后胸及腹部腹面、足的胫节、跗节褐色、红褐色、黑褐色或黑色；鞘翅中部 1 条横的黄条斑，不达翅缘。头顶无刻点，两侧具皱褶；额瘤明显，亚三角形，其中部近顶端处凹洼；触角长超过鞘翅中部，第 1、2 节光滑，第 3 节以后披灰白色毛；第 2 节最短，第 3 节长约为第 2 节长的 6 倍，以后各节长约相等。前胸背板宽约为长的 2.5 倍，侧缘及基缘外突，前缘内凹；盘区隆凸，具零星刻点。小盾片三角形，光滑无刻点。鞘翅肩角隆突，两侧稍圆；翅面刻点在中部及之前基本成行，端部杂乱分布；缘折基部宽，到端部逐渐变窄。腹面在后胸侧板及腹部各节的刻点粗大。前足基节窝关闭，爪附齿式。

分布：浙江（德清、庆元）、河北、甘肃、安徽、湖北、江西、湖南、福建、台湾、广东、四川、贵州、云南；印度，尼泊尔，孟加拉国，越南，老挝，泰国，柬埔寨。

寄主：千屈菜科、紫薇属。

（573）马氏阿萤叶甲 *Arthrotus maai* Gressitt *et* Kimoto, 1963

Arthrotus maai Gressitt *et* Kimoto, 1963: 698.

主要特征：体长 3.8–5.0 mm。体橘红色，部分棕色或深褐色；头部橘黄色，触角红褐色；前胸背板橘黄色，小盾片颜色更浅；鞘翅黄褐色，肩角有 1 黑斑区，中部近侧缘有 1 黑色条带，离端部 1/5 处有 1 黑色横斑；中缝在小盾片下红色；腹面及足橘黄色。头部稍窄于前胸背板，头顶具稀疏的细小刻点；触角是体长的 2/3，第 1 节短，弯曲，第 2 节长宽相等，第 3 节宽大于长，第 4 节长等于第 1–3 节之和，第 5 节短于第 4 节，从第 4 节始，端部变宽；前胸背板宽是长的 2.3 倍，前缘凹洼，基缘凸出；盘区中度隆突，光滑无刻点，仅在侧缘有零星刻点；小盾片三角形，无刻点；鞘翅两侧接近平行，端部稍宽；盘区大约有17 个刻点行，刻点直径大于刻点间距。

分布：浙江（景宁）、福建、广东。

（574）烁阿萤叶甲 *Arthrotus micans* (Chen, 1942)

Proegmena micans Chen, 1942a: 43.

Arthrotus micans: Gressitt & Kimoto, 1963: 699.

主要特征：体长 4.5 mm。雄虫：头顶及唇基红褐色，额区及触角周围黑色；触角黑褐色；前胸背板、小盾片、鞘翅橘红色，前胸背板前端稍暗；前胸腹板黑褐色，中后胸腹板及腹部黄褐色；足的腿节黄褐色，胫节、跗节黑褐色。头顶具极细的刻点；角后瘤呈弯曲的长角形；触角长超过鞘翅中部，第 2、3 节最短，长度约相等，第 4 节是前 2 节长的 2 倍，第 5 节短于第 4 节，以后各节长度递减。前胸背板宽为长的 3 倍，前、后角突出；基缘稍外突，侧缘基部窄，端部宽；盘区中部两侧为斜的浅凹，浅凹周围刻点较粗、密集，前缘刻点细且疏。小盾片三角形，光滑无刻点。鞘翅刻点粗大，刻点间距是刻点直径的 2 倍，整个刻点排列基本成行；缘折基部较宽，中部之后逐渐变窄。腹部末端浅三叶状。

分布：浙江（安吉）、湖南、四川。

（575）水杉阿萤叶甲 *Arthrotus nigrofasciatus* (Jacoby, 1890)（图版 XIV-8）

Antipha nigrofasciata Jacoby, 1890: 196.

Arthrotus nigrofasciatus: Gressitt & Kimoto, 1963: 700.

主要特征：体长 4.5–5.0 mm。头部、前胸背板及小盾片枣红色；触角第 1–3 节红褐色，第 4–11 节褐色；鞘翅黄色，周缘及中缝黑色，离端部 1/3 翅面上具 1 道黑色横带；腹面及足黄褐色，胫节、跗节褐色。头顶几无刻点，中部之前及额瘤间 1 纵的宽凹；额瘤长方形；触角长达鞘翅中部，第 2 节最短，第 3 节是第 2 节长的 1.5 倍，第 4 节长于第 2–3 节之和，第 5 节约与第 4 节等长，第 6 节短于第 5 节，以后各节约等长。前胸背板宽约为长的 2 倍，基缘外突，侧缘在中部之前圆形，近端部变窄；前角突出，后角钝圆；盘区刻点稀疏。小盾片三角形，光滑无刻点。鞘翅肩角突出，盘区在基部 1/4 有 1 横凹；刻点粗大，刻点间距小于刻点直径，整个刻点基本成行排列；缘折在基部 1/4 宽，随后突然变窄，直达端部。腹部布满刻点。

分布：浙江（安吉、临安、庆元）、陕西、甘肃、安徽、湖北、江西、湖南、福建、广东、四川。

寄主：杉科、杨柳科、金缕梅科。

（576）赭黄阿萤叶甲 *Arthrotus ochreipennis* Gressitt *et* Kimoto, 1963

Arthrotus ochreipennis Gressitt *et* Kimoto, 1963: 700.

主要特征：体长 4.6–5.6 mm。头部除后头、唇基外多为黑色；触角及足黑褐色；前胸背板基缘及端缘黄褐色，其余部分黑褐色，中部颜色更深；小盾片、鞘翅及身体腹面黄褐色；足的胫节、跗节黑褐色。头顶隆突，具极细刻点；触角是体长的 2/3，第 3 节稍长于第 2 节；前胸背板宽约是长的 1.3 倍，盘区中度隆突，刻点明显；小盾片无刻点；鞘翅基本排列成行，刻点间距大于刻点直径。

分布：浙江（景宁）、湖南、福建。

（577）黄褐阿萤叶甲 *Arthrotus testaceus* Gressitt *et* Kimoto, 1963

Arthrotus testaceus Gressitt *et* Kimoto, 1963: 702.

主要特征：体长 4.5–6.5 mm。体色橘黄色，触角颜色较浅；后胸腹板橘红色。头顶具稀疏的细刻点，触角约为体长的 3/4，第 4 节长是第 1–3 节长之和。前胸背板宽约为长的 2 倍，盘区具浅凹及粗大刻点。小盾片三角形，无刻点。鞘翅中部之后较膨阔，翅面具明显刻点，在中部之前大约排列为 19 行，到端部比较杂乱。

分布：浙江（德清、临安、庆元、景宁）、湖北、福建、四川。

240. 小胸萤叶甲属 *Arthrotidea* Chen, 1942

Arthrotidea Chen, 1942a: 44. Type species: *Arthrotidea ruficollis* Chen, 1942.

主要特征：体中至大型。头部无明显中沟；角后瘤方形，复眼大，约为头宽的 1/3；触角稍短于体长，第 2、3 节约等长，第 4 节长为第 2–3 节之和的 2 倍或更多。前胸背板宽大于长，前、后角皆较突出，周缘具边框，前缘边框极细；盘区平滑，一般无刻点。小盾片三角形，表面稍隆。鞘翅较长，基部窄，中部之后逐渐膨阔，肩角突出；翅面具明显刻点；缘折宽，到端部逐渐变窄。前足基节窝开放，爪附齿式。

分布：东洋区。世界已知 7 种，中国已知 6 种，浙江分布 1 种。

（578）黄小胸萤叶甲 *Arthrotidea ruficollis* Chen, 1942（图 1-21）

Arthrotidea ruficollis Chen, 1942a: 44.

主要特征：体长 10.2–12.0 mm。头部、前胸背板及小盾片红色；鞘翅及腹部腹面黄色，胸部腹面橘红色；上唇褐色，触角黑色；足的腿节橘红色，胫节及跗节黑褐色。头顶光滑无刻点，角后瘤显著，前端伸至触角间；触角是体长的 4/5，第 2 节最短，第 3 节次之，是第 2 节长的 1.5 倍，第 4–6 节约等长，是第 3 节长的 3 倍，以后各节长度递减。前胸背板宽为长的 1.5 倍，前角突出，后角钝圆；侧缘较直；盘区隆起，两侧各 1 小凹窝。小盾片舌形，几无刻点。鞘翅肩角突出，在肩角与小盾片间刻点明显，其他部位的刻点匀称；每个鞘翅有 2 条纵纹线，白色，直达翅端不远；缘折基部宽，到端部逐渐变窄。

分布：浙江（德清、临安、龙泉）、陕西、湖北、湖南、福建、四川、贵州、云南、西藏。

寄主：珍珠梅。

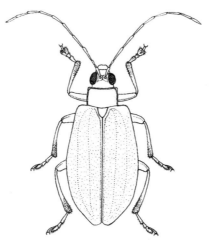

图 1-21　黄小胸萤叶甲 *Arthrotidea ruficollis* Chen, 1942

241. 方胸萤叶甲属 *Proegmena* Weise, 1889

Proegmena Weise, 1889b: 628. Type species: *Proegmena pallidipennis* Weise, 1889.

主要特征：体长形。头部具中沟，角后瘤较发达，方形；触角间极窄，隆脊状；触角长超过鞘翅中部，雄虫第 2、3 节最短，第 4 节长超过第 2–3 节之和的数倍，其余各节较扁宽；雌虫第 2 节最短，第 3 节为第 2 节长的数倍，第 4 节长于第 2–3 节之和。前胸背板近于方形，四周具边框，前缘边框极细；盘区具横凹和明显刻点。小盾片三角形，表面稍隆。鞘翅基部较前胸背板宽，中部之后膨阔；肩角突出，盘区具明显刻点，有的种类在基部不远处具横凹；缘折基部宽，中部之后变窄，直达端部。足细长，前足基节窝关闭，爪附齿式。

分布：东洋区。世界已知 5 种，中国已知 4 种，浙江分布 1 种。

（579）褐方胸萤叶甲 *Proegmena pallidipennis* Weise, 1889（图 1-22）

Proegmena pallidipennis Weise, 1889b: 569, 630.

Antipha? *elongata* Jacoby, 1890: 197.

Proegmena crux Chen, 1942a: 40.

主要特征：体长 5.5–7.0 mm。身体背腹面黄褐色，触角深褐色；足的胫节、跗节黑褐色。头顶具中沟及稀疏刻点；角后瘤方形，其间为深凹沟；触角第 1 节球杆状；雄虫触角第 2、3 节最短，第 3 节稍短于第 2 节，第 4 节长为第 2–3 节之和的 3.5 倍，第 5 节短于第 4 节，以后各节长度递减；雌虫第 3 节长于第 2 节，是第 2 节长的 2 倍，第 4 节是第 2–3 节之和的 1.5 倍长。前胸背板方形，盘区具中凹及细刻点，凹前较隆突。小盾片三角形，表面隆起，具细刻点。鞘翅基部窄，中部之后变宽，具肩瘤，瘤表面具细刻点；盘区刻点粗深。

分布：浙江（临安、庆元）、陕西、甘肃、江苏、湖北、福建、四川。

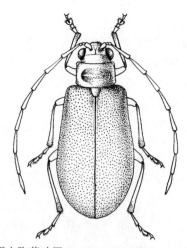

图 1-22　褐方胸萤叶甲 *Proegmena pallidipennis* Weise, 1889

242. 额凹萤叶甲属 *Sermyloides* Jacoby, 1884

Sermyloides Jacoby, 1884a: 64. Type species: *Sermyloides basalis* Jacoby, 1884.

Praeochralea Duvivier, 1885: 245. Type species: *Praeochralea antennalis* Duvivier, 1885.

主要特征：体椭圆，隆突。头部在复眼间有 1 道纵沟，上唇突起，下颚须第 3 节膨大，末节短小、锥状；触角丝状，第 1、3 节较长，第 2 节最小，以后各节几乎等长。前胸背板两侧较直，有时有 1 道横沟穿过盘区，盘区有或无刻点。小盾片三角形，有的种类在其表面长有细毛或具刻点。鞘翅隆起，密布刻点，呈半规则排列；缘折基部宽，到端部逐渐变窄；鞘翅基部在小盾片与肩角间有的种类具浅凹洼。足细长，胫节端具小刺，后足第 1 跗节长是其余 3 节之和；前足基节窝关闭，爪附齿式。雄虫触角第 3 节弯曲、扁平，额区成凹窝，凹内有突起构造，构造不同，可作为区分种的特征。雌虫触角第 3 节正常，额区平或稍凹，不具凹窝或突起构造。

分布： 东洋区，旧热带区。世界已知 41 种，中国记录 21 种，浙江分布 1 种。

（580）百山祖额凹萤叶甲 *Sermyloides baishanzuia* Yang, 1995

Sermyloides baishanzuia Yang, 1995b: 261, 263.

主要特征： 雄虫体长 4.5–5.0 mm。身体背、腹面及前、中足黄褐色；额凹基部呈山字形黑斑，其余部分黄褐色；触角黑褐色，第 1 节黄褐色；后足腿节端部、胫节及跗节黑褐色。雄虫头部额凹区又大又深，触角下不远在凹内中部具 1 横片，其前面是 1 连着唇基的宽纵脊；横片上有 2 个小毛突；复眼内侧、上唇及唇基上各有 1 列银白色纤毛。触角位于凹的上缘内侧，稍短于体长，第 3 节最长，扁形，端部带弯钩，钩上长有灰色长毛，它是第 2 节长的 10 倍，是第 4–6 节长度之和。前胸背板宽是长的 3 倍多，表面隆突，具稀疏的刻点；小盾片三角形，无刻点。鞘翅两侧中部内凹，翅面隆突，具不规则的刻点，刻点间距是刻点直径的 3–4 倍。足腿节两端细中间粗。

分布： 浙江（庆元）。

243. 斯萤叶甲属 *Sphenoraia* Clark, 1865

Sphenoraia Clark, 1865b: 257, 262. Type species: *Galleruca bicolor* Hope, 1831.
Sermylassa subgenus *Neosermylassa* Chûjô, 1956: 14. Type species: *Semylassa* (*Neosermylassa*) *japonica* Chûjô, 1956.

主要特征： 体椭圆形。头顶较隆，额瘤发达，额唇基区不甚隆突；触角第 2、3 节最小、相等，第 4 节长超过第 2–3 节之和。前胸背板宽大于长，前后缘不具边框，侧缘具边框；盘区具刻点，无明显凹洼。小盾片三角形。鞘翅基部稍宽于前胸背板，中部之后膨阔，盘区强烈隆起，具较深的刻点；缘折基部宽，中部之后变窄，直达端部不远。足的腿节稍扁，胫节较细，前足基节窝关闭，爪附齿式。

分布： 东洋区。世界已知 24 种，中国已知 11 种，浙江分布 2 种。

（581）安吉斯萤叶甲 *Sphenoraia* (*Sphenoraioides*) *anjiensis* Yang *et* Li, 1998（图 1-23）

Sphenoraia (*Sphenoraioides*) *anjiensis* Yang *et* Li, 1998: 132.

主要特征： 体长 8.5 mm。头、前胸背板、小盾片、胸部腹面及足黑色，鞘翅及腹部腹面黄色，鞘翅基部有 1 排 4 个黑色横斑，中部之前为较宽的黑色横带，中部之后端部之前在每个鞘翅各 1 大的圆黑斑，翅端为小黑斑，腹面各节两侧各 1 黑斑。头顶光滑几无刻点，角后瘤近方形，无刻点，在头顶与角后瘤之间为 1 深沟，触角长度不超过鞘翅中部，基部细，到端部逐渐粗，第 1 节最长，第 2 节最短，第 3 节是第 2 节长的 1.2–1.5 倍，第 4 节是第 3 节长的 2 倍，第 5 节短于第 4 节，以后各节长度递减，端部稍长。前胸背板前角突出，后角钝圆，盘区平，几无刻点。小盾片近半圆形，无刻点。鞘翅分大小两种刻点，大刻点基本成行，小刻点位于其间，翅背隆突。

分布： 浙江（安吉）。

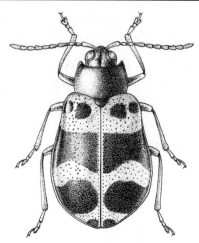

图 1-23　安吉斯萤叶甲 *Sphenoraia* (*Sphenoraioides*) *anjiensis* Yang *et* Li, 1998

（582）细刻斯萤叶甲 *Sphenoraia* (*Sphenoraioides*) *micans* (Fairmaire, 1888)

Eustetha micans Fairmaire, 1888a: 42.

Galerucida fulgida var. *coerulescens* Weise, 1922b: 91.

Sphenoraia (*Sphenoraioides*) *micans*: Laboissière, 1934b: 131.

Sphenoraia (*Sphenoraioides*) *micans* var. *cyanella* Laboissière, 1934b: 132.

　　主要特征： 体长 8.0–8.6 mm。头部、前胸背板、小盾片、鞘翅、胸部腹面及 3 对足蓝黑色；触角第 1–3 节蓝黑色，第 4–11 节黑褐色；腹部腹面黄褐色。头顶光亮，具稀疏的细刻点；额瘤显著，近方形，其间 1 宽深凹沟，顶端为 1 凹窝；触角长达鞘翅中部，第 1–3 节光滑无毛，第 4–11 节被褐色短毛，第 2、3 节约等长，为最短节，第 4 节长是前 2 节和的 1.5 倍，第 4–9 节约等长，第 10–11 节稍短；雄虫从第 4 节起开始膨阔，雌虫从第 7 节起开始膨阔，但窄于雄虫。前胸背板宽为长的 2 倍，前缘凹洼，基缘外突，侧缘近端部膨阔；盘区中度隆起、光亮，具稀疏的细刻点。小盾片长三角形，光亮无刻点。鞘翅长不到宽的 1.5 倍，两侧在中部稍内凹，端部膨阔；肩角突出，其内侧为 1 道粗刻点；翅面分大小两种刻点，大刻点基本成行，小刻点杂乱；缘折窄，直达端部。后胸腹板前缘中部略向前突。

　　分布： 浙江（安吉、临安）、河南、湖南、福建、台湾、广东、广西、四川、贵州、西藏；越南。

　　寄主： 茜草科、蓼科。

244. 柱萤叶甲属 *Gallerucida* Motschulsky, 1861

Gallerucida Motschulsky, 1861a: 24. Type species: *Gallerucida bifasciata* Motschulsky, 1861.

Eustetha Baly, 1861: 296. Type species: *Eustetha flaviventris* Baly, 1861.

Melospila Baly, 1861: 297. Type species: *Melospila nigromaculata* Baly, 1861.

Hylaspes Baly, 1865c: 436. Type species: *Hylaspes longicornis* Baly, 1865.

Galerucida: Chapuis, 1875: 224, 227. Error or emendation for *Gallerucida* Motschulsky, 1861a: 24.

Coptomesa Weise, 1912: 91. Type species: *Gallerucida* (*Coptomesa*) *maculata* Weise, 1912.

　　主要特征： 体中到大型，椭圆，一般具金属光泽。头顶较平；角后瘤明显，不甚发达，呈三角形，额唇基区呈三角形隆突；触角长仅达鞘翅肩部；雄虫第 2、3 节约等长，第 4 节以后膨宽；雌虫第 3 节长于第 2 节，较雄虫为细。前胸背板宽是长的数倍，侧缘具边框，前后缘无边框；盘区具凹窝及粗、细两种刻点。小盾片三角形，端部钝圆。鞘翅基部稍宽于前胸背板，中部之后明显膨阔；肩角隆突，盘区较隆，具明显刻点；缘折基部宽，中部变窄，直达端部。后胸腹板前缘中部伸向中足基节间，呈柱状突；足粗大，胫节外侧具脊，端部具刺，前足基节窝关闭，爪附齿式。

分布：古北区，东洋区。世界已知 87 种，中国已知 63 种，浙江分布 11 种。

分种检索表

（583）二纹柱萤叶甲 *Gallerucida bifasciata* Motschulsky, 1861（图版 XIV-9）

Gallerucida bifasciata Motschulsky, 1861a: 24.

Melospila nigromaculata Baly, 1861: 297.

Melospila consociata Baly, 1874: 184.

Galerucida nigrofasciata Baly, 1879b: 453.

Galerucida nigrita Chûjô, 1935a: 168.

主要特征：体长 7.0–8.5 mm。体黑褐色至黑色，触角有时红褐色；鞘翅黄色、黄褐色或橘红色，具黑色斑纹；基部有 2 个斑点，中部之前具不规则的横带，未达翅缝和外缘，有时伸达翅缝，侧缘另具 1 小斑；中部之后 1 横排有 3 个长形斑；末端具 1 个近圆形斑。额唇基呈三角形隆凸，角后瘤显著，较大，近方形，其后缘中央凹陷；头顶微凸，具较密细刻点和皱纹。雄虫触角较长，伸达鞘翅中部之后，第 2、3 节较短，第 3 节略长于第 2 节，第 4 节微短于第 2–3 节之和的 2 倍，第 4–10 节每节末端向一侧膨阔成锯齿状，第 5–7 节约等长，微短于第 4 节；雌虫触角较短，伸至鞘翅中部，第 3 节明显长于第 2 节，第 4 节稍长于第 2–3 节之和，末端数节略膨粗，非锯齿状。前胸背板宽为长的 2 倍，两侧缘稍圆，前缘明显凹洼，基缘略凸，前角向前伸突；表面微隆，中部两侧有浅凹，有时不明显，以粗大刻点为主，间有少量细小刻点。小盾片舌形，具细刻点。鞘翅表面具两种刻点，粗大刻点较稀，成纵行，之间有较密细小刻点。中足之间后胸腹板突较小。

分布：浙江（德清、安吉）、黑龙江、吉林、辽宁、河北、河南、陕西、甘肃、江苏、湖北、江西、湖南、福建、台湾、广西、四川、贵州、云南；俄罗斯，朝鲜，日本。

寄主：荞麦、桃、酸模、蓼、大黄等。

（584）黄腹柱萤叶甲 *Gallerucida flaviventris* (Baly, 1861)

Eustetha flaviventris Baly, 1861: 296.

Galerucida (Eustetha) flaviventris: Weise, 1924: 142.

Galerucida flaviventris: Ogloblin, 1936: 365, 443.

Gallerucida flaviventris: Gressitt & Kimoto, 1963: 723.

主要特征：体长 8.5–9.0 mm。头部、触角、前胸背板、小盾片及鞘翅深蓝色；胸部腹面及 3 对足蓝黑色；腹部黄色。头顶无刻点；角后瘤突出，前缘中部及中间皆凹洼；雄虫触角长达鞘翅中部，从第 3 节起明显膨大；雌虫触角不及鞘翅中部，从第 6 节起明显膨大，第 2、3 节长度约相等，第 4 节是第 2–3 节之和；前胸背板基缘突出，前缘内凹，侧缘在基部较直，中部之后加宽；盘区在中部两侧各具 1 道较深的斜横沟，刻点稀疏，近基缘和前缘较密；小盾片三角形，光滑无刻点；鞘翅两侧近于平行，中部稍凹；肩角显著，其内侧 1 道沟，沟内为 1 列刻点；翅面刻点细，在盘区成行，近侧缘和端部较乱。

分布：浙江（德清、开化、庆元）、江苏、安徽、江西、湖南、福建、台湾、海南、广西、四川。

寄主：玉竹、乌蔹莓属。

（585）丽纹柱萤叶甲 *Gallerucida gloriosa* (Baly, 1861)

Eustetha gloriosa Baly, 1861: 296.

Eustetha seriata Fairmaire, 1878: 136.

Galerucida jacobsoni Ogloblin, 1936: 364, 443, 446.

Gallerucida gloriosa: Gressitt & Kimoto, 1963: 727.

主要特征：体长 6.3–9.8 mm。体背具强烈金属光泽。头、胸蓝绿色，杂有铜色；小盾片蓝或绿色，鞘翅缘折和翅外缘蓝色，往里绿色，翅面大部紫铜色；腹面和足蓝紫色，杂有绿色；腹部每节后缘褐色。额区呈 T 形隆突；角后瘤横形，其后中部凹洼；头顶具细刻点。触角较短，未达鞘翅中部，从第 4 节起密被金色短毛；第 3 节略长于第 2 节，第 4 节微长于第 2–3 节之和，第 5–10 节长度大体相等，稍短于第 4 节。前胸背板宽约为长的 2 倍，两侧缘中部微膨宽，基缘中部拱凸；盘区中部具 1 条横沟，此沟在中部断开，两侧略向前斜伸，达侧缘，刻点较细密，有时稍稀。小盾片舌形，具稀疏细刻点和短毛。鞘翅肩胛显突，翅面具大小两种刻点，大刻点稀，略成纵行，小刻点密；缘折表面散布细刻点。前胸腹板在前中足之间较宽，中足之间后胸腹板突较高。

分布：浙江（临安）、黑龙江、吉林、辽宁、河北、陕西、甘肃、江苏、安徽、湖北、江西、湖南、福建、广东、四川、贵州；俄罗斯，朝鲜，越南。

寄主：蛇葡萄属。

（586）粗刻柱萤叶甲 *Gallerucida magnipunctata* Yang, 1992

Gallerucida magnipunctata Yang, 1992: 411.

主要特征：体长 6.5 mm。头顶红色，额唇基橘黄色，唇基黄色，触角红褐色；前胸背板、小盾片、鞘翅红色，具不规则的黄色斑纹；前胸背板侧缘黄色，胸部腹面红色，腹部腹面黄褐色；足红色，腿节端部、胫节基部、端部及跗节黑色。头顶具明显刻点及皱纹；角后瘤三角形，无刻点；额唇基区沿周缘具较发达的灰色毛；触角第 1 节光滑，第 2–3 节具较稀疏的灰色毛，第 4–11 节披灰色短绒毛。前胸背板宽约为长的 2 倍，前缘弧凹，基缘外凸，侧缘较圆；盘区在中部两侧各 1 道浅横凹，整个盘区具粗细两种刻点，但较稀疏。小盾片三角形，具 3–4 个刻点。鞘翅宽于前胸背板，两侧接近平行，盘区强烈隆凸；肩角呈瘤状突；整个鞘翅约具 9 行粗大刻点，肩瘤及大刻点间为细小刻点；缘折基部宽，到端部逐渐变窄，沿缘折内缘为 1 行刻点，近外缘刻点稀疏。腹面密披灰色纤毛，后胸腹板突发达；雄虫腹部末端浅三叶状。

　　分布：浙江（德清）。

（587）黑窝柱萤叶甲 *Gallerucida nigrofoveolata* (Fairmaire, 1889)

Eustetha nigrofoveolata Fairmaire, 1889: 80.

Galerucida nigrofoveolata: Weise, 1924: 141.

Gallerucida nigrofoveolata: Gressitt & Kimoto, 1963: 727.

　　主要特征：体长 5.5–6.0 mm。头部、身体腹面及足黑色，前胸背板、小盾片及鞘翅黄色或乳黄色；触角黑褐色；鞘翅上具黑色粗大刻点；腹部腹面两侧黄色。头部具稀疏的细刻点，唇基、上颚基及触角窝周围具灰色长毛；触角不及体长的一半，第 1–3 节具稀疏毛，第 4 节始膨粗，密被灰色绒毛。前胸背板前角突出，后角钝圆；盘区具 2 个浅横凹，分布有大小两种刻点，大刻点多集中于基部和后角处，小盾片三角形，光滑无刻点。鞘翅上的黑色大刻点稀疏、不规则排列，在大刻点间有细的、较密的小刻点；缘折沿内外侧各 1 行刻点。雌虫触角达鞘翅中部，到端部逐渐变粗，不披灰色短绒毛。

　　分布：浙江（庆元）、陕西、甘肃、湖北、福建、四川、云南。

（588）饰纹柱萤叶甲 *Gallerucida ornatipennis* (Duvivier, 1885)（图版 XIV-10）

Hylaspes? *ornatipennis* Duvivier, 1885: 397.

Eustetha annulipennis Fairmaire, 1889: 79.

Eustetha varians Allard, 1891: 233.

Galerucida ornatipennis: Weise, 1924: 141.

Galerucida ornatipennis var. *decolora* Laboissière, 1934b: 120.

Galerucida ornatipennis var. *violacea* Laboissière, 1934b: 120.

Galerucida ornatipennis ab. *inornana* Mader, 1938: 57.

Galerucida ornatipennis ab. *aeneicollis* Mader, 1938: 57.

Galerucida ornatipennis: Gressitt & Kimoto, 1963: 728, fig.

　　主要特征：体长 7.5 mm。头、触角、前胸背板、腹面及足黑色，鞘翅颜色多样，黄棕色、蓝黑色，有些棕色个体具有紫黑色斑纹（肩角附近及翅端各具 1 个黑斑，中部具有 2 条横斑）；触角长达鞘翅中部，第 1 节长于第 2 节，第 2 节球状，最短，第 3 节稍长于第 2 节，第 4 节稍长于第 3 节的 2 倍，第 5 节短于第 4 节，第 5–7 节约等长，第 8 节短于第 7 节，第 8–10 节约等长，第 11 节短于第 10 节；前胸背板宽是长的 1.5 倍，盘区隆突无凹洼，具有稀疏的刻点，前角前突成锐角，后角圆盾；小盾片三角形；鞘翅肩胛显突，具有稀疏大刻点和密集的小刻点，大刻点直径小于刻点间距，略成纵行，缘折基部 1/4 宽，之后逐渐变窄至翅端消失。

　　分布：浙江（临安）、广西、四川、贵州、云南；越南，柬埔寨。

（589）褐足柱萤叶甲 *Gallerucida postifusca* Yang, 1994

Gallerucida postifusca Yang, 1994b: 345.

主要特征：体长 6.0–6.5 mm。头部、前胸背板、触角、前胸腹板与侧板、中胸侧板及前中足黑色；鞘翅基部及小盾片红色；中、后胸腹板及腹部、前中足腿节及胫节端部及后足皆褐色。雄虫：头顶具刻点；触角第 2、3 节约等长，第 4 节是第 2–3 节之和，从第 4 节起，端部变宽，并披灰褐色短绒毛。前胸背板在中部两侧各有 1 深凹，凹内有大刻点，其他部分均为小刻点。小盾片三角形，具细刻点。鞘翅具大小两种刻点，大刻点排列成 11 行，小刻点位于行间。雌虫：触角第 3 节长于第 2 节，端部 4 节变宽，其他特征同雄虫。

分布：浙江（临安）、福建。

（590）中华柱萤叶甲 *Gallerucida sinica* Yang, 1994

Gallerucida sinica Yang, 1994a: 203, fig.

主要特征：体长 7.5–8.5 mm。头部黄色，上唇、上颚褐色；触角 1–3 节黄色，4–11 节褐色；前胸背板、小盾片及鞘翅黄色；腹面浅黄褐色，足的腿节与胫节交接处、胫节端部及跗节褐色。头顶具稀疏刻点。复眼内侧有 1 列毛；触角是体长的 1/2，第 2 节最短，第 3 节是第 2 节长的 1.5 倍。前胸背板前角突出，后角钝圆；盘区中部具 1 对横凹，凹内布粗大刻点，其他地方为细小刻点。小盾片三角形，有细小刻点。鞘翅肩角突出，两侧近于平行；翅面为粗大的黑色刻点，其间为细小刻点；缘折上布稀疏刻点。

分布：浙江（临安）、湖南。

（591）铜绿柱萤叶甲 *Gallerucida submetallica* Gressitt *et* Kimoto, 1963

Gallerucida submetallica Gressitt *et* Kimoto, 1963: 733.

主要特征：体长 7.9–9.5 mm。头部额区、前胸背板、小盾片、鞘翅及后胸腹板、侧板铜绿色；头顶、唇基蓝紫色；触角第 1–3 节蓝紫色，其余灰褐色；鞘翅基部 1/3、端部 2/3 有紫铜色光斑；雌虫头顶为铜绿色。头顶具刻点，角后瘤突出；触角长达鞘翅肩角，第 2、3 节最短，等长，第 4 节长是第 2–3 节之和，第 5 节短于第 4 节，以后各节等长；前胸背板宽约为长的 2 倍，盘区在中部两侧各 1 斜横凹，凹内具粗刻点；盘区刻点聚集在 4 个角；小盾片三角形，无刻点；鞘翅两侧接近平行，盘区强烈隆突，翅面具 9 行粗刻点。

分布：浙江（德清、安吉、开化）、内蒙古、河南、湖南、福建、贵州。

（592）天目柱萤叶甲 *Gallerucida tienmushana* Gressitt *et* Kimoto, 1963

Gallerucida tienmushana Gressitt *et* Kimoto, 1963: 735.

主要特征：体长 7.0 mm。雌虫：身体大部分橘红色，部分黑色至褐红色，头浅黑色；触角深褐色，1–3 节颜色浅褐色；前胸背板浅黑色，前角稍微红色；小盾片褐红色；鞘翅基部和侧缘橘红色，盘区和大部分区域黄棕色；足红棕色。触角是体长的 1/2，第 2 节是第 1 节的 3/5，第 3 节是第 2 节的 1/3，第 4 节约等于第 1–2 节之和，稍长于第 5 节，第 5–10 节逐渐变短，第 11 节约与第 5 节等长；前胸背板宽是长的 2 倍，中间具有 1 个深的凹洼；鞘翅盘区具有 10 行规则的刻点。

分布：浙江（临安）。

（593）异色柱萤叶甲 *Gallerucida variolosa* Laboissière, 1938

Galerucida (*Eusthetha*) *variolosa* Laboissière, 1938: 4, 9.

Gallerucida variolosa: Gressitt & Kimoto, 1963: 739.

　　主要特征：体长 9.0 mm，体宽 5.0 mm。身体椭圆形；头部、前胸背板褐色；触角深褐色；鞘翅及小盾片乳白色；足、中后胸腹板褐色；腹部腹面黄褐色。头顶光滑无刻点，额唇基区隆起三角形、光滑无刻点；角后瘤明显；触角长度未达鞘翅中部，第 3 节长于第 2 节，从第 4 节起，触角各节长度递减；前胸背板宽是长的 2.2 倍，两侧钝圆，前缘凹洼，前角明显，基缘突出，盘区微隆，具稀疏粗刻点；后胸腹板柱状突与中足基节窝前端持平，表面光滑；小盾片三角形，光滑无刻点；鞘翅盘区具明显刻点，刻点分布整齐，刻点直径小于刻点间距，略成 20 纵行。

　　分布：浙江、江苏、江西、福建。

245. 方胸柱萤叶甲属 *Laphris* Baly, 1864

Laphris Baly, 1864a: 231. Type species: *Laphris emarginata* Baly, 1864.

Neohylaspes Chûjô, 1962: 159. Type species: *Neohylaspes rufofulva* Chûjô, 1962.

　　主要特征：体中到大型，长椭圆形。头部额瘤较发达；触角长超过鞘翅中部；第 2 节最短，第 3 节长超过第 2 节 3 倍，第 4 节长于第 3 节。前胸背板方形，前后角明显外突；盘区具凹洼及刻点。小盾片三角形，一般具刻点。鞘翅较前胸背板为宽，中部之后膨阔；肩角突出，盘区具明显刻点；缘折基部宽，到端部逐渐变窄。前足基节瘤状，基节窝关闭，中足基节间较宽，后足胫节较前中足长，后胸腹板前缘中央突伸于中足基节间，呈柱状突；胫节端具刺，爪附齿式。

　　分布：东洋区。世界已知 7 种，中国已知 7 种，浙江分布 4 种。

分种检索表

1. 触角第 3 节是第 2 节长度的 5 倍 ··· 2
- 触角第 3 节短于第 2 节长度的 5 倍 ··· 3
2. 触角和跗节黑色 ··· 莫干山方胸柱萤叶甲 *L. moganshana*
- 触角和跗节褐色 ··· 宽突方胸柱萤叶甲 *L. apophysata*
3. 中胸腹板突端部缩缢 ··· 曲颈方胸柱萤叶甲 *L. collaris*
- 中胸腹板突端部不缩缢，基部宽，中部内凹，端部变宽 ························· 斑刻方胸柱萤叶甲 *L. emarginata*

（594）宽突方胸柱萤叶甲 *Laphris apophysata* Yang, 1993

Laphris apophysata Yang, 1993b: 363.

　　主要特征：体长 8.5 mm。雄虫：体黄褐色或浅黄褐色。触角褐色；足的腿节黄色，胫节、跗节褐色，布银灰色长毛；腹部腹面黄色。触角短于身体，第 3 节是第 2 节长的 5 倍，自第 3 节起变宽。前胸背板有 1 道横凹，中间断开，刻点明显，与鞘翅相比小且稀。小盾片三角形，有稀疏刻点。鞘翅刻点大且粗，肩角突出。足的腿节粗大。中胸腹板突端部呈半圆形凹切，凹端内弯。阳茎端部尖锐，囊突两边不对称，背视左边的呈钩状，右边的膨大；囊内中部之后具 1 对钩状突，背视左边的弯度小于右边，基部并于一起。阳茎基部背面有 2 道半圆形隆突，基缘内有 1 对骨片。

　　分布：浙江（临安、庆元）。

（595）曲颈方胸柱萤叶甲 *Laphris collaris* Yang, 1993

Laphris collaris Yang, 1993b: 363.

主要特征：体长 9.5 mm。雄虫：头部、前胸背板及鞘翅灰黄色或浅黄褐色；触角第 1–4 节黄褐色，第 5–11 节黑褐色；足黄色或黄褐色，跗节第 3–5 节黑褐色。头部：角后瘤较为发达，其间为深的凹刻；唇基到触角窝之间凹陷。触角是体长的 3/4，第 3 节是第 2 节长的 3.5 倍，第 4 节是第 3 节长的 2 倍，自第 3 节起扁平。前胸背板中央两侧各 1 凹窝，两侧缘前端外突，中部之后弯曲变窄。小盾片三角形，刻点稀疏。鞘翅肩角隆起，刻点密集。中胸腹板突基部宽，近端部处缢缩，端部凹切宽深，端部尖细。阳茎端部尖，囊突背视右侧的 1 根明显膨大，中部的钩状物接近对称，其基部明显膨大；阳茎基部底端平直，两侧上翘。

分布：浙江（临安）、湖南。

（596）斑刻方胸柱萤叶甲 *Laphris emarginata* Baly, 1864（图版 XIV-11）

Laphris emarginata Baly, 1864a: 231.
Neohylaspes rufofulva Chûjô, 1962: 163.
Laphris emarginata rufofulva: Lee & Beenen, 2009: 106.

主要特征：体长 10–13 mm。头部及前胸背板浅黄褐色；触角黄色，8–11 节黑褐色；鞘翅黑色，中缝及周缘黄色，外侧近中央有向里凹的黄斑，有的个体鞘翅黄色，无任何黑斑；足黄色，跗节 3–5 节黑褐色。头部额瘤较为突出，其中间由凹沟分开，触角是体长的 4/5，雄虫自第 3 节起变为扁平，由一侧向外突出，呈明显的锯齿状，第 3 节是第 2 节长的 4.5 倍，第 4 节是第 3 节长的 1.5 倍。前胸背板方形，前、后角突出；盘区在中部两侧各 1 凹窝，刻点密集。小盾片三角形，近基部刻点较多。鞘翅刻点密集，肩角突出，缘折基部较宽，到端部逐渐变窄。腹面：中胸腹板突基部宽，中部内凹，端部变宽，向外呈叉状，端凹较深。

分布：浙江（德清、临安）、安徽、湖北、江西、湖南、福建、台湾、广东、广西、四川、贵州。

寄主：猕猴桃。

（597）莫干山方胸柱萤叶甲 *Laphris moganshana* Yang, 1992

Laphris moganshana Yang, 1992: 410.

主要特征：体长 9.5 mm。头部、前胸背板、鞘翅及腹面黄色，触角、上颚端及足的胫节、跗节黑色，腿节黄褐色。头顶较平，具刻点；角后瘤长方形，无刻点；额唇基区呈三角形隆起；触角超过体长的 1/2，第 1 节弧形，光滑，第 2 节最短，第 3 节长是第 2 节的 5 倍，第 4 节约与第 3 节等长，第 5 节稍短于第 4 节，以后各节长度约相等。前胸背板宽约为长的 2.5 倍，前缘稍弧凹，基缘稍外凸，侧缘较直；盘区具 1 道横沟，但中部中断，前角发达，整个盘区刻点密集。小盾片三角形，具细网纹及刻点。鞘翅肩角瘤状，两侧接近平行；盘区隆起，具密集的、不规则的刻点，刻点间距大于刻点直径；缘折基部较宽，到端部逐渐变窄，并具稀疏刻点。前胸腹板中部狭窄，通过两足基节间；后胸腹板突较发达；腹部具稀疏刻点及毛。足的腿节发达，胫节基部稍弯曲。雌虫腹部末端完整。

分布：浙江（德清、安吉）。

246. 榕萤叶甲属 *Morphosphaera* Baly, 1861

Morphosphaera Baly, 1861: 298. Type species: *Morphosphaera maculicollis* Baly, 1861.

主要特征：体椭圆形。头部部分藏于前胸背板下，头顶无中沟，额瘤不发达；额唇基区较宽，呈三角形隆起；触角长伸达鞘翅中部，第 2 节最短，第 3 节次之。前胸背板宽超过了长的 2 倍，前角突出，前缘呈弧状，两侧及后缘较圆；四周具边框；盘区较隆，无凹洼。小盾片三角形，光滑无刻点。鞘翅宽大，两侧较圆，肩角不甚突出；盘区具明显刻点；缘折基部宽，然后突然变窄。足粗大，前足基节窝开放，爪附齿式。

分布：古北区，东洋区。世界已知 14 种，中国已知 14 种，浙江分布 2 种。

（598）日榕萤叶甲 *Morphosphaera japonica* (Hornstedt, 1788)（图 1-24）

Chrysomela japonica Hornstedt, 1788: 1.

Morphosphaera japonica: Weise, 1924: 129.

主要特征：体长 7.0–8.5 mm。体色变化较大，鞘翅呈 3 种颜色：蓝黑色、绿黑色及褐色；腹面或全部黄褐色，或胸部腹面黑褐色。头部颜色变化为：头顶或为黑色（鞘翅呈蓝黑色）；或为褐色，头顶为 1 黑斑（鞘翅绿黑色）；或为黄褐色，后头在头顶两侧黑色（鞘翅褐色）。触角黑褐色。足的颜色为两种：全部黑褐色（鞘翅呈蓝黑或褐色），或仅胫节、跗节黑褐色（鞘翅绿黑色）。头顶具极细刻点，额瘤后为 1 横沟；触角长达鞘翅中部，第 2 节最短，第 3 节次之，是第 2 节长的 1.5 倍，第 4 节长于第 3、5 节，以后各节长度递减，具逐渐加粗。前胸背板宽为长的 2.5 倍，盘区内 1 排 4 个黑斑，中部在近基缘处为 1 小黑褐色斑或不规则的大斑；前缘强烈弧凹，基缘外突，侧缘圆弧状。小盾片三角形，光洁无刻点，鞘翅在小盾片周围的刻点呈放射状，翅面上的刻点间距离是刻点直径的 3 倍；缘折基部宽，直延续至鞘翅中部消失。腹部腹面每节具 1 对不规则的黑斑，位于腹部两侧。

分布：浙江（临安）、江西、湖南、福建、台湾、广西、四川、贵州、云南；俄罗斯，日本，印度，尼泊尔，越南。

寄主：榕树、桑。

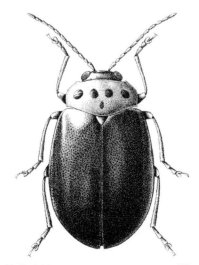

图 1-24 日榕萤叶甲 *Morphosphaera japonica* (Hornstedt, 1788)

（599）绿翅榕萤叶甲 *Morphosphaera viridipennis* Laboissière, 1930

Morphosphaera viridipennis Laboissière, 1930: 360, 366.

主要特征：体长 6.5–7.0 mm。体茶褐色；上颚端部黑色；前胸背板黄褐色具 5 个黑斑，4 个 1 排，两侧斑的位置低于中间的 2 个，第 5 个位于下面中部；触角及鞘翅深褐色，胫节和跗节黑色。头顶具极细刻点；触角长达鞘翅基部的 1/3，雄虫触角第 2 节稍长于第 3 节，雌虫第 2、3 节等长；前胸背板宽是长的 2.5 倍，侧缘圆滑，盘区隆突，光滑无刻点；小盾片三角形，无刻点；鞘翅长椭圆形，翅面具细密的刻点。

分布：浙江、四川、贵州、云南；越南，泰国。

寄主：水麻属。

247. 守瓜属 *Aulacophora* Chevrolat, 1837

Aulacophora Chevrolat, 1837: 402. Type species: *Galeruca quadraria* Olivier, 1808.

Rhaphidopalpa Chevrolat, 1837: 402. Type species: *Crioceris abdominalis* Fabricius, 1781.

Acutipalpa Rosenhauer, 1856: 327.

Rhaphidopalpa Rosenhauer, 1856: 325. Type species: *Galleruca foveicollis* Lucas, 1849, *nec* Chevrolat, 1837.

Aulacophora (*Ceratia*) Chapuis, 1876: 100. Type species: *Aulacophora* (*Ceratia*) *marginalis* Chapuis, 1873.

Orthaulaca Weise, 1892: 393. Type species: *Galeruca similes* Olivier, 1808.

Cerania Weise, 1892: 396. Type species: *Aulacophora cornuta* Baly, 1879.

Pachypalpa Weise, 1892: 392. Type species: *Galleruca luteicornis* Fabricius, 1801.

Spaerarthra Weise, 1892: 396. Type species: *Aulacophora cyanoptera* Boisduval, 1835.

Triaplatyps: Maulik, 1936: 167. Emend. for *Triaplatys*.

主要特征：体长卵形，后部略膨大。头较前胸稍窄，头顶光滑，几无刻点。触角细长，第 2 节最短；触角间为脊状隆起。前胸背板宽大于长，前后角各 1 根长刚毛；盘区贯穿 1 横沟，小盾片三角形。鞘翅基部较前胸为宽，肩角明显，端部膨大，表面密布刻点；缘折窄，仅出现于鞘翅基部 1/3。腹面披细毛，胫节端具刺。雄虫小盾片后无凹窝，末腹节为三叶状，第二性征表现为触角的某几节粗大、额唇基区异样等；雌虫触角较雄虫细，腹部末端多呈缺刻，第二性征不甚显著。

分布：古北区，东洋区，澳洲区。世界已知 176 种，中国已知 17 种，浙江分布 4 种。

分种检索表

1. 鞘翅和小盾片橙红色 ·· 印度黄守瓜 *A. indica*
- 鞘翅整个黑色 ··· 2
2. 中胸腹板、后胸腹板、足黑色 ··· 黑足黑守瓜 *A. nigripennis*
- 中胸腹板、后胸腹板、足不是全黑色 ··· 3
3. 中足和后足腿节黑色 ··· 黑跗黄守瓜 *A. tibialis*
- 足整个黄棕色和红色 ··· 柳氏黑守瓜 *A. lewisii*

（600）印度黄守瓜 *Aulacophora indica* (Gmelin, 1790)（图版 XIV-12）

Cryptocephalus (*Crioceris*) *indicus* Gmelin, 1790: 1700.

Crioceris testacea Fabricius, 1792: 4.

Galeruca similis Olivier, 1808: 624.

Rhaphidopalpa femoralis Motschulsky, 1858b: 37.

Rhaphidopalpa flavipes Jacoby, 1883: 202.

Rhaphidopalpa bengalansis Weise, 1892: 394.

Rhaphidopalpa chinensis Weise, 1892: 395.

Rhaphidopalpa ceramansis Weise, 1892: 394.

Rhaphidopalpa niasiensis Weise, 1892: 394.

Aulacophora indicus: Maulik, 1936: 197.

Aulacophora kotoensis Chûjô, 1962: 79.

主要特征：体长 6.0–8.0 mm。体橙黄或橙红色，有时较深，带棕色；上唇或多或少栗黑色；后胸腹面及腹节黑色，腹部末节大部分橙黄色。头顶较平直；触角间隆起似脊，触角长度达鞘翅中部，基节粗，第 2 节短小，第 3 节比以下各节略长。前胸背板宽约为长的 2 倍，两侧缘前半部膨阔，盘区无明显刻点，中央具 1 条弯曲的深横沟，两端达边缘。鞘翅盘区刻点细密，雄虫肩部及肩角下一小区域内被有竖毛。雄虫腹部末端中叶上具 1 大深凹；雄虫腹部末端呈 V 形或者 U 形凹刻。

分布：浙江（德清、安吉、平湖、桐乡、萧山、余杭、富阳、临安、桐庐、淳安、建德、镇海、义乌、东阳、开化、江山、遂昌、云和、庆元、景宁、平阳、苍南、文成、瑞安）、河北、山西、山东、河南、陕西、甘肃、江苏、上海、湖北、江西、湖南、福建、台湾、广东、海南、广西、四川、贵州、云南、西藏；俄罗斯，朝鲜，日本，巴基斯坦，印度，不丹，尼泊尔，缅甸，越南，老挝，泰国，柬埔寨，斯里兰卡，菲律宾，马来西亚，阿富汗，巴布亚新几内亚，斐济。

寄主：瓜类、桃、梨、柑橘等。

（601）柳氏黑守瓜 *Aulacophora lewisii* Baly, 1886

Aulacophora lewisii Baly, 1886: 5, 24.

Orthaulaca (*Ceratia*) *cattigarensis* Weise, 1892: 397.

Aulacophora intermedia Jacoby, 1892b: 942.

主要特征：体长 5.7–7.0 mm。身体仅鞘翅、复眼及上颚顶端黑色，其余部分橙黄或橙红色。头顶光滑无刻点，触角间具较细的隆线；触角可后伸至鞘翅中部，第 4 节与第 3 节约等长或稍短，从第 5 节始，各节长度约相等，但均短于第 4 节。前胸背板宽为长的 2 倍，侧缘在中部之前略膨阔；盘区横沟直形，刻点极细，两前角刻点较稠密。小盾片三角形，光洁无刻点。鞘翅基部较窄，中部之后变宽，翅面分布细密的刻点，沿两侧缘略深粗。雄虫触角第 3–5 节较其余各节稍粗，端部腹片中叶长方形，表面中央有 1 条纵沟。雌虫腹端呈山字形凹。

分布：浙江（德清、嘉兴、萧山、余杭、临安、奉化、余姚、兰溪、天台、缙云、庆元）、甘肃、江苏、安徽、湖北、江西、湖南、福建、台湾、广东、海南、香港、广西、四川；日本，印度，不丹，尼泊尔，缅甸，越南，老挝，泰国，柬埔寨，斯里兰卡，马来西亚。

寄主：瓜类、柑橘、海桐等。

（602）黑足黑守瓜 *Aulacophora nigripennis* Motschulsky, 1857

Galleruca atripennis Hope, 1845a: 17 (*nec* Fabricius, 1801).

Aulacophora nigripennis Motschulsky, 1857: 38.

Ceratia (*Orthaulaca*) *nigripennis*: Weise, 1922b: 62.

Aulacophora (*Ceratia*) *nitidipennis* Chûjô, 1935c: 82.

主要特征：体长 6–7 mm。全身极光亮；头部、前胸和腹部橙黄或橙红色，上唇、鞘翅、中胸和后胸腹板、侧板及各足均为黑色，触角烟熏色，基部两节或末端数节有时色泽较淡，小盾片栗色或栗黑色，鞘翅具较强光泽。头顶光滑，似有不明显的微弱刻点，触角之间脊纹隆起，但不尖细，触角约为体长的 2/3，第 3 节比第 4 节略短。前胸背板基部狭窄，两旁前部略膨阔，宽约倍于长，盘区几无刻点，前部两旁集中少量深大刻点，横沟直形。小盾片狭三角形，光滑无刻点。鞘翅具匀密刻点，基部微隆，其后方靠中缝略呈现 1 浅凹痕。雄虫尾节腹片中叶长方形，表面平坦，微凹；触角第 2 节外沿前端稍突出。雌虫尾节腹片末端呈弧形凹缺，正中有时成 1 小尖角，有时不显。

分布：浙江（德清、长兴、安吉、杭州、景宁）、黑龙江、河北、山西、山东、陕西、甘肃、江苏、安徽、湖北、江西、湖南、福建、台湾、广东、海南、广西、四川、贵州、云南；俄罗斯，韩国，日本，越南。

寄主：葫芦科。

（603）黑跗黄守瓜 *Aulacophora tibialis* Chapuis, 1876

Aulacophora tibialis Chapuis, 1876: 99.

Aulacophora ritsemae Duvivier, 1884: 121.

Aulacophora semifusca Jacoby, 1892b: 942.

Aulacophora terminata Jacoby, 1899a: 284.

Aulacophora dohrni Jacoby, 1899a: 285.

Aulacophora almora Maulik, 1936: 170.

Aulacophora simplex Chûjô, 1962: 78.

主要特征：体长 6–8 mm。头、触角、前胸和鞘翅橙黄、橙红或淡棕、黄色，上唇、复眼及小盾片黑色或栗黑色；腹面大部黑色，前胸和前足腿节与胫节上半部橙黄色，中、后足一般黑色，转节和腿节基部常带橙黄或棕红色；各足颜色变异较大，有时前足全部淡色，中、后足也或多或少淡色。头光亮无刻点。雄虫复眼很大，极凸。触角约为体长的 2/3，雌虫略短；第 2 节念珠状，第 3 节略短于第 2 节长的 3 倍。前胸背板宽略小于长的 2 倍，两侧边近于平行，中部具有 1 条直形横沟，其上有细刻点，前部两侧刻点较稠密，且粗大。鞘翅刻点细密，缘折在基部 1/3 较宽，之后突变狭窄。雄虫腹部末节中叶方形，表面平坦。

分布：浙江（景宁）、湖北、江西、湖南、福建、台湾、海南、广西、四川、贵州、云南、西藏；印度，尼泊尔，缅甸，越南，老挝，泰国，马来西亚，印度尼西亚。

寄主：葫芦科。

248. 伪守瓜属 *Pseudocophora* Jacoby, 1884

Pseudocophora Jacoby, 1884a: 69. Type species: *Galleruca buquetii* Guerin, 1830.

主要特征：头顶无刻点；前胸背板每个角各 1 原始生毛孔并生 1 细刚毛，背板一般无刻点，有 1 横沟；鞘翅近基部刻点粗，基本成行，端部刻点细，不成行；缘折基部宽，近中部变窄直达端部；前足基节窝开放，爪双齿式；雄虫小盾片后形成凹窝，内有管状等其他构造，雌虫正常。

分布：东洋区。世界已知 27 种，中国已知 7 种，浙江分布 1 种。

（604）双色伪守瓜 *Pseudocophora bicolor* Jacoby, 1887（图 1-25）

Pseudocophora bicolor Jacoby, 1887: 111.

Pseudocophora nitens Allard, 1888: 324.

主要特征：雄虫体长 5.0 mm，雌虫体长 5.2 mm。体色除鞘翅与复眼黑色外，余皆黄色，雌头顶光滑无刻点，角后瘤明显，其后为 1 道横沟；触角长达鞘翅中部，第 2 节最短，第 3 节最长，是第 2 节长的 2 倍。前胸背板宽为长的 2 倍，侧缘在基半部窄，端半部膨阔，盘区的横沟较直，中部浅，两端深；横沟前较强烈隆凸。小盾片舌形，光滑无刻点。鞘翅刻点在端半部大致成行，中部之后较杂乱；肩角突出，盘区隆凸；在小盾片下的翅缝为 1 凹窝，在凹底后端翅缝两侧半圆形凸起；缘折基半部宽，端半部变窄。前足基节窝关闭，爪双齿式。腹部末端三叶状。雌虫：小盾片下无突起及凹窝，腹部末端浅凹状。

分布：浙江（安吉）、甘肃、江西、湖南、福建、广东、海南、广西、云南；印度，尼泊尔，斯里兰卡。

寄主：葫芦科。

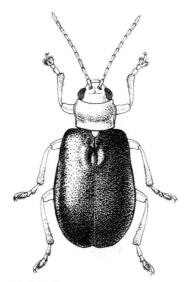

图 1-25　双色伪守瓜 *Pseudocophora bicolor* Jacoby, 1887

249. 殊角萤叶甲属 *Agetocera* Hope, 1840

Agetocera Hope, 1840b: 170. Type species: *Agetocera mirabilis* Hope, 1840.

Agetocerus Hope, 1840b: 170 (error for *Agetocera*).

主要特征：体中到大型。头较前胸背板窄，头顶隆起，具中沟；触角长，超过鞘翅中部，有的种类更长；雌虫触角细长，雄虫的短粗，第 8 节往往发生特化。前胸背板宽稍大于长，侧缘波曲，前、后缘较直；前、后角具毛；盘区光滑，几无刻点，端半部常较基半部隆凸，有时具侧凹。小盾片三角形，表面光滑。鞘翅两侧接近平行，翅端钝圆，肩角隆突，与小盾片间具凹洼，翅面具密集的刻点；缘折较宽，直达端部。足细长，胫节端膨大具刺，前足基节窝开放，爪双齿式。

分布：东洋区。世界已知 28 种，中国已知 19 种，浙江分布 4 种。

分种检索表

1. 触角数节端部黑色 ·· 茶殊角萤叶甲 *A. mirabilis*
- 触角整个黑色 ··· 2
2. 雌、雄虫触角丝状 ·· 3
- 雄虫触角第 8、9 节特化 ·· 钩殊角萤叶甲 *A. deformicornis*
3. 体长大于 9.0 mm ··· 丝殊角萤叶甲 *A. filicornis*
- 体长小于 7.5 mm ·· 天目殊角萤叶甲 *A. parva*

（605）钩殊角萤叶甲 *Agetocera deformicornis* Laboissière, 1927（图版 XIV-13）

Agetocera deformicornis Laboissière, 1927: 45.

主要特征：雄虫体长 13–15 mm。头部及前胸背板红色；触角、鞘翅、胫节端部及跗节黑色；触角 1–3 节腹面、身体腹面、足的腿节及胫节基半部黄色。雄虫：触角长达鞘翅基部的 1/3，第 4–7 节最短，第 2 节次之，第 3 节是第 2 节长的 1.5 倍，第 8 节极度膨大，其长度是第 3–7 节长度之和，其端部具 1 钩状物，第 9 节中部凹陷，端部变细，第 10–11 节细长。前胸背板基部窄，端部宽，基半部平直，端半部膨阔。小盾片半圆形，无刻点。鞘翅刻点细密，不规则，中缝两侧及侧缘具明显纵脊；缘折窄，直达鞘翅端部。腹端三叶状，中叶端部具 1 横凹。雌虫：触角达鞘翅中部，第 8 节正常，比其余各节略粗，圆柱状。腹部末端及臀板端部皆呈半圆形凹。

分布：浙江（临安）、甘肃、湖北、江西、湖南、海南、四川、贵州、云南；越南。

（606）丝殊角萤叶甲 *Agetocera filicornis* Laboissière, 1927

Agetocera filicornis Laboissière, 1927: 49.

主要特征：雄虫体长 9–10 mm。头部及前胸背板红色，触角黑褐色到黑色，第 1 节黄色，两侧暗黑色；小盾片、鞘翅蓝紫色；腹面及足的腿节黄色，胫节、跗节蓝黑色。雄虫：触角是体长的 4/5，第 2 节最短，第 3 节长是第 2 节的 2.5 倍，第 3–7 节各节约等长，第 8–11 节更长。前胸背板长大于宽，基部 1/3 多较平直，端半部极度隆凸。小盾片舌形，有稀疏刻点。鞘翅肩角突出，刻点密集；缘折窄，直到端部，腹部末端三叶状，中叶中部具 1 纵沟。雌虫：触角第 2 节最短，第 3 节次之，是第 2 节长的 2 倍，以后各节约等长。腹端中部凸出，两侧凹洼，臀板具 1 U 形凹刻。

分布：浙江（德清、临安、景宁）、陕西、甘肃、湖北、江西、湖南、福建、广西、四川、贵州、云南；越南。

寄主：乌蔹莓属。

（607）茶殊角萤叶甲 *Agetocera mirabilis* (Hope, 1831)

Agetocerus mirabilis Hope, 1831: 29.

Agetocera mirabilis: Hope, 1840b: 170.

Aplosonyx heterocera Redtenbacher, 1868: 206.

主要特征：体长 13.8–18.0 mm。体黄褐色，触角端部 2 节、前中足胫节端半部、后足胫节端部及跗节黑色；鞘翅紫色。头顶光亮无刻点；唇基和上唇具 1 横排刻点，每个刻点着生 1 根长毛；角后瘤明显，长形。雄虫触角 2–7 节每节基部狭窄，端部膨阔，第 4 节较长，内侧具较深的凹洼，第 8 节粗大，为第 5–7 节长的总和，其端部不远有 1 椭圆形突起，突起表面为 1 大刻点；第 9 节明显短于第 8 节，外侧凹洼较深，肾形；第 10–11 节细长，约与第 8 节等长。雌虫触角第 3 节较宽，近方形，第 4 节长于第 3 节。前胸背板基部窄，中部之后变宽；盘区中部具 1 较浅的横沟，刻点稀疏、细小；小盾片舌形，无刻点；鞘翅刻点细密。

分布：浙江（德清）、江苏、安徽、台湾、广东、海南、香港、广西、云南；印度，不丹，尼泊尔，缅甸，越南，老挝。

寄主：茶、油瓜。

（608）天目殊角萤叶甲 *Agetocera parva* **Chen, 1964**

Agetocera parva Chen, 1964: 204, 210.

主要特征：体长 7.0–7.5 mm。体小，淡棕黄，鞘翅蓝色或蓝中稍微带绿；触角一般基部数节棕黄色，端部数节棕色或黑褐色，但亦有大部棕色或褐黑色的；各足腿节和胫节外沿常有 1 褐黑色条纹，有时不明显。头顶和前胸背板均甚光亮，无明显刻点。触角细长，线形，雌雄相同，端部与中部等粗；雄虫约与体等长，雌虫稍短；第 3 节是第 2 节长的 2 倍，与第 4–7 各节大致相等，第 8–10 显较以上各节为长，第 11 节又稍长。鞘翅刻点较粗，相当深密，盘区内与鞘翅侧缘刻点较一致；每翅隐约可见几条脊线，有时多至 7 或 8 条，有时又不大明显。雄虫腹端凹洼很深。

分布：浙江（临安）、陕西、安徽、湖北、福建。

250. 后脊守瓜属 *Paragetocera* **Laboissière, 1929**

Paragetocera Laboissière, 1929: 262. Type species: *Paragetocera involuta* Laboissière, 1929.

主要特征：触角窝位于复眼后，明显分离；前胸背板有横凹；后胸腹板正常；鞘翅在肩角后具明显的纵脊，缘折到端部逐渐变窄；前足基节间细窄，前足基节窝开放；胫节端部具刺，爪双齿式；雄虫腹端三叶状，雌虫完整或缺刻状。

分布：东洋区。世界已知 12 种，中国已知 12 种，浙江分布 4 种。

分种检索表

1. 鞘翅侧缘自基部始向上平折，平折部分表面具隆脊 ·· 曲后脊守瓜 *P. involuta*
- 鞘翅侧缘不向上平折 ··· 2
2. 鞘翅在肩角下的纵脊不超过鞘翅中部 ·· 黑胸后脊守瓜 *P. parvula*
- 鞘翅在肩角下的纵脊超过鞘翅长的 2/3 ·· 3
3. 前胸背板前、后角具刻点 ·· 紫后脊守瓜 *P. violaceipennis*
- 前胸背板仅前角具刻点 ·· 黄腹后脊守瓜 *P. flavipes*

（609）黄腹后脊守瓜 *Paragetocera flavipes* **Chen, 1942**

Paragetocera flavipes Chen, 1942a: 27.

主要特征：体长 4.5–7.5 mm。体黄褐色，头、前胸背板红褐色至黄褐色，鞘翅蓝色具金属光泽，触角 3–11 节、胫节及跗节暗褐色。头顶无刻点；触角长超过鞘翅中部，触角第 2 节最短，第 3 节与第 1 节等长，是第 2 节长的 1.8 倍；第 4–10 节近等长，第 11 节最长。前胸背板近梯形，宽大于长，侧缘中部之前膨阔，近前角处具稀疏刻点。鞘翅在中部之后膨阔，肩角后具 1 明显的脊，长达鞘翅中部，盘区具粗糙的深刻点。腹面光滑无刻点，密布绒毛。

分布：浙江、山西、陕西、甘肃、湖北、湖南、四川、云南。

（610）曲后脊守瓜 *Paragetocera involuta* **Laboissière, 1929**

Paragetocera involuta Laboissière, 1929: 263.

Aulacophora costata Chûjô, 1962: 90.

主要特征：体长 5.5–7.0 mm。头、前胸背板、小盾片、腹面及足的腿节、胫节基部黄褐色；触角、鞘翅、足的胫节及跗节黑褐色，具金属光泽。头顶具稀疏刻点，角后瘤三角形，无刻点；触角长超过鞘翅中部，第 1 节棒状，第 2 节最短，第 3 节次之，第 4–10 节约等长，第 11 节较长。前胸背板宽稍大于长，盘区一般无刻点，仅在前、后角附近可见。小盾片舌形，光亮无刻点。鞘翅基部窄，中部之后加宽，肩角下具 1 发达的脊，直达翅端不远；侧缘自基部始向上平折，平折部分表面具隆脊；翅面具大小两种刻点，粗刻点基本成行，细刻点散于其间；缘折窄，直达端部，其上具 1 行刻点。腹面具灰白色毛。

分布：浙江（安吉）、河南、陕西、甘肃、湖北、台湾、四川、贵州、云南、西藏。

（611）黑胸后脊守瓜 *Paragetocera parvula parvula* (Laboissière, 1929)（图版 XIV-14）

Agetocera parvula Laboissière, 1929: 261.

Paragetocera parvula: Chen, 1942a: 27.

Paragetocera parvula parvula: Gressitt & Kimoto, 1963: 492, 494.

主要特征：体长 6.0–7.0 mm。触角、鞘翅及足的胫节、跗节黑色，触角 1–3 节颜色较浅；头、前胸背板及胸部腹面黄色，腹部腹面暗黑色。触角超过体长的一半，第 2 节最短，第 3 节次之，是第 2 节长的 2 倍，以后各节约等长，第 11 节具 1 亚节。前胸背板长大于宽，两侧缘在基半部较直，端半部膨阔，盘区 1 横凹，横凹之前极度隆凸。小盾片舌形，光滑无刻点。鞘翅肩角突出，中缝两侧各 1 道纵脊；侧缘平折，盘区隆凸，在肩角下具 1 道纵脊，直伸至鞘翅中部；鞘翅刻点明显，端半部接近成行，基半部基本成行。雄虫腹部末端三叶状，中叶中央 1 道纵沟。

分布：浙江（安吉）、河南、陕西、甘肃、湖北、湖南、四川、云南。

（612）紫后脊守瓜 *Paragetocera violaceipennis* Zhang *et* Yang, 2004

Paragetocera violaceipennis Zhang *et* Yang, 2004: 299.

主要特征：体长 4.5–5.5 mm。头、前胸背板、小盾片黄棕色，触角的 1–3 节腹面黄棕色，其余棕色，鞘翅蓝紫色具有金属光泽，腹面观腿节深黄棕色，胫节和跗节棕色；触角各节长度比例：0.36∶0.16∶0.40∶0.44∶0.44∶0.48∶0.48∶0.40∶0.40∶0.36∶0.40；前胸背板宽大于长，仅前角和后角具有刻点，中间具有横凹；鞘翅肩角隆凸，肩角下具有 1 条明显的脊及刻点；腹面观光滑、无刻点，具浓密毛。

分布：浙江（安吉、临安）、四川。

251. 拟守瓜属 *Paridea* Baly, 1888

Paridea Baly, 1886: 26. Type species: *Paridea thoracica* Baly, 1886.

Paraulaca Baly, 1888: 168. Type species: *Rhaphidopalpa angulacollis* Motschulsky, 1854.

Aeropa Weise, 1889b: 621. Type species: *Aeropa maculata* Weise, 1889.

Semacianella Laboissière, 1930: 337. Type species: *Semacianella coomani* Laboissière, 1930.

主要特征：头及复眼窄于前胸背板；触角长超过鞘翅中部或与体等长，触角间为 1 纵隆脊，角后瘤较发达。前胸背板前端宽于后端，中部之后有 1 横沟，前后缘无边框，侧缘具边框。小盾片三角形，表面稍隆，一般光滑无刻点。鞘翅基部宽于前胸背板，肩角之后稍有收缩，末端宽于基端；翅面具密集的刻点，规则或不规则排列；有的种类在鞘翅基部、两侧近肩角处有不同的瘤突或隆脊；缘折基部宽，中部之后变窄，直达端部。足细长，前足基节窝开放，爪附齿式。本属分 2 亚属，即双叶拟守瓜亚属 *Semacia* 及拟守

瓜指名亚属 *Paridea*。

分布：古北区，东洋区，澳洲区。世界已知 87 种，中国已知 57 种，浙江分布 9 种。

分种检索表

1. 鞘翅黄色，无任何斑纹；头黄色或黄褐色 ··· 2
- 鞘翅黄色，或鞘翅有斑或黑色；头黑色 ··· 3
2. 雌虫臀板完整，雄虫小盾片下的鞘翅中缝中间无凹陷 ··················· 褐色拟守瓜 *P. (P.) testacea*
- 雌虫臀板二叶状，雄虫小盾片下的鞘翅中缝上有 1 突起，中间凹陷 ····· 鸟尾拟守瓜 *P. (S.) avicauda*
3. 头顶及前胸背板中部各 1 黑斑 ·· 隆脊拟守瓜 *P. (P.) costata*
- 非上述特征 ·· 4
4. 每个鞘翅上有 3 斑，如非 3 斑，则小盾片后方中缝上有隆起 ··· 5
- 每个鞘翅上非 3 斑 ·· 7
5. 每个鞘翅上的斑为中间的大，基、端的小，且都不近中缝 ··············· 箭囊拟守瓜 *P. (S.) libita*
- 每个鞘翅端部斑最大，基部斑近侧缘，另一斑在中缝上 ·· 6
6. 小盾片下具 1 凹窝，凹底在翅缝两侧具隆脊 ··························· 斑角拟守瓜 *P. (S.) angulicollis*
- 小盾片下有 1 圆形凹，凹底光滑无刻点 ···························· 六斑拟守瓜 *P. (S.) sexmaculata*
7. 鞘翅非 4 斑；每翅中部之后具 1 条稍窄、弯曲的黑色横带 ··· 横带拟守瓜 *P. (S.) transversofasciata*
- 鞘翅上有 4 个独立的黑斑 ·· 8
8. 雄虫腹部第 4 节后缘中部有 1 排灰毛 ··························· 四斑拟守瓜 *P. (P.) quadriplagiata*
- 雄虫腹部无此灰毛 ·· 中华拟守瓜 *P. (P.) sinensis*

（613）斑角拟守瓜 *Paridea* (*Semacia*) *angulicollis* (Motschulsky, 1854)

Rhaphidopalpa angulicollis Motschulsky, 1854: 50.

Paraulaca (*Aulacophora*) *angulicollis*: Baly, 1888: 168.

Semacia nipponensis Laboissière, 1930: 335.

Semacia (*Semacia*) *angulicollis*: Chûjô & Kimoto, 1961: 168.

Paraulaca (*Paraulaca*) *angulicollis*: Chûjô, 1962: 195.

Paridea (*Paraulaca*) *angulicollis*: Gressitt & Kimoto, 1963: 508.

Paridea (*Paridea*) *angulicollis*: Yang, 1991b: 269.

Paridea (*Semacia*) *nigrimarginata* Yang, 1991b: 279.

Paridea (*Semacia*) *angulicollis*: Lee & Bezděk, 2014: 117.

主要特征：体长 4.5–5.0 mm。雄虫：头、前胸背板、鞘翅、前胸腹板、腹部腹面及足的腿节、胫节黄色，前胸背板有时呈橘黄色；触角褐色，基部 3 节腹面颜色较浅；整个鞘翅具 3 个黑斑；小盾片下及每个鞘翅端部 1/3 处各 1 黑斑，有的个体小盾片下的斑消失；缘折基部 1/3 的内外缘、中胸腹、后胸腹、侧板及足的跗节黑色。头部角后瘤明显，其后为 1 横沟；触角长几达鞘翅的中部，除第 1 节外，第 2 节最短，第 3 节最长，是第 2 节长的 1.5 倍，以后各节稍短于第 3 节，各自约等长。前胸背板基部窄，端部宽，端半部强烈隆突，基半部较平直。小盾片三角形，无刻点。鞘翅具大小两种刻点，基部的刻点基本成行，端部的较杂乱；小盾片下具 1 凹窝，凹底在翅缝两侧具隆脊；缘折基半部宽，端半部窄。腹部末端三叶状，中叶长于侧叶。雌虫：鞘翅小盾片下无凹窝或具极浅的纵洼；腹部末端呈倒山字形缺刻。

分布：浙江（德清、安吉、临安、开化）、黑龙江、吉林、河北、陕西、甘肃、江苏、湖南、福建、台湾、海南、广西；日本。

寄主：葫芦科。

（614）鸟尾拟守瓜 *Paridea (Semacia) avicauda* (Laboissière, 1930)

Semacia avicauda Laboissière, 1930: 331.

Paraulaca (Semacia) avicauda: Ogloblin, 1936: 167, 378.

Paridea (Semacia) avicauda: Gressitt & Kimoto, 1963: 509.

主要特征：体长 5.0–6.0 mm。头、前胸背板、腹板红色；鞘翅、腹部末节黄色；触角褐色；鞘翅上的斑、胸部腹面及腹部、足的胫节外侧及跗节皆黑色；雄虫臀板上具 1 黑斑，雌虫臀板端部黑色。雄虫：头顶圆隆，光滑无刻点；角后瘤突出，其后为 1 明显的横沟；触角长达鞘翅中部，第 2 节最短，第 3 节约为第 2 节长的 2 倍，以后各节约等长。前胸背板前角突出，后角钝圆，侧缘较平直，盘区中部为 1 横沟，沟前强烈隆凸。小盾片三角形，光滑无刻点。鞘翅肩角较突出，刻点密集，不规则，每个鞘翅 3 个斑；基缘近肩角处 1 小斑，中部之后 1 大斑，翅端 1 小斑；侧缘在基部 1/3 处具 1 凹窝，凹窝基部具 1 圆斑，其上为长纤毛，端部隆起，表面呈脊状，雄虫小盾片下的鞘翅中缝上有 1 突起，中间凹陷。雄虫腹部末端三叶状；中叶明显长于侧叶。雌虫：触角第 3 节是第 2 节长的 2.5 倍，腹端呈窄的 U 形凹，臀板端部二叶状，呈 Y 形凹刻。

分布：浙江（庆元）、陕西、湖北、湖南、福建、四川、西藏。

寄主：葫芦科。

（615）箭囊拟守瓜 *Paridea (Semacia) libita* Yang, 1991

Paridea (Semacia) libita Yang, 1991b: 278.

主要特征：体长 5.2–6.0 mm。雄虫：头部黄褐色，上唇黑色；复眼强烈突出；触角黑褐色，第 2–3 节较浅。前胸背板橘红色，中横沟较浅，侧缘及前角都较直。鞘翅黄色，小盾片黑色；每个鞘翅上有 3 斑，肩角处及端部近中缝处各 1 小斑，中下部有 1 大斑；鞘翅刻点密集、较深，不规则；侧缘近中部有 2 短脊，一个近侧缘且与侧缘平行，另一个偏盘区，形如锥形；缘折基部较宽，基部 1/3 的内缘黑色。中后胸腹、侧板皆黑色；腹部腹面黄色，末端超过鞘翅较多；中叶很大，端部浅凹；臀板锥形，黄褐色。足的腿节内外侧、胫节外侧、跗节黑色，爪褐色。

分布：浙江（临安）、湖北、湖南、福建。

（616）六斑拟守瓜 *Paridea (Semacia) sexmaculata* (Laboissière, 1930)（图版 XIV-15）

Semacia sexmaculata Laboissière, 1930: 336.

Paraulaca (Paraulaca) sexmaculata: Chûjô, 1962: 191, 194.

Paridea (Semacia) sexmaculata: Yang, 1991b: 268.

主要特征：体长 5.0–5.5 mm。头、前胸背板橘黄色，鞘翅乳黄色；触角褐色，1–3 节黄褐色；前胸腹板及足的腿节和胫节基半部黄色，胫节端半部及跗节褐色；中胸腹、后胸腹、侧板、鞘翅上的斑及缘折内缘黑色；腹部红褐色。雄虫：头顶无刻点，触角长不及鞘翅中部，第 2 节最短，第 3 节是第 2 节长的 2 倍，与以后各节约等长。前胸背板宽为长的 1.5 倍，两侧缘在基部窄，端部宽，基半部平直，端半部隆突。小盾片三角形，光滑无刻点。鞘翅的肩角突出，每个鞘翅 3 个斑：侧缘在距基部 1/4 处 1 小斑，小盾片下 1 斑，与另一鞘翅的斑合为 1 圆斑，有时这个斑消失，中部之后为 1 大斑；小盾片下有 1 圆形凹，凹底光滑无刻点，凹的上缘隆凸；在肩角内侧各 2 短列刻点，盘区刻点粗大，密疏不匀。腹部末端三叶状。雌虫：小盾片后无凹；臀板完整，具 1 大黑斑；腹部末端呈"虫"形凹刻。

分布：浙江（德清、临安）、北京、河北、江苏、上海、湖北、江西、湖南、福建、台湾、广东、海南、广西、贵州。

寄主：葫芦科。

（617）横带拟守瓜 *Paridea (Semacia) transversofasciata* (Laboissière, 1930)

Semacia transversofasciata Laboissière, 1930: 335.

Paridea (Paraulaca) transversofasciata: Gressitt & Kimoto, 1963: 508.

Paridea (Semacia) transversofasciata: Yang, 1991b: 269.

主要特征：体长 4.5–5.0 mm。头和胸部橘黄色或红色，上唇褐色，触角、足的胫节端部及跗节灰黑色，腹面、小盾片及鞘翅黄褐色，后胸腹板黑色；每翅中部之后具 1 条稍窄、弯曲的黑色横带；翅外缘及缘折（不达翅端）和翅缝黑色，翅缝在基部之后有 1 个近圆形黑斑，有时消失，有时翅缝及侧缘仅留很少黑色痕迹。角后瘤横形，头顶光滑无刻点。触角约为体长的 2/3，第 3 节约为第 2 节长的 1.6 倍，第 4 节约等于第 3 节，以后各节长度大体相等，微短于第 4 节。前胸背板宽为长的 1.5 倍，两侧在中部之前膨宽，前缘及基缘无边框；盘区隆突，中部具 1 条明显的横沟，沟两端伸达侧缘；刻点极细，仅沟内刻点较大。鞘翅刻点较密，部分成纵行，纵行的刻点较大，末端 1/3 处刻点很细。雄虫鞘翅在小盾片之后的缝处有 1 近圆形的凹洼，其四周略凸，此区域几无刻点，腹部末节腹板三叶状，中叶较长，表面略凹洼。雌虫尾节两侧略凹，中央凹缺较深，臀板顶端钝圆。

分布：浙江（临安）、甘肃、江苏、湖北、湖南、福建、四川、贵州、云南。

（618）隆脊拟守瓜 *Paridea (Paridea) costata* (Chûjô, 1935)

Paraulaca costata Chûjô, 1935a: 164.

Paraulaca (Paraulaca) costata: Ogloblin, 1936: 166.

Paridea (Paridea) costata: Gressitt & Kimoto, 1963: 512.

主要特征：体长 4.8–5.2 mm。头、前胸背板、身体腹面及足黄褐色，上唇、上颚端部、头顶及前胸背板的斑黑褐色；触角黑色，基节黑褐色；鞘翅、后胸腹板黑色，胫节端半部及跗节黑褐色。角后瘤明显。触角长于或等于体长，第 1 节棒状，最长，第 2 节最短，其余各节近等长。前胸背板梯形，侧缘端半部圆滑；盘区隆起，无刻点，中部之后具 1 浅横凹。小盾片三角形，光滑无刻点。鞘翅基部宽于前胸背板，后部明显膨阔；翅面隆突，具密集粗大的刻点，肩角后具 1 长 1 短 2 条纵脊。

分布：浙江（临安）、河北、陕西、甘肃、江西、台湾、四川、贵州。

（619）四斑拟守瓜 *Paridea (Paridea) quadriplagiata* (Baly, 1874)

Aulacophora quadriplagiata Baly, 1874: 186.

Paraulaca quadriplagiata: Weise, 1922b: 70.

Paridea verticalis Laboissière, 1930: 343.

Semacia (Carapaula) quadriplagiata: Chûjô & Kimoto, 1961: 168.

Paraulaca (Carapaula) quadriplagiata: Chûjô, 1962: 198.

Paridea (Paridea) quadriplagiata: Gressitt & Kimoto, 1963: 514.

主要特征：体长 5.2–5.5 mm。头、前胸背板、鞘翅、腹部腹面及足黄色；唇基、触角 1–4 节背面、5–11 节、鞘翅的斑及中、后胸腹面黑色；足的胫节端部及跗节褐色。头顶光滑无刻点，下颚须第 3 节极度膨大，第 4 节圆锥状。触角长达鞘翅中部，第 2 节最短，第 3 节是第 2 节长的 2.5 倍。前胸背板基部窄，侧缘较直，中部之后膨阔；盘区在中部之前 1 横凹，横凹前极度隆突。小盾片舌形。鞘翅具 4 斑，每个鞘翅的基部 1/4 及端部不远（紧靠中部）各 1 斑，斑的四周皆黄色包围；盘区刻点密集，基本成行；缘折基部宽，到端部逐渐变窄。爪附齿式。

分布：浙江（德清、临安）、安徽、湖北、江西、湖南、福建、广东、广西、四川、贵州、云南；日本，印度。

（620）中华拟守瓜 *Paridea (Paridea) sinensis* Laboissière, 1930

Paridea sinensis Laboissière, 1930: 342.

Paridea (Paridea) sinensis: Gressitt & Kimoto, 1963: 514.

主要特征：体长 5.5–6.5 mm。头顶、前胸背板橘黄色；额区、鞘翅、前胸腹面、中胸腹面、腹部腹面及足的腿、胫节黄色；触角褐色；鞘翅的四斑、后胸腹、侧板、腿节及胫节外侧及跗节黑色。雄虫：头顶光滑无刻点，触角长达鞘翅中部。前胸背板基部窄，端部宽；基半部平直，端部隆凸；前、后角皆钝圆。小盾片三角形，无刻点。鞘翅肩角较隆，每个鞘翅 2 斑：肩角处 1 小斑，中部 1 大斑；盘区刻点基本成行。腹部末端三叶状，中叶端部微凹。雌虫：腹部末端及臀板皆完整。

分布：浙江（庆元）、陕西、甘肃、湖北、江西、湖南、福建、四川、贵州、云南。

（621）褐色拟守瓜 *Paridea (Paridea) testacea* Gressitt *et* Kimoto, 1963

Paridea (Paridea) testacea Gressitt *et* Kimoto, 1963: 515.

Paraulaca flavipennis Chûjô, 1935a: 165 (*nec* Laboissière, 1930: 334).

Paridea (Paridea) formosana Yang, 1991b: 272 (nomen nov. for *flavipennis* Chûjô, 1935).

主要特征：体长 4.4–6.0 mm。体浅褐色，头部、前胸背板和小盾片颜色更浅；触角褐色；后胸腹板黑色；胫节和跗节黑褐色。头部明显窄于前胸背板，头顶无刻点；触角是体长的 3/4，第 2 节是第 1 节长的 1/2，第 3 节是第 2 节长的 5 倍，与第 4 节等长，第 7–10 节长度递减；前胸背板宽小于长，基部窄，端部宽，盘区前端 3/5 隆起，基部 2/5 较凹洼；刻点稀少；小盾片长大于宽，端部较圆；鞘翅基部窄，端部宽，雄虫小盾片下的鞘翅中缝中间无凹陷，翅面具显刻点，在中部之前排列成行，雌虫臀板完整。

分布：浙江（庆元）、福建、台湾。

252. 宽折萤叶甲属 *Clerotilia* Jacoby, 1885

Clerotilia Jacoby, 1885c: 751. Type species: *Clerotilia flavomarginana* Jacoby, 1885.

主要特征：体长形；触角窝位于复眼后，明显分离；前胸背板无横凹；后胸腹板正常；前足基节窝开放；爪双齿式；前足基节间细窄；鞘翅缘折窄；雄虫腹端三叶状，雌虫完整或缺刻状。

分布：东洋区。世界已知 8 种，中国记录 8 种，浙江分布 1 种。

（622）黄缘宽折萤叶甲 *Clerotilia flavomarginata* Jacoby, 1885

Clerotilia flavomarginata Jacoby, 1885c: 751.

主要特征：体长 5 mm。体黄色，触角黑色，鞘翅绿色或蓝色，具金属光泽，侧缘黄色；足黄褐色。头部光滑，无刻点，角后瘤明显；触角超过体长，第 2 节最短，第 3 节是第 2 节长的 2 倍；前胸背板宽是长的 1.5 倍，近方形，盘区强烈隆起，无凹及刻点；鞘翅具细刻点。

　　分布：浙江（开化）；日本。

　　寄主：猫乳。

253. 攸萤叶甲属 *Euliroetis* Ogloblin, 1936

Euliroetis Ogloblin, 1936: 197. Type species: *Aenidea ornate* Baly, 1874.

　　主要特征：体长形。头顶光亮，几无刻点，无中沟；角后瘤发达，三角形；额唇基区呈三角形隆突；触角长超过鞘翅中部，第 2 节最短。前胸背板约与头等宽，近方形，两侧缘具较显著的边框，基缘边框较细，前缘无边框，两后角呈方形缺刻；盘区光亮，具稀疏刻点，在中部两侧常具凹洼。小盾片倒楔形。鞘翅两侧接近平行，肩角稍隆，翅面具明显的较密的刻点；缘折基部窄，直达端部不远。足细长，前足基节窝开放，爪附齿式。雄虫腹部常具各种凹坑，雌虫正常。

　　分布：古北区，东洋区。世界已知 9 种，中国已知 6 种，浙江分布 4 种。

分种检索表

1. 鞘翅单色，无任何斑纹 ··· 2
- 鞘翅双色，具斑纹 ··· 3
2. 前胸背板红色；腹部腹面第 1 节具 1 对瓣状突 ······················· 腹穴攸萤叶甲 *E. melanocephala*
- 前胸背板黑色；腹部腹面第 1 节无瓣状突 ································· 黑背攸萤叶甲 *E. nigrinotum*
3. 鞘翅黄色；雄虫腹部 1–5 节各 1 对突出物 ································· 黑缘攸萤叶甲 *E. lameyi*
- 鞘翅黑色或黄褐色，翅缝、外缘及翅端黑褐色；雄虫腹部 1–2 节各 1 对突出物 ············· 菊攸萤叶甲 *E. ornata*

（623）黑缘攸萤叶甲 *Euliroetis lameyi* (Laboissière, 1929)

Liroetis lameyi Laboissière, 1929: 278.

Euliroetis lameyi: Ogloblin, 1936: 199, 404.

　　主要特征：体长 6.5 mm。头部、触角、前胸背板及整个腹面红色，鞘翅黄色，侧缘、端部及中缝黑色；足红褐色，外侧黑色。头顶光滑，角后瘤明显；触角长不及鞘翅中部，第 2 节最短，第 3 节是第 2 节长的 1.5 倍，以后各节约等长；前胸背板方形，中部两侧各 1 凹窝，两后角凹缺状；小盾片舌形，光滑无刻点；鞘翅基部窄于端部，具密集的不规则的刻点；雄虫腹部腹板 1–5 节每节中部 1 对突出物，第 1、5 节短小；臀板向腹面包来，从第 2 节起中间凹洼，到端部最深。

　　分布：浙江（临安）、湖南、福建；俄罗斯，越南。

（624）腹穴攸萤叶甲 *Euliroetis melanocephala* (Bowditch, 1925)（图版 XIV-16）

Hoplosoma melanocephala Bowditch, 1925: 246.

Euliroetis ornata ab. *melanocephala*: Ogloblin, 1936: 201.

Euliroetis melanocephala: Gressitt & Kimoto, 1963: 503.

　　主要特征：体长 5.5 mm。雄虫：头部、足的腿节和胫节外侧及跗节黑色或黑褐色；触角褐色，越到端部颜色越深；其余部分红色。头顶隆突，光洁无刻点；角后瘤三角形，触角超过体长的一半，第 2 节最短，第 4 节最长，第 3 节稍短于第 4 节，是第 2 节长的 2 倍。前胸背板基部窄、端部宽，两侧缘直，两后角呈直角缺刻；盘区前半端隆突，后半端凹洼，中部两侧各 1 浅凹。小盾片三角形，光洁无刻点。鞘翅刻点细密，不规则排列。腹部腹板第 1 节 1 对瓣状突紧贴腹面向后伸，第 2 节突起也向后，第 3 节突起最大，向下延伸，第 4 节呈扁棒状，端部具细长毛，第 5 节锯齿状；臀板后包。

分布：浙江（庆元）、江西、湖南、福建、广东。

（625）黑背攸萤叶甲 *Euliroetis nigrinotum* Gressitt *et* Kimoto, 1963

Euliroetis nigrinotum Gressitt *et* Kimoto, 1963: 503.

主要特征：体长 6.5–7.5 mm。头部、前胸背板、小盾片及胸部腹面黑色，鞘翅棕黄色；触角背面黑褐色；足的腿节基半部及外侧、胫节外侧及跗节黑褐色，其余黄色。头顶隆突，光滑无刻点；角后瘤三角形；触角长超过鞘翅中部，第 2 节最短，第 3 节为第 2 节的 2.5 倍，第 4 节长超过前 2 节长度之和，第 5 节短于第 4 节，其余各节长度递减；前胸背板方形，宽大于长，盘区两侧近后角有凹窝，无明显刻点；小盾片倒楔形，表面无刻点；鞘翅两侧平行，翅面较平，具密集刻点；雄虫腹部具凹窝，第 3、4 节中部两端呈长柄状，末节内侧端部具长毛。

分布：浙江（庆元）、福建、贵州。

寄主：唇形科。

（626）菊攸萤叶甲 *Euliroetis ornata* (Baly, 1874)

Aenidea ornata Baly, 1874: 180.

Phyllobrotica ornate Jacoby, 1888: 349 (*nec ornata* Baly, 1874).

Hoplasoma 4-pustulatum: Bowditch, 1925: 246 (nomen nudum attributed to Jacoby).

Liroetis abdominalis Laboissière, 1929: 278.

Euliroetis ornata: Ogloblin, 1936: 201, 404.

主要特征：体长 4.5–7.0 mm。头、前胸橘红色，小盾片、身体腹面及足橘黄色，有时略带红色；足的腿、胫节背部具褐色纵纹；触角深褐色，基节和端节稍淡；鞘翅黑褐色至黑色，每个鞘翅有 2 个黄褐色近圆形斑，有时第 1 个消失，仅留端部 1 个，有时鞘翅全部黄褐色，仅翅缝、外缘及翅端黑褐色。头部光亮，无刻点；额唇基隆起较高。触角超过体长的一半，第 2 节短，第 3 节约为第 2 节长的 1.8 倍，第 4 节长于第 3 节，第 5–7 节约等长，微短于第 4 节。前胸背板宽大于长，两侧缘较直，前、后缘无边框，后角之内具角形缺刻；盘区光亮，基部有稀疏细刻点，中部两侧各 1 较宽的凹洼。小盾片舌形，无刻点。鞘翅两侧近于平行，表面刻点混乱，较密细。雄虫腹节结构特殊，第 1 和第 2 节中央有分开的向后伸的片状物，第 2 节的较长，将第 3 腹节盖住；第 4、5 节中部分开，成为 1 大深凹，两侧向上翘起，臀板向腹面弯转，末端与第 5 腹节相连。雌虫腹节正常，末端中央稍向后突。

分布：浙江（庆元、龙泉）、黑龙江、吉林、辽宁、陕西、江苏、湖南、福建、广东、广西、四川、贵州；俄罗斯，朝鲜，日本。

寄主：菊科。

254. 日萤叶甲属 *Japonitata* Strand, 1922

Japonia Weise, 1922b: 69 (*nec* Gould, 1859). Type species: *Phyllobrotica nigrita* Jacoby, 1885.

Japonitata Strand, 1935: 294. Type species: *Phyllobrotica nigrita* Jacoby, 1885, by substitution of *Japanitata* for *Japonia* Weise, 1922.

主要特征：体不甚长，头部约与前胸等宽；头顶较隆，光亮，具中沟；角后瘤发达，半月形；额唇基区呈人字形隆起；触角长超过鞘翅中部，第 2 节最短，从第 2 节始披较密的毛；前胸背板宽大于长，前缘无边框，基缘及侧缘具边框；盘区凹洼，光亮，几无刻点；小盾片三角形；鞘翅明显宽于前胸背板，两侧缘在中部稍缢缩，端半部膨阔；中缝及肩角下及侧缘的脊明显；盘区一般有各种凹洼，成为区别种的特征；缘折基部宽，到端部逐渐变窄；前足基节窝开放，爪附齿式；雄虫腹部末端三叶状。

分布：东洋区。世界已知 33 种，中国记录 22 种，浙江分布 3 种。

分种检索表

1. 鞘翅基部黄色，其他部分黑色，具 3 条脊 ·················渐黑日萤叶甲 *J. nigricans*
- 鞘翅具 1 条脊 ··· 2
2. 鞘翅蓝黑色，在隆脊内侧中部有 1 三角形凹，凹内具 1 短脊 ·········光头日萤叶甲 *J. litocephala*
- 鞘翅蓝紫色，在隆脊内侧中部无任何凹洼和脊 ·················粗刻日萤叶甲 *J. confragosa*

（627）粗刻日萤叶甲 *Japonitata confragosa* Yang et Li, 1997

Japonitata confragosa Yang et Li in Yang et al., 1997: 871.

主要特征：雄虫体长 5.1 mm。头部、触角、前胸背板、小盾片、胸部腹面及足蓝黑色，鞘翅蓝紫色，腹部黄色。头顶具明显蝌蚪状刻点；角后瘤明显，光滑无刻点；触角稍短于体长；前胸背板两侧平行，宽是长的 1.5 倍，盘区具细小刻点，中部之前隆突；小盾片三角形，光滑无刻点；鞘翅肩角突出，其下 1 条发达的脊直达翅端，末端向中缝弯曲，翅面刻点粗密，刻点间距离大于刻点直径。

分布：浙江（安吉）、四川。

（628）光头日萤叶甲 *Japonitata litocephala* Yang, 1998

Japonitata litocephala Yang in Yang & Li, 1998: 130.

主要特征：雄虫体长 5.0–6.0 mm。头、前胸背板、小盾片及鞘翅蓝黑色，触角、胸部腹面及足黑褐色，腹部黄褐色。头顶光滑，几无刻点，角后瘤三角形，光滑无刻点；触角稍短于体长，第 1 节棒状弯曲，第 2 节最短，第 3 节是第 2 节长的 5 倍，第 4 节是第 3 节长的 1.3 倍，第 5 节长于第 3 节，短于第 4 节，以后各节约等长。前胸背板两侧较直，中部浅凹，盘区无明显刻点。小盾片三角形，光滑无刻点。鞘翅肩角突出，在肩角外侧之下有 1 隆脊，直达端部之前；在隆脊内侧中部有 1 三角形凹，凹内具 1 短脊；翅面密布细小、杂乱刻点。雄虫腹部末节腹板宽大，中部为 1 大型凹洼；臀板后弯，端部中央凹刻状。

分布：浙江（安吉）。

（629）渐黑日萤叶甲 *Japonitata nigricans* Yang et Li, 1998

Japonitata nigricans Yang et Li, 1998: 130.

主要特征：雌虫体长 5.5 mm。头、前胸背板、小盾片、腹面及足黄色，触角 1–4 节黄褐色，5–11 节深褐色至黑色；鞘翅基部黄色，其他部分黑色。头顶光滑几无刻点，角后瘤小，长方形；触角长度超过鞘翅中部，第 2 节最短，第 3 节是第 2 节长的 2.5 倍，第 4 节稍长于第 3 节，以后各节约与第 4 节等长，第 11 节稍粗大。前胸背板宽约为长的 2 倍，端半部隆突，基部平洼。小盾片三角形，无刻点。鞘翅肩角发达，共 3 条脊，最外部 2 条明显，起始于肩角下，消失于端部前，第 3 条脊较弱；翅面刻点粗密。

分布：浙江（安吉）。

255. 贺萤叶甲属 *Hoplasoma* Jacoby, 1884

Hoplasoma Jacoby, 1884b: 233. Type species: *Hoplasoma apicalis* Jacoby, 1884.

Haplosoma: Allard, 1888: 326 (error).

Hoplosoma: Baly, 1889: 308 (error).

Paraulacophora Csiki, 1953: 131. Type species: *Aulacophora* (*Paraulacophora*) *pannonica* Csiki, 1953.

Haplomela Chen, 1942a: 28. Type species: *Haplomela semiopaca* Chen, 1942.

主要特征：体细长。头部较前胸窄，头顶光滑，额唇基脊状；触角丝状，超过体长的一半，有的甚至更长，第 2 节最短，第 4 节长于第 3 节。前胸近似方形，盘区具横凹。小盾片舌形。鞘翅两侧平行，肩角隆凸，具细刻点；缘折极窄，直达端部。足细长，胫节端无刺，前足基节窝开放，爪双齿式。雄虫在腹部第 2 节具 1 对突起，向后延伸，在同种类中，其特征不同。

分布：东洋区，旧热带区。世界已知 36 种，中国已知 5 种，浙江分布 1 种。

（630）大贺萤叶甲 *Hoplasoma majorina* Laboissière, 1929（图版 XIV-17）

Hoplasoma majorina Laboissière, 1929: 258.

Haplomela semiopaca Chen, 1942a: 28.

主要特征：体长 7.5–10.5 mm。体淡黄色或白色；上颚端部、胸部及腹部黑色；触角黄褐色，第 4–8 节背面褐色或者黑色，最后一节完全褐色或黑色；前、中足黄色，胫节、跗节外侧颜色稍暗；后足黑色。头与前胸背板等宽，光滑。触角第 3 节是第 2 节长的 2 倍，第 4 节长是第 2–3 节之和。前胸背板宽约为长的 2 倍，两侧缘近平行，前角近直角，后角钝圆，后缘在中部微波曲；盘区光滑，具 2 个浅凹。小盾片三角形，长大于宽，光滑。鞘翅基部宽于前胸背板，后部微膨阔，翅面隆突，具细小的刻点；缘折窄，几达鞘翅端部。雄虫胫节 1–2 节膨阔。

分布：浙江、甘肃、福建、台湾、广东、四川、贵州、云南；越南，老挝。

256. 米萤叶甲属 *Mimastra* Baly, 1865

Mimastra Baly, 1865e: 253. Type species: *Mimastra arcuata* Baly, 1865.

Anthraxantha Fairmaire, 1878: 137. Type species: *Anthraxantha davidis* Fairmaire, 1878.

主要特征：体长形。头顶具中沟，角后瘤发达，三角形；下颚须第 3 节膨大，第 4 节细长，末端尖锐；触角超过体长的一半，有的种类与体等长或更长。前胸背板方形，四周具边框，盘区中部具 1 横凹，一般无刻点。小盾片三角形，有的种类其表面有网纹。鞘翅细长，两侧平行，长为宽的 2.5 倍左右；肩角一般较隆突，盘区布密集刻点；缘折基部较宽，突然变窄后直达端部不远消失。足细长，前足基节窝开放，爪附齿式。

分布：东洋区。世界已知 73 种，中国记录 22 种，浙江分布 5 种。

分种检索表

1. 鞘翅蓝黑色，侧缘黄色；前胸背板具不规则黑斑 ·· 黄缘米萤叶甲 *M. limbata*
- 鞘翅灰黄色或基部黄色 ··· 2
2. 鞘翅黄色，端部 1/3 蓝黑色 ·· 桑黄米萤叶甲 *M. cyanura*

（631）粗刻米萤叶甲 *Mimastra chennelli* Baly, 1879

Mimastra chennelli Baly, 1879b: 450.

Mimastra uncitarsis Laboissière, 1940: 4.

主要特征： 体长 3.5–4.3 mm。体黄褐色，具有金属光泽，前足胫节、爪、腹面黑色，触角第 4 节黄棕色，第 5 节沥青色，其余各节黑色；触角与身体等长，第 3 节是第 2 节的 2 倍，第 4 节等于第 2–3 节之和；前胸背板宽是长的 2 倍，侧缘平行，具有凹洼，不具刻点；小盾片三角形；鞘翅基部明显宽于前胸背板，具有浓密刻点，刻点间距近规则；雌虫相当大，前胸背板凹洼较浅，触角第 4、5 节融合。

分布： 浙江、陕西、江西、湖南、福建、广东、云南；巴基斯坦，印度，不丹，尼泊尔，缅甸，老挝，泰国，马来西亚。

（632）桑黄米萤叶甲 *Mimastra cyanura* (Hope, 1831)（图版 XIV-18）

Auchenia cyanura Hope, 1831: 29.

Anthraxantha davidis Fairmaire, 1878: 137.

Mimastra cyanura: Allard, 1890: 83.

主要特征： 体长 8.0–10.5 mm。体长形。头、前胸、鞘翅及足黄褐色，头顶具 3 个黑褐色斑；触角褐色；鞘翅端部 1/3、后胸腹板及腹部蓝黑色；翅端黑斑有时扩大至鞘翅端部的 2/3，有时缩小或消失。头顶具细刻点。触角细长，几乎达翅端，第 3 节为第 2 节长的 2 倍。第 4 节为第 3 节长的 2 倍，第 5 节短于第 4 节，以后各节约与第 5 节等长。前胸背板矩形，宽为长的 1.8 倍，两侧缘中部微凹，表面横沟在中部较浅，光滑几无刻点。小盾片三角形。鞘翅两侧在中部之后微膨阔，翅面刻点稠密。雄虫前足第 1 跗节极度膨阔，近圆形，背面微凹；腹面有 2 个深凹，外侧一个长形、内侧的近圆形，更深。

分布： 浙江（嘉兴、余杭、临安、奉化、象山、宁海、三门、天台、仙居、温岭、临海、玉环、庆元、平阳）、陕西、甘肃、江苏、湖北、江西、湖南、福建、广东、广西、四川、贵州、云南；克什米尔，印度，不丹，尼泊尔，缅甸。

寄主： 桑、苹果、桃、梨、苎麻、梧桐、茶、榆等。

（633）黄缘米萤叶甲 *Mimastra limbata* Baly, 1879

Mimastra limbata Baly, 1879b: 449.

主要特征： 体长 7.0–10.5 mm。体长形，黄褐色；触角（基部 3–4 节除外）、足胫节（前足淡）、跗节黑褐色；头顶及前胸背板具不规则的黑斑，其斑纹有时减小，有时模糊不清，有时完全消失；鞘翅具蓝黑色宽纵带，仅侧缘和翅缝淡色，但黑带变化较大，有时增宽，有时缩狭，有时仅翅端黑色，有时完全消失；中、后胸及腹部蓝黑色。头顶具细微纵纹，角后瘤略近三角形。触角较长，第 1 节很粗，第 2 节短小，第 3 节为第 2 节长的 2 倍，第 4 节长于第 2–3 节之和，以后各节约短于第 4 节。前胸背板宽为长的 1.5 倍，表面刻点细，小盾片三角形，光洁无刻点。鞘翅狭长，外侧在中部之后有平展部分，表面刻点稠密、微皱。

雄虫前足第 1 跗节膨宽、增厚，内侧凹洼，腹面具 1 个长形凹和 1 个圆形凹。

　　分布：浙江（青田、缙云）、陕西、甘肃、湖北、湖南、福建、广西、四川、贵州、云南；印度，尼泊尔。

　　寄主：榆科植物、苹果、梨、羊齿植物等。

（634）斑眼米萤叶甲 *Mimastra oblonga* (Gyllenhal, 1808)

Galleruca oblonga Gyllenhal in Schönherr, 1808: 295.

Mimastra soreli Baly, 1878b: 415 (partim).

Mimastra oblonga: Bezděk, 2011: 32.

　　主要特征：雄虫体长 7.5–8.7 mm；雌虫体长 8.3–9.7 mm。头部黄色，头顶两侧具不规则的黑色眼斑；触角 1–4 节黄色，其余黑色；前胸背板黄色，盘区具 5–7 个黑斑，排成 M 形；小盾片黄色；鞘翅黄色，有的个体鞘翅端部外缘黑色，或鞘翅端绿黑色，具金属光泽；前、中胸腹板黄色，后胸腹板和腹部腹面黑色，具蓝黑色金属光泽；足黄色，3 对足腿节和前足胫节外侧具黑色纵带，中、后足胫节端部黑色，跗节褐色或黑褐色。头顶有细纹；触角是体长的 90%，第 2 节最短，第 3 节次之，第 3 节是第 2 节的 3 倍长；前胸背板宽是长的 1.5 倍，盘区有 2 个明显的侧横凹，具细小刻点；小盾片三角形，光滑无刻点；鞘翅光亮，肩角发达，翅面具密集的细小刻点。

　　分布：浙江、上海、江西、湖南、福建、香港、广西、贵州；越南。

（635）黑腹米萤叶甲 *Mimastra soreli* Baly, 1878

Mimastra soreli Baly, 1878b: 415.

　　主要特征：体长 8.0 mm。头、前胸背板、小盾片、鞘翅及足的腿节黄色；触角褐色至黑褐色；腹面黑褐色至黑色；足的腿节内外侧、胫节及跗节深褐色。有些个体头部近后头处有 3 个黑斑，中部及两侧各 1 个，有的个体消失。头顶光滑，中部 1 道纵沟，通过角后瘤间，直达触角之间；触角是体长的 4/5，第 2 节最短，第 3 节次之，是第 2 节长的 1.5 倍，第 4 节约为第 3 节长的 2 倍，稍长于第 5 节，第 5、6 节约等长，以后各节长度递减。前胸背板近于长方形，宽为长的 1.5 倍，前缘稍凹，其两侧各 1 凹窝。小盾片三角形，无刻点，表面稍隆突。鞘翅两侧平行，长为宽的 3 倍；翅面刻点密集，不规则；缘折基部宽，突然变窄，在离端部 1/3 处消失。足的腿节及胫节较细长，前足基节窝开放，爪附齿式，前足第 1 跗节膨大，呈椭圆形，背面平滑，腹面内侧呈椭圆形凹。

　　分布：浙江（杭州、舟山）、甘肃、江苏、湖南、福建、广东、海南、广西、四川、贵州、云南；越南，老挝，泰国，菲律宾。

257. 毛米萤叶甲属 *Trichomimastra* Weise, 1922

Mimastra subgenus *Trichomimastra* Weise, 1922b: 75. Type species: *Mimastra seminigra* Weise, 1922.

Trichomimastra: Gressitt & Kimoto, 1963: 394, 543.

　　主要特征：体细长，后头较长，复眼小。头部具明显的中沟，角后瘤不甚明显；额唇基区呈人字形脊隆突；触角细长，一般超过体长的一半。前胸背板宽大于长，四周具边框，前缘边框极细；盘区无明显的凹洼。小盾片三角形，端部较圆，背面微隆，具细纤毛。鞘翅窄长，长为宽的 4–5 倍；翅面布满刻点及长毛；缘折窄，直达端部。足细长，前足基节窝开放，后足第 1 跗节长于其余各节之和，爪附齿式。雄虫腹部末端三叶状，雌虫完整。

　　分布：东洋区。世界已知 22 种，中国记录 5 种，浙江分布 1 亚种。

（636）细毛米萤叶甲 *Trichomimastra attenuata attenuata* Gressitt *et* Kimoto, 1963（图版 XIV-19）

Trichomimastra attenuata attenuata Gressitt *et* Kimoto, 1963: 543.

　　主要特征：体长 6.5–10.1 mm。体黄褐色，头部及前胸背板侧缘偏红；触角黑褐色，腹面颜色较浅；足的颜色较体背浅，胫节外侧及跗节暗黑色。体极细长，背面披相当长的细毛，腹面毛较少。头较前胸宽，触角是体长的 4/5，第 2 节最短；前胸背板长方形，宽约为长的 2 倍，盘区无明显的刻点，中部具凹洼；小盾片三角形，具极细的刻点；鞘翅两侧平行，翅面刻点密集，刻点间较隆突；后足第 1 跗节长于其余各节之和。

　　分布：浙江（安吉）、福建、四川。

258. 哈萤叶甲属 *Haplosomoides* Duvivier, 1890

Haplosomoides Duvivier, 1890: 34. Type species: *Rhaphidopalpa serena* Boheman, 1859.

Hoplasomedia Maulik, 1936: 493. Type species: *Hoplasomedia chinmatra* Maulik, 1936.

　　主要特征：体细长。头顶具中沟，额瘤方形，额唇基区不甚隆凸。触角长超过鞘翅中部、第 2 节最短，整个触角披较硬的刚毛。前胸背板宽大于长，基缘及侧缘具边框，前缘无边框；两侧缘较直，盘区具 1 宽横凹。小盾片小，三角形，端部较圆。鞘翅细长，两侧接近平行，长为宽的 2.5–3 倍；肩角隆起，其下具 1–2 条纵脊；翅面具明显的刻点；缘折窄，直达端部。足较长，前足基节窝开放，爪附齿式，雄虫腹部末端三叶状，有的种类在腹面有突出物等构造。雌虫腹端完整。

　　分布：东洋区。世界已知 30 种，中国已知 15 种，浙江分布 3 种/亚种。

分种检索表

1. 鞘翅黑色，具脊 ·· 黑翅哈萤叶甲 *H. costata*
- 鞘翅黄色，鞘翅脊不明显 ··· 2
2. 前中足第 1 跗节膨大，长宽几近相等 ··· 黄翅哈萤叶甲 *H. flava*
- 前中足第 1 跗节稍膨大，长明显大于宽 ······································ 褐背哈萤叶甲 *H. annamita annamita*

（637）褐背哈萤叶甲 *Haplosomoides annamita annamita* (Allard, 1888)

Haplosoma annamita Allard, 1888 (1889): 328, 330.

Haplosomoides egena Weise, 1922b: 74.

Haplosomoides annamitus: Kimoto, 1989: 75.

Haplosomoides annamitus annamitus: Medvedev, 2000: 26.

　　主要特征：体长 4.5–7.0 mm。体黄褐色，后胸腹板及腹部黑色。头顶光亮，几无刻点；触角长超过体长之半，雄虫稍短；第 3 节为第 2 节长的 2 倍，第 4 节长于第 3 节；前胸背板宽为长的 1.4 倍，前缘和基缘较直，侧缘微膨阔；盘区几无刻点，中部之后具横凹；小盾片舌形，几无刻点；鞘翅基部远较前胸背板为宽，两侧接近平行，肩角突出，其下有 2 条纵脊，内侧 1 条不明显；翅面刻点细密；鞘翅中部之后有较稀疏的短毛；前中足第 1 跗节稍膨大，长明显大于宽；雄虫腹部末节顶端中央具 1 宽短横片，向上翻转，臀板向外伸突。

分布：浙江（德清、临安、常山）、江苏、福建、台湾、广东、广西、四川、云南、西藏；不丹，尼泊尔，越南，老挝，泰国。

寄主：海州常山。

（638）黑翅哈萤叶甲 *Haplosomoides costata* (Baly, 1878)（图 1-26）

Mimastra costata Baly, 1878b: 415.

Haplosomoides costata: Laboissière, 1930: 325.

Hoplosomoides ustulatus Laboissière, 1938: 2.

主要特征：体长 5.7–7.5 mm。头部、前胸背板、小盾片、腹面及足黄褐色至红褐色，跗节褐色；触角黑色，基部颜色较浅；鞘翅黑褐色，有时基半部颜色较淡，外缘基部 1/3 黄褐色。头顶微隆，具极细刻点与毛；雄虫复眼颇大，两眼间距很窄；触角间隆突较高，角后瘤发达。雄虫触角可达翅端，第 2 节最小，第 3 节是第 2 节 3 倍长，第 5–10 节略扁；雌虫触角超过体长之半，第 3 节约为第 2 节的 2 倍长。前胸背板宽为长的 1.7 倍左右，两侧较直，前端稍宽，基缘中部微向后凸，后角之内有 1 浅缺刻；盘区前端 1/3 隆突，中部之后为 1 宽的凹洼，表面几无刻点。小盾片舌形，无刻点。鞘翅表面刻点细密，肩瘤显著，之后为 2 条很清晰的纵脊，不达翅端；翅外缘、中缝端部和翅面有较稀的硬毛。雄虫腹部末节端部平直，第 1 腹节中部增厚，后缘中央向后伸出 1 个柄状物，略弯曲，其端部膨阔，略呈靴形，顶端平面有密毛；中足第 1 跗节明显膨阔，后足第 1 跗节较雌虫为粗。

分布：浙江（德清、临安、仙居、临海）、甘肃、湖北、江西、湖南、福建、台湾、广东、海南、广西、四川、贵州；日本，越南。

寄主：柑橘、桃、梨、李等。

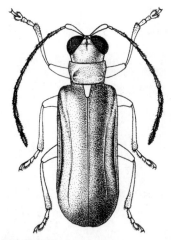

图 1-26　黑翅哈萤叶甲 *Haplosomoides costata* (Baly, 1878)

（639）黄翅哈萤叶甲 *Haplosomoides flava* Laboissière, 1930

Haplosomoides flava Laboissière, 1930: 326.

主要特征：体长 5.5–6.0 mm。体黄色具光泽；触角端部及足跗节褐色。体长，两侧平行；头与前胸背板等宽；触角丝状，第 3 节起具毛，第 3 节是第 2 节长的 2 倍，约与第 4 节等长；前胸背板宽大于长，侧缘膨阔，表面光滑，中部有 1 横凹；小盾片三角形，表面光滑；鞘翅基部宽于前胸背板，背面隆突，具密集的小刻点；前中足第 1 跗节膨大，长宽几近相等。

分布：浙江；日本，越南。

259. 凯瑞萤叶甲属 *Charaea* Baly, 1878

Charaea Baly, 1878a: 376. Type species: *Charaea flaviventris* Baly, 1878 [currently *Ch. balyi* (Medvedev *et* Sprecher-Uebersax, 1998), a replacement name for homonymous *Charaea flaviventre* Baly, 1878, *nec Calomicrus flaviventris* Motschulsky, 1861, both in *Charaea* now].

Exosoma Jacoby, 1903a: 25. Type species: *Chrysomela lusitanica* Linnaeus, 1767.

主要特征：触角窝位于复眼后，明显分离；前胸背板周缘具边框，盘区无凹；鞘翅缘折基部宽，到端部逐渐变窄，翅面无横凹；臀板整体具刻点；前足基节窝开放，3 对足胫端均具刺，后足第 1 跗节短于其余各节之和，爪附齿式；雄虫腹端三叶状，雌虫完整。

分布：古北区，东洋区，旧热带区。世界已知 43 种，中国已知 33 种，浙江分布 3 种。

分种检索表

1. 腹部浅红褐色，具金属光泽 ·· 卡氏凯瑞萤叶甲 *Ch. kelloggi*
- 腹部黄棕色或者部分黑色 ·· 2
2. 触角第 4 节明显长于第 1 节 ·································· 黄腹凯瑞萤叶甲 *Ch. flaviventris*
- 触角第 4 节与第 1 节等长 ································· 日本凯瑞萤叶甲 *Ch. chujoi*

（640）日本凯瑞萤叶甲 *Charaea chujoi* (Nakane, 1958)（图 1-27）

Calomicrus chujoi Nakane, 1958b: A309.

Exosoma chujoi: Gressitt & Kimoto, 1963: 565.

Charaea chujoi: Beenen & Warchalowski, 2010: 61.

主要特征：体长 4.0–4.2 mm。头部、前胸背板、腹板、小盾片及鞘翅蓝色；触角、中后胸腹板及足褐色；腹部腹面黄色。头顶稍隆，具极细刻点；角后瘤显著，其后为 1 道横沟；触角长达鞘翅中部，第 1 节棒状，最长，第 2 节最短，第 3 节次之，为第 2 节长的 1.3 倍，以后各节约等长。前胸背板基缘及侧缘皆圆形，端部稍凹；盘区隆突，具细刻点。小盾片三角形，端部稍圆，几无刻点。鞘翅两侧平行，翅面刻点较为密集，不规则排列，刻点间距是刻点直径的 1/2；缘折基部宽，是中部的 2 倍，直达端部。

分布：浙江（临安、庆元、景宁）、河南、甘肃、湖北、湖南、福建、台湾、四川、贵州；日本。

寄主：油松、蔷薇。

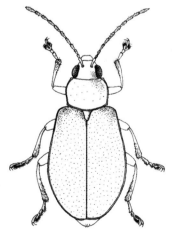

图 1-27　日本凯瑞萤叶甲 *Charaea chujoi* (Nakane, 1958)

（641）黄腹凯瑞萤叶甲 *Charaea flaviventris* (Motschulsky, 1861)（图 1-28）

Calomicrus flaviventris Motschulsky, 1861a: 26.

Monolepta flaviventris: Baly, 1874: 189.

Malacosoma flaviventris: Harold, 1877: 366.

Exosoma flaviventris: Laboissière, 1935: 3.

Luperus (*Calmicrus*) *flaviventris*: Ogloblin, 1936: 262, 412.

Charaea flaviventris: Beenen & Warchalowski, 2010: 62.

　　主要特征：体长 3.5–4.0 mm。头部、前胸背板、小盾片、鞘翅、胸部腹面及足深蓝色，足的各连接处褐色，触角褐色，腹部黄色。头顶具极细刻点，角后瘤之间及后缘皆为凹沟；触角长达鞘翅中部，第 4 节最长，第 1 节次之；第 2 节最短，第 3 节次之。前胸背板宽为长的 1.2 倍，基缘及侧缘圆滑，前缘弧凹；盘区隆突，具细小刻点。小盾片三角形，端部稍圆，无刻点。鞘翅肩角突出，翅面刻点较密，刻点间距离是刻点直径的 2 倍；缘折基部宽，至端部逐渐变窄。

　　分布：浙江（临安、开化、庆元）、黑龙江、吉林、陕西、甘肃、安徽、湖北、江西、湖南、福建、台湾、广东、广西；俄罗斯，朝鲜，日本。

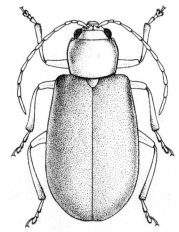

图 1-28　黄腹凯瑞萤叶甲 *Charaea flaviventris* (Motschulsky, 1861)

（642）卡氏凯瑞萤叶甲 *Charaea kelloggi* (Gressitt *et* Kimoto, 1963)

Calomicrus kelloggi Gressitt *et* Kimoto, 1963: 572.

Charaea kelloggi: Beenen & Warchalowski, 2010: 62.

　　主要特征：体长 4.5–5.8 mm。体蓝黑色带紫色光泽；头部黑绿色具蓝紫色光泽；触角黑褐色，基部红铜色；前胸背板蓝色具紫色光泽，小盾片及鞘翅金属紫色具蓝绿色或紫铜色光泽；身体腹面红褐色具金属光泽，腹部腹面较浅；足紫褐色，具红铜色或蓝色光泽。头部明显窄于前胸背板，头顶光滑，具极细的刻点；触角是体长的 3/5，第 2 节最短，是第 1 节长的 1/2，第 3 节长于第 2 节，第 4 节长于第 3 节，第 5–10 节长度递减；前胸背板宽大于长，侧缘波曲，前、后缘外凸；盘区中度隆突，中部较侧缘隆，刻点较侧缘稀疏；小盾片端部圆，表面具细刻点；鞘翅侧缘膨阔；盘区隆凸，刻点密集不规则，刻点间距大于刻点直径。

　　分布：浙江（景宁）、福建、台湾、广东、香港、贵州。

260. 华露萤叶甲属 *Sinoluperus* Gressitt *et* Kimoto, 1963

Sinoluperus Gressitt *et* Kimoto, 1963: 583. Type species: *Sinoluperus subcostatus* Gressitt *et* Kimoto, 1963.

主要特征：触角窝间距是触角窝宽度的 2 倍多，上唇端部微凹，两侧具有明显的刚毛窝；触角第 3 节是第 2 节长的 2 倍多，前胸背板周边具边框；鞘翅具有不规则刻点，缘折基部宽直至中部，鞘翅盘区具有 4–5 个纵脊，中、后足胫节端部具刺，后足基节窝大，有时延伸至第 1 腹节，爪为附齿式。

分布：东洋区。世界已知 4 种，中国已知 2 种，浙江分布 1 种。

（643）亚脊华露萤叶甲 *Sinoluperus subcostatus* Gressitt *et* Kimoto, 1963

Sinoluperus subcostatus Gressitt *et* Kimoto, 1963: 584.

主要特征：体长 5.2 mm。雄虫：深褐色，腹面颜色稍深，鞘翅红棕色；爪红棕色，头和鞘翅具有稀疏毛，触角具有浓密的短毛，腹面和足具有黄色软毛。后头稍微隆突，中间具有 1 个凹洼，具有明显的刻点；触角细长，稍长于身体，第 1 节长，第 2 节长大于宽，第 3 节约是第 2 节长的 3 倍，第 4 节稍长于第 3 节，第 4–10 节近相等，第 11 节稍微长于第 10 节；前胸背板宽是长的 1.3 倍，前缘直，盘区稍微隆突，两侧各具 1 个凹洼，具有浓密的细刻点；小盾片近三角形，具有稀疏的刻点；鞘翅侧缘稍膨阔，缘折在基部很宽，之后逐渐变窄至鞘翅中部。

分布：浙江、江西、广东、海南、四川；老挝。

261. 波萤叶甲属 *Brachyphora* Jacoby, 1890

Brachyphora Jacoby, 1890: 195. Type species: *Brachyphora nigrovittata* Jacoby, 1890, by monotypy.

主要特征：体窄长。触角丝状，长超过鞘翅中部，第 2 节最短，第 3 节长于第 2 节，第 4 节长于第 3 节。前胸背板宽大于长，两侧缘较直，具边框。小盾片三角形。鞘翅明显宽于前胸背板，基部宽，到端部逐渐变窄；盘区具明显刻点；缘折明显，超过鞘翅中部即消失。足细长，前、中足胫节端具刺，后足胫端刺不明显，前足基节窝开放，爪附齿式。

分布：东洋区。世界已知 2 种，中国已知 1 种，浙江分布 1 种。

（644）波萤叶甲 *Brachyphora nigrovittata* Jacoby, 1890（图 1-29）

Brachyphora nigrovittata Jacoby, 1890: 195.

主要特征：体长 3.3–4.8 mm。身体较狭。头、胸、足橙黄或橙红色；触角烟色，腹部和鞘翅黑色或黑褐色，每翅中央具 1 条淡色纵带，此带在端部之前向翅缝弯转，宽度约占翅面的 1/3，有时扩大，占据大部翅面，仅翅缝和外缘黑色。上唇横宽，前缘中央凹缺颇深；额唇基隆突高，呈脊状；角后瘤横形，头顶具极细刻点。触角约为体长的 2/3，第 3 节微长于第 2 节，第 4 节明显长于第 3 节，以后各节长度约相等，但皆短于第 4 节。前胸背板宽大于长，侧缘中部略膨阔，基缘较直；盘区较平坦，刻点细小。小盾片三角形，顶部圆，具细刻点。鞘翅刻点细密，翅面具较稀短毛，肩部之后有 1 条明显的纵脊不达翅端，但往往完全消失。足腿节较粗壮，后足胫端具 1 小刺。

分布：浙江（德清、安吉、临安、景宁）、山西、陕西、江苏、湖北、江西、湖南、福建、广东、广西、四川、贵州。

　　寄主：四季豆、菜豆、葛属等。

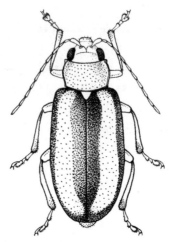

图 1-29　波萤叶甲 *Brachyphora nigrovittata* Jacoby, 1890

262. 隶萤叶甲属 *Liroetis* Weise, 1889

Liroetis Weise, 1889b: 607. Type species: *Liroetis aeneipennis* Weise, 1889.

Liroetes: Jacoby, 1890: 215 (error).

　　主要特征：体细长，中到大型。头较前胸背板窄，头顶具中沟，角后瘤不发达；额唇基区呈三角形隆起。触角长超过鞘翅中部，第 2 节最短。前胸背板宽大于长，四周具边框，基缘较直，侧缘稍圆；盘区具刻点，中部两侧具凹窝。小盾片三角形。鞘翅明显宽于前胸背板，基部较窄，中部之后稍膨阔，翅面具较密集刻点；缘折基部窄，直达端部。足胫节外侧具脊，前足基节窝开放，爪附齿式。雄虫腹部末端三叶状，雌虫完整。

　　分布：东洋区。世界已知 34 种，中国已知 27 种，浙江分布 3 种。

分种检索表

1. 鞘翅黄褐色，表面刻点粗大 ·· 中甸隶萤叶甲 *L. zhongdianica*
- 鞘翅绿色 ··· 2
2. 头顶黑色，小盾片褐色 ··· 莱克隶萤叶甲 *L. leechi*
- 头顶及小盾片黄褐色 ·· 天目山隶萤叶甲 *L. tiemushannis*

（645）莱克隶萤叶甲 *Liroetis leechi* Jacoby, 1890

Liroetis leechi Jacoby, 1890: 215.

Liroetis leechi: Gressitt & Kimoto, 1963: 532.

　　主要特征：体长 7.0–9.0 mm。头顶及后头黑色，小盾片褐色；鞘翅蓝绿色，带金属光泽；头部额唇基区、触角基部数节、前胸背板、腹面及足橙黄色；触角端部数节及跗节褐色。头顶具中沟及刻点，角后瘤明显，圆形；触角长超过鞘翅中部，第 2 节最短，第 3 节约与第 1 节等长，是第 2 节长的 4 倍，第 4 节长于第 3 节，以后各节约等长；第 11 节较长，具亚节。前胸背板宽为长的 2 倍多，前后角较钝圆；盘区无明显凹洼，具稀疏的细刻点，近侧缘较密。小盾片三角形，背面隆起，具密集的刻点；缘折窄，直达端部。

腹面毛稀少，足较长。

分布：浙江（临安）、陕西、甘肃、湖北。

（646）天目山隶萤叶甲 *Liroetis tiemushannis* Jiang, 1988（图 1-30）

Liroetis tiemushannis Jiang, 1988: 186.

主要特征：体长 8.0–9.0 mm。体长形，棕黄色，鞘翅蓝绿色，触角端半部棕红色。额区呈三角形隆凸；角后瘤明显，光亮，近圆形。头顶具少量细刻点，中央有 1 条细纵线。触角伸至鞘翅中部之后，第 3 节约为第 2 节长的 2 倍，第 4 节长于第 3 节，第 5 节长约等于第 4 节，第 6 节长微短于第 5 节，以后各节大体相等，末节稍长。前胸背板宽略大于长的 1.5 倍，两侧缘在中部微膨阔，基缘略弧拱，中央较平直；表面刻点极细小，中央有 1 条细纵线，基部中央有 1 个浅凹。小盾片宽舌形，具细刻点。鞘翅基部明显宽于前胸背板，肩胛显突，翅面在基部微隆，之后稍凹，刻点细密，外侧中部有 1 条较宽的纵凹，其长度约为体长之半。雌虫腹部末节端部凹缺极深，凹底较平。

分布：浙江（安吉、临安）、陕西、甘肃、湖北、湖南、福建、贵州。

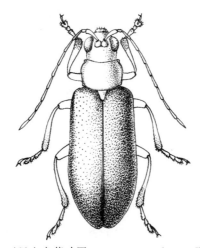

图 1-30　天目山隶萤叶甲 *Liroetis tiemushannis* Jiang, 1988

（647）中甸隶萤叶甲 *Liroetis zhongdianica* Jiang, 1988

Liroetis zhongdianica Jiang, 1988: 189.

主要特征：体长 8.0–9.0 mm。头部、前胸背板棕褐色，触角灰褐色，小盾片和鞘翅黄褐色，腹面及足的腿节褐色，胫节、跗节黑褐色。头部额区呈人字形隆凸，角后瘤明显；头顶中度隆起，具稀疏细刻点；触角长超过鞘翅中部，第 3 节是第 2 节长的 2 倍，第 4 节是第 3 节长的 1.5 倍，第 4–10 节长度约相等；雌虫第 5 节短于第 4 节。前胸背板宽约为长的 1.6 倍，侧缘较圆，端缘微凹；盘区明显隆凸，在后角内侧沿侧缘有 1 浅凹；刻点极细。小盾片三角形，无刻点。鞘翅肩角之后往往具浅纵凹，翅面刻点粗密。

分布：浙江、湖南、福建、云南。

263. 拟隶萤叶甲属 *Siemssenius* Weise, 1922

Siemssenius Weise, 1922b: 73. Type species: *Siemssenius modestus* Weise, 1922.

Pseudoliroetis Laboissière, 1929: 280. Type species: *Liroetis fulvipennis* Jacoby, 1890.

主要特征： 体大型。头部窄于前胸背板，下颚须第 3–4 节圆球状；额唇基区呈人字形强烈隆起；额瘤发达，半圆形；头顶具中沟。触角长超过鞘翅中部，第 2 节最短，第 3 节是其长的 3–4 倍。前胸背板宽大于长，侧缘、基缘具边框，前缘无边框；前角突出，后角钝圆；盘区较强烈隆起，一般无刻点。小盾片三角形，表面隆起。鞘翅明显宽于前胸背板，基部窄，中部之后较膨阔；盘区较隆，具刻点；缘折窄，直达端部不远处消失。前足基节窝开放，爪附齿式。

分布： 东洋区。世界已知 13 种，中国已知 6 种，浙江分布 1 种。

（648）褐翅拟隶萤叶甲 *Siemssenius fulvipennis* (Jacoby, 1890)（图 1-31）

Liroetis fulvipennis Jacoby, 1890: 215.

Pseudoliroetis fulvipennis: Laboissière, 1929: 281.

Pseudoliroetis jeanvoinei Laboissière, 1929: 281.

Siemssenius fulvipennis: Kimoto, 1989: 74.

主要特征： 体长 10.0–14.0 mm。头部、前胸背板、小盾片、鞘翅及腹面橘红色或红褐色；触角、唇基、下颚须黑褐色至黑色，足黑色。头顶较平，布满密集刻点；角后瘤明显，其间由 1 道纵沟分开；触角长超过鞘翅中部，第 1 节棒状，第 2 节最小，是第 1 节长的 1/3，第 3 节与第 1 节约等长，第 4 节长于第 3 节，第 5 节短于第 4 节，以后各节约等长，短于第 5 节。前胸背板基缘及侧缘较圆，前缘平直；盘区隆起，布极细的刻点。小盾片三角形，表面隆突，具细刻点。鞘翅基部窄，端部宽，盘区刻点细小，较密集；缘折窄，直达端部腹面，布满刻点，雄虫腹端中叶表面凹洼，臀板末端尖锐；雌虫腹端完整。

分布： 浙江（安吉、临安、庆元、龙泉）、甘肃、江苏、安徽、湖北、江西、湖南、福建、广西、四川、贵州；越南。

寄主： 枫香、金银花、马桑。

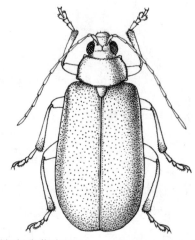

图 1-31 褐翅拟隶萤叶甲 *Siemssenius fulvipennis* (Jacoby, 1890)

264. 克萤叶甲属 *Cneorane* Baly, 1865

Cneorane Baly, 1865d: 97. Type species: *Cneorane fulvicollis* Baly, 1865.

主要特征： 体椭圆形，一般具金属光泽。头部一般部分隐藏于前胸背板下，无中沟；角后瘤发达，半圆形；触角长超过体长的一半；下颚须第 3 节很长，第 4 节极小。前胸背板宽阔、隆起，四周具边框，前、后角较钝；盘区无任何凹洼，具细刻点。小盾片舌形。鞘翅基部稍宽于前胸背板，中部之后膨阔；肩角隆起，盘区在基部 1/3 之后隆凸，具明显刻点；缘折宽，到端部逐渐变窄。足发达、粗壮，前足基节窝开放，爪附齿式。

分布：世界广布。世界已知 42 种，中国已知 19 种，浙江分布 2 种。

（649）华丽克萤叶甲 *Cneorane elegans* Baly, 1874

Cneorane elegans Baly, 1874: 182.

Cneorane violaceipennis: Gressitt & Kimoto, 1963: 553 (misidentification).

Cneorane rufipes Weise, 1889b: 620.

Cneorane cyanipennis Chûjô, 1938b: 135.

主要特征：体长 5.7–8.4 mm。头、前胸、中胸腹板、后胸腹侧板及足棕黄色或棕红色，触角黑褐色（基部数节黄褐色）；小盾片颜色有变异，有时淡色，有时暗色；鞘翅绿色、蓝色或紫蓝色。上唇宽稍大于长，角后瘤大，隆突较高，近方形，前内角略向前伸；头顶光洁，几无刻点。触角略短于体长，第 3 节是第 2 节长的 2 倍，第 4 节明显长于第 3 节，第 5 节短于第 4 节，略长于第 3 节，以后各节大体与第 5 节等长；雄虫触角在中部之后渐膨粗，末端 2–3 节腹面扁平或凹洼。前胸背板宽为长的 1.5 倍，两侧弧圆，基缘较平直，表面稍突，无横沟，具极细的刻点。小盾片舌形，光洁无刻点。鞘翅缘折基部宽，端部窄，翅面刻点很密。雄虫腹部末节顶端中央淡色，具 1 横片向上翻转。

分布：浙江、黑龙江、吉林、辽宁、北京、河北、山西、陕西、甘肃、江苏、安徽、湖北、江西、湖南、福建、台湾、广东、广西、四川；俄罗斯，朝鲜，日本。

寄主：胡枝子属。

（650）胡枝子克萤叶甲 *Cneorane violaceipennis* Allard, 1887

Cneorane elegans Fairmaire, 1887a: 332 (*nec* Baly, 1874).

Cneorane violaceipennis Allard, 1889: 69, 70.

Cneorane fokiensis Weise, 1922b: 71.

主要特征：体长 5.7–8.4 mm。头、前胸、中胸腹板、后胸腹侧片及足棕黄色或棕红色，触角黑褐色（基部数节黄褐色）；小盾片颜色有变异，有时淡色，有时暗色；鞘翅绿色、蓝色或紫蓝色。上唇宽稍大于长，角后瘤大，隆突较高，近方形，前内角略向前伸；头顶光洁，几无刻点。触角略短于体长，第 3 节是第 2 节长的 2 倍，第 4 节明显长于第 3 节，第 5 节短于第 4 节，略长于第 3 节，以后各节大体与第 5 节等长；雄虫触角在中部之后渐膨粗，末端 2–3 节腹面扁平或凹洼。前胸背板宽为长的 1.5 倍，两侧弧圆，基缘较平直，表面稍突，无横沟，具极细的刻点。小盾片舌形，光洁无刻点。鞘翅缘折基部宽，端部窄，翅面刻点很密。雄虫腹部末节顶端中央淡色，具 1 横片向上翻转。

分布：浙江（安吉、临安、庆元、景宁）、山西、陕西、江苏、湖北、湖南、福建、台湾、四川、贵州、西藏。

寄主：胡枝子属。

265. 盔萤叶甲属 *Cassena* Weise, 1892

Euphyma Baly, 1879b: 457 (*nec* Mulsant, 1875). Type species: *Euphyma collaris* Baly, 1879.

Solenia Jacoby, 1886: 87. Type species: *Euphyma collaris* Baly, 1879, by substitution of *Solenia* for *Euphyma* Baly, 1879, *nec* Jacoby, 1877, *nec* Mulsant, 1875.

Cassena Weise, 1892: 388. Type species: *Cassena celebensis* Weise, 1892.

Solephyma Maulik, 1936: 329. Type species: *Euphyma collaris* Baly, 1879, by substitution of *Solephyma* for *Solenia* Jacoby, 1886, *nec* Mulsant, 1875.

Taphinellina Maulik, 1936: 299. Type species: *Taphinella bengalensis* Jacoby, 1900.

主要特征：体椭圆形；头部约与前胸等宽；头顶隆突，光滑无刻点；触角细长，超过鞘翅中部，有的可达鞘翅端部；第 2 节最短，第 3 节次之；前胸背板宽大于长，侧缘圆形，盘区隆突，光滑无刻点；小盾片舌形；鞘翅基部较前胸背板宽，中部膨阔，端部变窄；盘区强烈隆突；缘折基部宽，到端部逐渐变窄；前足基节窝关闭，爪附齿式。

分布：东洋区，澳洲区。世界已知 49 种，中国已知 6 种，浙江分布 1 种。

（651）端黄盔萤叶甲 *Cassena terminalis* (Gressitt *et* Kimoto, 1963)（图版 XIV-20）

Solephyma terminalis Gressitt *et* Kimoto, 1963: 662.

Cassena terminalis: Gressitt & Kimoto, 1963: 925.

主要特征：体长 3.7–4.7 mm。头部、前胸背板、鞘翅、胸部腹面及 3 对足蓝黑色；触角黑褐色，第 1–2 节颜色较浅；鞘翅端部黄色；腹部黄褐色。头部光滑，几无刻点；角后瘤明显，其后缘为 1 道横沟；触角是体长的 3/4；前胸背板宽约为长的 2 倍，侧缘在中部之前强烈膨阔，基缘外突，前缘弧凹；盘区中度隆突，具极细、疏的刻点；小盾片三角形，几无刻点；鞘翅两侧较圆，肩角突出；小盾片下中缝两侧各 1 短行刻点，鞘翅刻点基本成行。

分布：浙江（庆元、景宁）、湖北、湖南、福建、广东、贵州；泰国。

266. 讷萤叶甲属 *Cneoranidea* Chen, 1942

Cneoranidea Chen, 1942a: 31. Type species: *Cneoranidea signatipes* Chen, 1942.

Neocrane Chûjô, 1962: 207. Type species: *Neocrane bicoloripes* Chûjô, 1962.

主要特征：体长椭圆形。头部的额唇基区隆起，额瘤发达，其后为 1 横沟，头顶具中沟；触角等于或短于身体长度，第 1 节棒状，端部弯曲，第 2 节最短，第 3 节次之，以后各节约等长，第 11 节具亚节；下颚须第 2 节细长，第 3 节近似三角形，极度膨大，第 4 节极小，呈圆锥状、扁形等形态。前胸背板宽大于长，四周具边框，前角一般突出，后角钝圆；盘区具刻点，近基部常具各种浅凹或凹窝。小盾片舌形，无刻点。鞘翅较前胸背板宽，基部窄，中部之后膨阔；翅面隆起，具密集刻点；缘折基部宽，中部之后明显变窄，直达端部。腹面：前足基节窝开放，前胸腹板宽，伸向两足基间；腹部第 1 节宽大，伸突于后足基节间；雄虫腹端三叶状，雌虫完整，但个别种类有例外，腹部末端为缺刻状；足胫节外侧具脊，端部无刺，爪附齿式。

分布：东洋区。世界已知 11 种，中国已知 9 种，浙江分布 3 种。

分种检索表

1. 下颚须第 4 节很小，圆锥形 ·· 中华讷萤叶甲 *C. sinica*
- 下颚须第 4 节大，斧刃形 ··· 2
2. 前胸背板盘区有 2 个圆形斑和 1 个 V 形斑 ·· 桤木讷萤叶甲 *C. signatipes*
- 前胸背板无斑 ··· 双斑讷萤叶甲 *C. parasinica*

（652）双斑讷萤叶甲 *Cneoranidea parasinica* Zhang *et* Yang, 2005

Cneoranidea parasinica Zhang *et* Yang, 2005: 51.

主要特征：体长 6.5 mm。体黄褐色；触角、腿节基部、胫节和跗节黑褐色。头顶光滑，无刻点；下颚须第 3 节强烈膨大，第 4 节小，斧刃状；触角长超过鞘翅中部，第 2 节最短，第 3 节长是第 2 节的 2 倍，第 4 节长于第 3 节，第 5 节短于第 3 节，第 5–9 节长度相等，第 11 节最长。前胸背板宽是长的 2 倍，基部有 5 个不相等的浅凹；盘区有 2 个圆形斑和 1 个 V 形斑；盘区基部刻点粗、端部刻点细。小盾片舌形，具稀疏的刻点。鞘翅具粗细两种刻点，细刻点位于粗刻点之间。

分布：浙江（安吉）。

（653）桤木讷萤叶甲 *Cneoranidea signatipes* Chen, 1942 **（图 1-32）**

Cneoranidea signatipes Chen, 1942a: 31.

主要特征：体长 8.2–10.0 mm。体长椭圆形，体棕黄色；口器部分淡褐色或黑色；触角、足的腿节端部、胫节和跗节黑褐色或黑色。额唇基区隆起较高，角后瘤发达，头顶光滑无刻点，具中纵沟。触角细，稍短于体长；第 2 节短小，第 3 为第 2 节长的 2 倍；第 4 节约为前 2 节长之和；其余各节与第 4 节大体等长。下颚须第 3 节膨大，第 4 节斧刃形，嵌入第 3 节中。前胸背板宽倍于长，两侧缘呈弧状弯曲；盘区微隆，散布细小刻点。小盾片舌形。鞘翅表面刻点细密；缘折在基部宽，到端部收狭。中足分离较远，中胸腹板宽。雄虫腹部末端中叶表面凹洼。

分布：浙江（长兴、临安、武义、开化、平阳）、甘肃、安徽、湖北、江西、湖南、福建、台湾、广东、广西、四川、贵州。

寄主：桤木。

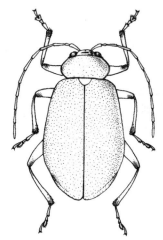

图 1-32　桤木讷萤叶甲 *Cneoranidea signatipes* Chen, 1942

（654）中华讷萤叶甲 *Cneoranidea sinica* Yang, 1991

Cneoranidea sinica Yang, 1991a: 201.

主要特征：雄虫体长 7–8 mm；雌虫体长 8–9 mm。触角、腿节端部、胫节及跗节黑褐色，其余黄褐色。头顶光滑无刻点，下颚须第 3 节特别膨大，如扇状，第 4 节很小，位于第 3 节端部凹内。触角稍短于体长。前胸背板宽约为长的 2 倍，两侧基部窄，端部宽，盘区在基部两侧具方形凹洼，洼内具粗大刻点，其他部位刻点细小。小盾片舌形，近基部具 2–3 个粗刻点。鞘翅基部窄，到端部逐渐膨阔；肩角突出，翅面隆起，密布粗细两种刻点。雌虫触角第 3 节是第 2 节长的 2 倍，前胸背板无明显的凹洼。

分布：浙江（安吉）、江西、湖南、福建、四川、贵州。

267. 长跗萤叶甲属 *Monolepta* Chevrolat, 1837

Monolepta Chevrolat, 1837: 407. Type species: *Crioceris bioculata* Fabricius, 1781.

Damais Jacoby, 1903b: 118. Type species: *Damais humeralis* Jacoby, 1903.

Chimporia Laboissière, 1931: 413. Type species: *Chimporia monardi* Laboissière, 1931.

主要特征：体椭圆形。头部光亮，具稀疏的刻点及中纵沟；角后瘤发达，触角间为 1 脊状隆突；触角长超过鞘翅中部，第 2、3 节最短，第 4 节一般较第 3 节长得多。前胸背板宽大，宽为长的 1 倍或更多；侧缘及基缘具边框；盘区隆起，无任何凹洼。小盾片三角形，端部较圆。鞘翅明显宽于前胸背板，肩角隆突；基部窄，中部之后变宽，端部钝圆，有的种类盘区极度隆突；缘折基部宽，离中部不远突然变窄，直达端部。前足基节窝关闭，后足胫节端部具长刺，第 1 跗节明显长于其余各节之和，爪附齿式。

分布：世界广布。世界已知 708 种，中国已知 73 种，浙江分布 15 种。

分种检索表

1. 雄虫在每个鞘翅距基部 1/3 不远处近中缝各具 1 处深凹窝 ·········凹翅长跗萤叶甲 *M. bicavipennis*
- 鞘翅上无任何凹窝 ··· 2
2. 鞘翅全部黑色 ·· 3
- 鞘翅黄棕色或部分黑色 ·· 4
3. 额区与前胸背板黄棕色 ······································黑体长跗萤叶甲 *M. epistomalis*
- 头部、前胸背板黄色，足黄色 ······························金秀长跗萤叶甲 *M. yaosanica*
4. 鞘翅黄棕色，无任何斑纹 ·· 5
- 鞘翅有斑纹或条带 ··· 6
5. 头部黄棕色 ··竹长跗萤叶甲 *M. pallidula*
- 触角间区域与角后瘤偏黑色 ······························黑颜长跗萤叶甲 *M. meridionalis*
6. 鞘翅端部黑色 ··· 7
- 鞘翅具条带或斑 ·· 8
7. 头顶黑色；鞘翅基部 2/3 红棕色 ····························黑端长跗萤叶甲 *M. yama*
- 额区黑褐色；鞘翅基部 2/3 黄棕色 ·························端黑长跗萤叶甲 *M. selmani*
8. 鞘翅黑色，有横向条带 ·· 9
- 鞘翅有黄色或黑色斑纹 ··· 11
9. 体形非常隆突，鞘翅在中间有 1 横向褐色条带 ···········隆凸长跗萤叶甲 *M. sublata*
- 体形不隆突 ·· 10
10. 胫节、跗节黑褐色 ···长阳长跗萤叶甲 *M. leechi*
- 胫节、跗节黄褐色 ··马氏长跗萤叶甲 *M. maana*
11. 鞘翅具斑 ·· 12
- 鞘翅黄棕色，每一鞘翅上有 1 纵向的黑色条纹 ···········黑纹长跗萤叶甲 *M. sexlineata*
12. 鞘翅边缘黑褐色，中间有 1 大黄色斑 ·······················杨长跗萤叶甲 *M. discalis*
- 鞘翅具小斑 ·· 13

13. 每鞘翅基部和端部有 2 个淡色斑 ·· 黄斑长跗萤叶甲 *M. signata*
-　鞘翅具黑色斑 ··· 14
14. 头部黄褐色，鞘翅在接近基部有 1 黑色小斑，中部后有 1 黑色大斑 ············ 小斑长跗萤叶甲 *M. longitarsoides*
-　头顶、唇基与上唇黑色，每个鞘翅具 4 个黑斑 ··························· 邵武长跗萤叶甲 *M. shaowuensis*

（655）凹翅长跗萤叶甲 *Monolepta bicavipennis* Chen, 1942（图版 XIV-21）

Monolepta bicavipennis Chen, 1942a: 55.

主要特征：体长 4.2–5.0 mm。体长形。头、触角、前胸、足的胫节及跗节红褐至黑褐色，小盾片红色至红褐色，鞘翅红色，腹面及足腿节黄褐色。头部具细刻点，额区近三角形微突；角后瘤较小；头顶刻点极细。触角约为体长的 2/3，第 3 节是第 2 节长的 1.3 倍，第 4 节长约等于第 2–3 节之和，以后各节长等于或稍短于第 4 节。前胸背板宽约为长的 2 倍，两侧缘和前缘较平直，基缘向后拱凸；表面刻点细密，每一刻点着生 1 短毛，中部具 1 条横凹。小盾片三角形，无刻点。鞘翅刻点混乱、细密。雄虫每翅基部 1/3 近中缝处有短横凹，颇深，凹内端缝处具 1 瘤突，突上具短毛；凹外端向后弯转成纵沟，与横凹相连，但显较横凹浅。腹面和足被金色毛。雄虫腹部末节中叶宽略大于长，表面微凹洼。

分布：浙江（安吉、临安、庆元）、山西、河南、陕西、甘肃、安徽、湖北、江西、湖南、广西、贵州、云南。

寄主：栗属、胡桃、水杉、银杏等。

（656）杨长跗萤叶甲 *Monolepta discalis* Gressitt *et* Kimoto, 1963（图版 XIV-22）

Monolepta discalis Gressitt *et* Kimoto, 1963: 612.

主要特征：体长 3.0–3.8 mm。头顶及上颚黑褐色；触角红褐色；前胸红砖色；小盾片黑褐色；鞘翅红褐色，周缘黑褐色，中间形成 1 黄色大斑；后胸及腹部红褐色至黑色；足浅红褐色。头窄于前胸背板；头顶具细小刻点；角后瘤明显，具不清晰的刻点。触角细长，稍短于体长，第 3 节约是第 2 节长的 2 倍，第 4 节长于第 1 节，第 5 节稍短于第 4 节，第 5–10 节长度逐渐递减，第 11 节与第 4 节等长。前胸背板宽是长的 1.6 倍，盘区隆突，具稀疏、细小的刻点。小盾片三角形，平坦、光滑无刻点。鞘翅长是宽的 3 倍，中部之后膨阔，端部钝圆；缘折基部宽，中部之前明显变窄，端部之前消失；翅面具细小的不规则的刻点，刻点直径是刻点间距的 1/2 或更小。足细长。

分布：浙江、甘肃、贵州、云南。

（657）黑体长跗萤叶甲 *Monolepta epistomalis* Laboissière, 1934

Monolepta epistomalis Laboissière, 1934a: 9.

主要特征：体长 2 mm。雌虫：额区、前胸背腹面、腹部黄棕色；其余部分黑色；触角第 1–3 节黄色，其余各节黑褐色；足的腿节黑色，端部黄褐色；胫节基部黄色，其余部分及跗节黑褐色。头顶具细刻点，中部 1 道纵沟，角后瘤明显，与触角间及额区的隆突相连；触角是体长的一半，第 2 节最短，第 3 节次之，第 4 节长于第 3 节，从第 4 节起各节膨大，长度约相等。前胸背板宽为长的 2.5 倍；基缘外突，前缘凹洼，侧缘近端半部外突；盘区在近两后角各 1 小凹窝，刻点粗大，密集。小盾片三角形，光滑无刻点。鞘翅两侧在中部之后膨阔，盘区强烈隆突，刻点密集，刻点间距大于刻点直径；缘折基部 1/3 宽，突然变窄，直达翅端。腹部末端完整；前足基节窝关闭；后足第 1 跗节长于其余各节之和，爪附齿式。

分布：浙江（安吉）、陕西、甘肃、湖南。

（658）长阳长跗萤叶甲 *Monolepta leechi* Jacoby, 1890

Monolepta leechi Jacoby, 1890: 216.

主要特征：体长 5.5–6.0 mm。头部、前胸背板和腹部黄色，小盾片、鞘翅、中后胸腹板和中后足黑褐色；鞘翅中部具黄色横带；前足腿节黄色，胫节、跗节黑褐色。头顶光滑，几无刻点，角后瘤不明显；触角长超过鞘翅中部，第 2、3 节最短，第 4 节长超过第 2–3 节之和，第 5 节稍短于第 4 节，以后各节长度约相等；前胸背板宽约为长的 1.6 倍，两侧较圆，盘区中度隆起，刻点细小、稀疏；小盾片三角形，无刻点；鞘翅背面强烈隆起，刻点较密，刻点间距是刻点直径的 2 倍左右。

分布：浙江（庆元）、湖北、福建、台湾、广东、贵州、云南；印度，尼泊尔，越南，老挝。

（659）小斑长跗萤叶甲 *Monolepta longitarsoides* Chûjô, 1938（图版 XIV-23）

Monolepta longitarsoides Chûjô, 1938b: 147.

主要特征：体长 3 mm。头部、前胸背板、鞘翅、腹面及足黄褐色；触角 1–3 节颜色较浅，其余各节褐色；小盾片端半部黑色；鞘翅具 4 个黑色小圆斑。头部无刻点；角后瘤半圆形，中部呈 U 形凹；触角长超过鞘翅中部，第 2 节圆形，最短；前胸背板宽为长的 1.5 倍，基缘外凸，侧缘较直；盘区中部具 1 道横沟，两侧深，中部浅；基部刻点稀，端部密；小盾片三角形，无刻点；鞘翅翅面刻点密集。

分布：浙江（德清）、湖北、江西、湖南、福建、台湾、广东、海南、广西、四川、贵州。

（660）马氏长跗萤叶甲 *Monolepta maana* Gressitt et Kimoto, 1963

Monolepta maana Gressitt et Kimoto, 1963: 621.

主要特征：体长 3.7–4.0 mm。头部、触角 1–4 节、足胫节和跗节黄褐色；前胸背板、腹部及足黄色；鞘翅、中后胸腹面及触角 5–11 节黑褐色；鞘翅中部具 1 条黄色横带，约占鞘翅长的 1/3。头顶较平，具稀疏刻点；触角长超过鞘翅中部；前胸背板宽约为长的 1.5 倍，盘区无凹洼，近前缘刻点较密；小盾片三角形，光滑无刻点；鞘翅稍宽于前胸背板，盘区隆突，刻点明显，刻点间距大于刻点直径；后足第 1 跗节长是其余各节总长的 2 倍。

分布：浙江（安吉）、福建。

（661）黑颜长跗萤叶甲 *Monolepta meridionalis* Gressitt et Kimoto, 1963

Monolepta meridionalis Gressitt et Kimoto, 1963: 622.

主要特征：体长 5.6 mm。雄虫：橘色至红棕色，头部颜色稍暗，额、触角窝及角后瘤黑色，上唇、下唇须红色至深灰色；后足第 1 跗节端部黑色，体被稀疏细的金黄色毛；腹面和足具有稀疏的金黄色的毛。触角是体长的 4/5；第 1 节是第 2 节长的 2 倍多，第 3 节长是第 2 节的 1.5 倍；第 4 节稍短于第 1 节，第 4–10 节逐渐变短，第 11 节约与第 1 节等长。前胸背板宽是长的 1.5 倍，前缘直，基缘凸，前角非常隆突，基角圆钝稍微突出，盘区中央后端两侧具有凹洼，侧缘旁边具有较深的凹洼，刻点在基部密集、端部稀疏。鞘翅侧缘稍膨阔，缘折基部宽，在基部 1/4 后逐渐变窄至端部，盘区隆突，具有大且密集的刻点，刻点不规则。

分布：浙江、广东、海南。

（662）竹长跗萤叶甲 *Monolepta pallidula* (Baly, 1874)

Luperodes pallidulus Baly, 1874: 187.

Monolepta pallidula: Chûjô, 1938b: 144.

主要特征：体长 3.5–5.5 mm。体长卵形，黄褐色，有时稍淡或略深色；触角 1–4 节黄褐色，5–11 节到端部颜色逐渐加深至褐色；后足第 1 跗节基部黑色。角后瘤和头顶微隆，具极细刻点。触角间隆突，呈脊状；触角约为体长的 2/3，雄虫稍粗，第 3 节略长于第 2 节，第 4 节约等于第 2–3 节之和，以后各节大体与第 4 节等长。前胸背板宽小于长的 2 倍，前缘和侧缘平直，基缘拱凸；表面稍隆突，具较稠密的刻点，中部有 1 条浅横沟，沟两端向前斜伸，有时此沟模糊不清。小盾片三角形，光亮无刻点。鞘翅隆突，两侧在中部稍膨宽，端部圆，翅面刻点细密。腹面毛较短稀。

分布：浙江（德清、长兴、安吉、余杭、临安、开化、庆元、景宁、龙泉）、河南、甘肃、安徽、湖北、江西、湖南、福建、台湾、广东、海南、广西、四川、贵州、云南、西藏；朝鲜，日本，越南，老挝，泰国。

寄主：竹、胡杨、安息香。

（663）端黑长跗萤叶甲 *Monolepta selmani* Gressitt *et* Kimoto, 1963

Monolepta selmani Gressitt *et* Kimoto, 1963: 631.

主要特征：雄虫体长 2.3 mm。头部除头顶黄褐色外，额区及触角黑褐色；前胸背板、小盾片、鞘翅、腹面及足黄色或橘黄色；鞘翅末端 1/4 黑色。头顶光亮，具稀疏刻点；角后瘤亚三角形，光滑；触角是体长的 3/4；第 1 节细长，呈弧状弯曲，第 2 节长是宽的 2 倍，第 3 节短于且细于第 2 节，第 4 节长是第 2+3 节之和；第 5 节稍长于第 4 节，以后各节大致等长。前胸背板宽为长的 1.5 倍，前缘较直，基缘及侧缘皆向外突；盘区具不规则刻点，中部两侧为浅凹；刻点在前缘细密，中后部粗疏。小盾片三角形，无刻点。鞘翅长为宽的 3.3 倍，两侧稍外突；盘区刻点极不规则；缘折基部宽，到端部逐渐变窄。腹面光滑，具较深的刻点；腹端三叶状，中叶的长宽约相等。前足基节窝关闭，每一胫节端部各具 1 刺；后足第 1 跗节长是其余各节和的 1.5 倍；爪附齿式。

分布：浙江（安吉）、甘肃、湖北、湖南、贵州、云南。

（664）黑纹长跗萤叶甲 *Monolepta sexlineata* Chûjô, 1938

Monolepta sexlineata Chûjô, 1938b: 150.

Monolepta madrasensis Wilcox, 1973: 562 (new name for *M. duvivieri* Jacoby, 1904 and for *Monolepta lineata* Weise, 1915).

主要特征：体长 3.0–3.5 mm。体黄褐色，头部偏褐色；上唇黑色，触角 1–3 节黄褐色，余黑褐色；小盾片、鞘翅周缘及后足胫节端部黑色，每个鞘翅中部 1 条黑色纵纹。头顶具刻点；角后瘤较发达，光洁无刻点；触角间为 1 较强的隆脊。前胸背板宽大于长，前端较宽，基部窄，四角较钝圆；盘区具明显刻点。小盾片短三角形。鞘翅两侧近于平行，端部钝圆；盘区较平，刻点明显；缘折在基部 1/3 处之前较宽，然后突然变窄，直达端部。腹面刻点较粗深。

分布：浙江（德清）、吉林、河北、山西、陕西、甘肃、福建、台湾、广东、海南、广西、云南；印度，不丹，尼泊尔，越南，老挝，泰国，柬埔寨，斯里兰卡。

寄主：甘蔗。

（665）邵武长跗萤叶甲 *Monolepta shaowuensis* Gressitt *et* Kimoto, 1963（图版 XIV-24）

Monolepta shaowuensis Gressitt *et* Kimoto, 1963: 632.

　　主要特征：体长 3.0–3.1 mm。头部黄褐色，头顶、唇基及上唇黑色；触角红褐色，第 1–2 节黄褐色；前胸背板浅黄褐色；小盾片黑色；鞘翅浅黄褐色，周缘黑色，每个鞘翅 4 个黑斑；肩角、肩角与小盾片间各 1 小斑，中部之后横排 2 个斑，有的合并一起；前胸腹板及腹部黄色；后足胫节端部及第 1 跗节黑色。头顶具细小刻点；触角是体长的 4/5；前胸背板宽为长的 1.3 倍，盘区在中部之后凹洼，刻点集中于内；鞘翅在中部之后膨阔，鞘翅基部的刻点较粗大，端部的稍细小。

　　分布：浙江（景宁）、湖北、江西、湖南、福建、广东。

（666）黄斑长跗萤叶甲 *Monolepta signata* (Oliver, 1808)

Galeruca signata Olivier, 1808: 665.

Crioceris neglecta Sahlberg, 1829: 29.

Luperodes quadripustulatus Motschulsky, 1858b: 105.

Luperodes hieroglyphicus Motschulsky, 1858b: 104.

Monolepta elegantula Boheman, 1859: 183.

Luperodes dorsalis Motschulsky, 1866b: 415.

Luperodes quadriguttata Fairmaire, 1887a: 333.

Monolepta signata: Jacoby, 1889b: 229.

Monolepta biarcuata Weise, 1889b: 632.

Monolepta picturata Jacoby, 1896a: 292.

Monolepta simplex Weise, 1913: 229.

　　主要特征：体长 3.0–4.5 mm。头部、前胸背板、腹部及足的腿节橘红色；上唇、触角、小盾片、中后胸腹板、足的胫节、跗节红褐色、褐色或者黑褐色；鞘翅红褐至黑褐色，每翅具 2 个淡色斑，分别位于基部和端部不远；触角基部 3 节颜色较淡。头部光亮，刻点极细或不显；角后瘤横形，其前端伸入触角间。触角超过体长之半，第 3 节略长于第 2 节，第 4 节长约为第 2+3 节之和或更长，以后各节大体与第 4 节等长。前胸背板宽为长的 2 倍，表面隆突，具细刻点。小盾片三角形。鞘翅刻点较细。

　　分布：浙江（临安、开化、庆元）、黑龙江、吉林、辽宁、内蒙古、河北、山西、河南、陕西、甘肃、湖北、江西、湖南、福建、台湾、广东、海南、香港、广西、四川、贵州、云南、西藏；印度，不丹，尼泊尔，缅甸，越南，泰国，斯里兰卡，菲律宾，马来西亚，印度尼西亚，新几内亚，澳大利亚。

　　寄主：棉花、豆类、玉米、花生。

（667）隆凸长跗萤叶甲 *Monolepta sublata* Gressitt *et* Kimoto, 1963（图版 XV-1）

Monolepta sublata Gressitt *et* Kimoto, 1963: 635.

　　主要特征：体长 4.4–5.2 mm。头部及前胸背板橘黄色，触角红褐色；小盾片黑色；鞘翅黑褐色，中部有 1 条褐色横带；中后胸腹板黑色；足黑褐色，前足颜色较浅。头部光亮几无刻点，触角是体长的 3/4。前胸背板前缘较直，盘区光亮，具稀疏刻点。小盾片三角形，光滑无刻点。鞘翅强烈隆凸，翅面具不规则的细小刻点。

分布：浙江（临安）、湖北、福建、四川、云南。

（668）黑端长跗萤叶甲 *Monolepta yama* Gressitt *et* Kimoto, 1965

Monolepta monticola Gressitt *et* Kimoto, 1963: 623 (*nec* Weise, 1915).

Monolepta yama Gressitt *et* Kimoto, 1965: 802 (new name for *M. monticola* Gressitt *et* Kimoto, 1963).

　　主要特征：体长 3.4–3.5 mm。头部深红色，头顶几乎为黑色，触角深红褐色，第 1–3 节颜色较浅，前胸背板及小盾片橘红色，鞘翅红褐色，端部 1/3 黑色，腹面及足褐色，后足跗节外侧黑色。头顶光滑几无刻点；触角是体长的 4/5；前胸背板在中部之后两侧具凹洼，盘区刻点在前半部较弱，后方刻点比前方的明显、粗大。小盾片光滑。鞘翅长是宽的 1.3 倍，翅面上具明显刻点。
　　分布：浙江（安吉）、河南、陕西、甘肃、湖北、江西、海南、四川、贵州、云南。

（669）金秀长跗萤叶甲 *Monolepta yaosanica* Chen, 1942

Monolepta yaosanica Chen, 1942a: 59.

　　主要特征：体长 3.4–4.0 mm。头部、前胸背板、腹板及足黄色；触角 1–4 节黄褐色，其余黑褐色；小盾片、鞘翅、中后胸腹面及腹部腹面黑褐色，胫节及跗节褐色。头顶具稀疏刻点，角后瘤明显；触角长达鞘翅中部，第 4 节约与第 2、3 节等长；前胸背板宽为长的 1.8–2.0 倍；盘区中度隆突，刻点稀疏；小盾片舌形，无刻点；鞘翅翅面隆突，刻点较前胸背板粗密。
　　分布：浙江（安吉）、河南、湖北、江西、福建、广西。

268. 长刺萤叶甲属 *Atrachya* Dejean, 1837

Atrachya Dejean, 1837: 401 (ed. 2, p. 377). Type species: *Galleruca menetriesii* Faldermann, 1835.

Cnecodes Motschulsky, 1858b: 100. Type species: *Cnecodes bisignatus* Motschulsky, 1858.

Iphidea Baly, 1865d: 127. Type species: *Iphidea discrepans* Baly, 1865.

　　主要特征：体长椭圆形。头顶较平，角后瘤明显，三角形；额唇基区较宽，稍有隆突；触角长达鞘翅中部；第 2 节最短，第 3 节次之。前胸较头为宽，四周具边框，盘区较隆，具明显刻点。小盾片三角形。鞘翅明显宽于前胸背板，肩角隆起，两侧在基部较窄，中部之后变宽，端部圆形；盘区隆突，具明显刻点；缘折基部宽，中部突然变窄，直达端部。足的腿、胫节较细长，后足胫节端部具长刺，第 1 跗节长于其余各节之和；前足基节窝开放，爪附齿式。雄虫腹部末端三叶状，雌虫完整。
　　分布：古北区，东洋区，旧热带区。世界已知 27 种，中国记录 15 种，浙江分布 4 种。

分种检索表

1. 前胸背板黄色；鞘翅颜色多变；雄虫在小盾片下有凹窝 ················· 豆长刺萤叶甲 *A. menetriesi*
- 头及前胸背板黑色 ·· 2
2. 鞘翅三色：基部 1/2 红褐色，端部 1/2 黑色但中间有 1 黄色斑 ·········· 三色长刺萤叶甲 *A. tricolor*
- 鞘翅 1–2 种颜色 ··· 3
3. 鞘翅基部黑色，其余部分黄褐色 ··································· 双色长刺萤叶甲 *A. bipartita*
- 鞘翅红色 ·· 红翅长刺萤叶甲 *A. rubripennis*

（670）双色长刺萤叶甲 *Atrachya bipartita* (Jacoby, 1890)（图 1-33）

Luperodes bipartitus Jacoby, 1890: 163.

Atrachya bipartita: Gressitt & Kimoto, 1963: 588.

主要特征：体长 6.5–7.0 mm。头部、前胸背板、小盾片、鞘翅基部 1/3、胸部腹面及 3 对足皆黑色；触角黑褐色；鞘翅端部 2/3 及腹部腹面黄褐色。头顶光滑，有稀疏刻点；角后瘤突出，三角形，其后缘为 1 道横沟；触角稍短于身体，第 2 节最短，是第 1 节长的 1/3，第 3 节次之，是第 2 节长的 1.2 倍，第 4 节长是第 3 节的 2.5 倍，第 1、4–6 节约等长，以后各节长度递减。前胸背板宽为长的 2.5 倍，基缘波曲，前缘弧凹，侧缘基部窄，端部宽；盘区中部 1 道横凹，两端为凹窝，整个盘区布极细的刻点。小盾片三角形，光滑无刻点。鞘翅肩角突出，刻点基本成行；刻点间距离大于刻点直径；缘折基部宽，到端部逐渐变窄。

分布：浙江（德清、安吉、景宁）、陕西、湖北、福建、广西、四川。

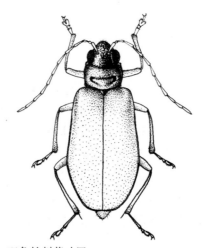

图 1-33　双色长刺萤叶甲 *Atrachya bipartita* (Jacoby, 1890)

（671）豆长刺萤叶甲 *Atrachya menetriesi* (Faldermann, 1835)

Galeruca menetriesi Faldermann, 1835: 439.

Atrachya menetriesi: Dejean, 1837: 401 (ed. 2, p. 377).

Luperodes nigripennis Motschulsky, 1860b: 232.

Luperodes praeustus Motschulsky, 1860: 232, 233.

Iphidea discrepans Baly, 1865d: 127.

Luperodes praeustus var. *insulais* Weise, 1922b: 81.

主要特征：体长 5.0–5.6 mm。头（口器及头顶常为黑色）、前胸和腹部橙黄色，有时头的大部分黑褐色；中后胸、触角（基部 2–3 节黄褐色）和足（腿节端部和胫节基部常淡色）黑褐色至黑色。鞘翅和小盾片颜色变异较大，鞘翅有时黄褐色，仅翅端和侧缘黑色，有时后端 2/3 黑色或全部黑色，在后两种情况下小盾片亦为黑色。前胸背板有时具 5 个褐色斑：基部一横排 3 个，中部两侧各 1 个。头顶具极细刻点，角后瘤前内角向前伸突。触角第 1 节长，第 3 节为第 2 节的 1.5 倍，第 4–6 节近于等长，微长于第 3 节。前胸背板宽约是长的 2 倍，两侧缘较平直，向前略膨阔，表面明显隆凸，刻点变异颇大，按地区由北向南渐密，雄虫更明显。小盾片三角形，光洁无刻点。鞘翅刻点细密，雄虫在小盾片之后中缝处有凹，此凹也呈现由北向南增大的趋势，黑龙江、青海、山西等地的标本，其凹很浅；广西和云南的标本，此凹大而深。

分布：浙江（安吉、景宁）、黑龙江、吉林、内蒙古、河北、山西、陕西、甘肃、青海、江苏、湖北、江西、湖南、福建、广东、广西、四川、贵州、云南；俄罗斯，日本。

　　寄主：豆科、瓜类、柳、水杉等。

（672）红翅长刺萤叶甲 *Atrachya rubripennis* Gressitt *et* Kimoto, 1963

Atrachya rubripennis Gressitt *et* Kimoto, 1963: 589.

　　主要特征：体长 5.5–6.0 mm。头部黑色，触角黑褐色，足的胫节、跗节褐色；其余部分皆红色。头顶隆起，几无刻点；角后瘤较发达，其中部由 1 道人字形沟分开，近头顶处为 1 凹窝；触角稍短于体长，第 2 节最短，是第 1 节长的 1/4，第 3 节次之，是第 2 节长的 2 倍，第 4 节长于第 3 节，但短于第 5 节，从第 5 节起，以后各节约等长。前胸背板宽为长的 2 倍多，基缘及侧缘皆较直，前后角钝；盘区仅中部两侧各 1 浅窝。小盾片三角形，无刻点。鞘翅背面隆起，端部圆形，近中缝呈齿状突；肩角稍隆，翅面刻点较密，刻点间距离大于刻点直径；缘折很宽，直达端部。腹部末节较长，三叶状，中叶长是整个腹部长的 1/3，基半部中央有 1 道纵沟。

　　分布：浙江（安吉）、陕西、四川。

（673）三色长刺萤叶甲 *Atrachya tricolor* Gressitt *et* Kimoto, 1963

Atrachya tricolor Gressitt *et* Kimoto, 1963: 591.

　　主要特征：体长 8–10 mm。头部、触角、前胸背板及小盾片黑色；鞘翅基半部红褐色，端半部黑色，但其中有 1 圆形黄色斑。头部明显窄于前胸背板，触角是体长的 4/5；前胸背板宽约为长的 2 倍，盘区两侧及前端刻点细密，中部及基部刻点粗、稀。

　　分布：浙江（景宁）、湖南、福建。

269. 凹翅萤叶甲属 *Paleosepharia* Laboissière, 1936

Paleosepharia Laboissière, 1936: 251. Type species: *Paleosepharia truncata* Laboissière, 1936.

　　主要特征：体较细长。头部部分藏于前胸背板下，头顶具中沟，角后瘤不发达；触角间明显隆凸；触角长超过鞘翅中部，第 2 节最短，第 3 节次之。前胸背板约与头部等宽，四周具边框；宽明显大于长，盘区无凹洼，具明显刻点。小盾片三角形。鞘翅较前胸背板宽；肩角不甚突出；两侧接近平行，翅端平切；盘区具明显刻点，雄虫在小盾片下具凹洼，因而把本属称为凹翅萤叶甲属，雌虫正常；缘折在基部较宽，然后逐渐变窄，直达端部。足较细，前足基节窝关闭，爪附齿式；胫端具 1 长刺，后足第 1 跗节长超过其余各节之和。雄虫腹部末端三叶状。

　　分布：东洋区。世界已知 76 种，中国已知 22 种，浙江分布 4 种。

分种检索表

1. 鞘翅黄褐色，无条纹 ··褐凹翅萤叶甲 *P. fulvicornis*
- 鞘翅黄色，具条纹 ··· 2
2. 鞘翅具 1 个条带，且在盘区中部以后 ·················枫香凹翅萤叶甲 *P. liquidambara*
- 鞘翅具 2 个条带 ·· 3
3. 触角第 1 节黑褐色；前胸背板具有 2 个横凹 ·············二带凹翅萤叶甲 *P. excavata*
- 触角第 1 节红褐色；前胸背板具有 1 个横凹 ·············考氏凹翅萤叶甲 *P. kolthoffi*

（674）褐凹翅萤叶甲 *Paleosepharia fulvicornis* Chen, 1942（图版 XV-2）

Paleosepharia fulvicornis Chen, 1942a: 51.

主要特征：体长 5.0–6.5 mm。头部、前胸背板、鞘翅、前中胸腹面及腹部和 3 对足黄褐色；触角褐色，第 10 节端部和 11 节黑色；缘折基部和后胸腹面黑色。头顶具细刻点；触角是体长的 3/4，第 1 节基部细，端部棒状，第 2 节最短，第 3 节是第 2 节长的 3 倍；前胸背板宽为长的 1.5 倍，盘区刻点基部密，端部稀；小盾片三角形，无刻点；鞘翅肩角稍隆，在小盾片下具长椭圆形凹，盘区刻点较密，刻点间距大于刻点直径。

　　分布：浙江（余姚）、湖北、湖南、福建、广东、海南、广西、四川、贵州、云南；越南。

　　寄主：杨梅、李。

（675）二带凹翅萤叶甲 *Paleosepharia excavata* Chûjô, 1938

Monolepta excavata Chûjô, 1938b: 144.

Paleosepharia excavata: Gressitt & Kimoto, 1963: 646.

Paleosepharia polychroma Laboissière, 1938: 4, 9.

Monolepta excavata: Kimoto & Chu, 1996: 79.

Paleosepharia excavata: Lee, 2018: 24.

主要特征：体长 5.5–6.0 mm。头部、前胸背板红色；触角及小盾片黑色，触角第 1 节黑褐色；鞘翅黄色，周缘及中缝黑色；每个鞘翅的基部 1/3 及端部 1/3 各 1 条黑色横带；胸部腹面及足的腿节橘红色，腹部腹面黄褐色，足的胫节、跗节黑褐色。头顶具稀疏刻点，角后瘤呈横带状；触角稍短于身体，第 2 节最短，第 3 节是第 2 节长的 2 倍，第 4 节是第 3 节长的 1.5 倍，以后各节约等长。前胸背板宽为长的 1.5 倍；侧缘较直，基缘外凸，前缘稍凹；盘区在中部两侧各 1 短横凹；前端刻点较密，后端刻点较稀。小盾片三角形，无刻点。鞘翅在小盾片下中缝两侧各 1 半月形凹；盘区隆凸，中部之前刻点较粗，中部之后刻点较细；翅端斜切状；缘折基部宽，直达端部。腹部在后胸腹板中部 1 道纵沟。

　　分布：浙江（德清、云和、庆元、景宁、龙泉）、陕西、甘肃、江苏、湖北、江西、湖南、福建、台湾、广东、广西、四川、贵州、云南。

（676）考氏凹翅萤叶甲 *Paleosepharia kolthoffi* Laboissière, 1938

Paleosepharia kolthoffi Laboissière, 1938: 8.

主要特征：体长 5.9–6.2 mm。头部、前胸背板、胸部腹面及腿节红褐色；触角黑褐色，第 1 节红褐色；鞘翅黄色，小盾片下翅凹处橘黄色；小盾片及鞘翅四周黑色，每个鞘翅有 2 条黑色横纹，不及中缝，把鞘翅分为三等分；胫节及跗节黑褐色；腹部黄褐色。头顶具明显刻点，触角约为体长的 4/5；前胸背板盘区具 1 浅横凹，刻点明显。小盾片光亮，几无刻点。鞘翅刻点较前胸密；小盾片下中缝两侧各 1 棒状凹窝，基部窄、端部宽。

　　分布：浙江（临安、庆元）、陕西、江苏、安徽、湖北、贵州。

　　寄主：玉米、猕猴桃。

（677）枫香凹翅萤叶甲 *Paleosepharia liquidambara* Gressitt *et* Kimoto, 1963

Paleosepharia liquidambara Gressitt *et* Kimoto, 1963: 647.

主要特征：体长 4.5–5.5 mm。头、胸、足和小盾片橘红色，足胫节和跗节常为褐色至黑褐色，腹部淡黄色，有时末节橘红色，有时整个腹板带有红色；触角暗褐色（基部 2 节红色）；鞘翅黄褐色，中部之后 1 条横带和四周（包括缘折）及肩部为黑褐色，肩部之后有向内斜伸的黑色短带。头部窄于前胸背板，头顶微凸，刻点极细。复眼圆突，较大；触角间具隆脊。触角第 1 节长，第 3 节是第 2 节长的 1.5 倍，第 4 节约为第 3 节的 1.5 倍长，以后各节近于等长。前胸背板宽大于长，两侧边中部膨阔，基缘弯曲；盘区中部两侧具浅凹，刻点较。小盾片三角形，无刻点。鞘翅两侧边在中部之前较宽，中部之后变窄，末端平截；缘折在基部 1/3 颇宽，之后渐渐收窄；翅面隆凸，刻点细小，端半部更细。雄虫在小盾片之后的翅缝上隆凸，两侧有凹，凹向后延伸至鞘翅基部 1/3 外，并具竖毛；雌虫小盾片之后的翅缝正常，在基部之后近缝处有浅凹。雄虫腹部末节长，三叶状，中叶末端较宽，中央具宽凹。雌虫腹部末节圆。

分布：浙江（德清、安吉、临安、开化、江山、庆元、景宁、平阳）、甘肃、江苏、安徽、湖北、江西、湖南、福建、广东、广西、四川、贵州、云南。

寄主：枫香树属植物、水杉、柳、桤木。

270. 异爪萤叶甲属 *Doryscus* Jacoby, 1887

Doryscus Jacoby, 1887: 115. Type species: *Doryscus testaceus* Jacoby, 1887.

主要特征：体长，两侧平行；头半缩于前胸背板下，复眼发达；触角明显短于体长，第 1 节最长，第 2 节最短，第 3 节是第 2 节长的 2 倍；前胸背板方形，周缘具长毛；盘区光滑，无刻点、无毛；鞘翅基部明显宽于前胸背板，缘折窄，翅面具毛，脊和刻点行发达；后足明显较前、中足发达，后足胫端具刺，第 1 跗节长于第 2–3 节之和；前、中足爪附齿式，后足爪单齿式。

分布：东洋区。世界已知 6 种，中国已知 4 种，浙江分布 1 种。

（678）褐异爪萤叶甲 *Doryscus testaceus* Jacoby, 1887（图 1-34）

Doryscus testaceus Jacoby, 1887: 115.

主要特征：体长 4–5 mm。头部、前胸背板、鞘翅及腿节黄褐色；头顶、触角、小盾片、鞘翅周缘、胫节及跗节褐色或深褐色；腹面灰色。头部具刻点，触角长不超过鞘翅中部，第 2 节最短，第 3 节是第 2 节长的 2.5 倍；前胸背板宽大于长，侧缘在基半部收狭，端半部膨阔；盘区在端半部较隆突，盘区及小盾片均无刻点；鞘翅具长毛，每翅有 11 条纵脊，脊间为 2 行刻点；足腿节明显膨大。

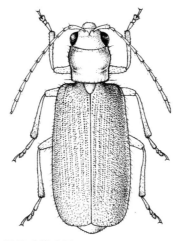

图 1-34　褐异爪萤叶甲 *Doryscus testaceus* Jacoby, 1887

分布：浙江（安吉）、江苏、福建、台湾、广东；印度，不丹，尼泊尔，越南，泰国，斯里兰卡，菲律宾，印度尼西亚。

271. 异角萤叶甲属 *Cerophysa* Chevrolat, 1837

Cerophysa Chevrolat, 1837: 403. Type species: *Galleruca nodicornis* Wiedemann, 1823.

Oedicerus Kollar *et* L. Redtenbacher, 1844: 556. Type species: *Oedicerus cyanipennis* Kollar *et* L. Redtenbacher, 1844.

Ozomena Chevrolat, 1837: 403 (nomen nudum).

Ozomena Chevrolat, 1845b: 5. Type species: *Galerucu nodicornis* Wiedemann, 1823.

Cerophyta: Blanchard, 1845: 190 (error).

Cerophyta Strand, 1935: 285 (new name for *Cerophysa* Chevrolat, 1837).

Taumacera subgenus *Cerophysa*: Gressitt & Kimoto, 1963: 520.

Taumaceroides Lopatin in Lopatin & Konstantinov, 2009: 6. Type species: *Taumaceroides sinicus* Lopatin, 2009.

主要特征：体长形，末端圆。体色多为蓝色或绿色，具金属光泽；头与前胸背板等宽，头顶光滑，无刻点；下颚须端节小，隐藏于第 4 节；触角不达鞘翅中部，雄虫触角某些节特化；前胸背板宽稍大于长，基部窄，端部宽，两侧缘在中部之前圆形，具细边框；盘区光滑，中部有 1 横凹，凹前隆突，具小刻点；小盾片三角形，表面具细刻点；鞘翅基部明显宽于前胸背板，肩角突出；翅面具密集刻点；缘折基部宽，到端部逐渐变窄；前足基节窝开放，后足胫端无刺，爪附齿式。

分布：东洋区。世界已知 47 种，中国已知 8 种，浙江分布 2 种。

（679）褐斑异角萤叶甲 *Cerophysa biplagiata* Duvivier, 1885（图 1-35）

Cerophysa biplagiata Duvivier, 1885: 393.

Cerophysa biplagiata ab. *ruficollis* Weise, 1922b: 69.

Cerophysa biplagiata collaris Chen, 1942a: 32.

Taumacera (*Cerophysa*) *biplagiata*: Gressitt & Kimoto, 1963: 523.

主要特征：体长 5.0–5.5 mm。头顶亮黑色，头部其他部位、触角、小盾片、鞘翅、身体腹面及足深褐色或黑褐色；前胸背板橙红色；每个鞘翅各具 1 黄斑，有的个体黄斑消失。头顶光亮，具极细、稀的刻点；

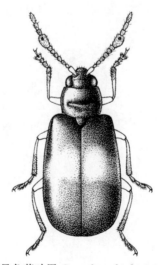

图 1-35　褐斑异角萤叶甲 *Cerophysa biplagiata* Duvivier, 1885

触角长不超过鞘翅中部，第2、3节最短，等长，从第4节始变粗，雄虫第8节极度膨大；前胸背板宽大于长，盘区有明显凹窝；鞘翅基部窄，到端部逐渐变宽，翅面具网纹和极细的刻点。

　　分布：浙江、福建、广东、海南、香港、广西、四川、云南；越南。

（680）锯异角萤叶甲 *Cerophysa zhenzhuristi* Ogloblin, 1936

Cerophysa zhenzhuristi Ogloblin, 1936: 172, 399.

Taumacera (*Taumacera*) *zhenzhuristi*: Gressitt & Kimoto, 1963: 522.

　　主要特征：体长4.5 mm。头部及前胸背板橘红色，其余部分红褐色。头顶光亮，具细小刻点；触角长超过鞘翅中部；雄虫触角第3–6节内侧呈锯齿状，第2节最小；前胸背板宽大于长，盘区隆突，中部具1道横凹，无明显刻点；小盾片光滑、无刻点；鞘翅端部稍膨阔，翅面刻点细小、稀疏。

　　分布：浙江、山东、江苏、湖北、广东、贵州。

272. 窝额萤叶甲属 *Fleutiauxia* Laboissière, 1933

Fleutiauxia Laboissière, 1933: 53. Type species: *Fleutiauxia cyanipennis* Laboissière, 1933.

　　主要特征：体长形，雌雄额唇基区构造各异。雄虫：头部角后瘤突出；额唇基区为凹窝，其内有柱、脊等不同构造，它常成为分种的重要特征之一；上唇强烈隆突，上颚发达，下颚须第3节膨大，圆球形，第4节小、锥状。触角短于体长，第1节棒状，第2节最小，第3节约与第1节等长，长于第4节。前胸背板宽大于长，侧缘及基缘具边框，前缘无边框；前、后角钝圆，两侧较直；盘区在中部两侧常具凹洼。小盾片三角形，无刻点。鞘翅长，近端部较阔，翅面密布刻点；缘折基部宽，中部之后逐渐变窄，直达端部。足细长，前足基节窝开放，爪附齿式。腹部末端三叶状。雌虫：触角间为1强烈隆起的脊，在触角下分开，直达唇基两端；触角第3节短于第1节，约与第4节等长；腹部末端完整。

　　分布：古北区，东洋区。世界已知11种，中国已知9种，浙江分布3种。

分种检索表

1. 鞘翅黄色，具明显的脊 ···灰黄窝额萤叶甲具脊亚种 *F. flavida costata*
- 鞘翅蓝色或蓝黑色 ··2
2. 前胸背板黑色 ···桑窝额萤叶甲 *F. armata*
- 前胸背板黄色 ···中华窝额萤叶甲 *F. chinensis*

（681）桑窝额萤叶甲 *Fleutiauxia armata* (Baly, 1874)（图版 XV-3）

Aenidea armata Baly, 1874: 179.

Aenidea armata var. *koltzei* Heyden, 1893: 204.

Fleutiauxia armata: Laboissière, 1933: 55.

　　主要特征：体长5.5–6.0 mm。体黑色；头的后半部及鞘翅蓝色，头前半部常为黄褐色或者黑褐色，足有时杂有棕色；触角背面褐色，腹面棕色或淡褐色。雄虫额区为1较大凹窝，窝的上部中央具1显著突起，其顶端盘状，表面中部具毛；雌虫额区正常，触角之间隆突。头顶微隆，光亮无刻点。触角约与体等长，第2节极小；雄虫第3节为第2节长的3.5–4倍，雌虫约为3倍。前胸背板宽大于长，两侧在中部之前稍膨阔；盘区稍突，两侧各 1 明显的圆凹，刻点细小，凹区内刻点不明显。小盾片三角形，无刻点。鞘翅两侧近于平行，基部表面稍隆，刻点密集。雄虫腹部末节中叶近方形。

　　分布：浙江（安吉、嘉兴、余杭、临安、宁波、龙泉）、黑龙江、吉林、河南、陕西、甘肃、湖北、湖南、四川；俄罗斯，朝鲜，日本。

　　寄主：桑、枣树、胡桃、杨树等。

（682）中华窝额萤叶甲 *Fleutiauxia chinensis* (Maulik, 1933)

Platyxantha chinensis Maulik, 1933: 563.

Fleutiauxia chinensis: Yang, 1993a: 221.

Taumacera chinensis: Reid, 1999: 9.

Fleutiauxia mutifrons Gressitt *et* Kimoto, 1963: 528.

　　主要特征：雄虫体长 5.5 mm，雌虫体长 6.0 mm。头部、前胸背板及足黄色；头顶、小盾片、鞘翅蓝黑色；中、后胸腹面及腹部黑褐色；触角褐色，第 1、2 节腹面黄色，其余各节腹面浅于背面。雄虫：头部的额凹区基部以"人"形脊向凹内平伸，凹的上缘（即触角下）向前伸出短脊，短脊基部在近凹的底部分为叉状，两叉臂各被 1 列灰色长毛；基、端部的脊在中部相遇，但不合并。雌虫：额区正常，具 1 道人字形脊。

　　分布：浙江（杭州、诸暨）、河南、江苏、湖南、广东、四川。

　　寄主：桑属。

（683）灰黄窝额萤叶甲具脊亚种 *Fleutiauxia flavida costata* Yang *et* Li, 1998

Fleutiauxia flavida costata Yang *et* Li, 1998: 129.

　　主要特征：雄虫体长 6.5 mm。头、前胸背板灰黄色，触角第 1 节黄色，从第 2 节始颜色逐渐加深，直至深褐色；小盾片黑褐色；鞘翅乳黄色；前胸腹板黄色，中、后胸腹板及腹部黑色；足腿节、胫节基半部黄色至黄褐色，端半部及跗节褐色。雄虫：头部在触角之下有 1 深横凹，其前端为 1 山字形片状突起，中部突起之前为 1 卷缩的片突，唇基两侧为 1 椭圆形片突；唇基中部前缘亦为片突；触角长度超过鞘翅中部，第 1 节棒状，第 2 节最短，第 3 节约与第 1 节等长，第 4 节短于第 3 节，以后各节长度递减，从第 3 节始，各节有明显密集的竖毛。前胸背板基部窄，端部宽，中部有欠凹，盘区有细且稀的刻点。小盾片三角形，光滑无刻点。鞘翅肩角突出，翅面刻点杂乱；肩角下有 1 明显的纵脊，直达翅端；每个鞘翅在此脊之内有 3 条纵隆线，脊外 1 条纵隆线。

　　分布：浙江（安吉）。

273. 边毛萤叶甲属 *Cneorella* Medvedev *et* Dang, 1981

Cneorella Medvedev *et* Dang, 1981: 629. Type species: *Cneorella chapaensis* Medvedev *et* Dang, 1981.

　　主要特征：体长椭圆形，背面隆突，光滑无毛；头部角后瘤横形；触角达鞘翅中部，第 2 节最短；下颚须第 3 节短，近方形，第 4 节三角形；前胸背板隆突，周缘具边框；鞘翅基部窄，中部之后逐渐变宽，肩角后有 1 横凹；翅面较隆，具密集刻点，侧缘具毛；缘折基部宽，到端部变窄；前足基节窝开放，胫节端部不具刺；雄虫腹端三叶状。

　　分布：东洋区。世界已知 14 种，中国已知 3 种，浙江分布 1 种。

（684）蓝翅边毛萤叶甲 *Cneorella spuria* (Gressitt *et* Kimoto, 1963)

Calomicrus spuria Gressitt *et* Kimoto, 1963: 568, 575.

Dercetis eurycollis Chûjô, 1965: 93.

Cneorella spuria: Kimoto, 1989: 94.

主要特征：体长 5.1–6.2 mm。体蓝黑色，具金属光泽，触角、胸部腹面和足黑褐色；腹部黄色。头部光滑，头顶无刻点；触角细长，但短于体长；第 2 节最短，第 11 节最长；前胸背板宽是长的 2 倍，两侧圆形，盘区隆起，具明显刻点；鞘翅基部窄，端部宽，肩角后具横凹，翅面具细小刻点。雄虫腹部末端三叶状，中叶具浅凹。雄虫外生殖器短宽，端部几乎平切。雌虫腹端圆形，第 8 腹板骨化，端部圆形；储精囊长筒状。

分布：浙江（景宁）、江西、福建、台湾、广东、海南。

（七）跳甲亚科 Alticinae

主要特征：成虫体长一般为 1.3–15 mm，体形一般为卵形、圆形或椭圆形，背面隆凸，体表光滑或被毛，色泽不一，常有金属光泽或有花斑；头部在触角上方具额瘤，触角间常具额脊；触角一般 11 节，常呈丝状，但九节跳甲属 *Nonarthra* 触角由 9 节组成，蚤跳甲属 *Psylliodes* 由 10 节组成；前胸背板近方形，常狭于鞘翅；鞘翅刻点排列成纵行或杂乱，鞘翅缘折较宽；前足基节窝为开式或闭式，为重要的属级特征；后足腿节十分粗大，内具跳器，有很强的跳跃能力；爪为单齿、附齿或双齿式；腹部腹板一般为 5 节。本亚科昆虫有重要经济意义，许多种类是林木、果树、蔬菜重要害虫。

分布：世界已知 500 多属 9900 余种，中国记录 109 属 900 余种，浙江分布 32 属 84 种。

分属检索表

1. 前足基节窝关闭 ……………………………………………………………………………… 2
- 前足基节窝开放 …………………………………………………………………………… 13
2. 触角 9 节或 10 节 ………………………………………………………………………… 3
- 触角 11 节 ………………………………………………………………………………… 4
3. 触角 9 节，端部数节宽扁，略呈锯齿状；鞘翅刻点混乱 …………… 九节跳甲属 *Nonarthra*
- 触角 10 节，端部数节圆柱形，不宽扁；鞘翅刻点排列成规则纵行 ……… 蚤跳甲属 *Psylliodes*
4. 前胸背板和鞘翅表面具细毛 ……………………………………………………………… 5
- 前胸背板和鞘翅表面无毛 ………………………………………………………………… 6
5. 体长超过 4 mm；额瘤长三角形，向前伸达触角之间；前胸背板前缘之后和后缘之前各具 1 横沟，沿中线具 1 纵沟，前横沟两端各有 1 凹窝，后横沟两端各有 1 短纵沟 ……… 细角跳甲属 *Sangariola*
- 体长小于 3 mm；前胸背板仅基部具 1 横沟 ……………………………… 方胸跳甲属 *Lipromima*
6. 中、后足胫节端部外侧边缘明显且凹缺，凹缘具 1 列细毛 ……………… 凹胫跳甲属 *Chaetocnema*
- 中、后足胫节端部正常，无凹缺 ………………………………………………………… 7
7. 体大型，7–12 mm；头部额瘤不隆起 …………………………………………………… 8
- 体中小型，7 mm 以下；头部额瘤明显隆起 …………………………………………… 9
8. 前胸腹部中突端缘呈叉状凹陷；后足腿节下缘近中部突出成角 ………… 凹缘跳甲属 *Podontia*
- 前胸腹部中突端缘平截；后足腿节下缘无角突 ………………………… 拟直缘跳甲属 *Asiophrida*
9. 前胸背板基部无横沟 …………………………………………………………………… 10
- 前胸背板基部具明显横沟 ……………………………………………………………… 11

10. 体卵圆形或长卵形；鞘翅后部宽于前部；每足胫节端部具 1 刺；额在触角间较隆 ·················· 潜跳甲属 *Podagricomela*
- 体长椭圆形；鞘翅后部狭于前部；前足胫端无刺；额在触角间较平 ·· 啮跳甲属 *Clitea*

11. 前胸背板基沟浅，十分靠近前胸背板后缘，其与前缘的距离为与后缘距离的 6–7 倍；鞘翅刻点行浅而不明显 ·············
·· 沟基跳甲属 *Sinocrepis*
- 前胸背板基沟深，远离前胸背板后缘，其与前缘的距离为与后缘距离的 3–4 倍；鞘翅刻点行深而明显 ·················· 12

12. 头部正面观：额瘤长三角形，由上端往下端渐尖；鞘翅刻点行常呈双行排列 ·················· 双行跳甲属 *Pseudodera*
- 额瘤方形至圆形；鞘翅刻点行不呈双行排列 ·· 连瘤跳甲属 *Neocrepidodera*

13. 后足负爪节强烈肿大 ·· 肿爪跳甲属 *Philopona*
- 后足负爪节正常 ·· 14

14. 前胸背板和鞘翅表面密被细毛 ·· 丝跳甲属 *Hespera*
- 前胸背板和鞘翅光裸无毛或仅在鞘翅端部具极稀疏短毛 ·· 15

15. 前胸背板均匀拱凸，基缘之前无横沟 ·· 16
- 前胸背板基缘之前具 1 条与基缘平行的横沟 ·· 25

16. 跗节第 3 节完整，不沿中线分为两半 ·· 17
- 跗节第 3 节沿中线分为两半 ·· 19

17. 后足胫节顶端尖锐，呈刺状突出，胫端刺和跗节着生在端末之前 ···································· 瓢跳甲属 *Argopistes*
- 后足胫节顶端正常，胫端刺和跗节着生在胫节末端 ·· 18

18. 额唇基前缘中央凹缺，凹口呈三角形或半圆形 ··· 凹唇跳甲属 *Argopus*
- 额唇基前缘完整，中央不凹缺；后胸腹板前缘具边框 ··· 球跳甲属 *Sphaeroderma*

19. 各足胫节外侧从基至端呈沟槽状；前胸背板侧缘向侧方稍扩展 ···································· 沟胫跳甲属 *Hemipyxis*
- 胫节外侧不呈沟槽状；前胸背板侧缘不扩展 ·· 20

20. 后足跗节第 1 节很长，其长至少为后足胫节长度之半 ·· 长跗跳甲属 *Longitarsus*
- 后足跗节第 1 节短于后足胫节长度之半 ·· 21

21. 鞘翅后半部着生稀疏短毛 ·· 22
- 鞘翅后半部无稀疏短毛 ·· 23

22. 前胸背板近于方形，后角呈直角形；鞘翅缘折极狭，从基至端接近等阔；触角细长；后足腿节不十分粗壮，外形颇似萤
叶甲 ·· 瘦跳甲属 *Stenoluperus*
- 前胸背板后角浑圆，盘区隆凸；鞘翅缘折基部宽，明显向端部收狭；触角较短；后足腿节明显粗壮 ·························
·· 寡毛跳甲属 *Luperomorpha*

23. 鞘翅刻点混乱 ·· 24
- 鞘翅刻点排成规则纵行；鞘翅肩部浑圆，无隆起的肩胛；小盾片小，基部宽，其宽显大于长 ······· 圆肩跳甲属 *Batophila*

24. 额瘤退化，不明显隆凸；体背较扁平至稍隆凸；胫端刺着生在顶端中央 ···························· 菜跳甲属 *Phyllotreta*
- 额瘤发达，明显隆凸，呈圆形；体背隆凸；胫端刺着生在顶端外侧 ··································· 侧刺跳甲属 *Aphthona*

25. 鞘翅刻点排成明显的规则纵行 ·· 26
- 鞘翅刻点混乱或呈不明显的纵行 ·· 28

26. 头部正面观：额瘤纵形，长三角形，尖端向下伸入触角窝之间 ····································· 长跳甲属 *Liprus*
- 额瘤横形，斜放；鞘翅刻点混乱或极细弱 ·· 27

27. 鞘翅肩胛中等发达，鞘翅在肩胛后方不呈横形下凹 ·· 律点跳甲属 *Bikasha*
- 鞘翅肩胛高度发达，隆起很高，鞘翅在肩胛后方呈横形下凹 ·· 玛碧跳甲属 *Manobia*

28. 前胸背板基前横沟两端各以 1 条短纵沟为界，该纵沟向下伸达基缘；触角中部数节显著膨粗，端末 3、4 节尖细 ·········
·· 粗角跳甲属 *Phygasia*
- 前胸背板基前横沟两端无短纵沟；触角中部数节不增粗 ·· 29

29. 中胸腹板中央凹；鞘翅刻点排列成不明显的纵行 ··· 奥跳甲属 *Lesagealtica*
- 中胸腹板中央不凹；鞘翅刻点较粗，排列混乱 ·· 30

30. 体背具强烈金属光泽 ·· 跳甲属 *Altica*
-　体背常无金属光泽 ·· 31
31. 额瘤圆形，中等隆凸 ··· 沟侧刺跳甲属 *Aphthonaltica*
-　额瘤长三角形，极度隆凸，尖端向下伸入触角窝之间 ·································· 长瘤跳甲属 *Trachytetra*

274. 九节跳甲属 *Nonarthra* Baly, 1862

Nonarthra Baly, 1862b: 455. Type species: *Nonarthra variabilis* Baly, 1862.
Enneamera Harold, 1875a: 185 (new name for *Nonarthra* Baly, 1862).

主要特征：体中等大小，卵圆形。头顶宽阔，表面常具微细刻点。额瘤较明显，呈三角形或四边形，两瘤之间有 1 条细沟，瘤后微凹。触角 9 节，较短，向后伸仅达到或略微超过鞘翅肩胛，在跳甲亚科昆虫中只有本属具 9 节触角，是区别于其他各属的重要特征。前胸背板横形，宽显大于长；前胸背板两侧常常呈弧形，向前收狭；前胸背板表面光滑、具不规则的细刻点，在个别种类中刻点消失。小盾片一般呈三角形，表面光滑，有时具细微的刻点。鞘翅基部宽于前胸，卵圆形，背面较隆凸；密布刻点，刻点排列混乱。前足基节窝关闭。腹部散布毛及刻点。后足腿节十分膨宽，爪附齿式。雄虫末腹节端缘呈三叶状，雌虫末腹节端缘弧形。

分布：古北区，东洋区。世界已知 60 种，中国记录 13 种，浙江分布 5 种。

分种检索表

1. 前胸背板及鞘翅具金属光泽；鞘翅蓝色至蓝黑色，前胸背板蓝黑色至黑色 ······························ 2
-　前胸背板及鞘翅无金属光泽，棕红色、黄褐色或黄色；鞘翅常具色斑 ································· 3
2. 前胸背板黑色，仅具轻微蓝紫色光泽 ··· 寇九节跳甲 *N. coreanum*
-　前胸背板蓝黑色，具强烈金属光泽 ··· 蓝色九节跳甲 *N. cyaneum*
3. 腹面沥青色；头部黄褐色，鞘翅与头部颜色相同，体色一般为均一的黄褐色；鞘翅通常不具斑块 ··············
　··· 后带九节跳甲 *N. postfasciata*
-　腹面黄褐色至暗褐色；头部黑色，鞘翅与头部颜色常不同，体色一般不为一色；鞘翅通常具有斑块 ············· 4
4. 鞘翅色斑为 2 种颜色，一般为淡黄色与黑色横带相间 ·························· 异色九节跳甲 *N. variabilis*
-　鞘翅具 3 种颜色的色斑，前半部黄色，肩胛处有 1 黑斑，后半部深棕红色，中央有 1 圆形黄斑 ···· 丽九节跳甲 *N. pulchrum*

(685) 寇九节跳甲 *Nonarthra coreanum* Chûjô, 1935（图版 XV-5）

Nonarthra coreanum Chûjô, 1935b: 358.

主要特征：体长 3–4 mm，体卵圆形，背面较隆凸。鞘翅蓝黑色，具金属光泽，偶具浅紫色光泽；前胸背板黑色，仅具轻微蓝紫色光泽；头部呈金属蓝色，触角褐色，1–3 节稍淡；腹部及足黑色至黑褐色。头下口式；触角 9 节，触角短，向后伸达翅肩胛；头顶光滑、具细密的刻点，额瘤不十分隆凸，长形，斜放；两瘤间有 1 纵沟相隔；额唇基在触角间区域较宽阔，微隆，表面光滑；上唇前缘弧拱。前胸背板横形，宽显大于长；前胸背板两侧弧形，强烈向前收狭；前胸背板表面光滑、具不规则的细刻点。小盾片三角形，表面光滑。鞘翅基部宽于前胸背板最宽处；鞘翅密布小刻点，刻点排列混乱；鞘翅刻点直径为前胸背板刻点直径的 1–2 倍。前胸在基节间极狭，前足基节窝关闭。

分布：浙江（临安）、河北、福建、台湾、广西、四川；朝鲜。

（686）蓝色九节跳甲 *Nonarthra cyaneum* Baly, 1874（图版 XV-6）

Nonarthra cyaneum Baly, 1874: 210.

Nonarthra fulva Baly, 1874: 211.

Nonarthra nigricollis Weise, 1889b: 641.

Nonarthra cyanea: Chen, 1934c: 239.

Nonarthra nigricolle alticola Wang, 1992: 676.

Nonarthra cyaneum alticola: Gruev & Döberl, 1997: 257.

主要特征：体长 3–4 mm，体卵圆形。鞘翅深蓝色，具强烈金属光泽；前胸背板、小盾片及额瘤蓝黑色；腹部褐色至黑色，仅腹部末端 4 节腹板黄褐色；后足腿节深蓝色；头部呈金属蓝色，触角褐色，1–3 节稍淡；腹部及足黑色至黑褐色。触角短，向后伸达翅肩胛；触角 1–3 节筒形，余节略扁、被毛，第 4–8 节呈三角形，第 5–8 节内端角略伸出，末节略狭小、近长方形、端部稍钝。头顶光滑、散布刻点，近额瘤处的刻点较粗，额瘤不十分隆凸，长三角形，斜放；两瘤间有 1 纵沟相隔；额唇基在触角间区域较宽阔，微隆，表面光滑，具有少量刻点。前胸背板横形，宽显大于长；前胸背板两侧弧形，强烈向前收狭；前胸背板表面光滑、具不规则的细刻点。小盾片三角形，表面光滑，有少量细刻点。鞘翅基部宽于前胸背板最宽处；鞘翅密布刻点，刻点排列混乱；鞘翅刻点直径为前胸背板刻点直径的 2 倍。前胸在基节间极狭，前足基节窝关闭。

分布：浙江（临安）、河北、山西、江苏、安徽、湖北、江西、湖南、福建、台湾、广东、广西、四川、贵州、云南；日本，越南，老挝，柬埔寨。

（687）后带九节跳甲 *Nonarthra postfasciata* (Fairmaire, 1889)

Amphimela postfasciata Fairmaire, 1889: 73.

Nonarthra nigricepes Weise, 1889b: 642.

Nonarthra postfasciata: Chen, 1934c: 238.

主要特征：体长约 3.5 mm，体卵圆形，背面较隆凸。体色均一，淡黄褐色至黄褐色，腹面沥青色；鞘翅有时具褐色的斑或带；足大部为淡黄色，后足腿节有时呈黑色；触角基部 3 节棕红色，余节暗褐色。头下口式；触角 9 节，触角短，向后伸达翅肩胛；额瘤不十分隆凸；额唇基在触角间区域较宽阔，微隆。前胸背板横形，宽显大于长；前胸背板两侧弧形，强烈向前收狭；前胸背板表面光滑、具不规则的细刻点。小盾片三角形，表面光滑。鞘翅基部宽于前胸背板最宽处；鞘翅密布刻点，刻点排列混乱。前胸在基节间极狭，前足基节窝关闭。

分布：浙江（临安）、山西、甘肃、湖南、福建、广西、四川、云南。

（688）丽九节跳甲 *Nonarthra pulchrum* Chen, 1934（图版 XV-7）

Nonarthra pulchrum Chen, 1934b: 65, fig. 4.

主要特征：体长 2.5–3 mm，体卵圆形，背面较隆凸。头部及小盾片黑色，触角褐色，前胸背板的背腹面棕黄色；鞘翅色斑鲜明，其前半部黄色，肩胛处有 1 黑斑，后半部深棕红色，中央有 1 圆形黄斑，翅近中部前后两色交界处，以及翅后色斑的周缘为黑色；足棕红色，胫节端部及跗节烟熏色；腹面中、后胸黑色，腹部棕红色。触角短，向后伸达翅肩胛；头顶光滑、散布细刻点，额瘤较大，平隆，光洁无刻点，为不规则的四边形；两瘤间有 1 纵沟；额唇基在触角间区域较宽阔，微隆，被稀疏的细刻点。前胸背板横形，宽显大于长；前胸背板两侧弧形，强烈向前收狭；前胸背板表面光滑、密布细刻点。小盾片三角形，表面光滑。鞘翅基部宽于前胸背板最宽处；鞘翅密布刻点，刻点排列混乱；鞘翅刻点直径为前胸背板刻点直径的 2–3 倍。前胸在基节间极狭，前足基节窝关闭。

分布：浙江（安吉、临安）、江苏、安徽、江西。

（689）异色九节跳甲 *Nonarthra variabilis* Baly, 1862（图版 XV-8，9）

Nonarthra variabilis Baly, 1862b: 456.

Nonarthra albofasciata Duvivier, 1892: 424.

Enneamera ceylonensis Jacoby, 1887: 84.

Enneamera apicalis Jacoby, 1889b: 200.

Enneamera scutellata Jacoby, 1900: 126.

Nonarthra formosense Chûjô, 1935b: 360.

Nonarthra amamiana Chûjô, 1957b: 18.

Nonarthra formosense flavomarginata Chûjô, 1957a: 7.

主要特征：体长 3–4 mm。体卵圆形，背面较隆凸。头部和触角黑色或棕褐色，触角基部 3 节棕黄色，上颚端部黑色，前胸背板及鞘翅黄至棕黄色，小盾片黑色。鞘翅色斑变异较大，一般有 2–3 个棕色、褐色或黑色横带，分别位于基部、中部及后部，横带前后在翅缝及外缘常相连，在每鞘翅上形成前、后两个淡色带或斑；深色斑纹亦常不同程度消失，仅在肩胛上有斑，或在中部及后部有斑，或甚至全无斑；足黄色至棕色，跗节常混有黑色，胫节外缘刺及端刺亦为黑色，后足腿节一般为黑色或褐色，或仅端部黑色；胸部腹面黑或褐色，腹部棕黄色。头顶宽阔，表面光洁，具细微刻点；额唇基刻点微细；额瘤三角形或四边形，两瘤之间有 1 条细沟，瘤后微凹。触角短，略超过鞘翅肩胛，1–3 节较细，筒形，以后各节较扁，4–8 节毛被较密。前胸背板宽短，后缘向后弧弯，其宽超过中长的 2 倍，前端较狭；具细刻点。小盾片三角形。鞘翅刻点较细，排列不规则；缘折向里倾斜。前足基节窝关闭。雄虫末节中央宽平，三叶状。

分布：浙江（临安）、湖北、江西、福建、台湾、广东、海南、广西、四川；印度，缅甸。

275. 蚤跳甲属 *Psylliodes* Latreille, 1829

Psylliodes Latreille, 1829: 405 (nomen nudum).

Psylliodes Latreille, 1829: 154. Type species: *Chrysomela chrysocephala* Linnaeus, 1758.

Eupus Wollaston, 1854: 452. Type species: *Psylliodes tarsata* Wollaston, 1854, proposed as subgenus.

Macrocnema Weise, 1888: 785, 793. Type species: *Haltica cucullata* Illiger, 1807.

Semicnema Weise, 1888: 784. Type species: *Psylliodes reitteri* Weise, 1888, proposed as subgenus.

Psyllomima Bedel, 1898: 200 (new name for *Macrocnema* Weise, 1888).

Phyllomima Waterhouse, 1902: 287 (error).

主要特征：体小型，长卵圆形。体色多为黑色、深蓝色及棕褐色，一般具金属光泽。体表具清晰网纹。头顶略隆，零星分布少量小刻点或不具刻点；额瘤多不明显。触角 10 节，长度多不超过鞘翅中部，这是本属的重要特征之一，在中国跳甲亚科中仅有本属触角为 10 节。鞘翅长卵形，基部略宽于前胸背板，肩胛不隆凸；刻点排列成行，行间平坦，具 1–3 行细的、不规则的刻点列。后足跗节着生在胫节近端部，基跗节长度常超过或等于胫节之半；爪单齿式；前足基节窝关闭。腹部被刻点及毛。

分布：世界广布。世界已知约 200 种，中国记录 28 种，浙江分布 2 种。

（690）油菜蚤跳甲 *Psylliodes punctifrons* Baly, 1874（图版 XV-10）

Psylliodes punctifrons Baly, 1874: 209.

　　主要特征：体长 2.5–2.8 mm，体背铜绿色，稍带棕色，有金属光泽。触角基部 3 节黄色，余节淡褐色；足棕黄色，后足腿节及体腹面棕褐或棕蓝色。头顶隆起，被较密集的刻点。额唇基隆起，表面光洁，两侧各有 1 列刻点；额瘤不明显。触角伸达鞘翅中部。前胸背板前端较基部为狭，基缘后拱明显，前角斜切，边缘较厚，角端明显突出；后角不明显；盘区网纹较密；具刻点。鞘翅隆凸，肩后为最宽处，中后部收狭；刻点行整齐；行间距不隆起，有 1–2 行混乱的小刻点；盾片行短，整齐，仅具 1 行刻点。后足跗节着生在胫节近端部，基跗节长度超过胫节之半，第 2 跗节长度超过 1 节之半。

　　分布：浙江（临安）、内蒙古、河北、山西、河南、陕西、甘肃、江苏、安徽、湖北、江西、湖南、福建、台湾、广西、四川、贵州、云南、西藏；日本，越南。

（691）狭胸蚤跳甲 *Psylliodes viridana* Motschulsky, 1858

Psylliodes viridana Motschulsky, 1858b: 108.

Psylliodes palleola Motschulsky, 1866b: 418.

Psylliodes angusticollis Baly, 1874: 209.

Psylliodes sinensis Chen, 1934c: 240.

Psylliodes angusticollis rishiriensis Chûjô, 1959: 15.

Psylliodes angusticollis loochooana Chûjô, 1961: 90.

Psylliodes formosana Chûjô, 1963: 401.

　　主要特征：体长 2.3–2.5 mm。体背黑色，具蓝色金属光泽；触角基部 3 节黄色，余节黑色；足褐色，腿节黑色。头顶较隆，表面具细致的网纹，仅两侧具有个别刻点，近眼缘有 2–3 个毛穴；触角的额脊明显隆起，额唇基两侧具大刻点；额瘤弱，与头顶间之沟浅细。触角长达鞘翅中部。前胸背板后缘中部向后拱出，两侧较直，向前方收狭，侧缘平直，前角斜切，边缘宽厚，角略突出；后角弱、较锐；前胸背板表面网纹精细，被刻点，两侧刻点较粗，近边缘的刻点间有横皱。鞘翅表面刻点排列成行；行间距平坦，行间有 1–2 行排列不规则的刻点。后足跗节第 1 节长度约为后足胫节的 1/2，第 2 节长度又约为第 1 节的 1/2。

　　分布：浙江（安吉）、甘肃、陕西、湖北、江西、福建、台湾、广东、四川、贵州、云南；朝鲜，日本，越南。

276. 细角跳甲属 *Sangariola* Jakobson, 1922

Charidea Baly, 1888: 157 (*nec* Dalman, 1816). Type species: *Galeruca punctatostriata* Motschulsky, 1860.

Allophyla Weise, 1889b: 624 (*nec* Loew, 1862). Type species: *Allophyla aurora* Weise, 1889.

Sangariola Jakobson, 1922: 522. Type species: *Galleruca? punctatostriata* Motschulsky, 1860.

Lophallya Hincks, 1949: 616 (new name for *Allophyla* Weise, 1889).

　　主要特征：体中型，扁平，不隆凸。体表被毛。头顶均匀隆起，密被粗刻点；额瘤长三角形，伸达触角之间；上唇端缘圆拱，近前缘具 1 横列刻点毛；上颚较宽厚，端缘臼齿较尖锐；下颚须第 3、4 节较膨粗。触角细长，一般向后超过鞘翅中部。前胸背板近方形，宽近等于长，前缘中部微凹，后缘较平直，侧缘弧形拱出；前角增厚，伸出；后角近直角，四角各有 1 个毛穴；盘区中央十分隆凸，近前、后缘各具 1 条较深的横沟，前横沟两端各有 1 个凹窝，后横沟两端各有 1 个短纵沟，盘区中间有 1 条中纵沟，两侧近侧缘又各有 1 条波曲状纵沟；刻点粗大。鞘翅两侧近平行，肩胛明显，刻点粗大，排列成行，行距隆起；鞘翅上有时具十分明显的脊线。后足腿节不十分膨大，爪附齿式。前足基节窝关闭。雄虫腹节末端波曲状，雌虫末节端缘弧形。

分布：古北区，东洋区。世界已知 5 种，中国记录 4 种，浙江分布 1 种。

（692）缝细角跳甲 *Sangariola fortunei* (Baly, 1888)（图版 XV-11）

Charidea fortunei Baly, 1888: 158.

Allophyla aurora Weise, 1889b: 626.

Allophyla fortunei: Weise, 1905d: 188.

Sangariola fortunei: Chen, 1933b: 230.

Charidea pieli Pic, 1937c: 175.

Charidea nigrosuturalis Pic, 1937c: 176.

Charidea bicostata var. *atriceps* Pic, 1938a: 18.

Sangariola fortune var. *unicoloripennis* Chûjô, 1941: 173.

主要特征：体背扁平，不隆凸。体表被毛。头顶均匀隆起，密被粗刻点；额瘤长三角形，伸达触角之间，触角十分细长，向后伸超过鞘翅中部。前胸背板近方形，宽近等于长，前缘中部微凹，后缘几乎平直，侧缘中部拱出；前角增厚，突伸，后角近直角，四角各有 1 个毛穴；盘区中央十分隆凸，近前、后缘各具 1 条较深的横沟，前横沟两端各有 1 个凹窝，后横沟两端各有 1 个短纵沟，中间有 1 条中纵沟，两侧近侧缘又各有 1 条波曲状纵沟；刻点粗显。鞘翅两侧近平行，具肩瘤，刻点粗大，排列成行，行距隆起，每翅具 2 条明显的纵脊线。

分布：浙江（临安）、江苏、湖南、福建、广东、四川、贵州、云南；韩国，越南。

277. 方胸跳甲属 *Lipromima* Heikertinger, 1924

Lipromima Heikertinger, 1924: 41. Type species: *Liprus minutus* Jacoby, 1885.

主要特征：体小型，长卵形。体背及腹面均为黄色，鞘翅上常具黑色斑。头顶微隆，一般光洁、不具刻点；眼圆形，突出；额唇基中央略隆起，额瘤四边形；上唇端缘圆形拱出，不凹缺；上颚较狭窄，端缘具 2 齿；下颚须末节端部尖，长度略大于第 3 节；下唇须末节明显短于第 2 节。触角细长，向后伸超过鞘翅中部。前胸背板窄，显著窄于鞘翅基部，近方形，侧缘平直，近基缘具 1 横沟，中部向后拱出，沟前隆起，被粗大刻点。鞘翅基部宽于前胸，两侧缘在中部之后略向两侧拱出，肩后 1/3 处有 1 浅横凹；刻点粗大，排列规则，每翅 10 行，行间距隆起，每刻点具 1 卧毛。前足基节窝关闭，后足腿节膨大，爪附齿式。

分布：中国，日本。世界已知 3 种，中国记录 3 种，浙江分布 2 种。

（693）黄足方胸跳甲 *Lipromima fulvipes* Chûjô, 1935

Lipromima fulvipes Chûjô, 1935b: 399.

Lipromima fulvipes var. *bicolor* Chûjô, 1935b: 399.

主要特征：体小型，长约 2 mm，近长卵形。体色为均一的黄色，触角、足、腹面均为黄色；鞘翅近中部无明显斑点，仅具 1 淡色的几乎不可见的褐斑痕迹，翅面被均匀的卧毛。头下口式，头部较前胸略狭，头顶稍隆，网纹较粗，除几个大毛穴位于前缘及眼上方外，无明显刻点；眼近圆形，十分突出，小眼面较粗，眼上沟不深；额瘤四边形，较弱，表面平坦，两瘤间有 1 纵沟，瘤后的横沟不深。触角细长，超过鞘翅中部。前胸背板方形，前端稍狭，宽稍过于长；基部横沟较深，中部略向后弯，两边有较浅的短纵沟。小盾片三角形。鞘翅基部较前胸为宽，侧缘在中部之后略膨，后端收狭；肩胛隆突，肩后 1/3 处有 1 浅横凹；鞘翅刻点粗大，排列紧密、整齐。

分布：浙江、江西、台湾；日本。

（694）小方胸跳甲 *Lipromima minuta* (Jacoby, 1885)

Liprus minutus Jacoby, 1885c: 725.

Lipromima minuta: Heikertinger, 1924: 41.

主要特征：体小型，长 1.8–1.9 mm，近长卵形。体色为均一的黄色，小盾片、胸部腹面及上颚端部褐色；每鞘翅近中部有 1 大褐斑，有时翅基部在肩胛内侧亦有褐斑，翅缝部分为褐色，翅面被均匀的卧毛。头下口式，头部较前胸略狭，头顶稍隆，网纹较粗，除几个大毛穴位于前缘及眼上方外，无明显刻点；眼近圆形，十分突出，小眼面较粗，眼上沟不深；额唇基中央稍隆，常形成脊；额瘤四边形，两瘤间有 1 纵沟直伸至触角间，瘤后的横沟较深。触角细长，超过鞘翅中部。前胸背板方形，前端稍狭，宽稍过于长；前角斜切，角边增厚，四角各 1 毛穴；基部横沟较深，中部略向后弯，两边有短纵沟；基横沟前部隆起，被粗大刻点，沟后刻点较稀。小盾片三角形。鞘翅基部较前胸为宽，侧缘在中部之后略膨，后端收狭；肩胛隆突，肩后 1/3 处有 1 浅横凹；鞘翅刻点粗大，排列整齐，除盾片行外有 10 行刻点，每刻点具 1 卧毛。

分布：浙江（德清、临安）、甘肃、湖北、江西、福建、四川；日本。

278. 凹胫跳甲属 *Chaetocnema* Stephens, 1831

Odontocnema Stephens, 1831: 285, incorrect original spelling (nomen nudum).

Chaetocnema Stephens, 1831: 325. Type species: *Chrysomela concinna* Marsham, 1802.

Plectroscelis Dejean, 1836: 393. Type species: *Haltica dentipes sensu* Olivier, 1808.

Tlanoma Motschulsky, 1845: 108. Type species: *Altica dentipes* Koch, 1803.

Udorpes Motschulsky, 1845: 107. Type species: *Udorpes splendens* Motschulsky, 1845.

Ydorpes Motschulsky, 1845: 549 (unjustified emendation of *Udorpes* Motschulsky, 1845).

Udorpus Agassiz, 1846: 167, lapsus calami for *Udorpes*.

Hydropus Motschulsky, 1860b: 235 (unjustified emendation of *Udorpes* Motschulsky, 1845).

Hydorpes Motschulsky, 1860b: 257, lapsus calami for *Hydropus*.

Exorhina Weise, 1886: 750. Type species: *Altica chlorophana* Duftschmid, 1825.

Brinckaltica Bechyné, 1959: 237. Type species: *Chaetocnema subaterrima* Jacoby, 1900.

主要特征：体小型，卵圆形或椭圆形，常常蓝黑色、青铜色或黑褐色，带金属光泽。头部从背面只能见到一小部分，额瘤缺失，眼上沟向下方延伸，与额上沟相连，额唇基常被刻点。上唇前缘呈圆形拱出，具 6 根刚毛。触角伸达鞘翅肩胛或翅中部。前胸背板宽大于长，前侧区常下倾；前角斜截或圆钝，四角各有 1 毛穴，盘区在基缘两侧有时具纵沟。鞘翅卵圆形，基部稍微宽于前胸背板；肩瘤在少数后翅退化种类中缺失；鞘翅刻点粗大，排列不规则或呈行；盾片刻点为 1–2 或多行，多于 1 行时多为不规则。前足基节窝关闭。爪通常附齿式。雄虫前足第 1 跗节常明显宽大于雌虫，中后足胫端外缘有较深的凹刻，凹陷处具浓密的毛且凹前有大齿突，后足第 1 跗节长度短于胫节的 1/3。

分布：世界广布。世界已知 400 余种，中国记录 52 种，浙江分布 8 种。

分种检索表

1. 触角间区域相对突起，很少平坦，无刻点；具额侧沟；受精囊梨形、瓶形或圆柱形，不弯曲、不呈波浪形；一般头顶仅在
   每侧复眼附近具数个刻点 ··· 2
- 触角间区域平坦，不突起，刻点发达；额侧沟缺失；受精囊弯曲、波浪形；头顶均匀分布着众多相对发达的刻点 ······· 5
2. 头顶两侧强烈隆升，侧面观头顶明显高出于眼 ·· **甜菜凹胫跳甲 *C. (C.) puncticollis***
- 头顶两侧与眼处于同一平面，不隆起 ·· 3
3. 体长小于 1.7 mm；体黑色，无金属光泽 ··· **黑凹胫跳甲 *C. (C.) nigrica***
- 体长通常大于 1.7 mm；体青铜色，具强烈金属光泽 ··· 4
4. 阳茎腹面观近端部膨大，端部尖；前胸背板前角圆 ·································· **高脊凹胫跳甲 *C. (C.) fortecostata***
- 阳茎腹面观近端部不膨大，端部钝、宽；前胸背板前角平截 ······················ **束凹胫跳甲 *C. (C.) constricta***
5. 体圆柱形；鞘翅两侧较直；前胸背板窄，窄于鞘翅基部 ···························· **筒凹胫跳甲 *C. (U.) cylindrica***
- 体椭圆形；鞘翅两侧膨出成弧形；前胸背板宽阔，与鞘翅基部近等宽 ··· 6
6. 体色常为古铜色；鞘翅盾片行刻点排列成 2–3 行 ································· **古铜凹胫跳甲 *C. (U.) concinnicollis***
- 体色不为古铜色，常为青铜色至蓝绿色；鞘翅盾片行刻点排列成 2 行 ··· 7
7. 体长 2.5–2.8 mm；阳茎端齿弱、不明显 ··· **粟凹胫跳甲 *C. (U.) ingenua***
- 体长 2.2–2.5 mm；阳茎端齿突出、较明显 ··· **尖尾凹胫跳甲 *C. (U.) bella***

（695）尖尾凹胫跳甲 *Chaetocnema* (*Udorpes*) *bella* (Baly, 1876)（图版 XV-12）

Plectroscelis bella Baly, 1876: 595.

Chaetocnema bella: Chen, 1934c: 247.

Chaetocnema (*Udorpes*) *bella*: Konstantinov et al., 2011: 19.

主要特征：体长 2.2–2.5 mm，体呈梭形，向体末端渐尖。体背蓝绿色，具金属光泽。头顶、前胸背板和鞘翅表面有明显的皮纹。触角第 1–4 节淡黄色，其余各节黄褐色至褐色，颜色向端部渐渐加深；前、中足为均一的黄色；后足腿节黑褐色，胫节、跗节黄色。头部触角间距平坦，其间具粗大致密的刻点；头顶分布均匀粗大的刻点，但刻点小于触角间距上的刻点。前胸背板刻点粗大，鞘翅刻点成行排列且整齐，盾片行排列成 3 行，刻点行间有 1–2 列细微刻点。中、后足胫端外缘有较深的凹缘，凹前有齿突，凹缘有毛，前足基节窝关闭。阳茎侧面观十分弯曲；阳茎端齿粗大，末端平截。

分布：浙江（临安）、江苏、湖北、江西、福建、广东、海南、广西、四川、云南、西藏；印度，越南。

（696）古铜凹胫跳甲 *Chaetocnema* (*Udorpes*) *concinnicollis* (Baly, 1874)（图版 XV-13）

Plectroscelis concinnicollis Baly, 1874: 208.

Plectroscelis philoxena Baly, 1876: 595.

Chaetocnema concinnicollis: Chen, 1934c: 248.

Chaetocnema concinnicollis kaibarensis Madar, 1960: 48.

主要特征：体长 2.0–2.2 mm，体呈卵圆形。体背常黄铜色，偶见青铜色，具强烈金属光泽。头顶、前胸背板和鞘翅表面有明显的皮纹。触角第 1–4 节淡黄色，其余各节黄褐色至褐色，颜色向端部渐渐加深；前、中足为黄色；后足腿节黑褐色，胫节、跗节黄色。头部触角间距平坦，其间具粗大致密的刻点；头顶分布均匀粗大的刻点。前胸背板刻点粗大。鞘翅刻点成行排列、整齐，盾片行具 2–3 行不规则刻点，刻点行间有 1–2 列细微刻点。中、后足胫端外缘有较深的凹缘，凹前有齿突，凹缘有毛，前足基节窝关闭。阳茎侧面观十分弯曲；阳茎端齿小时，末端浑圆。

分布：浙江（临安）、黑龙江、吉林、内蒙古、河北、山东、江苏、湖北、江西、福建、台湾、海南、广西、四川；日本，印度，尼泊尔，越南，斯里兰卡。

（697）束凹胫跳甲 *Chaetocnema (Chaetocnema) constricta* Ruan, Konstantinov *et* Yang, 2014（图版 XV-14）

Chaetocnema (Chaetocnema) constricta Ruan, Konstantinov *et* Yang, 2014: 24.

主要特征：雄虫体长 1.71–1.80 mm。雌虫体长 2.14–2.30 mm，体宽 0.89–0.93 mm。触角长度与体长的比值为 0.61–0.62。单边鞘翅长度与宽度的比值为 1.45±0.05。前胸宽度与长度的比值为 1.44±0.05。鞘翅与前胸长度的比值为 2.55±0.05。鞘翅基部宽度与前胸背板基部宽度的比值为 1.12±0.05。鞘翅最宽处与前胸背板最宽处宽度的比值为 1.37±0.05。鞘翅与前胸背板青铜色；触角第 1 节暗褐色，第 2–4 节黄色，第 5–6 节黄色；前足和中足腿节褐色，后足腿节黑褐色，胫节、跗节黄色。触角间的额脊窄且隆凸；额侧沟明显，额上沟轻微凹陷；额脊与触角窝宽度的比值为 0.70–0.75；头顶表面两侧各散布着 5–6 个刻点。前胸背板基部均匀向后膨出，具 2 个浅的纵向压痕，基部的横向深刻点行仅出现于两侧，在中部消失；前胸背板前角平截，向侧前方伸出。鞘翅侧缘向两侧膨出，盾片行刻点排列成单行的直线，其余常规刻点也排列成单行的直线；肩胛发达；刻点行间具 2 行更细微的小刻点行。雄虫前足第 1 跗节稍大于雌虫，第 1 跗节长与宽的比值为 1.90–2.00；后足胫节端凹前角较锋利，侧缘细齿存在且钝。阳茎两侧平行，腹面观端突消失，近端部不膨大，端部钝、宽；腹面细微的横形纹理消失；侧面观阳茎在端部呈波浪形弯曲；最弯曲之处位于基部。雌虫受精囊圆柱形，受精囊管平直；受精囊泵位于受精囊体顶部中央，长度远短于受精囊体，受精囊泵端部圆筒形。

分布：浙江（临安）、江苏、安徽、江西、福建、广西、四川、重庆、贵州、云南；韩国，日本，印度。

（698）筒凹胫跳甲 *Chaetocnema (Udorpes) cylindrica* (Baly, 1874)（图版 XV-15）

Plectroscelis cylindrica Baly, 1874: 208.
Chaetocnema cylindrica: Chen, 1933b: 215.

主要特征：体长 2–2.5 mm，体宽 1.4–1.5 mm。体筒形，两侧近平行。体背青铜色或绿色，具强烈金属光泽；触角基部 3–4 节红黄色，余节黑褐色；足呈棕红色，胫节端部、负爪节褐色；后足腿节背面大部褐色，具铜绿金属光泽。头部刻点密而粗大，头顶中央 1 纵形区域无刻点；额唇基区刻点粗密。触角向后超过肩胛。前胸背板十分窄，明显窄于鞘翅基部。前胸背板中部最宽，且前部宽于后部，此特征较为特殊，与大多数中国种类不同；前胸背板稍隆起，刻点粗密，中间纵形区域常无刻点；前胸背板窄，窄于鞘翅基部。鞘翅稍隆起，盾片区较平坦，两侧近于平行（此特征在本属中亦较为特殊），后部较狭，鞘翅整体呈方形，刻点粗大，排列成行，行距隆起，肩后的刻点较不整齐；盾片行较短，排列较乱，约 2 行，均较短。

分布：浙江（杭州）、湖北、江西、广西；韩国，日本。

（699）高脊凹胫跳甲 *Chaetocnema (Chaetocnema) fortecostata* Chen, 1939（图版 XV-16）

Chaetocnema fortecostata Chen, 1939a: 33.
Chaetocnema (Chaetocnema) fortecostata: Konstantinov et al., 2011: 19.

主要特征：雄虫体长 1.75–1.90 mm。雌虫体长 2.03–2.12 mm。雌雄体宽 0.95–1.08 mm。触角长度与体长的比值为 0.64±0.05。前胸宽度与长度的比值为 1.62±0.05。鞘翅与前胸长度的比值为 2.98±0.05。鞘翅基部宽度与前胸背板基部宽度的比值为 1.07–1.19。鞘翅最宽处与前胸背板最宽处宽度的比值为 1.34±0.05。体背青铜色，触角黄褐色至暗褐色，前足和中足腿节褐色，后足腿节深褐色，跗节褐色。触角间的额脊窄且隆凸，额侧沟明显，额上沟浅而不明显；眼眶上沟窄且不明显；额脊与触角窝宽度的比值为 0.56–0.66；头顶表面散布着 5–6 个刻点（计单边刻点数）；上唇前缘于中部轻微隆凸。前胸背板基部均匀向后膨出，具 2 道不明显的纵向压痕，基部的横向深刻点行仅出现于两侧，在中部消失；侧缘轻微膨大；最宽处为基部；侧前角圆形，向侧方凸出，侧后角不发达；刻点直径小于刻点间距的 2–4 倍。鞘翅侧缘向两侧膨出，盾片行刻点排列成单行的直线，其余常规刻点也排列成单行的直线；肩胛发达；刻点间距平滑且光洁，刻点行间具 2 行更细微的小刻点行。雄虫前足第 1 跗节长与宽的比值为 1.65±0.05。后足胫节端凹前角较锋利，侧缘细齿存在，较钝。阳茎端部侧面观强烈向前端变窄，腹中沟消失，腹面观端突较弱，腹面细微的横形纹理消失，侧面观最弯曲之处位于基部。阳茎腹面观近端部膨大，端部尖。雌虫受精囊梨形，受精囊管较直，受精囊泵的长度远短于受精囊体，受精囊泵端部圆筒形，受精囊泵位于受精囊体顶部中央。受精囊体最宽处为其基部。

分布：浙江（临安）、陕西、湖北、江西、湖南、福建、台湾、广西、重庆、四川、云南；日本，印度。

（700）粟凹胫跳甲 Chaetocnema (Udorpes) ingenua (Baly, 1876)（图版 XV-17）

Plectroscelis ingenua Baly, 1876: 594.

Chaetocnema japonica Jacoby, 1885c: 732.

Chaetocnema aurifrons Jacoby, 1885c: 733.

Chaetocnema fulvipes Jacoby, 1885c: 732.

Chaetocnema ingenua: Weise, 1922b: 130.

Chaetocnema micans Palij, 1961: 11 (nomen nudum).

Chaetocnema ogloblini Palij, 1970b: 197.

主要特征：体长 2.5–2.8 mm，体呈卵圆形。体背铜绿色或蓝色，具金属光泽。触角第 1–4 节淡黄色，其余各节黄褐色至褐色，颜色向端部渐渐加深；前、中足为均一的黄色；后足腿节黑褐色，胫节、跗节黄色。头顶、前胸背板和鞘翅表面有明显的皮纹。头部触角间距平坦，其间具粗大致密的刻点；头顶分布均匀粗大的刻点。前胸背板刻点粗大。鞘翅刻点成行排列且整齐，盾片行整齐排列成 2 行排列，刻点行间有 1–2 列细微刻点。中、后足胫端外缘有较深的凹缘，凹前有齿突，凹缘有毛，前足基节窝关闭。阳茎侧面观十分弯曲；阳茎端齿弱、宽而平截。

分布：浙江（临安）、黑龙江、吉林、内蒙古、河北、山西、河南、陕西、宁夏、甘肃、江苏、湖北、湖南、福建、云南；日本。

（701）黑凹胫跳甲 Chaetocnema (Chaetocnema) nigrica (Motschulsky, 1858)（图版 XV-18）

Tlanoma nigrica Motschulsky, 1858b: 106.

Chaetocnema basalis Baly, 1877a: 310.

Chaetocnema parvula Baly, 1877a: 310.

Chaetocnema geniculata Jacoby, 1896a: 270.

Chaetocnema gestroi Jacoby, 1889a: 283.

Chaetocnema nigrica: Maulik, 1926: 219.

Chaetocnema (Chaetocnema) nigrica: Konstantinov et al., 2011: 19.

主要特征：体长 1.30–1.60 mm，体宽 0.65–0.95 mm。单边鞘翅长度与宽度的比值为 2.09–2.11。前胸宽度与长度的比值为 1.72–1.77。鞘翅与前胸长度的比值为 2.57–2.58。鞘翅基部（肩胛）宽度与前胸基部宽度的比值为 1.16–1.17。背面观亮黑色，触角 1–4 节完全黄色，余节褐色；足胫节黄色，前、中足腿节黄褐色，后足腿节暗褐色。侧面观头顶明显高出于眼。额脊窄且隆起，额侧沟明显，头顶表面两侧各具 2–3 个刻点

（计单侧刻点个数）。前胸背板基部无纵向刻痕，基部具横向深刻点行，基缘向后膨突。雄虫前足第 1 与第 2 跗节宽度的比值为 0.98–1.02，后足胫节端凹处前角较钝，侧缘平滑、不具细齿。阳茎腹面观端部渐细，端突小，腹面中沟消失或较弱；侧面观几乎平直，最弯曲之处位于基部。受精囊泵的长度远短于受精囊体，端部扁平，受精囊泵位于受精囊体顶部中央。受精囊体最宽处为其基部。附器后部骨化区域长大于宽，附器后部骨化区域宽度与前部骨化区域近相等。

　　分布：浙江（杭州）、湖北、江西、福建、台湾、海南、广西、四川、云南、西藏；古北区，东洋区广布。

（702）甜菜凹胫跳甲 *Chaetocnema* (*Chaetocnema*) *puncticollis* (Motschulsky, 1858)（图版 XV-19）

Plectroscelis puncticollis Motschulsky, 1858b: 107.

Plectroscelis discreta Baly, 1876: 596.

Plectroscelis granulifrons Baly, 1876: 596.

Chaetocnema kanika Maulik, 1926: 216.

Chaetocnema discreta: Chen, 1933b: 229.

Chaetocnema (*Chaetocnema*) *puncticollis*: Konstantinov et al., 2011: 19.

　　主要特征：体长 1.9–2.2 mm。体黑褐色，具青铜光泽；触角第 1–3 节黄褐色，其余各节黄褐色；各足腿节黑褐色，胫节、跗节为黄色间夹褐色。头部触角间距甚狭，头顶两复眼内侧仅具 1–2 个粗大的刻点。头部触角间距较狭，头顶两复眼内侧各具 6–7 个粗大的刻点，头顶十分隆起，侧面观尤其突出，此特征在中国凹胫跳甲中十分特殊。前胸背板刻点细密。鞘翅刻点成行排列，且整齐，盾片行成单行排列，行间有 1–2 列细微刻点。中、后足胫端外缘有较深的凹缘，凹前有齿突，凹缘有毛，前足基节窝关闭。阳茎侧面观较薄，较为弯曲；端齿不发达，末端尖。

　　分布：浙江（德清、临安）、江苏、湖北、江西、湖南、福建、广东、海南、广西、四川、贵州、云南；日本，越南。

279. 凹缘跳甲属 *Podontia* Dalman, 1824

Podontia Dalman, 1824: 23. Type species: *Galleruca grandis* Grondal, 1808.

　　主要特征：体大型，长方形，为本亚科中体形最大的属。体黄色至棕色，鞘翅常带黑斑或黑色横带。头部明显小于前胸背板，位于前胸前缘的深凹中；复眼小，卵圆形，眼上沟较深；头顶中央有 1 条纵沟，沟侧稍隆；额唇基三角形，稍隆，大部光洁无刻点，前缘微凹；触角间距较宽，每侧具 1 纵沟，沟的上端斜向外后方与眼上沟相连；上唇狭小，前端中央凹缺。触角细且短，仅伸达或略过鞘翅肩胛。前胸背板横方，四周有边框，前缘向后凹入极深；侧缘后部较直，前端膨出，后部平直，后缘中部向后拱出；前角突伸，加厚，后角呈直角，四角各有 1 个毛穴；盘区无刻点，但明显具沟和凹窝，前缘和后缘各有 1 对短纵沟，即前纵沟、后纵沟，中央有 1 中纵沟，有时部分消失，在前纵沟后端常有 1 短横沟向外伸出，每侧有 2 个凹窝。小盾片三角形。鞘翅刻点行排列规则，除盾片行外共 10 行刻点，行间无刻点。中、后足胫节端部外侧凹缺，凹前呈角状突出，爪双齿式。雄虫末腹节端部三叶状。

　　分布：东洋区，澳洲区。世界已知 10 种，中国记录 7 种，浙江分布 1 种。

（703）黄色凹缘跳甲 *Podontia lutea* (Olivier, 1790)（图版 XV-20）

Chrysomela lutea Olivier, 1790: 692.

Galleruca grandis Grondal, 1808: 288.

Podontia lutea: Gemminger & Harold, 1876: 3522.

主要特征：体长 12–14 mm，体长方形。背、腹面棕黄至棕红；上颚端缘黑色；触角 1–2 节黄色，余节黑色；足的胫节、跗节黑色。头部位于前胸前缘的凹弧中；眼突出，头顶较宽，稍隆，中央有 1 细纵沟，有少量微细刻点；额唇基在触角之间隆起，大部光洁，下部两侧有少量的刻点；上唇两侧向端部收狭，前缘中央凹缺。触角细短，微过鞘翅基部。前胸背板横方，前缘深凹；后缘两侧平直，中部向后拱出，侧缘前部明显向两侧膨出，侧缘基部平直；前角突出，稍膨大，角边宽厚；后角近直角，不膨大；表面沟纹较浅；前纵沟、后纵沟较深；前纵沟长，周围形成明显凹洼，其后方又具 1 小凹；中纵沟不完整，沿沟略凹；在中央及基部各有 1 小凹；两侧近侧缘处又各具 1 小凹。小盾片舌形。鞘翅基部隆起，两侧近平行；刻点排列整齐；行间距平坦。中足胫节的端凹较深，前齿尖锐。雌虫腹末节两侧及端缘被毛及刻点，表面有 1 对横形的凹洼，端缘中央形成 1 纵缺口；雄虫末腹节端缘三叶状，中央突出，表面仅在中叶及侧叶端部有毛及刻点。

分布：浙江、吉林、河北、山西、河南、甘肃、江苏、湖北、江西、湖南、福建、广东、海南、香港、广西、四川、贵州、云南；韩国，巴基斯坦，印度，缅甸，越南。

280. 拟直缘跳甲属 *Asiophrida* Medvedev, 1999

Asiophrida Medvedev, 1999: 176, 180. Type species: *Ophrida marmorea* Wiedemann, 1819.

主要特征：体大型，长卵圆形。头部位于前胸背板前缘凹弧中，眼圆形，突出；头顶宽阔，被刻点，额唇基近三角形，微隆，触角间宽平，额瘤缺失；靠近触角处每侧各有 1 条深的纵沟，从触角基部之间向后，先直后斜，直达复眼后缘。触角丝状、细长，向后伸超过鞘翅中部。前胸背板横宽，宽约为长的 2 倍，前缘向内凹进，侧缘前部膨出，后部平直，后缘中部微拱出，四周具边框；表面具多条纵沟，将其划分成不同区域；盘区具凹窝，凹中具刻点，沿侧缘具 1 列粗刻点。鞘翅基部宽于前胸背板，刻点行排列规则，行距平坦。前胸腹板后缘多少波曲或中部向后弧拱，前足基节窝关闭，中、后足胫端外侧凹缺，凹缺前呈角状，后足腿节下缘中部不呈角状突出，爪双齿式。雄虫末腹节呈三叶状。

分布：中国，韩国，印度，尼泊尔。世界已知 20 种，中国记录 4 种，浙江分布 2 种。

（704）漆树拟直缘跳甲 *Asiophrida scaphoides* (Baly, 1865)（图版 XVI-1）

Podontia scaphoides Baly, 1865c: 430.

Podontia binduta Maulik, 1926: 233.

Ophrida scaphoides: Chen, 1934c: 271, fig. 46.

Asiophrida scaphoides: Medevedev, 1999: 182.

主要特征：体长 6.7–7 mm，近长方形，体色均一，棕黄至棕红色，腹部沥青色，触角棕黄色，端部两节黑色。前胸背板横方，宽度大于长度约 1 倍；前侧角具 1 短纵列刻点，其后方具 1 横列刻点；两侧各具 3 个凹窝；基缘两侧具短纵沟。小盾片三角形，光洁。鞘翅稍隆，肩瘤突出，两侧近于平行，刻点排列整齐，行距平坦，仅后端稍隆起，行距间常有黄色小斑。中足胫节的齿较为突出，后足腿节长不及宽的一半，下缘中部不呈角状突出，密被刻点及毛，爪双齿式；雄虫前、中足基跗节膨大。腹面前胸两侧缘有刻点及毛，中、后胸及腹部各节有刻点及毛；末腹节两侧凹洼，雄虫末腹节中央大部光洁，端缘中叶较短，略向上翘，毛被密，雌虫端缘中部较平。

分布：浙江（临安）、河南、陕西、甘肃、江苏、安徽、湖北、江西、湖南、福建、台湾、广东、四川、贵州、云南、西藏；尼泊尔，越南。

（705）黑角拟直缘跳甲 *Asiophrida spectabilis* (Baly, 1862)（图版 XVI-2）

Podontia spectabilis Baly, 1862b: 452.

Podontia rufoflava Fairmaire, 1889: 73.

Ophrida spectabilis: Chen, 1934c: 270, fig. 44.

Asiophrida spectabilis: Medevedev, 1999: 183.

　　主要特征：体长 8.5–12 mm，近长方形。体色均一，棕红色；触角黑色，基部 4 节棕红色；鞘翅有黄色大云斑分布在前、后部及中缝中部。头顶隆起，在眼上部有较多的细刻点，一般光洁；额唇基稍隆，与头顶间无明显分界，在触角间光洁，下部两侧斜隆，有大小不等的带毛刻点；额瘤消失。触角长度不及鞘翅中部。前胸背板横方，宽度为长度的 2 倍；前缘极度凹入，后缘中部略向后拱，侧缘略呈波状，在中部微凹；前角向前侧方突伸，后角弱、尖锐，四角各有 1 毛穴；盘区中部稍隆，表面光亮，被细微刻点，侧区凸凹不平，前凹常较浅，后凹及里凹较深；后横沟不深，基缘两端的短纵沟清晰；刻点零散，在后横沟前向两侧伸达里凹。小盾片三角形，光洁。鞘翅基部较前胸为宽，两侧近于平行，肩瘤隆起，刻点粗大，刻点行排列整齐，行距平坦。

　　分布：浙江（临安）、河南、甘肃、江苏、安徽、湖北、江西、福建、台湾、广东、广西、四川、贵州、云南、西藏；韩国。

281. 潜跳甲属 *Podagricomela* Heikertinger, 1924

Podagricomela Heikertinger, 1924: 36. Type species: *Podagricomela weisei* Heikertinger, 1924.

　　主要特征：体中小型，卵圆形，体背十分隆凸。头部深深陷入前胸背板，背面观头部常隐藏不可见；眼卵圆形，眼上沟较深；头顶宽阔，隆起，表面光洁或散布少量刻点，在眼上方具 1 毛穴；额唇基略隆，与头顶间一般以额横沟为界，沟的两端常与眼上沟相连；触角间宽平，有 1 对纵沟；额瘤不发达，近方形，表面光洁；上唇前缘中部略凹，具 6 根刚毛。触角短，线状，常向后略伸过肩胛。前胸背板横宽，宽约为中长的 2 倍；前缘弧凹，后缘中部向后拱出，侧缘弧形膨出；前角突伸，加厚，后角钝角，四角各有 1 毛穴；表面散布细刻点。小盾片三角形。鞘翅基部宽于前胸或近等宽，肩胛明显，两侧膨出，刻点排列规则。前足基节窝关闭，后足腿节膨大，爪附齿式；雄虫前、中足基跗节膨大。雄虫末腹节呈三叶状。

　　分布：中国，印度，越南，马来西亚。世界已知 22 种，中国记录 12 种，浙江分布 2 种。

（706）桔潜跳甲 *Podagricomela nigricollis* Chen, 1933（图版 XVI-3）

Podagricomela nigricollis Chen, 1933c: 58, fig. 3.

　　主要特征：体长 3.4–4 mm，体卵圆形。头、前胸背板、触角及足黑色；鞘翅、小盾片、头顶后缘、触角基部 3–4 节及腿、胫节的关节处棕黄至棕红色；鞘翅肩胛及其外侧常为黑褐色；胸部腹面与足的大部分为黑色，后胸腹板部分与腹部同为棕红至棕黄色。头顶较隆起，眼上沟深，刻点较细，多靠近眼上沟，眼上具 1 毛穴，在头顶正中两侧各有 1 浅凹；额瘤平坦不显、近方形，两瘤分离甚远；上唇前缘微凹。触角长度超过鞘翅基部。前胸背板基部较前端明显窄，前缘弧凹，后缘中部明显拱出，侧缘稍膨出；前角明显向前侧方伸出，后角弱、不突出；四角各 1 毛穴；表面匀被刻点，两侧刻点略粗。小盾片三角形，光洁。鞘翅两侧近于平行，稍膨出；刻点较粗，排列成行；行距稍隆起，布微细刻点。雄虫末节后部两侧有凹缺，端缘中叶突出成半圆形；雌虫末节端圆，中央较平。

分布：浙江、甘肃、江苏、湖北、江西、湖南、福建、台湾、广东、广西、四川。

（707）枸桔潜跳甲 *Podagricomela weisei* Heikertinger, 1924（图版 XVI-4）

Podagricomela weisei Heikertinger, 1924: 36.

主要特征：体长 2.7–3.1 mm，体卵圆形。体背金属绿色，头部、触角 1–4 节、前胸背板前角端部、足及腹部棕黄色，触角 5–11 节、小盾片及胸部腹面深褐色。头部及前胸背板具有网纹。头部向下，背面不易见到，头顶宽阔、较平、被细刻点，每侧眼上方有 1 毛穴；眼上沟较细；额瘤近方形，不隆，两瘤分离甚远，表面光洁。触角长度超过鞘翅肩胛。前胸背板横方，前缘弧凹，后缘向后稍拱，侧缘弧圆；前角向前侧方突出，后角钝、较弱；表面被均匀刻点，两侧有时稍隆，刻点亦常较粗。小盾片三角形，光平。鞘翅肩胛突出，被规则刻点行，行距平坦，具微细小刻点；肩胛后方的刻点较粗，最外的行距稍隆，沿末行刻点里侧略有 1 行稀疏的粗刻点。

分布：浙江（杭州、台州、衢州）、河北、山东、甘肃、江苏、上海、湖北、江西、湖南、福建、广东、广西、四川、贵州。

282. 啮跳甲属 *Clitea* Baly, 1877

Clitea Baly, 1877a: 287. Type species: *Clitea picta* Baly, 1877.
Throscoryssa Maulik, 1928: 160. Type species: *Throscoryssa citri* Maulik, 1928.

主要特征：体中等大小，长椭圆形，体背十分隆凸。头部大部分隐藏于前胸背板之下，背面不易见到；头顶宽阔，被刻点；眼圆形，眼上沟浅；近触角处微凹并有 1 毛穴；额瘤不发达。上唇前缘中部稍凹。触角较短，向后伸略超过鞘翅肩胛，角间区域宽平。前胸背板横宽，宽明显大于长，前缘弧凹，后缘明显中部后拱，两侧缘弧拱，前端明显下倾，前后缘无边框，侧缘明显具边框；前角突甚加厚，后角钝圆，四角各有 1 毛穴；盘区光洁，无明显凹洼，在近侧缘处稍隆；刻点匀布，两侧的较粗大。小盾片三角形，不具刻点。鞘翅基部与前胸近于宽，刻点排列规则，行距平坦且具细刻点。爪附齿式。雄虫末腹节三叶状。

分布：中国，印度，越南。世界已知 3 种，中国记录 3 种，浙江分布 1 种。

（708）恶性啮跳甲 *Clitea metallica* Chen, 1933

Clitea metallica Chen, 1933a: 383.

主要特征：体长 2.5–3 mm，长椭圆形，背面较隆凸。体背及胸部腹面墨绿色；触角、额唇基部分、口器、足及腹部棕黄至棕红色。头顶隆起，刻点较密。眼上沟不深，向里下方伸。额唇基不十分隆，近于三角形，被较密刻点，在触角间较平。触角较短，超过鞘翅肩胛，第 4 节以后毛被较密，1 节最长，较粗，3、4 节较细，除末节稍长外，余节近等长，节长略过节宽。前胸背板横宽，隆起，前缘弧凹，后弧中部明显向后拱出，两侧微弯，侧缘弧形，有细边框；前角突出，边宽厚，后角不突出，四角各有 1 毛穴；盘区表面平坦，无明显沟洼，密被刻点。小盾片三角形。鞘翅隆起，基部与前胸近等宽，肩胛稍降，两侧近于平行，末端缘合成圆形；刻点较细，排列成行，行距平坦，刻点较多，盾片行位于基部；缘折在基部稍宽，以后渐狭，端前消失。

分布：浙江（台州、温州）、江西、湖南、福建、台湾、广东、海南、广西、四川、云南；日本，越南。

283. 沟基跳甲属 *Sinocrepis* Chen, 1933

Sinocrepis Chen, 1933b: 218, 232. Type species: *Sinocrepis micans* Chen, 1933.

主要特征：体小，长卵圆形，体背稍隆凸。头顶微隆；触角间距较宽，微隆；额瘤弱，斜放，长三角形，其后有横沟与头顶分隔，横沟向两侧伸至复眼后缘。上唇横形，端缘略凹，近前缘具 1 列刚毛。触角较短，向后伸不超过鞘翅中部，第 2、3 节长度近等，端部 6 节加厚。前胸背板具 1 基前横沟，沟前隆起，刻点浅细，沟后刻点较密，两端近侧缘各具 1 短纵沟。鞘翅刻点行排列规则，每行间距有 1 列微细刻点。前足基节窝关闭。后足腿节十分膨大，雄虫前、中足基跗节膨大，爪附齿式。雄虫末腹节端缘中部两侧具凹缺，呈三叶状。

分布：中国。世界已知 3 种，中国记录 3 种，浙江分布 2 种。

（709）黑翅沟基跳甲 *Sinocrepis nigripennis* Chen, 1936

Sinocrepis nigripennis Chen, 1936c: 85.

主要特征：体长约 1.8 mm，长卵形，两侧近平行。头部、前胸背板、胸部腹面、触角端部红褐色；触角基部、足黄褐色；中胸小盾片、鞘翅、腹部沥青色至黑褐色。头顶光洁，刻点极其细微，稀疏，仅在高倍镜下可见。额瘤不发达，长形，斜放。触角向后稍微超过肩胛。前胸背板横形，宽约为长的 2 倍，侧缘几乎平直，中部稍膨出；表面刻点细微、稀疏；基前横沟明显，沟中刻点较粗，横沟两端各有 1 短纵沟。鞘翅基部宽于前胸背板，具规则的刻点行；行间距上具刻点，其直径接近于刻点行上的刻点。

分布：浙江（杭州）；斯里兰卡。

（710）烁沟基跳甲 *Sinocrepis obscurofasciata* (Jacoby, 1892)

Crepidodera obscurofasciata Jacoby, 1892b: 933.

Sinocrepis micans Chen, 1933b: 233.

Sinocrepis obscurofasciata Scherer, 1969: 119.

主要特征：体长 1.7–2 mm，卵形。头部、前胸背板及体腹面淡棕色，鞘翅淡棕色、褐色或黑色，小盾片棕色。头顶微隆突、无刻点，每侧有 1 毛穴。额唇基隆起，较光洁，额区在触角间较宽，前缘中部微凹；额瘤较弱，为斜长三角形，其后沿无清晰的沟，与头顶仅有 1 横凹分隔。触角较短，伸达鞘翅基部 1/5 处。前胸背板近方形，宽约为长的 1.5 倍，前缘微凹；基部横沟较浅，靠近后缘，两端有短纵沟。盘区密被细刻点，沟后的刻点较粗密。小盾片三角形。鞘翅在肩胛后膨阔，最宽处近中部，肩胛稍隆；刻点细而浅，排列成行，每行间距有 1 列细刻点。后足腿节宽约为长的一半，雄虫前、中足基跗节膨大；前足基节窝关闭。雄虫末腹节端缘中央突出成唇片状。

分布：浙江（杭州）、河北、江苏、湖北、台湾、广西、贵州。

284. 双行跳甲属 *Pseudodera* Baly, 1861

Pseudodera Baly, 1861: 200. Type species: *Pseudodera xanthospila* Baly, 1861.

主要特征：体中型，长卵形。前胸背板与头部近等宽，头顶十分隆凸，表面光洁，几乎无刻点；眼上沟深；额唇基稍隆，触角间具额脊，额瘤长三角形，前端渐尖、较长、伸达触角之间，额瘤后的沟较深，两瘤间具 1 深纵沟。触角窝位置较低，与眼下缘处于同一水平。上唇前缘中部凹缺，近前缘具 6 根刚毛。触角细长，向后伸超过鞘翅中部。前胸背板近方形，侧缘拱出成弧形，背面隆凸，散布微细刻点，基前横沟及侧缘的短纵沟粗深。小盾片近方形，端部钝圆。鞘翅基部宽于前胸，两侧微膨，具肩瘤；每翅除盾片行外有 10 行刻点，中间的 8 行常成对排列，排列成为 4 对。爪附齿式，雄虫前、中足基跗节膨大。前胸腹板在基节窝间极狭，前足基节窝关闭。

分布：中国，日本，印度，缅甸。世界已知 16 种，中国记录 4 种，浙江分布 1 种。

（711）黄斑双行跳甲 *Pseudodera xanthospila* Baly, 1861（图版 XVI-5）

Pseudodera xanthospila Baly, 1861: 200.

Crepidodera bimaculata Jacoby, 1885c: 723.

Pseudodera balyi Jacoby, 1891: 62.

主要特征：体长 5–9.8 mm，长卵圆形，体背稍隆。背腹面棕红色，触角、足胫节及跗节黑色。鞘翅后部外侧第 4 与第 9 刻点行间有 1 黄色长斑，其前、后端各有 1 凹刻，黄斑周缘呈 1 圈褐色。头顶宽阔隆起，表面光洁，仅在眼后有极少刻点及细皱；额唇基基部十分隆起，在触角间凸起；额瘤长三角形，下端伸至触角间，两瘤间有深沟。瘤后没有沟。触角细长，向后超过翅端 1/3 处，被毛，第 1 节较粗长，长度与末节近等，第 2 节最短，为第 3 节长度之半，第 4–10 各节长度近等，较第 3 节稍长。前胸背板近长方形，宽约为长的 2 倍，背面十分隆起，前缘较直，中央微凹，两侧缘膨出成弧形，最宽处在中前部，后缘中部微凹；四周有狭边，四角有毛穴，前角钝圆，后角小、尖锐但不突出；基横沟较深，略弯，中段深，沟两端有短纵沟；表面刻点精细，沿侧缘及沟中的刻点较大。小盾片半圆形至舌形，基部略宽而平直，光洁无刻点。鞘翅较长，肩胛十分隆突，刻点排列整齐，每翅共 10 行，中间的 8 行刻点常每两行靠近，呈 4 对；雄虫前、中足基跗节膨大。

分布：浙江、江苏、湖北、江西、福建、台湾、广东、广西、贵州；日本。

285. 连瘤跳甲属 *Neocrepidodera* Heikertinger, 1911

Neocrepidodera Heikertinger, 1911b: 34. Type species: *Ochrosis sibirica* Pic, 1909.

Asiorestia Jakobson, 1925b: 274. Type species: *Asiorestia kozhantshikovi* Jakobson, 1925.

Orestioides Hatch, 1935: 276. Type species: *Crepidodera robusta* LeConte, 1874.

主要特征：体中等大小，卵圆形，多为棕黄色。头顶隆起不明显，无深沟纹；额唇基隆起，触角间具额脊；额瘤发达，宽圆，2 瘤并列靠拢，中间有沟，后方与头顶相接，无深沟。上唇具 6 根刚毛；下颚须不膨大，末节端部尖。触角较长，向后超过鞘翅中部。前胸背板横方，宽大于长，前缘平直，侧缘稍膨且具较宽的边框；前角斜截，加厚，后角钝圆，四角各有 1 毛穴；盘区隆起，基前横沟明显，其两侧各有 1 深的短纵沟。鞘翅卵圆形，中度隆起，具肩胛，刻点排列成行，缘折较宽且平。前足基节窝关闭。爪附齿式。雄虫前、中足基跗节明显膨大。雄虫末腹节端缘呈三叶状。

分布：世界广布。世界已知 100 种，中国记录 12 种，浙江分布 3 种。

分种检索表

1. 体中型，体长 3.5–4 mm ··· 模跗连瘤跳甲 *N. obscuritarsis*
- 体小型，体长小于 3.5 mm ·· 2
2. 前胸背板极度隆凸，基沟上的刻点非常密集而粗大，明显密于盘区 ·············· 隆连瘤跳甲 *N. convexa*

- 前胸背板中等隆凸，基沟上的刻点不特别粗大 ··· 脂连瘤跳甲 *N. resina*

（712）隆连瘤跳甲 *Neocrepidodera convexa* (Gressitt *et* Kimoto, 1963)

Asiorestia convexa Gressitt *et* Kimoto, 1963: 763.

Neocrepidodera convexa: Konstantinov & Vandenberg, 1996: 286.

主要特征：体长 2.0–2.3 mm。触角相当粗壮，较长，向后伸超过鞘翅中部。头部额瘤圆形，彼此连接，其后缘无沟，与头顶无明显界限。前胸背板横方，侧缘稍膨且具较宽的边框；前角斜截，加厚，后角钝圆；盘区均匀向上隆起，匀布微细刻点，在基缘前方有 1 横沟，其两侧各与 1 短纵沟相接；基沟上的刻点非常密集而粗大，明显密于盘区。鞘翅卵圆形，中度隆起，肩胛宽圆；刻点排列成行或排列成不规则的双行。前足基节窝关闭。雄虫前、中足基跗节明显膨大。雄虫末腹节端缘呈三叶状。

分布：浙江（临安）、福建。

（713）模跗连瘤跳甲 *Neocrepidodera obscuritarsis* (Motschulsky, 1859)（图版 XVI-6）

Crepidodera obscuritarsis Motschulsky, 1859: 498.

Crepidodera lewisi Jacoby, 1885c: 721.

Asiorestia obscuritarsis: Gressitt & Kimoto, 1963: 767.

Neocrepidodera obscuritarsis: Konstantinov & Vandenberg, 1996: 286.

主要特征：体中型，长 3.5–4 mm。体背面淡棕黄至棕红色；触角 1–4 节棕黄色，余节黑褐色，足棕黄色，后足腿节端部、胫节及跗节棕褐色或黑色。头顶一般光洁，无刻点；额唇基隆起，中央呈纵脊，两侧有稀疏刻点及毛，前缘较平直；额瘤隆起，近圆形，2 瘤紧密相接，中间有沟；瘤后与头顶间无深沟。触角较长，伸达鞘翅中部。前胸背板近方形，宽长之比约 5：4，前端稍狭；侧缘稍膨，后缘中部明显向后弧拱，侧缘边框明显；前角斜切，增厚，后角弱，大于直角，四角各有 1 毛穴；基部 1/4 处有 1 横沟，沟端各有 1 短纵沟；盘区被细微刻点，横沟中的刻点较粗。小盾片舌形，后端宽圆。鞘翅背隆，基部较前胸稍宽，近中部稍膨出，后端显狭；肩胛宽圆；刻点细浅，排列大致成行，或排成不规则的双行刻点，除盾片行外大致有 10 行；缘折宽平，后端显收。爪附齿式；雄虫 3 对足基跗节膨阔，为宽椭圆形。前足基节窝关闭；雌虫腹部末节后端两侧收狭；雄虫腹部末节呈三叶状，端缘较平，两侧有凹缺，中间突出。

分布：浙江、吉林、湖北、福建、四川、贵州；俄罗斯，日本。

（714）脂连瘤跳甲 *Neocrepidodera resina* (Gressitt *et* Kimoto, 1963)

Asiorestia resina Gressitt *et* Kimoto, 1963: 769.

Neocrepidodera resina: Konstantinov & Vandenberg, 1996: 286.

主要特征：体长 2.1–3.4 mm。体背深红棕色，具有强烈光泽；触角与足的颜色较体色浅一些。头顶几乎无刻点，微凸，两侧各有 1 个小凹；额瘤圆形，显著凸起，彼此连接，其后缘无沟，与头顶无明显界限；触角之间空距微凸。触角较长，向后伸超过鞘翅中部，第 1 节长为宽的 2 倍，第 2 节长为第 1 节的一半，与第 3 节等长。前胸背板宽稍大于长，中部最宽，基部窄于鞘翅；盘区和基前横沟内均具刻点，盘区刻点较粗密；前角明显斜切，基前横凹弯曲。小盾片三角形，长宽近相等，末端尖锐。鞘翅盘区有 10 个规则刻点行和 1 个盾片行，刻点间隙微凸。前足基节窝关闭。爪附齿式。雄虫前足基跗节稍膨大。雄虫末腹节端缘呈三叶状。

分布：浙江（临安）、福建。

286. 肿爪跳甲属 *Philopona* Weise, 1903

Philopona Weise, 1903: 216. Type species: *Oedionychis vernicata* Gerstaecker, 1871.

主要特征：体中型，长卵圆形。头顶宽阔，被刻点。触角丝状、细长，向后超过鞘翅中部。前胸背板横宽，宽约为的 1.5 倍，后缘中部微拱出，四周具边框；盘区微隆。鞘翅基部宽于前胸背板，刻点混乱。后足爪节强烈膨大成球状。前胸腹板后缘平直，前足基节窝开放，爪附齿式。雄虫末腹节呈三叶状。

分布：世界广布。世界已知 50 种，中国记录 6 种，浙江分布 1 种。

（715）牡荆肿爪跳甲 *Philopona vibex* (Erichson, 1834)

Haltica vibex Erichson, 1834: 273.
Aedionychis japonicus Baly, 1874: 189.
Hyphasis signata Duvivier, 1892: 429.
Philopona nigra Chûjô, 1951b: 44.
Philopona vibex: Heikertinger, 1922: 45.

主要特征：体长 4–5 mm，体宽 2.0 mm。体长方形。体黄褐色，每个鞘翅中部具有 1 道纵向的黑色条纹。头顶宽阔，被刻点。上唇、前胸背板中部、小盾片、鞘翅中缝、后足腿节端部及中、后胸腹板黑色至沥青色。触角端部 7–8 节黑色。头顶中央有少数粗大刻点，复眼后缘刻点较密；额瘤圆形，周缘界限清晰，两瘤间纵沟较深；触角间较阔，均匀隆凸。前胸背板侧缘明显弧弯，侧边平展，盘区拱凸，中部具刻点。小盾片略呈半圆形，表面光洁。鞘翅于中部之后略阔，侧边平展，具粗大刻点，盘区表面网纹状。

分布：浙江（临安）、内蒙古、北京、江苏、湖北、江西、福建、台湾、广东、海南、广西、四川、贵州、云南；日本，印度，越南。

287. 丝跳甲属 *Hespera* Weise, 1889

Hespera Weise, 1889b: 638. Type species: *Hespera sericea* Weise, 1889.
Allomorpha Jacoby, 1892b: 934. Type species: *Allomorpha sericea* Jacoby, 1892.
Taiwanohespera Kimoto, 1970: 300. Type species: *Taiwanohespera sasajii* Kimoto, 1970.

主要特征：体常棕色至褐色，前胸背板和鞘翅上均被有细密的短毛，或平卧或半直立。头顶额瘤明显，接近三角形或长方形，两瘤之间由 1 深纵沟分割。触角细长，一般超过体长的一半或接近体长，有时端节加粗，第 2 节最细小，第 3 节长于第 2 节，以后各节又长于第 3 节。前胸背板不具沟纹。鞘翅后部较隆凸。前足两基节窝接近，前胸腹板极狭，前足基节窝开放。后足腿节粗壮，爪附齿式。

分布：古北区，东洋区，旧热带区。世界已知 60 种，中国记录 48 种，浙江分布 3 种。

分种检索表

1. 鞘翅毛呈多方向排列，形如波浪 ·· 波毛丝跳甲 *H. lomasa*
- 鞘翅毛方向单一 ··· 2
2. 鞘翅毛被灰黄色，较密集；头顶光裸无毛 ··· 裸顶丝跳甲 *H. sericea*
- 鞘翅毛被灰白色，较稀，半直立；头顶被毛 ··· 长角黑丝跳甲 *H. krishna*

（716）长角黑丝跳甲 *Hespera krishna* Maulik, 1926（图版 XVI-7）

Hespera krishna Maulik, 1926: 138, 142.

Hespera aterrima Kung *et* Chen, 1954: 155, 162.

主要特征：体长 3 mm，体宽 1.5 mm。体长方形，一色漆黑，包括触角基部。前胸背板和鞘翅上均被有细密的短毛，毛灰白色，较稀，半直立。头顶光亮，额瘤明显，两瘤之间由 1 深纵沟分割；被刻点和毛，与前胸背板同样粗密。触角细长，向后伸展接近鞘翅末端，第 2 节短，约为第 3 节长度之半，余节细长，等长，长于第 3 节，端部不粗。前胸背板刻点粗密混乱，均匀分布，不具沟纹，毛被较鞘翅为疏。鞘翅在中部后明显加宽，末端宽圆，底面呈颗粒状，相当粗糙。臀板外露。前足两基节窝接近，前胸腹板极狭，前足基节窝开放。后足腿节粗壮，爪附齿式。

分布：浙江、甘肃、湖北、四川、云南、西藏；缅甸。

（717）波毛丝跳甲 *Hespera lomasa* Maulik, 1926

Allomorpha sericea Jacoby, 1892b: 934 (*nec* Weise, 1889).

Hespera lomasa Maulik, 1926: 142, fig. 55 (new name for *Allomorpha sericea* Jacoby, 1892).

Hespera auripilosa Chûjô, 1936b: 90.

Hespera formosana Chûjô, 1936b: 90.

Hespera rufotibialis Chûjô, 1936b: 88.

Hespera insulana Chûjô, 1936b: 89.

Hespera albopilosa Chûjô, 1957a: 7.

主要特征：体长 2.5–3 mm；深棕色至深黑色，前足、中足与触角基部呈棕红或棕黄色。前胸背板和鞘翅密被细毛，鞘翅刚毛排列成波浪状，刚毛呈金黄至银色。头顶表面粗糙，密被短毛；额瘤三角形，触角之间狭窄，隆起似脊。触角约为体长的 2/3，以第 2–7 节为最长。前胸背板近似方形，宽略大于长，两侧缘直，后角斜；表面微粒状。鞘翅基部显较前胸背板为宽，两侧平行，向后略膨大，盘区中部每翅各有 1 相当清晰的凹陷；鞘翅靠近基部及中部之后明显隆凸，表面粗糙，呈微粒状。臀板常露于鞘翅外。

分布：浙江（临安）、河北、山东、陕西、湖北、江西、湖南、福建、广东、海南、四川、贵州、云南；印度，不丹，缅甸，越南，斯里兰卡。

（718）裸顶丝跳甲 *Hespera sericea* Weise, 1889

Hespera sericea Weise, 1889b: 639.

主要特征：体长 3–4 mm。体长卵形，背面略扁平，密被灰黄色细卧毛。全体黑色，触角和体腹面有时呈棕黑色，触角基部数节光亮，或色泽较淡，呈棕红色。头顶具网状细皱纹，无毛；额瘤三角形，低平不太显凸；触角之间高隆。触角向后伸达鞘翅中部或稍后，雄虫第 2、3 节均小，彼此等长；雌虫第 3 节长于第 2 节，第 4–7 节细长，每节长度约为 2、3 两节长度之和。前胸背板长方形，宽约为长的 1.5 倍，后缘略呈浅弧形，侧缘向基部收狭，后角浑圆；表面呈微粒状刻纹，无明显刻点，有时相当光滑，仅可见微小刻点，胸毛极细，但相当长。小盾片三角形，具同样卧毛。鞘翅向端部略膨阔，表面粗糙，具微粒状刻纹。臀板常外露。

分布：浙江（临安）、甘肃、湖北、湖南、福建、贵州、云南、西藏；印度，不丹，尼泊尔，越南。

288. 瓢跳甲属 *Argopistes* Motschulsky, 1860

Argopistes Motschulsky, 1860b: 236. Type species: *Argopistes biplagiata* Motschulsky, 1860.

Sphaerophyma Baly, 1878d: 478. Type species: *Sphaerophyma simoni* Baly, 1878.

主要特征：体中等大小，卵圆形。头顶宽阔，表面常具微细刻点。额瘤较明显，呈三角形或四边形，两瘤之间有 1 条细沟，瘤后微凹。触角 9 节，较短，向后仅达或略微超过鞘翅肩胛，在跳甲亚科昆虫中只有本属触角具 9 节，是区别于其他各属的重要特征。前胸背板横形，宽显大于长；两侧常常呈弧形，向前收狭；表面光滑、具不规则的细刻点，在个别种类中刻点消失。小盾片一般呈三角形，表面光滑，有时具细微的刻点。鞘翅基部宽于前胸，卵圆形，背面较隆凸；密布刻点，排列混乱。前足基节窝关闭。腹部散布毛及刻点。后足腿节十分膨宽，爪附齿式。雄虫末腹节端缘呈三叶状，雌虫末腹节端缘弧形。

分布：世界广布。世界已知 50 种，中国记录 5 种，浙江分布 3 种。

分种检索表

1. 触角端部棕黑色，仅基部棕黄色；前胸背板侧缘拱弧 ……………………………………………… 双斑瓢跳甲 **A. biplagiatus**
- 触角完全棕黄色；前胸背板侧缘直，从基向端收狭；头顶刻点极粗；体黑色；每鞘翅中央具 1 圆形红斑，刻点混乱 ···· 2
2. 体棕黄至棕红色，仅触角端部 4 节和后足腿节棕黑色 ………………………………… 棕色瓢跳甲 **A. hoenei**
- 体背面通常黑色，每翅中央有 1 圆形红斑，或鞘翅表面大部棕红色，仅周缘黑色 ……………… 女贞瓢跳甲 **A. tsekooni**

（719）双斑瓢跳甲 *Argopistes biplagiatus* Motschulsky, 1860（图版 XVI-8）

Argopistes biplagiatus Motschulsky, 1860b: 236.

Argopistes undecimmaculatus Jacoby, 1885c: 738.

主要特征：体长 3.7 mm，体宽 3 mm。体半球形，体色变化很大，通常为黑色，每鞘翅中央具 1 红色圆斑，有时鞘翅红斑两翅联合为 1 大斑，占据翅面大部，仅留边缘黑色；触角和各足跗节棕黄色。头顶刻点极粗密；额瘤显突、光亮，两瘤于后部连接，前半部以纵沟分割；触角之间呈脊状隆起、锐利，该脊向下延至唇基前缘，唇基三角形，两侧呈脊状。触角向后伸至鞘翅基部，第 1 节很长，长于第 2、3 两节长度之和，第 2 节粗，第 3 节很细，后者略短，自第 5 节后向端节加粗。前胸背板两侧接近直形，前狭后宽，前缘中部向前突伸，后缘中部向后拱出；盘区刻点相当粗密、深显，沿中线有 1 条无刻点隆线。小盾片三角形，表面光洁。鞘翅刻点约与前胸背板的等粗，很密，混乱；肩后外侧边较宽，不凸，刻点与盘区等粗。

分布：浙江、黑龙江、辽宁、北京、河北、甘肃、台湾、广西、四川；俄罗斯，朝鲜半岛，日本。

（720）棕色瓢跳甲 *Argopistes hoenei* Maulik, 1934

Argopistes hoenei Maulik, 1934: 25.

主要特征：体长 2.2 mm，体宽 1.7 mm。体圆形。体棕黄至棕红色，触角端部 4 节、后足腿节棕黑色。头小，缩入胸腔；头顶狭，密布刻点；额瘤半圆形，两瘤间有 1 短纵沟分开；触角之间狭，略隆起；唇基三角形，两侧隆起成脊状，中央具 1 条纵脊，该脊上粗下细，伸达上唇。触角第 1 节棒状，较长，第 2 节粗，第 3 节细，短于第 2 节或第 4 节，余节约与第 4 节等长，向端加粗。前胸背板十分拱凸，两侧从基向端收狭，后缘拱弧；盘区密布刻点。小盾片三角形，极小。鞘翅肩瘤略凸，盘区刻点较胸部的略粗，排成纵行，行距内杂有较细刻点，外侧肩后刻点较粗，排列混乱。

分布：浙江（临安）、辽宁、江苏。

（721）女贞瓢跳甲 *Argopistes tsekooni* Chen, 1934（图版 XVI-9）

Argopistes tsekooni Chen, 1934c: 316, fig.16.

主要特征：体长 2–2.5 mm，体宽 1.5 mm。体圆形，背面十分拱凸。一般黑色，每鞘翅中部具 1 圆形红斑；触角基部 4 节、各足跗节棕黄色，触角端部棕黑色；淡色个体鞘翅表面大部棕红色，仅周缘黑色。头顶刻点细密；额瘤明显隆凸，两瘤周缘合为圆形，其间具 1 短纵沟；触角间隆起成细脊纹状，较短，仅向下伸至唇基上半部；唇基三角形，向后下方倾斜，两侧呈脊状。触角伸达鞘翅基部 1/4 处，第 3 节很小，明显短于第 2 节和第 4 节，除第 4、5 两节及末节外，余节长约与其端宽相等。前胸背板侧缘拱弧，逐渐向前收狭，后缘中部略向后突；盘区表面刻点紧密、深显。鞘翅基部显较胸部为阔，盘区具粗细两种刻点，粗刻点略呈纵行排列；肩瘤外边缘略隆起，隆缘上刻点行清晰可辨。

分布：浙江（临安）、辽宁、江苏、上海、湖北；朝鲜半岛，日本。

289. 凹唇跳甲属 *Argopus* Fischer, 1824

Argopus Fischer, 1824: 184, figs. 3, 4. Type species: *Argopus bicolor* Fischer, 1824.

Dicherosis Foudras, 1859-1860: 147. Type species: *Altica haemisphaericus* Duftschmidt, 1825 [= *Argous ahrensi* (Germar, 1817)].

主要特征：体近圆形，背面十分凸起。触角粗壮，向后超过鞘翅中部。额瘤圆形，前缘具角，伸入触角之间，两瘤间以短纵沟分割。前足基节窝开放。各足腿节均相当粗壮，胫节顶端外侧常呈角状突出，跗节第 3 节膨阔成半圆形，中央不纵裂为 2 叶，爪附齿式。本属与球跳甲属 *Sphaeroderma* Stephens 很相似，其主要区别在于本属头部唇基前缘中央凹缺很深，呈半圆形或三角形。

分布：古北区，东洋区。世界已知 30 余种，中国记录 14 种，浙江分布 6 种。

分种检索表

1. 鞘翅红褐色，每鞘翅中后部具 1 长形的黄斑 ·· 黄斑凹唇跳甲 *A. fortunei*
- 鞘翅不具黄斑 ·· 2
2. 头、前胸背板（全部或部分）黑色 ·· 3
- 头、前胸背板完全黄褐色至红褐色 ·· 4
3. 足完全黄褐色；唇基前缘凹切很浅 ·································· 黑头凹唇跳甲 *A. melanocephalus*
- 足大部或几乎全黑色，有时腿节黑红色 ·································· 黑额凹唇跳甲 *A. nigrifrons*
4. 唇基前缘中部凹切圆形，很深，两侧形成圆锥状 ·················· 似双齿凹唇跳甲 *A. similibidentata*
- 唇基前缘中部凹切呈三角形，或凹切很浅 ··· 5
5. 鞘翅刻点较细，略呈规则纵行排列 ·································· 纵行凹唇跳甲 *A. similis*
- 鞘翅刻点粗深，无行列趋势 ·································· 黑跗凹唇跳甲 *A. nigritarsis*

（722）黄斑凹唇跳甲 *Argopus fortunei* Baly, 1877（图版 XVI-10）

Argopus fortunei Baly, 1877a: 181.

主要特征：体长约 4.7 mm，圆形，光滑，显著隆凸。体棕色至红褐色，胸部和跗节深红色；触角（基节除外）黑色；每侧鞘翅盘区各有 1 个大黄斑。头短，三角形；额瘤横形，长方形，端部连续；额脊窄长，隆起，端部尖锐；唇基有皱纹，端部微凹。触角长度为体长的 3/4，基部 2 节黄褐色，其余黑色，第 2、3 节短，等长。前胸背板宽度显著超过长度的 2 倍，两侧圆润，从基部向端部收狭，前角加厚，宽钝，平截；

基缘斜，两侧微弯曲，表面刻点显著，不密集。小盾片窄三角形。鞘翅刻点较前胸背板显著，排列成不规则的沟纹，间隙有小刻点。

分布：浙江、江西、广东、云南；越南。

（723）黑头凹唇跳甲 *Argopus melanocephalus* Gressitt *et* Kimoto, 1963

Argopus melanocephalus Gressitt *et* Kimoto, 1963: 818.

　　主要特征：体长约 5.5 mm。体背面砖红色，前胸背板红棕色，头部、触角沥青色，腹面砖红色，足黄褐色。头顶无刻点，额瘤近方形，微隆凸，两瘤之间有 1 窄沟，触角之间强烈隆凸。触角约为体长的 7/8，第 1 节长为宽的 3 倍，第 2、3 节约等长，长宽近相等，第 4 节长度约为第 3 节的 2 倍，末节端部较尖。前胸背板宽大于长，基部最宽，前缘中部近平直，两侧前伸，前角宽圆，侧缘微凸，后角钝，基缘突出，强烈弯曲；盘区有刻点。小盾片长宽近相等，端部圆润。鞘翅基部明显宽于前胸背板，长为宽的 2.5 倍，侧缘弯曲，端部 1/3 处向后变得圆润；缘折弯曲，逐渐变窄，几乎延伸至鞘翅端部；盘区刻点混乱，近侧缘有 1 行刻点不规则排列。

　　分布：浙江、福建。

（724）黑额凹唇跳甲 *Argopus nigrifrons* Chen, 1933

Argopus nigrifrons Chen, 1933b: 237.

　　主要特征：体长约 5 mm，体卵圆形，背面相当凸起。头部和前胸背板前半部（有时仅前缘）黑色，鞘翅和前胸背板后部棕红色；触角黑色，基部 3 节至少腹面为棕色；各足胫节、跗节棕黑至黑色。头顶隆凸，无刻点，额瘤显凸，近似圆形，彼此以短纵沟分开；唇基前缘中央凹缺，凹口呈三角形，额唇基中央隆起成屋脊状。触角丝状，向后伸达鞘翅中部，第 2、3 两节短，接近等长，其余各节节长略短于 2、3 两节长度之和。前胸背板后缘中部略向后拱出，侧缘微弧，前角增厚，具 1 粗大刻点，后角直，具 1 刻点毛，表面刻点细密。小盾片很小，三角形，光滑无刻点。鞘翅刻点较胸部的稍粗，排成不整齐的双行，以肩外 2 行刻点排列最规则，刻点行间有细刻点。

　　分布：浙江（临安）、湖北、福建、广东。

（725）黑跗凹唇跳甲 *Argopus nigritarsis* (Gebler, 1823)

Chrysomela nigritarsis Gebler, 1823: 125.

Argopus nigritarsis: Fisher von-Waldheim, 1824: 185.

Argopus clypeatus Chûjô, 1936a: 12 (*nec* Baly, 1874).

　　主要特征：体长 4.5–5 mm，圆卵形，背面相当拱凸。体棕红色，光亮；触角（除基部 3 节外），各足胫节、跗节黑色。头顶无刻点，额瘤显凸，近似圆形，彼此以短纵沟分开，唇基中央隆起成屋脊状，向两侧倾斜，具刻点和细毛，前缘凹切很深，呈三角形。触角细长，向后超过鞘翅中部，第 3 节略长于第 2 节，短于第 4 节，第 5 节长于第 3 节，较第 4 节稍短，余节依次渐短，末端 1 节细长。前胸背板后缘中部微弧，两侧缘略圆，前缘凹进，表面刻点很稀疏，沿基缘有 1 行刻点。小盾片三角形，无刻点。鞘翅刻点较前胸的稍粗，略呈纵行排列趋势。足粗壮，胫节向端加粗，外侧面中央具 1 条纵脊线，中、后足胫端外侧略呈角状突出。雄虫各足第 1 跗节显著呈圆形膨阔；腹部末节中央具纵凹痕。

　　分布：浙江、河北、山西、陕西、宁夏、甘肃、新疆、湖北、江西、福建、台湾、广西、四川；俄罗斯，蒙古国，朝鲜半岛，日本，哈萨克斯坦，土耳其。

（726）似双齿凹唇跳甲 *Argopus similibidentata* Wang *et* Ge, 2009

Argopus similibidentata Wang *et* Ge in Wang et al., 2009: 901.

主要特征：体长 5.5 mm，近圆形，背面十分拱凸。体棕红色；触角 4–11 节、前中足胫节、跗节及后足漆黑色，前中足腿节深棕色；上唇有时黑色。头顶拱凸，表面具细皱纹，额瘤长圆形，斜放，彼此明显分开，其后缘以 V 形沟与头顶分开，触角之间明显隆起成脊状，表面光滑或有皱纹，唇基前缘中部深凹成圆形，其两侧呈圆锥状，向顶端变尖。触角细长，向后伸超过鞘翅中部，第 2、3 两节最短，彼此等长，第 4 节略长于 2、3 两节长度之和，余节较第 4 节略短，每节长约为其端宽的 3 倍。前胸背板刻点细密，均匀分布。小盾片三角形，光滑无刻点。鞘翅刻点较前胸背板的略粗，很密。雄虫各足第 1 跗节膨阔，阳茎向腹面弓弯，端末三角形，较尖。

分布：浙江（临安）、陕西。

（727）纵行凹唇跳甲 *Argopus similis* Chen, 1939

Argopus similis Chen, 1939b: 64.

主要特征：体长 4.5 mm，近圆形，强烈隆凸。体棕色或黄棕色，有光泽；触角（基部 3 节除外）、腿节（有时基部 1/3 除外）和跗节黑色。头顶光洁，无刻点；额瘤大，显著；触角之间隆起；唇基前方深凹，凹陷宽圆。触角长度为体长的 3/4，第 3 节略长于第 2 节，但显著短于第 4 节。前胸背板刻点细小，刻点或稀或密，基缘和侧缘刻点更粗糙、强烈；前角不尖锐。鞘翅刻点比前胸背板显著，略呈规则纵行排列。

分布：浙江（杭州）、江西。

290. 球跳甲属 *Sphaeroderma* Stephens, 1831

Sphaeroderma Stephens, 1831: 328. Type species: *Altica testacea* Fabricius, 1775.

Argosomus Wollaston, 1867: 152. Type species: *Argosomus eppilachnoides* Wollaston, 1867.

Musaka Bechyné, 1958: 91. Type species: *Aethiopis freyi* Bechyné, 1955.

Kimotoa Gruev, 1985: 125. Type species: *Argopus splendens* Gressitt *et* Kimoto, 1963.

主要特征：体卵圆形，背面十分拱凸，似半球形。头顶隆凸，额瘤近圆形，斜放或横放，彼此分开。触角间空距较宽，隆起较高。前胸背板宽大于长，两侧从基向前收狭，前角增厚，后角圆，各角具 1 刻点毛，基缘中部向后拱出。鞘翅刻点混乱或排列成不规则纵行。足短粗，后足腿节腹面具沟以收纳胫节，胫节端部外侧膨粗。爪附齿式。前足基节窝开放。

分布：古北区，东洋区。世界已知 200 余种，中国记录 42 种，浙江分布 5 种。

分种检索表

1. 体小型，体长 1.8–2.5 mm ·· 2
- 体中型，体长 3–4 mm ·· 4
2. 体浅黑色至黑色 ··· **黑球跳甲 *S. piceum***
- 体浅棕红至棕黄色 ·· 3
3. 体长约 1.8 mm；触角深褐色 ·· **微球跳甲 *S. minuta***
- 体长约 2 mm；触角褐色，端部 7 节黑色 ··· **纵列球跳甲 *S. seriatum***

4. 体黄褐色，鞘翅绝大部分黑色，腹部末端区域黄色 ·· 黄尾球跳甲 *S. apicale*

- 鞘翅为均一的黑褐色，前胸红褐色至黄色 ··· 红胸球跳甲 *S. balyi*

（728）黄尾球跳甲 *Sphaeroderma apicale* Baly, 1874（图版 XVI-11）

Sphaeroderma apicalis Baly, 1874: 205.

Sphaeroderma immaculithorax Nakane, 1958a: 51.

主要特征：体长 3–4 mm，体圆形，背部向上明显隆凸。体黄褐色，鞘翅绝大部分黑色，腹部末端区域黄色。头顶光洁，额瘤横形、斜放，彼此分开较远，后缘与头顶无清晰分界；复眼大，两眼间距较狭，显狭于复眼之横径；额瘤近圆形；唇基凹陷；上唇宽阔，中部具 6 个刻点毛，排成 1 横行。触角间空距较宽，隆起较高。触角粗壮，伸达鞘翅中部，第 3、4 两节短而细，显短于第 2 节，从第 5 节起向端显著加粗。前胸背板宽约为长的 2 倍，后缘中部向后突出，两侧拱弧，向前收狭，前缘弧凹；盘区刻点细密，分布均匀。小盾片三角形。鞘翅刻点混乱，密集，约与前胸的等粗。足短粗，后足腿节腹面具沟以收纳胫节，胫节端部外侧膨粗。

分布：浙江（临安）、宁夏、甘肃、湖北、江西、湖南、福建、台湾、广东、海南、四川；日本，越南。

（729）红胸球跳甲 *Sphaeroderma balyi* Gressitt *et* Kimoto, 1963

Sphaeroderma balyi hupeiensis Gressitt *et* Kimoto, 1963: 824.

主要特征：体长 3–4 mm，体圆形，背部向上明显隆凸，似半球形。鞘翅黑褐色，前胸红褐色至黄色。额瘤近圆形，彼此分开，后缘与头顶界线清晰；触角间空距较宽，隆起较高。前胸背板宽大于长，两侧从基向前收狭，前角增厚，后角圆，各角具 1 刻点毛，基缘中部向后拱出。鞘翅刻点混乱。足短粗，后足腿节腹面具沟以收纳胫节，胫节端部外侧膨粗。前胸腹板在前足基节之间内凹。爪附齿式。前足基节窝开放。

分布：浙江（临安）、湖北、福建。

（730）微球跳甲 *Sphaeroderma minuta* Chen, 1934

Sphaeroderma minuta Chen, 1934c: 334.

主要特征：体长 1.8 mm，圆形。体浅棕色或棕黄色，触角和足颜色较深，胸部、腹部（末节除外）、胫节端部多少沥青色。头光滑，无刻点，额瘤横形，两瘤中间由 1 沟隔开，后方有 1 横线。触角延伸至鞘翅肩部后方，但未达鞘翅中部，第 2 节较第 3 节粗壮，稍长，第 3、4 节等长，末端 5 节稍加粗，长度明显大于宽度。前胸背板刻点稀疏、细小，两侧微拱，基缘中部突出。鞘翅向端部急剧收狭，中缝处有狭长的沥青色区域；表面刻点比前胸背板显著，中部刻点混乱，两侧刻点规则排列成行，间隙无刻点；侧缘隆凸，无刻点。

分布：浙江；印度。

（731）黑球跳甲 *Sphaeroderma piceum* Baly, 1876

Sphaeroderma picea Baly, 1876: 582.

主要特征：体长约 2.1 mm，圆形，隆凸。体浅黑色，触角外侧黑色。头顶光滑，无刻点。额瘤连续，横形；额脊宽，微隆凸；复眼黑色，粗糙。触角长于体长的 2/3，基部 5 节暗黄褐色，余节黑色，第 2 节粗壮，长于第 3 节。前胸背板宽为长的 2 倍，两侧从基部向端部圆润收拢；前角斜截，加厚；基缘两侧弯曲，中部微凸，圆润；表面有光泽，刻点显著，不密集。鞘翅刻点较前胸背板明显，排列成不规则的行，间距光滑，无刻点。

分布：浙江、山东、江苏、上海、湖北、四川。

（732）纵列球跳甲 *Sphaeroderma seriatum* Baly, 1874

Sphaeroderma seriata Baly, 1874: 203.

主要特征：体长约 2 mm，卵圆形，背面十分拱凸，几呈半球形。体棕红色，触角端部 7 节黑色，后足或多或少呈黑棕色。头顶隆凸，光亮，额瘤近圆形，斜放或横放，彼此分开。触角间空距较宽，隆起较高。触角较长，向后超过鞘翅中部，第 2 节显较第 3 节粗且长，第 3、4 两节约等粗等长，余节向端渐粗渐长。前胸背板宽约为长的 2 倍，侧边直，后缘中部向后突出；盘区刻点相当细密，前端渐疏。小盾片三角形，很小。鞘翅基部显较前胸背板为阔，刻点混乱或排列成不规则纵行，行距内略隆起。足短粗，后足腿节腹面具沟以收纳胫节，胫节端部外侧膨粗。

分布：浙江（临安）、湖南、福建、云南；日本，越南。

291. 沟胫跳甲属 *Hemipyxis* Chevrolat, 1836

Hemipyxis Chevrolat, 1836: 387. Type species: *Altica troglodytes* Olivier, 1808.

Sebaethe Baly, 1864b: 438. Type species: *Haltica badia* Erichson, 1834.

Epiotis Solsky, 1872: 259. Type species: *Oedionychis plagioderoides* Motschulsky, 1860.

主要特征：体长卵形。头与胸等宽，额瘤大而显突，近方形。触角间空距狭，呈脊状隆起，唇基常凹下，中央呈纵脊状。触角细长，伸达或超过鞘翅中部，第 2 节短于第 3 节。前胸背板宽为长的 2–3 倍。鞘翅基部较前胸背板为宽，表面刻点混乱。前胸腹板较宽，中央常凹下。各足胫节外侧面呈沟槽状内凹，是本属的重要区别特征之一。前足基节窝开放。

分布：东洋区。世界已知 170 余种，中国记录 61 种，浙江分布 5 种。

分种检索表

1. 体小型，体长 3.5–4.5 mm ·· 2
- 体中型，体长 4.5–6.5 mm ·· 3
2. 鞘翅红棕色至红褐色，鞘翅中后部有 1 近圆形深棕色区域 ·· 肿缘沟胫跳甲 *H. privignus*
- 鞘翅黑色或棕黑色，每翅中部有 1 淡黄色斑，该斑占据翅面中央大部或仅在中部之后 ·············· 斑翅沟胫跳甲 *H. lusca*
3. 体色呈均一的浅棕黄色 ··· 山沟胫跳甲 *H. montivaga*
- 体色不为棕黄色 ··· 4
4. 体背呈均一的金绿色；体长 4.5–6 mm ·· 金绿沟胫跳甲 *H. plagioderoides*
- 体背具双色，前胸及头棕黄色，鞘翅蓝黑色；体长约 6.5 mm ······························· 江苏沟胫跳甲 *H. kiangsuana*

（733）江苏沟胫跳甲 *Hemipyxis kiangsuana* (Chen, 1934)

Sebaethe kiangsuana Chen, 1934c: 308.

Hemipyxis jiangsuana: Gressitt & Kimoto, 1963: 842.

主要特征：体长约 6.5 mm，长椭圆形。体棕黄色，鞘翅蓝黑色，触角端部 8 节黑色。头顶隆凸、光亮，无刻点，额瘤近似四方形，两瘤之间以纵沟隔开。触角细长，第 3 节长约为第 2 节的 2 倍，约与第 4 节等长，第 5、6、7 三节各略长于第 3 节和端末 3 节。前胸背板较狭，其宽不足长的 2 倍，显较鞘翅基部为狭；盘区较拱凸，两侧边较狭，表面刻点很细，仅在高倍镜和适当光线下可见。小盾片三角形，沥青色。鞘翅狭长，两侧平行，两侧边基端接近等宽；盘区刻点粗密、深显；缘折面内沿无细毛。雄虫前、中足第 1 跗节显著膨阔，腹部末节端缘三叶状，中叶凹陷，端缘平直。

　　分布：浙江（临安）、江苏、湖北、湖南、四川、贵州。

（734）斑翅沟胫跳甲 *Hemipyxis lusca* (Fabricius, 1801)

Crioceris lusca Fabricius, 1801a: 456.

Sebaethe lusca: Jacoby, 1885a: 48.

Hemipyxis lusca: Gressitt & Kimoto, 1963: 843.

　　主要特征：体长 3.5–4 mm，长卵形。体色多变异，通常头、胸和体腹面棕黄至棕红色，鞘翅黑色或棕黑色，每翅中部有 1 淡黄色斑，该斑占据翅面中央大部或仅在中部之后；触角基部 3 节棕红色，余节沥青色至黑色。头顶无刻点，额瘤大而显突，近方形；触角间空距狭，呈脊状隆起，唇基常凹下，中央呈纵脊状。触角细长，约为体长的 2/3。前胸背板宽为长的 2–3 倍，侧缘平展，并略向上反卷；盘区光亮，有稀疏细刻点。鞘翅基部较前胸背板为宽，表面刻点混乱，两侧边在肩后较宽、较平；盘区刻点粗深，呈凹窝状，刻点间较隆起，端部刻点较细弱。前胸腹板较宽，中央常凹下。

　　分布：浙江（临安）、湖南、广东、海南、广西、四川、贵州、云南；缅甸，越南，马来西亚，印度尼西亚。

（735）山沟胫跳甲 *Hemipyxis montivaga* (Maulik, 1926)（图版 XVI-12）

Sebaethe montivaga Maulik, 1926: 385, 399.

Hemipyxis montivaga: Wang, 1995: 264.

　　主要特征：体长 6 mm，长卵形，中后部稍宽。体浅棕黄色；鞘翅基部稍深；复眼黑色，触角黑色，基部 2 节棕色；胫节和跗节深棕色。头顶无刻点；额瘤斜形，两瘤之间由 1 深沟隔开，由 2 条斜线与头顶分开，斜线末端各有 1 个浅凹。触角细长，几乎延伸至鞘翅中部；第 1 节长，棒状，第 2 节小，第 3 节显著长于第 2 节，第 4 节微长于第 3 节，第 5–7 节等长；末端 4 节稍短，等长。前胸背板宽度约为长度的 2 倍，两侧圆润，侧缘稍向上翻折，前角变厚；表面刻点细小，稀疏。小盾片三角形，端部圆润，表面无刻点。鞘翅基部稍宽于前胸背板；表面刻点细小，混乱，比前胸背板稍大。腹面被细毛。

　　分布：浙江、广西；缅甸。

（736）金绿沟胫跳甲 *Hemipyxis plagioderoides* (Motschulsky, 1860)（图版 XVI-13）

Oedionychis plagioderoides Motschulsky, 1860b: 27.

Sebaethe plagioderoides: Ogloblin, 1930: 103.

Hemipyxis plagioderoides: Chûjô & Kimoto, 1961: 180.

　　主要特征：体长 4.5–6 mm，阔卵形。体背金绿色，触角基部 3 节及足棕黄色，触角端部 8 节、后足腿节端部、体腹面黑色。头顶刻点相当粗大深密，呈皱状；额瘤长形、斜放，彼此分开。触角间空距隆起浑圆，额唇基两侧凹陷，中央呈锐脊状。触角细长，约为体长的 2/3，第 3 节约为第 2 节长度的 2 倍，第 3–6 节彼此长度约等。前胸背板宽约为长的 2.5 倍，侧缘平展，并略向上反卷，盘区刻点细密。鞘翅刻点较前胸的略粗，表面呈网纹状；外侧边以基部 1/3 处较宽。各足胫节外侧内凹，从基至端呈沟槽状。

分布：浙江（临安）、黑龙江、辽宁、北京、河北、山西、山东、陕西、甘肃、江苏、湖北、江西、湖南、福建、台湾、广东、广西、四川、贵州、云南；日本，缅甸，越南。

（737）肿缘沟胫跳甲 *Hemipyxis privignus* Gressitt *et* Kimoto, 1963（图版 XVI-14）

Hemipyxis privignus Gressitt *et* Kimoto, 1963: 845.

主要特征：体长 3.5–4.5 mm。体背面红棕色至红褐色，鞘翅中后部有 1 近圆形深棕色区域。头顶几乎无刻点，额瘤近方形，显著隆凸，两瘤之间有 1 窄沟，触角之间强烈隆凸。触角约为体长的 3/4，第 1 节长为宽的 2 倍，第 2 节长为第 1 节的一半，第 4、5 节近等长，显著长于第 3 节。前胸背板宽为长的 2 倍，中部最宽，前缘近平直，前角尖锐，侧缘突出，后角钝，基缘内凹，微弯曲；盘区刻点稀疏，表面均匀隆起。小盾片宽显著大于长，端部圆润。鞘翅基部明显宽于前胸背板，侧缘微凸，盘区刻点混乱，微隆凸。后足腿节长为宽的 2 倍，第 1 跗节微长于第 2–3 两节之和，显著长于末节。

分布：浙江（湖州）、湖北、江西、福建、广东、四川。

292. 长跗跳甲属 *Longitarsus* Latreille, 1829

Longitarsus Latreille, 1829: 155. Type species: *Longitarsus atricillus* (Linnaeus, 1761).

Thyamis Stephens, 1831: 307. Type species: *Altica quadripustulata* Fabrisius, 1775.

Teinodactyla Chevrolat, 1836: 392. Type species: *Haltica echi* Koch, 1803.

Inopelonia Broun, 1893: 1392. Type species: *Phyllotreta testacea* Broun, 1880.

Testergus Weise, 1893: 1013. Type species: *Longitarsus lederi* Weise, 1893.

Truncatus Palij, 1970a: 10. Type species: *Longitarsus zeravshanicus* Palij, 1970 (= *Longitarsus tmetopterus* Jakobson, 1893).

主要特征：小型种类，体长 2–3 mm。体长形至长卵形。触角细长，可伸达鞘翅中部或超过体长。头顶无刻点，额瘤通常不明显，其后缘与头顶无明显分界，触角间的空距隆起较高。前胸背板前角不向前突出，基缘直。鞘翅刻点混乱，有时呈纵行排列。后足跗节第 1 节很长，其长约为后足胫节长度之半，是本属与近缘属的主要区别。

分布：世界广布。世界已知 500 余种，中国记录 74 种，浙江分布 4 种。

分种检索表

1. 体深蓝色，具金属光泽，头的前半部、触角（除基部 3 节棕红外）、体腹面和足黑色 ………… 蓝长跗跳甲 *L. cyanipennis*
- 体不呈深蓝色，不具金属光泽 ……………………………………………………………………… 2
2. 鞘翅表面刻点十分粗大 …………………………………………………………… 糙背长跗跳甲 *L. lycopi*
- 鞘翅表面刻点细弱 ………………………………………………………………………………… 3
3. 体红褐色至黑红褐色，触角和足黄色 ………………………………………… 黑红长跗跳甲 *L. piceorufus*
- 头、胸、足褐黄色，鞘翅红色，触角黑色，后足腿节端半部黑色 ……………… 红背长跗跳甲 *L. rufotestaceus*

（738）蓝长跗跳甲 *Longitarsus cyanipennis* Bryant, 1924（图版 XVI-15）

Longitarsus cyanipennis Bryant, 1924: 249.

主要特征：体长 2–3 mm，体椭圆形。鞘翅深蓝色，头的前半部、触角（除基部 3 节棕红外）、体腹面和足黑色。头顶具横皱纹，无刻点，从触角窝向后沿复眼内缘具 1 斜行沟纹，沟后具 2–3 个大刻点，额瘤不明显，触角之间隆起成脊状。雄虫触角约与体等长，雌虫略短，第 1 节长，弯曲，第 2 节略短于第 3 节，其余各节略短于 2、3 两节长度之和，彼此长度约等。前胸背板相当拱凸，宽略大于长，表面刻点细弱，侧缘直，前后角各有 1 刻点毛，前刻点毛位于前角稍后。鞘翅基部显比前胸为阔，鞘翅刻点混乱，基部刻点粗密，向端渐变浅细。后足跗节第 1 节很长，其长约为后足胫节长度之半。

分布：浙江（临安）、青海、湖南、四川、云南、西藏；印度。

（739）糙背长跗跳甲 *Longitarsus lycopi* (Foudras, 1860)

Teinodactyla lycopi Foudras, 1859-1860: 239, 305.

Thyamis lycopi: Allard, 1860: 143, 832.

Longitarsus lycopi: Kutschera, 1863: 294.

主要特征：体长约 2.5 mm，黄褐色。头顶无刻点，额瘤不显，其后缘与头顶无明显分界，触角间空距隆起成脊状。前胸背板宽略大于长，前角不向前突出，基缘直。鞘翅表面刻点混乱，刻点十分粗大，可与本属其他种类区别。后足跗节第 1 节很长，其长约为后足胫节长度之半。

分布：浙江（临安）、中国北部；中亚，欧洲，非洲。

（740）黑红长跗跳甲 *Longitarsus piceorufus* Chen, 1939

Longitarsus piceorufus Chen, 1939b: 84.

主要特征：体长 2–3 mm，体红褐色至黑红褐色，触角和足黄色。无后翅。额瘤不显，触角间空距隆起成脊状。前胸背板宽略大于长。鞘翅表面刻点混乱。后足跗节第 1 节很长，其长约为后足胫节长度之半。

分布：浙江（临安）、湖北、江西、福建。

（741）红背长跗跳甲 *Longitarsus rufotestaceus* Chen, 1933

Longitarsus rufotestaceus Chen, 1933b: 247.

主要特征：体长 2.5 mm，长卵形，背面拱凸。头、胸、足褐黄色，后足腿节端半部黑色，鞘翅红色；触角黑色，基部 3 节褐黄色；腹面红褐色。头顶具少数细刻点，触角之间隆起细脊纹。触角略短于体长，第 1 节长，基细端粗，第 2 节粗，短于第 3 节，其余各节约彼此等长，每节长约为第 3 节长的 1.5 倍。前胸背板近似方形，前缘、后缘接近直形，侧缘前端圆，向后趋狭；盘区表面光洁、无刻点。鞘翅基部显较前胸为宽，盘区表面刻点细弱，但清晰可辨。

分布：浙江（临安）、湖北、湖南、福建、广西、云南、西藏。

293. 瘦跳甲属 *Stenoluperus* Ogloblin, 1936

Stenoluperus Ogloblin, 1936: 247, 408, 419. Type species: *Luperus potanini* Weise, 1889.

主要特征：中型种类，体长一般 2.50–3.50 mm。触角细长，常超过体长。额瘤通常弱，触角间的空距隆起较高。前胸背板方形，明显窄，宽度小于鞘翅基部宽度。鞘翅刻点混乱。后足腿节不十分粗壮，外形颇似萤叶甲。前足基节窝开放。

分布：中国，俄罗斯，朝鲜半岛，日本。世界已知 33 种，中国记录 21 种，浙江分布 2 种。

（742）黄腹瘦跳甲 *Stenoluperus flaviventris* Chen, 1942

Stenoluperus flaviventris Chen, 1942a: 67.

主要特征：体长 4 mm，狭长形。体背面蓝紫色，带绿光，腹面棕黄色，触角、足黑色。头向前突伸，后头长，复眼小，头顶中央具纵沟，刻点稀疏、深显，额瘤长方形、横放。触角约与体等长，第 2、3 节短，雄虫的约等长，雌虫的第 3 节略长于第 2 节，第 4 节和以后各节约为第 2、3 节长度之和的 2 倍。前胸背板近似方形，宽略大于长，两侧直，基缘中部略向内凹；表面具粗刻点，中央较稀疏。小盾片三角形，光滑。鞘翅基部显较前胸为阔，盘区刻点较前胸的更粗密、混乱。

分布：浙江、江苏、湖北、湖南、福建、台湾、四川、贵州、云南、西藏。

（743）日本瘦跳甲 *Stenoluperus nipponensis* (Laboissiere, 1913)

Luperus nipponensis Laboissière, 1913: 67.

Luprus jacobyi Weise, 1924: 119 (new name for *L. longicornis* Jacoby, 1885).

Luperus (*Stenoluperus*) *nipponensis*: Ogloblin, 1936: 248, 409.

Stenoluperus nipponensis: Chûjô & Kimoto, 1961: 169.

主要特征：体长 3.5–4.5 mm，体形瘦长。体蓝色，背面常有绿光，触角、各足胫节、跗节及腹板黑色。鞘翅端部具稀疏直立短毛。头顶无刻点，额瘤横放，长方形，彼此以短纵沟清晰分开，唇基及上唇具稀疏直立毛。触角细长，略短于体长，雄虫的较长、较粗；第 1 节棒状，基细端粗、略弯，第 2 节圆球形、极短，第 3 节为第 2 节长的 2.5–3 倍，其他各节比第 3 节略长，彼此长度约等。前胸背板接近方形，侧缘直，基部狭，向前略宽，前缘直，基缘中部略内凹，前后角各有 1 刻点毛；盘区光滑或在基部及两侧有稀疏刻点。小盾片三角形，无刻点。鞘翅狭长，肩胛高凸，刻点粗密、深显，向端变浅，基端几乎等阔。

分布：浙江、甘肃、湖南、福建、台湾、四川、云南、西藏；俄罗斯，朝鲜半岛，日本。

294. 寡毛跳甲属 *Luperomorpha* Weise, 1887

Luperomorpha Weise, 1887. Type species: *Luperomorpha trivialis* Weise, 1887.

Luperocnemus Fairmaire, 1888a: 43. Type species: *Luperocnemus xanthoderus* Fairmaire, 1888.

Docemasia Jacoby, 1899a: 283. Type species: *Docemasia coerulea* Jacoby, 1899.

Pushtunaltica Lopatin, 1962: 1814. Type species: *Pushtunaltica klapperochi* Lopatin, 1962.

主要特征：体长卵形，背面微凸起。额瘤横形或三角形；触角之间隆起。触角约为体长的 2/3，第 2、3 两节特别细小，两者近乎等长，余节较长，不向端加粗。前胸背板长方形，宽大于长。鞘翅基部较前胸背板为阔，散布不规则刻点，后半部着生稀疏短毛，这是本属和近缘属的重要特征。前足基节窝开放，两者几乎接触。后足胫节外侧具有极狭浅沟。爪附齿式。

分布：古北区，东洋区，澳洲区。世界已知 50 种，中国记录 29 种，浙江分布 3 种。

分种检索表

1. 每鞘翅靠近中缝具 3 条无刻点的纵行隆起的脊纹 ·· 脊鞘寡毛跳甲 *L. costipennis*

- 鞘翅不具纵行隆起的脊纹 ·· 2

2. 体黑色，前胸背板棕黄至棕红色，少数个体全体黑色 ·· 黄胸寡毛跳甲 *L. xanthodera*
- 体深棕色至黑棕色，前胸红棕色 ·· 棕胸寡毛跳甲 *L. collaris*

（744）棕胸寡毛跳甲 *Luperomorpha collaris* (Baly, 1874)（图版 XVI-16）

Aphthona collaris Baly, 1874: 198.

Luperomorpha collaris: Chen, 1933b: 245.

Luperomorpha japonica Chûjô et Ohno, 1965: 6.

Luperomorpha collaris var. *nigra* Chen, 1933b: 246.

主要特征：体长 3.0–3.7 mm，近长形，背面微凸起。体深棕色至黑棕色，前胸红棕色，触角基部 3 节沥青色，略带红色。头部光滑，无刻点；额瘤横形，连续，微凸；触角之间隆起。触角约为体长的 2/3，第 2、3 两节特别细小，两者近乎等长，余节较长，不向端加粗。前胸背板宽大于长，两侧圆润，盘区隆凸；刻点很少，细小；前角微前伸，圆润，后角完全退化，宽圆。鞘翅明显宽于前胸背板，卵形，向后变宽；刻点细小，密集，混乱；后半部着生稀疏短毛。前足基节窝开放，两者几乎接触。后足胫节外侧具有极狭浅沟。爪附齿式。

分布：浙江、甘肃、江苏、江西、台湾、广西；日本，印度。

（745）脊鞘寡毛跳甲 *Luperomorpha costipennis* Wang, 2002

Luperomorpha costipennis Wang in Wang & Yu, 2002: 684.

主要特征：体长 2.2 mm。体深棕红色；腹部呈暗棕色；鞘翅黑色带棕；触角黑色，基部 3 节棕黄色。头顶拱凸，在高倍镜下可见稀疏细刻点，表面呈细颗粒状，额瘤显突、长形斜放，触角间隆起较粗。触角向后伸达鞘翅中部，第 2 节小，近似球形，第 3 节细，略长于第 2 节，第 4 节又略长于第 3 节，余节略粗略短，彼此等长。前胸背板宽略大于长，盘区相当拱凸，后角宽圆，表面呈细颗粒状，具清晰的细刻点，较头部的略密。小盾片三角形，后角钝，表面呈细颗粒状，无刻点。鞘翅基部较前胸背板阔，盘区刻点相当粗密，刻点间距小于刻点直径，每鞘翅靠近中缝具 3 条无刻点的纵行隆起脊纹，内侧 2 条向后超过鞘翅中部，第 3 条较短。雄虫前、中足第 1 跗节显著膨阔，呈长圆形。

分布：浙江（安吉）、湖南、福建。

（746）黄胸寡毛跳甲 *Luperomorpha xanthodera* (Fairmaire, 1888)

Luperocnemus xanthoderus Fairmaire, 1888a: 43.

Luperomorpha similis Chûjô, 1938c: 166, fig. 2.

Luperomorpha xanthodera: Gressitt & Kimoto, 1963: 864.

主要特征：体长约 3 mm，体宽 1.5 mm，长卵形。体黑色，前胸背板棕黄至棕红色，触角基部 3、4 节多少带棕；有些个体全体黑色。头顶及前胸背板表面具皮革状网纹，额瘤横形，不显突；触角之间隆起成脊纹状。触角较粗壮，向后伸达鞘翅中部之前，第 3 节长于第 2 节，从第 4 节起向端加粗，各节长度约等，其节长略大于端宽。前胸背板后角圆形，两侧由基向前逐渐加宽；盘区隆凸，具细刻点。小盾片三角形，顶端宽圆。鞘翅狭长，基部较前胸背板略宽，表面具颗粒状细纹，刻点较前胸的略粗。

分布：浙江（临安）、吉林、山西、山东、陕西、甘肃、江苏、湖北、江西、湖南、福建、台湾、广东、广西、四川、贵州、云南；朝鲜半岛，日本。

295. 圆肩跳甲属 *Batophila* Foudras, 1859

Batophila Foudras, 1859-1860: 146, 378. Type species: *Galeruca rubi* Paykull, 1799.

　　主要特征：体小型，体长 2–3 mm，卵圆形，背面十分隆凸。体多为蓝黑色或青铜色，具金属光泽。额瘤不发达。前胸背板横方，宽大于长，侧区常下倾，前缘较直，后缘中部向后拱出，侧缘较直；前角斜截，四角各有 1 个毛穴；盘区刻点较密，无明显沟纹。鞘翅刻点较粗大，排列成行或不规则，行距平坦或隆起，行距间常有微细的刻点；缘折宽平。中、后足胫端外缘有较深的凹缘，凹前有齿突，凹缘有毛，后足胫端刺较粗、略弯，后足跗节第 1 节长度不超过胫节的 1/3。前足基节窝关闭。

　　分布：古北区，东洋区。世界已知 24 种，中国记录 10 种，浙江分布 1 种。

（747）尖角圆肩跳甲 *Batophila acutangula* Heikertinger, 1921

Batophila acutangula Heikertinger, 1921: 91, 96.

Batophila yangweii Chen, 1933b: 250.

Batophila acutangula acutangula: Chûjô & Kimoto, 1961: 175.

　　主要特征：体长 1.8 mm，长卵形，背面拱凸，无后翅。体背面铜绿色，鞘翅较蓝，触角和足红色，腹部沥青色。头部有微小颗粒，复眼内侧有少数刻点，触角之间强烈隆起，额瘤不显，上唇顶端圆形。触角向后伸超过鞘翅肩部，第 2 节粗，几乎不长于第 3 节，后者约与第 4 节等长，以后各节比第 4 节长且粗。前胸背板方形，基部较狭，前角斜切；盘区皮纹状，刻点相当粗密。鞘翅椭圆形，基部与前胸等阔，无肩胛，刻点行规则，行距隆起，具微细刻点，无小盾片刻点短行。

　　分布：浙江（临安）、湖北、江西、湖南、福建、台湾；日本。

296. 菜跳甲属 *Phyllotreta* Stephens, 1836

Phyllotreta Chevrolat, 1836: 391, 415. Type species: *Chrysomela brassicae* Fabricius, 1787 (= *Phyllotreta exclamationis* Thunberg, 1784).

Ochestris Crotch, 1873: 57, 65. Type species: *Chrysomela nemorum* Linnaeus, 1758.

Tanygaster Blatchley, 1921: 26. Type species: *Tanygaster ovalis* Blatschley, 1921.

Letzuana Chen, 1934c: 340. Type species: *Letzuana depressa* Chen, 1934.

　　主要特征：体长 1.8 mm，长卵形，体背较扁平至稍隆凸。体背面铜绿色，触角之间强烈隆起，额瘤不显，上唇顶端圆形。触角向后超过鞘翅肩部，第 2 节粗，几乎不长于第 3 节，后者约与第 4 节等长，以后各节比第 4 节长且粗。前胸背板方形，基部较狭，前角斜切；盘区皮纹状，刻点相当粗密。鞘翅椭圆形，基部与前胸等阔，无肩胛，刻点行规则，行距隆起，具微细刻点，无小盾片刻点短行。

　　分布：世界广布。世界已知 300 余种，中国记录 21 种，浙江分布 2 种。

（748）黄直条菜跳甲 *Phyllotreta rectilineata* Chen, 1939（图版 XVI-17）

Phyllotreta rectilineata Chen, 1939a: 50.

Phyllotreta chinensis Heikertinger, 1941: 28.

主要特征：体长 2.2–2.8 mm，体宽 1.0 mm。体长形，黑色，极光亮，似带金属光泽；触角基部 3 节及各足跗节均呈棕红色，后者色泽较为深暗。鞘翅中央黄色纵条斑直形，仅在外侧呈现极微浅的弯状，其前端伸至鞘翅基缘。头顶密布粗且深的刻点，额瘤消失，中央有 1 极短小但深的纵沟，此沟有时短如刻点；触角之间不甚狭窄，光滑无刻点。触角约为体长之半，第 5 节较长。前胸背面略高凸，宽大于长，分布深大刻点。小盾片光滑。鞘翅基部宽于前胸，刻点粗深，排列较整齐，如成行列。

分布：浙江、黑龙江、江苏、上海、湖北、江西、湖南、福建、广东、海南、广西、云南；朝鲜半岛，日本，越南。

（749）黄曲条菜跳甲 *Phyllotreta striolata* (Fabricius, 1801)（图版 XVI-18）

Crioceris vittata Fabricius, 1801a: 469 (*nec* Fabricius, 1775).

Crioceris striolata Fabricius, 1803: 38 (new name for *C. vittata* Fabricius, 1801).

Haltica sinuata Redtenbacher, 1849: 532.

Aphthona strigula Montrouzier, 1864: 202.

Phyllotreta monticola Weise, 1888: 871.

Phyllotreta discedens Weise, 1888: 871.

Phyllotreta atrivitta Chittenden, 1927: 26.

Phyllotreta lineolata Chittenden, 1927: 25.

Phyllotreta vernicosa Chittenden, 1927: 25.

Phyllotreta striolata: Chen, 1934a: 184.

主要特征：体长 1.8–2.4 mm，体较扁平。体背黑色光亮，触角基部 3 节及跗节深棕色；每侧鞘翅各具 1 个中部收狭的黄色纵斑，外侧凹曲颇深，内侧中部直形，前后两端向内弯曲。头顶仅于复眼后缘之前有深的刻点，触角之间隆起显著；头部额瘤不明显隆突。触角第 1 节颇长、大，第 2、3 两节等长，第 4 节长于第 3 节，余节以第 5 节为最长，第 6 节最短小，雄虫第 4、5 两节特别膨大粗壮。前胸背板散布深密刻点，有时较稀疏。鞘翅刻点较胸部浅细，排列多呈行列趋势。小盾片光滑。足胫节端刺着生在顶端中央。

分布：浙江、黑龙江、辽宁、北京、陕西、甘肃、江苏、安徽、湖北、福建、台湾、广东、海南、香港、广西、四川、西藏；俄罗斯，蒙古国，朝鲜半岛，日本，中亚地区，印度，尼泊尔，越南，柬埔寨，欧洲，北美。

297. 侧刺跳甲属 *Aphthona* Chevrolat, 1836

Aphthona Chevrolat, 1836: 391. Type species: *Altica cyparissiae* Koch, 1803.

Pseudeugonotes Jacoby, 1899b: 531. Type species: *Pseudeugonotes vannutellii* Jacoby, 1899.

Ectonia Weise, 1922b: 119. Type species: *Ectonia laeta* Weise, 1922.

Asialtica Scherer, 1969: 123. Type species: *Aphthona indica* Jacoby, 1900.

Bhutajana Scherer, 1979: 132. Type species: *Bhutajana metallica* Scherer, 1979.

Aphthonotarsa Medvedev, 1984a: 55. Type species: *Aphthonotarsa brunnea* Medvedev, 1984.

主要特征：体小型至中型，长形或长卵形。头顶一般无刻点，额瘤显凸，彼此分离，周缘界线清晰。触角之间隆起，触角端部常加粗。前胸背板横宽，宽约为长的 2 倍，前缘直，后缘中部不向后突出。鞘翅基部较前胸背板为阔，散布不规则刻点（少数排列成行）。后足胫节向端变宽扁，顶端具刺，着生在端缘的外侧。前足基节窝开放。爪简单或附齿式。

分布：世界广布。世界已知 300 余种，中国记录 49 种，浙江分布 5 种。

分种检索表

1. 前胸、鞘翅表面呈特殊的鲨革状 ······················· 细背侧刺跳甲 *A. strigosa*
- 前胸、鞘翅表面光滑，不呈鲨革状 ································· 2
2. 体长 2.5–2.8 mm ······························· 黑缝侧刺跳甲 *A. interstitialis*
- 体长 1.6–2.0 mm ····································· 3
3. 体金绿色，具强烈金属光泽 ······················· 金绿侧刺跳甲 *A. splendida*
- 体蓝色至蓝绿色，金属光泽较弱 ··························· 4
4. 体蓝绿色，体形正常，不十分宽阔 ··················· 深蓝侧刺跳甲 *A. varipes*
- 体蓝色，体较宽阔，宽于同属其他种类 ··········· 中南侧刺跳甲 *A. indochinensis*

（750）中南侧刺跳甲 *Aphthona indochinensis* Chen, 1934

Aphthona indochinensis Chen, 1934c: 366.

Aphthona violaceomicans Chen, 1936c: 83.

Aphthona malaisei Bryant, 1939: 13.

主要特征：体长 1.6 mm，长卵形，宽于同属其他种。体蓝色，有金属光泽；触角黄褐色，端部 7 节较基部各节色深；腹面和小盾片沥青色；前足、后足胫节和跗节黄褐色。头光滑，无刻点，无皱纹；额瘤显著，卵形，斜形，后方各以 1 斜线为界；触角间距窄，隆起，向后延伸至额瘤前部区域。触角粗壮，延伸至鞘翅中部，第 2 节变粗，几乎与第 3、4 节等长，余节逐渐向端部加粗，比第 4 节稍长。前胸背板刻点稀疏，细小，两侧微拱。鞘翅基部显著宽于前胸背板，向后微变窄；刻点明显，密集，排列较规则。

分布：浙江；印度，尼泊尔。

（751）黑缝侧刺跳甲 *Aphthona interstitialis* Weise, 1887

Aphthona interstitialis Weise, 1887: 202.

Aphthona interstitialis var. *tibetana* Heikertinger, 1911a: 5.

Aphthona suvotovi Ogloblin, 1921: 37.

Aphthona suturanigra Chen, 1939b: 71.

Aphthona yuasai Ohno, 1962: 63, 78.

主要特征：体长 2.5–2.8 mm，长卵形，强烈隆凸。体棕红色，鞘翅色深，通常棕黄色，中缝有黑色宽带，触角端部 5–6 节红棕色至黑色，上唇黑色。头部光滑，无刻点；额瘤不显，上方有浅凹；触角之间隆起。触角长于体长的一半，粗壮，末端数节显著加粗，第 2、3 节等长。前胸背板近方形，宽大于长；两侧在中部之前微弯，向基部收狭；前角斜截；表面显著隆凸，光滑，刻点细小，密集，有时有皱纹。小盾片沥青色，半圆形。鞘翅基部宽于前胸背板，刻点发达，规则排列成稀疏的行，中部刻点较细小，排列不规则；肩瘤不显著。后翅强烈退化。

分布：浙江、内蒙古、河北、山西、宁夏、青海、湖北、福建、西藏；俄罗斯，蒙古国。

（752）金绿侧刺跳甲 *Aphthona splendida* Weise, 1889

Aphthona splendida Weise, 1889b: 639.

Aphthona splendida chayuana Chen *et* Yu in Chen et al., 1976: 221.

Aphthona chayuana: Konstantinov, 1998: 75.

　　主要特征：体长 1.5–2.0 mm，具强烈金绿色金属光泽；触角、胫节、跗节棕黄色。头顶具横皱纹，额瘤显凸，圆形，不向前伸入触角基窝之间，两瘤之间的短纵沟及其后缘的倒 V 形沟均很深。触角约为体长的 2/3，第 2、3 两节约等长，第 5、6 两节较长，余节较短粗。前胸背板横方，盘区具 1 V 形凹痕，两侧以基部较狭，前端略宽，表面具细刻点，基部较密，向端较稀弱。鞘翅基部较前胸背板为阔，散布混乱的刻点，刻点之间隆起，略呈皱状，鞘翅刻点较前胸粗密。小盾片半圆形，表面具颗粒状细网纹。后足胫节向端变宽扁，外缘具刺。前足基节窝开放。

　　分布：浙江（临安）、河北、甘肃、湖北、湖南、福建、四川。

（753）细背侧刺跳甲 *Aphthona strigosa* Baly, 1874

Aphthona strigosa Baly, 1874: 197.

Aphthona wallacei Baly, 1877a: 178.

Allomorpha glabrata Jacoby, 1896b: 457.

Aphthona brancuccii Medvedev, 1997: 15.

　　主要特征：体长 2 mm，长卵形。体背面金绿色，有时蓝色；腹面黑色，胫节、跗节棕黄色，后足腿节棕黑色；触角黑色，基部 4、5 节棕黄色。体表具细颗粒状的细网纹，散布微细刻点，前胸、鞘翅表面呈特殊的鲨革状，与属内其他种之刻点粗深很不同，极易区分。头顶无刻点；额瘤长卵形，斜放，其后缘以倒 V 形沟与头顶分开。触角丝状，端部不粗，其长比体长略短，第 3 节较第 2 节为长而短于第 4 节，第 4 节又短于第 5 节，其余各节略长于第 5 节。前胸背板中部横向隆起，刻点微细。鞘翅刻点较胸部的略深显。

　　分布：浙江（临安）、湖北、江西、湖南、福建、广东、海南、广西、四川、贵州。

（754）深蓝侧刺跳甲 *Aphthona varipes* Jacoby, 1890

Aphthona varipes Jacoby, 1890: 161.

Aphthona cyrenaica Heikertinger, 1944: 80.

　　主要特征：体长约 2.0 mm。体蓝绿色，具铜色光泽；触角基部 4 节黄色，其余黑褐色；足黄褐色，前足腿节基部、后足腿节棕黑色。头顶在紧靠复眼内侧各 2–3 粒刻点，额瘤显突，圆形，不向前伸入触角基窝之间；触角之间隆起。触角约为体长的 2/3，丝状，细长，第 2 节约与第 3、第 4 节等长。前胸背板光亮，横方，基半部具极微细刻点，基部之前横凹很浅。小盾片黑色，无刻点。鞘翅基部较前胸背板为阔，隆凸，基部 1/4 处凹陷，刻点混乱。后足胫节向端部变宽扁，顶端具刺，着生在端缘外侧。

　　分布：浙江（临安）、河北、山西、甘肃、湖北、江西、湖南、福建、台湾、四川、云南、西藏；朝鲜半岛、越南。

298. 长跳甲属 *Liprus* Motschulsky, 1860

Liprus Motschulsky, 1860b: 26. Type species: *Liprus punctatostriatus* Motschulsky, 1860.

Crepidomorpha Fleischer, 1916: 222. Type species: *Crepidodera* (*Crepidomorpha*) *carinulata* Fleischer, 1916, as a subgenus of *Crepidodera*.

Asiorella Medvedev, 1990: 31. Type species: *Asiorella caraboides* Medvedev, 1990.

　　主要特征：体小型，瘦长，背面十分隆凸。体背被毛。头与前胸背板近等宽；额瘤明显，近三角形。触角十分长，向后多超过鞘翅中部。前胸背板圆筒形，长大于宽；两侧常在基部收束，侧缘无边框，基部有 1 条深显横沟。鞘翅明显宽于前胸，具肩瘤，两侧近于平行，基部 1/3 处有 1 明显横凹，横凹前隆起成包；刻点粗显，成纵行排列，除盾片行外，每翅共有 11 行刻点；行距常隆起，每行距有 1 列带毛的刻点。前足基节窝关闭。后足腿节十分膨粗，胫节无端刺，爪附齿式。

　　分布：中国，日本。世界已知 4 种，中国记录 3 种，浙江分布 1 种。

（755）光颈长跳甲 *Liprus nuchalis* Gressitt *et* Kimoto, 1963

Liprus nuchalis Gressitt *et* Kimoto, 1963: 878.

　　主要特征：体长 3.5–4.2 mm，长形。体黄褐色，头顶黑棕色，前胸背板较鞘翅色深；触角第 1、2 节棕色，第 3–11 节深红棕色。触角之间强烈隆凸，额瘤长三角形，尖角向前伸入触角窝之间，微凸，中部由 1 窄沟隔开；头顶刻点细小，均匀隆凸。触角向后伸达鞘翅末端，第 1 节长为宽的 2 倍，第 3–5 节近相等，末节较圆。前胸背板宽稍大于长，基部显著收狭；前角钝圆，稍厚；盘区刻点稀疏，基部横沟发达，横沟两侧末端有短纵凹。鞘翅明显宽于前胸，具肩瘤，两侧近于平行，基部 1/3 处有 1 明显横凹，每翅在横凹前隆起成包；刻点粗显，成纵行排列，除盾片行外，每翅共有 11 行刻点；行距常隆起，每行距有 1 列带毛的刻点。前足基节窝关闭。

　　分布：浙江（临安）、湖北、江西、福建。

299. 律点跳甲属 *Bikasha* Maulik, 1931

Bikasha Maulik, 1931: 256. Type species: *Bikasha tenutpunctata* Maulik, 1931.

Aphthonomorpha Chen, 1934c: 356. Type species: *Crepidodera collaris* Baly, 1877.

Manobidia Chen, 1934c: 233, 358. Type species: *Manobidia antennata* Chen, 1934.

　　主要特征：体长形。头部额瘤不显突，两瘤彼此联结，后缘与头顶无明显界限；触角间空距较狭，隆凸。触角丝状，细长，端部略粗，第 2、3 两节约等长。前胸背板宽不足其长的 2 倍，盘区隆凸，基部之前无横凹。鞘翅较前胸背板宽，基部不隆凸，刻点规则，每翅共计 11 行（包括靠近小盾片的短行和最外侧 1 行）。

　　分布：中国，日本，越南。世界已知 15 种，中国记录 6 种，浙江分布 1 种。

（756）红胸律点跳甲 *Bikasha collaris* (Baly, 1877)

Crepidodera collaris Baly, 1877a: 161.

Aphthona collaris: Chen, 1933b: 252.

Aphthonomorpha collaris: Chen, 1934c: 357.

Bikasha collaris: Konstantinov & Prathapan, 2008: 387.

　　主要特征：体长 2 mm，长卵形。头、胸部深红色，鞘翅黑色；触角基部 5 节黄色，端部 6 节黑色；腹面沥青色；前足、中足棕黄色。头顶光洁，无刻点，额瘤不明显隆起，两瘤分开较远，后缘与头顶界限不清。触角细长，约为体长之半，第 2、3 两节较短，彼此长度约等，第 4–6 三节较长，余节较短。前胸背板盘区相当隆凸，刻点很微细，仅在高倍镜和适当光线下可见，以基部较清晰。小盾片半圆形，无刻点。鞘翅基部较前胸背板为宽，刻点粗深，行列规则，行距平。后足跗节第 1 节长，约为余节长度之和。

　　分布：浙江（常山）、江苏、上海、湖北、江西、湖南、福建、台湾；日本，越南。

300. 玛碧跳甲属 *Manobia* Jacoby, 1885

Manobia Jacoby, 1885a: 73. Type species: *Manobia nigripennis* Jacoby, 1885.

主要特征：体小，近方卵形或长方形。头部之额瘤显突，通常方形或三角形，彼此分开较远。触角向后伸达鞘翅中部，端节加粗。前胸背板宽不足长的 2 倍，基缘中部明显向后拱出，基缘之前具 1 波曲状深横沟，沿横沟常有 1 排粗刻点。鞘翅基部较前胸为宽，肩胛隆起很高，在肩胛内与小盾片之间显著隆凸，其后横向低凹；盘区刻点排成规则纵行。前足基节窝开放。后足腿节粗壮，胫节细，外侧面无沟槽；前足、中足胫节顶端无刺，后足胫端具 1 刺；后足跗节第 1 节较长，约为后 2 节长度之和。

分布：东洋区，澳洲区。世界已知 100 余种，中国记录 12 种，浙江分布 1 种。

（757）玛碧跳甲 *Manobia sinensis* Gressitt *et* Kimoto, 1963

Manobia sinensis Gressitt *et* Kimoto, 1963: 881.

主要特征：体长 1.8–2 mm。体背面沥青色，触角深棕色，腹面深红棕色至沥青色；足深棕色，后足腿节颜色更深。额瘤近三角形，延伸至触角之间，微凸，两瘤中间由 1 窄沟隔开，基缘显著。头顶无刻点，均匀隆凸。触角约为体长的 2/3，第 3–11 节逐渐加粗；第 1 节长为宽的 2 倍，长于第 2 节；第 2 节长大于宽；第 3、4 节约等长，微短于第 2 节；末节端部稍圆。前胸背板宽大于长，前角处最宽，向后逐渐变窄，前缘近平直，前角斜，侧缘近垂直，后角斜，基缘强烈突出，弯曲；盘区刻点明显。小盾片长宽近相等，端部尖锐。鞘翅基部宽于前胸背板，长为宽的 3 倍，侧缘突出，端部 1/3 向后收狭；缘折弯曲，向中部变窄，几乎延伸至鞘翅末端；盘区有 9 个不规则的刻点行和 1 个盾片行；基部 1/4 处有横凹；肩瘤隆凸，两侧的沟痕间距隆凸。

分布：浙江、湖北、福建、四川。

301. 粗角跳甲属 *Phygasia* Chevrolat, 1836

Phygasia Chevrolat, 1836: 387. Type species: *Altica unicolor* Olivier, 1808.

Scallodera Harold, 1877: 21(2): 365. Type species: *Graptodera fulvipennis* Baly, 1874.

Aldrisma Fairmaire, 1888b: 156. Type species: *Aldrisma externecostata* Fairmaire, 1888 (= *Phygasia fulvipennis* Baly, 1874).

主要特征：体卵形或长卵形，背面较平。头顶光洁无刻点；额瘤显凸，长三角形，前端伸入触角之间；触角间距常隆起成脊状。触角短，第 2 节球形，自第 3 节起，中部数节相当粗壮，有时宽扁；每节的背腹两面中部凹陷，端部 3、4 节明显尖细，这是本属的重要区别特征之一。前胸背板两侧边缘较宽，基部之前具 1 深横沟。鞘翅基部较前胸背板为宽，表面刻点混乱。前胸腹板在两足之间的部分狭窄，其端缘较膨阔，前足基节窝开放。爪附齿式。

分布：中国，俄罗斯，日本，印度，印度尼西亚，非洲。世界已知 50 余种，中国记录 23 种，浙江分布 2 种。

（758）棕翅粗角跳甲 *Phygasia fulvipennis* (Baly, 1874)

Graptodera fulvipennis Baly, 1874: 193.

Aldrisma externecostata Fairmaire, 1888b: 156.

Phygasia fulvipennis: Chen, 1934c: 376.

主要特征：体长 5.5 mm。头、胸、足、触角完全黑色，鞘翅和腹部棕黄至棕红色。头顶无刻点，额瘤长形、显凸，前端伸入触角之间，两瘤之间的短纵沟及后缘之横沟均深显，触角之间隆起似脊状。触角向后伸达鞘翅基部 1/3 处；第 1 节呈棒状，基细端粗；第 2 节圆球形；第 3 节长约为第 2 节的 2 倍；第 4 节与第 5 或第 6 节等长，均短于第 3 节；余节向端渐细；第 3-10 节各节基细端宽，背腹两面略扁。前胸背板基前横凹两端呈凹窝状，深陷，前后角相当突出，侧缘中部拱弧；盘区前端隆凸，无刻点。小盾片末端宽圆，无刻点。鞘翅刻点粗密深显。雌虫肩后具 1 条与侧缘平行的纵脊纹。雄虫前足第 1 跗节膨阔。

分布：浙江、吉林、辽宁、北京、河北、山东、江苏、江西、湖南；日本。

（759）斑翅粗角跳甲 *Phygasia ornata* Baly, 1876（图版 XVI-19）

Phygasia ornata Baly, 1876: 445.

Lactica bipustulata Jacoby, 1892b: 919.

主要特征：体长 5-6 mm，体宽 2.8-3.0 mm，体卵形或长卵形，背面较平。前胸黄褐色，鞘翅棕褐色，两侧鞘翅中部各具有 1 个白色斑块，各足胫节、跗节黑色。头顶光洁无刻点；额瘤显凸，长三角形，前端伸入触角之间，触角间距常隆起成脊状。触角短粗，第 2 节球形，自第 3 节起，中部数节相当粗壮，有时宽扁，每节的背腹两面中部凹陷，端部 3、4 节明显尖细。前胸背板基部横凹之前相当隆凸，无刻点。小盾片三角形，顶端宽圆。鞘翅基部较前胸背板为宽，肩胛隆起较高，盘区表面刻点很细弱。足粗壮。

分布：浙江（临安）、湖北、江西、湖南、福建、台湾、海南、广西、四川、贵州、云南；印度，缅甸，印度尼西亚。

302. 奥跳甲属 *Lesagealtica* Döberl, 2009

Ochrosoma Ogloblin, 1930: 104 (*nec* Herr.-Schaeff., 1854). Type species: *Crepidodera nigripennis* Motschulsky, 1866.

Ogloblinia Csiki, 1939: 280 (new name for *Ochrosoma* Ogloblin, 1930) (*nec* Canals, 1933).

Sphaeraltica Ohno, 1961: 84. Type species: *Graptatera flavicornis* Baly, 1874.

Philaphthona Medvedev, 1993: 21. Type species: *Philaphthona tenebrosa* Medvedev, 1993.

Lesagealtica Döberl, 2009: 22 (new name for *Ogloblinia* Csiki, 1939).

主要特征：体卵圆形，棕褐色，触角向后伸达鞘翅中部。鞘翅刻点排成规则纵行；鞘翅明显宽于前胸，具肩瘤，鞘翅两侧弧形凸出；刻点较细，成纵行排列，除盾片行外，每翅共有 11 行刻点；行距常平坦。前足基节窝关闭。

分布：中国，日本，越南，菲律宾。世界已知 15 种，中国记录 2 种，浙江分布 1 种。

（760）近奥跳甲 *Lesagealtica affinis* (Chen, 1939)

Ochrosoma affinis Chen, 1939a, 10: 43.

Ogloblinia affinis: Gressitt & Kimoto, 1963: 881.

Lesagealtica affinis: Döberl, 2009: 22.

主要特征：体长 1.5 mm，卵圆形。体棕褐色，有光泽；触角基部 3 节砖红色；前足胫节、跗节和触角中部部分砖红色或棕色。头部无刻点；额瘤发达，窄横形，斜向；额脊窄，隆凸。触角向后伸达鞘翅中部，第 2 节比第 3 节短、粗，第 3、4 节近相等，余节长于第 4 节。前胸背板宽大于长，近基部有小刻点；前角斜向，加厚；两侧近垂直，中部微圆；基缘在中部两侧微弯，前方有浅凹，微弯，延伸至后角。鞘翅刻点排成规则纵行；鞘翅明显宽于前胸，具肩瘤，鞘翅两侧弧形凸出；刻点较细，成纵行排列，除盾片行外，每翅共有 11 行刻点；行距常平坦。前足基节窝关闭。

分布：浙江（临安）、湖南、福建、广西。

303. 跳甲属 *Altica* Geoffroy, 1762

Altica Geoffroy, 1762: 244. Type species: *Chrysomela oleracea* Linnaeus, 1754.

Graptodera Chevrolat, 1836: 388. Type species: *Chrysomela oleracea* Linnaeus, 1754.

Hatica Chapuis, 1875: 59 (unjustified emendation of *Altica*: ICZN, 1994).

主要特征：本属多为蓝黑色、紫罗兰色、绿蓝色等，有强烈的金属光泽。头部额瘤很显凸，多为圆形、三角形或长方形；触角粗壮，端部较粗。前胸背板盘区较隆起，基部之前具 1 条深横沟，其两端伸达侧缘，中部直或略弯曲，这是本属的主要区别特征之一。鞘翅刻点混乱或略呈纵行排列趋势。前足基节窝开放。爪附齿式。雄虫腹末节端缘呈波曲状，雌虫呈圆形拱出。

分布：世界广布。世界已知 300 余种，中国记录 28 种，浙江分布 6 种。

分种检索表

1. 体背黑色，稍具蓝色金属光泽 ·· 日本跳甲 *A. japonica*
- 体背蓝色至蓝黑色，具金属光泽 ··· 2
2. 鞘翅表面具细粒状网纹 ··· 3
- 鞘翅表面光滑，无细粒状网纹 ··· 5
3. 阳茎腹面中央两侧具 2 条弧形锐利的隆脊 ································· 蓟跳甲 *A. cirsicola*
- 阳茎腹面中央无隆起很高的弧形锐利的隆脊 ··· 4
4. 鞘翅基部刻点略呈双行排列，刻点较粗密；阳茎腹面端前中央两侧有 2 条较弱的纵脊 ········· 老鹳草跳甲 *A. viridicyanea*
- 鞘翅刻点较稀疏、细小，无行列趋势；阳茎腹面较平，具 3 条浅纵沟 ········· 蛇莓跳甲 *A. fragariae*
5. 体小，约 4 mm；鞘翅刻点较稀细；阳茎腹面端前具 2 条平行纵脊，其两侧具斜纵纹 ············ 朴草跳甲 *A. caerulescens*
- 体长约 5 mm；鞘翅刻点粗密，略呈凹窝状；阳茎腹面端前具 2 卵形凹，不向端缘开口 ················ 蓝跳甲 *A. cyanea*

（761）朴草跳甲 *Altica caerulescens* (Baly, 1874)

Graptodera caerulescens Baly, 1874: 190.

Haltica caerulescens: Gemminger & Harold, 1876: 3492.

Altica caerulescens: Ohno, 1960a: 91.

主要特征：体长约 4 mm，卵圆形。体背面蓝黑色，略带绿，触角、足和腹面黑色。头顶光洁，无皱纹；额瘤圆形、显凸，两瘤分开；触角之间的隆脊细狭，上半部不明显粗宽；隆脊两侧着生 1 排细毛。触角约为体长的 2/3，较粗壮，伸达鞘翅中部，基部光亮，端部多毛、幽暗，第 3 节约与第 2 节等长，第 4 节较长。前胸背板宽约为长的 1.5 倍，侧缘平行、盘区拱凸，基前横沟中部弯曲，其两端略呈凹窝状，横沟前光洁无刻点，沟后有细刻点。小盾片三角形，具粒状细网纹。鞘翅基部较前胸为宽，基部刻点较稀，略呈行列，中部刻点较粗较密，向端变浅变细，刻点间平，无皱纹。阳茎腹面端前具 2 条平行纵脊，其两侧具斜纵纹。

　　分布：浙江（临安）、北京、江苏、湖北、江西、福建、台湾、广东、四川；朝鲜半岛，日本，印度。

（762）蓟跳甲 *Altica cirsicola* Ohno, 1960

Altica cirsicola Ohno, 1960a: 81.

　　主要特征：体长 4 mm，长卵形。体蓝黑色，有强烈的金属光泽；触角、足和腹面较暗；上唇黑色，上颚端部棕红色。头顶无刻点，额瘤显凸，圆形至长方形，触角间隆脊呈戟状，上部粗宽、下部细狭。触角粗壮，向后伸至鞘翅中部，第 3 节约为第 2 节长的 1.5 倍，略短于第 4 节，自第 6 节起向端渐短、略粗，节长约为端宽的 2 倍。前胸背板基部之前具 1 条深横沟，中部直，其两端伸达侧缘，沟前盘区相当拱凸，表面具细网纹，刻点细密。小盾片具粒状细纹。鞘翅刻点混乱，较前胸背板的粗密、深显，表面具粒状细纹。雄虫腹末节端缘呈波曲状，雌虫呈圆形拱出。雄虫阳茎腹面中央两侧具 2 条弧形锐利的隆脊。

　　分布：浙江（临安）、黑龙江、吉林、辽宁、山西、山东、甘肃、青海、新疆、江苏、安徽、湖北、湖南、福建、四川、贵州、云南；日本。

（763）蓝跳甲 *Altica cyanea* (Weber, 1801)

Haltica cyanea Weber, 1801: 57.

Galleruca cyanea Fabricius 1801a: 497 (*nec* Weber, 1801).

Haltica janthina Illiger, 1807: 115 (new name for *Galleruca cyanea* Fabricius, 1801).

Haltica foveicollis Jacoby, 1889b: 190.

Altica cyanea: Chûjô, 1956: 19.

Altica nepalensis Chûjô, 1966: 29.

　　主要特征：体长约 5 mm，长椭圆形。体蓝黑色或蓝色带绿光；触角黑色，基部两节的顶端带棕色。头顶光洁，无皱纹；额瘤圆形、显凸，两瘤分开；触角间隆脊上半部粗宽，下半部细狭。触角约为体长的 2/3，较粗壮，第 3 节约为第 2 节长的 1.5 倍，以后各节均长于第 3 节。前胸背板侧缘直，以基部较阔，渐向前收狭；具基前横沟，且伸达侧缘，两侧无short纵沟，横沟前光洁无刻点，沟后有细刻点。小盾片近似半圆形。鞘翅基部较前胸为宽，刻点粗密混乱，略呈凹窝状，刻点之间稍隆凸，有时每翅具 3 条很不清晰的纵肋状隆起。雄虫阳茎腹面前部具 2 个卵形凹窝，该凹不向前缘开口。

　　分布：浙江（临安）、北京、山西、甘肃、安徽、海南、西藏；朝鲜半岛，日本，印度，尼泊尔，缅甸，越南，老挝，泰国，斯里兰卡，菲律宾，马来西亚，新加坡，印度尼西亚，阿富汗，澳大利亚。

（764）蛇莓跳甲 *Altica fragariae* (Nakane, 1955)

Hallica fragariae Nakane, 1955: 38.

Altica fragariae Ohno, 1960a: 88.

　　主要特征：体长 3.5–4 mm，卵圆形。体背面蓝色至蓝黑色，略带绿，鞘翅有时带紫色光泽；触角黑色，基部 2、3 节光亮，具金属光泽。头顶无刻点，具极细横皱纹，额瘤圆形、显凸，两瘤清晰分开。前胸背板具基前横沟，且伸达侧缘，横沟中部直，两侧无short纵沟。前胸背板基部横沟之前相当拱凸，光洁，沟后平，表面呈皱状，具细刻点。小盾片具粒状细网纹。鞘翅刻点较细小，刻点间距平，不具皮纹状网纹，在基部略呈双行排列，在端部混乱。阳茎腹面较平，具 3 条浅纵沟。

　　分布：浙江（临安）、吉林、河北、山东、江苏、湖北、湖南、福建、贵州；日本。

（765）日本跳甲 *Altica japonica* Ohno, 1960

Altica himalayensis japonica Ohno, 1960a: 92.

Altica japana: Kimoto, 1976b: 172.

Altica japonica: Kimoto & Chu, 1996: 126.

主要特征：体长 4.0–4.5 mm。体黑色，稍具蓝色金属光泽。头部额瘤很显凸。触角粗壮，端部较粗，触角第 3 节与第 2 节近等长。前胸背板盘区较隆起，基部之前具 1 条深横沟，其两端伸达侧缘，中部直或略弯曲，前胸背板基部横沟两侧端部无凹沟。鞘翅刻点明显。前足基节窝开放。爪附齿式。阳茎腹面有纵沟，两侧倾斜，无明显斜沟。雄虫腹末节端缘呈波曲状，雌虫呈圆形拱出。

分布：浙江、安徽、台湾；朝鲜半岛，日本。

（766）老鹳草跳甲 *Altica viridicyanea* (Baly, 1874)（图版 XVI-20）

Graptodera viridicyanea Baly, 1874: 191.

Haltica viridicyanea: Gemminger & Harold, 1876: 3494.

Altica viridicyanea: Chûjô, 1956: 19.

主要特征：体长 3–4 mm，卵圆形，头部较尖狭，尾端较宽圆。体背面蓝色，略带绿；触角黑色，基部 2、3 节光亮，具绿色金属光泽；腹面和足黑蓝色。头顶无刻点，具极细横皱纹，额瘤圆形、显凸，两瘤清晰分开。触角之间隆起上粗下细。触角第 3、4、5 三节约等长，每节长约为第 2 节长的 1.5 倍，第 6–10 节每节长约为其端宽的 2 倍。前胸背板具基前横沟，且伸达侧缘，两侧无短纵沟，横沟之前相当拱凸，沟后平，表面呈皱状，刻点有时不显，有时清晰。鞘翅刻点较粗深，基部略呈双行排列，端部混乱。阳茎细狭，端缘三角形，腹面端前 1/3 中央两侧有纵脊 2 条，端半部两侧具平行斜行脊纹。

分布：浙江（临安）、黑龙江、吉林、北京、河北、山西、山东、甘肃、江苏、湖北、福建、广东、香港、广西、四川、贵州、云南；朝鲜半岛，日本，印度。

304. 沟侧刺跳甲属 *Aphthonaltica* Heikertinger, 1924

Aphthonaltica Heikertinger, 1924: 39. Type species: *Graptodera augustata* Baly, 1878.

Burmaltica Scherer, 1969: 122. Type species: *Haltica kambaitiensis* Bryant, 1939.

主要特征：额瘤圆形，延伸至复眼后方。唇基后缘深入触角之间，向后变宽成平坦三角形。前胸背板基前横沟两侧端部有浅凹，两侧圆润，后角加厚。鞘翅基部显著宽于前胸背板，刻点混乱，肩瘤显著。胫节端部稍圆润，后足胫节约与第 1 跗节等长。前足基节窝开放。

分布：中国，日本，缅甸。世界已知 2 种，中国记录 1 种，浙江分布 1 种。

（767）沟侧刺跳甲 *Aphthonaltica angustata* (Baly, 1874)

Graptodera angustata Baly, 1874: 191.

Aphthonaltica angustata: Heiktinger, 1924: 39.

主要特征：体长约 2 mm，长形。体深蓝绿色，有金属光泽；触角黑色，基部 5–6 节深沥青色，余节黑色；跗节沥青色。头顶光滑，无刻点；额瘤发达，连续，微隆凸或显著隆凸；额脊发达，三角形。触角为体长的 3/4。

前胸背板宽大于长，侧缘微圆润，从基部向端部微变宽，前角斜截，加厚；表面光滑，无刻点，基缘前方有 1 浅横沟，较短，边缘模糊，两端未达前胸背板侧缘。鞘翅宽于前胸背板，瘦长卵形，从基部向端部微弱变宽，更加隆凸；端部圆润，末端平截；表面刻点发达，不密集，向端部逐渐变浅；间隙光滑，无刻点。

分布：浙江（安吉）；日本。

305. 长瘤跳甲属 *Trachytetra* Sharp, 1886

Trachytetra Sharp, 1886: 449. Type species: *Phyllotreta rugulosa* Broun, 1880.

Trachyaphthona Heikertinger, 1924: 34. Type species: *Aphthona sordida* Baly, 1874.

Zipangia Heikertinger, 1924: 39. Type species: *Haltica obscura* Jacoby, 1885.

Nesohaltica Maulik, 1929: 201. Type species: *Nesohaltica nigra* Maulik, 1929.

Amydus Chen, 1935b: 76. Type species: *Amydus castaneus* Chen, 1935.

Monodaltica Bechyné, 1955: 509. Type species: *Monodaltica guineensis* Bechyné, 1955.

Typhodes Samuelson, 1984: 32. Type species: *Typhodes aetherius* Samuelson, 1984.

主要特征：体长卵形，背面较扁平，不十分隆突。头部额瘤显著隆起，一般呈长三角形，其尖角伸入触角窝之间，两瘤间由 1 条短纵沟分割，该纵沟前端有时形成深凹，两瘤后缘以横沟与头顶为界。触角之间常不明显隆起，额唇基隆起，呈三角形。触角端部数节较粗。前胸背板宽大于长，基缘之前横向凹下，有时凹陷较深，形成横沟，两端不伸达侧缘。鞘翅刻点混乱，排列不规则。前足基节窝向后开放，开口很大。前胸腹板突长方形，其端部常不超过前足基节后缘。爪附齿式。

分布：中国，日本，印度，斯里兰卡，大洋洲。世界已知 50 余种，中国记录 22 种，浙江分布 1 种。

（768）暗棕长瘤跳甲 *Trachytetra obscura* (Jacoby, 1885)

Haltica obscura Jacoby, 1885c: 726.

Zipangia obscura: Heikertinger, 1924: 39.

Trachyaphthona obscura: Ohno, 1961: 79.

Trachytetra obscura: Konstantinov & Prathapan, 2008: 415.

主要特征：体长 2–2.5 mm，长方形。体暗棕色，触角基部数节色淡而光亮。头顶无刻点，在高倍镜下可见极细横皱纹；额瘤三角形，触角间距隆起很高，呈角状向前突出，额唇基向下后方折转，两侧隆起，使整个额唇基呈三角形。触角相当粗壮，向后超过鞘翅中部；第 2 节粗，略短于第 3 节，后者及第 4 节显细，两节约等长；余节渐短，末 5 节明显加粗，末节较长。前胸背板侧缘直，逐渐向基部收拢，前角增厚，后角钝圆，后缘中央略内凹；盘区刻点粗密深显，基部横沟很清晰，沟后刻点较粗，有时呈皱状。鞘翅肩胛相当隆凸，肩胛与小盾片之间隆起成瘤状；盘区刻点较胸部的更粗更密，刻点直径大于刻点间距。雄虫肩后具纵脊状隆起，向后达鞘翅中部；前足第 1 跗节略膨阔。

分布：浙江（安吉）、江西、福建、四川、云南；日本，越南。

（八）隐肢叶甲亚科 Lamprosomatinae

主要特征：体形较小，卵形或长圆形或近五边形，体背隆起如半球；体背光亮，多具金属光泽；头下口式，深陷于前胸内；复眼肾形，沿复眼内侧通常具 1 条深纵沟；触角短，11 节，7 节至末节扁阔；前胸背板横宽，与鞘翅基部约等宽，前端束狭；小盾片三角形；鞘翅刻点排列成规则或不规则纵行；足短而粗壮，静止时收缩于体下；爪具附齿或简单。

分布：绝大部分分布于南美洲。世界已知 14 属，中国仅 2 属 19 种，浙江记录 1 属 1 种。

306. 卵形叶甲属 *Oomorphoides* Monrós, 1956

Oomorphoides Monrós, 1956: 54. Type species: *Lamprosoma cupreatus* Baly, 1873.

主要特征：鞘翅完全覆盖腹部；复眼内缘凹切，沿复眼内缘有 1 条深纵沟；触角第 8 节远较第 7 及 9 节为小；雌、雄虫的腹部（除第 1 腹节外）外缘具 1 轮凹凸相间的纵棱与凹槽，在鞘翅腹面的边缘上也有相似的构造，此系发音器，二者相摩擦可以发音；爪具附齿。本属的雌、雄个体腹末节构造稍有不同：雌虫的腹末节较长，端缘较狭圆，端部中央的凹洼上具细小刻点，绒毛较短而疏；雄虫的腹末节较短，端缘宽圆，端部中央凹洼上刻点较大较密，并密被 1 层金色绒毛。

分布：中国，日本，印度，斯里兰卡，苏门答腊，欧洲，北美洲，非洲，南美洲。中国已知 17 种，浙江记录 1 种。

（769）楤木卵形叶甲 *Oomorphoides yaosanicus* (Chen, 1940)（图版 XVII-1）

Lamprosoma yaosanicum Chen, 1940a: 205.

Oomorphoides yaosanicus: Gressitt & Kimoto, 1961: 193.

主要特征：体长 2.35–2.9 mm，体宽 1.5–2.0 mm。体背深蓝色，触角、小盾片和体腹面黑色。头顶隆起、光亮，刻点细小稀疏，具 1 条前端明显凹下的纵沟纹；额唇基在触角基部之间有 1 条横沟，横沟之前有 1 条明显隆起的横脊。身体其他部分的构造与前种相似。

分布：浙江、江西、福建、广东、海南、广西、云南；越南北部。

寄主：楤木。

（九）隐头叶甲亚科 Cryptocephalinae

主要特征：头与体垂直或向前伸出；触角丝状、锯齿状或栉齿状；小盾片一般三角形或长方形，部分类群隐匿；鞘翅基部稍宽于前胸背板，刻点规则排列或不规则排列；足较长，跗节第 1 节有时长于第 2 节。

分布：世界广布。中国已知 23 属 400 余种，浙江记录 8 属 31 种。

分属检索表

1. 触角短，从第 4、5 节起呈锯齿状或栉齿状；前足基节彼此靠近或接触，在它们之间的前胸腹板很狭甚至消失 ·········· 2
- 触角细长、丝状，有时端节稍粗或较宽扁，但非锯齿状；前足基节彼此隔着相当距离，前胸腹板一般较宽或很宽 ······ 5
2. 前足明显长于中、后足；前胸背板后角呈角状 ············· 方额叶甲属 *Physauchenia*
- 前足较短，不明显长于中、后足 ············· 3
3. 触角梳齿状 ············· 梳叶甲属 *Clytrasoma*
- 触角锯齿状 ············· 4
4. 前胸背板后角呈角状；鞘翅缘折发达 ············· 粗足叶甲属 *Physosmaragdina*
- 前胸背板后角圆形；鞘翅缘折退化 ············· 光叶甲属 *Smaragdina*
5. 体五边形或半圆形；体背具发达的瘤突和脊 ············· 瘤叶甲属 *Chlamisus*
- 体卵圆形或长形；体背不具发达的瘤突和脊 ············· 6

6. 小盾片不可见；体圆形，背面强烈隆突 ·· 隐盾叶甲属 *Adiscus*
- 小盾片可见 ··· 7
7. 两复眼在头顶处接触；小盾片极窄长，披针形 ······················· 接眼叶甲属 *Coenobius*
- 两复眼在头顶处远离，不彼此接触；小盾片宽大 ············· 隐头叶甲属 *Cryptocephalus*

307. 梳叶甲属 *Clytrasoma* Jacoby, 1908

Clytrasoma Jacoby, 1908: 149. Type species: *Clythra palliata* Fabricius, 1801.

主要特征：体中到大型，雌雄异型；触角自第 4 节起强烈横宽，呈梳齿状，其各节的宽度为其长度的 3 倍左右；雄虫鞘翅自中部以后强烈膨阔；足粗壮，跗节宽短。雌虫身体两侧近于平行，鞘翅中部以后略宽；腹部末节中央具凹窝。

分布：中国，日本，印度，越南，斯里兰卡。中国已知 2 种，浙江记录 1 种。

（770）梳叶甲 *Clytrasoma palliatum* (Fabricius, 1801)

Clythra palliatum Fabricius, 1801a: 30.
Clytra transversum Illiger, 1802: 182.
Clythra gibbosum Vigors, 1826: 241.
Clytrasoma ceylonense Jacoby, 1908: 151.
Clytrasoma palliatum: Jacoby, 1908: 150.
Clytrasoma donckieri Pic, 1932a: 35.
Clytrasoma marginatum Pic, 1932a: 35.
Clytrasoma quadrisignatum Pic, 1937b: 19.

主要特征：雄虫体长 8.2–14.5 mm，雌虫体长 8.5–16 mm。体中到大型，体略呈梨形。头部黑色，上唇前端红褐色；触角深褐色，基部 3 节黄色；前胸背板黄褐色，基部中央具 1 大的黑斑，端半部或仅前缘和侧缘黄褐色；小盾片黑色；鞘翅黄褐色，基部在肩胛后方具 1 黑斑，黑斑大小变化较大，盘区中央有 2 个黑斑，有时形成很宽的黑横带，在端部不远有 1 黑斑，有时消失；身体腹面黑色，足黑色略带红褐色。雄虫头部密布淡色毛，略带黄色，头顶隆凸，布细刻点及细皱纹；额唇基布细刻点，后缘布粗皱纹；复眼内侧着生浓密的白色短毛；复眼间具明显粗皱纹，中央有 1 条深纵沟；触角长伸达前胸基部，第 2、3 节短小，第 3 节光滑无毛，自第 4 节起为梳齿状，末节内侧分裂，似为两节；前胸背板宽约为长的 2 倍，侧缘具敞边，盘区刻点细密，前缘中部和基部黑斑内刻点粗大清晰；小盾片三角形，有稀疏刻点和短毛；鞘翅在肩角之后强烈膨阔，侧缘具敞边，盘区刻点细小；足粗壮，跗节宽短。雌虫：体形较雄虫瘦，鞘翅两侧不膨阔；腹部末端中央具 1 深凹。

分布：浙江（舟山）、湖北、江西、湖南、福建、台湾、广东、广西、四川、贵州、云南；尼泊尔，东洋区。

308. 方额叶甲属 *Physauchenia* Lacordaire, 1848

Clythra subgenus *Physauchenia* Lacordaire, 1848: 367. Type species: *Clythra (Physauchenia) pallens* Lacordaire, 1848.
Physauchenia: Regalin & Medvedev, 2010: 575.

主要特征：雌雄异型。雄虫体长形，两侧平行，背面光滑无毛；头宽短，与前胸等宽或稍宽；头顶隆凸，两侧具细毛，额区宽阔，上颚发达；触角短，自第 5 节起扁宽，呈锯齿状；前胸背板后角呈角状突出；鞘翅基部与前胸背板等宽；足细长，前足明显长于中后足，第 1 跗节约等于第 2–3 节长度之和。雌虫体近似卵形，头小，额区不呈方形，宽阔，上颚不甚发达，前足正常。腹部末节中央具 1 个圆凹窝。

　　分布：东洋区。中国已知 2 种，浙江记录 1 种。

（771）双带方额叶甲 *Physauchenia pallens* (Lacordaire, 1848)

Clythra (*Physauchenia*) *pallens* Lacordaire, 1848: 368.

Coptocephala bifasciata Jacoby, 1888: 341.

Physauchenia pallens: Lefèvre, 1893: 115.

Coptocephala formosana Pic, 1928a: 35.

　　主要特征：雄虫体长 6.1–8.1 mm，雌虫体长 5.1–7.1 mm。头、身体腹面和足黑色；额唇基前缘略带红色；触角基部 4 节黄褐色，余为黑色；前胸背板、小盾片、鞘翅黄褐色至褐红色；鞘翅盘区有 2 条黑色横带，第 1 条位于肩部，从中缝伸达侧缘及缘折基部，黑带宽约占鞘翅长度的 1/5，第 2 条横带位于中部稍后，较窄，外侧略向前斜，不伸达鞘翅侧缘；鞘翅花斑变异较大，除上述典型 2 条黑色横带外，其他还有鞘翅完全淡色，无斑，仅肩胛处具 1 小黑斑、基部具 2 斑，2 斑连接为 1 横带，每翅具 3 斑、4 斑等；足黑色，胫节基部黄褐色至红褐色。雄虫：头部近方形，明显宽于前胸背板；头顶十分隆凸，光亮无刻点；上颚强大，末端尖锐；触角粗短，不达前胸背板基缘，第 3 节最小，光裸无毛，第 4 节细长倒圆柱形，余为锯齿状；前胸背板宽约为长的 3 倍，侧缘直，后角突出，盘区光滑无刻点；小盾片近似心形，表面光滑无刻点；鞘翅基部较窄，中后部略膨阔，盘区刻点极细，靠近中缝处略成纵行；前足较中后足细长，第 1 跗节约等于第 2–3 节长度之和。雌虫：体近似卵形，头小，嵌入前胸，额窄，不如雄虫宽阔；头顶不如雄虫隆凸；鞘翅端部膨阔，第 2 条黑横带较雄虫宽，约与基部横带等宽；腹部末节中央具 1 个大凹窝；前足正常。

　　分布：浙江（临安、定海、温岭）、江苏、湖北、江西、湖南、福建、台湾、广东、海南、香港、广西、四川、贵州、云南；朝鲜。

　　寄主：柑橘属、算盘子、黑荆树、南紫薇。

309. 粗足叶甲属 *Physosmaragdina* Medvedev, 1971

Physosmaragdina Medvedev, 1971: 694 (subgenus of *Smaragdina*). Type species: *Clythra nigrifrons* Hope, 1843.

Physosmaragdina: Kimoto & Gressitt, 1981: 313.

　　主要特征：体黄色，具黑斑，无金属光泽；头部光滑，具极细刻点；前胸背板光滑，后角钝角状或直角，不上翘，盘区几无刻点；鞘翅缘折在肩部之前膨阔；足粗壮。

　　分布：中国，东洋区。中国已知 2 种，浙江记录 1 种。

（772）黑额粗足叶甲 *Physosmaragdina nigrifrons* (Hope, 1842)（图版 XVII-2）

Clythra nigrifrons Hope, 1842a: 51.

Clytra japonica Baly, 1873: 79.

Clythra coreana Kolbe, 1886: 226.

Gynandrophthalma japonica var. *mandarina* Weise, 1889b: 579.

Physauchenia atripes Pic, 1927e: 7.

Coptocephala kiotoensis Pic, 1927e: 7.

Physauchenia submarginata Pic, 1927e: 7.

Cyaniris kolthoffi Pic, 1938a: 17.

Physosmaragdina nigrifrons: Kimoto & Gressitt, 1981: 313.

主要特征：雄虫体长 4.5–6.0 mm，雌虫体长 4.7–7.0 mm。头黑色，触角黑褐色，基部 4 节黄褐色；前胸背板、小盾片及鞘翅红褐色或黄褐色，前胸背板有时颜色较浅；鞘翅上具 2 条黑色横带，足黑色，基节、转节黄褐色。头顶隆突，前缘有皱纹；额唇基具稀疏刻点；触角短，不及前胸背板后缘，第 3 节最细，第 4 节呈角状突；前胸背板宽大于长，盘区光滑无刻点；小盾片光滑无刻点；鞘翅刻点稀疏，排列不规则。雄虫前中足明显较雌虫粗。雌虫：腹面颜色多变，一般除前胸腹板黄褐色外，完全黑色，或有时中足基节间和 1–2 腹节红褐色，其余黑色，但其末端数节总是黑色；腹末节中央具 1 个圆凹。

分布：浙江（安吉、临安、庆元）、辽宁、北京、河北、山西、山东、河南、陕西、甘肃、江苏、安徽、湖北、江西、湖南、福建、台湾、广东、海南、广西、四川、贵州；朝鲜，日本，东洋区。

寄主：柳属、栗属、蒿属、白茅属。

310. 光叶甲属 *Smaragdina* Chevrolat, 1836

Smaragdina Chevrolat, 1836: 419. Type species: *Clythra menetriesii* Ménétriés, 1832 (= *Clythra unipunctata* Lacordaire, 1848).

Cyaniris Chevrolat, 1836: 420 (*nec* Dalman, 1816). Type species: *Cryptocephalus collaris* Fabricius, 1781.

Calyptorhina Lacordaire, 1848: 81. Type species: *Clythra chloris* Lacordairc, 1848.

Carmentis Gistel, 1848: 123 (unnecessary substitute name).

Gynandrophthalma Lacordaire, 1848: 256. Type species: *Gynandrophthalma nigropunctata* Lacordaire, 1848.

Necyomantes Gistel, 1848: 123 (unnecessary substitute name). Type species: *Cryptocephalus collaris* Fabricius, 1781.

Smaragdinella Medvedev, 1971: 693 (*nec* Adams, 1848). Type species: *Gynandrophthalma macilenta* Weise, 1887.

Monrosia Medvedev, 1971: 694. Type species: *Cryptocephalus cyaneus* Fabricius, 1775 (= *Buprestis salicina* Scopoli, 1763) as subgenus of *Smaragdina*.

Nanosmaragdina Lopatin *et* Kulenova, 1986: 42. Type species: *Gynandrophthalma macilenta* Weise, 1887.

Medvedevella Özdikmen, 2008b: 643 (new name for *Smaragdinella* Medvedev, 1971).

主要特征：体长形，较小；头小，宽短，上颚不甚发达；触角短，第 2、3 节小，长度相等，其余各节锯齿状；前胸背板宽大于长，后角较圆；鞘翅没有明显的缘折；足短，雄虫跗节宽阔，雌虫跗节正常；臀板不外露。

分布：世界广布。中国已知 72 种/亚种，浙江记录 6 种。

分种检索表

1. 体背绿色，具强烈的金属光泽 ·· 酸枣光叶甲 *S. mandzhura*
- 体背非完全绿色 ··· 2
2. 体背棕黄色，额区宽超过复眼横径的 2 倍 ···································· 日本光叶甲 *S. nipponensis*
- 体背非完全棕黄色 ··· 3
3. 鞘翅蓝色，雄虫鞘翅周边淡色 ··· 光叶甲 *S. laevicollis*
- 鞘翅具不同颜色斑纹 ·· 4
4. 鞘翅蓝紫色，端部有 1 黄色圆斑 ·· 天目光叶甲 *S. tianmuensis*
- 鞘翅黄褐色，具黑色斑纹 ··· 5

5. 每个鞘翅有 4 个黑斑 ⋯⋯⋯⋯⋯⋯⋯⋯⋯⋯⋯⋯⋯⋯⋯⋯⋯⋯⋯⋯⋯⋯ 斜斑光叶甲 *S. nigrosignata*

- 每个鞘翅肩部 1 个黑斑，中缝近端部 1 个黑斑 ⋯⋯⋯⋯⋯⋯⋯⋯⋯⋯⋯ 浙江光叶甲 *S. subsignata*

（773）光叶甲 *Smaragdina laevicollis* (Jacoby, 1890)（图版 XVII-3）

Gynandrophthalma laevicollis Jacoby, 1890: 86.

Cyaniris marginata Pic, 1938a: 17.

Smaragdina laevicollis: Gressitt & Kimoto, 1961: 102.

主要特征：雄虫体长 3.6–4.5 mm，雌虫体长 3.8–4.9 mm。头部及前胸背板黄褐色；触角基部 4 节黄色，其余黑色；鞘翅蓝色，雄虫鞘翅周缘呈淡色带状条纹；前胸腹面黄褐色，中后胸及腹部腹面黄褐色或黑褐色；足黄褐色，跗节褐色。头部光滑无刻点，额唇基前缘中部具深凹切；触角长超过前胸背板基部，第 3 节最小，第 4 节三角形，以后各节锯齿状；前胸背板宽大于长，盘区光滑无刻点；小盾片三角形，表面无刻点；鞘翅两侧近平行，盘区刻点密集，排列近规则；雄虫足第 1 跗节明显宽于雌虫，其长度是第 2、3 节长度之和。雌虫：鞘翅蓝黑色，前胸腹面黄褐色，中、后胸及腹部腹面黑褐色；腹部末节中央具 1 个圆形深窝；跗节较细长。

分布：浙江（临安、建德、庆元）、陕西、甘肃、江苏、湖北、江西、湖南、福建、四川。

（774）酸枣光叶甲 *Smaragdina mandzhura* (Jakobson, 1925)

Calyptorrhina mandzhura Jakobson, 1925a: 10.

Smaragdina mandzhura: Gressitt & Kimoto, 1961: 96.

主要特征：雄虫体长 2.8–3.7 mm，雌虫体长 3.0–4.0 mm。体小，近椭圆形；体色金绿或深蓝而具金属光泽；触角黑褐色，第 2–4 节黄褐色。头顶具粗密的刻点；触角不及前胸背板后缘，第 3 节最小，第 5–10 节锯齿状；前胸背板前角突出，盘区隆凸，具粗密刻点，刻点间具细小刻点；鞘翅背面隆凸，刻点粗密，靠近中缝和端部略呈纵行排列；腹面具稀疏毛。

分布：浙江、黑龙江、吉林、辽宁、内蒙古、北京、河北、山西、山东、陕西、甘肃、江苏；蒙古国。

寄主：酸枣、榆树、芒属。

（775）斜斑光叶甲 *Smaragdina nigrosignata* (Pic, 1954)

Cyaniris nigrosignatus Pic, 1954b: 53.

Smaragdina nigrosignata: Gressitt & Kimoto, 1961: 99.

主要特征：雄虫体长 5.4 mm，雌虫体长 5.8–6.8 mm。体背黄褐色；头部黑色，额唇基前缘黄褐色；触角基部 4 节黄褐色，其余各节黑褐色；小盾片黑色；每个鞘翅具 4 个黑斑，肩部及位于基部 1/4 近中缝处各 1 黑斑，其后 2 个黑斑；前胸腹面黄褐色，中后胸腹面黑色，腹部及臀板黄褐色；足黄褐色，各足腿节端部外侧、胫节外侧具或长或短的黑条纹，跗节褐色。头部具粗密刻点和稀疏刚毛，有金属光泽；上颚不发达；额区中央凹陷，密布粗刻点及粗皱纹；额唇基区光滑无刻点；触角长伸达前胸基部，第 3 节细小，第 4 节约为其长的 1.5 倍，向端部明显变宽，第 5–10 节锯齿状；前胸背板宽大于长，侧缘弧圆，盘区基部不远具 1 对斜向浅凹，端部中央具 1 横向浅凹；小盾片三角形，端部呈隆脊状，表面光滑无刻点；鞘翅中后部略宽，盘区刻点粗浅，刻点间距明显大于刻点直径，刻点间布细刻点；足第 1 跗节细长，约为第 2–3 跗节长度之和。

分布：浙江（临安）、福建。

（776）日本光叶甲 *Smaragdina nipponensis* (Chûjô, 1951)

Gynandrophthalma nipponensis Chûjô, 1951b: 33.

Gynandrophthalm flavimana Chûjô, 1952: 76.

Smaragdina nipponensis: Gressitt & Kimoto, 1961: 99.

主要特征：雌虫体长 5.5–6.5 mm。体较大，棕黄色。上颚顶端稍染黑色，触角基部 2 节棕黄色，余节黑褐色，前胸腹面棕黄色，中后胸腹面黑色，腹部黑褐色；足黑色，爪节稍染褐色。头小，光亮；上唇前缘近于平，被稀疏刚毛；额唇基光滑，前缘浅弧形凹；额区宽，中央具浅凹，布不明显细纹及细刻点，复眼内侧布明显细纹；头顶隆凸，光滑。触角伸达前胸背板基部；第 1 节膨大，第 2 节近球形，第 3 节细小，与第 2 节约等长，第 4 节长于第 3 节等，明显呈三角形，第 5–10 节锯齿状，各节长宽约相等。前胸背板横宽，宽约为长的 2.1 倍；后角圆，侧缘弧形，侧边宽，基部中央略膨出。盘区隆凸不明显，表面光亮，高倍镜下可见细密刻点。小盾片三角形，细长，光滑无刻点。鞘翅长约为宽的 1.5 倍，布清晰的细刻点，刻点颜色深，呈褐色，基部刻点间距为刻点直径的 2–6 倍，刻点向后面和侧面更为稀疏，端坡处近于消失。腹面密被白色细短柔毛，腹末节具深圆凹窝。

分布：浙江、台湾；日本。

（777）浙江光叶甲 *Smaragdina subsignata* (Fairmaire, 1888)

Gynandrophthalma subsignata Fairmaire, 1888a: 36.

Smaragdina subsignata: Gressitt & Kimoto, 1961: 101.

主要特征：体长 6 mm 左右。体椭圆形，红黄色，有光泽。头部黑色，鞘翅肩部具黑色斑纹，鞘缝近末端具黑色斑纹，底色棕色，被白绒毛，腹部红棕色。触角短而细，深棕色，基部颜色偏红，足深棕色。头顶两眼之间中等凹陷，前胸背板窄于鞘翅基部，侧面圆弧形，背面具金属光泽。鞘翅刻点细密，中部几乎不膨阔，端部圆形。

分布：浙江。

（778）天目光叶甲 *Smaragdina tianmuensis* Wang et Zhou, 2013（图版 XVII-4）

Smaragdina tianmuensis Wang et Zhou, 2013: 252.

主要特征：雄虫体长 4.5–4.6 mm，雌虫体长 5.3–5.2 mm。头部黑色，触角基部 4 节黄色，其余褐色；前胸背板黄褐色，盘区中央具凸字形的黑褐色斑；鞘翅蓝紫色，缘折黄色，端部具 1 黄色圆斑；足黄褐色，腿节、胫节外缘及跗节浅褐色，身体略带金属光泽。头顶微隆，后头布细皱纹，额区具 3 个三角形排列的凹洼，布粗密刻点及皱纹；复眼内侧毛较密集；触角长达前胸背板基部，第 3 节最细小，短于第 2 节，第 4 节三角形，稍长于第 3 节，自第 5 节起为锯齿状；前胸背板宽大于长，侧边具敞边，盘区隆凸，端部 1/3 中央具 1 浅的横凹，基部 1/2 的盘区两侧有 1 个圆形浅凹窝，整个盘区光亮无刻点，只有基部膨突处具稀疏刻点；鞘翅两侧接近平行，盘区刻点粗密，排列不规则，靠近中缝的成不规则纵行。

分布：浙江（临安）。

311. 接眼叶甲属 *Coenobius* Suffrian, 1857

Coenobius Suffrian, 1857: 61. Type species: *Coenobius triangulum* Suffrian, 1957, designed by Jacoby, 1908.

Inclica Walker, 1859b: 53. Type species: *Inclica solida* Walker, 1859.

　　主要特征：体小，卵圆形；头小，复眼肾形，在头顶几乎相接；触角短，一般不超过前胸背板基部，端部 6 节明显膨阔；前胸背板前端收狭，后缘具微齿，盘区隆凸，后缘中部外凸；小盾片小、狭长；鞘翅基部约与前胸背板等宽，端部收狭，盘区刻点行整齐；前胸腹板极宽短；爪附齿式。雌虫腹部末节中央具浅凹。

　　分布：东洋区，日本，非洲。中国已知 18 种，浙江记录 1 种。

（779）黑接眼叶甲 *Coenobius piceipes* Gressitt, 1942

Coenobius piceipes Gressitt, 1942f: 336.

　　主要特征：雄虫体长 1.6–1.9 mm，雌虫体长 1.8–2.0 mm。体卵圆形；体黑色、光亮；上唇及额唇基红褐色；触角基部 5 节黄色，其余黑褐色；前足暗红色，中、后足腿节黑褐色，胫节、跗节黄褐色。头小，额唇基区具粗大刻点；复眼大，彼此在头顶相靠近；触角伸达鞘翅基部，第 3–5 节细小，末端 6 节变粗；前胸背板近似圆锥形，两侧向前明显收窄，后缘中央向后突出，盘区强烈隆凸，光亮无刻点，在后缘之前有 1 行与后缘平行的粗深刻点；小盾片狭小；鞘翅肩胛显突，每个鞘翅有 11 行刻点，第 7 行在鞘翅中部与第 6 行合并；臀板着生粗密刻点和细长绒毛。雌虫：腹部末节中央具浅凹。

　　分布：浙江、湖北、江西、福建、台湾、四川、贵州、云南；日本。

312. 隐头叶甲属 *Cryptocephalus* Geoffroy, 1762

Cryptocephalus Geoffroy, 1762: 231. Type species: *Chrysomela sericea* Linnaeus, 1758.
Anteriscus Weise, 1906: 39. Type species: *Cryptocephalus ertli* Weise, 1906. As subgenus of *Cryptocephalus*.
Asiopus Lopatin, 1965: 452 (*nec* Sharp in Whymper, 1892). Type species: *Cryptocephalus flavicollis* Fabricius, 1781.
Asionus Lopatin, 1988: 8 (new name for *Asiopus* Lopatin, 1965). As subgenus of *Cryptocephalus*.
Burlinius Lopatin, 1965: 455. Type species: *Chrysomela fulva* Goeze, 1777. As subgenus of *Cryptocephalus*.
Heterichus Warchalowski, 1991: 75. Type species: *Cryptocephalus macrodactylus* Gebler, 1830. As subgenus of *Cryptocephalus*.
Chrysocryptocephalus Steinhausen, 2007: 31. Type species: *Chrysomela sericea* Linnaeus, 1758. As subgenus of *Cryptocephalus*.

　　主要特征：体柱状，端部钝圆；体表光滑或被稀疏纤毛；复眼发达，肾形；触角长，丝状或念珠状；前胸背板基部突出，具成排短齿，盘区隆突；鞘翅背面较隆，刻点多样；雄虫腹端具刻纹，雌虫腹端圆凹状。

　　分布：世界广布。中国已知 180 余种，浙江记录 15 种/亚种。

分种检索表

1. 前胸背板被刚毛；臀板有白斑 ·· 艾蒿隐头叶甲 *C. (A.) koltzei*
- 前胸背板光滑无毛 ··· 2
2. 体小型，复眼小，内缘浅凹；雄虫阳茎三叶状 [隐头叶甲三叶亚属 *C. (Burlinius)*] ············ 3
- 体中到大型；雄虫阳茎结构简单 [隐头叶甲指名亚属 *C. (s. str.)*] ································ 4
3. 前胸背板及鞘翅均为蓝黑色；前胸背板前缘具黄色条纹 ·················· 黑足隐头叶甲 *C. (B.) confusus*
- 前胸背板黑色，前缘和侧缘黄色；鞘翅黄色，中缝黑色，盘区有黑色纵带 ·············· 杨氏隐头叶甲 *C. (B.) yangweii*
4. 鞘翅刻点排列规则 ··· 5
- 鞘翅刻点排列不规则，若规则，则多为双行 ··· 7

5. 前胸背板及鞘翅蓝色，具绿色或紫色光泽；头顶黑色 ·········· 黑顶隐头叶甲 *C. (s. str.) hyacinthinus*
- 前胸背板及鞘翅淡色，具斑纹 ·· 6
6. 前胸背板具 7 个黑斑；鞘翅黄色，盘区无任何斑纹 ······ 淡翅隐头叶甲无斑亚种 *C. (s. str.) luridipennis pallescens*
- 前胸背板盘区具 1 对黑色纵带；鞘翅褐色，具黑色斑纹 ······ 宽条隐头叶甲指名亚种 *C. (s. str.) multiplex multiplex*
7. 前胸背板深色，盘区无任何斑纹 ··· 8
- 前胸背板淡色，盘区具斑纹或无，或暗深色具斑纹 ····························· 10
8. 前胸背板黑色 ·· 黑隐头叶甲 *C. (s. str.) swinhoei*
- 前胸背板黄褐色 ·· 9
9. 头顶黑色；雄虫触角长是体长的 2/3 ························· 丽隐头叶甲 *C. (s. str.) festivus*
- 头顶黄色；雄虫触角长达鞘翅末端 ············ 黑鞘隐头叶甲指名亚种 *C. (s. str.) pieli pieli*
10. 前胸背板单色，不具斑纹 ··· 11
- 前胸背板非单色，至少部分具斑纹 ··· 13
11. 鞘翅黄褐色，肩部具 1 黑斑，中部之后具 1 黑色横带 ······ 中华隐头叶甲 *C. (s. str.) chinensis*
- 鞘翅黑色，盘区具黄斑 ··· 12
12. 每个鞘翅中部 1 个大黄斑 ···················· 双黄斑隐头叶甲 *C. (s. str.) moutoni*
- 每个鞘翅具 5 个黄斑 ······························· 黄斑隐头叶甲 *C. (s. str.) luteosignatus*
13. 鞘翅基部和中部之后各 1 条宽的黑色横带 ······ 水柳隐头叶甲 *C. (s. str.) crucipennis*
- 鞘翅具黑斑，非黑色横带 ··· 14
14. 每个鞘翅 5 个黑斑，排列为 2 : 2 : 1 ······ 十四斑隐头叶甲 *C. (s. str.) tetradecaspilotus*
- 每个鞘翅 3 个黑斑，排列为 2 : 1 ················ 三带隐头叶甲 *C. (s. str.) trifasciatus*

（780）艾蒿隐头叶甲 *Cryptocephalus (Asionus) koltzei* Weise, 1887（图版 XVII-5）

Cryptocephalus koltzei Weise, 1887: 171.
Cryptocephalus flavopictus Jacoby, 1890: 88.
Cryptocephalus micropyga Weise, 1898: 184.
Cryptocephalus ussuriskensis Pic, I922b: 28.
Cryptocephalus koltzei conjunctus Chen, 1942b: 112.
Cryptocephalus koltzei nigricaudus Chen, 1942b: 112.
Cryptocephalus (Asionus) koltzei koltzei: Lopatin et al., 2010: 582.

主要特征：雄虫体长 3.5–4.6 mm，雌虫体长 4.3–4.8 mm。头部黑色具黄斑；触角黑褐色，基部黄褐色；前胸背板黄色，盘区具黑斑，黑斑变异较大；小盾片及鞘翅黑色，鞘翅具外 2 内 3 两列黄斑，黄斑亦有变异；足黄褐色或红褐色；臀板上具 1 白斑或黄褐色斑。头部具毛及刻点；触角长超过鞘翅中部，第 3 节长于第 2 节，自第 6 节始各节逐渐变粗；前胸背板侧边较细，盘区具毛及刻点，两侧有皱纹；小盾片三角形，表面具细小刻点；鞘翅基部稍隆突，盘区刻点排列成行，行间有细小刻点。

分布：浙江、黑龙江、吉林、辽宁、内蒙古、河北、山西、山东、河南、陕西、甘肃、江苏、湖北、福建；俄罗斯，朝鲜。

（781）黑足隐头叶甲 *Cryptocephalus (Burlinius) confusus* Suffrian, 1854

Cryptocephalus confusus Suffrian, 1854: 140.
Cryptocephalus discretus Baly, 1873: 97.
Cryptocephalus rectipennis Jacoby, 1890: 87.
Cryptocephalus (Burlinius) confusus: Lopatin et al., 2010: 585.

主要特征：雄虫体长 2.4–2.6 mm，雌虫体长 2.4–2.7 mm。头大部分浅黄色，触角窝黑褐色；触角基部 5 节淡黄褐色，其余各节褐色至黑褐色；前胸背板蓝黑色，前缘黄色；小盾片及鞘翅蓝黑色；前足黄色，腿节外缘有时褐色，中后足大部分黑褐色，中足腿节腹面颜色稍浅。头部光亮，仅额区中部有几个稀疏刻点；雄虫触角超过体长的 2/3，第 3、4 节较细，第 3 节长于第 2 节，自第 5 节起各节稍粗。前胸背板宽大于长，侧缘较直，盘区强烈隆突，布清晰刻点；小盾片三角形，表面光亮。鞘翅在肩胛后方隆起，刻点粗大，排列成规则的 11 纵行。雌虫：头部大部分蓝黑色，唇基前缘及复眼下方黄色，前胸背板完全蓝黑色；触角稍短于雄虫；腹部末节腹板具长圆凹窝。

分布：浙江、黑龙江、吉林、辽宁、内蒙古、北京、河北、山西、江苏、湖北、广东；俄罗斯，蒙古国，朝鲜，日本。

（782）杨氏隐头叶甲 *Cryptocephalus* (*Burlinius*) *yangweii* Chen, 1942

Cryptocephalus yangweii Chen, 1942b: 122.

主要特征：雄虫体长 1.8–1.9 mm，雌虫体长 2.2–2.5 mm。头部黑色，头顶具 2 个黄色圆斑，口器及颊黄色；触角基部 5 节黄色，余为黑色；前胸背板前缘和侧缘黄色，其余区域黑色；小盾片黑色；鞘翅黄色，中缝黑色，沿肩角向端部有 1 条黑色宽纵带，个别个体鞘翅仅基部和端部黄色，其余区域均为黑色；腹面黑色，足淡黄色。头部被粗密刻点；触角达体长之半，第 3、4 节等长，长于第 2 节但短于第 5 节，自第 6 节起稍粗。前胸背板宽大于长，盘区强烈隆起，刻点粗密；小盾片三角形，具细密刻点；鞘翅在肩胛的后方稍隆突，刻点粗大，排列成规则的 11 纵行，行间具微细刻纹。

分布：浙江（舟山）、甘肃、湖北、江西、福建。

（783）中华隐头叶甲 *Cryptocephalus* (*s. str.*) *chinensis* Jacoby, 1888（图版 XVII-6）

Cryptocephalus chinensis Jacoby, 1888: 340.
Cryptocephalus subfenestratus Pic, 1954b: 54.
Cryptocephalus (*Cryptocephalus*) *chinensis*: Lopatin et al., 2010: 591.

主要特征：雄虫体长 3.5 mm，雌虫体长 4.0–4.4 mm。头部黄褐色，触角基部 4 节棕黄色，其余各节黑褐色至黑色；前胸背板红褐色，基缘及侧缘黑色；鞘翅乳白色或浅黄褐色，周缘黑褐色至黑色，肩胛处黑褐色，离端部不远有 1 黑褐色横窄纹，分别连接侧缘及鞘翅中缝。头部光亮，唇基稍隆起；前胸背板宽大于长，侧缘较直，具敞边，盘区强烈隆突，光亮无刻点；鞘翅基部与前胸背板约等宽；盘区刻点大，除肩胛处的刻点稍混乱外，其余刻点排列成规则刻点行。

分布：浙江（临安）、江苏、江西、福建、台湾、广西。

（784）水柳隐头叶甲 *Cryptocephalus* (*s. str.*) *crucipennis* Suffrian, 1854

Cryptocephalus crucipennis Suffrian, 1854: 64.
Cryptocephalus birmanicus Jacoby, 1889b: 159.
Cryptocephalus lajoyei Pic, 1920a: 26.
Cryptocephalus violaceocinctus Pic, 1943c: 16.
Cryptocephalus (*Cryptocephalus*) *crucipennis*: Lopatin et al., 2010: 592.

主要特征：雄虫体长 4.0–4.7 mm，雌虫体长 4.6–5.7 mm。头部淡黄色或红褐色，头顶后方有 1 方形黑斑，在头顶触角基部有 1 方形小黑斑；触角基部 4 节黄褐色，端节黑色；前胸背板淡黄色至深红色，基缘黑色，盘区中部有 2 个黑色大横斑，有时两个斑合成一个；小盾片黑色，或红褐色边缘黑色；鞘翅淡黄色至红褐色，侧缘近端部、中缝黑色，鞘翅基部和中部之后各有 1 条宽的黑色横纹；身体腹面和足淡黄褐色到红褐色，前胸侧片、后胸腹面两侧黑色，腿节端部淡黄色，有时中部黑色。头部刻点细小，额唇基区刻点较粗密；雄虫触角与身体近等长，第 3、4 两节是第 2 节长的 2 倍，第 5 节略长于第 4 节，自第 6 节起各节稍增粗；前胸背板宽大于长，侧边较平直；盘区光亮，刻点十分细小而不明显；小盾片略呈心形，刻点细且疏。鞘翅基部与前胸等宽，在基部不远处隆起；盘区刻点细小而清晰，排列成规则的 11 行；后胸腹面刻点细密具纵皱纹。雌虫：触角约达体长之半；腹末节具圆凹窝。

分布：浙江、安徽、湖北、江西、广东、海南、广西、四川、云南；东洋区。

寄主：水柳仔。

（785）丽隐头叶甲 *Cryptocephalus (s. str.) festivus* Jacoby, 1890（图版 XVII-7）

Cryptocephalus festivus Jacoby, 1890: 88.

Cryptocephalus flavopygidialis Pic, 1922a: 9.

Cryptocephalus (Cryptocephalus) festivus: Lopatin et al., 2010: 593.

主要特征：雄虫体长 3.5–4.0 mm，雌虫体长 4.1–4.9 mm。头部黄褐色，后方黑色；触角黑色，基部 4 节黄褐色；前胸背板淡黄色，基缘蓝黑色；小盾片黑色；鞘翅蓝黑色或蓝紫色，具金属光泽，鞘翅侧缘基半部和缘折淡黄色；足黄褐色。头部光亮，具细小刻点，额唇基刻点大而稀疏；触角约为体长的 2/3，第 2 节短小，第 3、4 节细、略等长，第 5 节最长；前胸背板宽大于长，侧缘具较宽的敞边；盘区光亮，无明显刻点，前端和两侧常密布褐色小斑点；小盾片略呈三角形，表面光滑或具稀疏的细小刻点；鞘翅基部稍宽于前胸背板，刻点粗大，刻点行整齐，翅端的刻点较小，行间无小刻点；臀板密被细短淡色毛，基半部刻点细密，端半部的大而疏。雌虫：触角约达鞘翅中部；腹末节腹板具凹窝。

分布：浙江（德清、安吉、临安）、陕西、江苏、上海、湖北、江西、福建、台湾、广东、海南、广西、四川、云南；东洋区。

寄主：长梗柳。

（786）黑顶隐头叶甲 *Cryptocephalus (s. str.) hyacinthinus* Suffrian, 1860

Cryptocephalus hyacinthinus Suffrian, 1860: 46.

Cryptocephalus approximatus Baly, 1873: 93.

Cryptocephalus fortunatus Baly, 1873: 94.

Cryptocephalus (Cryptocephalus) hyacinthinus: Lopatin et al., 2010: 594.

主要特征：雄虫体长 3.5–4.1 mm，雌虫体长 4.5–4.9 mm。身体背面蓝色，有时略带紫色或绿色光泽；头大部分黑色，额唇基和颊多为黄色，有的个体黄色部分扩大；触角基部 1–4 节黄褐色或淡褐色，其余各节黑色；腹面蓝黑色，前胸腹板及前侧片、足的基节和转节、前中足腿节基半部的腹面和后足腿节基部均为淡黄褐色或浅红色，个别个体前胸背板侧缘前端有时为黄色。头部刻点小而清晰，额唇基的刻点较大；雄虫触角长达鞘翅末端，第 2 节椭圆形，第 3 节长于第 2 节，自第 5 节起逐渐变粗；前胸背板宽大于长，侧缘具敞边，盘区光亮，具稀疏细小的刻点；小盾片舌形，表面光亮，刻点细弱；鞘翅基部稍宽于前胸背板，两侧近于平行，具窄的敞边；盘区刻点排列成较不规则的纵行，中部刻点大而较密，其余部分的刻点细小稀疏；臀板刻点密，端部较疏，被淡褐色短毛。雌虫：触角长是体长的 3/4；腹末节具圆凹窝。

分布：浙江、黑龙江、辽宁、山西、陕西、江苏、江西；俄罗斯，朝鲜，日本。

（787）淡翅隐头叶甲无斑亚种 *Cryptocephalus (s. str.) luridipennis pallescens* **Kraatz, 1879**

Cryptocephalus pallescens Kraatz, 1879b: 134.

Cryptocephalus serinicolor Pic, 1907a: 3.

Cryptocephalus pallescens ab. *distinctior* Pic, 1908b: 92.

Cryptocephalus pallescens ab. *kapfereri* Pic, 1913b: 102.

Cryptocephalus chujoi Nakane, 1963a: 19.

Cryptocephalus (*Cryptocephalus*) *luridipennis pallescens*: Lopatin et al., 2010: 596.

主要特征： 雄虫体长 3.7–3.9 mm，雌虫体长 4.2–5.0 mm。头部黑色，唇基具 1 黄色梯形斑，触角窝下方各具 1 黄色斑；触角基部 4 节黄褐色，其余各节黑褐色；前胸背板黄色，具 7 个黑斑，基缘黑色，仅前缘、侧缘及基部中央黄色；小盾片黑色；鞘翅黄褐色，盘区无任何斑纹；身体腹面黑色，前胸侧片黄色；足黄褐色至黑褐色。头部密布刻点，被浓密短刚毛；触角长达鞘翅的 2/3，第 2 节球形，自第 5 节起各节较宽扁；前胸背板横宽，侧缘直，具窄的敞边，盘区微隆，密布长圆形刻点；小盾片舌形，表面布稀疏细刻点；鞘翅略带金属光泽，肩胛发达，刻点粗大稀疏，刻点间距为刻点直径的 1.5–3 倍，鞘翅末端刻点略显细疏；腹面被银白色毛及细密刻点；足细长。雌虫：腹部末节及臀板黄色；触角达体长之半，腹部末节具圆凹窝。

分布： 浙江、黑龙江、辽宁、内蒙古、山西、甘肃、江苏、江西、四川；俄罗斯，朝鲜，日本。

（788）黄斑隐头叶甲 *Cryptocephalus (s. str.) luteosignatus* **Pic, 1922**

Cryptocephalus luteosignatus Pic, 1922a: 10.

Cryptocephalus multifenestratus Pic, 1928a: 33.

Cryptocephalus variifasciatus Chûjô, 1934b: 522.

Cryptocephalus luteodecemmaculatus Pic, 1943a: 16.

Cryptocephalus (*Cryptocephalus*) *luteosignatus*: Lopatin et al., 2010: 596.

主要特征： 雄虫体长 3.0–3.8 mm，雌虫体长 3.6–4.3 mm。头部黄褐色，触角基部 4 节或 5 节黄褐色，其余各节黑色；前胸背板红褐色或黄褐色，基缘黑色；小盾片淡黄色或红褐色，边缘黑色；鞘翅黑色，除小盾片附近有 1 个小长斑外，每翅具 5 个黄斑，在翅基 2 个、中部 2 个，翅端 1 个大斑；身体腹面和足黄褐色。头部刻点清晰，额唇基光亮，无刻点或刻点十分疏弱；雄虫触角是体长的 3/4，第 2 节短小、球形，第 3–5 节细，第 3 节稍短于第 4 节，第 4 节短于第 5 节，自第 6 节起逐渐加粗；前胸背板宽大于长，盘区光亮、隆突，侧边很狭窄；小盾片三角形，基部中央有 1 小圆凹窝；鞘翅基部与前胸背板等宽，盘区刻点较粗大，排列成规则的 11 纵行；臀板刻点粗大，端半部刻点稀疏。雄虫腹部末节腹板中央呈现为 1 稍凹的光滑区。雌虫：触角达体长之半，腹末节具圆凹窝。

分布： 浙江（杭州、舟山）、江苏、江西、福建、台湾、广东、海南、香港、广西、四川；东洋区。
寄主： 日本樱花、青冈、台湾栲木、榕树。

（789）双黄斑隐头叶甲 *Cryptocephalus (s. str.) moutoni* **Pic, 1922**

Cryptocephalus moutoni Pic, 1922a: 10.

Cryptocephalus flavobinotatus Chûjô, 1934b: 517.

Cryptocephalus (*Cryptocephalus*) *mouton*: Lopatin et al., 2010: 597.

主要特征： 雄虫体长 3.2 mm，雌虫体长 3.4–4.0 mm。体淡黄褐色；头部黄褐色，触角基部 4 节淡黄褐色，其余各节黑褐色；前胸背板红褐色或黄褐色，基缘黑色；小盾片淡黄褐色，基部黑色；鞘翅黑色或黑褐色，每翅中部有 1 个黄色大横斑，黄斑内侧未达中缝，外侧近达鞘翅侧缘；腹面部分黑褐色，足黄褐色。头部光亮，刻点细；雄虫触角长达鞘翅末端 1/5，第 2 节短小，椭圆形，约为第 1 节长之半，第 3–5 节细，与第 1 节约等长，自第 6 节始各节逐渐变粗；前胸背板宽约为长的 2 倍，侧边弧圆，盘区光滑，无刻点；小盾片心形，基部中央有 1 个小凹洼；鞘翅基部与前胸约等宽，盘区刻点粗深，端部刻点较小，排列成规则的纵行，行间隆起成脊状；缘折表面分布有 2 行粗大刻点；腹部末节具深圆凹窝。雌虫：触角约达体长之半。

分布：浙江（临安）、江苏、江西、湖南、福建、台湾、广西。

（790）宽条隐头叶甲指名亚种 *Cryptocephalus (s. str.) multiplex multiplex* Suffrian, 1860（图版 XVII-8）

Cryptocephalus luridipennis ab. *multiplex* Suffrian, 1860: 39.

Cryptocephalus parvicollis Jakobson, 1896: 535 (*nec* Suffrian, 1866).

Cryptocephalus jacobsoni Clavareau, 1913: 157 (new name for *Cryptocephalus parvicollis* Jakobson, 1896).

Cryptocephalus multiplex var. *savioi* Pic, 1928a: 33.

Cryptocephalus multiplex multiplex: Gressitt & Kimoto, 1961: 141.

Cryptocephalus (Cryptocephalus) multiplex multiplex: Lopatin et al., 2010: 597.

主要特征：雄虫体长 4.1–5.0 mm，雌虫体长 5.6–6.5 mm。头部黑色，唇基及颊上各 1 黄斑；触角黑褐色，第 1–4 节黄褐色；前胸背板黄色，基缘黑色，盘区中央具 1 对黑色纵带；小盾片黑色；鞘翅褐色，基缘黑色，基部 1/4 有 1 对黑斑，端部 1/3 中央各 1 黑斑；腹面及足黑色。头部具短绒毛及密集刻点；触角长达鞘翅 2/3，第 4 节长于第 3 节，自第 5 节始各节逐渐变得扁宽；前胸背板侧缘直，具窄的敞边，盘区微隆，密布长圆形刻点；小盾片表面具细刻点；鞘翅刻点粗密，近圆形，刻点间距小于刻点直径。

分布：浙江（临安）、北京、河北、山东、陕西、甘肃、青海、江苏、湖北、江西、湖南、四川、西藏；俄罗斯，朝鲜，日本，尼泊尔。

（791）黑鞘隐头叶甲指名亚种 *Cryptocephalus (s. str.) pieli pieli* Pic, 1928（图版 XVII-9）

Cryptocephalus pieli Pic, 1928a: 33.

Cryptocephalus sichuanus Pic, 1943c: 16.

Cryptocephalus (Cryptocephalus) pieli pieli: Lopatin et al., 2010: 599.

主要特征：雄虫体长 4.0–4.6 mm，雌虫体长 4.5–5.4 mm。体浅黄褐色；头部黄褐色，上颚黑色；触角基部 4 节浅黄褐色，其余各节黑色；前胸背板黄褐色，基缘黑色；小盾片及鞘翅黑色；足黄褐色，跗节末端颜色稍深，爪节黑色。头部刻点细密，额唇基前端刻点较粗；触角细长，约达鞘翅末端，第 3、4 节细，长于第 2 节，自第 5 节始各节逐渐变粗；前胸背板宽约为长的 2 倍，基部最宽，盘区光亮，刻点十分细小；鞘翅基部与前胸基部约等宽，盘区刻点粗深，端部刻点较细小，刻点排列规则，行间隆起。雌虫：触角稍短，达鞘翅中部；腹末节具深圆凹窝。

分布：浙江（临安）、北京、江苏、湖北、江西、湖南、福建、广东。

（792）黑隐头叶甲 *Cryptocephalus (s. str.) swinhoei* Bates, 1866（图版 XVII-10）

Cryptocephalus swinhoei Bates, 1866: 354.

Cryptocephalus (Cryptocephalus) swinhoei: Lopatin et al., 2010: 602.

主要特征：雄虫体长 3.4–3.8 mm，雌虫体长 3.8–4.3 mm。身体和足黑色，触角基部 4 节黄褐色或红褐色，其余各节黑褐色或黑色。头部刻点较密，额唇基刻点大而疏；雄虫触角是体长的 1/2，第 3 节长于第 2 节，短于第 4 节，从第 6 节始，各节逐渐变粗；前胸背板长大于宽，侧缘具完整的边框，盘区光亮，刻点十分细小，后缘近中部的两侧各有 1 短的横凹，在凹洼的周围常分布有较大刻点；鞘翅基部与前胸基部约等宽，盘区刻点粗大，翅端刻点细小，刻点排列成 11 行，行距一般较宽平，分布有稀疏的细小刻点。雌虫：触角约达鞘翅肩部；腹末节具圆凹窝。

分布：浙江（临安、舟山）、江苏、上海、江西、福建、台湾。

（793）十四斑隐头叶甲 *Cryptocephalus (s. str.) tetradecaspilotus* Baly, 1873（图版 XVII-11）

Cryptocephalus tetradecaspilotus Baly, 1873: 89.

Cryptocephalus duodecatus Fairmaire, 1889: 70.

Cryptocephalus fukienensis Pic, 1954b: 54.

Cryptocephalus kononovi Medvedev, 1973: 127.

Cryptocephalus (Cryptocephalus) tetradecaspilotus: Lopatin et al., 2010: 602.

主要特征：雄虫体长 3.7–4.5 mm，雌虫体长 4.4–4.9 mm。体黄褐色或红褐色，具黑斑；头部红褐色或黄褐色，头顶后方具 1 黑色横斑，触角窝内侧各具 1 黑色圆斑；触角基部 4 节红褐色或黄褐色，其余各节黑褐色；前胸背板红褐色或黄褐色，基缘及侧缘黑色，中部两侧各有 1 个略呈椭圆形的黑色横斑，在后缘的两侧各有 1 略呈三角形的黑斑；鞘翅红褐色或黄褐色，基缘黑色，每翅各具 5 个黑斑，呈 2：2：1 排列。头部刻点粗大，唇基与额之间有 1 条横脊；雄虫触角长超过鞘翅中部，第 3、4 节较细，长于第 2 节，从第 6 节始，各节逐渐变粗；前胸背板宽大于长，两侧较直，盘区强烈隆突，刻点较大而密集；小盾片光滑，具细小刻点；鞘翅基部与前胸基部等宽，盘区刻点大而深，排列规则，在翅端半部刻点较小，行间光滑无刻点。

分布：浙江（德清、临安、绍兴、舟山、庆元）、辽宁、甘肃、江苏、湖北、江西、湖南、福建、台湾、广东、广西、四川；俄罗斯，日本。

寄主：龙芽草。

（794）三带隐头叶甲 *Cryptocephalus (s. str.) trifasciatus* Fabricius, 1787

Cryptocephalus trifasciatus Fabricius, 1787: 81.

Cryptocephalus orientalis Hope, 1831: 30.

Cryptocephalus fainanensis Pic, 1928a: 34.

Cryptocephalus (Cryptocephalus) trifasciatus: Lopatin et al., 2010: 603.

主要特征：雄虫体长 4.0–5.9 mm，雌虫体长 5.1–6.7 mm。体背红褐色，具黑斑；头部黄褐色或红褐色；触角基部 4 或 5 节红褐色，端节黑色或黑褐色；前胸背板红褐色，前缘和侧缘具黑边，后缘有 1 条相当宽的黑横纹，盘区具 1 列 4 个黑斑，外侧的两个斑较小，内侧的两个斑较大，有时内侧两个斑汇合成 1 横斑；小盾片黑色；鞘翅红褐色，基缘、中缝和端缘均为黑色，基部不远有 2 个黑色横斑，有时这两个斑汇合成 1 条横纹，在翅端有 1 个大黑斑；身体腹面和足黑色或红色；臀板黑色具红斑或基部黑色，端部红色或除边缘为黑色外完全红色。体背光亮无毛；头部刻点粗密，额区刻点稀疏；雄虫触角较长，超过体长之半，第 2 节短小、球形，3、4 两节较细，略等长，长于第 2 节，自第 5 节起各节逐渐变粗；前胸背板宽约为长的 2 倍，侧缘具明显敞边，盘区刻点稀疏、细小；小盾片舌形，光亮无刻点；鞘翅基部稍窄于前胸，盘区刻点粗大，排列成规则的 11 行。雄虫腹部末节腹板中央为 1 无毛的浅纵凹区；臀板表面密被深刻点和灰色卧毛。雌虫：触角较短，约达鞘翅肩胛；腹末节具圆凹窝。

分布：浙江（温岭）、江西、湖南、福建、台湾、广东、海南、香港、广西；日本，尼泊尔，东洋区。

寄主：算盘子属、檵木、紫薇。

313. 隐盾叶甲属 *Adiscus* Gistel, 1857

Adiscus Gistel, 1857: 604 (= 1857b: 92). Type species: *Phaedon nigromaculatum* Redtenbacher, 1844.

Atropidius Chapuis, 1874: 175. Type species: *Atropidius improlus* Ohapuis, 1874.

Dioryctus Suffrian, 1860: 3. Type species: *Dioryctus porcatus* Suffrian, 1860.

Falsodioryctus Pic, 1955: 21. Type species: *Falsodioryctus sinensis* Pic, 1955 (= *Dioryctus nigripennis* Jacoby, 1890).

主要特征：体宽短，表面圆隆；复眼内缘凹切；前胸背板中央向后突出成角状；小盾片隐匿；鞘翅缘折呈角状膨突。

分布：东洋区。中国已知 42 种，浙江记录 2 种。

（795）浙江隐盾叶甲 *Adiscus chekianga* Gressitt *et* Kimoto, 1961

Adiscus chekianga Gressitt *et* Kimoto, 1961: 116.

主要特征：雌虫体长 4.1 mm。体浅橘红色，头部、触角、足和身体腹面部分红褐色；鞘翅端半部浅黄褐色。头部明显窄于前胸背板，具不均匀的细刻点；复眼大，唇基前缘浅凹；触角细弱，第 3 节细，稍长于第 4 节，第 6、7 节稍粗大；前胸背板与鞘翅基部约等宽，侧缘弧形，基缘具细齿，中部呈明显角状；盘区隆凸，具密集的细刻点；鞘翅侧缘和末端较圆，盘区具规则刻点行，行间距约为刻点直径的 5 倍，行间散布细刻点；后足跗节第 1 节短于第 2–3 节之和。

分布：浙江（临安）。

（796）黑鞘隐盾叶甲 *Adiscus nigripennis* (Jacoby, 1890)（图版 XVII-12）

Dioryctus nigripennis Jacoby, 1890: 89.

Dioryctus major Pic, 1926a: 12.

Falsodioryctus sinensis Pic, 1955: 21.

Adiscus nigripennis: Gressitt & Kimoto, 1961: 119.

主要特征：雄虫体长 4.0–4.5 mm，雌虫体长 4.6–5.3 mm。体卵圆形。头部橘红色到暗红色；触角基部 5 节橘红色，其余褐色；前胸背板橘红色，基缘黑色；鞘翅黑色，具金属光泽；身体腹面多为黄褐色，足黄褐色。头部被稀疏短毛，额区刻点细密，唇基刻点粗且稀疏；触角长伸达鞘翅肩部之后，第 6–9 节宽扁；前胸背板宽大于长，侧缘微呈弧形，具敞边，盘区强烈隆凸，光亮，具细小刻点；鞘翅肩角发达，两侧向外膨阔，具敞边，边缘明显向上翻折；盘区刻点行清晰，每个鞘翅有 10 行，侧缘膨阔部分密布粗大刻点。

分布：浙江（临安）、湖北、福建、贵州；日本，印度，越南。

314. 瘤叶甲属 *Chlamisus* Rafinesque, 1815

Chlamisus Rafinesque, 1815: 16. Type species: *Bruchus gibbosus* Fabricius, 1777 (= *Chlamys tuberosa* Knock, 1801).

Chlamys Knoch, 1801: 122 (*nec* Röding in Bolten, 1798). Type species: *Bruchus gibbosus* Fabricius, 1777, designed by Jacoby, 1908.

Boloschesis Jacobson, 1924: 239 (replacement name for *Chlamys* Knoch, 1801).

主要特征：体近五边形或半圆形；多数种类为黑色，个别也有红色或黄色；体表具发达的瘤突及脊；

头嵌入前胸，复眼肾形，内侧缘凹洼；触角11节，第3、4节最细，端部数节锯齿状，一般藏于前胸背板与侧板之间的触角沟内；前胸背板盘区强烈隆凸，具明显的瘤突及脊；小盾片近方形；鞘翅基部稍宽于前胸背板，端部变窄，盘区一般具4行瘤突及脊；中缝边缘锯齿状；臀板外露，背面一般具1–3条脊，个别还有横脊；足短、扁，一般收藏于胸部或腹部的沟内。

分布：东洋区。中国已知67种，浙江记录4种。

分种检索表

1. 前胸背板黑褐色，鞘翅红褐色，中缝及后缘黑色 ·········· 多突瘤叶甲 *Ch. prominens*
- 前胸背板及鞘翅黑色或黑褐色 ·· 2
2. 前胸背板及鞘翅具黄色斑纹 ·································· 多瘤瘤叶甲 *Ch. spilotus*
- 前胸背板及鞘翅无任何斑纹 ·· 3
3. 触角红色；前胸背板有5对瘤突 ························· 凹臀瘤叶甲 *Ch. diminutus*
- 触角黄褐色；前胸背板有3个瘤 ······················ 褐跗瘤叶甲 *Ch. fulvitarsis*

（797）凹臀瘤叶甲 *Chlamisus diminutus* (Gressitt, 1942)

Exema interjecta Chûjô, 1940a: 267 (*nec* Baly, 1873).
Chlamys diminutus Gressitt, 1942f: 359.
Chlamisus diminutus: Gressitt, 1946: 89.

主要特征：体长2.2–2.8 mm，体宽1.1–1.6 mm。体长形，体背瘤突发达。体表黑色，较光亮；触角红色；足跗节浅红褐色。头部具细刻点，有网纹；头顶中央有1深的凹洼；触角短小；前胸背板宽大于长，盘区中央有3对瘤突，两侧各有1对形状不规则的瘤突，前端的小，后端的较大；小盾片光滑无刻点；鞘翅基部1/3明显变窄，中部之后接近平行，后侧角有圆形瘤突，肩角内侧有5个小瘤突，盘区有11个瘤突，翅面具深刻点；腹部两侧各3个不甚明显的瘤突；臀板具3条脊，中脊较直，两侧的稍弯曲。

分布：浙江、江苏、湖北、福建、台湾、广东、海南、香港；朝鲜，日本。

（798）褐跗瘤叶甲 *Chlamisus fulvitarsis* (Achard, 1919)

Chlamys fulvitarsis Achard, 1919: 38.
Chlamisus fulvitarsis: Gressitt, 1946: 90.

主要特征：体长2.5–3.0 mm。体长形，两侧接近平行。整体黑色，上唇、触角黄褐色，足腿节、胫节大部及跗节黄褐色。触角第3、4节较小，自第5节始端部变粗；前胸背板中央是1大的圆形突起，两侧各1小的瘤突，中部两侧有网室；每个鞘翅具12个明显的瘤突，瘤突间由脊相连，脊有时退化；腹部两侧有不甚明显的瘤突。雌虫腹端有深凹，两侧有瘤突。

分布：浙江、福建。

（799）多突瘤叶甲 *Chlamisus prominens* Gressitt, 1946

Chlamisus prominens Gressitt, 1946: 93.

主要特征：体长3.5 mm，体宽2.4 mm。头部浅褐色，后头黑褐色，上唇红色，触角红褐色；前胸背板及小盾片黑褐色，鞘翅红褐色，中缝及后缘黑色；前胸腹面浅红色，中、后胸腹板及腹部黑褐色；足褐色，跗节深褐色。头部刻点密集，但在中央两侧及触角基部光滑；触角锯齿状；前胸背板强烈隆突，具3对放射状、间断性的脊，两侧各 1 大瘤突；小盾片宽大，端角突出；鞘翅基部隆突，盘区具 4 条不完整的、稍弯曲的纵脊。

　　分布：浙江（杭州）、福建、台湾。

（800）多瘤瘤叶甲 *Chlamisus spilotus* (Baly, 1873)

Chlamys spilotus Baly, 1873: 85.

Chlamisus spilotus: Gressitt, 1946: 96.

　　主要特征：体长 3.0–3.4 mm。体黑褐色，唇基具 2 个黄斑；触角基部黄色，其余黑褐色；前胸背板及鞘翅具黄色斑纹。头部具粗刻点；前胸背板隆突，盘区具粗刻点，两侧有斜凹；鞘翅基部隆突，两侧收狭，翅面刻点排列成不规则的纵行，每个鞘翅有大量强烈隆突的不规则瘤突，瘤突间由脊相连。

　　分布：浙江、江苏、福建、台湾；日本。

（十）肖叶甲亚科 Eumolpinae

　　主要特征：体小到中型，体背被毛或无；头下口式；复眼发达，圆形或肾形，沿复眼内侧通常具 1 条斜纵沟；触角 11 节，个别 9 节，着生在额唇基区两侧，端部数节常变粗；前胸背板多宽大于长，两侧边框完整或缺，侧缘通常有齿或其他外突物；盘区隆突或平，具刻点、凹注等；小盾片形状多样，表面具刻点、毛或光滑；鞘翅基部明显宽于前胸背板或约等宽，盘区具刻点，排列规则或不规则；肩角下有的有纵脊；足发达，腿节多中部膨大，腹面有的具齿；跗节伪 4 节，爪单齿式，双齿式或附齿式。

　　不少种类为农林、果树大害虫，也危害茶树等经济植物。

　　分布：世界广布。中国已知 50 多属 400 多种，浙江记录 19 属 38 种。

分属检索表

11. 鞘翅具鳞片；前、后足腿节膨大 ·· 茶肖叶甲属 *Demotina*
- 体背光滑或具毛 ··· 12
12. 体背密被长竖毛 ·· 毛肖叶甲属 *Trichochrysea*
- 体被具卧毛或半竖毛 ·· 13
13. 前胸背板后缘增厚；腿节不具齿 ·· 厚缘肖叶甲属 *Aoria*
- 前胸背板后缘不增厚；腿节腹面具 1 小齿 ··· 筒胸肖叶甲属 *Lypesthes*
14. 爪单齿；体背具发达褶皱 ·· 皱背肖叶甲属 *Abiromorphus*
- 爪双齿或附齿式 ··· 15
15. 复眼内侧无纵沟 ··· 16
- 复眼内侧和上方有 1 条纵沟 ··· 18
16. 触角端节宽扁；前胸背板明显窄于鞘翅基部 ··· 皱鞘肖叶甲属 *Abirus*
- 触角丝状；前胸背板与鞘翅基部等宽 ·· 17
17. 前胸前侧片前缘平直；前足腿节发达，腹面中部向下扩展成三角形齿状 ····························· 亮肖叶甲属 *Chrysolampra*
- 前胸前侧片前缘外突；前足腿节正常 ·· 沟臀肖叶甲属 *Colaspoides*
18. 触角端部 5 节明显宽扁；雄虫中胸腹板末端无向后的短刺 ··································· 扁角肖叶甲属 *Platycorynus*
- 触角端部 5 节不明显宽扁；雄虫中胸腹板末端中部有 1 个向后的短刺 ························· 萝藦肖叶甲属 *Chrysochus*

315. 丽肖叶甲属 *Acrothinium* Marshall, 1865

Acrothinium Marshall, 1865: 47. Type species: *Chrysochus gaschkevitchii* Motschulsky, 1861.

主要特征：体长卵形，体色艳丽，颜色多样，具金属光泽。体背具竖毛或半竖毛，有的间有柔毛；头部具皱褶和粗刻点；触角达体长之半或稍短，端部 5 节明显宽扁；前胸柱状，宽大于长，明显窄于鞘翅基部；两侧边框完整或不完整；盘区具毛及密集刻点；前胸前侧片前缘突出；鞘翅明显宽于前胸背板，翅面刻点明显，不规则；足发达，腿节腹面具小齿或无；爪附齿式。

分布：中国，日本，印度，缅甸。中国已知 4 种，浙江记录 2 种。

（801）红胸丽肖叶甲 *Acrothinium cupricolle* Jacoby, 1888

Acrothinium cupricolle Jacoby, 1888: 342.

主要特征：体长 6.5–7.5 mm，体宽 3.0–3.8 mm。头及前胸背板铜红色，头后方及前胸两侧绿色，具金属光泽；小盾片及鞘翅侧缘金绿色，鞘翅蓝色，具紫色光泽，头及前胸背板具灰黄色竖毛，鞘翅具黑色竖毛。头顶具粗刻点及纵皱纹，雄虫触角长超过体长之半，雌虫稍短，第 3 节是第 2 节长的 2 倍，末端 5 节宽扁；前胸柱状，宽大于长，两侧平行，侧边完整；盘区具粗大刻点，两侧的刻点更大；小盾片舌形，基半部具毛，端半部光滑；鞘翅明显宽于前胸背板，翅面刻点不规则，基部较粗，端部变细，中间具更细的刻点；腿节腹面具小齿。

分布：浙江、江西、福建。

（802）葡萄丽肖叶甲 *Acrothinium gaschkevitchii* (Motschulsky, 1861)

Chrysochus gaschkevitchii Motschulsky, 1861a: 23.

Acrothinium gaschkevitchii: Marshall, 1865: 47.

主要特征：体长 4.5–6.8 mm，体宽 3.0–4.5 mm。头、前胸背板、小盾片铜绿色，鞘翅紫铜色，侧缘及中缝绿色，盘区具绿色金属光纹；头及前胸背板被灰白色竖毛及柔毛；鞘翅毛稀粗硬，褐色。头部具粗大刻点，后头上方具皱褶；触角是体长的一半，第 3 节长于第 2 节，末端 5 节宽扁；前胸背板柱状，侧边完整，盘区刻点粗大，刻点间距大于刻点直径；小盾片舌形，具粗大刻点及柔毛；鞘翅基部明显宽于前胸背板，翅面刻点中部较外侧为细，刻点间具细小刻点；足腿节腹面具小齿。

分布：浙江、江西、福建、台湾；日本。

316. 厚缘肖叶甲属 *Aoria* Baly, 1863

Aoria Baly, 1863a: 149. Type species: *Adoxus nigripes* Baly, 1860.

Osnaparis Fairmaire, 1889: 72. Type species: *Osnaparis nucea* Fairmaire, 1889. As subgenus of *Aoria* Baly.

Pseudaoriana Pic, 1930b: 3. Type species: *Pseudaoria lemoulti* Pic, 1930 (= *Aoria rufotestacea* Fairmaire, 1889).

Enneaoria Tan, 1981: 51. Type species: *Enneaoria yunnanensis* Tan, 1981.

主要特征：体卵形或近于长方形；被淡褐色或淡灰色半竖毛，每个刻点上着生 2 根毛，唇基与额之间有 1 凹洼。触角丝状或近于丝状，端部数节稍粗。前胸两侧具明显边缘或无侧边；后缘粗厚，隆起成边框状，中部向后凸出。鞘翅基部较前胸宽很多，刻点成纵行排列，臀板末端常外露。足较长，腿节不具齿；爪纵裂。

分布：东洋区。中国已知 30 种，浙江记录 3 种。

分种检索表

1. 腹部腹面具 1 宽的红色纵带，腹部两侧边红色 ································· 黑红腹厚缘肖叶甲 *A. (A.) antennata*
- 腹部腹面不具红色纵带 ··· 2
2. 鞘翅刻点呈不规则的双行排列 ································· 棕红厚缘肖叶甲 *A. (A.) rufotestacea*
- 鞘翅刻点在基半部基本成行，端半部不规则排列 ························· 黑足厚缘肖叶甲 *A. (A.) nigripes*

（803）黑红腹厚缘肖叶甲 *Aoria (Aoria) antennata* Chen, 1940

Aoria antennata Chen, 1940b: 515.

Aoria (Aoria) antennata: Gressitt & Kimoto, 1961: 258.

主要特征：体长 5.5–5.7 mm，体宽 3.2–3.5 mm。体长卵形，背面隆起；整体背面具淡黄色毛；身体背面红褐色，腹面亮黑色；触角 1–6 节黄褐色至红褐色，7–8 节背面黑色，腹面红褐色，其余各节黑色；腹部腹面中部为宽的红色纵带，两侧缘红色；足黑色，前足腿节腹面红褐色，各足跗节深褐色。头部具密集的粗刻点，额唇基区刻点稀疏；触角约为体长的 2/3，基部有 1 对小瘤突；第 2 节短于第 3 节，第 4 节最长，末端 6 节变为宽粗；前胸背板两侧无边框，盘区密布粗大刻点；小盾片长椭圆形，具刻点及毛；鞘翅刻点排列规则，行间有小刻点；后足胫节稍弯曲，具刻点及毛。

分布：浙江（临安）、江西、福建。

（804）黑足厚缘肖叶甲 *Aoria (Aoria) nigripes* (Baly, 1860)

Adoxus nigripes Baly, 1860a: 28.

Eumolpus fuscula Motschulsky, 1866b: 408.

Eumolpus rufula Motschulsky, 1866b: 408.

Aoria mouhoti Baly, 1878c: 247.

Aoria nigripes: Jacoby, 1884b: 203.

Aoria pusilla Lefèvre, 1889: 291.

Aoria fulvifrons Jacoby, 1892b: 905.

Aoria nigrita Jacoby, 1892b: 904.

Aoria atra var. *bicolor* Pic, 1935d: 8.

Aoria nigrita taiwana Chûjô, 1956: 119.

主要特征：体长 4.5–7.2 mm，体宽 2.8–4.2 mm。体长圆形，背面隆凸；体黄褐色、红褐色至栗褐色，被灰白色或灰黄色毛，触角基部 3–4 节红色，其余黑色；足黑色，腿节有时稍有红色晕斑；有的个体颜色发生变异，头及前胸背板黑色，鞘翅红褐色；或头、前胸背板及身体覆面黑色。头部具密集刻点，头顶有皱纹；唇基刻点粗大；触角是体长的 2/3，第 4 稍长于第 3 节，末端 5 节稍粗壮；前胸背板两侧弧圆，无边框；盘区具密集的刻点；小盾片椭圆形，布密集刻点及毛；鞘翅在肩部之后有皱纹，翅面刻点密集，在基半部基本成行，端半部较乱。

分布：浙江、吉林、内蒙古、河北、江苏、湖北、江西、福建、台湾、广东、海南、香港、广西、四川、贵州、云南；印度，越南，老挝，泰国，柬埔寨，印度尼西亚。

（805）棕红厚缘肖叶甲 *Aoria* (*Aoria*) *rufotestacea* Fairmaire, 1889（图版 XVII-13）

Aoria rufotestacea Fairmaire, 1889: 70.

Aoria chinensis Jacoby, 1890: 114.

Aoria rufa Pic, 1928d: 378.

Pseudaoria (*Pseudaoria*) *lemoulti* Pic, 1930c: 3.

Aoria testacea Pic, 1935d: 8.

Aoria (*Aoria*) *rufotestacea*: Gressitt & Kimoto, 1961: 260.

主要特征：体长方形。体棕红或棕黄色，被淡黄色半竖毛。触角黑色，基部 3 节黑红或淡褐色，其中第 1 节部分黑色。足黑色或除腿节外大部分黑色。头和前胸颜色变异较大，具有两种色型：一种是头、胸与鞘翅同色，均为棕黄或棕红，另一种是头、胸黑色，鞘翅棕黄或棕红色。头部刻点较大而深，头顶两侧呈皱纹状，在触角的基部有 1 个稍隆起的小光瘤；唇基前端向两侧展宽，前缘中部凹切，表面密布大而深的刻点。触角丝状，达体长的 2/3；第 1 节膨大，球形，第 3 节长于第 2 节，约为第 4 节长的 2/3，4、5 两节约等长，末端 5 节稍粗。前胸圆柱形，长宽略相等，无侧边；盘区刻点大而深，相当密，有时在中部密集，呈皱纹状；前缘平直，后缘隆起，中部稍向后凸出。小盾片长形，基部宽，端部狭，端圆平切或略圆。鞘翅基部明显宽于前胸，肩部隆起，基部圆隆，后面有 1 条横凹；盘区刻点较前胸的浅弱，成双行排列，有时邻近的刻点常汇合成 1 个较大的横宽的刻点；行距宽而较平。足粗壮，腿节无齿，后足胫节较前中足胫节长很多。

分布：浙江、辽宁、河北、陕西、江苏、湖北、四川、贵州。

317. 茶肖叶甲属 *Demotina* Baly, 1863

Demotina Baly, 1863a: 158. Type species: *Demotina bowringii* Baly, 1863.

主要特征：体长卵形或近于长方形，乌暗无光泽；体背被鳞片。唇基横宽，两侧向前斜伸，端部宽于基部，前缘凹切，无鳞片。触角细长，丝状，端节很少粗大。前胸宽大于长，侧边呈锯齿状或无侧边。鞘翅宽于前胸，刻点排列成规则或不规则纵行。腿节粗壮，具齿，中足腿节较前、后足稍细或略等粗；中足或后足胫节或二者的端部外侧有凹切；爪纵裂。本属与鳞毛肖叶甲属很近似，与后者的主要区别是：体背仅被鳞片，无竖毛；前、后足腿节并不较中足腿节明显粗大。

　　分布：东洋区。中国已知 21 种，浙江记录 2 种。

（806）黑斑茶肖叶甲 *Demotina piceonotata* Pic, 1929

Demotina piceonotata Pic, 1929b: 45.

　　主要特征：体长椭圆形，红色，疏被灰色鳞片；胸部及部分体腹面黑褐色或褐色。鞘翅盘区各具 2 个黑褐色斑，足胫节一色淡红。前胸背板宽小于长的 2 倍；鞘翅具小刻点；腿节腹面各具 1 个很小的齿。

　　分布：浙江、陕西、湖北、云南。

（807）瘤鞘茶肖叶甲 *Demotina tuberosa* Chen, 1935

Demotina tuberosa Chen, 1935c: 354.

Demotina japana Ohno, 1960b: 65.

　　主要特征：体长 3.5–4.5 mm，体宽 1.8–2.4 mm。体长椭圆形；体色红褐色或黑褐色，体背具黄色或乳黄色鳞片；头顶及额区暗红色，唇基红色，上唇和触角黄褐色，触角端部黑褐色；鞘翅深褐色或红褐色；足红褐色，腿节端半部、胫节基部和端部黑色或黑褐色；有的个体前胸背板黑褐色，前、后缘中部红色，有的鞘翅基部不远处有由白色鳞片组成的斜的横斑。头部刻点密集，有皱纹；唇基刻点稀疏；触角是体长之半或稍长，第 3 节长于第 2 节，末端 5 节稍粗壮；前胸背板两侧弧圆，常呈锯齿状；盘区中部隆突，两侧凹洼，具皱纹及密集的刻点；鞘翅基部明显宽于前胸背板，肩角突出，在肩角之后具 1 横凹，横凹后具大小不等的瘤突；翅面刻点粗大，基本排列成行，中缝及侧缘在中部之后有 1–2 条纵脊；足发达，腿节腹面有 1 小齿。

　　分布：浙江、江西、福建、贵州；日本，越南。

318. 沟顶肖叶甲属 *Heteraspis* Chevrolat, 1836

Heteraspis Chevrolat, 1836: 413. Type species: *Eumolpus vittatus* Olivier, 1808.

Scelodonta Westwood, 1838: 129. Type species: *Scelodonta curculionoides* Westwood, 1838.

Heteraspis LeConte, 1859: 22 (*nec* Chevrolat, 1836). Type species: *Heteraspis nebulosa* LeConte, 1859.

Scelodontomorpha Pic, 1938b: 26. Type species: *Scelodontomorpha tricostata* Pic, 1938 (= *Scelodonta costata* Jacoby, 1894).

　　主要特征：体圆柱形，多具金属光泽。在复眼的内侧和上方有 1 条斜深沟，明显地较本亚科的其他属为深，这是本属的主要特征。触角丝状，仅达体长之半，末端 5 节稍粗。前胸宽大于长，两侧边缘不完整或不明显；前胸背板表面常有横皱纹。鞘翅基部较前胸宽很多，具刻点行。足粗壮，腿节一般都具 1 个小齿；胫节端部外侧凹切；爪纵裂。

　　分布：东洋区，旧热带区。中国已知 5 种，浙江记录 1 种。

（808）萄沟顶肖叶甲 *Heteraspis lewisii* (Baly, 1874)（图版 XVII-14）

Scelodonta lewisii Baly, 1874: 165.

Scelodonta orientalis Lefèvre, 1887: 56.

Scelodonta jeanvoinei Pic, 1941: 13.

Heteraspis lewisii: Moseyko & Sprecher-Uebersax, 2010: 623.

主要特征：体长 3.2–4.5 mm。体紫铜色或宝蓝色，具强烈金属光泽；足和触角基部数节与体同色，跗节和触角端节黑色。头和体腹面具较密的灰白色细短毛，前胸背板和鞘翅毛微细不显。头部刻点细密，头顶中央有 1 条纵沟纹，唇基与额之间有 1 条浅横沟，上唇前缘中部凹切；复眼内侧和上方有 1 条斜深沟。触角长约达鞘翅肩部，第 1 节粗长、棒状，第 2 节小，近于球形，第 3 节细长，第 4–6 节约等长，短于第 3 节而较粗，末端 5 节稍粗大。前胸柱形，前胸背板宽稍大于长，刻点细密，基部及两侧刻点密集，呈皱纹状。小盾片略呈方形，横宽，具深刻点。鞘翅基部明显宽于前胸；盘区刻点较浅，基部刻点较大，端部刻点细小，中部之前刻点行超过 11 行，中部之后约有 10 行刻点；行距上常有小刻点，端部行距稍圆隆。腿节粗壮，无明显的齿。

分布：浙江、河北、山东、陕西、江苏、湖北、江西、湖南、福建、台湾、广东、海南、广西、贵州、云南；日本，越南。

寄主：乌头叶蛇葡萄。

319. 筒胸肖叶甲属 *Lypesthes* Baly, 1863

Lypesthes Baly, 1863a: 152. Type species: *Fidia atra* Motschulsky, 1861.

Endoxus Baly, 1861: 285 (misspelling).

Leprotes Baly, 1863a: 158. Type species: *Adoxus gracilicornis* Baly, 1861.

Talmonus Fairmaire, 1889: 71. Type species: *Talmonus farinosus* Fairmaire, 1889 (= *Fidia atra* Motschulsky, 1860).

主要特征：体长方或长椭圆形；被半竖毛或平卧的鳞片。复眼完整，内缘无凹切；唇基横宽，与额之间有 1 凹洼区；头顶中央的纵沟纹长而明显。触角细，丝状，端部 5 节微粗。前胸无侧边。鞘翅基部较前胸宽很多，被毛或鳞片或二者均有，刻点粗大，常排列成不规则纵行，每翅常有 3 或 4 行稍隆起的纵脊。前胸腹板长大于宽；中胸腹板较狭于前胸腹板。各足腿节腹面均具 1 齿；爪纵裂。

分布：东洋区。中国已知 12 种，浙江记录 1 种。

（809）粉筒胸肖叶甲 *Lypesthes ater* (Motschulsky, 1861)

Fidia ater Motschulsky, 1861a: 22.

Lypesthes ater Baly, 1863a: 152.

Leprotes pulverulentus Jacoby, 1885b: 203.

Talmonus farinosus Fairmaire, 1889: 71.

Leprotes testaceipes Pic, 1928b: 26.

Leprotes fulvipes Chûjô, 1954: 106.

主要特征：体长椭圆形，黑色，密布灰白色竖毛，有时身体覆盖 1 层白粉状分泌物。触角大部分黑色或黑褐色，基部 3 节（有时第 1 节部分黑褐色），上唇和下颚须棕黄色。头部刻点大而密，形成皱纹状，头顶中央有 1 条细纵沟纹；唇基前端呈横形隆起，具稀疏的毛和刻点，其后为 1 个三角形凹洼。触角细长、丝状，约达体长的 2/3；第 1 节膨大、棒状，长于第 2 节短于第 3 节，第 3 节细长，与第 4–7 节略等长，自第 8 节起较短。前胸圆柱形，长稍大于宽，无侧边；背板前缘平直，后缘弧形，盘区密布大刻点，中部隆起，近前后端稍凹下。小盾片长方形或舌形，末端圆钝。鞘翅基部较前胸宽很多，两侧平行，肩部高隆，基部隆起，其后有 1 条横凹；盘区刻点较头、胸的大，排列成不规则纵行，在翅的基部和侧面略呈皱纹状；

有时在刻点行间有 3 或 4 条稍隆起的脊纹。前胸腹板长方形，长大于宽；中胸腹板较狭于前胸腹板。腿节腹面各有 1 个小齿。

分布：浙江、陕西、湖北、江西、福建、广东、广西、四川、贵州、云南；朝鲜，日本。

320. 鳞斑肖叶甲属 *Pachnephorus* Chevrolat, 1836

Pachnephorus Chevrolat, 1836: 408. Type species: *Cryptocephalus arenarius* Panzer, 1797 (= *Cyptocephalus pilosus* Rossi, 1790).

主要特征：体小，近似柱形；身体背、腹面均被鳞片；头下口式，嵌入前胸中；复眼小，内缘不整齐；触角短小，仅达鞘翅基部，端部 5 节粗扁；前胸背板明显窄于鞘翅基部，盘区密布刻点；前胸前侧片前缘突出；鞘翅刻点排列规则或较规则，翅端刻点明显较小；腹部第 1 节长于其余 3 节之和；足不发达，腿节无齿，爪简单或附齿式。

分布：亚洲，欧洲，非洲。中国已知 2 种，浙江记录 2 种。

（810）谷子鳞斑肖叶甲 *Pachnephorus lewisii* Baly, 1878

Pachnephorus lewisii Baly, 1878c: 257.

Pachnephorus brettinghami Baly, 1878c: 256.

Pachnephorus variegatus Lefèvre, 1887: 57.

Pachnephorus plagiatus Jacoby, 1892b: 913.

Pachnephorus formosanus Chûjô, 1938d: 32.

Pachnephorus sauteri Chûjô, 1938d: 32.

主要特征：体长 2.4–3.5 mm，体宽 1.3–2.3 mm。体深褐色或淡褐色，具铜色光泽；体背密被黄褐色和白色鳞片，形成不规则的斑纹；触角基节黑褐色，第 2–4 节红褐色，端部 6 节黑褐色或黑色；身体腹面黑褐色，被灰白色鳞片。头部具细密刻点及纵皱纹，唇基刻点稀疏；触角长达鞘翅肩部，第 2 节长于其余各节，端部 5 节较粗短；前胸背板宽大于长，基部宽，在中部之后收狭，两侧稍圆，盘区刻点明显，具白色和褐色鳞片，白色鳞片形成不规则的斑点；小盾片三角形，基部有明显稀疏的粗刻点；鞘翅肩角稍隆，翅面刻点在基部粗大，到端部逐渐变小，刻点排列成行；翅面由白色鳞片形成多个圆形小斑；身体腹面被白色鳞片。

分布：浙江、吉林、河北、江苏、湖北、江西、福建、台湾、广东、海南、广西、四川；印度，缅甸，越南，老挝，泰国，柬埔寨，印度尼西亚。

寄主：谷子、甘蔗。

（811）玉米鳞斑肖叶甲 *Pachnephorus porosus* Baly, 1878

Pachnephorus porosus Baly, 1878c: 256.

Pachnephorus seriatus Lefèvre, 1887: 57.

Pachnephorus squamosus Chûjô, 1936a: 9.

Pachnephorus sauteri Chûjô, 1938d: 32.

主要特征：体长 2.2–3.5 mm，体宽 1.3–2.2 mm。体黑褐色或褐色，具金属光泽；体背密被灰白色鳞片，腹面鳞片明显较少；触角浅褐色，末端 5 节深褐色；足红褐色或深褐色。头顶具皱纹和密集刻点；额区稍凹洼；触角长达鞘翅基部，第 2 节长于第 3–6 节，末端 5 节粗短，较扁；雄虫触角第 4–10 节端部呈角状外突。前胸背板圆柱状，两侧较直，盘区刻点粗密，两侧具皱纹；前胸前侧片前缘突出；小盾片光滑无刻点；鞘翅基部明显宽于前胸背板翅面刻点排列成行，端部刻点较小，在翅端及两侧，鳞片形成不规则的斑纹。

分布：浙江、北京、河北、江苏、湖北、江西、福建、台湾、广西、四川、云南；印度，缅甸，越南，老挝，泰国，柬埔寨。

寄主：玉米、高粱、小麦、花生、旋覆花、蓟。

321. 毛肖叶甲属 *Trichochrysea* Baly, 1861

Trichochrysea Baly, 1861: 195. Type species: *Trichochrysea mouhoti* Baly, 1861.

Bromius Baly, 1865c: 439 (*nec* Chevrolat, 1837). Type species: *Eumolpus hirtus* Fabricius, 1801.

Heteraspis Chapuis, 1874: 284 (*nec* Chevrolat, 1837; Blanchard, 1845; LeConte, 1859). Type species: *Trichochrysea mouhoti* Baly, 1861.

Lefèvrella Jakobson, 1894b: 277. Type species: *Heteraspis hauseri* Weise, 1890 (= *Heteraspis occidentalis* Weise, 1887).

Heteraspibrachis Pic, 1907c: 170. Type species: *Heteraspibrachis bipubescens* Pic, 1907.

主要特征：体粗壮，长形，体背和足具长竖毛；触角丝状，有的末端 5 节变扁；前胸圆柱形，侧边完整或不完整，前侧角具瘤突；鞘翅刻点不规则；爪双齿式。

分布：东洋区。中国已知 23 种，浙江记录 4 种。

分种检索表

1. 体被卧毛和竖毛 ·· 2
- 体表仅有竖毛 ··· 3
2. 体红铜色或铜紫色；体背为白色卧毛，主要分布在头部和前胸背板 ···················· 银纹毛肖叶甲 *Tr. japana*
- 体黑色；体背密被红褐色卧毛，鞘翅卧毛发达，成丛分布 ···························· 斑驳毛肖叶甲 *Tr. lesnei*
3. 触角丝状；体绿色、蓝色或紫色；前胸背板侧边完整 ································· 多毛肖叶甲 *Tr. hirta*
- 触角端节扁宽；体蓝色、绿色或蓝紫色；前胸背板侧边不完整，端部 1/3 缺 ·········· 大毛肖叶甲 *Tr. imperialis*

（812）多毛肖叶甲 *Trichochrysea hirta* (Fabricius, 1801)

Eumolpus hirta Fabricius, 1801a: 420.

Trichochrysea celebensis Jacoby, 1895: 62.

Trichochrysea hirta: Jacoby, 1908: 390.

主要特征：体长 7.0–10.5 mm；体宽 4.7–5.5 mm。体金绿色、蓝色或紫色，个别鞘翅有金红色光泽；体背密被黑色长竖毛和白色短毛；触角第 1 节背面金绿色，腹面及第 2、3 节黄褐色，第 4–7 节暗绿色，具金属光泽，其余各节黑色。头部具细密刻点，唇基刻点大而稀疏；触角是体长的 1/2，第 3 节长于第 2 节，末端 5 节变粗；前胸背板宽大于长，侧边完整，盘区刻点粗于头部；前侧角各 1 长圆形瘤突；小盾片椭圆形，密布深刻点及白色卧毛；鞘翅基部明显宽于前胸背板，盘区刻点不规则排列；中足胫节端部外侧具深的凹切。

分布：浙江、江西、湖南、福建、海南、广西、四川、云南；印度，缅甸，越南，老挝，泰国，柬埔寨，马来西亚，印度尼西亚。

寄主：山合欢、黄檀属。

（813）大毛肖叶甲 *Trichochrysea imperialis* (Baly, 1861)

Callomorpha imperialis Baly, 1861: 285.

Trichochrysea imperialis: Achard, 1921: 172.

Trichochrysea reitteri Pic, 1939c: 158.

主要特征：体长 6.5–12.5 mm。体蓝色、绿色或蓝紫色，具金属光泽；体表被黑色长竖毛。头部刻点细密，头顶前方中央有 1 小瘤突；触角约为体长之半，端部 5 节扁宽；前胸背板圆柱形，侧边不完整，端部 1/3 缺侧边；盘区刻点细密，两前角各具 1 小瘤突；鞘翅基部明显宽于前胸背板，翅面刻点密集。

分布：浙江、陕西、甘肃、江苏、湖北、江西、湖南、福建、广东、海南、广西、四川、贵州、云南；越南。

寄主：山合欢、美丽胡枝子。

（814）银纹毛肖叶甲 *Trichochrysea japana* (Motschulsky, 1858)（图版 XVII-15）

Heteraspis japana Motschulsky, 1858a: 37.

Trichochrysea japana: Chen, 1935c: 337.

主要特征：体长 5.7–8.0 mm，体宽 2.5–3.9 mm。体红铜色或紫铜色；触角基部红褐色，端部数节黑色；前胸背板基缘及鞘翅中缝绿色；跗节黑褐色。头部、前胸背板及小盾片密布白色卧毛；鞘翅上白色卧毛较稀，端部较密，在翅的中部之后各有 1 条由白色卧毛组成的斜横斑纹；身体腹面以白色卧毛为主。头部刻点粗密，皱纹状；触角细长，超过鞘翅中部，第 2、3 节约等长，末端 5 节稍粗；前胸背板宽大于长，侧边完整，盘区密布粗刻点，有皱纹，近前角处各有 1 小瘤突，有时消失；小盾片刻点细密；鞘翅刻点粗，排列不规则。

分布：浙江、北京、江苏、湖北、江西、湖南、福建、台湾、广东、海南、广西、四川、贵州、云南；朝鲜，日本。

（815）斑驳毛肖叶甲 *Trichochrysea lesnei* (Berlioz, 1921)

Heteraspis lesnei Berlioz, 1921: 332.

Trichochrysea lesnei: Chen, 1935c: 337.

主要特征：体长 6.5 mm，体宽 3.5 mm。头部绿色，具金属光泽；触角红褐色；前胸背板黑色；鞘翅亮黑色；足的腿节紫色；体背密布红褐色卧毛，间有黑色长毛；鞘翅密布成丛的红褐色卧毛，在翅面呈斑点状排列；身体腹面被红褐色卧毛。头部刻点密，呈皱纹状；触角细长，达鞘翅中部，第 2 节短于第 3 节；前胸背板侧边完整，在前角不远处各有 1 个较大的瘤突；小盾片密布刻点及卧毛；鞘翅刻点深密。

分布：浙江（杭州）、贵州。

322. 皱背肖叶甲属 *Abiromorphus* Pic, 1924

Abiromorphus Pic, 1924a: 7. Type species: *Abiromorphus anceyi* Pic, 1924.

主要特征：体长椭圆形，前胸背板及鞘翅具发达的横皱纹；触角丝状，端节稍粗；前胸背板侧边宽；前胸前侧片前缘直；鞘翅基部稍宽于前胸背板；爪简单。

分布：中国，朝鲜。中国已知 1 种，浙江记录 1 种。

（816）皱背肖叶甲 *Abiromorphus anceyi* Pic, 1924

Abiromorphus anceyi Pic, 1924a: 7.

主要特征：体长 6–8 mm，体宽 2.2–3.9 mm。体背绿色，具紫铜色金属光泽；腹面铜绿色，具紫色光泽；整体被灰白色卧毛，头部及身体腹面毛较密，前胸背板及鞘翅毛较稀疏；上唇、触角及足黄褐色。头部刻点较粗，刻点间隆凸，呈纵皱纹状；上唇刻点稀疏；触角长超过鞘翅肩部，第 3 节长于第 2 节，末端 5 节稍粗壮；前胸背板近方形，侧边完整，具敞边；盘区刻点粗密，具横皱纹；小盾片半圆形，光滑无刻点；鞘翅基部稍宽于前胸背板，盘区刻点粗大，横皱纹发达；足腿节发达，无齿，爪简单。

分布：浙江、吉林、北京、江苏；朝鲜。

寄主：杨、柳、枣、桃。

323. 皱鞘肖叶甲属 *Abirus* Chapuis, 1874

Abirus Chapuis, 1874: 310. Type species: *Cryptocephalus aeneus* Wiedemann, 1821.

主要特征：体长，近于圆柱形，具强烈的金属光泽；触角为体长之半，端部数节较宽；前胸背板侧边明显；鞘翅盘区具横皱褶，刻点排列不规则；爪附齿式。

分布：东洋区。中国已知 3 种，浙江记录 1 种。

（817）桑皱鞘肖叶甲 *Abirus fortunei* (Baly, 1861)（图版 XVII-16）

Dermorhytis fortunei Baly, 1861: 283.

Abirus harmandi Lefèvre, 1876: 305.

Abirus fortunei: Fairmaire, 1889: 71.

Abirus denticollis Lefèvre, 1893: 127.

Abirus granosus Lefèvre, 1893: 128.

Abirus harmandi var. *achardi* Pic, 1923d: 12.

Abirus atricolor Pic, 1927e: 23.

Abirus recticollis Pic, 1927f: 133.

Abirus sinensis Pic, 1927f: 133.

Abirus superbus Pic, 1927e: 23.

Abirus yashiroi Yuasa, 1930: 294.

Abirus kiotoensis Pic, 1944a: 8.

Abirus malleti Pic, 1944a: 8.

Abirus harmandi var. *cuprescens* Pic, 1946a: 14.

Abirus harmandi var. *curtus* Pic, 1946a: 14.

Abirus sinensis var. *guerryi* Pic, 1946a: 14.

Abirus harmandi var. *viridescens* Pic, 1946a: 14.

主要特征：体长 7–9.5 mm。体色多变，翠绿、紫黑或铜紫色；前胸背板与鞘翅同色或异色；触角黑色，基部 2–4 节黑红或棕红色。头部有较密的毛及粗刻点；触角长超过鞘翅肩部；前胸背板侧边明显，盘区具大小不等的刻点；鞘翅翅面有横皱褶及细小刻点。

分布：浙江、山东、陕西、江苏、湖北、江西、湖南、福建、台湾、广东、广西、四川、贵州、云南；朝鲜，日本，缅甸，越南，老挝，泰国。

寄主：桑属、榆属。

324. 萝藦肖叶甲属 *Chrysochus* Chevrolat, 1836

Chrysochus Chevrolat, 1836: 413. Type species: *Chrysomela asclepiadea* Pallas, 1773.

Atymius Gistel, 1848: 123 (unnecessary substitute name).

主要特征：体长方形或长卵形，光亮。复眼内侧和上方有 1 条浅狭沟。触角末端 5 节一般多呈圆柱形，个别展宽。前胸背板横宽，较鞘翅基部稍狭，两侧具明显边缘；前缘的两端稍呈波浪形，前角向下弯；后缘较平直；两侧弧圆，基端两处较狭。鞘翅基部有 1 横凹；刻点排列成不规则纵行或杂乱排列。前胸前侧片前缘凸出。前胸腹板长方形，在前足基节之后展宽；中胸腹板在中足基节之间呈长方形或横宽，端缘平切或中部向后突出，雄虫的端缘中部有 1 向后指的短尖刺。雄虫前、中足跗节第 1 节较雌虫的宽扁；爪纵裂，很少具附齿。本属种类一般均取食萝摩科植物。

分布：古北区，新北区。中国已知 5 种，浙江记录 1 种。

（818）中华萝藦肖叶甲 *Chrysochus chinensis* Baly, 1859（图版 XVII-17）

Chrysochus chinensis Baly, 1859a: 125.

Chrysochus singularis Lefèvre, 1884c: ccv.

Chrysochus cyclostoma Weise, 1889b: 593.

Chrysochus singularis var. *caerulescens* Pic, 1927b: 25.

主要特征：体长 7.2–13.5 mm。体粗壮，长卵形；金属蓝或蓝绿、蓝紫色。触角黑色，末端 5 节乌暗无光泽，第 1–4 节常为深褐色。头部刻点或稀或密，或深或浅，一般在唇基处的刻点较头的其余部分细密，毛被亦较密；头中央有 1 条细纵纹，有时此纹不明显；在触角的基部各有 1 个稍隆起的光滑的瘤。触角长达到或超过鞘翅肩部；前胸背板长大于宽，基端两处较狭；盘区中部高隆，两侧低下，如球面形，前角突出；侧边明显，中部之前呈弧圆形，中部之后较直；盘区刻点或稀疏或较密或细小或粗大。小盾片心形或三角形，蓝黑色，有时中部有 1 红斑，表面光滑或具微细刻点。鞘翅基部稍宽于前胸，肩部和基部均隆起，二者之间有 1 条纵凹沟，基部之后有 1 条或深或浅的横凹；盘区刻点大小不一，一般在横凹处和肩部的下面刻点较大，排列成略规则的纵行或不规则排列。中胸腹板宽，方形，雌虫的后缘中部稍向后凸出，雄虫的后缘中部有 1 个向后指的小尖刺。雄虫前、中足第 1 跗节较雌虫的宽阔。爪双裂。

分布：浙江、黑龙江、吉林、辽宁、内蒙古、河北、山西、山东、河南、陕西、甘肃、青海、江苏、江西；俄罗斯，朝鲜，日本。

寄主：黄芪属、罗布麻属、茄、芋、甘薯、蕹菜、雀瓢、曼陀罗、鹅绒藤、戟叶鹅绒藤。

325. 亮肖叶甲属 *Chrysolampra* Baly, 1859

Chrysolampra Baly, 1859a: 126. Type species: *Chrysolampra splendens* Baly, 1859.

主要特征：体粗壮，具强烈金属光泽；头部具明显刻点，复眼内缘具凹刻；触角丝状；前胸背板宽大于长，约与鞘翅基部等宽或稍窄于鞘翅基部，侧缘具敞边；前胸前侧片前缘较平直；鞘翅有明显的皱褶，刻点排列不规则；足粗壮，前足腿节腹面有 1 三角形齿突；雄虫前、中足第 1 跗节扁阔，爪附齿式。

　　分布：中国，越南，老挝，柬埔寨，泰国，印度。中国已知 7 种，浙江记录 1 种。

（819）亮肖叶甲 *Chrysolampra splendens* Baly, 1859

Chrysolampra splendens Baly, 1859a: 126.

Chrysolampra verrucosa Lefèvre, 1890: 192.

Chrysolampra festiva Lefèvre, 1893: 116.

Chrysolampra testaceicornis Pic, 1907b: 135.

Chrysolampra coerulea Pic, 1926a: 12.

Chrysolampra tuberculata Pic, 1926a: 13.

　　主要特征：体长 7.8–9.0 mm，体宽 4.4–5.2 mm。体长形，绿色或紫铜色，具金属光泽；触角 1–4 节黄褐色，其余各节褐色或黑褐色。头部具深密刻点及纵向细皱纹，每个刻点内 1 根短毛；触角丝状，基部具光滑的三角形瘤突，是体长的一半或更长，第 3 节长于第 2 节；前胸背板隆突，侧边具敞边，盘区两侧刻点较中部粗；小盾片心形，具细小刻点；鞘翅基部稍宽于前胸背板，翅面刻点排列不规则，外侧和中部刻点粗于其他部分；前足腿节腹面具三角形齿突；雄虫腹部第 5 节腹板后缘中部具 1 条横沟。

　　分布：浙江、江苏、安徽、湖北、江西、湖南、福建、广东、四川、贵州。

　　寄主：樱桃、杉木属。

326. 沟臀肖叶甲属 *Colaspoides* Laporte, 1833

Colaspoides Laporte, 1833: 20. Type species: *Cryptocephalus limbatus* Fabricius, 1781.

Amasia Chapuis, 1874: 313. Type species: *Amasia spinipes* Chapuis, 1874 (= *Colaspoides varians* Baly, 1867).

Melina Chapuis, 1874: 345 (*nec* Robineau Desvoidy, 1830). Type species: *Melina calceata* Chapuis, 1874 (= *Eumolpus tibialis* Gennar, 1824).

Melinophora Lefèvre, 1885a: 157 (new name for *Melina* Chapuis, 1874).

Tailandia Chûjô, 1964: 281. Type species: *Tailandia chakratongii* Chûjô, 1964.

　　主要特征：体长卵形；体色多变，黄褐色、红褐色、绿色、蓝色或铜色；头顶隆突或稍平；触角细长，末端数节变粗，有的雄虫触角内侧具长毛；前胸背板宽大于长，基部几乎与鞘翅等宽，侧缘稍具敞边；前胸前侧片前缘突出；鞘翅刻点排列几乎成行，体表具明显的横皱纹或退化，有的两侧有纵脊；腿节腹面有突出物或无，雄虫前、中足第 1 跗节扁宽；爪附齿式。

　　分布：除美洲和欧洲外，世界广布。中国已知 24 种，浙江记录 1 种。

（820）中华臀沟肖叶甲 *Colaspoides chinensis* Jacoby, 1888

Colaspoides chinensis Jacoby, 1888: 343.

　　主要特征：体长 5.2–6.5 mm，体宽 3.1–4.2 mm。体背绿色，具金属光泽，腹面黑褐色；触角黄褐色，端部 3–4 节黑褐色或黑色；足淡黄褐色。头部刻点深密，头顶有皱纹；额唇基刻点明显分为基半部的粗大、端半部的细小两种类型；触角超过体长的 2/3，第 3 节长于第 2 节，第 5 节是第 3 节长的 1.5 倍；前胸背板宽大于长，两侧弧圆，侧缘具敞边，盘区刻点稀细；小盾片光滑无刻点；鞘翅基部约与前胸背板等宽，盘区刻点粗大，基部及中部具横皱，内侧及端部刻点细小；雄虫前、中足第 1 跗节扁宽，腹部第 4 节腹板中央具 1 对粗大的刺突。

　　分布：浙江、江苏、江西、福建、广东、广西；朝鲜。

　　寄主：枫香。

327. 扁角肖叶甲属 *Platycorynus* Chevrolat, 1836

Platycorynus Chevrolat, 1836: 413. Type species: *Eumolpus compressicornis* Fabricius, 1801.

Corynodes Hope, 1840b: 162. Type species: *Eumolpus compressicornis* Fabricius, 1801.

Eudora Laporte, 1840: 513. Type species: *Eumolpus compressicornis* Fabricius, 1801.

Batycolpus Marshall, 1865: 46. Type species: *Eumolpus ignicollis* Hope, 1843.

Corynoeides Clark, 1865a: 139. Type species: *Corynoeides tuberculata* Clark, 1865 (= *Corynodes monstruosus* Baly, 1867).

Erigenes Marshall, 1865: 45. Type species: *Corynodes circumductus* Marshall, 1865.

Eurycorynus Marshall, 1865: 36. Type species: *Eumolpus chrysis* Olivier, 1808.

Omodon Marshall, 1865: 44. Type species: *Corynodes tuberculatus* Baly, 1864.

Theumorus Marshall, 1865: 35. Type species: *Corynodes amethystinus* Marshall, 1865.

Neolycaria Abdullah *et* Qureshi, 1969b: 118. Type species: *Neolycaria ahmadi* Abdullah *et* Qureshi, 1969.

　　主要特征：体长形，背面光亮；头部在复眼内侧及上方有向后展宽的深纵沟；触角末端 5 节明显扁宽；前胸背板稍窄于鞘翅基部，具明显的侧边；足发达，胫节外侧明显具脊。末端特化成钩突，爪双齿式。

　　分布：东洋区，旧热带区。中国已知 30 种，浙江记录 2 种。

（821）红胸扁角肖叶甲 *Platycorynus ignicollis* (Hope, 1843)

Eumolpus ignicollis Hope, 1843: 66.

Chrysochus thoracicus Baly, 1859a: 125.

Acrothinium cyaneipes Pic, 1928b: 29.

Platycorynus ignicollis: Gressitt & Kimoto, 1961: 292.

　　主要特征：体长 6–9 mm，体宽 3.1–5.0 mm。头及前胸背板红铜色或铜绿色，鞘翅深蓝或蓝紫色；触角褐色，端部 5–6 节黑色或淡黄褐色；胸部腹面蓝色，足及腹部褐色或黑褐色，具蓝色光泽。头顶刻点细小，稀疏，额唇基刻点粗密；复眼之间有 1 条浅横沟或不明显；触角长达鞘翅基部，第 3 节明显长于第 2 节，末端 5 节扁宽；前胸背板侧缘弧形，具窄的敞边，盘区中部强烈隆突，具大小两种刻点，稀疏排列；小盾片刻点细密；鞘翅刻点明显较前胸背板为粗，排列成行；前胸腹板长大于宽，两侧近中部各 1 向外的三角形齿突；雄虫前、中足第 1 跗节稍扁宽，爪附齿式。

　　分布：浙江、江苏、安徽、江西、福建、广东、海南。

　　寄主：茶。

（822）丽扁角肖叶甲 *Platycorynus parryi* Baly, 1864

Platycorynus parryi Baly, 1864a: 223.

Corynodes parryi var. *jeanvoinei* Pic, 1936a: 13.

　　主要特征：体长 7.5–9.5 mm，体宽 4–5 mm。体背紫红色，具金属光泽；触角基部 4–5 节黄褐色或红褐色，其余各节黑色；前胸背板侧缘、鞘翅侧缘及中缝绿色，绿色范围变化较大；身体腹面颜色多变，多为蓝、绿、紫色变换。头部具稀疏的粗刻点，额唇基刻点较密；复眼之间有 1 条较深的横沟；触角长超过鞘翅肩部，第 3 节长是第 2 节的 1.5 倍，端部 5 节扁宽；前胸背板宽大于长，两侧弧圆，具窄的敞边；盘区强烈隆突，刻点较头部密；小盾片具细小刻点；鞘翅刻点密集，排列成不规则的纵行。

分布：浙江、北京、江苏、湖北、江西、湖南、福建、广东、广西、四川、贵州；朝鲜，越南。

寄主：杉木属、女贞属、络石属。

328. 角胸肖叶甲属 *Basilepta* Baly, 1860

Basilepta Baly, 1860a: 23. Type species: *Basilepta longipes* Baly, 1860.

Nodostoma Motschulsky, 1860b: 176. Type species: *Nodostoma fulvipes* Motschulsky, 1860.

Falsoiphimoides Pic, 1935a: 2. Type species: *Falsoiphimoides bicoloripes* Pic, 1935 (= *Nodostoma fulvipes* Motschulsky, 1860).

Mimoparascela Pic, 1935a: 1. Type species: *Mimoparascela viridis* Pic, 1935.

主要特征：体卵形或近于方形，光亮。触角细长，丝形，端节有时稍粗。前胸背板横宽，前端明显束缩，两侧具完整的边缘，一般在中部、中部之后或基部之前突出成尖角，个别种类两侧弧圆，不成尖角；近前缘处常有 1 条具有 1 列刻点的横凹沟，有时此沟在盘区的中部消失。鞘翅基部稍宽于前胸，肩部隆起，肩胛内侧的基部隆起很高，下面有 1 条横凹，肩胛的下面常有 1 或 2 条斜纵脊；刻点排列成规则或不规则纵行，有时在鞘翅的外侧、中部之后或端部刻点消失，或除在基部的横凹上有刻点外，翅面光滑无刻点。前胸前侧片平直或凹入。前胸腹板宽，近于方形，表面具皱褶，端缘平切。中胸腹板横宽。腿节中部常粗大，具齿或不具齿；中、后足胫节端部外侧凹切；爪基具齿。雄虫前、中足跗节第 1 节一般均较雌虫的宽阔。

分布：东洋区。中国已知 71 种，浙江记录 7 种。

分种检索表

1. 鞘翅基部及中部强烈隆突，端部有翅坡，肩角后有 2 条纵脊 ····················· 隆基角胸肖叶甲 *B. leechi*
- 鞘翅基部不强烈隆突 ··· 2
2. 前胸背板光滑，几无刻点 ··· 钝角胸肖叶甲 *B. davidi*
- 前胸背板具明显刻点 ··· 3
3. 前胸背板两侧弧圆，无角状突出 ··· 圆角胸肖叶甲 *B. ruficollis*
- 前胸背板两侧基部或中部有角状突 ·· 4
4. 前胸背板侧缘角状突位于中部；鞘翅盘区中部有 1 黑斑 ·················· 揽圆角胸肖叶甲 *B. ovalis*
- 前胸背板侧缘角状突位于基部 ·· 5
5. 体黄褐色；前胸背板宽短；腿节具 1 小齿 ····································· 肖钝角胸肖叶甲 *B. pallidula*
- 体色非单纯黄褐色；前胸背板非宽短 ··· 6
6. 前胸背板基部两侧突起尖角状；足黄褐或黑褐色 ···························· 褐足角胸肖叶甲 *B. fulvipes*
- 前胸背板基部两侧突起钝角或圆形；足腿节和胫节端部黑褐色或黑色 ·········· 粗壮角胸肖叶甲 *B. puncticollis*

（823）钝角胸肖叶甲 *Basilepta davidi* (Lefèvre, 1877)

Nodostoma davidi Lefèvre, 1877: 157.

Basilepta davidi: Miwa, 1931: 187.

Nodostoma atriventris Pic, 1933a: 7.

Nodostoma atriventris var. *approximata* Pic, 1933a: 8.

Nodostoma insulana Chûjô, 1935d: 204.

Nodostoma okinawensis Chûjô, 1935c: 77.

　　主要特征：体长 3.0–4.5 mm，体宽 1.6–2.4 mm。体小，体色变化较大；头部、前胸背板、小盾片和足黄褐色或红褐色，鞘翅黑褐色或黑色；胸部腹面和腹部深褐色至黑色；触角基部 4 节浅黄褐色，其余为黑色；有的个体体背完全浅黄褐色或红褐色，也有的完全黑色。头部具稀疏的细小刻点；触角是体长的 2/3 或更长，第 3 节明显长于第 2 节，自第 5 节起各节明显变粗；前胸背板在中部之前膨阔，两侧突出，端部较圆，盘区光滑几无刻点；小盾片长形，中部具 1 浅凹；鞘翅在基部不远处具 1 横凹，横凹之上刻点明显，横凹下至翅端刻点细小甚至消失；腿节腹面具 1 小齿。

　　分布：浙江、江苏、江西、福建、台湾、广东、海南、广西、贵州、云南；朝鲜，琉球群岛，越南。

　　寄主：杨属、樱桃属、山核桃属。

（824）褐足角胸肖叶甲 *Basilepta fulvipes* (Motschulsky, 1860)（图版 XVII-18）

Nodostoma fulvipes Motschulsky, 1860b: 176.

Nodostoma fulvipes ab. *aeneipennis* Motschulsky, 1860b: 177.

Nodostoma fulvipes ab. *rufotestacea* Motschulsky, 1860b: 177.

Nodostoma chinensis Lefèvre, 1877: 158.

Nodostoma fulvipes ab. *picicollis* Weise, 1889b: 597.

Basilepta fulvipes: Weise, 1922b: 47.

Nodostoma bicoloripes Pic, 1930c: 7.

Nodostoma bicoloripes var. *guerryi* Pic, 1930c: 7.

　　主要特征：体长 3.0–5.5 mm，体宽 2.0–3.2 mm。体小型，卵形或近于方形。体色变异较大：一般体背铜绿色，或头和前胸棕红色，鞘翅绿色，或身体为一色的棕红或棕黄色。头部刻点密而深，头顶后方具纵皱纹，唇基前缘凹切深。触角丝状，雌虫的达体长之半，雄虫的达体长的 2/3；第 1 节膨大、棒状，第 2 节长椭圆形，稍短于第 3 节而较粗，第 3、4 两节最细，第 3 节稍短于第 4 节或二者近于等长。前胸背板宽短，宽近于或超过长的 2 倍，略呈六角形，前缘较平直，后缘弧形，两侧在基部之前中部之后突出成较锐或较钝的尖角；盘区密布深刻点，前缘横沟明显或不明显。小盾片盾形，表面光亮或具微细刻点。鞘翅基部隆起，后面有 1 条横凹，肩后有 1 条斜伸的短隆脊；盘区刻点一般排列成规则的纵行，基半部刻点大而深，端半部刻点细浅；行距上无刻点或具细刻点，如属后一种情况则刻点行凌乱而不规则，尤其在翅的中部和端部更为明显。腿节腹面无明显的齿。

　　分布：浙江、黑龙江、辽宁、内蒙古、北京、河北、山西、山东、陕西、宁夏、江苏、湖北、江西、湖南、福建、台湾、广西、四川、贵州、云南；俄罗斯，朝鲜，日本。

　　寄主：樱桃、梅、李、梨、苹果、枫杨、旋覆花、艾蒿；在北方成虫还为害大豆、谷子、玉米、高粱、大麻、甘草、蓟等。

（825）隆基角胸肖叶甲 *Basilepta leechi* (Jacoby, 1888)

Nodostoma leechi Jacoby, 1888: 344.

Basilepta leechi: Weise, 1922b: 47.

　　主要特征：体长 3.4–6.0 mm，体宽 2.0–3.0 mm。体背蓝色或蓝紫色，触角 1–3 节浅褐色，其余黑褐色；身体腹面黑褐色或黑色。头部具密集的粗刻点，后头有皱纹；触角长超过体长之半，第 3 节细，长于第 2 节，从第 5 节始，各节逐渐变粗；前胸背板两侧角突位于中部，呈小三角形；盘区刻点粗，两侧更大；小盾片光滑无刻点；鞘翅肩角内侧强烈隆突，离基部不远处有 1 横沟，肩角下有 2 条向外斜伸的不甚发达的纵脊，盘区端半部刻点细，排列成行；腿节粗大，腹面有小齿。

　　分布：浙江、江苏、湖北、江西、福建、广东、广西、四川、贵州、云南；越南。

　　寄主：栲属、红腺悬钩子。

（826）揽圆角胸肖叶甲 *Basilepta ovalis* Chen, 1940

Basilepta ovalis Chen, 1940b: 497.

　　主要特征：体长 3.8 mm。体暗红色，头顶、鞘翅中部及腿节端部各 1 黑斑；前胸背板前缘、鞘翅中缝、身体腹面及腹部黑色，足跗节黑褐色。头部刻点粗密；触角长是体长的 1/2，第 2 节稍长于第 3 节；前胸背板宽大于长，两侧中部各 1 小的锐突，盘区刻点粗密；鞘翅在肩角后有 2 条发达的纵脊，外侧的短，内侧的长，可伸达翅端，翅面刻点排列整齐。

　　分布：浙江、北京、四川。

（827）肖钝角胸肖叶甲 *Basilepta pallidula* (Baly, 1874)

Nodostoma pallidula Baly, 1874: 169.

Nodostoma laeviuscula Weise, 1910: 34.

Basilepta pallidula: Gressitt & Kimoto, 1961: 228.

　　主要特征：体长 4.2 mm。体浅黄褐色，触角从第 4 节端部起，各节黑色。头部具稀疏的粗刻点，头顶光滑；触角长超过鞘翅肩部，第 3 节长于第 2 节，端节稍粗；前胸背板宽短，两侧的角突位于基部不远，侧缘呈窄的敞边；盘区隆突，刻点细小，中部稀疏，两侧较密；鞘翅在基部不远有 1 横凹，盘区刻点排列整齐，在中部之后变细；腿节腹面有 1 小齿。

　　分布：浙江、湖北、江西、福建、广东、海南、香港、四川、贵州；日本。

　　寄主：日本扁柏、日本柳杉、黑杉、野茉莉。

（828）粗壮角胸肖叶甲 *Basilepta puncticollis* (Lefèvre, 1889)

Nodostoma puncticolle Lefèvre, 1889: 295.

Nodostoma puncticolle ab. *birmanica* Jacoby, 1892b: 898.

Nodostoma limbata Lefèvre, 1893: 116.

Nodostoma nigriventris Lefèvre, 1893: 117.

Basilepta robusta Weise, 1922b: 48.

Nodostoma atrithorax Pic, 1930c: 5.

Nodostoma notaticeps Pic, 1930c: 6.

Nodostoma atritarsis Pic, 1930c: 7.

Nodostoma brunneopunctata Pic, 1933a: 8.

Nodostoma femoralis Pic, 1933a: 8.

Nodostoma femoralis var. *hanoiensis* Pic, 1933a: 8.

Basilepta puncticolle: Chen, 1935c: 314.

Basilepta puncticollis: Kimoto & Gressitt, 1982: 47.

　　主要特征：体长 3.7–4.0 mm。体黄褐色，触角基部 4 节黄褐色，其余黑褐色；鞘翅蓝黑色，具金属光泽；足腿节和胫节端部黑褐色或黑色。头部具稀疏刻点，唇基刻点粗大；前胸背板侧缘角突位于基部，端部稍尖锐，盘区刻点粗大，中间稀疏，两侧较密；鞘翅基部宽于前胸背板，在基部不远处有 1 横沟，盘区刻点分两种类型，端部的细小，刻点排列整齐；足腿节腹面具 1 小齿。

分布：浙江、江西、福建、广东、云南；印度，尼泊尔，缅甸，越南，老挝，泰国。

（829）圆角胸肖叶甲 *Basilepta ruficollis* (Jacoby, 1885)

Nodostoma ruficollis Jacoby, 1885b: 205.

Nodostoma nigripenne Pic, 1928d: 379.

Basilepta ruficollis: Chen, 1935c: 315.

Basilepta melanicollis Chûjô, 1956: 37.

主要特征：体长 5.0–6.1 mm，体宽 3.1–4.5 mm。头部、前胸背板红褐色或淡红色，小盾片、鞘翅、身体腹面及足黑色；触角基部 4 节红褐色，其余黑色；有的个体前胸背板后缘黑色，或身体背面全为黑色。头部具稀疏的粗刻点，后头上呈皱纹状；额唇基中央有 1 短纵脊；雄虫触角长超过体长 2/3，雌虫稍短，约为体长的 2/3，第 3 节长于第 2 节，从第 6 节始变得粗短；前胸背板两侧圆形，无明显角突，盘区隆突，具稀疏粗刻点，前缘不远具 1 条横沟，沟内有 1 列小刻点；鞘翅基部强烈隆突，肩角与基部隆起之间有 1 纵沟，沟内具粗刻点；盘区刻点细小、稀疏，排列整齐。

分布：浙江（德清、临安）、湖北、福建、台湾、广西、四川、贵州、云南；日本。

寄主：栗属、蓼属、悬钩子属。

329. 李肖叶甲属 *Cleoporus* Lefèvre, 1884

Cleoporus Lefèvre, 1884b: 76. Type species: *Cleoporus cruciatus* Lefèvre, 1884.

主要特征：体长卵形，光滑无毛。头嵌入前胸直达复眼；复眼内沿有 1 条深纵沟，至眼后方明显呈扇形加宽；触角端部 5 节较粗而略扁。鞘翅基部宽于前胸，肩部隆起，盘区刻点行整齐。前胸前侧片前缘强烈拱凸，略向外反卷。各足腿节腹面一般均具 1 小齿；中、后足胫节端部外侧明显凹切；爪纵裂。雄虫前中足第 1 跗节明显宽于第 2、3 节跗节。

分布：东洋区。中国已知 5 种，浙江记录 1 种。

（830）李肖叶甲 *Cleoporus variabilis* (Baly, 1874)（图版 XVII-19）

Paria variabilis Baly, 1874: 166.

Paria robustus Baly, 1874: 166.

Stethotes tibialis Lefèvre, 1885b: 1xv.

Stethotes pallidipes Fairmaire, 1888a: 36.

Mouhotina rufipes Lefèvre, 1889: 293.

Rhyparida aterrima Jacoby, 1892b: 911.

Cleoporus niger Weise, 1922b: 52.

Cleoporus pygmaeus Weise, 1922b: 53.

Cleoporus suturalis Chen, 1935c: 287.

Cleoporus variabilis: Chen, 1935c: 288.

主要特征：体长 3–4 mm。本种分布面广，体形和体色等变异很大。体长卵形，体背一般蓝黑到漆黑色，具或不具金属光泽；头红褐色、光亮，有时头顶黑色；触角基节黄褐色，端部 5 节烟褐色；足完全红褐色，或腿节黑色、胫跗节红褐色；前胸前侧片全部或仅前半部红褐色。此外，有的个体全部红铜色，有的头、胸和小盾片土红色，鞘翅墨绿有闪光。头部无刻点或具微细刻点，头顶明显高凸，光亮，中央具 1 条明显纵沟；复眼内沿有 1 条宽深纵沟，至眼的后方呈扇形加宽，并着生稀疏短毛；额唇基前缘平切，两侧明显隆起成脊状，中部低凹，向前倾斜，整个外形呈匙状，表面具稀疏细毛，光滑无刻点，其后缘以 1 条明显的横沟与头顶分开。触角细长，约为体长之半，第 1 节粗大，圆球形，第 2 节长卵形，短于第 3 节，第 3–5 节细长，约等长，第 6 节稍短，端部 5 节粗大，雄虫第 7、8 两节略显粗长。前胸宽大于长，两侧缘直，向前收狭；背板盘区隆起，正面观略呈筒形，刻点粗浅，向前缘和两侧刻点逐渐细疏，至边缘几无刻点，后缘以前有 1 排细刻点。小盾片半圆形，光滑无刻点。鞘翅基部宽于前胸，肩部隆起，其后微凹；盘区刻点粗大，行列清晰整齐，以肩下刻点最粗深，近外侧刻点排列较混乱，向端末刻点逐渐浅细；行距光滑，微凸。各足腿节腹面各具 1 小齿，有时后足的齿微小，不甚明显；雄虫前、中足第 1 跗节宽大。前胸前侧片前缘强烈拱凸，边缘反卷，覆盖部分复眼，表面光滑或仅内角处具刻点或皱纹。

分布：浙江、黑龙江、辽宁、北京、河北、山西、山东、陕西、江苏、江西、湖南、福建、台湾、广东、海南、广西、四川、贵州、云南；俄罗斯，朝鲜，日本，越南，老挝，泰国，柬埔寨。

寄主：蔷薇属、算盘子属、李、桃、梨、苹果、月季、委陵菜、艾蒿、麻栎、檵木、长梗柳、柠檬桉、玉米、曼青冈。

330. 球肖叶甲属 *Nodina* Motschulsky, 1858

Nodina Motschulsky, 1858b: 108. Type species: *Nodina pusilla* Motschulsky, 1858.

主要特征：小型种类，一般在 2–3 mm 及以下；体圆形或卵圆形，背面隆凸；体色一般墨绿，具金色光泽。头很小，复眼内沿有 1 条深纵沟，向后延伸至复眼后缘，并明显变宽；触角很短，伸达前胸背板基部，末端 7 节粗大；前胸背板横宽，与鞘翅基部等宽；鞘翅刻点行整齐；中、后足胫节端部外侧明显凹切，爪附齿式。雄虫前足第 1 跗节明显较第 2、3 节宽阔，近似梨形；雌虫鞘翅外侧在肩部后方常有 1–4 条纵脊。

分布：东洋区。中国已知 16 种，浙江记录 5 种。

分种检索表

1. 头部刻点粗大 ··· 2
- 头部刻点细密或细小 ·· 3
2. 鞘翅肩角下无脊 ·· 中华球肖叶甲 *N. chinensis*
- 鞘翅外侧有脊 ·· 金球肖叶甲 *N. chalcosoma*
3. 头部刻点细小、稀疏 ··· 蓝球肖叶甲 *N. cyanea*
- 头部刻点细密 ··· 4
4. 头部具细皱纹；雌虫鞘翅肩角下无脊；足黑色 ·············· 皮纹球肖叶甲 *N. tibialis*
- 头部无皱纹；雌虫鞘翅肩角下有 1 条脊；足红褐色 ····· 单脊球肖叶甲 *N. punctostriolata*

（831）金球肖叶甲 *Nodina chalcosoma* Baly, 1874

Nodina chalcosoma Baly, 1874: 170.

Nodina rufofulva Chûjô, 1951b: 37.

主要特征：体长 1.8–2.3 mm，体宽 1.0–1.2 mm。体墨绿色，具金属光泽；上唇、触角及足红褐色；腹面黑色。头部具粗密刻点，复眼内侧后方纵沟发达；触角短粗，第 3、4 节最细，第 5–11 节明显变粗；前胸背板宽大于长，两侧略圆弧，盘区刻点粗密，大刻点间具细小刻点；小盾片半圆形，光滑无刻点；鞘翅背面强烈隆突，雄虫鞘翅肩角下有 1 条纵脊，雌虫有 3 条纵脊，内侧脊最短；翅面刻点明显较前胸背板为粗；足胫节外侧有纵沟。

　　分布：浙江、福建、台湾、广东、香港、广西；日本。

　　寄主：野牡丹。

（832）中华球肖叶甲 *Nodina chinensis* Weise, 1922

Nodina chinensis Weise, 1922b: 49.

　　主要特征：体长 3 mm，体宽 2.5 mm。体短宽，体背墨绿色，具金属光泽，腹面黑色；上唇、触角红褐色，触角基部 4 节黄褐色；前胸背板前缘中央红色；足红褐色。头顶具稀疏的粗刻点；眼后沟发达；触角粗短，第 3 节短于第 2 节，从第 5 节始各节变得粗短且扁；前胸背板前角下弯，盘区刻点粗大，中部稀疏，两侧较密；小盾片光滑无刻点；鞘翅刻点较前胸背板粗大、稀疏，排列整齐，行间具小刻点。

　　分布：浙江、河北、陕西、江苏、湖北、江西、福建、广东、香港、广西。

　　寄主：板栗、槲木、竹、马尾松、算盘子。

（833）蓝球肖叶甲 *Nodina cyanea* Chen, 1940

Nodina cyanea Chen, 1940b: 495.

　　主要特征：体长 2 mm。体背蓝色，具金属光泽；上唇黑褐色，触角红褐色，第 2–4 节红色；前胸背板前缘中略呈红色；足红色。头部具稀疏、细小刻点；复眼内缘凹沟深；触角第 2 节长约为第 3、4 节长度之和；前胸背板刻点细密；鞘翅刻点排列规则，明显较前胸背板为粗，刻点行间有细小刻点。

　　分布：浙江（杭州）。

（834）单脊球肖叶甲 *Nodina punctostriolata* (Fairmaire, 1888)

Lamprosoma punctostriolata Fairmaire, 1888a: 37.

Lamprosoma minutula Fairmaire, 1888a: 37.

Nodina chinensis Bryant, 1924: 248 (*nec* Weise, 1922).

Nodina punctostriolata: Chen, 1932: 108.

Nodina fokienica Chen, 1935c: 300 (new name for *Nodina chinensis* Bryant, 1924).

Nodina metallica Bryant, 1937: 98 (new name for *Nodina chinensis* Bryant, 1924).

　　主要特征：体长 2 mm，体宽 1.5 mm。体宽短，体背墨绿色，具金属光泽；上唇、触角及足红褐色，触角端部 7 节有时为黑红色；身体腹面黑色。头部刻点细密，头顶稍疏；复眼内侧纵沟细，不发达；触角长达鞘翅肩角，第 2 节是第 3–4 节长度之和，第 3 节最短；前胸背板盘区刻点较头部粗密，刻点间有细小刻点；小盾片半圆形，基部有细小刻点；鞘翅刻点较前胸背板为粗，排列整齐，行间有细小刻点；雌虫鞘翅肩角下有 1 条纵脊。

　　分布：浙江、江西、湖南、福建、广东、海南、广西、云南；越南，老挝，泰国。

　　寄主：桃、野桐属、柑橘属。

（835）皮纹球肖叶甲 *Nodina tibialis* Chen, 1940

Nodina tibialis Chen, 1940b: 493.

主要特征：体长 2.0–2.5 mm，体宽 1.5 mm。体背墨绿色，具金属光泽；头部淡褐色，具蓝色金属光泽；上唇和触角黑色，触角基部 2 节黄褐色；腹面及足黑色，胫节端及爪红色；有的个体腿节基半部淡红色。头部刻点细密，密布细皱纹，似皮革状；复眼内侧纵沟不发达；触角达鞘翅肩部，第 2 节短于第 3–4 节长度之和；前胸背板宽大于长，盘区刻点较头部粗密，刻点间具细小刻点；小盾片半圆形，具细刻点；鞘翅基部刻点明显较前胸背板为粗，刻点排列基本规则，行间具细小刻点。

分布：浙江、湖北、江西、福建、广东、海南、广西、四川、贵州、云南。

寄主：玉米花丝、檫木、江西泡桐。

331. 豆肖叶甲属 *Pagria* Lefèvre, 1884

Pagria Lefèvre, 1884a: 67. Type species: *Pagria suturalis* Lefèvre, 1884. Designated by Jacoby, 1908.

Colposcelis Chevrolat, 1836: 408 (*nec* Dejean, 1834). Type species: *Colaspis viridiaenea* Gyllenhal, 1808.

Odontionopa Motschulsky, 1866b: 408. Type species: *Odontionopa aenea* Motschulsky, 1866 (= *Rhynchites restituei* Walker, 1859).

Aphthonesthis Weise, 1895: 329. Type species: *Aphthonesthis concinna* Weise, 1895.

主要特征：体长圆形，背面光亮无毛；头顶较隆，在复眼内侧及上面各 1 深纵沟；触角丝状，达到或超过体长之半；前胸背板侧缘中部或之后有 1 尖角；鞘翅刻点规则排列；中、后足胫节端部外侧凹切。

分布：古北区，东洋区，旧热带区，澳洲区。中国已知 4 种，浙江记录 1 种。

（836）斑鞘豆肖叶甲 *Pagria signata* (Motschulsky, 1858)（图版 XVII-20）

Metachroma signata Motschulsky, 1858b: 110.

Pagria bipunctata Lefèvre, 1891: 266.

Pagria signata: Jacoby, 1908: 356.

Pagria signata var. *rufithorax* Pic, 1929a: 35.

Pagria diversepunctata Pic, 1950a: 3.

主要特征：体长 1.6–1.7 mm。体色多变，单色种类在头顶、前胸背板、鞘翅基部及中缝处有黑斑；深色种类基本为黑色，触角及足黄色，鞘翅肩胛处有黄斑。头部刻点粗大，前胸背板略呈六角形，鞘翅基部下有 1 横凹。

分布：浙江、黑龙江、辽宁、河北、河南、陕西、江苏、安徽、湖北、江西、福建、台湾、广东、海南、广西、四川、云南、西藏；俄罗斯，朝鲜，日本，印度，缅甸，越南，老挝，泰国，菲律宾，马来西亚，印度尼西亚。

寄主：豆科。

332. 似角胸肖叶甲属 *Parascela* Baly, 1878

Parascela Baly, 1878c: 252. Type species: *Pseudocolaspis cribrata* Schaufuss, 1871.

Pseudoparascela Pic, 1935a: 1. Type species: *Pseudoparascela jeanvoinei* Pic, 1935 (= *Pseudocolaspis cribrata* Schaufuss, 1871).

　　主要特征：体长卵形，被较为密集的毛；触角细长，端节稍粗；头顶两侧在复眼后方凹洼；前胸背板宽大于长，似柱形，两侧具明显的边框；前胸前侧片前缘平直；鞘翅基部明显宽于前胸背板，盘区刻点排列不规则；腿节腹面有 1 小齿，爪附齿式。

　　分布：中国，日本，琉球群岛，越南。中国已知 3 种，浙江记录 1 种。

（837）粗刻似角胸肖叶甲 *Parascela cribrata* (Schaufuss, 1871)

Pseudocolaspis cribrata Schaufuss, 1871: 200.

Parascela cribrata: Baly, 1878c: 252.

Basilepta hirta Chen, 1935d: 769.

Pseudoparascela jeanvoinei Pic, 1935a: 1.

　　主要特征：体长 4.0–5.5 mm，体宽 2.4–3.0 mm。体深绿至深蓝色，具金属光泽；体背密被灰白色毛；上唇红褐色，触角基部 3–4 节黄褐色，其余黑褐色至黑色。头部具粗密刻点，头顶具皱纹；触角长达体长的一半，第 2 节长于第 3 节，第 4 节稍长于第 2 节，从第 5 节开始变粗；前胸背板盘区刻点粗密，呈皱纹状；小盾片舌形，表面光滑无刻点，或具几个细小刻点；鞘翅侧缘具敞边，盘区刻点粗密，但较前胸背板为细，刻点排列不规则。

　　分布：浙江、江西、福建、台湾、广东、香港、四川、云南；琉球群岛，越南。

　　寄主：杨、樱桃等。

333. 亚澳肖叶甲属 *Rhyparida* Baly, 1861

Rhyparida Baly, 1861: 286. Type species: *Rhyparida dimidiata* Baly, 1861.

Marsaeus Clark, 1864: 252. Type species: *Cryptocephalus didimus* Fabricius, 1775.

　　主要特征：体长卵形，体背隆突；复眼大，内缘深凹切状；触角细长，超过体长之半；前胸背板两侧弧圆，侧边完整；前胸前侧片前缘平直或凹洼；鞘翅基部明显宽于前胸背板，盘区刻点排列成行；足发达，腿节中部膨阔，腹面常具 1 齿，爪双齿式。

　　分布：东洋区，澳洲区。中国已知 4 种，浙江记录 1 种。

（838）齿股亚澳肖叶甲 *Rhyparida dentipes* (Chen, 1935)

Basilepta dentipes Chen, 1935c: 311.

Rhyparida dentipes: Moseyko & Sprecher-Uebersax, 2010: 82.

　　主要特征：体长 5.0 mm。体红褐色，具金属光泽；触角淡红色，基部数节浅黄褐色；足浅红褐色。头部具细密刻点，有网纹，头顶具皱纹；触角长达鞘翅中部，第 3 节长于第 2 节；前胸背板两侧弧圆，无角状突，盘区刻点细密；小盾片光滑无刻点；鞘翅刻点深，排列整齐；腿节膨大，腹面具 1 齿，后足腿节齿发达，三角形。

　　分布：浙江（杭州）。

第二章　象甲总科 Curculionoidea

象甲总科（Curculionoidea）是鞘翅目昆虫中种类最多的一个类群，目前已记述 5800 余属 65 000 多种。象甲不同种类间体形大小差异很大，体壁骨化强，体表多被鳞片；喙通常显著，由额部向前延伸而成，多无上唇；触角多为 11 节，膝状或非膝状，分柄节、索节和棒节三部分，棒节多为 3 节组成；颚唇须退化，僵硬；外咽片消失，外咽缝常愈合成一条；鞘翅长，端部具翅坡，通常将臀板遮蔽；腿节棒状或膨大，胫节多弯曲；胫节端部背面多具钩；跗节 5-5-5，第 3 节双叶状，第 4 节小，隐于其间；腹部可见腹板 5 节，第 1 节宽大，基部中央伸突于后足基节间。幼虫蛴螬型，上颚具发达的臼齿；无足和尾突；幼虫可以生活在土中，以及植物的根、茎、枝、叶、花、果、种子等各个部分。

目前世界已知 65 000 多种，中国记录 3100 余种，本卷对浙江地区的象甲总科种类进行了较全面的研究和记述，共计 4 科 138 属 233 种。

分科检索表

1. 上唇明显而分离；前胸背板基部至两侧后端有隆脊 ································ **长角象科 Anthribidae**
- 上唇绝不真正分离；前胸背板无上述隆脊 ·· 2
2. 触角不呈膝状，触角棒明显为 3 节；上颚外缘多少有齿，腹板 1-2 节愈合，或上颚外缘无齿，腹板 1-4 节愈合；体壁通常光滑、发亮、不被覆鳞片 ··· **卷象科 Attelabidae**
- 触角膝状或不呈膝状，触角棒各节密实；上颚外缘无齿，腹板 1-2 节愈合；体壁大都被覆鳞片 ····················· 3
3. 触角不呈膝状，如果触角为膝状，则转节放长 ·· **锥象科 Brentidae**
- 触角呈膝状，转节稀放长 ·· **象甲科 Curculionidae**

六、长角象科 Anthribidae

主要特征：体形变化较大，有雌雄二型现象，体壁通常具被覆物。喙形态多样，上唇明显并且分离，触角着生于喙的背面或着生处从背面完全不可见，通常 11 节（极少数种类退化为 9 或 10 节），不呈膝状；触角棒通常可见，疏松或密实；部分种类触角具雌雄二型现象，雄虫的触角长于雌虫，可达体长的 2–3 倍及以上。前胸背板基部至两侧具隆脊；臀板可见。

长角象科绝大部分种类食菌，也有小部分种类取食植物的种子。

分布：主要分布在热带和亚热带地区，温带的种类较少。目前世界已记述 378 属 3900 多种，中国记录 197 种（含亚种），浙江分布 2 属 2 种。

（一）长角象亚科 Anthribinae

主要特征：体形变化较大，有雌雄二型现象，体壁通常具被覆物。喙形态多样，上唇明显并且分离，触角着生于喙的侧面或背侧面，不呈膝状，通常触角的第 1 和 2 节对称，不呈弯曲状态；触角棒通常可见，疏松或密实；部分种类触角具雌雄二型现象，雄虫的触角长于雌虫，可达体长的 2～3 倍及以上。前胸背板基部至两侧具隆脊；臀板可见。

334. 斜纹长角象属 *Sintor* Schoenherr, 1839

Sintor Schoenherr, 1839: 148. Type species: *Sintor quadrilineatus* Fåhraeus, 1839.

Blabirhinus Sharp, 1891: 299. Type species: *Blabirhinus dorsalis* Sharp, 1891.

Rhinanthribus Motschulsky, 1875a: 241. Type species: *Rhinanthribus dispar* Motschulsky, 1875.

主要特征：喙通常指向前下方，从侧面看头下面与喙相连处为弓形；喙基部比头部窄，喙长等于或长于宽，背面从眼到端部常有隆线；喙的下面有 1 对侧隆线，隆线延伸至眼的中间至后缘之间；触角着生于喙的侧面，触角窝沟状，在喙的下面接近，喙在两触角窝之间无小窝；触角第 2 节等于或长于第 1 节，雌雄虫触角棒均宽于索节；眼卵形至长卵形；前胸后侧隆脊消失或不明显，背隆脊位于基部之前，两侧向前弯。

分布：古北区，东洋区，旧热带区。世界已知 43 种，中国记录 8 种，浙江分布 1 种。

（839）福建斜纹长角象 *Sintor fukiensis* Wolfrum, 1948

Sintor fukiensis Wolfrum, 1948: 134.

Asemorhinus nigromaculatus XM Zhang *et* R Zhang, 2007: 311.

主要特征：体形较小，长 7.0–8.4 mm。体壁黑色，密被浅黄色、黑色绒毛；前胸背板背面中间从端部开始至基部有 1 梯形的黑色斑纹，端部 1/2 中线上具 1 浅褐色的窄、纵条带，两侧被覆浅黄褐色绒毛；鞘翅中间之后、翅坡前具横贯整个鞘翅的黑色宽条带。喙短，端部最宽，在两眼之前至端部之间具中纵脊。触角沟在喙的腹面彼此接近，触角短、未达鞘翅基部，触角棒紧凑、宽扁，触角棒第 2 节最短、宽大于长，触角棒其余两节长大于宽。眼椭圆形；前胸背板近梯形，宽大于长，基部 1/3 处最宽，背隆脊在前胸背板中间处靠近背板的基部边缘，向两侧向前弯曲，侧隆脊向前到达前胸的中部；小盾片圆，被覆浅黄色绒毛；鞘翅长大于宽，两侧在基部 2/3 近平行，之后向端部狭缩，行纹刻点小，不明显；臀板端部钝圆，宽大于长。

分布：浙江（安吉、临安）、安徽、福建、广西、四川、贵州、云南；越南。

（二）背长角象亚科 Choraginae

主要特征：触角卓盛于喙或头的背面，触角第 1 和 2 节不对称，强烈弯曲。

335. 细角长角象属 *Araecerus* Schoenherr, 1823

Araecerus Schoenherr, 1823: 1135. Type species: *Curculio fasciculatus* DeGeer, 1775.

Arrhaecerus Germar, 1829: 357. Type species: *Anthribus coffeae* Fabricius, 1801.

Araeocerus Schoenherr, 1839: 273 (emendation).

主要特征：身体宽卵形；触角较粗，第 9–11 节不呈或略呈长椭圆形，第 11 节正常，不弯曲，不长于第 10 节；眼卵形，略突出，具小缺刻；前胸背板后角背面观呈钝角或圆角，前胸背板侧隆脊达到中部；鞘翅近基部不具瘤突；前足胫节简单，跗节细长，前足跗节 1 长于其他各跗节之和。

分布：世界广布。世界已知 68 种，中国记录 5 种，浙江分布 1 种。

（840）咖啡豆象 *Araecerus fasciculatus* (DeGeer, 1775)

Curculio fasciculatus DeGeer, 1775: 276.

Bruchus cacao Fabricius, 1775: 64.

Bruchus peregrinus Herbst, 1797: 168.

Bruchus capsinicola Fabricius, 1798: 159.

Anthribus coffeae Fabricius, 1801b: 411.

Amblycerus japonicus Thunberg, 1815: 122.

Anthribus alternans Germar, 1823: 175.

Phloeobius griseus Stephens, 1831: 211.

Cratoparis parvirostris J. Thomson, 1858: 113.

Araecerus seminarius Chevrolat, 1871: 7.

Tropideres mateui Cobos, 1954: 41.

　　主要特征：体小型，宽卵形，体红褐色至黑褐色，被覆黄褐色和暗褐色的柔毛。触角和足黄褐色，但是触角棒为暗褐色。眼很大，位于两侧，卵圆形，在接近额的地方具 1 窄隆脊。触角着生处位于眼的内侧近腹面，触角沟的上缘与眼相接。前胸背板背隆脊靠近基部，略凹，侧隆脊达到前胸背板侧缘基部 1/3 处。小盾片被覆黄色柔毛。鞘翅基部略凸隆。足细长，腿节略呈棒状，胫节细长；前足胫节简单，端部不具端刺，最多腹面具 1 列小瘤；中足基节不具瘤突；跗节 1 长为宽的 5 倍，与其余的跗节长度之和相等，跗节 1 长度为跗节 2 的 2 倍，跗节 3 明显为二叶状，跗节 4 几乎不可见。臀板长略大于宽。

　　分布：浙江（龙泉）、辽宁、内蒙古、河北、山东、河南、陕西、甘肃、青海、江苏、安徽、湖北、江西、湖南、福建、台湾、广东、香港、广西、四川、贵州、云南；韩国，日本，伊朗，土耳其，以色列，欧洲，北美洲，澳大利亚，新西兰，非洲（加那利群岛），南美洲。

　　寄主：咖啡、可可、玉米、枣等仓储粮食或种子。

七、卷象科 Attelabidae

主要特征：体小型至中等，不被覆鳞片，大多数体色艳丽并具有金属光泽。喙或头基部延长；上唇消失，下颚须 4 节；外咽缝愈合。触角不呈膝状，末端 3 节呈松散的棒状。喙长，上颚扁平，外缘具齿。腹板 1–2 节愈合；或喙短，上颚外缘无齿。雌虫能切叶卷筒，卵产于卷筒内，幼虫以筒巢为食；或能在果实上钻孔，卵产于果中，幼虫为害果实。本科昆虫的很多种类是林木和果树的重要害虫。

分布：世界已知 2500 多种（含亚种），中国记录 294 种（含亚种），浙江分布 38 属 79 种。

（一）卷象亚科 Attelabinae

主要特征：体小型至中等，不被覆鳞片，大多数体色艳丽并具有金属光泽。喙或头基部延长；上唇消失，下颚须 4 节；外咽缝愈合。触角不呈膝状，末端 3 节呈松散的棒状。喙长，上颚扁平，外缘具齿。腹板 1、2 节愈合；或喙短，上颚外缘无齿。雌虫能切叶卷筒，卵产于卷筒内，幼虫以筒巢为食；或能在果实上钻孔，卵产于果中，幼虫为害果实。很多种类是林木和果树的重要害虫。

卷象族 Apoderini Jekel, 1860

336. 斑卷象属 *Agomadaranus* Voss, 1958

Agomadaranus Voss, 1958: 15. Type species: *Apoderus pardalis* Snellen van Vollenhoven, 1865.

Pseudmadaranus Legalov, 2003a: 508. Type species: *Paroplapoderus multicostatus* Pic, 1928.

主要特征：头部在眼后凸圆，两侧近平行，而后突然狭缩；前胸背板近梯形；背面观，鞘翅的肩可见突出的圆锥形刺或隆起，鞘翅近长方形，具斑纹。

分布：古北区，东洋区。世界已知 24 种，中国记录 15 种，浙江分布 2 种。

（841）黑点斑卷象 *Agomadaranus melanostictoides* (Legalov, 2003)

Paroplapoderus melanostictoides Legalov, 2003a: 502.

主要特征：体壁黄褐色，头部、前胸背板、鞘翅、腹板及腿节具黑色斑纹。头较光滑，在眼后略延长，后向前胸前端逐渐狭缩，背面中间具 1 纵凹陷，两侧各有 1 黑色椭圆形斑纹。前胸背板近梯形，两侧从基部向端部逐渐狭缩，近基部有 1 横贯整个前胸背板的横向凹陷，背面中间具 1 纵凹陷，凹陷两侧各有 1 圆形的黑斑，前胸前缘两侧各有 1 黑色斑纹；小盾片大，黑色，三角形。鞘翅近长方形，两侧近平行，先端部略变宽，鞘翅的肩明显，鞘翅从基部开始至端部，具 4 行彼此间隔近相等排列的黑斑，黑斑大，每行 4 个，圆形或卵圆形，分别位于两鞘翅背面近中间区域和鞘翅靠近两侧处，在鞘缝的基部、小盾片后面的区域，具 1 分界不十分清晰、较小的黑斑，鞘翅行纹刻点大，行间窄，具隆脊，行间 3、5、7 的隆脊明显。中足、后足腿节中部具黑斑。每一腹板近两侧各具 1 圆形黑斑。

分布：浙江（临安）。

（842）半环斑卷象 *Agomadaranus semiannulatus* (Jekel, 1860)

Apoderus semiannulatus Jekel, 1860: 181.

主要特征：头部顶端有 3 个黑色的斑点，腹部两侧有黑斑。鞘翅的肩内侧与小盾片之间无凸隆，小盾片之后鞘翅上具黑色斑纹，若无黑斑，则体壁颜色更深。

分布：浙江、河北、山西、河南、江苏、上海、湖北、湖南、福建、广东、四川、贵州。

337. 棒卷象属 *Centrocorynus* Jekel, 1860

Centrocorynus Jekel, 1860: 167. Type species: *Apoderus scutellaris* Gyllenhal, 1833.

主要特征：雄虫触角较长，触角棒末节端部尖；头在眼后强烈延长形成长圆锥状的颈部且较窄，颈部具螺纹状褶皱；前胸背板光滑，两侧在雄虫几乎为直线状；鞘翅行纹明显，行间几乎平坦；雄虫腹板 5 不具凹陷和齿。

分布：古北区，东洋区。世界已知 30 种，中国记录 2 种，浙江分布 1 种。

（843）盾棒卷象 *Centrocorynus scutellaris* (Gyllenhal, 1833)

Apoderus scutellaris Gyllenhal, 1833a: 191.

主要特征：体壁红色、发亮，触角棒、眼、小盾片黑色；头在眼后强烈延长形成长圆锥状的颈部，凸隆、光滑、红色，具细螺纹状褶皱；眼较大，半球状，黑色；喙短，向端部略扩大；触角略长于头，末端 4 节黑色；前胸近圆锥状；小盾片短而宽，黑色；鞘翅肩明显，近直角形；臀板半圆形，具刻点，红色。

分布：浙江、陕西、台湾、云南；巴基斯坦，印度。

338. 丽卷象属 *Compsapoderus* Voss, 1927

Compsapoderus Voss, 1927: 62. Type species: *Attelabus erythropterus* Gmelin, 1790.

Compsapoderopsis Legalov, 2003a: 528. Type species: *Apoderus dimidiatus* Faust, 1890.

Paracompsus Legalov, 2003a: 537. Type species: *Apoderus lepidulus* Voss, 1927.

主要特征：体壁黄褐色或红褐色，头、胫节、跗节及鞘翅背面有时颜色较深。喙短；眼大，凸隆；额宽，凸隆，中部具 1 小凹坑；头顶凸隆，头在眼后圆锥状。触角短，柄节卵形，索节 1 宽，索节 2–5 长圆锥形，索节 6 和 7 宽；触角棒相当窄，紧密，第 1 节长于第 2 节，第 3 节端部略尖。前胸背板背面凸隆，具 1 细的中线，光滑；小盾片宽大于长。鞘翅近长方形，肩相当发达，行间扁平、宽、光滑，行纹刻点小而浅，稀疏。中胸不具凸起；腹板凸隆，具刻点，腹板 1–4 相当宽，腹板 5 窄；臀板凸隆，稀被刻点。足长，胫节略弯，内缘具小齿，雄虫前足胫节更弯且长。

分布：古北区，东洋区。古北区已知 21 种，中国记录 12 种，浙江分布 1 种。

（844）泛红丽卷象 *Compsapoderus erythropterus* (Gmelin, 1790)

Attelabus erythropterus Gmelin, 1790: 1809.

Attelabus intermedius Illiger, 1794: 615.

Attelabus intermedius Hellwig, 1795: 146. [HN]

Apoderus politus Gebler, 1825: 50.

Apoderus bicolor L. Redtenbacher, 1868: 161.

Apoderus frontalis Faust, 1882: 294.

Apoderus atricolor Faust, 1887a: 28.

　　主要特征：体壁黑红色；头部、前胸背板、足近黑色具蓝色光泽；鞘翅深红褐色；触角黑褐色。喙短粗；头凸隆；前胸背板凸隆，钟罩形，背面极凸圆，中间具 1 浅而细的沟；鞘翅肩较发达，行纹刻点大且稀疏，行间较平坦；前足胫节几乎直。

　　分布：浙江、黑龙江、吉林、辽宁、内蒙古、北京、河北、山东、陕西、甘肃、江苏、上海、安徽、湖北、四川；俄罗斯，蒙古国，朝鲜，韩国，日本，哈萨克斯坦，阿塞拜疆，欧洲。

339. 细颈卷象属 *Cycnotrachelodes* Voss, 1955

Cycnotrachelodes Voss, 1955: 273. Type species: *Apoderus roelofsi* Harold, 1877.

Pseudcycnolodes Legalov, 2003a: 571. Type species: *Apoderus coeruleatus* Faust, 1894.

　　主要特征：体壁黑色，有光泽。头部延长，额宽且平坦；眼凸隆，雄虫的眼大于雌虫的；头顶凸隆，头在眼后延长成圆锥状并逐渐狭缩至 1 细长颈部；触角较短而细，触角棒末节端部尖；前胸背板梯形，具较浅的中沟；小盾片近半圆形；鞘翅近长方形，肩发达，行间宽，多少有些凸隆，行间 2 和 4 在基部 1/3 略凸隆，行纹刻点深且大；腹板凸隆，具刻点；臀板具刻点；足长，胫节弯曲，胫节端部具小齿。

　　分布：古北区，东洋区。古北区已知 7 种，中国记录 7 种，浙江分布 3 种。

（845）蓝细颈卷象 *Cycnotrachelodes cyanopterus* (Motschulsky, 1861)

Apoderus cyanopterus Motschulsky, 1861a: 22.

Apoderus coloratus Faust, 1882: 292.

　　主要特征：体壁黑色，有蓝色金属光泽，无毛或鳞片。喙较长，触角着生于喙中部；眼较凸隆；头在眼后狭缩，呈圆锥状，接近前胸背板前缘时缩成两侧平行的圆柱状；触角较长且粗，未达前胸背板前缘，触角棒紧密，末节端部略尖；前胸背板梯形，端部远窄于基部，背面光滑；小盾片宽远大于长，舌状；鞘翅近长方形，肩发达，行间较宽，平坦，行纹刻点浅。

　　分布：浙江、黑龙江、吉林、辽宁、北京、河北、山西、陕西、江苏、福建、云南；俄罗斯，朝鲜，韩国，日本。

（846）川细颈卷象 *Cycnotrachelodes sitchuanensis* Legalov, 2003

Cycnotrachelodes sitchuanensis Legalov, 2003a: 571.

　　主要特征：体壁黑色，有光泽，无毛或鳞片，胫节、跗节和腹部黄褐色。喙极短，头部延长，喙具细而密的刻点，触角着生于喙中部；眼大，凸隆；头顶凸隆，具 1 极浅的中沟；头在眼后圆锥状，逐渐狭缩，最后缩成一段较细的圆柱状，具环纹褶皱；触角较长，但未达前胸背板，柄节较大，长卵形，索节短棒状，触角棒窄，较紧密，最后一节略延长，端部尖且略弯；前胸背板梯形，端部远窄于基部，背面凸隆，光滑；

小盾片宽，近半圆形；鞘翅近长方形，中部最宽，肩发达，行间宽，较平坦且光滑，行间 2 和 4 在基部 1/3 处略凸隆，行纹刻点浅，密集；腹板凸隆，刻点细小，腹板 1–3 较宽，腹板 4 和 5 窄；臀板凸隆，刻点细小；足长，胫节长而弯。

分布：浙江、陕西、四川、云南。

（847）乌苏里细颈卷象 *Cycnotrachelodes ussuriensis* (Voss, 1931)

Cycnotrachelus ussuriensis Voss, 1931a: 194.

主要特征：头短而宽，长宽近相等；触角索节圆珠状；前胸背板的横向凹陷不明显；腹板和身体其他部分颜色一样。

分布：浙江、黑龙江、辽宁、湖南；俄罗斯，朝鲜，韩国。

340. 异卷象属 *Heterapoderus* Voss, 1927

Heterapoderus Voss, 1927: 52. Type species: *Apoderus sulcicollis* Jekel, 1860.

Eoheterapoderus Legalov, 2003a: 547. Type species: *Apoderus geniculatus* Jekel, 1860.

Heterapoderopsis Legalov, 2003a: 542. Type species: *Apoderus pauperulus* Voss, 1927.

Neheterapoderus Legalov, 2003a: 543. Type species: *Apoderus macropus* Pascoe, 1883.

Pseudoheterapoderus Legalov, 2003a: 546. Type species: *Apoderus crenatus* Jekel, 1860.

Aheterapoderus Legalov, 2007: 356. Type species: *Apoderus brachialis* Voss, 1924.

主要特征：体壁红褐色至黑色，触角红褐色。喙短粗，头在眼后的延长近圆柱状，仅靠近前胸背板前缘处突然强烈狭缩；眼小，凸隆；触角短，雌雄均未达前胸背板前缘，索节粗，触角棒紧凑，端部末节略尖；前胸背板钟罩形，两侧凸圆，端部远窄于基部，背面凸隆，有向基部弯曲的圆弧形细褶皱，前胸背板具 1 较深的中纵沟；小盾片较大，舌状，宽远大于长；鞘翅近长方形，中间最宽，鞘翅基部 1/3 靠近鞘缝处略洼陷，肩发达，强烈凸隆，行间宽，较平坦或部分凸隆，行纹刻点较粗大且深；腹板凸隆，刻点细小而密集；臀板凸隆，具刻点；足较长。

分布：古北区，东洋区。古北区已知 18 种，中国记录 14 种，浙江分布 3 种。

（848）膝异卷象 *Heterapoderus geniculatus* (Jekel, 1860)

Apoderus geniculatus Jekel, 1860: 174.

主要特征：体深红褐色，腿节端部为黑褐色。头长宽之比为 3∶2，基部逐渐缩窄，背面有浅横纹，中线明显，端部有浅洼。喙长宽约相等，近基部缢缩，端部略放宽；触角着生于喙背面近基部中间的瘤突的两侧，瘤突上中沟明显，以喙基部向额两侧伸出 2 条浅纵沟。触角柄节长于索节 1、2 之和，索节各节较短粗。前胸宽大于长，前缘缢缩，比后缘窄得多，中央凹圆；后缘有细隆线，近基部有横沟；两侧较直，背面中沟明显，密布深浅环形皱纹，近端部中间呈圆形隆起。小盾片横宽，端部中间有小尖突。鞘翅肩明显，两侧平行，端部放宽，行纹刻点大；刻点之间隆起，刻点行呈皱纹状，小盾片两侧和鞘翅背面中间有圆脊状隆起。腹面和臀板密布大小刻点。腿节较短粗，端部常为黑色，时有刻点，着生毛；胫节短，扁宽，端部外侧或近外侧有钩；爪合生。雌虫胫节更扁，端部内、外侧均有钩，内端部有小齿。

分布：浙江（临安）、河北、河南、江苏、上海、江西、湖南、福建、广东、广西、四川、贵州、云南；越南。

（849）小异卷象 *Heterapoderus pauperulus* (Voss, 1927)

Apoderus pauperulus Voss, 1927: 54.

　　主要特征：体壁红褐色，触角、足红色，中足、后足的腿节与胫节连接处黑色。头圆锥形，两侧略凸圆，头在眼后的部分长大约为宽的 1.5 倍；眼强烈凸隆，两眼之间在头顶具纵长的浅凹；喙长为宽的 1.5 倍，向端部逐渐放宽，喙端部光滑无刻点，其余部分具细刻点；触角索节 1 长卵形，长大于宽，索节 2 略长于 1，索节 3、4 长度近相等，与索节 1 等长，索节其余各节宽大于长；前胸背板长略大于宽，圆锥状，两侧背面观直，背面中沟细，中沟两侧具斜沟，背面密布细刻点；鞘翅近梯形，长大于宽，从肩部开始两侧略平行，向后逐渐略变宽，行纹刻点大而明显，行间较凸隆，略具褶皱；臀板密布刻点；胫节较粗壮。

　　分布：浙江、江苏、湖南、福建、广东、广西、四川、贵州、云南；越南。

（850）漆黑异卷象 *Heterapoderus piceus* (Voss, 1927)

Apoderus piceus Voss, 1927: 54.

　　主要特征：体壁红褐色，触角、足和腹板红色，中足、后足的腿节和胫节相连处黑色。头从眼开始至基部逐渐狭缩，额具纵长的浅凹陷；喙长大于宽，约为宽的 1.5 倍，基部略狭缩，向端部明显放宽，密布细小的刻点；触角着生于喙基部 1/3 处，柄节较粗壮和弯，长为宽的 1.5 倍，索节 1 卵形，长大于宽，索节 2–3 长度相等，略长于索节 1，索节 4 与索节 1 长度相等，索节 5 长大于宽，其余索节宽大于长；前胸背板长宽近相等，两侧几乎直，圆锥形，向端部强烈狭缩，背面中沟不明显，前胸背板基部具细褶皱，两侧光滑发亮；小盾片宽大于长，梯形；鞘翅长略大于宽，近长方形，具肩，行纹刻点大而明显，行间宽于行纹，行间 1–4 略呈褶皱状；臀板密布刻点，中间具 1 浅中纵凹；前足胫节略弯曲，长于中足、后足胫节。

　　分布：浙江、福建、广东、海南、香港、广西。

341. 刺卷象属 *Hoplapoderus* Jekel, 1860

Hoplapoderus Jekel, 1860: 171. Type species: *Attelabus gemmatus* Thunberg, 1784.

　　主要特征：体壁红褐色、黄褐色至黑色。头短，长宽略相等或宽大于长，在基部强烈狭缩，形成 1 个较短的颈部，头部的最高点位于头的基部；颊部短于眼的直径，略凸隆，额宽为眼直径的 2 倍；前胸背板较宽，明显具沟，背面两侧凸隆；鞘翅近长方形，在小盾片附近无刻点形成的短行纹，鞘翅具刺突或瘤突；腿节不具齿。

　　分布：古北区，东洋区。古北区已知 5 种，中国记录 4 种，浙江分布 1 种。

（851）长刺卷象 *Hoplapoderus echinatoides* Legalov, 2003

Hoplapoderus echinatoides Legalov, 2003a: 511.

　　主要特征：体长 5.2–7.4 mm。体壁黄褐色至红褐色，触角、头部的条带或斑点、前胸背板的斑点、鞘翅上的斑点、刺突及瘤突、胫节的端部为黑色。前胸背板两侧凸隆；小盾片延长，端部尖刺状；鞘翅近方形，每一鞘翅具 4 个尖锐的长刺突和 2 个略短的刺突，刺突黑色。

　　分布：浙江、北京、湖北、湖南、海南、云南；俄罗斯，缅甸，越南，老挝，泰国。

342. 细卷象属 *Leptapoderus* Jekel, 1860

Leptapoderus Jekel, 1860: 169. Type species: *Apoderus pectoralis* Thunberg, 1815.

Maculapoderus Legalov, 2003a: 535. Type species: *Apoderus submaculatus* Voss, 1927.

Paraleptapoderus Legalov, 2003a: 534. Type species: *Apoderus carbonicolor* Motschulsky, 1860.

Pseudapoderopsis Legalov, 2003a: 530. Type species: *Leptapoderus tamdaoensis* Legalov, 2003.

Pseudoleptapoderus Legalov, 2003a: 535. Type species: *Apoderus balteatus* Roelofs, 1874.

Leptapoderidius Legalov, 2007: 341. Type species: *Apoderus rubidus* Motschulsky, 1860.

主要特征：体壁黄色、红褐色至黑色。部分种类前胸背板和鞘翅具斑纹，触角和足有时略浅于身体其他部分，光滑无毛；喙短粗，触角着生于喙中部；眼凸隆，两眼之间宽、略洼陷；头在两眼之后向后延长成圆锥状，凸隆，有的种类延长形成较细的颈部；触角中等长度，较细，触角棒节细长；前胸背板通常呈梯形，背面凸隆，具1极细的中沟，极少具刻点；小盾片舌状，宽远大于长；鞘翅宽，近长方形，肩很发达，行间略凸隆，行纹刻点小而密集或大而深；中胸不具突起；腹板凸隆，腹板5不具齿或毛束；臀板凸隆，极少具刻点；足细长。

分布：古北区，东洋区。古北区已知37种，中国记录35种，浙江分布6种。

（852）黑缘细卷象 *Leptapoderus balteatus* (Roelofs, 1874)

Apoderus balteatus Roelofs, 1874: 135.

主要特征：体壁黄褐色至褐色，喙、额、颊、头的后侧部、前胸背板侧缘、后足腿节端部黑褐色或黑色，鞘翅基部边缘、肩、侧缘及翅坡处黑色。头在眼后延长，倒圆锥形，长大于宽，几乎无刻点，光滑，基部强烈狭缩；颊较圆；额侧面观略凸隆，额宽于眼的直径；眼圆，明显凸隆于头表面；喙短，长宽相等；触角着生于喙的中部，柄节长为宽的1.8倍，触角索节7接近触角棒；前胸背板圆锥形，两侧缘略圆，背面具细的中沟；鞘翅近长方形，长为宽的1.5倍，肩明显，在肩后略狭缩，之后向后渐宽，鞘翅中部之后最宽，鞘翅行纹的刻点小、不规则；前足胫节略向内弯曲，中后足胫节强烈弯曲，胫节内缘细齿状。

分布：浙江、河北、河南、湖北、湖南、福建、四川、贵州；俄罗斯，朝鲜，韩国，日本。

（853）浅沟细卷象 *Leptapoderus frater* (Voss, 1927)

Apoderus frater Voss, 1927: 73.

Apoderus imitatus Voss, 1941a: 248.

主要特征：体壁红色，前胸背板基部橘红色，触角、胫节端部和跗节黑色。头长大于宽，圆锥形，头在眼后略凸圆，额与眼的直径等宽，额上具3条短的浅纵沟；眼相当凸隆；喙长宽相等，基部最窄，向端部逐渐放宽；触角着生于喙中部，柄节棒状，长为宽的2倍，索节1卵形，长略大于宽，索节2和4长均等于索节1，索节3略短，其余各节宽大于长，触角棒节1长宽近相等，棒节2宽大于长；前胸背板长宽近相等，圆锥形，两侧直；小盾片梯形；鞘翅长大于宽，大约为宽的1.5倍，具肩，从肩部往后两侧平行，然后逐渐放宽，行纹刻点大，行间宽且平坦，光滑发亮；胫节细长，直。

分布：浙江、山东、河南、江苏、福建、四川。

（854）黑尾细卷象 *Leptapoderus nigroapicatus* (Jekel, 1860)

Apoderus nigroapicatus Jekel, 1860: 175.

Apoderus apicalis Faust, 1890a: 257.

Apoderus papei Voss, 1927: 62.

主要特征：体长 3.8–4.2 mm。头、喙、小盾片、鞘翅肩和端部、腹面和足黑色，其余部分为红褐、黑褐或黄褐色，颜色有变异，黑色部分扩大或缩小，有的个体为黑色。头长卵形，基部缩窄，喙短，长宽约相等，端部稍放宽，密布细刻点；触角位于喙基背面小瘤突两侧，触角柄节短于索节 1、2 之和，索节 2–4 较长。前胸长宽约相等，两侧几乎直，前缘缢缩，中间稍凹，后缘有细隆线，近基部有 1 条浅横沟，背面光滑，中沟细。小盾片短宽，端部缩窄。鞘翅肩明显，两侧平行，端部放宽，行纹刻点明显，端部刻点缩小。雄虫胫节端仅 1 钩，雌虫胫节端 2 个钩。

分布：浙江、山东、陕西、江苏、湖北、江西、湖南、福建、台湾、广东、广西、四川、贵州、云南；印度。

寄主：乌桕、洋槐。

（855）红褐细卷象 *Leptapoderus rubidus* (Motschulsky, 1860)

Apoderus rubidus Motschulsky, 1860b: 172.

Apoderus rufescens Roelofs, 1874: 133.

Apoderus rubidus Faust, 1882: 294. [HN]

主要特征：体壁红褐色，头部两侧、前胸背板两侧、前中足腿节端部和基部暗褐色。头在眼后延长，倒圆锥状，侧面观头在眼后凸隆，光滑发亮；额具细中沟，从触角着生处至眼内缘各有 1 条沟，伴有 1 条由密集刻点组成的线；喙背面在触角着生处之间具隆起的褶皱；触角柄节长大于宽的 2 倍；前胸背板长宽近相等或长略大于宽，两侧凸圆，背面具细中沟，稀布刻点，光滑发亮，侧面观前胸背板前缘凸隆；小盾片宽大于长，三角形；鞘翅长大于宽，两侧近平行，肩明显，小盾片之后略凹陷，鞘翅背面的行纹刻点较两侧的刻点浅，行间稀布细刻点，行间 4 凸隆；胫节直，内缘略呈齿状。

分布：浙江、黑龙江、河北、山东、江苏、湖北、福建、广西、四川；俄罗斯，朝鲜，韩国，日本。

（856）天目山细卷象 *Leptapoderus tianmuensis* Legalov, 2007

Leptapoderus tianmuensis Legalov, 2007: 344.

主要特征：与红褐细卷象 *L. rubidus* 接近，区别在于头更宽，头在眼后狭缩得更强烈，后足腿节端部颜色深，体壁颜色更浅，体壁为黄褐色，上颚、中足和后足腿节基部、后足腿节端部褐色，小盾片黄色。

分布：浙江（临安）、安徽。

（857）福氏细卷象 *Leptapoderus vossi* (Biondi, 2001)

Apoderus vossi Biondi, 2001: 225. [RN]

Apoderus pedestris Voss, 1930a: 87. [HN]

Leptapoderus pedestroides Legalov, 2002: 92. [RN]

主要特征：体壁红色，头和前胸背板的腹面、腿节黑色。头略呈圆锥形，长为宽的 1.5 倍；眼较凸隆，额宽远大于眼的直径；喙长为宽的 1.5 倍；触角着生于喙中部之后，柄节长为宽的 2 倍，索节 1 长宽近相等，索节 2–4 长度相等，均略长于索节 1，索节 5 较短，索节 6、7 长宽相等，触角棒节 1 长大于宽，棒节 2 长宽相等；前胸背板长宽相等，圆锥形，两侧几乎直，近前端具 1 圈狭缩形成的横沟；鞘翅长为宽的 1.25 倍，具肩，从肩部开始向后先为两侧平行，之后向后渐宽，行纹刻点很细，行间宽而扁平；臀板刻点密且明显；胫节直，仅端部略向内弯曲。

分布：浙江、湖北、四川、云南、西藏。

343. 短尖角象属 *Paracycnotrachelus* Voss, 1924

Paracycnotrachelus Voss, 1924: 45. Type species: *Attelabus cygneus* Fabricius, 1801.

主要特征：体壁黄色至褐色，光滑无毛。喙短粗；雄虫的头部和颈很长，颈部具横的环状沟，头部具横褶皱；雄虫触角短，索节各节正常，端部不向内隆扩，不呈栉齿状，触角棒细长，端部锐尖且弯曲；前胸背板梯形，端部极窄，远窄于基部，基部和端部分别缢缩，缢缩横纹距前后缘较远，前缘向后凹入形成近 V 形；鞘翅近长方形，肩发达，行纹刻点较大且深，行间略凸隆；腹板第 1 节向后胸延伸成片状。

分布：古北区，东洋区。古北区已知 5 种，中国记录 5 种，浙江分布 2 种。

（858）中国短尖角象 *Paracycnotrachelus chinensis* (Jekel, 1860)

Apoderus chinensis Jekel, 1860: 164.

Apoderus longiceps Motschulsky, 1860b: 173.

主要特征：体长 9.8–10.0 mm。体红褐色，光滑无毛。雄虫具很长的头部及颈。头及颈长为额宽的 3 倍，在颈部具横的环状沟和在头部具横皱，光亮，从上面观几乎凸出，从侧面观均匀地缩成颈状。额被覆明显的纵皱及刻点。头管长为宽的 2 倍，从触角着生处稍细，到末端逐渐扩宽，触角基部之间从上面观明显驼形突出，在中部有纵沟，具密刻点皱。触角着生于靠头管端的 1/3 处，触角最末一节尖端非常尖锐而弯曲，棒节也很长并被覆鳞片。前胸背板明显长圆形，在基部及前端缢缩，在前缘具明显隆凸；表面具细横皱及稀而小的刻点。鞘翅逐渐向后扩宽，具规则的刻点沟，行间明显突出，光秃，有光泽。足细长，胫节内侧有微齿，前足胫节具浅凹。中胸及后胸后侧片密布直立的毛，腹面全部及臀板密布大刻点。雌虫的颈部明显短，头部加上颈部的长为宽的 2 倍。头管短，触角着生于头部的中央，触角各节不长；第 1 节比雄虫更细，第 3 节及第 4 节几乎相等，刚好长于雄虫触角第 3 节的一半。雌虫胫节较短较扁，端部外角和近内角均有钩，内角有小齿。

分布：浙江、黑龙江、吉林、辽宁、北京、河北、山西、山东、河南、陕西、青海、江苏、上海、安徽、湖北、江西、福建、台湾、广东、海南、香港、四川、云南；俄罗斯，朝鲜，韩国，日本。

寄主：麻栎、榛、蒙古栎。

（859）似短尖角象 *Paracycnotrachelus consimilis* Voss, 1929

Paracycnotrachelus consimilis Voss, 1929a: 145.

主要特征：喙较短粗，头在眼后向后延长成近圆锥状；眼大，凸隆，两眼之间较宽，略凸隆；雄虫触角长，索节第 2 节卵圆形，第 3–6 节长卵形，索节 2–6 端部向内略凸隆，呈栉齿状，触角棒细，端部尖；前胸背板梯形，端部远窄于基部，前胸背板背面无中沟或刻点；小盾片宽远大于长，舌状；鞘翅近长方形，肩发达，行间窄且凸隆，行纹刻点粗大。

　　分布：浙江、北京、河北、山东、陕西、甘肃、江苏、安徽、湖北、湖南、海南。

344. 栉齿角象属 *Paratrachelophorus* Voss, 1924

Paratrachelophorus Voss, 1924: 44. Type species: *Paratrachelophorus brachmanus* Voss, 1924.

Morphotrachelophorus Legalov, 2003a: 577. Type species: *Paratrachelophorus marsi* Legalov, 2003.

Pseudoparaphorus Legalov, 2003a: 575. Type species: *Apoderus potanini* Faust, 1890.

Cyanotrachelophorus Legalov, 2007: 375. Type species: *Cycnotrachelus fukienensis* Voss, 1949.

　　主要特征：体壁红褐色。喙短粗，头在眼后向后延长成近圆锥状，较长；眼大，凸隆，两眼之间较宽，略凸隆；雄虫触角长，索节 2 卵圆形，索节 3–6 长卵形，索节 2–6 端部向内略凸隆，呈栉齿状，触角棒细，端部尖；前胸背板梯形，端部远窄于基部，前胸背板背面无中沟或刻点；小盾片宽远大于长，舌状；鞘翅近长方形，肩发达，行间窄且凸隆，行纹刻点粗大；中胸瘤突不十分明显；腹板凸隆，稀具刻点，臀板刻点细密；足细长，腿节略粗，胫节长，端部向内弯曲，端部内缘具齿。

　　分布：古北区，东洋区。古北区已知 14 种，中国记录 11 种，浙江分布 2 种。

（860）贝氏栉齿角象 *Paratrachelophorus belokobylskii* Legalov, 2007

Paratrachelophorus belokobylskii Legalov, 2007: 373.

　　主要特征：体壁黄褐色，触角、胫节、跗节、腹板、小盾片黄色，腿节端部颜色深。头较长，额宽，略凸隆，光滑，头在眼后延长且向基部狭缩成颈部，颈部光滑；眼大，凸隆；喙较短；触角长，向后达前胸背板，柄节卵形，索节 2 卵形，较窄，索节 3–5 均为长卵形，长于索节 1，索节 6、7 较短，触角棒窄，端部尖；前胸背板梯形，背面凸隆，具中线；小盾片宽，多边形；鞘翅近长方形，中部之后最宽，肩发达，行间宽、凸隆、光滑，行纹刻点大；腹板凸隆，稀布刻点；臀板具细刻点；足细长，胫节略弯，跗节长。

　　分布：浙江（安吉）。

（861）刻纹栉齿角象 *Paratrachelophorus foveostriatus* (Voss, 1930)

Paracycnotrachelus foveostriatus Voss, 1930a: 88.

　　主要特征：体壁黑红色，后足腿节端部黑色。头细长，圆锥形，长为宽的 3 倍；眼相当凸隆，额宽大于眼的直径，额上具 3 条较扁平的纵沟；喙长为宽的 1.5 倍，前端背面具细刻点；触角着生于喙的中部之后，柄节棒状，长为宽的 2 倍，索节 1 长宽相等，索节 2 长为索节 1 的 1.5 倍，索节 3 和 5 长度相等，短于索节 2，索节 4 略短于索节 2，索节 6、7 长宽相等；触角棒节 1 长大于宽，棒节 2、3 宽大于长；前胸背板长大于宽，两侧向前逐渐狭缩，两侧直；鞘翅长略大于宽，两侧平行，行纹刻点深；腹板密布细刻点。

　　分布：浙江、海南、云南。

345. 斑卷叶象属 *Paroplapoderus* Voss, 1926

Paroplapoderus Voss, 1926: 41. Type species: *Apoderus fallax* Gyllenhal, 1839.

Erycapoderus Voss, 1926: 69. Type species: *Apoderus angulipennis* H. J. Kolbe, 1886.

Gomadaranus Kôno, 1930a: 48. Type species: *Apoderus vitticeps* Jekel, 1860.

Pseudplapoderus Legalov, 2003a: 501. Type species: *Apoderus tentator* Faust, 1895.

主要特征：体壁全部黄褐色或红褐色，具黑色斑点，通常前胸背板中部左右各具 1 个黑色斑点，或者前胸背板和鞘翅黑色，其余部分红褐色。前胸背板宽远大于长，具褶皱，背面具 1 中沟，基部有 2 个瘤突；鞘翅肩有小瘤突，鞘翅背面有 4 个刺突，鞘翅中部最宽；中胸具 1 小瘤突，指向前胸背板；臀板无斑点；阳茎端部直，内囊具 1 长片状结构。

分布：古北区，东洋区。古北区已知 20 种，中国记录 15 种，浙江分布 3 种。

（862）伪斑卷叶象 *Paroplapoderus fallax* (Gyllenhal, 1839)

Apoderus fallax Gyllenhal, 1839: 287.

主要特征：背面体壁红褐色，腹面黑色，触角、足颜色较浅，前胸背板和鞘翅具黑色的瘤突。头卵形，额上具斑；眼半球形，黑色；喙短粗；触角短；前胸近三角形，背面扁平，具刻点，背面具 2 个黑斑；小盾片黑色，三角形；鞘翅具发达的肩，行纹明显，行间窄，具黑色瘤突；臀板半圆形。

分布：浙江、黑龙江、辽宁、北京、河北、山西；俄罗斯，蒙古国，尼泊尔。

（863）朴圆斑卷叶象 *Paroplapoderus turbidus* Voss, 1926

Paroplapoderus turbidus Voss, 1926: 63.

主要特征：体长 6.0–6.5 mm。体壁橘红色，额具黑色斑纹，眼后具长条形的黑斑，前胸背板背面具 4 个黑斑，前胸背板两侧和中胸黑色，前足基节基部具黑色圆斑，腿节前端黑色，臀板具黑色斑纹。头在眼后略洼陷；额明显具皱纹；头顶具 1 窄中沟，中沟两侧略呈褶皱状；颊长于额的宽度；喙宽大于长，前端具刻点；触角着生于喙的基部两侧；前胸背板宽大于长，两侧近平行，近前端处略狭缩，在前胸背板基部之前具 1 横向的深凹陷；小盾片宽大于长，三角形，后端角钝圆，小盾片后半部分具细刻点；鞘翅长略大于宽，后端钝圆，肩钝圆且明显，行纹刻点大，行间与行纹一样宽；臀板具大而深的刻点。

分布：浙江、辽宁、北京、山西、山东、陕西、江苏；朝鲜，韩国。

（864）大斑卷叶象 *Paroplapoderus validus* Voss, 1926

Paroplapoderus validus Voss, 1926: 70.

Paroplapoderus nigroguttatus Kôno, 1930a: 51.

主要特征：体壁黄褐色至红褐色，触角、腿节基部、胫节和跗节浅黄色，额具黑色的斑纹，前胸背板中部、小盾片、臀板基部及身体两侧具黑色斑纹。头顶较圆，头在眼后的部分略短于额宽，额具 1 深中纵沟；喙宽大于长，向端部略扩宽，在触角着生处具 1 宽的中纵沟；触角着生于喙基部之前，柄节棒状，长为宽的 3 倍，索节 1 卵形，长略大于宽，索节 2 短，长略大于宽，索节 4 略长于索节 1，其余各节宽大于长，触角棒宽卵形，短；前胸背板宽大于长，向端部强烈狭缩，近圆锥形，背面具中沟，两侧具褶皱；小盾片三角形，端部较钝；鞘翅长略大于宽，肩钝圆，凸隆，行纹刻点明显，两侧行纹刻点坑状；胫节粗壮，直，前足胫节长于中、后足的。

分布：浙江、北京、山东、河南、甘肃、江苏、安徽、福建、台湾、四川；东洋区。

346. 瘤卷象属 *Phymatapoderus* Voss, 1926

Phymatapoderus Voss, 1926: 71. Type species: *Apoderus latipennis* Jekel, 1860.

主要特征：头在眼后最高；鞘翅具 2 个黑色瘤突，两侧行纹明显，通常不具斑纹；腹板第 1 节片状；雄虫阳茎内囊骨化不强烈。

分布：古北区，东洋区。古北区已知 9 种，中国记录 8 种，浙江分布 3 种。

（865）长瘤卷象 *Phymatapoderus elongatipes* Voss, 1926

Phymatapoderus elongatipes Voss, 1926: 72.

主要特征：体壁黑色，触角、足、臀板、腹板两侧黄色。臀板被短刚毛；头长大于宽，圆锥形，两侧略凸圆，背面中沟很细，仅在额窝处略宽；眼较扁平；喙长宽近相等，向端部略扩宽，背面具刻点，在触角着生处具 1 浅沟；触角着生于喙基部之前，柄节棒状、略弯，长约为宽的 2 倍，索节 1 卵形，长略大于宽，索节 2、3 的长度与索节 1 近相等，索节 4 和 5 长宽相等，其余索节宽大于长；前胸背板长宽相等，圆锥形，两侧略凸圆，前胸背板前缘长度为后缘的 1/3，背面中部之前略具浅中沟，两侧具浅洼；小盾片宽远大于长；鞘翅长约为宽的 1.5 倍，两侧近平行，行纹细，鞘翅基部较明显，行间相等扁平，密布细刻点，鞘翅中部之前各具 1 相当明显的略呈圆锥形的瘤突；腹板和臀板密布刻点；足细长，胫节直。

分布：浙江、湖北、广西、四川、贵州、云南；缅甸。

（866）黄足瘤卷象 *Phymatapoderus flavimanus* (Motschulsky, 1860)

Apoderus flavimanus Motschulsky, 1860b: 171.

Phymatapoderus pavens Voss, 1926: 74.

主要特征：体壁黑色，足除后足腿节端部之外的其他部分、触角、腹板、臀板黄色。头的基部具圆斑，眼后具红褐色的小斑点，胫节、腹板最后一节、臀板具黄色短毛；头长大于宽，向基部逐渐狭缩，头两侧略凸隆，中沟达到额的后端，中沟两侧具斜向的细褶皱；额后端具细刻点；眼内缘具深沟，达到喙的基部，两眼之间具褶皱；喙长不大于宽，端部宽，向基部渐细，触角着生于喙的近基部处，触角着生处略凸隆；触角柄节长为宽的 2.5 倍，索节 1 长于索节 2；前胸背板具浅中沟，中沟两侧由刻点组成的沟呈 V 形，背面中间具不规则的刻点；鞘翅具肩，行纹刻点小，行间宽，具细刻点；臀板密布刻点。

分布：浙江、黑龙江、辽宁、江西、福建、四川、云南；俄罗斯，朝鲜，韩国，日本。

（867）黑瘤卷象 *Phymatapoderus latipennis* (Jekel, 1860)

Apoderus latipennis Jekel, 1860: 179.

Phymatapoderus monticola Voss, 1926: 75.

Phymatapoderus yunnanicus Voss, 1929b: 227.

主要特征：头、胸、鞘翅、腹部大部分和腿节基部为黑色，其余部分为黄色。头长等于宽或略大于宽，基部逐渐缩窄，无颈区，中纹略明显；额两侧有 2 条弧形纵沟。眼小，凸隆。喙短，长宽约相等，背面密布刻点。触角着生于喙基部，着生处不特别隆起，中沟浅宽。触角柄节较长，约为索节前 3 节之和，触角棒 3 节、紧密，长卵形。前胸宽大于长，基部宽，前缘缢缩，比后缘窄得多，两侧圆，略呈钟罩形，后缘有细隆线，近基部横沟浅，背面散布细刻点，有少量的纵皱纹或刻痕，小盾片宽大于长，略呈半圆形。鞘翅胝形成尖突，两侧平行，端部放宽，行纹刻点小而圆，端部刻点变得更细，行间宽而平，行间 3 中间之后有 1 个圆形瘤突。足细长，胫节外缘直，内缘有 1 列小齿。雄虫胫节外端角有钩；雌虫胫节较宽，外端角和近内角有钩，内角有小齿。

分布：浙江（临安）、甘肃、江苏、湖北、江西、湖南、福建、台湾、广东、四川、贵州、云南；蒙古国，朝鲜，韩国，日本。

347. 腔卷象属 *Physapoderus* Jekel, 1860

Physapoderus Jekel, 1860: 170. Type species: *Attelabus biguttatus* Fabricius, 1801.

Paracentrocorynus Voss, 1929a: 97. Type species: *Attelabus biguttatus* Fabricius, 1801.

Eocentrocorynus Legalov, 2003a: 561. Type species: *Apoderus aemulus* Faust, 1894.

Formosusorynus Legalov, 2003a: 566. Type species: *Centrocorynus gracilicornis* Voss, 1929.

Neocorynidius Legalov, 2003a: 567. Type species: *Centrocorynus ruficlavis* Voss, 1929.

Phrysapoderus: Legalov, 2003a: 561. [NA, ISS]

Aphrysapoderus Legalov, 2007: 365. Type species: *Apoderus pulchellus* Pascoe, 1883.

Eophrysapoderus Legalov, 2007: 365. Type species: *Apoderus crucifer* Heller, 1922.

主要特征：体壁红褐色。头在眼后强烈延长，喙很窄；眼大，凸隆；头顶凸隆。雄虫触角长，触角棒细，最末节多少延长且端部尖；雌虫触角较短，触角棒最后一节端部不尖。前胸背板梯形，端部远窄于基部，前胸背板在端部边缘之后有缢缩；小盾片舌状，宽远大于长；鞘翅近长方形，肩发达，行间扁平或凸隆，行纹明显或不明显，行纹刻点小或大而深；中胸具瘤突；腹板凸隆，臀板具刻点；足长，腿节粗，胫节长，雄虫胫节较雌虫长，弯，雄虫胫节端部不具齿。

分布：古北区，东洋区。古北区已知 11 种，中国记录 10 种，浙江分布 2 种。

（868）十字腔卷象 *Physapoderus crucifer* (Heller, 1922)

Apoderus crucifer Heller, 1922: 13.

Centrocorynus maculipennis Voss, 1929a: 108.

Leptapoderus langanus Pic, 1929a: 25.

主要特征：体壁红褐色，头背面、前胸背板、腹板和鞘翅上的 4 个斑纹浅红色。头在眼后的部分长约为宽的 3 倍，圆锥形，额具 1 宽中沟，中沟两侧略呈隆脊状；眼相当凸隆，眼的直径略长于额宽；喙长约为宽的 2 倍，基部 1/2 两侧近平行，向端部明显放宽，密布刻点，触角着生处喙略凸隆；触角着生于喙中部，柄节棒状，长为宽的 2.5 倍，索节 1 卵形，长为宽的 1.5 倍，索节 2 略长于索节 1，索节 3 和 5 均略长于柄节，索节 4 最长，索节 7 与索节 2 长度相等，触角棒节 1 和 2 等长，长为宽的 1.5 倍，棒节 3 较短，但是长大于宽；前胸背板长宽近相等，圆锥形，背中沟细，仅在基部处略深；小盾片宽大于长，梯形；鞘翅长为宽的 1.5 倍，两侧近平行，行纹刻点在鞘翅基部较明显，在鞘翅端部略浅而细，行间 1–4 宽于相邻的行纹，略凸隆；臀板密布刻点；中足、后足胫节较短，前足胫节长。

分布：浙江、青海、福建、广东、海南、广西、贵州、云南；缅甸，马来西亚，文莱，印度尼西亚。

（869）细角腔卷象 *Physapoderus gracilicornis* (Voss, 1929)

Centrocorynus gracilicornis Voss, 1929a: 98.

主要特征：体壁红色，鞘缝略深，触角棒黑色。头在眼后的部分长约为宽的 3 倍，头在眼后较宽，瓶状，基部略呈圆锥形，额宽与眼的直径等长；眼相当凸隆；喙长约为宽的 2 倍，中部强烈呈弓形；触角着生于喙的中部之前，柄节棒状，长为宽的 2 倍，索节 1 卵形，长略大于宽，索节 2 与柄节长度相等，索节 3 与柄节和索节 1 长度之和相等，索节 4 最长，索节 5 略短于索节 3，索节 6 长约为宽的 1.5 倍，且略长于索节 7，触角棒各节长均为宽的 2 倍，端部尖；前胸背板长大于宽，两侧直，圆锥形，前缘半圆形，基部之前具 1 横向的浅凹；小盾片宽大于长，梯形；鞘翅长为宽的 1.5 倍，肩发达，行纹刻点在鞘翅基部 1/2 相当明显，在近端部处变浅，鞘翅两侧行纹刻点粗大，行间在近鞘缝处宽于其余行间，行间不具刻点；腹面不具刻点；胫节细长，后足胫节略弯。

分布：浙江、江苏、湖北、福建、广东、海南、广西、云南；缅甸。

348. 伪卷象属 *Pseudallapoderus* Legalov, 2003

Pseudallapoderus Legalov, 2003a: 477. Type species: *Apoderus sissu* G. A. K. Marshall, 1913.

主要特征：体壁浅黄褐色具光泽，鞘翅具黑色斑点，足黄色，胫节端部颜色变深。头卵形，眼大且凸隆，额宽，略凸隆；头在眼后延长，向后逐渐狭缩变细；触角短粗，触角棒端部略钝；前胸背板钟罩形，前胸背板前缘强烈狭缩，背面中间具横向的皱纹，具中沟；小盾片近半圆形；鞘翅近长方形，不具瘤突或刺，鞘翅肩突出，行间宽且凸隆，行间刻点不明显；腹板凸隆；足较长，腿节略粗，胫节弯，胫节内缘呈细锯齿状，具小齿。

分布：古北区，东洋区。古北区已知 6 种，中国记录 4 种，浙江分布 1 种。

（870）黑伪卷象 *Pseudallapoderus funebris* (Voss, 1930)

Apoderus funebris Voss, 1930a: 85.

主要特征：体壁黑色。头长为宽的 1.25 倍，细长，近三角形，头顶处略圆，发亮；眼较突出，额宽大于眼的直径，具细纵沟；喙长略大于宽，触角着生于喙的中部之后；触角柄节长为宽的 1.5 倍，索节 1–4 长宽相等，其余各节宽大于长；前胸背板宽大于长，圆锥形，前缘略圆，中沟较浅；小盾片宽大于长；鞘翅长大于宽，两侧平行，行纹细，行间扁平，远宽于行纹，具不规则的褶皱；臀板密布刻点；胫节略弯。

分布：浙江、湖北、福建；越南。

钳颚象族 Attelabini Billberg, 1820

349. 弓唇象属 *Cyrtolabus* Voss, 1925

Cyrtolabus Voss, 1925a: 241. Type species: *Attelabus christophi* Faust, 1884.

主要特征：体壁深蓝色，有金属光泽。喙短粗，眼略凸隆；触角棒较紧密，端部尖；前胸背板两侧凸圆，中间之后最宽，顶端凸隆，基部远长于端部，基部之前具横向的细褶皱；小盾片较大，舌状；鞘翅近方形，肩明显；前足腿节略膨大，粗于中后足，前足胫节内缘锯齿状。

分布：古北区。古北区已知 6 种，中国记录 6 种，浙江分布 1 种。

（871）蓝弓唇象 *Cyrtolabus mutus* (Faust, 1890)

Attelabus mutus Faust, 1890b: 425.

主要特征：体长 4.87–5.24 mm。体深蓝色，触角和足黑色。头短，刻点细而分散；喙长大于宽，端部放宽，密布刻点；触角着生于喙中部，柄节与索节 1 等长，长大于宽，索节 2 长等于宽，索节 3 长等于索节 1，索节 4 较短，索节 5、6 长宽相等，索节 7 宽大于长，棒节 1、2 节宽大于长；前胸宽大于长，侧缘圆凸，前缘缩窄，基部有细横皱，背面刻点细而分散；小盾片近方形，表面有细刻点；鞘翅较短，两侧平行，行纹刻点小，由基至端减弱，有小盾片行，行纹 9、10 在第 1 腹板之上愈合，行间宽面平，有皱刻点。臀板密布刻点，前足腿节腹面有多个小齿突。

分布：浙江、黑龙江、河北、山西、陕西、甘肃、江苏、湖北、江西、四川、云南；俄罗斯，韩国。

切象族 Euopini Voss, 1925

350. 切象属 *Euops* Schoenherr, 1839

Euops Schoenherr, 1839: 318. Type species: *Attelabus falcatus* Guérin-Méneville, 1833.

Kobusynaptops Kôno, 1927: 40. Type species: *Euops pustulosus* Sharp, 1889.

Charops Riedel, 1998: 100. Type species: *Euops paradoxus* Voss, 1935.

Riedeliops Alonso-Zarazaga *et* Lyal, 2002: 10. Type species: *Euops paradoxus* Voss, 1935.

Parasynaptopsis Legalov, 2003a: 377. Type species: *Euops chinensis* Voss, 1922.

Morphoeuops Legalov, 2003a: 377. Type species: *Morphoeuops yunnanicus* Legalov, 2003.

Parasynatops Legalov, 2003a: 378. Type species: *Attelabus politus* Roelofs, 1874.

Macrodentipes Liang *et* X. Y. Li, 2005: 266. Type species: *Morphoeuops yunnanicus* Legalov, 2003.

Asynaptops Legalov, 2007: 225. Type species: *Euops keiseri* Voss, 1957.

Asynaptopsis Legalov, 2007: 225. Type species: *Asynaptops colombensis* Legalov, 2007.

Indoeuops Legalov, 2007: 236. Type species: *Euops andrewesi* Voss, 1935.

Neparasynatops Legalov, 2007: 240. Type species: *Parasynatops moanus* Legalov, 2003.

Vietsuniops Legalov, 2007: 223. Type species: *Suniops gorochovi* Legalov, 2003.

Orienteuopsidius Legalov, 2008: 215. Type species: *Riedeliops rasuwanus* Legalov, 2003.

主要特征：体壁蓝色、黑色或褐色，有金属光泽。喙粗而短，刻点细；眼中等大小，不凸隆，彼此不接近或几乎接近；额凸隆，刻点小；头顶凸隆，具刻点；触角棒节相当窄，紧密，端部略尖；前胸背板宽略大于长，两侧凸圆，背面凸隆，具细小的刻点，刻点稀疏，前胸背板背面具浅的横向中沟；小盾片相当窄，近长方形；鞘翅近长方形，宽，向端部略狭缩，肩发达，行间宽，平滑，行纹刻点稀疏，行纹 9 和 10 在第 1 腹板前合并；腹板凸隆，具毛簇；足相当长，前足胫节长，内缘在中间向内突出，内缘呈二凹形，跗节长。

分布：世界广布。世界已知 144 种，中国记录 46 种，浙江分布 3 种。

（872）钱氏切卷象 *Euops championi* Voss, 1929

Euops championi Voss, 1929b: 217.

主要特征：体壁黑色，头、腿节、前胸两侧前缘、腹部具绿色光泽。眼彼此相连；前胸背板向前狭缩，具粗大刻点，刻点之间的空隙具细刻点；鞘翅基部 1/2 两侧几乎平行，行纹刻点明显，每一行间具 1 列大而浅的刻点，行纹 1 从鞘翅基部至端部逐渐向鞘缝靠近，行纹 9 和 10 在超过腹板 1 后缘处汇合。

分布：浙江、福建、台湾、海南、广西、贵州；印度，缅甸。

（873）中国切卷象 *Euops chinensis* Voss, 1922

Euops chinensis Voss, 1922a: 166.

主要特征：体壁绿色有金属光泽，发亮；头部黄色，鞘翅蓝色或紫色，前胸背板具 1 对纵向的紫色条带。眼明显分开；头部狭缩；前胸背板具刻点，且刻点排列成旋涡状，刻点不成褶皱；鞘翅向后渐窄，行纹 1 从基部向端部逐渐向鞘缝靠近，行纹 9 和行纹 10 在腹板 1 的中部左右汇合；雄虫前足胫节长且弯，腹板 1–3 具连续的凹陷，且腹板 1–3 均具 1 被短柔毛和密布刻点的中洼；阳茎内囊骨片长。

分布：浙江（临安）、江苏、湖北、江西、湖南、福建、台湾、广东、广西、贵州。

（874）黑切卷象 *Euops niger* Kôno, 1927

Euops niger Kôno, 1927: 41.
Attelabus splendens Roelofs, 1874: 139. [HN]
Euops splendidus Voss, 1930b: 35. [RN]
Parasynaptopsis niger Legalov, 2003a: 378.

主要特征：体壁黑色，触角红色；前胸背板中间和两侧各具 1 驼峰状隆起，刻点排列成螺旋状且靠近隆起的部分；鞘翅长方形，肩较明显，行纹规则，行间较宽。

分布：浙江；俄罗斯，朝鲜，韩国，日本。

茸卷象族 Euscelophilini Voss, 1925

351. 茸卷象属 *Euscelophilus* Voss, 1925

Euscelophilus Voss, 1925b: 30. Type species: *Euscelus chinensis* Schilsky, 1906.
Euscelophilidius Legalov, 2003a: 463. Type species: *Euscelus gibbicollis* Schilsky, 1906.
Cupreuscelophilus Legalov, 2005: 130. Type species: *Cupreuscelophilus mayongi* Legalov *et* N. Liu, 2005.
Euscelophiloides Legalov, 2007: 292. Type species: *Euscelophilus rugulosus* X.-C. Zhang, 1995.

主要特征：额宽，头顶较短；前胸背板横宽，有刻纹或突起；鞘翅刻点大而深，坑状，背面覆有倒伏的柔毛，排列成各种图纹；小盾片横阔，梯形；前足基节位于前胸腹板前缘，腿节有齿，胫节宽而扁平。

分布：古北区，东洋区。世界已知 17 种，中国记录 17 种，浙江分布 2 种。

（875）齿腿茸卷象 *Euscelophilus denticulatus* X.-C. Zhang, 1995

Euscelophilus denticulatus X.-C. Zhang, 1995: 481.

主要特征：体长 5 mm，体宽 3 mm。体表黑色，头、足、腹板及臀板稀被白毛，小盾片、前胸及中后胸密被银白色绒毛；鞘翅具斑，斑纹由银白色绒毛组成，位于鞘翅基部 3/5 处、呈倒三角形，侧边近中部分出 1 横带，下顶角分出八字形斜带，其他部分几乎光裸。头较长，向下伸，表面有细皱纹和刻点，头顶前端有中隆脊，向前延伸至额之间，向后与中沟相接，中脊两侧有细的环形皱纹。额与喙基部等宽，中间略凹。眼略突出。喙短，长略大于宽，向端部略放宽，表面有小凹刻。触角着生于喙基部，柄节略长于索节 2，索节 1 长于 3，索节 4 和 5 球形，索节 6 和 7 宽大于长；触角棒节 1 和 2 宽大于长。前胸背板宽略大于长，前缘略缢缩，侧缘向前略狭缩，背面中央有极高的隆凸，其侧有细皱纹。小盾片横阔，梯形。鞘翅长约为宽的 2 倍，在小盾片侧后缘略隆凸，条纹由较深的坑组成；行间较宽，行间 3、5 略隆凸，行间 5 端部略向后突起，行间 7 的前 1/3、行间 9 后半部分形成纵脊。臀板外露，有稀疏小凹刻。足较短，腿节近端部腹面有 1 小刺突，前足腿节小刺突后有粗糙的小齿，胫节扁而宽，雄虫胫节端部有 1 红色爪形齿，雌虫胫节端部有 2 个红色爪形齿。

　　分布：浙江（临安）、北京、湖北、福建、广东、海南、广西、四川、贵州。

（876）马氏茸卷象 *Euscelophilus mayongi* (Legalov *et* N. Liu, 2005)

Cupreuscelophilus mayongi Legalov *et* N. Liu, 2005: 131.

　　主要特征：体壁黑色，头、喙、前胸背板、鞘翅、小盾片、腹板红铜色，体表密被倒伏的刚毛。喙短而宽，密布刻点，触角着生于喙近基部处。眼凸隆。额宽，中间强烈凹陷，密布刻点和褶皱，具中隆脊。头在眼后延长，向后略狭缩，粗糙具刻点。触角短，仅达到前胸背板前缘，触角柄节和索节 1 宽卵形，索节 2 窄于索节 1，长度与索节 1 相等，索节 3 短、卵形，索节 4 圆形，索节 5 和 6 宽大于长，索节 7 宽远大于长，与触角棒接近；触角棒短、密实，远短于索节，棒节 1 与棒节 3 等长，棒节 2 略短于棒节 1。前胸背板宽大于长，两侧略凸圆，背面中间凸隆、密布刻点和褶皱，中隆线两侧具凹陷。小盾片宽，三角形，密布刻点。鞘翅长远大于宽，肩略圆，行间宽、略凸隆，密布刻点，行纹清晰，行纹刻点大且密，行纹 9 和 10 在鞘翅近端部汇合。腹部凸隆，密布褶皱和刻点，臀板略凸隆，密布刻点。腿节粗，具 1 齿，胫节几乎直。

　　分布：浙江（安吉）。

亮卷象族 Lamprolabini Voss, 1925

352. 须卷象属 *Henicolabus* Voss, 1925

Henicolabus Voss, 1925a: 224. Type species: *Attelabus giganteus* Faust, 1882.

Allolabus Voss, 1925a: 214. Type species: *Attelabus lewisii* Sharp, 1889.

Eoallolabus Legalov, 2003a: 442. Type species: *Henicolabus simplex* Voss, 1925.

Jekelilabus Legalov, 2003a: 441. Type species: *Attelabus octomaculatus* Jekel, 1860.

Henicolaboides Legalov, 2007: 283. Type species: *Henicolabus kuitchauensis* Legalov, 2003.

　　主要特征：体壁光滑发亮，无鳞片。喙短粗；眼半圆形，强烈凸隆；触角棒卵形；下唇须退化；前胸背板凸隆；小盾片大，舌状；鞘翅长方形，行纹明显，行间扁平；腿节具齿或无齿，前足腿节明显粗于中、后足腿节，胫节长。

　　分布：古北区，东洋区。古北区已知 16 种，中国记录 15 种，浙江分布 2 种。

（877）路氏须卷象 *Henicolabus lewisii* (Sharp, 1889)

Attelabus lewisii Sharp, 1889: 53.

　　主要特征：体长 6.0–6.5 mm；体壁红褐色，仅头、前足胫节和跗节、中足、后足黑色。前足腿节远粗于中、后足腿节，不具齿；前足胫节远长于中、后足胫节，前足胫节内缘具 7–8 个齿，雄虫的前足远粗于且长于雌虫的；前胸背板球形，中间最宽，基缘略呈二曲状，基缘的中间在小盾片之前的部分平直；鞘翅发亮，长方形，长略大于宽，行纹刻点小而圆，行间不具刚毛。

　　分布：浙江、黑龙江、湖北、福建；朝鲜，韩国，日本。

（878）刺须卷象 *Henicolabus spinipes* (Schilsky, 1906)

Attelabus spinipes Schilsky, 1906: nr. 88.

Henicolaboides nigrocapitus Legalov, 2007: 283.

　　主要特征：体形细长；体壁黑色，发亮，头基部、触角黑色，前胸背板、鞘翅和腹板红色。头短，光滑，头在眼后的部分与额宽等长，额基部具 1 细中线；喙短粗，喙基部背面具 1 宽而短的深中沟。触角索节 1 长大于宽，索节 2 短于索节 3，索节 3–5 均长大于宽，索节 6 和 7 较圆；触角棒长，圆筒状，密布柔毛。前胸背板宽大于长，两侧凸圆，前缘后具横向凹陷，背面无刻点；鞘翅长大于宽，长圆形，行纹刻点明显，小盾片之后鞘缝两侧的短刻点行可见，行间光滑无刻点；足粗壮，前足长于中足、后足，腿节具齿，雄虫胫节略弯，雌虫胫节直，内缘锯齿状。

　　分布：浙江、北京、江苏、江西、湖南、福建、台湾、广东、广西、四川、贵州、云南。

353. 唇象属 *Isolabus* Voss, 1925

Isolabus Voss, 1925a: 214. Type species: *Isolabus jekeli* Legalov, 2002.

　　主要特征：体壁金属蓝色。头圆锥形，通常长远大于宽，头在眼后两侧具隆脊；眼凸隆，半球形；额通常宽于眼的直径；触角着生于喙中部，索节长大于宽，触角棒和索节分隔不明显；前胸背板宽大于长，两侧凸圆，前后缘狭缩；小盾片方形；鞘翅长大于宽，在小盾片之后具横向的凹陷；前足粗壮，前足胫节细长，强烈弯曲。

　　分布：古北区，东洋区。古北区已知 4 种，中国记录 4 种，浙江分布 2 种。

（879）杰克唇象 *Isolabus jekeli* Legalov, 2002

Attelabus caeruleus Jekel, 1860: 202. [HN]

Isolabus jekeli Legalov, 2002: 92. [RN]

　　主要特征：体壁深蓝紫色，光滑发亮。喙短粗，触角着生于喙背面，触角棒长棒状；眼凸隆；头在眼后两侧几乎平行；前胸背板凸隆，两侧凸圆；小盾片明显；鞘翅长方形，长大于宽，行纹刻点小而圆，行间宽；前足腿节明显粗于中足、后足腿节，前足胫节直，内缘细锯齿状，前足胫节端部具大而锐的钩。

　　分布：浙江、江苏、上海、江西、福建、香港；日本。

（880）大唇象 *Isolabus magnus* Voss, 1925

Attelabus longicollis Fairmaire, 1894a: 222. [HN]

Isolabus magnus Voss, 1925a: 215.

　　主要特征：体壁金属蓝色，触角棒、小盾片、头的部分区域为黑色。头长为宽的 2 倍，基部略狭缩，两侧具隆脊；眼大，半球形；喙长为宽的 2 倍，较弯。触角着生于喙的中部，柄节长不大于宽，几乎为球形；索节 1 略短于柄节，索节 2 较短，长宽近相等，索节 3–5 与柄节和索节 1 的长度之和相等，索节 6 短，长为宽的 1.5 倍，索节 7 与索节 5 长度相等；触角棒节 1 和 2 长为宽的 2 倍，棒节 3 端部尖。前胸背板宽大于长，从基部 1/4 处开始向前逐渐狭缩，背面密布细刻点，两侧刻点更密集，侧面形成褶皱；小盾片方形，宽大于长；鞘翅长为宽的 1.5 倍，基部 1/3 具横向的凹陷，鞘翅两侧在肩后略狭缩，之后向端部扩宽成圆形，行纹刻点在鞘翅基部较大而明显，在凹陷之后变细小，行间宽而扁平，不具刻点；臀板密布刻点；前足粗壮，前足胫节细长且弯。

分布：浙江、山东、河南、陕西、江苏、湖北、江西、湖南、福建、广西、四川、贵州、西藏；老挝。

354. 尖翅象属 *Lamprolabus* Jekel, 1860

Lamprolabus Jekel, 1860: 189. Type species: *Attelabus bispinosus* Gyllenhal, 1833.

主要特征：喙较短且直，触角着生处之前背面具刻点；触角着生于喙背面，两触角着生处之间的喙背面呈褶皱状，触角棒长棒状；眼大，相当凸隆，突出于头表面；前胸背板凸圆，光滑，基部最宽；小盾片宽大，舌状；鞘翅具肩，在小盾片后沿着鞘缝具短刻点行，行纹刻点较小，行间宽且较平坦，鞘翅在中部之前靠近两侧各具 1 指向外侧的圆锥状锐突；腿节不具齿，前、中、后足胫节内缘均为锯齿状。

分布：古北区，东洋区。古北区已知 8 种，中国记录 8 种，浙江分布 1 种。

（881）安吉尖翅象 *Lamprolabus anjiensis* Legalov, 2007

Lamprolabus anjiensis Legalov, 2007: 277.

主要特征：体长 6.3 mm；体壁黄褐色，鞘翅上半部分深褐色，鞘翅的刺突深褐色。喙短、直，向端部渐宽，喙背面刻点密集；眼大，凸隆；额平坦；头顶凸隆。触角短，柄节和索节 1 宽卵形，索节 2-5 卵形，索节 6 和 7 几乎圆；触角棒粗，长棒状，密实。前胸背板近梯形，背面凸圆，具细刻点，两侧略圆，基部最宽；小盾片宽，近半圆形；鞘翅近长方形，具肩，肩之后最宽，在肩之后各具 1 指向鞘翅两侧的三角形锐突，鞘翅行纹明显，行纹刻点大且密，小盾片后两侧各具 1 短刻点行，行间窄；腿节粗，不具齿，前足胫节细，内缘具锯齿。

分布：浙江（安吉）。

（二）齿颚象亚科 Rhynchitinae

主要特征：上唇决不真正分离；前胸背板近基部无隆脊；转节不放长，基节与腿节至少有部分接触；触角不呈膝状，触角棒为明显的三节；上颚外缘多少有齿，腹板 1-2 愈合，或上颚外缘无齿，腹板 1-4 愈合；体壁通常光滑，发亮，不被覆鳞片；爪分离。

分布：目前世界已记述种类约为 75 属 1250 余种，该类群全世界分布，在热带地区物种多样性最高，而新西兰地区则少有该类群的种类分布。中国已知 49 属 340 种。

奥卷象族 Auletini Desbrochers des Loges, 1908

355. 宽额象属 *Eumetopon* Voss, 1922

Eumetopon Voss, 1922b: 30. Type species: *Auletobius flavimaculatus* Voss, 1922.

主要特征：头宽大于长，密被细刻点；眼小，略凸隆；喙直，长于头和前胸背板之和；触角着生于喙的近中部；前胸背板长宽近相等，密布刻点，两侧略凸圆；小盾片梯形，具刻点。鞘翅长大于宽，两侧近平行，肩略发达；刻点较大，较密集，但不形成明显的行纹；足较长，跗节较宽大。

分布：古北区，东洋区。世界已知 2 种（古北区 1 种），中国记录 1 种，浙江分布 1 种。

（882）黄斑宽额象 *Eumetopon flavimaculatum* (Voss, 1922)

Auletobius flavimaculatum Voss, 1922b: 89.

Auletobius chinense Voss, 1939a: 608. [HN]

Eumetopon eduardi Legalov, 2003a: 13. [NA]

主要特征：头宽大于长，密被细刻点。眼小，略凸隆。额宽几乎与眼的直径一样长。喙直，远长于头和前胸背板之和；基部刻点不明显，略具细的纵皱纹，端部刻点密集，表面发亮具反光。触角着生于喙的近中部，触角沟上缘在喙的近中部处具隆脊，隆脊细且锐，向喙基部逐渐减弱。触角柄节长卵形；索节 1 长圆锥状，长于索节 2，与索节 3 近相等；索节 2 较短，长度与索节 4 近相等；索节 5 略短于索节 4；索节 6 长宽近相等，念珠状，索节 7 宽大于长，短于索节 6；触角棒节 1 和 2 宽大于长，棒节 3 较长，圆锥形，长大于宽。前胸背板长宽近相等，密布刻点，两侧略凸圆，中间之后最宽。小盾片梯形，具刻点。鞘翅长大于宽，两侧近平行，肩略发达；刻点较大，较密集，但不形成明显的行纹，鞘翅被覆极细的倒伏刚毛；在鞘翅背面、鞘缝两侧各有 4 个黄色刚毛状鳞片形成的毛簇斑点，基部的斑纹长椭圆形，之后各具 1 个较小的圆形斑纹，近中部和中部与鞘翅端部之间的斑纹大小形状近似，椭圆形，略长于基部斑纹长度的 1/2；鞘翅侧面从中部开始至端部具 4 个同样鳞片形成的斑纹，中部的斑纹大小形状与鞘翅背面中部的近似，侧面近端部的斑纹小而较圆，彼此构成三角形的 3 个顶点。后胸前侧片和中胸后侧片上均具黄色毛状鳞片形成的斑纹。足较长，跗节较宽大。

分布：浙江（临安）；老挝。

356. 伪奥象属 *Pseudomesauletes* Legalov, 2001

Pseudomesauletes Legalov, 2001: 53. Type species: *Auletes uniformis* Roelofs, 1875.

主要特征：体长 2.2–5.1 mm；体壁黑色，密被倒伏至直立的灰色至褐色的刚毛，偶尔形成斑点或条带。喙相当短至较长，略弯，向端部逐渐变宽，具刻点，喙的背面在触角着生处至额之间具隆脊或不具隆脊，雌虫的喙长于雄虫的；触角着生于中部之后，触角长，触角棒通常较窄；眼凸隆且大；额宽，强烈凸隆或略凸隆，具刻点；头顶具刻点，略洼或平坦；头在眼后不狭缩；前胸背板凸隆，具刻点，有光泽，具或不具中隆脊，在端部和基部分别狭缩；小盾片宽三角形；鞘翅近长方形，通常向端部逐渐变宽，鞘翅背面在小盾片之后略洼，肩较平滑，雄虫的鞘翅在端部之前具深色的斑点，行纹刻点深，但行纹在鞘翅基部不十分明显，行间凸隆；臀板被鞘翅遮蔽；腹板凸隆；腿节较粗，胫节直或略弯，爪具长齿。

分布：世界广布。世界已知 60 多种（古北区 30 种），中国记录 20 种，浙江分布 2 种。

（883）毛伪奥象 *Pseudomesauletes hirtellus* (Voss, 1941)

Auletobius hirtellus Voss, 1941a: 240.

主要特征：体长 2.8–2.9 mm；体壁颜色深，身体细长。喙较长而细，两侧近平行，在触角着生处至额之间具隆脊；眼凸隆；触角着生于喙中部；前胸背板两侧凸圆，基部略宽于端部，中间或中间之后最宽，背面无中纵脊；小盾片舌状；鞘翅具肩，从肩开始向端部逐渐扩成圆形之后在翅坡后狭缩成钝圆。

分布：浙江、河南、湖北、福建、广东、广西；越南。

（884）单形伪奥象 *Pseudomesauletes uniformis* (Roelofs, 1875)

Auletes uniformis Roelofs, 1875: 152.

Auletobius okinawaensis Voss, 1971: 43.

　　主要特征：体长 2.1–3.2 mm；体壁黑色，密被近倒伏的褐色的刚毛。喙相当短，略弯，向端部逐渐变宽，刻点密集，从额至触角着生处具隆脊；触角着生于中部之后；眼大，强烈凸隆；额宽，强烈凸隆，具刻点；头顶洼，具刻点；头在眼后不狭缩；触角长，柄节和索节 1 长卵形，索节 2–6 长大于宽，索节 7 圆形，触角棒窄，钝圆；前胸背板长宽近相等或宽略大于长，凸隆，具刻点，有光泽，不具中隆脊，在端部和基部分别狭缩；小盾片宽三角形；鞘翅长大于宽，向端部略变宽，肩较平滑，在鞘翅端部之前具深色的斑点，鞘翅刻点深，基部行纹可见，行间凸隆；臀板被鞘翅遮蔽；腹板凸隆，腹板 1 和 2 较长，凸隆，腹板 3–5 略凸隆。

　　分布：浙江、福建；俄罗斯，朝鲜，韩国，日本。

金象族 Byctiscini Voss, 1923

357. 盾金象属 *Aspidobyctiscus* Schilsky, 1903

Aspidobyctiscus Schilsky, 1903: U. Type species: *Rhynchites lacunipennis* Jekel, 1860.

Taiwanobyctiscus Kôno, 1929a: 128. Type species: *Byctiscus paviei* Aurivillius, 1891.

Parabyctiscus Legalov, 2003a: 330. Type species: *Aspidobyctiscus kazantsevi* Legalov, 2003.

Chinobyctiscus Legalov, 2005: 110. Type species: *Aspidobyctiscus mirabilis* Legalov *et* Liu, 2005.

Eobyctiscus Legalov, 2005: 104. Type species: *Byctiscus coerulans* Voss, 1929.

　　主要特征：体壁深蓝色、蓝紫色、绿色、金褐色或黑色，有金属光泽，被覆金色刚毛。喙较长且弯，向端部放宽，刻点密集，触角着生于喙的中部；额凸隆；眼中等大小，不凸隆；头在眼后不狭缩，向后渐宽；触角短粗，触角棒紧密，末节端部略尖；前胸背板宽略大于长，两侧凸圆，背面凸隆，刻点细密，具浅的中隆线；小盾片宽大于长；鞘翅近长方形，中部最宽，肩较发达，行间扁平或凸隆，具小刻点，行纹刻点小而圆或大而深，甚至部分刻点愈合在一起形成纵长的凹坑，行纹 9 和 10 在鞘翅中部愈合在一起；腹板凸隆，臀板凸隆，具细刻点；足细长，前足胫节略弯。

　　分布：古北区，东洋区。古北区已知 21 种，中国记录 18 种，浙江分布 3 种。

（885）蓝盾金象 *Aspidobyctiscus coerulans* (Voss, 1929)

Byctiscus coerulans Voss, 1929c: 28.

　　主要特征：体壁深蓝色有金属光泽。触角着生于喙的中部之前，触角索节 1 略长于柄节；前胸背板刻点细且稀疏；鞘翅行纹刻点规则，刻点较细小，彼此靠近，刻点间的距离小于刻点的直径，行纹 9 和 10 在鞘翅中部之后愈合在一起，行间宽，行间的刻点明显小于行纹刻点。

　　分布：浙江、北京、江苏、上海、湖北、江西、福建、台湾；日本。

（886）福氏盾金象 *Aspidobyctiscus vossi* Legalov *et* N. Liu, 2005

Aspidobyctiscus vossi Legalov *et* N. Liu, 2005: 104.

主要特征：头顶、前胸背板背面、鞘翅背面绿色，喙的端部、额、腹板铜色，前胸背板两侧、鞘翅两侧、臀板金紫色。喙较长且粗，向端部渐宽，密布刻点，略弯曲；触角着生于喙中部，触角长，达前胸背板中部，柄节和索节 1 宽卵形，索节 1 长于索节 2，索节 2–4 卵形，索节 5、6 圆形，索节 7 宽大于长，触角棒长，密实；额宽，略洼陷，密布刻点；前胸背板宽大于长，两侧凸圆，背面凸隆，密布细刻点，具中沟，前胸两侧具指向前的齿；小盾片宽，近长方形，被细刻点；鞘翅近方形，肩略凸隆，行间宽，略凸隆，密布刻点，行纹明显，行纹刻点大且密；臀板凸隆，密布细刻点；腿节较宽，前足胫节几乎直，中足、后足胫节略曲，跗节长，爪具长齿。

分布：浙江（德清）。

（887）浙江盾金象 *Aspidobyctiscus zhejiangensis* Legalov *et* N. Liu, 2005

Aspidobyctiscus zhejiangensis Legalov *et* N. Liu, 2005: 106.

主要特征：体壁绿色，喙端部和两侧、鞘翅行间 9 和 10 的部分区域、前胸、腹部、足紫色。喙细长，长为宽的 3.7 倍，刻点细且稀疏，明显弯曲，从基部至触角着生处渐细。触角着生于喙的中部之后，触角长，达到前胸背板；触角柄节和索节 1 宽卵形，索节 1 长于索节 2，索节 2–4 卵形，索节 5、6 圆形，索节 7 宽略大于长；触角棒长卵形，端部尖。额宽而平，刻点细且稀疏；头顶凸隆，刻点稀疏；前胸背板宽大于长，两侧凸圆，背面凸隆，具浅中沟，刻点细且稀疏，前胸两侧不具齿；小盾片宽，近长方形，具细刻点；鞘翅近长方形，长大于宽，中部之后最宽，肩较平滑，行间宽，略凸隆，具细而稀疏的刻点，行纹细而明显，行纹刻点大而深；臀板凸隆，具细刻点；足较长，腿节较粗，胫节略弯，跗节长，爪具长齿。

分布：浙江。

358. 金象属 *Byctiscus* C. G. Thomson, 1859

Byctiscus C. G. Thomson, 1859: 130. Type species: *Curculio populi* Linnaeus, 1758.

Bystictus Desbrochers des Loges, 1908: 80. [URN]

主要特征：体壁金绿色、蓝绿色、蓝紫色、红铜色，具金属光泽。喙较长而粗，触角着生于近中部；头在眼后向基部扩大，额窄；眼较大，不凸隆；触角较粗，触角棒较紧密，末节端部略尖；前胸背板通常宽大于长，两侧凸圆，背面凸隆，刻点小而稀疏，有浅而细的中沟，雄虫前胸背板两侧有向前的齿突；小盾片宽大于长，近长方形；鞘翅近长方形，肩发达，鞘翅在小盾片后略凹，中间或中间之后最宽，行纹规则，行纹刻点较粗大，行间宽、平坦、刻点细而稀疏；腹部凸隆，密布刻点。

分布：古北区，东洋区。世界已知 29 种，中国记录 25 种，浙江分布 5 种。

（888）二带金象 *Byctiscus bilineatus* Legalov, 2003

Byctiscus bilineatus Legalov, 2003a: 326.

主要特征：体壁绿色，鞘翅具 2 个纵向的紫色条带，额具 1 个紫色的斑点，体表稀被倒伏的刚毛。触角着生于喙的中部，触角粗，较长，向后略超过前胸背板的前缘；触角柄节和索节 1 卵形，索节 1 长于索节 2，索节 3、4 长卵形，索节 5、6 圆形，索节 7 宽大于长；触角棒宽，密实，棒节 3 长于棒节 1、2 之和。眼小，不凸隆；额相当宽，具 1 中窝，刻点细小；头顶凸隆，密布刻点；前胸背板宽大于长，两侧凸圆，密布细小的刻点，背面具中沟；小盾片梯形，宽，刻点稀疏；鞘翅中间之后最宽，在小盾片后具凹陷，肩发达，行纹刻点小而密，行间扁平，窄，具细小的刻点；臀板被鞘翅遮蔽、不外露；腿节较粗，胫节略弯曲。

　　分布：浙江、河北。

（889）亮金象 *Byctiscus fulminans* Voss, 1930

Byctiscus fulminans Voss, 1930c: 199.

Byctiscus lucidus Voss, 1930c: 199.

　　主要特征：体形较大；体壁在背面为绿色具金属光泽，前胸背板深红色，腹面、喙和触角为蓝色。前胸背板两侧在近中部各具 1 深坑；小盾片半圆形或近方形；鞘翅行纹刻点均匀且细小，但是不规则，行纹不容易区分，行纹刻点和行间上的刻点区别不大。

　　分布：浙江、山东、河南、江西。

（890）压痕金卷象 *Byctiscus impressus* (Fairmaire, 1899)

Rhynchites impressus Fairmaire, 1899: 636.

Byctiscus chinensis Formánek, 1911: 208.

Byctiscus subpectitus Voss, 1943: 232.

　　主要特征：体长 5.5–6.5 mm；体绿色，有金属光泽。头在眼后向基部扩大，背面隆凸，有小而稀的刻点，眼大，不隆凸，额窄，中部有椭圆形的坑；触角位于喙的近中部，柄节与索节 1 等长，长大于宽，索节 5、6 球形，索节 7 横形；前胸宽大于长，两侧凸圆，背面有细而稀的刻点；小盾片横阔，侧后缘弓形；鞘翅肩后平行，后端扩大，行纹规则，行纹刻点细，较行间刻点明显，行间宽；臀板密布刻点；雄虫喙长大于头长的 1.5 倍，中部弯曲，前胸两侧和背面较隆凸，前胸两侧有齿突；雌虫喙不大于头长的 1.5 倍，比较直，前胸两侧和背面隆凸弱，两侧无齿突。

　　分布：浙江、陕西、甘肃、上海、安徽、湖北、江西、福建、台湾、四川、贵州。

（891）皱金象 *Byctiscus rugosus* (Gebler, 1829)

Rhynchites rugosus Gebler, 1829: 146.

Rhynchites diversicolor H. J. Kolbe, 1886: 217.

Byctiscus obscurecyaneus Faust, 1890b: 430. [NA]

Byctiscus cyanicolor Voss, 1920: 170. [NA]

Byctiscus obscuricupreus Voss, 1920: 170. [NA]

Byctiscus omissus Voss, 1920: 169.

　　主要特征：体长 5.0–7.5 mm；体壁蓝色或绿色，具金属光泽，喙、头部、足、腹面红色。喙长且粗，略弯，喙长短于前胸背板；触角索节 2 长为宽的 1.5 倍。前胸背板宽大于长，具刻点；部分区域褶皱状，两侧强烈凸隆，近端部和近基部狭缩明显；前胸背板背面凸隆，具中沟；雄虫前胸背板两侧具向前的尖锐刺突。小盾片宽为长的 2 倍；鞘翅褶皱状，鞘翅行纹不明显；胫节外缘具隆脊，前足胫节不具端刺。

　　分布：浙江、黑龙江、吉林、内蒙古、北京、山西、甘肃、新疆、湖北、福建、四川；俄罗斯，蒙古国，朝鲜，韩国，日本，哈萨克斯坦，东洋区。

（892）似金象 *Byctiscus similaris* Voss, 1920

Byctiscus similaris Voss, 1920: 170.

主要特征：体壁在背面为蓝色，腹面和小盾片绿色具金属光泽。前胸背板两侧的刺突较弱，略呈钩状；鞘翅具肩，肩上不具刻点，行纹刻点粗大，鞘翅在小盾片后面无凹陷。

分布：浙江、湖北。

切叶象族 Deporaini Voss, 1929

359. 新喙象属 *Caenorhinus* C. G. Thomson, 1859

Caenorhinus C. G. Thomson, 1859: 130. Type species: *Rhynchites mannerheimii* Hummel, 1823.

主要特征：体壁具蓝色金属光泽。头扁平，宽，在基部明显狭缩；喙短，向端部逐渐放宽，雄虫的喙短于头长；额与喙等宽或窄于喙；眼大，较凸隆；前胸背板略扁；鞘翅行纹不十分明显，行纹 9 和行纹 10 延伸至鞘翅端部；雄虫的前足、中足胫节端部的端刺退化；跗节细长。

分布：古北区，东洋区。世界已知 139 种，中国记录 31 种，浙江分布 1 种。

（893）黑梢新喙象 *Caenorhinus nigroapicalis* Legalov, 2007

Caenorhinus nigroapicalis Legalov, 2007: 113.

主要特征：体长 3.1–3.5 mm；体壁黄褐色，头、喙、鞘翅端部、触角黑色。喙短；额较窄；眼略凸隆；前胸背板近梯形，刻点密集，基部最宽；鞘翅长方形，具肩，行纹刻点小，行间扁平。

分布：浙江、云南。

360. 短带象属 *Chonostropheus* Prell, 1924

Chonostropheus Prell, 1924: 162. Type species: *Attelabus tristis* Fabricius, 1794.
Rhinchitobius Kôno, 1928: 177. Type species: *Attelabus tristis* Fabricius, 1794.

主要特征：喙短粗；鞘翅在小盾片之后的鞘缝两侧具短刻点行；前足基节不具毛簇，胫节不具端刺；雌虫产卵器不具端突，基腹片未分开。

分布：古北区。世界已知 4 种，中国记录 1 种，浙江分布 1 种。

（894）中国短带象 *Chonostropheus chinensis* Voss, 1939

Chonostropheus chinensis Voss, 1939a: 613.

主要特征：体壁黑色，头、前胸背板具亮铜色金属光泽，鞘翅深蓝色；体表刚毛稀疏、直立。头宽略大于长，背面密布刻点，背面中间具褶皱，头在眼后的部分与眼的直径等长，额宽与眼的直径相等；眼相当凸隆；喙长宽相等，扁平，喙较直；触角着生于喙基部，柄节和索节 1 粗壮，长度相等，卵形，索节 2 较细，略长于索节 1，索节 3 和 4 长略大于宽，其余各节宽大于长；前胸背板宽略大于长，两侧强烈凸圆，中间之后最宽，背面具 1 浅而窄的中纵沟，前胸背板密布刻点；小盾片梯形；鞘翅长略大于宽，中间之后最宽，行纹刻点粗大，行间略凸隆，行间具细小的刻点；胫节直，细长。

分布：浙江（临安）。

361. 切叶象属 *Deporaus* Samouelle, 1819

Deporaus Samouelle, 1819: 201. [NP] Type species: *Attelabus betulae* Linnaeus, 1758.

Platyrynchus Thunberg, 1815: 110. [NO] Type species: *Attelabus betulae* Linnaeus, 1758.

Neodeporaus Kôno, 1928: 177. Type species: *Neodeporaus femoralis* Kôno, 1928.

Paleodeporaus Legalov, 2003a: 174. Type species: *Deporaus rhynchitoides* Sawada, 1993.

Pseudapoderites Legalov, 2003a: 173. Type species: *Rhynchites pacatus* Faust, 1882.

Roelofsideporaus Legalov, 2003a: 174. Type species: *Deporaus affectatus* Faust, 1887.

Caeruleodeporaus Legalov, 2007: 94. Type species: *Deporaus lizipingensis* Legalov, 2007.

Chinadeporaus Legalov, 2007: 91. Type species: *Deporaus bicolor* Voss, 1938.

Japonodeporaus Legalov, 2007: 96. Type species: *Deporaus hartmanni* Voss, 1929.

Paleodeporaoides Legalov, 2007: 93. Type species: *Paleodeporaus daliensis* Legalov, 2007.

Parvodeporaus Legalov, 2007: 94. Type species: *Parvodeporaus gaoligongiensis* Legalov, 2007.

主要特征：体壁黄褐色、深蓝色至黑色，有金属光泽，被覆浅黄色或金黄色刚毛。喙相当短，粗，雄虫的喙略长于头；触角着生于喙中部；眼大，略凸隆，雌虫的眼小于雄虫；额宽，扁平；头顶凸隆；头在眼后延长的长度与眼直径近相等，凸隆；触角中等长度，休止时达到或超过前胸背板中部，触角棒细长，末节端部尖；前胸背板宽略大于长，两侧较凸圆，向前后略狭缩，背面平坦或略凸隆，通常比较粗糙，具刻点；鞘翅近长方形，中间最宽，肩较平坦，行间宽、具刻点，行纹清晰，行纹刻点大，行纹 9 和行纹 10 在鞘翅端部合并；臀板外露，宽；足相当长，前足胫节直，中后足胫节较宽且弯。

分布：世界广布。古北区已知 43 种，中国记录 33 种，浙江分布 3 种。

（895）长切叶象 *Deporaus amplicollis* Voss, 1942

Deporaus amplicollis Voss, 1942: 99.

主要特征：体壁黑色，刚毛短而直立、稀疏。头长大于宽，两侧平行，头在眼后延伸的部分长于眼的直径，额略窄于眼的直径，与喙基部等宽；眼凸隆，半球形；喙短于前胸背板，相当粗壮，基部两侧近平行，向端部逐渐扩宽，基部 1/2 背面具中隆脊，隆脊两侧各具 1 刻点行；触角着生于喙中部，柄节和索节 1 长度相等，卵形，长均为宽的 1.5 倍，索节 2 与柄节和索节 1 长度之和相等，索节 3 长度与索节 1 相等，索节 4 和 6 略短，索节 5 和 7 宽大于长；前胸背板宽大于长，两侧凸圆，基部 1/3 处最宽，向基部强烈狭缩，前缘远窄于后缘，前胸背板密布刻点；鞘翅长为宽的 1.25 倍，两侧近平行，行纹刻点深，行间窄于行纹，略凸隆，行间具 1 列细小的刻点；前足胫节直，后足胫节在端部略向内弯折。

分布：浙江、福建。

（896）桦切叶象 *Deporaus betulae* (Linnaeus, 1758)

Attelabus betulae Linnaeus, 1758: 387.

Curculio populi Scopoli, 1763: 25. [HN]

Curculio excoriatoniger DeGeer, 1775: 259.

Curculio nigrostriatus Goeze, 1777: 380.

Rhinomacer niger Geoffroy, 1785: 114.

Attelabus femoratus Olivier, 1789: 280.

Curculio fuliginosus Gmelin, 1790: 1758.

Curculio populneus Gmelin, 1790: 1801. [RN]

　　主要特征：体壁黑色，被覆浅黄色或金黄色刚毛。喙相当短粗；触角着生于喙中部；眼大，凸隆，浅灰色；额宽，扁平；头顶凸隆；头在眼后延长的长度与眼直径近相等，凸隆；触角中等长度，休止时达到或超过前胸背板中部，触角棒细长，末节端部尖；前胸背板宽略大于长，两侧较凸圆，向前后略狭缩，背面略凸隆，具细小的刻点；鞘翅长方形，长大于宽，中间最宽，肩明显且平坦，行间宽、具刻点，行纹清晰，行纹刻点大，行纹 9 和行纹 10 在鞘翅端部合并；臀板外露，宽；足相当长，后足腿节膨大，明显粗于前足、中足腿节，前足胫节直，中后足胫节较宽且弯，雄虫后足胫节内缘锯齿状，雌虫后足跗节 1 远短于跗节 2 和 3 之和，雌雄后足胫节端部均不具端刺。

　　分布：浙江、黑龙江、北京、河北、湖北；俄罗斯，蒙古国，朝鲜，日本，哈萨克斯坦，阿塞拜疆，格鲁吉亚，土耳其，欧洲，非洲（阿尔及利亚）。

（897）二色切叶象 *Deporaus bicolor* Voss, 1938

Deporaus bicolor Voss, 1938a: 106.

　　主要特征：体壁黑色，鞘翅黑色。喙短粗，长度短于前胸背板；触角棒节 3 短于棒节 2；前胸背板前缘长度仅为基缘的 1/2，圆锥形；后足跗节第 1 节长约为宽的 3 倍。

　　分布：浙江（金华）、甘肃、江苏、上海、福建；东洋区。

362. 异切叶象属 *Eusproda* Sawada, 1987

Eusproda Sawada, 1987: 657. Type species: *Rhynchites proximus* Faust, 1882.

　　主要特征：喙长，端部不十分扁，雌虫喙基部密被长毛；下唇须 2 节；前胸背板长大于宽；鞘翅在小盾片后无短刻点行；雄虫前足基节具毛簇；雄虫前足胫节不具端刺；雌虫产卵器具端突。

　　分布：古北区。古北区已知 3 种，中国记录 2 种，浙江分布 1 种。

（898）近异切叶象 *Eusproda proxima* (Faust, 1882)

Rhynchites proxima Faust, 1882: 287.

Rhynchites illibata Voss, 1920: 166.

Depasophilus sichotana Ter-Minasian, 1950: 150.

　　主要特征：体壁黑色，具蓝色金属光泽，体表被覆刚毛。头宽大于长，头长为前胸背板的 1/2，基部不狭缩或仅略狭缩，头顶密布刻点；眼较大；喙细长，略长于前胸背板，雌虫喙基部密布长毛；触角着生于喙中部之后，触角长为前胸背板的 1.5 倍；前胸背板长略大于宽，近基部和端部均略狭缩；鞘翅长远大于宽，凸隆，具肩；胫节直，不具端刺，后足跗节 1 略长于跗节 2 和 3 之和。

　　分布：浙江、东北地区；俄罗斯，朝鲜，韩国，日本。

363. 超虎象属 *Exrhynchites* Voss, 1930

Exrhynchites Voss, 1930a: 80. Type species: *Deporaus puberulus* Faust, 1894.

主要特征：体壁具蓝色或蓝绿色金属光泽。头在基部明显狭缩；额与喙等宽或窄于喙；喙细长，向端部略放宽；触角棒节 3 延长，长于棒节 2；鞘翅行纹明显，行纹刻点密集，行纹 9 延伸至鞘翅端部；雄虫的前足、中足胫节端部的端刺相当发达，跗节细长。

分布：古北区，东洋区。古北区已知 6 种，中国记录 3 种，浙江分布 1 种。

（899）小超虎象 *Exrhynchites minor* (Voss, 1937)

Deporaus minor Voss, 1937: 278.

主要特征：体壁黑色，鞘翅深蓝色，被覆倒伏的刚毛。头密布刻点，头在眼后的部分为眼直径的 1/2，不呈圆锥状，额宽为眼直径的 1/2；眼大，略凸隆；喙长略等于头和前胸背板长度之和，喙较弯，两侧具侧沟；触角柄节和索节 1 等长，长卵形，长均为宽的 2 倍，索节 2 略短于索节 1，索节 3 短于索节 2，索节 4 长卵形，与索节 2 等长，索节 5 长宽相等，索节 6 和 7 宽大于长，触角棒粗；前胸背板长宽相等，略呈圆锥形，两侧略凸圆，密布刻点，背面具 1 浅的中纵沟；鞘翅长约为宽的 1.5 倍，从肩之后向后逐渐扩宽，行纹刻点深且粗，行间远窄于行纹，密布细小的刻点；前足胫节细长且直，中足胫节短。

分布：浙江、云南。

霜象族 Eugnamptini Voss, 1930

364. 窄胸象属 *Aderorhinus* Sharp, 1889

Aderorhinus Sharp, 1889: 68. Type species: *Rhynchites criocheroides* Roelofs, 1874.

主要特征：头在基部仅略狭缩；眼较大，雌雄间无差别；前胸背板略宽于头；胫节强烈弯曲；雌虫产卵器具端突。

分布：古北区，东洋区。世界已知 7 种，中国记录 3 种，浙江分布 1 种。

（900）小室窄胸象 *Aderorhinus pedicellaris* Voss, 1930

Aderorhinus pedicellaris Voss, 1930a: 67.

主要特征：体壁在身体腹面为黑色，背面红褐色，触角黑色，密被黄色刚毛。头方形，密布刻点，额具 1 细中沟，额与喙基部宽度相等；眼相当凸隆；喙长约为宽的 2 倍，基部两侧平行，端部略扩宽，基部具 1 中隆脊，隆脊两侧各具 1 沟；触角着生于喙中部，柄节长约为宽的 2 倍，索节 1 卵形，短于柄节，索节 6、7 长宽相等；前胸背板长宽近相等，两侧平行；小盾片三角形；鞘翅长约为宽的 2 倍，基部 1/2 两侧平行，之后向后略扩大，行纹刻点较大，行间扁平且略宽于行纹，行间具细刻点；胫节向端部扩宽，前足、中足胫节略弯。

分布：浙江、湖南、福建、四川、云南。

365. 毛霜象属 *Eugnamptobius* Voss, 1922

Eugnamptobius Voss, 1922c: 412. Type species: *Eugnamptus insularis* Voss, 1922.

Chryseugnamptus Legalov, 2003a: 150. Type species: *Rhynchites flavirostris* Desbrochers des Loges, 1890.

Eugnamptinus Legalov, 2003a: 143. Type species: *Eugnamptus ixiger* Voss, 1941.

主要特征：体表被覆刚毛，无白色刚毛形成的明显的斑纹。前胸背板密布刻点，每一刻点具 1 根刚毛；鞘翅细长，长为宽的 1.5 倍，行纹 9 和 10 在近鞘翅中部的位置汇合，行间平坦具刻点。

分布：古北区，东洋区，新北区。世界已知 50 种，中国记录 21 种，浙江分布 3 种。

（901）蓝壁毛霜象 *Eugnamptobius caeruleoflavus* (Legalov, 2007)

Chryseugnamptus caeruleoflavus Legalov, 2007: 78.

主要特征：体壁深蓝色，具绿色金属光泽，喙和触角深褐色，足黄色；头部密布刻点；前胸背板两侧平行；鞘翅窄。

分布：浙江（龙泉）。

（902）红壁毛霜象 *Eugnamptobius sanguinolentus* (Voss, 1939)

Eugnamptus sanguinolentus Voss, 1939a: 609.

主要特征：体壁黑红色，触角棒黑色，鞘翅被覆两种刚毛，长刚毛近直立。头宽大于长，头在眼后的部分短，仅为眼直径的 1/3，两侧平行，头密布刻点，额略窄于喙的基部；喙短于前胸背板，强烈弯曲，背面具 1 较锐的中隆脊，隆脊两侧具刻点行，喙从基部向端部明显扩宽；触角着生于喙中部之后，索节 1 短于柄节，长卵形，索节 2 与索节 1 等长，索节 3 和 6 最长，略短于柄节，索节 4 与柄节等长，索节 6 略长于索节 3，索节 7 与索节 1 等长；前胸背板长大于宽，两侧凸圆，密布粗刻点，背面具 1 短的中纵沟；小盾片梯形，密布刻点；鞘翅长约为宽的 2 倍，基部 1/3 两侧近平行，之后向后扩宽，行纹刻点粗大，向端部略变小，行间窄于行纹，行间略凸隆，每一行间具 1–2 列细刻点；胫节细长，前足胫节直，中足、后足胫节端部 1/2 略弯，跗节 1 长度约为跗节 2–3 长度之和的 1.5 倍。

分布：浙江（临安）、福建。

（903）蓝额毛霜象 *Eugnamptobius subcoeruleifrons* (Voss, 1939)

Eugnamptus subcoeruleifrons Voss, 1939a: 610.
Eugnamptus subcoeruleifrons Voss, 1941b: 204. [HN]

主要特征：体壁橘黄色，触角、喙、足深褐色，头部深蓝色，被覆灰色长刚毛；触角索节 3 最长；前胸背板密布刻点；鞘翅行纹 9 与 10 在翅坡中部处汇合。

分布：浙江（临安）；印度。

366. 霜象属 *Eugnamptus* Schoenherr, 1839

Eugnamptus Schoenherr, 1839: 339. Type species: *Rhynchites angustatus* Herbst, 1797.
Chineugnamptus Legalov, 2007: 83. Type species: *Chineugnamptus kubani* Legalov, 2007.

主要特征：鞘翅浅褐色、红褐色至黑褐色具蓝色或紫色闪光；被覆细长的金色刚毛。喙略弯曲，雄虫喙相当短，雌虫喙相当长；触角着生处接近喙的中部；眼强烈凸隆，雄虫较雌虫的眼大；额较窄；触角达到或未达鞘翅肩部；前胸背板长大于宽，雄虫窄于雌虫，中间之前最宽，背面扁平，具刻点；鞘翅长卵形，中间最宽，肩发达，鞘翅行纹刻点大而粗，行间多少凸隆，相当宽；前足胫节细长，略弯。

分布：世界广布。世界已知 65 种，中国记录 10 种，浙江分布 2 种。

（904）糙霜象 *Eugnamptus lacunosus* Voss, 1949

Eugnamptus lacunosus Voss, 1949: 157.

Eugnamptus rusticus Legalov, 2003a: 160.

主要特征：体壁深褐色，喙、足红褐色，触角黄色。喙几乎直，短，向端部明显变宽；触角着生于喙中部，触角长，超过鞘翅的肩，触角棒窄；眼大；额窄，具中沟；头顶凸隆，密布刻点；前胸背板长大于宽，背面扁平，密布刻点；鞘翅长为宽的 1.6 倍，基部 1/3 略洼，鞘翅中部最宽，行间宽，凸隆，具粗糙的刻纹，行纹刻点大，行纹深且明显；前足胫节相当宽，略弯曲；阳茎端部钝圆，内囊骨片不具齿。

分布：浙江、湖北、福建、台湾、四川、云南。

（905）浙江霜象 *Eugnamptus zhejiangensis* Legalov, 2003

Eugnamptus zhejiangensis Legalov, 2003a: 161.

主要特征：体壁淡棕黄色，头黑色；鞘翅行间 7 和 8 黑褐色。喙较短，几乎直，有光泽，刻点稀疏；触角着生于喙中部；眼大，凸隆；额窄，凸隆，刻点相当细小且密集；头顶凸隆，刻点细小且密集；触角达到鞘翅基部；前胸背板背面刻点相当密集且细小；鞘翅长卵形，长大于宽，肩较平，行间宽，平坦且光滑，行纹清晰；前足胫节几乎直；中足胫节微曲。

分布：浙江、陕西、安徽、湖北、福建。

367. 新霜象属 *Neoeugnamptus* Legalov, 2003

Neoeugnamptus Legalov, 2003a: 152. Type species: *Rhynchites amurensis* Faust, 1882.

主要特征：鞘翅通常黑色具蓝色或紫色闪光，有时前足部分黄色；被覆相当长而尖的金色刚毛。喙略弯曲，雄虫喙相当短，雌虫喙相当长；触角着生处接近喙的中部；眼强烈凸隆，雄虫较雌虫的眼大；额相当窄；触角达到鞘翅肩部；前胸背板长大于宽，雄虫窄于雌虫，中间之前最宽，背面扁平，具刻点；鞘翅长卵形，中间最宽，肩发达，鞘翅行纹刻点大而粗，行纹 9 与 10 在鞘翅端部联合，行间多少凸隆，相当宽；前足胫节细长，略弯。

分布：古北区，东洋区。世界已知 23 种，中国记录 20 种，浙江分布 4 种。

（906）黑龙江新霜象 *Neoeugnamptus amurensis* (Faust, 1882)

Rhynchites amurensis Faust, 1882: 285.

Eugnamptus fragilis Sharp, 1889: 69.

Rhynchites gracilicornis Schilsky, 1906: nr. 81.

主要特征：体长 3–5 mm；体壁深蓝色，具金属光泽；体表被覆两种长刚毛。喙短而粗，额较平坦；触角着生于喙近中部；眼强烈凸隆；前胸背板刻点较密集而深；鞘翅较短，行纹刻点较大而粗，行纹明显，每一行间具 1 列刻点，行间被覆直立的刚毛；胫节端部具端刺，前足胫节几乎直，中足、后足胫节略弯。

分布：浙江、黑龙江、吉林、北京、陕西、福建、贵州；俄罗斯，朝鲜，韩国，日本。

（907）中国新霜象 *Neoeugnamptus austrochinensis* Legalov, 2007

Neoeugnamptus austrochinensis Legalov, 2007: 79.

　　主要特征：体长 5 mm；体壁褐色，具铜色金属光泽，足黄色。触角索节 2–7 节；喙较短；眼相当大，强烈凸隆；前胸背板宽；鞘翅瘦长，行纹刻点明显，行间宽、扁平。
　　分布：浙江（龙泉）。

（908）临安新霜象 *Neoeugnamptus linanensis* Legalov, 2003

Neoeugnamptus linanensis Legalov, 2003a: 152.

　　主要特征：体长 5.3 mm；体壁黑褐色，具铜色金属光泽，喙、足红褐色，触角黄色；体表密被刚毛。头较长，密布刻点；眼较大，凸隆；前胸背板背面扁平，长大于宽，中间最宽，密布粗刻点；鞘翅行纹刻点大且深，行间宽且凸隆。
　　分布：浙江（临安）。

（909）小新霜象 *Neoeugnamptus parvulus* (Voss, 1941)

Eugnamptus parvulus Voss, 1941b: 182.

　　主要特征：体壁深蓝色，腹面、足黑色，触角、胫节和跗节黑褐色，被覆较长的直立刚毛。头密布刻点，额略窄于喙的基部，头在眼后的部分约为眼直径的 1/2；眼大，强烈凸隆；喙几乎直，长度几乎与头长相等，基部 1/2 具 1 较锐的中纵脊。触角着生于喙中部之前；柄节细长，长为宽的 3 倍；索节 1 卵形，长度为柄节的 1/2，索节 2–5 长略大于索节 1，索节 6 最长，索节 7 与索节 1 等长；触角棒节 1 和 2 等长，棒节 3 为棒节 1 的 1.5 倍。前胸背板窄，长大于宽，密布刻点，背面中间具 1 短的中纵脊；小盾片梯形；鞘翅长约为宽的 1.75 倍，行纹刻点相当明显，行间略窄于行纹，略凸隆，每一行间具 1 列细小的刻点行；胫节细长，前足、后足胫节直，中足胫节略弯，后足跗节 1 长度为跗节 2 的 2 倍。
　　分布：浙江。

齿颚象族 Rhynchitini Gistel, 1848

368. 胫文象属 *Cneminvolvulus* Voss, 1960

Cneminvolvulus Voss, 1960a: 413. Type species: *Rhynchites rugosicollis* Voss, 1920.

　　主要特征：体壁黑褐色；体表被覆直立的长刚毛，胸部和身体两侧的刚毛密集。喙细长，略弯，向端部逐渐放宽，背面具刻点，雌虫的喙长于前胸背板；触角着生于喙中部，触角长，向后达到前胸背板中部；头球形，头顶凸隆，密布刻点；眼大，凸隆；额宽，凸隆，稀被刻点；前胸背板两侧凸圆，背面褶皱状；小盾片正方形，具刻点；鞘翅长方形，中部最宽，肩较平滑，行间宽，略凸隆，具刻点，行纹清晰且深；雄虫中足、后足胫节端部具钩。
　　分布：古北区，东洋区。世界已知 29 种，中国记录 16 种，浙江分布 1 种。

（910）油茶胫文象 *Cneminvolvulus cognatus* (Voss, 1958)

Involvulus cognatus Voss, 1958: 7.

主要特征：体长 3.2–3.7 mm；体壁黑色，头、颈部、鞘翅蓝黑色；前胸背板和鞘翅的刚毛较短、半直立。头宽大于长，略凸隆，密布刻点，有的刻点形成褶皱，额宽于喙的中部，略凸隆，无凹陷；眼相当凸隆，直径略窄于额的宽度；喙长于头和前胸背板长度之和，均匀弯曲，向端部略缩窄，喙的背面在触角着生处和喙基部之间具 1 中纵脊。触角着生于喙的中部之后；柄节和索节 1 长卵形，长度相等，长度等于触角着生处的喙宽的 2/3；索节 2 与索节 1 长度相等，索节 3 和 4 长度相等，均略短于索节 2；索节 5 较短，索节 6 和 7 近于球状；触角棒松散，棒节 1 长略大于宽，棒节 2 长宽相等。前胸背板宽大于长，两侧凸圆，中间之后最宽，密布刻点，小盾片正方形；鞘翅长略大于宽，在肩后两侧略平行，之后向后略扩宽，行纹刻点深，行间窄，隆脊状，行纹 9、10 在翅坡处汇合；前足胫节细长，直，中足、后足胫节短粗，跗节 1 与跗节 2–3 长度之和相等。

分布：浙江、福建。

369. 剪枝象属 *Cyllorhynchites* Voss, 1930

Cyllorhynchites Voss, 1930a: 73. Type species: *Rhynchites ursulus* Roelofs, 1874.
Hyporhynchites Voss, 1935: 101. Type species: *Rhynchites lauraceae* Voss, 1935.
Hypocyllorhynus Legalov, 2003a: 255. Type species: *Cyllorhynchites indicus* Legalov, 2003.
Pseudocyllorhynus Legalov, 2003a: 255. Type species: *Rhynchites subcumulatus* Voss, 1930.

主要特征：体壁褐色至深褐色，具浅蓝色金属光泽；具长而粗的刚毛，中胸、后胸腹板无密集的刚毛。喙长，略弯，具刻点；触角着生处不隆扩，雄虫触角着生于喙中部，雌虫触角着生于喙中部之前；眼大，相当凸隆，雌虫较雄虫略小且扁平；额凸隆，具刻点；头顶凸隆，密布刻点；头在眼之后不狭缩；触角长，触角棒松散，末节端部尖；前胸背板向前后分别狭缩，两侧凸圆，背面凸隆或平坦，雄虫前胸背板具小齿；鞘翅近长方形，中间最宽，肩较平坦，行间凸隆且窄，行纹明显，行纹刻点大而深；腹板凸隆，第 1、2 节腹板相当宽，第 3–5 节腹板窄；足长，胫节几乎直，爪具齿。

分布：古北区，东洋区。世界已知 25 种，中国记录 11 种，浙江分布 2 种/亚种。

（911）板栗剪枝象 *Cyllorhynchites cumulatus* (Voss, 1930)

Rhynchites cumulatus Voss, 1930a: 74.

主要特征：体壁深蓝紫色，喙、触角黑色，体表密被刚毛。头被覆细刻点；喙长于头和前胸背板长度之和，从喙基部至触角着生处喙背面具 3 条纵隆脊；触角柄节长于索节 1，索节 2、3 与柄节和索节 1 的长度之和相等，索节 4–7 长度相等，略短于索节 2、3；前胸背板长宽相等，略呈圆锥形，向前端逐渐狭缩，背面密布刻点，具褶皱；鞘翅长为宽的 1.5 倍，两侧平行，行纹刻点深且大，行间较窄。

分布：浙江、黑龙江、河北、山东、河南、陕西、江苏、安徽、湖北、湖南、福建、四川、贵州、云南。

（912）橡实剪枝象基喙亚种 *Cyllorhynchites ursulus rostralis* (Voss, 1930)

Rhynchites ursulus rostralis Voss, 1930a: 78.

主要特征：体壁黑褐色，喙、触角和足红色，密被黄褐色刚毛。雄虫触角着生于喙中部偏后；额宽与眼的直径相等，额上密布刻点；眼大且凸隆；触角着生于喙的端部 1/3 处，柄节卵形，长为宽的 2 倍，索节 1 短于柄节，索节 2 长于索节 1 和柄节的长度之和，索节 3–5 长度相等，均短于柄节和索节 1 长度之和，索节 6 长度与柄节相等，索节 7 略短；前胸背板较长，长大于宽，两侧近中部具锐齿，背面密布刻点；鞘翅长为宽的 1.5 倍，具肩，行纹刻点明显，行间窄于行纹，行间略凸隆。

分布：浙江（临安）、吉林、辽宁、北京、河北、河南、陕西、新疆、江苏、安徽、江西、湖南、福建、广东、四川、云南；东洋区。

370. 文象属 *Involvulus* Schrank, 1798

Involvulus Schrank, 1798: 360. Type species: *Curculio cupreus* Linnaeus, 1758.

Euvolvulus Reitter, 1916: 264. Type species: *Curculio cupreus* Linnaeus, 1758.

Teretriorhynchites Voss, 1938b: 135. Type species: *Curculio caeruleus* DeGeer, 1775.

Aphlorhynchites Sawada, 1993: 50. Type species: *Rhynchites amabilis* Roelofs, 1874.

Nigroinvolvulus Legalov, 2003a: 298. [NA]

Nigroinvolvulus Legalov, 2003a: 298. Type species: *Rhynchites apionoides* Sharp, 1889.

Parinvolvoides Legalov, 2003a: 299. Type species: *Involvulus legalovi* Alonso-Zarazaga, 2011.

Parinvolvulus Legalov, 2003a: 297. Type species: *Rhynchites pilosus* Roelofs, 1874.

Fujarhynchites Legalov, 2007: 186. Type species: *Rhynchites carinulatus* Voss, 1942.

Chinorhynchitoides Legalov, 2007: 182. Type species: *Teretriorhychites kangdingensis* Legalov, 2007.

主要特征：体壁黄褐色、绿色、黑褐色、深蓝色至黑色，有蓝色、红绿色或青铜色金属光泽，被覆细长的刚毛。喙中等大小或较长，略弯，刻点较密集；雄虫触角着生于喙的中部或中部之前，雌虫触角着生于喙的中部或中部之后；眼中等大小，凸隆，雄虫的眼更凸隆；额宽，多少具刻点；头在眼后不狭缩；头顶凸隆，具刻点；触角较长，索节较粗，触角棒明显粗于索节，末节端部略尖；前胸背板宽大于长，两侧凸圆，背面凸隆，具刻点；小盾片近方形；鞘翅近长方形，中部最宽，肩相当发达，行间宽、平坦、具刻点，行纹明显，行纹刻点粗大或较小；腹部凸隆，腹板 1 和 2 相当宽，腹板 3–5 窄；臀板凸隆；足长，前足胫节几乎直。

分布：世界广布。世界已知 40 种，中国记录 24 种，浙江分布 1 种。

（913）类文象 *Involvulus egenus* (Voss, 1933)

Rhynchites egenus Voss, 1933: 109.

主要特征：体壁金属蓝色，喙、触角、胫节和跗节黑色，肩绿色，体表刚毛较密，短，向后直立。头宽大于长，密布刻点；眼大，相当凸隆，略长于额宽，与喙基部的宽度近相等；喙与前胸背板等长，喙强烈弯曲，基部 1/2 背面中间具细的中纵脊；触角着生于喙的中部，柄节和索节 1 等长，长均为宽的 2 倍，索节 2–4 较短，索节 5 和 6 长大于宽，索节 7 宽大于长，触角棒长大于宽；前胸背板宽大于长，两侧相当凸圆，前缘窄于后缘，密布刻点，具 1 细的中沟；小盾片宽大于长，方形，密布细刻点；鞘翅长约为宽的 1.5 倍，基部两侧略平行，之后逐渐扩宽；行纹相当明显，行纹刻点密集，行间扁平，行间宽于行纹，行间密布不规则的细小刻点；臀板密布细小刻点；胫节直。

分布：浙江（杭州）。

371. 日虎象属 *Japonorhynchites* Legalov, 2003

Japonorhynchites Legalov, 2003a: 222. Type species: *Rhynchites sanguinipennis* Roelofs, 1874.

主要特征：体表被覆灰白色的短刚毛；喙细长，触角着生于喙的中部之后，触角棒较密实；额宽；前胸背板宽大于长；鞘翅在小盾片之后具很短的刻点行，鞘翅行纹宽而粗糙；胫节直，具端刺。

分布：古北区。世界已知 6 种，中国记录 3 种，浙江分布 1 种。

（914）浙江日虎象 *Japonorhynchites zhejiangensis* Legalov, 2007

Japonorhynchites zhejiangensis Legalov, 2007: 133.

主要特征：体壁黑色，鞘翅红褐色，腹部和足褐色；体表被覆倒伏的刚毛。喙略短，触角着生于喙的中部之后，触角棒较密实；额宽于喙基部；前胸背板宽大于长；鞘翅窄，在小盾片之后具很短的刻点行；雄虫前足基节具刚毛。

分布：浙江。

372. 长喙象属 *Mecorhis* Billberg, 1820

Mecorhis Billberg, 1820: 39. Type species: *Curculio ungaricus* Herbst, 1783.

Athompsonirhinus Legalov, 2003a: 270. Type species: *Rhynchites subplumbeus* Voss, 1938.

Maculinvoles Legalov, 2003a: 270. Type species: *Rhynchites kiritshenkoi* Ter-Minasian, 1944.

Thompsonirhinus Legalov, 2003a: 267. Type species: *Rhynchites plumbeus* Roelofs, 1874.

Eorhinchus Legalov, 2007: 194. Type species: *Rhynchites simulans* Voss, 1924.

Pseudorhinoides Legalov, 2007: 192. Type species: *Thompsonirhinus sichuanensis* Legalov, 2007.

主要特征：喙细长；触角细长，索节侧扁；前胸背板远宽于头，雄虫前胸背板两侧各具 1 锐突；鞘翅在小盾片后不具短刻点行，鞘翅行纹 9 未达到鞘翅端部，与行纹 10 在鞘翅中部汇合；前足基节离前胸背板前缘远；雌虫产卵器无端突。

分布：古北区，东洋区。世界已知 63 种，中国记录 19 种，浙江分布 3 种。

（915）弯喙长喙象 *Mecorhis gentilis* (Voss, 1930)

Rhynchites gentilis Voss, 1930a: 72.

主要特征：体壁具绿色金属光泽，体表被覆长刚毛。喙端部 1/3 强烈弯曲，基部仅略弯；眼大；触角着生于喙中间之前；鞘翅行纹刻点深且大。

分布：浙江（宁波）、江西、云南；印度。

（916）亮脊长喙象 *Mecorhis indubia* (Voss, 1930)

Rhynchites indubia Voss, 1930a: 71.

主要特征：身体腹面和鞘翅深蓝色，其余部位黑色；体表密被较长的刚毛。头宽大于长，密布刻点，具纵褶皱；眼大，相当凸隆；喙长约等于头和前胸背板长度之和，强烈弯曲，密布褶皱，喙基部 1/2 具 1 条较钝、发亮的中纵脊；触角着生于喙中部，柄节和索节 1 长度相等，均为卵形，长为宽的 1.5 倍，索节 2 和 3 长度相等，均与索节 1 和柄节的长度之和相等，索节 4 略短，索节 5 长于索节 1，索节 6 与索节 1 等长，索节 7 长宽相等；前胸背板宽大于长，两侧强烈凸圆，从基部向端部逐渐狭缩，在端部之前有缢缩，背面刻点大且密；小盾片方形；鞘翅长为宽的 1.33 倍，两侧平行，行纹大且深，行间窄于行纹，略凸隆，行间具不规则的小刻点；胫节直，后足胫节粗壮；臀板被鞘翅部分遮盖。

分布：浙江（宁波）、云南。

（917）铅色长喙象 *Mecorhis plumbea* (Roelofs, 1874)

Rhynchites plumbea Roelofs, 1874: 143.

主要特征：体壁深蓝色，头和前胸有绿色光泽，触角、足黑色，被覆灰色刚毛。喙长等于头和前胸背板长度之和，基部具刻点；头相当宽，被覆大的刻点；眼很大，凸隆；前胸背板长宽相等，基部具隆脊，中间最宽；小盾片三角形，被覆刻点；鞘翅宽于前胸背板，肩相等发达，行纹刻点深，刻点之间的距离近，鞘翅毛被指向鞘翅端部。

分布：浙江、东北地区、湖北、江西、四川；俄罗斯，朝鲜，韩国，日本。

373. 虎象属 *Rhynchites* D. H. Schneider, 1791

Rhynchites D. H. Schneider, 1791: 83. Type species: *Curculio bacchus* Linnaeus, 1758.

Epirhynchites Voss, 1969: 348. Type species: *Rhynchites heros* Roelofs, 1874.

Neorhynchites Voss, 1969: 342. Type species: *Rhynchites velatus* LeConte, 1880.

Prorhynchites Voss, 1973: 40. Type species: *Rhynchites slovenicus* Purkyn, 1954.

Colonnellinius Legalov, 2003a: 289. Type species: *Rhynchites smyrnensis* Desbrochers des Loges, 1869.

Pyrorhynchites Legalov, 2003b: 72. Type species: *Rhynchites giganteus* Schoenherr, 1832.

Terminassianaeus Legalov, 2003a: 287. Type species: *Rhynchites lopatini* Ter-Minasian, 1968.

Tshernyshevinius Legalov, 2003b: 72. Type species: *Rhynchites zaitzevi* Kieseritzky, 1926.

主要特征：体壁绿色、蓝紫色或青铜色，具金属光泽，被覆长而尖的白色或金黄色刚毛。喙具刻点，无隆脊，雄虫喙长且较弯，触角着生于中部或中部之前，雌虫喙较直，触角着生于喙中部或中部之后；眼较小，凸隆，雄虫凸隆更强烈；额宽，凸隆，密布刻点，在额中部具 1 小坑；头顶凸隆，具刻点；头在眼后不狭缩。触角相当长，柄节和索节 1 卵形，索节 1 短于 2，索节 2–5 长卵形，索节 6 卵形，索节 7 短棒状；触角棒相当宽且较紧密，末端尖。前胸背板宽大于长，两侧凸圆，中间或中间之后最宽，前胸背板背面中间有时具 1 细的中纵脊，背面凸隆，密布刻点或具褶皱，中纵脊两侧有时具较大的凹坑，雄虫前胸两侧近前缘处具 1 尖锐的长齿，齿指向身体前方；小盾片梯形或近方形；鞘翅近长方形，中间最宽，肩发达，行间宽，具刻点，行纹刻点粗大或不清晰；腹部凸隆，具刻点，腹板 1–3 宽，腹板 4 和 5 窄；臀板凸隆，具刻点；足长，腿节较粗，胫节几乎直，端部略外扩。

分布：古北区，东洋区。世界已知 20 种，中国记录 5 种，浙江分布 2 种。

（918）杏虎象 *Rhynchites fulgidus* Faldermann, 1835

Rhynchites fulgidus Faldermann, 1835: 420.

Rhynchites faldermanni Schoenherr, 1839: 326. [RN]

Rhynchites kozlovi Suvorov, 1915: 345.

Rhynchites confragosicollis Voss, 1933: 110.

Rhynchites tygosanensis Voss, 1938c: 171.

　　主要特征：体长 6.87 mm；体椭圆形，红色有金属光泽，有绿色反光；喙端部触角和足端部深红色，有时发蓝紫色光泽。头长等于或略短于基部宽，密布大小刻点，密被长短绒毛，基部有横皱纹，刻点大；额稍凹陷；眼小，略隆；喙长略等于头胸之和，基半部中隆线粗，侧隆线细，位于两列纵刻点之间，端半部布纵皱刻点；上颚扁平，外侧有齿；触角着生于喙中间附近，柄节短，等于索节 1，索节 2–4 较长，约相等，棒 3 节较紧密；前胸宽大于长，两侧拱圆，背面刻点明显，前缘缩窄，后缘略窄，中沟后端较深，中沟两侧有 1 倒"八"字的浅窝；小盾片倒梯形；鞘翅肩明显，鞘翅基部内角隆起，两侧平行，端部分别缩圆，行纹刻点略明显，行纹窄，行间宽，密布不规则的刻点；臀板外露，端部圆；足细长，腿节棒状，胫节细长；爪分离，有齿爪；雄虫前胸腹板前区较宽，基节前外侧有叶状小齿突；雌虫前胸腹板很短，无齿状突起。

　　分布：浙江、黑龙江、吉林、辽宁、内蒙古、北京、河北、山西、山东、陕西、宁夏、甘肃、湖北、江西、湖南、福建、香港、四川、贵州；俄罗斯，蒙古国。

　　寄主：梨、碧桃、李、杏、梅。

（919）梨虎象 *Rhynchites heros* Roelofs, 1874

Rhynchites heros Roelofs, 1874: 141.

Rhynchites sumptuosus Roelofs, 1876: cxxxii.

Rhynchites foveipennis Fairmaire, 1888b: 136.

Rhynchites koreanus Kôno, 1926: 89.

Rhynchites mongolicus Voss, 1930a: 78.

Rhynchites ignitus Voss, 1953a: 43.

　　主要特征：体长 7.7–9.5 mm，体宽 4.2–4.6 mm；体背面红紫铜色发金光，略带绿色或蓝色反光，腹面深紫铜色；喙端部、触角蓝紫色。全身密布大小刻点和长短直立、半直立绒毛；腹面毛灰白色，较长而密。头宽略大于长，额宽略大于眼长；眼小，凸隆；喙粗壮，长约等于头胸之和；雄虫喙端部较弯，触角着生于喙端部 1/3 处；雌虫喙较直，触角着生于喙中部；触角柄节长于索节 1，索节 2、3 等长，约为柄节和索节 1 之和；前胸宽略大于长，两侧略圆，前缘之后和基部之前略缢缩，中间之后最宽，中沟细而浅，两侧有 1 倒"八"字的斜浅窝；雄虫前胸腹板前区宽，基节前外侧各有 1 个钝齿，雌虫前胸腹板前区十分窄，基节前外侧无齿；小盾片倒梯形；鞘翅肩胝明显，基部两侧平行，向后缩窄，分别缩圆，行纹刻点大而深，刻点间隆起，行间宽；鞘翅背面形成横隆线，行间密布不规则刻点；臀板外露，密布刻点和毛；足腿节棒状，胫节细长；爪分离，有齿爪。

　　分布：浙江、黑龙江、吉林、辽宁、内蒙古、北京、河北、山西、山东、河南、陕西、宁夏、新疆、江苏、湖北、江西、湖南、福建、广东、广西、四川、贵州、云南；俄罗斯，蒙古国，朝鲜，韩国，日本。

　　寄主：梨、苹果、沙果。

八、锥象科 Brentidae

主要特征：体形狭长且两侧近平行（锥象亚科）或体形微小且呈梨形（梨象亚科、橘象亚科），体壁光滑或被覆鳞片和刚毛；上唇不分离，上颚外侧不具齿；前胸背板后缘不具隆线；触角膝状（橘象亚科）或不呈膝状，端部棒状或稀呈棒状；前胸腹板在前足基节前延长（锥象亚科）或不延长；腹板 1–2 节愈合；转节放长（梨象亚科、橘象亚科）或正常大小。

分布：世界已知 4400 多种（含亚种），中国记录 249 种（含亚种），浙江分布 5 属 6 种。

（一）梨象亚科 Apioninae

主要特征：体型微小且呈梨形，体壁光滑或被覆鳞片和刚毛；上唇不分离，上颚外侧不具齿；前胸背板后缘不具隆线；触角膝状或不呈膝状，端部棒状或稀呈棒状；前胸腹板在前足基节前不延长；腹板 1-2 节愈合；转节放长。

374. 黄足象属 *Flavopodapion* Korotyaev, 1987

Flavopodapion Korotyaev, 1987: 103. Type species: *Apion morosum* Faust, 1898.

主要特征：体黑色，触角、前足、中后足胫节亮黄色。被覆物稀疏、白色，鞘翅行间具 2 或 3 行白色鳞片。喙在雌雄两性均几乎直，远长于前胸背板，中喙略膨扩。触角柄节略延长。眼大，强烈凸隆。前胸背板宽略大于长，基部二曲状，背面中区略凸隆，刻点稀疏而浅。鞘翅细长，侧面观强烈凸隆，两侧略圆。鞘翅肩发达，行纹深而较宽，行间略凸隆，宽于行纹。足细长，胫节直，中后足胫节端部具刺突；跗节短，爪具齿。

分布：古北区，东洋区。古北区已知 1 种，中国记录 1 种，浙江分布 1 种。

（920）刺蒴麻黄足象 *Flavopodapion gilvipes* (Gemminger, 1871)

Apion gilvipes Gemminger, 1871: 123.

主要特征：体形较小，黑色，触角、前足、中后足胫节亮黄色，跗节黄褐色。被覆物稀疏、白色，鞘翅行间具 2 或 3 行白色鳞片。喙在雌雄两性均几乎直，远长于前胸背板，中喙略膨扩。触角着生于喙近基部 1/3 处，触角柄节略延长，索节 1 明显长于且粗于索节 2 及其余索节。眼大，强烈凸隆。头在两眼之间不具隆脊，仅具极小的刻点，刻点密集。前胸背板宽略大于长，基部二曲状，背面中区略凸隆，刻点稀疏而浅，无中沟。小盾片长三角形，表面具小刻点。鞘翅细长，侧面观强烈凸隆，两侧略圆。鞘翅肩发达，行纹深而较宽，行间略凸隆，宽于行纹。足细长，胫节直，中后足胫节端部具刺突；跗节短，爪具齿。

分布：浙江（临安）、福建、云南、西藏；印度，尼泊尔，东洋区。

375. 缢颈象属 *Piezotrachelus* Schoenherr, 1839

Piezotrachelus Schoenherr, 1839: 365. Type species: *Piezotrachelus germarii* Gyllenhal, 1839.

主要特征：头在眼后强烈缢缩；前胸腹板在前足基节之前深二凹形，眼叶发达；眶下脊弱隆起，未超过眼的中部；小盾片三角形至卵形，短；雄虫触角着生于喙基部 1/3 前，雌虫着生处更靠近喙的基部；中足基节窄分离，彼此间距离为基节直径的 1/4 或者不分离、彼此相连；行纹在鞘翅端部通常 1、2 和 9 相连，通常比鞘翅背面凹陷更深，其余行纹变化较大，行纹 1 在鞘翅基部、在小盾片前缩短，其余部分直。雄虫胫节不具齿，腿节长，爪具齿或简单。

分布：古北区，东洋区。世界已知 14 种，中国记录 6 种，浙江分布 1 种。

（921）日本缢颈象 *Piezotrachelus japonicus* (Roelofs, 1874)

Apion japonicus Roelofs, 1874: 128.

Piezotrachelus tschungseni Voss, 1958: 19.

主要特征：体壁黑色，鞘翅具深蓝色金属光泽，仅被覆极细而短的刚毛。喙较长，略弯，雄虫触角着生于喙基部 1/3 前，雌虫着生处更靠近喙的基部。头在眼后强烈缢缩，在两眼之间具 3 条纵隆脊，眶下脊弱隆起，未超过眼的中部。前胸背板在中部近基部 1/2 具 1 较浅而短的中纵沟，前胸腹板在前足基节之前深二凹形，眼叶发达。小盾片长卵形，短，小盾片中间具 1 纵向较宽的凹痕。中足基节窄分离，彼此间距离远小于基节直径的 1/4。鞘翅具肩，行纹刻点较明显，行纹较细，行间平，仅具极细小的倒伏刚毛；行纹在鞘翅端部通常 1、2 和 9 相连，通常比鞘翅背面凹陷更深，其余行纹变化较大，行纹 1 在鞘翅基部、在小盾片前缩短，其余部分直。雄虫胫节不具齿，腿节长，爪具齿或简单。

分布：浙江（临安、龙泉）、河北、江苏、江西、福建、台湾、云南；朝鲜，韩国，日本，东洋区。

376. 梯胸象属 *Pseudopiezotrachelus* Wagner, 1907

Pseudopiezotrachelus Wagner, 1907: 277. Type species: *Apion probum* Faust, 1899.

主要特征：体黑色，鳞片微小，披针形。体表光亮，具微小网状纹路。喙两性异型不明显，长度区别不大。喙中部背面观略微膨大，喙向端部渐渐变窄。头部眼前方有纵向刻纹。前胸背板背面观梯形，基部最宽，向端部显著变窄，两侧缘平直，无基缘褶。盾前窝不清晰，呈点状。小盾片近矩形，末端尖，或近五边形，不明显凸起，表面光滑。鞘翅近椭圆形，侧面观隆起明显，背面观两侧近弧形，肩倾斜，略突起。腹板 1–2 节显著凸起，远大于腹板 3–5。雄虫无胫端距。足延长，爪具齿。

分布：古北区，东洋区，澳洲区。世界已知 10 种，中国记录 7 种，浙江分布 1 种。

（922）颈梯胸象 *Pseudopiezotrachelus collaris* (Schilsky, 1906)

Apion collaris Schilsky, 1906: nr. 58. [RN]

Apion tumidum Gerstaecker, 1854: 271. [HN]

Apion unicolor Roelofs, 1874: 129. [HN]

Apion conicicollis Schilsky, 1902: 32. [HN]

Apion remaudierei A. Hoffmann, 1962: 664. [HN]

Apion cyrton Alonso-Zarazaga, 1986: 198. [RN]

Pseudopiezotrachelus silvanus Alonso-Zarazaga, 1986: 199. [RN]

Pseudopiezotrachelus frieseri Alonso-Zarazaga, 1989: 167.

主要特征：体小型，黑色，体表鳞片微小，十分稀少。喙，背面观触角着生点处略膨大，喙基部与额约等宽，喙端部向前渐渐变窄；侧面观喙显著弯曲，触角沟位于喙中部。触角柄节与索节第 1 节等长，约为喙中部宽度的 1/3，索节 7 节，端部棒 3 节紧凑，长度约为柄节的 2 倍；额中部有条短的纵沟，眼显著凸起；前胸背板背面观呈梯形，前缘宽度约为后缘宽度的 1/2；鞘翅背面观近末端 1/3 处最宽，侧面观显著隆起；小盾片小，长大于宽，近舌形；行纹清晰，第 1–3 行纹端部不伸达鞘翅前缘，末端行纹组合为 1+2+9、3+4、5+6、7+8；足细长，腿节膨大不明显，胫节直，跗节扁平粗壮，第 5 跗节短粗，爪小具齿。

分布：浙江、北京、山东、陕西、江苏、湖北、江西、福建、四川；俄罗斯，朝鲜，韩国，日本，阿富汗，印度，尼泊尔，东洋区，澳洲区。

（二）锥象亚科 Brentinae

主要特征：体形狭长且两侧近平行，体壁光滑或被覆鳞片和刚毛；上唇不分离，上颚外侧不具齿；前胸背板后缘不具隆线；触角线状或念珠状，不呈膝状，端部棒状或稀呈棒状；前胸腹板在前足基节前延长；腹板 1-2 节愈合；转节正常大小。

377. 宽喙象属 *Baryrhynchus* Lacordaire, 1865

Baryrhynchus Lacordaire, 1865: 428. Type species: *Arrhenodes latirostris* Gyllenhal, 1833.

Eupsalomimus Kleine, 1916: 151. Type species: *Baryrrhynchus lineicollis* Power, 1879.

主要特征：中等至大型种类，身体红色、红棕色、黑棕色至黑色。雄虫喙短粗，与头等宽，在触角窝处缩窄。喙上面中沟处三角形或圆形凹陷，前端直、波状或深凹，两侧端角圆或呈角状翘起。上颚刀状、三角状或钳状。前喙圆筒形，直。触角粗壮，端部不呈棒状，末节圆筒形。头矩形、梯形或方形，上面平、光滑或有刻点，有的具中沟，后缘直或略呈波状，或呈三角形凹陷。前胸长大于宽，光滑无中沟，少数种类有刻点面具中沟，在中部之后最宽。鞘翅两侧近平行，行间 3–10 不为一平面，明显具行纹或刻点，鞘翅行间具红色、橘黄色等浅色斑点。腿节明显具齿，前足胫节直，或中间凸起或具齿，跗节 3 二叶状。

分布：古北区，东洋区，澳洲区。世界已知 26 种，中国记录 13 种，浙江分布 2 种。

（923）暗斑宽喙象 *Baryrhynchus phaeus* R. Zhang, 1993

Baryrhynchus phaeus R. Zhang, 1993: 162.

主要特征：体长 12.8–22.1 mm，体宽 3.5–3.7 mm，体壁均一棕红色。雄虫上颚粗壮，三角形，内缘具粗齿；喙长 2 倍于额宽，喙的前缘深度凹陷，两侧端角略上翘，喙的中部缩窄，背面中沟明显，达到眼的前缘，中沟两侧为纵脊凸出，在触角窝以前有小瘤状凸起；触角窝上面向两侧扩展，呈半圆形。触角长达前足基节前缘，索节近球形。头梯形，长宽比为 5：9，后缘直。前胸长大于宽（7：6），中部之后最宽，光滑无中沟，不具绵毛。鞘翅行间高于行纹，端侧角圆，并在以下部位具明显的橘黄色斑点：行间 3 基部；行间 3、4 中间之前；行间 5、8、9 前 1/3 处；行间 3–6 后 1/3 处；端部行间 3、9。腿节具齿；前足胫节中部凸，无齿；阳茎腹叶顶端圆。雌虫前喙圆筒形，直，长为额宽的 2.3 倍。

分布：浙江（临安）、福建。

（924）长颚宽喙象 *Baryrhynchus poweri* Roelofs, 1879

Baryrhynchus poweri Roelofs, 1879: liv.

主要特征：体形较大，体长 10.6–23.5 mm，体宽 2.4–5.0 mm，体壁黑棕色至红棕色。雄虫上颚细长，内缘无齿，仅端部具齿；喙前缘呈二波状，两侧端角圆，喙短而宽，长 1.5 倍于颚宽；触角窝着生于喙的中部，上面扩展为半圆形，中部之前最宽，前缘两侧隆起较低，后缘前部两侧的隆起特别强烈。触角细长，长达鞘翅前缘。头梯形，额部平滑，后缘略凸。眼较小，略凸。前胸光滑，长大于宽，中部之后最宽。鞘翅行间与行纹等宽，刻点长圆形，端侧角圆，不为锐突；斑点橙黄色，宽于行间，位置如下：行间 3、5 基部；行间 4 中部之前；行间 5、8、9 基部 1/3 处；行间 3–6 端部 1/3 处；行间 3、4、9 端部。腿节有齿，前足胫节直。雌虫前喙直，圆筒形，长为额宽的 3.3 倍。

分布：浙江、湖北、江西、湖南、福建、台湾、广东、海南、广西、四川；俄罗斯，日本，印度，越南，印度尼西亚（加里曼丹岛），澳大利亚。

378. 蚁象属 *Cylas* Latreille, 1802

Cylas Latreille, 1802: 196. Type species: *Brentus brunneus* Olivier, 1790.

Protocylas Pierce, 1941: 219. Type species: *Cylas laevicollis* Boheman, 1833.

主要特征：身体细长，体形与蚂蚁相似，体壁光滑发亮；喙圆筒状，眼较大；前胸两侧凸圆，近基部缢缩成颈状；后足腿节超过鞘翅端部，转节大小正常。

分布：世界广布。世界已知 24 种，中国记录 1 种，浙江分布 1 种。

（925）甘薯小象 *Cylas formicarius* (Fabricius, 1798)

Brentus formicarius Fabricius, 1798: 174.

Attelabus formicarius Fabricius, 1798: 163. [HN]

Cylas turcipennis Boheman, 1833: 369.

主要特征：体细长，光滑发亮，体形与蚂蚁相似；体形较小，体长 4.8–6.8 mm，体宽 1.2–1.4 mm。除触角末节、前胸和足红褐色之外，其余部分体壁均为蓝黑色且有金属光泽。头宽大于长；额窄，略洼陷；喙细长，长为头的 1.5 倍。触角 10 节，着生于喙中间。雄虫触角末节膨大；雄虫触角末节长卵形。前胸长大于宽，基部 1/3 缢缩成颈状。鞘翅长卵形，宽于前胸，肩很斜；行纹细，行间平。足长而粗，腿节棍棒状，基部有时为蓝黑色。腹板第 2 节略长于第 1 节，第 3–4 节之和短于第 2 节。

分布：浙江、山东、河南、江苏、江西、湖南、福建、台湾、广东、海南、香港、广西、四川、贵州、云南；韩国，日本，巴基斯坦，印度，沙特阿拉伯，卡塔尔，阿拉伯联合酋长国，北美洲，澳大利亚，非洲，南美洲。

九、象甲科 Curculionidae *s. l.*

主要特征：体表多被鳞片；喙通常显著，由额部向前延伸而成，无上唇；触角多为 11 节，膝状，分柄节、索节和棒节三部分，棒节多为 3 节组成；颚唇须退化，僵硬；外咽片消失，外咽缝常愈合成 1 条；鞘翅长，端部具翅坡，通常将臀板遮蔽；腿节棒状或膨大，胫节多弯曲；胫节端部背面多具钩；跗节 5–5–5，第 3 节双叶状，第 4 节小，隐于其间；腹部可见腹板 5 节，第 1 节宽大，基部中央伸突于后足基节间。

分布：世界已知 51 000 多种（含亚种），中国记录 1954 种（含亚种），浙江分布 93 属 146 种。

（一）短角象亚科 Brachycerinae

主要特征：该类群的雄性外生殖器均为较原始的结构和形态，是象虫总科里比较小的一个类群，主要分布在干旱地区。

分布：目前世界已记述种类约为 95 属 1350 余种，该类群全世界分布，在非洲热带地区和亚热带地区物种多样性最高，古北区仅记录了 2 亚科 3 属 67 种。中国目前已知 1 亚科 1 属 3 种。

379. 毛束象属 *Desmidophorus* Dejean, 1835

Desmidophorus Dejean, 1835: 296. Type species: *Curculio hebes* Fabricius, 1781.

Botrobatys Chevrolat, 1842: 671. Type species: *Curculio fascicularis* Olivier, 1791.

Trichosomus Chevrolat, 1881: 91. [HN] Type species: *Desmidophorus senex* Boheman, 1845.

Desmidophorinus Hubenthal, 1917: 111. Type species: *Desmidophorus aureolus* Gyllenhal, 1837.

Pseudotrichosomus Hustache, 1925: 386. [URN]

主要特征：身体短粗，被覆细长倒伏鳞片；喙短粗，触角沟彼此距离远，胸沟达到前足基节，鞘翅多毛束；胫节外缘有 1 排齿，爪简单。

分布：古北区，东洋区，旧热带区。世界已知 84 种，中国记录 3 种，浙江分布 1 种。

（926）毛束象 *Desmidophorus hebes* (Fabricius, 1781)

Curculio hebes Fabricius, 1781: 174.

Curculio tuberculatus Fabricius, 1793: 480. [HN]

Desmidophorus morbosus Pascoe, 1888: 416.

Desmidophorus aterrimus Aurivillius, 1891: 220.

主要特征：体壁黑色，被覆黑毛，具黑色毛束，鞘翅基部两侧的短带和端部的鳞片淡黄色。喙粗而很短，刻点很粗大，坑状，排列成不规则的行，基部和具小刻点的头部一样，其刻点具细长的倒伏黄色鳞片。触角索节 1 远大于宽，索节 2、3 略短于索节 1，索节 4 更短，其他 3 节长等于宽；棒卵形，端部缩尖。前胸背板宽约为长的 1.5 倍，前端特别紧缩，略呈钟形，密布大刻点，两侧和腹面密被黄色鳞片，这种鳞片细长而两头尖，甚至呈毛状，背面零散被覆相似的毛，还密被向前倒伏的黑毛。小盾片细长，略呈心形，多被覆褐色鳞片，有时被覆部分黄色鳞片，具沟，向后缩成钝尖。鞘翅宽约大于前胸背板的 1/3，具钝的肩胝，向后略紧缩，前端细，两侧具短带，其外端多少与前缘相连，一般达到行间 6，端部被覆或宽或窄淡黄鳞片带；刻点大，方形，行间细，具很小很短的黑色毛束，其间散布大毛束；行间 3、4 三束，行间 7

两束，行间 5 的第一、第三毛束比行间 3 的相当的毛束靠后，行间 1 在中间以前具黑毛束 1 个。雌虫末一腹板从后面看，中间隆，两侧降低，后缘中间具小而相当深的凹缘；雄虫末一腹板中间洼，两侧隆，两侧密被直立的毛。

分布：浙江（临安）、江苏、上海、湖北、江西、湖南、广东、广西、四川、云南；韩国，巴基斯坦，印度，菲律宾。

（二）锥胸象亚科 Conoderinae

主要特征：前胸腹板具胸沟，当休止时，喙向后折，可纳入胸沟内；眼相当大，在头的背面彼此接近，有些种类甚至连在一起；喙在基部通常具三条隆脊；前胸两侧前缘眼叶不明显或缺失。鞘翅基部外角圆，行纹 9 或 9 和 10 达到鞘翅基部；后胸前侧片宽；腿节具齿；成虫善于飞行。

变节象族 Apostasimerini Schoenherr, 1844

380. 沼船象属 *Limnobaris* Bedel, 1885

Limnobaris Bedel, 1885: 183. Type species: *Curculio t-album* Linnaeus, 1758.

Calyptopygus G. A. K. Marshall, 1948a: 466. Type species: *Calyptopygus ellipticus* G. A. K. Marshall, 1948.

Pertorcus Voss, 1953b: 75. Type species: *Pertorcus tibialis* Voss, 1953.

主要特征：头和喙之间无明显的凹陷将两者分开；喙细长，圆锥状，基部不侧扁，在喙端部背腹面不逐渐狭缩，不具隆脊；触角沟在近喙基部处延伸至喙腹面；上颚具齿。触角着生于喙中部之前，雌雄虫着生部位无区别；触角柄节细长，至端部突然变粗成棒状；索节 1 长于索节 2，索节 7 与触角棒可明显区分开。前胸长宽相等，基部略呈二曲状，端部平截，无眼叶，前胸背板两侧靠近前端略洼陷。鞘翅略宽于前胸背板，肩较圆，具 10 条完整的行纹，行纹刻点深，鞘翅末端具眠，不十分明显。足细长，腿节棒状，腹面不具齿；胫节端部不扩大，胫节背面具浅而细的沟，端部不具端刺；跗节 3 深二叶状，爪离生。前胸腹面无胸沟，臀板不外露，腹板 2 长于腹板 3、4 之和。

分布：古北区，新北区，旧热带区。世界已知 38 种，古北区 11 种，中国记录 6 种，浙江分布 1 种。

（927）胫沼船象 *Limnobaris tibialis* (Voss, 1953)

Pertorcus tibialis Voss, 1953b: 76.

Pertorcus pilifer Voss, 1958: 76.

主要特征：体形较小，体长 2.1–3.1 mm。体壁黑色，发亮，中胸、后胸和腹板 1–3 节的侧面被覆细至较宽的刚毛，刚毛极稀疏。喙长度适中，雄虫喙长短于前胸背板长度的 1.1 倍，雌虫喙长短于前胸背板的 1.3 倍；触角索节 7 宽大于长；鞘翅被覆直立的鳞片状刚毛；雄虫前足胫节腹面中间略近基部具 1 指向前的锐突。

分布：浙江（临安、庆元、景宁）、安徽、江西、福建、贵州。

船象族 Baridini Schoenherr, 1836

381. 花船象属 *Anthinobaris* Morimoto *et* Yoshihara, 1996

Anthinobaris Morimoto *et* Yoshihara, 1996: 31. Type species: *Baridius dispilotus* Solsky, 1870.

　　主要特征：额在两眼之间的距离与喙基部相等；喙弯曲，在基部具 1 凹陷与头分离，在触角着生处之前向端部渐宽，喙侧面观从基部至端部背腹面仅略压扁；上颚外缘不十分向内弯曲，上颚几乎指向前方或略斜向内。触角着生于喙中部之前，触角柄节未达眼前缘；索节 7 节，索节 1 粗壮、长于索节 2，索节 7 宽大于长且远宽于索节 6；触角棒卵形，棒节 1 长度与其余各节之和相等。前胸背板前缘截断形，前胸两侧不具眼叶，基部二曲状，背面密布刻点。小盾片明显。鞘翅端部钝圆，行纹 10 条，行间扁平。臀板较宽地外露，几乎垂直向下。腿节棒状，无齿，爪简单，离生。

　　分布：古北区，东洋区。古北区已知 12 种，中国记录 10 种，浙江分布 1 种。

（928）黄斑花船象 *Anthinobaris flavonotata* (Voss, 1941)

Baris flavonotata Voss, 1941c: 894.

　　主要特征：体长 3.6–4.5 mm；体壁黑色，体表被覆黑色的短刚毛，腹面的黄色鳞片密贴体壁，前胸背板基部两侧和基部背面中间各具 1 由黄色鳞片形成的三角形斑纹，黄色鳞片在鞘翅行间 3、4 的基部，行间 2、3、4 的中部，以及行间 2 的端部形成纵条带。头球状，密布刻点；喙与前胸背板长度相等，基部强烈弯曲成钩状，侧面观从基部向端部逐渐变细，与额之间的 1 驼峰样突起明显区分开。触角着生于喙中部之前，柄节短，仅达喙基部的 1/3 处；索节 1 最长，长为宽的 2 倍，索节 2 长度仅为索节 1 的一半，索节 3 长宽相等，其余索节宽大于长；触角棒卵形，长为宽的 1.5 倍。前胸背板长宽近相等，前缘远窄于后缘，基部最宽，背面密布刻点；小盾片近圆形；鞘翅长约为宽的 1.5 倍，略宽于前胸背板基部，鞘翅行纹刻点细而深，行间扁平，行间宽为行纹的 2 倍，每一行间密布 1 列小刻点；腿节粗壮，胫节短、直，爪分离。

　　分布：浙江（临安）。

382. 泛船象属 *Cosmobaris* Casey, 1920

Cosmobaris Casey, 1920: 344. Type species: *Baris scolopacea* Germar, 1819.

　　主要特征：体表被覆白色和褐色彼此混杂的鳞片，前胸背板两侧被覆圆而宽的鳞片。喙与头之间被 1 深横沟分开；触角细长，索节 1 很长，与索节 2–4 长度之和相等，触角棒卵形；额与喙基部等宽；眼较小，位于两侧；前胸腹板平坦，前端横向凹陷较浅，前足基节间距离约为基节直径的 1/2；前胸前端略狭缩；鞘翅行纹 1、2 深；后足胫节端部齿与爪的长度相等，爪离生；臀板外露，具刻点，几乎垂直于地面。

　　分布：世界广布。世界已知 5 种，中国记录 1 种，浙江分布 1 种。

（929）驳色泛船象 *Cosmobaris scolopacea* (Germar, 1819)

Baris scolopacea Germar, 1819: 132.

Baridius colorata Boheman, 1836: 700.

Baridius pallidicornis Boheman, 1836: 702.

Baridius parvula Boheman, 1836: 701.

Baridius vestita Perris, 1858: 143.

Baris orientalis Roelofs, 1875: 184.

Cosmobaris americana Casey, 1920: 344.

Baridius carnerii Pic, 1922e: 30.

Baris lebedevi Roubal, 1929a: 56.

Cosmobaris sionilli Hayes, 1936: 28.

Cosmobaris squamiger Hayes, 1936: 27.

Baris borkhsenii Zaslavskij, 1956: 357.

主要特征：身体细长，体壁黑色，体表密被白色、黄色和褐色的鳞片，前胸背板背面基部和两侧被覆鳞片，鳞片形成的不规则斑点变化较多；喙略弯，具刻纹，与头和前胸背板的长度之和相等；前胸宽大于长，两侧略凸圆，向前逐渐狭缩，前胸背板刻点较大而圆，密集；小盾片小，舌状，黑色发亮，不被覆鳞片；鞘翅细长，略宽于前胸，具肩，两侧几乎平行，从翅坡处开始，突然狭缩成钝圆的端部，行纹较宽而深，明显，行间平坦，行间宽度为行纹宽度的 2–3 倍，行间上的刻点极小而稀疏。

分布：浙江、黑龙江、吉林、内蒙古、北京、陕西、甘肃、新疆、江苏、福建、香港、四川；俄罗斯（西伯利亚、远东地区），朝鲜，韩国，日本，土库曼斯坦，乌兹别克斯坦，塔吉克斯坦，哈萨克斯坦，伊朗，亚美尼亚，土耳其，欧洲，北美洲，非洲（埃及，突尼斯）。

383. 桑船象属 *Moreobaris* Morimoto *et* Yoshihara, 1996

Moreobaris Morimoto *et* Yoshihara, 1996: 40. Type species: *Baris deplanata* Roelofs, 1875.

主要特征：头在两眼之间扁平或略洼，与喙基部一样宽；喙弯，两侧近平行，与头和前胸背板长度之和近相等，基部略变粗；触角着生于喙中部或中部略靠前一点，柄节与眼前端的距离与索节 1 长度近相等，索节 7 节，索节 7 宽于其余索节；前胸前缘截断形，眼叶缺失，前胸背板背面密布刻点；小盾片明显；鞘翅基部 1/2 两侧几乎平行，鞘翅端部浅二凹形，行纹 10 条，行纹 9 和 10 完整，行间扁平；臀板窄外露，雄虫在外露的臀板上沿着鞘翅边缘有 1 横脊；前足略大于中足和后足；腿节棒状，不具齿，胫节具钩，无端刺，跗节 3 二叶状，远宽于跗节 1、2，爪离生；前胸腹板近前缘具 1 对圆窝，雄虫在前足基节之间具 1 对小瘤，前胸腹板突与基节宽度相等。

分布：古北区，东洋区。世界已知 6 种，中国记录 2 种，浙江分布 1 种。

（930）扁平桑船象 *Moreobaris deplanata* (Roelofs, 1875)

Baris deplanata Roelofs, 1875: 183.

Acythopeus patruelis Voss, 1958: 84.

主要特征：体形较小，体长 3.4–3.9 mm，体宽 1.4–1.7 mm，长椭圆形。体壁深褐色至黑色，有光泽，前胸背板和鞘翅光滑，被覆极不明显的短细毛，腹面和足上的毛较长；鞘翅无鳞片形成的条带。头密布圆形细刻点，额宽于喙基部，喙基有横缢，眼大，扁平。喙弓形，刻点列之间形成纵隆线。雄虫喙刻点较均匀，端部刻点略缩细；雌虫喙基部刻点较粗大，端部较光滑，刻点细而稀，喙中部有 1 条光脊。触角着生于喙中间之前，柄节长于索节之和；索节 7 节，1 节粗，长于 2 节，7 节宽大于长；棒 3 节，长椭圆形。前胸横宽，两侧圆，基部最宽，从中间向前猛缩，近端部缢缩，均匀密布圆形刻点，后缘二凹形。小盾片圆形，有细刻点。鞘翅基部分别向前突出，略呈叶状覆盖在前胸基部；肩略明显，行纹深，较窄；行间宽，有 1 列大而浅的刻点，致使行间略呈横皱。臀板外露。前胸腹板前区有凹陷；中胸后侧片上升到前胸背板与鞘翅之间，腹板 2–4 后缘两侧向后弯。足腿节棒状，前足基节分离，雄虫在前足基节之间具小瘤；爪分离。

分布：浙江（临安）、江苏、上海、福建、四川；朝鲜，韩国，日本。

384. 无点船象属 *Nespilobaris* Morimoto *et* Yoshihara, 1996

Nespilobaris Morimoto *et* Yoshihara, 1996: 41. Type species: *Acythopeus parabasimaculatus* Morimoto *et* Lee, 1992.

主要特征：喙基部很粗，背面由 1 条深的横凹与头分开；触角着生于喙的中部之前，休止时柄节接近眼前缘；侧面观，眼的上缘略低于喙基部的中点处，或与之平；前胸基部 1/2 两侧近平行，向端部逐渐狭缩；鞘翅行间平坦，在翅坡处通常具瘤突，鞘翅端部钝圆；腿节略呈棒状；前胸腹板在基节之间不具瘤突；中胸腹板突起远宽于基节直径；腿节通常不具齿，雄虫的胫节和跗节内缘具长毛；臀板外露较窄，背面观不可见。

分布：世界广布。世界已知 14 种，中国记录 4 种，浙江分布 1 种。

（931）驼喙无点船象 *Nespilobaris inflatirostris* (Voss, 1941)

Acythopeus inflatirostris Voss, 1941c: 893.
Acythopeus proxima Voss, 1958: 82.

主要特征：体壁黑色，不发亮；鳞片黄褐色，仅在前胸背板和鞘翅形成纵向连续的条带，在腹板 2 的两侧近端部形成斑纹，身体其余部分仅星星点点散布极少量的鳞片。喙基部形成 1 个强烈的驼峰样凸隆。前胸近梯形，基部最宽，从距基部 1/3 处开始向端部狭缩，狭缩较强烈；背面具大而圆的刻点，刻点密集；前胸背板具 1 对由黄褐色鳞片组成的纵条带，条带从前胸背板前缘距两侧 1/4 处开始一直延伸至前胸背板基部距两侧 1/4 处止。小盾片舌状，明显，具刻点。鞘翅从行间 3 基部起各具 1 条由黄褐色鳞片形成的纵条带，条带止于翅坡前，鳞片仅分布于行间 3；鞘翅行纹较窄而深，行间宽于行纹，行间上具较宽大近方形的刻点，刻点密集，行间 5 在翅坡处具短纵瘤突。

分布：浙江（安吉、临安、龙泉）、安徽、福建、贵州；老挝。

385. 光船象属 *Psilarthroides* Morimoto *et* Miyakawa, 1985

Psilarthroides Morimoto *et* Miyakawa, 1985: 41. Type species: *Baris czerskyi* Zaslavskij, 1956.

主要特征：头具细小的刻点，刻点稀疏，头与喙之间有 1 横线浅凹陷。喙细长，近圆锥状，弧形弯曲，不具沟或隆脊，触角沟在喙的腹面彼此接触；触角着生于喙的中部（♂）或中部之后（♀），触角柄节细长，略呈棒状，索节 7 节，索节 1 长，触角棒紧实，棒节 1 短于其余各节之和；前胸前缘截断形，基部二曲状，基部 1/2 两侧近平行，之后向端部逐渐狭缩；小盾片明显；鞘翅黑色发亮，明显具肩，行纹 10 条，行纹细而深；臀板外露；足细长，腿节棒状，不具齿，胫节直，跗节 3 长宽近相等，二叶状，爪基部合生；前胸腹板具 1 对深窝，前胸腹板前缘二曲状，中胸腹板略洼，后胸腹板具 1 纵贯全长的中纵沟；腹板 2 长度与腹板 3–4 之和相等。

分布：古北区。世界已知 1 种，中国记录 1 种，浙江分布 1 种。

（932）塞氏光船象 *Psilarthroides czerskyi* (Zaslavskij, 1956)

Baris czerskyi Zaslavskij, 1956: 366.
Baris laferi Egorov, 1978: 158.
Psilarthroides humuli Morimoto *et* Miyakawa, 1985: 42.

主要特征：体长 2.4–3.5 mm；体壁黑色发亮，喙端部、触角、跗节深红褐色。头具细小而稀疏的刻点，不具中窝；喙发亮，背面稀被细小的刻点；触角着生于喙的中部，索节 1 与索节 2–4 的长度之和相等，索节 2 长大于宽；前胸背板长宽相等，基部 2/3 两侧近平行，前胸背板背面具较大而圆的刻点，刻点彼此间距离较大，几乎与刻点直径相等或略小于刻点直径，刻点在前胸两侧略密集；小盾片舌状，具浅的纵凹陷；鞘翅细长，长卵形，长远大于宽，具肩，从肩至距鞘翅端部 1/3 处两侧近平行，之后逐渐狭缩，鞘翅行间宽，扁平，仅在翅坡处略凸隆，每一行间具 1 列小刻点，每个小刻点里被覆 1 根细小的柔毛；臀板密布刻点，垂直，凸隆；足稀被柔毛，胫节端部略扩宽。

分布：浙江（南浔、临安、金东、浦江）、黑龙江、吉林、北京、河北、山东、河南、陕西、甘肃、江苏、安徽、福建、重庆；俄罗斯，朝鲜，韩国，日本。

秃船象族 Madarini Jekel, 1865

386. 平船象属 *Parallelodemas* Faust, 1894

Parallelodemas Faust, 1894: 306. Type species: *Parallelodemas perfectum* Faust, 1894.

主要特征：体长 3.0–7.8 mm，体宽 0.8–2.2 mm；身体细长，近圆柱形；体壁黑色或褐色，足和腹板有时红褐色。头近球形，在喙基部处有时凸隆；眼大，眼间距与喙基部宽度相等；额窝小至中等大小；喙较细长，略弯，雌虫喙端部略膨胀；口上片向前突出，中间多少呈凹槽状，雌虫凹槽不明显；触角沟斜向下弯曲，触角着生于喙的端部 1/4 至中部 1/2 之间，索节 7 节，触角棒紧实，纺锤状，棒节 1 长度与其余的各节长度之和相等；上颚外缘具 1 大齿和 1–2 较小的齿，内缘凸隆、不具齿；前胸圆筒状，较长，与鞘翅几乎等宽，前胸背板前缘不向前凸隆，不遮蔽额，前胸前缘两侧眼叶不明显或无眼叶；前胸腹板不具中沟，在基节前略洼陷；小盾片可见，梯形至近方形；鞘翅细长，两侧近平行，肩发达，端部圆，鞘翅行间 3–6 的基部略洼陷且向前胸背板突出，行纹 10 细且明显，行间平坦，具刻点至具褶皱；前足基节间距离窄于基节直径的 1/3，爪基部合生。

分布：古北区，东洋区。世界已知 12 种，中国记录 9 种，浙江分布 1 种。

（933）异平船象 *Parallelodemas impar* Voss, 1941

Parallelodemas impar Voss, 1941c: 895.

主要特征：身体细长，体长 4.4–5.8 mm；体壁黑色，触角和跗节红色。头宽大于长，密布细刻点，额具 1 纵凹；眼大而凸隆；喙细长，圆筒状，略弯曲；触角着生于喙的中部，柄节细长，达到眼，索节 1 和 2 长度相等，长均为宽的 2 倍，索节 3 与索节 7 等长，索节 4–6 长宽相等，触角棒长为宽的 2 倍；前胸背板长远大于宽，两侧近平行，密布刻点；小盾片半圆形，宽大于长，密布刻点；鞘翅长为宽的 2.5 倍，两侧近平行，肩明显，光滑发亮，鞘翅行纹刻点细，行纹线状，行间远宽于行纹，扁平；臀板外露，密布倒伏的长毛；腿节细长，胫节细长且直，爪合生。

分布：浙江（临安）、四川、云南；老挝。

龟象族 Ceutorhynchini Gistel, 1848

387. 白点龟象属 *Cardipennis* Korotyaev, 1980

Cardipennis Korotyaev, 1980: 228. Type species: *Ceuthorrhynchus rubripes* Hustache, 1916.

Cardipennis: Colonnelli, 1986: 435; Huang et al., 2018: 220.

主要特征：喙细长；触角索节 7 节；前胸背板具中沟，端部衣领状突起显著，两侧锐突较小，基部二叶状；鞘翅行纹较宽，行间微凸起，小盾斑白色；雌雄跗节均无刺突；胸沟开放，未延至中胸腹板。

分布：东亚地区。世界记录 3 种，浙江均有分布。

分种检索表

1. 眼叶显著突出；个体较大，体长一般大于 2.60 mm ···································· 邵武白点龟象 *C. shaowuensis*
- 眼叶简单，不突起；个体较小，体长一般小于 2.40 mm ·· 2
2. 足红棕色；个体较圆，背面黑色，前胸背板和鞘翅无明显白斑 ······························· 赤足白点龟象 *C. rubripes*
- 足黑色；个体较瘦，前胸背板具 3 条纵向白斑，鞘翅中部具较宽横向白斑 ··············· 葶草白点龟象 *C. sulcithorax*

（934）邵武白点龟象 *Cardipennis shaowuensis* (Voss, 1958)（图版 XVIII-1，2）

Ceuthorrhynchus (*Ceuthorrhynchus*) *shaowuensis* Voss, 1958: 74.

Ceutorhynchus (*Cardipennis*) *shaowuensis*: Korotyaev, 1980: 229.

Cardipennis shaowuensis: Huang et al., 2018: 223.

主要特征：体长 2.33–2.82 mm（平均 2.65 mm）。该种与同属其他种相比个体较大，体长大于 2.60 mm，眼叶显著向两侧突出。喙较短粗，雌雄个体的喙长均小于前胸背板长的 1.2 倍。该属另 2 个物种的喙均细长，雄虫长于前胸背板 1.3 倍，雌虫长于 1.4 倍。

分布：浙江、黑龙江、吉林、辽宁、北京、河北、河南、陕西、甘肃、江苏、上海、湖北、江西、湖南、福建、台湾、重庆、四川、贵州；俄罗斯，韩国，日本。

寄主：葶草。

（935）葶草白点龟象 *Cardipennis sulcithorax* (Hustache, 1916)（图版 XVIII-3，4）

Ceuthorrhynchus sulcithorax Hustache, 1916: 135.

Ceutorhynchus (*Cardipennis*) *sulcithorax*: Korotyaev, 1980: 229.

Cardipennis sulcithorax: Huang et al., 2018: 221.

主要特征：体长 2.27–2.46 mm（平均 2.35 mm）。前胸背板具有 3 条纵向白色鳞片形成的斑纹，鞘翅中部后具有 1 横向白色鳞片形成的宽条纹。

分布：浙江、黑龙江、吉林、辽宁、北京、河北、山西、陕西、江苏、湖北、四川；俄罗斯，韩国，日本。

寄主：葶草。

（936）赤足白点龟象 *Cardipennis rubripes* (Hustache, 1916)（图版 XVIII-5，6）

Ceuthorrhynchus rubripes Hustache, 1916: 134.

Ceutorhynchus (*Cardipennis*) *objectus*: Korotyaev, 1980: 229.

Cardipennis objectus: Colonnelli, 1986: 435.

Cardipennis rubripes: Huang et al., 2018: 220.

主要特征：体长 2.13–2.48 mm（平均 2.29 mm）。该种与同属其他种相比个体较小，体较圆，虫体黑色，足红棕色。与邵武白点龟象相比，该种的眼叶简单，两侧不突起；与荸草白点龟象相比，该种在体背常具显著条纹。足红棕色。

分布：浙江、黑龙江、北京、天津、河北、河南、陕西、甘肃、江苏、上海、湖北、江西、湖南、福建、重庆、四川、贵州；俄罗斯，蒙古国，韩国，日本。

寄主：大麻。

388. 龟象属 *Ceutorhynchus* Germar, 1823

Ceutorhynchus Germar, 1823: 217. Type species: *Curculio assimilis* Paykull, 1792.

　　主要特征：虫体黑色或深蓝色，体长不超过 2.3 mm。喙细长，弯曲；触角索节 7 节；前胸背板两侧有 1 对明显的瘤状突起，刻点粗糙，具有金属光泽及中沟；鞘翅长大于宽，鞘翅卵圆形，有时第 1 行间覆盖有密集的鳞片，全身覆盖灰色的鳞片；爪简单或有齿；腿节有齿或无齿；腹板简单。

　　分布：世界广布。该属为龟象亚科物种最丰富的属，记录的物种大于 400 种。目前中国记录 16 种，浙江已知 1 种。

（937）白纹龟象 *Ceutorhynchus albosuturalis* (Roelofs, 1875)（图版 XVIII-7，8）

Ceutorhynchidius albosuturalis Roelofs, 1875: 178.
Ceutorhynchus albosuturalis: Lu et al., 2019: 205 (in checklist).

　　主要特征：体长 1.7–2.1 mm；体卵圆形；头部有密集的刻点，顶部有纵向的龙骨状微凸。喙细长，长于前胸背板，略微弯曲；触角着生于喙的中后部，索节 6 节；前胸背板略宽，端部急剧收缩，两侧有瘤，中间有明显的沟；盾片小，鞘翅略宽于前胸背板；鞘翅行纹深，行间基部小盾斑密集白色线状鳞片。雄虫：虫体棕色；触角和喙红棕色；喙较长，长于前胸背板，适当弯曲；触角索节 1 和索节 2 等长，索节 3 略短；前胸背板有浅中沟；两侧有钝的瘤突；鞘翅卵圆形，端部略微收缩，行间平，行纹刻点清晰；中足和后足腿节轻微膨胀；前足胫节有端刺；爪离生，具齿；臀板简单。雌虫：喙相对细长；胫节简单，无端刺；腹板略微隆起。

　　分布：浙江（临安、浦江）、黑龙江、北京、陕西、福建、贵州；俄罗斯，韩国，日本。

　　寄主：荠菜。

389. 锥贴鳞龟象属 *Conocoeliodes* Korotyaev, 1996

Conocoeliodes Korotyaev, 1996: 462 (in key). Type species: *Coeliodes setifer* A. Schultze, 1898.

　　主要特征：该属与毛锥贴鳞龟象属 *Trichocoeliodes* 的鞘翅行间均具有 1 行直立鳞片。但该属前胸背板和鞘翅还密被小而宽的、端部圆形的金色鳞片；喙有显著中脊和弱侧脊；前胸背板背部几乎不突出，无中沟，密被小刻点；腿节具小齿，前足胫节端部加宽，具梳状边缘，止于较小角突。

　　分布：东亚地区。该属为单型属。

（938）刺毛锥贴鳞龟象 *Conocoeliodes setifer* (A. Schultze, 1898)

Coeliodes setifer A. Schultze, 1898: 225.

Conocoeliodes setifer: Lu et al., 2019: 208 (in checklist).

主要特征：前胸背板和鞘翅密被小而宽的、端部圆形的金色鳞片；喙有显著中脊和弱侧脊；前胸背板背部几乎不突出，无中沟，密被小刻点；腿节具小齿，前足胫节端部加宽，具梳状边缘，止于较小角突。

分布：浙江（遂昌）、福建；日本。

寄主：蚊母树。

390. 异点龟象属 *Datonychus* H. Wagner, 1944

Datonychus H. Wagner, 1944b: 132. Type species: *Curculio arquata* Herbst, 1795.

主要特征：触角鞭节 7 节。鞘翅行间 6–8 具横向斑纹，小盾斑 T 形，不向侧面横向斑纹延伸。胸沟不延伸到中胸和后胸腹板。前足和中足腿节上的齿为常规状，爪具齿。

分布：古北区。该属世界已知 22 种，中国记录 1 种，在浙江有分布。

（939）特氏异点龟象 *Datonychus terminassianae* Colonnelli, 2011

Datonychus terminassianae Colonnelli, 2011: 192.

主要特征：体长 3.3 mm。该种小盾斑纵向狭长，鞘翅无斑纹。前胸背板近圆锥形，鞘翅基半部两侧近平行，中线以后向翅突强烈缩窄。喙细长，为前胸背板长的 1.48 倍，端部 3/5 具粗糙刻点，基部刻点细密。额略凹陷，眼略突出。前胸背板基部几乎为非二凹状，两侧微弯曲，背部较平，刻点粗糙，纵沟显著、完全，侧突较弱。鞘翅背部较平，基部略凹陷，基部 1/3 处最宽，翅肩突出，行纹不深，行间宽于行纹、较平、具粗糙刻点。足强壮，腿节具强壮齿，胫节略二凹形，从基部到端部略加宽，爪具齿。

分布：浙江（遂昌）、北京。

391. 紫堇龟象属 *Sirocalodes* Voss, 1958

Sirocalodes Voss, 1958: 73. Type species: *Rhynchaenus depressicollis* Gyllenhal, 1913.

主要特征：前胸背板基部直，端部强烈隆起。

分布：全北区。该属世界记录 19 种，其中古北区已知 17 种，中国记录 2 种，浙江分布 1 种。

（940）元胡龟象 *Sirocalodes umbrinus* (Hustache, 1916)（图版 XVIII-9，10）

Ceuthorrhynchus umbrinus Hustache, 1916: 131.
Sirocalodes umbrinus: Lu et al., 2019: 210 (in checklist).

主要特征：眼略有突出，几乎平。体背覆盖棕色和白色柳叶状鳞片，无白斑。雄虫第 5 腹板端部凹陷较深。

分布：浙江（磐安）、福建；俄罗斯，韩国，日本。

生物学：罂粟科紫堇属。该虫为浙江元胡产地的主要害虫，钻蛀叶柄与块茎，造成元胡减产，经济损失严重。

隐胫象族 Cnemogonini Colonnelli, 1979

392. 瘤龟象属 *Cyphauleutes* Korotyaev, 1992

Cyphauleutes Korotyaev, 1992: 54. Type species: *Cyphauleutes vietnamensis* Korotyaev, 1992.

主要特征：喙中间 1/2 处适度加宽；眼适度突出；额深凹；前胸背板中部和两侧具 2 对瘤突，在端部极度收缩，有中沟；小盾片强烈凸起；鞘翅密被鳞片，鞘翅行间 3–5 有瘤状突起并附着竖立的鳞片；腿节有微齿；胫节无明显的凹槽，有端刺；腿节内侧具显著的沟，休憩时胫节隐藏于该沟中。雄虫：虫体红棕色；喙较长，长于前胸背板，适当弯曲；前胸背板中部和两侧具 2 对瘤突；鞘翅卵圆形，端部略微收缩，行间 3–5 有瘤状突起并附着竖立的鳞片；腿节有齿。雌虫：喙相对细长；胫节简单，无端刺；腹板隆起。其他特征类似雄虫。

分布：东亚地区。该属世界已知 4 种，中国记录 2 种，浙江分布 1 种。

（941）斑瘤龟象 *Cyphauleutes alternans* (Voss, 1958)（图版 XVIII-11，12）

Phytobiomorphus alternans Voss, 1958: 65 (in key); Ren et al., 2018: 269.

主要特征：虫体红棕色；前胸背板中部和两侧具 2 对瘤突；鞘翅有 2 条黑色的 V 形条纹，行间 3–5 有瘤状突起并附着竖立的鳞片，行间 3、4、5 相对较隆；头、前胸及鞘翅被线形鳞片。雄虫：喙较长，长于前胸背板，适当弯曲；鞘翅卵圆形，端部微收缩；腿节有齿，腿节内侧具显著的沟；胫节有端刺；爪离生，具齿。雌虫：喙相对细长；胫节简单，无端刺；腹板略微隆起。

分布：浙江（临安）、辽宁、福建、四川、云南；俄罗斯，韩国，日本，越南。

393. 凸圆龟象属 *Sinauleutes* Korotyaev, 1996

Sinauleutes Korotyaev, 1996: 460 (in key). Type species: *Craponius bigibbosus* Hustache, 1916.

主要特征：喙端部腹面加宽，略扁平，具弱隆脊。前胸背板具 2 个中等大小的突起，侧突大且尖锐。鞘翅奇数行间强烈隆起，第 3 和第 5 行间中部更加隆起。胸沟未延伸至中足基节后缘。腿节具小但明显的齿，显著呈棒状；前足胫节无跗沟，胫梳不扩宽；雄虫前足胫节无端锯。

分布：东亚地区。该属为单型属。

（942）双驼龟象 *Sinauleutes bigibbosus* (Hustache, 1916)

Craponius bigibbosus Hustache, 1916: 119.
Sinauleutes bigibbosus: Lu et al., 2019: 210 (in checklist).

主要特征：虫体棕黑色，几乎无光泽，触角、胫节和跗节棕红色，鞘翅稀疏覆盖白色鳞片，小盾斑白色，行纹 1–3 基部 1/3 似十字形斑。喙短粗，弯曲，几乎不长于前胸背板，向端部略加宽，具强烈但不紧密的刻点，端部有光泽。触角短而细，着生于喙基部 1/3 处，柄节短，索节 7 节。头圆，额平，头顶具隆脊，刻点强烈。前胸背板长等于基部宽，端部翘起并向外延伸，基部强烈二凹状，背部几乎不隆起、不平整，具 2 个瘤突，两侧有侧突。鞘翅基部宽于前胸背板基部，宽为长的 2 倍，最宽处位于翅肩，向后缩窄；行纹刻点强烈，行间宽为行纹的 2 倍，强烈隆起；奇数行间更隆起。后足腿节具小齿，隐于一丛鳞片中；

前足腿节无齿，跗节极度延长；爪具齿。

　　分布：浙江（遂昌）；韩国，日本。

　　寄主：粗齿绣球。

尖胸象族 Mecysmoderini H. Wagner, 1938

394. 基刺象属 *Coelioderes* Korotyaev, 2004

Coelioderes Korotyaev in Korotyaev & Hong, 2004: 162. Type species: *Mecysmoderes nigrinus* Hong *et* Woo, 1999.

　　主要特征：虫体棕色或黑色，体长 2.0–2.7 mm；喙细长，长于前胸背板，适度弯曲，近圆柱形，无光泽或有轻微的光泽；前胸背板长大于宽，端部缩窄，密布粗糙的小刻点，中间有龙骨状的突起；触角着生于喙的中部，第 1–3 索节的长度接近；小盾片椭圆形，适当突起；鞘翅覆盖稀疏鳞片，行纹深，行间 1 覆盖白色或黄色鳞片，有时会延伸到整个鞘翅；足细长，腿节无齿，中足及后足腿节有轻微的膨大，后足腿节的宽度是中足腿节的 1.2–1.3 倍；前足及中足胫节直，后足胫节有轻微 S 形弯曲，胫节有端刺；爪短，离生。雄虫前足胫节多数无端刺，中足及后足胫节有端刺；阳茎伸长，狭窄，端部缩短突出。

　　分布：温带和亚热带地区。该属世界已知 8 种，中国记录 2 种，浙江分布 1 种。

（943）挂墩基刺象 *Coelioderes kuatunensis* (Voss, 1958)（图版 XVIII-13，14）

Mecysmoderes fulvus ssp. *kuatunensis* Voss, 1958: 70; Ren et al., 2018: 268.

　　主要特征：喙细长，长于前胸背板，略微弯曲；触角着生于喙的中部，索节 6 节；前胸背板端部缩窄，中间有龙骨状的突起；鞘翅行纹深，行间 1 覆盖白色或黄色鳞片。雄虫：虫体黄色；喙较长，长于前胸背板，适当弯曲；前胸背板端部缩窄，中间有龙骨状的突起；鞘翅端部略微收缩，行间 1 覆盖白色或黄色鳞片；腿节有齿，中足和后足腿节膨胀；胫节有端刺；爪离生，具齿。雌虫：喙相对细长；腹板略微隆起。

　　分布：浙江（临安、龙泉）；温带和亚热带地区。

　　寄主：杜鹃花属（杜鹃花科）。

395. 尖胸象属 *Mecysmoderes* Schoenherr, 1837

Mecysmoderes Schoenherr, 1837: 596. Type species: *Mecysmoderes euglyptus* Gyllenhal, 1837.

　　主要特征：前胸近前缘中部或多或少凹陷，中纵脊仅基部明显；胸沟延伸至中胸或后胸腹板；鞘翅行间隆起。

　　分布：古北区东南部，东洋区。该属世界已知 21 种，中国记录 3 种，浙江分布 2 种。

（944）红黄龟象 *Mecysmoderes fulvus* Roelofs, 1875

Mecysmoderes fulvus Roelofs, 1875: 179.

　　主要特征：通体红棕色，足胫节端部刚毛黑色；鞘翅行间 1 基部密被白色椭圆鳞片。喙细长，基部背侧 1/2 区域具 5 条纵脊，间距均等；头顶中部具纵脊，没有延伸至额，额凹陷，头顶具网状脊；前胸两侧微隆，向前渐窄，背面具圆形刻点，均匀分布，前缘中部无尖突，胸沟延伸至中胸腹板后缘；鞘翅行间直，近等宽，宽于行纹，奇数行间基部较隆；行纹深、直，刻点圆形、均匀分布，间距为刻点直径的 2 倍；中、后足腿节与胫节长度比近等。雄虫：体长 2.60 mm，喙长为前胸背板长的 1.62 倍。雌虫：体长 2.80–2.84 mm，喙长为前胸长度的 1.70–1.71 倍。

分布：浙江（龙泉）、湖南、福建、四川、云南、西藏；日本。

寄主：迎红杜鹃。

（945）黑斑尖胸象 *Mecysmoderes maculanigra* Voss, 1958

Mecysmoderes maculanigra Voss, 1958: 72.

主要特征：体长 1.6–2.0 mm，虫体深棕色。鞘翅基部 1/3 具 1 黑斑，其后为 1 浅黄色斑，与白色的小盾斑纹呈横向排列。额在眼之间凹陷，眼大、微突出。喙长等于头长加前胸背板长，略弯曲，刻点强烈而密集，端部有光泽。前胸背板宽大于长，基部到端部圆形，端部缩窄并延伸；基部中央向后延伸成三角形刺突，具龙脊。鞘翅长等于宽，翅肩突出，基部 1/2 两侧平行，向端部缩窄；行纹刻点中等强烈，行间平、宽于行纹。后足腿节具大齿，前足和中足腿节具微齿。

分布：浙江（临安）、福建。

396. 低额尖胸象属 *Xenysmoderodes* Yoshitake, 2007

Xenysmoderodes Yoshitake, 2007: 76. Type species: *Xenysmoderodes sasajii* Yoshitake, 2007.

主要特征：额窄，明显凹陷；眼大，外缘不相近；喙短粗，基部背侧略窄于额，基部 2/3 两侧近平行，端部 1/3 渐宽扁下弯；雄虫喙为前胸背板长的 1.21–1.44 倍，雌虫喙为前胸背板长的 1.26–1.35 倍；触角着生在喙端部两侧 1/3 处，触角沟基部背侧可见；触角柄节无端刺，与索节近等长，棒节亚菱形，端部 2/3 四周密被绒毛；前胸背板宽为长的 1.33–1.71 倍，具纵向网状刻点，纵脊完整，中刺细长；眼叶发达，着生 1 排较短的白色纤毛。鞘翅长为宽的 1.00–1.13 倍，为前胸背板长的 1.47–1.73 倍；鞘翅行间略宽于行纹，微隆；行间 1 基部 1/3 区域密被灰色或白色椭圆鳞片，行间 8 中部具白色椭圆鳞片斑块；行纹直，刻点圆、深，间距大于刻点直径；鞘翅最宽处位于翅肩后，侧缘微二曲状。足细长，腿节端部膨大，雄虫中足胫节具端刺，爪细长，具明显分开的跗肢，跗肢短于爪；胸沟仅前胸腹板明显。

分布：中国，日本。该属世界已知 3 种，中国记录 2 种，浙江分布 1 种。

（946）花尖胸象 *Xenysmoderodes flos* Yang, Zhang *et* Ren, 2013（图版 XVIII-15，16）

Xenysmoderodes flos Yang, Zhang *et* Ren, 2013: 537.

主要特征：通体黑色；前胸背板前缘和鞘翅内缘、后缘暗红色，略上翘；喙背纵脊与额纵脊相连；前胸背板前缘中部尖锐，背面、侧面剧烈隆起；中脊两侧各具 1 条隆脊从前缘左右 1/3 处延伸至基部两侧；腹板 5 中部密被金色刚毛，呈盛开状；阳茎基环直径是阳茎基臂的 4 倍；阳茎端部尖锐，近端部密被较短刚毛，内容物端部具 2 对斜三角骨片，中部具 1 对微弯曲骨片，基部 1/3 连接，端部向两侧弯曲，尖锐。雄虫：体长 2.00–2.10 mm，通体黑色，或散被脏黄色不规则鳞片；喙长是前胸背板的 1.35–1.42 倍。雌虫：体长 2.07 mm。

分布：浙江、贵州。

蓼龟象族 Phytobiini Gistel, 1848

397. 近蓼龟象属 *Pelenomus* C. G. Thomson, 1859

Pelenomus C. G. Thomson, 1859: 138. Type species: *Curculio commari* Panzer, 1795.

主要特征：身体卵圆形，前胸背板和鞘翅具较少不连续的鳞片。触角柄节棒状，索节6节。喙通常短于前胸背板。前胸背板前缘不隆起，伸直的部分有2个尖瘤，瘤间的距离不少于喙的宽度；侧缘的瘤光滑，不呈锯齿状；前胸背板的刻点粗糙适度；小盾片外露。鞘翅5–9沟间部有小而不明显的颗粒；鞘翅肩部角形，基半部两侧多少平行，通常至少有由宽而色浅的鳞片组成的小斑点，经常是金属光泽的鳞片。前胸腹板在前足基节窝前的部分有时短，有低而模糊的脊；前足基节窝间的距离小于喙宽度的一半；中胸和后胸腹板无喙状的沟。腿节无齿；中后足胫节或有端刺；跗节宽，具2爪；爪有锯齿或简单。

分布：欧亚大陆，北美。该属世界已知25种，中国记录6种，浙江分布1种。

（947）罗氏近蓼龟象 *Pelenomus roelofsi* (Hustache, 1916)（图版 XVIII-17，18）

Phytobius quadricornis var. *roelofsi* Hustache, 1916: 113.

主要特征：该种与福建近蓼龟象 *P. quadricorniger* 一般形态特征十分相似，但虫体较小，雄虫的中后足胫节有端刺，而福建近蓼龟象体较大，雄虫只有中足胫节有端刺。虫体黑色，触角、眼和腿红棕色。雄虫：体长2.3–2.5 mm。足细长；中足和后足胫节有端刺；爪离生，有齿。前胸腹板简单，无胸沟；腹部刻点密，腹板1略凹；腹板5端部边缘有浅凹；臀板简单。雌虫：体长2.3–2.7 mm。中足胫节无端刺；腹板1–2节中央隆起；腹板5微隆起，无凹陷。

分布：浙江、辽宁、江西、湖南、福建、广西、贵州；亚洲东北部。

寄主：春蓼属。

398. 蓼龟象属 *Phytobius* Schoenherr, 1833

Phytobius Schoenherr, 1833: 20. Type species: *Curculio leucogaster* Marsham, 1802.

主要特征：体长2.6–3.0 mm。蓼龟象属 *Phytobius* 与近蓼龟象属 *Pelenomus* 在形态特征上十分相似，包括前胸背板前缘通常有2个尖齿，尖齿间的宽度几乎与喙等宽，两侧中间有1对瘤状突起；触角索节6节；前胸和中胸腹板无胸沟；腿节无齿等。这2属目前无法从一些重要的鉴别特征中进行辨别，只能通过鳞片的厚度加以区分。

分布：全北区，新热带区。该属世界已知4种，中国记录2种，浙江分布1种。

（948）短喙蓼龟象 *Phytobius friebi* H. Wagner, 1939（图版 XVIII-19，20）

Phytobius (s. str.) *friebi* H. Wagner, 1939: 77 (in key).

Phytobius friebi: Lu et al., 2019: 219 (in checklist).

主要特征：与模式种白腹蓼龟象 *Ph. leucogaster* 的主要区别是：喙粗短，小于前胸背板；前胸背板简单；行间5无龙骨状突起。雄虫：体长2.1–2.3 mm。虫体深棕色，触角和腿红棕色，眼黄色。体被棕色卵形鳞片，腹面鳞片较厚，白色。喙粗短，小于前胸背板；侧面观喙外缘较内缘弯。触角着生喙的顶端1/3

处。前胸背板两侧近圆形；背面端部微隆起；基部边缘无锯齿状。鞘翅卵形，长大于宽，从肩向端部渐缩窄。行纹刻点清晰，行间略宽，是行纹的 2 倍；行间 5 基部略微凸起。足细长，中足胫节有端刺，爪简单，无齿。前胸腹板简单，腹板 1 和 2 中央略凹；腹板 5 端部边缘有凹陷。臀板简单。雌虫：体长 2.3–2.5 mm。中足胫节无端刺；腹板 1–2 节中央隆起，腹板 5 简单无凹陷。

分布：浙江（浦江）、黑龙江、辽宁、北京、福建、海南；俄罗斯，蒙古国，日本。

399. 光腿象属 *Rhinoncus* Schoenherr, 1825

Rhinoncus Schoenherr, 1825: 586. Type species: *Curculio pericarpius* Linnaeus, 1758.

主要特征：喙粗短，长小于 3 倍喙宽；触角索节 7 节；中胸和后胸无喙状胸沟；前胸背板有中缝，前缘模糊地有微弱的凹痕，不具尖齿；腿节无齿和刺，爪有齿；前胸腹板在前足基节前长，有高的龙骨状突起；如果前胸腹板短，龙骨状突起小，则虫体狭长，鞘翅近平行。

分布：世界广布。该属世界已知 36 种，中国记录 10 种，浙江分布 4 种。

分种检索表

1. 虫体较圆 ·· 西伯利亚光腿象 *R. sibiricus*
- 虫体较细长 ··· 2
2. 鞘翅长大于宽的 2 倍 ··· 格林斯光腿象 *R. gressitti*
- 鞘翅长小于宽的 2 倍 ··· 3
3. 鞘翅长为宽的 1.5 倍；足细长，后足腿节略膨大 ································ 直光腿象 *R. perpendicularis*
- 鞘翅长为宽的 1.3 倍；足粗短，后足腿节明显膨大 ····························· 福建光腿象 *R. fukienensis*

（949）福建光腿象 *Rhinoncus fukienensis* H. Wagner, 1940（图版 XVIII-21，22）

Rhinoncus (Amalorhinoncus) perpendicularis ssp. *fukienensis* H. Wagner, 1940b: 104.
Rhinoncus fukienensis: Lu et al., 2019: 219 (in checklist).

主要特征：该种与直光腿象 *R. perpendicularis* 具有相似的外形，前胸背板相对简单和鞘翅上有白色的箭头状的鳞片。但是体长较直光腿象 *R. perpendicularis* 短，鞘翅 1.3 倍长于宽；腿节较粗，后足腿节接近 2 倍宽于中足腿节。雄虫：体长 2.1–2.4 mm。虫体黑色；眼黑色，触角、胫节红棕色，腿节黑色。眼适当突出。喙粗短，小于与前胸背板，略微弯曲；侧面刻点狭长；端部光滑，刻点稀、小。触角索节明显长于柄节，着生于喙的近端部。前胸背板无中沟；中部略隆起，刻点、颗粒较大；两侧几乎平行，顶端略缩窄。鞘翅近卵形，略狭长；行纹宽，刻点清晰；行间突出，有颗粒排列，几乎与行纹等宽。前足腿节和中足腿节相对细长，后足腿节明显膨大；中后足胫节有端刺；跗节一般长，跗节 3 宽于跗节 2；爪离生，具齿。前胸腹板微隆起，无胸沟；腹板平，腹板 5 端部边缘有凹陷。臀板简单。雌虫：体长 2.1–2.5 mm。中后足胫节无端刺；腹板 1 隆起，腹板 5 端部边缘无凹陷。

分布：浙江（浦江）、湖北、江西、湖南、福建、广东、广西、四川、贵州；日本，越南。

（950）格林斯光腿象 *Rhinoncus gressitti* Korotyaev, 1997

Rhinoncus gressitti Korotyaev, 1997b: 378.

主要特征：该种虫体狭长，鞘翅的肩不发达，且两侧几乎平行，长约为宽的 2 倍。足细长，雄虫只有中足胫节有端刺。前胸腹板短，龙骨状微弱突出。雄虫：体长 2.8–3.0 mm。虫体深棕色；眼黄色，触角、腿红棕色。体表鳞片较厚。眼适当突出。喙较细长，小于前胸背板，略微弯曲；侧面刻点狭长；端部光滑，刻点中等。触角索节明显长于柄节，着生于喙的中部。前胸背板无中沟；端部微隆起，刻点、颗粒较大；两侧几乎平行，顶端略缩窄。鞘翅长椭圆形，狭长，长约为宽的 2 倍；行纹较宽，刻点中等；行间平，少量颗粒，行间大于行纹。足细长，前足腿节较中足和后足的细而短；中足胫节有端刺；跗节一般长，跗节 3 宽于跗节 2；爪离生，具齿。前胸腹板短，较弱隆起，无胸沟；腹板平，腹板 5 微翘，端部边缘无凹陷。臀板长出鞘翅，外露。雌虫：体长 2.1–2.5 mm。虫体更狭长，中足胫节无端刺；腹板 1 和 2 略隆起。

　　分布：浙江（浦江）、福建、台湾、云南。

（951）直光腿象 *Rhinoncus perpendicularis* (Reich, 1797)（图版 XVIII-23，24）

Curculio perpendicularis Reich, 1797: 10; Ren et al., 2018: 265.

　　主要特征：虫体伸长；前胸背板简单，没有顶端凹痕和侧瘤；鞘翅行间稀被 1–3 排线状和截短的鳞片，行间端部有白色的箭头状的鳞片斑；足细长，后足腿节轻微膨胀。雄虫：体长 2.3–2.5 mm；虫体黑色；触角和腿节红棕色；鞘翅行间 1 的基部小盾斑被白色披针状鳞片。喙较长，略短于前胸背板；前胸背板无中沟。鞘翅卵圆形，两侧近平行，1.5 倍长大于宽，端部略微收缩；行间突出，几乎与行纹等宽；行纹刻点清晰；足细长，后足腿节轻微膨胀；中后足胫节有端刺；跗节一般长，跗节 3 宽于跗节 2；爪离生，具齿；前胸腹板适当隆起，无胸沟；腹板 1 和 2 略凹，腹板 5 端部边缘无凹陷；臀板简单。雌虫：体长 2.5–2.6 mm；中后足胫节无端刺；腹板 1 和 2 略隆起。

　　分布：浙江（临安）、黑龙江、新疆；欧亚大陆，加拿大。

　　寄主：主要为蓼属，少数为酸模属。

（952）西伯利亚光腿象 *Rhinoncus sibiricus* Faust, 1893（图版 XVIII-25，26）

Rhinoncus sibiricus Faust, 1893: 20.

Rhinoncus (Amalorhinoncus) perpendicularis ssp. *fukienensis* Wagner, 1940b: 104.

Rhinoncus sibiricus: Lu et al., 2019: 220 (in checklist).

　　主要特征：体形较圆。前胸背板前缘中部有略微的凹痕；鞘翅行纹与行间等宽；行间适当突出，一般为棕色的线状鳞片；行间 1 的基部有白色椭圆形鳞片形成的盾斑，有时模糊；腿节明显膨大，雄虫前足胫节无端刺，中后足胫节有中等的端刺；胫骨轻微地向外膨大。雄虫：体长 2.4–2.6 mm；虫体深棕色到黑色。眼适当突出。喙粗短，短于前胸背板。鞘翅卵圆形，两侧近平行。足长，中后足腿节明显膨大；中后足胫节有端刺；跗节一般长，跗节 3 宽于跗节 2；爪离生，具齿；前胸腹板适当隆起，无胸沟；腹板平，腹板 5 端部边缘有凹陷；臀板简单。雌虫：体长 2.5–2.8 mm；中后足胫节无端刺；腹板 1 和 2 略隆起；腹板 5 端部边缘无凹陷。

　　分布：浙江、黑龙江、吉林、辽宁、北京、河北、山西、甘肃、湖北、江西、福建、台湾、广东、海南、广西、重庆、贵州、云南；俄罗斯，蒙古国，韩国，日本，越南。

　　寄主：蓼属、荞麦属等。

刺龟象族 Scleropterini A. Schultze, 1902

400. 卵圆象属 *Homorosoma* J. Frivaldszky, 1894

Homorosoma J. Frivaldszky, 1894: 87. Type species: *Ceuthorhynchus validirostris* Gyllenhal, 1837.

主要特征：一般呈黑色且反光，鞘翅行纹附有暗棕色稀疏的鳞片。喙细长，其长度至少是前胸背板长度的 1.2 倍；触角 7 节；前胸背板附有 1 对突起，基部具有明显的切口；鞘翅行纹奇偶统一；腿节有齿，仅中后足胫节有端刺，爪细长、离生；腹板结构简单、臀板微宽。雌虫喙更加细长，至少是雄虫喙的 1.8 倍；足所有胫节简单无端刺。

分布：全北区。该属世界已知 7 种，中国记录 4 种，浙江分布 3 种。

分种检索表

1. 虫体大，体长大于 2.3 mm··**粗糙卵圆象** *H. asperum*
- 虫体小，体长小于 2.1 mm··· 2
2. 雄虫喙细长，其长是宽的 4.76–6.01 倍；阳茎端部 1/4 处强烈加宽，且具有 1 对强烈骨化的盘状骨片··**中国卵圆象** *H. chinense*
- 雄虫喙长是宽的 4.46–4.71 倍；阳茎端部 1/4 处两侧基本平行，具有较薄的 1 对盘状骨片·······**柯氏卵圆象** *H. klapperichi*

（953）粗糙卵圆象 *Homorosoma asperum* (Roelofs, 1875)（图版 XVIII-27，28）

Ceutorhynchus asper Roelofs, 1875: 177.

Homorosoma asperum: Lu et al., 2019: 221 (in checklist).

主要特征：前足胫节简单无端刺；其外生殖器形态差异明显。雄虫：体长 2.32–2.84 mm（平均 2.63 mm），深棕色或黑色，鞘翅覆盖物深棕色鳞片与白色鳞片相间；触角及跗节红棕色，足黑色。喙细长，长是宽的 3.95–5.06 倍，是前胸背板长的 1.25–1.59 倍。鞘翅近似心形，肩部最宽，逐渐向端部缩窄；鞘翅刻点明显，刻点间距是刻点直径的 2 倍。腹板 1–2 中央微凹，腹板 5 中央具有明显的凹陷；臀板简单。雌虫：体长 2.38–2.91 mm（平均 2.66 mm）。喙更加细长，其长是前胸背板长的 1.36–1.71 倍。足胫节无端刺；腹板 1–2 节隆起，腹板 5 无凹陷。

分布：浙江、湖北、江西、湖南、福建、广东、广西、重庆、贵州；俄罗斯，韩国，日本。

寄主：水蓼和尼泊尔蓼。

（954）中国卵圆象 *Homorosoma chinense* H. Wagner, 1944（图版 XVIII-29，30）

Homorosoma chinense H. Wagner, 1944a: 106.

主要特征：该种与粗糙卵圆象 *H. asperum* 的一般形态相似，但是中国卵圆象 *H. chinense* 虫体较小，体长仅 1.88–2.09 mm；喙极为细长；阳茎端部 1/4 处强烈加宽，且具有 1 对强烈骨化的盘状骨片。雄虫：体长 1.88–2.09 mm（平均 1.98 mm），深棕色或黑色，鞘翅覆盖深棕色鳞片；触角及跗节红棕色，足深棕色。喙细长，长是宽的 4.76–6.01 倍，是前胸背板长的 1.28–1.43 倍。鞘翅近似心形，长是宽的 0.99–1.04 倍，肩部明显且最宽，向端部逐渐缩窄。鞘翅行纹刻点清晰，其间距约等于其直径。腹板 1–2 中央适度光滑，腹板 5 中央具有明显的凹陷，臀板简单。雌虫：体长 2.21–2.32 mm（平均 2.24 mm）；喙更加细长，其长是前胸背板长的 1.73–1.84 倍。足胫节无端刺；腹板 1–2 节隆起，腹板 5 无凹陷。

分布：浙江、江西、湖南、福建、广东、广西、贵州；韩国，日本。

寄主：长鬃蓼、水蓼、杠板归、葎草。

（955）柯氏卵圆象 *Homorosoma klapperichi* H. Wagner, 1944（图版 XVIII-31，32）

Homorosoma klapperichi H. Wagner, 1944a: 108; Ren et al., 2018: 264.

主要特征：该种与中国卵圆象 *H. chinense* 虫体大小极为相似，但其喙较粗壮，喙基部宽度是中国卵圆象 *H. chinense* 喙基部宽度的 1.19 倍；触角柄节是索节的 0.98 倍，而中国卵圆象 *H. chinense* 触角柄节是索节的 1.26 倍；除此之外，二者阳茎端部形态差异很大。雄虫：体长 1.74–2.01 mm（平均 1.92 mm）；深棕色，触角与跗节红棕色，足深棕色。喙细长，长是宽的 4.46–4.71 倍，是前胸背板长的 1.18–1.32 倍。鞘翅卵圆形，长是宽的 0.99–1.04 倍，肩部明显且最宽，向端部缓缓缩窄；鞘翅行纹刻点清晰，其间距约等于其直径。腹板 1–2 中央适度光滑，臀板简单。雌虫：体长 1.73–2.30 mm（平均 1.98 mm），喙更加细长，其长是前胸背板长的 1.35–1.52 倍。足胫节无端刺；腹板 1–2 节隆起，腹板 5 无凹陷。

分布：浙江（临安）、黑龙江、辽宁、湖北、福建。

寄主：丛枝蓼。

401. 齿腿象属 *Rhinoncomimus* H. Wagner, 1940

Rhinoncomimus H. Wagner, 1940a: 78. Type species: *Rhinoncomimus klapperichi* H. Wagner, 1940.

主要特征：体长 2.2–3.5 mm；喙粗短；触角索节 7 节；前胸背板两侧有 1 对瘤状突起；中胸和后胸腹板无胸沟；前胸背板浅沟的基部与小盾片覆盖的地方有清晰的裂口；鞘翅行间宽度一致；爪有附着；腿节有齿；腹板简单；臀板略微横断。

分布：东亚地区。该属世界已知 7 种，全部物种在中国都有分布，浙江分布 2 种。

（956）柯式齿腿象 *Rhinoncomimus klapperichi* H. Wagner, 1940（图版 XVIII-33，34）

Rhinoncomimus klapperichi H. Wagner, 1940a: 79.

主要特征：该种身体较大，黑色，稀被深色鳞片，前胸背板和鞘翅的结构一致；然而，该种可以根据雄虫后足胫节相对发达的端部与这两种加以区别。雄虫外生殖器的阳茎端部有 1 对切口，也是该属中比较独特的一个特征。雄虫：体长 2.4–3.00 mm；喙粗短；前胸背板刻点粗糙，侧面有瘤；小盾片近卵圆形；鞘翅心形，行间长宽均一，约 3 倍宽于行纹，每个行间有 1 行鳞片覆盖的颗粒；行纹深；足细长；所有胫节具发达端刺；爪离生，有齿；腹板 5 端部边缘多少有凹陷；臀板简单。雌虫：体长 2.6–3.0 mm；喙相对细长；胫节无端刺；腹板 1–2 节中央隆起；腹板 5 无凹陷。

分布：浙江、湖北、江西、湖南、福建、贵州。

寄主：水蓼。

（957）侧足齿腿象 *Rhinoncomimus latipes* Korotyaev, 1997（图版 XVIII-35，36）

Rhinoncomimus latipes Korotyaev, 1997a: 287.

主要特征：该种体形小，鞘翅行间有龙骨状突起，具有 1 行颗粒；前足胫节无端刺；跗节粗短，跗节 3 大于且宽于跗节 2。雄虫：体长 2.0–2.2 mm。雌虫：体长 1.9–2.4 mm。

分布：浙江、江西、湖南、福建、广西、贵州；俄罗斯，韩国，日本，美国。

寄主：戟叶蓼和杠板归。

（三）朽木象亚科 Cossoninae

主要特征：体型扁、细长；体壁通常黑色或褐色，缺少鳞片等被覆物；触角索节 7 节，或退化为 6 或

5 节，触角棒节愈合，节间环纹不明显；前足胫节内缘近端部密布一排长而直立的毛，后足胫节端部具一大而呈钩状的齿；臀板被遮蔽。

402. 六节象属 *Hexarthrum* Wollaston, 1860

Hexarthrum Wollaston, 1860: 448. Type species: *Rhyncolus capitulum* Wollaston, 1858.

主要特征：喙长大于宽，圆锥状，向端部逐渐变细；触角沟不猛烈下弯，触角沟上缘指向眼或眼的下缘；触角索节 6 节；小盾片与鞘翅行间 1 处于同一水平面；鞘翅不具直立的刚毛，行纹 2 延伸至鞘翅基部，且与行纹 1 在基部汇合，鞘翅行间 1 在基部不凹陷，行间 2、3 在基部不向前凸出；侧面观中胸腹板远低于后胸腹板，中胸腹板的凸起不或仅略宽于前胸腹板的凸起，并且远窄于中足胫节；腿节粗而扁。

分布：世界广布。古北区已知 9 种，中国记录 4 种，浙江分布 1 种。

（958）中华六节象 *Hexarthrum chinense* Folwaczny, 1968

Hexarthrum chinense Folwaczny, 1968: 125.

主要特征：头顶和额之间密布刻点，刻点之间的距离小于单个刻点的直径；额宽为眼直径的 2 倍；触角索节 1 长大于宽；鞘翅行间 2 具成行的细刻点；阳茎端部尖。

分布：浙江（嘉善）；俄罗斯。

403. 宽端象属 *Muschanella* Folwaczny, 1964

Muschanella Folwaczny, 1964: 711. Type species: *Muschanella crassirostris* Folwaczny, 1964.

主要特征：头在眼后狭缩，眼凸隆；喙端部宽几乎为基部的 1.5 倍，长为其端部宽度的 2 倍；触角沟在眼前强烈下弯，触角索节 7 节；前胸背板略窄于鞘翅，鞘翅长远大于宽，凸隆；小盾片光滑，相当圆；腿节无齿，跗节 3 非二叶状。

分布：古北区。古北区已知 1 种，中国记录 1 种，浙江分布 1 种。

（959）厚喙宽端象 *Muschanella crassirostris* Folwaczny, 1964

Muschanella crassirostris Folwaczny, 1964: 711.

主要特征：体壁黄褐色，头、前胸背板和喙的基部颜色较深，触角颜色较浅，体壁光滑发亮；头大，眼相当凸隆，头在眼后略狭缩，之后强烈放宽，额上刻点明显，头基部刻点细而稀疏；喙从基部向端部逐渐扩宽，端部宽几乎为基部的 1.5 倍，喙长为其端部宽度的 2 倍，喙背面基部宽度与额在两眼之间的宽度相等，喙腹面基部略宽于背面；触角着生于喙中部之前，触角沟在眼前强烈下弯，触角达到眼的前缘，索节 7 节，索节 1 圆锥状，长宽近相等，索节 2 窄于索节 1，宽大于长，其余索节宽大于长，触角棒卵形，略扁平；前胸背板略窄于鞘翅，前胸背板长约为宽的 1.5 倍，基部 1/3 两侧近平行，之后向端部逐渐狭缩，背面密布刻点；鞘翅长为宽的 2.5 倍，凸隆，行纹刻点明显，行纹 1 和 2 较其余行纹深，行间 1 和 3 在鞘翅端部之前凸隆，行纹 2 在达到鞘翅端部之前与行纹 9 汇合，行纹 4 和 5、行纹 7 和 8 分别在鞘翅端部之前汇合；小盾片光滑，相当圆；腿节无齿，跗节 3 非二叶状。

分布：浙江（临安）。

（四）象甲亚科 Curculioninae

主要特征：身体粗壮，从鞘翅的肩向前后两端多少缩成菱形，被覆细长的针状鳞片。鳞片黑、灰、白色及多变的褐色为主。上颚生在口腔的背面，上下活动。大多数种类喙特别长，雌虫的喙更长，有时候会远长于体长。触角细长，位于喙的中间前或后，棒长卵形或卵形。眼扁，略圆。前胸无眼叶。小盾片明显。前足基节互相接触，腿节有齿。

分布：目前全世界已记载 350 属近 4500 种，世界性分布。中国已知 53 属 269 种。

花象族 Anthonomini C. G. Thomson, 1859

404. 花象属 *Anthonomus* Germar, 1817

Anthonomus Germar, 1817: 340. Type species: *Curculio pedicularius* Linnaeus, 1758.

Pallene Dejean, 1821: 87. Type species: *Curculio pomorum* Linnaeus, 1758.

Toplithus Gozis, 1882: 203. Type species: *Anthonomus bituberculatus* C. G. Thomson, 1868.

Toplethus Bedel, 1884: 128. [UE]

Trichobaropsis Dietz, 1891: 189. Type species: *Anthonomus texanus* Dietz, 1891.

Listrorrhynchus Champion, 1903: 193. Type species: *Listrorrhynchus subulatus* Champion, 1903.

Sexarthrus Blatchley, 1916: 311. Type species: *Anthonomus subfasciatus* LeConte, 1876.

Exanthonomus Voss, 1960b: 150. Type species: *Anthonomus kirschi* Desbrochers des Loges, 1868.

主要特征：身体梨形，粗壮；眼凸隆，多少凸出于头的表面；喙细长，圆筒状，略弯，不短于前胸背板；触角索节 7 节，触角柄节极少能够达到眼，触角沟后端不光滑，触角沟指向眼前缘；前足基节窝连续，即使是前足基节分离；前足腿节与中后足腿节一样粗或略粗于中后足腿节，爪分离，后足胫节端部的钩小于前、中足的；腹板 2–4 的后缘直。

分布：世界广布。世界已知 560 种左右，中国记录 15 种，浙江分布 1 种。

（960）白点花象 *Anthonomus albopunctatus* Voss, 1941

Anthonomus albopunctatus Voss, 1941c: 901.

主要特征：体壁黑色，触角红色，体表密被刚毛。头宽大于长，近半球形，眼不突出于头表面，额略窄于喙基部，额上具 1 凹陷，被细刻点；喙细长，长约为头和前胸背板长度之和的 1.5 倍，略弯，背面基部 1/2 具 3 条细的纵脊，喙端部刻点密集；触角着生于喙中部之前，柄节细长，棒状，几乎达到眼前缘，索节 1 长，与喙基部的宽度相等，索节 2 长度为索节 1 的 1/2，索节 3 和 4 均为长宽相等，其余索节宽大于长，触角棒长为宽的 2 倍；前胸背板宽大于长，两侧略凸圆，近圆锥状，背面密布刻点；小盾片大，凸隆，长略大于宽，端部超过鞘翅的肩，密被白色刚毛；鞘翅两侧近平行，至鞘翅中部之后向后逐渐狭缩成钝圆，行纹刻点深，行间远宽于行纹；腿节细长，具齿，胫节细长且直。

分布：浙江（临安、龙泉）、福建。

象甲族 Curculionini Latreille, 1802

405. 象甲属 *Curculio* Linnaeus, 1758

Curculio Linnaeus, 1758: 377. Type species: *Curculio nucum* Linnaeus, 1758.

Balaninus Germar, 1817: 340. Type species: *Curculio nucum* Linnaeus, 1758.

Pelecinus Wiedemann, 1823b: 163. [HN] Type species: *Rhynchaenus melaleucus* Wiedemann, 1821.

Carponinophilus Voss, 1962a: 10. Type species: *Curculio distinctissimus* Voss, 1958.

主要特征： 大多数种类的雌雄差别显著。雌虫的喙一般较长较弯，花纹较细，触角近于喙的中间，身体较大，腹部 1 和 2 节较隆，末节略洼，端部圆，臀板几乎不露出，具短毛。雄虫的喙较短而粗，触角近于喙的端部，腹部 1 和 2 节洼，末节较洼，端部往往光滑。

分布： 世界广布。世界已知超过 2000 种，古北区已知 158 种，中国记录 108 种，浙江分布 12 种。

（961）高山象 *Curculio alpestris* (Heller, 1927)

Balaninus alpestris Heller, 1927: 184.

主要特征： 体黑色，土黄色至浅褐色，密布刚毛。雄虫的喙长为前胸背板的 2 倍，触角着生于喙中部之前，柄节细长，索节 1 长于索节 2，索节 1 长为其端部宽的 7 倍，索节 3 长为索节 2 的 2/3，触角棒长约为宽的 3 倍；雌虫的喙长约为体长的 1.5 倍，基部较直，至端部 1/3 略弯曲，触角着生于喙基部 1/3 处，索节 1 略长于索节 2，触角棒长为宽的 4 倍；前胸背板基部 1/2 两侧近平行，前胸背板中间和两侧各具 1 条由土黄色毛状鳞片形成的纵条带；鞘翅长心形，长约为宽的 1.5 倍，具肩，行纹细；臀板被覆长刚毛。

分布： 浙江；印度。

（962）二斑象 *Curculio bimaculatus* (Faust, 1887)

Balaninus bimaculatus Faust, 1887a: 38.

主要特征： 体长卵形，较凸隆；黑色，触角颜色较浅，身体腹面驼色，密被刚毛。触角长，索节 2 与索节 1 长度相等；喙圆锥形，细长且弯；前胸前端圆形，背面密布刻点；小盾片小，被覆浅黄色鳞片；鞘翅倒圆锥形，具肩，肩较圆，鞘翅行纹明显，在翅坡前具深色斑纹；腿节齿明显。

分布： 浙江、北京、云南。

（963）短足象 *Curculio breviscapus* (Heller, 1927)

Balaninus breviscapus Heller, 1927: 193.

Curculio continentalis Voss, 1958: 92.

Curculio tigrinus Morimoto, 1960: 103. [HN]

主要特征： 体长 4.6–5.7 mm，体宽 2.4–3.1 mm；卵形。喙从基部至触角着生处两侧略狭缩，从触角着生处至喙端部狭缩更明显，在喙近端部腹面具较长的刚毛形成的毛簇；触角柄节短，触角沟位于喙的腹面，触角着生于喙近基部 1/3 处，触角棒粗壮；前胸背板具 3 个条带，分别位于前胸背板的中间和两侧，条带由瘦长的白色鳞片组成，两侧的条带边界略模糊且在前胸背板基部更明显；小盾片小，圆点状，长宽近相等；鞘翅具边界模糊的淡赭色斑纹，翅坡处的斑纹较明显；后足腿节未达腹部末端；雄虫后足胫节端刺二叉状。

　　分布：浙江（临安）、福建、台湾；日本。

（964）山茶象 *Curculio chinensis* (Chevrolat, 1878)

Balaninus chinensis Chevrolat, 1878: xxxi.

Balaninus tenuesparsus Fairmaire, 1899: 635.

　　主要特征：体长 6.7–8.0 mm；雌虫体壁黑色，略发光，背面被覆白色和黑褐色鳞片；前胸背板后角、小盾片的白毛密集成白斑，鞘翅中间以后的白毛密集成白带，其他处的白毛集成斑点，腹面完全散布白毛，中胸前后侧片和腹板 1、2 两侧的毛很密而且呈鳞片状。喙暗褐色，光滑，唯基部散布刻点，弯成弧形，长与体长之比为 62：68，触角着生于喙基部的 1/3，柄节等于索节头 4 节之和，索节 1 等于索节 2，索节 3 短于索节 2，索节 4–7 约相等，棒细长而尖；眼圆形；前胸背板基部二凹形，中叶钝圆，围绕近中央的一个颗粒周围散布许多前端有缺口的皱隆线；鞘翅三角形，肩钝圆，行纹明显，行间扁平，沿行间 1 的后半端有 1 行近于直立的毛；臀板露出，密被毛；腹部末节端部中间密被毛。雄虫喙较短，仅为体长之 2/3，中间以前较弯，腹板末节中间近端部洼，之后密被毛。

　　分布：浙江（龙泉）、河南、陕西、江苏、上海、安徽、湖北、江西、湖南、福建、广东、广西、四川、贵州、云南。

（965）栗象 *Curculio davidis* (Fairmaire, 1878)

Balaninus davidis Fairmaire, 1878: 126.

　　主要特征：体长 5.0–9.0 mm；雄虫身体粗壮，前后呈椭圆形，深黑色，不发光，被覆黑褐色或灰色鳞片，唯下列部分被覆白色鳞片：前胸背板的后角、鞘翅基部、鞘翅外缘和鞘翅中间以后的带；鞘缝后端大部分有 1 排近于直立的白毛；腹面被覆白色鳞片，两边的鳞片较密；足散布灰色毛。喙略长于体长（80：78），端部 1/8 弯，触角着生在喙基部的 1/3，柄节等于索节头 5 节之和，索节 1 长等于索节 2，索节 7 远长于棒的第 1 节，其他节多少较短；前胸背板宽略大于长（28：25），密布刻点；鞘翅的肩角圆，向后缩得很窄，端部圆；足相当细而长，腿节各有 1 宽而尖的齿。雄虫的喙短于体长（45：72）；触角着生于喙中间以前，柄节长等于索节全部之和，索节 2 略短于 1（5：6）。

　　分布：浙江（龙泉）、内蒙古、河北、河南、陕西、甘肃、江苏、安徽、湖北、江西、湖南、福建、广东、贵州。

　　寄主：板栗、茅栗。

（966）三纹象 *Curculio dentipes* (Roelofs, 1875)

Balaninus dentipes Roelofs, 1875: 156.

Balaninus arakawai Matsumura *et* Kôno, 1928: 171.

Balaninus quercivorus Kôno, 1928: 172.

Balaninus shigizo Kôno, 1928: 171.

　　主要特征：体长 7.7 mm。前胸背板背面中间和两侧具白色鳞片形成的条带，其余部分被覆棒状的黄褐色鳞片；小盾片中等大小，长大于宽，被覆黄褐色鳞片；鞘翅被覆黄褐色和白色鳞片，鳞片在鞘翅形成边界不清的斑点；后足腿节具 1 较大的齿；臀板被覆很长的刚毛状黄褐色鳞片。

　　分布：浙江、黑龙江、吉林、辽宁、内蒙古、北京、河北、山西、山东、河南、陕西、江苏、安徽、湖北、江西、福建、广西、四川；俄罗斯，朝鲜，韩国，日本。

　　寄主：栎属。

（967）黄盾象 *Curculio flavoscutellatus* (Roelofs, 1875)

Balaninus flavoscutellatus Roelofs, 1875: 160.

Curculio modestus Voss, 1941c: 897. [HN]

　　主要特征：体长 3.0–4.0 mm，卵形，体壁黑色。喙较长，超过体长的 1/2，在触角着生点之前弯；触角柄节长于索节 1–5 节长度之和，触角棒长于或等于索节 4–7 节长度之和；前胸背板背面中区具边界不清晰的三角形斑，斑纹由长而窄的白色鳞片组成，其间夹杂着红褐色的鳞片；小盾片大，长大于宽，被覆白色鳞片；鞘翅行间 1 与小盾片之间具沥青色短刚毛，鞘缝两侧具 1 列黄色短刚毛，每一行间具 3–4 列不规则排列的鳞片，中胸后侧片、腹板 1 和 2 密被黄色鳞片；后足腿节的齿中等大小。

　　分布：浙江、云南；韩国，日本。

（968）嘉氏象 *Curculio gressitti* Pelsue *et* Zhang, 2000

Curculio gressitti Pelsue *et* Zhang, 2000: 479.

　　主要特征：体长 3.7–4.1 mm，长卵形，体壁深褐色。头小，具细刻点，被覆短的砖红色鳞片，额窄于喙最宽处；喙背面从额至触角着生处具 7 条纵隆脊；触角沟位于喙的腹面，触角着生于喙中部之前；触角柄节略短于索节之和，触角索节 1 和索节 2 等长，均长于索节 3，索节 4–7 长度相等，触角棒长卵形；前胸宽大于长，两侧凸圆，逐渐向前狭缩，前胸背板背面具细刻点，刻点较稀疏，彼此之间被砖红色长截断形鳞片分开；眼叶不十分明显；小盾片大，长大于宽，椭圆形，被覆白色鳞片；中胸前侧片、中胸后侧片、后胸前侧片均匀被覆棒状的砖红色鳞片；鞘翅行纹深，每一刻点中具白色棒状的鳞片，鞘翅肩圆，行间宽、扁平，被覆细长的砖红色鳞片，鞘翅行间 1 从小盾片开始至鞘翅端部具沥青色鳞片形成的条带；腿节具尖齿，前足、中足腿节齿较小，后足腿节齿较大。

　　分布：浙江（德清）、海南。

（969）莱氏象 *Curculio lyali* Pelsue *et* Zhang, 2003

Curculio lyali Pelsue *et* Zhang, 2003: 332.

　　主要特征：体长 7.0 mm。头小，刻点小、卵形，被覆小的白色鳞片，腹面在两眼之间的鳞片短棒状、白色，形成斑块；喙近圆锥状，触角沟位于腹面，触角着生于中部之前；触角索节 1 长于索节 2，柄节长于索节之和，触角棒长卵形，端部尖；前胸宽大于长，两侧凸圆，向端部逐渐狭缩，侧面观略凸隆，前胸刻点小而浅，具清晰的边界，裸露无鳞片，前胸两侧刻点略呈褶皱状，具砖红色的棒状鳞片；小盾片小，被覆沥青色鳞片；中胸后侧片前缘被覆砖红色棒状鳞片，后侧被覆白色鳞片；中胸前侧片被覆砖红色的棒状鳞片；后胸前侧片被覆细长的白色鳞片。鞘翅行纹深，行纹具深刻点和细长的沥青色鳞片，鞘翅肩圆，行间宽而扁平，被覆沥青色鳞片；鞘翅基部由细长的棒状白色鳞片形成的横带从小盾片侧面开始向两侧逐渐变窄，横带位于行间 1–4，在鞘翅中部之前，横带位于行间 1–4 和行间 6–9，在鞘翅中部之后，横带位于行间 1–9 距鞘翅端部 1/3 处。后足腿节的齿中等大小，前足、中足腿节的齿小；腹板 3 长于腹板 4，腹板 3、4 之和长于腹板 5，被覆白色的棒状鳞片；臀板被覆砖红色和白色的短刚毛状鳞片。

　　分布：浙江（杭州）。

（970）灰斑象 *Curculio maculagrisea* Voss, 1941

Curculio maculagrisea Voss, 1941c: 898.

主要特征：体长 4.2 mm；雌虫喙较长，长于体长，端部 1/3 强烈弯曲；触角着生于喙基部 1/4 至基部 1/3 之间，索节 7 长大于宽，触角棒红色，长卵形，棒节 1 和 2 长度近相等；喙基部至触角着生处具 1 细的中纵脊；前胸背板无斑纹，毛被均匀；鞘翅在行间 1–3 的中间之后具白色菱形斑点。

分布：浙江。

（971）麻栎象 *Curculio robustus* (Roelofs, 1875)

Balaninus robustus Roelofs, 1875: 155.
Balaninus transversalis Faust, 1890a: 261.

主要特征：体长 6.0–9.5 mm，体宽 3.0–5.0 mm。身体卵形，黑褐色，被覆黄色较宽的鳞片，腹面的鳞片更宽。前胸背板有不明显的纵纹 3 条。鞘翅中间有带 1 条，被覆较密而宽的鳞片。头和前胸背板密布刻点。雌虫的喙短粗，基部扩粗，长 2 倍于前胸，触角着生点之后散布刻点，具中隆线，触角着生点之前光滑；触角着生于喙基部的 2/5 处，柄节长等于索节头 3 节之和，索节 1 短于索节 2，其他节多少短于索节 1。前胸背板宽大于长，前缘略凹，后缘略呈弧形。小盾片舌状，密被较细的鳞片。鞘翅具宽而深的行纹，行纹各有 1 行较宽的鳞片，行间扁平，臀板露出，腿节粗，各有 1 相当尖的齿。腹板末节后缘钝圆。雄虫的喙长 1.5 倍于前胸；触角着生点之前中隆线较明显，两侧还各有 1 细隆线；触角着生于喙的中间以前。腹部末节后缘截断形。

分布：浙江、北京、河北、山东、河南、江苏；俄罗斯，朝鲜，韩国，日本。

（972）宋氏象 *Curculio songi* Pelsue *et* Zhang, 2003

Curculio songi Pelsue *et* Zhang, 2003: 329.

主要特征：体长 5.4–5.9 mm。头中等大小，刻点小，被覆短而窄的砖红色鳞片，鳞片向额的方向逐渐变长。喙圆锥状，背面具 3 条隆脊，中隆脊从额延伸至接近触角着生处，两条侧隆脊从基部开始至中隆脊端部与之汇合，喙的基部被覆短棒状的砖红色鳞片。触角沟位于喙的两侧，触角着生于中部之前；触角柄节短于索节之和，索节 1 长于索节 2，触角棒尖，略短于索节 5–7 之和。前胸宽大于长，两侧基部近平行，之后向端部两侧突然变圆至狭缩，前胸侧面观背面略凸隆；前胸背板中间由细长的砖红色鳞片形成纵条带，基部两侧具由砖红色的棒状鳞片组成的斑块。小盾片小，长大于宽，被覆白色鳞片；中胸后侧片、中胸前侧片被覆棒状的青铜色鳞片；后胸前侧片被覆短棒状的砖红色鳞片。鞘翅行纹深，行纹刻点小，被覆短而细的暗褐色至砖红色鳞片，鞘翅的肩较突出，侧面观略凸隆，鞘翅行间扁平、较宽；前足、中足腿节的齿小，后足腿节的齿较大；腹板 3 和 4 长度相等，腹板 3 和 4 之和长于腹板 5，腹板 5 端部微凹，两侧具长刚毛状鳞片形成的毛簇；臀板中等大小，被覆暗褐色刚毛状鳞片。

分布：浙江（临安）、云南。

弯喙象族 Rhamphini Rafinesque, 1815

406. 齿跳象属 *Ixalma* Pascoe, 1871

Ixalma Pascoe, 1871a: 214. Type species: *Ixalma rufescens* Pascoe, 1871.

Celia Roelofs, 1874: 126. [HN] Type species: *Celia dentipes* Roelofs, 1874.

Xenopus Roelofs, 1875: pl. I. [URN, HN]

主要特征：眼位于两侧，强烈凸隆；额宽大于等于喙基部宽度的 1/2；喙长宽近相等，在休止时指向前；触角着生于喙上，膝状；前足、中足胫节端部具 1 从内缘延伸出来的端刺，后足腿节具 1 边缘梳状的三角形大齿，后足胫节端部内缘圆；阳茎内囊具长鞭状结构。

分布：古北区，东洋区。古北区已知 12 种，中国记录 7 种，浙江分布 1 种。

（973）瘤齿跳象 *Ixalma tuberculifera* Voss, 1941

Ixalma tuberculifera Voss, 1941c: 899.

主要特征：体壁红褐色，腹面黑色，中足、后足颜色较深；稀被直立的刚毛；头宽大于长，密布刻点；眼大且凸隆，强烈突出于头表面；额与眼的长轴宽度相等；喙长大于宽，弯曲；触角着生于喙中部，触角柄节向后达眼中部，索节 1 长大于宽，索节 2 短于索节 1，索节 3 长宽近相等，其余索节宽大于长；前胸背板长宽近相等，背面中部有圆锥状突起，密布刻点；小盾片三角形，长大于宽，密布刻点；鞘翅长大于宽，肩强烈凸隆，肩角钝，鞘翅行间 2、4 在翅坡前具瘤突，鞘翅行纹明显；前足腿节具 1 较大而锐的齿，齿的外缘略具缺刻，中足腿节的齿大，缺刻位于外缘且多，后足长于前、中足，后足腿节具大的梳状齿，梳状齿由 7 个长度近相等的齿突组成，后足胫节强烈弯曲，爪具齿。

分布：浙江（临安）、福建。

籽象族 Tychiini C. G. Thomson, 1859

407. 绒象属 *Demimaea* Pascoe, 1870

Demimaea Pascoe, 1870a: 440. Type species: *Demimaea luctuosa* Pascoe, 1870.

Lychnuchus Roelofs, 1875: 169. [HN] Type species: *Lychnuchus tricolor* Roelofs, 1875.

主要特征：喙短粗；眼不凸隆，未超出头部的轮廓线；前胸背板强烈凸隆；前胸腹板在基节前具沟；腹板 2 的后缘两侧不向后弯曲，未延伸至与腹板 4 接触。

分布：古北区。古北区已知 10 种，中国记录 6 种，浙江分布 2 种。

（974）毛簇绒象 *Demimaea fascicularis* (Roelofs, 1874)

Lychnuchus fascicularis Roelofs, 1874: 148.

主要特征：体壁黑色；前胸背板较凸隆；鞘翅行间 3 和 5 从基部至基部 1/3 处具小而黑色的毛簇，沿鞘缝在中部之后具 1 大簇黑色刚毛。

分布：浙江（临安）、陕西、福建、台湾、广东；韩国，日本。

（975）斜带绒象 *Demimaea vau* Voss, 1953

Demimaea vau Voss, 1953a: 52.

主要特征：身体被覆较长而弯的细刚毛，鞘翅、腹板及足被覆白色、黄色羽状鳞片，鳞片在鞘翅背面及端部形成斑纹；鞘翅基部 1/5 处、沿鞘缝两侧及鞘翅端部被覆黄色鳞片形成的条带，白色鳞片在鞘翅背面中部形成一个大的 V 形斑纹，斑纹从行间 5 的中部之前开始，逐渐斜向端部，止于鞘缝的中间靠后；在左右鞘翅端部、黄色鳞片条带前缘各具 1 个由白色鳞片形成的 V 形斑纹。喙短粗，触角着生于喙的端部，触角沟下缘从背面几乎全部可见；触角索节 1 略长于且明显粗于索节 2，短棒状，索节 3–7 念珠状，索节 7 接近触角棒。眼不凸隆，未超出头部的轮廓线，肾形，在头背面略接近。前胸背板强烈凸隆，中间之前最宽，密布大而圆的刻点。小盾片卵形，密被白色刚毛。鞘翅行纹刻点大，长卵形，行间平。前胸腹板在基节前具沟；腹板 2 的后缘两侧不向后弯曲，未延伸至与腹板 4 接触。足密布刚毛和鳞片，爪具齿。

分布：浙江（临安、龙泉）、福建。

408. 籽象属 *Tychius* Germar, 1817

Tychius Germar, 1817: 340. Type species: *Curculio quinquepunctatus* Linnaeus, 1758.

Miccotrogus Schoenherr, 1825: 583. Type species: *Curculio cuprifer* Panzer, 1799.

Hypactus Marseul, 1888: 433. Type species: *Tychius depressus* Desbrochers des Loges, 1873.

Henonia Pic, 1897a: 43. Type species: *Tychius schatzmayri* Pic, 1910.

Aoromius Desbrochers des Loges, 1907: 111. Type species: *Curculio quinquepunctatus* Linnaeus, 1758.

Paratychius Casey, 1910: 135. Type species: *Tychius prolixus* Casey, 1910.

Lepidotychius Penecke, 1922: 3. Type species: *Tychius morawitzi* Becker, 1864.

Elleschidius Penecke, 1938: 109. Type species: *Curculio cuprifer* Panzer, 1799.

Heliotychius Franz, 1943: 78. Type species: *Tychius balcanicus* Caldara, 1990.

Neotychius Hustache, 1945: 67. Type species: *Tychius grenieri* C. N. F. Brisout de Barneville, 1862.

Mongolotychius Korotyaev, 1990: 233. Type species: *Tychius bajtenovi* Caldara, 1986.

主要特征：体壁红色至黑色，通常至少喙的端部、胫节、跗节为红色；密被鳞片。头在眼之间的距离通常等于喙基部的宽度；眼扁平至凸隆；喙的长度和形状具雌雄二型现象；触角沟从背面观不可见，侧面观斜向下并在喙的基部腹面彼此接近；触角索节 6–7 节，索节 1 和 2 通常长大于宽，其余各节逐渐变成宽大于长；鞘翅行间扁平或略凸隆，行间宽于行纹，行纹刻点深；雄虫的臀板多被鞘翅遮蔽；爪具齿。

分布：世界广布。世界已知 300 多种（古北区 240 种），中国记录 35 种，浙江分布 1 种。

（976）佩氏籽象 *Tychius perrinae* Caldara, 1990

Tychius perrinae Caldara, 1990: 136.

主要特征：体长 2.5–3.0 mm；体壁红褐色，前胸背板和鞘翅基部、两侧暗褐色；多被覆白色、红褐色细长的鳞片，前胸背板基部、鞘翅行间 1 被覆白色卵形鳞片。喙具明显的雌雄二型现象，雄虫的喙短而粗，雌虫的喙细长；触角索节 7 节；眼多少凸隆；前胸背板宽大于长，背面凸隆；鞘翅近卵形，较长，鞘翅基部明显宽于前胸背板；后足腿节的齿不明显，爪具粗壮的齿，长度达到爪长度的一半。

分布：浙江、上海、湖南、福建、重庆；越南。

（五）隐颏象亚科 Dryophthorinae

主要特征：颏缩入口腔，从喙的腹面外观不可见；触角沟一般坑状，位于喙基部两侧下方，少数种类触角沟直，自喙中部两侧斜下伸至喙基部腹面；触角一般膝状，柄节细长，少数种类触角直，柄节甚短；

触角索节一般 6 节，少数种类 5 节或 4 节，触角棒各节愈合，基部膨大而光滑，端部密被绵毛；臀板一般外露，少数种类臀板完全为鞘翅遮盖；腹部第 8 节背板隐于臀板之下。

大多数种类取食单子叶植物的根、茎、果实和种子，不少种类是农业、林业和仓储大害虫，在世界范围和我国均造成重大经济损失。

分布：目前世界已记述种类约为 152 属 1200 余种，该类群全世界分布，在热带和亚热带地区物种多样性最高。中国已知 38 属 72 种。

隐皮象族 Cryptodermatini Bovie, 1908

409. 隐皮象属 *Cryptoderma* Ritsema, 1885

Oxyrhynchus Schoenherr, 1823: 1137. [HN] Type species: *Calandra discors* Fabricius, 1801.

Nosoxylon Gistel, 1848: x. [RN, UN]

Cryptoderma Ritsema, 1885: 54. [RN] Type species: *Calandra discors* Fabricius, 1801.

主要特征：触角直，不呈膝状，柄节甚短，索节 6 节。前胸无眼叶。前胸和鞘翅背面常具白色斑纹。后胸前侧片外露。前足基节毗连，各足跗节伪 4 节，第 3 节扩宽，呈二叶状。臀板完全为鞘翅遮盖。

分布：古北区，澳洲区。世界已知 28 种，中国记录 3 种，浙江分布 1 种。

（977）福氏隐皮象 *Cryptoderma fortunei* (G. R. Waterhouse, 1853)

Oxyrhynchus fortunei G. R. Waterhouse, 1853: 172.

主要特征：体表褐色至黑色。前胸中央具 1 条白色纵纹，两侧各具 1 条白纹。小盾片褐色。鞘翅从肩部到接缝中部具 1 条白纹，有时因磨损而缺失，有时还从鞘翅接缝中部延伸到行间 5 端部，形成明显的 X 形。腹部第 2–4 节腹板两侧白色。头半球状，密布细小刻点，额具额窝。喙细长，弧形弯曲，基部 1/4 膨大，刻点稀疏并具中纵沟，端部 3/4 狭，圆筒状，光亮，刻点粗糙并在基半部具中脊。触角沟坑状，位于喙近基部腹面两侧。触角直，不呈膝状，着生于喙近基部，柄节粗短棒状，索节 6 节，棒节倒卵状，端部密布绵毛。眼狭长，两眼在腹面毗连。前胸长略大于宽，密布圆形刻点，端缘略呈弧形凸出，基缘二曲状，基半部两侧近平行，端半部渐狭缩，前胸侧面端缘无眼叶，腹面端缘中央略凹入并具纤毛。小盾片心形，基缘为鞘翅包围。后胸前侧片狭长，密布褐色物质，具 1 行粗大刻点，基部向下扩宽成角状。后胸后侧片三角形，甚狭小，无刻点，常为鞘翅遮盖。鞘翅行间 1、3、5、7 隆起，行间 3、7 基部隆起甚高，行间 5 与 7、4 与 8、3 与 9 末端分别汇合，行间 3 与 9 汇合后隆起成脊状。行纹宽，刻点粗大，近方形。前足基节毗连，中足基节间距狭，后足基节间距甚宽。各足胫节细长，略弯，端钩锐利。爪离生，细小。

分布：浙江（萧山、临安、宁波、舟山、天台、龙泉）、河北、河南、江苏、安徽、湖北、江西、湖南、福建、台湾、广东、海南、广西、四川、贵州；韩国，日本。

直颚象族 Orthognathini Lacordaire, 1865

410. 松瘤象属 *Sipalinus* Marshall, 1943

Sipalus Schoenherr, 1825: 587. [HN] Type species: *Curculio gigas* Fabricius, 1775.

Sipalinus G. A. K. Marshall, 1943: 119. Type species: *Curculio gigas* Fabricius, 1775.

Hyposipalus Voss, 1962b: 356. Type species: *Curculio guineensis* Fabricius, 1798.

Prosipalinus Voss, 1962b: 357. Type species: *Hyposipalus fallaciosus* Voss, 1962.

主要特征：体形大而粗壮。体壁坚硬，褐色至黑色。上颚宽钳状。喙端部腹面具 3 齿。前胸密具瘤突。鞘翅近圆柱状，基部甚宽于前胸。

分布：古北区，东洋区，澳洲区。世界已知 7 种，中国记录 2 种，浙江分布 1 亚种。

（978）松瘤象 *Sipalinus gigas gigas* (Fabricius, 1775)

Curculio gigas gigas Fabricius, 1775: 127.

Calandra granulatus Fabricius, 1801b: 432.

Sipalus hypocrita Boheman, 1845: 209.

Sipalus tinctus Walker, 1859a: 218.

Sipalus chinensis Fairmaire, 1887b: 130.

Sipalus formosanus Kôno, 1934a: 7.

主要特征：身体黑色有光泽，或浅褐色至深褐色无光泽。头呈半球状，散布稀疏细小刻点。喙长，下弯，侧面观端部扁平，狭于中部，喙近基部 3/7 粗，背面具 3 条纵沟，近端部 4/7 细，光亮，密布粗糙卵形刻点，背面中央具纵脊，端部 1/5 光滑无刻点，喙端部腹面平坦光滑，中央无纵向凹陷。触角沟直，在喙基部腹面相互接近，触角沟端部下缘呈角状外突，背面观明显可见。触角着生于喙近基部 1/3 处，柄节直而短，索节 6 节，棒节侧面观不规则长五边形，长为宽的 2 倍，端部绵毛区不对称，上缘延伸至近端部 2/5 处，下缘延伸至近基部 1/3 处。眼肾形，两眼在腹面毗连。前胸近圆柱状，长略大于宽，两侧近平行或略凸，端缘和基缘弧形凸出，前胸近端部缢缩，缢缩之前具细小刻点，缢缩之后具粗大瘤突，背面瘤突彼此汇成纵行，间以深凹和沟，中央有 1 条狭长光滑纵带，有时缺，侧面瘤突近圆锥状，彼此分离。前胸侧面端缘具眼叶，眼叶边缘具纤毛，腹面端缘中央凹入并具纤毛。小盾片甚小，三角形，端部钝。鞘翅近圆柱状，肩明显，甚宽于前胸。行间 1、3、5、7 甚宽，具间断的黑褐色绒区（褐色个体此特征明显，黑色个体此特征不明显），间以大型褐色毛瘤，行间 2、4、6、8 无黑褐色绒区，具 1 列密集的细小毛瘤，行间 9–11 近等宽，无黑褐色绒区，具 1 列大小不等的毛瘤。行纹刻点大而圆，行纹 1–6 的刻点仅延伸至鞘翅近端部 1/3 处。前足基节毗连，中足基节间距甚狭，后足基节间距甚宽，与后足基节等宽。各足腿节直，后足腿节略超过鞘翅末端。各足胫节细，端钩发达，爪离生。

分布：浙江（德清、临安、奉化、宁海、舟山、义乌、三门、青田、庆元、龙泉）、江苏、湖北、江西、湖南、福建、台湾、广东、香港、广西、四川、贵州、云南；俄罗斯，蒙古国，朝鲜，韩国，日本，巴基斯坦，印度，缅甸，越南，老挝，泰国，柬埔寨，斯里兰卡，马来西亚，伊朗。

棕榈象族 Rhynchophorini Schoenherr, 1833

411. 弯胫象属 *Cyrtotrachelus* Schoenherr, 1838

Cyrtotrachelus Schoenherr, 1838: 833. Type species: *Cyrtotrachelus thompsoni* Alonso-Zarazaga *et* Lyal, 1999.

Roelofsia Ritsema, 1891: 148. Type species: *Cyrtotrachelus buquetii* Guérin-Méneville, 1844.

主要特征：喙直。触角索节第 2 节不甚长。前胸背面光滑，无中纵脊。左右两鞘翅端部分别圆凸。前足基节间距宽。各足跗节第 3 节三角形。

分布：古北区，东洋区，旧热带区。世界已知 32 种，中国记录 5 种，浙江分布 1 种。

（979）竹直锥象 *Cyrtotrachelus thompsoni* Alonso-Zarazaga *et* Lyal, 1999

Curculio longimanus Fabricius, 1775: 822. [HN]

Curculio longipes Fabricius, 1781: 162. [HN]

Cyrtotrachelus thompsoni Alonso-Zarazaga *et* Lyal, 1999: 64. [RN]

主要特征：身体红色，触角及各足跗节黑色，前胸基半部中央具大型黑斑，小盾片黑色，鞘翅肩部具黑斑，鞘翅端缘黑色。头半球状，背面光滑，具细小刻点，额具额窝。喙直，长为宽的 10 倍。触角窝位于喙近基部，弧形，坑状。触角柄节棒状，细长，长为宽的 8 倍；索节 6 节；棒节侧扁，侧面观靴形，侧扁，近基部 2/3 光滑，近端部 1/3 密布绵毛。眼肾形，平坦，两眼在背面间距较狭，在腹面间距狭。前胸长大于宽，前胸背面无中纵脊或中纵沟，侧面端缘无眼叶，腹面基缘中央凹入。小盾片明显，三角形，基半部具细小刻点，端半部光滑无刻点。中胸腹板光滑，具细小刻点。鞘翅长大于宽，左右两鞘翅基缘共同弧形凹入，肩部宽圆。行纹线状，刻点小而不明显，行纹 1–6 明显，行纹 7–9 不明显，行纹 10 退化近消失，行纹 3 与 8、4 与 5、6 与 7 末端相连。行间宽，略凸，光滑，行间 1 末端内侧无刺突。各足腿节棒状，直，侧扁。前足胫节较长，弧形弯曲，侧扁，外侧具浅沟，腹面具 2 列细长的毛，内侧一列比外侧一列甚发达，中足胫节和后足胫节较短而直，腹面毛短小，各足胫节端钩发达，弯曲，基部下缘两侧各具 1 簇长毛。各足跗节第 1 和 2 节狭，腹面近端部两侧具毛垫；第 3 节扩宽，背面观三角形，腹面具毛垫；第 5 节短于第 1–3 节之和，无毛，端部具 1 对爪，爪离生，发达，弯曲。腹部第 1、2 节腹板中央各具 1 片刚毛区，第 2 节腹板短于第 3–4 节腹板之和，第 5 节腹板长于第 3–4 节腹板之和，中央具 1 片刚毛区，第 5 节腹板侧面观平直或略上翘。臀板外露，密布细小刻点，具不明显中纵脊，末端具 1 簇毛。

分布：浙江（舟山、青田、温州）、河南、陕西、江苏、湖北、江西、湖南、福建、台湾、广东、海南、香港、广西、四川、贵州、云南；日本，巴基斯坦，印度，非洲。

寄主：苦竹、小空心竹、黄竹、粉箪竹、青皮竹、广宁竹、水竹、绿竹、崖州竹、撑篙竹、山竹、棕叶树。

412. 炯目象属 *Ommatolampes* Schoenherr, 1838

Ommatolampes Schoenherr, 1838: 837. Type species: *Calandra haemorrhoidalis* Wiedemann, 1819.

Ommatolampus Pascoe, 1887: 374. [UE] Type species: *Calandra haemorrhoidalis* Wiedemann, 1819.

主要特征：体壁光滑；喙基部略肿大，短于前胸背板；前胸背板两侧凸圆，向端部强烈狭缩；小盾片端部尖；鞘翅具 9 条行纹，具肩；臀板外露，具刻点；足较短。

分布：古北区，东洋区。世界已知 17 种，中国记录 1 种，浙江分布 1 种。

（980）异炯目象 *Ommatolampes paratasioides* Heller, 1897

Ommatolampes paratasioides Heller, 1897: 245.

主要特征：体形较宽，体壁红褐色，具黑色条带；喙红色，喙的背面具刻点，略呈褶皱状，端部略呈黑色，基部略肿大；两眼上角之间的宽度略宽于触角棒；触角黑色，索节 5 宽大于长，索节 6 长宽相等；前胸背板宽大于长，两侧均匀凸圆，向端部强烈狭缩，前胸前缘和基部小盾片附近黑色，背中区在中线两侧各具 1 个近三角形较大的黑色斑点，斑点之间的宽度与腿节宽度近相等，斑点彼此靠近的边缘直，向外逐渐变钝；小盾片长，端部尖，边缘黑色且略模糊；鞘翅具 9 条行纹，每一行纹刻点周围为红褐色，行纹 1–5 条带状，所有行间密布细刻点，行间 2 宽于行间 1 和 3，鞘翅肩圆；臀板长大于宽，中间稀布细刻点，近端部 1/3 处仅具彼此相隔较远的大刻点，端部边缘具短的黑色刚毛；腹部橙黄色。

　　分布：浙江（龙泉）、台湾；菲律宾。

413. 鸟颚象属 *Otidognathus* Lacordaire, 1865

Litorhynchus Schoenherr, 1845: 222. [HN] Type species: *Litorhynchus westermanni* Boheman, 1845.

Otidognathus Lacordaire, 1865: 273. [RN] Type species: *Litorhynchus westermanni* Boheman, 1845.

　　主要特征：喙弯；触角索节第 2 节不甚长；前胸背面光滑，无中纵脊；左右两鞘翅端部分别圆凸；前足基节间距狭；各足跗节第 3 节三角形。

　　分布：古北区，东洋区，澳洲区。世界已知 35 种，中国记录 15 种，浙江分布 3 种/亚种。

（981）栗褐鸟颚象 *Otidognathus davidis badius* Günther, 1938

Otidognathus davidis badius Günther, 1938: 85.

　　主要特征：体长 14.2 mm，体宽 6.2 mm；体壁深赭褐色，黑色斑纹与喙的形状相似，头、喙、触角黑色；头密布刻点；触角棒靴形；前胸背板密布刻点；鞘翅行纹清晰，行间粗糙密布刻点。

　　分布：浙江、江苏、江西。

（982）一字竹象 *Otidognathus davidis davidis* (Fairmaire, 1878)

Cyrtotrachelus davidis davidis Fairmaire, 1878: 127.

　　主要特征：身体黄褐色或红褐色，头黑色，触角及各足跗节黑色，前胸中央具黑色纵纹，前胸基缘黑色，小盾片黑色；鞘翅肩部具小黑斑，近基部外侧各具 1 个黑色横斑，间距宽，中部靠内侧各具 1 个黑色横斑，间距狭，端部中央各具 1 个黑色横斑并且合为一体；臀板具黑色中纵纹。头半球状，背面具极其粗糙刻点，额具额窝。喙近直，端部略下弯，近基部 1/5 略粗，两侧平行，近端部 4/5 略细，上方两侧各具 1 列瘤突，中间具不规则的纵向皱褶，夹杂粗糙刻点，端部略扩宽。触角沟位于喙近基部两侧偏下，基缘与眼端缘的间距甚狭，弧形，坑状。触角着生于喙近基部 1/10 处，柄节棒状，细长；索节 6 节，棒节侧扁，侧面观靴形，近基部 2/3 光滑，近端部 1/3 密布绵毛。眼肾形，平坦，两眼在背面间距宽，在腹面间距狭。前胸长大于宽，基缘宽弧形凸出，基缘中央凸出甚剧，两侧宽弧形，向近端部弧形狭缩，前胸背面无中纵脊或中纵沟，侧面端缘无眼叶，腹面基缘中央略凹入。小盾片明显，三角形，基半部具粗糙刻点，端半部光滑无刻点。鞘翅肩部宽圆，两侧近直，自肩部向端部渐狭，近端部缩狭加剧，左右两鞘翅端部分别弧形凸出；行纹狭沟状，刻点细小稠密，行纹 1–5 明显，行纹 7–9 不明显，仅余 1 列刻点，行纹 10 退化近消失；行间宽，略凸，具稀疏细小刻点。前足基节间距较狭，中足基节间距宽，后足基节间距甚宽。各足腿节棒状，直，粗短，侧扁，腹面具稀疏刚毛。前足胫节略呈弧形弯曲，中足胫节和后足胫节直，各足胫节侧扁，外侧无沟，腹面具 2 列细长的毛，端钩发达，略弯曲，基部下缘两侧各具 1 簇长毛。爪离生，发达，弯曲。臀板外露，密布较粗大刻点，中纵脊不明显，末端具 1 簇毛。

　　分布：浙江（德清、长兴、安吉、海宁、余杭、临安、台州、龙游、遂昌、龙泉）、河南、陕西、江苏、上海、安徽、湖北、江西、湖南、福建、广东、广西、四川；日本。

（983）让桑鸟颚象 *Otidognathus jansoni* Roelofs, 1875

Otidognathus jansoni Roelofs, 1875: 186.

Otidognathus nigropictus Fairmaire, 1878: 128.

Otidognathus maculipennis Voss, 1931b: 38.

Otidognathus satteloides Voss, 1958: 120.

　　主要特征：身体黄褐色或红褐色，头黑色，触角及各足跗节黑色；前胸中央具很宽的黑色纵纹；小盾片黑色，三角形；鞘翅行间 3–5 在近基部 1/3 处各有 1 黑斑，行间 6、7 在近基部和端部各有 1 黑斑；腹面黑色。前胸背面光滑无纵脊，密布小刻点；左右两鞘翅端部分别圆凸；前足基节间距狭；各足跗节第 3 节三角形。

　　分布：浙江（临安）、河南、江苏、湖北、江西、湖南、福建、广东、海南、四川、贵州；韩国，日本。

414. 棕榈象属 *Rhynchophorus* Herbst, 1795

Rhynchophorus Herbst, 1795: pl. LX. Type species: *Curculio palmarum* Linnaeus, 1758.

Cordyle Thunberg, 1797: 44. Type species: *Curculio palmarum* Linnaeus, 1758.

　　主要特征：前足胫节端部外缘具 2 钝齿，中足胫节和后足胫节端部外缘不具齿；后胸前侧片光滑，宽大，上下缘平行。

　　分布：世界广布。世界已知 10 种，中国记录 1 种，浙江分布 1 种。

（984）红棕象甲 *Rhynchophorus ferrugineus* (Olivier, 1791)

Curculio hemipterus Sulzer, 1776: 39. [NA]

Curculio ferrugineus Olivier, 1791: 473.

Cordyle sexmaculatus Thunberg, 1797: 46.

Calandra schach Fabricius, 1801b: 433.

Rhynchophorus pascha Boheman, 1845: 218.

Rhynchophorus papuanus Kirsch, 1877: 156.

Rhynchophorus indostanus Chevrolat, 1883: 562.

Rhynchophorus signaticollis Chevrolat, 1883: 562.

Rhynchophorus tenuirostris Chevrolat, 1883: 561.

Rhynchophorus glabrirostris L. W. Schaufuss, 1885: 203.

Rhynchophorus cinctus Faust, 1893: 520.

Rhynchophorus dimidiatus Faust, 1894: 330.

Rhynchophorus seminiger Faust, 1894: 330.

　　主要特征：身体红褐色，光亮或暗，前胸具 2 排黑斑：前排 3 个或 5 个，中间 1 个较大，两侧的较小；后排 3 个，均较大。鞘翅边缘（尤其是侧缘和基缘）和接缝黑色，有时鞘翅全部暗黑褐色。身体腹面黑红相间，各足基节和转节黑色，各足腿节末端和胫节末端黑色，各足跗节黑褐色。触角柄节和索节黑褐色，棒节红褐色。头半球状，光滑，散布极细小刻点，额具额窝。喙细长，近直，近基部 3/10 粗大，两侧平行，中部 1/5 向端部渐狭，喙近基部中央具 1 个圆形浅凹，自此向端部具 1 条中纵脊，喙端半部背面丛生橙黄色毛（但最顶端无毛），两侧各具 1 列瘤突，直达喙近基部，瘤突有时缺。触角窝位于喙近基部腹面两侧，短而深，弧形。触角着生于喙近基部，柄节棒状，直；索节 6 节，棒节斧状，侧扁，基半部光滑，端半部密布绵毛。眼肾形，狭长，两眼在背面间距略狭，在腹面毗连。前胸长大于宽，基缘弧形凸出，两侧弧形，向端部渐缩狭；前胸背面光滑无刻点，侧缘密布细小刻点；前胸侧面光滑无刻点，侧面端缘无眼叶；腹面端缘不凹入。小盾片楔形，明显，光滑无刻点。鞘翅两侧略呈弧形，向端部渐狭，端部近平截；行纹 1–5 细线状，深而明显，行纹 6 浅而细，仅在中部较明显，行纹 7–9 不明显，仅具 1 列细小刻点，行纹 10 缺，行纹 3 与 8、4 与 5、6 与 7 分别在末端汇合；行间 1–5 明显，光滑无刻点，行间 6–9 不明显，光滑无刻点，行间 10 与 11 融合，光滑，密布细小刻点。胫节端钩发达，基部下缘两侧各具 1 簇长毛；前足胫节端部外缘具 2 钝齿，中足胫节和后足胫节端部外缘不具齿。各足跗节第 1–3 节腹面具毛垫，第 3 节扩宽，背面观倒三角形，爪发达，离生。

分布：浙江（临安）、台湾、广东、海南、广西、云南；日本，巴基斯坦，尼泊尔，伊朗，伊拉克，土耳其，约旦，以色列，沙特阿拉伯，巴林，卡塔尔，阿曼，阿联酋，科威特，欧洲，北美洲，大洋洲，非洲，南美洲。

415. 米象属 *Sitophilus* Schoenherr, 1838

Sitophilus Schoenherr, 1838: 967. Type species: *Curculio oryzae* Linnaeus, 1763.

Calandra Gistel, 1848: 136. [HN, URN] Type species: *Curculio oryzae* Linnaeus, 1763.

主要特征：体表具刚毛；前足基节间距大于中足基节间距；腹部第 1–2 节腹板节间缝比较明显；臀板近基部具中纵沟。

分布：世界广布。世界已知 14 种，中国记录 4 种，浙江分布 2 种。

（985）谷象 *Sitophilus granarius* (Linnaeus, 1758)

Curculio granarius Linnaeus, 1758: 378.

Curculio segetis Linnaeus, 1758: 381.

Curculio contractus Geoffroy, 1785: 126.

Curculio flavipes Panzer, 1798: 55. [HN]

Curculio pulicarius Panzer, 1798: 54. [HN]

Curculio unicolor Marsham, 1802: 275.

Sitophilus remotepunctatus Gyllenhal, 1838: 979.

Calandra laevicosta R. A. Philippi *et* F. Philippi, 1864: 374.

主要特征：身体红褐色，体表刻点中有时充填土黄色物质。头半球状，背面光滑，具甚稀疏极小圆形刻点。额具额窝，短纵沟状。喙侧面观弧形下弯，基部上方不与头以沟分离，近基部 3/10 膨大，两侧圆凸，喙背面具 1 条光滑无刻点的略凸的中纵脊，无中纵沟。触角沟位于喙近基部两侧下方，后端不接触眼前缘。触角着生于喙近基部 1/7 处，柄节棒状，长为宽的 4.1 倍；索节 6 节，与柄节等长，棒节卵状，近基部 3/4 光滑，近端部 1/4 凸出，密布白色绵毛。眼侧生，狭长，平坦，下端尖，背面间距较宽，腹面间距较狭。前胸背板长大于宽，端缘近直，中央略凹，基缘近平直，略呈二曲状，两侧弧形凸出，基半部两侧近平行，端半部两侧弧形缩狭；前胸侧面端缘无眼叶，腹面端缘中央不凹入。小盾片明显，短卵形，基部平截，光滑无刻点。鞘翅长为宽的 1.5 倍，左右两鞘翅基缘分别弧形凸出，肩部圆，两侧弧形外凸，近基部 1/4 处最宽，基半部两侧近平行，端半部两侧弧形狭缩，端部宽圆；行纹宽沟状，行纹 1–5 刻点不明显，行纹 6–10 具粗大卵圆形刻点，行间 1 与行纹等宽，平坦，光滑，具 1 列长卵形刻点，其余行间狭于行纹，略凸，光滑无刻点。前足基节间距宽，中足基节间距狭。各足腿节棒状，腹面无齿。各足胫节近直，侧面具 2 条充填土黄色物质的沟和 1 条光滑的脊，腹面具 2 列毛，腹面近端部具 1 短刺，基部两侧各具 1 簇长毛，端钩发达，略弯。爪离生。臀板外露，密布粗大圆形刻点，近基部具 1 条浅的中纵沟，中纵沟中具 1 条低矮的中纵脊。

分布：浙江、甘肃、新疆、江苏、湖北、湖南、台湾、香港；俄罗斯，吉尔吉斯斯坦，巴基斯坦，格鲁吉亚，土耳其，沙特阿拉伯，阿富汗，世界广布。

（986）玉米象 *Sitophilus zeamais* Motschulsky, 1855

Sitophilus zeamais Motschulsky, 1855: 77.

Cossonus quadrimaculus Walker, 1859a: 219.

Calandra chilensis R. A. Philippi *et* F. Philippi, 1864: 374.

Calandra platensis Zacher, 1921: 293.

主要特征：身体红褐色或黑褐色，触角及各足跗节红褐色，鞘翅近基部具左右 2 个呈倒八字排列的近椭圆形橙红色斑，近端部常左右各具 1 个近圆形橙红色斑。头近圆锥状，密布细小圆形刻点，额具额窝，短纵沟状。喙侧面观略呈弧形，近基部 3/10 粗大，两侧弧形凸出，近端部 7/10 细长，密布粗糙刻点并具光滑的细中纵带，端部略扩宽。触角沟位于喙近基部两侧下方，弧形，后端下缘开放，后端与眼前缘的间隔与触角沟宽度相等并具 1 行刻点，刻点中常各具 1 根淡黄色刚毛。触角着生于喙近基部 1/7 处，柄节棒状，略弯；索节 6 节，长为柄节的 1.3 倍；棒节长卵状，基部 3/4 光滑，端部 1/4 密布绵毛。眼长卵形，平坦，背面间距宽，底面间距甚狭。前胸背板长略大于宽，端缘近平直，中央略凹入，基缘近平直但中央略呈钝角后凸，两侧宽弧形向端部渐缩狭。前胸背板具不明显的细而光滑的中纵带。前胸两侧端缘无眼叶，腹面端缘中央不凹入。小盾片小，近半圆形，基缘中央凹入，背面低凹，光滑无刻点。鞘翅肩部宽圆，隆起，鞘翅两侧近基部 1/3 近平行，此后向端部渐狭，端缘共同圆凸；行纹宽沟状，具密集粗大圆形刻点，行间 1 约与行纹 1 等宽，平坦，具 1 列较小而稀疏的刻点，刻点常各具 1 根刚毛，行间 3、5、7、9 略狭，略凸，具 1 列稀疏细小刻点，刻点中具 1 根刚毛，其余行间甚狭，平坦，光滑无刻点。前足基间距宽，中足基节间距狭，后足基节间距甚宽。各足腿节棒状，粗短，侧扁，密布粗大卵圆形刻点，刻点常具 1 根刚毛，腹面近端部略凸，但无齿。各足胫节近直，粗短，背面具 1 条光滑的脊，两侧各具 2 条密布刻点的纵沟和 1 条光滑的脊，腹面具 2 列毛，腹面近端部具 1 发达的端刺，基部两侧各具 1 簇长毛，端钩发达，弯曲。爪离生，不发达，略弯曲。臀板外露，密布粗大圆形刻点，刻点中具土黄色物质和 1 根刚毛，臀板近基部具 1 条纵沟，沟中具 1 条狭脊，外观像 2 条纵沟，以锁定两鞘翅。

分布：浙江（长兴、嘉善、杭州、金华、江山、龙泉、平阳）、黑龙江、河南、湖北、江西、湖南、香港、广西、贵州；朝鲜，韩国，日本，巴基斯坦，印度，不丹，尼泊尔，伊朗，伊拉克，阿塞拜疆，亚美尼亚，叙利亚，约旦，以色列，黎巴嫩，塞浦路斯，欧洲，非洲。

螺角象族 Stromboscerini Lacordaire, 1865

416. 异象属 *Allaeotes* Pascoe, 1885

Allaeotes Pascoe, 1885: 312. Type species: *Allaeotes griseus* Pascoe, 1885.

主要特征：眼狭，两眼在背面相互接近，在腹面毗连；喙渐细，弯曲；触角窝自喙近中部向后斜下伸；触角柄节具泥质外被，索节 6 节，棒节卵状，端部斜截；前胸长方形，平坦；小盾片小；鞘翅背面观椭圆形，宽于前胸，行间末端汇合处一般不呈瘤状突出；腿节近棒状，跗节细小，跗节第 3 节完整无缺切。

分布：古北区，东洋区。世界已知 2 种，中国记录 1 种，浙江分布 1 种。

（987）黑异象 *Allaeotes niger* He, R.-Z. Zhang *et* Pelsue, 2003

Allaeotes niger He, R.-Z. Zhang *et* Pelsue, 2003a: 127.

主要特征：身体暗黑色，有时油脂状亮黑色，触角及各足跗节红褐色。体表刻点中充填土黄色物质，触角柄节外侧覆盖土黄色物质。头半球状，具稀疏细小圆形刻点，额具横向浅凹。喙侧面观基半部近直，端半部下折，基部上缘与头以浅沟分离，基部粗，两侧向端部缩狭至近基部 2/5 处，近端部 3/5 两侧平行，端部不扩宽。喙近端部 1/8 光滑无刻点，近基部 7/8 覆盖一层土黄色物质，并具稠密毛，无中纵脊或中纵沟。触角沟直，自喙近基部 2/5 处两侧斜下伸至喙基部腹面并且相互接近。触角着生于喙近基部 1/3 处，柄节棒状，甚粗短，索节 6 节，棒节卵状，端部甚斜截，密布绵毛。眼长卵形，平坦，两眼在背面间距宽，在腹面毗连。前胸长略大于宽，端缘宽弧形凸出，基缘浅二曲状，两侧近基部 5/8 两侧近平行，近端部 3/8 弧形甚狭缩，缢缩之前散布圆形较小刻点，缢缩之后密布粗大圆形刻点，网状，前胸具不明显的细而平坦的中纵脊。前胸侧面端缘无眼叶，腹面端缘中央凹入。小盾片明显，近纺锤形，光滑无刻点。后胸前侧片和后胸后侧片均为鞘翅遮盖。鞘翅肩部圆凸，两侧近基部 3/8 近平行，近端部 5/8 两侧弧形缩狭，端部圆；行纹宽，具粗大圆形刻点；行间狭于行纹，略凸，各行间高度与宽度近相等，均具 1 列刚毛，刚毛覆有土黄色物质，外观鳞片状，在翅坡处尤其明显；行间 1 与 11、2 与 10、3 与 9、5 与 7 末端分别汇合，汇合处不呈瘤状突出。前足基节毗连，中足基节间距甚狭，后足基节间距甚宽。各足腿节棒状，粗短，腹面无齿。各足胫节近直，端钩发达，爪离生，弯曲。

分布：浙江（杭州）、江苏、江西、福建、广东。

417. 拟合目象属 *Synommatoides* Morimoto, 1978

Synommatoides Morimoto, 1978: 104. Type species: *Synommatoides shirozui* Morimoto, 1978.

主要特征：头与喙之间以一条横向浅凹分开。眼侧生，卵形，隆凸，两眼在腹面分离。触角索节 5 节，棒节端部斜截。鞘翅肩部退化。

分布：世界广布。世界已知 7 种，中国记录 1 种，浙江分布 1 种。

（988）盾片拟合目象 *Synommatoides scutellatus* He, R.-Z. Zhang *et* Pelsue, 2003

Synommatoides scutellatus He, R.-Z. Zhang *et* Pelsue, 2003b: 123.

主要特征：身体暗黑色，触角及各足跗节红褐色，体表刻点中充填土黄色物质。头具稀疏细小圆形刻点。喙侧面观略呈弧形下弯，圆筒状，基部上缘与头以沟明显分离，喙背面观两侧近平行，近基部 3/8 处背面中央具纵凹。触角沟直，在喙基部腹面相互接近；触角着生于喙近基部 1/3 处，柄节棒状；索节 5 节，长为柄节的 0.8 倍；棒节大，卵状，端部甚斜截，截面平，密布白色绵毛。眼侧生，卵形，隆凸，两眼在背面和腹面间距均宽。前胸长略大于宽，端缘及基缘近直，分别略呈弧形凸出，近基部 3/5 两侧近平行，近端部 2/5 处向端部弧形缩狭；前胸侧面端缘无眼叶，腹面端缘中央不凹入。小盾片极小，近菱形，光滑无刻点；后胸前侧片和后胸后侧片均为鞘翅遮盖。鞘翅基缘宽弧形凹入，无肩，两侧弧形凸出，近基部 1/3 处最宽；行纹宽，密布粗大卵圆形刻点，刻点向端部逐渐变小，行纹 10 在后足基节之前中断，在鞘翅近末端又出现；行间远窄于行纹，行间 1、3、5、7、9 隆起成脊状，各具 1 列稀疏的簇状土黄色物质，行间 2、4、6、8 平坦，行间 10、11 略凸，行间 1 与 11、2 与 10、3 与 9、5 与 7 末端分别汇合。前足基节毗连，中足基节间距甚狭，后足基节间距甚宽；各足腿节棒状，侧扁，腹面无齿；各足胫节端钩发达，略弯；各足跗节短小，第 3 节不扩宽，不呈二叶状；爪离生，细小，弯曲。

分布：浙江（龙泉）。

（六）粗喙象亚科 Entiminae

主要特征：粗喙象亚科是象虫总科中最大的一个类群，广泛分布于全世界。该亚科昆虫的成虫喙短而宽，喙的横断面近方形；触角着生于喙的近端部；前颏扩大、几乎完全遮盖住口腔，后颏不具柄或仅具极短的柄；上颚通常具刚毛，多数种类上颚具一可脱落的颚尖，颚尖在成虫羽化出土的时候具有辅助作用，羽化后不久颚尖自行脱落，并在上颚的端部留下一个边界明显的颚疤；喙没有雌雄二型现象，雌性的喙没有辅助产卵的功能；后足胫节端部内角通常仅具一短而小的端刺。

分布：目前该亚科全世界已记载 1340 属近 12000 种，其中大多数分布于热带地区，许多种类为害农作物，具有重要的经济意义。中国已知 20 族 107 属 629 种。

锉象族 Cneorhinini Lacordaire, 1863

418. 瘤象属 *Dermatoxenus* G. A. K. Marshall, 1916

Dermatoxenus G. A. K. Marshall, 1916: 50. Type species: *Dermatodes vermiculatus* Gyllenhal, 1840.

主要特征：喙细长，基部不宽于额；喙耳长且相当突出，触角沟位于喙的两侧，触角沟的外缘从背面完全看得见；触角柄节不超过眼的前缘；喙有中沟；眼颇大，和前胸前缘的距离大于眼的最大直径的一半，比头短得多。

分布：古北区，东洋区。世界已知 16 种，中国记录 4 种，浙江分布 1 种。

（989）淡灰瘤象 *Dermatoxenus caesicollis* (Gyllenhal, 1833)

Lagostomus caesicollis Gyllenhal, 1833b: 619.

Cneorhinus nodosus Motschulsky, 1860a: 21.

主要特征：体长 9.9–12.0 mm；体卵形，黑色，密被淡灰色鳞片，散布倒伏鳞片状毛。喙耳放宽，喙基部两侧有横沟；触角沟能从上面看得见，中沟深，长达头顶；口上片三角形；触角柄节达到眼的前缘，索节 1 短于索节 2，索节 3 略长于索节 4，索节 4–6 长略相等，末节略较粗而长，棒长卵形，稍尖；眼很突出，长大于宽，从眼后缘到前胸前缘不被覆鳞片；前胸宽大于长，前缘截断形，仅中间略突出，两侧从基部至中间之前平行，其余部分向前缩窄；中沟深，中沟两侧前后各有 1 个深的弯沟，两侧较暗，后端黑；小盾片看不见。鞘翅基部略宽于前胸基部，向后逐渐放宽，翅坡最宽，翅坡以后突然缩窄，基部中间黑，和前胸基部的黑斑连成 1 个三角形黑斑；行纹 1、2 基部粗于其他行纹，行间 3、5、7 特别隆，而且有瘤；行间 3、5 各有瘤 3 个，行间 3 的第 3 个瘤位于翅坡，特别大，它的第 1 个瘤和行间 5 的第 1 个瘤相连，行间 7 仅基部有 1 个明显的瘤。足、腹部被覆和背面一样的鳞片和毛，只是毛较长。雄虫腹板末节端部尖，鞘翅端部缩成 1 短尖；雌虫腹板末节端部钝圆。

分布：浙江、江苏、安徽、江西、福建、台湾、四川、云南；韩国，日本，印度。

眼叶象族 Cyphicerini Lacordaire, 1863

419. 角喙象属 *Anosimus* Roelofs, 1873

Anosimus Roelofs, 1873: 173. Type species: *Anosimus decoratus* Roelofs, 1873.

主要特征：喙短，长等于头，前端向上突出，形成角状或叶状突起，顶端截断形或凹入；触角沟坑状，彼此很接近，后缘被 1 横的隆线关闭；眼大，较突出；前胸长约等于宽，基部二凹形，两侧凸圆，向前端较缩窄，后角尖。

分布：古北区。世界已知 3 种，中国记录 1 种，浙江分布 1 种。

（990）中国角喙象 *Anosimus klapperichi* Voss, 1941

Anosimus klapperichi Voss, 1941a: 249.

主要特征：体长 3.8 mm，体宽 1.5 mm；体壁黑色，被覆发金光的褐黄色圆至椭圆形鳞片，前胸背板和鞘翅往往大部分被暗褐色鳞片所代替，前胸背板的暗褐色鳞片往往组成 3 条纵纹，两侧的纹较窄，中间的宽得多，在基部有时这 3 条纹连在一起；鞘翅的这种鳞片组成不规则的带，中间以后的 1 条带其宽度比较固定。喙宽大于长，两侧在触角沟前平行，喙耳不明显，触角沟间宽仅为额宽的 0.28 倍，背面中间有 1 深沟，纵贯于触角沟间至头顶，前端的突起叶状，端部变异大；触角沟坑状，后端被 1 横隆线关闭；触角柄节端部略放粗，稍向外弯，长未达到前胸中间，索节 1 长略大于索节 2，索节 3–7 长约相等，倒圆锥形，棒长卵形；眼大，圆形，宽等于额，相当突出；前胸背板宽等于长，后端（后角前）远宽于前端（47∶35），后缘二凹形，后角尖，两侧中间凸圆，背面相当隆；小盾片长大于宽；鞘翅前端分别缩圆，肩明显斜，钝圆，两侧平行，端部分别缩圆，背面相当隆，行纹明显，刻点大，间距大或小于刻点，行间隆，各有 1 行倒伏白色短毛；腿节有齿。

分布：浙江（临安、龙泉）、山西、江苏、福建。

420. 卵象属 *Calomycterus* Roelofs, 1873

Synolobus Faust, 1886: 144. Type species: *Synolobus periteloides* Faust, 1886.

Calomycterus Roelofs, 1873: 175. Type species: *Calomycterus setarius* Roelofs, 1873.

主要特征：头和喙的背面及喙的两侧有细刻线；喙端部略放宽，端部背面有光滑三角形口上片，喙耳稍突出，触角沟很短而深，位于喙的背面；触角柄节短，长略超过前胸前缘；额宽于眼，约为眼宽的 2 倍；眼位于头的两侧，从上面只看得见一部分，几乎不突出，和头的表面一样高，额有毛 2 根。前胸宽大于长，圆柱形，唯两侧前端突出成眼叶。小盾片小而明显。鞘翅卵形或宽卵形，肩退化，但有肩胝，基部截断形，端部钝圆，后翅缺如。足长而细，腿节各有 1 齿，胫节直，胫窝开放，爪离生。后胸腹板短，基节间突起截断形，腹板 2 长等于腹板 3–4 之和，腹板 1、2 之间的缝呈弓形。本属的肩退化，但有眼叶，额有毛 2 根。

分布：古北区，新北区。世界已知 12 种，中国记录 7 种，浙江分布 1 种。

（991）棉小卵象 *Calomycterus obconicus* Chao, 1974

Calomycterus obconicus Chao, 1974: 483.

主要特征：体长 3.3–3.9 mm。体壁红褐色，被覆均一灰色而略发光的鳞片，触角柄节被覆同样的鳞片，小盾片的鳞片白色，鞘翅有时散布褐色横纹。全身散布灰褐色，除腹部以外，还掺杂褐色毛。鞘翅行间的毛最长，半直立，但短于行间宽，头部和前胸背板的毛较短，前胸背板两侧的毛更短，而且倒伏，触角和足的毛较细。头宽大于长，额宽略大于眼宽的 2 倍，而略小于喙宽的 2 倍。喙从基部至喙耳缩窄（25∶20），背面端部洼，两侧有明显的背侧隆线，中间有明显的中隆线，背侧隆线和中隆线之间纵贯细刻线，并延续至头部，喙两侧纵贯同样刻线；喙端部和口上片以尖而高的 V 形隆线为界，之后，纵贯短而低的中隆线，与 V 形隆线形成 Y 形，纵隆线之后横贯钝隆线，这条隆线一方面与前端的触角内缘连接，另一方面与喙的背侧隆线连接。触角短而粗，柄节几乎直，长略超过前胸前缘；索节 1、2 长约相等，索节 1 粗于索节 2，索节 3–7 倒圆锥形，宽大于长，但索节 3 略较长，而索节 7 略较宽；棒长卵形，长小于宽的 2 倍，端部尖。眼几乎不突出，位于头的两侧，从背面只能看见一部分。前胸宽略大于长（♂ 10∶8 或♀ 11∶8），前后缘截断形，后缘略宽于前缘（10∶9），有略隆而窄的边，前缘之后稍注，表面粗糙，满布刻点，两侧的鳞片在刻点周围形成刻点孔；背面中间纵贯短隆线，突出于鳞片之外。小盾片长略大于宽，后缘钝圆。鞘翅卵形，肩部缩圆，基部截断形，无龙骨样边，端部钝圆，无锐突，长约为宽的 1.3 倍，中间前最宽；行间细，刻点密，间距近于刻点的直径，行间平。雄虫腹板 1 中间凹，前胸、鞘翅略较窄；雌虫腹板 1 中间凸，前胸、鞘翅略较宽。

分布：浙江、河北、山西、河南、陕西、江苏、湖北、广东、四川。

寄主：桑、棉花、大豆、油菜、榨菜（秧）。

421. 眼叶象属 *Cyphicerus* Schoenherr, 1823

Cyphicerus Schoenherr, 1823: 1144. [NP] Type species: *Curculio novemlineatus* Olivier, 1807.

Cyphicerus Wiedemann, 1823b: 164. [NO] Type species: *Curculio novemlineatus* Olivier, 1807.

Neocyphicerus Voss, 1937: 239. Type species: *Cyphicerus patruelis* Voss, 1937.

主要特征：喙长等于宽，稀宽大于长，向喙耳缩窄，喙耳略明显，背面注，稀扁；触角沟位于喙的背面，向后降扁，从背面完全看得见；眼扁，圆或椭圆；触角发达，柄节超过前胸前缘，索节较长，有时后端几乎宽大于长；前胸宽大于长，两侧平行或相当凸圆，前胸背板后缘截断形，前缘两侧有眼叶；小盾片圆；鞘翅有很发达的肩，鞘翅两侧向后放宽，中间以后最宽，稀两侧平行，每一鞘翅前缘圆形，或呈角状突出，端部通常缩圆；腿节略呈棒状，有小齿，爪离生。

分布：古北区，东洋区。古北区已知 15 种，中国记录 6 种，浙江分布 1 种。

（992）普鲁眼叶象 *Cyphicerus plumbeus* (Formánek, 1916)

Myllocerops plumbeus Formánek, 1916: 52.

主要特征：身体细长，均一黑褐色；被覆卵形金绿色鳞片，鞘翅鳞片瓦状覆盖，部分鳞片暗褐色，聚集成明显的斑点；头、胸的毛短而倒伏，鞘翅的毛长而直立，排成一行。喙宽略大于长，背部扁平，前端具深的三角形凹缘，凹缘以细隆线为界，中隆线、背侧隆线都明显，触角间宽略窄于额宽。触角放长，长几乎达到身体中部，柄节相当弯，端部略放粗；索节各节细长，索节 2 长几乎 2 倍于索节 1，3 倍于索节 3，其他 5 节长近于相等；棒长而粗，梭形，长于索节末 3 节之和。眼近于头的背面，略突出。前胸宽 1.5 倍于长，中间最宽，前后端同样略缩窄，前缘以后缩成 1 宽而很扁的带，表面散布大而深的刻点。小盾片颇大，长方形。鞘翅长筒形，长约 2 倍于宽，行纹深而宽，密布刻点，刻点四方形，各有 1 细毛，行间扁，有颗粒 1 行。足长，腿节棒形，有小齿，胫节直，长等于腿节。

分布：浙江（临安）、山东、江西、福建、广东、四川、贵州、云南。

422. 小眼象属 *Eumyllocerus* Sharp, 1896

Eumyllocerus Sharp, 1896: 109. Type species: *Eumyllocerus gratiosus* Sharp, 1896.

主要特征：身体细长。触角细长，短于、等于或长于体长。眼小，位于头的两侧，两眼间的距离，即额宽达 3 倍于眼宽。后颊长等于或小于眼宽。腿节有小齿。

分布：古北区。世界已知 7 种，中国记录 7 种，浙江分布 2 种。

（993）球形小眼象 *Eumyllocerus rotundicorpus* Han *et* Zhang, 2005

Eumyllocerus rotundicorpus Han *et* Zhang, 2005: 220.

主要特征：体壁黑色，触角和跗节黑红色，被覆金铜色或灰白色有金属光泽的鳞片，密被红褐色或褐色、半直立的短毛，鳞片在鞘翅翅坡前形成不规则的条带。喙背面具细的中隆脊，两侧具略隆起的侧隆脊，不具侧沟，喙端部仅略窄于基部；口上片窄 V 形；前额具 4–8 根毛。触角长于体长，不具鳞片，被覆褐色短毛，触角柄节短于索节之和，触角索节各节细长，索节 1 长于索节 2，索节 1 短于索节 2–3 之和，索节 3 略短于索节 4，触角棒细长，略宽于索节 7。额宽 2 倍于眼的直径。前胸背板无中隆脊，具小而深的刻点和小瘤突。小盾片小，明显，U 形。鞘翅短，卵形，凸圆，肩小，鞘翅上的刚毛长度短于行间 2 宽度的 1/2；行纹刻点细而深，行间略凸隆；鞘翅在中间或中间之后最宽。腿节具小齿，爪离生。

分布：浙江（临安）。

（994）灰绿小眼象 *Eumyllocerus sobrinus* Voss, 1940

Eumyllocerus sobrinus Voss, 1940: 883.

主要特征：体长 4.0–6.0 mm；体表被覆灰绿色鳞片，毛直立而长；眼较大，后颊长约为眼的一半，近基部略缩窄；额较窄，宽仅 1.5 倍于眼宽；触角索节 2 显然短于索节 1；喙的中隆线细。

分布：浙江。

423. 圆筒象属 *Macrocorynus* Schoenherr, 1823

Macrocorynus Schoenherr, 1823: 1144. Type species: *Curculio discoideus* Olivier, 1807.

主要特征：身体长筒形，前胸背板和鞘翅全部被覆鳞片，或仅两侧被覆鳞片，中区被覆毛或毛状鳞片；触角细长，稀短粗，索节放长，稀宽大于长，触角棒梭形或筒形，稀卵形；额大于、等于或小于眼宽；眼较大；前胸背板宽大于长，两侧前缘不具眼叶或长纤毛，后缘几乎直。鞘翅筒形，肩明显；长不到宽的 2 倍；足长，腿节棒形，有齿。

分布：古北区，东洋区。古北区已知 3 种，中国记录 2 种，浙江分布 1 种。

（995）红褐圆筒象 *Macrocorynus discoideus* (Olivier, 1807)

Curculio discoideus Olivier, 1807: 418.

主要特征：体长 5.75–7.25 mm，体宽 2.5–3.0 mm；体壁红褐色，被覆毛状褐色鳞片，但下列部位被覆椭圆形淡绿色鳞片：头部和前胸的两侧，前胸背面中间的 1 条窄纹，鞘翅行间 1、7、10、11，行间 5、6、10 的后半端，行间 3、4 近端部；足红褐色。头部具细刻线；喙长于头，两侧从基部至中间缩窄，端部放宽，具很浅的凹缘；口上片基部钝圆，背面略洼；中沟明显，前端深而基部浅，两侧的隆线明显；触角短而粗，柄节弯，长过前胸前缘，端部略放粗，索节 1 短而粗，端部放宽，索节 2 长于索节 1，索节 3–7 宽大于长，长几乎相等，棒细长，几乎不宽于索节；额宽大于眼长和触角间之宽；眼近于头的两侧，相当突出；前胸宽大于长，两侧圆，中间稍后最宽，基部截断形，前端较窄，两端截断形，背面密布刻点，中间之后两侧往往各有 1 浅窝；小盾片三角形。鞘翅基部近于截断形，肩近于直角形；雌虫两侧直至中间后近于平行，雄虫从肩开始逐渐缩窄；行纹刻点明显，行间散布 3 行倒伏短毛。足粗壮，腿节有齿。

分布：浙江、江苏、湖北、江西、湖南、福建、广东、香港、广西、四川；日本，印度。

424. 丽纹象属 *Myllocerinus* Reitter, 1900

Myllocerinus Reitter, 1900b: 62. Type species: *Myllocerus heydeni* Faust, 1885.

主要特征：前胸筒状，宽大于长，前后缘近于等宽，两侧凸圆，基部二凹形，前胸两侧前缘有眼叶；索节 2–5 被覆鳞片，触角沟开放，口上片短，后缘弯成 1 钝角，不超过触角基部的水平；鞘翅有肩；胫窝开放，爪离生。

分布：古北区，旧热带区。古北区已知 22 种，中国记录 6 种，浙江分布 1 种。

（996）茶丽纹象 *Myllocerinus aurolineatus* Voss, 1937

Myllocerinus aurolineatus Voss, 1937: 245.

主要特征：体壁暗红褐色至淡红褐色，被覆高度发金光的绿色鳞片，腹面、头、喙被覆较小的鳞片；前胸背板有 3 条光滑的宽纹，鞘翅行间 1、3、5、7 在中间前后各具 1 条或长或短的纹（有时前后两条互相连接），行间 5 和 7 的纹在前后端的 1/3 有时互相连接，以致在连接处形成横带，行间 3 的两条纹往往消失，行间 9 有时全部被覆鳞片。体壁还散布近于直立的长毛，但头部和前胸的毛较短。喙细长，两侧略平行，背侧隆线和中隆线都明显，中隆线长达额沟，背侧隆线从眼前几乎弯到额沟，喙耳发达。触角柄节几乎直，相当细长，索节 1、2 长相等，索节 3–6 每节长小于索节 2 的一半，索节 7 略较长，索节 2–5 被覆绿色鳞片；棒长略为宽的 3 倍。额略窄于眼长，很洼，中间深；眼近于头的背面，略突出。前胸背板宽大于长，两侧略圆，基部深二凹形，略宽于前缘，眼叶略发达，纤毛退化，背面有细中纹，密布粗刻点。鞘翅刻点行明显，刻点坑状，行间隆而很细，龙骨状。腿节有小齿，胫节直，内缘略呈二波形。

分布：浙江（临安）、江苏、安徽、湖北、江西、湖南、福建、广东、广西、四川、贵州。

425. 斜脊象属 *Phrixopogon* G. A. K. Marshall, 1941

Phrixopogon G. A. K. Marshall, 1941: 366. Type species: *Corigetus filicornis* Faust, 1894.
Platymycteropsis Voss, 1958: 26. Type species: *Corigetus excisangulus* Reitter, 1900.

主要特征：头和喙的两侧互不完全相连，但形成 1 很宽的角；喙宽大于长，有时长宽几乎相等，窄于头，间或几乎等于头宽（基部），端部不放宽或仅略放宽，背面具隆线 3 条，背侧隆线未延长到额，端部略向外弯，稀笔直而平行。触角沟的一部分以一条斜纹为界，斜纹从沟的内缘延伸到眼的前缘中间，触角沟很短而深，位于喙的背面；触角柄节短，长仅略超过前胸前缘。额宽于眼，约为眼宽的 2 倍；眼位于头的两侧，从上面只看得见一部分，几乎不突出，和头的表面一样高，颏有毛 2 根。前胸宽大于长，圆柱形，唯两侧前端突出成眼叶。小盾片小而明显。鞘翅卵形或宽卵形，肩退化，但有肩胝，基部截断形，端部钝圆，后翅缺如。足长而细，腿节各有 1 齿，胫节直，胫窝开放，爪离生。后胸腹板短，基节间突起截断形，腹板 2 长等于腹板 3、4 之和，腹板 1、2 之间的缝呈弓形。本属的肩退化，但有眼叶，颏有毛 2 根。

分布：古北区，东洋区。世界已知 37 种，中国记录 11 种，浙江分布 2 种。

（997）小齿斜脊象 *Phrixopogon excisangulus* (Reitter, 1900)

Corigetus excisangulus Reitter, 1900b: 65.

　　主要特征：体长 5.2–6.5 mm。体壁黑色，密被绿色鳞片。足密布长毛，并被覆稀少小鳞片。鞘翅密布半直立毛，还散布不规则黑斑。头宽等于前胸前缘；喙宽，两侧平行，具细中隆线；触角长而粗，柄节弯而不扁，索节 3、4 长约相等，棒约等于索节末 3 节之和；眼相当小，略突出。前胸短，呈圆锥形，略窄于鞘翅，散布相当多的光滑颗粒，基部二凹形，后角前具向外突出的三角形齿。小盾片被覆绿色鳞片状毛。鞘翅长略大于宽的 2 倍，具颇明显的刻点行。腿节具小而尖的齿。

　　分布：浙江、江苏、上海、湖北、湖南、福建、台湾、广东；越南。

（998）圆窝斜脊象 *Phrixopogon walkeri* Marshall, 1948

Phrixopogon walkeri G. A. K. Marshall, 1948b: 701.

　　主要特征：体长 6.5–7.0 mm，体宽 3.0–3.2 mm。体壁沥青色，被覆绿至铜色鳞片。头与喙位于同一平面；喙长等于宽，端部相当放宽；背面前端具浅洼，中隆线扁，比口上片或背侧隆线低得多，背侧隆线端部稍向外弯；额毛 4 根；触角柄节从基部至端部逐渐放宽，但不扁，具倒伏毛和少数绿色窄鳞片，索节 3、4 等长；额扁平，密被鳞片；眼大而扁。前胸基部一半两侧平行，从此至端部逐渐缩窄，基部弯曲颇浅，背面突出，中间以后两侧各具 1 圆窝，花纹被鳞片遮蔽。鞘翅中间以后稍放宽，端部分别缩圆；行纹窄，透过鳞片仍然看得见；行间散布倒伏短毛，无颗粒。足被覆相当密的鳞片和倒伏毛，前足背缘直，腹面基部弯。

　　分布：浙江、江苏、湖北、湖南、广西、四川。

426. 缺叶象属 *Phyllolytus* Fairmaire, 1889

Phyllolytus Fairmaire, 1889: 52. Type species: *Myllocerus variabilis* Roelofs, 1873.
Myllocerops Reitter, 1906: 209. Type species: *Myllocerus psittacinus* L. Redtenbacher, 1868.

　　主要特征：前胸前缘两侧在眼后无眼叶或刚毛；鞘翅具肩，肩近直角形；上颚具 3 根刚毛；喙正常，端部不扩大，喙近端部沿中线两侧不具较粗的刚毛；口上片光滑不具鳞片，后端两侧具隆脊；喙通常长于眼，腿节具齿；前额刚毛远多于 4 根；口上片和喙的端部不对称；前胸背板基部不呈二曲状；体表被覆圆形鳞片和直立的刚毛，鞘翅两侧从行间 7 开始垂直向下，扁平。

　　分布：古北区，东洋区。古北区已知 11 种，中国记录 8 种，浙江分布 2 种。

（999）鹿斑缺叶象 *Phyllolytus commaculatus* (Voss, 1958)

Macrocorynus commaculatus Voss, 1958: 22.

　　主要特征：体长 5.0–5.6 mm，体宽 2.3–2.4 mm。体壁红至暗褐色，触角、胫节、跗节暗红色，身体被覆毛的部分显著超过被覆鳞片的部分。毛灰色发黄，密度相当大，长而近于倒伏，行间除这种毛外，还有 1 种短而倒伏的毛，鞘翅背面部分的毛扩大成鳞片状，并形成不规则的分散的斑点。前胸背板的鳞片状毛集中于两侧，头部鳞片状毛却限于眼的附近。鞘翅两侧密布圆形鳞片，其端部的圆形鳞片往往聚集成带，有时，鞘翅的斑点排列成模糊的云斑状的带。头和喙几乎连接成圆锥形，散布小而很密的刻点；喙长略大于宽，向端部略缩成圆锥形，端部凹缘三角形；触角沟宽，从上面看得见，背侧隆线延长至眼的前端内缘，中隆线明显；触角柄节细长，向端部略放粗，长略过前胸前缘，散布短而几乎倒伏的毛，索节 2 略长于索节 1，索节 3–6 长几乎 2 倍于宽，索节 3–5 之和略长于索节 2，棒梭形，长等于索节末 4 节之和；额略窄于眼长，窄于触角间之宽；眼接近头的背面，略突出。前胸背板宽约为长的 1.5 倍，基部略窄于前缘，前端 1/3 和基部前缩窄，中间略放宽，基部、前缘均呈截断形。小盾片长大于宽，后端缩尖。鞘翅长几乎 2 倍于宽，中间稍后最宽，肩明显，向后两侧平行，再向后略扩圆，中间以后缩得很细，形成略圆的尖，近于端部之前无瘤，行纹相当深，行间宽于行纹，略突出，密布不规则的刻点。腿节相当粗，有尖齿，前足胫节内侧略呈二波形，胫节外缘直。

分布：浙江、江苏、江西、福建、广东、广西、四川。

（1000）大缺叶象 *Phyllolytus psittacinus* (Redtenbacher, 1868)

Myllocerus psittacinus L. Redtenbacher, 1868: 150.

Cyrtepistomus costatipennis Morimoto, 1965: 42.

主要特征：身体高隆，体壁暗或淡褐色，被覆发金光的暗绿色鳞片，唯前胸和鞘翅背面不被覆鳞片或仅被覆少数鳞片而散布倒伏短毛，触角和足的毛较长，触角棒暗褐色，足暗或淡褐色。喙长等于宽，中间洼，在喙耳前缩窄，无中隆线，背侧隆线分裂成叉状。触角长远过于身体中间，柄节长达前胸中间，稍弯，端部稍放粗，索节放长，索节 2 长于索节 1，并长于索节 3 的 2 倍，索节 3–7 长几乎相等；棒细长，筒状，宽略等于索节，长等于索节末 3 节之和。额窄于触角间之宽，有中沟；眼卵形，相当突出，靠近头部背面。前胸宽近于长的 1.5 倍，中间最宽，向前较缩窄，前缘后略缩细，基部前中间两侧各有 1 小坑，背面散布皱纹状大刻点；小盾片颇大，略呈四角形。雄虫鞘翅长 2 倍于宽，雌虫鞘翅长小于宽的 2 倍，向后放宽，行纹粗，密布刻点，行间具细而横的皱纹；雄虫较隆。足粗，腿节棒状，具粗齿，胫节直，长等于腿节。

分布：浙江（临安）、辽宁、河北、山东、河南、江苏、湖北、江西、湖南、福建、台湾、广东、海南、四川、贵州、云南；韩国，东洋区。

427. 尖象属 *Phytoscaphus* Schoenherr, 1826

Phytoscaphus Schoenherr, 1826: 210. Type species: *Curculio lanatus* Fabricius, 1801.

Rhypochromus Motschulsky, 1858b: 83. Type species: *Rhypochromus cruciger* Motschulsky, 1858.

Pseudphytoscaphus Pajni, 1990: 281. Type species: *Phytoscaphus nubilus* Faust, 1894.

主要特征：喙长远大于宽，与头形成锐角；触角至少部分被覆鳞片，柄节长过前胸前缘；额宽略等于喙，仅基部略宽于喙；眼不突出，几乎和头的表面一样高，近于头的背面，彼此接近；前胸有眼叶，端部比基部窄得多；鞘翅有肩；腿节有齿，爪离生。

分布：古北区，东洋区。世界已知 57 种，中国记录 7 种，浙江分布 1 种。

（1001）尖齿尖象 *Phytoscaphus ciliatus* Roelofs, 1873

Phytoscaphus ciliatus Roelofs, 1873: 176.

Phytoscaphus leporinus Faust, 1892a: 193.

Phytoscaphus formosanus Matsumura, 1910: 34.

Phytoscaphus formosanus Matsumura, 1911: 142. [HN]

Phytoscaphus dentirostris Voss, 1958: 28.

主要特征：体壁红褐色，被覆淡褐色鳞片，前胸两侧各有 1 条褐色宽纹，鞘翅散布褐色云斑，触角棒黑色。鞘翅行间的毛长而直立，排列成行，毛长略大于行间之宽；前胸背板、触角、喙、足的毛短而挺。头部扁圆；喙直，短于前胸背板，从上面看去，直到喙耳两侧平行，喙耳两侧突出，内角有略尖的齿，喙的背面两侧平行，宽为整个喙宽的一半，喙腹面基部前中间有 1 尖齿；触角柄节相当粗，端部略放宽，索节 1 略长于索节 2，索节 3 略长于索节 4，索节 4–6 略相等，长大于宽，索节 7 略长于索节 6，长宽相等，棒颇发达，长等于索节 5–7 三节之和；额宽等于喙（触角沟之间）宽。前胸背板宽略大于长，后缘比前缘宽得多，中间稍后最宽，向基部逐渐略缩圆，向端部略较缩圆，基部二凹形；眼叶发达，表面散布相当密而明显的刻点。小盾片宽等于长。鞘翅长略大于宽的 1.5 倍，肩宽小于前胸背板宽的 2 倍，从肩到中间逐渐略放宽，从中间到尖端明显缩圆；鞘翅行间 1 尖端略呈缺刻状；刻点行细，刻点分离，长椭圆形，行间宽而扁，不很隆。腿节有细而尖的齿，胫节内缘二波形，前足胫节端部内缘有 1 刺，中后足胫节端部向内、外两侧放宽。

分布：浙江、山西、江西、福建、台湾、广东、海南、广西、四川、贵州、云南；日本，东洋区。

癞象族 Episomini Lacordaire, 1863

428. 癞象属 *Episomus* Schoenherr, 1823

Episomus Schoenherr, 1823: 1143. Type species: *Curculio lacerta* Fabricius, 1781.

Simallus Pascoe, 1865b: 420. Type species: *Simallus sulcicollis* Pascoe, 1865.

主要特征：体形大，长达 10 mm 以上，高度隆，褐至深褐色，两侧白色。喙基部两侧、在眼的前方各有 1 横沟，把喙和额分开；触角沟位于头的背面，前端很深，向后逐渐变浅；触角柄节长达眼的后缘，索节 1、2、7 长于其他节。前胸有中沟和许多纵横交错的粗皱纹，前缘截断形，后缘二凹形或截断形。小盾片发达，有时看不见或被鞘翅包围。鞘翅有肩或无肩，肩有胝或无胝，基部向前突出，把前胸基部略加掩盖，背面很隆，翅坡陡峭，在翅坡前，行间 3 有或无瘤。雄虫腹部末节几乎呈截断形；雌虫末节细长而端部尖。

分布：古北区，东洋区。古北区已知 21 种，中国记录 18 种，浙江分布 2 种。

（1002）中国癞象 *Episomus chinensis* Faust, 1897

Episomus chinensis Faust, 1897: 124.

Episomus tristiculus Voss, 1958: 29.

主要特征：雄虫体长 13–16 mm，体宽 7.5–9.0 mm；雌虫体长 13–15 mm，体宽 6.8–8.3 mm；体形大而高度隆，身体两侧、前胸中间、行间 1 和行纹 1 及 2 的基部 1/3、翅坡均白色；前胸两侧的纵纹及其延长至头部和鞘翅基部的条纹、中后足的大部分，以及触角索节 7 的大部分和棒均暗褐色或红褐色，鞘翅其余部分为褐色至红褐色。头和喙有深而宽的中沟，喙长大于宽，中沟两侧各有 1 亚边沟，喙和额在眼前被深的横沟分开；触角索节 2 略长于索节 1，索节 3 长于索节 4，索节 4–6 长宽相等，索节 7 圆锥形，略短于棒，棒卵形，端部略尖；眼很突出，头在眼以后缩窄。前胸长宽略相等，后缘二凹形，两侧突出为背侧隆线，其余部分散布显著纵横交错的皱纹。鞘翅高度隆，翅坡较倾斜，肩胝扁，往往向外突出为小瘤，奇数行间高于偶数行间，行间 3、5、7 在中间前各有 1 瘤，行间 7 的瘤最大，行间 3 的瘤次之，行间 5 的瘤最小或不明显，特别是雌虫，这 3 个瘤之后各有 1 排小突起；行纹宽近于行间宽，刻点大而深；翅坡端部缩成水平的锐突；雄虫鞘翅锐突短得多，鞘翅的瘤较小，翅坡欠陡；雌虫锐突较长，鞘翅的瘤较发达，翅坡陡峭。

分布：浙江（临安、龙泉）、陕西、甘肃、安徽、湖北、江西、湖南、福建、广东、香港、广西、四川、贵州、云南。

（1003）灌县癞象 *Episomus kwanhsiensis* Heller, 1923

Episomus kwanhsiensis Heller, 1923: 75.

　　主要特征：体长 7–8 mm，体宽 4.5–5.5 mm；身体背面褐至深褐色，翅坡大部分白色，翅坡前往往散布白色斑点，两侧白色，并在鞘翅中间扩张至行纹 3，从而形成白色的带，中、后足腿节大部分褐色，触角索节 7、棒褐色。喙长大于宽，两侧之沟扩充至眼前，中沟深而宽，长达眼后缘；触角柄节粗而略扁，长达眼后缘，索节 2 长于索节 1 和索节 7，索节 3 长于索节 4，索节 4–6 宽大于长，索节 7 圆锥形，长大于宽，并显然短于棒；棒卵形，端部尖。前胸背板宽略大于长，两侧凸圆，中间前最宽，基部二凹形，中沟深，两侧有具皱纹的纵隆线。小盾片圆形，很隆。鞘翅向前突出为圆形，嵌入前胸后缘的二凹内，端部钝圆，末端缩成锐突；肩胝略明显；各个行间一样高，但行间 1 的翅坡后的部分较高，行间细，窄于行纹，刻点扁而大。

　　分布：浙江（临安）、甘肃、江苏、湖北、江西、湖南、福建、海南、广西、四川、贵州、云南。

根瘤象族 Sitonini Gistel, 1848

429. 长颚象属 *Eugnathus* Schoenherr, 1834

Eugnathus Schoenherr, 1833: 12. [NA]

Eugnathus Schoenherr, 1834: 132. Type species: *Eugnathus viridanus* Gyllenhal, 1834.

Catachaenus Schoenherr, 1840a: 305. Type species: *Lagostomus circulus* Eydoux *et* Souleyet, 1839.

　　主要特征：体形细长，小至中等；喙短而粗，上颚外面被覆柔毛和鳞片，无颚尖和颚疤；上颚扩大，长于眼的小直径，喙的背面两侧在末端前略放宽，触角沟的下缘突然向下折，眼和触角沟的距离大于触角沟的宽度；肩明显；胫节无端刺，胫窝开放，爪离生，前足基节彼此接触。

　　分布：古北区，东洋区。古北区已知 6 种，中国记录 4 种，浙江分布 1 种。

（1004）短带长颚象 *Eugnathus distinctus* Roelofs, 1873

Eugnathus distinctus Roelofs, 1873: 179.

Catachaenus chloroticus Pascoe, 1874: 23.

Catachaenus bracteatus Pascoe, 1874: 23.

Eugnathus heydeni Schilsky, 1911: 87.

　　主要特征：体长 3.0–7.0 mm；体壁黑色，触角暗褐色，腹面被覆不发光的淡绿色鳞片，背面主要被覆发金光的圆或卵圆鳞片，在这种鳞片之间，散布披针形不发光的绿色或暗褐色鳞片；鞘翅中间以前被覆较密的圆形鳞片，形成 1 不明显的带，但未达到行间 1、2，前胸背板由宽大鳞片构成不很明显的 3 个纵纹。头和喙的基部洼，中间有深沟，眼稍突出，触角柄节细长，索节 1 略长于索节 2，但比索节 2 粗得多，其他节宽大于长，棒长卵形；前胸宽大于长，前胸略缩窄，而两侧稍圆，前后缘几乎不缩窄；小盾片方；鞘翅长椭圆形，肩圆，行纹明显，基部刻点较大，行间扁平。

　　分布：浙江（龙泉）、内蒙古、山西、江苏、安徽、湖北、江西、福建、台湾、四川；韩国，日本。

430. 根瘤象属 *Sitona* Germar, 1817

Sitona Germar, 1817: 341. Type species: *Curculio lineatus* Linnaeus, 1758.

Clytus Dejean, 1821: 94. [NA, HN]

Sitones Schoenherr, 1840a: 253. [UE]

Parasitones Sharp, 1896: 113. Type species: *Sitona aberrans* Faust, 1887.

主要特征：身体细小而长，近于筒形。头宽大于长；或略较短而窄，两侧平行或向前略缩窄，扁平或具沟，端部有缺刻，触角沟在眼前突然弯；触角柄节棒状，至多达到眼的后缘，索节头 2 节长，索节 2 较短，索节 3–7 更短，念珠状，棒卵形；额平或洼；眼卵形，隆度变异大，通常上面具睫毛。前胸长大于宽，或宽略大于长，近于圆筒形，两侧稀放宽。小盾片明显。鞘翅长椭圆形或卵状长椭圆形，宽于前胸，基部弯成弓形，肩胝明显。胫节直线形，跗节腹面海绵状，爪离生。有翅，稀无翅或短翅。

分布：世界广布。世界已知 131 种，中国记录 14 种，浙江分布 1 种。

（1005）疑根瘤象 *Sitona ambiguus* Gyllenhal, 1834

Sitona ambiguus Gyllenhal, 1834: 116.

主要特征：体长 2.8–3.8 mm；体表被覆鳞片和刚毛，鳞片具金属光泽，鞘翅被覆半直立至直立的刚毛；额和喙密布刻点，刻点彼此相连形成短的纵沟；眼凸隆，明显突出于头表面；鞘翅奇数行间不具深色鳞片组成的斑块，鞘翅纵条带通常明显，翅坡处的刚毛明显短于行间的宽度；腿节黑色。

分布：浙江、河南、陕西、甘肃、江苏、安徽、湖北、福建、四川；俄罗斯，哈萨克斯坦，欧洲。

纤毛象族 Tanymecini Lacordaire, 1863

431. 无髭象属 *Amystax* Roelofs, 1873

Amystax Roelofs, 1873: 159. Type species: *Amystax fasciatus* Roelofs, 1873.

主要特征：身体瘦长，密被浅褐色、灰色至深褐色的鳞片，鞘翅在行纹 3 之间、中部之后具横带或 1 对斑纹；喙长远大于宽，基部最宽，中部最窄，喙基部与额之间具 1 横向的浅凹，喙背面较凸隆，不具中纵沟；触角沟深，在眼前下弯；上颚具 6 根刚毛和少量鳞片；前颏具 3 对刚毛。触角柄节超过眼的中部，索节 1 略长于索节 2，索节 3 和 4 长宽相等，索节 5、6 宽大于长，索节 7 远大于索节 6；触角棒卵形，棒节 1 长度为触角棒总长的 1/3。前胸背板宽略大于长，中间之前最宽，两侧凸圆，背面具瘤突，具 1 短的中纵沟，眼叶处的刚毛短。小盾片三角形、圆形或不可见。鞘翅长卵形，两侧略呈弧形，基缘具隆脊，隆脊之后略洼，鞘翅侧缘在后胸后侧片上具缺刻，行纹正常，行间略凸隆。前足基节彼此相连；腿节棒状，前足胫节向内弯曲，具端刺，后足胫窝关闭，爪离生。

分布：古北区。世界已知 14 种，中国记录 1 种，浙江分布 1 种。

（1006）条带无髭象 *Amystax fasciatus* Roelofs, 1873

Amystax fasciatus Roelofs, 1873: 160.

Enaptorhinus dispar Voss, 1939b: 56.

主要特征：体壁褐色至黑色，密被鳞片，鳞片圆形至卵形，褐色至灰色，前胸背板具灰色条带，鞘翅在中部之后、两鞘翅的行间 3 之间具 1 个横向的灰色条带，有时候条带被深色鳞片打散成小斑块。喙长大于宽，短于头长，喙基部最宽；前额中部宽洼陷，具 1 对长刚毛、1 对短刚毛和一些小的刚毛；眼较凸隆；前胸背板宽大于长，中部之前最宽，两侧略凸圆，背面具 1 短的中纵沟；小盾片小，三角形，光滑；鞘翅基缘隆脊窄，行间略凸隆，行间 3 和 5 通常较旁边的行间宽，行纹刻点均匀。

分布：浙江；俄罗斯，日本。

432. 绿象属 *Chlorophanus* C. R. Sahlberg, 1823

Chlorima Germar, 1817: 341 (rejected ICZN). Type species: *Curculio viridis* Linnaeus, 1758.

Chlorophanus C. R. Sahlberg, 1823: 24. Type species: *Curculio excisus* Fabricius, 1801.

Chlorophanus Schoenherr, 1823: 1136. [HN] Type species: *Curculio viridis* Linnaeus, 1758.

Chlorophanus Germar, 1823: 440. [HN] Type species: *Curculio excisus* Fabricius, 1801.

Phaenodes Schoenherr, 1826: 54. Type species: *Curculio excisus* Fabricius, 1801.

Phoenodus Schoenherr, 1834: 69. Type species: *Chlorophanus rufomarginatus* Gebler, 1829.

Parix Gistel, 1848: 134. [URN] Type species: *Curculio viridis* Linnaeus, 1758.

主要特征：身体被覆绿色或蓝绿色鳞片。触角略呈膝状，柄节颇短，约等于索节头 3 节之和，长仅达到眼的前缘；喙颇长，有 1 条中隆线和 2 条边隆线，有时还有 2 条亚边隆线，前缘有 1 三角形深缺刻；前胸圆锥形，基部最宽，后缘二凹形；鞘翅端部缩成长或短的锐突。雌雄次性征都很显著，雄虫前胸腹板前缘突出成领状，向下弯，两侧突出成角（前胸腹板领），腹板 1 中间洼成浅槽，有些种类腹板 5 后缘凹；喙、前胸较长，鞘翅锐突较长。雌虫中足胫节端刺特别长，腹板末节端部光滑，突出成驼背状隆起，中间有隆线。

分布：古北区。世界已知 43 种，中国记录 17 种，浙江分布 1 种。

（1007）西伯利亚绿象 *Chlorophanus sibiricus* Gyllenhal, 1834

Chlorophanus sibiricus Gyllenhal, 1834: 65.

Chlorophanus circumcinctus Gyllenhal, 1834: 64.

Chlorophanus submarginalis Fåhraeus, 1840: 427.

Chlorophanus distinguendus Hochhuth, 1851: 29.

Chlorophanus bidens Motschulsky, 1860c: 496.

Chlorophanus brachythorax Motschulsky, 1860c: 496.

Chlorophanus foveolatus Motschulsky, 1860c: 496.

Chlorophanus parallelocollis Motschulsky, 1860c: 496.

Chlorophanus scabricollis Motschulsky, 1860b: 166.

Chlorophanus aurifemoratus Reitter, 1915: 175.

Chlorophanus peregrinus Reitter, 1915: 176.

Chlorophanus plicatirostris Reitter, 1915: 175.

主要特征：体长 9.3–10.7 mm；身体黑色，密被淡绿色鳞片，前胸两侧和鞘翅行间 8 的鳞片黄色，胫节和腿节较发光，胫节还发红。喙长大于宽，两侧平行，中隆线很明显，延长到头顶，边隆线较钝，尤其是雌虫；触角沟指向眼，不向下弯；柄节长仅达到眼的前缘，索节 1 短于索节 2，索节 3 长约等于索节 1，索节 3–7 长大于宽；前胸宽大于长，基部最宽，后角尖，从基部至中间近于平行，中间前逐渐缩窄，背面扁平，散布横皱纹，有时皱纹不很明显，近两侧鳞片较稀，外侧被覆黄色鳞片，形成纵纹；小盾片三角形，色较淡；鞘翅行纹刻点深，中间以后不明显，行间 8 被覆黄色鳞片，其余被覆均一绿色鳞片。雄虫锐突较长；雌虫的喙在边隆线之内洼成浅沟，浅沟向内突出成亚边隆线，喙与前胸短于雄虫，鞘翅锐突较短。

分布：浙江、黑龙江、吉林、辽宁、内蒙古、北京、河北、山西、陕西、宁夏、甘肃、青海、新疆、湖北、湖南、四川；俄罗斯，蒙古国，朝鲜，日本，塔吉克斯坦，哈萨克斯坦。

寄主：柳。

433. 长毛象属 *Enaptorhinus* G. R. Waterhouse, 1853

Enaptorhinus G. R. Waterhouse, 1853: 179. Type species: *Enaptorhinus sinensis* G. R. Waterhouse, 1853.

Platyamomphus Voss, 1922a: 170. Type species: *Enaptorhinus sinensis* G. R. Waterhouse, 1853.

主要特征：身体细长；喙和额之间有 1 横沟，横沟延长到两侧；触角柄节至多达到眼的中间；前胸长大于宽或等于宽，鞘翅窄，翅坡散布很长的直立硬毛；雄虫后足胫节散布很长的绒毛，爪分离。

分布：古北区。世界已知 8 种，中国记录 8 种，浙江分布 2 种。

（1008）银灰长毛象 *Enaptorhinus argentellus* Voss, 1939

Enaptorhinus argentellus Voss, 1939b: 54.

主要特征：雄虫喙背面相当凸隆；眼较小而凸隆；前胸背板中沟细；鞘翅长大于宽的 2 倍，背面扁平，且略洼，整个鞘翅两侧较平行，翅坡陡，行间 5 略隆起，高于两侧行间，但未形成龙骨状或散布颗粒，鞘翅前端的刻点内刚毛宽、叶状；后足胫节具长柔毛，柔毛灰至黄白色。雌虫索节 1 略长于索节 2；眼凸隆；鞘翅被覆多边形、圆形或卵形鳞片，鳞片不呈覆瓦状。

分布：浙江、北京、江西、海南。

（1009）中华长毛象 *Enaptorhinus sinensis* G. R. Waterhouse, 1853

Enaptorhinus sinensis G. R. Waterhouse, 1853: 180.

Platyamomphus reinecki Voss, 1922a: 170.

主要特征：体形细长，体壁沥青色，被覆白色至灰褐色鳞片。头、喙凸，被覆灰褐或白色鳞片，头部密被皱纹刻点；喙散布较稀刻点，喙与额之间的横沟很深，而且延长至两侧，喙前端有较细的横沟；触角褐色，棒长卵形。雄虫前胸长大于宽、中部前最宽，雌虫略小于宽、中部最宽，密布鳞片，鳞片间散布颗粒；中沟明显，中沟和近两侧被覆白色鳞片，因而形成 3 条淡纵纹，两侧上端的鳞片白色，下端的较暗。小盾片三角形。鞘翅很窄，两侧几乎平行，唯前后端略缩窄，行间 5 以内的部分扁平，但中间略洼，行间 5 隆线状，行间 5 以外的部分垂直，背面被覆分离而扁平的白色鳞片，两侧被覆较密而发光的白色鳞片，在翅坡前白色鳞片形成一个带，雌虫的带限于行间 3、5。翅坡直立，长毛褐至黑色，足部鳞片细，不发光，鳞片间散布长毛。雌虫卵形，较宽，背面略平；后足胫节较短，被覆和其他胫节一样的短毛。

分布：浙江（临安、龙泉）、北京、河北、山东、河南、江苏、江西、湖南、广东、广西；韩国。

434. 蓝绿象属 *Hypomeces* Schoenherr, 1823

Hypomeces Schoenherr, 1823: 1141. Type species: *Curculio pulviger* Herbst, 1795.

主要特征：前胸前缘两侧有纤毛；喙的中沟深，中沟和外缘之间两侧各有沟纹 2 条；前胸背板中沟深，中沟两侧还有 1 沟；肩明显；前足基节彼此接触，基节间突起在基节以后突出成 2 个尖瘤，前足胫节内缘无明显的齿，胫窝关闭，爪合生。

分布：古北区，东洋区，澳洲区。古北区已知 2 种，中国记录 2 种，浙江分布 1 种。

（1010）蓝绿象 *Hypomeces pulviger* (Herbst, 1795)

Curculio pulverulentus Fabricius, 1793: 452. [HN]

Curculio squamosus Fabricius, 1793: 452. [HN]

Curculio pulviger Herbst, 1795: 480. [RN]

Curculio aurulentus Herbst, 1797: 13.

Curculio orientalis Olivier, 1807: 321.

Hypomeces auricephalus Faust, 1893: 506.

Hypomeces fabricii Faust, 1893: 506.

Hypomeces dispar Faust, 1894: 184.

Atmetonychus gossypi Matsumura, 1915: 221.

主要特征：身体肥大而略扁，体壁黑色，密被均一的金属光泽的蓝绿色鳞片（同一鳞片，因角度不同而显示为蓝或绿色），鳞片间散布银灰色长柔毛（♂）或鳞状毛（♀），鳞片表面往往附着黄色粉末；有的个体，其鳞片为灰色、珍珠色、褐色或暗铜色，个别个体的鳞片为蓝色。头、喙背面扁平，中间有 1 宽而深的中沟，长达头顶，两侧各有 2 条或弯或直的浅沟。触角短而粗，柄节长达眼中部，索节 2 长于索节 1，索节 3 略短于索节 1，索节 4–7 长宽约相等；棒长卵形，端部尖。眼十分突出。前胸基部最宽，基部二凹形，端部窄得多，截断形，两侧几乎直，后角尖，前角在眼后突出成 1 短而尖的刺，背面中间洼，中沟宽而深，两侧附近有种种不规则的洼。小盾片三角形。鞘翅基部中间波状，肩部最宽，宽于前胸基部，向后逐渐缩窄，肩钝圆，略斜，端部几乎不裂开，每一鞘翅基部缩成上下 2 个锐突，上面的较大，行纹刻点大而深，刻点前端各有短毛 1 根，行间宽而扁。

分布：浙江（临安）、吉林、河南、甘肃、江苏、安徽、湖北、江西、湖南、福建、台湾、广东、海南、香港、广西、四川、贵州、云南；韩国，日本，印度，缅甸，越南，泰国，柬埔寨，菲律宾，马来西亚，印度尼西亚。

435. 球胸象属 *Piazomias* Schoenherr, 1840

Piazomias Schoenherr, 1840b: 936. Type species: *Piazomias virescens* Boheman, 1840.

Pseudohadronotus Voss, 1931b: 37. Type species: *Pseudohadronotus hauseri* Vos, 1931.

主要特征：后胸前侧片除基部以外与后胸腹板愈合；触角柄节长达或未达眼的中部，索节 1 长于索节 2；喙平行或向前略缩窄，两侧有或无隆线，有时隆线内有沟，沟内另有 1 隆线，中沟缩短，或长达额顶；前胸宽大于、等于或近于长，拱隆或不拱隆，前后缘均为截断形，后缘有边，两侧颇或略拱圆，中沟缩短或不明显；小盾片明显或不明显；鞘翅基部较窄，宽等于或大于前胸，前缘有边，稀无边；无后翅；前足基节互相靠拢，前足胫节内缘有齿 1 排，后足胫窝开放。雄虫身体细长，腹板末节端部钝圆，雌虫身体较肥胖，腹板末节端部尖，基部两侧有 1 沟纹。

分布：古北区。世界已知 56 种，中国记录 42 种，浙江分布 2 种。

（1011）半球形球胸象 *Piazomias dilaticollis* Chao, 1980

Piazomias dilaticollis Chao, 1980: 284.

主要特征：体形短而宽，有些扁。体长 6.3–8.3 mm，体长为宽的 2.0–2.2 倍；前胸特别宽，宽远大于长，基部最宽，宽于鞘翅基部，略呈半球形，前胸后缘隆线细，后角扩展，把隆线两端遮蔽，中沟明显；鞘翅特别宽。

分布：浙江、山西、陕西、江西、湖南。

（1012）银光球胸象 *Piazomias fausti* J. Frivaldszky, 1892

Piazomias fausti J. Frivaldszky, 1892: 116.

主要特征：身体长椭圆形，黑色，被覆发强光的白或银灰色毛状和圆形两种鳞片。头部散布刻点；喙长大于宽，散布皱纹，中沟深，长达额顶，两侧平行，有尖锐隆线；触角细，柄节长达眼中部，索节 1 长于索节 2，索节 3–5 逐渐缩短，索节 6、7 呈倒圆锥形，触角棒长卵形，末端尖；眼略凸，眼的下方被覆发闪光的银灰色圆形鳞片。前胸宽大于长，两侧扩成圆形，基部前的沟纹不明显，基部有细边，背面略隆，中区密布刻点和毛状鳞片，两侧密布圆形鳞片，形成明显的条纹。鞘翅长约为前胸长的 2.5 倍，基部宽于前胸基部，向中部逐渐扩大，然后向端部缩成锐突，背面颇隆，刻点行细，行间扁，有横皱纹，背面被覆窄的白色或灰色毛状鳞片并星布发强光的银灰色圆形鳞片小团，从而构成斑点；行间 7–11 的圆形银灰色发强光的鳞片构成明显的条纹。腹部密被银灰色鳞片。腿节被覆白色鳞片状毛，前足腿节很粗，胫节内侧有齿 1 排，端部弯。雄虫瘦，前胸基部和端部一样宽，鞘翅中间宽大于前胸，腹板末端较长，端部圆；雌虫腹板末节端部比基部窄得多，鞘翅中间宽得多。

分布：浙江（临安）、河北、河南、江苏、安徽、湖北、江西、湖南。

436. 赛象属 *Scepticus* Roelofs, 1873

Scepticus Roelofs, 1873: 158. Type species: *Scepticus insularis* Roelofs, 1873.
Copanopachys Roelofs, 1880: 7. Type species: *Piazomias tigrinus* Roelofs, 1873.

主要特征：喙和额之间无沟或无明显的刻痕，额与喙基部等宽；触角沟宽且深，在眼前下弯；触角柄节棒状，达到眼中部，索节 1、2 长大于宽，索节 3–6 近相等、球状，索节 7 圆锥状，触角棒卵形，棒节 1 远长于棒节 2；眼位于头的两侧，凸隆；前胸背板前缘和后缘截断形，两侧凸圆；小盾片很小；鞘翅无肩或肩较钝；胫窝关闭，不上升，窄或宽，中足基节间的中胸腹板突起比基节窄得多，后足跗节 3 宽于 2，后足胫窝窄关闭，爪离生。

分布：古北区。世界已知 15 种，中国记录 5 种，浙江分布 1 种。

（1013）岛赛象 *Scepticus insularis* Roelofs, 1873

Scepticus insularis Roelofs, 1873: 158.
Scepticus hachijoensis Kôno, 1930b: 187.

主要特征：体长 7.0–9.0 mm，体宽 3.6–4.5 mm；体壁黑色，密布浅褐色至深褐色鳞片。喙长宽近相等，两侧平行，具 1 明显的中纵沟；触角短，触角柄节超过眼前缘，索节 1 和 2 长大于宽，索节 2 略短于索节

1，索节 3–6 宽大于长，索节 7 长宽相等，触角棒短粗；眼大，强烈凸隆；额具 1 中沟；前胸背板宽大于长，两侧略凸圆，中间之前最宽，背面具 1 不十分明显的中沟，刻点粗糙、较密集；小盾片非常小；鞘翅宽卵形，翅坡之前最宽，行纹细，行间宽于行纹。

分布：浙江、江苏、四川、贵州；俄罗斯，韩国，日本。

437. 灰象属 *Sympiezomias* Faust, 1887

Sympiezomias Faust, 1887a: 29. Type species: *Brachyaspistes velatus* Chevrolat, 1845.

主要特征：喙长于头，长宽约相等，中沟深而宽，长达头顶，从端部向上逐渐缩窄，中沟两侧各有 1 旁中沟，旁中沟内缘隆，形成隆线。喙端部有明显的口上片，其两侧各有 1 深沟。眼以前洼成三角窝。触角柄节长达眼的中间，索节 1 略长于索节 2，稀等于索节 2，索节 1–5 逐渐缩短，索节 5–7 逐渐延长，索节 6–7 圆锥形；棒长卵形，端部尖。额有毛 4–6 根。前胸宽大于或等于长，两侧凸圆，前后缘均为截断形，后缘镶边，中沟明显或被鳞片遮蔽，表面散布颗粒，各附鳞片状毛 1 根。小盾片不存在。鞘翅无肩胝，基部有隆线，端部往往缩成锐突。后胸前侧片与后胸腹板分离，后足基节间突起圆形或略呈截断形。腹板 1、2 之间的缝全部分离，腹板 2 中间之长比索节 3+4 长得多。前足胫节内缘有齿 1 排，中、后足的齿不发达，后足胫窝关闭。雄虫较瘦小，前胸中间最宽，鞘翅卵形，腹板 5 宽大于长，端部钝圆；雌虫较大而胖，前胸中间之后或基部最宽，鞘翅椭圆形，腹板 5 较长，端部中间膨胀，末端尖，基部两侧各有 1 弧形沟纹。有明显的后胸前侧片缝，触角柄节长仅达眼的中间。

分布：古北区，东洋区。世界已知 22 种，中国记录 15 种，浙江分布 1 种。

（1014）柑桔灰象 *Sympiezomias citri* Chao, 1977

Sympiezomias citri Chao, 1977: 225.

主要特征：体长 7.9–10.5 mm；雄虫鞘翅端部较长，灰色或褐色，背面几乎不发光；前胸宽大于长（28：25），后缘宽于前缘（22：19），中沟深而宽，中纹褐色，顶区散布粗大颗粒；鞘翅背面密被白色和淡褐至褐色略发光的鳞片，两侧被覆和背部同样的鳞片，中带明显，有时因褐色鳞片占优势而中带变模糊，行纹较粗，刻点始终都清晰，行间扁平，各有 1 行较短而近于倒伏的毛，从侧面不容易看见。

分布：浙江、陕西、江苏、安徽、湖北、江西、湖南、福建、广东、广西、四川。

寄主：柑橘、茶。

糙皮象族 Trachyphloeini Gistel, 1848

438. 伪锉象属 *Pseudocneorhinus* Roelofs, 1873

Pseudocneorhinus Roelofs, 1873: 177. Type species: *Pseudocneorhinus obesus* Roelofs, 1873.

主要特征：头球形，眼扁，有时几乎被触角柄节遮蔽；喙基部有 1 横沟，触角沟指向眼，从上面隐约可辨；触角柄节端部很粗，被覆鳞片；前胸有眼叶，基部略呈二凹形，宽等于鞘翅基部；鞘翅无肩，略呈卵形，无后翅；爪合生，胫窝关闭。

分布：古北区，新北区。世界已知 19 种，中国记录 16 种，浙江分布 4 种。

（1015）二带伪锉象 *Pseudocneorhinus bifasciatus* Roelofs, 1880

Pseudocneorhinus bifasciatus Roelofs, 1880: 12.

主要特征：体长 4.4–4.8 mm；体形凸圆，黑色，被覆发金属光泽的灰白色鳞片；鞘翅行间的毛刺状，较长，鞘翅中间前后各有 1 暗褐色带。喙端部中间洼；触角较短粗，柄节长未达眼的后缘，索节 1 略长于索节 2。前胸宽比长大得多（18∶10），基部最宽，两侧略圆，基部中间明显突出，中间两边略洼，背面中间洼成浅沟，前缘之后略洼。鞘翅隆，圆形，长略大于宽，肩胝明显，向外略突出，至中间最宽，中部之后突然缩窄，两侧圆，缝的顶端截断形，行间 2 端部有 1 突起；胫节内缘有明显的小齿 1 列。

分布：浙江（临安）、江苏、福建；俄罗斯，韩国，日本，北美洲。

（1016）光滑伪锉象 *Pseudocneorhinus glaber* Ren, Borovec *et* R.-Z. Zhang, 2019

Pseudocneorhinus glaber Ren, Borovec *et* R.-Z. Zhang, 2019: 62.

主要特征：体长 4.63–5.19 mm；体壁黑色，爪褐色；被覆紧贴体壁的浅褐色至褐色鳞片，鞘翅背面刚毛半倒伏，不十分明显，前胸背板、头部和喙被覆的刚毛较明显、半倒伏。喙长大于宽，口上片 V 形，较长，明显，口上片后具细隆脊；触角沟从背面观不可见，侧面观触角沟窄、两侧近平行，略弯，指向眼的中部；喙侧面观略凸隆，与头之间被 1 浅凹陷分开；眼扁平，不凸出于头表面；触角细长，柄节短于全部索节之和，索节 1 长于索节 2，索节 1、2 均长大于宽，索节 5、6 长宽近相等；前胸背板宽大于长，基部 1/3 处最宽，两侧凸圆，前胸前缘两侧眼叶发达；鞘翅长大于宽，卵形，基部 1/3 处最宽，不具肩，行纹宽且明显，行间略凸隆，奇数行间略高于偶数行间，奇偶数行间一样宽；前足胫节具端刺，内缘具 3–4 小而黑的齿，后足胫节内缘不具齿，后足胫窝被覆鳞片；爪合生。

分布：浙江（安吉、临安）。

（1017）鞍形伪锉象 *Pseudocneorhinus obesus* Roelofs, 1873

Pseudocneorhinus obesus Roelofs, 1873: 177.
Pseudocneorhinus trifasciatus Voss, 1958: 29.

主要特征：体长 3.7–5.0 mm。喙两侧近平行；触角柄节端部与触角棒等宽，柄节不超过眼的后缘，其端部未把眼遮蔽，索节 1 仅略长于索节 2，索节 4–7 长大于宽；鞘翅顶端截断形，基部在肩角之间呈宽波状，行间被覆直立刚毛，刚毛窄且端部尖，各个行间的刚毛一样多，奇偶数行间一样扁平或凸隆；后足胫节内缘无齿列。

分布：浙江、江苏、安徽、湖北、福建；俄罗斯，韩国，日本，北美洲。

（1018）刚毛伪锉象 *Pseudocneorhinus setosus* Roelofs, 1879

Pseudocneorhinus setosus Roelofs, 1879: liii.

主要特征：体长 4.0–5.0 mm。触角柄节不超过眼的后缘；鞘翅远在中间之后最宽，其背曲线高度突出，与前胸的轮廓形成显著的角，鞘翅基部略有波纹，鞘翅的毛为鳞片状，顶端多钝或截断形，行间一样高，行间 4、6 的毛少得多或完全没有，端部 1/3 处无瘤；胫节内缘无明显的 1 列小齿。

分布：浙江（临安、龙泉）、黑龙江、北京、山西、福建；俄罗斯，韩国，日本。

439. 糙壁象属 *Trachyphloeosoma* Wollaston, 1869

Trachyphloeosoma Wollaston, 1869: 414. Type species: *Trachyphloeosoma setosum* Wollaston, 1869.

Trachyphloeops Roelofs, 1873: 165. Type species: *Trachyphloeosoma setosum* Wollaston, 1869.

Trachyphloeophana Heller, 1929: 108. Type species: *Trachyphloeophana buruana* Heller, 1929.

主要特征：体壁红褐色至黑色，触角和跗节红色，被覆褐色鳞片。喙宽大于长，与头背面侧面观在同一水平面；眼相当小，凸隆，侧面观靠近头的背面；触角沟从背面观触角沟完全可见，侧面观向后强烈扩大成三角形，触角沟下缘强烈下弯；触角柄节略弯，向端部逐渐变粗，较长，达到前胸背板前缘，柄节长于索节，柄节端部仅略窄于触角棒，索节 3–7 宽大于长，触角棒长度与索节 3–7 长度之和相等；前胸背板宽略大于长，中间最宽，背面具刻点和小瘤突，前胸背板前缘两侧无眼叶；小盾片小，三角形，不十分明显；鞘翅长卵形，行纹刻点稀疏，行间略凸隆；前足基节彼此相连；腿节不具齿，后足胫窝开放，爪离生。

分布：古北区，新北区，澳洲区。世界已知 8 种，中国记录 5 种，浙江分布 1 种。

（1019）纹糙壁象 *Trachyphloeosoma advena* Zimmerman, 1956

Trachyphloeosoma advena Zimmerman, 1956: 28.

Trachyphloeosoma sawadai Nakane, 1963b: 35.

主要特征：体壁红褐色至沥青色，被覆黄褐色鳞片；头背面具 1 较宽的中纵沟，一直延伸到口上片基部；触角柄节达到前胸背板前缘，略弯，向端部渐宽，长于索节 1–7 长度之和，索节 1 长与索节 2–4 长度之和近相等，索节 2 长大于宽，长度与索节 3、4 长度之和近相等，触角棒卵形，长度与索节 3–7 长度之和相等；前胸背板宽略大于长，近中部最宽；鞘翅行纹刻点大，行纹宽度与行间近相等，行间扁平或略凸隆，行间一样高，行间 1–8 的每一行间具 1 列端部截断形的直立刚毛；后足腿节达到腹板 5 的基部。

分布：浙江、海南、云南；韩国，日本，北美洲，澳大利亚。

（七）叶象亚科 Hyperinae

主要特征：喙圆柱状，粗壮，短于腿节；触角着生于喙的近端部，触角沟直，指向眼，至少指向眼的下缘，触角沟基部近于喙的两侧背面，从上面看得见；前胸前缘两侧无眼叶，前胸背板基部不缩窄，后角近于直角形；后胸后侧片露出；后足胫节端刺从内角生出，爪离生；幼虫食叶。

440. 叶象属 *Hypera* Germar, 1817

Hypera Germar, 1817: 340. Type species: *Curculio nigrirostris* Fabricius, 1775.

Boreohypera Korotyaev, 1999: 655. Type species: *Curculio diversipunctatus* Schrank, 1798.

主要特征：喙较短，直或略弯，上颚不具颚疤；触角沟直，指向眼的下缘；触角着生于喙的近端部；前胸背板基部不缩窄，后角近于直角形，两侧凸圆，前胸背板前缘两侧无眼叶；后胸后侧片外露，未被鞘翅遮蔽；后足胫节端刺从内角生出。

分布：古北区，新北区。世界已知 107 种，中国记录 13 种，浙江分布 1 种。

（1020）异斑叶象 *Hypera diversipunctata* (Schrank, 1798)

Curculio elongata Paykull, 1792: 48. [HN]

Curculio diversipunctata Schrank, 1798: 494.

Hypera mutabilis Germar, 1821: 341.

Phytonomus seriata Mannerheim, 1853: 243.

Hypera educta Tempère, 1972: 154.

Hypera seigneurici Tempère, 1984: 4.

主要特征：体壁红褐色，体表被覆乳白色二叉状鳞片和浅褐色至深褐色的刚毛，鳞片和刚毛在前胸背板形成条带，在鞘翅形成斑驳的花纹；喙直，短于前胸背板；触角着生于喙近端部，索节 1 远长于索节 2，索节 1 和索节 2 均为长棒状，索节 3、4 长度近相等，索节 5–7 长宽近相等，触角棒长卵形；前胸背板两侧凸圆，中间最宽，背面有浅色鳞片形成的条带；鞘翅行纹细，行纹刻点小而圆，行间宽、扁平；腹板 1 远长于腹板 2，腹板 2 仅略长于 3，腹板 3、4 等长；足短粗。

分布：浙江、江苏、湖南、福建、广东、四川；俄罗斯，蒙古国，吉尔吉斯斯坦，哈萨克斯坦，欧洲，新北区。

（八）筒喙象亚科 Lixinae

主要特征：体型大，长椭圆形，圆筒形或卵形；多土灰色或黑色；被覆针形或羽状鳞片；喙粗，但通常长大于宽，端部通常放宽，或呈筒状、端部不放宽；触角沟位于喙的两侧，在离眼很远之处便向下弯，不指向眼，端部通常达到喙的端部，从上面看得见，或未达到喙的端部，从上面看不见；触角柄节短，通常不超过眼的前缘，仅略呈膝状；后胸后侧片明显，后足基节未达到鞘翅；胫节端刺发生于内角或胫窝的隆线；爪通常合生，稀离生。

分布：目前该亚科全世界已记载 90 属近 1500 种，世界性分布，其中大多数分布于古北区和非洲热带地区。中国已知 34 属 139 种。

方喙象族 Cleonini Schoenherr, 1826

441. 洞腹象属 *Atactogaster* Faust, 1904

Atactogaster Faust, 1904: 185. Type species: *Neocleonus orientalis* Chevrolat, 1873.

Nemoxenus Faust, 1904: 188. Type species: *Neocleonus zebra* Chevrolat, 1873.

主要特征：喙有中隆线和 2 条沟；触角沟的上缘和眼的下缘没有接触；索节 1 长于或几乎等于索节 2；眼长卵形。腹部无光滑斑点，腹板 2 短于腹板 3–4 之和，腹板 3、4、5 基部两侧各有 1 个小洞。跗节 2 仅略长于跗节 3，腹面被覆完全的海绵体。

分布：古北区，东洋区，旧热带区。世界已知 11 种，中国记录 4 种，浙江分布 1 种。

（1021）大豆洞腹象 *Atactogaster inducens* (Walker, 1859)

Cleonus inducens Walker, 1859b: 263.

Cleonus bisignata Roelofs, 1873: 181.

Neocleonus bimaculata Chevrolat, 1873: 72.

Cleonus vagesignata Fairmaire, 1888a: 31.

主要特征：身体长卵形，体壁大部分黑色，触角黑色，跗节和爪暗褐色。喙背面的中隆线较隆，隆线两侧各有 1 条侧沟。触角柄节未达眼前缘，索节 1 显著短于索节 2，索节 3 长宽近相等，索节 4–7 宽大于长，触角棒粗、与索节 7 接近。眼长椭圆形。前胸宽略大于长，基部最宽，向前逐渐缩窄，至距端部 1/4 处向前猛缩窄，眼叶略明显，后缘向小盾片突出成钝尖，背面中间稀疏散布黑色短毛，较暗，沿中线被覆较长灰毛，两侧密被灰色长毛，形成宽纹，中隆线缩短，表面崎岖不平，散布相当大的刻点，刻点间散布小刻点，后端中间洼。小盾片很小。鞘翅长椭圆形，从基部向后逐渐略缩窄，中间以后猛烈缩窄，鞘翅的淡灰色带短，仅限于行间 3–6，且各行间灰带的长度几乎相等；行纹宽，刻点显著，行间隆起。腿节棒形，后足胫节直。

分布：浙江、黑龙江、内蒙古、江苏、湖北、江西、湖南、福建、广东、海南、香港、广西、四川、云南、西藏；俄罗斯，日本，尼泊尔，越南，泰国，柬埔寨，斯里兰卡，印度尼西亚。

442. 船型象属 *Scaphomorphus* Motschulsky, 1860

Scaphomorphus Motschulsky, 1860d: 541. Type species: *Curculio vibex* Pallas, 1781.

Scaphidomorphus Lacordaire, 1863: 439. [UE, HN]

Cleonidius Casey, 1891: 186. Type species: *Lixus poricollis* Mannerheim, 1843.

Lixestus Reitter, 1916: 89. Type species: *Curculio vibex* Pallas, 1781.

主要特征：体形瘦长至较粗壮；眼卵形至长卵形，扁平；喙细长至较粗壮，背面中纵隆脊较低；触角索节 1 长于索节 2，索节 2 长宽略相等；眼叶缺失或明显，有的种类眼叶发达，眼叶处的鬃毛明显；前胸背板具条带；小盾片明显；鞘翅长远大于宽，具肩，行纹明显，行间扁平。

分布：古北区，新北区。世界已知 25 种，中国记录 2 种，浙江分布 1 种。

（1022）尖船型象 *Scaphomorphus acutipennis* (Roelofs, 1873)

Cleonus acutipennis Roelofs, 1873: 182.

主要特征：体长 13–14 mm；身体细长，黑色；触角柄节、索节和爪褐色，被覆灰毛。喙圆筒形，中间有浅中沟；触角短而粗，索节 2 长于索节 1，其他节宽大于长；额中间有小窝。前胸中间和两侧光滑，基部最宽，向前逐渐缩窄，后缘二凹形，小盾片前略洼，有短沟，无眼叶，表面散布均一刻点，两侧各有灰色毛带。小盾片不明显。鞘翅不宽于前胸，细长，两侧平行，端部分别缩成短尖；行纹明显，刻点细长，小盾片周围的 1 个三角形斑点、鞘缝中间的 2 条斜带（后端的 1 条较短）和近顶端的 1 条短带均为黑色。腹面和足被覆白毛。

分布：浙江、黑龙江、吉林、辽宁、北京、河北、山西、山东、陕西、甘肃、江苏、上海、湖北、湖南、福建、四川；俄罗斯，朝鲜，韩国，日本。

443. 大肚象属 *Xanthochelus* Chevrolat, 1872

Xanthochelus Chevrolat, 1872: 109. Type species: *Curculio nomas* Pallas, 1771.

Xanthochilus Bedel, 1909: 100. [UE, HN]

Xanthoprochilus Bedel, 1909: 100. [URN]

Trachylixus Reitter, 1916: 91. Type species: *Cleonus vulneratus* Boheman, 1834.

主要特征：喙一般有中沟；触角沟的上缘不与眼的下缘接触，柄节长于索节。前胸圆锥形，向前猛烈缩窄。鞘翅的肩很突出，腹部各有 1 排光滑黑点，跗节腹面有发达的海绵体。

分布：古北区，东洋区，旧热带区。世界已知 21 种，中国记录 4 种，浙江分布 1 种。

（1023）巨大肚象 *Xanthochelus major* (Herbst, 1784)

Curculio major Herbst, 1784: 81.

Cleonus superciliosus Gyllenhal, 1834: 202. [HN]

Cleonus mixtus Fåhraeus, 1842: 60.

Xanthochelus sulphurifer Chevrolat, 1873: 95.

Larinus sculpticollis Fairmaire, 1888a: 31.

主要特征：喙粗壮，有中沟；触角沟在眼前下斜，上缘不与眼的下缘接触，柄节长于索节；前胸背板圆锥形，向前猛烈缩窄，基部最宽，背面具 1 中隆脊，背面及两侧密布圆形瘤突，基部二凹形；小盾片明显，圆形；鞘翅的肩很突出，基部 1/2 两侧近平行，向端部逐渐狭缩，行纹刻点明显，行间略凸隆；腹部各有 1 排光滑黑点，跗节腹面有发达的海绵体。

分布：浙江、青海、福建、广东、海南、广西、四川、贵州、云南；日本，巴基斯坦，尼泊尔，东洋区。

筒喙象族 Lixini Schoenherr, 1823

444. 光洼象属 *Gasteroclisus* Desbrochers des Loges, 1904

Gasteroclisus Desbrochers des Loges, 1904a: 103. Type species: *Lixus augurius* Boheman, 1835.

Hypolixus Petri, 1904: 188. [HN] Type species: *Lixus augurius* Boheman, 1835.

Hypsocleonus Aurivillius, 1921: 93. Type species: *Hypsocleonus cardui* Aurivillius, 1921.

Hypsocleonus Aurivillius, 1926: 28. Type species: *Hypsocleonus cardui* Aurivillius, 1921.

Eugasteroclisus Voss, 1958: 36. Type species: *Gasteroclisus klapperichi* Voss, 1956.

主要特征：身体细长，楔形或圆筒形。眼肾形，下端尖，不或略突出，有时圆形或卵形。前胸圆锥形，两侧中间洼，发光或略发光。鞘翅长椭圆形或略呈圆筒形，端部圆或尖，或有锐突。腹部末端通常隆。腿节无齿，胫节端部内侧有刺，跗节长而宽，爪合生。

分布：世界广布。世界已知 98 种，中国记录 5 种，浙江分布 1 种。

（1024）二洁光洼象 *Gasteroclisus binodulus* (Boheman, 1835)

Lixus binodulus Boheman, 1835: 52.

Gasteroclisus fukienensis Voss, 1958: 36.

主要特征：体长 7–13 mm。喙圆锥形，短而粗，略弯，稍短于前胸背板的 1/2，基部通常有 1 横洼，触角着生点之间往往有 1 深的细纹，基部往往还有 1 细而不明显的中隆线，散布小刻点，基部两侧的刻点却略较大，发光。前胸背板圆锥形，长略大于宽；眼叶发达；背面有沟，两侧的洼光滑发光，通常有 1 窝，两侧密布灰毛，形成斜纹。鞘翅基部略宽于前胸背板，向肩扩圆，然后向后放宽，中间以后最宽，端部几乎连成圆形，行纹明显，基部的刻点较大，端部的较小，而且特别深，行间隆，密布白毛，白毛形成 3 条带，第 1 条从行间 3 的基部延伸到中间前的外缘，第 2 条从小盾片后端延伸到中间，第 3 条在翅瘤之上，延伸到外缘。

分布：浙江（龙泉）、辽宁、陕西、甘肃、江苏、福建、广东、广西、四川、云南；日本，巴基斯坦，印度次大陆，马来西亚，印度尼西亚。

445. 菊花象属 *Larinus* Dejean, 1821

Rhinobatus Germar, 1817: 341. [HN] Type species: *Curculio planus* Fabricius, 1793.

Larinus Dejean, 1821: 97. Type species: *Curculio cynarae* Fabricius, 1787.

Larinus Germar, 1823: 379. [HN] Type species: *Curculio sturnus* Schaller, 1783.

Phyllonomeus Gistel, 1856: 372. Type species: *Curculio iaceae* Fabricius, 1775.

Cryphopus Petri, 1907: 53. Type species: *Larinus ferrugatus* Gyllenhal, 1835.

Larinomesius Reitter, 1924: 62. Type species: *Lixus scolymi* Olivier, 1807.

Larinorhynchus Reitter, 1924: 62. Type species: *Larinus afer* Gyllenhal, 1835.

Rungsonymus A. Hoffmann, 1950: 89. Type species: *Larinus subverrucosus* Petri, 1907.

主要特征：身体卵形，长卵形或椭圆形；被覆毛，有些种类被覆粉末。据说粉末是交配中产生的一种分泌物，但在日光下交配时不会产生。粉末很容易脱落，脱落以后还可以再生。喙多变异，相当长或很短，有时有棱角，粗而略弯，有时圆筒形，细而弯。触角粗壮，约位于喙的中间，索节头 2 节较长，彼此近于相等，其他节宽大于长。前胸宽大于长，向前缩窄，基部中间向后突出为叶状。眼叶小，有纤毛。小盾片三角形。鞘翅长卵形或近于圆形。腿节棒形，胫节端部有刺，跗节相当宽，腹面有海绵体。腹部第 2 节短于之后两节之和，第 1 节和第 2 节之间的缝细而略弯。雄虫的喙较短而粗，前弯，腹部基部中间洼。

分布：世界广布。世界已知 183 种，中国记录 12 种，浙江分布 1 种。

（1025）卵形菊花象 *Larinus latissimus* Roelofs, 1873

Larinus latissimus Roelofs, 1873: 193.

主要特征：身体卵形，黑色；触角、跗节和爪暗褐色，均一被覆灰毛。喙长于前胸两侧，粗于前足腿节，弯，端部前半端有隆线，散布相当大的皱刻点，特别是雄虫。触角沟互相不连合，头部散布和喙一样的皱刻点，两眼间有 1 很小的窝。前胸宽大于长，前端缩窄；眼叶明显；无中隆线或中沟，表面散布紧密相连的刻点，刻点间散布小刻点，两侧的灰毛形成略明显的带。小盾片略明显。鞘翅卵形，肩略有角，端部圆，基部洼，镶着边，刻点行略深，行间散布小刻点和略密的灰色毛斑。

分布：浙江（临安）、江苏、江西、福建；朝鲜，日本。

446. 筒喙象属 *Lixus* Fabricius, 1801

Lixus Fabricius, 1801b: 498. Type species: *Curculio paraplecticus* Linnaeus, 1758.

Epimeces Billberg, 1820: 45. Type species: *Curculio filiformis* Fabricius, 1781.

Eutulomatus Desbrochers des Loges, 1893: 12. Type species: *Lixus lateripictus* Fairmaire, 1883.

Broconius Desbrochers des Loges, 1904b: 92. Type species: *Lixus rectirostris* Faust, 1890.

Phillixus Petri, 1904: 186. Type species: *Lixus biskrensis* Capiomont, 1876.

Prionolixus Desbrochers des Loges, 1904c: 80. Type species: *Bothynoderes soricinus* Marseul, 1868.

Callistolixus Reitter, 1916: 90. Type species: *Lixus cylindrus* Fabricius, 1781.

Compsolixus Reitter, 1916: 93. Type species: *Lixus juncii* Boheman, 1835.

Dilixellus Reitter, 1916: 91. Type species: *Curculio pulverulentus* Scopoli, 1763.

Eulixus Reitter, 1916: 90. Type species: *Lixus iridis* Olivier, 1807.

Hapalixus Reitter, 1916: 91. Type species: *Lixus noctuinus* Petri, 1904.

Lixochelus Reitter, 1916: 91. Type species: *Lixus cardui* Olivier, 1807.

Ortholixus Reitter, 1916: 90. Type species: *Curculio angustus* Herbst, 1795.

Parileomus Voss, 1939b: 60. Type species: *Ileomus humerosus* Voss, 1939.

Promecaspis A. Hoffmann, 1958: 1743. Type species: *Lixus myagri* Olivier, 1807.

　　主要特征：喙通常呈圆筒形，有时略扁；触角沟位于喙的中间或中间前，稀位于中间后，在喙的腹面未连接；触角有变异，索节头2节长于其他节；眼长椭圆形，稀圆形。前胸有或无眼叶，两侧前缘的纤毛位于下面。鞘翅细长，略呈圆筒形，身体背面被覆细毛和黄色、锈赤色、灰色或红色粉末，粉末在生活期间可以更换。雄虫的喙较短而粗，花纹较明显。

　　分布：世界广布。世界已知517种，中国记录25种，浙江分布7种。

（1026）尖翅筒喙象 *Lixus acutipennis* (Roelofs, 1873)

Cleonus acutipennis Roelofs, 1873: 182. [DA]

　　主要特征：体长13–14 mm，身体细长，黑色；触角柄节、索节和爪褐色，被覆灰毛。喙圆筒形，中间有浅中沟；触角短而粗，索节2长于索节1，其他节宽大于长；额中间有小窝。前胸中间和两侧光滑，基部最宽，向前逐渐缩窄，后缘二凹形，小盾片前略洼，有短沟，无眼叶，表面散布均一刻点，两侧各有灰色毛带。小盾片不明显。鞘翅不宽于前胸，细长，两侧平行，端部分别缩成短尖；行纹明显，刻点细长，小盾片周围的1个三角形斑点、鞘缝中间的2条斜带（后端的1条较短）和近顶端的1条短带均为黑色。腹面和足被覆白毛。

　　分布：浙江、黑龙江、吉林、辽宁、北京、山西、上海、湖北；俄罗斯，朝鲜，韩国，日本。

（1027）黑龙江筒喙象 *Lixus amurensis* Faust, 1887

Lixus amurensis Faust, 1887b: 170.

　　主要特征：身体细长，黑色；被覆灰毛，初羽化的个体被覆鲜艳的砖红色粉末，触角暗褐色，鞘翅端部开裂，有1相当长而尖的锐突。喙略弯，长为前胸的3/4，粗于前足腿节，被覆灰毛，散布相当大的刻点，端部往往有浅沟；触角细长，索节2长于索节1，索节3以后宽略大于长；额宽等于喙，有1深沟，延长至喙基部。前胸宽大于长，基部最宽，向前逐渐缩窄，呈圆锥形，后缘二凹形，前缘截断形，表面散布极密的小刻点，其间弥漫大小不等的刻点，不发光，两侧各有1灰色毛纹，并散布发光颗粒，小盾片前有1长窝。小盾片不明显。鞘翅隆，两侧近于平行，基部行纹较大，两侧和后端的行纹略较深。腹面的毛不密于背面而略短于背面，腹部散布不明显的黑点，足很长。雄虫腹部前两节洼，中间密被黄毛，形成隆脊；雌虫腹部前两节略隆。

　　分布：浙江、黑龙江、吉林、辽宁、北京、河北、山西、江苏、上海、安徽、湖北、江西；俄罗斯，朝鲜，韩国。

（1028）扁翅筒喙象 *Lixus depressipennis* Roelofs, 1873

Lixus depressipennis Roelofs, 1873: 184.

主要特征：体长 15–17 mm；身体黑色，触角和爪褐色，被覆灰白色毛。头部散布大刻点，其间散布小刻点；喙细长，向端部逐渐略扩大，散布小颗粒和刻点，两侧有一些较大的刻点，基部有 1 细隆线；触角位于喙的中间以前，短而粗，索节 1、2 等长；眼卵形，下端尖。前胸长大于宽，圆锥形，雄虫前端突然收缩，雌虫前端逐渐收缩，基部几乎直，散布略深而连合的刻点，其间在前端散布小颗粒和刻点，有 1 略明显的隆线，前端两侧的纤毛黄色，两侧各有灰色毛纹。在肩以后鞘翅略放宽，两侧平行，端部分别缩圆，鞘缝略开裂，雌虫长大于前胸的 2.5 倍；小盾片周围和鞘翅基部有横洼，行纹明显，向端部逐渐变浅，两侧行间 9–11 散布较多的毛。腹面散布稀疏刻点，腹面及足被覆灰白色毛。腿节无齿。

分布：浙江、黑龙江、内蒙古、江苏、上海、安徽、广东、广西；俄罗斯，朝鲜，韩国，日本。

（1029）圆筒筒喙象 *Lixus fukienensis* Voss, 1958

Lixus fukienensis Voss, 1958: 35. [DA]

主要特征：体长 7.0–13.5 mm，圆筒形。触角无论雌雄都着生于喙中部以前；索节淡红至黑色，索节 3、4 等长。前胸两侧前缘眼叶通常不存在，眼后的纤毛却经常存在；前胸背板无颗粒。鞘翅宽不大于前胸背板，长 3 倍于前胸背板；鞘翅前端的行纹极为明显，但向端部逐渐变得很细，行间 2、3 基部不突出，但较宽，而且散布较粗的刻点；鞘翅两侧无密被白毛的纵纹。前足腿节无齿。

分布：浙江、黑龙江、吉林、辽宁、北京、河北、陕西、江西、湖南、福建、广西、四川；日本。

（1030）天目山筒喙象 *Lixus humerosus* (Voss, 1939)

Ileomus humerosus Voss, 1939b: 59.

主要特征：身体黑色；毛被稀，灰色，倒伏，密集成斜带，斜带花纹从侧面看，每一鞘翅中间之后有 1 个 V 形毛斑，从背面看这 2 个 V 形毛斑合成 1 菱形毛斑，肩的后面和鞘翅的端部各有 1 斜带，肩后的斜带和 V 形毛斑的前缘平行，端部的斜带和 V 形毛斑的后缘平行。头宽大于长，散布很小而密的刻点。喙粗，圆筒形，很弯，刻点很小，略布均一皱纹，在 1/3 的之后中间部位有 1 明显的细中隆线；从侧面看，喙的基部 1/4 往往有 1 浅洼。触角柄节细长，几乎达到眼；索节 1 长近于粗，索节 2 远长于索节 1，其他节宽大于长，棒纺锤形。额窄，有 1 横沟与喙分开；眼不隆，长卵形。前胸背板宽大于长，两侧几乎呈直圆锥形，眼叶发达，刻点小而很密，中沟较宽而浅，未达到前缘，沟的两侧有扁皱纹，前胸背板两侧有较宽而深的分布不均匀的纵皱纹，前胸背板基部中间向小盾片突出成钝角。小盾片缺失。鞘翅比前胸背板宽得多，肩突出成钝角，端部分别突出成短锐突。行间 3 基部略隆，呈瘤状，小盾片周围洼，行纹前端，特别是光滑斜带那里十分明显，有时仅略呈坑状，在密被毛的地方，通常显著较小。前足腿节有明显的钝齿，钝齿密被毛，胫节基部略弯。

分布：浙江（临安）、东北地区、湖北。

（1031）斜纹筒喙象 *Lixus obliquivittis* Voss, 1937

Lixus obliquivittis Voss, 1937: 262.

主要特征：体长 10.5–11.5 mm；身体黑色。前胸背板细斜纹向前指向前缘中间，向后指向后角；鞘翅有斜带 2 条，前一条从肩以后至鞘缝，后一条位于鞘翅后端，与前一条平行，小盾片之后还有 1 条不清晰的带，这些带之间散布一些白毛。头圆锥形，喙粗等于前足腿节，稍弯，长 2.5 倍于粗，散布纵纹刻点；触角位于喙端部之前，柄节未达到眼的前缘，索节 1 长 1.5 倍于粗，索节 2 长于索节 1，其他节宽大于长；额窄于喙基部之宽，散布小而很密的略皱的刻点；眼几乎不突出。前胸长略大于宽，两侧几乎笔直，圆锥形，全部密布小刻点，其间散布大而扁的坑；眼叶不大明显。鞘翅宽于前胸背板，长恰为宽的 2 倍，直到中间两侧平行，端部每一鞘翅由行间 2 延长成 1 瘤状凸起；行纹略发达，未形成深沟，刻点分离，行间扁而宽于行纹，散布小而很密的排列不规则的刻点。腿节发达，呈棒形。

分布：浙江、辽宁、陕西、上海、福建、广西、四川、云南。

（1032）甜菜筒喙象 *Lixus subtilis* Boheman, 1835

Lixus subtilis Boheman, 1835: 73.

Lixus inquinatus Boheman, 1835: 72. [HN]

Lixus antennatus Motschulsky, 1854: 49.

Lixus italicus Desbrochers des Loges, 1904b: 87.

主要特征：体长 9–12 mm，身体细长，近于平行；被覆很细的毛，鞘翅背面散布不明显的灰色毛斑，腹部两侧往往散布灰色或略黄的毛斑，触角和跗节锈赤色。喙弯，散布距离不等的显著皱刻点，通常有隆线，一直到端部，被覆倒伏细毛；雄虫的喙长为前胸的 2/3，雌虫喙长为前胸的 4/5，几乎不粗于前足腿节。触角位中间之前，不很粗，索节 1 略长而粗于索节 2，索节 2 略长于粗，其他节粗大于长。额洼，有 1 长圆形窝。眼不很大，卵圆形，扁。前胸圆锥形，两侧略拱圆，前缘后未缢缩，两侧被覆略明显的毛纹，背面散布大而略密的刻点，刻点间散布小刻点。鞘翅的肩不宽于前胸，基部有 1 明显的圆洼，行间 3 基部几乎不隆，肩略隆；两侧平行或略圆，行纹明显，刻点密，行间扁平，端部突出成短而钝的尖，略开裂。腹部散布不明显的斑点。足很细。

分布：浙江（临安）、黑龙江、吉林、辽宁、内蒙古、北京、天津、河北、山西、陕西、新疆、江苏、上海、安徽、湖北、江西、四川；俄罗斯，蒙古国，朝鲜，韩国，日本，土库曼斯坦，乌兹别克斯坦，哈萨克斯坦，伊朗，阿塞拜疆，格鲁吉亚，亚美尼亚，土耳其，叙利亚，阿富汗，欧洲。

（九）魔喙象亚科 Molytinae

主要特征：魔喙象亚科昆虫形态变化多样。该亚科昆虫后足胫节端部都具一较大的钩状端齿，不同种类之间端齿形态有差异。身体小至中等大小，个别种类体型较大，体色以褐色至黑色居多，体壁粗糙，前胸和鞘翅通常具瘤突或隆脊。

大部分种类都以木本植物为寄主，幼虫通常取食枯木或植物其他干枯腐烂的部分。

分布：目前该亚科中国已知 14 族 30 属 132 种。

隐喙象族 Cryptorhynchini Schoenherr, 1825

447. 沟眶象属 *Eucryptorrhynchus* Heller, 1937

Cryptorhychus Motschulsky, 1854: 48. [NO] Type species: *Cryptorhychus scrobiculatus* Motschulsky, 1854.

Eucryptorrhynchus Heller, 1937: 71. [NP] Type species: *Cryptorhychus scrobiculatus* Motschulsky, 1854.

主要特征：体形较大；眼的上缘有深沟，沟内散布鳞片；胸沟长达中足基节之间，喙的接受器长小于宽，两侧和端部一样宽；小盾片凸隆，高于鞘缝平面；鞘翅行纹刻点大，行间远窄于行纹，行间 2、4、6 基部不规则纵向褶皱状，行间 3、5、7、9 隆脊状；后胸前侧片窄；腿节具齿，后足跗节 1 与跗节 2–3 长度之和相等或略长于后者。

分布：古北区，东洋区。世界已知 4 种（古北区 2 种），中国记录 2 种，浙江分布 2 种。

（1033）臭椿沟眶象 *Eucryptorrhynchus brandti* (Harold, 1880)

Cryptorhynchus brandti Harold, 1880: 165.

主要特征：体长 11.5 mm，体宽 4.6 mm。身体较发光，前胸几乎全部、鞘翅的肩及其端部 1/4（除翅瘤以后的部分）密被雪白鳞片，仅掺杂少数赭色鳞片，鳞片叶状。额比喙基部窄很多。喙的中隆线两侧无明显的沟。

分布：浙江（临安）、黑龙江、辽宁、北京、河北、山西、山东、河南、陕西、甘肃、江苏、上海、安徽、湖北、四川；俄罗斯，朝鲜，韩国，日本，东洋区。

（1034）沟眶象 *Eucryptorrhynchus scrobiculatus* (Motschulsky, 1854)

Curculio chinensis Olivier, 1791: 507. [HN]

Cryptorhychus scrobiculatus Motschulsky, 1854: 48.

主要特征：体长 18.5 mm。身体长卵形，凸隆，体壁黑色，略发光。触角暗褐色，鞘翅被覆乳白、黑色和赭色细长鳞片。头部散布互相连合的大而深的大刻点；喙长于前胸，触角基部以后的部分圆筒形，触角基部以前的部分较窄而扁，较发光，端部放宽，被覆暗褐色鳞片状毛，散布互相连合的纵刻点；触角沟基部以后的部分具中隆线，其两侧后端具短沟，短沟和触角沟之间具较长的沟；胸沟长达中足基节之间；触角柄节未达到眼，索节 2 长于索节 1，索节 3–7 逐渐缩短，索节 7 宽大于长，棒长卵形，长 2 倍于宽；额略窄于喙的基部，散布较小的刻点，中间具很深而大的窝；眼略突出，眶沟深，散布白色鳞片。前胸背板宽大于长（5.2∶4.6），中间以前最宽，向后逐渐略缩窄，向前猛缩窄，前缘后缢缩，基部浅二凹形，中间向小盾片略突出，钝圆形，前缘向前相当突出；眼叶发达，主要被覆赭色鳞片，后角被覆白色鳞片，散布粗刻点，中间前两侧各有 1 胝，被覆赭色鳞片；中隆线纵贯全长。小盾片略呈圆形，被覆鳞片状直立黑毛。鞘翅长 1.45 倍于宽，肩部最宽，向后逐渐紧缩，肩斜，很突出，翅坡以后降低成窝，端部钝圆，肩部被覆白色鳞片，基部中间被覆赭色鳞片，端部约 1/3 主要被覆白色鳞片，沿鞘缝散布的赭色鳞片形成间断的长短不一的斑点，其他部分散布零星白色鳞片；行纹宽，刻点大，多呈方形，行间窄得多，奇数行间较隆。前胸两侧和腹板、中后胸腹板主要被覆白色鳞片，腹部鳞片赭色并掺杂白和黑色鳞片。足被覆白和黑色鳞片，腿节棒状，有齿 1 个。

分布：浙江（临安）、辽宁、北京、天津、河北、山西、山东、河南、陕西、甘肃、青海、江苏、上海、安徽、湖北、湖南、福建、四川、贵州；朝鲜，韩国。

寄主：臭椿。

448. 角胫象属 *Shirahoshizo* Morimoto, 1962

Shirahoshizo Morimoto, 1962: 36. Type species: *Cryptorhynchus rufescens* Roelofs, 1875.

Coniferocryptus Zherikhin, 1991: 100. Type species: *Coelosternus tamanukii* Kôno, 1938.

　　主要特征：额区洼，略低于头顶；眼的上面无沟，近于梨形；喙弯，在触角基部以后密布刻点，具中隆线，在触角基部以前向前略缩细，刻点退化，中隆线消失；触角位于喙的 3/5 处。前胸背板前缘仅为基部宽的一半，具细的中隆线。中胸腹板在中足基节间呈截断形，腹板 2–4 等长。腿节棒形，具 1 齿，腹面全部具沟；胫节扁，直或几乎直，背面和腹面都具纵脊，前缘具隆线，基部外缘缩成尖锐的角。本属的胫节基部呈角状，前胸背板和鞘翅有固定的白斑。成虫鳞片花纹很相似，前胸背板有白斑 1 对或 2 对，鞘翅有白斑 3 对，行间 4、5 中间前各 1 对，行间 3 中间后 1 对，头部、前胸和鞘翅散布直立黑褐色鳞片。

　　分布：古北区，东洋区。古北区 17 种，中国记录 8 种，浙江分布 2 种。

（1035）立毛角胫象 *Shirahoshizo erectus* Y-Q. Chen, 1991

Shirahoshizo erectus Y-Q. Chen, 1991: 212.

　　主要特征：体长椭圆形；体壁赤褐或黑褐色，密被褐色和黑色鳞片，前胸背板前缘和中部两侧及鞘翅行间散布直立鳞片，行间 3、5、7 的直立鳞片较其他行间密；白色鳞片在前胸中部集成并排的 4 个小白斑，在小盾片前集成短纵纹，在行间 4、5 中间之前和行间 3 中间之后分别集成白斑，但白斑有时候不明显；此外背面还零星散布一些不规则的小白斑和少数单个白色鳞片。头部半球形，喙向后弯，从触角着生点向前和向后略放宽，中隆线明显，触角沟上缘为侧隆线，中隆线与侧隆线之间有背侧隆线，各隆线之间有 2 列刻点，刻点内有直立小鳞片，触角窝之前刻点略少，较光滑。触角细长，柄节端部呈棒状，索节 1 粗，长约等于索节 2，索节 1–4 长于索节 5–7，棒节椭圆形。额窄于喙基部，中央有小窝。前胸背板宽大于长，中间之后最宽，基部不明显收缩，后缘浅二凹形，中间向小盾片突出，后缘宽约为前缘的 1.5 倍，无中隆线。小盾片略呈菱形，中隆线不明显，少数个体中隆线明显或仅基部明显，具绵毛，无光泽。鞘翅长为宽的 1.5 倍，基部向前呈圆形略突出，两侧较平行，3/5 之后缩窄，行间较平，行纹细，行纹刻点内各有 1 细长鳞毛。前足腿节具小齿，中后足腿节齿明显；后足基节间腹突较宽。腹板 2–4 中间各有 2 行刻点，端部的刻点行紧靠边缘，两侧鳞片较密。

　　分布：浙江（临安）、湖南。

（1036）长角角胫象 *Shirahoshizo flavonotatus* (Voss, 1937)

Cryptorhynchidius flavonotatus Voss, 1937: 267.

Cryptorhynchidius patruelis Voss, 1937: 268.

　　主要特征：体长 6.5–8.0 mm；体壁黑色，喙和触角红褐色，被覆锈褐色、黑褐色和白色鳞片；黑褐色鳞片在前胸背板和鞘翅集成许多点片；白色鳞片在前胸背板小盾片前有 2 行，在中隆线两侧各集成 2 个斑点；在鞘翅中间前行间 4、5 各集成 1 个斑点，在中间后行间 3 集成 1 个斑点，此外，在行间 3 的斑点附近集成一些小斑点。头部半球形，密布相当深的刻点；喙弯，长约等于前胸背板，基部 3/5 密布深刻点，具隆线，前端 2/5 发光，散布较稀而小的刻点。触角细长，位于喙的 3/5 处，柄节长达眼，索节 2 略长于索节 1，索节 3、4 长大于宽，其他节长略大于宽或宽大于长；棒长椭圆形，长约为宽的 2.3 倍。额略窄于喙基部之宽，中间具小窝。眼梨形，略突出。前胸背板宽大于长，两侧相当圆，基部最宽，向前缩圆，然后缩为短凹，前缘仅为基部宽的一半，基部略呈二凹形，中间非常突出，刻点显著，呈很深的坑状，前缘刻点小而密，中间具细隆线。小盾片圆，具中隆线，被覆灰色小鳞片。鞘翅长 1.5 倍于宽，直到中间两侧平行，翅瘤宽圆；行纹显著，刻点长方形，长 2 倍于宽，刻点间具明显的横纹；行间宽于行纹，散布相当明显而且很密的刻点。腿节具齿，胫节略弯，具细纵纹。

　　分布：浙江（临安、龙泉）、陕西、江苏、上海、湖北、江西、湖南、福建、台湾、广东、广西、四川、贵州、云南；朝鲜，日本。

横鬃象族 Euderini Lacordaire, 1865

449. 雪片象属 *Niphades* Pascoe, 1871

Niphades Pascoe, 1871a: 174. Type species: *Niphades pardalotus* Pascoe, 1871.

Scaphostethus Roelofs, 1873: 191. Type species: *Scaphostethus variegatus* Roelofs, 1873.

Pseudoconotrachelus Voss, 1932: 65. Type species: *Niphades tubericollis* Faust, 1890.

主要特征：爪的内缘各具 1 齿，前胸腹板洼，中后足近端部放宽，具波纹状的缘缨，缘缨的外缘端部突出成齿；额等于或宽于喙的基部，眼位于头的两侧，靠近下端，棒 3 节；前胸基部浅二凹形，后胸腹板明显长于中足基节，后胸前侧片前端宽于后端露出的部分；胫节无端刺；两个鞘翅的前缘连成弧形，肩洼；腹板 2 长于腹板 3+4 之和。

分布：古北区。古北区 5 种，中国记录 3 种，浙江分布 2 种。

（1037）多瘤雪片象 *Niphades tubericollis* Faust, 1890

Niphades tubericollis Faust, 1890b: 469.

Pseudoconotrachelus verrucosus Voss, 1932: 65.

主要特征：体壁黑褐色；鞘翅具锈赤色和白色鳞片状毛斑，行间之瘤的顶端被覆或多或少的直立锈赤色鳞片，基部和端部行间的瘤密布雪白的鳞片状毛斑；腿节近端部具白色鳞片状毛环。头部散布显著的坑状刻点；喙具明显的刻点，刻点排列于纵沟内；触角位于喙端部之前，柄节达到眼的前缘，索节 1 长于索节 2，长大于宽，其他节宽大于长，棒卵形，长 1.5 倍于宽；额宽等于喙；前胸背板略长于宽，两侧平行，散布显著的圆锥形瘤，背面散布圆形瘤；小盾片向前缩窄，后端圆，被覆雪白的毛；鞘翅长 1.75 倍于宽，从行间 3 开始，奇数行间具圆形大瘤，偶数行间的瘤小得多；腹板 1、2 的刻点明显而稀疏，末一腹板较密；腿节具齿。

分布：浙江（龙泉）、甘肃、江苏、上海、江西、湖南、福建、四川、贵州；俄罗斯，朝鲜，韩国。

（1038）多变雪片象 *Niphades variegatus* (Roelofs, 1873)

Scaphostethus variegatus Roelofs, 1873: 192.

Hylobius gibbosus Matsumura, 1911: 130.

主要特征：体壁黑色，触角和跗节褐色。喙粗壮，与额之间无沟；额平坦；触角沟略斜，从侧面观完全可见；前胸背板宽大于长，前胸两侧在中间之前具强烈凸隆的瘤突，前胸背板背面中间具窝，窝周围被纵向的不规则褶皱和小瘤环绕；眼叶发达；鞘翅短，长略大于宽，两侧在鞘翅基部 2/3 处近平行，肩发达、直角形，鞘翅行间 3、5、7 具成行的、较大的纵向长而高的瘤突，瘤突之间具白色鳞片形成的斑点，行间上的刻点具倒伏的褐色刚毛，行间 1 和偶数行间具小瘤突，行间上的每一个刻点被覆 1 个长毛状的褐色鳞片；前胸腹板在基节之前具洼陷和隆脊；腹板在后足基节间的部分窄于后足基节的宽度；爪具附齿。

分布：浙江（龙泉）、河南、福建；俄罗斯，日本。

扁喙象族 Gasterocercini Zherikhin, 1991

450. 尖尾象属 *Aechmura* Pascoe, 1874

Aechmura Pascoe, 1874: 39. Type species: *Aechmura emys* Pascoe, 1874.

　　主要特征：喙短而扁，略弯，胸沟达到中胸腹板，触角沟近于喙的中间；前胸宽大于长，眼叶略明显；鞘翅基部略宽于前胸，鞘翅端部尖；腿节粗，腹面有沟，胫节腹面也有沟。

　　分布：古北区，东洋区。古北区 1 种，中国记录 1 种，浙江分布 1 种。

（1039）黑点尖尾象 *Aechmura subtuberculata* Voss, 1941

Aechmura subtuberculata Voss, 1941c: 891.

　　主要特征：身体黑色，触角和爪沥青褐色。喙的基部一半密被暗灰色宽大覆瓦状排列的鳞片。前胸背板中间具 1 黑色大斑点，向前扩张到或不到前缘，小盾片周围黑色，前胸背板前缘鳞片黑色，直立，这种鳞片还扩散到前胸背板两侧，但不那么密。鞘翅奇数行间散布鳞片组成的小瘤。头部扁；喙宽 1.5 倍于厚，长 2 倍于基部之宽，从基部向中间缩窄，从中间向端部略放宽；触角约位于中间，柄节长等于喙中间之宽，索节 1 粗，略有角，索节 2 几乎不较短，但较细，其他节宽大于长，棒细，长 1.5 倍于宽；额具浅洼，基部窄于喙，中间却宽于喙。前胸背板宽远大于长，前缘周围缩细，背面向头部突出为半圆形，眼叶明显，基部一半两侧几乎平行，向前缘缩窄之处圆形，基部浅二凹形。小盾片不发光，宽大于长，端部钝。鞘翅略宽于前胸背板，肩角尖锐，基部一半两侧平行，向后略缩圆，翅瘤钝，顶端缩成短喙状；行纹被鳞片挤成线形。腿节无齿，不呈棒形，腹面有深沟，胫节侧扁，外缘刀刃状，基部斜切，其他部分波状，内缘直。

　　分布：浙江（临安）、福建。

直孔象族 Ithyporini Lacordaire, 1865

451. 宽肩象属 *Ectatorhinus* Lacordaire, 1865

Ectatorhinus Lacordaire, 1865: 53. Type species: *Ectatorhinus wallacei* Lacordaire, 1865.

Marmarochelus Desbrochers des Loges, 1890: 217. Type species: *Sipalus porosus* Walker, 1859.

　　主要特征：喙细而特别长，达到后胸腹板前端，弯成弧形，在触角沟起点之前方形，其余部分扁；胸沟长仅达前足基节以后；触角沟起源于喙的基部 1/3，触角沟在腹面彼此接近；前足基节彼此靠近。

　　分布：古北区，东洋区。古北区 1 种，中国记录 1 种，浙江分布 1 种。

（1040）宽肩象 *Ectatorhinus adamsii* Pascoe, 1872

Ectatorhinus adamsii Pascoe, 1872: 478.

Mecocorynus humerosus Fairmaire, 1889: 53.

Mecocorynus tuberosus Fairmaire, 1899: 634.

Ectatorhinus kawamurai Kôno, 1932: 178.

　　主要特征：体长 14.5–16.0 mm。身体卵形，黑色，被覆黄褐色、白色和黑色鳞片。头部密被黄褐色鳞片；喙长达后胸腹板，弯，在触角着生点以前缩得又窄又扁，发光，散布成行刻点，触角基部以前的刻点较小，中隆线明显，前端达到触角基部，后端达到额窝；触角索节比柄节长得多，索节 3 长于索节 2，索节 2 长于索节 1，索节 4 略短于索节 1，索节 5–7 长约等于宽，棒长卵形；眼不突出，下端尖。前胸背板长等于宽，中间最宽，向前端较缩窄，向小盾片突出，从中间向两侧几乎呈截断形，基部散布很深而大的皱刻点；中隆线到基部前消失。小盾片长大于宽，向后缩窄，端部钝圆，被覆灰毛，具中隆线。鞘翅顶端沿鞘缝略开裂，肩瘤非常突出，密被和头部同样的鳞片，行纹深，刻点方形，密被黄褐色至赭色鳞片，行纹

4 基部被覆黑色鳞片；行间窄于行纹，行间 3 具瘤 3 个，基部的一个放长，其他两个位于翅坡以前，互相接近，行间 5 也具瘤 3 个，前两个位于中间以前，第 3 个位于端部，行间 7 中间以后有瘤 1 个，所有这些瘤都被覆赭色鳞片，顶端有时被覆白色鳞片。身体腹面散布大刻点，腿节棒状，端部具赭色和黄褐色环纹，有齿，胫节直。雄虫的后胸腹板两侧被覆丝状长毛；雌虫的后胸腹板两侧被覆细长鳞片。

分布：浙江（临安）、山东、河南、陕西、江苏、安徽、湖北、江西、湖南、福建、台湾、广西、四川、贵州、云南、西藏；韩国，日本，东洋区。

寄主：青麸杨。

斜纹象族 Lepyrini Kirby, 1837

452. 斜纹象属 *Lepyrus* Germar, 1817

Lepyrus Germar, 1817: 340. Type species: *Curculio palustris* Scopoli, 1763.

Dirus Dejean, 1821: 88. Type species: *Curculio capucinus* Schaller, 1783.

主要特征：体中到大型，卵形或长卵形；喙具中隆脊，刻点小，前颏侧缘具刚毛；眼圆且凸隆；前胸背板圆锥形，向前缩窄，前缘直，无明显眼叶，两侧各具 1 白色鳞片斜纹，中间一般具很细的隆线，刻点小；鞘翅近端部突然缩尖，肩平滑、略突，鞘翅基部 2/3 两侧近平行，奇数行间有时宽于且高于偶数行间；后胸后侧片部分被鞘翅遮盖；后足腿节未达到腹板 3 的端部，跗节 2 不短于跗节 1。

分布：古北区，东洋区，新北区。世界已知 35 种，中国记录 9 种，浙江分布 1 种。

（1041）波纹斜纹象 *Lepyrus japonicus* Roelofs, 1873

Lepyrus japonicus Roelofs, 1873: 186.

主要特征：体长 9.0–13.0 mm。身体黑褐色，密被土褐色细鳞片，其间散布白色鳞片。前胸背板两侧具延续到肩的窄而淡的斜纹。鞘翅中间具被覆白色鳞片的波状带。喙密被鳞片，中隆线很细，两侧具微弱的隆线；触角沟达到眼的下面，触角柄节直，向端部放宽，索节 1 短于索节 2，其他节宽大于长，棒卵形，眼扁。前胸背板宽略大于长，向前缩窄，背板散布皱刻点，中隆线限于前端。鞘翅具明显向前突出的肩，两侧平行，或向后略放宽，中间以后缩窄，背面略隆。小盾片周围洼。肩以后具不明显的横洼；行纹明显，行间扁，翅瘤明显。腹板 1–4 两侧各有 1 密被土色鳞片的斑点。足短而粗，腿节具小而尖的齿；前足胫节内缘几乎直，具明显的突起、短刺和直立的毛。本种根据腿节有齿，鞘翅具白色波状带这两点很容易辨识。

分布：浙江、黑龙江、吉林、辽宁、内蒙古、北京、天津、河北、山西、山东、河南、陕西、甘肃、江苏、安徽、湖北、江西、湖南、福建、四川、贵州、云南；俄罗斯，朝鲜，韩国，日本。

寄主：杨、柳。

石象族 Lithinini Lacordaire, 1863

453. 塞琉象属 *Seleuca* Pascoe, 1871

Seleuca Pascoe, 1871a: 173. Type species: *Seleuca amicta* Pascoe, 1871.

Coptorhamphus Wollaston, 1873: 463. Type species: *Coptorhamphus strangulatus* Wollaston, 1873.

Ergias Pascoe, 1885: 219. Type species: *Ergias turbatus* Pascoe, 1885.

　　主要特征：喙和额之间具横沟，使喙在基部与头分开，侧面观喙弯曲，且在基部弯曲更强烈；触角沟斜，延伸至喙的基部腹面；前足基节窄分离，爪简单。

　　分布：古北区，东洋区。世界已知 15 种，中国记录 4 种，浙江分布 1 种。

（1042）天目山塞琉象 *Seleuca tienmuschanica* Voss, 1941

Seleuca tienmuschanica Voss, 1941c: 887.

　　主要特征：体壁深褐色；头短，球状，眼不凸隆；喙在背面基部有 1 横沟与头明显分开，喙弯曲且在基部强烈弯曲成钩状，背面具刻点，端部刻点稀疏，基部刻点密集；触角沟斜向下指向喙基部，触角柄节达到眼前缘，索节 1 粗壮，长大于宽，索节 2 细，长大于宽，索节 3–7 宽大于长；前胸背板长宽相等，背面略扁平，两侧从基部开始向端部渐宽，至中部后向前端强烈狭缩；鞘翅长大于宽，基部 1/2 两侧近平行，从中部开始至鞘翅端部渐狭缩，行纹刻点明显、密集，行间窄、不具刻点；足具齿，中、后足胫节弯曲成弓形。

　　分布：浙江（临安）、福建。

凸叶象族 Mecysolobini Reitter, 1913

454. 长筒象属 *Cylindralcides* Heller, 1918

Cylindralcides Heller, 1918: 211. Type species: *Alcides longirostris* Heller, 1918.

Cylindralcidodes Pajni *et* Dhir, 1987: 31. [UE]

Indomecyslobus Pajni *et* Dhir, 1987: 30. Type species: *Alcidodes montanus* Haaf, 1964.

　　主要特征：触角沟从喙的背面观可见，触角沟之间的喙背面区域通常较窄；前胸背板具瘤突；鞘翅圆筒形，窄于前胸背板，行间窄，所有行间或至少靠近外部的行间窄于或等于行纹宽度。

　　分布：古北区，东洋区，澳洲区。世界已知 17 种，中国记录 4 种，浙江分布 1 种。

（1043）花椒长筒象 *Cylindralcides sauteri* (Heller, 1922)

Alcides sauteri Heller, 1922: 18.

　　主要特征：体长 17–20 mm，身体近于圆筒形，为本属中我国已知的体形最大种。体黑色，前胸两侧、肩和翅坡被覆分叉的鳞片和白粉。喙较细，略弯，长于头胸之和，密布刻点，雌虫后端背面有细沟；触角极近于喙中间以前，索节 1 宽而长于索节 2，索节 3 略较窄，索节 4–6 几乎呈球形，索节 7 长于宽，等于棒，雌虫 2 倍于棒。前胸宽大于长，向前缩为圆筒形，基部稍缩窄，除前缘外，密布很大的颗粒，颗粒顶端脐状，发出细毛 1 根。小盾片倒三角形，前端被鞘翅包围。鞘翅略宽于前胸，长 2 倍于宽，行纹直到端部 1/4 散布长方形坑状刻点，行间宽约等于行纹，散布刻点。腿节有弯齿，其前端有钝齿 2 个，前足胫节中间靠前有钝齿，端刺发达。

　　分布：浙江（龙泉）、江西、湖南、福建、台湾、广东、四川、云南；东洋区。

455. 长腹象属 *Merus* Gistel, 1857

Alcides Wiedemann, 1823b: 164. [HN] Type species: *Rhynchaenus leopardus* Olivier, 1807.

Merus Gistel, 1857: 606. Type species: *Lixus fasciatus* Kollar *et* L. Redtenbacher, 1844.

Mecysolobus Reitter, 1905: 248. Type species: *Alcides flavosignatus* Roelofs, 1875.

主要特征：身体细长，棍状，鞘翅肩部最宽，两侧近平行；额扁平，侧面观喙几乎没有与额分离；触角索节 7 窄于触角棒节 1，与触角棒明显分开；前额不具刚毛；鞘翅向端部渐细，端部钝圆；前胸背板具瘤突；前足、中足基节均窄分离，前胸腹板中部不具凹陷；后胸腹板在中足和后足基节之间的距离远长于中足基节直径；腹板 1 在后足基节之后的部分长度与腹板 2 相等；前足长于中、后足，特别是长于后足，腿节具齿；胫节端刺生于内角。

分布：古北区，东洋区。古北区已知 17 种，中国记录 9 种，浙江分布 4 种。

（1044）乌桕长腹象 *Merus erro* (Pascoe, 1871)

Alcides erro Pascoe, 1871a: 182.

主要特征：体长 7.0–9.5 mm；身体圆锥形，锈赤色，前胸黑色，两侧被覆分裂成毛状的鳞片，还有白色粉末。喙黑色，相当粗，长等于前胸，散布粗刻点；额有深窝；触角红褐色，索节 1 长等于索节 2，索节 7 漏斗形，近于棒。前胸宽大于长，密布颗粒。小盾片宽大于长，端部钝圆。鞘翅略宽于前胸，行纹散布成行，刻点方形，行间窄于行纹。身体腹面和足散布皱刻点，鳞片稀。前足腿节有齿，胫节内缘后端有隆脊，前端有沟；前足胫节中间有钝齿，中后足仅略突出。

分布：浙江（临安、龙泉）、安徽、湖北、江西、湖南、福建、台湾、广东、广西、四川、云南；韩国，日本。

（1045）日本长腹象 *Merus nipponicus* (Kôno, 1930)

Alcides nipponicus Kôno, 1930c: 139.

Mecysolobus kuatunensis Voss, 1958: 41.

主要特征：体长 6.0–8.0 mm；体壁红黑色，鞘翅、胫节、腿节基部红色；头部密布刻点，额中部略洼；喙密布刻点，在触角着生处之间具 1 中纵脊；触角着生于喙中部之前，索节 1 明显长于索节 2，索节 2 与索节 3、4 长度之和相等，触角棒节 1 和 2 长度相等；前胸背板中纵条带窄，两侧被覆白色刚毛，背面具大而明显的瘤突；后胸放长，平坦；鞘翅鳞片密集成带，鞘翅的直带和斜带构成三角形，斜带从鞘缝近鞘翅基部 1/3 处开始，斜向后至鞘翅翅坡上的横带截止，肩不突出，无白色条纹；鞘翅行间规则，一样高低；前足离前胸前缘较远。

分布：浙江、湖北、湖南、福建、广东、四川、贵州；韩国，日本。

（1046）黑褐长腹象 *Merus piceus* (Roelofs, 1875)

Alcides piceus Roelofs, 1875: 152.

主要特征：体长 4.0–6.5 mm，体壁黑褐色。鞘翅行间不规则，行间 3、5 全部较隆，鞘翅两侧有斜带，后端有斜带；后胸放长，前足基节距离前胸前缘较远。

分布：浙江、湖北、福建、台湾；韩国，日本。

（1047）暗长腹象 *Merus tristis* (Haaf, 1974)

Alcidodes tristis Haaf, 1974: 177.

主要特征：身体长卵形，体壁黑色，有铜色光泽；喙略弯，密布刻点；前胸圆锥形，前胸背板具 5 条由黄褐色毛状鳞片组成的条带，斜带宽于纵条带，前胸背板密布圆瘤突；鞘翅宽于前胸，在中部前后各具 1 斜带，无平行的纵向条带，组成条带的毛状鳞片密集且颜色多样化，鞘翅肩较发达，但不十分突出；阳茎侧面观强烈弯曲。

分布：浙江、湖北、福建、台湾、四川、贵州、云南。

456. 胸骨象属 *Sternuchopsis* Heller, 1918

Sternuchopsis Heller, 1918: 212. Type species: *Alcides pectoralis* Boheman, 1836.

Mesalcidodes Voss, 1958: 41. Type species: *Alcides trifidus* Pascoe, 1870.

Pseudmesalcidodes Pajni *et* Dhir, 1987: 33. Type species: *Alcides waltoni* Boheman, 1844.

主要特征：体形大，被覆分裂成毛状的鳞片。喙长约等于或长于前胸，圆筒状；触角位于喙的中间或中间以前，柄节长不及眼，索节 7 长大于粗，接近棒。前胸宽大于长，圆锥形，眼叶明显，后缘深二凹形，后角向后下方突出，表面散布大小、隆度、密度不同的颗粒。小盾片前端往往被鞘翅包围。鞘翅基部特别向前突出，形成叶状，把前胸基部遮盖；行纹等于或宽于行间，刻点大而深。前足长而粗，腿节各具 1 齿，齿的前缘往往有钝齿；胫窝开放，爪各有 1 齿。

分布：古北区，东洋区，旧热带区。世界已知 15 种，中国记录 6 种，浙江分布 2 种。

（1048）短胸胸骨象 *Sternuchopsis trifida* (Pascoe, 1870)

Alcides trifida Pascoe, 1870b: 460.

Alcides taiwana Kôno, 1930c: 139.

主要特征：体长 8.0–9.0 mm。身体卵形，黑色。前胸背板两侧，鞘翅后端，中胸两侧和后胸密被白色鳞片，腹部和足的鳞片颇稀，鳞片分成 5 或 6 叉。前胸和鞘翅有 1 分成 3 叉的黑斑。头、喙黑色，密布刻点。喙略弯，前端刻点稀而小，光滑；触角短粗，索节 1 比索节 2 长得多，索节 7 近棒，端部扩大；两眼间有深沟；眼扁平。前胸近于圆锥形，两侧相当圆，中叶很突出，背面的颗粒各有分叉的鳞片。小盾片心脏形。鞘翅宽，基部向前突出成叶状，肩很突出，比前胸基部宽得多，基部光滑，端部逐渐缩圆；行纹宽，刻点长方形，大而深，行间比行纹窄得多，散布刻点。腿节各具 1 弯齿，胫节近端部也各具 1 齿，端刺发达。

分布：浙江（临安）、山东、河南、陕西、甘肃、江苏、安徽、湖北、江西、湖南、福建、台湾、广东、广西、四川、贵州、云南；朝鲜，韩国，日本。

寄主：葛藤茎；在日本为害一种胡枝子。

（1049）甘薯胸骨象 *Sternuchopsis waltoni* (Boheman, 1844)

Alcides waltoni Boheman, 1844: 58.

Alcides albolineata Roelofs, 1875: 152. [HN]

Alcides roelofsi Lewis, 1879b: 23. [RN]

Alcides sexvittata Faust, 1894: 258.

主要特征：体长 7.5–9.0 mm。身体狭长，鞘翅基部略宽，向后缩窄，黑色发光，被覆分裂成毛状的鳞片，背面鳞片黄色，腹面鳞片白色。头部散布刻点和长洼，喙略弯，长等于前胸，散布粗糙刻点，在触角基部前刻点互相连合，端部刻点较小；触角相当粗，被覆白毛，索节 2 长于索节 1，索节 3–6 略呈球形，索节 7 近于棒，漏斗状，特别长，构成棒的一部分，棒宽卵形；额中间具沟。前胸宽大于长，向前缩窄，两侧略圆，前端缢缩，后缘深二凹形，中叶细长，中间有 1 由鳞片构成的纵纹，表面散布相当密的颗粒。小盾片四边形，宽大于长，向前略缩窄。鞘翅狭长，基部宽于前胸，向后逐渐缩窄，向前突出为叶状，基部以后洼，端部圆；肩明显；行间窄而隆，光滑，行间 2–4 基部更隆，行纹宽，刻点方形，坑状；行间 3、5、8 各有 1 白色鳞片条纹，行间 3、8 的鳞片扩充到行间 3、8 两侧的行纹。后胸腹板散布颗粒，腹部粗糙，腿节各有 1 弯齿，其前端无小齿；前足胫节内缘中间略突出，端刺短而尖。雄虫腹部基本中间洼，端部中间两侧各有长毛 1 撮，雌虫腹部基部无洼，端部后缘散布长毛。

分布：浙江、陕西、甘肃、湖北、江西、湖南、福建、台湾、广东、香港、广西、四川、云南；日本，伊朗，东洋区。

寄主：甘薯、旋花科植物。

魔喙象族 Molytini Schoenherr, 1823

457. 二节象属 *Aclees* Schoenherr, 1835

Aclees Schoenherr, 1835: 238. Type species: *Aclees cribratus* Gyllenhal, 1835.

主要特征：触角棒细长，2 节，节间缝光滑；喙长大于宽，不与头连成一体，彼此容易区分，背面无沟；前胸基部最宽；鞘翅基部不向前突出；后胸前侧片有 1 纵沟，后胸腹板前端和两侧有 1 相连的沟；前胸腹板不洼；中后足近端部有 1 缘缨和端部的缘缨平行；爪简单，跗节末节端部腹面无齿。

分布：世界广布。世界已知 20 种，中国记录 5 种，浙江分布 1 种。

（1050）筛孔二节象 *Aclees cribratus* Gyllenhal, 1835

Aclees cribratus Gyllenhal, 1835: 239.

主要特征：体长 13.0–17.5 mm。身体黑色，发光，背面零散被覆很细的黄毛，腹面的毛略较密。头部散布很小而不密的刻点；喙两侧平行；端部略放宽并且弯，触角基部之间具不明显的沟，基部以后具稀疏大刻点，两侧各具深沟；索节明显短于柄节，索节 2 长于索节 1，索节 3 略短于长，其他节更短，索节 7 近于棒，棒 2 节，索节 7 和棒密被灰色绵毛；额中间具小窝。前胸背板宽大于长（50：45），后端 2/3 平行，基部二凹形；眼叶不明显，散布明显的皱而大的刻点，前端散布零散的小刻点。小盾片三角形，具少数小刻点。鞘翅宽于前胸背板，肩胝明显；行纹刻点坑伏，行间隆，具很稀的横皱刻点，行间 5 端部具明显的瘤。腹部发光，刻点小而稀，仅末一腹板具皱而大的刻点。腿节具相当明显的齿。

分布：浙江（龙泉）、陕西、湖北、江西、湖南、福建、广西、四川、贵州、云南、西藏；意大利，东洋区。

458. 树皮象属 *Hylobius* Germar, 1817

Hylobius Germar, 1817: 340. Type species: *Curculio excavates* Laicharting, 1781.

Callirus Dejean, 1821: 88. Type species: *Curculio abietis* Linnaeus, 1758.

Hypomolyx LeConte, 1876: 139. Type species: *Hylobius pinicola* Couper, 1864.

Hylobitelus Reitter, 1923: 24. Type species: *Hylobius verrucipennis* Boheman, 1834.
Poiyaunbus Kôno, 1934b: 241. Type species: *Hylobius gebleri* Boheman, 1834.

主要特征：身体长椭圆形，近于平行。喙的背面无沟；索节 7 近于棒，几乎构成棒的一部分，眼位于头的两侧而向背面扩张。肩明显，眼叶发达，在中足基节之后，后胸腹板无横沟。后足基节间的突起宽而凸。雄虫腹部基节洼，腹部末节后端具光滑的洼。

分布：世界广布。世界已知 86 种，中国记录 15 种，浙江分布 3 种/亚种。

（1051）拟长树皮象 *Hylobius elongatoides* Voss, 1956

Hylobius elongatoides Voss, 1956: 28.

主要特征：体长 7 mm。身体黑褐色，略发光，仅被覆零散倒伏灰色细毛，鞘翅中间的毛密集成 V 形带；这条带位于肩的下面，从稍后于鞘翅中间开始，斜着指向鞘缝。雄虫头部散布很密的小刻点；喙略短于前胸背板，稍弯，相当粗，背面散布成行的明显呈坑状的刻点；触角沟斜着通到喙的两侧；触角极近于喙的端部，柄节细，棒状，索节 1 长恰为宽的 1.5 倍，索节 2 较短，其他节宽大于长，棒长卵形，长几乎 2 倍于粗；额为喙基部的一半。前胸背板略宽于长，中间散布分离的小颗粒，前胸背板前端散布较小的皱刻点，中间有隆线，隆线前端一半明显，在前喙前模糊，基部浅二凹形。小盾片宽大于长，鞘翅长 1.75 倍于宽，肩以后略收缩，直到中间两侧平行，到翅瘤处略缩圆，翅瘤明显，呈钝角，顶端缩成短喙状，沿鞘缝略切成三角形；行纹发达，刻点方形，略分离，行间很细，行间 3 较隆于其他行间，从行间 3 至鞘缝较洼。腿节的齿比较小而尖，胫节外缘直，端部之前略向内弯，中间内缘相当扩圆。

分布：浙江、陕西、福建、四川、云南。

（1052）福建树皮象 *Hylobius niitakensis fukienensis* Voss, 1958

Hylobius niitakensis fukienensis Voss, 1958: 44.

主要特征：体长 8.5–10.0 mm。触角索节短而粗，雄虫的索节 2 长几乎等于宽。前胸背板两侧均一圆形，向基部缩窄；前胸背板刻点大而密，无窝。鞘翅有带两条，一条位于端部 1/3，另一条位于中间以前，向内达到行间 5，这两条带由很密而发黄的毛组成；鞘翅行纹较宽，行间扁，较窄，不隆。

分布：浙江、福建、云南。

（1053）玉山树皮象 *Hylobius niitakensis* Kôno, 1933

Hylobius niitakensis niitakensis Kôno, 1933: 184.

主要特征：头部具刻点，额中间具 1 点状的凹痕；喙略弯，向端部略放宽，在触角着生处之间具 1 纵沟，基部 2/3 具刻点，且每侧具 2–3 个纵条带；触角索节 1 和 2 均长大于宽，索节 2 略短于索节 1，索节 3–7 宽大于长；前胸背板长大于宽，中部之后两侧近平行，密布粗糙的刻点；鞘翅两侧平行，行纹明显，行间扁平，光滑，略具小而圆的瘤突。

分布：浙江（龙泉）、台湾。

459. 横沟象属 *Pimelocerus* Lacordaire, 1863

Pimelocerus Lacordaire, 1863: 455. Type species: *Hylobius macilentus* Boheman, 1834.

Dyscerus Faust, 1892a: 198. Type species: *Hylobius macilentus* Boheman, 1834.

Pagiophloeus Faust, 1892b: 50. Type species: *Hylobius perforatus perforatus* Roelofs, 1873.

Hypohylobius Voss, 1934: 78. Type species: *Hylobius subinflatus* Voss, 1934.

Okikuruminus Kôno, 1934b: 241. Type species: *Heilipus orientalis* Motschulsky, 1866.

　　主要特征：体中到大型，背面具粗糙瘤突形成的隆脊，身体不发光或略发光，被覆均一的疏散的毛状鳞片。额窄于喙的基部；触角索节 1 与索节 2 等长，索节 7 略宽于索节 6，索节 7 球状，与触角棒可明显区分开，触角棒长卵形，密被均一灰色短绵毛，节间无毛，触角棒为 3 节，棒节 1 短于棒节 2。鞘翅行间散布疏散的发光的小颗粒；后胸腹板在后足基节之后具横向的洼陷；前足胫节端部多少向内弯折，后足胫节端部缘毛强烈倾斜。

　　分布：古北区，东洋区。古北区已知 29 种，中国记录 15 种，浙江分布 1 种。

（1054）筛横沟象 *Pimelocerus cribratus* (Roelofs, 1873)

Hylobius cribratus Roelofs, 1873: 190.

　　主要特征：体壁黑色，具黄褐色的斑点。喙与额之间无沟；前胸背板具瘤突，具 1 短的中隆脊或不具脊；鞘翅基部 1/2 两侧平行，行纹刻点大，刻点间略呈横向褶皱状，鞘翅背面由刚毛形成不规则的小斑点；后胸腹板和腹板截断形，雌虫腹板 1 不具毛簇。

　　分布：浙江、云南；韩国，日本。

曲颏象族 Paipalesomini G. A. K. Marshall, 1932

460. 双沟象属 *Peribleptus* Schoenherr, 1843

Peribleptus Schoenherr, 1843: 192. Type species: *Peribleptus scalptus* Boheman, 1843.

Paipalesomus Schoenherr, 1847: 69. Type species: *Alcides dealbatus* Boisduval, 1835.

Tenguzo Kôno, 1929b: 52. Type species: *Tenguzo bipustulatus* Kôno, 1929.

　　主要特征：体形细长，似筒喙象。喙长大于宽，喙与头连成一体，彼此不容易区分，弯，背面有 2 条沟，沟内塞满白色分泌物；触角中等或长，膝状，柄节等于或略长于索节；鞘翅向前突出，把前胸背板的基部掩盖；跗节末节端部腹面，在每一爪的后面有 1 小齿。

　　分布：古北区，东洋区，澳洲区。世界已知 11 种，中国记录 6 种，浙江分布 2 种。

（1055）洼纹双沟象 *Peribleptus foveostriatus* (Voss, 1939)

Paipalesomus foveostriatus Voss, 1939b: 61.

　　主要特征：体长 8.0–11.0 mm。身体黑色，足、触角柄节和索节红色。前胸背板两侧、中胸后侧片、鞘翅端部前的 1 条带或 2 个斑点，以及每一鞘翅中间的 2 个斑点密被倒伏白毛，而且多数具成片的白色粉末。雄虫：头略宽于长；喙长 2.5 倍于宽，相当弯，端部一半略较宽，触角沟从上面隐约可见；触角着生于喙中间之前，柄节端部未达到眼，索节 1 长等于宽，索节 2 长大于宽，其他节宽大于长，棒长恰为宽的 2 倍；额密布小而略有纵皱的刻点；眼扁，宽大于长；后颊直。前胸背板长略大于宽，两侧平行，而中间略缩窄，向后也略缩窄，基部一半具很宽的中沟，其余部分散布坑状纵皱刻点。小盾片宽大于长，不等边四角形。鞘翅长 2.5 倍于宽，两侧平行，中间略缩窄，从端部 1/3 至尖端缩圆；行纹明显，刻点洼呈坑状，行间细，行纹刻点挤窄，行间 3 基部具瘤状突起，突起上面散布小而粗的颗粒。前足腿节的齿粗，中后足腿节的齿小而尖，前足胫节弯成 S 状，中后足胫节基部略弯，外缘直，内缘略扩圆。雌虫触角较长，索节 2 放长。

分布：浙江、河南、湖北、湖南、福建、广东、广西、四川、云南、西藏。

（1056）隆缘双沟象 *Peribleptus similaris* Voss, 1939

Peribleptus similaris Voss, 1939b: 62.

　　主要特征：体长 10.0–12.0 mm。喙端部放宽，背面的两个沟较长，向后逐渐靠近，沟的内缘隆，沟内充满毛；前胸基部略缩窄，前胸背板后端中间无宽而深的沟；鞘翅中间的带包括 1 个斜带和 1 个斑点，鞘翅行纹具规则而成行的刻点；足红色。

　　分布：浙江（临安）；日本。

糙象族 Trachodini Gistel, 1848

461. 尖足象属 *Acicnemis* Fairmaire, 1849

Acicnemis Fairmaire, 1849: 511. Type species: *Acicnemis variegata* Fairmaire, 1849.

Berethia Pascoe, 1872: 463. Type species: *Berethia medinotata* Pascoe, 1872.

　　主要特征：体形瘦长，鞘翅两侧多少平行。触角索节 2 不短于索节 1、长于索节 3，索节 6、7 长大于宽，索节 7 不扩大，与棒节可以明显分开；触角棒延长，各节界限不明显。小盾片与鞘翅行间 1 平或者略高于行间 1 的平面。鞘翅具 10 条行纹，奇数行间具直立的鳞片，但直立鳞片不聚集成束。后翅正常大小。后足腿节比前、中足腿节大，具大的三角形齿，齿的外缘刀锋样尖锐。跗节 3 深二凹形。

　　分布：古北区，东洋区，澳洲区。世界已知 34 种，中国记录 15 种，浙江分布 1 种。

（1057）黑斑尖足象 *Acicnemis dorsonigrita* Voss, 1941

Acicnemis dorsonigrita Voss, 1941c: 889.

　　主要特征：体长 2.9–4.0 mm；体壁黑色，触角和跗节红褐色；密被鳞片，鞘翅在鞘缝处靠近中部之后具 1 光滑的黑斑。触角着生于喙中部或后 1/3，触角粗壮，索节 2 长于索节 1，索节 3–5 长度近相等；前胸背板基部 1/2 两侧近平行，从中部向端部逐渐狭缩；小盾片明显；鞘翅肩明显，两侧近平行，背面翅坡前具盾形的黑斑；后足胫节基部弯曲，之后向端部变直或略呈波曲状。

　　分布：浙江（临安）；俄罗斯，日本。

（十）小蠹亚科 Scolytinae

　　主要特征：圆柱形，微小，宽短，圆筒形，体壁多为黑色或褐色，被毛；口部不延长；触角短，锤状；前胸背板大，长度约占体长的 1/3 以上；鞘翅平直，长达或超过腹部末端；前足胫节外缘有锯齿或端棘。危害树木，多数种类为林木重要害虫，成虫和幼虫蛀食树皮或木质部，形成分支的隧道。

梢小蠹族 Cryphalini Lindemann, 1877

462. 梢小蠹属 *Cryphalus* Erichson, 1836

Cryphalus Erichson, 1836: 61. Type species: *Bostrichus asperatus* Gyllenhal, 1813.

Pseudocryphalus Ferrari, 1869: 252. Type species: *Bostrichus sidneyanus* Nördlinger, 1856.

Taenioglyptes Bedel, 1888: 398. Type species: *Bostrichus piceae* Ratzeburg, 1837.

Cryptarthrum Blandford, 1896: 200. Type species: *Cryptarthrum walkeri* Blandford, 1896.

Allarthrum Hagedorn, 1912a: 355. Type species: *Allarthrum kolbei* Hagedorn, 1912.

Ericryphalus Hopkins, 1915: 38. Type species: *Hypothenemus sylvicola* Perkins, 1900.

Piperius Hopkins, 1915: 39. Type species: *Hypothenemus sylvicola* Perkins, 1900.

Ernocryphalus Murayama, 1958: 934. Type species: *Ernocryphalus birosimensis* Murayama, 1958.

主要特征：小型种类，短阔，稍有光泽。眼肾形。触角锤状部侧面扁平，正面椭圆形，分 4 节，锤状部的外面节间和毛缝近于横直，里面节间和毛缝向顶端弓曲，鞭节 4 节。两性额面相同，均匀隆起，遍布纵向针状条纹，条纹之间散布刻点和绒毛。前胸背板前缘的颗瘤较小，背板后缘有缘边；背板刻点区中的刻点稠密有绒毛或鳞片，或均有。鞘翅行纹刻点细小；行间有多列刻点，点心一般具鳞片，各行间具 1 列直立刚毛。

分布：世界广布。世界已知 199 种，中国记录 34 种，浙江分布 2 种。

（1058）桑梢小蠹 *Cryphalus exiguus* Blandford, 1894

Cryphalus exiguus Blandford, 1894: 82.

Cryphalus pilosus Sasaki, 1899: 238.

主要特征：体长 1.5–1.7 mm。体短圆柱形，黑褐色。触角锤状部卵形，锤状部外面的 3 条横缝向基部弯曲。额部平，底面有细密印纹，有显著的中隆线，口上片无中央缺刻；雄虫额上部有横向隆堤，锐利光亮，额面的刻点粗糙疏散，绒毛短小，贴伏在额面上，两侧的绒毛齐横向中隆线，雌虫额面无隆堤，刻点较细弱稠密，额毛疏长竖立。前胸背板长略小于宽，背板两缘自基向端逐渐收缩，背板前部狭窄圆钝；背板前缘上有 4–6 枚颗瘤，以当中 4 枚较大，瘤区的颗瘤大且单生，同由前缘至背顶渐趋稠密，瘤区的绒毛粗壮挺拔，稠密匀面，背板前部坡度陡峭，背顶部位于背板的后 1/3 处，顶部的颗瘤聚成直角后缘。背板后半部下倾，刻点区中主要生鳞片，短阔圆钝，稠密地覆盖在板面上，鳞片之间散插几许绒毛，它们共同指向背顶。鞘翅长度为前胸背板长度的 1.9 倍，为两翅合宽的 1.5 倍。刻点沟清晰微陷，沟中刻点圆大，点心各生 1 微毛，贴伏在沟缘上，排成纵向线列；沟间部宽阔，在翅基部有微弱皱纹，沟间部的刻点细小多列，点心各生 1 鳞片，宽阔圆钝，密覆在翅面上，使沟间部变成鳞片条带，整个翅面微毛线列与鳞片条带交替贯穿，平行有序；沟间部中的竖立刚毛，齐短挺直，排成等距纵列。前胃板：板状部长占前胃板全长的 61%，端齿带呈半圆形，其长度占板状部宽度的 60%；板片两部之间有显著的分界边线，后关闭刚毛长于片状部，斜面齿显著。雄虫外生殖器：阳茎两侧平行；端片明显；中突长为阳茎长的 1.2 倍；阳基背面中央向后突出。

分布：浙江、北京、河北、山东、陕西、江苏、安徽、台湾、四川、贵州；俄罗斯，朝鲜，韩国，日本。

寄主：桑。

（1059）油松梢小蠹 *Cryphalus tabulaeformis* Tsai *et* Li, 1963

Cryphalus tabulaeformis Tsai *et* Li, 1963: 609, 623.

Cryphalus chienzhuangensis Tsai *et* Li, 1963: 610, 623.

主要特征：体长 2.0–2.2 mm。体椭圆形；黑褐色，前胸背板与鞘翅同色，有光泽。触角锤状部近圆形，端部稍狭窄，锤状部外面的 3 条横缝平直。额面平，底面有光泽，雄虫额上方有 1 锐利的横向隆堤，隆堤上面压迹浅弱，雌虫无此隆堤；中隆线雌强雄弱；额面粗糙，有颗瘤，分布不规则；额毛细长疏散，口上片边缘的绒毛稠密下垂，口上片中央的缺刻微弱。前胸背板长略小于宽，背板侧缘前部收缩微弱，形状圆阔；背板前缘上有 4–6 枚颗瘤，以当中两枚较大。背前部的颗瘤单生，均匀散布，在颗瘤的空隙之间散布着细小颗粒；背顶部强烈突起，在背板后部的 1/5 处，顶部的瘤区后缘成直角。刻点区中的刻点粗糙稠密，广阔散布；刻点区中密覆绒毛，紧贴板面，其间混杂着少许鳞片，共同指向背顶。鞘翅长度为前胸背板长度的 1.9 倍，为两翅合宽的 1.5 倍。刻点沟不凹陷，沟中刻点细小，点心生微毛；沟间部宽阔，在翅基部有横向皱纹，尤以小盾片两侧皱纹稠密，以后沟间部平坦；沟间部的刻点细小多列，点心生鳞片，形状狭窄，排列规则；沟间部的单生竖立刚毛匀齐稀疏，前后成列。前胃板：板状部长占前胃板全长的 55%，中线齿显著，齿间有距离；端齿带甚长，中间突起，形如山丘，其长度占板状部宽度的 93%，板片两部分界不显著，后关闭刚毛长于片状部，斜面齿不明显。雄虫生殖器：阳茎狭长，其末端闭合成管；无端片；中突长度占阳茎长度的 70%。

分布：浙江、辽宁、河北、山西、陕西、四川、贵州、云南。

寄主：油松。

毛小蠹族 Dryocoetini Lindemann, 1877

463. 额毛小蠹属 *Cyrtogenius* Strohmeyer, 1910

Cyrtogenius Strohmeyer, 1910: 127. Type species: *Cyrtogenius bicolor* Strohmeyer, 1910.

Carposinus Hopkins, 1915: 9, 47. Type species: *Dryocoetes luteus* Blandford, 1894.

Orosiotes Niisima, 1917: 1. Type species: *Orosiotes kumamotoensis* Niisima, 1917.

Metahylastes Eggers, 1922: 165. Type species: *Cyrtogenius africus* Wood, 1988.

Pelicerus Eggers, 1923: 216. Type species: *Lepicerus nitidus* Hagedorn, 1910.

Eulepiops Schedl, 1939a: 344. Type species: *Eulepiops glaber* Schedl, 1939.

Mimidendrulus Schedl, 1957: 68. Type species: *Mimidendrulus movoliae* Schedl, 1957.

Ozodendron Schedl, 1957: 13. Type species: *Pelicerus grandis* Beeson, 1929.

Carpophloeus Schedl, 1958: 143. Type species: *Carpophloeus rugipennis* Schedl, 1958.

Taphroborus Nunberg, 1961: 617. Type species: *Taphroborus vaticae* Nunberg, 1961.

Dendrographus Schedl, 1964a: 310. Type species: *Pelicerus pygmaeus* Eggers, 1923.

Ozodendron Schedl, 1964b: 243. [HN] Type species: *Pelicerus grandis* Beeson, 1929.

Artepityophthorus Schedl, 1969: 157. Type species: *Artepityophthorus aries* Schedl, 1969.

Protopityophthorus Schedl, 1973: 73. Type species: *Pelicerus pygmaeus* Eggers, 1923.

主要特征：中型种类，身体粗壮，圆柱形。体表多毛，没有鳞片。触角锤状部扁平，有 1 向前弯曲的缝；前胸背板侧面观弓曲甚微，背板后半部有少数刻点；前足基节窝稍分离；鞘翅末端后侧边缘锐利，并生有小颗粒。

分布：世界广布。世界已知 108 种，中国记录 3 种，浙江分布 1 种。

（1060）额毛小蠹 *Cyrtogenius luteus* (Blandford, 1894)

Dryocoetes luteus Blandford, 1894: 94.

Carposinus pini Hopkins, 1915: 47.

Orosiotes formosanus Schedl, 1952: 63.

　　主要特征：体形狭长，黄色至褐色，体表少毛，略有光泽。眼的比例较大，前缘中部的角形凹刻宽阔深陷。触角锤状部圆形，基部略窄，分 3 节，基节长度占整个锤状部的一半。额面平隆，无光平或突起的中线，额面的刻点圆形凹陷，点心从不突起，雄虫的刻点较大，均匀疏散；额毛粗长挺拔，疏密适中；雌虫的刻点圆小稠密，细腻均匀，额毛柔细稠密，短齐竖立，起自口上片，止于额上缘。前胸背板长大于宽，背面观基缘横直，两侧缘自基部向端部逐渐缩窄，前缘弓突成为狭窄的圆弧；侧面观背板表面为 1 浅弱的弧线，轻微隆起，背顶部在中部；瘤区和刻点区各占背板前后的一半，瘤区的颗瘤波浪形，前平后圆，小而均匀稠密，从前缘直达背顶，刻点区的刻点多，圆大而浅，分布稠密；背板上的绒毛不明显，仅前部有少许长毛，竖立而后曲。鞘翅长度为前胸背板长度的 1.7 倍，为两翅合宽的 1.8 倍；鞘翅基缘横直；鞘翅行间宽且略深，刻点圆大深陷、彼此距离较近；行纹狭窄平坦，具 1 列圆且小的浅刻点，与行纹的刻点区别明显；翅坡开始于鞘翅的后 1/4 处，坡度陡峭下倾；翅坡斜面上各行间的刻点突起成颗粒，颜色较深，上下排成稀疏的纵列，斜面下部有 1 道半圆形的缘边，勾画出斜面底部的轮廓，缘边上排列着颗粒；鞘翅的绒毛主要分布在翅坡的斜面上。

　　分布：浙江、山西、河南、陕西、江苏、安徽、湖北、江西、湖南、福建、台湾、广东、海南、广西、四川、贵州、云南；韩国，日本，泰国，意大利，南美洲。

　　寄主：马尾松、高山松、油松、云南松、思茅松等。

林小蠹族 Hylurgini Gistel, 1848

464. 切梢小蠹属 *Tomicus* Latreille, 1802

Tomicus Latreille, 1802: 203. Type species: *Dermestes piniperda* Linnaeus, 1758.

Blastophagus Eichhoff, 1864: 25. Type species: *Dermestes piniperda* Linnaeus, 1758.

Myelophilus Eichhoff, 1878a: 400. [URN]

　　主要特征：中型种类，头尾略尖，棒槌状。头、前胸背板黑色，鞘翅红褐色至黑褐色，有强光泽。眼长椭圆形。触角基部距眼前缘有一定距离；触角锤状部呈棍棒状，分 4 节，节间平直，鞭节 6 节，柄节粗长。额面平坦，有刻点和短毛，下半部有中隆线。前胸背板长略小于宽，侧缘基半部外突，端半部紧缩，前缘平直。前胸背板背面表面平滑光亮，有刻点，无突起或颗粒，有背中线。鞘翅基缘与前胸背板基缘等宽，鞘翅基缘各自向前突出成为弧形，基缘本身突起，上有 1 列锯齿，小盾片处锯齿中断。鞘翅行纹略凹陷，行间宽阔，在翅基部有横向隆堤，翅中部平坦，翅坡上有小颗粒，等距相隔，排成纵列；行间的刻点细小，均匀散布，不成行列。鞘翅翅坡无特殊结构。

　　分布：世界广布。世界已知 8 种，中国记录 6 种，浙江分布 2 种。

（1061）横坑切梢小蠹 *Tomicus minor* (Hartig, 1834)

Hylesinus minor Hartig, 1834: 413.

Myelophilus corsicus Eggers, 1911: 75.

主要特征：体长 3.4–4.7 mm。鞘翅行间刻点较稀疏，行间 2 在翅坡处不凹陷，其上的颗瘤和竖毛与其他行间相同。鞘翅从中部起各行间有 1 列竖毛。母坑道复横坑，子坑道向上下方垂直伸展，蛹室位于子坑道端头，全部坑道清晰地印在边材上。

分布：浙江、黑龙江、吉林、辽宁、内蒙古、河北、山西、河南、陕西、甘肃、江苏、安徽、湖北、江西、湖南、福建、台湾、广西、四川、贵州、云南；俄罗斯，蒙古国，朝鲜，韩国，日本，哈萨克斯坦，土耳其，塞浦路斯，欧洲，北美洲。

寄主：马尾松、油松、云南松。

（1062）纵坑切梢小蠹 *Tomicus piniperda* (Linnaeus, 1758)

Dermestes piniperda Linnaeus, 1758: 355.

Bostrichus testaceus Fabricius, 1787: 37.

Hylurgus analogus LeConte, 1868: 172.

Blastophagus major Eggers, 1943: 50.

主要特征：体长 3.4–5.0 mm。头部、前胸背板黑色，鞘翅红褐色至黑褐色，有强光泽。额部略隆起，额心有点状凹陷；额面中隆线起自口上片，止于额心凹点，突起显著，突起的高低在不同个体中有差异；额部底面平滑光亮；额面刻点圆形，分布疏散；点心生细短绒毛，倾向额顶，口上片边缘的额毛长密下垂。前胸背板长度与背板基部宽度之比为 0.8。鞘翅长度为前胸背板长度的 2.6 倍，为两翅合宽的 1.8 倍。行纹凹陷，行纹的刻点圆大，点心无毛；行间宽阔，翅基部行间生有横向隆堤，起伏显著，以后渐平，出现刻点，点小有如针尖锥刺的痕迹，分布疏散，各行间横排 1–2 枚；翅中部以后行间出现小颗粒，从此向后排成纵列；行间的刻点中心生短毛，微小清晰，贴伏于翅面上，短毛起自横向的隆堤之后，继续到翅端，但不显著；行间的小颗粒后面伴生刚毛，挺直竖立，像小颗粒一样，从翅中部起至翅端部止，排成等距纵列。鞘翅行间 2 在翅坡处凹陷，其表面平坦，只有小点，没有颗粒和竖毛。

分布：浙江、黑龙江、吉林、辽宁、内蒙古、河北、山西、山东、河南、陕西、甘肃、青海、江苏、安徽、湖北、江西、湖南、福建、台湾、四川、贵州、云南；俄罗斯，蒙古国，朝鲜，韩国，日本，哈萨克斯坦，土耳其，以色列，塞浦路斯，欧洲，北美洲，非洲（阿尔及利亚，摩洛哥，马德拉群岛，突尼斯）。

寄主：华山松、马尾松、高山松、油松、云南松。

齿小蠹族 Ipini Bedel, 1888

465. 瘤小蠹属 *Orthotomicus* Ferrari, 1867

Orthotomicus Ferrari, 1867: 44. Type species: *Bostrichus laricis* Fabricius, 1793.

Neotomicus A. G. Fuchs, 1911: 33. Type species: *Bostrichus laricis* Fabricius, 1793.

主要特征：中型种类，圆柱形。眼肾形。触角锤状部侧面扁平，正面近圆形，分 3 节，锤状部外面下半部光滑，节间与毛缝集中在上半部，锤状部的里面大部分光滑，节间和毛缝集中在端缘上；鞭节 5 节。两性额部相同，中部隆起，下部横向凹陷；额面遍布刻点和绒毛。前胸背板长大于宽，前半部为鳞状瘤区，后半部为刻点区，无隆起的背中线；前胸背板的绒毛在鳞状瘤区稠密，在刻点区短小，有时光秃。鞘翅行纹不凹陷，行纹的刻点圆大深陷；行间宽阔，刻点细小稀疏，各有 1 列，或者全无刻点；刻点中心或者光秃或者生毛，在两侧和翅盘边缘前面绒毛较长密；翅盘陡立，鞘翅末端不向后延伸，盘缘的齿雄虫强大，雌虫较弱，齿的数目和位置两性一致；盘面翅缝稍许隆起，刻点散布在盘面上，不分行列，点心生短毛。

　　分布：世界广布。世界已知 20 种，中国记录 9 种，浙江分布 1 种。

（1063）松瘤小蠹 *Orthotomicus erosus* (Wollaston, 1857)

Tomicus erosus Wollaston, 1857: 95.

Tomicus rectangulus Ferrari, 1867: 83.

　　主要特征：体长 2.5–3.4 mm。体圆柱形，粗壮，赤褐色，有强光泽。眼长椭圆形，眼前缘的凹陷浅弱，呈弧形。额部平隆，底面光亮，额面的刻点较疏散大小不匀，下部的刻点突起成粒，上部的刻点凹陷为点，额面纵中部点少平滑，平滑区的中部隆起，上面常有两枚较大的颗粒，横排并列；额面的绒毛细长疏少。前胸背板长略大于宽，瘤区和刻点区各占背板长度的一半；瘤区的颗瘤圆钝、细小、均匀；刻点区的刻点圆大粗糙，有空白无点的中线区，中线以外两侧刻点逐渐稠密；背板的毛刚劲挺拔，较疏散，毛梢齐向背顶弯曲，背板侧缘上的毛细弱，舒直不弯，刻点区中无毛。鞘翅长度为前胸背板长度的 1.4 倍，为两翅合宽的 1.6 倍。刻点沟不凹陷，由圆大的刻点组成，等距排列；沟间部宽阔平坦，靠近翅缝的沟间部没有刻点，或偶有 1 或 2 小点，疏落不明，靠近翅盘前缘、鞘翅尾端和翅侧边缘的沟间部，刻点稠密，散乱不成行列，尤以翅侧边缘的刻点稠密混乱。鞘翅的绒毛疏少竖立，分布在翅缝后部、翅盘前缘和鞘翅侧缘上。翅盘开始于翅长后的 1/5–1/4 处，盘面纵向椭圆，凹陷不深，翅缝边缘轻微突起，纵贯其中，雄虫盘缘两侧各有 4 齿，第 1 齿单独靠近翅缝，第 2、3、4 齿顺序紧密相连；第 1 与第 2 齿间的距离大于或等于第 2 与第 4 齿间的距离，4 齿的形状略有差异：第 1、3、4 齿形状相同，均呈锥形，第 2 齿基部宽阔，顶端尖锐，侧视呈扁三角形，除上述 4 齿外，盘缘外侧还有钝瘤，与缘齿交相呼应，它们分别位于第 1 齿的下面，第 3 和第 4 齿的外侧，顺着这些钝瘤再向下方，就是连续的翅盘下缘。雌虫翅盘各齿均较细小，第 3 齿完全消失，故翅盘两侧仅各有 3 齿，第 2 齿着生在 1 面积宽大、隆起不高的基部上。前胃板：板状部长度约为前胃板全长的一半，中线齿疏少，关闭刚毛的长度稍短于咀嚼片的长度。雄虫外生殖器：旋丝呈螺旋丝状，它的长度为阳茎长度的 1.5 倍；中突长度亦为阳茎长度的 1.5 倍，腹针长于阳茎。

　　分布：浙江、辽宁、山西、山东、河南、陕西、江苏、安徽、湖北、江西、湖南、福建、广东、广西、四川、贵州、云南；乌兹别克斯坦，伊朗，土耳其，叙利亚，约旦，以色列，阿富汗，欧洲，北美洲，非洲，南美洲。

　　寄主：马尾松、油松、云南松、思茅松。

肤小蠹族 Phloeosinini Nüsslin, 1912

466. 肤小蠹属 *Phloeosinus* Chapuis, 1869

Phloeosinus Chapuis, 1869: 37. Type species: *Hylesinus thujae* Perris, 1855.

　　主要特征：中小型种类，短阔粗壮，赤褐色、褐色或黑色。眼肾形，眼前缘中部有角形凹陷。触角锤状部呈长饼状，分 3 节，节间斜向，中间夹有黑色几丁质嵌隔，嵌隔起自触角一侧，止于触角中部，鞭节 5 节。雄虫额部狭长凹陷，雌虫额部短阔平隆，均有中隆线；额面遍生刻点和绒毛，均匀散布。前胸背板表面平坦，只有刻点和毛鳞，无颗粒结构。鞘翅基缘各自向前突出成为弧形，基缘本身隆起，上有 1 列锯齿。鞘翅行纹凹陷清晰；行间宽阔，刻点细小多列，点心生刚毛或鳞片。鞘翅翅坡奇数行间突起，偶数行间下陷；行间 1 与行间 2 直通翅端，行间 3 与环翅缘绕行的行间 9 在翅端汇合，连成 1 弧形角区，将行间 4–8 截断在此区域内，突起的行间上常有大型颗瘤，排成纵列。

　　分布：世界广布。世界已知 66 种，中国记录 12 种，浙江分布 1 种。

（1064）杉肤小蠹 *Phloeosinus sinensis* Schedl, 1953

Phloeosinus sinensis Schedl, 1953: 23.

　　主要特征：体长 2.0–3.8 mm。眼凹陷较浅，两眼间的距离较宽。雄虫额部稍许凹陷，额中心无凹点，中隆线发生于额面下半部，狭窄低弱，额底面平滑光亮；刻点稠密，在额面下半部有时上下通连，成为短小的纵沟，刻点间隔突起成粒，细小均匀；额毛刚劲短小，额下部直向竖立，额上部簇向额顶中部；雌虫额面略较短阔隆起，两性额部相似。前胸背长略小于宽，长宽比为 0.8，背面观轮廓呈梯形，背板底面平滑光亮；刻点细小浑圆，稠密均匀，刻点间隔小于刻点直径，背板上的绒毛稠密，起自刻点中心，贴伏于板面上，指向背中线。鞘翅长度为前胸背板长度的 1.9 倍，为两翅合宽的 1.4 倍。鞘翅基缘略隆起，上面的锯齿大小均一，相距紧密。刻点沟狭窄轻陷，沟底平滑，沟中刻点圆形，刻点直径与沟宽相等，并小于刻点间距，刻点中心光秃无毛；沟间部宽阔低平，上面的刻点圆而略深，分布不匀，常横向连成短沟，刻点间隔突起成粒，点、粒、沟谷相互交织，构成粗糙但均匀的表面；沟间部的毛被厚密，向后方斜竖，在翅基部似刚毛，以后渐宽，又像鳞，各沟间部横排 4–5 枚。鞘翅斜面，第 1、3 沟间部隆起，第 2 沟间部低平，沟间部上的颗瘤形似尖桃，顶尖向后，相距紧密，第 1、3 沟间部各 10 枚以上，第 2 沟间部 6–7 枚，靠近翅端，第 3 及其以外各沟间部 2–3 枚，雌虫鞘翅斜面沟间部的起伏和颗瘤的排列与雄虫相同，但颗瘤显著细小。前胃板：板状部长为前胃板全长的一半，弓形横齿线 12–14 列，片状部属多片型，约 40 咀嚼片。雄虫外生殖器：阳茎和腹针均粗壮。

　　分布：浙江、山西、河南、陕西、江苏、安徽、湖北、江西、湖南、福建、广东、广西、四川、贵州、云南。

　　寄主：杉木。

材小蠹族 Xyleborini LeConte, 1876

467. 粗胸小蠹属 *Ambrosiodmus* Hopkins, 1915

Phloeotrogus Motschulsky, 1863: 512. Type species: *Phloeotrogus obliquecauda* Motschulsky, 1863.

Ambrosiodmus Hopkins, 1915: 55. Type species: *Xyleborus tachygraphus* Zimmermann, 1868.

Brownia Nunberg, 1963: 37. Type species: *Pityophthorus obliquus* LeConte, 1878.

　　主要特征：体长 1.9–4.2 mm。前胸背板粗糙面一直扩展到基部，占据背板大部分，前胸背板前缘从无锯齿状的瘤；前足胫节侧缘有 7–8 枚齿；后足胫节有 8–11 枚齿。

　　分布：世界广布。世界已知 103 种，中国记录 6 种，浙江分布 1 种。

（1065）瘤细粗胸小蠹 *Ambrosiodmus rubricollis* (Eichhoff, 1876)

Xyleborus rubricollis Eichhoff, 1876: 202.

Xyleborus taboensis Schedl, 1952: 65.

Xyleborus strohmeyeri Schedl, 1975: 457.

　　主要特征：体长 2.5 mm。前胸背板红褐色，鞘翅黑褐色；有中度光泽，体表绒毛比较稠密。额面略隆起，中部有 1 条横向凹陷，底面细网状，额面刻点粗大稠密，常常汇合成粗浅的纵沟，额毛较多。前胸背板长略小于宽，长宽比为 8：9，背面观前缘和前侧宽阔，后侧和后缘纵横直交，侧面观背板的最高点在背板长的 2/3 处，顶部之前呈圆弧形弯曲上升，顶部以后略下倾，背板表面全部布满颗瘤。前半部颗瘤较大，相距略疏，后半部颗瘤较小，紧密相连，前半部毛短粗挺拔，后半部毛较细弱，小盾片狭长，呈三角形，鞘翅长为前胸背板长的 1.5 倍，背面观基缘横直，两侧大部分平行而略向外侧扩展，尾端收成钝弧形，侧面观背板的 2/3 水平，后 1/3 逐渐向下方弯曲。鞘翅刻点略凹陷，沟中刻点圆大，点底凹陷沟间部狭窄，其中各有 1 列细小刻点，斜面部分均匀弯曲，各沟间部高低一致，沟间部中的刻点变成大小均匀的小粒，鞘翅沟间部上的毛列起自翅基止于翅端。排列规整。

分布：浙江、黑龙江、北京、河北、山西、山东、陕西、安徽、湖南、福建、台湾、四川、贵州、云南、西藏；朝鲜，韩国，日本，印度，越南，泰国，马来西亚，意大利，北美洲，澳大利亚。

寄主：冷杉、杉木、侧柏、杨、胡桃、水冬瓜、樟、桢楠等。

468. 缘胸小蠹属 *Cnestus* Sampson, 1911

Cnestus Sampson, 1911: 383. Type species: *Cnestus magnus* Sampson, 1911.

Tosaxyleborus Murayama, 1950: 49. Type species: *Cnestus aterrimus* Eggers, 1927.

主要特征：体长 2.0–4.0 mm。前胸背板侧缘（也常见于基缘）有锐利凸起的脊边；触角鞭节 4 节，少数种类也可能有 5 节，触角锤状部角质区纵中线处的长度不及锤状部长度的 1/4；眼的前缘如果有缺刻，也十分微弱；前足胫节侧缘有 6–8 枚穴齿。

分布：世界广布。世界已知 28 种，中国记录 8 种，浙江分布 1 种。

（1066）削尾缘胸小蠹 *Cnestus mutilatus* (Blandford, 1894)

Xyleborus mutilatus Blandford, 1894: 103.

Xyleborus sampsoni Eggers, 1930: 184.

Xyleborus banjoewangi Schedl, 1939b: 41.

Xyleborus taitonus Eggers, 1939: 118.

主要特征：体黑色，只有触角和足黄褐色，无光泽，形状粗阔。眼肾形，眼前缘中部的缺刻甚小。触角锤状部基节甚短，占锤状部长度的 1/4。前胸背板长略小于宽或等于宽，背面观整个轮廓呈盾形，侧面观背板前部的 2/3 强烈弓突上升，后部的 1/3 平直下倾，背顶部比较突出；前胸背板瘤区的颗瘤宽阔，空隙之间伴生小颗粒；前胸背板前缘中部前突成角，角缘上横排着 4–6 枚颗瘤，以当中的两枚为最大。小盾片甚大，为圆钝的三角形，平滑光亮。鞘翅前方极短，仅占鞘翅长度的 1/5，端部 4/5 斜线下倾；鞘翅截面隆起，各行间高低均匀，行间中遍布颗粒，不分行列，并遍布微毛，贴伏在翅面上。

分布：浙江、陕西、安徽、福建、台湾、海南、四川、贵州、云南；韩国，日本，印度，缅甸，泰国，斯里兰卡，马来西亚，印度尼西亚，北美洲，澳大利亚，新几内亚。

寄主：板栗、红豆树、木樨、山茶。

469. 巨材小蠹属 *Hadrodemius* Wood, 1980

Hadrodemius Wood, 1980: 94. Type species: *Xyleborus globus* Blandford, 1896.

主要特征：多数种类体形较大，体长 4–6 mm。小盾片通常消失，或小盾片退化成塔锥状，位于鞘翅基缘内侧角下倾坡面中央；小盾片及其鞘翅基缘密生小毛；后足腿节扁平，腿节后缘胫节沟只是在腿节末端才出现。

分布：古北区，东洋区，澳洲区。世界已知 4 种，中国记录 3 种，浙江分布 1 种。

（1067）浅穴巨材小蠹 *Hadrodemius comans* (Sampson, 1919)

Xyleborus comans Sampson, 1919: 109.

Xyleborus amorphus Eggers, 1926: 147.

Xyleborus metacomans Eggers, 1930: 188.

主要特征：体长约 5.5 mm，体宽约 3.0 mm。体圆柱形，红褐色，前胸背板后半部的两侧和鞘翅翅坡体壁颜色较深，黑褐色，光泽略强。眼宽厚，眼前缘的缺刻极小，小眼面细小。触角棒节长圆形，基节极短，约占触角棒长度的 1/4。额面平，底面有细弱印纹，额面的刻点圆形清晰，稠密而彼此不相连；中隆线极短小，位于口上片附近；额毛齐，像刻点一样密集，竖立而端部略弯曲。前胸背板长略小于宽，背面观轮廓呈短盾形，侧面观前 3/5 强烈弓曲上升，后 2/5 平直下倾。瘤区占背板长度的 3/5，刻点区占 2/5；瘤区中的颗瘤均匀，从前向后由疏大变密小，背板前缘中部有 6 枚颗瘤，横向排列，中间 2 枚最大；刻点区的刻点变成小粒，分布形似同心圆弧，自背顶向后方刻点区层层扩散，背板的绒毛较多，瘤区的细弱稠密，普遍分布，前部和后部长短相近，刻点区的绒毛与瘤区等长，细柔舒直，背板基缘的绒毛挺直竖立，密集成丛。鞘翅长度为前胸背板长度的 1.3 倍，为两翅合宽的 1.2 倍。背面观鞘翅的轮廓与前胸背板相似，只是头尾倒置；侧面观鞘翅前半部平直延伸，后半部弓曲下降。小盾片不可见。鞘翅表面平滑光亮，刻点圆小轻浅，均匀而稠密地全面散布，不分行列，在这光平的翅面上隐约显现出行纹的痕迹来。鞘翅翅坡与鞘翅前背方完全一样，刻点依旧圆小，不分行列，鞘翅的绒毛柔弱，像刻点一样稠密浓厚，将整个翅面覆盖起来。

分布：浙江、江西、湖南、福建、台湾、海南、广西、四川、西藏；日本，印度，缅甸，越南，老挝，泰国，马来西亚，文莱，印度尼西亚。

470. 绒盾小蠹属 *Xyleborinus* Reitter, 1913

Xyleborinus Reitter, 1913a: 79, 83. Type species: *Bostrichus saxesenii* Ratzeburg, 1837.

主要特征：体长 1–4 mm，身体细长；雄虫较雌虫小且不能飞，形态上差别很大。眼前缘微凹或弯曲，触角棒基部加粗，鞭节 5 节；前胸背板长大于宽，近圆形，前胸背板表面相当粗糙，前缘具 1 列中等大小的齿；小盾片圆锥状；鞘翅至少为前胸背板的 1.5 倍，鞘翅前缘直，不具齿；鞘翅翅坡凸隆，翅坡上缘边界不清晰，翅坡近腹面从行间 7 起具 1 列尖瘤突，靠近鞘缝的瘤突最大，位于行间 2 端部；后胸前侧片直到后端均可见；前足基节彼此相连；前足胫节端部最粗，侧缘具齿，中、后足腿节相当粗，在腿节中部之后向端部渐细，且具许多形状大小几乎相等的齿，齿很密集。

分布：世界广布。世界已知 86 种，中国记录 6 种，浙江分布 1 种。

（1068）小粒绒盾小蠹 *Xyleborinus saxesenii* (Ratzeburg, 1837)

Bostrichus saxesenii Ratzeburg, 1837: 167.

Tomicus dohrnii Wollaston, 1854: 290.

Tomicus decolor Boieldieu, 1859: 473.

Xyleborus aesculi Ferrari, 1867: 22.

Xyleborus sobrinus Eichhoff, 1876: 202.

Xyleborus subdepressus Rey, 1883: 142.

Xyleborus frigidus Blackburn, 1885: 193.

Xyleborus arbuti Hopkins, 1915: 64.

Xyleborus floridensis Hopkins, 1915: 63.

Xyleborus pecanis Hopkins, 1915: 63.

Xyleborus quercus Hopkins, 1915: 63.

Xyleborus subspinosus Eggers, 1930: 203.

Xyleborinus librocedri Swaine, 1934: 205.

Xyleborinus tsugae Swaine, 1934: 204.

Xyleborus pseudogracilis Schedl, 1937: 169.

Xyleborus retrusus Schedl, 1940: 208.

Xyleborus peregrinus Eggers, 1944: 142.

Xyleborus pseudoangustatus Schedl, 1949a: 28.

Xyleborus paraguayensis Schedl, 1949b: 276.

Xyleborus opimulus Schedl, 1976: 77.

Xyleborus cinctipennis Schedl, 1980: 186.

　　主要特征：体小，长圆柱形，深褐色，触角黄色。额部平，额面有中隆线，刻点浅大疏散，分布不均匀，额毛细长舒展，全面散布。前胸背板长大于宽，背面观整个轮廓呈长盾形，最大宽度在背板前部的 1/3 处；侧面观背板前 2/5 弓曲上升，后 3/5 平直下倾，上升部分为瘤区，平直部分为刻点区。瘤区中的颗瘤圆小疏散，即便在背顶部也不连成弧形环列。刻点区平坦，底面有微弱印纹，无光泽，刻点圆小微弱，均匀散布，无背中线，背板的绒毛发生在瘤区，刻点区无毛。鞘翅长度为前胸背板长度的 1.7 倍，为两翅合宽的 1.8 倍；鞘翅行纹不凹陷，行间宽度适中，当中有 1 列刻点，鞘翅的刻点在行纹和行间大小相等，行纹刻点稠密，两者略有区别；翅坡处行间各有 1 列颗粒，行间 2 凹陷，颗粒与绒毛消失。

　　分布：浙江、黑龙江、吉林、河北、山西、陕西、宁夏、江苏、安徽、江西、湖南、福建、台湾、广西、四川、贵州、云南、西藏；俄罗斯，蒙古国，朝鲜，韩国，日本，土库曼斯坦，吉尔吉斯斯坦，塔吉克斯坦，哈萨克斯坦，印度，越南，菲律宾，伊朗，阿塞拜疆，亚美尼亚，土耳其，叙利亚，以色列，欧洲，北美洲，澳大利亚，非洲，南美洲。

　　寄主：铁杉、云杉、红松、华山松、杨、栎、无花果、桢楠、苹果、漆树属、椴树。

471. 足距小蠹属 *Xylosandrus* Reitter, 1913

Xylosandrus Reitter, 1913a: 80, 83. Type species: *Xyleborus morigerus* Blandford, 1894.

Apoxyleborus Wood, 1980: 90. Type species: *Xyleborus mancus* Blandford, 1898.

　　主要特征：体长 1.3–5.0 mm。触角鞭节 5 节，锤状部角质区在纵中线上的长度占锤状部长度的 1/3；眼前缘中部缺刻口的长度占眼长的 1/3；前胸背板侧缘圆弧状；前足胫节侧缘有 4–6 枚穴齿。

　　分布：世界广布。世界已知 54 种，中国记录 10 种，浙江分布 3 种。

（1069）小滑足距小蠹 *Xylosandrus compactus* (Eichhoff, 1876)

Xyleborus compactus Eichhoff, 1876: 201.

Xyleborus morstatti Hagedorn, 1912b: 37.

　　主要特征：体长 1.6 mm。体圆柱形，红褐色，光泽适中，绒毛极少。眼较宽厚，前缘中部的缺刻为弧线形。触角棒圆形，3 节，基节长度约占触角棒长度的 1/3，节间略向基部凹陷，中节与端节环绕在触角棒顶端的扁圆形削面之中，节片上密被绒毛，触角棒的里面光秃，无节无毛。额部平隆，底面有圆粒状细密印纹，额面的刻点较密，大部分突起成粒，少数凹陷成点；额面有中隆线，径直光亮，起自口上片，止于眼上缘；额毛短小柔细，直向竖立，数量较少。前胸背板长小于宽，长宽比为 0.8；背面观整个轮廓呈短盾形，侧面观背板前半部弓曲上升，后半部水平延伸，背顶部圆钝不突。瘤区约占背板长度的 2/3，刻点区占 1/3，瘤区的颗瘤粗大稠密，瘤间空隙不显，背板前缘上有 1 排颗瘤，8–9 枚，不很显著；刻点区占背板的比例较小，表面平滑光亮，没有印纹，刻点弱，无背中线。背板上的绒毛瘤区与刻点区均有，瘤区的绒毛短小稠密，起自颗瘤的后端，向背顶部倾伏，分布均匀，刻点区的绒毛较稀疏，细柔竖立。鞘翅长度为前胸背板长度的 1.6 倍，为两翅合宽的 1.3 倍；背面观鞘翅两侧缘向后直线延伸，在翅长后 1/4 处急剧收尾；侧面观鞘翅表面从基部至端部均匀弓曲，无明显的翅坡上缘，翅坡下侧有缘边。小盾片较大，半圆形。鞘翅行纹不凹陷，行纹的刻点圆小下陷，疏密适中，行间有 1 列刻点，其形状、大小、疏密与行纹的刻点相同。鞘翅翅坡圆钝弓曲，下侧缘边锐利，将翅坡圈括起来；翅坡上各行间高低均匀，这里的刻点虽稠密但不增大，行间有个别刻点突成微粒；鞘翅的绒毛同时发生在行纹和行间，行纹的绒毛略短，倒伏，行间的绒毛稍长，直向竖立，两种绒毛各成 1 列，起伏交错地排列在翅面上，从翅中部起至翅端部止，鞘翅前半部光秃。

分布：浙江、湖北、湖南、福建、台湾、广东、海南、广西、四川、贵州、云南；日本，印度，缅甸，越南，老挝，泰国，柬埔寨，斯里兰卡，菲律宾，马来西亚，新加坡，印度尼西亚，意大利，北美洲，澳大利亚，非洲，南美洲。

（1070）暗翅足距小蠹 *Xylosandrus crassiusculus* (Motschulsky, 1866)

Phloeotrogus crassiusculus Motschulsky, 1866b: 403.

Xyleborus semiopacus Eichhoff, 1878b: 334.

Xyleborus semigranosus Blandford, 1896: 211.

Dryocoetes bengalensis Stebbing, 1908: 12.

Xyleborus mascarenus Hagedorn, 1908: 379.

Xyleborus ebriosus Niisima, 1909: 154.

Xyleborus okoumeensis Schedl, 1935: 271.

Xyleborus declivigranulatus Schedl, 1936: 30.

主要特征：体长 2.6 mm。体圆柱形，宽阔粗壮，红褐色，前胸背板前缘至鞘翅中部光亮，鞘翅后半部晦暗无光，体表绒毛较多。额部平隆，底面有线状密纹，额面的刻点不明，代之以突起的细窄条脊，分布在线状密纹的底面上；有中隆线，长直狭窄，纵观额面，额毛短齐竖立，均匀散布。前胸背板长小于宽，长宽比为 0.9；背面观整个轮廓呈短盾形；侧面观前半部弓曲上升，后半部水平下倾，背顶部圆滑不突出。瘤区和刻点区各占背板长度的一半；瘤区中的颗瘤圆钝稠密，空隙极小，瘤形大小不等；背板前缘上有 1 列颗瘤，7–8 枚，大而明显。刻点区的底面背中部平滑，两侧有线条状密纹；刻点略小，分布稠密，多聚集在背中部基缘前面；背板上的绒毛短小稠密，瘤区与刻点区均有，瘤区的绒毛较粗壮，向后方背顶部倾伏；刻点区的绒毛柔细，向前方倒伏，背板基缘刻点稠密处绒毛也甚稠密。鞘翅长度为前胸背板长度的 1.5 倍，为两翅合宽的 1.4 倍；背面观鞘翅侧缘自基部向端部直线后伸，到鞘翅后 1/4 处开始收尾；侧面观鞘翅从基部至端部均匀弓突，无明显的翅坡起点，有翅坡下侧缘边。小盾片较大，长三角形。鞘翅表面分前后两部分，前半部光亮，行纹不凹陷，行纹的刻点小，刻点底部色深，反映在红褐色的翅面上，成为黑色点列，十分显著；行间宽阔，其上的刻点小，底色与翅面相同，均匀散布，不分行列；鞘翅后半部表面粗糙，晦暗无光，这部分行纹的黑色条纹仍旧持续延伸，直达翅端，这里的刻点突起成粒，大小不等，均匀稠密地散布，不分行列。鞘翅翅坡各行间高低一致，尾端翅缝处稍许尖突；鞘翅的绒毛只分布在后半部的晦暗面上，有长短两种，各自成列，高低间错地排在翅面上。

　　分布：浙江、河北、山东、陕西、安徽、湖北、湖南、福建、台湾、广东、海南、香港、四川、贵州、云南、西藏；朝鲜，韩国，日本，巴基斯坦，印度，不丹，尼泊尔，缅甸，越南，泰国，斯里兰卡，菲律宾，马来西亚，印度尼西亚，以色列，法国，西班牙，意大利，澳大利亚，新西兰，非洲。

（1071）光滑足距小蠹 *Xylosandrus germanus* (Blandford, 1894)

Xyleborus germanus Blandford, 1894: 106.

Xyleborus orbatus Blandford, 1894: 123.

　　主要特征：体长 2.3 mm。体圆柱形，较宽阔，黑褐色，前胸背板和鞘翅后半部着色较深，体表平滑光亮。眼前缘中部的缺刻圆钝深陷，约达眼宽的一半。额部平隆，底面有粒状密纹，光泽甚强，额上部的刻点凹陷，下部突起成粒，分布均匀，额面有中隆线，起自口上片，止于额心以上，额毛竖立舒展，疏密适中。前胸背板长小于宽，长宽比为 0.9；背面观轮廓呈短盾形；侧面观背板前半部强烈弓曲上升，后半部平直下倾，背顶部在中部，圆弓而不突出。瘤区和刻点区各占背板长度的一半；瘤区的颗瘤端头前伸，形大尖利，瘤间空隙宽阔，在背顶部颗瘤变得低平，横向扁长，连成弧列，渐次减弱；在背板前缘上有 8–9 枚大小均匀的颗瘤，排成横列。刻点区底面有纵线状印纹，其间杂有平滑无纹小区；刻点区的刻点圆小轻浅，没有背中线；背板的绒毛短小，分布在瘤区，起自颗瘤顶端之后；刻点区无毛。鞘翅长度为前胸背板长度的 1.4 倍，为两翅合宽的 1.2 倍；背面观鞘翅两侧缘直线后伸，同时略微加宽，在鞘翅后 1/5 处急剧收尾，侧面观鞘翅从基部至端部均匀弓曲，没有明显的翅坡上缘，有翅坡下侧缘边。小盾片较大，中部略凹，三角形，角顶圆钝。鞘翅行纹轻陷，行纹的刻点大小疏密适中，点心下陷；行间宽阔，有 1 列刻点，形状与行纹刻点相似，略较疏小。鞘翅翅坡弓突，行间高低均匀，翅坡下侧缘边锐利，突起上翘；在翅坡上行间的刻点突起成粒；鞘翅的绒毛发生在行间，排成纵列，从翅中部起，止于翅端部，翅前部光秃。

　　分布：浙江、山西、河南、陕西、安徽、湖北、湖南、福建、台湾、广东、海南、广西、四川、贵州、云南、西藏；俄罗斯，朝鲜，韩国，日本，越南，格鲁吉亚，土耳其，欧洲，北美洲，新西兰。

参 考 文 献

陈其瑚. 1993. 浙江植物病虫志: 昆虫篇(第二集). 上海: 上海科学技术出版社, 212-250.

陈世骧. 1986. 中国动物志: 昆虫纲, 铁甲科. 北京: 科学出版社, 1-653.

陈世骧, 谢蕴贞, 邓国藩. 1959. 中国经济昆虫志 第一册 鞘翅目 天牛科. 北京: 科学出版社, 1-120, 20 pls.

冯波. 2007. 中国锯天牛亚科分类与区系研究. 西南大学硕士学位论文, 211 pp.

华立中, 奈良一, 塞缪尔森, 林格费尔特. 2009. 中国天牛(1406 种)彩色图鉴. 广州: 中山大学出版社, 1-474, 125 pls.

蒋书楠, 陈力. 2001. 中国动物志 昆虫纲 第二十一卷 鞘翅目 天牛科 花天牛亚科. 北京: 科学出版社, 1-296.

蒋书楠, 蒲富基, 华立中. 1985. 中国经济志 第三十五册 鞘翅目 天牛科(三). 北京: 科学出版社, 1-189, 13 pls.

李竹. 2014. 中国筒天牛属分类研究(鞘翅目: 天牛科: 沟胫天牛亚科). 西南大学博士学位论文, 281 pp.

林美英, 崔俊芝, 杨星科. 2009. 天牛科. 127-133. 见: 王义平, 等. 浙江乌岩岭昆虫及其森林健康评价. 北京: 科学出版社.

林美英. 2015a. 常见天牛野外识别手册. 重庆: 重庆大学出版社, 1-227.

林美英. 2015b. 国家动物博物馆馆藏天牛模式标本图册. 郑州: 河南科学技术出版社, 1-374.

林美英. 2017. 秦岭昆虫志 第六卷 鞘翅目(二) 天牛类. 西安: 世界图书出版公司, 1-510, 37 pls.

蒲富基. 1980. 中国经济志 第十九册 鞘翅目 天牛科(二). 北京: 科学出版社, 1-146, 12 pls.

任立, 黄俊浩, 张润志. 2018. 象甲总科. 242-269. 见: 杨星科. 天目山动物志 第七卷. 杭州: 浙江大学出版社.

阮用颖, 杨星科. 2017. 跳甲亚科. 177-223. 见: 杨星科, 张润志. 秦岭昆虫志 第七卷 鞘翅目(三). 北京: 世界图书出版公司,
    1-485.

阮用颖, 杨星科. 2018. 跳甲亚科. 195-213. 见: 杨星科. 天目山动物志 第七卷. 杭州: 浙江大学出版社.

佘德松. 2002. 浙江省天牛科昆虫名录补遗. 浙江林业科技, 22(4): 13-17.

时书青. 2012. 中国幽天牛亚科、瘦天牛科系统分类研究. 西南大学博士学位论文, 1-148.

谭娟杰, 虞佩玉, 李鸿兴, 王书永, 姜胜巧. 1980. 中国经济昆虫志 第十八册 鞘翅目 叶甲总科(一). 北京: 科学出版社, 213 pp. +18 pls.

王书永. 1992. 鞘翅目: 叶甲科: 叶甲亚科. 见: 中国科学院青藏高原综合科学考察队. 横断山区昆虫 第一册. 北京: 科学出
    版社, 628-645.

王书永. 1996. 鞘翅目: 叶甲科: 叶甲亚科. 见: 虞佩玉, 王书永, 杨星科. 中国经济昆虫志 第五十四册 鞘翅目 叶甲总科
    (二). 北京: 科学出版社, 34-82.

王书永, 陈世骧. 1992. 鞘翅目 叶甲科 跳甲亚科. 628-646. 见: 陈世骧. 横断山区昆虫(第一册). 北京: 科学出版社, 1-682.

王书永, 高明媛. 2001. 跳甲亚科. 373-379. 见: 吴鸿, 潘承文. 天目山昆虫. 北京: 科学出版社, 1-782.

王文凯. 2001. 鞘翅目: 天牛总科. 350-368. 见: 吴鸿, 潘承文. 天目山昆虫. 北京: 科学出版社, 1-782.

王文凯, 谢广林, 向兰斌. 2018. 天牛科. 39-125, 图版 XLII-LVI. 见: 杨星科. 天目山动物志(第七卷). 杭州: 浙江大学出版社,
    1-304.

王宇磊, 平国标, 潘秋波, 徐志宏. 2015. 2 种吊瓜害虫斑角坡天牛和瓜藤天牛记述. 浙江农业科学, 56(3): 362-364.

吴鸿, 吴明生. 1995. 鞘翅目: 天牛科. 251-256. 见: 吴鸿. 华东百山祖昆虫. 北京: 中国林业出版社, 586 pp.

吴鸿, 周文豹, 程日光, 郑求星. 1995. 鞘翅目: 天牛科. 114-118. 见: 朱廷安. 浙江古田山昆虫和大型真菌. 杭州: 浙江科学
    技术出版社, 327 pp.

谢广林, 王文凯, 郭瑞. 2014. 鞘翅目: 天牛总科. 175-185. 见: 王义平, 童彩亮. 浙江清凉峰昆虫. 北京: 中国林业出版社,
    372 pp.

谢广林, 王文凯, 林美英, 杨星科. 2010. 鞘翅目: 天牛总科. 202-216. 见: 徐华潮, 叶砝仙. 浙江凤阳山昆虫. 北京: 中国林

业出版社, 397 pp.

杨星科, 葛斯琴, 王书永, 李文柱, 崔俊芝. 2014. 中国动物志 第61卷 昆虫纲 鞘翅目 叶甲科 叶甲亚科. 北京: 科学出版社, 1-641.

俞智勇, 周文一. 1998. 鞘翅目: 天牛科. 120-125. 见: 吴鸿. 龙王山昆虫. 北京: 中国林业出版社, 320 pp.

虞佩玉, 王书永, 杨星科. 1996. 中国经济昆虫志 第五十四册 鞘翅目 叶甲总科(二). 北京: 科学出版社, 1-324.

章士美, 陈其瑚. 1992. 浙江的天牛科昆虫及其区系结构. 江西农业大学学报, 14(1): 24-29.

Abdullah M, Qureshi S S. 1969a. A key to the Pakistani genera and species of Hispinae and Cassidinae (Coleoptera: Chrysomelidae), with description of new species from West Pakistan including economic importance. Pakistan Journal of Scientific and Industrial Research, 12: 95-104.

Abdullah M, Qureshi S S. 1969b. A key to the Pakistani genera and species of the Chrysomelinae and Halticinae (Coleoptera: Chrysomelidae), with descriptions of new genera and species including the economic importance. Pakistan Journal of Scientific and Industrial Research, 12: 105-120.

Achard J. 1914. Communications un genre nouveau de Coleopteres phytophages. Bulletin de la Société Entomologique de France: 288-291.

Achard J. 1919. Description de deux espèces nouvelles du genre *Chlamys*. Annales de la Société Entomologique de Belgique, 59: 36-40.

Achard J. 1920. Description d'un *Colobaspis* nouveau du Yunnan. Bulletin de la Société Entomologique de France: 48-49.

Achard J. 1921. Descriptions d'especes nouvelles de *Trichochrysea* (Col. Chrysomelidae). Bulletin de la Société Entomologique de France, 1920: 171-172.

Achard J. 1922. Decriptions de nouveaux Chrysomelini. Fragments Entomologiques (Prague), 1-2: 1-48.

Achard J. 1924. Les *Phytodecta* et leurs variations. Espèces et cariètès nouvelles. Rectifications synonymiques. Časopis Československè Společnosti Entomologické, 21: 31-37.

Achard J. 1926. Descriptions de nouveaux Chrysomelini. Fragments Entomologiques (Prague), 3: 129-144.

Agassiz J L R. 1846. Nomina systematica generum Coleopterorum, tam viventium quam fossilium, secundum ordinem alphabeticum disposita, adjectis auctoribus, libris in quibus reperiunter, anno editionis, etymologia et familiis ad quas pertinent. *In:* Agassiz L, Nomenclator Zoologicus. Fasciculus XI. Coleoptera. Solodurum: Jent et Gassmann, 1-170.

Allard E. 1860. Essai monographique sur les Galerucites Anisopodes (Latr.) ou description des Altises d'Europe et des bords de la mer Méditerranée. Annales de la Société Entomologique de France, (3)8: 39-144, 369-418, 539-578, 785-834.

Allard E. 1888. Synopsis des Galerucines à corselet sillonné transversalement, 1re partie. Annales de la Société Entomologique de France, 6(8): 305-332.

Allard E. 1890. Troisième note sur les galérucides. Bulletin ou Comptes-rendus des Séances de la Société Entomologique de Belgique: 80-94.

Allard E. 1891. Collection d'insectes formée dans l'Indo-chine par M. Pavie consul de France au Cambodge. Coléoptèras: Phytophages. Nouvelles Archives du Muséum d'Histoire Naturelle, 3(3): 229-234.

Alonso-Zarazaga M A. 1986. Taxonomic and nomenclatural notes on Apionidae (Coleoptera). Giornale Italiano di Entomologia, 3: 197-204.

Alonso-Zarazaga M A. 1989. Pseudopiezotrachelus frieseri, nouvelle espèce d'Apionidae (Coleoptera) du Nepal. Bulletin de la Société Entomologique de France, 93: 167-173.

Alonso-Zarazaga M A, Lyal C H C. 1999. A world catalogue of families and genera of Curculionoidea (Insecta: Coleoptera) (excepting Scolytidae and Platypodidae). Barcelona: Entomopraxis S. C. P, 315 pp.

Alonso-Zarazaga M A, Lyal C H C. 2002. Addenda and corrigenda to 'A World Catalogue of Families and Genera of Curculionoidea

(Insecta: Coleoptera)'. Zootaxa, 63: 1-37.

Ambrus R, Grosser W. 2013. Results of the Czech entomological expedition to Iran (2009-2010) (Coleoptera: Cerambycidae). Humanity Space-International Almanac, 2(3): 461-482.

Arakawa H Y. 1932. A new Cerambycidae and Buprestidae from South Manchuria. Kontyû, 6: 15-19.

Aslam N A. 1968. Nomenclatorial notes on Chrysomeloidea (Coleoptera). Journal of Natural History, 2: 127-129.

Aslam N A. 1972. On the genus *Drasa* Poryant (Coleoptera, Chrysomelidae, Galerucinae) with some nomenclatorial notes on the Galerucinae. Journal of Natural History, 6(5): 483-501.

Audinet-Serville J G A. 1832. Nouvelle classification de la famille des longicornes. Annales de la Société Entomologique de France, 1: 118-201.

Audinet-Serville J G A. 1834a. Nouvelle classification de la famille des longicornes. Annales de la Société Entomologique de France, 2 [1833]: 528-573.

Audinet-Serville J G A. 1834b. Nouvelle classification de la famille des longicornes. Annales de la Société Entomologique de France, 3: 5-110.

Audinet-Serville J G A. 1835. Nouvelle classification de la famille des longicornes. Annales de la Société Entomologique de France, 4: 5-100.

Aurivillius C. 1891. Collection d'insectes formée dans l'Indo-Chine par M. Pavie consul de France au Cambodge (Suite). Nouvelles Archives du Muséum d'Histoire Naturelle, (3)3: 205-224.

Aurivillius C. 1907. Neue oder wenig bekannte Coleoptera Longicornia. 9. Arkiv för zoologi, 3(18): 1-39 (= 93-131), pl. 1: figs. 1-9; figs. 35-41.

Aurivillius C. 1912. Cerambycidae: Cerambycinae. Pars 39. *In:* Schenkling S, Coleopterorum Catalogus. Volumen 22. Cerambycidae I. Junk, Berlin, 108 + 574 .

Aurivillius C. 1920. Neue oder wenig bekannte Coleoptera Longicornia. 17. Arkiv för zoologi, 13(9): 1-43 (= 361-403), figs. 73-81.

Aurivillius C. 1921. Tre nya skalbaggsarten Iran Elgons topp tagna 28-30 juni 1920. *In:* Lovén S A, Kring Mount Elgon med vita vänner och svarta. Stockholm: Svenska Teknologföreningens Förlag, 195 pp.

Aurivillius C. 1922. Cerambycidae: Lamiinae I. Pars 73. *In:* Schenkling S, Coleopterorum Catalogus. Volumen XXⅢ. Cerambycidae Ⅱ. W. Junk, Berlin, 322.

Aurivillius C. 1923a. Cerambycidae: Lamiinae Ⅱ. Pars 74. *In:* Schenkling S, Coleopterorum Catalogus. Volumen XXⅢ. Cerambycidae Ⅱ. W. Junk, Berlin, 323-704.

Aurivillius C. 1923b. Neue oder wenig bekannte Coleoptera Longicornia. 19. Arkiv för zoologi, 15(25): 1-43 (= 437-479), figs. 113-133.

Aurivillius C. 1926. Sammlungen der Schwedischen Elgon-Expedition im Jahre 20. 8. Curculioniden. Arkiv för zoologi, 18A (23): 1-34.

Aurivillius C. 1927. Neue oder wenig bekannte Coleoptera Longicornia. 23. Arkiv för zoologi, 19A (23): 1-41 (= 549-589), figs. 178-202.

Baly J S. 1858. Catalogue of Hispidae in the collection of the British Museum. London, 1-172.

Baly J S. 1859a. Description of new genera and species of phytophagous insects. Annals and Magazine of Natural History, (3)4: 55-61, 124-128.

Baly J S. 1859b. Descriptions of new species of phytophagous beetles. The Annals and Magazine of Natural History, (3)3: 195-209.

Baly J S. 1859c. Descriptions of new species of phytophagous insects. Transactions of the Entomological Society of London, (2)5 [1858-1861]: 146-161.

Baly J S. 1860a. Descriptions of new genera and species of Eumolpidae. The Journal of Entomology, 1 [1860-1862]: 23-36, pl. 1.

Baly J S. 1860b. Descriptions of six new species of *Chrysomela* from the East. The Journal of Entomology, 1 [1860-1862]: 93-97.

Baly J S. 1861. Descriptions of new genera and species of Phytophaga. Journal of Entomology, 1 [1860-1862]: 193-206, 275-302, pl. 1.

Baly J S. 1862a. Descriptions of new species of phytophagous beetles. Annals and Magazine of Natural History, (3)10: 17-29.

Baly J S. 1862b. Descriptions of new genera and species of Phytophaga. Journal of Entomology, 1: 450-459.

Baly J S. 1863a. An attempt at a classification of the Eumolpidae. The Journal of Entomology, 2: 143-163.

Baly J S. 1863b. Descriptions of new of phytophagous. Transactions of the Entomological Society of London, 3(1): 611-624.

Baly J S. 1864a. Descriptions of uncharacterized genera and species of Phytophaga. Transactions of the Entomological Society of London, (3)2: 223-258.

Baly J S. 1864b. Descriptions of new genera and species of Phytophaga. Journal of Entomology, 1: 433-442.

Baly J S. 1865a. Descriptions of new genera and species of Phytophaga. Annals and Magazine of Natural History, (3)15: 33-38.

Baly J S. 1865b. Descriptions of new species of Crioceridae. The Annals and Magazine of Natural History, (3)16: 153-160.

Baly J S. 1865c. Descriptions of new genera and species of phytophagous. Transactions of the Entomological Society of London, 21: 427-440.

Baly J S. 1865d. Descriptions of new genera and species of Galerucidae. Entomologist's Monthly Magazine, 2: 97-148.

Baly J S. 1865e. Baly on new genera and species of Galerucidae. The Annals and Magazine of Natural History, 2: 247-255.

Baly J S. 1869. Descriptions of new genera and species of Hispidae; with notes on some previously described species. Transactions of the Entomological Society of London, 17: 363-382.

Baly J S. 1873. Catalogue of the phytophagous Coleoptera of Japan, with descriptions of the species new to science. Transactions of the Entomological Society of London, 1873: 69-99.

Baly J S. 1874. Catalogue of the phytophagous Coleoptera of Japan, with descriptions of the species new to science. Transactions of the Entomological Society of London, 1874: 161-217.

Baly J S. 1876. Descriptions of a new genus and of new species of Halticinae. Transactions of the Entomological Society of London, 1876: 581-602.

Baly J S. 1877a. Description of new genera and uncharacterized species of Halticinae. Transactions of the Entomological Society of London, 1877: 157-184, 283-323.

Baly J S. 1877b. Descriptions of new species of phytophagous Coleoptera. Cistula Entomologica, 2: 444.

Baly J S. 1878a. Descriptions of the phytophagous Coleoptera collected by the late Dr. F. Stoliczka Forsyth's expedition to Kashgar in 1873-74. Cistula Entomologica, 2: 369-383.

Baly J S. 1878b. Descriptions of new genera and species of Gallerucinae. The Annals and Magazine of Natural History, (5)2: 411-422.

Baly J S. 1878c. Description of new species and genera of Eumolpidae. The Journal of the Linnean Society (Zoology), 14: 246-264.

Baly J S. 1878d. Descriptions of genera and species of Australian phytophagous beetles. Journal of the Linnean Society of London (Zoology), 1878: 458-479.

Baly J S. 1879a. Descriptions of new genera and species of Gallerucinae. The Annals and Magazine of Natural History, (5)4: 108-120.

Baly J S. 1879b. List of the phytophagous Coleoptera collected in Assam by A. W. Chennell, Esq., with notes and descriptions of the uncharacterized genera and species. Cistula Entomologica, 2: 435-465.

Baly J S. 1886. Descriptions of a new genus and some new species of Galerucidae, also diagnostic notes on some of the older described species of *Aulacophora*. Journal of the Linnean Society (Zoology), 20(5): 1-27.

Baly J S. 1887a. Notes on Galerucinae, and descriptions of two new species of Hispidae. The Entomologist's Monthly Magazine, 23: 268-270.

Baly J S. 1887b. Description of a new species of phytophagous Coleoptera alleged to be destructive to the Dhan crops in the

Chittagong District. Journal of the Asiatic Society of Bengal, 55: 412.

Baly J S. 1888. Desciption of new genera and species of Galerucidae. Journal of the Linnean Society, 20: 156-188.

Baly J S. 1889. Notes on *Aulacophora* and allied genera. Transactions of the Entomological Society of London, 1889: 297-309.

Barber H S. 1947. Diabrotica and two new genera (Coleoptera, Chrysomelidae). Proceedings of the Entomological Society of Washington, 49: 151-161.

Barber H S. 1951. *Hispella*, a synonym of *Hispa* Linnaeus, and a new *Dactylispa* from China. Pan-Pacific Entomologist, 27(1): 17-19.

Barroga G F, Mohamedsaid M S. 2002. Revision of the genus *Aulacophora* Chevrolat (Coleoptera: Chrysomelidae: Galerucinae) in Sundaland. Serangga, 7(1-2): 15-194.

Bates H W. 1866. On a Collection of Coleoptera from "Formosa"[*], sent home by R. Swinhoe, Esq., H. B. M. Consul, Formosa. Proceedings Zoological Society: 339-355.

Bates H W. 1873a. On the longicorn Coleoptera of Japan. The Annals and Magazine of Natural History, (4)12(68): 148-156.

Bates H W. 1873b. On the longicorn Coleoptera of Japan. The Annals and Magazine of Natural History, (4)12(69): 193-201.

Bates H W. 1873c. On the longicorn Coleoptera of Japan. The Annals and Magazine of Natural History, (4)12(70): 308-318.

Bates H W. 1873d. On the longicorn Coleoptera of Japan. The Annals and Magazine of Natural History, (4)12(71): 380-390.

Bates H W. 1877. Three new species of longicorn Coleoptera from Japan. The Entomologist's Monthly Magazine, London, 14(2): 37-38.

Bates H W. 1878. New genera and species of longicorn Coleoptera. The Entomologist's Monthly Magazine, London, 14 [1877-1878]: 272-274.

Bates H W. 1879. New genera and species of Callichrominae (Col., Longicornia). Cistulae Entomologicae, 2: 395-419.

Bates H W. 1884. Longicorn beetles of Japan. Additions, chiefly from the later collections of G. Lewis, and notes on the synonymy, distribution, and habits of the previously known species. Journal of the Linnean Society of London, Zoology, 18: 205-261, 2 pls.

Bates H W. 1888. On a collection of Coleoptera from Korea (Tribe Geodephaga, Lamellicornia, and Longicornia), made by Mr. J. H. Leech, F. Z. S. Proceedings of the Scientific Meetings of the Zoological Society of London, (25-26): 378-380.

Bates H W. 1890. Coleoptera collected by Mr. Pratt on the Upper Yang-Tsze, and on the borders of Thibet. The Entomologist, 23: 244-247.

Bates H W. 1891. Coleoptera collected by Mr. Pratt on the Upper Yang-Tsze, and on the borders of Thibet. Second notice. Journey of 1890. The Entomologist, 24 (Suppl.): 69-80.

Bechyné J. 1948. Příspěvek k poznáni rodu *Phytodecta* Kirby. Additamenta ad cognitionem generis *Phytodecta* Kirby (Col. Phytoph. Chrysomelidae). Sbornik Národniho Musea v Praze, 3B (3) [1947]: 89-158.

Bechyné J. 1950. Contribution à la connaissance du genre *Chrysolina* Motsch. (Col. Phytophaga Chrysomelidae). Entomologische Arbeiten aus dem Museum G. Frey, München, 1: 47-185.

Bechyné J. 1955. Über die westafrikanischen Alticiden (Col. Phytophaga). Entomologische Arbeiten aus dem Museum G. Frey, München, 6: 486-568.

Bechyné J. 1958. Contribution à l'étude des Chrysomeloidea des îles Mascareignes. II. Alticidae. The Mauritius Institute Bulletin, 5: 83-93.

Bechyné J. 1959. Coleoptera: Chrysomelidae II. Hanstrom: Brinck and Rudebeck, 226-238.

Bedel L. 1884. Faune des Coléoptères de Bassin de la Seine. Vol. VI. Rhynchophora. (Cont.). Annales de la Société Entomologique de France (6)4(2), Publication Hors Série: 113-128.

Bedel L. 1885. Faune des Coléoptères du Bassin de la Seine. Vol. VI. Rhynchophora (Cont.). Annales de la Société Entomologique

---

* 台湾是中国领土的一部分。Formosa（早期西方人对台湾岛的称呼）一般指台湾，具有殖民色彩。本书因引用历史文献不便改动，仍使用 Formosa 一词，但并不代表作者及科学出版社的政治立场

de France (6)5(3), Publication Hors Série: 177-200.

Bedel L. 1888. Faune des Coléoptères du Bassin de la Seine. Vol. VI. Rhynchophora (Cont.). Annales de la Société Entomologique de France (6)7(4) [1887], Publication Hors Série: 385-442 + [2].

Bedel L. 1898. Fauna des Colèoptères du Bassin de la Seine. Annales de la Société Entomologique de France, 5: 121-260.

Bedel L. 1909. Catalogue des cléoniens (Col. Curculionidae) de l'Égypte et du Haut-Nil. Bulletin de la Société Entomologique d'Egypte, 2: 89-107.

Beenen R. 2010. Galerucinae. 443-491. *In:* Löbl I, Smetana A, Catalogue of Palaearctic Coleoptera. Vol. 6. Stenstrup: Apollo Books, 924 pp.

Beenen R, Warchalowski A. 2010. *Charaea pseudominutum* n. sp., an undescribed but not unknown galerucine beetle (Coleoptera, Chrysomelidae, Galerucinae). Entomologische Blätter, 106: 57-62.

Beeson C F C. 1919. The food plants of Indian forest insects. Part II. Indian Forester (Allahabad), 45: 139-153.

Bentanachs J. 2012a. Revisión del género *Polyzonus* Dejean, 1835 y géneros afines (Coleoptera, Cerambycidae, Callichromatini). Les Cahiers Magellanes (NS), 8: 1-100.

Bentanachs J. 2012b. Catalogue des Callichromatini de la région paléarctique et orientale (Coleoptera, Cerambycidae, Cerambycinae, Callichromatini). Les Cahiers Magellanes (NS), 10: 26-106.

Bentanachs J, Drouin G. 2013. Callichromatini nouveaux de la région orientale (Coleoptera, Cerambycidae, Cerambycinae). Les Cahiers Magellanes (NS), 11: 91-101, 25 figs.

Bentanachs J, Jiroux E. 2017. Le genre *Cataphrodisium* Aurivillius, 1907: nouvelle synonymie et nouvelle espèce (Coleoptera, Cerambycidae, Cerambycinae, Callichromatini). Les Cahiers Magellanes (NS), 26: 34-39, 3 figs.

Bentanachs J, Jiroux E. 2019. Callichromatini de región oriental: nuevas sinonimias, revalidaciones y transferencias (Coleoptera, Cerambycidae, Cerambycinae, Callichromatini). Les Cahiers Magellanes (NS), 32: 74-81, 35 figs.

Berg F G C. 1899. Substitucion de nombres genericos, III. Comun. Anales del Museo Nacional de Buenos Aires, 1: 77-80.

Berlioz J. 1921. Note sur une espèce nouvelle d'Eumolpide (Col. Chrysomelides) de la Chine méridionale. Bulletin du Muséum National d'Histoire Naturelle, 27(5): 332-333.

Bethune C J S. 1872. Insects of the northern parts of British America. From Kirby's Fauna Boreali-Americana: Insecta. The Canadian Entomologist, Ontario, 4(3): 52-57.

Bezděk J. 2003a. Studies on Asiatic *Apophylia*. Part 1: new synonyms, lectotype designations, redescriptions, descriptions of new species and notes (Coleoptera: Chrysomelidae: Galerucinae). Genus, 14(1): 69-102.

Bezděk J. 2003b. Studies on asiatic *Apophylia*. Part 3. Revisional study of type materials and descriptions of eight species new to science (Coleoptera: Chrysomelidae: Galerucinae). Genus (Wroclaw), 14(2): 191-230.

Bezděk J. 2010. *Haplomela* Chen, 1942, a new synonym of *Hoplasoma* Jacoby, 1884 (Coleoptera: Chrysomelidae, Galerucinae). Entomologische Zeitschrift, 120(2): 81-84.

Bezděk J. 2011. Revisional study on the genus *Mimastra* (Coleoptera: Chrysomelidae: Galerucinae). Part 3: *Mimastra oblonga* and *M. tarsalis* species groups. Zootaxa, 2766: 30-56.

Bezděk J. 2019. *Taumacera* revisited, with new synonyms, new combinations and a revised catalogue of the species (Coleoptera: Chrysomelidae: Galerucinae). Acta Entomologica, 59(1): 23-52.

Bi W-X. 2021. Studies on the Flightless Lamiinae (Coleoptera: Cerambycidae) from China: IV. Genera *Morimospasma* Ganglbauer, 1889 (Lamiini). Japanese Journal of Systematic Entomology, 27(2): 270-291.

Bi W-X, Chen C-C, Ohbayashi N. 2020. Notes on the poorly known *Anoplophora* species, with description of one new species from South China (Coleoptera, Cerambycidae, Lamiinae). Zootaxa, 4853(2): 265-274.

Bi W-X, Lin M-Y. 2013. Description of a new species of *Distenia* (Coleoptera, Disteniidae, Disteniini) from Southeastern China:

with records and diagnoses of similar species. ZooKeys, 275: 77-89.

Bi W-X, Niisato T. 2018. Taxonomic study on the subgenus *Anaglyptus* (*Akajimatora*) Kusama and Takakuwa, 1984 (Coleoptera, Cerambycidae) from China. Elytra, Tokyo, New Series, 8(1): 75-79.

Bi W-X, Ohbayashi N. 2015. A new synonym of the genus *Anoplophora* Hope, 1839, and description of a new species from Yunnan, China (Coleoptera: Cerambycidae: Lamiinae). Japanese Journal of Systematic Entomology, 21(2): 291-296.

Bi W-X, Ohbayashi N, Zhao M-S. 2019. New record of the genus *Gerdianus* Holzschuh, 2011 from China with description of one new species (Coleoptera: Cerambycidae: Lepturinae: Lepturini). Japanese Journal of Systematic Entomology, 25(1): 87-90.

Billberg G J. 1808. Title unknown. *In:* Schonherr, Synonymia Insectorum, 1(2): 230.

Billberg G J. 1820. Enumeratio insectorum in museo Gust. Joh. Billberg. Stockholm: Typis Gadelianis, [2] + 138 pp.

Bílý S, Mehl O. 1989. Longhorn beetles (Coleoptera, Cerambycidae) of Fennoscandia and Denmark. Fauna Entomologica Scandinavica, 22: 203 pp.

Binder K. 1915. *Rhopalopus* (nov. Subg. *Calliopedia*) *reitteri* nov. sp. Wiener Entomologische Zeitung, 34: 186.

Biondi M, D'Alessandro P. 2010. Genus-group names of Afrotropical flea beetles (Coleoptera: Chrysomelidae: Alticinae), annotated catalogue and biogeographical notes. European Journal of Entomology, 107(3): 401-424.

Biondi S. 2001. Notes on some Apoderinae from the Oriental Region (Coleoptera Attelabidae). Bollettino della Società Entomologica Italiana, 133: 225-228.

Blackburn T. 1885. [new taxa]. *In:* Blackburn T, Sharp D, Memoirs on the Coleoptera of the Hawaiian Islands. The Scientific Transactions of the Royal Dublin Society, (2)3(6): 119-289, 300, pls. IV-V.

Blanchard C É. 1841. Planches 67 and 68. *In:* Audouin J V, Blanchard C E, Doyère L, Milne Edwards H, Le règne animal distribué d'après son organisation, pour servir de base à l'histoire naturelle des animaux, et d'introduction à l'anatomie comparée, par Georges Cuvier. Edition accompagnée de planches gravées, représentant les types de tous les genres, les caractères distinctifs des divers groupes et les modifications de structure sur lesquelles repose cette classification; par une réunion de disciples de Cuvier. Les insectes. Avec un atlas. Myriapodes, thysanoures, parasites, suceurs et Coléoptères. Atlas [I]. Fortin, Masson et Cie, Paris.

Blanchard C É. 1845. Histoire des insectes, traitant de leur moeurs et de leurs métamorphoses en général et comprenant une nouvelle classification fondée sur leurs rapports naturels. Tome premier. Paris: Firmin Didot frères v + 398 pp., pls. 1-10; Tome deuxième 524 pp., pls. 11-20.

Blanchard C É. 1849. VI. Les Insectes. *In:* Cuvier G, Le Règne animal distribué d'après son organisation, pour servir de base à l'Histoire Naturelle des Animaux et d'introduction à l'anatomie comparée Paris, Fortin Masson and Cie 557 pp., atlas 75 pls.

Blanchard C É. 1853. Insectes. *In:* Hombron J B, Jacquinot R, Atlas d'histoire naturelle. Zoologie. *In:* Voyage au Pôle Sud et dans l'Océanie sur les corvettes l'Astrolabe et la Zélée, executé par l'ordre du Roi pendent les années 1837-1838-1839-1840 sous le commandement de M. J. Dumont-d'Urville, capitaine de vaisseau. Tome quatrième. Gide et J. Baudry, Paris [5] + 422 pp., 20 pls. [plates issued in 1847].

Blanchard C É. 1871. Remarques sur la faune de la principauté thibétaine du Mou-pin. Comptes Rendus de l'Académie des Sciences de Paris, 72: 807-813.

Blandford W F H. 1894. The Rhynchophorous Coleoptera of Japan. Part III. Scolytidae. Transactions of the Entomological Society of London, 1894: 53-141.

Blandford W F H. 1896. Descriptions of new Scolytidae from the Indo-Malayan and Austro-Malayan regions. Transactions of the Entomological Society of London, 1896: 191-228.

Blatchley W S. 1916. [new taxon]. *In:* Blatchley W S, Leng C W, Rhynchophora or weevils of Northeastern America. Indianapolis: The Nature Publishing Company, 682 pp.

Blatchley W S. 1921. Notes on Indiana Halticini, with characterisation of a new genus and descriptions of new species. Journal of the

New York Entomological Society, 29: 16-27.

Blessig C. 1872. Zur Kenntniss der Käferfauna Süd-Ost-Sibiriens Insbesondere des Amur-Landes. Longicornia. Horae Entomologicae Rossicae, St. Petersbourg, 9(2): 161-192.

Blessig C. 1873. Zur Kenntnis der Käferfauna Süd-Ost-Sibiriens Insbesondere des Amur-Landes. Longicornia. Horae Societatis Entomologicae Rossicae, St. Petersbourg, 9(3) [1872]: 193-260, pls. Ⅶ, Ⅷ.

Boheman C H. 1833. [new taxa]. *In:* Schoenherr C J, Genera et species curculionidum, cum synonymia hujus familiae. Species novae aut hactenus minus cognitae, descriptionibus a Dom. Leonardo Gyllenhal, C. H. Boheman, et entomologis aliis illustratae. Tomus primus.-Pars prima. Parisiis: Roret, pp. i-xv + 1-381.

Boheman C H. 1835. [new taxa]. *In:* Schoenherr C J, Genera et species curculionidum, cum synoymia hujus familiae. Species novae aut hactenus minus cognitae, descriptionibus a Dom. Leonardo Gyllenhal, C. H. Boheman, et entomologis aliis illustratae. Tomus tertius.-Pars prima. [1836] Parisiis: Roret; Lipsiae: Fleischer, pp. [6] + 505.

Boheman C H. 1836. [new taxa]. *In:* Schoenherr C J, Genera et species curculionidum, cum synonymia hujus familiae. Species novae aut hactenus minus cognitae, descriptionibus a Dom. Leonardo Gyllenhal, C. H. Boheman, et entomologis aliis illustratae. Tomus tertius.-Pars secunda. Parisiis: Roret; Lipsiae: Fleischer, 506-858.

Boheman C H. 1844. [new taxa]. *In:* Schoenherr C J, Genera et species curculionidum, cum synonymia hujus familiae. Species novae aut hactenus minus cognitae, descriptionibus a Dom. L. Gyllenhal, C. H. Boheman, O. J. Fahraeus et entomologis aliis illustratae. Tomus octavus.-Pars prima. Supplementum continens. Parisiis: Roret; Lipsiae: Flescher, 442.

Boheman C H. 1845. [new taxa]. *In:* Schoenherr C J, Genera et species curculionidum, cum synonymia hujus familiae. Species novae aut hactenus minus cognitae, descriptionibus a Dom. L. Gyllenhal, C. H. Boheman, O. J. Fahraeus et entomologis aliis illustratae. Tomus octavus.-Pars secunda. Supplementum continens. Parisiis: Roret; Lipsiae: Flescher, [4] + 504 pp., 27 pls. [Synopsis Geographica].

Boheman C H. 1854. Monographia Cassididarum. Tomus secundus. Holmiae, 1-506.

Boheman C H. 1855. Monographia Cassididarum. Tomus tertius. Holmiae, 1-543.

Boheman C H. 1856. Catalogue of Coleopterous Insects in the collection of the British Museum, Part Ⅸ, Cassididae. London, 1-255.

Boheman C H. 1859. Coleoptera. Species novas descripsit. 113-217, pls. I-Ⅱ. *In:* Virgin C, Kongliga Svenska Fregatten Eugenies Resa omkring jorden under befäl af C. A. Virgin, ären 1851-1853. Vetenskapliga Iakttaagelser pa H. M. Konung Oscart den Försten befallning utgifna af K. Svenska Vetenskaps Akademien. Ⅱ. Zoologi. Ⅰ. Insecta. Uppsala et Stockholm: P. A. Norstedt & Söner, Almquist et Wiksells, 617 pp., 9 pls.

Boheman C H. 1862. Monographia Cassididarum. Tomus quartus. Holmiae, 1-504.

Boieldieu A A. 1859. Descriptions d'espèces nouvelles de Coléoptères. Annales de la Société Entomologique de France, (3)7(3): 461-482, pl. 8.

Boisduval J A D. 1835. Voyage de découvertes de l'Astrolabe exécuté par ordre du Roi, pendant les années 1826-1827-1828-1829, sous le commandement de M. J. Dumont d'Urville. Faune Entomologique de l'Océan Pacifique, avec l'illustration des insectes nouveaux recueillis pendant le voyage. Deuxième partie. Coléoptères et autres ordres. Paris: Didot-Frères, J. Tastu, éditeur-imprimeur Ⅷ + 716 pp.

Borowiec L. 1992. A review of the tribe Aspidomorphini of the Australian region and Papuan subregion (Coleoptera: Chrysomelidae: Cassidinae). Genus, 3: 121-184.

Borowiec L. 1996. New records of Asiatic Cassidinae (Coleoptera: Chrysomelidae). Annals of the Upper Silesian Museum in Bytom Entomology, 6-7: 5-47.

Borowiec L. 1997. A monograph of the Afrotropical Cassidinae (Coleoptera: Chrysomelidae). Part Ⅱ. Revision of the tribe Aspidimorphini 2, the genus *Aspidimorpha* Hope. Genus (Supplement), Biologica Silesiae, Wroclaw, 1-596.

Borowiec L, Sekerka L. 2010. Cassidinae: 64-65, 368-390. *In:* Löbl I, Smetana A, Catalogue of Palaearctic Coleoptera. Vol. 6, Chrysomeloidea. Apollo Books, 1-924.

Borowiec L, Takizawa H. 1991. Notes on chrysomelid beetles (Coleoptera) of India and its neighboring areas. Part 10. Japanese Journal of Entomology, 59: 637-654.

Bousquet Y. 2008. Nomenclatural and Bibliographic Notes on Cerambycidae (Coleoptera). The Coleopterists' Bulletin, 61(4): 616-631.

Bowditch F C. 1925. Notes on Galerucinae in my collection. Psyche, 32: 244-246.

Breuning S. 1935a. Novae species Cerambycidarum. Ⅳ. Folia Zoologica et Hydrobiologica, 8(2): 251-276.

Breuning S. 1935b. Novae species Cerambycidarum. Ⅲ. Folia Zoologica et Hydrobiologica, 8: 51-71.

Breuning S. 1935c. Description d'un nouveau Longicorne. Bollettino della Società Entomologica Italiana, Firenze, 67(5-6): 76-77.

Breuning S. 1935d. Novae species Cerambycidarum. Ⅰ. Folia Zoologica et Hydrobiologica, 7(2): 153-174.

Breuning S. 1938a. Nouveaux Cerambycidae (Col.). Novitates Entomologicae, 9: 30-63.

Breuning S. 1938b. Novae species Cerambycidarum. Ⅵ. Festschrift zum 60. Geburtstag von Prof. Dr. Embrik Strand (Riga), 4 [1937]: 180-392.

Breuning S. 1939a. Études sur les Lamiaires: Huitième tribu: Mesosini Thomson (Col., Cerambycidae). Novitates Entomologicae, Troisième Supplément: 365-526.

Breuning S. 1939b. Novae species Cerambycidarum. Ⅶ. Festschrift zum 60. Geburtstag von Prof. Dr. Embrik Strand (Riga), 5: 144-290.

Breuning S. 1940a. Novae species Cerambycidarum. Ⅷ. Folia Zoologica et Hydrobiologica, 10: 37-85.

Breuning S. 1940b. Études sur les Lamiaires (Coléop. Cerambycidæ). Neuvième Tribu: Dorcaschematini Thoms. Novitates Entomologicæ, 3ème supplément, (67-71): 527-568, figs. 522-582.

Breuning S. 1940c. Novae species Cerambycidarum. Ⅸ. Folia Zoologica et Hydrobiologica, 10: 115-214.

Breuning S. 1943a. Novae species Cerambycidarum. Ⅻ. Folia Zoologica et Hydrobiologica, 12: 12-66.

Breuning S. 1943b. Études sur les Lamiaires: Douzième tribu: Agniini Thomson. Novitates Entomologicae, 3 Suppl.: 137-280.

Breuning S. 1944. Études sur les Lamiaires: Douzième tribu: Agniini Thomson. Novitates Entomologicae, 3 Suppl.: 281-512. [note: Index, 513-523 issued in 1945]

Breuning S. 1947a. Nouvelles formes de longicornes du Musée de Stockholm. Arkiv för zoologi, 39 A (6): 1-68.

Breuning S. 1947b. Nouveaux cérambycides paléarctiques (Col.) (4e notes). Miscellanea Entomologica, 43 [1946]: 141-149.

Breuning S. 1947c. Quelques nouvelles formes des genres *Nupserha* Thomson, *Oberea* Mulsant, *Conizonia* Fairmaire et *Phytoecia* Mulsant. Miscellanea Entomologica, 44: 57-61.

Breuning S. 1948. Nouvelles formes de Lamiaires (1re partie). Bulletin du Musée Royal d'Histoire Naturelle de Belgique, 24(38): 1-44.

Breuning S. 1949. Notes systématiques sur les Lamiaires (Coleoptera Cerambycidae). Bulletin de l'Institut Royal des Sciences Naturelles de Belgique, 25(38): 1-32.

Breuning S. 1950. Révision des Xenoleini. 271-278. *In:* Lepesme P, Longicornia, Études et notes sur les longicornes. Vol. 1. Paul Lechevalier, Paris, 603 pp.

Breuning S. 1951. Revision du genre *Phytoecia* Mulsant (Col. Cerambycidae). Entomologische Arbeiten aus dem Museum G. Frey, 2: 1-103, 353-460.

Breuning S. 1952. Revision einiger Gattungen aus der Gruppe der Saperdini Mulsant. (Col., Cerambycidae). Entomologische Arbeiten aus dem Museum G. Frey, 3: 107-211.

Breuning S. 1953. Nouvelles formes de Lamiaires (quatrième partie). Bulletin Institut Royal des Sciences Naturelles de Belgique, 29(8): 1-38.

Breuning S. 1954a. Nouvelles formes des Lamiaires (6ème partie). Bulletin Institut Royal des Sciences Naturelles de Belgique, 30(28): 1-23.

Breuning S. 1954b. Nouvelles formes de Lamiaires, (septième partie), Bulletin de l'Institut Royal des Sciences Naturelles de Belgique, Bruxelles, 30(41): 1-24, 3 figs.

Breuning S. 1954c. Revision von 35 Gattungen der Gruppe der Saperdini Mulsant (Col., Cerambycidae). Entomologische Arbeiten aus dem Museum G. Frey, 5: 401-567.

Breuning S. 1955. Lamiaires nouveaux de la collection du Museo Civico di Storia Naturale-Genova (Coleoptera, Cerambycidae). Annali del Museo Civico di Storia Naturale Giacomo Doria, 68: 40-44.

Breuning S. 1956a. Nouvelles formes de Lamiaires (huitième partie). Bulletin Institut Royal des Sciences Naturelles de Belgique, 32(25): 1-23.

Breuning S. 1956b. Revision der Gattung *Glenea* Newman. Entomologische Arbeiten aus dem Museum G. Frey, 7: 1-199.

Breuning S. 1956c. Die Ostasien-Cerambyciden im Museum A. Koenig, Bonn. Bonner Zoologische Beitraege, 7(1-3): 229-236.

Breuning S. 1956d. Nouveaux Lamiaires du Riksmuseum (Coleoptera, Cerambycidae). Arkiv för zoologi, 9(12): 355-361.

Breuning S. 1956e. Revision der Gattung *Glenea* Newm. (1. Fortsetzung). Entomologische Arbeiten aus dem Museum G. Frey, 7: 671-893.

Breuning S. 1956f. Révision des "Astathini". Longicornia, 3: 417-519.

Breuning S. 1957a. Révision du genre *Xystrocera* Serv. (Coleoptera, Cerambycidae). Bulletin de l'Institut Français d'Afrique Noire, 19: 1223-1271.

Breuning S. 1957b. Insectes Coléoptères Cerambycidae Lamiinae. Faune de Madagascar 4. Publications de l'Institut de Recherche Scientifique Tananarive-Tsimbazaza, 401 pp., 124 figs.

Breuning S. 1957c. Neue Lamiinae aus der Sammlung F. Tippmann (Col., Cerambycidae). Nachrichtenblatt der Österreichisch-Schweizerischen Entomologen, 8(3): 10-16.

Breuning S. 1957d. Révision du genre *Obereopsis* Chvrl. (Insecta: Coleoptera: Cerambycidae: Lamiinae). The Indian Forest Records (New Series), Entomology, 9(3) [1955]: i-iii + 17-122, 8 figs.

Breuning S. 1958a. Nouvelles formes de Lamiaires (dixième partie). Bulletin de l'Institut Royal des Sciences Naturelles de Belgique, 34(22): 1-47.

Breuning S. 1958b. Bemerkungen zu einigen Lamiiden des Deutschen Entomologischen Instituts (Coleoptera: Cerambycidae). Beiträge zur Entomologie, 8: 491-494.

Breuning S. 1958c. Nouveaux Lamiaires du Muséum national d'Histoire naturelle (3e note) [Col. Cerambycidae]. Bulletin de la Société Entomologique de France, 62 [1957]: 261-270, 6 figs.

Breuning S. 1958d. Revision du genre *Exocentrus* Mulsant (Col., Cerambycidae). Bulletin of the British Museum (Natural History) Entomology, 7(5): 211-328.

Breuning S. 1960a. Révision des espèces asiatiques du genre *Nupserha* Thomson (Col., Cerambycidae). Bulletin de l'Institut Royal des Sciences Naturelles de Belgique, 36(10): 1-62.

Breuning S. 1960b. Révision systématique des espèces du genre *Oberea* Mulsant du globe (Col., Cerambycidae). (1ème partie). Frustula Entomologica, 3(4): 1-60.

Breuning S. 1960c. Catalogue des Lamiaires du Monde (Col., Céramb.) 3. Lieferung. Museum G. Frey, Tutzing, 109-182.

Breuning S. 1961a. Nouvelles formes de Lamiaires (treizième partie). Bulletin de l'Institut Royal des Sciences Naturelles de Belgique, 37(20): 1-44.

Breuning S. 1961b. Catalogue des Lamiaires du Monde (Col., Céramb.) 4. Lieferung. Museum G. Frey, Tutzing, 183-284.

Breuning S. 1961c. Catalogue des Lamiaires du Monde (Col., Céramb.) 5. Lieferung. Museum G. Frey, Tutzing, 287-382.

Breuning S. 1961d. Neue Cerambyciden aus den Sammlungen des zoologischen Museums der Humboldt-Universität zu Berlin (Coleoptera, Cerambycidae). Mitteilungen aus dem Zoologischen Museum in Berlin, 37(2): 297-328, 8 figs.

Breuning S. 1961e. Neue oder schlecht bekannte Cerambyciden (Col.). Entomologische Arbeiten aus dem Museum G. Frey, 12: 140-160.

Breuning S. 1961f. Révision systématique des espèces du genre *Oberea* Mulsant du globe (Col., Cerambycidae). (2ème partie). Frustula Entomologica, 4(4): 61-140.

Breuning S. 1962a. Catalogue des Lamiaires du Monde (Col., Céramb.) 6. Lieferung. Museum G. Frey, Tutzing, 387-459.

Breuning S. 1962b. Bestimmungstabelle der Lamiiden-Triben nebst Revision der Pteropliini der asiatischen Region (Col. Cerambycidae) I. Teil. Entomologische Arbeiten aus dem Museum G. Frey, Tutzing bei München, 13(2): 371-493, 2 figs.

Breuning S. 1962c. Revision systématique des espèces du genre *Oberea* Mulsant du globe (Col., Cerambycidae). (3ème partie). Frustula Entomologica, 5(4): 141-232.

Breuning S. 1962d. Contribution à la connaissance des Lamiens du Laos (collection Céramb) Troisième partie. Bulletin de la Société Royale des Sciences Naturelles du Laos, 4(3): 14-26, 17 figs.

Breuning S. 1963a. Contribution à la connaissance des lamiens du Laos (Coll. [sic] Ceramb.) (Sixième partie). Bulletin de la Société Royale des Sciences Naturelles du Laos, 7: 3-22.

Breuning S. 1963b. Catalogue des Lamiaires du Monde (Col. Céramb.). Verlag des Museums G. Frey, Tutzing bei München, (7): 463-555.

Breuning S. 1963c. Neue Lamiiden aus der Sammlung des Zoologischen Museums der Humboldt-Universität zu Berlin (Col. Ceramb.). Deutsche Entomologische Zeitschrift (Neue Formula), 10(3-5): 217-219.

Breuning S. 1963d. Revision der Pteropliini der australischen Region (Coleoptera, Cerambycidae). Abhandlungen und Berichte aus dem staatlichen Museum für Tierkunde in Dresden, 29(1): 1-274.

Breuning S. 1964a. Neue Lamiiden aus dem Museum G. Frey (Col. Cerambycidae). Entomologische Arbeiten aus dem Museum G. Frey, 15: 91-97.

Breuning S. 1964b. Tribus Apomecynini Lac. Die Apomecynini der asiatisch-australischen Region. Abhandlungen und Berichte aus dem staatlichen Museum für Tierkunde in Dresden, 30(2): 81-208.

Breuning S. 1964c. Tribus Apomecynini Lac. Die Apomecynini der asiatisch-australischen Region. Abhandlungen und Berichte aus dem staatlichen Museum für Tierkunde in Dresden, 30(4): 273-448.

Breuning S. 1965a. Contribution à la connaissance des lamiens du Laos (Coll. [sic] Céramb.). 13ème partie. Bulletin de la Société Royale des Sciences Naturelles du Laos, 14: 31-62.

Breuning S. 1965b. Revision der 35. Gattung der Pteropliini der asiatischen Region (Col. Cerambycidae). Entomologische Arbeiten aus dem Museum G. Frey, Tutzing bei München, 16: 161-472.

Breuning S. 1965c. Weiterer Beitrag zur Kenntnis der Lamiinae (Coleoptera, Cerambycidae). Reichenbachia, Dresden, 5(32): 283-284.

Breuning S. 1966a. Revision der Agapanthiini der eurasiatisch-australischen Region (Coleoptera, Cerambycidae). Abhandlungen und Berichte aus dem staatlichen Museum für Tierkunde in Dresden, 34(1): 1-144, 23 figs.

Breuning S. 1966b. Catalogue des Lamiaires du monde (Col. Céramb.). 9. Lieferung. Museum G. Frey, Tutzing, 659-765.

Breuning S. 1967. Catalogue des Lamiaires du Monde (Col. Céramb.). Verlag des Museums G. Frey, Tutzing bei München, (10): 771-832 + Index Tribus, Genera, Subgenera: 833-864.

Breuning S. 1969a. Nouveaux Coléoptères Cerambycidae des collections du Muséum de Paris. Bulletin du Muséum National d'Histoire Naturelle, (2)41: 655-670.

Breuning S. 1969b. Nouveaux Longicornes du Muséum d'Histoire naturelle de Genève. Ⅱ. (Col. Cerambycidae). Mitteilungen der Schweizerischen Entomologischen Gesellschaft, 42(1/2): 34-37.

Breuning S. 1974. Neue Arten und Gattungen von Lamiinen (Coleoptera, Cerambycidae). Mitteilungen aus dem Zoologischen Museum in Berlin, 50(1): 149-165.

Breuning S. 1975a. Révision de la tribu des Rhodopinini Gress. de la région asiato-australienne (Coleoptera, Cerambycidae) (première partie). Sciences Nat, 1975: 1-70.

Breuning S. 1975b. Ergebnisse der Bhutan-Expedition 1972 des Naturhistorischen Museums zu Basel. Coleoptera: Familie Cerambycidae-Lamiinae. Entomologica Basiliensia, 1: 335-365.

Breuning S. 1978. Révision de la tribu des Acanthocinini de la région asiato-australienne (Col., Cerambycidae). (Troisième partie). Mitteilungen aus dem Zoologischen Museum in Berlin, 54: 3-78.

Breuning S. 1979a. Révision de la tribu des Gyaritini Breun. (Coleoptera, Cerambycidae). Editions Sciences Nat: 1-20, 1 pl.

Breuning S. 1979b. Nouveaux Coléoptères Cerambycidae Lamiinae des collections du Muséum de Paris (1re note). Revue Française d'Entomologie (NS), 1: 99-100.

Breuning S. 1980. Description de nouvelles espèces de Lamiaires des Philippines (Coleoptera, Cerambycidae). Mitteilungen aus dem Zoologischen Museum in Berlin, 56(2): 157-182.

Breuning S, Itzinger K. 1943. Cerambicidi birmani del Museo di Milano. Atti della Società Italiana di Scienze Naturali e del Museo Civico di Storia Naturale in Milano, 82: 36-54, 2 figs. pl. I.

Brongniart C. 1891. Collection d'Insectes formée dans l'Indo-Chine par M. Pavie Consul de France au Cambodge. Coléoptères-Longicornes. Nouvelles Archives du Muséum d'Histoire Naturelle de Paris, 3(3): 237-254.

Broun T. 1880. Manual of the New Zealand Coleoptera. Pt. I. Wellington: Government Printer, 1-651.

Broun T. 1893. Manual of the New Zealand Coleoptera, Pts. V-VII. Wellington: Government Printer, 975-1504.

Bryant G E. 1923. Notes on synonymy in the Phytophaga (Coleoptera). The Annals and Magazine of Natural History, (9)12: 130-147.

Bryant G E. 1924. New species of Phytophaga (Coleopt.) The Annals and Magazine of Natural History, (9)14: 247-252.

Bryant G E. 1937. Notes on the synonymy in the Phytophaga (Coleoptera). The Annals and Magazine of Natural History Series, (10)20: 97-101.

Bryant G E. 1939. Entomological results from the Swedish expedition 1934 to Burma and British India. Coleoptera: Chrysomelidae collected by Rene Malaise. Arkiv för zoologi, 31A (21): 1-20.

Caldara R. 1990. Revisione tassonomica delle specie paleartiche dei genere *Tychius* Germar (Coleoptera Curculionidae). Memorie della Società Italiana di Scienze Naturali e dei Museo Civico di Storia Naturale di Milano, 25: 51-218.

Casey T L. 1891. Coleopterological Notices. III. (continued). Annals of the New York Academy of Sciences, 6: 9-214.

Casey T L. 1910. On some new species of Balaninini, Tychiini and related tribes. The Canadian Entomologist, 42(4): 114-144.

Casey T L. 1912. Studies in the longicornia of North America. Memoirs on the Coleoptera, 3: 215-376.

Casey T L. 1913. Further studies among the American longicornia. Memoirs on the Coleoptera, 4: 193-400.

Casey T L. 1920. Some descriptive studies among the American Barinae. Memoirs on the Coleoptera, 9: 300-529.

Casey T L. 1924. Additions to the known Coleoptera of North America. Memoirs on the Coleoptera, 11. Lancaster: Lancaster Press, 347 pp.

Champion G C. 1903. Insecta. Coleoptera. Rhynchophora. Curculionidae. Curculioninae (part). 145-176. *In:* Champion G C, (1902-1906) Biologia Centrali-Americana. Vol. 4. Part 4: VIII + 750 pp. + 35 pls.

Chao Y-Ch. 1974. Two new Chinese cotton weevils (Coleoptera: Curculionidae). Acta Entomologica Sinica, 17: 482-486.

Chao Y-Ch. 1977. A study of the weevil genus *Sympiezomias* Faust from China. Acta Entomologica Sinica, 20: 217-228.

Chao Y-Ch. 1980. Chinese *Piazomias* Schoenherr (Coleoptera: Curculionidae). Acta Zootaxonomica Sinica, 5: 279-288.

Chapuis F. 1869. Synopsis des Scolytides. (Prodrome d'un travail monographique). Liège: J. Desoer, 61 pp.

Chapuis F. 1874. Famile des Phytophages. *In:* Lacordaire M Th, Chapuis M F, Histoire Naturelle des Insectes, Genera des Coléoptères ou exposé méthodique et critique de tous les genres proposés jusqu'ici dans cet orderd'insectes. Vol. 10. Paris: Lib. Encyclop. Roret, iv+ 455 pp.

Chapuis F. 1875. Famile des Phytophages. *In:* Lacordaire M Th, Chapuis M F, Histoire Naturelle des Insectes, Genera des Coléoptères ou exposé méthodique et critique de tous les genres proposés jusqu'ici dans cet orderd'insectes. Vol. 11. Paris: Librairie Encyclopdique de Roret, 1-420.

Chapuis F. 1876. Diagnoses des espèces du genre *Aulacophora recueillies* aux ile Philippines par le Dr Semper. Comptes-Rendus des Séances de la Société Entomologique de Belgique, 19: 98-101.

Chapuis F. 1877. Especes inédites de la tribu des hispides. Annales de la Société Entomologique de Belgique, 20: 1-33, 47-57.

Chauvelier C. 2003. Contribution à un supplément au Catalogue des Coléoptères de l'Ile-de-France VII (Cerambycidae). Le Coléoptériste, Bulletin de liaison de l'Acorep, 6(2): 38.

Chemin G, Gouverneur X, Vitali F. 2014. Note synonymique sur le genre *Xoanodera* Pascoe, 1857 (Coleoptera Cerambycidae Cerambycinae). L'Entomologiste, 70(6): 365-368.

Chemsak J A. 1964. Type species of generic names applied to North American Lepturinae (Coleoptera: Cerambycidae). Pan-Pacific Entomologist, 40(4): 231-237.

Chen L, Chiang S-N. 2000. Three new species of Lepturinae (Coleoptera: Cerambycidae) from China. Entomotaxonomia, 22(1): 31-36. (in Chinese with English summary)

Chen S-H, Sun T-H, Yu P-Y. 1964. New hispine beetles from China and Vietnam. Acta Zootaxonomia Sinica (Peking), 1: 106-121. [in Chinese]

Chen S-H, Tan C-C. 1964. New species of *Dactylispa* from China (Coleoptera, Hispinae). Acta Entomologica Sinica, 13: 414-427.

Chen S-H, Tan C-C, Yu P-Y. 1961. Results of the zoologico-botanical expedition to southwest China 1955-57 (Coleoptera, Hispidae I). Acta Entomologica Sinic, 10: 457-481.

Chen S-H, Tan C-C, Yu P-Y, Sun T-H. 1962. Results of the zoologico-botanical expedition to south-west China, 1955-1957 (Coleoptera, Hispinae II). Acta Entomologica Sinica Peking Suppl., 11: 120-138.

Chen S-H, Wang S-Y. 1986. Notes on Chinese flea-beetles of the genus *Hespera* Weise (Coleoptera: Chrysomelidae). Acta Zootaxonomica Sinica, 11(3): 283-306.

Chen S-H, Young B. 1941. The coleopterous genus *Asiphytodecta* Chen. Sinensia, 12: 199-210.

Chen S-H, Yu P-Y, Wang S-Y, Jiang S-Q. 1976. New leaf beetles from West China. Acta Entomologica Sinica, 19(2): 205-224.

Chen S-H, Yu P-Y, Sun C, Zia Y. 1986. Fauna Sinica, Insecta. Coleoptera Hispidae. . Beijing: Science Press, 1-653.

Chen S-H, Zia Y. 1961. Results of the zoologico-botanical expedition to Southwest China 1955-1957 (Coleoptera, Cassidinae). Acta Entomologica Sinica, 10: 439-451.

Chen S-H, Zia Y. 1964. New Cassidinae beetles from China. Acta Zootaxonomica Sinica, 1: 122-138.

Chen S-H, Zia Y. 1984. A new genus and species of Cassidinae from Yunnan (Coleoptera: Hispidae). Entomotaxonomia, 6: 79-82.

Chen S-H. 1931. Descriptions de trois espèces nouvelles de Chrysomelini de l'Asie orientale. Bulletin du Muséum National d'Histoire Naturelle Paris, (2)3: 110-112.

Chen S-H. 1932. Description d'un *Lamprosoma* nouveaux de la Chine occidentale. Bulletin de la Sociètè Entomologique de France, 37: 108.

Chen S-H. 1933a. Chrysomelidae (Coleoptera) nouveaux de l'Asie tropicale. 1re note, 2éme. Bulletin du Muséum National d'Histoire Naturelle Paris, 5(2): 381-388, 449-456.

Chen S-H. 1933b. Study of Chinese Halticinae beetles with descriptions of some exotic new species. Sinensia, 8: 211-254.

Chen S-H. 1933c. Some species of Halticinae from Canton. Peking Natural History Bulletin, 8: 43-58.

Chen S-H. 1934a. Coléopterès Halticinae recueillis par M. H. Sauter a Formose. Annales de la Société Entomologique de France, 103:

175-185.

Chen S-H. 1934b. Description of some new Asiatic Chrysomelidae. Transactions of the Science Society of China, 8: 61-65.

Chen S-H. 1934c. Revision of the Halticinae (Col. Chrysomelidae) of Yunnan and Tonkin. Sinensia, 5: 225-416.

Chen S-H. 1934d. Recherches sur les Chrysomelinae de la Chine et du Tonkin. Paris: Thèse, Faculté de Sciences Université de Paris, 105 pp.

Chen S-H. 1935a. Classification of asiatic *Phytodecta* (Col. Chrysomelidae). The Chinese Journal of Zoology, 1: 125-133.

Chen S-H. 1935b. Coleoptera Halticinae de la collection du Muséum recueillis par le Dr. J. Harmand au Sikkim. Bulletin de la Société Entomologique de France Paris, 40: 75-80.

Chen S-H. 1935c. Study on Chinese eumolpid beetles. Sinensia, 6: 221-387.

Chen S-H. 1935d. New and rare Chinese Coleoptera. Sinensia, 6: 768-781.

Chen S-H. 1936a. Catalogue des Chrysomelinae de la Chine, de L'indochine et du Japon. Notes d'Entomologie Chinoise, 3(5): 63-102.

Chen S-H. 1936b. The chrysomelid genus *Ambrostoma*. Sinensia, 7: 713-729.

Chen S-H. 1936c. Notes on some flea-beetles from Tropical Asia (II). Sinensia, 7(1): 80-88.

Chen S-H. 1939a. Flea beetles collected at Kwangsi. Sinensia, 10: 20-55.

Chen S-H. 1939b. New genera and species of Chinese Halticinae. Sinensia, 10: 56-91.

Chen S-H. 1940a. On the Coleoptera Chlamydinae of China. Sinensia, 11: 189-206.

Chen S-H. 1940b. Notes on Chinese Eumolpidae. Sinensia, 11: 483-528.

Chen S-H. 1941a. Notes on donaciine beetles. Sinensia, 12: 1-17.

Chen S-H. 1941b. New leaf-beetles from China. Sinensia, 12(1-6): 189-198.

Chen S-H. 1942a. Galerucinae nauveaux de la faune chinoise. Notes d'Entomologie Chinoise, 9: 9-67.

Chen S-H. 1942b. Synopsis of the coleopterous genus *Cryptocephalus* of China. Sinensia, 13: 109-124.

Chen S-H. 1964. New genera and species of Galerucinae from China. Acta Entomologica Sinica, 13: 201-211, 229.

Chen Y-Q. 1991. A study of the weevil genus *Shirahoshizo* Morimoto (Coleoptera: Curculionidae) from China. Entomotaxonomia, 13: 211-217.

Chenu J C. 1860. Encyclopédie d'Histoire Naturelle ou Traité Complet de cette Science d'après les travaux des naturalistes les plus éminents de tous les pays et de toutes les époques: Buffon, Daubenton, Lacépède, G. Cuvier, F. Cuvier, Geoffroy Saint-Hilaire, Latreille, de Jussieu, Brongniart, etc., etc. Ouvrage résumant les observations des auteurs anciens et comprenant toutes les découvertes modernes jusqu'à nos jours. Coléoptères buprestiens, scarabéiens, piméliens, curculioniens, scolytiens, chrysoméliens, etc. Paris, Marescq and Compagnie. Coléoptères, 3: 1-360, 296 figs., 48 pls.

Chevrolat L A A. 1835. Olénécampte. *Olenecamptus*. Magasin de Zoologie 5, Classe IX, pl. 134.

Chevrolat L A A. 1836. *In:* Dejean P E M A, Catalogue des Coléoptères de la Collection de M. LeComte Dejean. Deuxième édition. Livraison 5. Paris: Méquignon-Marvis Père et Fils, 361-442.

Chevrolat L A A. 1842. Botrobatyspp. 671. *In:* D'Orbigny C, Dictionnaire Universel d'Histoire Naturelle. Vol. 2. [Livraisons, 18-24]. Paris: C. Renard, 795 pp.

Chevrolat L A A. 1845a. Description de dix Coléoptères de Chine, des environs de Macao, et provenant d'une acquisition faite chez M. Parsudaki, marchand naturaliste à Paris. Revue Zoologique, par la Société Cuvierienne, 8: 95-99.

Chevrolat L A A. 1845b. *In:* D'Orbigny C V D, Dictionnaire Universel d'Histoire Naturelle. Vol. 6. Paris: 1-776.

Chevrolat L A A. 1852. Description de Coléoptères nouveaux. Revue et Magasin de Zoologie Pure et Appliquée, (2)4: 414-424.

Chevrolat L A A. 1855. Description de seize espèces de longicornes du Vieux Calabar, à la côte occidentale d'Afrique (Suite). Revue et Magasin de Zoologie Pure et Appliquée, (2)7: 282-290.

Chevrolat L A A. 1858. Description de longicornes nouveaux du vieux Calabar, côte occidentale d'Afrique. Revue et Magasin de

Zoologie Pure et Appliquée, (2)10: 348-358.

Chevrolat L A A. 1859. Séance du 12 janvier 1859. "notes synonymiques suivantes sur divers Coléoptères." Bulletins trimestriels de la Société Entomologique de France, (3)7 [1er Trimestre]: v-vi.

Chevrolat L A A. 1860a. [new taxa]. *In:* Mélanges et nouvelles. Revue et Magasin de Zoologie Pure et Appliquée, (2)12: 95-96.

Chevrolat L A A. 1860b. Description d'espèces de *Clytus* propres au Mexique. Annales de la Société Entomologique de France, (3)8: 451-504.

Chevrolat L A A. 1863. Clytides d'Asie et d'Océanie. Mémoires de la Société Royale des Sciences de Liège, 18(4): 253-350.

Chevrolat L A A. 1871. Description de six Coléoptères exotiques éclos à Paris. Annales de la Société Entomologique de Belgique, 14 [1870-1871]: 5-8.

Chevrolat L A A. 1872. Révision des cléonides. Suite. Revue et Magasin de Zoologie Pure et Appliquée, (2)23: 107-110.

Chevrolat L A A. 1873. Mémoire sur les cléonides. Mémoires de la Société Royale des Sciences de Liège, (2)5(6): i-viii + 1-118.

Chevrolat L A A. 1878. Curculionides nouveaux de Chine et du Japon. Comptes-rendus des Séances de la Société Entomologique de Belgique, 21: xxxi-xxxii.

Chevrolat L A A. 1881. Description de Curculionides de Zanguebar. Annales de la Société Entomologique de Belgique, 25: 85-93.

Chevrolat L A A. 1882. Espèces nouvelles de Longicornes européens et circa-méditerranéens et *Remarques diverses*. Annales de la Société Entomologique de France, 6(2): 57-64.

Chevrolat L A A. 1883. Calandrides. Nouveaux genres et nouvelles espèces, observations, synonymies, doubles emplois de noms de genres et d'espèces (1re partie). Annales de la Société Entomologique de France, (6)2(4) [1882]: 555-582.

Chevrolat L A A. 1837. *In:* Dejean P E M A, Catalogue des Coléoptère de la Collection de M. LeComte Dejean. Troidième édition revue, corrigée et augmentée. Livraison 5. Paris: Méquignon-Marvis Père et Fils, 1-503.

Chiang S-N. 1942. The Longi-corn beetles of Kwangsi (Coleoptera: Cerambycidae). Lingnan Science Journal, 20: 253-259.

Chiang S-N. 1951. Longicorn beetles of Kwangsi and Kweichow provinces of China. Peking Natural History Bulletin, 20: 1-100.

Chiang S-N. 1981. New longicorn beetles from China. Acta Entomologica Sinica, 24(1): 78-84.

Chiang S-N. 1986. Correction for some misidentified species of Cerambycidae. Journal of Southwest Agricultural University, 3: 51.

Chiang S-N, Li L-S. 1984. Three new longicorn beetles from Yunnan, China (Coleoptera: Cerambycidae). Entomotaxonomia, 6: 97-101.

Chiang S-N, Wang W-K. 1993. [new taxa]. *In:* Chiang S-N, Chen L, Wang W-K, Notes on the genus *Gnathostrangalia* Hayashi with descriptions of two new species from China (Coleoptera: Cerambycidae). Entomotaxonomia, 15(1): 53-58.

Chittenden F H. 1927. The species of *Phyllotreta* north of Mexico. Entomologica Americana, 8: 1-62.

Chou W-I, Ohbayashi N. 2007. Notes on the genera *Sinostrangalis* and *Metastrangalis* (Coleoptera, Cerambycidae). (Studies on the Taiwanese Lepturinae, I). Japanese Journal of Systematic Entomology, 13(2): 225-240.

Chûjô M. 1934a. Description of a new *Temnaspis*-species from Corea (Col.: Chrysomelidae). The Journal of Chosen Natural History Society, 19: 34, 1 pl.

Chûjô M. 1934b. Descriptions of some new *Cryptocephalus*-species (Col.: Chrysomelidae) from Formosa. Journal of Society of Tropical Agriculture, 6: 513-524.

Chûjô M. 1935a. H. Sauter's Formosa-Ausbeute: subfamily Galerucinae (Coleoptera: Chrysomelidae). Arbeiten über Morphologische und Taxonomische Entomologie, (2): 160-174.

Chûjô M. 1935b. Studies on the Chrysomelidae in the Japanese Empire (Ⅷ). Subfamily Halticinae (1-10). Transactions of the Natural History Society of Formosa, 25: 354-369, 392-400, 459-476.

Chûjô M. 1935c. Chrysomelidae of Loo-Choo Archipelago (I). Transactions of the Natural History Society of Formosa, 25: 69-89.

Chûjô M. 1935d. Chrysomelidae of Loo-Choo Archipelago (Ⅱ). Transactions of the Natural History Society of Formosa, 25: 203-211.

Chûjô M. 1936a. Chrysomelid beetles from Korea collected by Messre, A. Umeno and K. Yamanchi. Bulletin of Umeno Entomologial Laboratory, 3: 7-13.

Chûjô M. 1936b. Studies on the Chrysomelidae in the Japanese Empire (Ⅷ). Alticinae (1-10). Transactions of the Natural History Society of Formosa, 26: 15-114.

Chûjô M. 1938a. Beitrag zur Kenntnis der Chrysomeliden-Fauna von Kyûshû, Japan. Bulletin Umeno Entomological Laboratory, 6: 5-13.

Chûjô M. 1938b. H. Sauter's formosa-collection: subfamily Galerucinae (Coleoptera: Chrysomelidae). Arbeiten über Morphologische und Taxonomische Entomologie, 5: 135-152.

Chûjô M. 1938c. Beitrag zur Kenntnis der Chrysomeliden-fauna Chinas (Coleoptera). Mushi, 11: 158-169.

Chûjô M. 1938d. Sauter's Formosa Collection: Subfamily Eumolpinae (Coleoptera: Chrysomelidae Ⅱ). Arbeiten über Morphologische und Taxonomische Entomologie, 5: 25-36.

Chûjô M. 1940a. Fulcidacinae of Formosa (Col.: Chrysomelidae). Transactions of the Natural History Society of Formosa, 30: 265-293.

Chûjô M. 1940b. Chrysomelid-beetles from Korea [I]. Transactions of the Natural History Society of Formosa, 30: 349-362.

Chûjô M. 1941. Chrysomelid-beetles from Korea (Ⅳ). Transactions of the Natural History Society of Formosa, 31: 155-174.

Chûjô M. 1942. Chrysomelid-beetles from Kwangtung-Province. Mushi, 14(2): 51-65.

Chujô M. 1949. On the *Hebdomecosta* Spaeth with description of a new species from Japan (Coleoptera-Chrysomelidae-Cassidinae). Transactions of Kansai Entomological Society, 14: 2: 7-13.

Chûjô M. 1951a. A taxonomic study on the Chrysomelidae (Insecta-Coleoptera) of Formosa. Ⅰ. Subfamily Criocerinae. Technical Bulletin of the Kagawa Agricultural College, 2(2): 71-120.

Chûjô M. 1951b. Chrysomelid beetles of Shikoku, Japan (Ⅱ) (Coleoptera). Transactions of the Shikoku Entomological Society, 2: 31-48.

Chûjô M. 1952. A taxonomic study on the Chrysomelidae (Insecta-Coleoptera) from Formosa. Part Ⅲ. Subfamily Megalopodinae. Technical Bulletin of the Kagawa Agricultural College, 4: 73-91.

Chûjô M. 1954. Descriptions of a new species and a new subspecies of the genus *Lypesthes* Baly from Japan, including some notices on its two other known species (Coleoplera: Chrysomelidae, Eumolpinae). Insecta Matsumurana, 18: 103-108.

Chûjô M. 1956. A taxonomic study on the Chrysomelidae (Insecta: Coleoptera) from Formosa Part Ⅷ. Subfamily Eumolpinae. Philippine Journal of Science, 85: 1-180.

Chûjô M. 1957a. Beitrag zur Kenntnis der Chrysomeliden fauna Chinas (Coleoptera) Ⅱ. Memoirs of the Faculty of Liberal Arts and Education, Kagawa University, 2(47): 1-5.

Chûjô M. 1957b. Chrysomelid-beetles of Loo-Choo Archipelago (Ⅲ). Kontyû, 25: 13-20.

Chûjô M. 1958. A taxonomic study on the Chrysomelidae (Insect, Coleoptera) from Formosa. Part X. Subfamily Chrysomelinae. Quarterly Journal of the Taiwan Museum, 11: 1-85.

Chûjô M. 1959. Contribution to the fauna of Chrysomelidae (Coleoptera) in Japan (Ⅲ). Memoirs of the Faculty of Liberal Arts and Education, Kagawa University, 81: 1-16.

Chûjô M. 1961. Chrysomelid-beeties of Loochoo Archipelago (Ⅵ). Publications Entomological Laboratory College of Agriculture University of Osaka, (6): 83-91.

Chûjô M. 1962. A taxonomie study on the Chrysomelidae (Insecta: Coleoptera) from Formosa. Part Ⅺ. Subfamily Galerucinae. Philippine Journal of Science, (91): 1-239.

Chûjô M. 1963. Chrysomelid-beetles from Formosa, preserved in the Hungarian Natural History Museum, Budapest. Annales Historico Naturales Musei Nationalis Hungarici, 55: 379-402.

Chûjô M. 1964. Coleoptera from Southeast Asia (Ill). 161-315. *In:* Kira T, Umesao T, Nature and life in Southeast Asia. Vol. 3.

Kyoto: Fauna and Flora Research Society.

Chûjô M. 1965. Chrysomelid-beetles of Formosa (I). Special Bulletin of Lepidopterological Society of Japan, (1): 88-104.

Chûjô M. 1966. Chrysomelid-beetles from Northeast Nepal. Memoirs of the Faculty of Education Kagawa University, 145: 1-35.

Chûjô M, Kimoto S. 1961. Systematic catalog of Japanese Chrysomelidae (Coleoptera). Pacific Insects, 3: 117-202.

Chûjô M, Ohno M. 1963. Revision of the genus *Horaia* Chûjô and description of a new *Monolepta* species from Japan (Coleoptera: Chrysomelidae). Memoirs of the Faculty of Liberal Arts and Education, Kagawa University, (106): 1-12.

Chûjô M, Ohno M. 1965. A revision of *Luperomorpha*-species occurring in Japan and the Loo-Choo Islands (Coleoptera, Chrysomelidae, Alticinae). Memoirs of the Faculty of Liberal Arts & Education, 131(2): 1-16.

Clark H. 1864. Descriptions of new Australian Phytophaga. Journal of Entomology, 2: 247-263.

Clark H. 1865a. Descriptions of species of Phytophaga received from Pulo Penang or its neighbourhood. The Annals and Magazine of Natural History, (3)15: 139-148.

Clark H. 1865b. An examination of the Dejeanian genus *Caelomera* (Coleoptera Phytophaga) and its affinities. The Annals and Magazine of Natural History, (3)15: 256-268.

Clark H. 1866. [new taxa]. Descriptions of new species of Phytophaga. Appendix of the catalogue of Phytophaga. *In:* Clark H, A catalogue of Phytophaga. (Coleoptera, Pseudotetramera). Part I. With an appendix containing descriptions of new species. London and Edingburg: Williams and Norgate; Paris: A. Deurolle and Son, 50 + 88 pp.

Clavareau C H. 1913. Chrysomelidae: Megascelinae, Megalopodinae, Clytrinae, Cryptocephalinae. Chlamydinae, Lamprosominae. *In:* Schenkling S, Coleopterorum Catalogus. Pars 53. Berlin: W. Junk, 278 pp.

Clavareau C H. 1914. Chrysomelidae: 11. Eumolpinae. *In:* Schenkling S, Coleopterorum Catalogus. Pars 59. Berlin: W. Junk, 215 pp.

Cobos A. 1954. Dos especies nuevas de Tropideres Schönh. (Col.: Anthribidae) de España. Archivos del Instituto de Aclimatación (Almería), 3: 41-44.

Colonnelli E. 1986. Note sistematiche e sinonimiche su alcuni Ceutorhynchinae (Coleoptera, Curculionidae). Fragmenta Entomologica, 18(2): 419-439.

Colonnelli E. 2011. Four new species of Palaearctic Ceutorhynchinae, with a key to species of *Datonychus* Wagner, 1944 (Coleoptera: Curculionidae). Kavkazskij Entomologicheskij Byulleten, 7(2): 191-196 + 2 pls.

Creutzer C. 1799. Entomologische Versuche. (Kleine Beiträge zur nahern Berichtigungen einiger Käferarten mit 3 ausgemahlten Kupfertafeln von Sturm J.). K. Schaumburg und Comp., Wien, 142 + [10] pp., 3 pls.

Crotch G R. 1873. Materials for the study of the Phytophaga of the United States. Proceedings of the Academy Philadelphia, 1873: 19-83.

Csiki E. 1939. Chrysomelidae: Halticinae. *In:* Schenkling S, Coleopterorum Catalogus. Pars, 166 pp. Berlin: W. Junk, 336.

Csiki E. 1953. Üeber neue und bekannte Coleopteren aus Ungarn und den angrenzenden Ländern. Annales Historico-Naturales Musei Hungarici (NS), 3: 115-135.

Curtis J. 1828. British entomology; being illustrations and descriptions of the genera of insects found in Great Britain and Ireland: containing coloured figures from nature of the most rare and beautiful species, and in many instances of the plants upon which they are found. Vol. V. London: Published by the Author, pls. 195-241.

Dalman J W. 1817. [new taxa]. *In:* Schönherr C J, Synonymia Insectorum, oder Versuch einer Synonymie aller bisher bekannten Insekten; nach Fabricii Systema Eleutheratorum etc. geordnet. Erster Band. Eleutherata oder Käfer. Tom 1. Dritter Theil. Hispa. Molorchus. Upsala: Em. Bruzelius xi + 506 pp. Appendix: Descriptiones novarum specierum, 266 pp.

Dalman J W. 1824. Ephemerides Entomologicae, I. Typis J. P. Halmiae: Nordstedt, 1-36.

Danilevsky M L. 1988. New and little-known species of longicorn beetles (Coleoptera, Cerambycidae) from the far east. Zoologicheskii Zhurnal, 67(3): 367-374.

Danilevsky M L. 2001. New Prioninae, genus *Drumontiana* from S-E Asia (Coleoptera, Cerambycidae). Lambillionea, 101: 228-232.

Danilevsky M L. 2008. *Apatophysis* Chevrolat, 1860 (Coleoptera, Cerambycidae) of Russia and adjacent regions. Studies and Reports of District Museum Prague-East. Taxonomical Series, 4(1-2): 7-56, 16 figs., 6 cartes, 7 photos.

Danilevsky M L. 2010. New Acts and Comments. Cerambycidae. 43-49. *In:* Löbl I, Smetana A, Catalogue of Palaearctic Coleoptera. Vol. 6. Apollo Books, Stenstrup, 924 pp.

Danilevsky M L. 2011a. A new species of genus *Aegosoma* Audinet-Serville, 1832 (Coleoptera, Cerambycidae) from the Russian far east with the notes on allied species. Far Eastern Entomologist, 238: 1-10.

Danilevsky M L. 2011b. *Molorchus (Nathrioglaphyra) smetanai* sp. nov. (Coleoptera: Cerambycidae) from South China. Studies and reports of District Museum Prague-East. Taxonomical Series, 7(1-2): 105-108.

Danilevsky M L. 2011c. New species of the genus *Olenecamptus* Chevrolat, 1835 (Coleoptera: Cerambycidae) from Russian Ussuri Region. Russian Entomological Journal, 20(1): 67-70.

Danilevsky M L. 2012a. Additions and corrections to the new Catalogue of Palaearctic Cerambycidae (Coleoptera) edited by I. Löbl and A. Smetana, 2010. Part. Ⅲ. Munis Entomology and Zoology, 7(No. 1): 109-173.

Danilevsky M L. 2012b. New Chinese *Purpuricenus* Dejean, 1821 (Coleoptera, Cerambycidae) close to *P. temminckii* Guérin-Méneville, 1844 group of species. Humanity Space. International Almanac, 1 (Suppl. 1): 8-28.

Danilevsky M L. 2012c. Additions and corrections to the new Catalogue of Palaearctic Cerambycidae (Coleoptera) edited by I. Löbl and A. Smetana, 2010. Part. Ⅴ.-Humanity Space. International Almanac. 1 (No. 3): 695-741.

Danilevsky M L. 2019. Taxonomy notes on Palaearctic Cerambycidae (Coleoptera) with descriptions of several new taxa. Humanity Space. International Almanac, 8(2): 79-100.

Danilevsky M L. 2020. Catalogue of Palaearctic Coleoptera. Vol.: 6/1-Chrysomeloidea I (Vesperidae, Disteniidae, Cerambycidae), Updated and Revised Second Edition. Leiden: Brill, 712 pp.

Danilevsky M.L. 2019. Taxonomy notes on Palaearctic Cerambycidae (Coleoptera) with descriptions of several new taxa. Humanity Space. International Almanac 8 (2): 79-100.

Dauber D, Hawkeswood T J. 1993. Description of a new species of *Xylotrechus* Chevrolat, and notes on the synonymy of some other *Xylotrechus* species (Coleoptera: Cerambycidae: Cerambycinae). Giornale Italiano di Entomologia, 6: 195-198.

DeGeer C. 1775. Mémoires pour servir à l'histoire des insectes. Tome cinquième. Stockholm: L'imprimerie Pierre Hesselberg, vii + 448 pp., 16 pls.

Dejean P F M A. 1821. Catalogue des Coléoptères de la collection de M. le Baron Dejean. Crevot, Paris, viii + 136 pp.

Dejean P F M A. 1835. Catalogue des Coléoptères de la collection de M. le Comte Dejean. Deuxième édition. Livraison 4. Méquignon-Marvis Père et Fils, Paris, 257-360.

Dejean P F M A. 1836. Catalogue des Coléoptères de la collection de M. le comte Dejean. 2nd edition, 1833-1836, fasc. 5, 361-443.

Dejean P F M A. 1837. Catalogue des Coléoptères de la collection de M. le Comte Dejean. Troisème édition, révue, corrigée et augmentée. Livraisons 5. Méquignon-Marris Pére et Fils, Paris. 1-503.

Desbrochers des Loges J. 1890. Descriptions de curculionides et de brenthides inédits faisant partie des collections du Musée Indien de Calcutta. Journal of the Asiatic Society of Bengal, (2)59(3): 211-224.

Desbrochers des Loges J. 1891. Monographie des Cassida de France suivie d observations sur le classement des especes de ce genre au Catalogus Coleopterorum Europae, Caucasi et Armeniae rossicae. Le Frélon, 1(7): 1-48.

Desbrochers des Loges J. 1893. Espèces inédites de curculionides de l'Ancien Monde Ⅲ. [Cont.] Le Frélon, 3(5): 9-14.

Desbrochers des Loges J. 1904a. Études sur les curculionides de la fauna européenne et des bassins de la Méditerranée, en Afrique et en Asia, suivies de tableaux synoptiques. [Cont.] Le Frélon, 12(7): 97-104.

Desbrochers des Loges J. 1904b. Études sur les curculionides de la fauna européenne et des bassins de la Méditerranée, en Afrique et en Asia, suivies de tableaux synoptiques. [Cont.] Le Frélon, 12(6): 81-96.

Desbrochers des Loges J. 1904c. Études sur les curculionides de la fauna européenne et des bassins de la Méditerranée, en Afrique et en Asia, suivies de tableaux synoptiques. Le Frélon, 12(5): 65-80.

Desbrochers des Loges J. 1907. Faunule des Coléoptères de la France et de la Corse. Curculionides de la tribu des Tychiides. Le Frelon, 15(8): 109-124.

Desbrochers des Loges J. 1908. Faunule des Coléoptères de la France et de la Corse. Curculionides de la tribu des attélabides et des rhinomacérides. [Cont.]. Le Frelon, 16(6): 69-80.

Desmarest E. 1860. Encyclopédie d'histoire naturelle ou traité complet de cette science d'après les travaux des naturalists les plus éminents de tous les pays et de toutes les époques; Buffon, Daubenton, Lacépède, G. Cuvier, F. Cuvier, Geoffroy Saint Hilaire, Latreille, de Jussieu, Brongniart, etc., etc. Ouvrage résumant les observations des auteurs anciens et comprenant toutes les découvertes modernes jusqu'à nos jours. Coléoptères buprestiens, scarabéiens, pimeliens, curculioniens, scolytiens, chrysoméliens, etc. Troisième partie. Marescq et Compagnie, Paris, [3] + 360 pp. + 48 pls.

Deyrolle H C. 1878. [new taxa]: In: Deyrolle H C, Fairmaire L, Description de Coléoptères recueillis par M. l'abbé David dans la Chine centrale. (1. partie). Annales de la Société Entomologique de France, (5)8: 87-140, pls. 3, 4.

Dietz W G. 1891. Revision of the genera and species of Anthonomini inhabiting North America. Transactions of the American Entomological Society, 18: 177-276.

Dillon L S, Dillon E S. 1948. The tribe Dorcaschematini (Col., Cerambycidae). Transactions of the American Entomological Society, 73: 173-298.

Dillon L S, Dillon E S. 1952. Cerambycidae of the Fiji Islands. Bulletin of the B. P. Bishop Museum, 206: 1-114.

Dillon L S. 1956. The Nearctic components of the tribe Acanthocini (Coleoptera: Cerambycidae). I, Ⅱ, Ⅲ. Annals of the Entomological Society of America, 49: 134-167, 207-235, 332-355, 1 pl.

Döberl M. 2009. Nomenclatorial notes on Palaearctic Coleoptera (Curculionidae, Cerambycidae, Chrysomelidae). Entomologische Blaetter fuer Biologie und Systematik der Kaefer, 105: 19-23.

Donisthorpe H. 1898. Coleoptera. Notes on British longicornes. Entomological Records, 10: 299-303.

Drumont A, Komiya Z. 2006. Première contribution à l'étude des Prionus Fabricius, 1775 de Chine: description de nouvelles espèces et notes systématiques (Coleoptera, Cerambycidae, Prioninae). Les Cahiers Magellanes (NS), 56: 1-34.

Drumont A. 2008. Note synonymique dans le genre Priotyrannus Thomson, 1857 et description d'une nouvelle espèce, P. hueti n. sp., originaire du Vietnam et de Chine (Coleoptera, Cerambycidae, Prioninae). Les Cahiers Magellanes (NS), 86: 1-10.

Drury D. 1773. Illustrations of Natural History. Wherein are exhibited upwards of two hundred and forty figures of exotic insects, according to their different genera; very few of which have hitherto been figured by any author, being engraved and coloured from nature, with the greatest accurancy, and under the author's own inspection, on fifty copper plates. With a particular description of each insect: interspersed with remarks and reflections on the nature and properties of many of them. Vol. Ⅱ. London: B. White, Ⅶ + 90 + [4] pp., 50 pls.

Duvivier A. 1884. Note XVII. Cinq espèces nouvelles du genre Aulacophora Chevr. (Coléoptères: Phytophages). Notes from the Leyden Museum, 6: 119-125.

Duvivier A. 1885. Phytophages exotiques. Entomologische Zeitung (Stettin), 46: 241-150, 385-400.

Duvivier A. 1890. Liste des Coléoptères phytophages recueillis par M. le Dr. Platteeuw dans l'île de Sumatra. Bulletin ou Comptes-rendus des Séances de la Société Entomologique de Belgique, 1890: 32-37.

Duvivier A. 1892. Les Phytophages du Chota-Nagpore (2e note). Annales de la Société Entomologique de Belgique, 36: 396-449.

Eggers H. 1911. Beiträge zur Kenntnis der Borkenkäfer. Entomologische Blätter, 7: 73-76.

Eggers H. 1922. Neue Borkenkäfer (Ipidae) aus Afrika. (Nachtrag I.). Entomologische Blätter, 18: 163-174.

Eggers H. 1923. Neue indomalayische Borkenkäfer. (Ipidae). Zoologische Mededeelingen, 7: 129-220.

Eggers H. 1926. Japanische Borkenkäfer, I. Entomologische Blätter, 22: 145-148.

Eggers H. 1930. Neue Xyleborus-Arten (Col.: Scolytidae) aus Indien. Indian Forest Records, Entomology Series, 14: 177-208.

Eggers H. 1939. Japanische Borkenkafer Ⅱ. Arbeiten über Morphologische und Taxonomische Entomologie, 6: 114-123.

Eggers H. 1943. Ein neuer Blastophagus aus Ostasien (Col.: Scolytidae). Entomologische Blätter, 39: 50-51.

Eggers H. 1944. Zur paläarktischen Borkenkäferfauna (Coleoptera, Ipidae) Ⅹ. Entomologische Blätter, 40: 140-143.

Egorov A B. 1978. Novyy vid dolgonosika roda Baris Germ. (Coleoptera, Curculionidae) Primorskogo Kraya. Trudy Zoologicheskogo Instituta AN SSSR, 61: 158-160.

Eichhoff W J. 1864. Ueber die Mundtheile und die Fühlerbildung der europäischen Xylophagi *sens. strict.* Berliner Entomologische Zeitschrift, 8: 17-46, pl. 1.

Eichhoff W J. 1876. [new taxa]. *In:* Chapuis F, Eichhoff W J, Scolytides recueillis au Japon par M. C. Lewis. [Cont.] Annales de la Société Entomologique du Belgique, 18(3) [1875]: 197-204.

Eichhoff W J. 1878a. Ueber die Borkenkäfer-Gattungen Hylurgus Latr. und Blastophagus Eichh. Entomogische Zeitung (Stettin), 39: 399-400.

Eichhoff W J. 1878b. Ratio, descriptio, emendatio eorum Tomicinorum qui sunt in Dr. medic. Chapuisii et autoris ipsius collectionibus et quos praeterea recognovit. Mémoires de la Société Royale des Sciences de Liége, (2)8: 1 + iv + 531 pp., pls. I-V.

Erichson W F. 1834. Coleopteren. *In:* Meyen F, Beiträge zur Zoologie, gesammelt auf einer Reise urn die Erde. Nova Acta Physico-Medica Academia Caesarea Leopoldino Carolinae Naturae Curiosorum, 16 (Suppl.): 217-308, pls. 37-41.

Erichson W F. 1836. Systematische Auseinandersetzung der Familie der Borkenkäfer (Bostrichidae). Archiv für Naturgeschichte, 2: 45-65.

Erichson W F. 1843. Beitrag zur Insecten-Fauna von Angola, in besonderer Beziehung zur geographischen Verbreitung der Insecten in Afrika. Archiv für Naturgeschichte, 9: 199-267.

Eschscholtz J F G von. 1830. Nova genera Coleopterorum Faunae Europaeae. Bulletin de la Société Impériale des Naturalistes de Moscou, 2: 63-66.

Fabricius J C. 1775. Systema entomologiae sistens insectorum classes, ordines, genera, species, adiectis synonymis, locis, descriptionibus, observationibus. Libraria Kortii, Flensburgi et Lipsiae, xxxii + 832 pp.

Fabricius J C. 1776. Genera insectorum eorumque characteres naturales secundum numerum, figuram, situm et proportionem omnium partium oris adiecta mantissa specierum nuper detectarum. Chilonii, Michae Friedrich Bartsch, i-xv + 1-310.

Fabricius J C. 1781. Species insectorum exhibens eorum differentiasm specificas, synonyma auctorum, loca natalia, metamorphosis, adiectis observationibus. Tomus I. Carol Ernest Bohni, Hamburgi et Kilonii, Ⅷ + 552 pp.

Fabricius J C. 1787. Mantissa insectorum, sistens eorum species nuper detectas adiectis characteribus genericis, differentiis specificis, emendationibus, observationibus. Tomus I. Hafniae: C. G. Proft, xx + 348 pp.

Fabricius J C. 1792. Entomologia systematica emendata et aucta, secundum classes, ordines, genera, species, adjectis, synonimis, locis, observationibus, descriptionibus. Tomus I. Pars I. Hafniae: C. G. Proft, x + 330 pp.

Fabricius J C. 1793. Entomologia systematica emendata et aucta, secundum classes, ordines, genera, species, adjectis, synonimis, locis, observationibus, descriptionibus. Tomus I. Pars Ⅱ. C. G. Proft, Hafniae, xx + 538 pp.

Fabricius J C. 1798. Supplementum entomologiae systematicae. Proft et Storch, Hafniae, [4] + 572 pp.

Fabricius J C. 1801a. Systema Eleutheratorum secundum ordines, genera, species adiectis synonymis, locis, observationibus, descriptionibus, Tomus 1. Kiliae: 1-506.

Fabricius J C. 1801b. Systema eleutheratorum secundum ordines, genera, species, adiectis synonymis, locis, observationibus, descriptionibus. Tomus Ⅱ. Kiliae: Bibliopoli Academici Novi, 687 pp.

Fabricius J C. 1803. Systema rhyngotorum: secundum ordines, genera, species: adiectis synonymis, locis, observationibus, descriptionibus. Brunsvigae: C. Reichard, 1-314.

Fåhraeus O I. 1840. [new taxa]. *In:* Schoenherr C J, Genera et species curculionidum, cum synonymia hujus familiae; species novae aut hactenus minus cognitae, descriptionibus a Dom. L. Gyllenhal, C. H. Boheman, O. J. Fåhraeus et entomologis aliis illustratae. Tomus sextus.-Pars prima. Parisiis: Roret; Lipsiae: Fleischer, 474 pp.

Fåhraeus O I. 1842. [new taxa]. *In:* Schoenherr C J, Genera et species curculionidum, cum synoymia hujus familiae. Species novae aut hactenus minus cognitae, descriptionibus a Dom. Leonardo Gyllenhal, C. H. Boheman, O. J. Fahraeus, et entomologiis aliis illustratae. Tomus sextus.-Pars secunda. Supplementum continens. Paris: Roret; Lipsiae: Fleischer, 495 pp.

Fåhraeus O I. 1872a. Coleoptera Caffrariae, annis 1838-1854 a J. A. Wahlberg collecta. Longicornia. Öfversigt af Kongl. Vetenskaps-Akademiens Förhandlingar, 29(2): 29-61.

Fåhraeus O I. 1872b. III. Memorandum betreffend die im Druck neulich erschienene Abhandlung: Coleoptera Caffrariae, Longicornia. Coleopterologische, Hefte, 9-10: 194-196.

Fairmaire L M H. 1849. Essai sur les Coléoptères de la Polynésie (Suite). Revue et Magasin de Zoologie Pure et Appliquée, (2)1(10): 504-516.

Fairmaire L M H. 1850. Essai sur les Coléoptères de la Polynésie (Suite.). Revue et Magasin de Zoologie Pure et Appliquée, 2(2): 50-64.

Fairmaire L M H. 1864. [new taxa]. 97-176. *In:* Jacquelin du Val P N C, Genera des Coléoptères d'Europe comprenant leur classification en familles naturelles, la description de tous les genres, des tableaux synoptiques destinés à faciliter l'étude, le Catalogue de toutes les espèces, de nombreux dessins au trait de caractères. Tome quatrième. [1854-1869] A Deyrolle, Paris 1-292 + 293-295 + [1], 78 pls.

Fairmaire L M H. 1868. [new taxa]. *In:* Jacquelin du Val P N, Genera des Coléoptères d'Europe, comprenant leur classification en famille naturelle, 4: 1-295, 376 figs., 78 pls.

Fairmaire L. 1877. Bulletin des Séances et bulletin bibliographique. Bulletin Société Entomologique de France, 1877: 179-180.

Fairmaire L M H. 1878. [new taxa]. *In:* Deyrolle H, Fairmaire L, Descriptions de Coléoptères recueillis par M. abbé David dans la Chine centrale. Annales de la Société Entomologique de France, (5)8: 87-140.

Fairmaire L M H. 1884. Note sur les Coléoptères recueillis par M. Ach. Raffay à Madagascar et descriptions des espèces nouvelles 1re parte. Annales de la Société Entomologique de France, (6)4: 225-242.

Fairmaire L M H. 1885. [new taxa]. Bulletin de la Société Entomologique de France, 1885: lxiv-lxv.

Fairmaire L M H. 1886. Descriptions de Coléoptères de l'intérieur de la Chine. Annales de la Société Entomologique de France, (6)6: 303-356.

Fairmaire L M H. 1887a. Notes sur les Coléoptères des environs de Pékin (1re partie). Revue d'Entomologie, 6: 312-335.

Fairmaire L M H. 1887b. Coléoptères de l'intérieur de la Chine. Annales de la Société Entomologique de Belgique, 31: 87-136.

Fairmaire L M H. 1888a. Coléoptères de l'intérieur de la Chine. Annales de la Société Entomologique de Belgique, Bruxelles, 32: 7-46.

Fairmaire L M H. 1888b. Les Coléoptères des environs de Pékin (2e Partie). Revue d'Entomologie, 7: 111-160.

Fairmaire L M H. 1888c. Descriptions de Coléoptères de l'Indo-Chine. Annales de la Sociètè Entomologique de France, 6(8): 333-378.

Fairmaire L M H. 1889. Coléoptères de l'intérieur de la Chine, 5e partie. Annales de la Société Entomologique de France, 6(9): 5-84.

Fairmaire L M H. 1891. Notes sur quelques Coléoptères de l'Afrique intertropicale et descriptions d'especes nouvelles. Annales de la Société Entomologique de France, (6)10: 231-274.

Fairmaire L M H. 1892. Coléoptères d'Obock. Troisième partie. Revue d'Entomologie, 11: 77-127.

Fairmaire L M H. 1894a. Quelques Coléoptères du Thibet. Annales de la Société Entomologique de Belgiqu, 38: 216-225.

Fairmaire L M H. 1894b. Coléoptères de l'Afrique intertropicale et australe. Annales de la Société Entomologique de Belgique, 38: 314-335.

Fairmaire L M H. 1895. Deuxieme note sur quelques Coleopteres des environs de Lang-Song. Annales de la Societe Entomologique de Belgique, 39: 173-190.

Fairmaire L M H. 1896a. Coléoptères de l'Inde boréale, Chine et Malaisie. Notes from the Leyden Museum, 18 [2 and 3]: 81-129.

Fairmaire L M H. 1896b. Matériaux pour la faune coléoptérique de la région malgache. Annales de la Société Entomologique de Belgique, 40: 336-398.

Fairmaire L M H. 1897. Description de Coléoptères nouveaux de la Malaisie, de l'Inde et de la Chine. Notes from the Leyden Museum, 19: 209-233.

Fairmaire L M H. 1898. Matériaux pour la faune coléoptérologique de la région malgache. Annales de la Société Entomologique de Belgique, 42: 222-260.

Fairmaire L M H. 1899. Descriptions de Coléoptères nouveaux recueillis en Chine par M. de Latouche. Annales de la Société Entomologique de France, 68: 616-643.

Fairmaire L M H. 1901. Materiaux pour la faune coléoptérologique de la région Malgache. (11e Note). Revue d'Entomologie, 20: 101-248.

Fairmaire L M H. 1902a. Description de quelques longicornes de Mouy-Tsé (Col.). Bulletin de la Société Entomologique de France, 1902: 243-246.

Fairmaire L M H. 1902b. Description de Coléoptères recueillis en Chine par M. de Latouche. Bulletin de la Société Entomologique de France, 1902: 316-318.

Faldermann F. 1833. Species novae Coleopterorum Mongoliae et Sibiriae incolarum. Bulletin de la Societe Imperiale des Naturalisles de Moscou, 6: 46-72.

Faldermann F. 1835. Coleopterorum ab illustrissimo Bungio in China boreali, Mongolia, et Montibus Altaicis collectorum, nec non an ill. Turczaninoffio et Stchukino e provincia Irkutsk missorum illustrationes. Mémoires Présentés à l'Académie Impériale des Sciences de St. Pétersbourg par Divers Savants, et lus dans ses Assemblées, 2: 337-464, pls. I-V.

Faust J. 1882. Rüsselkäfer aus dem Amurgebiet. Deutsche Entomologische Zeitschrift, 26(2): 257-295.

Faust J. 1886. Verzeichniss auf einer Reise nach Kashgar gesammelter Curculioniden. Entomologische Zeitung (Stettin), 47(4-6): 129-157.

Faust J. 1887a. Verzeichnis der von Herrn Herz in Peking, auf der Inseln Hainan und auf der Halbinsel Korea gesammelten Rüsselkäfer. Horae Societatis Entomologicae Rossicae, 21: 26-40.

Faust J. 1887b. Verzeichniss der von den Herren Wilkins und Grumm-Grshimaïlo in Turkestan, Buchara und im Pamir gesammelten Curculioniden, eingesendet vom Herrn Wladimir Dochturov. Horae Societatis Entomologicae Rossicae, 20(3-4) [1886]: 141-178.

Faust J. 1890a. Beschreibung neuer Rüsselkäfer aus China. Deutsche Entomologische Zeitschrift, 1890(2): 257-263.

Faust J. 1890b. Insecta a cl. G. N. Potanin in China et in Mongolia novissime lecta. XV. Curculionidae. Horae Societatis Entomologicae Rossicae, 24: 421-476.

Faust J. 1892a. Curculioniden aus dem Malayischen Archipel. Entomologische Zeitung (Stettin), 53(7-9): 184-228.

Faust J. 1892b. Notizen über Rüsselkäfer. Entomologische Zeitung (Stettin), 53(1-3): 44-52.

Faust J. 1893. Contributions à la faune indo-chinoise (10e Mémoire). Curculionidae, Brenthidae. Annales de la Société Entomologique de France, 61(4) [1892]: 505-522.

Faust J. 1894. Viaggio di Leonardo Fea in Birmania e regioni vicine. LX. Curculionidae. Annali del Museo Civico di Storia Naturale di Genova, 34 [1894-1895]: 153-370.

Faust J. 1897. Revision der Gattung Episomus Schönherr. Horae Societatis Entomologicae Rossicae, 31(1-2): 90-201.

Faust J. 1904. Revision der Gruppe cléonides vrais. Deutsche Entomologische Zeitschrift, 1904: 177-284.

Fauvel C A A. 1862. Coléoptères de la Nouvelle-Calédonie recueillis par M. E. Déplanche, chirurgien de la Marine Impériale

(1858-59-60). Bulletin de la Société Linnéenne de Normandie, 7: 120-185, pls. 9-10.

Felt E P, Joutel H. 1904. Monograph of the genus *Saperda*. New York State Museum Bulletin, 74 (Entomology 20): 1-86, 14 pls.

Ferrari J A. 1867. Die Forst-und Baumzuchtschädlichen Borkenkäfer (Tomicides Lac.) aus der Familie der Holzverderber (Scolytides Lac.), mit besonderer Berücksichtigung vorzüglich der europäischen Formen, und der Sammlung des k. k. Zoologischen Kabinetes in Wien. Wien: Carl Gerold's Sohn, 2 + 96 pp.

Ferrari J A. 1869. Nachträge, Berichtigungen und Aufklärungen über zweifelhaft gebliebene Arten in: "Die forstund baumzuchtschädlichen Borkenkäfer (Tomicides Lac.)" etc. Berliner Entomologische Zeitschrift, 12: 251-258.

Fischer von Waldheim G. 1824. Entomographia de la Russici, et Genres des Insectes. Entomographia Imperii Rossici, sue Caesareae Majestati Alexandro I dicata. Vol. Ⅱ. Mosquae: Augusti Semen Typographi, xx+264 pp.

Fisher W S. 1925. New Malaysian Cerambycidae: subfamily Lamiinae. Philippine Journal of Science, D 28: 205-275.

Fisher W S. 1935. Cerambycidæ from Mount Kinabalu. Journal of the federated Malay States Museum, Kuala Lumpur, 17(30): 581-631.

Fleischer A. 1908. Coleopterologische Notizen. Ein neuer *Clytanthus*. Wiener Entomologische Zeitung, 27(6-7): 211-212.

Fleischer A. 1916. Neue Chrysomeliden aus Japan. Wiener Entomologische Zeitung, 35: 222-223.

Folwaczny B. 1964. Beschreibung dreier neuer paläarktischer Cossoninenarten und einer neuen Gattung (Col.: Curculionidae). Entomologische Arbeiten aus dem Museum G. Frey, 15: 711-716.

Folwaczny B. 1968. Cossonus piniphilus und Hexarthrum Chinensis, zwei neue Cossoninae aus dem palaearktischen Gebiet. Entomologische Blätter, 64: 125-126.

Formánek R. 1911. Beschreibung von sechs neuen Curculioniden nebst Bemerkungen über bekannte Arten. Wiener Entomologische Zeitung, 30(8): 203-209.

Formánek R. 1916. Die Rüsslergattung Myllocerops und ihre Arten. Wiener Entomologische Zeitung, 35: 44-56.

Forster J Re. 1771. Novae species Insectorum, Centuria I. veneunt apud T. Davies. White, London, i-viii + 1-100.

Foudras C. 1859-1860. Alticides (Halticinae). *In:* Mulsant E, Histoire naturelle des Coléoptères de France. Annales de la Société Linnéenne de Lyon, (6-7): 137-384, 17-128.

Franz E. 1954. Die Xylorhizini des Senckenberg-Museums (Ins. Col. Ceramb.). Senckenbergiana Biologica, Frankfurt am Main, 35(1-2): 91-98, pl. 10.

Franz H. 1943. Vorarbeiten zu einer Monographie der Tychiini. Ⅲ. Die Gattung *Xenotychius* Reitter und ein neues Subgenus der Gattung *Tychius* (*Heliotychius* Mihi). Entomologische Blätter, 39: 77-83.

Frivaldszky J. 1892. Coleoptera in expeditione D. Comitis Belae Széchenyi in China: praecipue boreali, a Dominis Gustavo Kreitner et Ludovico Lóczy anno 1879 collecta. Pars secunda. Természetrajzi Füzetek, 15: 114-125.

Frivaldszky J. 1894. Coleoptera nova. Természetrajzi Füzetek, 16[1893](3/4): 85-88.

Fuchs A G. 1911. Morphologische Studien über Borkenkäfer. Ⅰ. Die Gattungen Ips DeGeer und Pityogenes Bedel. München: Ernst Reinhardt, 45 pp.

Fuchs E. 1966. Neue Cerambyciden aus Indochina (Col.). Koleopterologische Rundschau, 43-44: 16-23.

Fujimura T. 1962. Longicorn beetles from the Oki Islands (Coleoptera, Cerambycidae). Kontyû, 30: 205-213, pl. 13.

Fujita H. 2010. Three new subspecies of *Xylotrechus chinensis* (Chevrolat, 1852) and *X.reductemaculatus* Hayashi, 1968 (Coleoptera, Cerambycidae) from Japan. Gekkan-Mushi, Tokyo, 476: 30-35, 37 figs.

Fujita H. 2018. Descriptions of New Species, Subspecies and New Taxonomical Treatment. *In:* Fujita H, Hirayama H, Akita K, Mushi-Sha's Iconographic Series of Insects 10. The Longhorn beetles of Japan, (I): 20-27, 126 pls.

Gahan C J. 1888a. On longicorn Coleoptera of the familiy Lamiidae. The Annals and Magazine of Natural History, 1(6): 270-281, pl. 16.

Gahan C J. 1888b. On new longicorn Coleoptera from China. The Annals and Magazine of Natural History, 2(6): 59-67.

Gahan C J. 1888c. Descriptions of some Indian species of longicorn Coleoptera. The Annals and Magazine of Natural History, 2(6): 260-263.

Gahan C J. 1888d. On new lamiide Coleoptera belonging in the *Monochammus*-group. The Annals and Magazine of Natural History, 2(6): 389-401.

Gahan C J. 1890. Ⅶ. Descriptions of new species of longicornia from India and Ceylon. The Annals and Magazine of Natural History, London, 6(5): 48-66.

Gahan C J. 1891. Notes on longicorn Coleoptera of the Group Cerambycinæ, with descriptions of new genera and species. The Annals and Magazine of Natural History, London, 7(6): 19-34.

Gahan C J. 1893. Notes on the longicornia of Australia and Tasmania. Part I., with a list of the species collected by Mr. J. J. Walker, R. N., F. L. S., and descriptions of new forms. Transactions of the Entomological Society of London, 2(2): 165-197.

Gahan C J. 1894a. A list of the longicorn Coleoptera collected by Signor Fea in Burma and the adjoining regions, with description of new genera and species. Annali del Museo Civico di Storia Naturale di Genova (Série 2), 14: 5-104, 1 pl.

Gahan C J. 1894b. Description of some new species of Prionidae. The Annals and Magazine of Natural History, 14(6): 221-227.

Gahan C J. 1894c. Supplemental list of the longicorn Coleoptera obtained by Mr. J. J. Walker. R. N., F. L. S., during the voyage of H. M. S "Penguin", under the command of Captain Moore, R. N. Transactions of the Entomological Society of London, 1894: 481-488.

Gahan C J. 1900a. Coleoptera. 89-127. *In:* Andrews C W, A monograph of Chrismas islands (Indian ocean). London, xiii + 337 pp., 32 pls.

Gahan C J. 1900b. XL. Description of a new genus nd species of longicorn Coleoptera from central Formosa. The Annals and Magazine of Natural History, 5(7): 308-309.

Gahan C J. 1900c. XLⅦ. On some longicorn Coleoptera from the island of Hainan. The Annals and Magazine of Natural History, 5(7): 347-357.

Gahan C J. 1901. A revision of *Astathes*, Newm., and allied genera of longicorn Coleoptera. Transactions of the Entomological Society of London, 1901: 37-74, pl. 4.

Gahan C J. 1906. The fauna of British India including Ceylon and Birma. Coleoptera. Vol. I (Cerambycidae). London: Taylor and Francis, xviii + 329 pp.

Gahan C J. 1907. Description of new genera and species of longicorn Coleoptera from Sumatra. Annali del Museo Civico di Storia Naturale di Genova, 43 [1907-1908]: 66-112.

Gahan C J. 1909. Collectiones recueillis par M. Maurice de Rotschild en Abyssinie et dans l'Afrique orientale. Bulletin du Muséum National d'Histoire Naturelle, 15: 72-76.

Ganglbauer L. 1882. Bestimmungs-Tabellen der europaischen Coleopteren. Ⅶ. Cerambycidae. Verhandlungen der Zoologisch botanischen Wien, 31 [1881]: 681-758, pls. 22.

Ganglbauer L. 1884. Bestimmungs-Tabellen europäischer Coleopteren: Ⅷ. Cerambycidae. Schluss. Mit Berücksichtigung der Formen Algiers und des paläarktischen Asiens, exclusive jener von Japan. Verhandlungen der Kaiserlich-Königlichen Zoologisch-Botanischen Gesellschaft in Wien, 33 [1883]: 437-586.

Ganglbauer L. 1887a. Die Bockkäfer der Halbinsel Korea. Horae Societatis Entomologicae Rossicae, 20(3-4) [1886-1887]: 131-138.

Ganglbauer L. 1887b. Neue Cerambyciden von Peking. Horae Societatis Entomologicae Rossicae, 21: 21-24.

Ganglbauer L. 1889a. Insecta. A Cl. G. N. Potanin in China et in Mongolia novissime lecta. Ⅶ. Buprestidae, Oedemeridae, Cerambycidae. Horae Societatis Entomologicae Rossicae, 24: 21-85.

Ganglbauer L. 1889b. Longicornes. Cerambycidae. 465-480. *In:* de Marseul S A, Catalogue synonymique et géographique des Coléoptères de l'Ancien-Monde, Europe et contrées limitrophes en Afrique et en Asie. L'Abeille, Journal d'Entomologie, 25 [1888]: 361-480.

Gardner J C M. 1939. New Indian Cerambycidae. The Indian Forest Records (New Series), Entomology, 6(1): 1-14.

Gautier C C. 1870. Petites nouvelles. Petites Nouvelles Entomologiques, 1 [1869-1875]: 104.

Ge S-Q, Daccordi M, Ren J, Cui J-Z, Li W-Z, Yang X-K. 2013. *Odontoedon*, a new genus from China with descriptions of nine new species (Coleoptera: Chrysomelidae: Chrysomelinae). Stuttgarter Beiträge zur Naturkunde A, Neue Serie, 6: 199-222.

Gebler F A. 1817. Insecta Siberiae rariora, descripsit. Fridericus Gebler. M. D. Decas prima. Mémoires de la Société Impériale des Naturalistes de Moscou, 5: 315-333.

Gebler F A. 1823. Chrysomelae Sibiriae rariores. Mémoires de la Société Impériale des Naturalistes de Moscou, 6: 117-131.

Gebler F A. 1825. Coleopterorum Sibiriae species novae. *In:* Hummel A D, Essais Entomologiques, Insectes de 1824. Novae Species. Vol. 1, Nr. 4, St. Petersbourg: Chancellerie privée du Ministèrieur, 71+[1] pp.

Gebler F A. 1829. III. Bemerkungen über die Insekten Sibiriens, vorzüglich des Altai. 1-228. *In:* Ledebour C F, Reise durch das Altai-Gebirge und die soongorische Kirgisen-Steppe. Auf Kosten der Kaiserlichen Universität Dorpat unternommen im Jahre 1826 in Begleitung der Herren D. Carl Anton Meyer und D. Alexander von Bunge R. K. Collegien-Assessors. Zweiter Theil. Berlin: bei G. Reimer, iv + 522 + [2] pp.

Gebler F A. 1830. Bemerkungen über die Insekten Sibiriens, vorzüglich des Altai. [Part 3] 1-228. *In:* Ledebour C F, Reise durch das Altai-Gebirge und die soongorische Kirgisen-Steppe. Berlin: Zweiter Theil. G. Reimer, 427 pp.

Gebler F A. 1832. Notice sur les Coléoptères qui se trouvent dans le district des mines de Nertchinsk, dans la Sibérie orientale, avec la description de quelques espèces nouvelles. Nouveaux Mémoires de la Société Impériale des Naturalistes de Moscou, 2: 23-78.

Gebler F A. 1841. Notae et addidamenta ad catalogum Coleopterorum Sibiriae occidentalis et confinis Tatriae. Bulletin de la Société impériale des naturalistes de Moscou, 14: 577-625.

Gebler F A. 1860. Verzeichniss der von Herrn Dr. Schrenk in den Kreisen Ajagus und Kakaraly in der östlichen Kirgisensteppe und in der Songarey in den Jahren 1840 bis 1843 gefundenen Kaeferarten. Bulletin de la Société Imperiale des naturalistes de Moscou, 32(2): 426-519.

Geiser E. 2015. World checklist of freshwater Coleoptera: Chrysomelidae-Donaciinae species. World Wide Web electronic publication. http://fada. biodiversity.be/group/show/65 [2020-12-15].

Gemminger M. 1871. Berichtigungen und Zusätze zum Catalogus Coleopterorum synonymicus et systematicus. Coleopterologische, Hefte, 8: 122-123.

Gemminger M. 1872. Cerambycidae. 2751-2988. *In:* Gemminger M, Harold E, Catalogus Coleopterorum hucusque descriptorum synonymicus et systematicus. Tom IX. Scolytidae, Brenthidae, Anthotribidae, Cerambycidae. E. H. Gummi, Monachii, [1] + 2669-2988 + [12] pp.

Gemminger M, Harold E. 1868-1876. Catalogus coleopterorum hucusque descriptorum synonymicus et systematicus. Monachii, 1-3822.

Gemminger M, Harold E. 1872. Catalogus Coleopterorum hucusque descriptorum synonymicus et systematicus. Tom IX. Scolytidae, Brenthidae, Anthotribidae, Cerambycidae. E. H. Gummi, Monachii [1] + 2669-2988 + [12] pp.

Geoffroy E L. 1762. Histoire abrégée des insectes qui se trouvent aux environs de Paris, dans laquelle ces animaux sont rangés suivant un ordre méthodique. Tome première. Durand, Paris [4] + xxxviii + 523 + [1] pp., 10 pls. [Reissued in identical edition in 1764]. [Work rejected for nomenclatorial purposes (ICZN, Opinion 228), but some names subsequently made available (ICZN, 1994)].

Geoffroy E L. 1785. [new taxa]. *In:* Fourcroy A F, Entomologia Parisiensis; sive catalogus insectorum quae in agro Parisiensi reperiuntur; secundum methodum Geoffroeanam in sectiones, genera, species distributus: cui addita sunt nomina trivialia, fere trecentae novae species. Pars Prima. Parisiis: Via et Aedibus Serpentineis, viii + [1] +231 pp.

Germar E F. 1817. Miscellen und Correspondenz-Nachrichten. Magazin der Entomologie, 2: 339-341.

Germar E F. 1819. Versuch einer Eintheilung der Horde der Rüsselkäfer in mehrere Gattungen. Neue Annalen der Wetterauischen

Gesellschatf für die Gesammte Naturkunde zu Hanau, 1(1) [1818]: 116-139.

Germar E F. 1821. Genera quaedam Curculionitum proposita, et speciebus observatis illustrata. Magazin der Entomologie, 4: 291-345.

Germar E F. 1823. Insectorum species novae aut minus cognitae, descriptionibus illustratae. Volumen primum. Coleoptera. [1824]. Halae: Impensis J. C. Hendelii et filii, xxiv + 624 pp., 2 pls.

Germar E F. 1824. Insectorum species novae aut minus cognitae, descriptionibus illustratae. Volumen primum, Coleoptera. Halae, 1-624.

Germar E F. 1829. Curculionides. 356-359. *In:* Ersch J S, Gruber J G, Allgemeine Encyclopädie der Wissenschaften und Künste in alphabetische Folge der von genannten Schriftstellern bearbeitet. Erster Section. A-G. Band 20. Leipzig: J. F. Gleditsch, 458 pp., 3 pls.

Gerstaecker C E A. 1854. Beschreibung neuer Arten der Gattung *Apion* Herbst (Schluss). Entomologische Zeitung (Stettin), 15: 267-280.

Gestro R. 1888. Viaggio de Leonardo Fea in Birmaniae Regione Vicine Ⅵ. Nuove specie di Coleotteri. Annali del Museo Civico di Storia Naturale di Genova, (2)6: 71-184.

Gestro R. 1890. Viaggio di Leonardo Fea in Birmania e Regioni Vicine. XXIX. numerazione delle Hispidae. Annali del Museo Civico di Storia Naturale di Genova, 10(30): 225-268.

Gestro R. 1897. Materiali per lo studio delle Hispidae. Annali del Museo Civico di Storia Naturale di Genova, (2)18(38): 37-138.

Gestro R. 1899. Materiali per lo studio delle Hispidae. Ⅳ. Cenni sul genere Coelaenomenodera. V. Appunti sul genere Downesia. Ⅵ. Le especie del genere Prionispa. Ⅶ. Intorno ad alcune Hispa plantiacante. Annali del Museo Civico di Storia Naturale di Genova, 20(40): 215-229.

Gestro R. 1906. Materiali per lo studio delle Hispidae XXⅧ. Descrizioni di alcune Hispidae inedite. Annali del Museo Civico di Storia Naturale di Genova, 2(42): 468-500.

Gestro R. 1923. Materiali per lo studio delle Hispidae LⅣ. Contributi alla sistematica della Tribu e descrizione di specie nuove. Annali del Museo Civico di Storia Naturale di Genova, 11(51): 5-22.

Gilmour E F. 1950. New and rare Lamiinae. Longicornia, 1: 537-556.

Gilmour E F. 1956. New varieties of Lamiinae. 747-754. *In:* Lepesme P, Longicornia, études et notes sur les longicornes. Vol. 3. Paris: Paul Lechevalier, 789 pp.

Gilmour E F. 1958. Revision of the genus *Apriona* Chevrolat (Col., Cerambycidae, Lamiinae, Batocerini). Idea (Bogor), 11: 35-91, 93-131, 5 pls.

Gilmour E F, Dibb J R. 1948. Revision of the Batocerini (Col., Cerambycidae, Lamiinae). Spolia Zeylanica, 25: 1-121, 10 pls.

Gistel J N F X. 1834. Die Insecten-Doubletten aus der Sammlung des Grafen Rudolph von Jenison Walworth. München, 35 pp.

Gistel J N F X. 1848. Naturgeschichte des Thierreichs. Für höhere Schulen. Stuttgart: Hoffmann'sche Verlags-Buchhandlung, xvi + 216 + 4 pp., 32 pls.

Gistel J N F X. 1856. Die Mysterien der europäischen Insectenwelt. Ein geheimer Schlüssel für Sammler aller Insecten-Ordnungen und Stände, behufs des Fangs, des Aufenthalts-Orts, der Wohnung, Tag-und Jahreszeit u. s. w., oder autoptische Darstellung des Insectenstaats in seinem zusammenhange zum Bestehen des Naturhaushaltes überhaupt und insbesondere in seinem Einflusse auf die phanerogamische und cryptogamische Pflanzenbevölkerung Europa's. Zum ersten Male nach fünfundzwanzigjährigen eigenen Erfahrungen zusammengestellt und herausgegeben. Kempten: Tobias Dannheimer, xii + 532 pp.

Gistel J N F X. 1857. Achthundert und zwanzig neue oder unbeschriebene virbellose Thiere. Straubing: Verlag der Schomer'schen Buchhandlung, 2: 513-606.

Gmelin J F. 1790. Classis V. Insecta. *In:* Linnaeus C, Systema naturae per regna tria naturae, secundum classes, ordines, genera, species, cum characteribus, differentiis, synonymis, locis. Editio decima tertia, aucta, reformata. Tom I. Pars Ⅳ. Lipsiae: Georg

Enanuel Beer, 1517-2224.

Goecke H. 1931. Die Gattung *Sominella* Jocobson (Col. Chrys. Donaciini) (1. Beitrag zur Kenntnis der Donaciinen). Entomologische Blätter für Biologie und Systematik der Käfer, 27: 152-161, 1 plate.

Goeze J A E. 1777. Entomologische Beyträge zu des Ritter Linné zwölften Ausgabe des Natursystems. Erster Theil. Leipzig: Weidmanns Erben und Reich, xvi + 736 pp.

Goldfuss G A. 1805. Enumeration insectorum eleutheratorum capitis Bonae Spei totiusque Africae, descriptione iconibusque nonnullarum specierum novarum illustrata. Walther, Erlangae, 44 pp., 1 pl.

Gorham H S. 1885. Revision of the Phytophagous Coleoptera of the Japanese Fauna: Subfamilies Cassidinae and Hispinae. Proceedings of the Zoological Society of London, 1885: 280-286.

Gouverneur X, Vitali F. 2016. Révision de la tribu des Gyaritini Breuning, 1956 et descriptions de nouvelles espèces du Laos (Coleoptera, Cerambycidae). Les Cahiers Magellanes (NS), 21: 103-124.

Gozis M. 1882. Notes et remarques pour le futur catalogue des Coléoptères gallo-rhénans. Revue d'Entomologie, 1: 193-207.

Gozis M. 1886. Recherche de l'espèce typique de quelques anciens genres. Rectifications synonymiques et notes diverses. Herbin: Montluçon, 36 pp.

Gressitt J L. 1934. New Longicorns from the Japan Empire (Coleopt., Cerambycidæ). The Pan-Pacific Entomologist, San Francisco, 9(4) [1933]: 163-170.

Gressitt J L. 1935a. New longicorn beetles from China (Coleoptera: Cerambycidae). Lingnan Science Journal, 14: 567-574.

Gressitt J L. 1935b. New longicorn beetles from the Japanese Empire, Ⅱ (Coleoptera: Cerambycidae). Philippine Journal of Science, 55(4): 379-386.

Gressitt J L. 1935c. New species and records of longicorns from Formosa (Coleoptera: Cerambycidae). Philippine Journal of Science, 57(2): 181-194.

Gressitt J L. 1936. New longicorn beetles from Formosa. Ⅲ (Col., Cerambycidae). Philippine Journal of Science, 61(1): 89-111.

Gressitt J L. 1937a. New longicorn beetles from China: Ⅱ. Lingnan Science Journal, 16(1): 89-94.

Gressitt J L. 1937b. New Japanese longicorn beetles, Ⅱ (Coleoptera: Cerambycidae). Kontyû, 11(4): 317-327.

Gressitt J L. 1937c. New longicorn beetles from China: Ⅲ (Coleoptera: Cerambycidae). Lingnan Science Journal, 16(3): 447-456.

Gressitt J L. 1937d. New longicorn beetles from China: Ⅳ (Coleoptera: Cerambycidae). Lingnan Science Journal, 16(4): 595-621.

Gressitt J L. 1938a. New longicorn beetles from China: V (Coleoptera: Cerambycidae). Lingnan Science Journal, 17: 45-56.

Gressitt J L. 1938b. New longicorn beetles from China: Ⅵ (Coleoptera: Cerambycidae). Lingnan Science Journal, 17: 151-159.

Gressitt J L. 1938c. Some tortoise beetles from Hainan Island (Coleoptera: Chrysomelidae: Cassidinae). Lingnan Science Journal, 17: 185-193.

Gressitt J L. 1938d. Some hispine beetles from Hainan Island (Coleoptera: Chrysomelidae: Hispinae). Lingnan Science Journal, 17: 321-336.

Gressitt J L. 1939a. A study of the longicorn beetles of Kwangtung Province, S. China (Coleoptera: Cerambycidae). Lingnan Science Journal, 18: 1-122, 3 pls.

Gressitt J L. 1939b. A collection of longicorn beetles from T'ien-Mu Shan, East China (Coleoptera: Cerambycidae). Notes d'Entomologie Chinoise, 6: 81-133, pls. 1-3.

Gressitt J L. 1939c. New longicorn beetles from China: Ⅶ (Coleoptera: Cerambycidae). Lingnan Science Journal, 18: 209-216, pl. 8.

Gressitt J L. 1939d. East Asian Hispinae and Cassidinae in the collection of the California Academy of Sciences. Pan Pacific Entomologist, 15: 132-143.

Gressitt J L. 1939e. Hispine beetles in the collection of the Lingnan Natural History Survey and Museum (Coleoptera: Chrysomelidae: Hispinae). Lingnan Science Journal, 18: 161-186.

Gressitt J L. 1940a. Coléoptères Longicornes Chinois du Musée Heude. Notes d'Entomologie Chinoise, 7(8): 171-202.

Gressitt J L. 1940b. The longicorn beetles of Hainan Island. Philippine Journal of Science, 72(1-2): 1-239, 7 pls.

Gressitt J L. 1941. Chinese longicom beetles of the tribe Tetraopini (Coleoptera). Journal of the West China Border Research Society, 12 B [1940]: 134-147.

Gressitt J L. 1942a. New longicorn beetles from China: Ⅷ (Coleoptera: Cerambycidae). Lingnan Natural History Survey and Museum, Special Publication, 2: 1-6.

Gressitt J L. 1942b. New longicorn beetles from China: Ⅸ (Coleoptera: Cerambycidae). Lingnan Natural History Survey and Museum, Special Publication, 3: 1-8.

Gressitt J L. 1942c. Nouveaux longicornes de la Chine orientale. Notes d'Entomologie Chinoise, 9: 79-97, 2 pls.

Gressitt J L. 1942d. New longicorn beetles from China: X (Coleoptera: Cerambycidae). Lingnan Natural History Survey and Museum, Special Publication, 7: 1-11.

Gressitt J L. 1942e. Second Supplement to "A study of the longicorn beetles of Kwangtung Province, S. China" (Coleoptera: Cerambycidae). Lingnan Science Journal, 20: 205-214.

Gressitt J L. 1942f. Plant-beetles from south and west China. Ⅰ. Sagrinae, Donaciinae, Orsodacninae and Megalopodinae, Ⅱ, Criocerinae (Chrysomelidae). Ⅲ. Clytrinae, Cryptocephalinae and Chlamydinae (Coleoptera). Lingnan Science Journal, 20: 271-293, 295-324, 325-376, pls. 11-22.

Gressitt J L. 1942g. New tortoise beetles from China (Chrysomelidae: Cassidinae). Special Publication Lingnan Natural History Survey and Museum, 5: 1-4.

Gressitt J L. 1945a. On some genera of Oriental Orsodacninae and Eumolpinae (Col. Chrysom.). Lingnan Science Journal, 21(1-4): 135-146.

Gressitt J L. 1945b. A new tortoise-beetle name. Lingnan Science Journal, 21: 147.

Gressitt J L. 1946. Chinese chrysomelid beetles of the subfamily Chlamisinae. Annals of the Entomological Society of America, 39: 84-100, 1 pl.

Gressitt J L. 1947a. Notes on the Lepturinae (Coleoptera: Cerambycidae). Proceedings of the Entomological Society of Washington, 49(7): 190-192.

Gressitt J L. 1947b. Chinese longicorn beetles of the genus *Linda* (Coleoptera: Cerambycidae). Annals of the American Entomological Society, 40: 545-555.

Gressitt J L. 1948. New longicorn beetles from China: Ⅻ (Col.: Ceramb.). Lingnan Science Journal, 22: 43-53.

Gressitt J L. 1950. The hispine beetles of China (Coleoptera: Chrysomelidae). Lingnan Science Journal, 23(1-2): 53-142.

Gressitt J L. 1951. Longicorn beetles of China. *In:* Lepesme P, Longicornia, études et notes sur les longicornes. Vol. 2. Paris: Paul Lechevalier, 667 pp., 22 pls.

Gressitt J L. 1952. The tortoise beetles of China (Chrysomelidae: Cassidinae). Proceedings of the California Academy of Sciences, 27: 433-592.

Gressitt J L. 1953. Supplement to "The hispine beetles of China". Pan Pacific Entomologist, 29: 121-126.

Gressitt J L. 1954. The longicorn genus *Thranius* (Coleoptera: Cerambycidae). Proceedings of the Hawaiian Entomological Society, 15: 317-326.

Gressitt J L. 1957. Hispine beetles from the South Pacific (Coleoptera: Chrysomelidae). Nova Guinea, 8: 205-324.

Gressitt J L, Kimoto S. 1961. Pacific Insects Monograph 1A. The Chrysomelidae (Coleopt.) of China and Korea Part 1. Honolulu, Hawaii, U. S. A.: Entomology Department, Bernice P. Bishop Museum, 1-299.

Gressitt J L, Kimoto S. 1963. The Chrysomelidae (Coleopt.) of China and Korea. Part 2. Pacific Insects Monograph, 1B: 301-1026.

Gressitt J L, Kimoto S. 1965. Second supplement to "The Chrysomelidae (Coleopt.) of China and Korea". Pacific Insects, 7: 799-806.

Gressitt J L, Kimoto S. 1979. Chrysomelidae (Coleoptera) of Thailand, Cambodia, Laos and Vietnam I. Sagrinae, Donaciinae, Zeugophorinae, Megalopodinae and Criocerinae. Pacific Insects, 20(2-3): 191-256.

Gressitt J L, Rondon J A. 1970. Cerambycids of Laos (Disteniidae, Prioninae, Philiinae, Aseminae, Lepturinae, Cerambycinae). Pacific Insects Monographies, 24: 1-314.

Grondal. 1808. *In:* Schönherr C J, Synonymia Insectorum, oder: Versuch einer Synonymie aller bisher bekannten Insekten; nach Fabricii Systema Eleutheratorum etc. geordnet. 1 Eleutherata oder Käfer. 2. Spercheus bis Cryptocephalus. Stockholm, Marquard, 9+423 pp.

Gruev B. 1985. Two new taxa of Alticinae from China (Coleoptera, Chrysomelidae). Entomological Review of Japan, 40(2): 125-127.

Gruev B. 1989. Two new species of *Gonioctena* (*Brachyphytodecta*) Chevrolat (Coleoptera, Chrysomelidae: Chrysomelinae) from south Asia and a note on *Gonioctena issikii* Chûjô, 1958. Entomological Review of Japan, 44(1): 51-54.

Gruev B, Doberl M. 1997. General distribution of the flea beetles in the Palaearctic subregion (Coleoptera, Chrysomelidae: Alticinae). Scopolia, 37: 1-496.

Guérin-Méneville F E. 1840. Description de cinq espèces d'Hispes, formant une division distincte dans ce genre. Revue Zoologique, 3: 139-142.

Guérin-Méneville F E. 1844. Iconographie du Règne Animal de G. Cuvier, ou représentation d'après nature de l'une des espèces les plus remarquables, et souvent non encore figurées, de chaque genre d'animaux. Avec un texte descriptif mis au courant de la science. Ouvrage pouvant servir d'atlas à tous les traités de zoologie. III. Texte explicatif. Insectes. Paris: J. B. Baillière, 576 pp.

Günther K. 1938. Revision der Gattung *Otidognathus* Lac. (Coleoptera Curculionidae Calandrinae). Temminckia, 3: 45-108.

Günther V. 1958. Novy druh a novy podrod celedi Cassididae (Col.). Acta Entomologica Musei Nationalis Pragae, 32: 567-569.

Gyllenhal L. 1808. Insecta Suecica Descripta. Classis I. Coleoptera sive Eleutherata. Tome I Scaris, Leverenta, viii+ [4] +572 pp.

Gyllenhal L. 1817. [new taxa]. *In:* Schoenherr C J, Synonymia Insectorum, oder Versuch einer Synonymie aller bisher bekannten Insecten; nach Fabricii Systema Eleutheratorum etc. geordnet. Erster Band. Eleutherata oder Käfer. Dritter Theil. Hispa-Molorchus. Em. Brucelius, Upsala, 506 pp. + Appendix ad C. J. Schönherr Synonymiam Insectorum. Tom 1. Pars 3. Sistens descriptiones novarum specierum 11+ 266 pp., pls. 5, 6.

Gyllenhal L. 1833a. [new taxa]. *In:* Schoenherr C J, Genera et species curculionidum, cum synonymia hujus familiae. Species novae aut hactenus minus cognitae, descriptionibus a Dom. Leonardo Gyllenhal, C. H. Boheman, et entomologis aliis illustratae. Tomus primus.-Pars prima. Parisiis: Roret, pp. i-xv + 1-381.

Gyllenhal L. 1833b. [new taxa]. *In:* Schoenherr C J, Genera et species curculionidum, cum synonymia hujus familiae. Species novae aut hactenus minus cognitae, descriptionibus a Dom. Leonardo Gyllenhal, C. H. Boheman, et entomologis aliis illustratae. Tomus primus.-Pars secunda. Parisiis: Roret; Lipsiae: Fleischer, 383-681.

Gyllenhal L. 1834. [new taxa]. *In:* Schoenherr C J, Genera et species curculionidum, cum synonymia hujus familiae. Species novae aut hactenus minus cognitae, descriptionibus a Dom. Leonardo Gyllenhal, C. H. Boheman, et entomologis aliis illustratae. Tomus secundus.-Pars prima. Parisiis: Roret; Lipsiae: Fleischer, 326 pp.

Gyllenhal L. 1835. [new taxa]. *In:* Schoenherr C J, Genera et species curculionidum, cum synonymia hujus familiae. Species novae aut hactenus minus cognitae, descriptionibus a Dom. Leonardo Gyllenhal, C. H. Boheman, et entomologis aliis illustratae. Tomus tertius.-Pars prima. [1836]. Parisiis: Roret; Lipsiae: Fleischer, [6] + 505 pp.

Gyllenhal L. 1838. [new taxa]. *In:* Schoenherr C J, Genera et species curculionidum, cum synonymia hujus familiae. Species novae aut hactenus minus cognitae, descriptionibus a Dom. Leonardo Gyllenhal, C. H. Boheman, et entomologis aliis illustratae. Tomus quartus.-Pars secunda. Parisiis: Roret; Lipsiae, Fleischer, 601-1121 [+ 1122-1124 Corrigenda].

Gyllenhal L. 1839. [new taxa]. *In:* Schoenherr C J, Genera et species curculionidum, cum synonymia hujus familiae. Species novae aut hactenus minus cognitae, descriptionibus Dom. L. Gyllenhal, C. H. Boheman, O. J. Fahraeus et entomologis aliis illustratae. Tomus quintus, pars prima. Supplementum continens Parisiis: Roret; Lipsiae: Fleischer, 1-456.

Haaf E. 1974. Eine neue Alcidodes-Art aus Fukien (Col., Curc.). Bonner Zoologische Beiträge, 25: 177-178.

Hagedorn J M. 1908. Diagnosen bisher unbeschriebener Borkenkäfer. Deutsche Entomologische Zeitschrift, 1908: 369-382.

Hagedorn J M. 1912a. Neue Borkenkäfergattungen und Arten aus Africa. (Col.). Deutsche Entomologische Zeitschrift, 1912: 351-356, pls. vi-vii.

Hagedorn J M. 1912b. Ipiden als Kaffeeschädlinge. Entomologische Blätter, 8: 33-43.

Haldeman S S. 1847a. Corrections and Additions to his paper on the Longicornia of the United States. Proceedings of the American Philosophical Society, Philadelphia, 4: 371-376.

Haldeman S S. 1847b. Material towards a history of the Coleoptera Longicornia of the United States. Transactions of the American Philosophical Society, 10(2): 27-66.

Hamilton J. 1890. Proposed Corrections of Specific Names to Harmonize Mr. Henshaw's Catalogue of the North American Coleoptera, with the generally accepted European nomenclature, with relation to the species common to the two continents. Entomologica Americana, 6(3): 41-44.

Han K, Zhang R-Z. 2005. [new taxon]. *In:* Han K, Zhang R-Z, Park Y-G, On the genus *Eumyllocerus* Sharp. (Coleoptera: Curculionidae: Entiminae) with description of two new species from China. Insect Science, 12: 217-223.

Harold E. 1880. Einige neue Coleopteren. Mittheilungen des Münchner Entomologischen Vereins, 4: 148-171.

Harold E. 1875a. Geänderte Namen. Coleopterologische Hefte, 13: 185.

Harold E. 1875b. Verzeichnis der von Herrn T. Lenz in Japan gesammelten Coleopteren. Abhandlungen herausgegeben vom Naturwissenschaftlichen Vereine zu Bremen, 4: 283-296.

Harold E. 1877. Beitrag zur Kaferfauna von Japan. Deutsche Entomologische Zeitschrift, 21(2): 337-367.

Hartig T. 1834. [new taxa]. *In:* Hartig G L, Hartig T, Forstliches und forstnaturwissenschaftliches Conversations-Lexikon. Ein Handbuch für Jeden, der sich für das Forstwesen und die dazu gehörigen Naturwissenschaften interessiert. Berlin: Nauckschen Buchhandlung, xiv + 1034 pp.

Hasegawa M. 1996. Taxonomic notes on the genus *Acanthocinus* (Coleoptera, Cerambycidae) of Japan and the far east. The Japanese Journal of Systematic Entomology, 2(1): 83-95, 36 figs.

Hasegawa M, Makihara H. 2001. Discovery of a new lamiine genus (Coleoptera, Cerambycidae) from Ogasawara Islands, Japan. Japanese Journal of Systematic Entomology, 7: 71-75.

Hasegawa M, Ohbayashi N. 2002. Taxonomic notes on the genus *Pseudocalamobius* (Coleoptera, Cerambycidae, Lamiinae) of Japan. Special Bulletin of the Japanese Society of Coleopterology, (5): 397-408.

Hatch M H. 1935. A new sub-alpine genus of Halticini from North America. (Coleop.: Chrysomelidae). Entomological News, 46: 276-278.

Hayashi M. 1955. Cerambycidae. 18-76, pls. 9-27. *In:* Nakane T, Coloured illustrations of the insects of Japan. Osaka Hoikusha: Coleoptera. Kinki Coleopterological Society, 274 pp. + 68 pls.

Hayashi M. 1957. Studies on Cerambycidae from Japan and its adjacent regions (Ⅷ). Akitu Kyoto, 6: 37-40.

Hayashi M. 1959. Studies on Cerambycidae from Japan and its adjacent regions (Col.), X. The Entomological Review of Japan, 10: 55-63, 1 pl.

Hayashi M. 1960. Study of the Lepturinae (Col.: Cerambycidae). Niponius, 1(6): 1-26.

Hayashi M. 1961. The Cerambycidae from Amami-Ôshima Islands. Ⅰ. Additions to the Cerambycid-fauna of the Loochoo-Archipelago. 2 (Col.). The Entomological Review of Japan, 13(2): 35-46, 2 pls.

Hayashi M. 1963. Revision of some Cerambycidae on the basis of the types of the late Drs. Kano and Matsushita, with descriptions of three new species. Insecta Matsumurana, 25(2): 129-136.

Hayashi M. 1964. The Cerambycidae of Japan (Col.) (6) and (7). The Entomological Review of Japan, 17: 69-76.

Hayashi M. 1965. Records of some longicorn-beetles from Formosa with descriptions of new forms. Special Bulletin of the Lep. Society of Japan, (1): 105-120.

Hayashi M. 1974a. New and unrecorded longicorn beetles from Taiwan (Coleoptera: Cerambycidae). Bulletin of Osaka Jonan Women's Junior College, 9: 1-36.

Hayashi M. 1974b. New and unrecorded longicorn beetles from Taiwan (Coleoptera: Cerambycidae). Part Ⅱ. The Entomological Review of Japan, 27: 37-62.

Hayashi M. 1974c. Studies on Cerambycidae from Japan and its adjacent regions (Col.), XX. The Entomological Review of Japan, 26(1/2): 11-17.

Hayashi M. 1976. Studies on Asian Cerambycidae (Coleoptera) I. Bulletin of the Osaka Jonan Women's Junior College, 11: 1-24.

Hayashi M. 1981a. On some longicorn beetles of Nepal (Col., Cerambycidae). Bulletin of the Osaka Jonan Women's Junior College, 14: 1-20.

Hayashi M. 1981b. Studies on Asian Cerambycidae, Ⅳ (Coleoptera). The Entomological Review of Japan, 36(1): 27-32.

Hayashi M. 1982a. On some Cerambycidae from Hong Kong (Coleoptera). The Entomological Review of Japan, 37(1): 71-74.

Hayashi M. 1982b. The Cerambycidae of Japan (Col.). (13). Entomological Review of Japan, 37(2): 141-151.

Hayashi M. 1984. Study of Asian Cerambycidae, (Coleoptera) Ⅶ. Bulletin of the Osaka Jonan Women's Junior College, 17/18: 17-38.

Hayashi M. 1985. Study of Asian Cerambycidae (Coleoptera) Ⅷ. The Entomological Review of Japan, 40(2): 129-136, pl. 7.

Hayashi M. 1987. Study of Asian Cerambycidae (Coleoptera) Ⅸ. The Entomological Review of Japan, 42(2): 153-169.

Hayashi M. 2020. Revision of extant and fossil Donaciinae (Coleoptera: Chrysomelidae) of Japan. Japanese Journal of Systematic Entomology, Supplementary Series (2): 61-160.

Hayashi M, Villiers A. 1985. Revision of the Asian Lepturinae (Coleoptera: Cerambycidae) with special reference to the type specimens' inspection. Part I. Bulletin of Osaka Jonan Women's Junior College, 19/20: 1-75.

Hayashi M, Villiers A. 1989. Revision of Asian Lepturinae (Coleoptera: Cerambycidae) with special reference to the type specimens' inspection. Part Ⅲ. Bulletin of the Osaka Jonan Women's Junior College, 24: 1-43.

Hayashi M, Villiers A. 1995. Revision of the Asian Lepturinae (Coleoptera: Cerambycidae) with special reference to the type specimens' inspection. Part Ⅳ. Bulletin of the Osaka Jonan Women's Junior College, 30: 1-22.

Hayes W P. 1936. Two new species of Cosmobaris (Curculionidae, Coleop.). Journal of the Kansas Entomological Society, 9: 26-29.

He T-L, Zhang R-Z, Pelsue F W. 2003a. A new species of the genus *Allaeotes* Pascoe from China (Coleoptera: Curculionidae: Dryophthorinae). Coleopterists Bulletin, 57: 127-131.

He T-L, Zhang R-Z, Pelsue F W. 2003b. A new species of the genus *Synommatoides* Morimoto from China (Coleoptera: Curculionidae: Dryophthorinae). Coleopterists Bulletin, 57: 123-126.

Heikertinger F. 1911a. Beschreibungen von vier neuen Aphthona-Formen aus dem palaarktischen Asien. Verhandlungen der Zoologisch-Botanischen Gesellschaft in Wien, 61: 4-11.

Heikertinger F. 1911b. Die Halticinengattung *Neocrepidodera* (nov. gen.). Archiv für Naturgeschichte, 77: 34-38.

Heikertinger F. 1921. Die paläarktischen Arten der Halticinengattung Batophila Fondr. (Glyptina Lee). Koleopterologische Rundschau, 9: 89-98.

Heikertinger F. 1922. Die mit Oedionychis verwandten palaearktischen Halticinen (Coleopt.). Wiener Entomologische Zeitung, 39: 45-64.

Heikertinger F. 1924. Die Halticinengenera der Palaearktis. und Nearktis. Bestimmungs-Tabellen (Monographic der palaarktischen Halticinen: Systematischer Teil.-Zweites Stuck.). Koleopterologische Rundschau, 11: 25-48.

Heikertinger F. 1941. Bestimmungs-Tabellen europaischer Käfer (7. Stück). LXXXⅡ. Fam. Chrysomelidae. 5 Subfam. Halticinae. 1. Gatt. Phyllotreta Steph. Bestimmungstabelle der paläarktischen Phyllotreta-Arten. Bestimmungstabelle der paläarktischen Phyllotreta-Arten. Koleopterologische Rundschau, 27: 15-64, 69-116.

Heikertinger F. 1944. Bestimmungs-Tabellen europaischer Käfer (10. Stück). LXXXⅡ. Fam. Chrysomelidae. 5 Subfam. Halticinae. 2.

Gatt. *Aphthona* Chevr. Bestimmungstabelle der paläarktischen Aphthona-Arten. Koleopterologische Rundschau, 30: 37-122.

Heikertinger F. 1950. Bestimmungs-Tabellen europaischer Kafer. LXXXII. Fam. Chrysomelidae. 5. Subfam. Halticinae. Gattung: *Crepidodera*-Verwandtschaft weitesten *Sinnes* (Schluss). Koleopterologische Rundschau, 31: 81-139.

Heikertinger F, Csiki E. 1940. Chrysomelidae: Halticinae 2. 337-635. *In:* Junk W, Coleopterorum Catalogus. Berlin: W. Junk's Gravenhage.

Heinze E. 1927. Drei neue Criocerinen-Gattungen, drei neue *Lema*-Arten und einige Bemerkungen über bekannte *Lema*-Arten von Afrika. Entomologische Blätter, 23: 161-170.

Heinze E. 1929. Übersicht der Arten des afrikanischen Festlandes der Gattung *Hapsidolema* Heinze. Deutsche Entomologische Zeitschrift, 1929: 289-297.

Heinze E. 1931. Über neue und bekannte afrikanische Criocerinen, großenteils aus Londoner Museen. Wiener Entomologische Zeitung, 48: 175-213.

Heinze E. 1943. Über bekannte und neue Criocerinen. Stettiner Entomologische Zeitung, 104: 101-109.

Heller K M. 1897. Drei neue Rüsselkäfer der Calandriden-Gattung *Ommatolampus*, Schönh. Notes from the Leyden Museum, 18: 243-248.

Heller K M. 1918. Die philippinischen Arten der Rüsselkäfergattung Alcides Schönh. Stettiner Entomologische Zeitung, 78 [1917]: 209-245.

Heller K M. 1922. Curculioniden (Coleopt.) aus Französisch-Indo-China. Deutsche Entomologische Zeitschrift, 1922: 1-25.

Heller K M. 1923. Die Coleopterenausbeute der Stötznerschen Sze-Tschwan-Expedition (1913-1915). Entomologische Blätter, 19(2): 61-79.

Heller K M. 1924a. Bestimmungsschlüssel außereuropäischer Käfer. Cerambicidae, Molorchini: genera *Epania* und *Merionoeda*. Entomologische Blätter, 20(1): 26-34.

Heller K M. 1924b. Neue, vorwiegend philippinische Bockkäfer. Entomologische Mitteilungen, 13: 195-214, pl. II.

Heller K M. 1926. Neue, altweltliche Bockkäfer. Tijdschrift voor Entomologie, 69: 19-50.

Heller K M. 1927. Studien zur Systematik der altweltlichen Balaninini II. Stettiner Entomologische Zeitung, 88: 175-287.

Heller K M. 1929. Fauna Buruana. Coleoptera, Fam. Curculionidae. Treubia 7 (Suppl.) (3): 105-138 + 1 [unn., Tafelerklärung] + pl. III.

Heller K M. 1937. Coleoptera Javana, mit Berücksichtigung der ihnen nahestehenden Formen anderer Herkunft. Stettiner Entomologische Zeitung, 98: 51-78.

Hellwig J C L. 1795. [new taxa]. *In:* Rossi P, Fauna Etrusca sistens insecta quae in provinciis Florentina et Pisana praesertim collegit Petrus Rossius in regio pisano athenaeo. Tomus primus cum XI Tab. Mantissae priore parte adiecta iterum edita et annotatis perpetuis aucta a D. Ioh. Christ. Lud. Hellwig. Helmstadii: C. G. Fleckeisen: xxviii + 457 pp., 12 pls.

Herbst J F W. 1784. Kritisches Verzeichniss meiner Insectensammlung. Archiv der Insectengeschichte [J. C. Fuessly], 5(1): 69-128, pls. 24-28.

Herbst J F W. 1795. Natursystem aller bekannten in-und ausländischen Insekten, als eine Fortsetzung der von Büffonschen Naturgeschichte. Der Käfer sechster Theil. Berlin: Joachim Pauli, xxiv + 520 pp., pls. LX-XCV.

Herbst J F W. 1797. Natursystem aller bekannten in-und ausländischen Insekten, als eine Fortsetzung der von Büffonschen Naturgeschichte. Der Käfer siebenter Theil. Berlin: Joachim Pauli, xi + 346 pp., pls. XCVI-CXVI.

Herbst J F W. 1799. Natursystem aller bekannten in+ und ausländischen Insekten, als eine Fortsetzung der von Büffonschen Naturgeschichte. Der Käfer achter Theil. Berlin, 1-420.

Heyden L F J D. 1881. Catalog der Coleopteren von Sibirien: mit Einschluss derjenigen der Turanischen Länder, Turkestans und der chinesischen Grenzgebiete: mit specieller Angabe der einzelnen Fundorte in Sibirien und genauer Citirung der darauf bezüglichen einzelnen Arbeiten nach eigenem Vergleich, sowie mit besonderer Rücksicht auf die geographische Verbreitung der einzelnen Arten über die Grenzländer, namentlich Europa und Deutschland. Catalog der Coleopteren von Sibirien, i-xxiv +

1-224.

Heyden L F J D. 1886. Die Coleopteren-Fauna des Suyfun-Flusses (Amur). Deutsche Entomologische Zeitschrift, Berlin, 30(2): 269-277.

Heyden L F J D. 1887. Verzeichniss der von Herrn Otto Herz auf der shinesischen Halbinsel Korea gesammelten Coleopteren. Horae Societatis Entomologicae Rossicae, 21: 243-273.

Heyden L F J D. 1892. Die Käfer von Nassau und Frankfurt. Sechster Nachtrag. Jahrbücher des Nassauischen Vereins für Naturkunde, 45: 63-82.

Heyden L F J D. 1893. Catalog der Coleopteren von Sibirien: mit Einschluss derjenigen der Turanischen Länder, Turkestans and der chinesischen Grenzgebiete: mit specieller Angabe der einzelnen Fundorte in Sibirien und genauer Citirung der darauf bezüglichen einzelnen Arbeiten nach eigenem Vergleich, sowie mit besonderer Rücksicht auf die geographische Verbreitung der einzelnen Arten über die Grenzländer, namentlich Europa und Deutschland. Catalogus der Coleopteren von Sibirien (second edition): 181.

Heyden L F J D, Kraatz G. 1886. Beitrage zur Coleopteren-Fauna von Turkestan, namentlich des Alai-Gebirges, unter Beihulfe der Herren Candeze, Ganglbauer, Stierlin, und Weise. Deutsche Entomologische Zeitschrift, xxx + 177-194.

Heyrovský L. 1938. Dvě nové formy asijských tesaříků. Zwei neue asiatische Cerambycidenformen. Časopis Československé Společnosti Entomologické, 35(2): 92-94.

Heyrovský L. 1939. Drei neue Glenea-Arten aus China (Col., Ceramb.). Časopis Československé Společnosti Entomologické, 36: 68-70.

Heyrovský L. 1950. Dva nové druhy prionidu z Asie. Deux Prionides nouveaux de l'Asie. (Col., Ceramb.). Časopis Československé Společnosti Entomologické, Praha, 47(3): 127-129.

Heyrovský L. 1967. Cerambycides capturés par le docteur Diehl dans le nord de Sumatra en 1961-1963 (Col. Cerambycidae). Bulletin de la Société Entomologique de Mulhouse: 39.

Hincks W D. 1949. Some nomenclatorial notes on Chrysomelidae (Col.). No. 1, Galerucinae. The Annals and Magazine of Natural History, 12(2): 607-622.

Hincks W D. 1950. Some nomenclatorial notes on Chrysomelidae (Col.). No. 3, Cassidinae. The Annals and Magazine of Natural History, 12(3): 506-512.

Hincks W D. 1952. The genera of the Cassidinae (Coleoptera: Chrysomelidae). Transactions of the Entomological Society of London, 103: 327-358.

Hochhuth I H. 1851. Beitraege zur näheren Kenntniss der Rüsselkäfer Russlands, enthaltend Beschreibung neuer Genera und Arten, nebst Erläuterungen noch nicht hinlänglich bekannter Curculionen des russischen Reichs. Bulletin de la Société Impériale des Naturalistes de Moscou, 24(1): 3-102.

Hoffmann A. 1950. Curculionides marocains inédits ou peu connus. Bulletin de la Société Entomologique de France, 55: 82-93.

Hoffmann A. 1958. Faune de France 62 Coléoptères curculionides (Troisième partie). Paris: Lechevalier, 1209-1839.

Hoffmann A. 1962. Contribution à la connaissance de la faune du Moyen-Orient (Missions G. Remaudière 1955 et 1959). I. Coléoptères curculionides. Vie et Milieu, 12 [1961]: 643-666.

Holzschuh C. 1991. 63 neue Bockkäfer aus Asien, vorwiegend aus China und Thailand (Coleoptera: Disteniidae und Cerambycidae). Schriftenreihe der Forstlichen Bundesversuchanstalt (FBVA-Berichte), 60: 5-71.

Holzschuh C. 1998. Beschreibung von 68 neuen Bockkäfern aus Asien, überwiegend aus China und zur Synonymie einiger Arten (Coleoptera: Cerambycidae). Schriftenreihe der Forstlichen Bundesversuchanstalt (FBVA-Berichte), 107: 1-65.

Holzschuh C. 1999. Beschreibung von 71 neuen Bockkäfern aus Asien, vorwiegend aus China: Laos, Thailand und Indien (Coleoptera, Cerambycidae). Schriftenreihe der Forstlichen Bundesversuchanstalt (FBVA-Berichte), 110: 1-64.

Holzschuh C. 2003. Beschreibung von 72 neuen Bockkäfern aus Asien, vorwiegend aus China: Indien, Laos und Thailand

(Coleoptera, Cerambycidae). Entomologica Basiliensa, 25: 147-241.

Holzschuh C. 2005. Beschreibung von neuen Bockkäfern aus SE Asien, vorwiegend aus Borneo (Coleoptera, Cerambycidae). Les Cahiers Magellanes (NS), 46: 1-40.

Holzschuh C. 2006. Neue Arten der Triben Molorchini und Clytini aus China und Laos (Coleoptera, Cerambycidae). Entomologica Basiliensia et Collectionis Frey, 28: 277-302.

Holzschuh C. 2007. Beschreibung von 80 neuen Bockkäfern aus der orientalischen und palaearktischen Region, vorwiegend aus China: Laos und Borneo (Coleoptera, Cerambycidae). Entomologica Basiliensia et Collectionis Frey, 29: 177-286.

Holzschuh C. 2009. Beschreibung von 59 neuen Bockkäfern und vier neuen Gattungen aus der orientalischen und palaearktischen Region, vorwiegend aus Laos, Borneo, und China (Coleoptera, Cerambycidae). Entomologica Basiliensia et Collectionis Frey, 31: 267-358.

Holzschuh C. 2011. Beschreibung von 69 neuen Bockkäfern und 6 neuen Gattungen aus Asien, vorwiegend aus Borneo, China: Laos und Thailand (Coleoptera, Cerambycidae). Entomologica Basiliensia et Collectionis Frey, 33: 249-328.

Holzschuh C. 2013. Beschreibung von zehn neuen Bockkäferarten (Coleoptera: Cerambycidae) und einer neuen Gattung aus Südostasien. Zeitschrift der Arbeitsgemeinschaft Österreichischer Entomologen, 65: 5-21.

Holzschuh C. 2015a. Die Gattung *Exocentrus* (Coleoptera: Cerambycidae: Lamiinae) auf dem asiatischen Festland: neue Synonymien und neue Taxa. Zeitschrift der Arbeitsgemeinschaft Österreichischer Entomologen, 67: 45-72.

Holzschuh C. 2015b. Beschreibung von 50 neuen Bockkäfern aus Asien (Coleoptera, Cerambycidae). Les Cahiers Magellanes (NS), 20: 14-75.

Holzschuh C. 2017a. Beschreibung neuer Gattungen und Arten von Bockkäfern aus Asien (Coleoptera, Cerambycidae). Les Cahiers Magellanes (NS), 26: 1-18.

Holzschuh C. 2017b. Neue Lamiinae (Coleoptera: Cerambycidae) aus Asien und zur Synonymie einiger Taxa. Zeitschrift der Arbeitsgemeinschaft Österreichischer Entomologen, 69: 139-167.

Holzschuh C. 2019. Beschreibung von dreizehn Bockkäfern aus Asien (Coleoptera, Cerambycidae). Les Cahiers Magellanes (NS), 34: 79-95.

Holzschuh C. 2020. Neue Synonymien, Neumeldungen für China und Beschreibung von acht neuen Bockkäfern aus Asien (Coleoptera, Cerambycidae). Les Cahiers Magellanes (NS), 36: 48-64.

Holzschuh C, Lin Y-L. 2015. Beitrag zur Bockkäferfauna von Taiwan, mit Beschreibung einer neuen Art, II (Coleoptera: Cerambycidae). Les Cahiers Magellanes (NS), 20: 104-107.

Hope F W. 1831. Synopsis of new species of Nepaul insects in the collection of Major General Hardwicke. 21-32. *In:* Gray J E, Zoological Miscellany. Vol. 1. London: Treuttehouttuyan 1766 Natuurkundigel, Wurtz and Co., 40 pp., 4 pls.

Hope F W. 1839. Descriptions of some nondescript insects from Assam, chiefly collected by W. Griffith, Esq., Assistant Surgeon in the Madras Medical Service. Proceedings of the Linnean Society of London, 1: 42-44.

Hope F W. 1840a. Descriptions of some nondescript insects from Assam, chiefly collected by W. Griffith, Esq., Assistant Surgeon in the Madras Medical Service. Proceedings of the Linnean Society of London, 1: 77-79.

Hope F W. 1840b. The Coleoptera Manual, part the third. Containing various Families, Genera, and species of beetles, recorded by Linnesu and Fabricius. Also, descriptions of newly discovered and unpublished insects. London: J. C. Bridgewater, 1-191, 3 pls.

Hope F W. 1842a. Descriptions of some new Coleopterous insects sent to England by Dr. Cantor from Chusan and Canton, with observations on the entomology of China. Proceedings of the Entomological Society of London, 1841: 59-64.

Hope F W. 1842b. On some rare and beautiful insects from Silhet, chiefly in the collection of Frederick John Parry (Coleopt., Lepidopt., Hemipt.). The Transactions of the Linnean Society of London, 19: 103-112.

Hope F W. 1843. Descriptions of the Coleopterous insects sent to England by Dr. Cantor from Chusan and Canton, with observations on the entomology of China. The Annals and Magazine of Natural History, 11: 62-66.

Hope F W. 1845a. On the entomology of China, with description of the new species sent to England by Dr. Cantor from Chusan and Canton. Transactions of the Entomological Society of London, 4: 4-17.

Hope F W. 1845b. Descriptions of new species of Coleoptera, from the Kaysah Hills, near the boundary of Assam, in the East Indies, lately received from Dr. Cantor. Transactions of the Entomological Society of London, 4: 73-77.

Hopkins A D. 1915. Classification of the Cryphalinae, with descriptions of new genera and species. United States Department of Agriculture, Report No. 99. Washington: Government Printing Office, 75 pp., 4 pls.

Hopping R. 1931. New coleoptera from Western Canada Ⅲ. The Canadian Entomologist, 63(10): 233-238.

Horn G H. 1860. Descriptions of new North American Coleoptera, in the Cabinet of the Entomological Society of Philadelphia. Proceedings of the Academy of Natural Sciences of Philadelphia, 12: 569-571, 1 pl.

Hornstedt C F. 1788. Beschreibung neuer Blattkäferarten. Schriften der Gesellschaft Naturforschender Freunden zu Berlin, 8 [1787]: 1-8, 1 pl.

Houttuyn M. 1766. Natuurkundige beschrijving der Insekten, wormen en slakken, schulpdieren, hoorens, zeergewässen ent plantdieren. In: Naturulijke historie. Deel 9. [1766-1769]. Lodewyk van Es, Amsterdam, iii-vi +1-640, pls. LXXI-LXXVI.

Hua L-Z. 1982. A check list of the leaf beetles of Guangdong Province (Coleoptera, Chrysomelidae). Guangzhou: Zhongshan University, 1-64.

Hua L-Z. 1986. New records of longicorn beetles from China with the descriptions of a new subgenus and two new species (Coleoptera: Cerambycidae). Pan-Pacific Entomologist, 62(3): 209-213.

Hua L-Z. 1989. List of insect specimens of Zhongshan (Sun Yat-sen) University. Guangzhou: Zhongshan (Sun Yat-sen) University, 1-158.

Hua L-Z. 2002. List of Chinese Insects. Vol. Ⅱ. Guangzhou: Zhongshan (Sun Yat-sen) University Press, 612 pp.

Hua L-Z, Nara H, Samuelson G A, Lingafelter S W. 2009. Iconography of Chinese Longicorn Beetles (1406 species) in Color. Guangzhou: Sun Yat-sen University Press, 474 pp., 125 pls.

Hua L-Z, She D-S. 1987. Two new species of long-horned beetles from Fujian, China. Wuyi Science Journal, 7: 53-55.

Huang J, Yoshitake H, Qin M, Zhang R-Z, Ito M. 2018. Taxonomic study of the East Palaearctic Genus Cardipennis Korotyaev (Coleoptera: Curculionidae: Ceutorhynchinae). Transactions of the American Entomological Society, 144: 217-238.

Hubenthal W. 1917. Die indomalaiischen Arten der Curculionidengattung Desmidophorus Schönherr. Entomologische Blätter, 13(4-6): 103-123.

Hüdepohl K E. 1990. Über südostasiatische Cerambyciden Ⅶ. Über die Gattung Neocerambyx Thomson, 1860 (Coleoptera, Cerambycidae, Cerambycini). Entomofauna Zeitschrift für Entomologie, Ansfelden, 11(14): 241-257.

Hüdepohl K E, Heffern D J. 2004. Notes on Oriental Lamiini (Coleoptera: Cerambycidae: Lamiinae). Insecta Mundi, 16 [2002] (4): 247-249.

Hustache A. 1916. Synopsis des Ceuthorrhynchini du Japon. Annales de la Société Entomologique de France, 85: 107-144.

Hustache A. 1925. Synopsis des Curculionides de la faune malgache. Bulletin de l'Académie Malgache (NS), 7 [1924]: 1-582.

Hustache A. 1945. Notes synonymiques. Bulletin de la Société Entomologique de France, 50: 67-68.

Illiger J C W. 1794. Beschreibung einiger neuen Käferarten aus der Sammlung des Herrn Professors Hellwig in Braunschweig. Neuestes Magazin für die Liebhaber der Entomologie, 1(5): 593-620.

Illiger J C W. 1802. Neue Insekten. In: Magazin für Insektenkunde, Illiger, Karl Reichard Braunschweig: Germany, 1802, Bd. 1: 163-208.

Illiger J C W. 1807. Verzeichnis der Arten der Flohkäfer, Halticae, in der Hellwig-Hoffmanseggischen Sammlung, mit Beschreibung der neuen und Bezeichnung der übrigen Arten. Magazin für Insectenkunde. Ⅵ. Braunschweig, 6: 86-177.

Jacobson G G. 1908. De tribus generibus novis Chrysomelidarum faunae rossicae. Horae Societatis Entomologicae Rossicae, 38: 619-626.

Jacoby M. 1883. On some new species of Phytophagous Coleoptera from the island of Saleyer. Notes from the Leyden Musum, 5: 197-203.

Jacoby M. 1884a. Descriptions of new genera and species of phytophagous Coleoptera from Sumatra. Notes from the Leyden Museum, 6: 9-70.

Jacoby M. 1884b. Descriptions of new genera and species of phytophagous Coleoptera from the Indo-Malayan and Austro-Malayan subregions, contained in the Genoa Civic Museum. First Part. Annali del Museo Civico di Storia Naturale di Genova, 20: 188-233.

Jacoby M. 1885a. Descriptions of New Genera and Species of Phytophagous Coleoptera from the Indo-Malayan and Austro-Malayan Sub-regions, contained in the Genoa Civic Museum. Second part. Annali del Museo Civico di Storia Naturale di Genova, 22: 20-76.

Jacoby M. 1885b. Descriptions of the phytophagous Coleoptera of Japan, obtained by Mr. George Lewis during his second journey, form February 1880 to September 1881, Part I. Proceedings of the Scientific Meetings of the Zoological Society of London, 190-211.

Jacoby M. 1885c. Descriptions of the phytophagous Coleoptera of Japan obtained by Mr. George Lewis during his second journey, from February 1880 to September 1881, Part II, Halticinae and Galerucinae. Proceedings of the Scientific Meetings of the Zoological Society of London: 717-755.

Jacoby M. 1886. Descriptions of new genera and species of phytophagous Coleoptera from the Indo-Malayan and Austro-Malayan subregions, contained in the Genoa Civic Museum. Third Part. Annali del Museo Civico di Storia Naturale di Genova, 24: 41-121.

Jacoby M. 1887. Descriptions of the phytophagous Coleoptera of Ceylon, obtained by Mr. George Lewis during the years 1881-1882. Proceedings of the Scientific Meetings of the Zoological Society of London, 1887: 65-119, 2 pls.

Jacoby M. 1888. Descriptions of new species of phytophagous Coleoptera from Kiukiang (China). Proceedings of the Scientific Meetings of the Zoological Society of London, 1888: 339-351.

Jacoby M. 1889a. List of the Criaceridae, Cryptocephalidae, Chrysomelidae, and Galerucidae, collected in Venezuela by M. Simon, with descriptions of the new species. Proceedings of the Scientific Meetings of the Zoological Society of London: 263-292.

Jacoby M. 1889b. Viaggio di Leonardo Fea in Birmania e regioni vicine. List of the phytophagous Coleoptera obtained by Signor L. Fea at Burmah and tenasserim, with descriptions of the new species. Annali del Museo Civico di Storia Naturale di Genova, 27: 147-237.

Jacoby M. 1890. Descriptions of new species of phytophagous Coleoptera received by Mr. J. H. Leech, from Chang-Yang, China. The Entomologist, 23: 84-89, 114-118, 161-167, 193-197, 214-217, 253-254, 2 pls.

Jacoby M. 1891. Descriptions of some new species of phytophagous Coleoptera. The Entomologist, 24: 62-65.

Jacoby M. 1892a. Synonymic notes on phytophagous coleopteran. 162. The Entomologist, 25: 162.

Jacoby M. 1892b. Description of the new genera and species of the phytophagous Coleoptera obtained by Sign. L. Fea in Burma. Annali del Museo Civico di Storia Naturale di Genova, 32: 869-999.

Jacoby M. 1893. Description of some new species of Donaciinae and Criocerinae contained in the Brussels Museum and that of my own. Annales de la Société Entomologique de Belgique, 37: 261-271.

Jacoby M. 1895. Descriptions of new species of phytophagous Coleoptera from the Indo-and Austro-Malayan Regions. Stettiner Entomologische Zeitung, 56: 52-80.

Jacoby M. 1896a. Descriptions of the new genera and species of phytophagous Coleoptera obtained by Mr. Andrewes in India, Part II, Chrysomelinae, Halticinae and Galerucinae. Annales de la Société Entomologique de Belgique, 40: 250-304.

Jacoby M. 1896b. Descriptions of the new genera and species of phytophagous Coleoptera obtained by Dr. Modigliani in Sumatra. Annali del Museo Civico di Storia Naturale di Genova, 36: 377-501.

Jacoby M. 1899a. Descriptions of the new species of phytophagous Coleoptera obtained by Dr. Dohr, n in Sumatra. Stettiner Entomologische Zeitung, 60: 259-313.

Jacoby M. 1899b. Some new genera and species of phytophagous Coleoptera collected during Captain Bottego's last expedition. Annali del Museo Civico di Storia Naturale di Genova, 39 [1898]: 521-535.

Jacoby M. 1900. New species of Indian Phytophaga principally from Mandar in Bengal. Mémoires de la Société Entomologique de Belgique, 7: 95-140.

Jacoby M. 1903a. A further contribution to our knowledge of African phytophagous Coleoptera, part Ⅱ. Transactions of the Entomological Society of London, 1903: 1-38.

Jacoby M. 1903b. Descriptions of the new genera and species of Phytophagous Coleoptera obtained by Mr H. L. Andrewes and Mr T. R. D. Bell at the Nilgiri hills and Kanara. Annales de la Société Entomologique de Belgique, 47: 80-128.

Jacoby M. 1904a. Description of some new species of phytophagous Coleoptera. The Entomologist, 37: 294-296.

Jacoby M. 1904b. Another contribution to the knowledge of Indian phytophagous Coleoptera. Annales de la Société Entomologique de Belgique, 48: 380-406.

Jacoby M. 1908. The fauna of British India, including Ceylon and Burma Coleoptera, Chrysomelidae. Vol. 1. London: Taylor and Francis, xx + 534 pp., 2 pls.

Jacoby M, Clavareau H. 1904. Coleoptera Phytophaga. Fam. Crioceridae. Genera Insectorum, 23: 1-40.

Jakob M. 1952. Drei neue subspecies der Melasoma populi L. aus Asien (Chrys. Col.). Entomologische Arbeiten aus dem Museum G. Frey, 3: 104, 105.

Jakobson G G. 1894a. Adnotationes de Chrysomelidis nonnullis novis vel parum cognitis. Trudy Vsesoyuznogo Entomologicheskogo Obshchestva, 28: 242-246.

Jakobson G G. 1894b. Chrysomelidae palaearcticae novae ac parum cognitiae. Horae Societatis Entomologicae Rossicae, 28: 269-278.

Jakobson G G. 1896. Chrysomelidae palaearcticae novae vel parum cognitae. Ⅱ. Horae Societatis Entomologicae Rossicae, 29: 529-558.

Jakobson G G. 1901. Symbola ad cognitionem Chrysomelidarum Rossicae asiaticae. Öfversigt of Finska Vetenskaps-Societetens Förhandlingar Finska Vetensk, 43: 99-147.

Jakobson G G. 1907. De duabus novis formis generis Crioceris Geoffr. (Coleoptera, Chrysomelidae), additis annotationibus synonymicis. Russkoe Entomologicheskoe Obozrenie, 7: 25-26.

Jakobson G G. 1922. Chrysomelidae palaearctici novi vel parum cogniti (Coleoptera) Ⅳ. Annales du Musée Zoologique de l'Académie des Sciences de Russie, 23: 517-534.

Jakobson G G. 1924. Annotationes synonymicae et systematicae de coleopteris. Russkoe Entomologicheskoe Obozrenie, 18: 237-244.

Jakobson G G. 1925a. De Chrysomelidis palaearcticis. Descriptionum et annotationum series Ⅱ. Russkoe Entomologicheskoe Obozrenie, 19: 7-16, 53-60.

Jakobson G G. 1925b. Chrysomelidae (Coleoptera) palaearctici novi vel parum cogniti, V-Ⅵ. Annuaire du Musée Zoologique de l'Académie des Sciences de l'USSR, 26: 231-276.

Jekel H. 1860. Insecta Saundersiana: or characters of undescribed insects in the collection of William Wilson Saunders, Esq. Coleoptera.-Curulionides. Part Ⅱ. London: John van Voorst, [4] + 155-244 + 1 table + [1] + 1 pl.

Jiang S Q. 1988. A study on the Chinese Liroetis (Coleoptera: Chrysomelidae). Sinozoologia, 6: 183-198.

Jiroux E. 2011. Révision du genre Apriona Chevrolat, 1852 (Coleoptera, Cerambycidae, Lamiinae, Batocerini). Les Cahiers Magellanes (NS), 5: 1-103, 221 figs.

Joannis L. 1866. Monographie des galérucides d'Europe, du Nord de l'Afrique et de l'Asie. Tribu des galérucides proprement dites ou isopodes. L'Abeille, 3 [1865]: 1-168.

Jordan K. 1894. On some new genera and species of Coleoptera in the Tring Museum. Novitates Zoologicae, 1: 484-503.

Kano T F. 1928. Notes on longicorn Coleoptera from Japan. Ⅶ. Transactions of the Natural History Society of Formosa, 18: 224-229.

Kano T F. 1930. New and unrecorded Longicorn beetles from the Japanese Empire. Insecta Matsumurana, 5(1-2): 41-48.

Kano T F. 1933a. New and unrecorded longicorn-beetles from Japan and its adjacent territories. Kontyû, 6 [1932-1933]: 259-291, pl. iv.

Kano T F. 1933b. New and unrecorded Longicorn-beetles from Japan and its Adjacent Territories Ⅱ. Kontyû, 7(3): 130-140.

Keen F P. 1929. Insect enemies of California pines and their control. California Department of Natural Resources Division of Forestry Bulletin, 7: 1-113.

Kimoto S. 1961. A revisional note on the type specimens of Japanese Chrysomelidae preserved in the museums of Europe and the United States. Ⅰ. Kontyû, 29(3): 159-166.

Kimoto S. 1964. The Chrysomelidae of Japan and the Ryukyu Islands. I and Ⅵ. Journal of the Faculty of Agriculture Kyushu University Fukuoka, 13: 99-164, 235-308.

Kimoto S. 1965a. The Chrysomelidae of Japan and the Ryukyu Islands. Ⅶ. Subfamily Galerucinae Ⅱ. Ⅷ and Ⅸ. Subfamily Alticinae I and Ⅱ. Journal of the Faculty of Agriculture Kyushu University Fukuoka, 13: 369-459.

Kimoto S. 1965b. A list of specimens of Chrysomelidae from Taiwan preserved in the Naturhistorisches Museum/Wien (Insecta: Coleoptera). Annalen des Naturhistorischen Museums in Wien, 68(1964): 485-490.

Kimoto S. 1966. A list of the Chrysomelid specimens of Taiwan preserved in the Zoological Museum, Berlin. Esakia, 5: 21-38.

Kimoto S. 1967. A list of the Chrysomelid specimens from the Himalayas and Kashmir, preserved in the Zoological Museum, Berlin. Esakia, 6: 65-75.

Kimoto S. 1969. Notes on the Chrysomelidae from Taiwan Ⅱ. Esakia, 7: 1-68.

Kimoto S. 1970. Notes on the Chrysomelidae from Taiwan V. Kontyu, 38: 292-313.

Kimoto S. 1976a. Notes on the Chrysomelidae from Taiwan Ⅷ. Entomological Review of Japan, 29(1-2): 1-9.

Kimoto S. 1976b. A list of the Chrysomelidae of Fukui Prefecture, Japan (Insecta: Coleoptera). Kurume University Journal, 25(2): 161-173.

Kimoto S. 1979. The Galerucinae (Coleoptera: Chrysomelidae) of Nepal, Bhuta I. Entomologica Basiliensia, 4: 463-478.

Kimoto S. 1986a. New or little known Chrysomelidae (Coleoptera) from Japan and its adjacent regions, V. Entomological Review of Japan, 41: 123-129.

Kimoto S. 1986b. New or little known Chrysomelidae (Coleoptera) from Japan and its adjacent regions, Ⅳ. 309-313. *In:* Ueno S, Entomological Papers Presented to Yoshihiko Kurosawa on the Occasion of His Retirement. Tykio: The Coleopterist' Association of Japan, 342.

Kimoto S. 1989. Chrysomelidae (Coleoptera) of Thailand, Cambodia, Laos and Vietnam. 4. Galerucinae. Esakia, 1-124.

Kimoto S. 2000. Chrysomelidae (Coleoptera) of Thailand, Cambodia, Laos and Vietnam. Ⅶ. Alticinae. Bulletin of the Institute of Comparative Studies of International Cultures and Societies, 26: 103-299.

Kimoto S. 2004. New or little known Chrysomelidae (Coleoptera) from Nepal, Bhutan and the northern territories of Indian subcontinent. Bulletin of the Kitakyushu Museum of Natural History and Human History, Series A (Natural History), 4: 47-63.

Kimoto S, Chu Y I. 1996. Systematic catalog of Chrysomelidae of Taiwan. Bulletin of the Institute of Comparative Studies of International Cultures and Societes, 16: 1-152.

Kimoto S, Gressitt J L. 1979. Chrysomelidae (Coleoptera) of Thailand, Cambodia, Laos and Vietnam. 1. Sagrinae, Donaciinae, Zeugophorinae, Megalopodinae and Criocerinae. Pacific Insects, 20(2-3): 191-256.

Kimoto S, Gressitt J L. 1981. Chrysomelidae (Coleoptera) of Thailand, Cambodia, Laos and Vietnam. 2. Clytrinae, Cryptocephalinae, Chlamisinae, Lamprosomatinae and Chrysomelinae. Pacific Insects, 23(3-4): 286-391.

Kimoto S, Gressitt J L. 1982. Chrysomelidae (Coleoptera) of Thailand, Cambodia, Laos and Vietnam. 3. Eumolpinae. Esakia, 1-141.

Kirby W. 1837. Part the fourth and last. The insects. *In:* Richardson J, Fauna Boreali-Americana; or the zoology of the northern parts of British America: containing descriptions of the objects of natural history collected on the late Northern Land Expedition, under command of captain Sir John Franklin. Norwich: R. N. J. Fletcher, xxxix + 325 pp. + 8 pls.

Kirsch T F W. 1877. Beitrag zur Kenntniss der Coleopteren-Fauna von Neu Guinea. Mittheilungen aus dem Königlichen Zoologischen Museum zu Dresden, 2: 135-161.

Kisseleva E T. 1926. Ueber Bockkäfer der Umgegend von Tomsk. Berichte des Tomsker Staatlische Universität, 77: 123-133.

Kleine R. 1909. Die Schmarotzerwespen der Cerambyciden und Buprestiden. Entomologische Blätter, Nürnberg, 5(9): 177-179.

Kleine R. 1916. Die Gattung Baryrrhynchus und ihr Verwandtschaftskreis (Fortsetzung). Entomologische Blätter, 12: 150-190.

Klug J. 1835. *In:* Verzeichnis von Thieren und Pflanzen, welche auf einer Reise um die Erde, gesammelt wurden von A. Erman. Berlin: 27-52.

Knoch A W. 1801. Neue Beyträge zur Insectenkunde. Erster Theil. Leipzig: Schwickert, xii + 208 pp., 9 pls.

Koch J D W. 1803. Monographie der von den Verfassern in dem Departemente vom Donnersberge, und den angrenzenden Gegenden der Departemente von der Saar, und von Rhein und Mosel einheimisch beobachteten Flohkäfer. (Haltica). Entomologische Hefte: 2-130.

Kojima K, Hayashi M. 1969. Longicorn Beetles. Insect's Life in Japan, 1: i-xxiv + 1-295.

Kolbe H J. 1884. Die Entwicklungsstadien der *Rhagium*-Arten und des *Rhamnusium salicis*, nebst einer vergleichend-systematischen Untersuchung der Larven und Imagines dieser Gattungen und ihrer Species. Entomologische Nachrichten, Berlin, 10(16): 269-280.

Kolbe H J. 1886. Beiträge zur Kenntniss der Coleopteren-Fauna Koreas, bearbeitet auf Grund der von Herr Dr. C. Gottsche während der Jahre 1883 und 1884 in Korea veranstaltelen Sammlung; nebst Bemerkungen über die zoogeographischen Verhältnisse dieses Faunengebiets und Untersuchungen über einen Sinnes-apparat im Gaumen von Misolampidius morio. Archiv für Naturgeschichte, Berlin, 52(1): 139-240, pls. X, XI.

Kolbe H J. 1893. Beiträge zur Kenntnis der Longicornier (Coleoptera). I. Die von Hauptmann Kling und Dr. Büttner im Hinterland von Togo (Westafrika) gesammelten Arten. Entomologische Zeitung (Stettin), 54: 59-80, 241-290.

Kollar V, Redtenbacher L. 1844. Aufzählung und Beschreibung der von Freiherrn Carl von Huegel auf seiner Reise durch Kaschmir u. das Himalayagebirge gesammelten Insecten. 393-564. *In:* von Hügel K F, Kaschmir und das Reich der Siek. Vierter Band. Zweite Abtheilung. Stuttgart: Hallbergerischer Verlagshandlung, 244-586.

Komiya Y. 1986. Notes on the Taiwanese Megalopodinae with description of a new species (Coleoptera, Chrysomelidae). Elytra, 14(1): 1-9.

Komiya Z. 2005. A synopsis of the prionine genus *Aegolipton*, new status (Coleoptera, Cerambycidae). (Revisional studies of the genus *Megopis sensu* Lameere, 1909-7). Elytra, 33(1): 149-181.

Komiya Z, Drumont A. 2004. Notes on the Japanese species of *Prionus* (Coleoptera, Cerambycidae), and the related species from continental Asia. Genkkan-Mushi, No. 398: 2-11.

Komiya Z, Drumont A. 2007. A synopsis of the Prionine genus *Spinimegopis* stat. nov. (Coleoptera, Cerambycidae, Prioninae). (Revisional studies of the genus *Megopis sensu* Lameere, 1909-8). Elytra, 35(1): 345-384.

Komiya Z, Drumont A. 2010. A revision of the genus *Nepiodes* (Coleoptera, Cerambycidae, Prioninae) (Revisional studies of the genus *Megopis sensu* Lameere, 1909-10). Elytra, 38(2): 169-192.

Komiya Z, Niisato T. 2007. A revision of the genus *Drumontiana* Danilevsky (Coleoptera, Cerambycidae, Prioninae). Elytra, 35(2): 559-575.

Kôno H. 1926. Einige Coleopteren aus Korea, mit Beschreibung auf [sic!] eine neue Art. Transactions of the Natural History Society of Formosa, 16(84): 87-91.

Kôno H. 1927. Beitrag zur Kenntnis der Attelabinen-Fauna Japans. Insecta Matsumurana, 2: 34-45.

Kôno H. 1928. Einigen Curculioniden Japans (Col.). Insecta Matsumurana, 2: 163-177.

Kôno H. 1929a. Ueber 2 neue Gattungen von Rhynchitinen und ihre Lebensweisen (Col., Curc.). Transactions of the Sapporo Natural History Society, 10(2): 122-137.

Kôno H. 1929b. Die Cleoninen Japans (Col., Curc.). Insecta Matsumurana, 4: 49-63.

Kôno H. 1930a. Die Apoderinen aus dem Japanischen Reich. Journal of the Faculty of Agriculture, Hokkaido Imperial University (Sapporo), 29(2): 37-83, pls. V-Ⅵ.

Kôno H. 1930b. Kurzrüssler aus dem japanischen Reich. Journal of the Faculty of Agriculture, Hokkaido Imperial University, 24(5): 153-242, pls. I-Ⅱ.

Kôno H. 1930c. Langrüssler aus dem japanischen Reich. Ⅰ. Insecta Matsumurana, 4(3): 137-143.

Kôno H. 1932. Elf neue Curculioniden aus Japan und Formosa. Insecta Matsumurana, 6: 173-183, pl. Ⅳ.

Kôno H. 1933. Die Hylobiinen aus Formosa (Col., Curc.). Insecta Matsumurana, 7: 182-189.

Kôno H. 1934a. Die Sipalinen Japans (Col., Curc.). Insecta Matsumurana, 9: 6-8.

Kôno H. 1934b. Die japanische Hylobiinen (Col., Curc.). Journal of the Faculty of Agriculture Hokkaido Imperial University, 33(3): 223-249.

Konstantinov A S. 1988. Landscape-zonal peculiarities of the *Chaetocnema* flea beetles distribution (Coleoptera, Chrysomelidae). Vestnik Zoologii, 1988(6): 44-47.

Konstantinov A S. 1992. Four new species of *Longitarsus* Latreille from West Tien Shan (Coleoptera: Chrysomelidae: Alticinae). Elytron, 6: 41-46.

Konstantinov A S. 1998. Revision of the Palearctic species of *Aphthona* Chevrolat and cladistic classification of the Aphthonini (Coleoptera: Chrysomelidae: Alticinae). Memoirs of Entomology, International, 11: 1-429.

Konstantinov A S. 2002. A new genus of flea beetles from the Greater Antilles (Coleoptera: Chrysomelidae). Zootaxa, 124: 1-24.

Konstantinov A S, Baselga A, Grebennikov V V, Prena J, Lingalfelter S W. 2011. Revision of the Palearctic *Chaetocnema* species (Coleoptera: Chrysomelidae: Galerucinae: Alticini). Sofia: Pensoft, 1-363.

Konstantinov A S, Lingafelter S W. 2002. Revision of the Oriental Species of *Aphthona* Chevrolat (Coleoptera: Chrysomelidae). Washington DC, USA: Entomological Society of Washington, 1-349.

Konstantinov A S, Prathapan K D. 2008. New generic synonyms in the Oriental flea beetles (Coleoptera: Chrysomelidae). Coleopterists Bulletin, 62(3): 381-418.

Konstantinov A S, Vandenberg N J. 1996. Handbook of Palearctic flea beetles (Coleoptera: Chrysomelidae: Alticinae). Contributions on Entomology International, 1(3): 1-4, 237-439.

Korotyaev B A. 1980. Materialy k poznanyu Ceutorhynchinae (Coleoptera, Curculionidae) Mongoliii SSSR. Nasekomie Mongolii, 7: 107-282.

Korotyaev B A. 1987. Novye vidy dolgonosikov podsemeystva Apioninae (Coleoptera, Apionidae) iz tropicheskikh i subtropicheskikh rayonov Azii. 94-120. *In:* Medvedev L N, Entomofauna V'etnama. Moskva: Nauka, 192 pp.

Korotyaev B A. 1990. Materialy po faune zhukov nadsemeystva Curculionoidea (Coleoptera) Mongolii i sopredelnykh stran. Nasekomie Mongolii, 11: 216-234.

Korotyaev B A. 1992. Materialy po faune dolgonosikov podsemeistva Ceutorhynchinae (Coleoptera, Curculionidae) Indo-Malajskoj oblasti i yugo-vostochnykh rajonov palearkticheskoj oblasti. Trudy Zoologicheskii Institut Akademii Nauk SSSR, 245: 50-102.

Korotyaev B A. 1996. Key to genera of the tribe Ceutorhynchini. *In:* Egorov A B, Zherichin V V, Korotyaev B A, Sem. Curculionidae-Dolgonosiki. Key to the insects of the Russian Far East. Vol. 3. Coleoptera, Pt. 3, Supplement. Vladivostok, Dal'nauka: 455-468. (In Russian)

Korotyaev B A. 1997a. New and little known species of weevils from East Asia (Coleoptera: Apionidae, Curculionidae).

Zoosystematica Rossica, 5[1996](2): 285-288.

Korotyaev B A. 1997b. Materialy po dolgonosikam podsemejstva Ceutorhynchinae (Coleoptera, Curculionidae) paleartiki. Entomologicheskoe Obozrenie, 86(2): 378-423.

Korotyaev B A. 1999. [new taxa]. *In:* Khurleva O A, Korotyaev B A, Zhuki-dolgonosiki (Coleoptera: Apionidae, Curculionidae) ostrova Vrangelya [Weevils (Coleoptera: Apionidae, Curculionidae) of Wrangel Island]. Entomologicheskoe Obozrenie, 78: 648-670.

Korotyaev B A, Hong K-J. 2004. A revised list of the weevil subfamily Ceutorhynchinae (Coleoptera: Curculionidae) in the Korean fauna, with contribution to the knowledge of the fauna of neighbouring countries. Journal of Asia-Pacific Entomology, 7(2): 143-169.

Kraatz G. 1871. Ueber Varietäten von *Clytus*-Arten (Erstes Stück.). Berliner Entomologische Zeitschrift, 14(3-4): 405-410.

Kraatz G. 1874. Verzeichniss andalusischer Cassida-Arten. Berliner Entomologische Zeitschrift, 18: 103-104.

Kraatz G. 1879a. Ueber die Bockkäfer Ost-Sibiriens, namentlich die von Christoph am Amur gesammelten. Deutsche Entomologische Zeitschrift, 23: 77-117, 1 pl.

Kraatz G. 1879b. Neue Käfer vom Amur. Deutsche Entomologische Zeitschrift, 23: 121-144, pl. Ⅱ.

Kraatz G. 1879c. Die Cassiden von Ost-Sibirien und Japan. Deutsche Entomologische Zeitschrift, 23: 267-275.

Kraatz G. 1895. Hispinae von Togo. Deutsche Entomologische Zeitschrift, 1895: 189-200.

Kraatz G. 1900. Distolaca 10-maculata. Deutsche Entomologische Zeitschrift, 1899: 320.

Kriesche R. 1915. Die Gattung *Batocera* Castelnau systematisch und phylogenetisch-tiergeografisch betrachtet (Col., Cerambycidae). Archiv der Naturgeschichte, 80 A (11): 111-150.

Kriesche R. 1924. Zur Kenntnis der Lamiinen (Col., Ceramb.). Deutsche Entomologische Zeitschrift, 1924: 285-290.

Kriesche R. 1926. Neue Lamiinen (Col.). Stettiner Entomologische Zeitschrift, 87: 375-381.

Kriesche R. 1928. Neue Lamiinen-Rassen. Deutsche Entomologische Zeitschrift, 1928: 45-48.

Kung Y T, Chen S-H. 1954. Notes on the Chinese and Tonkinese species of the halticine genus *Hespera* Weise. Acta Entomologica Sinica, 4: 149-163.

Kunze G. 1818. Zeugophora (Jochträger), eine neue Käfergattung. Neue Schriften der Naturforschenden Gesellschaft zu Halle, 2(4): 71-76.

Kurihara T. 2009. Review of the genus *Oberea* from Continental Asia (Coleoptera, Cerambycidae) Part I: *Nigriceps* species-group. Special Bulletin of the Japanese Society of Coleopterology, Tokyo, (7): 391-420, 90 figs.

Kurihara T, Ohbayashi N. 2007. Revisional study on the genus *Oberea* Dejean of Taiwan, with description of three new species (Coleoptera, Cerambycidae). Japanese Journal of Systematic Entomology, 13: 193-219.

Kusama K. 1973. A list of ecological and distributional data for the Japanese Cerambycidae. New Insect Collecting, 3: 1-159.

Kusama K, Hayashi M. 1971. Generic names and type species applied to Japanese Cerambycidae (Coleoptera). Reports of Faculty of Science, Shizuoka University, 6: 95-126.

Kusama K, Nara H, Kusui Y. 1974. Notes on Longicorn-Beetles in the Bonin Islands (Coleoptera: Cerambycidae). Reports of Faculty of Science, Shizuoka University, 8: 117-135.

Kusama K, Oda Y. 1979. Researches for Cerambycidae at Hui-Sun experimental forest (Nantou Hsien, central Taiwan) in June 1978. Reports of the Faculty of Science Shizuoka University, 13: 73-96.

Kusama K, Tahira Y. 1978. The genus *Exocentrus* Mulsant of Japan and its adjacent regions: 2. The revision of Taiwanese. Elytra, 6: 9-32.

Kusama K, Takakuwa M. 1984. The longicorn-beetles of Japan in color. Japanese Society of Coleopterology, Tokyo: Kodansha, 565 pp., 96 pls.

Küster H C. 1847. Die Käfer Europa's. Nach der Natur beschrieben. Mit Beiträgen mehrerer Entomologen. Nürnberg, Bauer and

Raspe, 10: 1-100, 3 pls.

Küster H C. 1851. Die Käfer Europas. Nach der Natur beschrieben. Mit Beiträgen mehrerer Entomologen. Nürnberg, Bauer and Raspe 22, n° 1-100, 3 pls.

Kutschera F. 1863. Beiträge zur Kenntnis der europäischen Halticinen. Wiener Entomologische Monatschrift, 7: 151-168, 291-320.

Kuwayama S. 1931. *Lema oryzae* sp. nov. Insecta Matsumurana, 5: 155.

Laboissiere V. 1913. Révision des Galerucini d'Europe et des pays limitrophes. Annales de l'Association des Naturalistes de Levallois-Perret, 19: 14-78.

Laboissière V. 1919. Descriptions de deux *Oides* nouveaux, du Tonkin. Bulletin de la Société Entomologique de France, 1919: 160-161.

Laboissière V. 1922a. Étude des Galerucini de la collection du Musée du Congo Premiére partie. Revue Zoologique Africaine, 10: 1-44.

Laboissière V. 1922b. Étude des Galerucini de la collection du Musée du Congo Belge, Première partie (fin), Revue Zoologique Africaine, 10: 219-271.

Laboissière V. 1927. Contribution a l'étude des Galerucini de l'lndo-Chine et du Yunnan, avec descriptions de nouveaux genres et espéces. (Col., Chrysomelidae.). Annales de la Société Entomologique de France, 96: 37-62.

Laboissière V. 1929. Observations sur les Galerucini asiatiques principalement du Tonkin et du Yunnan et descriptions de nouveaux genres et espéces. Annales de la Société Entomologique de France, 98: 251-288, pls. 3.

Laboissière V. 1930. Observations sur les Galerucini asiatiques principalement du Tonkin et du Yunnan et description de nouveaux genres et espéces (2e partie). Annales de la Société Entomologique de France, 99: 325-368.

Laboissière V. 1931. Galerucini d'Angola. Revue Suisse de Zoologie, 38: 405-418.

Laboissière V. 1932. Galerucini de la collection du Muséum National d'Histoire naturelle recueillis dans l'Himalaya par le Dr. J Harmand. Bulletin du Muséum National d'Histoire Naturelle, 4(2): 960-970.

Laboissière V. 1933. Observations sur les Galerucini asiatiques principalement du Tonkin et du Yunnan et descriptions de nouveaux genres et espéces (4e partie). Annales de la Société Entomologique de France, 102: 51-72.

Laboissière V. 1934a. Galerucinae de la faune française (Coleopteres). Annales de la Société Entomologique de France, 103: 1-108.

Laboissière V. 1934b. Coléoptères galérucines nouveaux ou peu connus de la faune indo-malaise. Annales de l'Association des Naturalistes de Levallois-Perret, 21 [1932-1934]: 109-137.

Laboissière V. 1935. Schwedisch-chinesische wissenschaftliche expedition nach den nordwestlichen Provinzen Chinas, unter Leitung von Dr. Sven Hedin und Prof. Sü Ping-chang. 20. Coleoptera. 6. Galerucinae. Arkiv för zoologi, 27A(6): 1-9.

Laboissière V. 1936. Observations sur les Galerucini asiatiques principalement du Tonkin et du Yunnan et descriptions de nouveaux genres et espéces (5e partie). Annales de la Société Entomologique de France, 105: 239-261.

Laboissière V. 1938. Galerucinae (Col.) de la Chine. du Musée de Stockholm. Arkiv för zoologi, 30 A(11): 1-9.

Laboissière V. 1940. Observations sur les Galeruoinae des collections du Musée royal d'Histoire naturelle de Belgique et descriptions de nouveaux genres et espèces. Bulletin du Musée d'Histoire Naturelle de Belgique, 16(37): 1-41.

Lacordaire J T. 1845. Monographie des Coléoptères subpentamères de la famille des phytophages. Tome I. Mémoires de la Société Royale des Sciences de Liége, 3(1): xiii + 740 pp.

Lacordaire J T. 1848. Monographie des Coléoptères subpentamères de la famille des phytophages. Tome Ⅱ. Mémoires de la Société Royale des Sciences de Liége, 5: vi+890 pp.

Lacordaire J T. 1863. Histoire naturelle des insectes. Genera des Coléoptères ou exposé méthodique et critique de tous les genres proposés jusqu'ici dans cet ordre d'insectes. Tome sixième. Paris: Roret, 637 pp.

Lacordaire J T. 1865. Histoire naturelle des insectes. Genera des coléopères ou exposé méthodique et critique de tous les genres proposés jusqu'ici dans cet ordre d'insectes. Tome septième contenant les familles des curculionides (suite), scolytides, brenthides, anthribides et bruchides. [1866]. Paris: Librairie Roret, 620 pp.

Lacordaire J T. 1868. Histoire naturelle des insectes. Genera des Coléoptères, ou exposé méthodique et critique de tous les genres proposés jusqu'ici dans cet ordre d'insectes. Tome huitième. Paris: Librairie encyclopédique de Roret, 552 pp.

Lacordaire J T. 1869. Histoire naturelle des insectes. Genera des Coléoptères, ou exposé méthodique et critique de tous les genres proposés jusqu'ici dans cet ordre d'insectes. Tome neuvième. Première partie. Paris: Librairie encyclopédique de Roret, 409 pp.

Lacordaire J T. 1872. Histoire naturelle des insectes. Genera des Coléoptères, ou exposé méthodique et critique de tous les genres proposés jusqu'ici dans cet ordre d'insectes. Tome neuvième. Deuxième partie. Famille des longicornes (fin). Paris: Librairie encyclopédique de Roret, 411-930.

Laicharting J N E. 1781. Verzeichniss und Beschreibung der Tyroler-Insekten. 1. Theil. Käferartige Inseten. 1. Band. Zürich: Johann Caspar Füessly, 148 .

Laicharting J N E. 1784. Verzeichniss und Beschreibung der Tyroler-Insecten. Ⅰ. Theil. Käferartige Insekten. Ⅱ. Band. Zürich: Johann Caspar Füessly, xiv + 176 pp.

Lameere A. 1884. M. Lameere fait la communication suivante. Comptes-Rendus des Séances de la Société Entomologique de Belgique, Bruxelles, 3(45): clxxviii.

Lameere A. 1890. Note sur les tricténotomides, les prionides et les cérambycides du Chota-Nagpore. Bulletin ou Comptes-Rendus des Séances de la Société Entomologique de Belgique, 1890: ccx-ccxiii.

Lameere A. 1893. Contributions à la faune indo-chinoise (13 mémoire). Annales de la Société Entomologique de France, 62: 281-286.

Lameere A. 1904. Revision des prionides: Neuvieme memoire. *Callipogonines*. Annales de la Société Entomologique de Belgique, 48: 7-78.

Lameere A. 1909. Révision des prionides. Douzième mémoire-*Megopis*. Annales de la Société Entomologique de Belgique, 53(4): 135-170.

Lameere A. 1910. Révision des Prionides. Seizième mémoire.-Prionines (Ⅲ). Annales de la Société Entomologique de Belgique, 54(9): 272-292.

Lameere A. 1911. Révision des Prionides. Dix-neuvième mémoire.-Prionines (Ⅵ). Annales de la Société Entomologique de Belgique, 55(11): 325-356.

Lameere A. 1912. Révision des prionides. Vingt-et-unième mémoire: *Anacolines*. Vingt-deuxième mémoire. Addenda et corrigenda. Mémoires de la Société Entomologique de Belgique, 21: 1-188.

Lansberge J W. 1884. Catalogue des Prionides de l'Archipel Indo-Néerlandais, avec descriptions des espèces nouvelles. Notes from the Leyden Museum, 6(3): 135-160.

Laporte [de Castelnau] F L N de Caumont. 1833. Memoire sur les divisions du genre *Colaspis*. Revue Entomofogique, 1: 18-25.

Laporte [de Castelnau] F L N de Caumont. 1840. Histoire naturelle des insectes Coléoptères. Tome deuxième. histoire naturelle des animaux articuleés, annelides, crustacés, arachnides, myriapodes et insectes. Tome troisième. Paris: P. Duméril, 564 pp., 38 pls.

Laporte [de Castelnau] F L N de Caumont, Gory H L. 1841. Monographie du genre *Clytus*. Histoire naturelle et iconographie des insectes Coléoptères. Paris 3 [1836]: 1-124.

Latreille P A. 1802. Histoire naturelle, générale et particulière, des crustacés et des insectes. Ouvrage faisant suite aux oeuvres de Leclerc de Buffon, et partie du Cours complet d'histoire naturelle rédigé par C. S. Sonnini, membre de plusieurs Sociétés savantes. Tome troisième. Paris: F. Dufart, xii + 467 + [1] pp.

Latreille P A. 1810. Considérations générales sur l'ordre naturel des animaux composant les classes des crustacés, des arachnides, et des insectes; avec un tableau méthodique de leurs genres, disposés en familles. Paris: F. Schoell, 444 pp.

Latreille P A. 1828. Encyclopédie méthodique: Entomologie, ou Histoire Naturelle des Crustacés, des Arachnides et des Insectes. Mme veuve Agasse, Paris, 10(2): 345-832.

Latreille P A. 1829. Suite et fin des insectes. *In:* Cuvier G, Le règne animal distribué d'après son organisation, pour servir de base à l'histoire naturelle des animaux et d'introduction à l'anatomie comparée. Nouvelle édition, revue et augmentée. Tome V. Paris: Déterville, xxii + 556.

Lazarev M A. 2019. A new genus of the tribe Cerambycini and a new species of the genus *Neocerambyx* Thomson, 1861 (Coleoptera, Cerambycidae) from China. Humanity space. International Almanac, 8(9): 1193-1197.

Lazarev M A. 2021. A new species of the genus *Falsomesosella* Pic, 1925 (Coleoptera: Cerambycidae) from Shaanxi province of China. Euroasian Entomological Journal, 20(3): 142-143.

Lazarev M A, Murzin S V. 2020. Interesting species of longhorn beetles (Coleoptera: Cerambycidae) from China in the collection of S. Murzin. Part 1. Euroaslan Entomological Journal, 19(1): 36-37.

LeConte J L. 1850. General remarks upon the Coleoptera of Lake Superior. 201-242. *In:* Agassiz L, Lake Superior: its physical character, vegetation, and animals, compared with those of other similar regions. (With narrative of the tour by J. Elliot Cabot). Boston: Gould, Kendall and Lincoln, x + 428 pp. + 17 pls.

LeConte J L. 1859. The Coleoptera of Kansas and Eastern New Mexico. Smithsonian Contributions to Knowledge, xi: 22.

LeConte J L. 1868. [notes and Appendix, 150-178. *In:* Zimmermann C, LeConte J L, Synopsis of the Scolytidæ of America North of Mexico. Transactions of the American Entomological Society, 2 [1868-69]: 141-178.

LeConte J L. 1876. [new taxa, 1-12, 112-455], *In:* LeConte J L, Horn G H, The Rhynchophora of America North of Mexico. Proceedings of the American Philosophical Society, 15(96): i-xvi + 1-455.

Lee C F. 2018. The genus *Paleosepharia* Laboissiere, 1936 in Taiwan: review and nomenclatural changes (Coleoptera, Chrysomelidae, Galerucinae). ZooKeys, 744: 19-41.

Lee C F, Beenen R. 2009. The identity of *Neohylaspes rufofulva* Chûjô, 1962 (Coleoptera: Chrysomelidae Galerucinae). Genus, 20(1): 105-107.

Lee C F, Bezděk J. 2013. Revision of the genus *Dercetina* from Taiwan, China and their similar species, with description of a new species from Myanmar (Insecta, Chrysomelidae, Galerucinae). ZooKeys, 323: 1-33.

Lee C F, Bezděk J. 2014. Revision of the genus *Paridea* Baly, 1886 from Taiwan (Coleoptera, Chrysomelidae, Galerucinae). ZooKeys, (405): 83-125.

Lee C F, Bezděk J, Suenaga H. 2012. Revision of *Menippus* (Coleoptera: Chrysomelidae: Galerucinae) of Taiwan and *Menippus dimidiaticornis* species group with a new generic synonymy. Zootaxa, 3427(1): 1-16.

Lefèvre É. 1876. Descriptions d'eumolpides nouveaux ou peu connus. Revue et Magasin de Zoologie Pure et Appliquee, (3)39: 278-311.

Lefèvre É. 1877. Descriptions de Coléoptères nouveaux ou peu connus de la famille des eumolpides. 1 re partie. Annales de la Société Entomologique de France, (5)7: 115-166.

Lefèvre É. 1884a. [new taxa]. Bulletin de la Société Entomologique de France, 1884: lxv-lxvii.

Lefèvre É. 1884b. [new taxa]. Bulletin de la Société Entomologique de France, 1884: lxxvi-lxxvii.

Lefèvre É. 1884c. Descriptions de quatre genres nouveaux et de plusieurs espèces nouvelles de Coléoptères de la famille des eumolpides. Annales de la Société Entomologique de Belgique, 28: cxciii-ccvi.

Lefèvre É. 1885a. Eumolpidarum hucusque cognitarum catalogus, sectionum conspectus systematico, generum sicut et specierum nonnullarum novarium descriptionibus adjunctis. Mémoires de la Société Royale des Sciences de Liège, (2)11(16): 1-172.

Lefèvre É. 1885b. [new taxa]. Bulletin de la Société Entomologique de France, 1885: lxv-lxvi.

Lefèvre É. 1887. [new taa]. Bulletin de la Société Entomologique de France, 1887: liv-lvii.

Lefèvre É. 1889. Contributions à la faune indo-chinoise. 4e. Mémorie (1). Cryptocéphalides, clytrides et eumolpides. Annales de la Société Entomologique de France, (6)9: 287-299.

Lefèvre É. 1890. Coléoptères. Clytridae, Eumolpidae. As part of anonyme article "Collection d'lnsectes formée dans l'Indochine par

M. Pavie" (177-210). Nouvelles Archives du Muséum d'Histoire, (3)2 [1890-1891]: 189-202.

Lefèvre É. 1891. Descriptions d'espèces nouvelles de clytrides et d'eumolpides. Comptes-Rendu et Bulletin de la Société Entomologique de Belgique, 1891: ccxlviii-cclxxix .

Lefèvre É. 1893. Contribution à la faune indo-chinoise. 12e. Mémorie (1). Clytrides and eumolpedes (2e mémorie). Annales de la Société Entomologique de France, 62: 111-134.

Legalov A A. 2001. Revision der holarktischen Auletini (Coleoptera: Attelabidae). Reviziya golarkticheskikh Auletini (Coleoptera: Attelabidae). Russian Entomological Journal, 10: 33-66.

Legalov A A. 2002. Novye taksonomicheskie nazvania zhukov-trubkovertov (Coleoptera, Curculionoidea: Rhynchitidae, Attelabidae). New taxonomic names of the leaf-rolling weevils (Coleoptera, Curculionoidea: Rhynchitidae, Attelabidae). Euroasian Entomological Journal, 1: 91-92.

Legalov A A. 2003a. Taksonomiya, klassifikaciya i filogeniya rinkhitid i trubkovertov (Coleoptera: Rhynchitidae, Attelabidae) mirovoy fauny.-Taxanomy [sic!], classification and phylogeny of the leaf-rolling weevils (Coleoptera: Rhynchitidae, Attelabidae) of the World fauna. CD-ROM. Novosibirsk: Institut sistematiki I ekologii zhivotnykh SO RAN, 733 pp., [Checklist] 117 pp.

Legalov A A. 2003b. Novye taksony Rhynchitidae (Coleoptera) iz Zapadnoj Palearktiki. New taxa of Rhynchitidae (Coleoptera) from West Palaearctic. Euroasian Entomological Journal, 2(1): 69-73.

Legalov A A. 2005. [new taxa]. In: Legalov A A, Liu N, New leaf-rolling weevils (Coleoptera: Rhynchitidae, Attelabidae) from China. Baltic Journal of Coleopterology, 5: 99-132.

Legalov A A. 2007. Leaf-rolling weevils (Coleoptera: Rhynchitidae, Attelabidae) of the world fauna. Novosibirsk: Agro-Siberia, 523 pp.

Legalov A A. 2008. K izučeniu roda Riedeliops Alonso-Zarazaga et Lyal, 2002 (Coleoptera, Attelabidae, Euopsini)-A taxonomic contribution to our knowledge of the genus Riedeliops Alonso-Zarazaga et Lyal, 2002 (Coleoptera, Attelabidae, Euopsini). Evraziatskij Entomologičeskij Žurnal, 7(3): 213-216.

Lepesme P, Breuning S. 1955. Lamiaires nouveaux de Côte d'Ivoire [Col., Cerambycidae Lamiinae] (2e Note). Bulletin de la Société Entomologique de France, Paris, 60(7-8): 122-128, 4 figs.

Lewis G. 1879a. LIII. On certain new species of Coleoptera from Japan. The Annals and Magazine of Natural History, London, 4(5): 459-467.

Lewis G. 1879b. A Catalogue of Coleoptera from the Japanese Archipelago. London: Taylor and Francis, 31 pp.

Li K-Q, Liang H-B. 2018. A check list of the Chinese Zeugophorinae (Coleoptera: Megalopodidae), with new synonym, new record and two new species of subgenus Pedrillia from China. Zootaxa, 4455(1): 127-149.

Li K-Q, Liang H-B. 2020. Four new species and two new records of genus Zeugophora (Coleoptera, Megalopodidae, Zeugophorinae) from China. Zookeys, 975: 51-78.

Li K-Q, Liang Z-L, Liang H-B. 2013. Two new species of the genus Temnaspis Lacordaire, 1845 (Coleoptera: Chrysomeloidea: Megalopodidae) from China and Myanmar, with notes on the biology of the genus. Zootaxa, 3737(4): 379-398.

Li Z, Cuccodoro G, Chen L. 2014. On the identity of Oberea formosana Pic, 1911, with description of Oberea pseudoformosana sp. n. from China (Coleoptera: Cerambycidae). Revue Suisse de Zoologie, 121(1): 51-62, 6 figs.

Li Z, Cuccodoro G, Chen L. 2015. List of unavailable infrasubspecific names originally published in Oberea Dejean, 1835, with nomenclatural notes on the genus (Coleoptera: Cerambycidae). Zootaxa, 4034(3): 577-586.

Li Z, Tian L-C, Cuccodoro G, Chen L, Lu C. 2016. Taxonomic note of Oberea fuscipennis (Chevrolat, 1852) based on morphological and DNA barcode data (Coleoptera, Cerambycidae, Lamiinae). Zootaxa, 4136(2): 360-372.

Liang X-C, Li X-Y. 2005. Study on the genus Euops Schoenherr (Coleoptera: Attelabidae) from China, with descriptions of a new subgenus and six new species. Zoological Science, 22: 257-268.

Lin M-Y, Bi W-X, Yang X-K. 2017. A revision of the genus Eutetrapha Bates (Coleoptera: Cerambycidae: Lamiinae: Saperdini). Zootaxa, 4238(2): 151-202.

Lin M-Y, Ge S-Q. 2020. Notes on the genera *Anaesthetobrium* Pic and *Microestola* Gressitt (Coleoptera: Cerambycidae: Lamiinae: Desmiphorini). Entomotaxonomia, 42(4): 298-310.

Lin M-Y, Lazarev M A. 2021. Four new combinations in the genus *Anaches* Pascoe, 1865 (Coleoptera, Cerambycidae, Lamiinae, Pteropliini). Humanity Space International Almanac, 10(1): 70-76.

Lin M-Y, Lingafelter S W. 2018. Taxonomic notes on Chinese Lamiini (Coleoptera: Cerambycidae: Lamiinae). Zootaxa, 4482(2): 367-374.

Lin M-Y, Weigel A, Yang X-K. 2021. A new synonym of the species *Falsomesosella truncatipennis* Pic, 1944 (Coleoptera: Cerambycidae: Lamiinae: Mesosini). Zoological Systematics, 46(4): 342-343.

Lin M-Y, Yang X-K. 2019. Catalogue of Chinese Coleoptera Vol. IX. Chrysomeloidea: Vesperidae, Disteniidae, Cerambycidae. Beijing: Science Press, 575 pp.

Lingafelter S W, Hoebeke E R. 2002. Revision of *Anoplophora* (Coleoptera, Cerambycidae). Washington: Entomological Society of Washington, 236 pp., 46 pls.

Linnaeus C. 1758. Systema Naturae per regna tria naturae, secundum classes, ordines, genera, species, cum characteribus, differentiis, synonymies, locis. Tomus I. Editio decima, reformata. Holmiae: Impensis Direct. Holmiae: Laurentii Salvii, 1-824.

Linnaeus C. 1767. Systema Naturae per regna tria naturae, secundum classes, ordines, genera, species, cum characteribus differentiis, synonymis, locis. Editio duodecima, reformata. Tom. I. Pars II. Holmiae: Laurentii Salvii, [2] + 533-1327 + [37] pp.

Linnaeus C. 1768. Systema Naturae per regna tria nature, secundum classes, ordines, genera, species, cum characteribus, differentiis, synonymis, locis. Editio 13, aucta, reformata cura Joa. Frid. Gmelin, T. I. Vol. 4, Lipsiae.

Linsley E G. 1939. The Longicorn tribe Atimiini (Coleoptera, Cerambycidae). Bulletin of the Southern California Academy of Sciences, San Diego, 38(2): 63-80.

Linsley E G. 1940. Notes and descriptions of West American Cerambycidae-IV (Coleoptera). Entomological News Philadelphia, 51: 253-258, 285-290.

Linsley E G. 1962. The Cerambycidae of North America. Part II. Taxonomy and Classification of the Parandrinae, Prioninae, Spondylinae and Aseminae. University of California. Publications in Entomology, Berkeley, 19: 1-102, 1 pl., 34 figs.

Linsley E G. 1964. The Cerambycidae of North America. Part V. Taxonomy and classification of the subfamily Cerambycinae, tribes Callichromini through Ancylocerini. University of California Publications in Entomology, 22: viii + 1-197.

Linsley E G, Chemsak J A. 1971. An attempt to clarify the generic status of some neotropical species currently assigned to *Euryptera*, *Chontalia* and *Ophistomis* (Coleoptera, Cerambycidae). Arquivos de Zoologia, São Paulo, 21(1): 1-40.

Lobanov A L, Danilevskij M L, Murzin S V. 1981. Sistematicheskiy spisok usachei (Coleoptera, Cerambycidae) fauny SSSR. I. Entomologicheskoe Obozrenie, 60(4): 784-803.

Löbl I. 2010. New Acts and Comments. Cerambycidae. 60-61. *In:* Löbl I, Smetana A, Catalogue of Palaearctic Coleoptera. Vol. 6. Stenstrup: Apollo Books, 924 pp.

Löbl I, Smetana A. 2010. Catalogue of Palaearctic Coleoptera. Vol. 6. Chrysomeloidea. Stenstrup: Apollo Books, 924 pp.

Lopatin I K. 1962. On the fauna of leaf beetle of Afghanistan (Coleoptera, Chrysomelidae). Zoologicheskiy Zhurnal, 41(12): 1811-1816.

Lopatin I K. 1965. K sistematike roda *Cryptocephalus* Geoffr (Coleoptera, Chrysomelidae). Acta Entomologica Bohemoslovaca, 62: 451-457.

Lopatin I K. 1976. Novye i maloizvestnye zhuki-listoedy (Coleoptera, Chrysomelidae) fauny SSSR. Entomologicheskoe Obozrenie, 55(1): 105-116.

Lopatin I K. 1977. Leaf beetles of Central Asia and Kazakhstan. Opredeliteli Faune SSSR, 113: 4-268.

Lopatin I K. 1988. Asionus Lopatin, nom. n. pro Asiopus Lopatin, 1965. Veslnik Zoologii, 1988(2): 8.

Lopatin I K, Konstantinov A S. 2009. New genera and species of leaf beetles (Coleoptera: Chrysomelidae) from China and South

Korea. Zootaxa, 2083: 1-18.

Lopatin I K, Kulenova K Z. 1986. Zhuki-listoedy (Coleoptera, Chrysomelidae) Kazakhstana. Opredelitel' Alma Ata: Nauka, 198 pp.

Lopatin I K, Smetana A, Schöller M. 2010. Genus *Cryptocephalus* Geoffroy, 1762. 580-606. *In:* Löbl L, Smetana A, Catalogue of Palaearctic Coleoptera. Vol. 6. Chrysomeloidea. Stenstrup: Apollo Books, 924 pp.

Lu J, Huang J, Colonnelli E, Yoshitake H, Bo C, Zhang R-Z. 2019a. A checklist of Chinese Ceutorhynchinae (Coleoptera: Curculionidae). Annales Zoologici, 69(2): 201-240.

Lu Y-F, Li Z, Chen L. 2019b. Two new species of the genus *Trachylophus* Gahan, 1888 (Coleoptera, Cerambycinae, Cerambycini) from China. Zootaxa, 4706(4): 580-586, 6 figs.

Lucas P H. 1852. [*Sympiezocera laurasi*]. Bulletin de la Societe Entomologique de France, 1851: cvi-cvii.

Lucas P H. 1880. Note relative à la synonymie d'un Longicorne du genre *Xylorhiza*. Bulletin de la Société Entomologique de France, Paris, (5)10: xcii-xciii.

Madar J. 1960. Zur Frage der zoogeographischen Verbreitung der *Chaetocnema concinnicollis* Baly mit Beschreibung zweier neuer Halticinen-Formen. Mushi, 33(7): 47-49.

Mader L. 1938. Neue Coleopteren aus China und Japan nebst Notizen. Entomologisches Nachrichtenblatt, 12: 40-61.

Mannerheim C G. 1825. Novae coleopterorum species Imperii Rossici incolae. *In:* Hummer A D, Essaia entomologiques, 4, Insectes de 1824. Nouve species. St. Petersbourg, 4: 19-41.

Mannerheim C G. 1849. Insectes Coléoptères de la Sibérie Orientale, nouveaux ou peu connus. Bulletin de la Société Impériale des Naturalistes de Moscou, 22(1): 220-249.

Mannerheim C G. 1853. Dritter Nachtrag zur Kaefer-Fauna der nord-amerikanischen Laender des russischen Reiches. Bulletin de la Société Impériale des Naturalistes de Moscou, 26(3): 95-273.

Marseul S A. 1856. Diagnoses d'especes nouvelles qui seront decrites et figurees prochainment. Revue et Magasin de Zoologie Pure et Appliquee, 8(2): 47-48.

Marseul S A. 1888. Catalogue synonymique et géographique des Coléoptères de l'Ancien Monde, Europe et contrées limitrophes en Afrique et en Asie (Suite). L'Abeille, Journal d'Entomologie, 25: 361-480.

Marshall G A K. 1916. Coleoptera. Rhynchophora: Curculionidae. *In:* Shipley A E, Fauna of British India, including Ceylon and Burma. Published under the authority of the Secretary of State for India in Council. London: Taylor and Francis, xv + 367 pp.

Marshall G A K. 1941. On Curculionidae (Col.) from Burma. The Annals and Magazine of Natural History, (11)8: 345-379.

Marshall G A K. 1943. New Indian Curculionidae (Coleoptera). The Annals and Magazine of Natural History, (11)10: 105-119.

Marshall G A K. 1948a. Entomological results from the Swedish expedition 1934 to Burma and British India. Coleoptera: Curculionidae. Novitates Zoologicae, 42(3): 397-473.

Marshall G A K. 1948b. On the genus *Phrixopogon* Mshl. (Coleoptera, Curculionidae). Proceedings of the Zoological Society of London, 117 [1947]: 689-707.

Marshall T A. 1865. Corynodinorum recensio. Proceedings of the Linnean Society (Zoology), 8: 24-50.

Marsham T. 1802. Entomologia britannica, sistens insecta Britanniae indigena, secundum methodum *Linnaeanam disposita*. Tomus 1. Coleoptera. London: J. White, xxxi + 547 + [1] pp., 30 pls.

Martin E. 1860. Rapport sur l'excursion provinciale faite à Besançon, Pontarlier et Jougne en Juin 1860. Annales de la Société Entomologique de France, 3(8): 989-1010.

Martins U R. 1978. Relationships between *Xystrocera* and Callichromatini, with remarks on Australian and Oriental species (Coleoptera, Cerambycidae). Papéis Avulsos de Zoologia, 31(15): 221-236.

Matsumura S. 1910. Die schädlichen und nützlichen Insekten vom Zuckerrohr Formosas. Taiwan Kansho Gaichü Hen (Ekichü Hen). Tokyo: Keiseisha, 52 pp. (German), 86 pp. (Japanese), 29 pls.

Matsumura S. 1911. Beschreibungen von am Zuckerrohr Formosas schädlichen oder nützlichen Insecten. Mémoires de la Société

Entomologique de Belgique, 18: 129-150.

Matsumura S. 1915. Dai Nippon gaichu zensho [Manual of Japanese Pest Insects]: First edition. Vol. (2. Tokyo: Rokumei Kan, 308 pp. [+ 96 pp., separately paginated index]. (in Japanese)

Matsumura S. 1927. [new taxon] *In:* Sakaguchi S, The Provisional List of the Insects of the Okinawa Islands: 1-34. [in Japanese]

Matsumura S, Kôno H. 1928. [new taxa]. *In:* Kôno H, Einige Curculioniden Japans (Col.). Insecta Matsumurana, 2: 163-177.

Matsushita M. 1931a. Zehn neue Cerambyciden-Arten und eine neue Gattung aus Japan. Transactions of the Sapporo Natural History Society, 12(1): 42-48.

Matsushita M. 1931b. Einige neue Bockkäfer aus Formosa. Mitteilungen aus dem Zoologischehn Museum in Berlin, 17: 399-405.

Matsushita M. 1932. Die Callidiopinen vom Japanischen Reich (Col. Ceramb.). Insecta Matsumurana Sapporo, 7: 65-73.

Matsushita M. 1933. Beitrag zur Kenntnis der Cerambyciden des japanischen Reichs. Journal of the Faculty of Agriculture of the Hokkaido Imperial University, 34: 157-445, 5 pls., i-v pp.

Matsushita M. 1934. Ueber einige japanische Bockkäfer (Coleoptera: Cerambycidae). Transactions of the Natural History Society of Formosa, 24: 237-241.

Matsushita M. 1935a. Bemerkungen zu den japanischen Cerambyciden nebst Bechreibung einiger neuen Arten. Transactions of the Natural History Society of Formosa, 25: 308-313.

Matsushita M. 1935b. Beitrag zur Cerambyciden-Fauna von Mikronesien. Transactions of the Sapporo Natural History Society, 14(2): 115-122, 1 fig.

Matsushita M. 1936. Zur Kenntnis der japanischen Cerambyciden. Kontyû, Tokyo, 10(3): 146-149.

Matsushita M. 1937. Zur Kenntnis der japanischen Cerambyciden (II). Kontyu Nishigahara, 11(1-2): 102-106.

Matsushita M. 1938. Neue und wenig bekannte Bockkäfer aus Shikoku (I. Okubo's und M. Okamoto's Ausbeute). Insecta Matsumurana, 12: 99-106.

Matsushita M. 1940. Zur Kenntnis der japanischen Cerambyciden (V). Insecta Matsumurana, 14(2-3): 52-55.

Matsushita M. 1941. Zur Kenntnis der japanischen Cerambyciden (VI). Insecta Matsumurana, 15(4): 151-158.

Matsushita M, Tamanuki K. 1940. Zur Kenntnis der japanischen Lepturinen (Coleoptera: Cerambicidae). Insecta Matsumurana, Sapporo 15(1-2): 3-8.

Maulik S. 1915. Cryptostomes from the Indian Museum Part II. Records of the Indian Museum, 11: 367-381.

Maulik S. 1923. New Cryptostome beetles. Proceedings of the Zoological Society of London, 1923: 599-608.

Maulik S. 1926. The fauna of British India, including Ceylon and Burma, Chrysomelidae (Chrysomelinae and Halticinae). London: Taylor and Francis, 1-441.

Maulik S. 1928. New chrysomelid beetles from India, with a notes on the scales of Coleoptera. Proceedings of the Zoological Society of London: 159-161.

Maulik S. 1929. Chrysomelidae; with a note on the comparative anatomy of some Halticine tibiae. Insects of Samoa, 4(3): 177-215.

Maulik S. 1931. Coleoptera, Chrysomelidae: Eumolpinae, Galerucinae, Halticinae. The Transactions of the Linnean Society of London (Zoology), 8: 241-260.

Maulik S. 1933. A new galerucine beetle from China. The Annals and Magazine of Natural History, (10)12: 563-564.

Maulik S. 1934. 1. mit Beschreibung einer neuen Argopistes-Art (Col. Haltic.). *In:* Hering M, Minen von Shanghai, gesammelt von H. Hoene. Mitteilungen der Deutschen Entomologischen Gesellschaft, 5: 23-28.

Maulik S. 1936. The Fauna of British India, including Ceylon and Burma. Coleoptera. Chrysomelidae (Galerucinae). London: Taylor & Francis, xiv + 648 pp., 1 pl.

Medvedev L N. 1957. Neue Cassidinen aus China (Coleoptera: Chrysomelidae). Beiträge zur Entomologie, 7: 553-556.

Medvedev L N. 1958. Chinesische und japanische Criocerinen aus der Kollektion des Museums G. Frey (Col. Chrysom.). Entomologische Arbeiten aus dem Museum G. Frey, 9: 106-113.

Medvedev L N. 1969. Oriental Clytrinae (Coleoptera) from Basel Museum of National History. Verhandlungen des Naturforschen Gesellschaft in Basel, 80: 281-285.

Medvedev L N. 1971. Novye formy listoedov podsemeystva Clytrinae (Coleoptera, Chrysomelidae) SSSR I prilegayushchikh stran. Zoologicheskiy Zhurnal, 50: 686-695.

Medvedev L N. 1973. Obzor roda *Cryptocephalus* Geoffr. (Chrysomelidae) Sibiri i Dal'nego Vostoka. Trudy Biologo-pochvennogo Instituta (NS), 9: 104-127.

Medvedev L N. 1984a. Chrysomelidae from the Nepal Himalayas. 1. Alticinae (Insecta: Coleoptera). Senckenbergiana Biologica, 65(1-2): 47-63.

Medvedev L N. 1984b. Clytrinae (Coleoptera, Chrysomelidae) of Sri Lanka. Entomological Review, 58(1): 94-104.

Medvedev L N. 1985. On the fauna of leaf-beetles (Coleoptera, Chrysomelidae) of Afghanistan, 2. Entomologicheskoe Obozrenie, 64(2): 370-377.

Medvedev L N. 1988. Leaf-eating beetles of the subfamily Clytrinae (Coleoptera, Chrysomelidae) from the Vietnamese fauna. 21-46. *In:* Medvedev L N, Fauna i ekologiya nasekomykh V'etnama. Moscow: Nauk, 198 pp.

Medvedev L N. 1990. Chrysomelidae from the Nepal Himalayas, Ⅱ. (Insecta: Coleoptera). Stuttgarter Beitraege zur Naturkunde Serie A (Biologie), Nr. 453: 1-46.

Medvedev L N. 1992. Chrysomelidae from the Nepal Himalayas, Ⅲ (Insects: Coleoptera). Stuttgarter Beitraege zur Naturkunde Serie A (Biologie), Nr. 485: 1-36.

Medvedev L N. 1993. Alticinae of the Philippine Islands (Coleoptera Chrysomelidae), Part 2. Russian Entomological Journal, 2(5-6): 11-32.

Medvedev L N. 1997. New species of the Alticinae (Coleoptera, Chrysomelidae) from Nepal and adjacent regions. Elytra, 25(1): 13-22.

Medvedev L N. 1999. A revision of the group Blepharidini (Chrysomelidae: Alticinae) from the Oriental region. Russian Entomological Journal, 8(3): 175-184.

Medvedev L N. 2000. Chrysomelidae from the Nepal Himalayas, with revision of the genus *Haplosomoides* (Insecta: Coleoptera). Stuttgarter Beitraege zur Naturkunde Serie A (Biologie), 616: 1-32.

Medvedev L N. 2001. Jacoby's types of Chrysomelidae (Coleoptera) from Burma in the Museo Civico di Storia Naturale "Giacomo Doria", Genoa. Part 2. Annali del Museo Civico di Storia Naturale "Giacomo Doria", 93: 607-616.

Medvedev L N. 2002. Jacoby's types of Chrysomelidae (Coleoptera) from Burma in the Museo Civico di Storia Naturale "Giacomo Doria", Genoa. Part 3. Annali del Museo Civico di Storia Naturale "Giacomo Doria", 94: 249-264.

Medvedev L N. 2005. A revision of the continental Asian species of the genus *Atysa* Baly, 1864 (Chrysomelidae, Galerucinae). Entomologica Basiliensia, 27: 227-237.

Medvedev L N. 2006. To the knowledge of Chrysomelidae (Coleoptera) described by V. Motschulsky. Russian Entomological Journal, 15(4): 409-417.

Medvedev L N. 2007. Taxonomical position of *Trichochrysea hirta* Fabricius, 1801 (Coleoptera: Chrysomelidae: Eumolpinae). Genus, 18(4): 575-578.

Medvedev L N. 2009. A revision of the *fulvous* species of the genus *Mimastra* Baly, 1865 from Vietnam (Chrysomelidae, Galerucinae). Entomologica Basiliensia, 31: 255-266.

Medvedev L N. 2012. Revision of the genus *Aoria* Baly, 1863 (Chrysomelidae: Eumolpinae) from China and Indochina. Russian Entomological Journal, 21(1): 45-52.

Medvedev L N, Dang T D. 1981. New genera and species of leaf beetles of the subfamily Galerucinae (Coleoptera, Chrysomelidae) from Vietnam. Entomologicheskoe Obozrenie, 60(3): 629-635.

Medvedev L N, Sprecher-Uebersax E. 1997. Chrysomelidae of Nepal and neighbouring regions (Coleoptera: Chrysomelidae).

Coleoptera, 1: 203-247.

Medvedev L N, Sprecher-Uebersax E. 1998. New data on Chrysomelidae of Nepal (Insecta, Coleoptera). Spixiana, 21(1): 25-42.

Ménétriés E. 1836. Insects nouveaux de la Turquie. Bulletin de l'Académie impériale des sciences de St.-Pétersbourg, 1: 149-151.

Miroshnikov A I. 1989. New and Little-Known Long-Horned Beetles (Coleoptera, Cerambycidae) from the Soviet far east and the Taxonomic Position of the Genus *Stenhomalus* White, 1855. Entomologiceskoe Obozrenie, 68: 739-747.

Miroshnikov A I. 2020. The longicorn beetle tribe Cerambycini Latreille, 1802 (Coleoptera: Cerambycidae: Cerambycinae) in the fauna of Asia. 12. Some remarks on the genera *Neocerambyx* J. Thomson, 1861 (= *Bulbocerambyx* Lazarev, 2019, syn. n.) and *Massicus* Pascoe, 1867, stat. resurr. Russian Entomological Journal, 29(1): 73-82.

Miroshnikov A I, Lin M-Y. 2017. The Longicorn Beetle Genus *Apatophysis* Chevrolat, 1860 (Coleoptera, Cerambycidae, Apatophyseini) in China: with Preliminary Remarks on its Intrageneric Structure and with Descriptions of Three New Species. Special Bulletin of the Coleopterological Society of Japan, (1): 177-214.

Mitono T. 1934. Descriptions of new species of longicorn-beetles from Taiwan. Transactions of the Natural History Society of Formosa, 24: 489-493.

Mitono T. 1938. Descriptions of new species of longicorn beetles from Formosa (V). Transactions of the Natural History Society of Formosa, 28: 17-22.

Mitono T. 1941. Monography of Clytini in the Japanese Empire (Cerambycidae, Coleoptera). Part I. Bulletin of the School of Agriculture and Forestry of the Taihoku Imperial University, 2: 74-119.

Mitono T. 1943. Descriptions of some new species and varieties of longicorn-beetles from Taiwan. Transactions of the Natural History Society of Formosa, 33(242-243): 578-588.

Mitono T, Nishimura G. 1936. Description of a new genus and species of longicorn Coleoptera from Kyushu, Japan (Cerambycidae). Mushi Fukuoka, 9: 33-37.

Miwa Y. 1931. A systematic catalogue of Formosan Coleoptera. Taihoku: Department of Agriculture, Goverment Research Institute, Rep. No. 55, i-xi+A-B +359 pp.

Mokrzecki S A. 1900. K biologii *Oberea oculata* Linné var. *borysthenica* nova. Horae Societatis Entomologicae Rossicae, 34 [1899-1900]: 294-299.

Monrós F. 1953. Some corrections in the nomenclature of Clytrinae (Chrysomelidae). The Coleopterists Bulletin, 7(6): 45-50.

Monrós F. 1956. Revision génerica de Lamprosominae con descripción de algunos géneros y especies nuevas (Col., Chrysomelidae). Revista Agronómica del Noroeste Argentino, 2: 25-77.

Montrouzier J X H. 1856. Essai sur la faune Entomologique de l'île de Woodlark ou Moiou. Annales des Sciences Physiques et Naturelles d'Agriculture et d'lndustrie, Société lmpériale d'Agriculture, etc. de Lyon, (2)7 [1855]: 1-114.

Montrouzier J X H. 1861. Essai sur la faune Entomologique de la Nouvelle-Calédonie (Balade) et des îles des Pins, Art, Lifu, etc. Coléoptères. Annales de la Société Entomologique de France, Paris, 1(4): 265-306.

Montrouzier J X H. 1864. Essai sur la Faune Entomologique de Kanala (Nouvelle-Calédonie) & description de quelques espèces nouvelles ou peu connues. Annales de la Société Linnéenne de Lyon (NS), 11: 46-257.

Morimoto K. 1960. Revision of the subfamily Curculioninae from Japan. I (Coleoptera). Mushi, 33: 89-104.

Morimoto K. 1962. Taxonomic revision of weevils injurious to forestry in Japan. I. Bulletin of the Government Forest Experiment Station, 135: 35-46, pls. 1-2.

Morimoto K. 1965. On some curculionid-beetles from Formosa. Contribution to the insect fauna of Formosa I, Results of the Lepidopterological Society of Japan expedition to Formosa in 1961. Special Bulletin of Lepidopterological Society of Japan, 1: 40-49.

Morimoto K. 1978. Check-list of the family Rhynchophoridae (Coleoptera) of Japan, with descriptions of a new genus and five new species. Esakia, 12: 103-118.

Morimoto K, Miyakawa S. 1985. Weevil fauna of the Izu Islands, Japan (Coleoptera). Mushi, 50(3): 19-85.

Morimoto K, Yoshihara K. 1996. On the genera of the Oriental Baridinae (Coleoptera, Curculionidae). Esakia, 36: 1-59.

Moseyko A G. 2013. On the distribution and synonymy of some indo-malayan species of the chrysomelid genus *Pagria* Lefèvre, 1884 (Coleoptera, Chrysomelidae: Eumolpinae). Entomological Review, 93: 208-213.

Moseyko A G, Sprecher-Uebersax E. 2010. Eumolpinae. 80-83, 619-643. In: Löbl L, Smetana A, Catalogue of Palaearctic Coleoptera. Vol. 6. Chrysomeloidea. Stenstrup: Apollo Books, 924 pp.

Motschulsky V I. 1845. Remarques sur la collection de Coléoptères russes. ler Article. Bulletin de la Société Impériale des Naturalistes de Moscou, 18(1-2): 3-127 + errata, pp. 549, pls. 1-3.

Motschulsky V I. 1854. Diagnoses de Coléoptères nouveaux trouvés par M. M. Tatarinoff et Gaschkéwitsch aux environs de Pékin. Études Entomologiques, 2 [1853]: 44-51.

Motschulsky V I. 1855. Notices. Études Entomologiques, 4: 77-78.

Motschulsky V I. 1857. Insects du Japon. Études Entomologiques, 6: 25-41.

Motschulsky V I. 1858a. Entomologie spéciale. Insectes du Japon. Études Entomologiques, 6 [1857]: 25-41.

Motschulsky V I. 1858b. Insectes des Indes orientales I: ière Serie. Études Entomologiques, 7: 20-122.

Motschulsky V I. 1859. Catalogue des insectes rapportés des environs du fl. Amour, depuis la Schilka jusqu'à Nikolaëvsk. Bulletin de la Société Impériales des Naturalistes de Moscou, 32(4): 487-507. [note: reprinted separately in 1860, Moscou, Imprimérie de l'Université Impériale, 21 pp.]

Motschulsky V I. 1860a. Insectes du Japon. Études entomologiques, 9. Helsingfors: 1-41.

Motschulsky V I. 1860b. Coléoptères rapportés de la Sibérie orientale et notamment des pays situés sur le bords du fleuve Amour par MM. Schrenck, Maack, Ditmar, Voznessenski etc. *In:* Reisen und Forschungen im Amur-Lande in den Jahren 1854-1856 im Auftrage der Kaiserlichen Akademie der Wissenschaften zu St. Petersburg ausgeführt und in Verbindung mit mehreren Gelehrten herausgegeben. Band Ⅱ. Zweite Lieferung. Coleopteren. St. Petersburg: Eggers and Comp., 80-257, pls. vi-xi.

Motschulsky V I. 1860c. Catalogue des insectes rapportes des environs du fl. Amour, depuis la Schilka jusqu'à Nikolaevsk. Bulletin de la Société Impériale des Naturalistes de Moscou, 32(4) [1859]: 487-507.

Motschulsky V I. 1860d. Coléoptères rapportés en 1859 par M. Sévertsef des Steppes méridionales des Kirghises. Bulletin de la Classe Physico-Mathématique de l'Académie Impériale des Sciences de St. Pétersbourg, 2 [1860-1861] (8): cols. 513-544, 2 pls.

Motschulsky V I. 1861a. Insectes du Japon. Études Entomologiques, 9: 4-39.

Motschulsky V I. 1861b. Diagnoses d'insectes nouveaux des rives du fl. Amur et de la Daourie méridionale. Études Entomologiques, 9: 39-41.

Motschulsky V I. 1861c. Coléoptères rapports de la Sibérie orientale et notamment des pays situées sur les bords du fleuve Amour. 77-205. *In:* Schrenck L, Reisen und Forschungen Amur-Lande in den Jahren 1854-1856. St. Petersburg: Eggers and Comp.

Motschulsky V I. 1862. Insectes du Japon. (Continuation). Études Entomologiques, 10 [1861]: 3-24.

Motschulsky V I. 1863. Essai d'un catalogue des insectes de l'île Ceylan. (Suite). Bulletin de la Société Impériale des Naturalistes de Moscou, 36(2): 421-532, 1 pl.

Motschulsky V I. 1866a. Catalogue des insectes reçus du Japon. Bulletin de la Société Impériales des Naturalistes de Moscou, 39: 163-200.

Motschulsky V I. 1866b. Essai d'un catalogue des Insectes de l'Ile de Ceylan. Supplément. Bulletin de la Société Impériale des Naturalistes de Moscou, 39(2): 393-446.

Motschulsky V I. 1875a. Énumération des nouvelles espèces de Coléoptères rapportés de ses voyages (14-ième article) Bulletin de la Société Impériale des Naturalistes de Moscou, 48(2) [1874]: 226-242.

Motschulsky V I. 1875b. Énumération des nouvelles espèces de Coléoptères rapportés de ses voyages, par feu Victor Motschoulsky. Bulletin de la Société Impériale des Naturalistes de Moscou, 49(2): 139-155.

Müller O F. 1766. Manipulus Insectorum Taurinensium. Mélanges Philosophiques et de Mathématiques de la Société Royale de Turin, 3(7): 185-198.

Müller O F. 1776. Zoologiae Danicae prodromus, seu Animalium Daniae et Norvegiae indigenarum characteres, nomina, et synonyma imprimis popularium. Hafnia, Hallager, i-XXXii+1-282.

Mulsant E. 1839. Histoire naturelle des Coléoptères de France. Longicornes. Lyon: Maison Libraire, Paris; Imprimerie de Dumoulin, Ronet et Sibuet, 304 pp., 3 pls.

Mulsant E. 1856. Description d'une nouvelle espèce de longicorne, constituant un genre nouveau. Annales de la Société Linnéenne de Lyon, 3(2): 157-159.

Mulsant E. 1862. [1-480]. *In:* Histoire naturelle des Coléoptères de France. Longicornes. Ed. 2. Magnin, Blanchard et Cie, successeurs de Louis Janet, Paris, 590 pp. [note: also in Annales de la Société Impériale d'Agriculture, d'Histoire naturelle et des arts utiles de Lyon, 6: 1-162.]

Mulsant E. 1863. [481-590]. *In:* Histoire naturelle des Coléoptères de France. Longicornes. Ed. 2. Magnin, Blanchard et Cie, successeurs de Louis Janet, Paris, 590 pp. [note: also in Annales de la Société Impériale d'Agriculture, d'Histoire naturelle et des arts utiles de Lyon, 7: 163-384 [1863, 1864].

Murayama J J. 1950. A new genus and some new species of Scolytidae from Japan (Coleoptera). Transactions of the Shikoku Entomological Society, 1: 49-53.

Murayama J J. 1958. Studies in the scolytid-fauna of the northern half of the Far East, IV, new genera and new species. Bulletin of the Faculty of Agriculture, Yamaguti University, 9: 927-936.

Murzin S V. 1988. Novye vidy zhukov-drovosekov (Coleoptera, Ceambycidae) iz Vietnama (New species of Timber-Beetles (Coleoptera, Cerambycidae) from Viet-Nam.). 161-168. *In:* Fauna i ecologia nasekomykh Vietnama. Nauka, Moskva, 199 pp.

Nakamura S, Makihara H, Saito A. 1992. Check-list of Longicorn-Beetles of Taiwan. Miscellaneous Reports of the Hiwa Museum for Natural History, Shobara, (33): 1-111.

Nakane T. 1955. New or little known Coleoptera from Japan and its adjacent Region XII. Scientific Reports of the Saikyo University, 2(1): 24-39.

Nakane T. 1958a. The Coleoptera of Yakushima Island, Chrysomelidae. The Scientific Reports of the Saikyo University. Natural Science and Living Science, 2(5) A: 43-54.

Nakane T. 1958b. The Coleoptera of Yakushima island, Chrysomelidae. Scientific Reports of the Saikyo University, Natural Science and Living Science, 2(5) A: 303-314.

Nakane T. 1963a. New or littie-known Coleoptera from Japan and its adjacent regions. XVI. Fragmenta Coleopterologica, 4/5: 18-20.

Nakane T. 1963b. New or little known Coleoptera from Japan and its adjacent regions. XX. Fragmenta Coleopterologica, 9: 35-38.

Nakane T, Kimoto S. 1961. A list of chrysomelid-beetles collected by Dr. T. Shiraki from the Loochoo Islands, with descriptions of new species: I, II (Coleoptera). Kontyû, 29: 14-21, 106-110.

Nakane T, Ohbayashi K. 1957. Notes on the genera and species of Lepturinae (Coleoptera, Cerambycidae) with special reference to their male genitalia. Scientific Reports of the Saikyo University, Kyoto (Natural Science and Living Science A series), 2(4): 47-52.

Nakane T, Ohbayashi K. 1959. Notes on the genera and species of Lepturinae (Coleoptera, Cerambycidae) with special reference to their male genitalia. II. Scientific Reports of the Saikyo University, Kyoto (Natural Science and Living Science), 3(1): A63-A66.

Nara H, Yu S-K. 1992. A new species of saperdine beetle from Taiwan (Coleoptera: Cerambycidae). Chinese Journal of Entomology, 12: 131-134.

Newman E. 1840. Entomological notes. The Entomologist, 1 [1840-1842]: 1-32.

Newman E. 1842a. Cerambycitum insularum Manillarum Dom. Cuming captorum enumeratio digesta. The Entomologist, 15

[1840-1842]: 243-248.

Newman E. 1842b. Addenda and Corrigenda. The Entomologist, 1: 418.

Newman E. 1842c. Cerambycitum insularum Manillarum Dom. Cuming captorum enumeratio digesta. The Entomologist, 18 [1840-1842]: 288-293, 298-305.

Newman E. 1842d. Cerambycitum insularum Manillarum Dom. Cuming captorum enumeratio digesta. The Entomologist, 20 [1840-1842]: 318-324.

Newman E. 1842e. Supplementary note to the descriptive catalogue of the longicorn beetles collected in the Philippine Islands by Hugh Cuming, Esq. The Entomologist, 1 [1840-1842]: 369-371.

Nie R-E, Vogler A P, Yang X-K, Lin M-Y. 2021. Higher-level phylogeny of longhorn beetles (Coleoptera: Chrysomeloidea) inferred from mitochondrial genomes. Systematic Entomology, 46: 56-70.

Niisato T. 1992. New Status of Two Japanese Cerambycine Taxa (Coleoptera). Acta Coleopterologica Japonica, (2): 30-32.

Niisato T, Han C-D. 2013. The genus *Amamiclytus* (Coleoptera, Cerambycidae) firstly recorded from the Mainland China. Elytra, Tokyo, New Series, 3(1): 165-172.

Niisato T, Hua L-Z. 1998. Three additional species of the tribe Obriini (Coleoptera, Cerambycidae) from China. Elytra, 26(2): 451-460.

Niisato T, Lin M-Y. 2013. Collection list of the genus *Merionoeda* (Coleoptera: Cerambycidae: Cerambycinae: Stenopterini) preserved in the Institute of Zoology, Chinese Academy of Sciences, Beijing. 69-83. *In:* Lin M-Y, Chen C-C, In Memory of Mr. Wenhsin Lin. Taiwan: Formosa Ecological Company, 233 pp.

Niisima Y. 1909. Die Scolytiden Hokkaidos unter Berücksichtigung ihrer Bedeutung für Forstschäden. The Journal of the College of Agriculture, Tohoku Imperial University, 3(2): 109-179, pls. iii-ix.

Niisima Y. 1917. Eine neue Gattung der Borkenkäfer. 1-3, pl. iv. *In:* Nagano K, A Collection of Essays for Mr. Yasushi Nawa, Written in Commemoration of His Sixtieth Birthday, October 8, 1917. Gifu, 186 pp., 12 pls.

Nishiguchi S I. 1941. Description of a new variety of *Prionus insularis* Motschulsky (Col. Ceramb.) from Kyushu. Transactions of the Kyushu Entomological Society, 3: 31-32.

Nonfried A F. 1892. Verzeichniss der um Nienghali in Südchina gesammelten Lucanoiden, Scarabaeiden, Buprestiden und Cerambyciden, nebst Beschreibung neuer Arten. Entomologische Nachrichten, 18: 81-95.

Nunberg M. 1961. Zur Kenntnis der malayischen und aethiopischen Borken-und Kernkäferfauna (Col. Scolytidae und Platypodidae). The Annals and Magazine of Natural History, (13)3: 609-632.

Nunberg M. 1963. Die Gattung *Xyleborus* Eichhoff (Coleoptera Scolytidae). Ergänzungen, Berichtigungen und Erweiterung der Diagnosen (Ⅱ. Teil). Annales du Musée Royal du Congo Belge, Ser. 8, Sciences Zoologiques, 115: 127 pp.

Ogloblin D A. 1921. Espéces nouvelles de In tribu Haltieina de la région paléarctique (Coleopiera, Chrysomeelidao). Revue Russe d'Entomologie, 17: 20-39.

Ogloblin D A. 1930. De quelques espéces de Halticinae (Col. Chrysomelidae) de la collection de V. Motschoulsky. Eos, 6: 83-112.

Ogloblin D A. 1936. Chrysomelidae, Galerucinae. Faune de l'USSR, Insectes Coléopterès, 26(1): 1-455.

Ohbayashi K. 1936. On the genus *Oberea* of the palaearctic part of Japan. Transactions of the Kansai Entomological Society, 7: 16-28, 2 pls.

Ohbayashi K. 1961. New Cerambycidae from Japan (6). The Entomological Review of Japan, 13: 16-20, pl. 4.

Ohbayashi K. 1963a. Systematic notes and descriptions of new forms in Cerambycidae from Japan. Fragmenta Coleopterologica, (2): 7-10.

Ohbayashi K. 1963b. Systematic notes and descriptions of new forms in Cerambycidae from Japan. Fragmenta Coleopterologica, (3): 11-12.

Ohbayashi K. 1964. New Cerambycidae from Japan (7). Bulletin of the Japanese Entomological Academy, 1(5): 19-26.

Ohbayashi N. 2018. A new subspecies of *Anoplophora horsfieldii* (Hope, 1842) (Coleoptera: Cerambycidae: Lamiinae). Japanese Journal of Systematic Entomology, 24(1): 39-42.

Ohbayashi N. 2020. New Nomenclatural, Taxonomic and Geographical Acts, and Comments. 25-28. *In:* Danilevsky M L, Catalogue of Palaearctic Coleoptera. Vol.: 6/1-Chrysomeloidea I (Vesperidae, Disteniidae, Cerambycidae), Updated and Revised Second Edition. Leiden: Brill, 712 pp.

Ohbayashi N, Bi W X. 2020. A new species of the genus *Judolia* from China (Coleoptera: Cerambycidae: Lepturinae). Japanese Journal of Systematic Entomology, 26(1): 95-98.

Ohbayashi N, Chou W-I. 2016. Some Taxonomic Changes for Taiwanese Lepturinae (Coleoptera: Cerambycidae). Studies on the Taiwanese Lepturinae, Ⅶ. The Japanese Journal of Systematic Entomology, 22(1): 11-16.

Ohbayashi N, Chou W-I. 2019. Revision of the genus *Lemula* (Coleoptera, Cerambycidae, Lepturinae). Zootaxa, 4671(4): 451-499.

Ohbayashi N, Kurihara T, Niisato T. 2005. Some taxonomic changes on the Japanese Cerambycidae, with description of a new subspecies (Coleoptera). The Japanese Journal of Systematic Entomology, 11(2): 287-298.

Ohbayashi N, Niisato T. 2007. Longicorn Beetles of Japan. Kanagawa: Tokai University Press, v-xii + 1-818.

Ohbayashi N, Takahashi K. 1985. Notes on the genus *Idiostrangalia* from Japan and Taiwan (Coleoptera, Cerambycidae). Entomological Review of Japan, 40(2): 85-93.

Ohno M. 1958. On the genus *Lypesthes* Baly from Japan Coleoptera: Chrysomelidae, Alticinae). Journal of the Toyo University, 12: 173-181, pl. Ⅵ.

Ohno M. 1960a. On die species of the genus *Altica* occurring in Japan. Studies on the flea-beetles of Japan (I) (Coleoptera, Chrysomelidae). Bulletin of the Department of Liberal Arts, 1: 77-95.

Ohno M. 1960b. Description of a *Demotina*-species from Japan (Coleoptera: Chrysomelidae-Eumolpinae). Transactions of the Shikoku Entomological Society, 6: 65-66.

Ohno M. 1961. On the species of the genus *Trachyaphthona* Heikertinger and the new genus *Sphaeraltica* (Coleoptera, Chrysomelidae). Studies on the flea-beetles of Japan (3). Bulletin of the Department of Liberal Arts, 2: 73-91.

Ohno M. 1962. On the species of the genus *Aphthona* Chevrolat occurring in Japan and the Loo-Choo Islands (Coleoptera, Chrysomelidae, Alticinae). Bulletin of the Department of Liberal Arts, 3: 61-84.

Okamoto H. 1927. The longicorn beetles from Corea. Insecta Matsumurana Sapporo, 2(2): 62-86.

Olivier A G. 1789. Encyclopédie méthodique, ou par ordre des matières; par une société de gens de lettres. de savans et d'artistes. Precédée d'un vocabulaire universel, servant de table pour l'Ouvrage, ornée des Portraits de MM. Diderot et d'Alembert, premiers Éditeurs de l'Encyclopédie. Histoire Naturelle. Insectes. Tome quatrième. Part 2. Paris: Panckoucke, 331 pp.

Olivier A G. 1790. Encyclopédie métodique, ou par ordre de matières; par une société de gens de letteres, de savans et d'artistes; précédée d'un vocabulaire universel, servant de table pour tout l'ouvrage, ornée des portraits de Mm. Diderot et d'Alembert, premiers éditeurs de l'Encyclopédie. Histoire Naturelle, Insectes, Tome cinquième. Paris: Panckoucke, 1-793.

Olivier A G. 1791. Encyclopédie méthodique, ou par ordre des matières; par une société de gens de lettres, de savants et d'artistes. Précédée d'un vocabulaire universel, servant de table pour l'Ouvrage, ornée des Portraits de MM Diderot et d'Alembert, premiers Editeurs de l'Encyclopédie. Histoire naturelle. Insectes. Tome cinquième. Part 2. Paris: Panckoucke, 369-793.

Olivier A G. 1795. Entomologie, ou histoire naturelle des insectes. Avec leur caractéres génériques et spécifiques, leur description, leur synonymie, et leur figure enluminée. Coléoptères. 1-81 in Tome quatrième. Paris: de Lanneau, 519 pp. +72 pls. [Each genus treated is separately paginated]

Olivier A G. 1807. Entomologie, ou histoire naturelle des Insectes, Avec leurs caracteres génériques et spécifiques, leur description, leur synonymie, et leur figure enluminée. Coléopteres. Paris: Tome Cinquieme, 2 + 612 pp., 59 pls.

Olivier A G. 1808. Entomologie, ou histoire naturelle des Insectes, avec leur caracteres génériques et spécifiques, leur description, leur synonymie, et leur figure enluminée. Coléopteres. Vol. Ⅵ. Paris: 613-1104.

Özdikmen H. 2006. Nomenclatural changes in Cerambycidae (Coleoptera). Munis Entomology and Zoology, 1(2): 267-269.

Özdikmen H. 2008a. A nomenclatural act: some nomenclatural changes on Palaearctic longhorned beetles (Coleoptera: Cerambycidae). Munis Entomology and Zoology, 3: 707-715.

Özdikmen H. 2008b. Substitute names for some preoccupied leaf beetles genus names described by L. N. Medvedev (Coleoptera, Chrysomelidae). Munis Entomology and Zoology, 3: 643-647.

Özdikmen H. 2011. The first attempt on subgeneric composition of *Chlorophorus* Chevrolat, 1863 with four new subgenera (Col.: Cerambycidae: Cerambycinae). Munis Entomology and Zoology, 6(2): 535-539.

Pajni H R. 1990. Fauna of India and adjacent countries. Coleoptera Curculionidae subfamily Eremninae tribe Cyphicerini. Calcutta: Zoological Survey of India, 568 pp.

Pajni H R, Dhir S. 1987. A generic revision of the subfamily Alcidodinae with the proposal of seven genera (Alcidodinae; Curculionidae; Coleoptera). Research Bulletin (Science) of the Panjab University, 38(1-2): 27-34.

Palij V F. 1961. Fauna of pest flea beetles of the USSR. Nauk: Akademiya Nauk Kirgizskoj SSR, Frunze, 101 pp. [in Russian]

Palij V F. 1970a. New subgenera and species of Halticinae (Coleoptera: Chrysomelidae) from Central Asia. Entomologicheskie Issledovaniya Kirgizii, 6: 3-15.

Palij V F. 1970b. Novyy vid zemlyanoy (Coleoptera, Chrysomelidae) iz vostochnoy Sibiri i Primorya. Entomologicheskoe Obozrenie, 49: 197-198.

Panzer G W F. 1789. Einige seltene Insecten beschrieben. Der Naturforscher, 24: 1-35.

Panzer G W F. 1793. Fauna Insectorum Germanicae initia; oder Deutschlands Insecten. [Heft 8]. Norimbergae: Felsecker, 24 pp. + 24 pls.

Panzer G W F. 1798. Johann Euseb Voets Beschreibungen und Abbildungen hartsschaaligter Insekten, Coleoptera Linn.: aus dem Original getreu übersetzt, mit der in selbigem fehlenden Synonymie und beständigen Commentar versehen. Erlangen: J. J. Palm, xiv + 120 pp. [P (120 printed as 112], pls. XXVXLVIII.

Parry F J S. 1844. A decade, or description of ten new species of Coleoptera, from the Kasya Hills, near the boundary of the Assam District. The Annals and Magazine of Natural History, 15: 454.

Parry F J S. 1845. A decade, or description of ten new species of Coleoptera, from the Kasya Hills, near the boundary of the Assam District. Transactions of the Entomological Society of London, 4(1): 84-87.

Pascoe F P. 1856. Description of new genera and species of Asiatic longicorn Coleoptera. Transactions of the Entomological Society of London, (2)4(3) [1856-1858]: 42-48, pl. XVI.

Pascoe F P. 1857a. Description of new genera and species of Asiatic longicorn Coleoptera. Transactions of the Entomological Society of London, (2)4 [1856-1858]: 49-50 [note: in part iv, January 1857].

Pascoe F P. 1857b. On new genera and species of longicorn Coleoptera. Part II. Transactions of the Entomological Society of London, (2)4 [1856-1858]: 89-112, 2 pls.

Pascoe F P. 1858. On new genera and species of longicorn Coleoptera. Part III. Transactions of the Entomological Society of London, (2)4 [1856-1858]: 236-266. [note: 236-256, part vi, January 1858; 257-266 part VII April 1858]

Pascoe F P. 1859. On new genera and species of longicorn Coleoptera. Part IV. Transactions of the Entomological Society of London, (2)5 [1859-1861]: 12-32, 33-61, pl. II. [note: 12-32, part i, February 1859; 33-61, part ii, May 1959]

Pascoe F P. 1861. Entomological Notes. The Journal of Entomology, London, 1(4): 302.

Pascoe F P. 1862a. Notices of new or little-known genera and species of Coleoptera. Part III. The Journal of Entomology, London, 1(5): 319-370.

Pascoe F P. 1862b. On some new Coleoptera from Lizard Island, North-eastern Australia. The Annals and Magazine of Natural History, London, (3)9(54): 461-467.

Pascoe F P. 1863a. Notices of new or little-known genera and species of Coleoptera. Part IV. Journal of Entomology, 2(7): 26-56.

Pascoe F P. 1863b. Notes on the Australian longicornia, with description of sixty new species. Transactions of the Entomological

Society of London, 3(1): 526-570.

Pascoe F P. 1864a. Longicornia Malayana; or, a descriptive catalogue of the species of the three longicorn families Lamiidae, Cerambycidae and Prionidae, collected by Mr. A. R. Wallace in the Malay Archipelago. Transactions of the Entomological Society of London, 3(3)1: 1-96.

Pascoe F P. 1864b. Additions to the longicornia of South Africa, including a few species from Old Calabar and Madagascar. The Journal of Entomology, London, 2(11): 270-291, pl. 13.

Pascoe F P. 1865a. Longicornia Malayana; or, a descriptive catalogue of the species of the three longicorn families Lamiidae, Cerambycidae and Prionidae, collected by Mr. A. R. Wallace in the Malay Archipelago. Transactions of the Entomological Society of London, (3)3: 97-224.

Pascoe F P. 1865b. On some new genera of Curculionidae. Part I. Journal of Entomology, 2: 413-432, pl. XVII.

Pascoe F P. 1866a. On the longicornia of Australia with a list of all the described species. Journal of the Linnean Society (Zoology), 9(34): 80-112.

Pascoe F P. 1866b. Catalogue of longicorn Coleoptera, collected in the Island of Penang by James Lamb, Esq. (Part I.). Proceedings of the Zoological Society of London, 1866: 222-267, pls. XXVI-XXVIII.

Pascoe F P. 1866c. Longicornia Malayana; or, a descriptive catalogue of the species of the three longicorn families Lamiidae, Cerambycidae and Prionidae, collected by Mr. A. R. Wallace in the Malay Archipelago. Transactions of the Entomological Society of London, (3)3: 225-336.

Pascoe F P. 1866d. Catalogue of longicorn Coleoptera, collected in the Island of Penang by James Lamb, Esq. (Part II.). Proceedings of the Zoological Society of London, 1866: 504-537, pls. XLI-XLIII.

Pascoe F P. 1867a. LX. Diagnostic characters of some new genera and species of Prionidae. The Annals and Magazine of Natural History, (3)19: 410-413.

Pascoe F P. 1867b. Longicornia Malayana; or, a descriptive catalogue of the species of the three longicorn families Lamiidae, Cerambycidae and Prionidae, collected by Mr. A. R. Wallace in the Malay Archipelago. Transactions of the Entomological Society of London, (3)3: 337-464.

Pascoe F P. 1868. Contributions to a Knowledge of the Coleoptera. Part I (continued). The Proceedings of the Entomological Society of London, 1868: xi-xiii.

Pascoe F P. 1869. Longicornia Malayana; or, a Descriptive Catalogue of the Species of the three Longicorn Families Lamiidæ, Cerambycidæ and Prionidæ collected by Mr. A. R. Wallace in the Malay Archipelago. (Part VII). Transactions of the Entomological Society of London, 3(3)7: 553-712.

Pascoe F P. 1870a. Contributions towards a knowledge of the Curculionidae. Part I. Journal of the Linnean Society of London, Zoology, 10(47): 434-458, pl. XVII.

Pascoe F P. 1870b. Contributions toward a knowledge of the Curculionidae. Part I. (Continued). Journal of the Linnean Society of London, 10(48): 459-493, pls. XVIII, XIX.

Pascoe F P. 1871a. Contributions towards a knowledge of the Curculionidae. Part II. Journal of the Linnean Society of London, Zoology, 11(51): 154-218, pls. VI-IX.

Pascoe F P. 1871b. XXXIII.-Descriptions of new genera and species of Longicorns, including three new subfamilies. The Annals and Magazine of Natural History, London, (4)8: 268-281.

Pascoe F P. 1872. Contributions towards a knowledge of the Curculionidae. Part III. Journal of the Linnean Society of London, Zoology, 11(55): 440-492, pls. X-XIII.

Pascoe F P. 1874. Contributions towards a knowledge of the Curculionidae. Part IV. Journal of the Linnean Society of London, Zoology, 12: 1-99, pls. I-IV.

Pascoe F P. 1875. Notes on Coleoptera, with descriptions of new genera and species. The Annals and Magazine of Natural History,

15(4)85: 59-73.

Pascoe F P. 1878. Descriptions of longicorn Coleoptera. The Annals and Magazine of Natural History, 2(5)11: 370-377.

Pascoe F P. 1885. List of the Curculionidae of the Malay Archipelago collected by Dr. Odoardo Beccari, L. M. d'Albertis, and others. Annali del Museo Civico di Storia Naturale di Genova, 22: 201-332, pls. Ⅰ-Ⅲ.

Pascoe F P. 1887. Descriptions of some new genera and species of Curculionidae, mostly Asiatic.-Part Ⅲ. The Annals and Magazine of Natural History, (5)19: 370-380, pl. XL.

Pascoe F P. 1888. Descriptions of some new genera and species of Curculionidae, mostly Asiatic. Part V. The Annals and Magazine of Natural History, (6)2: 409-418.

Pelsue F W Jr, Zhang R-Z. 2000. A review of the *Curculio* from China with descriptions of new taxa. Part Ⅱ. The *Curculio alboscutellatus* group (Curculionidae: Curculioninae: Curculionini). The Coleopterists Bulletin, 54: 467-496.

Pelsue F W Jr, Zhang R-Z. 2003. A review of the genus *Curculio* from China with descriptions of fourteen new species. Part Ⅳ. The *Curculio sikkimensis* (Heller) group (Coleoptera: Curculionidae: Curculioninae: Curculionini). The Coleopterists Bulletin, 57: 311-333.

Penecke K A. 1922. Bestimmungstabelle der mitteleuropäischen *Tychius*-Arten nebst einer Tabelle der paläarktischen Gattungen der Tychiini und Beschreibung neuer Arten. Koleopterologische Runschau, 10(1): 1-29.

Penecke K A. 1938. Eine neue Curculioniden-Gattung und-Art aus dem Ostmark-Gau Nieder-Donau. Koleopterologische Rundschau, 24: 109-112.

Pérez-Arcas L. 1874. Especies nuevas ó críticas de la fauna española, tercera parte. Anales de la Sociedad Española de Historia Natural, 3(2): 111-155, 3 pls.

Perger R, Vitali F. 2012. Revision of the genus *Megacriodes* Pascoe, 1866, a new synonym of *Batocera* Laporte de Castelnau, 1840 (Coleoptera, Cerambycidae, Lamiinae). Les Cahiers Magellanes (NS), 7: 1-17.

Perris E. 1858. Nouvelles excursions dans les Grandes Landes. Troisième lettre adressée à M. Mulsant. Annales de la Société Linnéenne de Lyon, (2)4 [1857]: 83-180.

Perroud B P. 1855. Description de quelques espèces nouvelles ou peu connues et création de quelques nouveaux genres dans la famille des Longicornes, deuxième série. Annales de la Société Linnéenne de Lyon, 2(2): 327-401.

Perroud B P, Montrouzier X. 1864. Essai sur la faune Entomologique de Kanala (Nouvelle-Calédonie) and description de quelques espéces nouvelles ou peu connues. Annales de la Société Linnéenne de Lyon, 11: 46-257.

Pesarini C, Sabbadini A. 1999. Five new species of longicorn beetles from China (Coleoptera Cerambycidae). Annali del Museo civico di Storia naturale di Ferrara, 2: 57-67, 5 figs.

Pesarini C, Sabbadini A. 2004. Osservazioni sulla sistematica della tribu Agapanthiini Mulsant, 1839 (Coleoptera Cerambycidae). Atti della Società Italiana di Scienze Naturali e del Museo Civico di Storia Naturale Milano, 145: 117-132.

Pesarini C, Sabbadini A. 2015. New or interesting longhorn beetles from China and Burma (Coleoptera: Cerambycidae). Atti del Museo Civico di Storia Naturale di Morbegno, 26: 25-58.

Petri K. 1904. Bestimmungs-Tabelle der mir bekannt gewordenen Arten der Gattung *Lixus* Fab. aus Europa und den angrenzenden Gebieten. Wiener Entomologische Zeitung, 23(9): 183-198.

Petri K. 1907. Bestimmungs-Tabelle der Gattungen *Larinus* Germ. (incl. *Stolatus* Muls.), *Microlarinus* Hochhuth, *Rhinocyllus* Germar und *Bangasternus* Gozis aus dem europäischen, mediterran, west-und nordasiatischen Faunengebiete. Verhandlungen des Naturforschendes Vereines in Brünn, 45 [1906]: 51-146.

Philippi R A, Philippi F. 1864. Beschreibung einiger neuen chilenischen Käfer (Schluss). Entomologische Zeitung (Stettin), 25(10-12): 313-406.

Pic M. 1891. Faune franco-algérienne. (Variétés) (1). 1-50. Matériaux pour servir à l'étude des longicornes. Premier cahier. Imprimerie L. Jacquet, Lion, 67 + [1] pp.

Pic M. 1893. [Descriptions d'espèces nouvelles de Coléoptères et notes synonymiques]. Bulletin de la Société Entomologique de France, Paris, 62 [1893]: lxxxv-lxxxix.

Pic M. 1895. Longicornes de la collection H. Tournier. L'Échange, Revue Linnéenne, 11: 75-78.

Pic M. 1897a. Description des Coléoptères. Miscellanea Entomologica, 5: 41-43.

Pic M. 1897b. Descriptions de Coléoptères asiatiques de la famille des Cerambycidae. Bulletin de la Société Zoologique de France, 22: 188-190.

Pic M. 1898. Descriptions, notes et renseignements divers sur certains longicornes de la faune d'Europe et circa. 18-24. Matériaux pour servir à l'étude des longicornes. 2ème cahier. Lyon: Imprimerie L. Jacquet, v + 59 pp.

Pic M. 1900a. [1-66]. In: Catalogue bibliographique et synonymique des Longicornes d'Europe et des régions avoisinantes. Matériaux pour servir à l'étude des longicornes 3ème cahier, 2ème partie. Lyon: Imprimerie Jacquet Frères, 121 pp.

Pic M. 1900b. Contribution à l'étude des Cerambycidae de Chine et du Japon. Annales de la Société Entomologique de Belgique, 44(1): 16-19.

Pic M. 1900c. Contributionà l'etude des longicomes. L'Echange, Revue Linneenne, 16: 81-83.

Pic M. 1901a. Coléoptères cérambycides recueillis au Japon par M. le Dr. Harmand. Bulletin du Muséum d'Histoire Naturelle de Paris, 7(2): 56-62.

Pic M. 1901b. Coléoptères cérambycides recueillis au Japon par M. le Dr. Harmand, ministre plénipotentiaire de France à Tokio. Bulletin du Muséum d'Histoire Naturelle de Paris, 7(7): 337-342.

Pic M. 1901c. Notes sur quelques longicornes de la Chine et du Japon. 27-29. Matériaux pour servir à l'étude des longicornes. 3ème cahier, 3ème partie. Lyon: Imprimerie Jacquet Frères, 32 pp.

Pic M. 1902a. Petite contribution à la faune du Tonkin septentrional. 33-35. Matériaux pour servir à l'étude des longicornes. 4me cahier, 1re partie. Saint-Amand (Cher): Imprimerie Bussière, 37 pp.

Pic M. 1902b. Descriptions et Notes diverses. L'Échange, Revue Linnéenne, 18(206): 9-10.

Pic M. 1902c. Notes diverses et diagnoses. 8-11. Matériaux pour servir à l'étude des longicornes. 4ème cahier, 1re partie. Saint-Amand (Cher): Imprimerie Bussière, 37 pp.

Pic M. 1902d. Espèces ou variétés présumées nouvelles provenant de Chine. Matériaux pour servir à l'étude des Longicornes, 4(1): 28-32.

Pic M. 1902e. Coléoptères asiatiques nouveaux. L'Échange, Revue Linnéenne, 18(205): 1-3.

Pic M. 1903. Contribution à la faune du Tonkin. 28-31. Matériaux pour servir à l'étude des longicornes. 4ème cahier, 2ème partie. Saint-Amand (Cher): Imprimerie Bussière, 37 pp.

Pic M. 1904a. Liste de longicornes recueillis sur les bords du fleuve Amour. 12-18. Matériaux pour servir à l'étude des longicornes. 5ème cahier, 1re partie. Saint-Amand (Cher): Imprimerie Bussière, 22 + 1 pp.

Pic M. 1904b. Description de divers longicornes d'Europe et d'Asie. 7-9. Matériaux pour servir à l'étude des longicornes. 5ème cahier, 1ère partie. Saint-Amand (Cher): Imprimerie Bussière, 22 + 1 pp.

Pic M. 1904c. Longicornes paléarctiques nouveaux. L'Échange, Revue Linnéenne, 19(231): 17-18.

Pic M. 1905. Descriptions et notes diverses. 5-15. Matériaux pour servir à l'étude des longicornes. 5ème cahier, 2ème partie. Saint-Amand (Cher): Imprimerie Bussière, 38 + 1 pp.

Pic M. 1906. Nouveaux longicornes de Chine et du Japon. 16-18. Matériaux pour servir à l'étude des longicornes. 6ème cahier, 1ère partie. Saint-Amand (Cher): Imprimerie Bussière, 36 pp.

Pic M. 1907a. Sur divers Cryptocephalus et Pachybrachis, peu connus ou présumés nouveaux. L'Échange, Revue Linnéenne, 23(266) [hors-texte]: 1-4.

Pic M. 1907b. Coléoptères exotiques nouveaux ou peu connus (Suite). L'Échange, Revue Linnéenne, 23: 134-135, 151-152.

Pic M. 1907c. Notes entomologiques diverses (Suite). L'Échange, Revue Linnéenne, 23: 169-170, 185-187.

Pic M. 1907d. Sur divers longicornes de la Chine et du Japon. 20-25. Matériaux pour servir à l'étude des longicornes. 6me cahier, 2ème partie. Saint-Amand (Cher): Imprimerie Bussière, 28 pp.

Pic M. 1908a. Nouveaux longicornes de la Chine méridionale. 14-18. Matériaux pour servir à l'étude des longicornes. 7ème cahier, 1ère partie. Saint-Amand (Cher): Imprimerie Bussière, 24 pp.

Pic M. 1908b. Observations, renseignement divers et diagnose sur la genre *Cryptocephalus*. L'Échange, Revue Linnéenne, 24: 91-94.

Pic M. 1910. Coléoptères exotiques nouveaux ou peu connus. L'Échange, Revue Linnéenne, 26(304): 28-30.

Pic M. 1911. Longicornes de Chine en partie nouveaux. 19-21. Matériaux pour servir à l'étude des longicornes. 8ème cahier, 1ère partie. Saint-Amand (Cher): Imprimerie Bussière, 24 pp.

Pic M. 1912a. Nouveaux Coléoptères paléarctiques. L'Échange, Revue Linnéenne, 28(336): 89-90.

Pic M. 1912b. Nouvelle étude synoptique du genre *Monochamus* Latr. 16-19. Matériaux pour servir à l'étude des longicornes. 8ème cahier, 2ème partie. Saint-Amand (Cher): Imprimerie Bussière, 24 pp.

Pic M. 1912c. Longicornes de Chine et des régions avoisinantes. 20-22. Matériaux pour servir à l'étude des longicornes. 8ème cahier, 2ème partie. Saint-Amand (Cher): Imprimerie Bussière, 24 pp.

Pic M. 1912d. Coléoptères exotiques nouveaux ou peu connus (Suite). L'Échange, Revue Linnéenne, 28(326): 13-16.

Pic M. 1913a. Descriptions de 29 espèces et de plusieurs variétés. Mélanges Exotico-Entomologiques, 5: 7-20.

Pic M. 1913b. Sur quelques Coléoptères de Sibérie. L'Échange, Revue Linnéenne, 29: 101-102.

Pic M. 1913c. Coléoptères exotiques en partie nouveaux (Suite.). L'Échange, Revue Linnéenne, 29(341): 133-135.

Pic M. 1914a. Notes diverses et diagnoses. 3-11. Matériaux pour servir à l'étude des longicornes. 9ème cahier, 1ère partie. Saint-Amand (Cher): Imprimerie Bussière, 24 pp.

Pic M. 1914b. Quelques longicornes de Chine, Formose, et autres régions asiatiques. 15-19. Matériaux pour servir à l'étude des longicornes. 9ème cahier, 1ère partie. Saint-Amand (Cher): Imprimerie Bussière, 24 pp.

Pic M. 1914c. Nouveaux Coléoptères de diverses familles. Mélanges Exotico-Entomologiques, 10: 7-20.

Pic M. 1915a. Nouveaux Cérambycides [Col.] de la Chine méridionale. Ⅰ. Bulletin de la Société Entomologique de France, Paris, (19): 313-314.

Pic M. 1915b. Nouveautés de diverses familles. Mélanges Exotico-Entomologiques, 13: 2-13.

Pic M. 1915c. Notes diverses et diagnoses (1). 4-11. Matériaux pour servir à l'étude des longicornes. 9me cahier, 2me partie. Saint-Amand (Cher): Imprimerie Bussière, 24 pp.

Pic M. 1915d. Longicornes de diverses régions asiatiques. 11-14. Matériaux pour servir à l'étude des longicornes. 9me cahier, 2me partie. Saint-Amand (Cher): Imprimerie Bussière, 24 pp.

Pic M. 1916a. Longicornes asiatiques (I). 12-19. Matériaux pour servir à l'étude des longicornes. 10ème cahier, 1ère partie. Saint-Amand (Cher): Imprimerie Bussière, 20 pp.

Pic M. 1916b. Notes diverses, descriptions et diagnoses (Suite.). L'Échange, Revue Linnéenne, 32(375): 9-11.

Pic M. 1916c. Notes et descriptions abrégées diverses. Mélanges Exotico-Entomologiques, 17: 2-8.

Pic M. 1916d. Nouveau cerambycide d'Asie (Col.). Bulletin de la Société Entomologique de France, 1916: 141.

Pic M. 1916e. Espèces et variétés nouvelles. Mélanges Exotico-Entomologiques, 19: 6-20.

Pic M. 1916f. Descriptions abrégées diverses. Mélanges Exotico-Entomologiques, 20: 1-20.

Pic M. 1917a. Descriptions abrégées diverses. Mélanges Exotico-Entomologiques, 24: 2-24.

Pic M. 1917b. Descriptions abrégées diverses. Mélanges Exotico-Entomologiques, 23: 2-20.

Pic M. 1917c. Longicornes asiatiques en partie nouveaux. 10-14. Matériaux pour servir à l'étude des longicornes. 10me cahier, 2me partie. Saint-Amand (Cher): Imprimerie Bussière, 20 pp.

Pic M. 1918. Courtes descriptions diverses. Mélanges Exotico-Entomologiques, 28: 1-24.

Pic M. 1919. Nouveautés diverses. Mélanges Exotico-Entomologiques, 31: 11-24.

Pic M. 1920a. Nouveautés diverses. Mélanges Exotico-Entomologiques, 32: 1-28.

Pic M. 1920b. Longicornes nouveaux de Chine [Col. Cerambycidae]. Bulletin de la Société Entomologique de France, 1920:197-198.

Pic M. 1921. Nouveautés diverses. Mélanges Exotico-Entomologiques, 33: 1-33.

Pic M. 1922a. Nouveautés diverses. Mélanges Exotico-Entomologiques, 35: 1-32.

Pic M. 1922b. Nouveautés diverses. Mélanges Exotico-Entomologiques, 36: 1-32.

Pic M. 1922c. Nouveautés diverses. Mélanges Exotico-Entomologiques, 37: 1-32.

Pic M. 1922d. Coléoptères exotiques en partie nouveaux (Suite.). L'Échange, Revue Linnéenne, 38(409): 28.

Pic M. 1922e. Notes diverses, descriptions et diagnoses (Suite.). L'Échange, Revue Linnéenne, 38(410): 29-30.

Pic M. 1923a. Coléoptères exotiques en partie nouveaux (Suite.). L'Échange, Revue Linnéenne, 39(413): 11-12.

Pic M. 1923b. Nouveautés diverses. Mélanges Exotico-Entomologiques, 38: 1-32.

Pic M. 1923c. Coléoptères exotiques en partie nouveaux (Suite). L'Échange, Revue Linnéenne, 39(412): 7-8.

Pic M. 1923d. Nouveautés diverses. Mélanges Exotico-Entomologiques, 39: 3-32.

Pic M. 1923e. Nouveautés diverses. Mélanges Exotico-Entomologiques, 40: 3-32.

Pic M. 1924a. Nouveautés diverses. Mélanges Exotico-Entomologiques, 41: 1-32.

Pic M. 1924b. Nouveaux longicornes de Chine (Col.). Bulletin de la Société Entomologique de France, 1924: 79.

Pic M. 1924c. Hispides nouveaux (Col.). Bulletin de la Société Entomologique de France, 48: 99-100.

Pic M. 1925a. Nouveautés diverses. Mélanges Exotico-Entomologiques, 43: 1-32.

Pic M. 1925b. Nouveautés diverses. Mélanges Exotico-Entomologiques, 44: 1-32.

Pic M. 1925c. Nouveaux longicornes asiatiques (Col.). Bulletin de la Société Entomologique de France, 1925: 137-139.

Pic M. 1925d. Nouveaux longicornes asiatiques. Bulletin de la Société Entomologique de France, 1925: 188-189.

Pic M. 1925e. Coléoptères exotiques en partie nouveaux (Suite). L'Échange, Revue Linnéenne, 41(422): 15-16.

Pic M. 1926a. Nouveautés diverses. Mélanges Exotico-Entomologiques, 45: 1-32.

Pic M. 1926b. Nouveautés diverses. Mélanges Exotico-Entomologiques, 46: 1-32.

Pic M. 1926c. Nouveautés diverses. Mélanges Exotico-Entomologiques, 47: 1-32.

Pic M. 1926d. Coléoptères asiatiques nouveaux. Bulletin de la Société Entomologique de France, 1925: 301-303.

Pic M. 1926e. Coléoptères exotiques en partie nouveaux (Suite.). L'Échange, Revue Linnéenne, 42(425): 12.

Pic M. 1927a. Notes diverses, descriptions et diagnoses (Suite.). L'Échange, Revue Linnéenne, 43(427-430): 1-2, 5-7, 9-11, 13-14.

Pic M. 1927b. Coléoptères de l'Indochine. Mélanges Exotico-Entomologiques, 49: 1-36.

Pic M. 1927c. Nouveaux Coléoptères du Globe II. Bulletin de la Société Zoologique de France, 52(1): 106-110.

Pic M. 1927d. Coléoptères nouveaux de Chine et du Japon. Bulletin de la Société Entomologique de France, 1927(9): 152-154.

Pic M. 1927e. Nouveautés diverses. Mélanges Exotico-Entomologiques, 48: 1-32.

Pic M. 1927f. Coléoptères asiatiques nouveaux. Bulletin Bi-mensuel de la Société Linnéenne de Lyon, 6: 132-133.

Pic M. 1928a. Notes et descriptions. Mélanges Exotico-Entomologiques, 51: 1-36.

Pic M. 1928b. Nouveautés diverses. Mélanges Exotico-Entomologiques, 52: 1-32.

Pic M. 1928c. Six nouveaux Coléoptères du Tonkin et mutation. Bulletin Bi-Mensuell de la Société Linnéenne de Lyon, 7: 87-88.

Pic M. 1928d. Nouveaux Coléoptères surtout du Tonkin. Bulletin de la Société Zoologique de France, 53: 377-379.

Pic M. 1929a. Nouveautés diverses. Mélanges Exotico-Entomologiques, 53: 1-36.

Pic M. 1929b. Coléoptères exotiques nouveaux ou peu connus. Bulletin de la Société Zoologique de France, 54: 43-46.

Pic M. 1929c. Coléoptères Phytophages nouveaux. Bulletin de la Société Zoologique de France, 53: 138-139.

Pic M. 1930a. Nouveautés diverses. Mélanges Exotico-Entomologiques, 55: 1-36.

Pic M. 1930b. Nouveautés diverses. Mélanges Exotico-Entomologiques, 56: 1-36.

Pic M. 1930c. Notes diverses nouveautés. L'Échange, Revue Linnéenne, 46: 1-3, 5-7, 13-14.

Pic M. 1931a. Cérambycides paléartiques et "prépaléartiques". Bulletin de la Société Entomologique de France, 1931: 257-259.

Pic M. 1931b. Sur le genre *Tibetobia* Friv. et quelques autres lamiens. Entomologisches Nachrichtenblatt, 5: 48-49.

Pic M. 1931c. Nouveautés diverses. Mélanges Exotico-Entomologiques, 57: 1-36.

Pic M. 1932a. Nouveautés diverses. Mélanges Exotico-Entomologiques, 60: 1-36.

Pic M. 1932b. Nouveaux Coléoptères exotiques. Bulletin de la Société Entomologique de France, 37: 138-139.

Pic M. 1933a. Nouveautés diverses. Mélanges Exotico-Entomologiques, 61: 3-36.

Pic M. 1933b. Nouveautés diverses. Mélanges Exotico-Entomologiques, 62: 1-36.

Pic M. 1933c. Descriptions et notes sur divers Cérambycides [Col.]. Bulletin de la Société Entomologique de France, 38(2): 30-32.

Pic M. 1934a. Nouveautés diverses. Mélanges Exotico-Entomologiques, 63: 1-36.

Pic M. 1934b. Nouveautés asiatiques. Matériaux pour servir à l'étude des longicornes, 11(3): 33-40.

Pic M. 1935a. Nouveautés diverses. Mélanges Exotico-Entomologiques, 65: 1-36.

Pic M. 1935b. Trois nouveaux Cerambycides de Chine. Entomologisches Nachrichtenblatt, 9: 177-179.

Pic M. 1935c. Schwedisch-chinesische wissenschaftliche Expedition nach den nordwestlichen Provinzen Chinas. 16. Coleoptera. 2. Helmidae, Dermestidae, Anobiidae, Cleridae, Malacodermata, Dascillidae, Heteromera (ex p.), Bruchidae, Cerambycidae, Phytophaga (ex p.). Arkiv för zoologi, 27 A(2): 1-14.

Pic M. 1935d. Coléoptères exotiques en partie nouveaux (Suite). L'Échange, Revue Linnéenne, 51: 8, 15-16.

Pic M. 1935e. Notes entomologiques et descriptions [Coléoptères]. Bulletin de la Société Zoologique de France, 60(2): 169-172.

Pic M. 1936a. Nouveautés diverses. Mélanges Exotico-Entomologiques, 67: 1-36.

Pic M. 1936b. Nouveaux Coléoptères de Chine. Notes d'Entomologie Chinoise, 3(2): 15-17.

Pic M. 1936c. Nouveaux Coléoptères paléarctiques. L'Échange, Revue Linnéenne, 51(463): 1-4.

Pic M. 1936d. Nouveautés diverses. Mélanges Exotico-Entomologiques, 68: 10-36.

Pic M. 1937a. Nouveautés diverses. Mélanges Exotico-Entomologiques, 69: 1-36.

Pic M. 1937b. Nouveautés diverses, Mutations. Mélanges Exotico-Entomologiques, 71: 1-36.

Pic M. 1937c. Coléoptères nouveaux de Chine. Notes d'Entomologie Chinoise, 4: 169-176.

Pic M. 1938a. Coleoptera partim: Dermestidae-Phytophaga. 14-18. *In:* Sjostedt Y, Insekten aus China im Naturhistorischen Reichsuseum zu Stockholm. Heimgebracht von Direktor Kjeil Kolthoff und anderen schwedischen Forschern und Reisenden. Arkiv för zoologi, 30 A (13): 1-19.

Pic M. 1938b. Nouveautés diverses, Mutations. Mélanges-Exotico-Entomologiques, 70: 1-36.

Pic M. 1938c. Descriptions de Coléoptères et notes synonymiques. Bulletin de la Société Entomologique de France, 43: 121-124.

Pic M. 1939a. Deux nouveaux longicornes. Revue Française d'Entomologie, Paris, 6(1): 16.

Pic M. 1939b. Coléoptères nouveaux, principalement de Chine. L'Échange, Revue Linnéenne, 55(476): 1-4.

Pic M. 1939c. Un nouveau Coleoptére Phytophage de Chine. Entomologisches Nachrichtenblatt, 7 [1938]: 158.

Pic M. 1941. Opuscula martialis Ⅱ. L'Échange, Revue Linnéenne, Numéro Spécial, 2: 1-16.

Pic M. 1943a. Opuscula martialia Ⅸ. L'Échange, Revue Linnéenne. Numéro Spécial, 9: 1-16.

Pic M. 1943b. Opuscula martiala X. L'Échange, Revue Linnéenne, Numéro Spécial, 10: 1-16.

Pic M. 1943c. Opuscula martialia Ⅺ. L'Échange, Revue Linnéenne. Numéro Spécial, 11: 1-16.

Pic M. 1944a. Opuscula martiala ⅩⅢ. L'Échange, Revue Linnéenne, Numéro Spécial, 13: 1-16.

Pic M. 1944b. Coléoptères du globe (suite). L'Échange, Revue Linnéenne, 60: 10-12, 13-16.

Pic M. 1945a. Coléoptères du globe (suite). L'Échange, Revue Linnéenne, 61(499): 1-4.

Pic M. 1945b. Nouvelles variétés de Coléoptères longicornes. L'Échange, Revue Linnéenne, 61(500): 5-7.

Pic M. 1946a. Coléoptères du globe (suite). L'Échange, Revue Linnéenne, 62: 13-16.

Pic M. 1946b. Les réfutations continuent. Miscellanea Entomologica, 43(1): 11-20.

Pic M. 1949. Nouveaux Coléoptères exotiques et notes diverses. Miscellanea Entomologica, Narbonne, 46: 49-55.

Pic M. 1950a. Descriptions et notes variées. Diversités Entomologiques, 7: 1-16.

Pic M. 1950b. Coléoptères du globe (suite). L'Échange, Revue Linnéenne, 66(522): 13-16.

Pic M. 1952a. Observations sur les *Phytoecia* Muls. (Col., Cerambycidae). Entomologische Arbeiten aus dem Museum G. Frey, 3: 689-701.

Pic M. 1952b. Coléoptères divers nouveaux ou peu connus-Notes. Diversités Entomologiques, 11: 4-16.

Pic M. 1953a. Coléoptères du globe (suite). L'Echange, Revue Linnéenne, 69: 2-4, 5-8, 9-12, 14-16.

Pic M. 1953b. Critiques concernant la faune des Longicornes de Chine. Miscellanea Entomologica, Narbonne, 47(59-60): 39-44.

Pic M. 1953c. Complément à l'étude des Saperdini (Longicornes). Diversités Entomologiques, 12: 1-4.

Pic M. 1954a. Coléoptères du globe (suite). L'Échange, Revue Linnéenne, 70(538): 13-16.

Pic M. 1954b. Coléoptères nouveaux de Chine. Bulletin de la Société Entomologique de Mulhouse, 1954: 53-59, 61-64.

Pic M. 1955. Coléoptères nouveaux de Chine. Bulletin de la Société Entomologique de Mulhouse, 1955: 21-23.

Pic M. 1957. Sept nouveaux Cérambyciens (Col.) de Chine du Musée Alexander Koenig, Bonn. Bonner Zoologische Beiträge, 8(1): 75-77.

Pierce W D. 1941. Studies on the sweet potato weevils of the subfamily Cyladinae. Bulletin of the Southern California Academy of Sciences, 39(3) [1940]: 205-228.

Piton L E. 1943. Aberrations nouvelles de Coléoptères de France. Bulletin de la Société Linnéenne de Lyon, 12: 138-139.

Planet L M. 1924. Histoire naturelle des longicornes de France. Encyclopédie Entomologique (A) 2. Paris: Lechevalier, 386 pp., 2 pls.

Plavilstshikov N N. 1915a. Les espèces paléarctiques du genre *Rhagium* F. (Coleoptera, Cerambycidae). Revue Russe d'Entomologie, Saint-Petersbourg, 15(1): 31-49.

Plavilstshikov N N. 1915b. Zhuki-usachi sobrannye A. Ⅰ. Aleksandrovym v Manchzhuria (Coleoptera, Cerambycidae). Entomologicheskyi Vestnik, Kiev, 2: 103-110.

Plavilstshikov N N. 1921. Notices synonymiques sur les Longicornes (Coleoptera, Cerambycidae). Ⅱ. Revue Russe d'Entomologie, 17: 110-111.

Plavilstshikov N N. 1924. Novae Cerambycidarum formae e fauna Eurasiae. The Annals and Magazine of Natural History, Ser. 9(13): 225-229.

Plavilstshikov N N. 1925. Eine neue *Xylotrechus*-Art aus Ost-Sibirien (Col. Cerambye). Entomologische Mitteilungen Berlin, 14: 360-361.

Plavilstshikov N N. 1930. Liste der von Herrn A. Alexandrov in der Mandschurei gesammelten Cerambyciden (Coleoptera). Entomologisches Nachrichtenblatt, Troppau, 4(2): 55-57.

Plavilstshikov N N. 1931a. Cerambycidae I. Teil. Cerambycinae: Disteniini Cerambycini I. Bestimmungs-Tabellen der europäischen Coleopteren. Heft 101. Troppau: Edmund Reitter's Nachfolger Emmerich Reitter, 102 pp.

Plavilstshikov N N. 1931b. Synonymische Bemerkungen über Cerambyciden. Koleopterologische Rundschau, Wien, 17(5): 195-208.

Plavilstshikov N N. 1931c. *Embrik-Strandia*, eine neue Callichrominen-Gattung (Col. Cerambycidæ). Folia Zoologica et Hydrobiologica, Riga, 3: 278-279.

Plavilstshikov N N. 1933. Beitrag zur Verbreitung der paläarktischen Cerambyciden. Ⅲ. Entomologisches Nachrichtenblatt, Troppau, 7(1): 9-16.

Plavilstshikov N N. 1934a. Cerambycidae. Ⅲ. Teil. Cerambycinae: Cerambycini Ⅲ. (Callichromina, Rosaliina, Callidiina). Bestimmungs-Tabellen der europäischen Coleopteren. Heft 112. Edmund Reitter's Nachf. Troppau: Emmerich Reitter, 230 pp.

Plavilstshikov N N. 1934b. Description de longicornes nouveaux de la Chine (Coleoptera, Cerambycidae). Sborník Entomologického Oddělení Národního Musea v Praze, 12(107): 220-227.

Plavilstshikov N N. 1934c. *Pseudalosterna*, eine neue Lepturinen-Gattung aus Ost-Sibirien (Col., Cerambycidae). Entomologische Blätter, 30(4): 131-133.

Plavilstshikov N N. 1936. Fauna SSSR. Nasekomye zhestokrylye. T. XXI. Zhuki-drovoseki (ch. 1). Moskva-Leningrad: Izdatel'stvo Akademii Nauk SSSR, 612 + [1] pp.

Plavilstshikov N N. 1937. Description des espèces nouvelles de genres *Dorcadion* Dalm. et *Neodorcadion* Ganglb. (Coleoptera, Cerambycidae). Sborník Entomologického Oddělení Národního Musea v Praze, 15(143): 25-34.

Plavilstshikov N N. 1940. Fauna SSSR. Nasekomye zhestokrylye. T. XXⅡ. Zhuki-drovoseki (ch. 2). Moskva-Leningrad: Izdatel'stvo Akademii Nauk SSSR, 784 + [3] pp.

Podaný Č. 1953. Quelques nouvelles aberrations de Cerambycidae. Bulletin de la Société Entomologique de Mulhouse, [juillet-août 1953]: 49-52, 22 figs.

Podaný Č. 1968. Studien über Callichromini der palaearktischen und orientalischen Region (I). Mit Fotos und 12 Abbildungen. Abhandlungen und Berichte aus dem staatlichen Museum für Tierkunde in Dresden, 36(3): 41-121.

Podaný Č. 1971. Studien über Callichromini der palaearktischen und orientalischen Region (Ⅱ). Abhandlungen und Berichte aus dem staatlichen Museum für Tierkunde in Dresden, 38(8): 253-313.

Prell H. 1924. Die biologischen Gruppen der deutschen Rhynchitinen. Zoologischer Anzeiger, 61: 153-170.

Pu F-J. 1999. Five new species and a new record species of Lamiinae from China (Coleopter [sic]: Cerambycidae). Acta Entomologica Sinica, 42: 78-85.

Quedenfeldt F O G. 1888. Beiträge zur Kenntniss der Koleopteren-Fauna von Cenral-Africa nach den Ergebnissen der Lieutenant Wissman'schen Kassai-Expedition 1883-1836. Berliner Entomologische Zeitschrift, 32: 155-219.

Quentin R M, Villiers A. 1981. Les Macrotomini de l'Ancien Monde (Région éthiopienne exclue) genera et catalogue raisonné (Col. Cerambycidae Prioninae). Annales de la Société Entomologique de France (NS), 17(3): 359-393.

Rafinesque C S. 1815. Analyse de la nature ou tableau de l'univers et des corps organisés. Palermo: J. Barravecchia, 224 pp.

Ratzeburg J T C. 1837. Die Forst-Insecten oder Abbildung und Beschreibung der in den Wäldern Preussens und der Nachbarstaaten als schädlich oder nützlich bekannt gewordenen Insecten. Erster Theil. Die Käfer. Berlin: Nicolai, x + 4 + 202 pp., 21 pls.

Redtenbacher L. 1845. Die Gattungen der deutschen Käfer-Fauna nach der analytischen Methode berabeitet, nebst einem kurz gefassten Leitfaden, zum Studium dieses Zweiges der Entomologie. Wien: Carl Ueberreuter, [12] +1-177 + [1], 2 pls.

Redtenbacher L. 1848. [new taxa]. *In:* Kollar V, Redtenbacher L, Aufzählung und Beschreibung der von Freiherrn Carl v. Hügel auf seiner Reise durch Kaschmir und das Himaleyagebirge gesammelten Insecten. [393-564, 28 pls.] *In:* Hügel K F von, Kaschmir und das Reich der Siek. Vierter Band. Zweite Abtheilung. Stuttgart: Hallbergerischer Verlag, 244-586 [1844]; 587-865 + [6].

Redtenbacher L. 1849. Fauna Austriaca. Die Käfer. Nach der Analytischen Methode bearbeitet. Wien: Carl Gerold, 1-883.

Redtenbacher L. 1858. Fauna Austriaca. Die Käfer, nach der Analytischen Methode bearbeitet, zème Edition. Wien: Carl Gerold's Sohw, 1-1017.

Redtenbacher L. 1868. Zoologischer Teil. Zweiter band. Ⅰ. Abtheilung A 2. Coleopteren. *In:* Reise der Oesterreichischen Fregatte Novara um die Erde in den Jahren 1857, 1858, 1859 unter dem Befehlen des Commodore B. von Wüllerstorf-Urbair. Wien: Karl Gerold's Sohn, iv + 249 pp., 5 pls.

Regalin R, Medvedev L N. 2010. Chrysomelidae: Cryptocephalinae: Clytrini. 564-580. *In:* Löbl L, Smetana A, Catalogue of Palaearctic Coleoptera. Vol. 6. Chrysomeloidea. Stenstrup: Apollo Books, 924 pp.

Reich G C. 1797. Mantissae insectorum iconibus illustratae species novas aut nondum depictas exhibentis. Fasciculus I. Felsecker, 16 pp. + 1 pl.

Reid C A M. 1999. Reappraisal of the genus *Taumacera* Thunberg with description of two new species from South-East Asia (Coleoptera: Chrysomelidae: Galerucinae). Australian Journal of Entomology, 38: 1-9.

Reineck G. 1922. Beitrag zur kenntnis asiatischer Chrysomeliden (Col.). Deutsche Entomologische Zeitschrift, 1922: 368-371.

Reineck G. 1923. Beitragzur Kenntnis der asiatisch-malayischen Megalopodinen (Col. Chrysom). Deutsche Entomologische Zeitschrift: 605-612.

Reitter E. 1894. Uebersicht der Arten der Coleopteren-Gattung *Cerambyx* L. und einer Darstellung der mit dieser zunächst verwandten Genera der palaearctischen Fauna. Entomologische Nachrichten, Berlin, 20(23): 353-356.

Reitter E. 1898. Neue Coleopteren aus Europa und den angrenzenden Ländern. Deutsche Entomologische Zeitschrift, 42(2): 337-360.

Reitter E. 1900a. Beitrag zur Coleopteren-Fauna des russischen Reiches. Deutsche Entomologische Zeitschrift, 1900: 49-59.

Reitter E. 1900b. Uebersicht der Arten der Curculioniden-Gattung *Myllocerus* Schönh. und Corigetus Desbr. der centralasiatischen Fauna. Deutsche Entomologische Zeitschrift, 1900: 60-68.

Reitter E. 1905. Sechzehn neue Coleopteren aus der palaearktischen Fauna. Wiener Entomologische Zeitung, 24: 241-251.

Reitter E. 1906. Bestimmungs-Tabellen der mit Mylacus und Ptochus verwandten Curculioniden (Coleoptera). Verhandlungen des Naturforschenden Vereines in Brünn, 44 [1905]: 208-256.

Reitter E. 1912. Fauna Germanica. Die Käfer des Der Deutschen Reiches. Nach der analytischen Methode bearbeitet. Stuttgart, Ⅳ: 236 pp.

Reitter E. 1913a. Bestimmungs-Tabelle der Borkenkäfer (Scolytidae) aus Europa und den angrenzenden Ländern. Wiener Entomologische Zeitung (Beiheft), 32: 1-116.

Reitter E. 1913b. Fauna Germanica. Die Käfer des Deutschen Reiches. Nach der analytischen Methode bearbeitet. Ⅳ. Band. [1912]. Stuttgart: K. G. Lutz' Verlag, 236 pp., pls. 129-152.

Reitter E. 1915. Bestimmungstabelle der Rüsselkäfergattung Chlorophanus Germ. Wiener Entomologische Zeitung, 34: 171-184.

Reitter E. 1916. Fauna Germanica. Die Käfer des Deutsches Reiches. Nach der analytische Methode bearbeitet. V. Band. Stuttgart: K. G. Lutz, 343 pp., pls. 153-168.

Reitter E. 1923. Die Hylobius-Arten aus Europa und den angrenzenden Gebieten. (Col. Curcul.). Wiener Entomologische Zeitung, 40: 21-24.

Reitter E. 1924. Die Larinus-Arten der Untergattungen *Larinus s. str.*, *Larinorhynchus*, *Larinomesius* und *Eustenopus* aus Europa und den angrenzenden Gebieten. (Col. Curcul.). Wiener Entomologische Zeitung, 41: 61-77.

Ren L, Borovec R, Zhang R-Z. 2019. On the genus *Pseudocneorhinus* (Coleoptera, Curculionidae, Entiminae), with descriptions of five new species from China. ZooKeys, 853: 57-86.

Retzius A J. 1783. Caroli De Geer genera et species insectorum et generalissimi auctoris scriptis extraxit, digessit, latine quand. partem redditit, et terminologiam insecrotum Linneanam additit. Lipsiae: Cruse, vi + 220 pp.

Rey C. 1883. [new taxa]. *In:* Eichhoff W J, Les Xylophages d'Europe. Avec des notes et additions concernant la faune gallo-rhénane. (Suite et Fin.). Revue d'Entomologie, 2: 121-145, pls. Ⅱ-Ⅲ.

Richter G. 1876. Ueber die Kaffee-Kultur in Ostindien, speziell in Kury. Verhandlungen des Natuwissenschafltlichen Vereins in Karlsruhe, 7: 232-250.

Riedel A. 1998. Catalogue and bibliography of the genus *Euops* Schoenherr (Insecta, Coleoptera, Curculionoidea, Attelabidae). Spixiana, 21: 97-124.

Ripaille C, Drumont A. 2020. Additional contribution to the knowledge of Asian Aegosomatini with the description of a new species in the genus *Aegosoma* Audinet-Serville, 1832 (Coleoptera, Cerambycidae, Prioninae). Les Cahiers Magellanes (NS), 36: 78-86.

Ritsema C. 1885. Remarks on Hymenoptera and Coleoptera. Notes from the Leyden Museum, 7: 54.

Ritsema C. 1891. A new genus of Calandrinae. Notes from the Leyden Museum, 13: 147-150.

Ritsema C. 1897. Supplément à la liste des espèces des genres *Zonopterus* et *Pachyteria* (Coléoptères longicornes) de la collection du Muséum d'Histoire naturelle de Paris. Bulletin du Muséum National d'Histoire Naturelle de Paris, 8: 376-377.

Roelofs W. 1873. Curculionides recueillis au Japon par M. G. Lewis. Première partie. Annales de la Société Entomologique de Belgique, 16: 154-193, pls. Ⅱ, Ⅲ.

Roelofs W. 1874. Curculionides recueillis au Japon par M. G. Lewis. Deuxième partie. Annales de la Société Entomologique de Belgique, 17(1): 121-148.

Roelofs W. 1875. Curculionides recuillis au Japon par M. J. Lewis. Annales de la Société Entomologique de Belgique, 18: 149-194.

Roelofs W. 1876. Curculionides recuillis par M. J. Van Volxen au Japon et en Chine. Comptes-rendus des Séances de la Société Entomologigue de Belgique, 18 [1875]: cxxviii-cxxxiv.

Roelofs W. 1879. Diagnoses de nouvelles espèces de curculionides, brenthides, anthribides et bruchides du Japon. Comptes-Rendus des Séances de la Société Entomologique de Belgique, 22: liii-lv.

Roelofs W. 1880. Additions à la faune du Japon. Nouvelles espèces de curculionides et familles voisines. Observations sur les espèces déjà publiées. Annales de la Société Entomologique de Belgique, 24: 5-31.

Rondon J A, Breuning S. 1970. Lamiines du Laos. Pacific Insects Monograph, 24: 315-571, 54 figs.

Rondríguez-Mirón G M. 2018. Checklist of the family Megalopodidae Latreille (Coleoptera: Chrysomeloidea); a synthesis of its diversity and distribution. Zootaxa, 4434(2): 265-302.

Rosenhauer W G. 1856. Die Thiere Andalusiens nach dem Resultate einer Reise zusammengestellt, nebst den Beschreibungen von 249 neuen oder bis jetzt noch unbeschriebenen Gattungen und Arten. Erlangen: Theodor Blaesing, viii+429 pp., 3 pls.

Roubal J. 1929a. Popis šesti nových coleopter.-Beschreibung von sechs neuen Coleopteren. Časopis Československé Společnosti Entomologické, 26: 56-57.

Roubal J. 1929b. Coleoptera nova asiatica. Bollettino della Società Entomologica Italiana, 61: 96-98.

Roubal J. 1931. Coleopterologische Notizen. Entomologisches Nachrichtenblatt, 5: 36.

Ruan Y-Y, Konstantinov A S, Ge S-Q, Yang X-K. 2014. Revision of the *Chaetocnema picipes* species-group (Coleoptera, Chrysomelidae, Galerucinae, Alticini) in China, with descriptions of three new species. ZooKeys, 387: 11-32.

Ruan Y-Y, Konstantinov A S, Prathapan K D, Ge S-Q, Yang X-K. 2015. *Penghou*, a new genus of flea beetles from China (Coleoptera: Chrysomelidae: Galerucinae: Alticini). Zootaxa, 3973(2): 300-308.

Ruan Y-Y, Konstantinov A S, Prathapan K D, Yang X-K. 2017a. Contributions to the knowledge of Chinese flea beetle fauna (Ⅱ): *Baoshanaltica* new genus and *Sinosphaera* new genus (Coleoptera, Chrysomelidae, Galerucinae, Alticini). *In:* Chaboo C S, Schmitt M, Research on Chrysomelidae. ZooKeys, 720: 103-120.

Ruan Y-Y, Konstantinov A S, Prathapan K D, Yang X-K. 2017b. New contributions to the knowledge of Chinese flea beetle fauna (I): *Gansuapteris* new genus and *Primulavorus* new genus (Coleoptera: Chrysomelidae: Galerucinae). Zootaxa, 4282(1): 111-122.

Ruan Y-Y, Konstantinov A S, Prathapan K D, Zhang M-N, Jiang S-H, Yang X-K. 2018. New contributions to the knowledge of Chinese flea beetle fauna (Ⅲ): revision of *Meishania* Chen and Wang with description of five new species (Coleoptera: Chrysomelidae: Galerucinae). Zootaxa, 4403(1): 186-200.

Ruan Y-Y, Konstantinov A S, Prathapan K D, Zhang M-N, Yang X-K. 2019a. A review of the genus *Lankaphthona* Medvedev, 2001, with comments on the modified phallobase and unique abdominal appendage of *L. binotata* (Baly) (Coleoptera: Chrysomelidae: Galerucinae: Alticini). Zookeys, 857: 29-58.

Ruan Y-Y, Yang X-K, Konstantinov A S, Prathapan K D, Zhang M-N. 2019b. Revision of the Oriental *Chaetocnema* species (Coleoptera, Chrysomelidae, Galerucinae, Alticini). Zootaxa, 4699(1): 1-204.

Ruan Y-Y, Yang X-K. 2015. Subfamily Alticinae Chûjô, 1953. *In:* Yang X-K, Ge S-Q, Nie R, Ruan Y-Y, Li W-Z, Chinese Leaf Beetles. Beijing: Science Press, 307-464.

Sahlberg C R. 1823. Periculum Entomographicum, species insectorum nondum descriptas proponens, quod venia facult. philos. Aboënsis ampliss. praeside Carolo Reginaldo Sahlberg. Publicae censurae submittit pro laurea Wilhelmus Forssman. Stipend. publicus, Nylandus. In auditorio philos. die ⅩⅢ Junii 1823. H. p. m. s. P. Ⅱ. Aboae: Typis Frenckelliorum, 17-32.

Sahlberg C R. 1829. Periculi entomographici, species insectorum nondum descriptas propostituri, fasciculus. Entomologisches Archiv, 2: 12-31.

Saito K. 1932. On the longicorn beetles of Corea. Scientific Papers of the 25 the Annual Agriculture and Forestry College Suigen: 439-478.

Sama G. 1991. Note sulla nomenclatura dei Cerambycidae della regione mediterranea (Coleoptera). Bollettino della Societa Entomologica Italiana, 123(2): 121-128.

Sama G. 1995. Note sui Molorchini. II. I generi *Glaphyra* Newman, 1840 e *Nathrioglaphyra* nov. (Coleoptera, Cerambycidae). Lambillionea, 95(3): 363-390.

Sama G. 2002. Atlas of the Cerambycidae of Europe and the Mediterranean Area. Vol. 1: Northern, Western, Central and Eastern Europe. British Isles and Continental Europe from France (excl. Corsica) to Scandinavia and Urals. Zlín: Vít Kabourek, 173 pp., 729 figs.

Samoderzhenkov E V. 1992. Review of the chrysomelid tribe Luperini (Coleoptera, Chrysomelidae, Galerucinae) from Vietnam. 103-127. *In:* Medvedev L N, Systematization [sic!] and ecology of insects of Vietnam. Moskva: Nauka, 264 pp.

Samouelle G. 1819. The entomologist's useful compendium; or, An introduction to the knowledge of British insects, comprising the best means of obtaining and preserving them, and a description of the apparatus generally used; together with the genera of Linné by George Samouelle, Associate of the Linnean Society of London. London: 496.

Sampson W F. 1911. On two new Wood-boring Beetles (Ipidae). The Annals and Magazine of Natural History, (8)8: 381-384.

Sampson W F. 1919. Notes on Platypodidae and Scolytidae collected by Mr. G. E. Bryant and others. The Annals and Magazine of Natural History, (9)4: 105-114.

Samuelson G A. 1973. Alticinae of Oceania (Coleoptera: Chrysomelidae). Pacific Insects Monograph, 30: 1-165.

Samuelson G A. 1984. Plant associated Alticinae from the Bismark range, Papua New Guinea (Coleoptera: Chrysomelidae). Esakia, 21: 31-47.

Santos-Silva A, Hovore F T. 2007. Divisão do gênero *Distenia* Lepeletier and Audinet-Serville, notas sobre a venação alar em Disteniini, homonímias, sinonímia e redescrições (Coleoptera, Cerambycidae, Disteniinae). Papéis Avulsos de Zoologia, 47(1): 1-29.

Sasaki C. 1899. Nippon Nôsakumotsu Gaichû Hen. [Manual of crop insect pests in Japan.] Tokyo: 520 pp. (in Japanese)

Saunders W W. 1839. Description of six new East Indian Coleoptera. Transactions of the Entomological Society of London, 2(3): 176-179.

Saunders W W. 1853. Descriptions of some Longicorn Beetles discovered in Northern China by Rob. Fortune, Esq. Transactions of the Entomological Society of London, 2(2): 109-113.

Savenius S. 1825. Cerambycidorum tres novae species fennicae, *Callidium affine*, *Callidium buprestoide* et *Clytus pantherrinus*. 63-68. *In:* Hummel A D, Essais Entomologiques. Bd. 1. Nr. 4. St. Pétersbourg: Chancellerie privée du Ministère de l'Intérieur, 72 pp.

Savio P A. 1929. Longicornes du bas Yang-tsé. Notes d'Entomologie Chinoise, 1: 1-9, 1 pl.

Sawada Y. 1987. A revision of tribe Deporaini of Japan (Coleoptera, Attelabidae). I. Description of taxa (1. Genera *Apoderites*, *Eusproda*, *Chokkirius* and *Paradeporaus*. Kontyû, 55: 654-665.

Sawada Y. 1993. A systematic study of the family Rhynchitidae of Japan (Coleoptera, Curculionoidea). Humans and Nature, 2: 1-93.

Schaufuss L W. 1871. Ueber die Gattung *Pseudocolaspis* Casteln. Nunquam Otiosus, 1: 197-200.

Schaufuss L W. 1885. Beitrag zur Fauna der Niederländischen Besitzungen auf den Sunda-Inseln. Horae Societatis Entomologicae Rossicae, 19: 183-209.

Schedl K E. 1935. New bark-beetles and ambrosia-beetles (Col.). Stylops, 4: 270-276.

Schedl K E. 1936. Some new Scolytidae and Platypodidae from the Malay Peninsula. Journal of the Federated Malay States Museums, 18(1): 19-35.

Schedl K E. 1937. Scolytidae und Platypodidae-Zentral und südamerikanische Arten. Archivos do Instituto de Biologia Vegetal, 3:

155-170.

Schedl K E. 1939a. Malaysian Scolytidae and Platypodidae (IV). (57th Contribution). Journal of the Federated Malay States Museums, 18: 327-364.

Schedl K E. 1939b. Scolytidae und Platypodidae. (47 Beitrag zur Morphologie und Systematik der Scolytoidea). Tijdschrift voor Entomologie, 82: 30-53.

Schedl K E. 1940. Scolytidae und Platypodidae (Coleoptera). 51. Beitrag. Arbeiten über Morphologische und Taxonomische Entomologie aus Berlin-Dahlem, 7: 203-208.

Schedl K E. 1949a. Scolytidae and Platypodidae. Contribution 86. New species and new records of Australian Scolytidae. Proceedings of the Royal Society of Queensland, 60 [1948]: 25-29.

Schedl K E. 1949b. Neotropical Scolytoidea. I. 97th Contribution to the morphology and taxonomy of the Scolytoidea (Col.). Revista Brasileira de Biologia, 9: 261-284.

Schedl K E. 1952. Formosan Scolytoidea, I. III. Contribution to the morphology and taxonomy of the Scolytoidea. The Philippine Journal of Science, 81: 61-65.

Schedl K E. 1953. Fauna Sinensis I (120. Beitrag zur Morphologie und Systematik der Scolytoidea). Entomologische Blätter, 49: 22-30.

Schedl K E. 1957. Scolytoidea nouveaux du Congo Belge II. Mission R. Mayné-K. E. Schedl 1952. (153e Contribution à la systématique et la morphologie des Coléoptères Scolytoidea). Annales du Musée Royal du Congo Belge Tervuren (Belgique), Ser. 8°, Sciences Zoologiques, 56: 1-162.

Schedl K E. 1958. Zur Synonymie der Borkenkäfer II (159. Beitrag zur Morphologie und Systematik der Scolytoidea). Tijdschrift voor Entomologie, 101: 141-155.

Schedl K E. 1964a. Zur Synonymie der Borkenkäfer XV (228. Beitrag zur Morphologie und Systematik der Scolytoidea). Reichenbachia, 3: 303-317.

Schedl K E. 1964b. Scolytoidea from Borneo III (185. Contribution to the morphology and taxonomy of the Scolytoidea). Reichenbachia, 4: 241-254.

Schedl K E. 1969. Scolytidae und Platypodidae aus Neu-Guinea (Coleoptera) (263. Beitrag zur Morphologie und Systematik der Scolytoidea). Opuscula Zoologica, 9: 155-158.

Schedl K E. 1973. Scolytidae and Platypodidae of the Archbold Expeditions to New Guinea (280. Contribution to the morphology and taxonomy of the Scolytoidea). Papua New Guinea Agricultural Journal, 24(2): 70-77.

Schedl K E. 1975. Indian bark and timber beetles VI. 312. Contribution to the morphology and taxonomy of the Scolytoidea. Revue Suisse Zoologie, 82: 445-458.

Schedl K E. 1976. Neotropische Scolytoidea XIII. (Coleoptera). 323. Beitrag zur Morphologie und Systematik der Scolytoidea. Entomologische Abhandlungen (Dresden), 41: 49-92.

Schedl K E. 1980. Scolytoidea from Queensland (Australia). (Coleoptera). 336th Contribution to the morphology and taxonomy of the Scolytoidea. Faunistische Abhandlungen (Dresden), 7: 183-189.

Scherer G. 1969. Die Alticinae des indischen Subkontinentes (Coleoptera, Chrysomelidae). Pacific Insects Monograph, 22: 1-251.

Schilsky J. 1902. Die Käfer Europa's. Nach der Natur beschrieben. Heft 39. Nürnberg: Bauer und Raspe (E. Küster), iv pp. + 100 nr. [each on 1 or 2 sheets].

Schilsky J. 1903. Die Käfer Europa's. Nach der Natur beschrieben. Heft 40. Nürnberg: von Bauer und Raspe (E. Küster), viii pp. + 100 nr. [each on 1 or 2 sheets] + A-PP pp.

Schilsky J. 1906. Die Käfer Europa's. Nach der Natur beschrieben. Heft 42. Nürnberg: Bauer und Raspe (E. Küster), vi pp. + 119 nr. [each on 1 or 2 sheets].

Schilsky J. 1911. Die Käfer Europa's. Nach der Natur beschrieben von Dr. H. C. Küster und Dr. G. Kraatz. Heft 47. Nürnberg: Bauer und Raspe (E. Küster), iv + A-SS pp. + 100 nrs. + [1 p.].

Schmidt G. 1951. 4. Beitrag zur Kenntnis der paläarktischen Cerambyciden nebst einigen Gedanken zur Benennung von Formen. Entomologische Blätter, 47(1): 9-16.

Schneider D H. 1791. Nachrichten von neu angenommenen Gattungen (Generibus) im entomologischen System. Neuestes Magazin für die Liebhaber der Entomologie, 1(1): 11-89.

Schoenherr C J. 1823. Curculionides. [Tabula synoptica familiae curculionidum]. Isis von Oken, (2)(10): col. 1132-1146.

Schoenherr C J. 1825. Tabulae synopticae familiae curculionidum (continuatio). Isis von Oken, (V): col. 581-588.

Schoenherr C J. 1826. Curculionidum dispositio methodica cum generum characteribus, descriptionibus atque observationibus variis, seu Prodromus ad Synonymiae Insectorum, partem IV. Lipsiae: Fridericum Fleischer, x + [2] + 338 pp.

Schoenherr C J. 1833. Genera et species curculionidum, cum synonymia hujus familiae. Species novae aut hactenus minus cognitae, descriptionibus a Dom. Leonardo Gyllenhal, C. H. Boheman, et entomologis aliis illustratae. Tomus primus. Pars prima. Roret, Paris, pp. I-XV + 1-381.

Schoenherr C J. 1834. Genera et species curculionidum, cum synonymia hujus familiae. Species novae aut hactenus minus cognitae, descriptionibus a Dom. Leonardo Gyllenhal, C. H. Boheman et entomologis aliis illustratae. Tomus secundus.-Pars prima. Parisiis: Roret, [2] + 1-326 + [1] pp.

Schoenherr C J. 1835. Genera et species curculionidum, cum synonymia hujus familiae. Species novae aut hactenus minus cognitae, descriptionibus a Dom. Leonardo Gyllenhal, C. H. Boheman et entomologis aliis illustratae. Tomus tertius.-Pars prima [1836], Parisiis: Roret; Lipsiae: Fleischer, [6] + 1-505.

Schoenherr C J. 1837. Genera et species curculionidum, cum synonymia hujus familiae. Species novae aut hactenus minus cognitae, descriptionibus a Dom. Leonardo Gyllenhal, C. H. Boheman, et entomologiis aliis illustratae. Tomus quartus. Pars prima. Roret, Paris; Fleischer, Lipsiae, pp. [I-IV] + 1-600.

Schoenherr C J. 1838. Genera et species curculionidum, cum synonymia hujus familiae. Species novae aut hactenus minus cognitae, descriptionibus a Dom. Leonardo Gyllenhal, C. H. Boheman et entomologiis aliis illustratae. Tomus quartus.-Pars secunda. Parisiis: Roret; Lipsiae: Fleischer, 601-1121 + [3, Corrigenda] pp.

Schoenherr C J. 1839. Genera et species curculionidum, cum synonymia hujus familiae. Species novae aut hactenus minus cognitae, descriptionibus Dom. L. Gyllenhal, C. H. Boheman, O. J. Fahraeus et entomologis aliis illustratae. Tomus quintus.-Pars prima. Supplementum continens. Parisiis: Roret; Lipsiae: Fleischer, pp. viii + 1-456.

Schoenherr C J. 1840a. Genera et species curculionidum, cum synonymia hujus familiae, species novae aut hactenus minus cognitae, descriptionibus Dom. L. Gyllenhal, C. H. Boheman, O. J. Fahraeus et entomologis aliis illustratae. Tomus sextus.-Pars prima. Supplementum continens. Parisiis: Roret; Lipsiae: Fleischer, [2] + 474 pp.

Schoenherr C J. 1840b. Genera et species curculionidum, cum synonymia hujus familiae. Species novae aut hactenus minus cognitae, descriptionibus Dom. L. Gyllenhal, C. H. Boheman, O. J. Fahraeus et entomologiis aliis illustratae. Tomus quintus.-Pars secunda. Supplementum continens. Parisiis: Roret; Lipsiae: Fleischer, v-viii + 465-970 + [4, Corrigenda] pp.

Schoenherr C J. 1843. Genera et species curculionidum, cum synonymia hujus familiae. Species novae aut hactenus minus cognitae, descriptionibus a Dom. L. Gyllenhal, C. H. Boheman, O. J. Fahraeus et entomologis aliis illustratae. Tomus septimus.-Pars secunda. Supplementum continens. Parisiis: Roret; Lipsiae: Fleischer, [4] + 461 pp.

Schoenherr C J. 1845. Genera et species curculionidum, cum synonymia hujus familiae. Species novae aut hactenus minus cognitae, descriptionibus a Dom. L. Gyllenhal, C. H. Boheman, O. J. Fahraeus et entomologiis aliis illustratae. Tomus octavus.-Pars secunda. Supplementum continens. Parisiis: Roret; Lipsiae: Fleischer, viii + 504 pp., 27 pls. [Synopsis Geographica].

Schoenherr C J. 1847. Mantissa secunda familiae curculionidum seu descriptiones novorum quorundam generum curculionidum. Holmiae: Norstedt et Filii, 86 pp.

Schultze A. 1898. Beschreibung neuer Ceuthorrhynchinen. Deutsche Entomologische Zeitschrift, 1898(2): 225-260 (December

1898).

Schwarzer B. 1914. Beschreibung neuer Arten und Varietäten der Gattung *Batocera* (Col.). Entomologische Mitteillungen, 3: 280-282.

Schwarzer B. 1925a. Sauters Formosa-Ausbeute (Cerambycidae, Col.). (Subfamilie Cerambycinae). Entomologische Blätter, 21(1): 20-30.

Schwarzer B. 1925b. Sauters Formosa-Ausbeute (Cerambycidae. Col.). (Subfamilie Lamiinae.) (Fortsetzung.). Entomologische Blätter, 21(2): 58-68.

Schwarzer B. 1925c. Sauters Formosa-Ausbeute (Cerambycidae. Col.) (Subfamilie Lamiinae). Entomologische Blätter, 21(4): 145-154.

Schwarzer B. 1931. Beitrag zur Kenntnis der Cerambyciden (Ins. Col.) III. Senckenbergiana, 13: 197-214.

Scopoli I A. 1763. Entomologia carniolica exhibens insecta Camioliae indigena et distributa in ordines, genera, species, varietates. Methodo linnaeana. Vindobonae: Ioannis Thomae Trattner, xxxiv + 420 + [4] pp., 3 pls.

Scopoli J A. 1786. Deliciae faunae et florae insubricae, seu novae aut minus cognitae species plantarum et animalium quas in Insubria austriaca tum spontaneas quum exoticas vidit descripsit et aeri incidi curavit. Ticini, St. Salvator, 2: 1-115.

Sekerka L, Geiser M. 2016. Sagrinae of Laos (Coleoptera: Chrysomelidae). Entomologica Basiliensia et Collectionis Frey, 35: 443-453.

Seki K I. 1935. Notes on cerambycid Coleoptera of the genus *Psacothea*, with description of one new variery. Entomological World, Tokyo, 3: 289-293.

Seki K I. 1941. Longicorn-beetles of Hiogo Prefecture (Notes on long-horned beetles of Nippon III). Entomological World Tokyo, 9: 447-456 [Also paged No. 89, 25-34] (in Japanese, with English title).

Selman B J. 1965. A revision of the Nodini and a key to the genera of Eumolpidae of Africa (Coleoptera: Eumolpidae). Bulletin of the British Museum (Natural History) Entomology, 16(3): 141-174.

Semenov A P. 1908. Analecta coleopterologica XIV. Revue Russe d'Entomologie, Saint-Petersbourg, 7: 258-265.

Semenov A P. 1914. Analecta coleopterologica. XVIII. Revue Russe d'Entomologie, Saint-Petersbourg, 14(1): 14-22.

Semenov A P, Plavilstshikov N N. 1937. Sur un nouveau genre de la famille des Cerambycidae [Col.], provenant des montagnes de la Mongolie méridionale. Bulletin de la Société Entomologique de France, 42(17): 252-253.

Severin G. 1889. Quelques longicornes rares des environs de Liège. Bulletin de la Société Entomologique de Belgique, Bruxelles, 3(114): cxxxix-cxl.

Sharp D. 1878. On some Longicorn Coleoptera from the Hawaiian Islands. Transactions of the Entomological Society of London, (3): 201-210.

Sharp D. 1889. The Rhynchophorous Coleoptera of Japan. Part I. Attelabidae and Rhynchitidae. Transactions of the Entomological Society of London, 1889: 41-74.

Sharp D. 1891. The Rhynchophorous Coleoptera of Japan. Part II. Apionidae and Anthribidae. Transactions of the Entomological Society of London, 1891: 293-328.

Sharp D. 1896. The Rhynchophorous Coleoptera of Japan. Part IV. Otiorhynchidae and Sitonides, and a genus of doubtful position from the Kurile Islands. Transactions of the Entomological Society of London, 1896(1): 81-115.

Sharp D. 1905. The genus *Criocephalus*. Transactions of the Entomological Society of London, 1905: 145-164.

Shimomura T. 1979. New cerambycid beetles of the genus *Lemula* Bates from Taiwan. Bulletin of the National Science Museum, Tokyo, 5: 271-279.

Shiraki T. 1913. Survey on general pests. Special Bulletin of Agricultural Experiment Station of Formosa, 8: 1-670.

Shirôzu T. 1957. Three new species of the *angulosa*-group of the genus *Dactylispa* Weise from Japan, Manchuria and Formosa (Coleoptera; Chrysomelidae). Sieboldia (Fukuoka), 2: 53-56.

Shirôzu T, Kimoto S. 1957. Chrysomelid-beetles from the Tsushima Islands, Japan. Sieboldia (Fukuoka), 2: 57-68.

Silfverberg H. 1978. The identity of *Aulacophora pannonica* Csiki (Coleoptera: Chrysomelidae). Folia Entomologica Hungarica, 31: 219-220.

Skale A. 2018a. Bemerkungen zur Gattung *Chelidonium* Thomson, 1864, Teil 1 (Coleoptera: Cerambycidae: Callichromatini). Koleopterologische Rundschau, Wien, 88: 221-235, 8 figs.

Skale A. 2018b. Zur Taxonomie, Synonymie und Faunistik der Callichromatini der orientalischen und indoaustralischen Region (Insect: Coleoptera: Cerambycidae, Callichromatini). Bemerkungen zur Gattung *Polyzonus* Dejean, 1835: Teil 1. Vernate, 37: 325-393.

Skale A. 2020. Bemerkungen zur Gattung *Chelidonium* Thomson, 1864, Teil 2 (Coleoptera: Cerambycidae: Callichromatini). Koleopterologische Rundschau, Wien, 90: 297-305.

Skale A, Weigel A. 2017. Zur Taxonomie, Synonymie und Faunistik der Callichromatini der asiatisch-australischen Region (Coleoptera: Cerambycidae, Callichromatini). Bemerkungen zur Gattung *Aphrodisium* Thomson 1864: Teil 1. Vernate, 36: 313-319.

Ślipiński S A, Escalona H E. 2013 Australian Longhorn Beetles (Coleoptera: Cerambycidae). Introduction and Subfamily Lamiinae. Vol. 1. Collingwood: CSIRO Publishing, 484 pp., 221 figs.

Smith E H. 1979. Genus *Tanygaster* Blatchley, a new synonym of Phyllotreta Chevrolat (Coleoptera: Chrysomelidae: Alticinae). Coleopterists Bulletin, 33: 359-362.

Solsky S. 1872. Coléopteres de la Sibérie Orientale. Horae Societatis Entomologicae Rossicae, 8: 232-277.

Solsky S. 1873. [new taxa]. *In:* Blessig C, Zur Kenntnis der Käferfauna Süd-Ost-Sibiriens insbesondere des Amur-Landes. Longicornia. Horae Societatis Entomologicae Rossicae, 9 [1872]: 161-260, pls. Ⅶ, Ⅷ.

Spaeth F. 1898. Beschreibung einiger neuer Cassididen nebst synonymischen Bemerkungen. Ⅱ. Verhandlungen der Zoologisch-Botanischen Gesellschaft in Wien, 48: 537-543.

Spaeth F. 1902. Beitrag zur Kenntnis der in das Subgenus "Orphnoda" gehörigen Laccoptera-Arten (Cassididae). Termeszetr. Füzetek, 25: 20-25.

Spaeth F. 1903. Eine neue Casside aus Birma. Entomologisk Tidskrift, 24: 111-112.

Spaeth F. 1905. Beschreibung neuer Cassididen nebst synonymischen Bemerkungen. V. Verhandlungen des Zoologisch-Botanischen Gesellschaft in Wien, 55: 79-118.

Spaeth F. 1906. Beitrag zur Kenntnis der ostafrikanischen Cassiden. Deutsche Entomologische Zeitschrift, 1906: 385-403.

Spaeth F. 1912. One new genus and some new species of Cassidae from Borneo, with a list of all the species at present known from that Island. The Sarawak Museum Journal, 1: 118-128.

Spaeth F. 1913. H. Sauter's Formosa-Ausbeute. Cassidinae. Annales Historico Naturales Musei Nationalis Hungarici, 11: 46-48.

Spaeth F. 1914a. H. Sauter's Formosa-Ausbeute. Cassidinae (Col.) Ⅱ. Supplementa Entomologica, 3: 14-19.

Spaeth F. 1914b. Zur Kenntnis der indischen Cassidinen. Deutsche Entomologische Zeitschrift, 57: 542-568.

Spaeth F. 1914c. Über die paläarktischen Cassiden mit besonderer Berücksichtigung jener von Asien. Verhandlungen der Zoologisch-Botanischen Gesellschaft in Wien, 64: 128-147.

Spaeth F. 1914d. Coleopterorum Catalogus, Chrysomelidae: Cassidinae. W. Junk. Berlin. Pars, 62: 1-182.

Spaeth F. 1915. Hebdomecosta, eine neue Cassidinen-Gattung aus China, und Mitteilungen über Metriona sigillata Gorh. aus Japan. Wiener Entomologischen Zeitung, 34: 361-364.

Spaeth F. 1919. Neue Cassidinae aus der Sammlung von Dr. K. Brancsik, dem Ungarischen National-Museum und meiner Sammlung. Annales Musei Nationalis Hungarici, 17: 184-204.

Spaeth F. 1932a. Bestimmungstabelle der Hoplionota-Arten (Col. Chrysom.) von Madagascar und Nachbarinseln. Ⅱ. Teil. Wiener Entomologischen Zeitung, 49: 1-15.

Spaeth F. 1932b. Neue Beiträge zur Kenntnis der Afrikanischen Cassidinen (Col. Chrys.). Revue de Zoologie et de Botanique Africaines, 22: 2-22, 227-241.

Spaeth F. 1933. Neue Cassidinen von den Philippinen-Inseln (Coleoptera; Chrysomelidae). Philippine Journal of Science, 51: 495-506.

Spaeth F. 1935. Die Afrikanischen Arten der Gattung Callispa. Stylops, 4: 255-260.

Spaeth F. 1938. Über die von Herrn R. Malaise 1934 in Burma gesammelten Cassidinen. Entomologisk Tidskrift, 59: 228-236.

Spaeth F. 1940. Eine neue Cassida aus China. Koleopterologische Rundschau, 26: 37-38.

Spaeth F. 1943. Cassidinae (Coleoptera Phytophaga) Familie Chrysomelidae. In: Exploration du Parc National Albert. Mission G. F. de Witte De Witte (1933-1935), fasc. 43: 47-62.

Spaeth F. 1952. Cassidinae (Col. Chrysom.). In: Titschack E, Beiträge zur Fauna Perus 3: 12-43. [Originally published as volume 2 in 1942, all but six copies destroyed in World War II]

Spaeth F, Reitter E. 1926. Bestimmungs-Tabellen der europäischen Coleopteren. 95 Heft. Cassidinae der palaearktischen Region: 1-68.

Staines C L. 2012. Tribe Hispini. Catalog of the hispines of the World (Coleoptera: Chrysomelidae: Cassidinae): 1-185.

Stål C. 1860. Till kannedomen om Chrysomelidae. Öfversigt af Kongl. Vetenskaps-Akademiens Förhandlingar, 17: 455-470.

Stebbing E P. 1908. On some undescribed Scolytidae of economic importance from the Indian region. I. The Indian Forest Memoirs (Forest Zoology Series 5), 1: 1-12.

Stebbing E P. 1914. Indian forest insects of economic importance. Coleoptera. London: Eyre and Spottiswoode, xvi + 648 pp., 63 pls.

Steinhausen W R. 2002. Die Puppen mitteleuropäischen Blattkäfer-Eine vorläufige Bestimmungstabelle 2. Mitteilungen der Münchner Entomologischen Gesellschaft, 92: 5-36.

Steinhausen W R. 2007. Die Blattkäfergattung Crytocephalus Geoffroy (1768) und ihre Untergattungen in Mitterleuropa nach larvaler Morpholigie mit einer Revision der Larvern-Bestimmungstabelle (Steinhausen, 1994) (Coleoptera, Chrysomelidae, Cryptpcephalinae). Mitteilngen der Münchener Entomologischen Gesellschaft, 97: 23-32.

Stephens J F. 1831. Illustrations of British Entomology. Vol. IV. London: Baldwin and Cradock, 1-413.

Stephens J F. 1839. A manual of British Coleoptera, or beetles; containing a brief description of all the species of beetles hithero ascertained to inhabit Great Britain and Ireland; together with a notice of their chief localities, times and places of appearances, etc. London: Longman, Orme, Brown, Green, and Longmans, xii+ 433 pp.

Strand E. 1928. Nomenklatorische Bemerkungen über einige Coleopteren-Gattungen. Entomologische Nachrichten, 2: 2-3.

Strand E. 1935. Revision von gattungsnamen palaearktischer Coleotpera. Folia Zoologia et Hydrobiologia, 7: 282-299.

Strand E. 1942. Miscellanea nomenclatorica zoologica et palaeontologica X. Folia Zoologica et Hydrobiologica, 11: 386-402.

Strohmeyer H. 1910. Neue Borkenkäfer aus Abessynien, Madagaskar, Indien und Tasmania. Entomologische Blätter, 6: 126-132.

Suffrian E. 1844. Fragmente zur genaueren Kenntnis deutscher Käfer. 4. Cassida L. Stettin Entomological Society, 5: 135-148.

Suffrian E. 1851. Zur kenntniss der Europaischen Chrysmelen. Linnnaea Entomologica, 5: 1-280.

Suffrian E. 1854. Verzeichniss der bis jetzt bekannt gewordenen asiatischen Crytocephalen. Linnaea Entomologica, 9: 1-169.

Suffrian E. 1857. Zur Kenntniss der Afrikanischen Cryptocephalen. Linnaea Entomologica, 11: 57-260.

Suffrian E. 1860. Berichtigtes Verzeichniss der bis jetzt bekannt gewordenen asiatischen Crytocephalen. Linnaea Entomologica, 14: 1-72.

Sulzer J H. 1776. Abgekürzte Geschichte der Insecten nach dem Linnaeischen System. Erster Theil. Winterthur: H. Steiner u Comp. Buchh, Theil 1: xxviii + 274 pp. [21-IV-1776; plates are in the Zweeter Theil: 71 pp., 32 pls.]

Suvorov G L. 1915. Novye rody i vidy zhestkokrylykh (Coleoptera, Curculionidae i Cerambycidae) palaearkticheskoy oblasti [Genres nouveaux et espèces nouvelles des Coléoptères paléarctiques (Curculionides et cérambycides)]. Russkoe Entomologicheskoe Obozrenie, 15: 327-346.

Swaine J M. 1934. Three new species of Scolytidae (Coleoptera). Canadian Entomologist, 66: 204-206.

Swaine J M, Hopping R. 1928. The Lepturini of America north of Mexico. Part I. Bulletin National Museum of Canada (Ottawa), 52: 1-79.

Swartz O. 1808. [new taxa] *In:* Schoenherr C J, Synonymia Insectorum, order: Versuch einer Synonymie aller bisher bekannten Insecten; nach Fabricii Systema Eleutheratorum andc. Geordnet. Erster Band. Eleutherata order Käfer. Zweiter Theil. Spercheus-*Cryptocephalus*. Stockholm: C. F. Marquard, 1, 2: 241, nota n, pl. 4, fig. 8.

Świętojańska J. 2001. A revision of the tribe Aspidimorphini of the Oriental Region (Coleoptera: Chrysomelidae: Cassidinae). Genus, Supplement: 1-318.

Takemoto T. 2019. Revision of the genus *Zeugophora* (Coleoptera, Megalopodidae, Zeugophorinae) in Japan. Zootaxa, 4644(1): 1-62.

Takizawa H. 1985. Notes on Korean Chrysomelidae, part 2. Nature and Life, 15(1): 1-18.

Tamanuki K. 1943. Family Cerambycidae. 2. Lepturinae. *In:* Okada Y, Fauna Japonica. Sanseido, Tokyo. Vol. 10(8.15): i + 1-8 + 1-259, 226 figs.

Tamanuki K, Mitono T. 1939. On new species, subspecies and varieties, belonging to the subfamily Lepturinae from Formosa (Coleoptera: Cerambycidae). Transactions of the Natural History Society of Formosa, 29: 207-215.

Tamanuki K, Ooishi S. 1937. Some unrecorded species and one new variety of Longicorn beetles found in Kyûshû. Fukuoka Mushi, 9(2): 108-115.

Tan J-J. 1981. On a new genus and two new species of Eumolpidae (Coleoptera). Sinozoologia, 1: 51-54.

Tan J-J. 1982. On the genus *Platycorynus* Chevr. of China (Coleoptera: Eumolpidae). Acta Zootaxonomica Sinica, 7: 391-395.

Tan J-J, Wang S-Y, Zhou H-Z. 2005. Coleoptera. Eumolpidae. Eumolpinae. Fauna Sinica. Insect Vol. 40. Beijing: Science Press, 415 pp.

Tavakilian G L, Chevillotte H. 2019. Titan: base de données internationales sur les Cerambycidae ou Longicornes. Version. http://titan.gbif.fr/index.html.[2019-12-20].

Tempère G. 1972. Nouvelles notes sur les curculionides de la faune française (Col.). Taxonomie, chorologie, écologie, éthologie. Annales de la Société Entomologique de France (Nouvelle Série), 8: 141-167.

Tempère G. 1984. Hypera elongata (Paykull) et ses races. Bulletin de la Société Linnéenne de Bordeaux, 12: 3-5.

Teocchi P, Sudre J, Jiroux E. 2010. Synonymies, diagnoses et bionomie de quelques Lamiaires africains (15e note) (Coleoptera, Cerambycidae, Lamiinae). Les Cahiers Magellanes (NS), 1: 1-27, 26 figs.

Ter-Minasian M E. 1950. Dolgonosiki-trubkoverty (Attelabidae). Fauna SSSR, 27(2): 1-233, 2 pls.

Théry A. 1896. Description de quelques cérambycides paléarctiques (Col.). Bulletin de la Société Entomologique de France, 1896: 108-110.

Thomson C G. 1859. Skandinaviens Coleoptera, synoptiskt bearbetade. Tom. Ⅰ. Lund: Lundbergska Boktryckeriet, [2] + 290 pp.

Thomson J. 1856. Description d'une Cicindela et de deux Longicornes. Revue et Magasin de Zoologie pure et appliquée, Paris, 2(8): 528-530.

Thomson J. 1857a. Essai monographique sur le groupe des *Tetraophthalmites*, de la famille des cérambycides (longicornes). 45-67. *In:* Archives Entomologiques ou recueil contenant des illustrations d'insectes nouveaux ou rares. Tome premier. Paris: Bureau du Trésorier de la Société Entomologique de France, 514 + [1] pp.

Thomson J. 1857b. Description de trente-trois espèces de Coléoptères. 109-127. *In:* Archives Entomologiques ou recueil contenant des illustrations d'insectes nouveaux ou rares. Tome premier. Paris: Bureau du Trésorier de la Société Entomologique de France, 514 + [1] pp., XXI pls.

Thomson J. 1857c. Synopsis des *Stibara* de ma collection. 139-147. *In:* Archives Entomologiques ou recueil contenant des illustrations d'insectes nouveaux ou rares. Tome premier. Paris: Bureau du Trésorier de la Société Entomologique de France, 514 + [1] pp., XXI pls.

Thomson J. 1857d. Description de cérambycides nouveaux ou peu connus de ma collection. 291-320. *In:* Archives Entomologiques ou recueil contenant des illustrations d'insectes nouveaux ou rares. Tome premier. Paris: Bureau du Trésorier de la Société Entomologique de France, 514 + [1] pp., XXI pls.

Thomson J. 1857e. Diagnoses de cérambycides nouveaux ou peu connus de ma collection qui seront décrits prochainement. 169-193. *In:* Archives Entomologiques ou recueil contenant des illustrations d'insectes nouveaux ou rares. Paris: Tome premier. Bureau du Trésorier de la Société Entomologique de France, 514 + [1] pp., XXI pls.

Thomson J. 1858. Voyage au Gabon. Histoire naturelle des insectes et des arachnides recueillis pendant un voyage fait au Gabon en 1856 et en 1857 par M. Henry C. Deyrolle sous les auspices de MM. Le Comte de Mniszech et James Thomson précédée de l'histoire du voyage par M. James Thomson. Arachnides par M. H. Lucas. *In:* Archives Entomologiques ou recueil contenant des illustrations d'insectes nouveaux ou rares. Tome deuxième. Paris: Bureau du Trésorier de la Société Entomologique de France, 469 + [3] pp., 14 pls.

Thomson J. 1859. Arcana naturae ou recueil d'histoire naturelle. Paris: Baillière, 2 + 132 pp., 13 pls.

Thomson J. 1860. Essai d'une classification de la famille des cérambycides et matériaux pour servir à une monographie de cette famille. Paris: chez l'auteur [James Thomson] et au bureau du trésorier de la Société Entomologique de France, xvi + 1-128.

Thomson J. 1861. Essai d'une classification de la famille des cérambycides et matériaux pour servir à une monographie de cette famille. Paris: chez l'auteur [James Thomson] et au bureau du trésorier de la Société Entomologique de France, 129-396, 3 pls.

Thomson J. 1864. Systema Cerambycidarum ou exposé de tous les genres compris dans la famille des cérambycides et familles limitrophes. Mémoires de la Société Royale des Sciences de Liège, 19: 1-540.

Thomson J. 1865. Diagnoses d'espèces nouvelles qui seront décrites dans l'appendix du systema cerambycidarum. Mémoires de la Société Royale des Sciences de Liège, 19: 541-578.

Thomson J. 1868. Matériaux pour servir à une révision des lamites (Cérambycides, Col.). 146-187. *In:* Physis. Recueil d'Histoire Naturelle. [Revisionen und Neubeschreibungen von Käfern.]. Vol. 2. Paris: Société Entomologique de France, 208 pp.

Thomson J. 1877. Typi Cerambycidarum Musei Thomsoniani. Revue et Magasin de Zoologie Pure et Appliquée, (3)5(40): 249-279.

Thomson J. 1878a. Typi Cerambycidarum. (2ème mémoire). Revue et Magasin de Zoologie Pure et Appliquée, 6(3): 1-33.

Thomson J. 1878b. Typi Cerambycidarum (3ème mémoire). Revue et Magasin de Zoologie Pure et Appliquée, 6(41): 45-67.

Thomson J. 1879. Typi Cerambycidarum Appendix 1a. Revue et Magasin de Zoologie Pure et Appliquée, Paris, 7(3): 1-23.

Thunberg C P. 1787 (praes.). Museum Naturalium Academiae Upsalensis. Cujus partem quartam. Publico examini subjicit P. Bjerkén. Upsaliae: Joh. Edman, [2] + 43-58, 1 pl.

Thunberg C P. 1789. Dissertatio Entomologica Novas Insectorum species sistens, cujus partem quintam. Publico examini subjicit Johannes Olai Noraeus, Uplandus. Upsaliae: 85-106.

Thunberg C P. 1794. D. D. Dissertatio entomologica sistens Insecta Suecica. Exam. Jonas Kullberg. Upsaliae: 99-104.

Thunberg C P. 1797. Cordyle, et särskildt insect-slägte, beskrifvit. Kongliga Vetenskaps Academiens Nya Handlingar (Stockholm), 18(1): 44-49.

Thunberg C P. 1815. De Coleopteris rostratis commentatio. Nova Acta Regiae Societatis Scientiarum Upsaliensis, 7: 104-125.

Tichý T, Viktora P. 2017. Two new species of Lepturini (Coleoptera: Cerambycidae) from Hubei province of China. Studies and Reports, Taxonomical Series, 13(2): 499-509.

Tippmann F F. 1951. Beiträge zur Kenntnis der Cerambyciden (Col.). Mitteilungen der Münchener Entomologischen Gesellschaft, 41: 291-328, 8 pls.

Tippmann F F. 1952. Eine neue *Acanthocinus* Steph.-Form aus Dalmatien: *Acanthocinus griseus* Fabr. subsp. *novaki* subsp. nova (Coleoptera: Cerambycidae subfam. Lamiinae). Mitteilungen der Münchener Entomologischen Gesellschaft, 42: 148-154, pl. VII.

Tippmann F F. 1955. Zur Kenntnis der Cerambycidenfauna Fukiens (Süd-Ost-China). Koleopterologische Rundschau, 33(1-6): 88-137, 4 pls.

Toyoshima R. 1982. A new species and a new subspecies of the longicornia from Japan (Cerambycidae). Elytra, 10: 33-37.

Tsai P-H, Li C-L. 1963. Research on the Chinese bark-beetles of the genus *Cryphalus* Er. with descriptions of new species. Acta Entomologica Sinica, 12(5-6): 597-624, 6 pls.

Tsherepanov [= Cherepanov] A I. 1982. Longhorns beetles of Northern Asia, 3. Cerambycinae: Clytini, Stenaspini. Novosibirsk: Nauka, 259 pp.

Tsherepanov [= Cherepanov] A I. 1985. Usachi Severnoy Azii (Lamiinae: Saperdini, Tetraopini). Novosibirsk: Nauka, 256 pp.

Tshernyshev S E, Dubatolov V V. 2000. A new species of Longhorn-Beetle from East Siberia (Insecta: Coleoptera: Cerambycidae). Reichenbachia, Dresden, 33(49): 385-389, 10 figs.

Uhmann E. 1927. H. Sauter's Formosa-Ausbeute: Hispinae (Col.). 5. Beitrag zur Kenntnis der Hispinen. Supplementa Entomologica, 16: 108-116.

Uhmann E. 1928. Eine neue palaerktische Dactylispa-Art vom Amur-Gebiet (Chrysomelid.-Hispinae). Beitrag zur Kenntnis der Hispinen. Coleopterologisches Centralblatt, 3: 35-37.

Uhmann E. 1936. Hispinen von der Insel Ukerewe im Viktoria-See (Ostafrika). Beitrag zur Kenntnis der Hispinen (Coleoptera: Chrysomelidae). Arbeiten über Morphologische und Taxonomische Entomologie aus Berlin-Dahlem, 3: 123-125.

Uhmann E. 1940a. Die Genotypen der von mir aufgestellten Hispinen-Gattung. Beitrag zur Kenntnis der Hispinen (Col. Chrys.). Entomologisk Tidskrift, 61: 143-144.

Uhmann E. 1940b. Die Hispinen der Klapperich-Fulkien (China)-Expedition. Ⅰ. Teil. Beitrag zur Kenntnis der Hispinen (Col. Chrys.). Entomologische Blätter, 36: 125-128.

Uhmann E. 1943a. Neue amerikanische Hispinen. Beitrag zur Kenntnis der Hispinen (Coleoptera: Chrysomelidae). Folia Zoologica et Hydrobiologica, 12: 115-121.

Uhmann E. 1943b. Die Deckenelemente der Hispini. Beitrag zur Kenntnis der Hispinen (Col. Chrys.). Folia Zoologica et Hydrobiologica, 12: 202-210.

Uhmann E. 1952. Austral-Asiatische Hispinae (9. Teil) (Col.). *Dicladispa*-Arten und *Dicladispa occator* (Brullé). 127. Beitrag zur Kenntnis der Hispinae (Coleoptera, Chrysomelidae). Treubia, 21(2): 231-239.

Uhmann E. 1954. Die Hispinae der Klapperich-Fukien (China)-Expedition April-Juni 1938. Ⅱ. Teil. Beitrag zur Kenntnis der Hispinae (Coleopt. Chrysom.). Entomologische Blätter, 50: 186-215.

van Dyke E C. 1923. New species of Coleoptera from California. Bulletin of the Brooklyn Entomological Society, 18: 37-53.

van Vollenhoven S C S. 1871a. Quelques espèces nouvelles de curculionites et de longicornes. Tijdschrift voor Entomologie, 14: 101-112, pls. 4, 5.

van Vollenhoven S C S. 1871b. Les batocéerides du Musée de Leyde. Tijdschrift voor Entomologie, 14: 211-220, pl. 9.

Vigors N A. 1826. Descriptions of some rare, interesting, or hitherto uncharacterized subjects of zoology. The Zoological Journal, London, 2: 234-241, 510-516.

Villard L. 1913. Description d'un *Purpuricenus* nouveau du Japon [Col. Cerambycidae]. Bulletin de la Société Entomologique de France, 1913: 237.

Villiers A. 1974. Une nouvelle nomenclature des Lepturines de France [Col. Cerambycidae]. L'Entomologiste, Paris, 30(6): 207-217.

Villiers A. 1978. Faune des Coléoptères de France I. Cerambycidae. Encyclopédie Entomologique XLⅡ. Paris: Editions Lechevalier, xxvii + 611 pp.

Vitali F. 2018. The *Acalolepta* australis species-group, with revalidation of *Dihammus* Thomson, 1864 as a subgenus (Coleoptera, Cerambycidae). Les Cahiers Magellanes (NS), 31: 25-39.

Vitali F, Gouverneur X, Chemin G. 2017. Revision of the tribe Cerambycini: redefinition of the genera *Trirachys* Hope, 1843, *Aeolesthes* Gahan, 1890 and *Pseudaeolesthes* Plavilstshikov, 1931 (Coleoptera, Cerambycidae). Les Cahiers Magellanes (NS), 26: 40-65.

Vives E. 1977. Notes sur les longicomes iberiques. L'Entomologiste, 33: 129-133.

Vives E. 2000. Fauna Iberica, Vol. 12: Coleoptera, Cerambycidae. Madrid: Museo National de Ciencias Naturales, Consejo Superior de Investigacions Cientificas, 724 pp.

Vives E. 2013. Notas sobre algunos Purpuricenini asiáticos (Coleoptera, Cerambycidae). Nouvelle Revue d'Entomologie, Paris, (NS), 28(3-4): 215-222.

Vives E. 2015. Revision of the genus Trypogeus Lacordaire, 1869 (Cerambycidae, Dorcasominae). ZooKeys, 502: 39-60.

Vives E. 2017. Two New Callichromatine Genera (Coleoptera, Cerambycidae) from Sumatra and North Vietnam. Special Bulletin of the Coleopterological Society of Japan, 1: 215-220.

Vives E, Bentanachs J. 2007. Notes on Asian Callichromatini (I). Description of one new species of the genus Aphrodisium Thomson, 1864. (Coleoptera: Cerambycidae). Lambillionea, 107(4): 635-638.

Vives E, Bentanachs J, Chew K F S. 2008. Notes sur les Callichromatini asiatiques (Ⅱ). Nouveaux genres et espèces de Callichromatini du nord du Bornéo (Coleoptera, Cerambycidae, Callichromatini). Les Cahiers Magellanes (NS), 76: 1-23, 36 figs.

Voet J E. 1778. Catalogus systematicus Coleopterorum.-Catalogue systématique des Coléoptères.-Systematische naamlyst van dat geslacht va Insecten dat men Torren noemt. Tomus I. Haag: Bakhuysen [text in Latin (1-74), French (1-114), and Dutch (1-111), separately paginated] + 10 pp., 55 pls.

von Paykull G. 1792. Monographia Curculionum Sveciae. Upsaliae: Litt. Viduae Direct. Joh. Edman, [6] + 152 pp.

von Schrank F P. 1789. Entomologische Beobachtungen. Der Naturforscher, 24: 60-90.

von Schrank F P. 1798. Fauna Boica. Durchgedachte Geschichte der in Baiern einheimischen und zahmen Thiere. Erster Band, zweyte Abtheilung. Nürnberg: 293-720.

Voronova H B, Zaitzev Y M. 1982. The genus Leptispa-pests of bamboo in Vietnam. 115-124. In: Medvedev L N, Animal World of Vietnam. Moscow, Russia: Nauka Press, 1-167. (in Russian)

Voss E. 1920. Neue Curculioniden aus dem östlichen Asien nebts Bemerkungen zu einigen anderen Arten. (3. Beitrag zur Kenntnis der Curculioniden). Deutsche Entomologische Zeitschrift, 1920: 161-174.

Voss E. 1922a. Neue Rüsselkäfer aus verschiedenen Erdteilen. (9. Beitrag zur Kenntnis der Curculioniden). Deutsche Entomologische Zeitschrift, 1922: 166-174.

Voss E. 1922b. Monographische Bearbeitung der Unterfamilie Rhynchitinae (Curc.). Ⅰ. Teil. Nemonychini-Auletini (5. Beitrag zur Kenntnis der Curculioniden). Archiv für Naturgeschichte, 88 (A) (8): 1-113.

Voss E. 1922c. Indo-Malayischen Rhynchitinen (Curculionidae) I, siebenter Beitrag zur Kenntnis der Curculioniden. The Philippine Journal of Science, 21(4): 385-415.

Voss E. 1924. Einige bisher unbeschriebene Attelabiden aus dem tropischen Asien und Indomalayischen Archipel (15. Beitrag zur Kenntnis der Curculioniden). Entomologische Blätter, 20: 34-46.

Voss E. 1925a. Die Unterfamilien Attelabinae und Apoderinae. (Col. Curc.) (18. Beitrag zur Kenntnis der Curculioniden) (Fortsetzung). Stettiner Entomologische Zeitung, 85 [1924]: 191-304.

Voss E. 1925b. Die Unterfamilien Attelabinae und Apoderinae. (Col. Curc.) (18. Beitrag zur Kenntnis der Curculioniden). Stettiner Entomologische Zeitung, 85 [1924]: 1-78, pls. Ⅰ-Ⅲ.

Voss E. 1926. Die Unterfamilien Attelabinae und Apoderinae. (Col. Curc.) (18. Beitrag zur Kenntnis der Curculioniden) (Cont.). Stettiner Entomologische Zeitung, 87: 1-89, pls. Ⅳ-Ⅵ.

Voss E. 1927. Die Unterfamilien Attelabinae und Apoderinae. (Col. Curc.) (18. Beitrag zur Kenntnis der Curculioniden) (Cont.). Stettiner Entomologische Zeitung, 88: 1-98.

Voss E. 1929a. Die Unterfamilien Attelabinae u. Apoderinae (Col. Curc.) (18. Beitrag zur Kenntnis der Curculioniden) (Fortsetzung). Stettiner Entomologische Zeitung, 90: 90-159.

Voss E. 1929b. Die Unterfamilien Attelabinae u. Apoderinae (Col. Curc.) (18. Beitrag zur Kenntnis der Curculioniden) (Fortsetzung). Stettiner Entomologische Zeitung, 90: 161-242.

Voss E. 1929c. Einige bisher unbeschriebene Rhynchitinen der palaearktischen Region (Col. Curc.) (27. Beitrag zur Kenntnis der Curculioniden). Entomologische Blätter, 25: 24-29.

Voss E. 1930a. Die Attelabiden der Hauserschen Sammlung (Col. Curc.). Wiener Entomologische Zeitung, 47: 65-88.

Voss E. 1930b. [new taxa]. In: Dalla Torre K W, Voss E, Subfam. Attelabinae. In: Schenkling S, Curculionidae: Archolabinae, Attelabinae, Apoderinae. Coleopterorum Catalogus. Pars 110. Berlin: W. Junk, 1-42.

Voss E. 1930c. Monographie der Rhynchitinen-Tribus Byctiscini. VI. Teil der Monographie der Rhynchitinae-Pterocolinae (31. Beitrag zur Kenntnis der Curculioniden). Koleopterologische Rundschau, 16: 191-208.

Voss E. 1931a. Drei unbeschriebene Attelabiden der paläarktischen Region. (Copl. Curc.). Koleopterologische Rundschau, 17: 192-194.

Voss E. 1931b. Einige unbeschriebene Curculioniden aus China (29. Beitrag zur Kenntnis der Curculioniden). Entomologische Blätter, 27: 35-38.

Voss E. 1932. Weitere Curculioniden aus Yunnan und Szetschwan der Sammlung Hauser, (Col. Curc.) (38. Beitrag zur Kenntnis der Curculioniden). Wiener Entomologische Zeitung, 49: 57-76.

Voss E. 1933. Neu bekannt gewordene Rhynchitinen und Attelabinen der orientalischen Region (Coleoptera; Curculionidae) (40. Beitrag zur Kenntnis der Curculioniden). The Philippine Journal of Science, 51(1): 109-118.

Voss E. 1934. Über neue und bekannte Rüssler aus Szetschwan und der Mandschurei (Col. Curc.) (47. Beitrag zur Kenntnis der Curculioniden). Entomologische Nachrichtenblatt (Troppau), 8: 71-83.

Voss E. 1935. Ein Beitrag zur Kenntnis der Attelabiden Javas (57. Beitrag zur Kenntnis der Curculioniden). Tijdschrift voor Entomologie, 78: 95-125.

Voss E. 1937. Über ostasiatische Curculioniden (Col. Curc) (70. Beitrag zur Kenntnis der Curculioniden). Senckenbergiana, 19: 226-282.

Voss E. 1938a. Monographie der Rhynchitinen-Tribus Deporaini sowie der Unterfamilien Pterocolinae-Oxycoryninae (Allocorynini). VII. Teil der Monographie der Rhynchitinae-Pterocolinae (73. Beitrag zur Kenntnis der Curculioniden). Stettiner Entomologische Zeitung, 99: 59-117.

Voss E. 1938b. Monographie der Rhynchitinen-Tribus Rhynchitini (2. Gattungsgruppe: Rhynchitina. V (2. Teil der Monographie der Rhynchitinae-Pterocolinae (45. Beitrag zur Kenntnis der Curculioniden). Koleopterologische Rundschau, 24: 129-152.

Voss E. 1938c. Monographie der Rhynchitinen-Tribus Rhynchitini (2. Gattungsgruppe: Rhynchitina. V (2. Teil der Monographie der Rhynchitinae-Pterocolinae (45. Beitrag zur Kenntnis der Curculioniden) (Cont.). Koleopterologische Rundschau, 24: 153-171.

Voss E. 1939a. Über einige ostasiatische Rhynchitinen, Attelabinen und Apoderinen (Col. Curc.). (81. Beitrag zur Kenntnis der Curculioniden). Mitteilungen der Münchener Entomologischen Gesellschaft, 29(4): 608-616.

Voss E. 1939b. Über vorwiegend unbeschriebene Rüssler der paläarktischen Region (Col. Curc.) (84. Beitrag zur Kenntnis der Curculioniden). Entomologisches Nachrichtenblatt (Troppau), 13: 51-64.

Voss E. 1940. Über einige Arten der tribus Ptochini. Mitteilungen der Münchner Entomologischen Gesellschaft, 30: 883-887.

Voss E. 1941a. Über einige in Fukien (China) gesammelte Rüssler. (Col. Curc.) (87. Beitrag zur Kenntnis der Curculioniden). Mitteilungen der Münchener Entomologischen Gesellschaft, 31: 239-250.

Voss E. 1941b. Monographie der Rhynchitinen-Tribus Rhinocartini sowie der Gattungsgruppe Eugnamptina der Tribus Rhynchitini. IV. Teil der Monographie der Rhynchitinae-Pterocolinae (32. Beitrag zur Kenntnis der Curculioniden). Deutsche Entomologische Zeitschrift, 1941: 113-215.

Voss E. 1941c. Bemerkenswerte und unbeschriebene Rüsselkäfer aus China und Japan (Col., Curc.) (92. Beitrag zur Kenntnis der Curculioniden). Mitteilungen der Münchener Entomologischen Gesellschaft, 31: 887-902.

Voss E. 1942. Über einige in Fukien (China) gesammelte Rüssler. Ⅱ. (Col., Curc.) (91. Beitrag zur Kenntnis der Curculioniden). Mitteilungen der Münchener Entomologischen Gesellschaft, 32: 89-105.

Voss E. 1943. Neue und bemerkenswerte Rüssler der palaearktischen Region. (Col. Curc.). (99. Beitrag zur Kenntnis der Curculioniden). Mitteilungen der Münchener Entomologischen Gesellschaft, 33(1): 208-233.

Voss E. 1949. Über einige in Fukien (China) gesammelte Rüssler. Ⅲ. (Col. Curc.) (113. Beitrag zur Kenntnis der Curculioniden). Entomologische Blätter, 41-44: 153-164.

Voss E. 1953a. Über einige in Fukien (China) gesammelte Rüssler. Ⅳ. (Col., Curc.) (114. Beitrag zur Kenntnis der Curculioniden). Entomologische Blätter, 49(1): 42-64.

Voss E. 1953b. Über einige in Fukien (China) gesammelte Rüssler. Ⅳ. (Col., Curc.) (114. Beitrag zur Kenntnis der Curculioniden) (Cont.). Entomologische Blätter, 49(2): 65-82.

Voss E. 1955. Bemerkenswerte Ergebnisse einer Revision der Attelabiden des Ungarischen Naturwissenschaftlichen Museums zu Budapest, nebst Bemerkungen zur Cossoninen-Gattung *Aphyllura* Reitt. (Coleoptera). Annales Historico-Naturales Musei Nationalis Hungarici (Series Nova), 6: 269-277.

Voss E. 1956. Über einige in Fukien (China) gesammelte Rüssler, V, nebst einer neuen Gattung und Art aus Yunnan. (Col. Curc.) (115. Beitrag zur Kenntnis der Curculioniden). Entomologische Blätter, 51 [1955]: 21-45.

Voss E. 1958. Ein Beitrag zur Kenntnis der Curculioniden im Grenzgebiet der orientalischen und paläarktischen Region (Col., Curc.). Die von J. Klapperich und Tschung Sen in der Provinz Fukien gesammelten Rüsselkäfer (132. Beitrag zur Kenntnis der Curculioniden). Decheniana (Beihefte), 5: 1-140 + [4, Verbreitungsübersicht].

Voss E. 1960a. Eine neue Gattung und Untergattung der Subfamilie Rhynchitinae aus China (Coleoptera, Curculionidae) (154. Beitrag zur Kenntnis der Curculioniden). Annales Zoologici (Warszawa), 18: 413-420.

Voss E. 1960b. Afghanistans Curculionidenfauna, nach den jüngsten Forschungsergebnissen zusammengestellt (155. Beitrag zur Kenntnis der Curculioniden) (Cont.). Entomologische Blätter, 55 [1959]: 113-162.

Voss E. 1962a. Curculioniden aus Anatolien nebst einigen Bemerkungen (172. Beitrag zur Kenntnis der Curculioniden). Reichenbachia, 1: 5-15.

Voss E. 1962b. Attelabidae, Apionidae, Curculionidae (Coleoptera Rhynchophora). Exploration du Park National de l'Upemba. Mission G. F. De Witte, 44: 1-380.

Voss E. 1969. Monographie der Rhynchitinen-Tribus Rhynchitini (2. Gattungsgruppe: Rhynchitina (Coleoptera-Curculionidae). V. (2. Teil der Monograpie der Rhynchitinae-Pterocolinae (Fortsetzung). Entomologische Arbeiten aus dem Museum Georg Frey, 20: 117-375.

Voss E. 1971. Families Attelabidae and Curculionidae. Über Attelabiden und Curculioniden von den japanischen Inseln (208. Beitrag zur Kenntnis der Curculioniden). *In:* Chûjô M, Coleoptera of the Loo-Choo Archipelago (Ⅲ). Memoirs of the Faculty of Education, Kagawa University, 2(202): 43-55.

Voss E. 1973. Über einige Rhynchitinen der mediterranen Subregion (Col., Attelab.). Entomologische Blätter, 69: 37-41.

Wagener B. 1881. Cassididae. Mittheilungen des Münchener Entomologischen Vereins, 5: 17-85.

Wagner H. 1907. Neue Apionen aus Afrika aus dem Königl. Naturh. Museum zu Brüssel. Annales de la Société Entomologique de Belgique 51: 271-279, 1 pl.

Wagner H. 1939. Monographie der paläarktischen Ceuthorrhynchinae (Curcul.). Entomologische Blätter, 35(1): 57-84.

Wagner H. 1940a. Monographie der paläarktischen Ceuthorrhynchinae (Curcul.). Entomologische Blätter, 36(3): 65-82.

Wagner H. 1940b. Monographie der palärktischen Ceuthorrhynchinae (Curcul.). Entomologische Blätter, 36(4): 97-111.

Wagner H. 1944a. Monographie der paläarktischen Ceuthorrhynchinae (Curcul.). Entomologische Blätter, 40(5/6): 97-124.

Wagner H. 1944b. Über das Sammeln von Ceuthorrhynchinen. Koleopterologische Rundschau, 29(4/6): 129-142.

Wagner T. 2007. Revision of Afrotropical *Monolepta* Chevrolat, 1837-Part Ⅵ: species with reddish or black cross-elytral pattern

(Coleoptera: Chrysomelidae, Galerucinae). Journal of Afrotropical Zoology, 3: 83-152.

Wagner T, Sieneck S. 2012. Galerucine type material described by Victor Motschulsky in 1858 and 1866 from the Zoological Museum Moscow (Coleoptera: Chrysomelidae, Galerucinae). Entomologische Zeitschrift, 122: 205-216.

Walker F. 1859a. Characters of some apparently undescribed Ceylon insects. The Annals and Magazine of Natural History, (3)4: 217-224.

Walker F. 1859b. Characters of some apparently undescribed Ceylon insects. The Annals and Magazine of Natural History, 3(3): 50-56, 258-265.

Wallin H, Kvamme T, Lin M-Y. 2012. A review of the genera *Leiopus* Audinet-Serville, 1835 and *Acanthocinus* Dejean, 1821 (Coleoptera: Cerambycidae, Lamiinae, Acanthocinini) in Asia, with descriptions of six new species of *Leiopus* from China. Zootaxa, 3326: 1-36.

Waltl J. 1839. Reise durch Tyrol, Oberitalien und Piemont nach dem südlichen Spanien. Passau, ed., 2: 1-220.

Wang F-Y, Zhou H-Z. 2013. Four new species of the genus *Smaragdina* Chevrolat, 1836 from China (Coleoptera: Chrysomelidae: Cryptocephalinae: Clytrini). Zootaxa, 3737(3): 251-260.

Wang S-Y. 1992. Coleoptera: Chrysomelidae: Alticinae. 675-753. *In:* Chen S H, Insects of the Hengduan Mountains Region. Vol. 1. Beijing: Science Press, 865pp.

Wang S-Y. 1995. Alticinae. *In:* Wu H, Insects of Baishanzu Mountain, Eastern China. Beijing: China Forestry Publishing House, 1-257.

Wang S-Y. 2002. Alticinae. 310-317. *In:* Li Z Z, Jin D C, Insects from Maolan Landscape. Guiyang: Guizhou Science and Technology Publishing House, 1-615.

Wang S-Y, Ge S-Q, Cui J-Z, Li W-Z, Yang X-K. 2009. A new species of genus *Lipromela* Chen, from China (Chrysomelidae, Alticinae). Acta Zootaxonomica Sinica, 34 (4): 766-768.

Wang S-Y, Li W-Z, Cui J-Z, Ge S-Q, Yang X-K. 2009. The species of the genus *Argopus* Fischer von Waldheim from China (Coleoptera, Chrysomalidae, Alticinae). Acta Zootaxonomica Sinica, 34(4): 898-904.

Wang S-Y, Yu P-Y. 2002. Subfamily Alticinae. *In:* Huang B, Fauna of Insects in Fujian Province of China. Fuzhou: Fujian Science & Technology Publishing House, 663-693.

Wang W-K. 1999. A new subspecies of *Apriona swainsoni* (Hope) from Hubei, China (Coleoptera: Cerambycidae: Lamiinae). Journal of Hubei Agricultural College, 19(2): 125, 130, fig. 1.

Wang W-K, Chiang S-N. 1998. Notes on the Genus *Xylariopsis* Bates with Description of a New Species. Journal of Hubei Agricultural College, 18(3): 232-233, 3 figs.

Wang W-K, Xie G-L, Xiang L-B. 2018. Cerambycidae. 39-125, pls. XL II -LVI. *In:* Yang X-K, Fauna of Tianmu Mountain, volume VII, Insecta, Coleoptera-Polyphaga: Tenebrionoidea, Chrysomeloidea, Curculionoidea. Hangzhou: Zhejiang University Press, 304 pp., 22 pls.

Wang Z-C. 2003. Monographia of original colored longicorn beetles of China's north-east. Changchun: Jilin Science and Technology Publishing House, 420 pp.

Warchalowski A. 1991. L'etablissemant d'un nouveau sous-genre *Homalopus* Chevrolat, 1837 (Coleoptera, Chrysomelidae, Cryptocephalinae). Polskie Pismo Entomologiczne, 61(1): 75-78.

Waterhouse C O. 1874. Synonymical Notes on Longicorn Coleoptera. The Proceedings of the Entomological Society of London, 1874: xxviii-xxix.

Waterhouse C O. 1884. On the Coleopterous Genus *Macrotoma*. The Annals and Magazine of Natural History, (5)14(84): 376-387.

Waterhouse C O. 1902. Index Zoologicus. An alphabetic list of names of genera and subgenera proposed for use in zoology as recorded in the "Zoological Record" 1880-1900, together with other names not included in the "Nomenclator Zoologicus" of S. H. Scudder. London, 1-421.

Waterhouse G R. 1840. XLV. Descriptions of two new Coleopterous Insects, from the Collection of Sir Patrick Walker. Transactions of the Entomological Society of London, 2(4): 225-229.

Waterhouse G R. 1853. Description of new genera and species of Curculionides. Transactions of the Entomological Society of London, (2)2, Memoirs: 172-207.

Weber F. 1801. Observationes entomologicae, continentes novorum quae condidit generum characteres, et nuper detectarum specierum descriptiones. Kiliae: Impensis Bibliopolii Academici Novi, 1-116.

Weigel A, Meng L-Z, Lin M-Y. 2013. Contribution to the Fauna of Longhorn Beetles in the Naban River Watershed National Nature Reserve. Taiwan: Formosa Ecological Company, 219 pp.

Weise J. 1884. Beitrag zur Chrysomeliden-Fauna von Amasia. Deutsche Entomologische Zeitschrift, 28: 157-160.

Weise J. 1886. Chrysomelidae, Galerucinae. Lieferung 4. 569-768. *In:* Weise J, Naturgeschichte der insecten Deutschlands, Erste Abteilung Coleoptera, Sechster Band. Berlin: Nicolaische Verlags-Buchhandlung, 1-1161.

Weise J. 1887. Neue sibirische Chrysomeliden und Coccinelliden über früher Beschriebene Arten. Archiv für Naturgeschichte, 53(1): 164-214.

Weise J. 1888. Chrysomelidae. Lieferung 5. 769-969. *In:* Weise J, Naturgeschichte der insecten Deutschlands, Erste Abteilung Coleoptera, Sechster Band. Nicolaische Verlags-Buchhandlung. Berlin: 1-1161.

Weise J. 1889a. Neue Chrysomeliden und Coccinelliden aus dem Kaukasus. Wiener Entomologischen Zeitung, 8: 259-262.

Weise J. 1889b. Insecta, a cl. G. N. Potanin in China et in Mongolia novissime lecta. IX. Chrysomelidae et Coccinellidae. Trudy Russkago Entomologicheskago Obshchestva, 23: 560-653.

Weise J. 1890. Insecta a cl. G. N. Potanin in China et Mongolia novissime lecta. XVI. Chrysomelidae et Coccinellidae (Appendix). Horae Societatis Entomologicae Rossicae, 24: 477-492.

Weise J. 1891. Bemerkungen zur Gattung *Cassida*. Wiener Entomologischen Zeitung, 10: 203-205.

Weise J. 1892. Chrysomeliden und Coccinelliden von der Insel Nias, nebst Bemerkungen über andere, meistens südostasiatische Arten. Deutsche Entomologische Zietschrift, 1892: 385-400.

Weise J. 1893. Naturgeschichte der Insecten Deutschland. Erste Abtheilung Coleoptera. Sechster Band. Berlin: Nicolaische Verlags-Buchhandlung R. Stricker, 1-1161.

Weise J. 1895. Neue Chrysomeliden nebst synonymischen Bemerkungen. Deutsche Entomologische Zeitchrift, 1895: 327-352.

Weise J. 1896. Synonymische Bemerkungen über europäische Chrysomeliden. Deutsche Entomologische Zeitschrift, 1896: 293-296.

Weise J. 1897. Kritisches Verzeichniss der von Mr. Andrewes eingesandten Cassidinen und Hispinen aus Indien. Deutsche Entomologische Zeitschrift, 41: 97-150.

Weise J. 1898. Uber neue und bekannte Chrysomelidae. Archiv für Naturgeschichte, 64(1): 177-224.

Weise J. 1899a. Cassidinen und Hispinen aus Deutsch-Ostafrika. Archiv für Naturgeschichte, 65: 241-267.

Weise J. 1899b. Einige neue Cassidinen-Gattungen und Arten. Archiv für Naturgeschichte, 65: 268-273.

Weise J. 1900. Beschreibungen von Chrysomeliden u. synonymische Bemerkungen. Archiv für Naturgeschichte, 66: 267-296.

Weise J. 1902. Afrikanische Chrysomeliden. Archiv für Naturgeschichte, 68(1): 119-174.

Weise J. 1903. Afrikanische Chrysomeliden. Archiv für Naturgeschichte, 69(1): 197-226.

Weise J. 1904. Einige neue Cassidinen und Hispinen. Deutsche Entomologische Zeitschrift, 48: 433-452.

Weise J. 1905a. Zweites Verzeichnis der Hispinen und Cassidine aus Vorder-Indien. Deutsche Entomologische Zeitschrift, 49: 113-129.

Weise J. 1905b. Bemerkungen über Hispinen. Deutsche Entomologische Zeitschrift, 49: 317-320.

Weise J. 1905c. Beschreibung einiger Hispinen. Archiv für Naturgeschichte, 71: 49-104.

Weise J. 1905d. Über *Allophyla* Weise, 1889. Deutsche Entomologische Zeitchrift, II : 188.

Weise J. 1906. Ostafrikanische Chrysomelen und Coccinellen. Deutsche Entomologische Zeitschrift, 1906: 35-64.

Weise J. 1910. Chrysomeliden und Coccinelliden. Verhandlungen des Naturforschenden Vereines in Brünn, 48 [1909]: 25-53.

Weise J. 1911a. Coleopterorum Catalogus Chrysomelidae: Hispinae. Berlin: W. Junk, pars, 35: 1-94.

Weise J. 1911b. Coleoptera: Phytophaga, family Chrysomelidae, subfamily Hispinae. *In:* Wytsman P, Genera Insectorum, 125: 1-123.

Weise J. 1912. Beitrag Zur Kenntnis der Chrysomeliden. Archiv für Naturgeschichte, 78A (2): 76-98.

Weise J. 1913. Ueber Chrysomeliden und Coccinelliden der Philippinen. 2. Teil. The Philippine Journal of Science, (D), 8: 215-249.

Weise J. 1915. Chrysomelidae und Coccinellidae. Lieferung, 7. 155-184. *In:* Schubotz H, Ergebnisse der Zweiten Deutschen Zentral-Afrika-Expedition 1910-1911 unter Führung Adolf Friedrichs. Herzogs zu Mecklenburg. Band I. Zoologie, Teil 1. Leipzig: Klinkhardt & Biermann.

Weise J. 1916. Chrysomelidae: 12. Chrysomelinae (Pars 68). *In:* Junk W, Schenkling S. Coleopterorum Catalogus, W. Junk, 24: 255 pp.

Weise J. 1922a. Hispinen der Alten Welt. The Philippine Journal of Science, 21(D): 57-85.

Weise J. 1922b. Chrysomeliden der Indo-Malayischen Region. Tijdschrift voor Entomologie, 65: 39-130.

Weise J. 1924. Chrysomelidae: 13. Galerucinae. *In:* Junk W, Schenkling S, Coleopterorun Catalogus, Pars 78. Berlin: W. Junk, 1-225.

Westwood J O. 1838. Characters of new insects from Manilla collected by Mr. Cuming. Proceedings of the Zoological Society of London, 5: 127-130.

Westwood J O. 1840. An introduction to the modern classification of insects founded on the natural habits and corresponding organisation of the different families. London, 2: i-xi, 1-587.

White A. 1844. Descriptions of Coleoptera and Homoptera from China: collected in Hong Kong by J. Bowring Esq. The Annals and Magazine of Natural History, 14: 422-426.

White A. 1846. Description of new or unfigured species of Coleoptera from Australia. *In:* Stokes J L, Discoveries in Australia; with an account of the coasts and rivers explored and surveyed during the voyage of H. M. S. Beagle in the years 1837-38-39-40-41-42-43. 1, appendix: 505-512, 2 pls.

White A. 1853. Catalogue of the coleopterous insects in the collection of the British Museum. Part VII. Longicornia I. London: Taylor and Francis, 1-174, 4 pls.

White A. 1855. Catalogue of the coleopterous insects in the collection of the British Museum. Part VIII. Longicornia II. London: Taylor and Francis, 175-412.

White A. 1858a. Descriptions of some apparently unrecorded species of longicorn beetles, belonging to the genera *Phrissoma*, *Nyphona*, etc. The Annals and Magazine of Natural History, 3(2): 264-276.

White A. 1858b. Descriptions of *Monohammus bowringii*, *Batocera una* and other longicorn Coleoptera, apparently as yet unrecorded. Proceedings of the Zoological Society of London, 26: 398-413, 1 pl.

Wiedemann C R W. 1819. Neue Käfer aus Bengalen und Java. Zoologisches Magazin, 1(3): 157-183.

Wiedemann C R W. 1821. *In:* Wiedemann C R W, Germar E F, Neue exotische Käfer. Magazin der Entomologie, 4: 107-183.

Wiedemann C R W. 1823a. Zweihundert neue Käfer von Java, Bengalen und den Vorgebirge der guten Hoffnung. Zoologisches Magazin, Altona, 2, pars 1: 1-135.

Wiedemann C R W. 1823b. Nöthige Berichtigungen und Zusätze zu der Beschreibungen der Käfer aus Ostindien und vom Cap, in dritten Stückes dieses und im vierten Bande des Germarischens Magazins. Zoologisches Magazin, 2: 162-164.

Wilcox J A. 1965. A synopsis of the North American Galerucinae (Coleoptera: Chrysomelidae). Bulletin New York State Museum Sci Serv: 1-226.

Wilcox J A. 1971. Chrysomelidae: Galerucinae. Oidini, Galerucini, Metacyclini, Sermylini). *In:* Wilcox J A, Coleopterorum Catalogus Supplementa. Pars 78(1), Second edition. S-Gravenhage: W. Junk, 1-220.

Wilcox J A. 1972. Chrysomelidae: Galerucinae. Luperini: Aulacophorina, Diabroticina. *In:* Wilcox J A, Coleopterorum Catalogus Supplementa. Pars 78(2), Second edition. Netherlands: W. Junk, 221-431.

Wilcox J A. 1973. Chrysomelidae: Galerucinae. Luperini: Luperina. *In:* Wilcox J A, Coleopterorum Catalogus Supplementa. Pars 78(3), Second edition. Netherlands: W. Junk, 433-664.

Winkler A. 1929. Pars 10. *In:* Catalogus Coleopterorum regionis palaearcticae. Wien, Columns: Albert Winkler, 1137-1264.

Wolfrum P. 1948. Neue Anthribidae aus China. Entomologische Blätter, 41-44 [1945-1948]: 133-148.

Wollaston T V. 1854. Insecta Maderensia; being an account of the insects inhabiting the islands of the Madeiran group. London: J. van Voorst, xliii + 634 pp., 13 pls.

Wollaston T V. 1857. Catalogue of the Coleopterous Insects of Madeira in the Collection of the British Museum. London: Taylor, Francis, xvi + 234 pp., 1 pl.

Wollaston T V. 1860. On additions to the Madeiran Coleoptera. The Annals and Magazine of Natural History, (3)5: 448-459.

Wollaston T V. 1867. Coleoptera Hesperidum, being an enumeration of the Coleopterous Insects of the Cape Verde Archipelago. London: John van Voorst, 1-285.

Wollaston T V. 1869. On the Coleoptera of St. Helena (Continued). The Annals and Magazine of Natural History, 24: 401-417.

Wollaston T V. 1873. On the genera of the Cossonidae. Transactions of the Entomological Society of London, 1873: 427-657.

Wood S L. 1980. New genera and new generic synonymy in Scolytidae (Coleoptera). The Great Basin Naturalist, 40: 89-97.

Wu W-W, Jiang (= Chiang) S-N. 1986. Studies on the taxonomic position of the China fir borer *Semanotus bifasciatus sinoauster* Gressitt (Coleoptera: Cerambycidae). Scientia Silvae Sinicae, 22(2): 147-152. (in Chinese)

Xie G-L, Huang J-H, Wang W-K, Xiang L-B. 2015. First record of the genus *Mimonemophas* Breuning (Coleoptera: Cerambycidae: Lamiinae: Monochamini) from China with description of a new species. Zootaxa, 4057(4): 595-600.

Xie G-L, Shi F-M, Wang W-K. 2013. A review of the genus *Sinodorcadion* Gressitt, 1939 with description of three new species from China (Coleoptera: Cerambycidae: Lamiinae). Zootaxa, 3709(6): 581-590.

Xie G-L, Wang W-K. 2009. A new species of *Polyzonus* Castelnau (Coleoptera: Cerambycidae) from China. Zootaxa, 2017: 58-60.

Xie G-L, Wang W-K. 2018. Distenniidae. 37-38, pl. XLⅡ, fig. 4. *In:* Yang X-K, Fauna of Tianmu Mountain, volume Ⅶ, Insecta, Coleoptera-Polyphaga: Tenebrionoidea, Chrysomeloidea, Curculionoidea. Hangzhou: Zhejiang University Press, 304 pp., 22 pls.

Yamasako J, Hasegawa M. 2009. A new species of *Mesosa* (*Perimesosa*) from South Korea and Identity of *Mesosa* (*Saimia*) *amakusae* Breuning, 1964 (Coleoptera, Cerambycidae, Lamiinae [Studies on Asian Mesosini, Ⅲ]. Longicornists Special Bulletin of the Japanese Society of Coleopterology, No. 7: 289-295.

Yamasako J, Ohbayashi N. 2009. Systematic Position of the Subgenus *Anthriboscyla* Thomson of the Genus *Mesosa* (Coleoptera, Cerambycidae) [Studies of Asian Mesosini, Ⅳ]. The Japanese Journal of Systematic Entomology, 15(2): 415-421, 2 figs.

Yamasako J, Ohbayashi N. 2012. Taxonomic Position of the Oriental Species of *Mesosa* (*Mesosa*) (Coleoptera, Cerambycidae, Lamiinae, Mesosini). Hindawi Publishing Corporation, 2012: 1-15.

Yamazaki K, Takakura K. 2003. *Pterolophia granulata* (Motschulsky) (Coleoptera: Cerambycidae) as a Pod Borer. The Coleopterists' Bulletin, 57 (3): 344.

Yang N, Zhang R-Z, Ren L. 2013. Two new species of *Xenysmoderodes* from China (Coleoptera: Curculioni dae: Ceutorhynchinae). Zootaxa, 3620(4): 533-543.

Yang X-K. 1991a. Review on the genus *Cneoranidea* (Chrysomelidae: Galerucinae) Re. Scientiifc Treatise on Systematic and Evolutionary Zoology, 1: 199-206.

Yang X-K. 1991b. Study on the genus *Paridea* Baly from China (Chrysomelidae: Galerucinae). Sinozoologia, 8: 267-295.

Yang X-K. 1992. Galerucid Beetles of Mount Mogan and description of two new species (Coleoptera: Chrysomelidae: Galerucinae). Journal of Zhejiang Forestry College, 9: 400-413.

Yang X-K. 1993a. Notes on the genus *Fleutiauxia* Laboissiere (Coleoptera: Chrysomelidae: Galerucinae). Entomotaxonomia, 15(3):

219-227.

Yang X-K. 1993b. Study on the genus *Laphris* and its phylogenetic relationship with related genera (Coleoptera: Chrysomelidae: Galerucinae). Acta Zootaxonomica Sinica, 18(3): 362-369.

Yang X-K. 1994a. Study on the genus *Gallerucida* (1). Species of which the elytra with black punctures (Coleoptera: Cheysomelidae Chrysomelidae: Galerucinae). Acta Zootaxonomica Sinica, 19(2): 202-205.

Yang X-K. 1994b. Study on the genus *Gallerucida* (2). Descriptions of five new species (Coleoptera: Chrysomelidae: Galerucinae). Acta Zootaxonomica Sinica, 19(3): 343-350.

Yang X-K. 1995a. Sastracella Jacoby, the first record from China, and description of one new species (Coleotera: Chrysomelidae), Sinozoologia, 12: 210-214.

Yang X-K. 1995b. Coleoptera: Chrysomelidae-Galerucinae. 259-263. *In:* Wu H, Insects of Baishanzu Mountain, Eastern China. Beijing: China Forestry Publishing House, xiii+ 586 pp. (in Chinese with English summary)

Yang X-K, Ge S-Q, Nie R-E, Ruan Y-Y, Li W-Z. 2015. Chinese Leaf Beetles. Beijing: Science Press, 1-504.

Yang X-K, Li W-Z. 1998. Coleoptera: Chrysomelidae: Galerucinae. 128-135. *In:* Wu H, Insects of Longwangshan Nature Reserve. Beijing: China Forestry Publishing House, 404 pp.

Yang X-K, Li W-Z, Yang J, Yu Y, Cao Z. 1995. *Sastracella* Jacoby, the first record from China, and description of one new species (Coleoptera: Chrysomelidae). Sinozoologia, 12: 210-214.

Yang X-K, Li W-Z, Zhang B-Q, Xiang Z. 1997. Coleoptera: Chrysomelidae: Galerucinae. 863-904. *In:* Yang X-K, Insects of the Three Gorge Reservoir area of Yangtze river. Part 1. Chongqing: Chongqing Publishing House, xx+974 pp.

Yokoyama H. 1971. The Cerambycidae from Ryukyu and Satsunan Islands, Ⅱ. (Coleoptera). The Entomological Review of Japan, 23: 93-101.

Yoshida T. 1931. Classification of Formosan Prioninae (Col. Cerambycidae). Transactions of the Natural History Society of Formosa, 21: 266-279.

Yoshitake H, Ito M. 2007. A new and species of the tribe Mecysmoderini from Japan, with comments on the subgenus *Coelioderes* (Coleoptera: Curculionidae: Ceutorhynchinae). Entomological Revue of Japan, 62(1): 75-86.

Yu P-Y, Liang H-B. 2002. A check-list of the Chinese Megalopodinae (Coleoptera: Chrysomelidae). Oriental Insects, 36: 117-128.

Yuasa H. 1930. Two new species of eumolpid-beetles noxious to the mulberry-tree in the Liu-kiu Islands. Proceedings of the Imperial Academy, 6: 293-295.

Zacher F. 1921. Eingeschleppte Vorratsschädlinge. Deutsche Entomologische Zeitschrift, (4): 288-295.

Zaslavskij V A. 1956. Reviziya dolgonosikov roda Baris Germ. fauny Sovetskogo Soyuza i sopredelnykh stran. Trudy Vsesoyuzhnogo Entomologicheskogo Obshchestva, 45: 343-377.

Zhang L-J, Yang X-K. 2004. A review of the genus *Paragetocera* Laboissière (Coleoptera: Chrysomelidae: Galerucinae). Oriental Insects, 38: 289-302.

Zhang L-J, Yang X-K. 2005. A new species of the genus *Cneoranidea* Chen, 1942 from China with a key to the known species (Coleoptera: Chrysomelidae: Galerucinae). Pan-Pacific Entomologist, 81(1-2): 47-53.

Zhang R-Z. 1993. A study on the genus *Baryrrhynchus* Lacord. from China (Coleoptera: Brenthidae). 159-172. *In:* Zhang G-X, Tan J-J, Dai A-Y, Li S-Z, Scientific treatise on systematic and evolutionary Zoology. Vol. 2. Beijing: China Science Technique Press, [10] + 256, 9 pls.

Zhang X C. 1995. Studies on the genus *Euscelophilus* Voss of China (Coleoptera: Attelabidae). Acta Zootaxonomica Sinica, 20: 479-483.

Zhang X-M, Zhang R-Z. 2007. The genus *Asemorhinus* Sharp in China, with descriptions of two new species (Coleoptera: Anthribidae: Anthribinae). Oriental Insects, 41: 307-316.

Zhao S, Xie G-L, Wang W-K. 2020. Two new species of the genus *Sinodorcadion* Gressitt, 1939 (Coleoptera: Cerambycidae:

Lamiinae). Zootaxa, 4768(2): 291-296.

Zherikhin V V. 1991. [new taxon]. *In:* Zherikhin V V, Egorov A B, Zhuki-dolgonosiki (Coleoptera, Curculionidae) Dal'nego Vostoka SSSR (obzor podseme'stv s opisaniem novykh taksonov). Vladivostok: Akademiya Nauk SSSR, Dal'nevostochnoe Otdelenie, Biologo-Pochvennyy Institut, [1990], 164 pp.

Zimmerman E C. 1956. On *Trachyphloeosoma* and a new species from Hawaii (Coleoptera. Curculionidae). The Coleopterists Bulletin, 10: 27-31.

中 名 索 引

柄天牛属　47
并脊天牛属　214
波毛丝跳甲　390
波纹斜纹象　551
波萤叶甲　351
波萤叶甲属　351
驳色泛船象　492
薄荷金叶甲　296

C

材小蠹族　564
菜跳甲属　402
菜无缘叶甲　282
苍白驼花天牛　38
糙背长跗跳甲　399
糙壁象属　539
糙额驴天牛　119
糙皮象族　537
糙霜象　479
糙天牛属　178
糙象族　558
侧刺跳甲属　403
侧沟天牛属　94
侧沟天牛族　94
侧条异花天牛　30
侧足齿腿象　506
叉尾吉丁天牛　206
茶丽纹象　527
茶色天牛属　94
茶殊角萤叶甲　334
茶肖叶甲属　431
茶眼天牛　128
长刺卷象　456
长刺萤叶甲属　363
长额天牛　116
长额天牛属　116
长颚宽喙象　488
长颚象属　531
长跗天牛　96
长跗天牛属　96
长跗天牛族　96
长跗跳甲属　398
长跗萤叶甲属　358
长腹象属　552
长红天牛　97
长红天牛属　96
长喙象属　483
长颊花天牛属　20
长角黑丝跳甲　390
长角角胫象　548
长角水叶甲　235
长角天牛属　111
长角天牛族　111
长角象科　449
长角象亚科　449
长角凿点天牛　92
长瘤卷象　462

长瘤跳甲属　412
长绿天牛　52
长毛象属　534
长切叶象　475
长跳甲属　405
长筒象属　552
长头负泥虫　245
长头负泥虫属　245
长腿水叶甲　234
长腿筒天牛属　200
长尾花天牛属　31
长阳长跗萤叶甲　360
超虎象属　476
橙斑白条天牛　133
齿颚象亚科　469
齿颚象族　480
齿股亚澳肖叶甲　448
齿胫水叶甲属　235
齿胫天牛属　175
齿胫叶甲属　282
齿跳象属　512
齿腿茸卷象　466
齿腿象属　506
齿小蠹族　562
齿胸异花天牛　30
齿猿叶甲属　281
赤塞幽天牛　42
赤杨斑花天牛　33
赤足白点龟象　496
重突天牛属　130
重突天牛族　126
崇安基天牛　150
臭椿沟眶象　547
川细颈卷象　454
船象族　491
船型象属　541
唇象属　468
刺龟象族　504
刺虎天牛属　81
刺槐绿虎天牛　79
刺角天牛　70
刺角天牛属　70
刺卷象属　456
刺毛锥贴鳞龟象　497
刺蒴麻黄足象　486
刺尾筒天牛　196
刺楔天牛　223
刺楔天牛属　223
刺胸薄翅天牛属　7
刺须卷象　468
葱绿多带天牛　54
丛角天牛族　135
粗糙卵圆象　505
粗长毛萤叶甲　310
粗点蓝突肩花天牛　18
粗点筒天牛　197
粗喙象亚科　523

学 名 索 引

　　　　浙江昆虫志　第七卷　鞘翅目（III）

图　版

图版 I

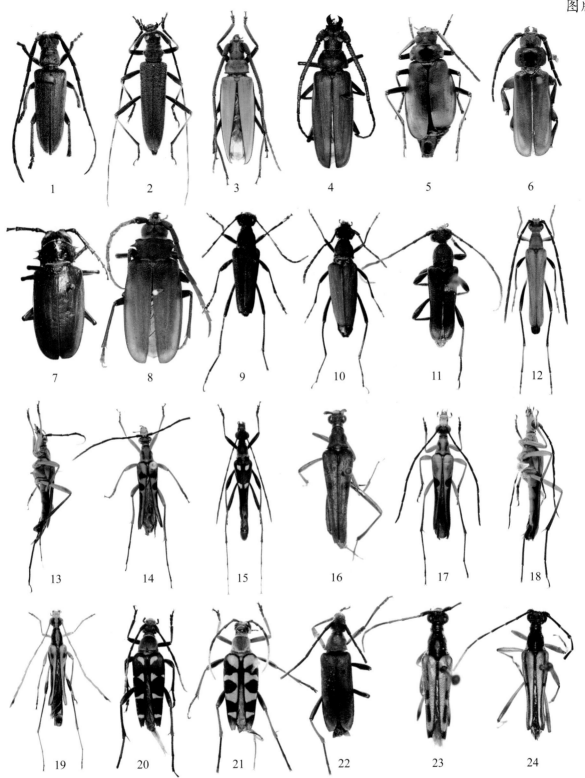

1. 狭胸天牛 *Philus antennatus*，♂；2. 东方瘦天牛 *Distenia (Distenia) orientalis*，♀；3. 黄褐裸角天牛 *Aegosoma fulvum*，♂；
4. 中华裸角天牛 *A. sinicum*，♂；5. 天目肚天牛 *Drumontiana amplipennis*，♀；6. 扁天牛 *Eurypoda (Eurypoda) antennata*，♀；
7. 沟翅土天牛 *Dorysthenes (Prionomimus) fossatus*，♂；8. 桔根接眼天牛 *Priotyrannus (Chollides) closteroides closteroides*，♂；9-10. 东
亚伪花天牛 *Anastrangalia dissimilis dissimilis*，9. ♂，10. ♀；11. 突肩花天牛 *Anoploderomorpha excavata*，♂；12. 朱氏格花天
牛 *Gerdianus zhujianqingi*，♂，正模，毕文烜摄；13-14. 双线长颊花天牛 *Gnathostrangalia bilineatithorax*，♂，13. 侧腹面观，
14. 背面观；15. 薛氏长颊花天牛 *G. silvestrii*，♂，谢广林摄；16-18. 天目长颊花天牛 *G. tienmushana*，16. ♀，正模，17-18. ♂，
17. 背面观，18. 侧腹面观；19. 条胸特花天牛 *Idiostrangalia sozanensis*，♂；20. 小黄斑花天牛 *Leptura (Leptura) ambulatrix*，♀；
21. 金丝花天牛 *L. (Leptura) aurosericans*，♀；22. 方花天牛属未定种 *Paranaspia* sp.，♀；23. 浙异花天牛 *Parastrangalis chekianga*，♀，
正模；24. 密点异花天牛 *P.crebrepunctata*，♂，正模

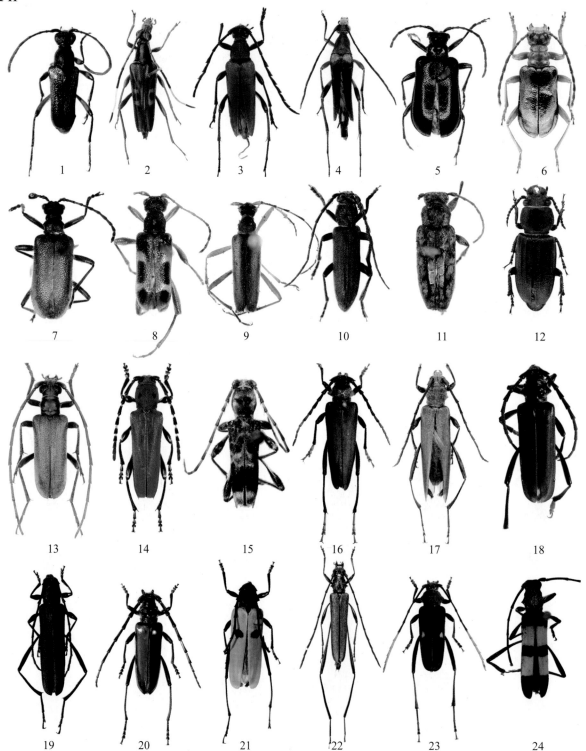

1. 挂墩拟矩胸花天牛 *Pseudalosterna tippmanni*，♂；2. 华花天牛 *Sinostrangalis ikedai*，♀，谢广林摄；3. 赤杨斑花天牛 *Stictoleptura* (*Aredolpona*) *dichroa*，♂；4. 蚤瘦花天牛 *Strangalia fortunei*，♂；5. 黄腹圆眼花天牛 *Lemula* (*Lemula*) *coerulea*，♀，正模；6. 浙江侧圆眼花天牛 *L.* (*Lemula*) *lata zhejianga*，♂，正模；7. 黄翅圆眼花天牛 *L.* (*Lemula*) *testaceipennis*，♂，正模；8. 脊胸驼花天牛 *Pidonia* (*Omphalodera*) *heudei*，♂，正模；9. 跷驼花天牛 *P.* (*Pseudopidonia*) *infuscata*，♂，正模；10. 赤塞幽天牛 *Cephalallus unicolor*，♂；11. 中华截尾天牛 *Atimia chinensis*，♀，正模；12. 中华椎天牛 *Spondylis sinensis*，♀；13. 异常锯花天牛 *Apatophysis insolita*，♂，毕文烜摄；14. 李志刚纹虎天牛 *Anaglyptus* (*Akajimatora*) *lizhigangi*，♂，正模，毕文烜摄；15. 嘉氏纹虎天牛 *A.* (*Anaglyptus*) *gressitti*，♂；16. 黄颈柄天牛 *Aphrodisium* (*Aphrodisium*) *faldermannii faldermannii*，♀；17. 皱绿柄天牛 *A.* (*Aphrodisium*) *gibbicolle*，♂；18. 紫柄天牛 *A.* (*Aphrodisium*) *metallicolle*，♂，正模；19. 中华柄天牛 *A.* (*Aphrodisium*) *sinicum*，♀；20. 桃红颈天牛 *Aromia bungii*，♀；21. 拟柄天牛 *Cataphrodisium rubripenne*，♀；22. 红缘长绿天牛 *Chloridolum* (*Leontium*) *lameeri*，♀，周德尧摄；23. 黑绒天牛 *Embrikstrandia bimaculata*，♂；24. 多带天牛 *Polyzonus* (*Polyzonus*) *fasciatus*，♂

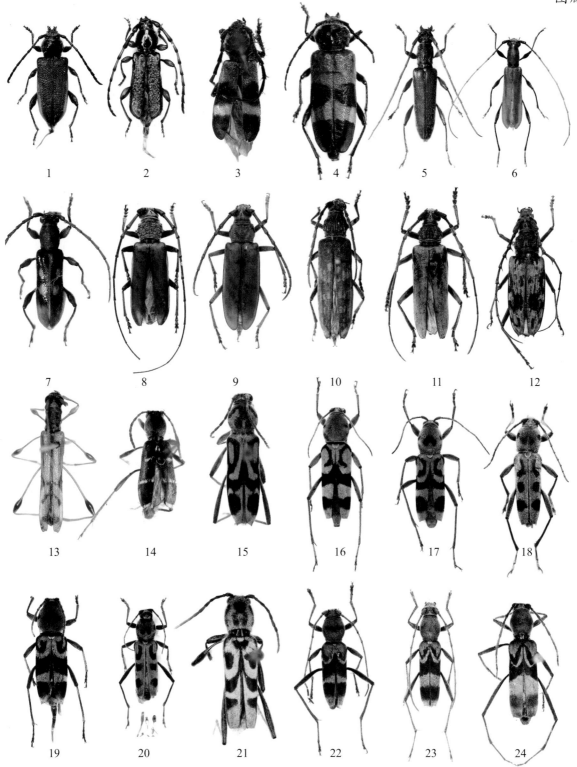

1. 棕小扁天牛 *Callidiellum villosulum villosulum*，♀；2. 红扁鞘天牛 *Ropalopus (Ropalopus) ruber*，♀，A. Weigel 摄；3. 双条杉天牛 *Semanotus bifasciatus*，♂；4. 粗鞘杉天牛 *S. sinoauster*，♀；5. 华蜡天牛 *Ceresium sinicum sinicum*，♂；6. 点瘦棍腿天牛 *Stenodryas punctatella*，♀；7. 拟蜡天牛 *Stenygrinum quadrinotatum*，♂；8. 褐天牛 *Nadezhdiella cantori*，♂；9. 栗肿角天牛 *Neocerambyx raddei*，♀；10. 灰斑脊胸天牛 *Rhytidodera griseofasciata*，♀；11. 粗脊天牛 *Trachylophus sinensis*，♂；12. 刺角天牛 *Trirachys orientalis*，♀；13. 三带纤天牛 *Cleomenes tenuipes tenuipes*，♂，正模；14. 天目矮虎天牛 *Amamiclytus limaticollis*，♀，正模；15. 绿虎天牛 *Chlorophorus annularis*，♀；16. 台南绿虎天牛 *C. fainanensis*，♀；17. 弧纹绿虎天牛 *C. miwai*，♀；18. 六斑绿虎天牛 *C. simillimus*，♀；19. 刺槐绿虎天牛 *C. sulcaticeps*，♀；20. 十三斑绿虎天牛 *C. tredecimmaculatus*，♂，A. Weigel 摄；21. 黄胸虎天牛 *Clytus larvatus*，♂，正模；22. 基灰带刺虎天牛 *Demonax inhumeralis basigriseus*，♂，正模；23. 白盾刺虎天牛 *D. scutulatus*，♂，毕文烜摄；24. 粒胸刺虎天牛 *D. simillimus*，♀，正模

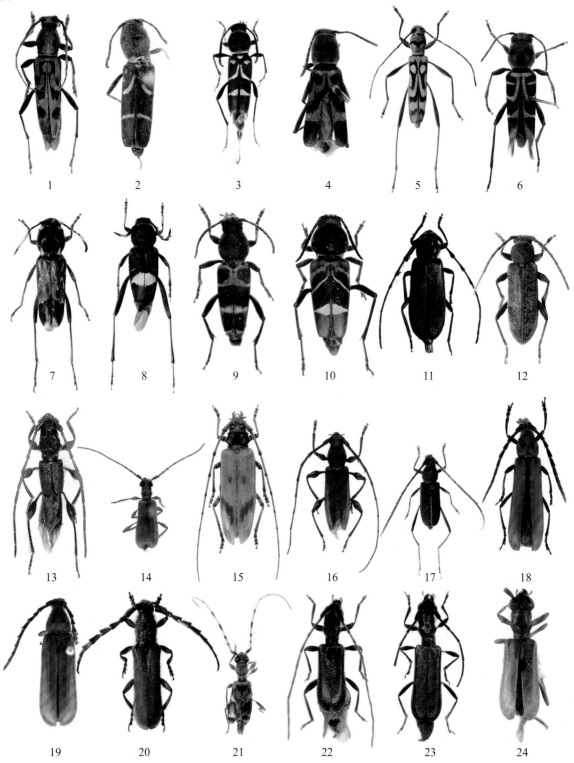

1. 散愈斑格虎天牛 *Grammographus notabilis cuneatus*，♂，A. Weigel 摄；2. 天目跗虎天牛 *Perissus angusticinctus*，♀，正模；3. 宝鸡跗虎天牛 *P. delectus*，♀，A. Weigel 摄；4. 江苏跗虎天牛 *P. kiangsuensis*，♀；5. 连环林虎天牛 *Rhabdoclytus elongatus*，♀；6. 隆额北字脊虎天牛 *Xylotrechus (Xylotrechus) atronotatus draconiceps*，♂；7. 四斑脊虎天牛 *X. (Xylotrechus) dominula*，♂；8. 黑头脊虎天牛 *X. (Xylotrechus) latefasciatus latefasciatus*，♂；9. 白蜡脊虎天牛 *X. (Xylotrechus) rufilius rufilius*，♂，A. Weigel 摄；10. 绍氏脊虎天牛 *X. (Xylotrechus) sauteri*，♂，A. Weigel 摄；11. 肖扁胸天牛 *Pseudocallidium violaceum*，♀；12. 家茸天牛 *Trichoferus campestris*，♀；13. 蔷薇短鞘天牛 *Molorchus (Nathrioglaphyra) liui*，♂，*M. (N.) smetanai* Danilevsky, 2011 的正模，M. Danilevsky 摄；14. 南方侧沟天牛 *Obrium complanatum*，♀；15. 台岛茶色天牛 *Oplatocera (Epioplatocera) mitonoi*，♀；16. 东亚尼辛天牛 *Nysina rufescens asiatica*，♂；17. 长跗天牛 *Prothema signatum*，♂；18. 油茶红天牛 *Erythrus blairi*，♀；19. 红天牛 *E. championi*，♂；20. 折天牛 *Pyrestes haematicus*，♂；21. 四带狭天牛 *Stenhomalus (Stenhomalus) cephalotes*，♂；22. 松狭天牛 *S. (Stenhomalus) pinicola*，♀，A. Weigel 摄；23. 鄂狭天牛 *S. (Stenhomalus) tetricus*，♀，A. Weigel 摄；24. 一色狭天牛 *S. (Stenhomalus) unicolor*，♀，正模

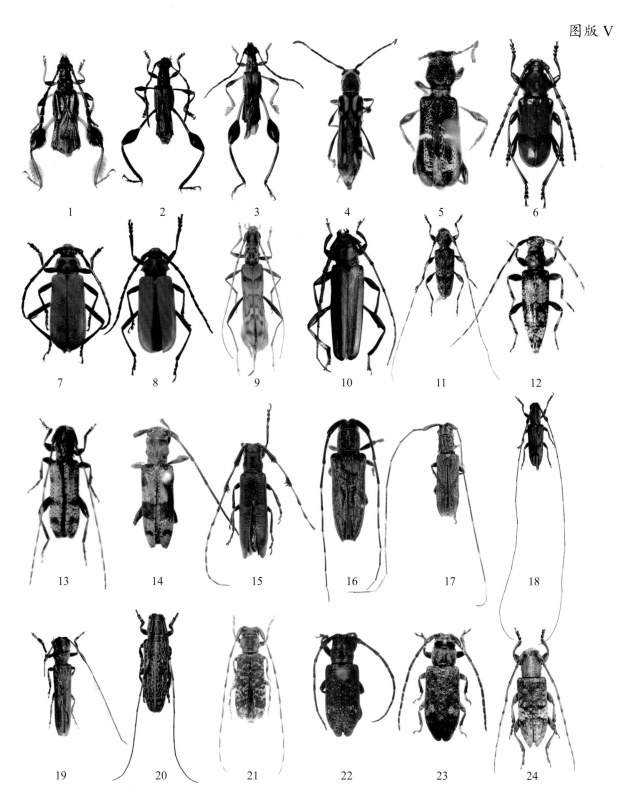

1. 畸腿半鞘天牛 Merionoeda (Macromolorchus) splendida，♂；2. 印度半鞘天牛 M. (Merionoeda) indica，♂；3. 台半鞘天牛未知亚种 M. (Ocytasia) formosana ssp. unknown，♂；4. 黄斑多斑锥背天牛 Thranius multinotatus signatus，♀；5. 红角肖眉天牛 Halme atrocoerulea，♀，正模；6. 珊瑚天牛 Dicelosternus corallinus，♀，周德尧摄；7. 二点紫天牛 Purpuricenus spectabilis，♀；8. 中华竹紫天牛 P. temminckii sinensis，♀；9. 脊胫天牛 Leptoxenus ibidiiformis，♀，A. Weigel 摄；10. 双条天牛 Xystrocera globosa，♂；11. 小灰长角天牛 Acanthocinus (Acanthocinus) griseus，♂；12. 闽梭天牛 Ostedes (Ostedes) inermis，♀；13. 项山晦带方额天牛 Rondibilis (Rondibilis) horiensis hongshana，♀；14. 微齿方额天牛 R. (Rondibilis) microdentata，♀，正模；15. 苜蓿多节天牛 Agapanthia (Amurobia) amurensis，♂；16. 天目长额天牛 Aulaconotus incorrugatus，♀，正模；17. 小锐顶天牛 Cleptometopus minor，♀，正模；18. 东方锐顶天牛 C. orientalis，♂；19. 截尾马天牛 Hippocephala (Hippocephala) dimorpha，♂；20. 多褶驴天牛 Pothyne polyplicata，♂；21. 凹顶伪楔天牛 Asaperda meridiana，♀；22. 中华缝角天牛 Ropica chinensis，♂，正模，A. Weigel 摄；23. 桑缝角天牛 R. subnotata，♀；24. 台湾散天牛 Sybra (Sybrodiboma) taiwanensis，♂，周德尧摄

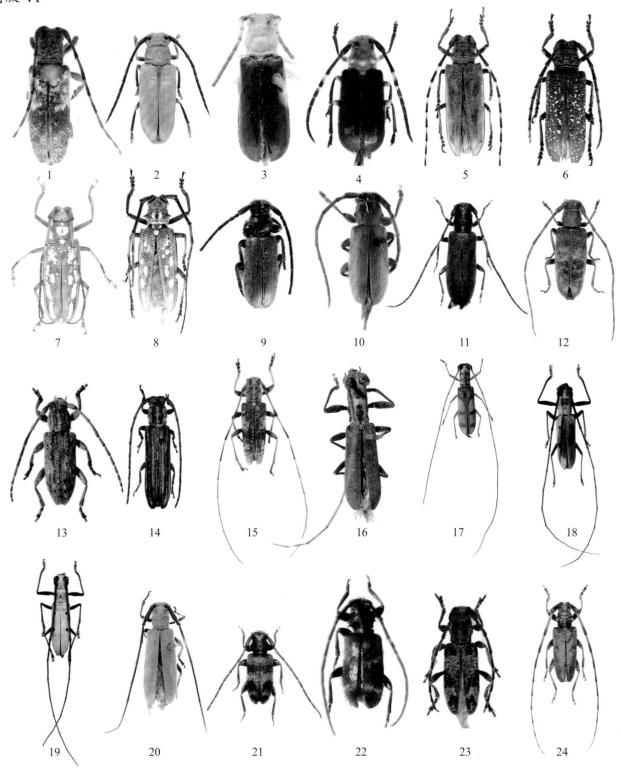

1. 白带木天牛 *Xylariopsis albofasciata*，♂；2. 山茶台连突天牛 *Anastathes parva hainana*，♀；3. 梨眼天牛 *Bacchisa (Bacchisa) fortunei fortunei*，♀；4. 黄荆重突天牛 *Tetraophthalmus episcopalis*，♂；5. 皱胸粒肩天牛 *Apriona rugicollis rugicollis*，♂；6. 锈色粒肩天牛 *A. swainsoni swainsoni*，♂；7. 云斑白条天牛 *Batocera horsfieldii*，♂；8. 密点白条天牛 *B. lineolata*，♂；9. 二色微天牛 *Anaesthetobrium bicolor*，♂，正模，NHRS-JLKB00027293，Johannes Bergsten 摄；10. 微天牛 *A. luteipenne*，♂；11. 棕肖楔天牛 *Asaperdina brunnea*，♂；12. 尾真芒天牛 *Eupogoniopsis caudatula*，♂；13. 平山天牛 *Falsostesilea perforata*，♂；14. 黄线小窄天牛 *Microestola flavolineata*，正模，A. Weigel 摄；15. 台湾棒角天牛 *Rhodopina formosana*，♂；16. 灰翅粉天牛 *Olenecamptus griseipennis*，♀；17. 八星粉天牛 *O. octopustulatus*，♂；18. 滨海粉天牛 *O. riparius*，♂；19. 斜翅粉天牛 *O. subobliteratus*，♂；20. 沙氏短节天牛 *Eunidia savioi*，♀；21. 二齿勾天牛 *Exocentrus subbidentatus*，♂；22. 强壮勾天牛 *E. validus*，♂；23. 崇安基天牛 *Gyaritus (Gyaritus) theae*，♂，A. Weigel 摄；24. 咖啡锦天牛 *Acalolepta (Acalolepta) cervina*，♂，周德尧摄

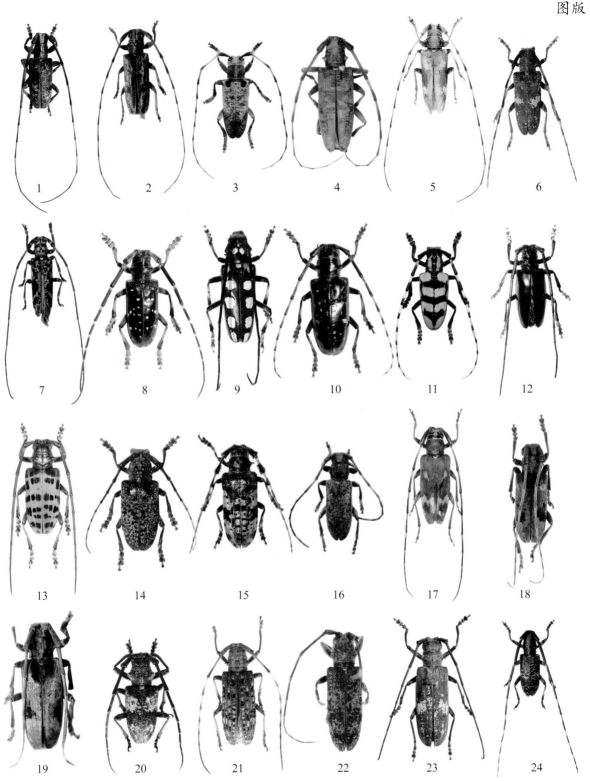

1. 金绒锦天牛 *Acalolepta (Acalolepta) permutans permutans*，♂；2. 南方锦天牛 *A. (Acalolepta) speciosa*，♀；3. 双斑锦天牛 *A. (Acalolepta) sublusca sublusca*，♂；4. 肖南方锦天牛 *A. (Acalolepta) subspeciosa*，♀，正模，A. Weigel 摄；5. 丝锦天牛 *A. (Acalolepta) vitalisi*，♀；6. 灰斑安天牛 *Annamanum albisparsum*，♀；7. 中华安天牛 *A. sinicum*；8. 华星天牛 *Anoplophora chinensis*，♂；9. 十星星天牛 *A. decemmaculata*，♂；10. 光肩星天牛 *A. glabripennis*，♀；11. 楝星天牛 *A. horsfieldii horsfieldii*，♂；12. 黑星天牛 *A. leechi*，♂；13. 碎斑星天牛 *A. multimaculata*，♂，引自 Bi 等（2020）；14. 瘤胸簇天牛 *Aristobia hispida*，♀；15. 碎斑簇天牛 *A. voetii*，♀；16. 灰锦天牛 *Astynoscelis degener*，♀；17. 云纹灰天牛 *Blepephaeus infelix*，♂，周德尧摄；18. 环灰天牛 *B. subannulatus*，♂，正模，J. Yamasako 摄；19. 灰天牛 *B. succinctor*，♀；20. 粒翅天牛 *Lamiomimus gottschei*，♂；21. 松墨天牛 *Monochamus (Monochamus) alternatus alternatus*，♀；22. 天目墨天牛 *M. (Monochamus) convexicollis*，♀，正模；23. 缝刺墨天牛 *M. (Monochamus) gravidus*，♀；24. 麻斑墨天牛 *M. (Monochamus) sparsutus*，♂

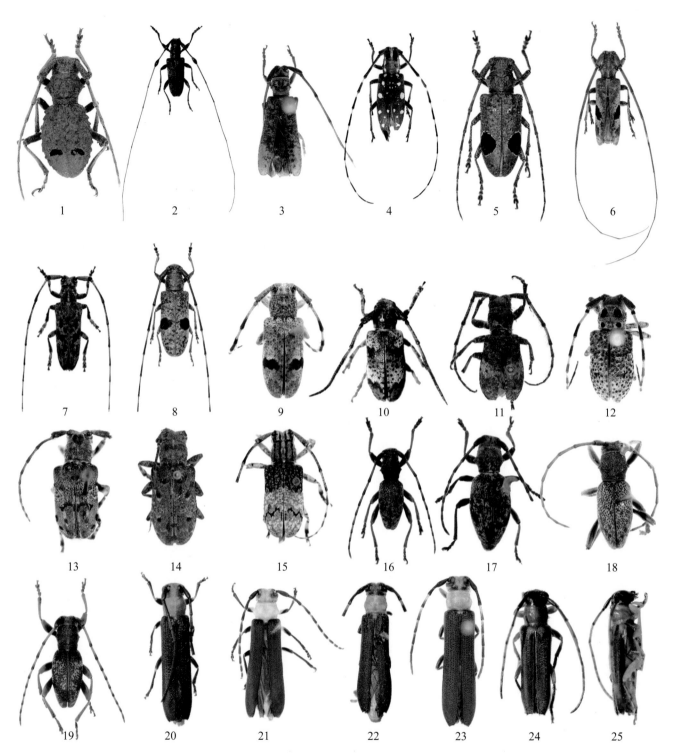

1. 粗粒巨瘤天牛 *Morimospasma (Parvopama) tuberculatum*，♀；2. 中华柄棱天牛 *Nanohammus sinicus*，♂；3. 台湾肖泥色天牛 *Paruraecha (Arisania) submarmorata*，♂；4. 黄星天牛 *Psacothea hilaris hilaris*，♂；5. 伪糙天牛 *Pseudotrachystola rugiscapus*，♀，周德尧摄；6. 樟泥色天牛 *Uraecha angusta*，♂；7. 中华泥色天牛 *U. chinensis*，♂；8. 肖墨天牛 *Xenohammus bimaculatus*，♂，周德尧摄；9. 黄檀缨象天牛 *Cacia (Ipocregyes) formosana*，♂；10. 琼黑点额象天牛 *Falsomesosella (Falsomesosella) nigronotata hakka*，♂；11. 截尾额象天牛 *F. (Falsomesosella) truncatipennis*，♂，正模；12. 异斑象天牛 *Mesosa (Mesosa) stictica*，♂；13. 中华象天牛 *M. (Metamesosa) sinica*，♀，正模；14. 黑点象天牛 *M. (Perimesosa) atrostigma*，♀，正模；15. 峦纹象天牛 *M. (Perimesosa) irrorata*，♀，正模；16. 蒋氏华草天牛 *Sinodorcadion jiangi*，♂，正模；17. 大刺华草天牛 *S. magnispinicolle*，♀，正模；18. 华草天牛 *S. punctulatum*，♂，正模；19. 刻柄华草天牛 *S. punctuscapum*，♂，正模；16, 17, 19. 谢广林摄；20. 黑角瘤筒天牛 *Linda (Linda) atricornis*，♂；21. 瘤筒天牛 *L. (Linda) femorata*，♀；22-23. 顶斑瘤筒天牛 *L. (Linda) fraterna*，22. ♀，*Oberea seminigra* Fairmaire, 1887 的模式标本，23. ♀，舟山；24-25. 黑翅脊筒天牛 *Nupserha infantula*，♀

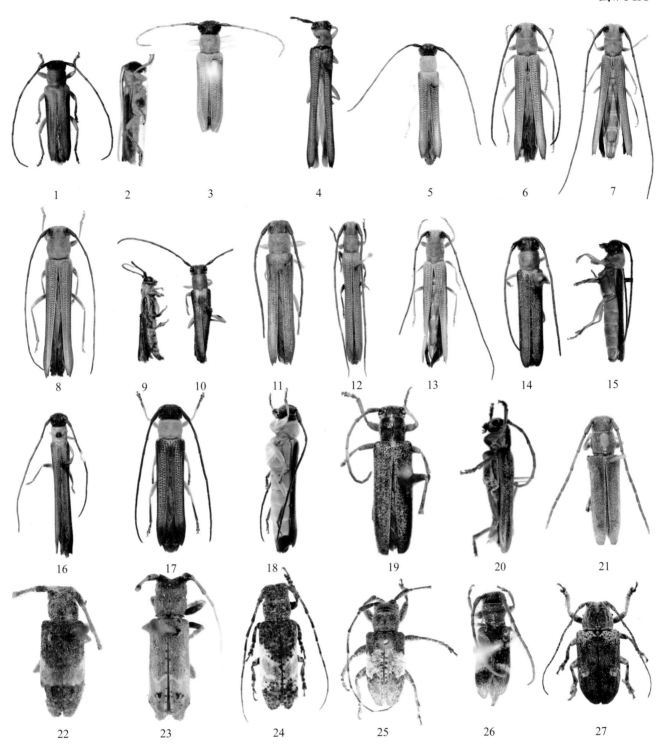

1，2. 缘翅脊筒天牛 Nupserha marginella marginella，♂；3. 黄腹脊筒天牛 N. testaceipes，♀；4. 短胸筒天牛 Oberea (Oberea) brevithorax，♂，O. brevithorax inepta Gressitt, 1939 的副模；5. 灰翅筒天牛 O. (Oberea) diversimembris，♂；6. 黑胫筒天牛 O. (Oberea) diversipes，♀；7. 台湾筒天牛 O. (Oberea) formosana，♀；8. 暗翅筒天牛 O. (Oberea) fuscipennis，♀；9，10. 赫氏筒天牛 O. (Oberea) herzi，♂，O. scutellaroides m. rufithorax 的模式标本；11. 日本筒天牛 O. (Oberea) japonica，♀；12. 黑腹筒天牛 O. (Oberea) nigriventris，♀；13. 拟台湾筒天牛 O. (Oberea) pseudoformosana，♀；14，15. 天目筒天牛 O. (Oberea) tienmuana，♀，正模；16. 一点筒天牛 O. (Oberea) uninotaticollis，♀，O. unipunctata Gressitt, 1939 的正模；17，18. 凹尾筒天牛 O. (Oberea) walkeri，♀；19，20. 点翅小筒天牛 Phytoecia (Cinctophytoecia) punctipennis，♂，正模；21. 菊小筒天牛 P. (Phytoecia) rufiventris，♂；22. 白带白腰天牛 Anaches albaninus，♀，正模；23. 天目白腰天牛 A. cylindricus，♂，正模；24. 福建白腰天牛 A. medioalbus，♂；25. 窝天牛 Desisa (Desisa) subfasciata，♂；26. 白纹艾格天牛 Egesina (Egesina) setosa，♂；27. 本氏截突天牛 Prosoplus bankii，♀

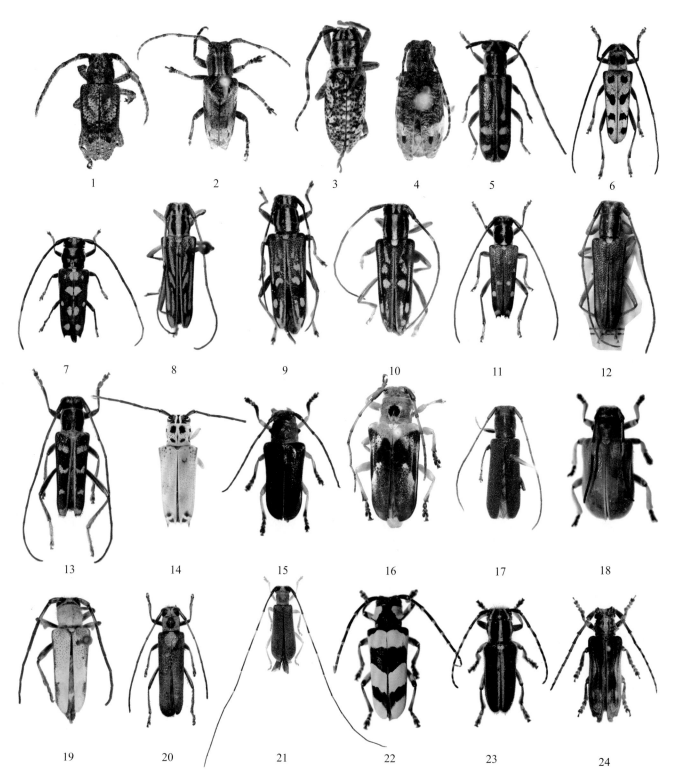

1. 四突坡天牛 *Pterolophia (Ale) chekiangensis*，♀，正模；2. 嫩竹坡天牛 *P. (Hylobrotus) trilineicollis*，♂；3. 黑点坡天牛 *P. (Lychrosis) mimica*，♂，正模；4. 江西坡天牛 *P. (Pterolophia) kiangsina*，♀；5. 弱筒天牛 *Epiglenea comes comes*，♀；6. 天目山直脊天牛 *Eutetrapha tianmushana*，♂，正模；7. 桑并脊天牛 *Glenea centroguttata*，♀；8. 斜斑并脊天牛 *G. obliqua*，♂，正模；9. 黑腿复纹并脊天牛 *G. pieliana nigra*，♀，A. Weigel 摄；10. 复纹并脊天牛 *G. pieliana pieliana*，♀，正模；11. 榆并脊天牛 *G. relicta relicta*，♂；12. 天目并脊天牛 *G. suensoni*，♂；13. 横斑并脊天牛 *G. suturata*，♂；14. 眉斑并脊天牛 *G. (Stiroglenea) cantor*，♀；15. 蓝翅短脊楔天牛 *G. cyaneipennis*，♀；16. 短脊楔天牛 *G. suffusa*，♀；17. 黑姬弱脊天牛 *Menesia matsudai*，♀；18. 半脊楔天牛 *Neoxantha amicta*，♀；19. 双脊天牛 *Paraglenea fortunei*，♂，*P. fortunei* var. *innotaticollis* Pic, 1936 的正模；20. 黑斑修天牛 *Stenostola basisuturalis*，♀；21. 柔天牛 *Praolia citrinipes*，♂；22. 刺楔天牛 *Thermistis croceocincta*，♂；23. 竖毛天牛 *Thyestilla gebleri*，♀；24. 四川毡天牛 *Thylactus analis*，♂

1. 丽距甲 *Poecilomorpha pretiosa*；2. 白蜡梢距甲 *T. nankinea*；3. 黄距甲 *T. pallida*；4. 黑斑距甲 *T. pulchra*；5. 七星距甲 *T. septemmaculata*；6. 紫茎甲 *Sagra femorata*；7. 红肩茎甲 *S. humeralis*；8. 异角水叶甲 *Donacia bicoloricornis*；9. 长腿水叶甲 *D. provostii*；10. 长角水叶甲 *Sominella longicornis*；11. 十四点负泥虫 *Crioceris quatuordecimpunctata*；12. 淡缘负泥虫 *Lema (Lema) becquarti*；13. 蓝负泥虫 *L. (Lema) concinnipennis*；14. 红顶负泥虫 *L. (Lema) coronata*；15. 青负泥虫 *L. (Lema) cyanea*；16. 枸杞负泥虫 *L. (Lema) decempunctata*；17. 鸭跖草负泥虫 *L. (Lema) diversa*；18. 腹黑负泥虫 *L. (Lema) infranigra*；19. 褐负泥虫 *L. (Lema) rufotestacea*；20. 盾负泥虫 *L. (Lema) scutellaris*

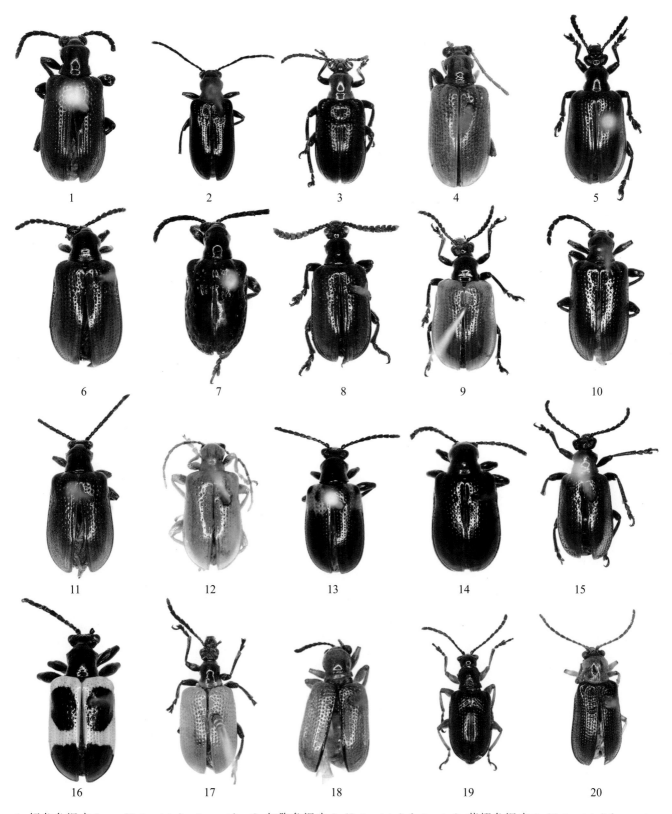

1. 短角负泥虫 Lema (Petauristes) crioceroides；2. 红胸负泥虫 L. (Petauristes) fortunei；3. 蓝翅负泥虫 L. (Petauristes) honorata；
4. 简森负泥虫 L. (Petauristes) jansoni；5. 皱胸负泥虫 L. cheni；6. 纤负泥虫 L. egena；7. 驼负泥虫 L. gibba；8. 异负泥虫 L. impressa；
9. 老挝负泥虫 L. laosensis；10. 小负泥虫 L. minima；11. 弯突负泥虫 L. neptis；12. 黑胸负泥虫 L. nigropectoralis；13. 斑肩负泥虫
L. scapularis；14. 红颈负泥虫 L. sieversi；15. 中华负泥虫 L. sinica；16. 三斑负泥虫 L. triplagiata；17. 长头负泥虫 Mecoprosopus
minor；18. 黑缝负泥虫 Oulema atrosuturalis；19. 淡足负泥虫 O. dilutipes；20. 水稻负泥虫 O. oryzae

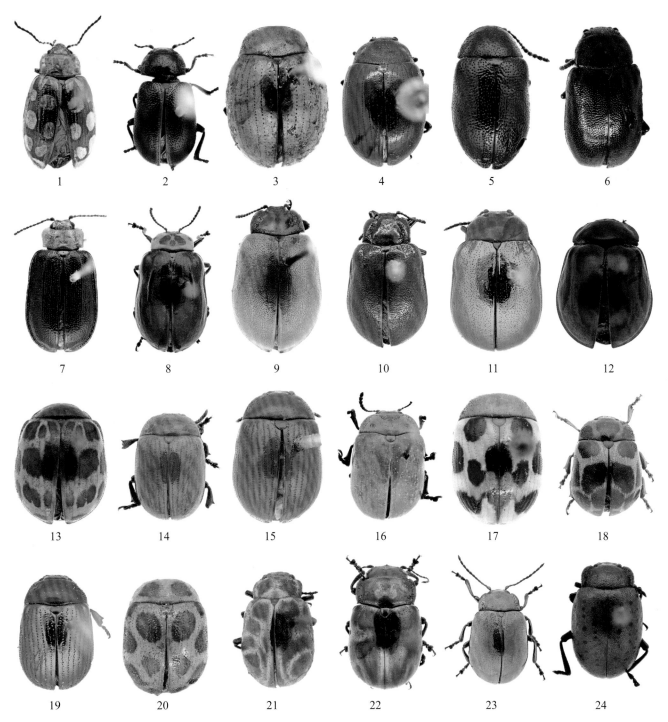

1. 十八斑牡荆叶甲 *Phola octodecimguttata*；2. 东方油菜叶甲 *Entomoscelis orientalis*；3. 黄齿猿叶甲 *Odontoedon fulvescens*；
4. 小猿叶甲 *Phaedon brassicae*；5. 菜无缘叶甲 *Colaphellus bowringii*；6 蓼蓝齿胫叶甲 *Gastrophysa atrocyanea*；7. 核桃扁叶甲
Gastrolina depressa；8. 斑胸叶甲 *Chrysomela maculicollis*；9. 杨叶甲 *C. populi*；10. 白杨叶甲 *C. tremulae*；11. 金绿里叶甲 *Linaeidea
aeneipennis*；12. 合欢斑叶甲 *Paropsides nigrofasciata*；13. 梨斑叶甲 *P. soriculata*；14. 黄鞘角胫叶甲 *Gonioctena (Brachyphytodecta)
flavipennis*；15. 黑盾角胫叶甲 *G. (Brachyphytodecta) fulva*；16. 红翅角胫叶甲 *G. (Brachyphytodecta) lesnei*；17. 十一斑角胫叶
甲 *G. (Asiphytodecta) subgeminata*；18. 十三斑角胫叶甲 *G. (Asiphytodecta) tredecimmaculata*；19. 绿翅角胫叶甲 *G. (Sinomela)
aeneipennis*；20. 密点角胫叶甲 *G. (Sinomela) fortunei*；21. 带斑榆叶甲 *Ambrostoma fasciatum*，正模；22. 琉璃榆叶甲 *A. fortunei*；
23. 蒿金叶甲 *Chrysolina (Anopachys) aurichalcea*；24. 薄荷金叶甲 *C. (Lithopteroides) exanthematica*

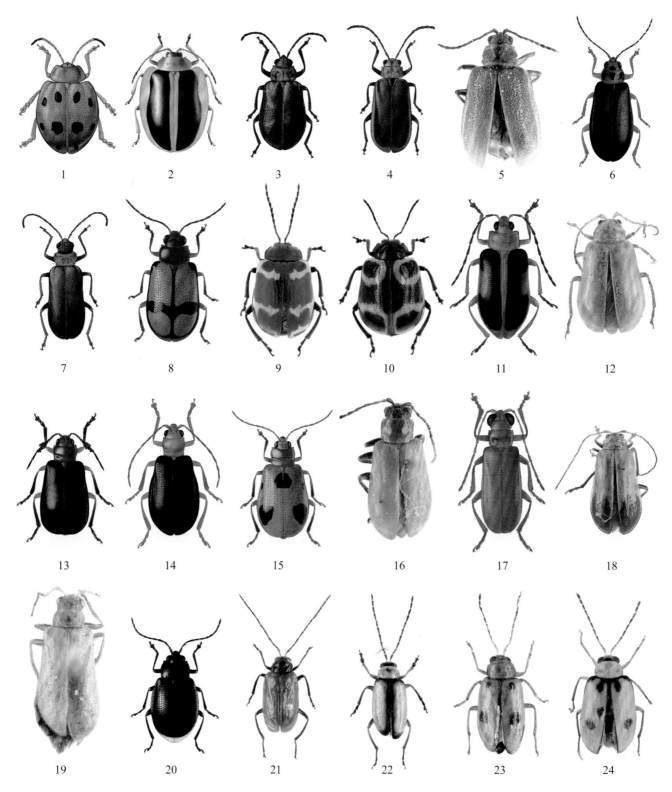

1. 十星瓢萤叶甲 *Oides decempunctata*；2. 宽缘瓢萤叶甲 *O. maculata*；3. 丽萤叶甲 *Clitenella fulminans*；4. 黄缘樟萤叶甲 *Atysa marginata marginata*；5. 褐背小萤叶甲 *Galerucella grisescens*；6. 榆绿毛萤叶甲 *Pyrrhalta aenescens*；7. 旋心异跗萤叶甲 *Apophylia flavovirens*；8. 水杉阿萤叶甲 *Arthrotus nigrofasciatus*；9. 二纹柱萤叶甲 *Gallerucida bifasciata*；10. 饰纹柱萤叶甲 *Gallerucida ornatipennis*；11. 斑刻方胸柱萤叶甲 *Laphris emarginata*；12. 印度黄守瓜 *Aulacophora indica*；13. 钩殊角萤叶甲 *Agetocera deformicornis*；14. 黑胸后脊守瓜 *Paragetocera parvula parvula*；15. 六斑拟守瓜 *Paridea (Semacia) sexmaculata*；16. 腹穴攸萤叶甲 *Euliroetis melanocephala*；17. 大贺萤叶甲 *Hoplasoma majorina*；18. 桑黄米萤叶甲 *Mimastra cyanura*；19. 细毛米萤叶甲 *Trichomimastra attenuata attenuata*；20. 端黄盍萤叶甲 *Cassena terminalis*；21. 凹翅长跗萤叶甲 *Monolepta bicavipennis*；22. 杨长跗萤叶甲 *M. discalis*；23. 小斑长跗萤叶甲 *M. longitarsoides*；24. 邵武长跗萤叶甲 *M. shaowuensis*

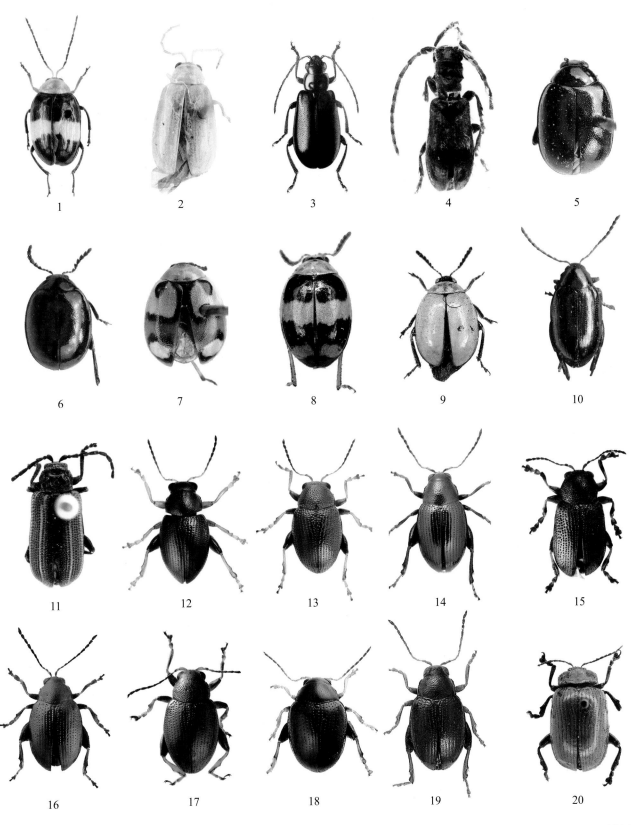

1. 隆凸长跗萤叶甲 *Monolepta sublata*；2. 褐凹翅萤叶甲 *Paleosepharia fulvicornis*；3. 桑窝额萤叶甲 *Fleutiauxia armata*；4. 峨嵋小沟胫天牛 *Miccolamia dracuncula*；5. 寇九节跳甲 *Nonarthra coreanum*；6. 蓝色九节跳甲 *N. cyaneum*；7. 丽九节跳甲 *N. pulchrum*；8，9. 异色九节跳甲 *N. variabilis*；10. 油菜蚤跳甲 *Psylliodes punctifrons*；11. 缝细角跳甲 *Sangariola fortunei*；12. 尖尾凹胫跳甲 *Chaetocnema (Udorpes) bella*；13. 古铜凹胫跳甲 *C. (Udorpes) concinnicollis*；14. 束凹胫跳甲 *C. (Chaetocnema) constricta*；15. 筒凹胫跳甲 *C. (Udorpes) cylindrica*；16. 高脊凹胫跳甲 *C. (Chaetocnema) fortecostata*；17. 粟凹胫跳甲 *C. (Udorpes) ingenua*；18. 黑凹胫跳甲 *C. (Chaetocnema) nigrica*；19. 甜菜凹胫跳甲 *C. (Chaetocnema) puncticollis*；20. 黄色凹缘跳甲 *Podontia lutea*

图版 XVI

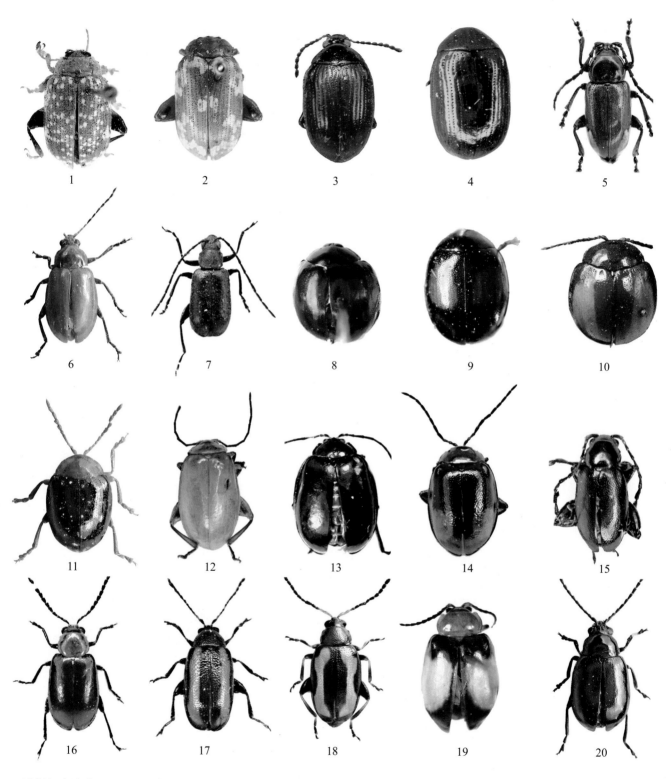

1. 漆树拟直缘跳甲 *Asiophrida scaphoides*；2. 黑角拟直缘跳甲 *A. spectabilis*；3. 桔潜跳甲 *Podagricomela nigricollis*；4. 枸桔潜跳甲 *P. weisei*；5. 黄斑双行跳甲 *Pseudodera xanthospila*；6. 模跗连瘤跳甲 *Neocrepidodera obscuritarsis*；7. 长角黑丝跳甲 *Hespera krishna*；8. 双斑瓢跳甲 *Argopistes biplagiatus*；9. 女贞瓢跳甲 *A. tsekooni*；10. 黄斑凹唇跳甲 *A. fortunei*；11. 黄尾球跳甲 *Sphaeroderma apicale*；12. 山沟胫跳甲 *Hemipyxis montivaga*；13. 金绿沟胫跳甲 *H. plagioderoides*；14. 肿缘沟胫跳甲 *H. privignus*；15. 蓝长跗跳甲 *Longitarsus cyanipennis*；16. 棕胸寡毛跳甲 *Luperomorpha collaris*；17. 黄直条菜跳甲 *Phyllotreta rectilineata*；18. 黄曲条菜跳甲 *P. striolata*；19. 斑翅粗角跳甲 *Phygasia ornata*；20. 老鹳草跳甲 *Altica viridicyanea*

1. 枹木卵形叶甲 *Oomorphoides yaosanicus*；2. 黑额粗足叶甲 *Physosmaragdina nigrifrons*；3. 光叶甲 *Smaragdina laevicollis*；4. 天目光叶甲 *S. tianmuensis*；5. 艾蒿隐头叶甲 *Cryptocephalus (Asionus) koltzei* 6. 中华隐头叶甲 *C. (s. str.) chinensis*；7. 丽隐头叶甲 *C. (s. str.) festivus*；8. 宽条隐头叶甲指名亚种 *C. (s. str.) multiplex multiplex*；9. 黑鞘隐头叶甲指名亚种 *C. (s. str.) pieli pieli*；10. 黑隐头叶甲 *C. (s. str.) swinhoei*；11. 十四斑隐头叶甲 *C. (s. str.) tetradecaspilotus*；12. 黑鞘隐盾叶甲 *Adiscus nigripennis*；13. 棕红厚缘肖叶甲 *Aoria (Aoria) rufotestacea*；14. 萄沟顶肖叶甲 *Heteraspis lewisii*；15. 银纹毛肖叶甲 *Trichochrysea japana*；16. 桑皱鞘肖叶甲 *Abirus fortunei*；17. 中华萝藦肖叶甲 *Chrysochus chinensis*；18. 褐足角胸肖叶甲 *Basilepta fulvipes*；19. 李肖叶甲 *Cleoporus variabilis*；20. 斑鞘豆肖叶甲 *Pagria signata*

图版 XVIII

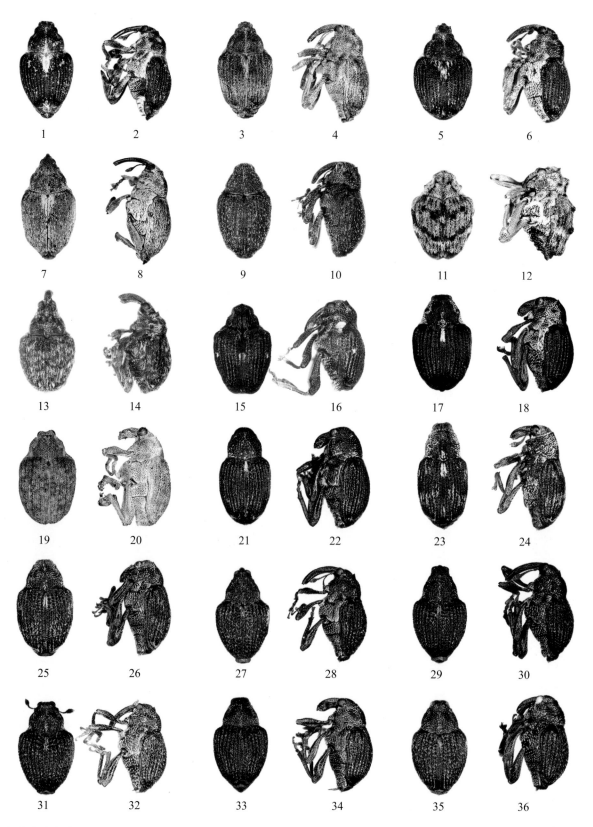

1，2. 邵武白点龟象 *Cardipennis shaowuensis*；3，4. 葎草白点龟象 *C. sulcithorax*；5，6. 赤足白点龟象 *C. rubripes*；7，8. 白纹龟象 *Ceutorhynchus albosuturalis*；9，10. 元胡龟象 *Sirocalodes umbrinus*；11，12. 斑瘤龟象 *Cyphauleutes alternans*；13，14. 挂墩基刺象 *Coelioderes kuatunensis*；15，16. 花尖胸象 *Xenysmoderodes flos*；17，18. 罗氏近蓼龟象 *Pelenomus roelofsi*；19，20. 短喙蓼龟象 *Phytobius friebi*；21，22. 福建光腿象 *Rhinoncus fukienensis*；23，24. 直光腿象 *R. perpendicularis*；25，26. 西伯利亚光腿象 *R. sibiricus*；27，28. 粗糙卵圆象 *Homorosoma asperum*；29，30. 中国卵圆象 *H. chinense*；31，32. 柯氏卵圆象 *H. klapperichi*；33，34. 柯式齿腿象 *Rhinoncomimus klapperichi*；35，36. 侧足齿腿象 *R. latipes*